AutoCAD 2014
室内设计全套图纸绘制大全

麓山文化　编著

机 械 工 业 出 版 社

本书主要介绍使用 AutoCAD 2014 中文版绘制全套室内图纸的方法和技巧。

全书共 3 篇 12 章，第 1 篇为基础入门篇，讲解了室内装潢设计与 AutoCAD 的基本知识与基本操作，内容包括：室内设计基础入门、室内设计软件入门、室内辅助工具应用；第 2 篇为家具图块篇，讲解了室内家具、配景和常用图块的含义和绘制方法；第 3 篇为全套图纸篇，通过小户型、二居室、三居室、别墅等多个家装工程案例和办公室、茶餐厅、服装店等多个公装工程案例，详细讲解了建筑平面图绘制、平面布置图绘制、地面铺装图绘制、顶棚平面图绘制、室内立面图绘制、节点大样图绘制、室内水电图绘制等全套工程图的绘制方法和技巧。

随书附赠多媒体教学光盘，提供了本书全套室内图纸绘制的教学视频，时长达 1080 分钟，可以成倍提高学习兴趣和效率。

本书结构清晰、讲解深入详尽，具有较强的针对性和实用性，本书既可作为大中专、培训学校等相关专业的教材，也特别适合于渴望学习室内装潢设计知识的读者及相关行业从业人员自学及参考。

图书在版编目（CIP）数据

AutoCAD 2014 室内设计全套图纸绘制大全/麓山文化编著. —北京：机械工业出版社，2013. 12（2015. 11 重印）

ISBN 978-7-111-45530-1

Ⅰ. ①A…　Ⅱ. ①麓…　Ⅲ. ①室内装饰设计—计算机辅助设计—AutoCAD 软件　Ⅳ. ①TU238-39

中国版本图书馆 CIP 数据核字（2014）第 014163 号

机械工业出版社（北京市百万庄大街 22 号　邮政编码 100037）
策划编辑：曲彩云　责任编辑：曲彩云
责任印制：刘　岚
北京中兴印刷有限公司印刷
2015 年 11 月第 1 版第 2 次印刷
184mm×260mm · 26.75 印张 · 663 千字
3 001—4 500 册
标准书号：ISBN 978-7-111-45530-1
　　　　　ISBN 978-7-89405-214-8（光盘）
定价：69.00 元（含 1DVD）

凡购本书，如有缺页、倒页、脱页，由本社发行部调换
电话服务
社服务中心：(010)88361066
销 售 一 部：(010)68326294
销 售 二 部：(010)88379649
读者购书热线：(010)88379203

网络服务
门户网：http://www.cmpbook.com
教材网：http://www.cmpedu.com
封面无防伪标均为盗版

前言

◆ AutoCAD 软件简介

AutoCAD 是美国 Autodesk 公司开发的专门用于计算机绘图和设计工作的软件。自 20 世纪 80 年代 Autodesk 公司推出 AutoCAD R1.0 以来，由于其具有简便易学、精确高效等优点，一直深受广大工程设计人员的青睐。迄今为止，AutoCAD 历经了十余次的扩充与完善，如今它已经在航空航天、造船、建筑、机械、电子、化工、美工、轻纺等很多领域得到了广泛应用。最新的 AutoCAD 2014 中文版极大地提高了二维制图功能的易用性，动态块、注释缩放等新功能的增加可以使设计人员更加高效地创作、处理和设计。

◆ 本书内容安排

本书是一本 AutoCAD 2014 室内设计全套图纸绘制大全，通过 8 种图纸类型以及 150 多个案例实战，全面讲解了室内设计全套图纸的绘制手法。

篇 名	内 容 安 排
第 1 篇　基础入门篇 （第 1 章~第 3 章）	介绍了室内设计基础认识、室内设计制图规范、二维绘图工具、图形编辑工具、图块对象以及文字和标注对象等内容
第 2 篇　家具图块篇 （第 4 章~第 5 章）	讲解了家具图块、电器图块、厨卫图块、指引图块、门窗图块以及楼梯图块的绘制等内容
第 3 篇　全套图纸篇 （第 6 章~第 12 章）	讲解了建筑平面图、平面布置图、地面铺装图、顶棚平面图、室内立面图、节点大样图以及室内水电图的创建等内容

◆ 本书写作特色

总的来说，本书具有以下特色。

零基础入门 室内设计全面掌握	本书从室内设计的基础知识讲起，由浅入深、循序渐进，让读者在室内绘图实践中轻松掌握 AutoCAD 2014 的基本操作和技术精髓
8 大图纸类型 室内图纸全面接触	本书实例涉及的图纸类型包括建筑平面图、平面布置图、地面铺装图、顶棚平面图、室内立面图、节点大样图以及水电图 8 大类型，使广大读者在学习 AutoCAD 的同时，可从中积累相关经验，能够了解和熟悉不同类型图纸的专业知识和绘图规范
150 多个案例 绘图技能快速提升	本书的每个案例经过编者精挑细选，具有典型性和实用性，有重要的参考价值，读者可以边做边学，从新手快速成长为 AutoCAD 室内绘图高手

高清视频讲解 学习效率轻松翻倍	本书配套光盘收录全书150多个实例长达1080分钟的高清语音视频教学，全程同步重现书中所有技能实例操作，可以在家享受专家课堂式的讲解，轻松学习

◆ 本书创建团队

本书由麓山文化组织编写，具体参与编写的有陈志民、江凡、张洁、马梅桂、戴京京、骆天、胡丹、陈运炳、申玉秀、李红萍、李红艺、李红术、陈云香、陈文香、陈军云、彭斌全、林小群、刘清平、钟睦、刘里锋、朱海涛、廖博、喻文明、易盛、陈晶、张绍华、黄柯、何凯、黄华、陈文轶、杨少波、杨芳、刘有良、刘珊、赵祖欣、齐慧明等。

由于编者水平有限，书中疏漏与不妥之处在所难免。在感谢您选择本书的同时，也希望您能够把对本书的意见和建议告诉我们。

编 者 邮箱：lushanbook@gmail.com

读者QQ群：327209040

编 者

目 录

第 2 篇 装饰图块篇

第 3 篇 全套图纸篇

第1篇　基础入门

第 1 章
室内设计基础入门

室内设计

本章导读

室内设计是建筑设计的重要组成部分，其目的在于创造合理、舒适、优美的室内环境，以满足使用和审美要求。认识室内设计，可以从了解室内设计原理、室内设计要素、掌握室内设计的制图规范等方面进行学习。本章主要讲解室内设计的基础入门知识，以供读者掌握。

精彩看点

- 认识室内设计原理
- 认识室内设计要素
- 认识室内设计分类
- 认识室内设计风格
- 认识室内设计主题
- 认识室内设计装修流程
- 常用图幅和格式
- 制图线型要求
- 常用绘图比例
- 制图定位轴线

1.1 室内设计基础认识

室内设计是一门实用艺术，也是一门综合性科学。其所包含的内容同传统意义上的室内装饰相比较，内容更加丰富、深入，涉及的相关因素更为广泛。在进行室内设计之前，首先需要了解室内设计原理、要素、原则、分类和风格等基础知识。

1.1.1 认识室内设计原理

室内设计原理是根据建筑物的使用性质、所处环境和相应标准，运用物质技术手段和建筑美学原理，创造功能合理、舒适优美、满足人们物质和精神生活需要的室内环境。这一空间环境既具有使用价值，满足相应的功能要求，同时也反映了文化、建筑风格、环境气氛等精神因素。

在设计构思时，需要运用物质技术手段，即各类装饰材料和设施设备等，这是容易理解的；还需要遵循建筑美学原理，这是因为室内设计的艺术性，除了有与绘画、雕塑等艺术之间共同的美学法则之外，作为“建筑美学”，更需要综合考虑使用功能、结构施工、材料设备、造价标准等多种因素。建筑美学总是和实用、技术、经济等因素连接在一起，这是它有别于绘画、雕塑等纯艺术的差异所在。

1.1.2 认识室内设计要素

室内设计具有 6 大要素，下面将分别进行介绍。

1. 空间要素

空间的合理化并给人们以美的感受是设计基本的任务。要勇于探索时代、技术赋于空间的新形象，不要拘泥于过去形成的空间形象，如图 1-1 所示。

2. 色彩要素

室内色彩除对视觉环境产生影响外，还直接影响人们的情绪、心理。科学用色有利于工作，有助于健康。色彩处理得当既能符合功能要求又能取得美的效果。室内色彩除了必须遵守一般的色彩规律外，还随着时代审美观的变化而有所不同。

3. 光影要素

人类喜爱大自然的美景，常常把阳光直接引入室内，以消除室内的黑暗感和封闭感，特别是顶光和柔和的散射光，使室内空间更为亲切自然。光影的变换，使室内更加丰富多彩，给人以多种感受。

4. 千变万化要素

室内整体空间中不可缺少的建筑构件，如柱子、墙面等，结合功能需要加以装饰，可共同构成完美的室内环境。充分利用不同装饰材料的质地特征，可以获得千变完化和不同风格的室内艺术效果，同时还能体现地区的历史文化特征。

5. 陈设要素

室内家具、地毯、窗帘等，均为生活必需品，其造型往往具有陈设特征，大多数起着装饰作用。实用和装饰二者应互相协调，功能和形式统一而有变化，使室内空间舒适得体，富有个性，如图 1-2 所示。

图 1-1　空间要素

图 1-2　陈设要素

6. 绿化要素

室内设计中绿化已成为改善室内环境的重要手段。室内移花栽木，利用绿化和小品为沟通室内外环境、扩大室内空间感及美化空间起着积极作用，如图 1-3 所示。

图 1-3　绿化要素

1.1.3 认识室内设计原则

在现代生活中，人是中心，人造环境，环境造人。所以在设计开发的过程中，设计师应考虑以下几个设计原则。

1. 功能性原则

这一原则的要求是室内空间、装饰装修、物理环境、陈设绿化等应最大限度地满足功能所需，并使其与功能相和谐、统一。

任意一个室内空间在没有被人们利用之前都是无属性的，只有当人们入住之后，它才具有个体属性，如一个 15 ㎡的空间，既可以作为卧室，也可以作为书房。而赋予它不同的功能之后，设计就要围绕这一功能进行，也就是说，设计要满足功能需求。在进行室内设计时，要结合室内空间的功能需求，使室内环境合理化、舒适化，同时还要考虑到人们的活动规律，处理好空间关系、空间尺度、空间比例等，并且要合理配置陈设与家具，妥善解决室内通风、采光与照明等问题。

2. 舒适性原则

各个国家对舒适性的定义各有所异，但从整体上来看，舒适的室内设计是离不开充足的阳光、清新的空气、安静的生活气氛、丰富的绿地和宽阔的室外活动空间、标志性的景观等。

阳光可以给人以温暖，满足人们生产、生活的需要，阳光也可以起到杀菌、净化空气的作用。人们从事的各种室外活动应在有充足的日照空间中进行，当然，除了充足的日照以外，清新的空气也是人们选择室外活动的主要依据，要杜绝有毒、有害气体和物质的侵袭，而进行合理的绿化设计是最有效的办法。

嘈杂的噪声使紧张的生活变得不安。交通噪声、生活噪声不仅会影响人们安静的室内生活，也干扰人们的室外活动。为了减少噪声对使用者的影响，可以通过降低噪声源和进行噪声隔离两种方法来解决。我国对居民室内空间噪声标准有明确的规定，白天不超过 50dB，夜间不超过 40dB。在人们居住区内的小环境中，设计师除了要进行绿化隔声以外，还要注意室内设计与建筑、街道的关系，可以在小环境中进行声音空间的营造（水声、鸟声），使人在室外空间中也可以享受安静的快乐。

绿地景园是人们生活环境的重要组成部分，它不仅可以提供遮阳、隔声、防风固沙、杀菌防病、净化空气、改善小环境气候等诸多功能，还可以通过绿化来改善室内设计的形象，美化环境，满足使用者物质及精神等多方面的需要。

3. 经济性原则

广义来说，就是以最小的消耗达到所需的目的。一项设计要为大多数消费者所接受，必须在“代价”和“效用”之间谋求一个均衡点。但无论如何，降低成本不能以损害施工质量和效果为代价。经济性设计原则包括生产性和有效性两个方面。

4. 美观性原则

爱美是人的天性。当然，美是一种随时间、空间、环境而变化的适应性极强的概念。所以，在设计中美的标准和目的也会大不相同。既不能因强调设计在文化和社会方面的使命及责任，而不顾及使用者需求的特点，同时也不能把美庸俗化，这需要有一个适当的平衡。

5. 安全性原则

人只有在较低层次的需求得到满足之后，才会表现出对更高层次需求的追求。人的安全需求可以说是仅次于吃饭、睡觉等位于第二位的基本需求，它包括个人私生活不受侵犯，个人财产和人身安全不被侵害等。所以，在室内外环境中的空间领域性划分，空间组合的处理，不仅有助于密切人与人之间的关系，而且有利于环境的安全保卫。

6. 方便性原则

室内设计的方便性原则主要体现在对道路交通的组织，公共服务设施的配套服务和服务方式的方便程度等。要根据使用者的生活习惯、活动特点采用合理的分级结构和宜人的尺度，使小空间内的公共服务半径最短，使来往的活动线路最顺畅，并且有利于经营管理，这样才能创造出良好的、方便的室内设计。

7. 个性化原则

设计要具有独特的风格，缺少个性的设计是没有生命力与艺术感染力的。无论在设计的构思阶段还是在设计深入的过程中，只有加以新奇的构想和巧妙的构思，才会赋予设计以勃勃生机。现代室内设计是以增强室内环境的精神与心理需求为最高设计目的。在发挥现有的

物质条件和满足使用功能的同时，来实现并创造出巨大的精神价值。

8. 区域性原则

由于人们所处的地理条件存在差异，各民族生活习惯与文化传统也不一样，所以对室内设计的要求也存在着很大的差别。在设计时，应根据各个民族的地域特点、民族性格、风俗习惯及文化素养等方面的特点，采用不同的设计风格。

1.1.4 认识室内设计分类

根据建筑物的使用功能，室内设计作了如下分类：

1. 居住建筑室内设计

主要涉及住宅、公寓和宿舍的室内设计，具体包括前室、起居室、餐厅、书房、工作室、卧室、厨房和浴厕设计，如图 1-4 所示。

2. 公共建筑室内设计

公共建筑室内设计主要包含以下几类。图 1-5 所示为酒吧公共建筑室内设计。

- 文教建筑室内设计：主要涉及幼儿园、学校、图书馆、科研楼的室内设计，具体包括门厅、过厅、中庭、教室、活动室、阅览室、实验室、机房等室内设计。
- 医疗建筑室内设计：主要涉及医院、社区诊所、疗养院的建筑室内设计，具体包括门诊室、检查室、手术室和病房的室内设计。
- 办公建筑室内设计：主要涉及行政办公楼和商业办公楼内部的办公室、会议室以及报告厅的室内设计。
- 商业建筑室内设计：主要涉及商场、便利店、餐饮建筑的室内设计，具体包括营业厅、专卖店、酒吧、茶室、餐厅的室内设计。
- 展览建筑室内设计：主要涉及各种美术馆、展览馆和博物馆的室内设计，具体包括展厅和展廊的室内设计。
- 娱乐建筑室内设计：主要涉及各种舞厅、歌厅、KTV、游艺厅的建筑室内设计。
- 体育建筑室内设计：主要涉及各种类型的体育馆、游泳馆的室内设计，具体包括用于不同体育项目的比赛和训练及配套的辅助用房的设计。
- 交通建筑室内设计：主要涉及公路、铁路、水路、民航的车站、候机楼、码头建筑，具体包括候机厅、候车室、候船厅、售票厅等的室内设计。

图 1-4　居住建筑室内设计

图 1-5　酒吧公共建筑室内设计

3. 工业建筑室内设计

主要涉及各类厂房的车间和生活间及辅助用房的室内设计，如图 1-6 所示。

4. 农业建筑室内设计

主要涉及各类农业生产用房，如种植暖房、饲养房的室内设计，如图 1-7 所示。

图 1-6 工业建筑室内设计

图 1-7 农业建筑室内设计

1.1.5 认识室内设计风格

室内设计风格的形成，是不同的时代思潮和地区特点，通过创作构思和表现，逐渐发展成为具有代表性的室内设计形式。一种典型风格的形式，通常是和当地的人文因素和自然条件密切相关，又需有创作中的构思和造型的特点。风格虽然表现于形式，但风格具有艺术、文化、社会发展等深刻的内涵；从这一深层含义来说，风格又不停留或等同于形式。

在体现艺术特色和创作个性的同时，相对地说，可以认为风格跨越的时间要长一些，包含的地域会广一些。室内设计的风格主要可分为：传统风格、现代风格、后现代风格、自然风格以及混合型等，下面将分别进行介绍。

1. 传统风格

传统风格的室内设计，是在室内布置、线形、色调以及家具、陈设的造型等方面，吸取传统装饰"形""神"的特征，如图 1-8 所示。

图 1-8 传统风格

2. 现代风格

现代风格主要起源于 1919 年成立的鲍豪斯学派，该学派处于当时的历史背景，强调了突破旧传统，创造新建筑，重视功能和空间组织，注意发挥结构构成本身的形式美，造型简洁，反对多余装饰，崇尚合理的构成工艺，尊重材料的性能，讲究材料自身的质地和色彩的配置效果，发展了非传统的以功能布局为依据的不对称的构图手法. 鲍豪斯学派重视实际的工艺制作操作，强调设计与工业生产的联系，如图 1-9 所示。

3. 后现代风格

后现代主义一词最早出现在西班牙作家德·奥尼斯 1934 年的《西班牙与西班牙语类诗选》一书中，用来描述现代主义内部发生的逆动，特别有一种对现代主义纯理性的逆反心理，即为后现代风格，如图 1-10 所示。

图 1-9　现代风格

图 1-10　后现代风格

4. 自然风格

自然风格倡导"回归自然"，美学上推崇"自然美"，认为只有崇尚自然、结合自然，才能在当今高科技、高节奏的社会生活中，使人们能取得生理和心理的平衡，因此室内多用木料、织物、石材等天然材料，显示材料的纹理，清新淡雅。此外，由于其宗 旨和手法的类同，也可把田园风格归入自然风格一类。田园风格在室内环境中力求表现悠闲、舒畅、自然的田园生活情趣，也常运用天然木、石、藤、竹等材质质朴的纹理。巧于设置室内绿化，创造自然、简朴、高雅的氛围，如图 1-11 所示。

5. 混合型风格

建筑设计和室内设计在总体上呈现多元化，兼容并蓄的状况。室内布置中也有既趋于现代实用，又吸取传统的特征，在装潢与陈设中溶古今中西于一体，例如传统的屏风、摆设和茶几，配以现代风格的墙面及门窗装修、新型的沙发；欧式古典的琉璃灯具和壁面装饰，配以东方传统的家具和埃及的陈设、小品等。混合型风格虽然在设计中不拘一格，运用多种体例，但设计中仍然是匠心独具，深入推敲形体、色彩、材质等方面的总体构图和视觉效果，如图 1-12 所示。

图 1-11　自然风格

图 1-12　混合型风格

1.1.6 认识室内设计主题

室内设计主题是设计与实践结合的关键，是空间的灵魂的生成，由于“主题”的涉入，使得空间油然产生了“场域”效应，并以此叙述着其空间的“思想”和“情感语言”；人们在这个“场域”中体味、遐想着大自然美的凝练，从而进行着人与自然、人与空间的无言对话。在室内设计中，一般常见的主题有地域文化主题和崇尚自然主题两种。

1.1.7 认识室内设计装修流程

室内设计装修流程是保证设计质量的前提，一般可以分为四个阶段开展工作：方案阶段、初步设计阶段、施工设计阶段和现场施工监理阶段。

➢ 方案阶段：收集资料与综合分析、设计构思与方案比较、完善方案与方案表现。
➢ 初步设计阶段：初步设计说明、初步设计图纸、初步设计概算。
➢ 施工设计阶段：修改初步设计、与各专业协调、完成室内设计施工图。
➢ 施工监理阶段：订货选样、选型选厂；完善设计图纸中未交待的部分；处理与各专业图纸发生矛盾问题；根据实际情况对原设计作局部修改或补充；按阶段检查施工质量。

1.1.8 认识室内设计制图内容

一套完整的室内设计图纸包括详细的施工图和完整的效果图，下面将分别进行介绍。

1. 施工图

装饰施工图完整、详细地表达了装饰结构、材料构成以及施工的工艺技术要求等，是木工、油漆工、水电工等相关施工人员进行施工的依据，一般使用 AutoCAD 进行绘制。施工图可以分为 4 种类型：

➢ 平面图：是以一平行于地平面的剖切面将建筑物剖切后，移去上部分而形成的正投影图，通常该剖切面选择在距离地平面 1500mm 左右的位置或略高于窗台的位置。
➢ 立面图：是室内墙面与装饰物的正投影图，它标明了室内的标高；顶棚装修的尺寸以及梯次造型的相互关系尺寸；墙面装饰的式样及材料和位置尺寸；墙面与门、窗、隔断的高度尺寸；墙与顶、地的衔接方式等。
➢ 剖面图：是将装饰面剖切，以表达结构构成的方式、材料的形式和主要支承构件的相互关系等。剖面图中标注有详细的尺寸、工艺做法以及施工要求等。
➢ 节点图：是两个以上装饰面的汇交点，按垂直或水平方向切开，以标明装饰面之间的对接方式和固定方式。节点图详细表现装饰面连接处的构造，注有详细尺寸和收口、封边的施工方法。

在设计施工图时，无论是剖面图还是节点图，都应在立面图上标明以便正确指导施工。图 1-13 所示为施工图中的顶棚平面图。

2. 效果图

效果图反映的是装修的用材、家具布置和灯光设计的综合效果，由于是三维透视彩色图像，没有任何装修专业知识的普通业主也可以轻易地看懂设计方案，了解最终的装修效果。效果图一般使用 3ds Max 绘制，它根据施工图的设计进行建模、编辑材质、设置灯光和渲染，最终得到一张彩色的图像，如图 1-14 所示。

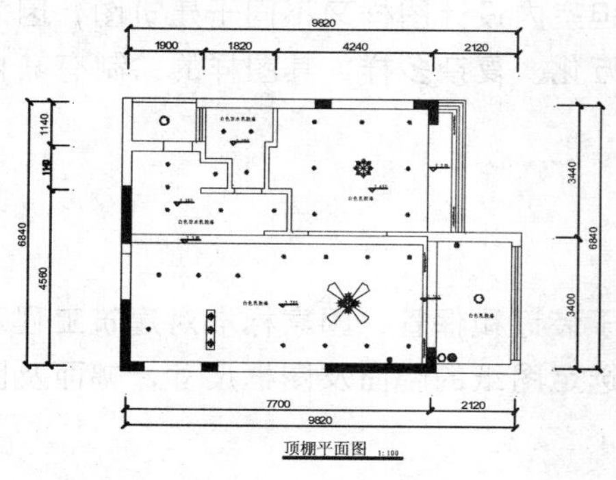

图 1-13　顶棚平面图

图 1-14　效果图

1.1.9 认识室内设计师的职业要求

室内设计师需要具备 7 大职业要求，下面将分别进行介绍。

- 专业知识：室内设计师必须知道各种设计会带来怎样的效果，譬如不同的造型所得的力学效果，实际实用性的影响，所涉及的人体工程学，成本和加工方法等。这些知识决非一朝一日就可以掌握的，而且还要融会贯通、综合运用。
- 创造力：丰富的想象、创新能力和前瞻性是必不可少的，这是室内设计师与工程师的一大区别。工程设计采用计算法或类比法，工作的性质主要是改进、完善而非创新；造型设计则非常讲究原创和独创性，设计的元素是变化无穷的线条和曲面，而不是严谨、繁琐的数据，“类比”出来的造型设计不可能是优秀的。
- 美术功底：简单而言是画画的水平，进一步说则是美学水平和审美观。可以肯定全世界没有一个室内设计师是不会画画的，“图画是设计师的语言”，这道理也不用多说了。虽然现今已有其他能表达设计的方法（如计算机），但纸笔作画仍是最简单、直接、快速的方法。事实上虽然用计算机、模型可以将构思表达得更全面，但最重要的想象、推敲过程绝大部分都是通过简易的纸和笔来进行的。
- 设计技能：包括油泥模型制作的手工和计算机设计软件的应用能力等。当然这些技能需要专业的培养训练，没有天生的能工巧匠，但较强的动手能力是必须的。
- 工作技巧：即协调和沟通技巧。这里牵涉到管理的范畴，但由于设计对整个产品形象、技术和生产都具有决定性的指导作用，所以善于协调、沟通才能保证设计的效率和效果。这是对现代室内设计师的一项附加要求。
- 市场意识：设计中必须作生产（成本）和市场（顾客的口味、文化背景、环境气候等等）的考虑。脱离市场的设计肯定不会好卖，室内设计师也不会好过。

➢ 职责：设计师应是通过与客户的洽谈，现场勘察，尽可能多地了解客户从事的职业、喜好、业主要求的使用功能和追求的风格等。

1.2 室内设计制图规范认识

室内设计制图多沿用建筑制图的方法和标准。但室内设计图样又不同于建筑图，因为室内设计是室内空间和环境的再创造，空间形态千变万化、复杂多样，其图样的绘制有其自身的特点。

1.2.1 常用图幅和格式

图纸幅面是指图纸大小。为了使图纸整齐，便于装订和保管，国家标准对建筑工程及装饰工程的幅面作了规定。应根据所画图样的大小来选定图纸的幅面及图框尺寸，幅面及图框尺寸应符合表 1-1 中的规定。

表 1-1　图纸幅面及图框尺寸　（单位：mm）

幅面代号	A0	A1	A2	A3	A4	A5
B（宽）×*L*（长）	841×1189	594×841	420×594	297×420	210×297	148×210
a	25					
c	10		5			
e	20	10				

在表 1-1 中 *B* 和 *L* 分别代表图幅长边和短边的尺寸，其短边与长边之比为 1∶1.4，*a*、*c*、*e* 分别表示图框线到图纸边线的距离。图纸以短边作垂直边称为横式，以短边作水平边称为立式。一般 A1 ~ A3 图纸宜横式，必要时，也可立式使用，单项工程中每一个专业所用的图纸，不宜超过两种幅面。目录及表格所采用的 A4 幅面，可不在此限。单项工程中每一个专业所用的图纸，不宜超过两种幅面。目录及表格所采用的 A4 幅面，可不在此限。

如有特殊需要，允许加长 A0 ~ A3 图纸幅面的长度，其加长部分应符合表 1-2 中的规定。

表 1-2　图纸长边加长尺寸　（单位：mm）

幅面尺寸	长边尺寸	长边加长后尺寸
A0	1189	1486、1635、1783、1932、2080、2230、2378
A1	841	1051、1261、1471、1682、1892、2102
A2	594	743、891、1041、1189、1338、1486、1635、1783、1932、2080
A3	420	630、841、1051、1261、1471、1682、1892

图签即图纸的标题栏，它包括设计单位名称、工程名称、签字区、图名区及图号区等内容。如今不少设计单位采用自己设计的图签格式，但是必须包括设计单位名称、工程名称、图号、签字和图名这几项内容。会签栏是为各工作负责人审核后签名用的表格，它包括专业、

姓名、日期等内容，具体内容根据需要设置，对于不需要会签的图样，可以不设此栏。

1.2.2 制图线型要求

室内设计图主要由各种线条构成，不同的线型表示不同的对象和不同的部位，代表着不同的含义。为了图面能够清晰、准确、美观地表达设计思想，工程实践中采用了一套常用的线型，并规范了它们的使用范围。

为了使图样主次分明、形象清晰，建筑装饰制图采用的图线分为实线、虚线、点画线、折断线、波浪线等几种；按线宽度不同又分为粗、中、细三种。各类图线的线型、宽度及用途见表 1-3。

表 1-3　图线的线型、宽度及用途

名称	线型	线宽	一般用途
粗实线	━━━━━━	*b*	主要用于可见轮廓线 平面图及剖面图上被剖到部分的轮廓线、建筑物或构建物的外轮廓线、结构图中的钢筋线、剖切位置线、地面线、详图符号的圆圈、图纸的图框线
中粗实线	──────	0.7*b*	可见轮廓线 剖面图中未被剖到但仍能看到而需要画出的轮廓线、标注尺寸的尺寸起止 45° 短线、剖面图及立面图上门窗等构配件外轮廓线、家具和装饰结构的轮廓线
细实线	──────	0.25*b*	尺寸线、尺寸界线、引出线及材料图例线、索引符号的圆圈、标高符号线、重合断面的轮廓线、较小图样中的中心线
粗虚线	━ ━ ━ ━ ━	b	总平面图及运输图中的地下建筑物或构筑物等，如房屋地面下的通道、地沟等位置线
中粗虚线	─ ─ ─ ─ ─	0.7*b*	需要画出看不见的轮廓线 拟建的建筑工程轮廓线
细虚线	─ ─ ─ ─ ─	0.25*b*	不可见轮廓线 平面图上高窗的位置线、搁板（吊柜）的轮廓线
粗点画线	━━ · ━━ · ━━	*b*	结构平面图中梁、屋架的位置线
细点画线	── - ── - ──	0.25*b*	中心线、定位轴线、对称线
细的双点画线	─··─··─··─··─	0.25*b*	假想轮廓线、成型前原始轮廓线
折断线	───╱╲───	0.25*b*	用以表示假想折断的边缘，在局部详图中用得最多
波浪线	∿∿∿∿∿∿	0.25*b*	构造层次的断开界限

画图时，每个图样应根据复杂程度与比例大小，先确定基本线框 *b* 后中粗线 0.5*b* 和细线 0.25*b* 的线框也随之而定，可参照表 1-4 中适当的线宽组。其中，需要微缩的图样，不宜采用 0.18mm 线宽；在同一张图样内，各不同线宽组中的细线，可统一采用较细的线宽组中的细线。

表 1-4 线宽组 （单位：mm）

线宽比	线宽组					
b	2.0	1.4	1.0	0.7	0.5	0.35
0.5*b*	1.0	0.7	0.5	0.35	0.25	0.18
0.35*b*	0.7	0.5	0.35	0.25	0.18	

1.2.3 制图尺寸说明

在室内制图中，尺寸说明主要有以下几点要求。

- 尺寸标注应力求准确、清晰、美观大方。同一张图纸中，标注风格应保持一致。
- 尺寸线应尽量标注在图样轮廓线以外，从内到外依次标注从小到大的尺寸，不能将大尺寸标在内，小尺寸标在外。
- 最大的尺寸线与图样轮廓线之间的距离不应小于 10mm，两条尺寸线之间的距离一般为 7~10mm.
- 尺寸界线朝向图样的端头距图样轮廓之间的距离应大于或等于 2mm,不易直接与之相连。
- 在图线拥挤的地方，应合理安排尺寸线的位置，但不易与图线、文字及符号相交；可以考虑将轮廓线作为尺寸界线，但不能作为尺寸线。
- 室内设计图中连续重复的构配件等，当不易标明定位尺寸时，可以在总尺寸的控制下，不用数值而用“均分”或“EQ”字样表示定位尺寸。

1.2.4 制图文字说明

在一幅完整的图样中用图线方式表现的不充分或无法用图线表示的地方，就需要进行文字的说明。文字说明是图样内容的重要组成部分，制图规范对文字标注中的字体、字号、字体与字号搭配等方面做了一些具体规定。

- 一般原则：字体端正、排列整齐、清晰准确、美观大方、避免过于个性化的文字标注。
- 字体：一般标注推荐采用仿宋体，大标题、图册封面、地形图等的汉字，也可以书写成其他字体，但应易于辨认。
- 字号：标注的文字高度要适中。同一类型的文字采用同一字号。较大的字用于概括性的说明内容，较小的字用于细致的说明内容。

1.2.5 常用绘图比例

比例是指图样中的图形与所表示的实物相应要素之间的线性尺寸之比，比例应以阿拉伯数字表示，写在图名的右侧，字高应比图名字高小一号或两号。

下面列出常用绘图比例，根据实际情况灵活使用。

- 总图：1:500、1:1000、1:2000。
- 平面图：1:50、1:100、1:150、1:200、1:300。

- 立面图：1:50、1:100、1:150、1:200、1:300。
- 剖面图：1:50、1:100、1:150、1:200、1:300。
- 局部放大图：1:10、1:20、1:25、1:30、1:50。
- 配件及构造详图：1:1、1:2、1:5、1:10、1:15、1:20、1:25、1:30、1:50。

1.2.6 常用材料图块

室内设计图中常用建筑材料图表示材料，在无法用图例表示的地方，也可以采用文字说明，见表 1-5。

表 1-5　常用材料图例

材料图例	说明	材料图例	说明
	混凝土		钢筋混凝土
	石材		多孔材料
	金属		玻璃
	液体		砂、灰土
	木地板		砖

1.2.7 制图定位轴线

定位轴线是确定室内构配件位置及相互关系的基准线，也是室内设计和施工的需要。定位轴线一般应编号，编号应注写在轴线端部的圆内。圆应用细实线绘制，直径为 8～10mm。定位轴线圆的圆心，应在定位轴线的延长线上或延长线的折线上。定位轴线中的编号在水平方向上采用阿拉伯数字，由左向右注写；在垂直方向上采用大写汉语拼音字母（但不得使用 I、Q 及 Z 三个字母），由下向上注写。一般定位轴线的标注方法如图 1-15 所示。

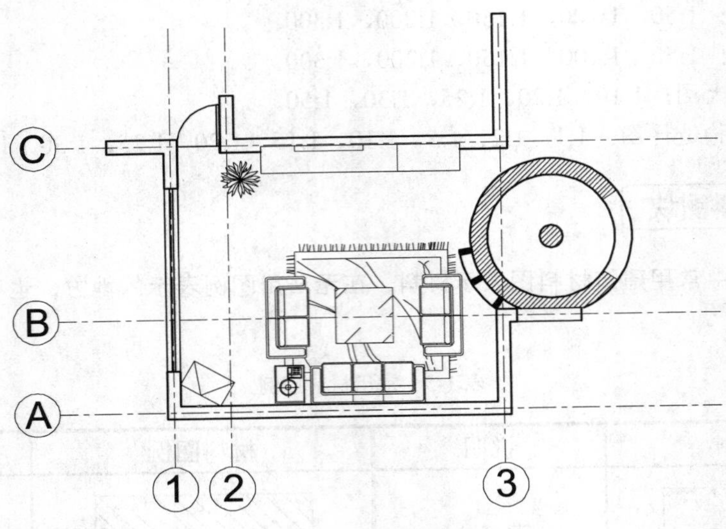

图 1-15　定位轴线

1.2.8 常用制图引线

制图引线可用于详图符号、标高等符号的索引，箭头圆点直径为 3mm，圆点尺寸和引线宽度可根据图幅及图样比例调节，引出线在标注时应保证清晰，在满足标注准确、功能齐全的前提下，尽量保证图面美观。如图 1-16 所示为制图引线标注。

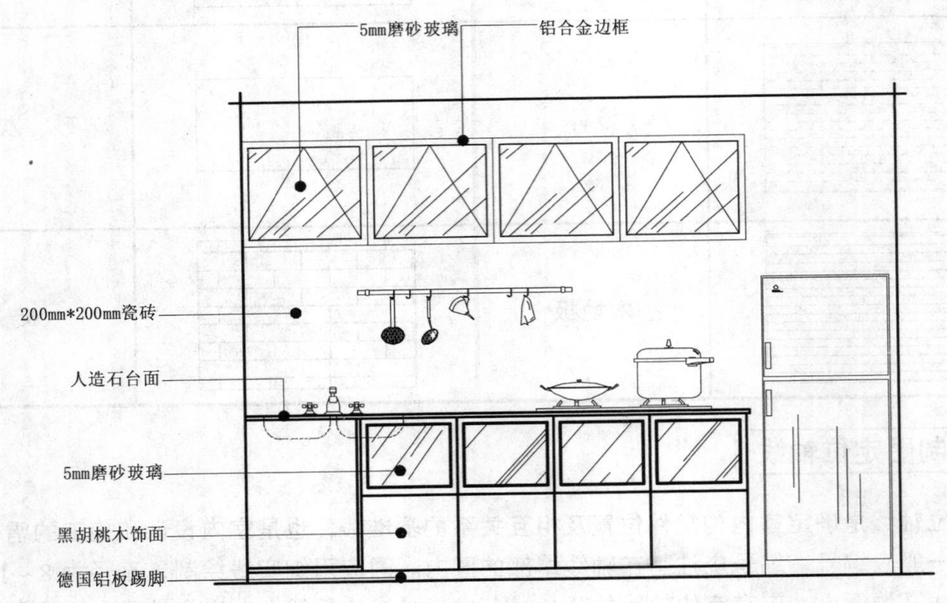

图 1-16　制图引线标注

第 2 章 室内设计软件入门

本章导读

本章主要讲解了室内设计软件的入门知识，并介绍了一些常用图形的创建与编辑操作，使读者在快速熟悉AutoCAD 2014绘图工具的同时，能够掌握二维绘图工具、图形编辑工具、图案填充工具等基本使用方法。

精彩看点

- 认识AutoCAD 2014的新界面
- 设置绘图辅助功能
- 创建与编辑图层
- 使用图形编辑工具
- 设置绘图界限
- 设置坐标和坐标系
- 使用二维绘图工具
- 使用图案填充工具

2.1 认识 AutoCAD 2014 绘图工具

为了满足用户的设计需要，AutoCAD 2014 提供了多种绘图工具，以方便对软件的绘图环境、坐标、坐标系以及图层等进行设置。

2.1.1 认识 AutoCAD 2014 新界面

室内设计主要使用的是 AutoCAD 的二维绘图功能，本书将以“草图与注释”工作空间为例进行将讲解。“草图与注释”工作空间的界面主要由“应用程序”按钮、快速访问工具栏、标题栏、“功能区”选项板、绘图区、命令行、文本窗口和状态栏等元素组成，如图 2-1 所示。

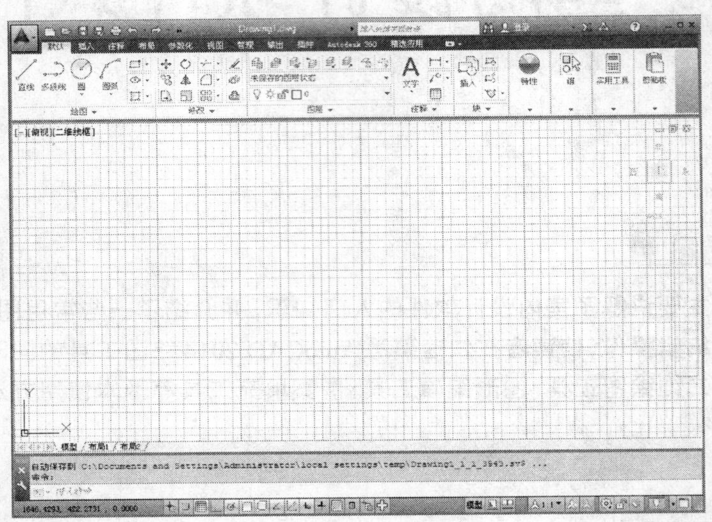

图 2-1　“草图与注释”界面

专家提醒

“草图与注释”工作空间用功能区取代了工具栏和菜单栏，是目前比较流行的一种界面形式，在 Office 2007、SolidWorks 2012 等软件中得到了广泛的应用。

1. 快速访问工具栏

AutoCAD 2014 的快速访问工具栏中包含最常用的操作快捷按钮，方便用户使用。在默认状态下 AutoCAD 2014 的快速访问工具栏中包含最常用的操作快捷按钮，方便用户使用。快速访问工具栏中包含 8 个快捷工具，分别为“新建”按钮、“打开”按钮、“保存”按钮、“另存为”按钮、“打印”按钮、“放弃”按钮、“重做”按钮和“工作空间”按钮草图与注释，如图 2-2 所示。

2. “应用程序”按钮

“应用程序”按钮位于软件窗口左上方，单击该按钮，系统将弹出“应用程序”菜单，如图 2-3 所示，其中包含了 AutoCAD 的功能和命令。选择相应的命令，可以创建、打开、保存、另存为、输出、发布、打印和关闭 AutoCAD 文件等。

图 2-2　快速访问工具栏

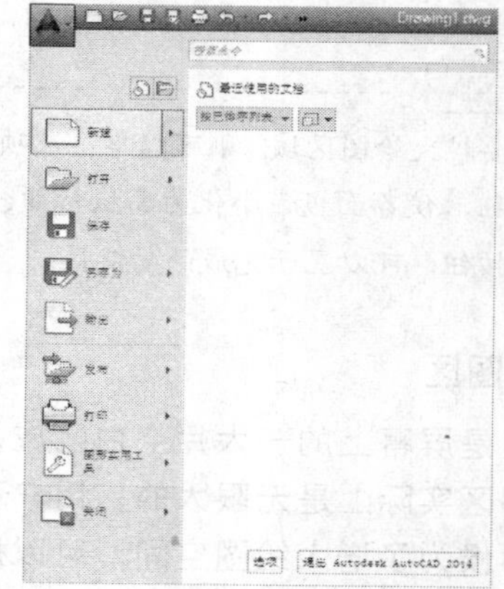

图 2-3　“应用程序”菜单

快速访问工具栏放置的是最常用的工具按钮，同时用户也可以根据需要，添加更多的常用工具按钮。

3. 标题栏

标题栏位于应用程序窗口的最上方，用于显示当前正在运行的程序名及文件名等信息。AutoCAD 默认的图形文件，其名称为 DrawingN.dwg（N 表示数字），如图 2-4 所示。

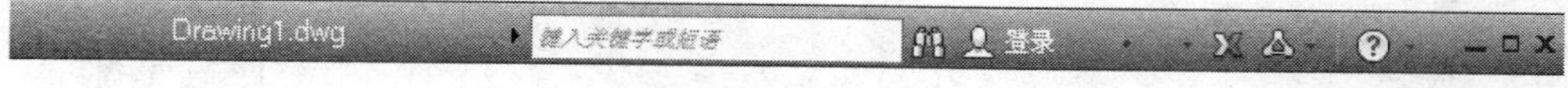

图 2-4　标题栏

标题栏中的信息中心提供了多种信息来源。在文本框中输入需要帮助的问题，并单击“搜索”按钮，即可获取相关的帮助；单击“登录”按钮，可以登录 Autodesk Online 以访问与桌面软件集成的服务获；单击“交换”按钮，显示“交流”窗口，其中包含信息、帮助和下载内容，并可以访问 AutoCAD 社区；单击“帮助”按钮，可以访问帮助，查看相关信息；单击标题栏右侧的按钮组，可以最小化、最大化或关闭应用程序窗口。

4. “功能区”选项板

“功能区”选项板是一种特殊的选项板，位于绘图区的上方，是菜单和工具栏的主要替代工具，用于显示与基于任务的工作空间关联的按钮和空间。默认状态下，在“草图与注释”工作界面中，“功能区”选项板中包含“默认”“插入”“注释”“布局”“参数化”“视图”“管理”“输出”“插件”“Autodesk 360”和“精选应用”11 个选项卡，每个选项卡中包含若干个面板，每个面板中又包含许多命令按钮，如图 2-5 所示。

图 2-5 “功能区”选项板

如果需要扩大绘图区域，则可以单击选项卡右侧的三角形按钮，使各面板最小化为面板按钮；再次单击该按钮，使各面板最小化为面板标题；再次单击该按钮，使“功能区”选项板最小化为选项卡；再次单击该按钮，可以显示完成的功能区。

5. 绘图区

绘图区是屏幕上的一大片空白区域，是用户绘图的主要工作区域，如图 2-6 所示。图形窗口的绘图区实际上是无限大的，用户可以通过“缩放”和“平移”等命令来观察绘图区的图形。有时候为了增大绘图空间，可以根据需要关闭其他界面元素，如选项板。

绘图区的左上角的三个快捷控件，可以快速修改图形的视图方向和视觉样式。在绘图区的左下角显示一个坐标系图标，以方便绘图人员了解当前的视图方向。此外，在绘图区中将显示一个十字光标，其交点为光标在当前坐标系中的位置。当移动鼠标时，光标的位置也会相应地改变。

绘图区的右上角包含“最小化”“最大化”和“关闭”3 个按钮，在 AutoCAD 中同时打开多个文件时，可以通过这些按钮切换和关闭图形文件。在绘图区的右侧还显示了 ViewCube 工具和导航面板，用于切换视图方向和控制视图。

图 2-6　绘图区

6. 命令行

命令行位于绘图窗口的下方，用于显示提示信息和输入数据，如命令、绘图模式、变量名、坐标值和角度值等，如图 2-7 所示。

按 F2 快捷键，弹出 AutoCAD 文本窗口，如图 2-8 所示，其中显示了命令行窗口的所有信息。文本窗口也称专业命令窗口，用于记录在窗口中操作的所有命令，如单击按钮和选择菜单项等。在文本窗口中输入命令，按回车键结束，即可执行相应的命令。

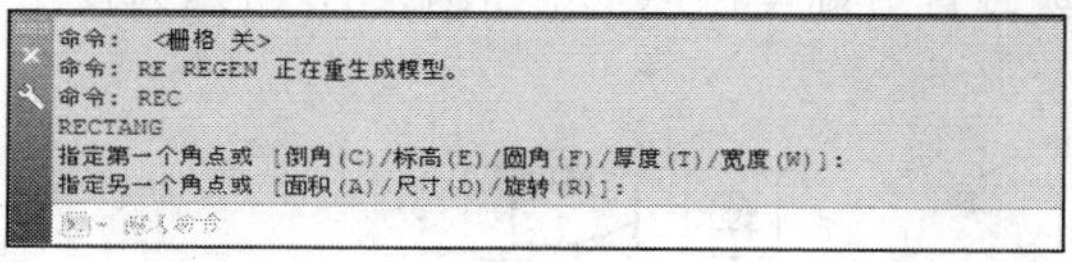

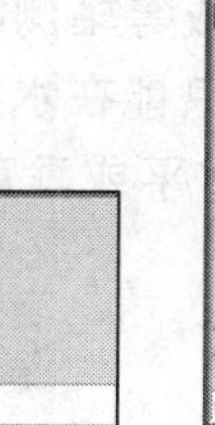

图 2-7　命令行

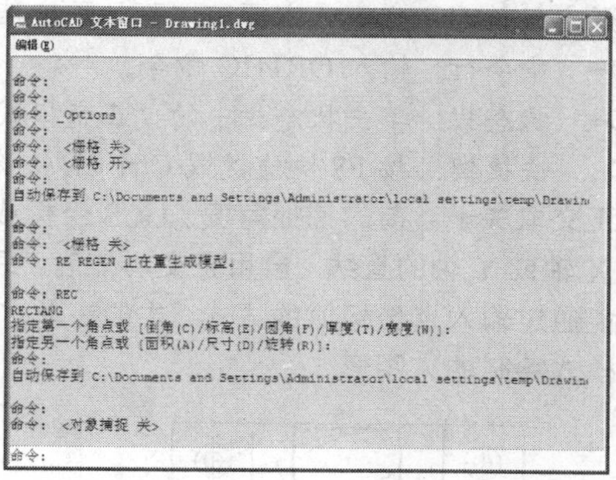

图 2-8　AutoCAD 文本窗口

7. 状态栏

状态栏位于 AutoCAD 2012 窗口的最下方，它可以显示 AutoCAD 当前的状态，主要由 5 部分组成，如图 2-9 所示。

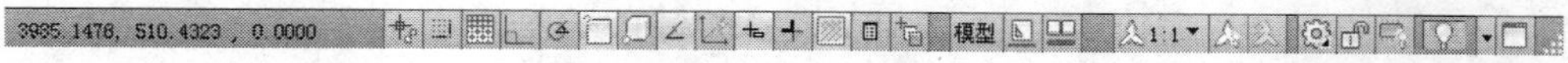

图 2-9　状态栏

- 坐标值：光标坐标值显示了绘图区中光标的位置，移动光标，坐标值也随之变化。
- 绘图辅助工具：主要用于控制绘图的性能，其中包括推断约束、捕捉模式、栅格显示、正交模式、极轴追踪、对象捕捉、三维对象捕捉、对象捕捉追踪、允许/禁止动态 UCS、动态输入、显示/隐藏线宽、显示/隐藏透明度、快捷特性和选择循环等工具。
- 快速查看工具：使用其中的工具可以轻松预览打开的图形，以及打开图形的模型空间与布局，并在其间进行切换，图形将以缩略图形式在应用程序窗口的底部。
- 注释工具：用于显示缩放注释的若干工具。对于模型空间和图纸空间，将显示不同的工具。当图形状态栏打开后，将显示在绘图区域的底部；当图形状态栏关闭时，图形状态栏上的工具移至应用程序状态栏。
- 工作空间工具：用于切换 AutoCAD 2014 的工作空间，以及对工作空间进行自定义设置等操作。

2.1.2 设置绘图辅助功能

在绘制室内图形时，使用光标很难准确地指定点的正确位置。在 AutoCAD 2014 中使用捕捉、栅格、正交功能、自动捕捉功能、捕捉自功能等可以精确定位点的位置，绘制出精确的室内图形。

1. 设置正交功能

“正交”功能可以保证绘制的直线完全呈水平或垂直状态。

开启与关闭正交模式主要有以下几种方法。

- 命令行：输入 ORTHO 命令。
- 状态栏：单击状态栏中的“正交模式”按钮。
- 快捷键：按 F8 快捷键或 Ctrl + L 快捷键。

正交取决于当前的捕捉角度、UCS 坐标或等轴测栅格和捕捉设置，可以帮助用户绘制平行于 X 轴或 Y 轴的直线。启用正交功能后，只能在水平方向或垂直方向上移动十字光标，而且只能通过输入点坐标值的方式，才能在非水平或垂直方向绘制图形。如图 2-10 所示为使用正交模式绘制的床图形。

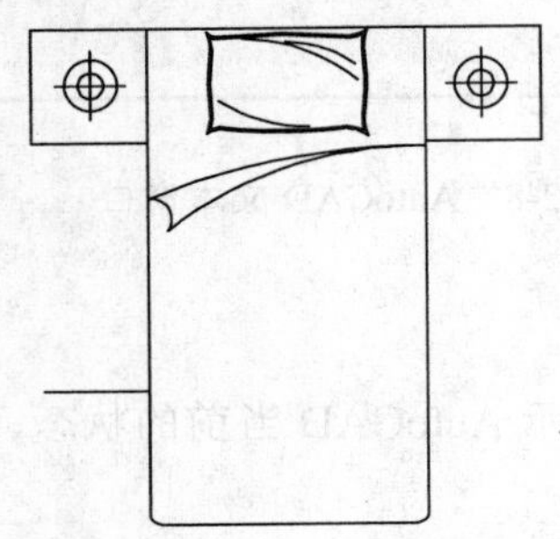

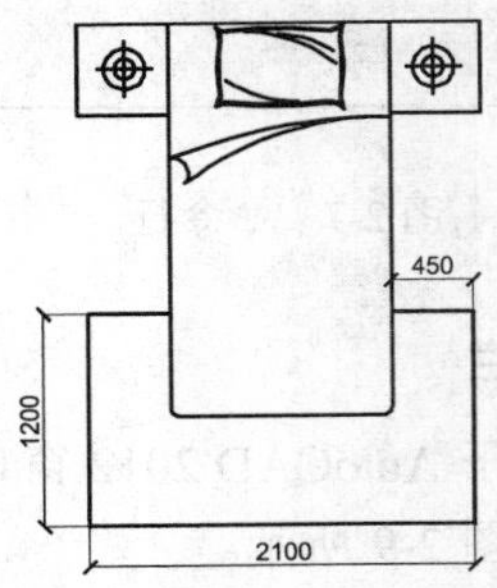

图 2-10　使用正交模式绘制的床图形

2. 设置栅格功能

栅格是一些按照相等间距排布的网格，就像传统的坐标纸一样，能直观地显示图形界限的范围，如图 2-11 所示。用户可以根据绘图的需要，开启或关闭栅格在绘图区的显示，并在“草图设置”对话框中设置栅格的间距大小，从而达到精确绘图的目的，如图 2-12 所示。

开启与关闭栅格模式主要有以下几种方法：

- 命令行：输入 GRID 或 SE 命令。
- 状态栏：单击状态栏中的“栅格模式”按钮。
- 快捷键：按 F7 快捷键。

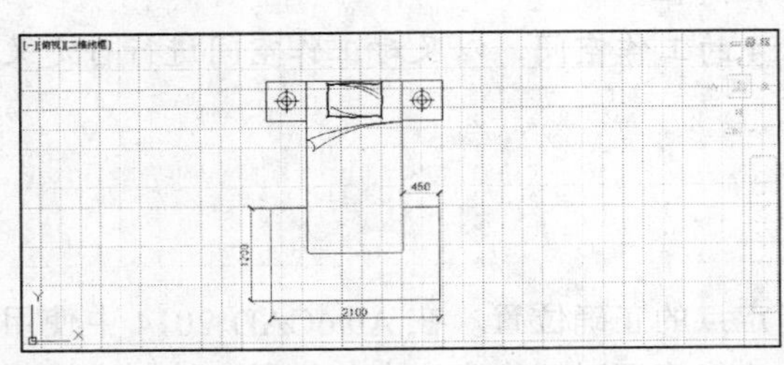

图 2-11　显示栅格

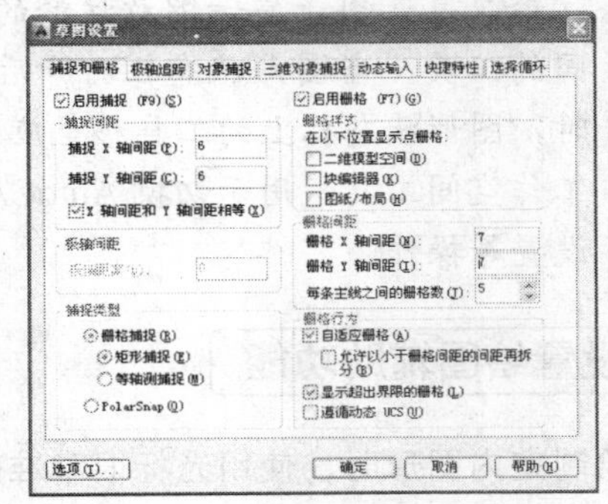

图 2-12　“捕捉和栅格”选项卡

3. 设置捕捉功能

“捕捉”功能可以控制光标移到的距离，它经常和“栅格”功能一起使用。打开“捕捉”

功能，光标只能停留在栅格上，此时只能移到栅格间距整数倍的距离。

开启与关闭捕捉模式主要有以下几种方法：

➢ 状态栏：单击状态栏中的“捕捉模式”按钮。
➢ 快捷键：按 F9 快捷键。

4. 设置极轴追踪功能

“极轴追踪”功能实际上是极坐标的一个应用。该功能可以使光标沿着指定角度移动，从而找到指定的点。

开启与关闭极轴追踪模式主要有以下几种方法：

➢ 状态栏：单击状态栏中的“极轴追踪”按钮。
➢ 快捷键：按 F10 快捷键。

在“草图设置”对话框中，单击“极轴追踪”选项卡，勾选“启用极轴追踪”复选框，可以启用极轴追踪功能，在“极轴角设置”选项组中，可以设置极轴追踪的增量角和附加角等参数，如图 2-13 所示。当光标的相对角度等于所设置的角度时，屏幕上将显示追踪路径，如图 2-14 所示。

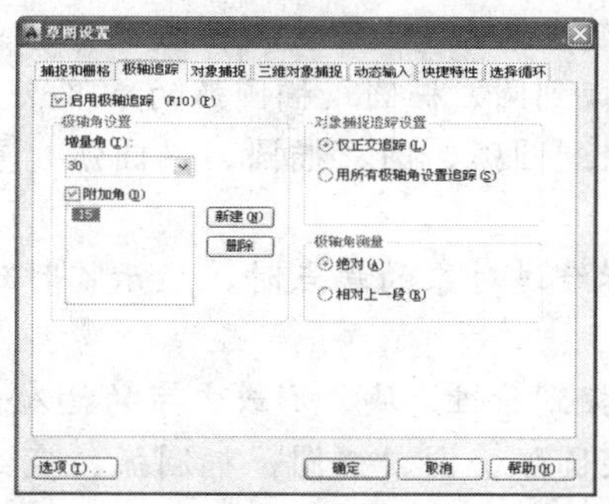

图 2-13 “极轴追踪”选项卡

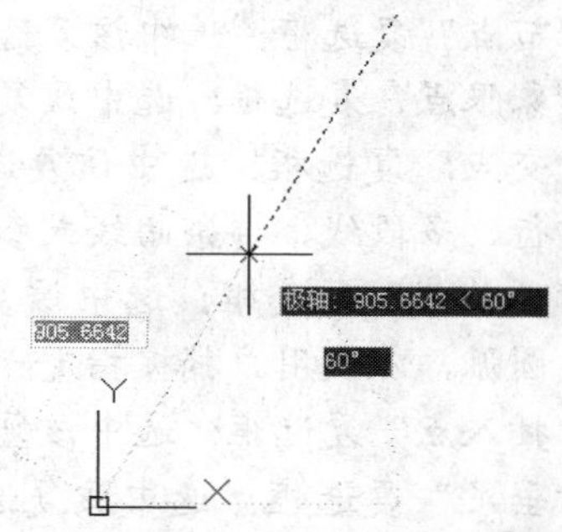

图 2-14 显示追踪路径

在“极轴追踪”选项卡中，各主要选项的含义如下：

➢ “启用极轴追踪”复选框：勾选该复选框，可以启用极轴追踪功能；取消勾选该复选框，则可以禁用极轴追踪功能。
➢ “增量角”列表框：设定用来显示极轴追踪对齐路径的极轴角增量。可以输入任何角度，也可以从列表框中选择 90、45、30、22.5、18、15、10 或 5 这些常用角度。
➢ “附加角”复选框：勾选该复选框，可以对极轴追踪使用列表中的附加角度。
➢ “新建”按钮：单击该按钮，最多可以添加 10 个附加极轴追踪对齐角度。
➢ “删除”按钮：单击该按钮，可以删除选定的附加角度。
➢ “对象捕捉追踪设置”选项组：用于设定对象捕捉追踪选项。
➢ “极轴角测量”选项组：用于设定测量极轴追踪对齐角度的基准。

5. 设置对象捕捉功能

在绘图的过程中，经常需要指定一些已有对象的特定点，如端点、中点、圆心、节点等。利用对象捕捉功能，系统可以自动捕捉到对象上所有符合条件的几何特征点，并显示相应的标记，使绘图人员能够快速准确地绘制图形。

开启与关闭对象捕捉模式主要有以下几种方法：

- 状态栏：单击状态栏中的“对象捕捉”按钮□。
- 快捷键：按 F3 快捷键。

在“对象捕捉”按钮上□右键单击，在弹出的菜单中选择“设置”命令，弹出“草图设置”对话框，，如图 2-15 所示。

在“对象捕捉”选项卡中，各主要选项的含义如下：

- “端点”复选框：选中该复选框，可以捕捉到圆弧、椭圆弧、直线、多行、多段线、样条曲线、面域或射线最近的端点，以及捕捉宽线、实体或三维面域的最近角点。
- “中点”复选框：选中该复选框，可以捕捉到圆弧、椭圆、椭圆弧、直线、多行、多段线、面域、实体、样条曲线或参照线的中点。
- “圆心”复选框：选中该复选框，可以捕捉到圆弧、圆、椭圆或椭圆弧的圆心点。

图 2-15　“对象捕捉”选项卡

- “节点”复选框：选中该复选框，可以捕捉到点对象、标注定义点或文字原点。
- “象限点”复选框：选中该复选框，可以捕捉到圆、椭圆或椭圆弧的象限点。
- “交点”复选框：选中该复选框，可以捕捉到圆弧、圆、椭圆、椭圆弧、直线、多行、多段线、样条曲线或参照线的交点。
- “延长线”复选框：选中该复选框，当光标经过对象的端点时，显示临时延长线或圆弧，以便用户捕捉指定点。
- “插入点”复选框：选中该复选框，可以捕捉到属性、块、形或文字的插入点。
- “垂足”复选框：选中该复选框，可以捕捉圆弧、圆、椭圆、椭圆弧、直线、多线、多段线、样条曲线或者构造线的垂足。
- “切点”复选框：选中该复选框，可以捕捉到圆弧、圆、椭圆或样条曲线的切点。
- “最近点”复选框：选中该复选框，可以捕捉到圆弧、圆、椭圆、椭圆弧、直线、多线、多段线、样条曲线或参照线的最近点。
- “外观交点”复选框：选中该复选框，可以捕捉不在同一平面但在当前视图中看起来可能相交的两个对象的视觉交点。
- “平行线”复选框：可以将直线或多段线限制为与其他线性对象平行。

6. 设置自动捕捉和临时捕捉功能

AutoCAD 提供了两种捕捉模式：自动捕捉和临时捕捉。自动捕捉需要用户在捕捉特征点之前设置需要的捕捉点，当鼠标移动到这些对象捕捉点附近时，系统会自动捕捉特征点。

临时捕捉“FROM”命令是一种一次性捕捉模式，这种模式不需要提前设置，当用户需要时临时设置即可。且这种捕捉只是一次性的，就算是在命令未结束时也不能反复使用。

2.1.3 设置绘图界限

图形界限指的是 AutoCAD 的绘图区域，也称为图限。AutoCAD 的绘图区域是无限大的，用户可以绘制任意大小的图形。通常所用的图纸都有一定的规格尺寸。为了将绘制的图形方便地打印输出，在绘图前应设置好图形界限。

执行“图形界限”命令主要有以下两种方法：

- 命令行：输入 LIMITS 命令。
- 菜单栏：选择“格式”|“图形界限”命令。

调用 LIMITS“图形界限”命令，此时命令行提示如下：

```
命令: LIMITS
重新设置模型空间界限:
指定左下角点或 [开(ON)/关(OFF)] <0.0000,0.0000>: 0,0          //指定图形的左下角点
指定右上角点 <420.0000,297.0000>: 100,150                      //指定图形的右下角点
```

在设置完图形界限后，按 F7 快捷键，即可显示设置图形界限后的栅格，如图 2-16 所示。

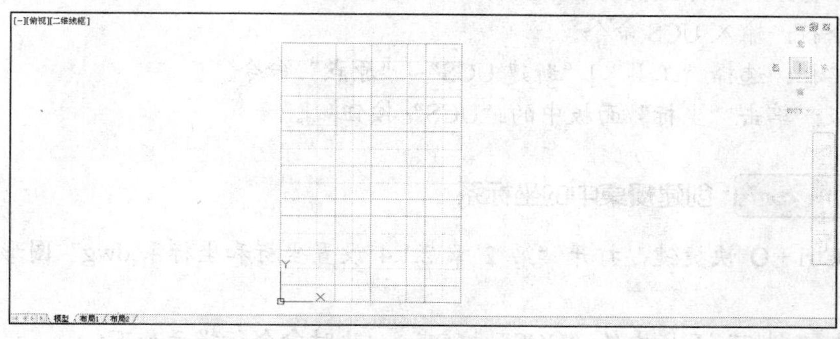

图 2-16　显示图形界限

2.1.4 设置坐标和坐标系

AutoCAD 的图形定位，主要是由坐标系统确定的。使用 AutoCAD 提供的坐标系和坐标可以精确地设计并绘制图形。

1. 输入点坐标

在 AutoCAD 2014 中，输入点的坐标可以使用绝对坐标系、相对坐标系、绝对极坐标和相对极坐标 4 种方式。

- 绝对坐标：绝对坐标是以原点（0,0）或（0,0,0）为基点定位的所有点，系统默认的坐标原点位于绘图区的左下角。在绝对坐标系中，X 轴、Y 轴和 Z 轴在原点(0,0,0)处相交。绘图区内的任意一点都可以使用（X,Y,Z）来标识，也可以通过输入 X、Y、Z 坐标值来定义点的位置，坐标间用逗号坐标间用逗号隔开，例如（20,25）、（5,7,10）等。
- 相对坐标：相对坐标是一点相对于另一特定点的位置，可以使用（@X,Y）方式输入相对坐标。一般情况下，系统将把上一步操作的点看作是特定点，后续操作都是相对于上一步操作的点而进行，如上一步操作点为（20,40），输入下一个点的相对坐标为（@10,20），则说明确定该点的绝对坐标为（30,60）。
- 绝对极坐标：绝对极坐标是以原点作为极点。在 AutoCAD 2014 中，输入一个长度

距离，后面加上一个“<”符号，再加一个角度即可以表示绝对极坐标。绝对极坐标规定 X 轴正方向为 0°，Y 轴正方向为 90°，如（5<10）表示该点相对于原点的极径为 5，而该点的连线与 0° 方向（通常指 X 轴正方向）之间的夹角为 10°。

- 相对极坐标：相对极坐标通过用相对于某一特定点的极径和偏移角度来表示。相对极坐标是以上一步操作点为极点，而不是以原点为极点。相对极坐标用（@1<a）来表示，其中，@表示相对、1 表示极径、a 表示角度，如（@20<40）表示相对于上一步操作点的极径为 20、角度为 40° 的点。

2. 创建坐标系

在 AutoCAD 2014 中，可以创建 UCS。UCS 的原点以及 X 轴、Y 轴、Z 轴方向都可以移动及旋转，甚至可以依赖于图形中某个特定的对象。

执行“坐标系”命令主要有以下几种方法：

- 命令行：输入 UCS 命令。
- 菜单栏：选择“工具”|“新建 UCS”|“原点”命令。
- 面板：单击“坐标”面板中的“UCS”按钮。

操作实训 2-1：创建餐桌中的坐标系

01 按 Ctrl + O 快捷键，打开“第 2 章\2.1.4 设置坐标和坐标系.dwg”图形文件，如图 2-17 所示。

02 单击“坐标”面板中的“UCS”按钮，此时命令行提示如下：

```
命令：_ucs
当前 UCS 名称：*世界*
指定 UCS 的原点或 [面(F)/命名(NA)/对象(OB)/上一个(P)/视图(V)/世界(W)/X/Y/Z/Z 轴(ZA)] <世界>:                                    //捕捉中间的圆心点
指定 X 轴上的点或 <接受>:                 //按回车键结束，结果如图 2-18 所示
```

在命令行中，各主要选项的含义如下：

- 面（F）：将 UCS 与实体选定的面对齐。
- 命名（NA）：该选项用于保存或恢复命名 UCS 定义。
- 对象（OB）：根据选择的对象创建 UCS。新创建的对象将位于新的 XY 平面上，X 轴和 Y 轴方向取决于用户选择的对象类型。该命令不能用于三维实体、三维网格、视口、多线、面域、样条曲线、椭圆、射线、构造线、引线、多行文字等对象。对于非三维面的对象，新 UCS 的 XY 平面与当绘制该对象时生效的 XY 平面平行，但 X 轴和 Y 轴可以进行不同的旋转。
- 上一个（P）：退回到上一个坐标系，最多可以返回至前 10 个坐标系。
- 视图（V）：使新坐标系的 XY 平面与当前视图的方向垂直，Z 轴与 XY 平面垂直，而原点保持不变。
- 世界（W）：将当前坐标系设置为 WCS 世界坐标系。
- X/Y/Z：将坐标系分别绕 X、Y、Z 轴旋转一定的角度生成新的坐标系，可以指定两个点或输入一个角度值来确定所需角度。

➢ Z 轴（ZA）：在不改变原坐标系 Z 轴方向的前提下，通过确定新坐标系原点和 Z 轴正方向上的任意一点来新建 UCS。

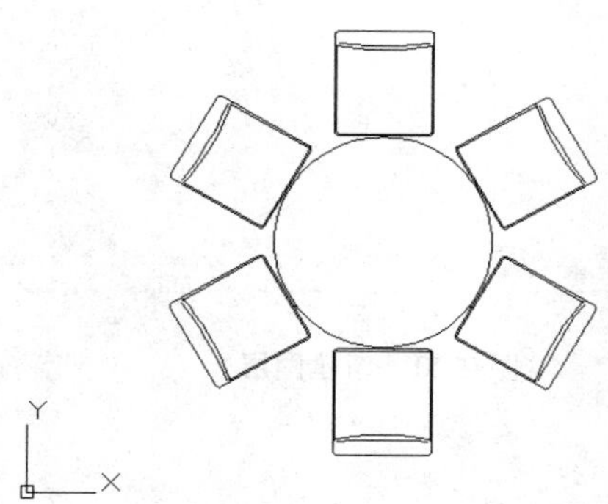

图 2-17　打开图形文件

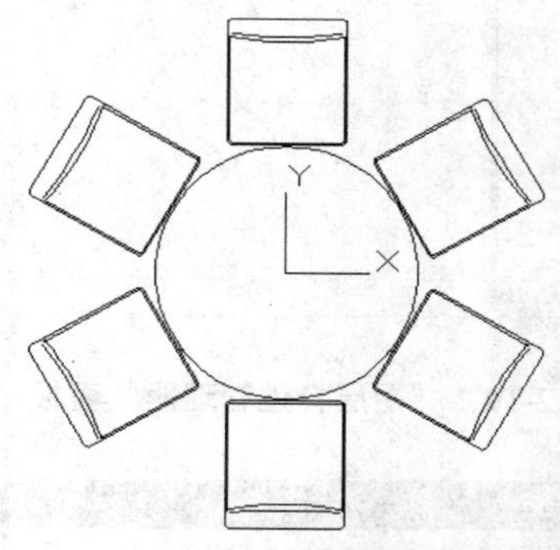

图 2-18　创建坐标系效果

2.1.5 创建与编辑图层

图层是大多数图形图像处理软件的基本组成元素。在 AutoCAD 2014 中，增强的图层管理功能可以帮助用户有效地管理大量的图层。新图层特性不仅占用小，而且还提供了更强大的功能。

在 AutoCAD 2014 中的绘图过程中，图层是最基本的操作，也是最有用的工具之一，对图形文件中各类实体的分类管理和综合控制具有重要的意义。总的来说，图层具有以下 3 方面的优点。

➢ 节省存储空间。
➢ 控制图形的颜色、线条的宽度及线型等属性。
➢ 统一控制同类图形实体的显示、冻结等特性。

执行“图层”命令主要有以下几种方法：

➢ 命令行：输入 LAYER/LA 命令。
➢ 菜单栏：选择“格式”|“图层”命令。
➢ 面板：单击“图层”面板中的“图层特性”按钮。

操作实训 2-2：创建室内绘图图层

01 单击“图层”面板中的“图层特性”按钮，打开“图层特性管理器”选项板，如图 2-19 所示。

02 单击“新建图层”按钮，新建图层，并将其名称修改为“轴线”，如图 2-20 所示。

03 单击新建图层的“颜色”特性项，打开“选择颜色”对话框，选择“红色”，如图 2-21 所示。

04 单击“确定”按钮，设置图层颜色，如图 2-22 所示。

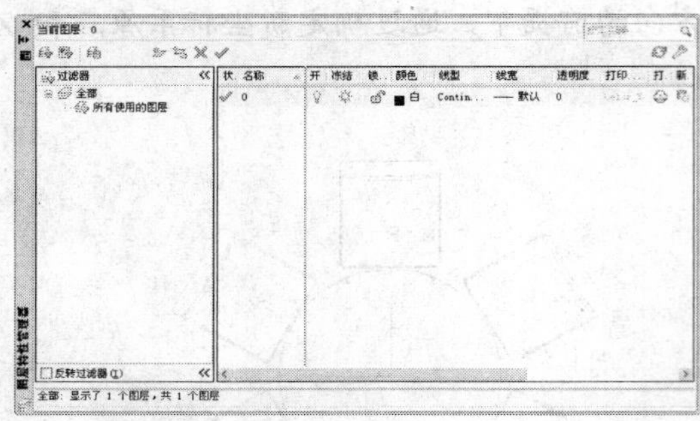

图 2-19　“图层特性管理器”面板

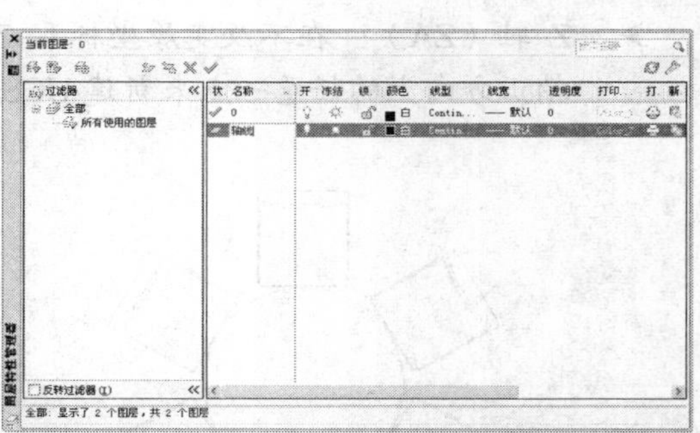

图 2-20　新建图层

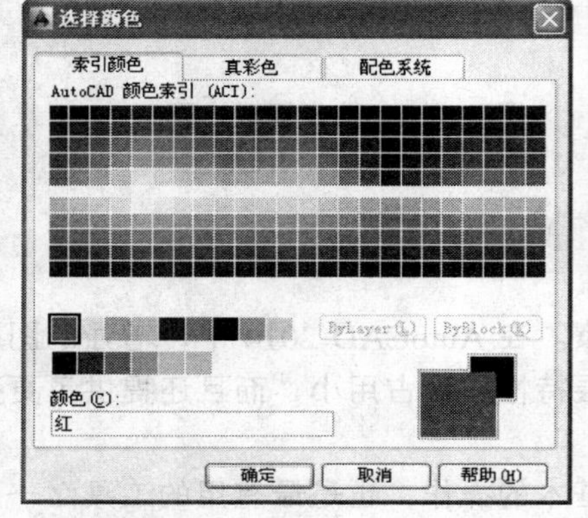

图 2-21　“选择颜色”对话框

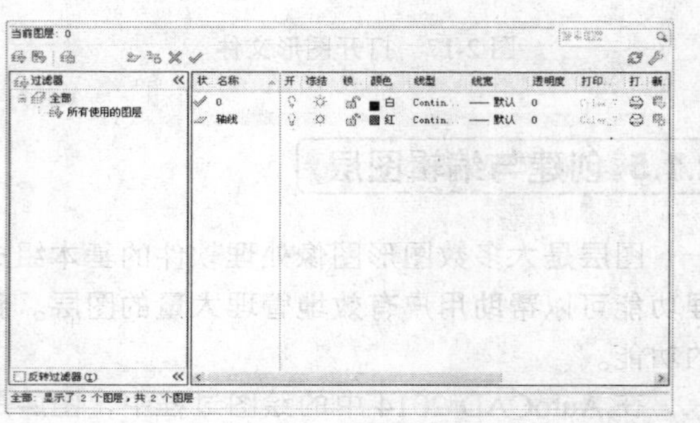

图 2-22　设置图层颜色

05 单击新建图层的“线型”特性项，打开“选择线型”对话框，单击“加载”按钮，如图 2-23 所示。

06 打开“加载或重载线型”对话框，选择“CENTER”选项，如图 2-24 所示。

07 单击“确定”按钮，返回到“选择线型”对话框，选择“CENTER”选项，如图 2-25 所示。

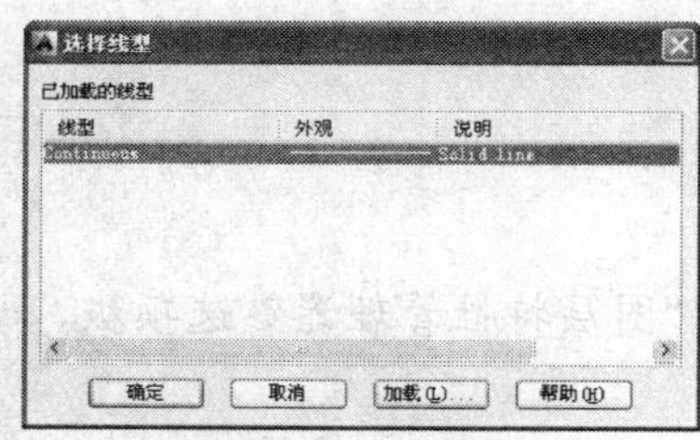

图 2-23　单击“加载”按钮

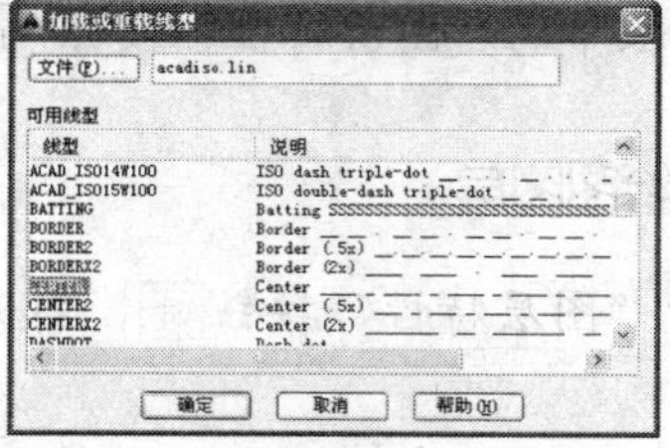

图 2-24　“加载或重载线型”对话框

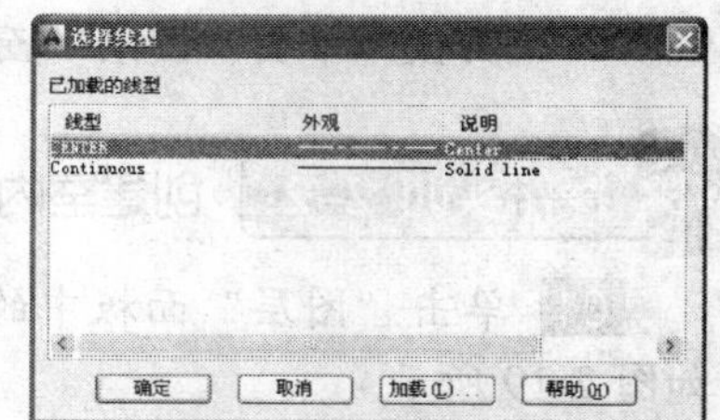

图 2-25　“选择线型”对话框

08 单击“确定”按钮，即可设置图层线型，如图 2-26 所示。

09 重复上述操作，创建其他相应图层，如图 2-27 所示。

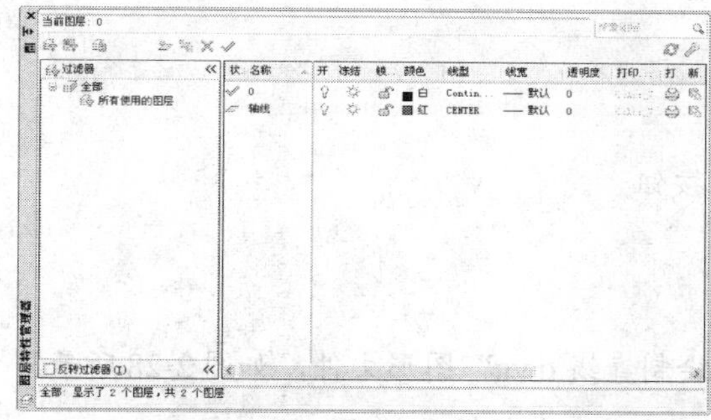

图 2-26　设置图层线型

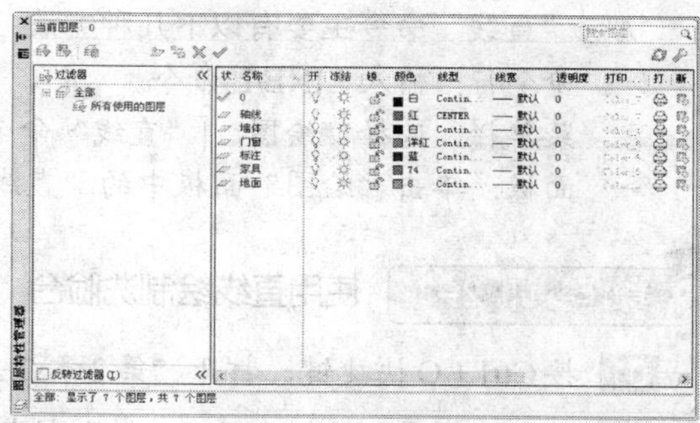

图 2-27　创建其他图层

在“图层特性管理器”选项板中，各主要选项的含义如下：

- “新建特性过滤器”按钮：单击该按钮，可以显示“图层过滤器特性”对话框，从中可以根据图层的一个或多个特性创建图层过滤器。
- “新建组过滤器”按钮：单击该按钮，可以创建图层过滤器，其中包含选择并添加到该过滤器的图层。
- “图层状态管理器”按钮：单击该按钮，可以显示图层状态管理器，从中可以将图层的当前特性设置保存到一个命名图层状态中，以后可以再恢复这些设置。
- “新建图层”按钮：单击该按钮，可以创建新图层。
- “在所有的视口中都被冻结的新建图层视口”按钮：单击该按钮，可以创建新图层，然后在所有现有布局视口中将其冻结。
- “删除图层”按钮：可以删除选定图层。并只能删除未被参照的图层。
- “置为当前”按钮：单击该按钮，可以将选定图层设定为当前图层。
- “当前图层”选项组：在该选项组中显示当前图层的名称。
- “搜索图层”文本框：输入字符时，按名称快速过滤图层列表。
- “状态行”选项组：在该选项组中显示当前过滤器的名称、列表视图中显示的图层数和图形中的图层数。
- “反转过滤器”复选框：选中该复选框，可以显示出所有不满足选定图层特性过滤器中条件的图层。

2.2 使用二维绘图工具

在室内装潢制图中，二维平面绘图是使用最多、用途最广的基础操作，其中基本的图层元素包括直线、圆、圆弧、多段线、矩形等，应用相应的命令即可绘制这些图形。本节将详细介绍使用二维绘图工具的操作方法，以供读者掌握。

2.2.1 绘制直线

直线是各种绘图中最常用、最简单的图形对象，它可以是一条线段，也可以是一系列线段，但是每条线段都是独立的直线对象。

执行“直线”命令主要有以下几种方法：

- 命令行：输入 LINE/L 命令。
- 菜单栏：选择“绘图”|“直线”命令。
- 面板：单击“绘图”面板中的“直线”按钮。

操作实训 2-3：使用直线绘制洗脸台

01 按 Ctrl + O 快捷键，打开“第 2 章\2.2.1 绘制直线.dwg”图形文件，如图 2-28 所示。

02 单击“绘图”面板中的“直线”按钮，此时命令行提示如下：

```
命令: LINE
指定第一个点:                                //指定图形的左上角点
指定下一点或 [放弃(U)]: 750                  //设置直线长度参数，按回车键结束
绘制，结果如图 2-29 所示
```

03 重复上述方法，绘制其他的直线对象，如图 2-30 所示。

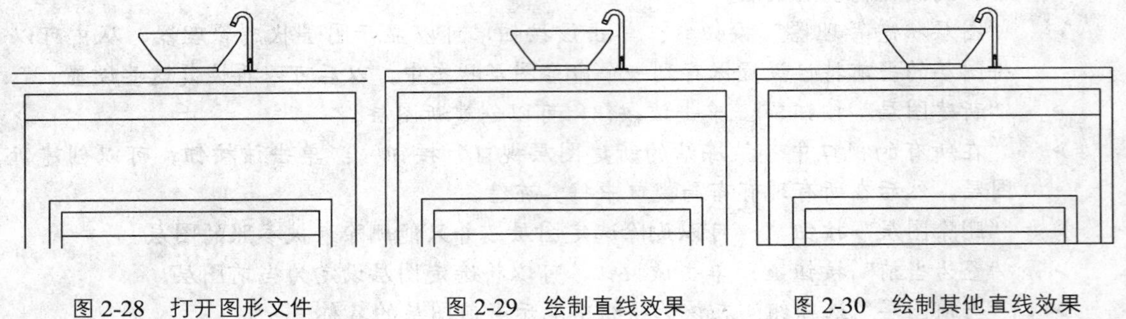

图 2-28　打开图形文件　　图 2-29　绘制直线效果　　图 2-30　绘制其他直线效果

2.2.2 绘制圆

当一条线段绕着它的一个端点在平面内旋转一周时，其另一个端点的轨迹就是圆。圆是图形中一种常见的实体，也是一种特殊的平面曲线。

执行“圆”命令主要有以下几种方法：

- 命令行：输入 CIRCLE/C 命令。
- 菜单栏：选择“绘图”|“圆”命令。
- 面板：单击“绘图”面板中的“圆心”按钮。

菜单栏中的“绘图”|“圆”子菜单中提供了 6 种绘制圆的子命令，各子命令的含义如下：

- 圆心、半径：通过确定圆心和半径的方式来绘制圆。
- 圆心、直径：通过确定圆心和直径的方式来绘制圆。
- 三点：通过确定圆周上的任意三个点来绘制圆。
- 两点：通过确定直径的两个端点来绘制圆。
- 相切、相切、半径：通过确定与已知的两个图形对象相切的切点和半径来绘制圆。
- 相切、相切、相切：通过确定与已知的三个图形对象相切的切点来绘制圆。

操作实训 2-4： 使用圆绘制书桌图形

01 按 Ctrl + O 快捷键，打开“第 2 章\2.2.2 绘制圆.dwg”图形文件，如图 2-31 所示。

02 单击“绘图”面板中的“圆心，半径”按钮，此时命令行提示如下：

```
命令: CIRCLE
指定圆的圆心或 [三点(3P)/两点(2P)/切点、切点、半径(T)]:          //指定右上方相应直线的交点
指定圆的半径或 [直径(D)]: 56          //设置圆半径参数，按回车键结束绘制，结果如图 2-32 所示
```

03 单击“绘图”面板中的“圆心，直径”按钮，此时命令行提示如下：

```
命令: _circle
指定圆的圆心或 [三点(3P)/两点(2P)/切点、切点、半径(T)]:          //指定圆心点
指定圆的半径或 [直径(D)] <56.0000>: _d 指定圆的直径 <112.0000>: 225 //设置圆直径参数，按回车键结束绘制，结果如图 2-33 所示
```

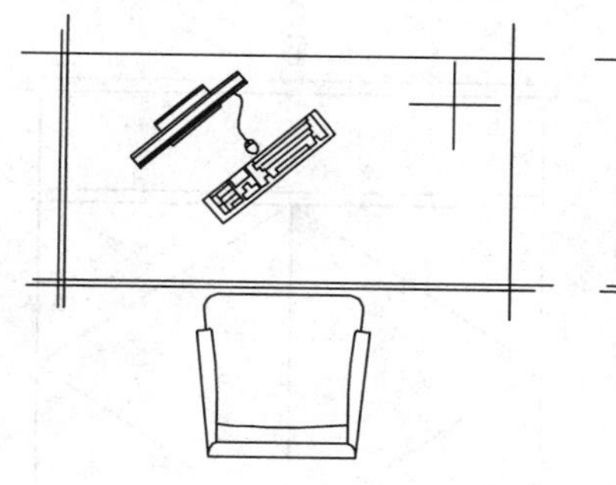
图 2-31　打开图形文件

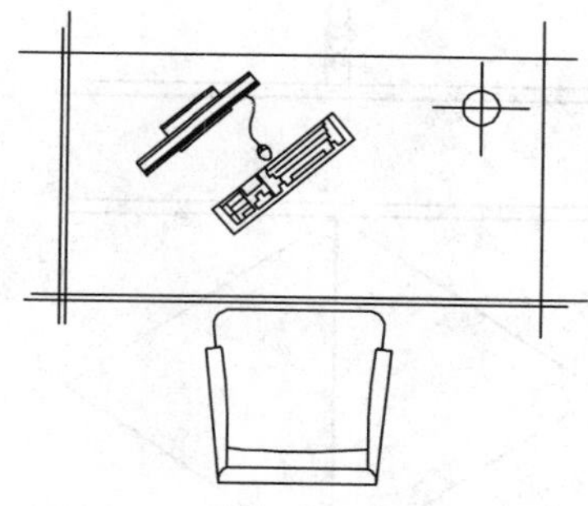
图 2-32　绘制半径圆效果

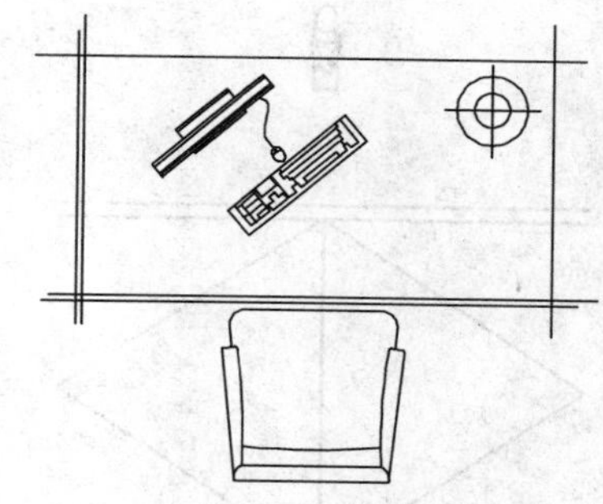
图 2-33　绘制直径圆效果

2.2.3 绘制矩形

使用“矩形”命令，不仅可以绘制一般的二维矩形，还能够绘制具有一定宽度、高度和厚度等特性的矩形，并且能够直接生成圆角或倒角的矩形。

执行“矩形”命令主要有以下几种方法：

- 命令行：输入 RECTANG/REC 命令。
- 菜单栏：选择“绘图”|“矩形”命令。
- 面板：单击“绘图”面板中的“矩形”按钮。

操作实训 2-5： 绘制矩形对象

01 按 Ctrl + O 快捷键，打开“第 2 章\2.2.3 绘制矩形.dwg”图形文件，如图 2-34 所示。

02 单击“绘图”面板中的“矩形”按钮，此时命令行提示如下：

```
命令: _rectang
```

指定第一个角点或 [倒角(C)/标高(E)/圆角(F)/厚度(T)/宽度(W)]: from　　//输入“捕捉自”命令

基点: <偏移>: @-400,0　　//捕捉图形中点，输入参数

指定另一个角点或 [面积(A)/尺寸(D)/旋转(R)]: @800,-20　　//设置矩形对角点参数，按回车键结束绘制，结果如图 2-35 所示

03 重新单击“绘图”面板中的“矩形”按钮▭,此时命令行提示如下:

命令: _rectang

指定第一个角点或 [倒角(C)/标高(E)/圆角(F)/厚度(T)/宽度(W)]: from　　//输入“捕捉自”命令

基点: <偏移>: @20,0　　//捕捉新绘制矩形的左下角点，输入参数

指定另一个角点或 [面积(A)/尺寸(D)/旋转(R)]: @760,-680　　//设置矩形对角点参数，按回车键结束绘制，结果如图 2-36 所示

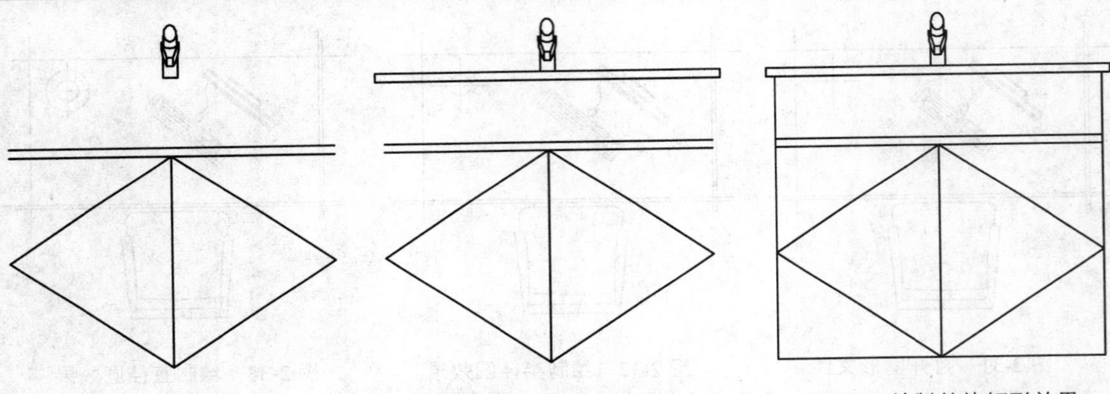

图 2-34　打开图形文件　　图 2-35　绘制矩形效果　　图 2-36　绘制其他矩形效果

命令行中各主要选项的含义如下：

- 倒角（C）：设置矩形的倒角距离，需指定矩形的两个倒角距离。
- 标高（E）：指定矩形的平面高度，默认情况下，矩形在 XY 平面内。
- 圆角（F）：指定矩形的圆角半径。
- 厚度（T）：设置矩形的厚度，一般在创建矩形时，经常使用该选项。
- 宽度（W）：为要创建的矩形指定多段线的宽度。
- 面积（A）：用于设置矩形的面积来绘制图形。
- 尺寸（D）：可以通过设置长度和宽度尺寸来绘制矩形。
- 旋转（R）：用于绘制倾斜的矩形。

2.2.4 绘制多线

多线包含 1～16 条称为元素的平行线，多线中的平行线可以具有不同的颜色和线型。多线可作为一个单一的实体来进行编辑。

执行“多线”命令主要有以下几种方法:

- 命令行:输入 MLINE/ML 命令。
- 菜单栏:选择“绘图”|“多线”命令。

操作实训 2-6: 使用多线绘制墙体

01 按 Ctrl + O 快捷键,打开“第 2 章\2.2.4 绘制多线.dwg”图形文件,如图 2-37 所示。

02 调用 ML“多线”命令,此时命令行提示如下:

```
命令: ML MLINE
当前设置: 对正 = 上,比例 = 20.00,样式 = STANDARD
指定起点或 [对正(J)/比例(S)/样式(ST)]: s                    //选择“比例(S)”选项
输入多线比例 <20.00>: 240                                 //输入比例参数
当前设置: 对正 = 上,比例 = 240.00,样式 = STANDARD
指定起点或 [对正(J)/比例(S)/样式(ST)]: j                    //选择“对正(J)”选项
输入对正类型 [上(T)/无(Z)/下(B)] <上>: z                    //选择“无(Z)”选项
当前设置: 对正 = 无,比例 = 240.00,样式 = STANDARD
指定起点或 [对正(J)/比例(S)/样式(ST)]:                      //捕捉右上方垂直直线的中点
指定下一点: 1520                                          //输入多线长度参数
指定下一点或 [放弃(U)]: 640                                //输入多线长度参数,按回车
键结束,结果如图 2-38 所示
```

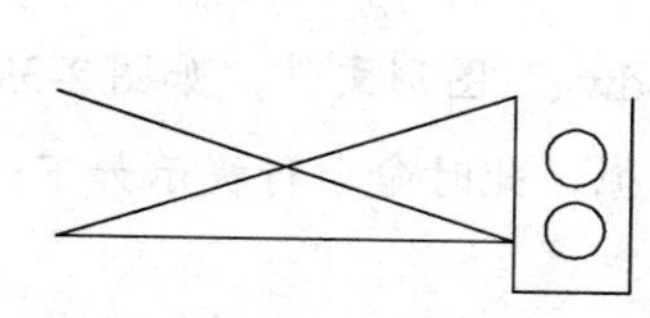

图 2-37 打开图形文件

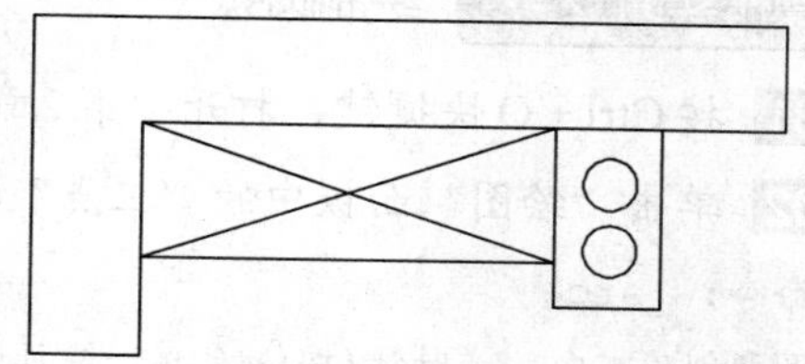

图 2-38 绘制多线效果

命令行中各主要选项的含义如下:

- 对正(J):用于指定多线上的某条平行线随光标移动。共有 3 种对正类型“上”“无”和“下”,其中“上”表示在光标下方绘制多线;“无”表示将光标位置作为原点绘制多线;“下”表示在光标上方绘制多线。
- 比例(S):用于确定多线宽度相对于多线定义宽度的比例因子,调整比例因子将不会影响线型比例。
- 样式(ST):用于确定绘制多线时采用的样式。
- 放弃(U):放弃多线上的上一个顶点。

2.2.5 绘制圆弧

使用“圆弧”命令可以绘制圆弧图形,圆弧是圆的一部分,绘制圆弧除了要指定圆心和

半径外，还需要指定起始角和终止角。

执行“圆弧”命令主要有以下几种方法：

- 命令行：输入 ARC/A 命令。
- 菜单栏：选择“绘图”|“圆弧”命令。
- 面板：单击“绘图”面板中的“圆弧”按钮。

菜单栏中的“绘图”|“圆弧”子菜单中提供了 11 种绘制圆弧的子命令，各子命令的含义如下：

- 三点：通过三点确定一条圆弧。
- 起点、圆心、端点：以起点、圆心、端点绘制圆弧。
- 起点、圆心、以起点、圆心、圆心角绘制圆弧。
- 起点、圆心、长度：以起点、圆心、弦长绘制圆弧。
- 起点、端点、角度：以起点、终点、圆心角绘制圆弧。
- 起点、端点、方向：以起点、终点、圆弧起点的切线方向绘制圆弧。
- 起点、端点、半径：以起点、终点、半径绘制圆弧。
- 圆心、起点、端点：以圆心、起点、终点绘制圆弧。
- 圆心、起点、角度：以圆心、起点、圆心角绘制圆弧。
- 圆心、起点、长度：以圆心、起点、弦长绘制圆弧。
- 继续：从一段已有的圆弧开始绘制圆弧，用此选项绘制的圆弧与已有圆弧沿切线方向相接。

操作实训 2-7：绘制圆弧

01 按 Ctrl + O 快捷键，打开“第 2 章\2.2.5 绘制圆弧.dwg”图形文件，如图 2-39 所示。

02 单击“绘图”面板中的“三点”按钮，绘制圆弧，此时命令行提示如下：

```
命令：_arc
圆弧创建方向：逆时针(按住 Ctrl 键可切换方向)。
指定圆弧的起点或 [圆心(C)]:                    //指定最上方水平直线的左端点
指定圆弧的第二个点或 [圆心(C)/端点(E)]:         //指定合适的端点
指定圆弧的端点:                                //指定最上方水平直线的右端点，按
回车键结束，结果如图 2-40 所示
```

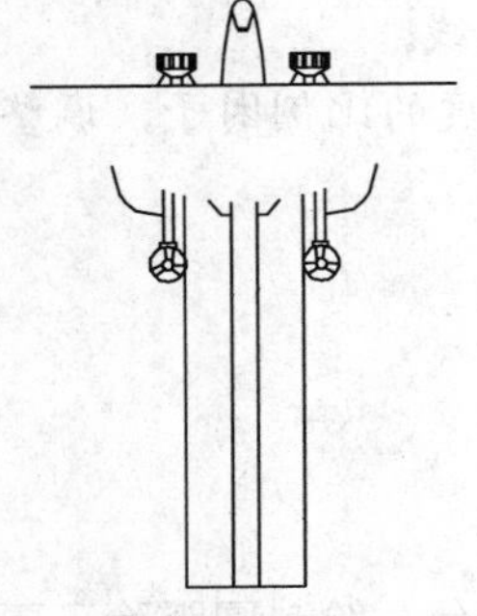

图 2-39　打开图形文件

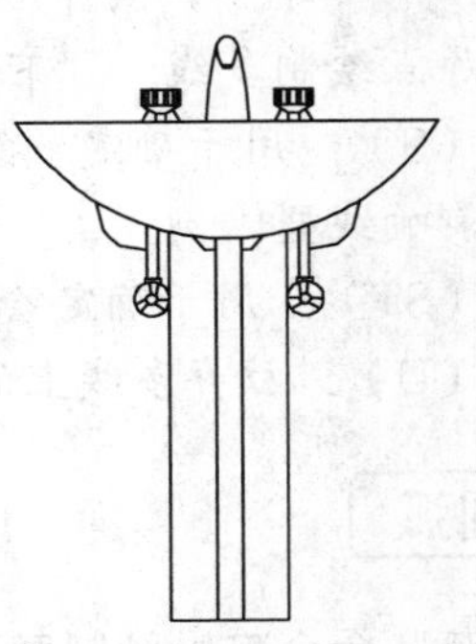

图 2-40　绘制圆弧

命令行中各主要选项的含义如下：

- 圆心（C）：指定圆弧所在圆的圆心。
- 端点（E）：指定圆弧的端点。

2.2.6 绘制椭圆

“椭圆”命令用于绘制椭圆图形，椭圆是由定义了长度和宽度的两条轴决定的，其中较长的轴为长轴，较短的轴为短轴。

执行“椭圆”命令主要有以下几种方法：

- 命令行：输入 ELLIPSE/EL 命令。
- 菜单栏：选择“绘图”|“椭圆”命令。
- 面板：单击“绘图”面板中的“圆心”按钮。

菜单栏中的“绘图”|“椭圆”子菜单中提供了 3 种绘制圆弧的子命令，各子命令的含义如下：

- 圆心：通过指定椭圆圆心和两轴端点绘制椭圆。
- 轴，端点：通过指定椭圆轴端点绘制椭圆。
- 椭圆弧：通过指定半长轴、起点角度和端点角度绘制椭圆弧。

操作实训 2-8：绘制电饭煲中的椭圆

01 按 Ctrl + O 快捷键，打开“第 2 章\2.2.6 绘制椭圆.dwg”图形文件，如图 2-41 所示。

02 单击“绘图”面板中的“圆心”按钮，此时命令行提示如下：

```
命令：_ellipse
指定椭圆的轴端点或 [圆弧(A)/中心点(C)]：_c          //指定椭圆的绘制方式
指定椭圆的中心点：from                              //输入“捕捉自”命令
基点：<偏移>：@100.82,50.1                          //捕捉左下方圆心点，输入基点参数
指定轴的端点：22                                    //设置椭圆的短轴参数
指定另一条半轴长度或 [旋转(R)]：38                  //设置椭圆的长轴参数，按回车键结
束绘制，结果如图 2-42 所示
```

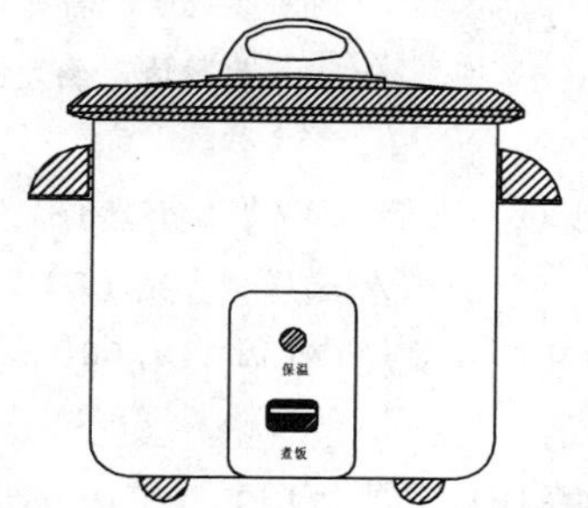

图 2-41　打开图形文件

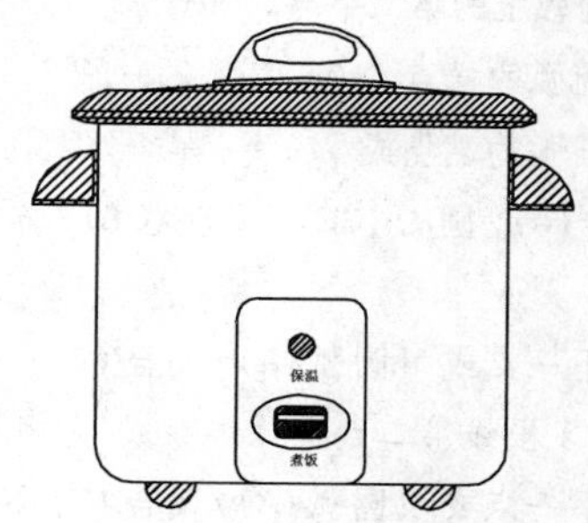

图 2-42　绘制椭圆效果

命令行中各主要选项的含义如下：

- 圆弧（A）：创建一段椭圆弧，第一条轴的角度确定了椭圆弧的角度，第一条轴即

可定义椭圆弧长轴，也可以定义椭圆弧短轴。

➢ 中心点（C）：通过指定椭圆的中心点创建椭圆。

➢ 旋转（R）：通过绕第一条轴旋转，定义椭圆的长轴和短轴比例。

2.2.7 绘制多段线

“多段线”命令可以绘制多段线图形。多段线图形是由等宽或不等宽的直线或圆弧等多条线段构成的特殊线段，这些线段所构成的图形是一个整体，可以对其进行相应编辑。

执行“多段线”命令主要有以下几种方法：

➢ 命令行：输入 PLINE/PL 命令。

➢ 菜单栏：选择“绘图”|“多段线”命令。

➢ 面板：单击“绘图”面板中的“多段线”按钮。

操作实训 2-9：绘制浴室的多段线

01 按 Ctrl＋0 快捷键，打开“第 2 章\2.2.7 绘制多段线.dwg”图形文件，如图 2-43 所示。

02 单击“绘图”面板中的“多段线”按钮，绘制图形中的多段线对象，此时命令行提示如下：

```
命令: _pline
指定起点:                                              //捕捉合适的端点，确定起点
当前线宽为 0.0000
指定下一个点或 [圆弧(A)/半宽(H)/长度(L)/放弃(U)/宽度(W)]: @600,0       //输入参数值，确定多段线第二点
指定下一点或 [圆弧(A)/闭合(C)/半宽(H)/长度(L)/放弃(U)/宽度(W)]: a       //选择“圆弧(A)”选项
指定圆弧的端点或[角度(A)/圆心(CE)/闭合(CL)/方向(D)/半宽(H)/直线(L)/半径(R)/第二个点(S)/放弃(U)/宽度(W)]: s       //选择“第二个点(S)”选项
指定圆弧上的第二个点: @-175.7,-424.3                    //输入参数值，确定圆弧第二点
指定圆弧的端点: @-424.2,-175.7                          //输入参数值，确定圆弧端点
指定圆弧的端点或
[角度(A)/圆心(CE)/闭合(CL)/方向(D)/半宽(H)/直线(L)/半径(R)/第二个点(S)/放弃(U)/宽度(W)]: l       //选择“直线(L)”选项
指定下一点或 [圆弧(A)/闭合(C)/半宽(H)/长度(L)/放弃(U)/宽度(W)]: @0,600       //输入参数值，确定多段线第二点
指定下一点或 [圆弧(A)/闭合(C)/半宽(H)/长度(L)/放弃(U)/宽度(W)]:       //按回车键结束绘制，结果如图 2-44 所示
```

命令行中各主要选项的含义如下：

➢ 圆弧（A）：当选择该选项之后，将由绘制直线改为绘制圆弧。

- 半宽（H）：选择该选项将确定圆弧的起始半宽或终止半宽。
- 长度（L）：执行这项将可以指定线段的长度。
- 放弃(U)：当选择该选项，将取消最后一条绘制直线或圆弧，完成多段线的绘制。
- 宽度（W）：选择该选项，将可以确定所绘制的多段线宽度。
- 闭合(C)：选择该选项，完成多段线绘制，使已绘制的多段线成为闭合的多段线。
- 角度（A）：指定圆弧段的从起点开始的包含角。
- 圆心（CE）：基于其圆心指定圆弧段。
- 方向（D）：指定圆弧段的切线。
- 半径（R）：指定圆弧段的半径。
- 第二点（S）：指定三点圆弧的第二点和端点。

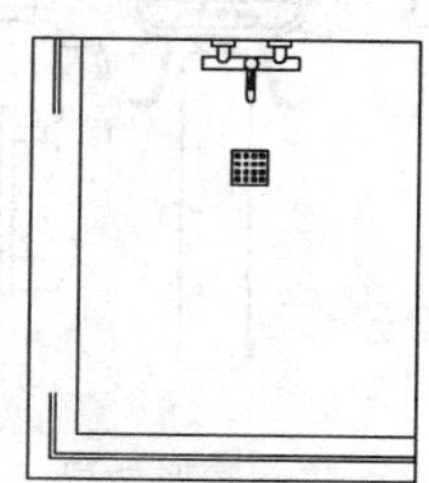
图 2-43　打开图形文件

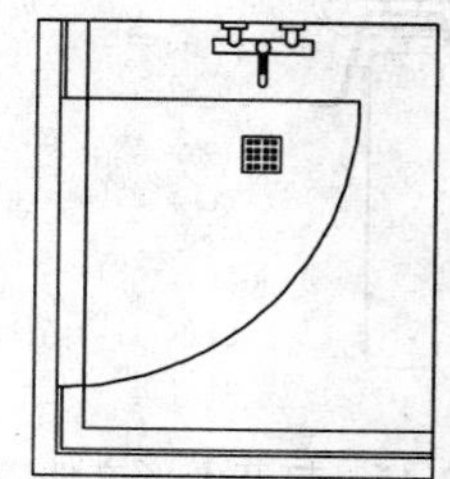
图 2-44　绘制多段线效果

2.3 使用图形编辑工具

为了绘制所需要的图形，经常需要借助编辑和修改命令对图形进行相应编辑。在AutoCAD 2014 中，提供了多种实用而有效的编辑命令，包括移动图形、镜像图形、复制图形以及修剪图形等相应命令，利用这些命令可以对所绘制的图形进行相应的修改，以得到最终效果。

2.3.1 移动图形

使用“移动”命令，可以使用户轻松、快捷地移动图形对象。移动对象是指对象的重新定位，用于将单个或多个对象从当前位置移动至新位置。

执行“移动”命令主要有以下几种方法：

- 命令行：输入 MOVE/M 命令。
- 菜单栏：选择“修改”|“移动”命令。
- 面板：单击“修改”面板中的“移动”按钮。

操作实训 2-10：移动运动器材图形

01 按Ctrl＋O快捷键，打开“第2章\2.3.1移动图形.dwg”图形文件，如图2-45所示。

02 单击“修改”面板中的“移动”按钮，此时命令行提示如下：

```
命令: move
选择对象: 指定对角点: 找到 60 个                        //选择图形右侧所有图形
选择对象:
指定基点或 [位移(D)] <位移>:                           //捕捉选择图形左侧合适端点为基点
指定第二个点或 <使用第一个点作为位移>:  @-957.4,-237.8          //输入第二点参数,
按回车键结束,结果如图 2-46 所示
```

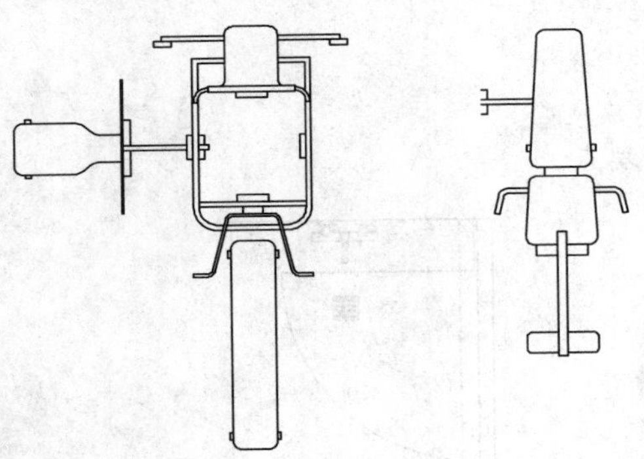

图 2-45　打开图形文件

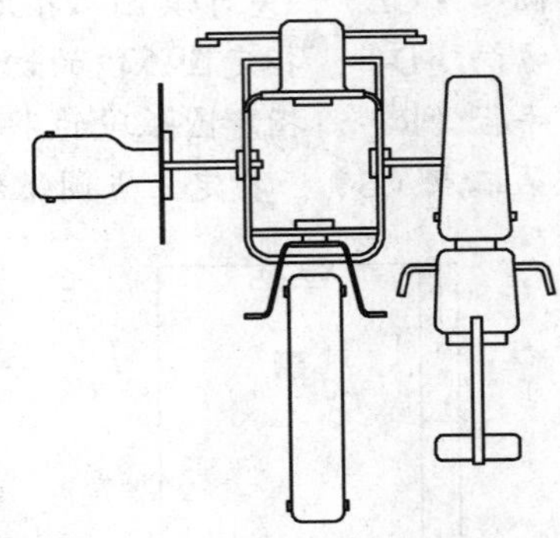

图 2-46　移动图形效果

2.3.2 镜像图形

使用“镜像”命令可以将图形对象按指定的轴线进行对称变换，绘制出呈对称显示的图形对象。

执行“镜像”命令主要有以下几种方法：

- ➢ 命令行：输入 MIRROR/MI 命令。
- ➢ 菜单栏：选择“修改”|“镜像”命令。
- ➢ 面板：单击“修改”面板中的“镜像”按钮。

操作实训 2-11：镜像灯具图形

01 按 Ctrl＋O 快捷键，打开“第 2 章\2.3.2 镜像图形.dwg”图形文件，如图 2-47 所示。

02 单击“修改”面板中的“镜像”按钮，此时命令行提示如下：

```
命令: _mirror
选择对象: 指定对角点: 找到 0 个
选择对象: 指定对角点: 找到 168 个
选择对象: 指定对角点: 找到 4 个 (2 个重复), 总计 170 个
选择对象: 找到 1 个, 总计 171 个
选择对象: 找到 1 个, 总计 172 个
选择对象: 找到 1 个, 总计 173 个                       //选择左侧合适的图形
选择对象:  指定镜像线的第一点:                          //捕捉上方象限点为第一点
指定镜像线的第二点:                                     //捕捉下方象限点为第一点
```

要删除源对象吗？[是(Y)/否(N)] <N>: //选择“否(N)”选项，按回车键结束，结果如图 2-48 所示

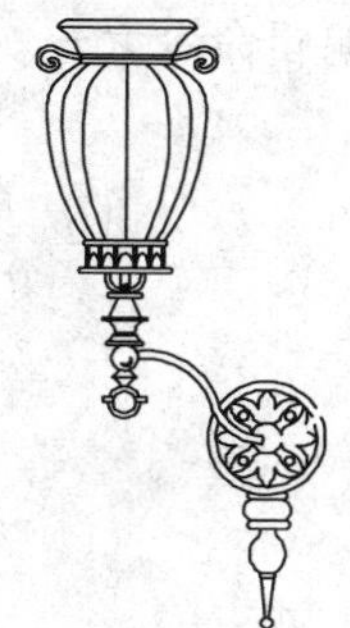

图 2-47 打开图形文件

图 2-48 镜像图形效果

2.3.3 删除图形

在 AutoCAD 2014 中，删除图形是一个常用的操作，当不需要使用某个图形时，可将其删除。

执行“删除”命令主要有以下几种方法：

- 命令行：输入 ERASE/E 命令。
- 菜单栏：选择“修改”|“删除”命令。
- 面板：单击“修改”面板中的“删除”按钮。
- 快捷键：按“Delete”快捷键。

操作实训 2-12：删除抽油烟机中的圆图形

01 按Ctrl + O快捷键，打开“第2章\2.3.3 删除图形.dwg”图形文件，如图 2-49 所示。

02 单击“修改”面板中的“删除”按钮，此时命令行提示如下：

命令：_erase
选择对象：指定对角点：找到 2 个 //选择同心圆对象
选择对象： //按回车键结束，结果如图 2-50 所示

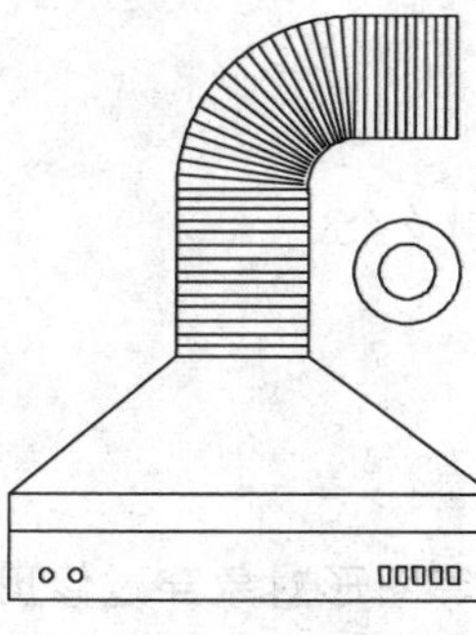

图 2-49 打开图形文件

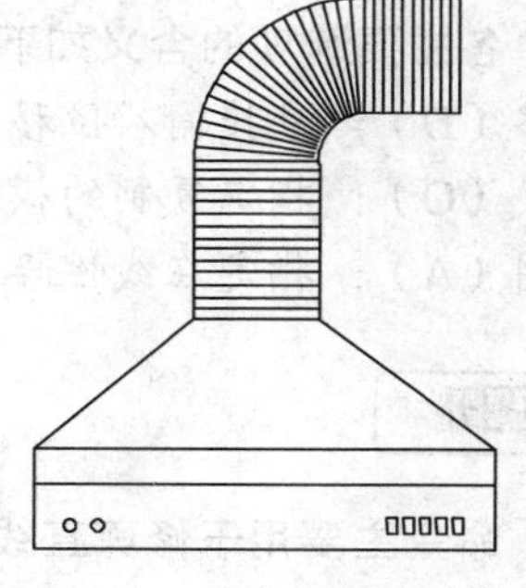

图 2-50 删除图形效果

2.3.4 复制图形

“复制”命令是各种复制命令中最简单、使用也较频繁的编辑命令之一。它可以分为两种复制方式：一种是单个复制，另一种是重复复制。

执行“复制”命令主要有以下几种方法：

- 命令行：输入 COPY/CO 命令。
- 菜单栏：选择“修改”|“复制”命令。
- 面板：单击“修改”面板中的“复制”按钮。

操作实训 2-13：复制水龙头图形

01 按Ctrl + O快捷键，打开“第2章\2.3.4复制图形.dwg”图形文件，如图2-51所示。

02 单击“修改”面板中的“复制”按钮，此时命令行提示如下：

```
命令: _copy
选择对象: 指定对角点: 找到 18 个                           //选择左侧合适的图形
选择对象:
当前设置:  复制模式 = 多个
指定基点或 [位移(D)/模式(O)] <位移>:                       //指定选择对象的圆心点为基点
指定第二个点或 [阵列(A)] <使用第一个点作为位移>: 217.5
                                                          //输入第二个点的参数值
指定第二个点或 [阵列(A)/退出(E)/放弃(U)] <退出>:           //按回车键结束复制，结果如图
2-52 所示
```

图 2-51　打开图形文件

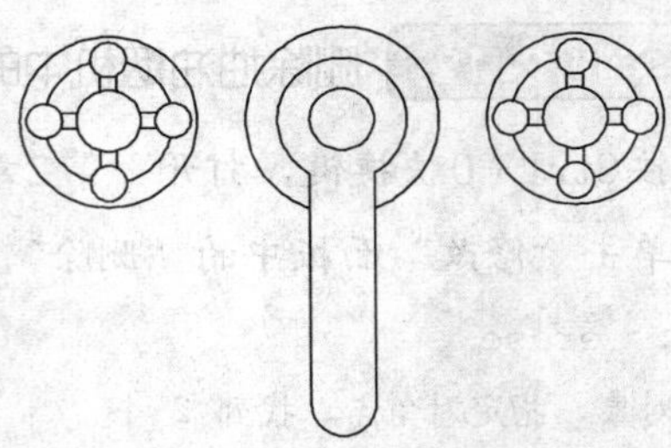

图 2-52　复制图形效果

命令行中各主要选项的含义如下：

- 位移（D）：直接输入位移数值。
- 模式（O）：指定复制的模式，是复制单个还是复制多个。
- 阵列（A）：指定在线性阵列中排列的副本数量。

2.3.5 修剪图形

“修剪”命令主要用于修剪直线、圆、圆弧以及多段线等图形对象穿过修剪边的部分。

执行“修剪”命令主要有以下几种方法：

- 命令行：输入 TRIM/TR 命令。
- 菜单栏：选择“修改”|“修剪”命令。
- 面板：单击“修改”面板中的“修剪”按钮。

操作实训 2-14：修剪多余的直线

01 按Ctrl＋O快捷键，打开“第2章\2.3.5修剪图形.dwg”图形文件，如图2-53所示。

02 单击“修改”面板中的“修剪”按钮，此时命令行提示如下：

```
命令: _trim
当前设置:投影=UCS, 边=无
选择剪切边...
选择对象或 <全部选择>:                          //按回车键默认全部对象为修剪边界
选择要修剪的对象，或按住 Shift 键选择要延伸的对象，或
[栏选(F)/窗交(C)/投影(P)/边(E)/删除(R)/放弃(U)]:        //在需要修剪的位置单击
选择要修剪的对象，或按住 Shift 键选择要延伸的对象，或
[栏选(F)/窗交(C)/投影(P)/边(E)/删除(R)/放弃(U)]:        //继续选择需要修剪的线段
...                                               //继续修剪图形对象，最终结
果如图 2-54 所示
```

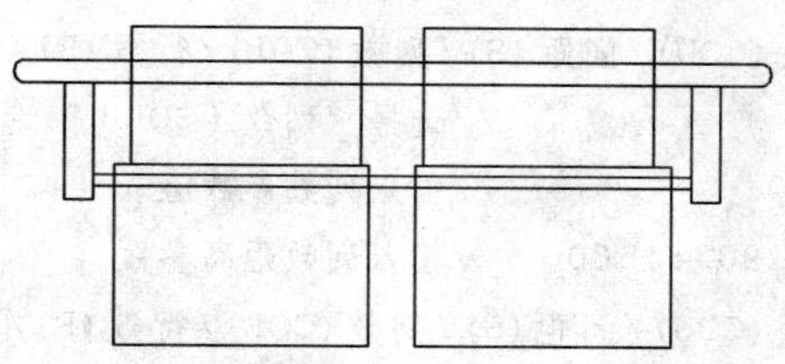

图 2-53　打开图形文件

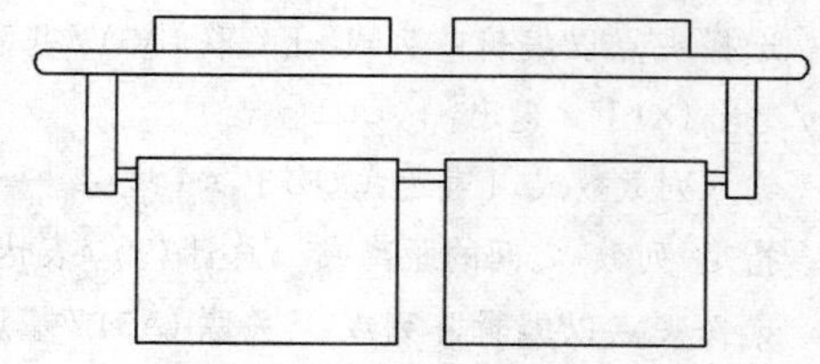

图 2-54　修剪图形效果

命令行中各主要选项的含义如下：

- 栏选（F）：选择与选择栏相交的所有对象。
- 窗交（C）：选择矩形区域（由两点确定）内部或与之相交的对象。
- 投影（P）：用于指定修剪对象时使用的投影方式。
- 边（E）：确定对象是在另一对象的延长边处进行修剪，还是仅在三维空间中与该对象相交的对象处进行修剪。
- 删除（R）：删除选定的对象。
- 放弃（U）：撤消由 TRIM 命令所做的最近一次更改。

2.3.6 阵列图形

“阵列”命令是一个功能强大的多重复制命令，它可以一次将选择的对象复制多个，并按一定的规律进行排列。

根据阵列方式的不同，可以分为矩形阵列、环形阵列和路径阵列，下面将分别进行介绍。

1. 矩形阵列

使用“矩形阵列”命令，可以将对象副本分布到行、列和标高的任意组合。矩形阵列就是将图形像矩形一样地进行排列，用于多次重复绘制呈行状排列的图形。

执行“矩形阵列”命令主要有以下几种方法：

- 命令行 1：输入 ARRAY 命令。
- 命令行 2：输入 ARRAYRECT 命令。
- 菜单栏：选择“修改”|“阵列”|“矩形阵列”命令。
- 面板：单击“修改”面板中的“矩形阵列”按钮。

操作实训 2-15：矩形阵列煤气灶图形

01 按 Ctrl + O 快捷键，打开“第 2 章\2.3.6 阵列图形 1.dwg”图形文件，如图 2-55 所示。

02 单击“修改”面板中的“矩形阵列”按钮，此时命令行提示如下：

```
命令: _arrayrect
选择对象: 指定对角点: 找到 10 个                         //选择合适的图形为阵列对象
选择对象:
类型 = 矩形  关联 = 是
选择夹点以编辑阵列或 [关联(AS)/基点(B)/计数(COU)/间距(S)/列数(COL)/行数(R)/层数(L)/退出(X)] <退出>: col        //选择“列数（COL）”选项
输入列数数或 [表达式(E)] <4>: 2                          //输入列数参数值
指定 列数 之间的距离或 [总计(T)/表达式(E)] <390>: 560     //输入列数距离参数
选择夹点以编辑阵列或 [关联(AS)/基点(B)/计数(COU)/间距(S)/列数(COL)/行数(R)/层数(L)/退出(X)] <退出>: r          //选择“行数（R）”选项
输入行数数或 [表达式(E)] <3>: 2                          //输入行数参数值
指定 行数 之间的距离或 [总计(T)/表达式(E)] <240>: -250    //输入行数距离参数
指定 行数 之间的标高增量或 [表达式(E)] <0>:               //指定行数标高增量参数
选择夹点以编辑阵列或 [关联(AS)/基点(B)/计数(COU)/间距(S)/列数(COL)/行数(R)/层数(L)/退出(X)] <退出>:              //按回车键结束，结果如图 2-56 所示
```

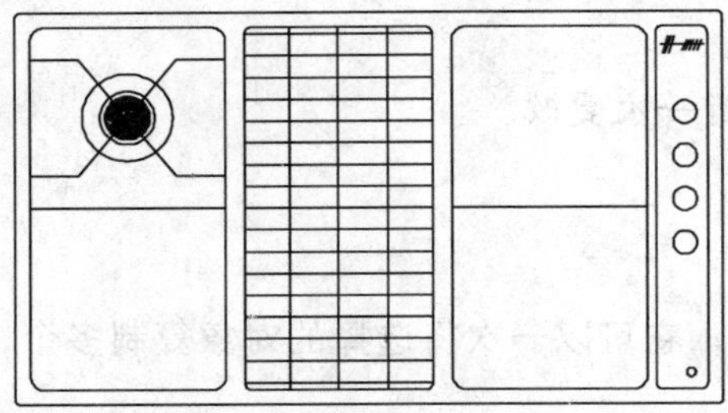

图 2-55　打开图形文件

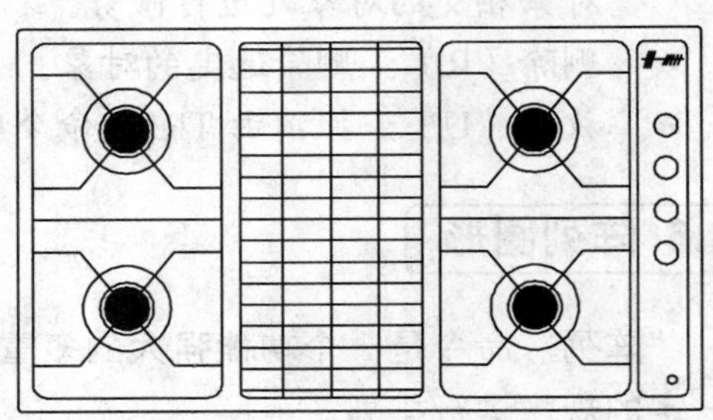

图 2-56　矩形阵列图形效果

命令行中各主要选项的含义如下：

➢ 关联（AS）：指定是否在阵列中创建项目作为关联阵列对象，或作为独立对象。
➢ 基点（B）：指定阵列的基点。
➢ 计数（COU）：分别指定行和列的值。
➢ 间距（S）：分别指定行间距和列间距。
➢ 列数（COL）：编辑列数和列间距。
➢ 行数（R）：编辑阵列中的行数和行间距，以及它们之间的增量标高。
➢ 层数（L）：指定层数和层间距。
➢ 退出（X）：退出命令。

2. 环形阵列

环形阵列可以将图形以某一点为中心点进行环形复制，阵列结果是阵列对象沿中心点的四周均匀排列成环形。

执行“环形阵列”命令主要有以下几种方法：

➢ 命令行：输入 ARRAYPOLAR 命令。
➢ 菜单栏：选择“修改”|“阵列”|“环形阵列”命令。
➢ 面板：单击“修改”面板中的“环形阵列”按钮。

操作实训 2-16：环形阵列灯具图形

01 按 Ctrl + O 快捷键，打开“第 2 章\2.3.6 阵列图形 2.dwg”图形文件，如图 2-57 所示。

02 单击“修改”面板中的“环形阵列”按钮，此时命令行提示如下：

```
命令: _arraypolar
选择对象: 找到 10 个                                    //选择合适的图形为阵列对象
选择对象:
类型 = 极轴  关联 = 是
指定阵列的中心点或 [基点(B)/旋转轴(A)]:                  //捕捉图形的圆心点为阵列中心点
选择夹点以编辑阵列或 [关联(AS)/基点(B)/项目(I)/项目间角度(A)/填充角度(F)/行(ROW)/
层(L)/旋转项目(ROT)/退出(X)] <退出>: i                   //选择“项目(I)”选项
输入阵列中的项目数或 [表达式(E)] <6>: 5                   //输入项目参数
选择夹点以编辑阵列或 [关联(AS)/基点(B)/项目(I)/项目间角度(A)/填充角度(F)/行(ROW)/
层(L)/旋转项目(ROT)/退出(X)] <退出>:                      //按回车键结束，结果如图 2-58 所示
```

命令行中各主要选项的含义如下：

➢ 基点（B）：指定阵列的基点。
➢ 项目（I）：使用值或表达式指定阵列中的项目数。
➢ 项目间角度（A）：使用值或表达式指定项目之间的角度。
➢ 填充角度（F）：使用值或表达式指定阵列中第一个和最后一个项目之间的角度。
➢ 旋转项目（ROT）：控制在排列项目时是否旋转项目。

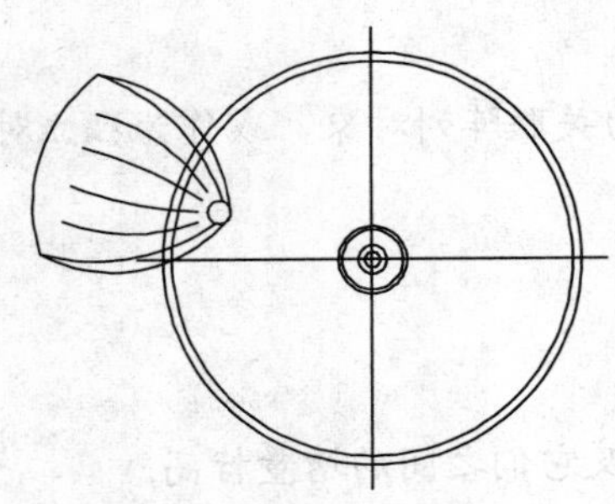
图 2-57　打开图形文件

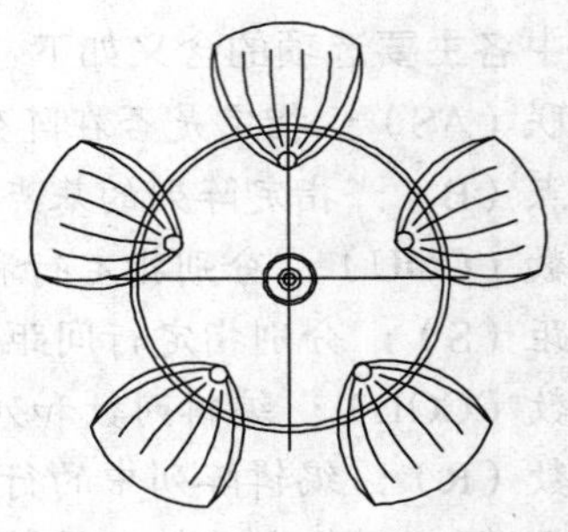
图 2-58　环形阵列图形效果

3. 路径阵列

使用“路径阵列”命令，可以使图形对象均匀地沿路径或部分路径分布。其路径可以是直线、多段线、三维多段线、样条曲线、螺旋、圆弧、圆或椭圆等。

执行“路径阵列”命令主要有以下几种方法：

➢ 命令行：输入 ARRAYPATH 命令。

➢ 菜单栏：选择“修改”|“阵列”|“路径阵列”命令。

➢ 面板：单击“修改”面板中的“路径阵列”按钮。

2.3.7 偏移图形

使用“偏移”命令可以将指定的线进行平行偏移复制，也可以对指定的圆或圆弧等图形对象进行同心偏移复制操作。

执行“偏移”命令主要有以下几种方法：

➢ 命令行：输入 OFFSET/O 命令。

➢ 菜单栏：选择“修改”|“偏移”命令。

➢ 面板：单击“修改”面板中的“偏移”按钮。

操作实训 2-17：偏移图形中的直线对象

01 按Ctrl + O快捷键，打开“第 2 章\2.3.7 偏移图形.dwg”图形文件，如图 2-59 所示。

02 单击“修改”面板中的“偏移”按钮，此时命令行提示如下：

```
命令: _offset
当前设置: 删除源=否  图层=源  OFFSETGAPTYPE=0
指定偏移距离或 [通过(T)/删除(E)/图层(L)] <通过>: 20            //设置偏移距离参数
选择要偏移的对象，或 [退出(E)/放弃(U)] <退出>:                  //选择合适的垂直直线
指定要偏移的那一侧上的点，或 [退出(E)/多个(M)/放弃(U)] <退出>: //在选择直线的右侧，单击鼠标，指定偏移方向
选择要偏移的对象，或 [退出(E)/放弃(U)] <退出>:    //按回车键结束，最终结果如图 2-60 所示
```

03 重复上述方法，修改偏移距离为 348，将偏移后的垂直直线向右偏移，效果如图 2-61 所示。

图 2-59　打开图形文件

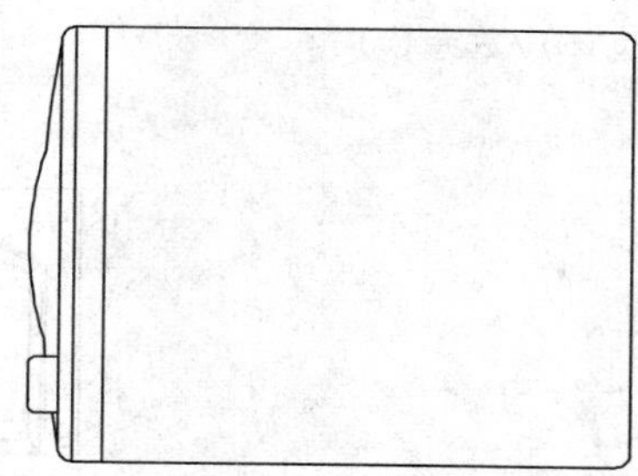
图 2-60　偏移图形效果

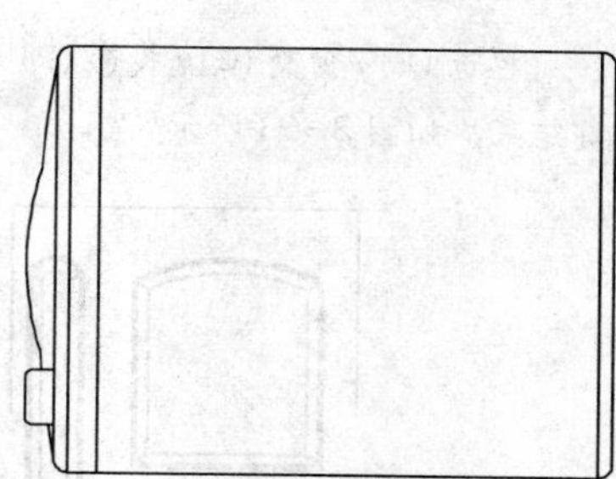
图 2-61　偏移图形效果

命令行中各主要选项的含义如下：

- 通过（T）：创建通过指定点的对象。
- 删除（E）：偏移后将源对象删除。
- 图层（L）：确定将偏移对象创建在当前图层上还是源对象所在的图层上。
- 退出（E）：退出“偏移”命令。
- 放弃（U）：恢复前一个偏移操作。
- 多个（M）：输入“多个”偏移模式，将使用当前偏移距离重复进行偏移操作。

2.3.8 延伸图形

“延伸”命令用于将没有和边界相交的部分延伸补齐，它和“修剪”命令是一组相对的命令。在命令执行过程中，需要设置的参数有延伸边界和延伸对象两类。

执行“延伸”命令主要有以下几种方法：

- 命令行：输入 EXTEND/EX 命令。
- 菜单栏：选择“修改”|“延伸”命令。
- 面板：单击“修改”面板中的“延伸”按钮。

操作实训 2-18：延伸门图形

01 按Ctrl＋O快捷键，打开“第2章\2.3.8延伸图形.dwg”图形文件，如图2-62所示。

02 单击“修改”面板中的“延伸”按钮，此时命令行提示如下：

```
命令： EXTEND
当前设置:投影=UCS，边=无
选择边界的边...
选择对象或 <全部选择>: 找到 1 个                    //选择最下方水平直线
选择对象:
选择要延伸的对象，或按住 Shift 键选择要修剪的对象，或
[栏选(F)/窗交(C)/投影(P)/边(E)/放弃(U)]:              //选择左侧的垂直直线
选择要延伸的对象，或按住 Shift 键选择要修剪的对象，或
[栏选(F)/窗交(C)/投影(P)/边(E)/放弃(U)]:              //选择中间的垂直直线
选择要延伸的对象，或按住 Shift 键选择要修剪的对象，或
```

[栏选(F)/窗交(C)/投影(P)/边(E)/放弃(U)]:　　　　　　//选择右侧的垂直直线，按回车键结束，如图 2-63 所示

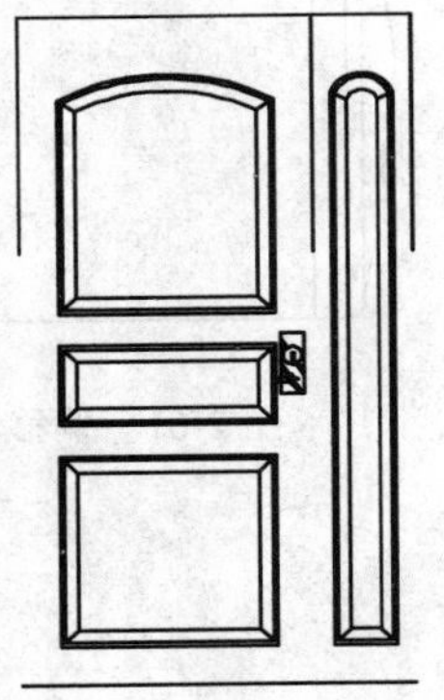
图 2-62　打开图形文件

图 2-63　延伸图形效果

2.3.9 圆角图形

"圆角"命令是指将两条相交的直线通过一个圆弧连接起来，圆弧的半径参数可以自由指定。

执行"圆角"命令主要有以下几种方法：

- 命令行：输入 FILLET/F 命令。
- 菜单栏：选择"修改"|"圆角"命令。
- 面板：单击"修改"面板中的"圆角"按钮。

操作实训 2-19：圆角燃气灶图形

01 按Ctrl + O快捷键，打开"第2章\2.3.9圆角图形.dwg"图形文件，如图2-64所示。

02 单击"修改"面板中的"圆角"按钮，此时命令行提示如下：

命令:FILLET

当前设置：模式 = 修剪，半径 = 0.0000

选择第一个对象或 [放弃(U)/多段线(P)/半径(R)/修剪(T)/多个(M)]: r　//选择"半径(R)"选项

指定圆角半径 <0.0000>: 20　　　　//输入半径参数

选择第一个对象或 [放弃(U)/多段线(P)/半径(R)/修剪(T)/多个(M)]: m　//选择"多个(m)"选项

选择第一个对象或 [放弃(U)/多段线(P)/半径(R)/修剪(T)/多个(M)]:　　//选择直线

选择第二个对象，或按住 Shift 键选择对象以应用角点或 [半径(R)]:　　//选择直线

选择第一个对象或 [放弃(U)/多段线(P)/半径(R)/修剪(T)/多个(M)]:　　//选择直线

选择第二个对象，或按住 Shift 键选择对象以应用角点或 [半径(R)]:　　//选择直线

选择第一个对象或 [放弃(U)/多段线(P)/半径(R)/修剪(T)/多个(M)]:　　//选择直线

选择第二个对象，或按住 Shift 键选择对象以应用角点或 [半径(R)]:　　//选择直线

选择第一个对象或 [放弃(U)/多段线(P)/半径(R)/修剪(T)/多个(M)]: //选择直线
选择第一个对象或 [放弃(U)/多段线(P)/半径(R)/修剪(T)/多个(M)]: //选择直线
选择第二个对象，或按住 Shift 键选择对象以应用角点或 [半径(R)]: //选择直线
选择第一个对象或 [放弃(U)/多段线(P)/半径(R)/修剪(T)/多个(M)]: //选择直线，按回车键结束，结果如图 2-65 所示

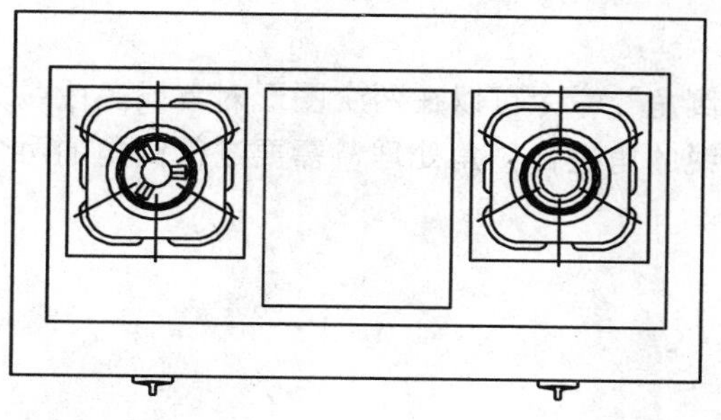
图 2-64 打开图形文件

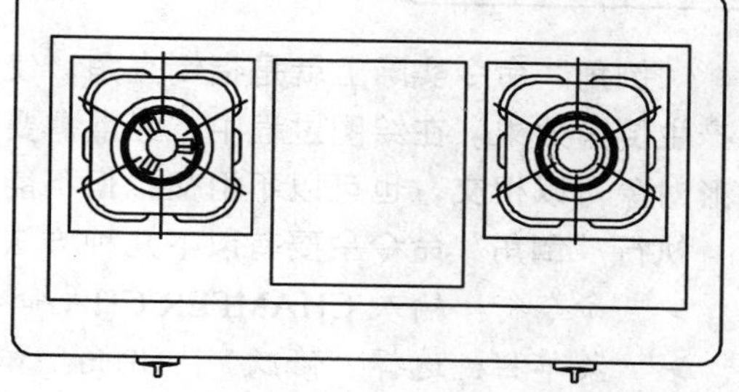
图 2-65 圆角图形效果

03 重新单击“修改”面板中的“圆角”按钮，此时命令行提示如下：

命令: _fillet
当前设置: 模式 = 修剪，半径 = 20.0000
选择第一个对象或 [放弃(U)/多段线(P)/半径(R)/修剪(T)/多个(M)]: r //选择“半径(R)”选项
指定圆角半径 <20.0000>: 29 //输入半径参数
选择第一个对象或 [放弃(U)/多段线(P)/半径(R)/修剪(T)/多个(M)]: p //选择“多段线(P)”选项
选择二维多段线或 [半径(R)]: //选择最大的多段线，按回车键结束，结果如图 2-66 所示
4 条直线已被圆角

04 重复上述方法，分别修改圆角半径为 29 和 20，对相应的多段线进行圆角操作，如图 2-67 所示。

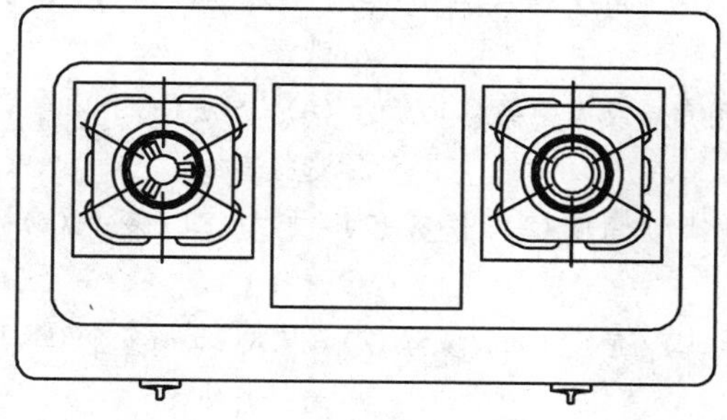
图 2-66 圆角多段线效果

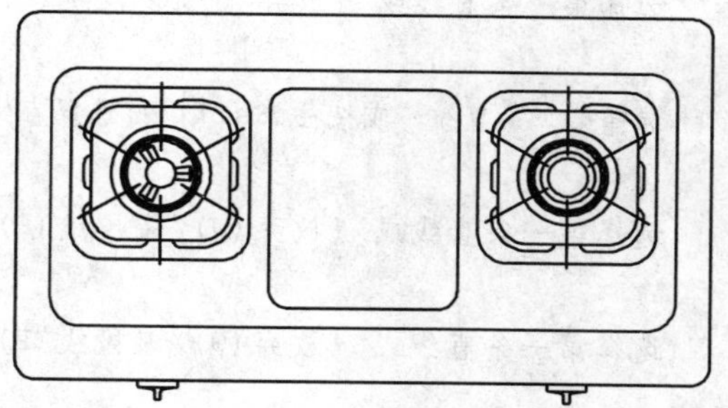
图 2-67 圆角其他多段线效果

命令行中各主要选项的含义如下：

➢ 放弃（U）：恢复在执行的上一个操作。

- 多段线（P）：在二维多段线中两条直线段相交的每个顶点处插入圆角圆弧。
- 半径（R）：定义圆角圆弧的半径。
- 修剪（T）：控制圆角命令是否将选定的边修剪到圆角圆弧的端点。
- 多个（M）：给多个图形对象设置圆角。

2.3.10 倒角图形

“倒角”命令实际上就是指倒直角，使用“倒角”命令可以在两个图形对象或多段线之间产生倒角效果。在绘图过程中，经常需要将尖锐的角进行倒角处理，需要进行倒角的两个图形对象可以相交，也可以不相交，但不能平行。

执行“倒角”命令主要有以下几种方法：

- 命令行：输入 CHAMFER/CHA 命令。
- 菜单栏：选择“修改”|“倒角”命令。
- 面板：单击“修改”面板中的“倒角”按钮。

操作实训 2-20：倒角淋浴间图形

01 按 Ctrl＋O 快捷键，打开“第 2 章\2.3.10 倒角图形.dwg”图形文件，如图 2-68 所示。

02 单击“修改”面板中的“倒角”按钮，此时命令行提示如下：

```
命令：_chamfer
（“修剪”模式）当前倒角距离 1 = 0.0000，距离 2 = 0.0000
选择第一条直线或 [放弃(U)/多段线(P)/距离(D)/角度(A)/修剪(T)/方式(E)/多个(M)]: d
//选择“距离（D）”选项
指定 第一个 倒角距离 <0.0000>: 435                         //输入第一个距离参数
指定 第二个 倒角距离 <435.0000>: 446                       //输入第二个距离参数
选择第一条直线或 [放弃(U)/多段线(P)/距离(D)/角度(A)/修剪(T)/方式(E)/多个(M)]: m
                                                           //选择“多个（m）”选项
选择第一条直线或 [放弃(U)/多段线(P)/距离(D)/角度(A)/修剪(T)/方式(E)/多个(M)]:
                                                           //选择直线
选择第二条直线，或按住 Shift 键选择直线以应用角点或 [距离(D)/角度(A)/方法(M)]:
                                                           //选择直线
选择第一条直线或 [放弃(U)/多段线(P)/距离(D)/角度(A)/修剪(T)/方式(E)/多个(M)]:
                                                           //选择直线
选择第一条直线或 [放弃(U)/多段线(P)/距离(D)/角度(A)/修剪(T)/方式(E)/多个(M)]:
                                                           //选择直线
选择第二条直线，或按住 Shift 键选择直线以应用角点或 [距离(D)/角度(A)/方法(M)]:
                                                           //选择直线
选择第一条直线或 [放弃(U)/多段线(P)/距离(D)/角度(A)/修剪(T)/方式(E)/多个(M)]:
                                    //选择直线，按回车键结束，结果如图 2-69 所示
```

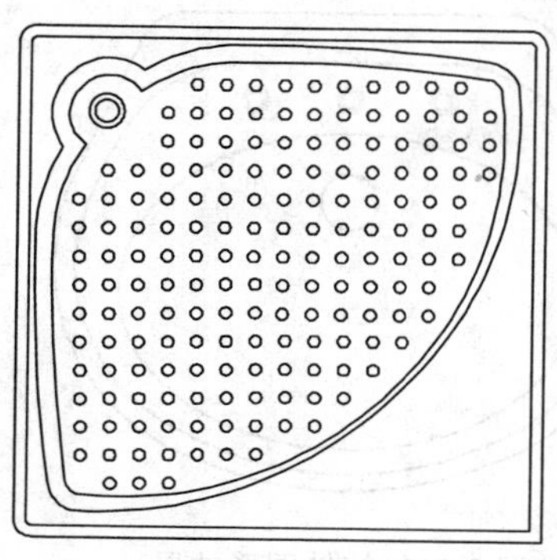

图 2-68 打开图形文件

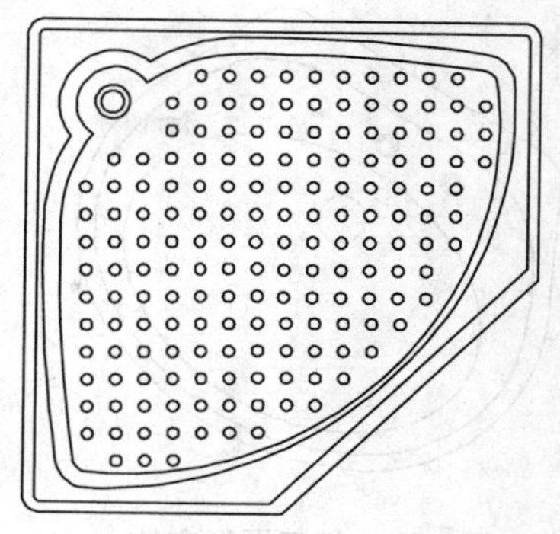

图 2-69 倒角图形效果

命令行中各主要选项的含义如下：

- 距离（D）：设定倒角至选定边端点的距离。
- 角度（A）：设置是否在倒角对象后，仍然保留被倒角对象原有的距离。
- 方式（E）：在“距离”和“角度”两个选项之间选择一种方法。

2.3.11 旋转图形

使用“旋转”命令可以将选中的对象围绕指定的基点进行旋转，以改变图形方向。

执行“旋转”命令主要有以下几种方法：

- 命令行：输 ROTATE/RO 命令。
- 菜单栏：选择“修改”|“旋转”命令。
- 面板：单击“修改”面板中的“旋转”按钮。

操作实训 2-21： 旋转洗手池图形

01 按 Ctrl＋O 快捷键，打开“第 2 章\2.3.11 旋转图形.dwg”图形文件，如图 2-70 所示。

02 单击“修改”面板中的“旋转”按钮，此时命令行提示如下：

```
命令：_rotate
UCS 当前的正角方向： ANGDIR=逆时针  ANGBASE=0
选择对象：指定对角点：找到 28 个                    //选择所有图形
选择对象：
指定基点：                                          //捕捉圆心点为基点
指定旋转角度，或 [复制(C)/参照(R)] <0>: -30         //输入旋转角度参数，按回车键结束，结果如图 2-71 所示
```

命令行中各主要选项的含义如下：

- 复制（C）：创建要旋转对象的副本。
- 参照（R）：将对象从指定的角度旋转到新的绝对角度。

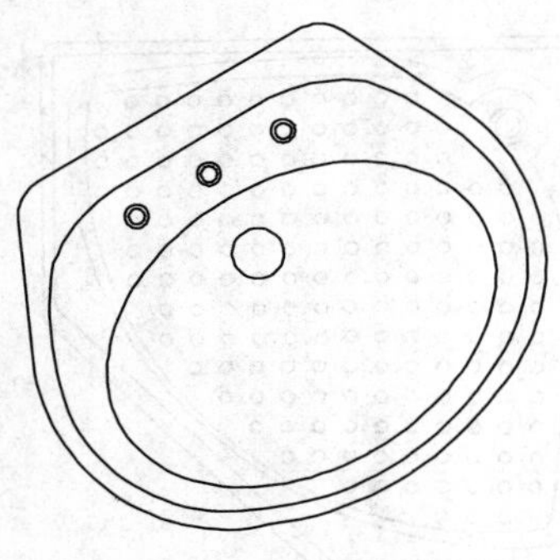

图 2-70　打开图形文件

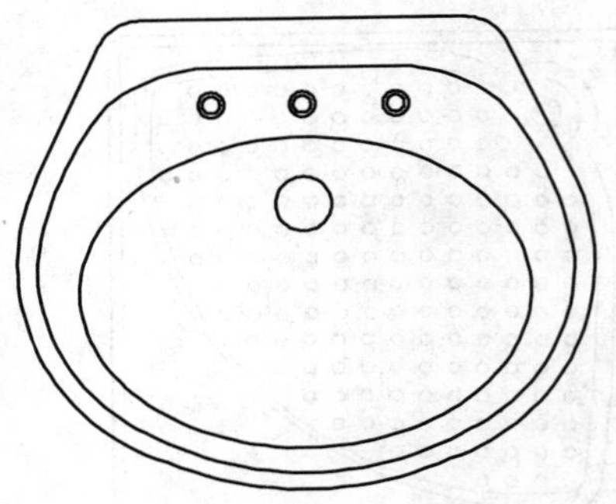

图 2-71　旋转图形效果

2.3.12 缩放图形

“缩放”命令可以改变图形对象的尺寸大小，使图形对象按照指定的比例相对于基点放大或缩小，图形被缩放后形状不会改变。

执行“缩放”命令主要有以下几种方法：

- 命令行：输入 SCALE/SC 命令。
- 菜单栏：选择“修改”|“缩放”命令。
- 面板：单击“修改”面板中的“缩放”按钮。

操作实训 2-22：缩放毛巾环图形

01 按 Ctrl + O 快捷键，打开“第 2 章\2.3.12 缩放图形.dwg”图形文件，如图 2-72 所示。

02 单击“修改”面板中的“缩放”按钮，此时命令行提示如下：

```
命令：_scale
选择对象：指定对角点：找到 2 个                         //选择两个圆弧对象
选择对象：
指定基点：                                              //指定圆心点为基点
指定比例因子或 [复制(C)/参照(R)]：0.5                   //输入比例参数，按
回车键结束，结果如图 2-73 所示
```

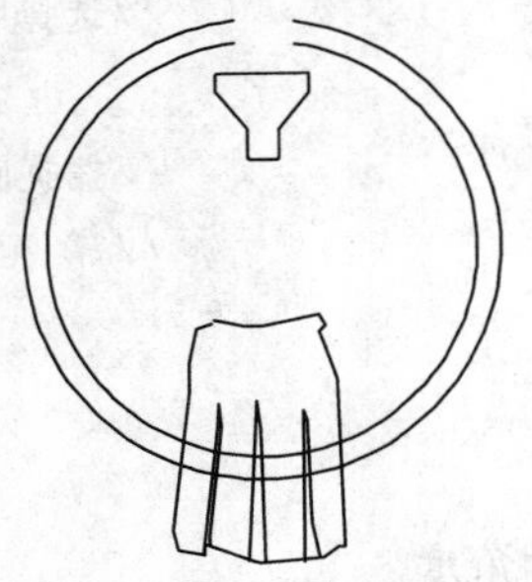

图 2-72　打开图形文件

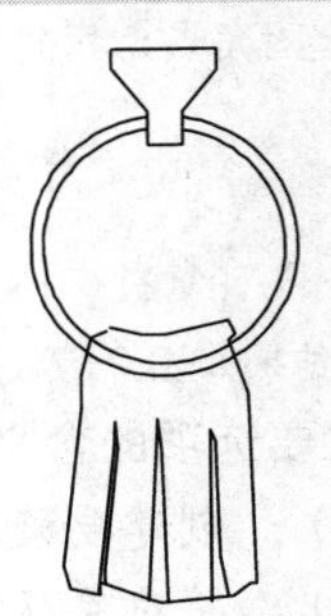

图 2-73　缩放图形效果

2.3.13 拉伸图形

使用“拉伸”命令，可以对图形对象进行拉伸和压缩，从而改变图形对象的大小。

执行“拉伸”命令主要有以下几种方法：

- 命令行：输入 STRETCH/S 命令。
- 菜单栏：选择“修改”|“拉伸”命令。
- 面板：单击“修改”面板中的“拉伸”按钮。

2.4 使用图案填充工具

在绘图过程中，经常需要将选定的某种图案填充到一个封闭的区域内，这就是图案填充，如机械绘图中的剖切面、建筑绘图中的地板图案等。使用图案填充可以表示不同的零件或者材料。

2.4.1 创建图案填充

填充边界的内部区域即为填充区域。填充区域可以通过拾取封闭区域中的一点或拾取封闭对象两种方法来指定。

执行“图案填充”命令主要有以下几种方法：

- 命令行：输入 HATCH/H 命令。
- 菜单栏：选择“绘图”|“图案填充”命令。
- 面板：单击“绘图”面板中的“图案填充”按钮。

操作实训 2-23：创建衣柜中的图案填充对象

01 按 Ctrl＋O 快捷键，打开“第 2 章\2.4.1 创建图案填充.dwg”图形文件，如图 2-74 所示。

02 单击“绘图”面板中的“图案填充”按钮，打开“图案填充创建”选项卡，在“图案”面板中，选择“CROSS”填充图案，修改“图案填充比例”为 8，如图 2-75 所示。

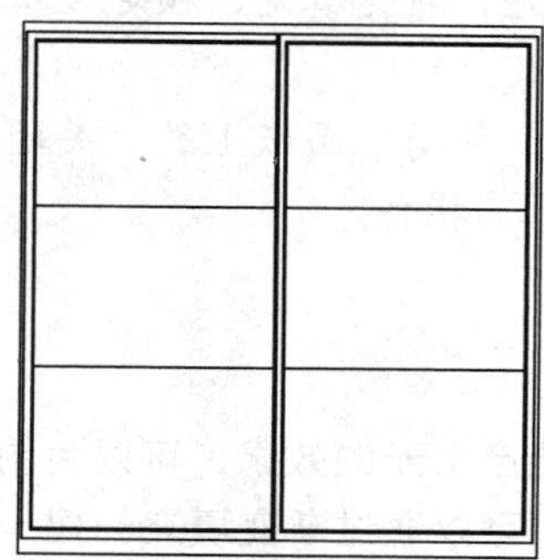

图 2-74　打开图形文件

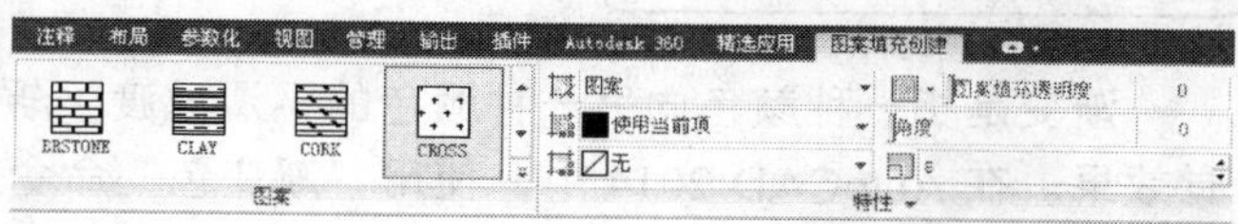

图 2-75　“图案填充创建”选项卡

03 在图形中相应的空白区域中单击鼠标，按回车键结束，即可创建图案填充对象，效果如图 2-76 所示。

04 重复上述方法，在“图案”面板中，选择“BOX”填充图案，修改“图案填充比例”为 5，在图形中的相应的空白区域中，单击鼠标，按回车键结束，即可创建其他图案填充对象，效果如图 2-77 所示。

图 2-76　创建图案填充

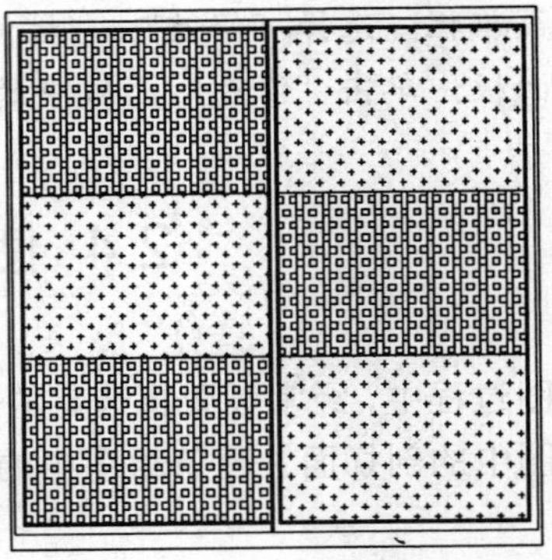

图 2-77　创建其他图案填充

在“图案填充创建”选项卡中，各面板的含义如下：

- “边界”面板：主要用于指定图案填充的边界，用户可以通过指定对象封闭区域中的点，或者封闭区域的对象等方法来确定填充边界，通常使用“拾取点”按钮和“选择边界对象”按钮进行选择。
- “图案”面板：在该面板中单击“图案填充图案”中间的下拉按钮，在弹出的下拉列表框中，可以选择合适的填充图案类型。
- “特性”面板：在该面板中包含了图案填充的各个特性，包括图案填充的类型、图案填充透明度、角度和比例等，用户可以根据填充需要，进行相应参数的设置。
- “原点”面板：在默认情况下，填充图案始终相互对齐，但有时用户可能需要移动图案填充的原点，这时需要单击该面板上的“设定原点”按钮，在绘图区中拾取新的原点，以重新定义原点位置。
- “选项”面板：默认情况下，有边界的图案填充是关联的，即图案填充对象与图案填充边界对象相关联，对边界对象的更改将自动应用于图案填充。
- “图案填充类型”列表框：指定是创建实体填充、渐变填充、预定义填充图案，还是创建用户定义的填充图案。
- “关闭”面板：在完成所有相应操作后，单击“关闭”面板上的“关闭图案填充创建”按钮，即可关闭该选项卡，完成图案填充操作。

2.4.2 创建渐变色填充

渐变是指一种颜色向另一种颜色的平滑过渡。渐变能产生光的效果，可以为图形添加视觉效果。在 AutoCAD 2014 中，使用“渐变色”命令后，可以通过渐变填充创建一种或两种颜色间的平滑转场。

执行“渐变色填充”命令主要有以下几种方法：

- 命令行：输入 GRADIENT 命令。
- 菜单栏：选择“绘图”|“渐变色”命令。
- 面板：单击“绘图”面板中的“渐变色”按钮。

操作实训 2-24：创建渐变色填充

01 按Ctrl+O快捷键，打开“第2章\2.4.2创建渐变色填充.dwg”图形文件，如图2-78所示。

02 单击“绘图”面板中的“渐变色”按钮，打开“图案填充创建”选项卡，在“图案”面板中，选择“GR_LINEAR”填充图案，如图2-79所示。

03 在图形中的相应的空白区域中，单击鼠标，按回车键结束，即可创建渐变色填充对象，效果如图2-80所示。

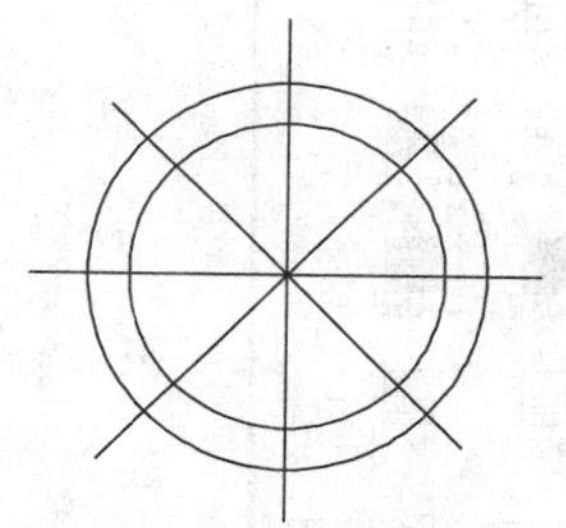

图 2-78　打开图形文件

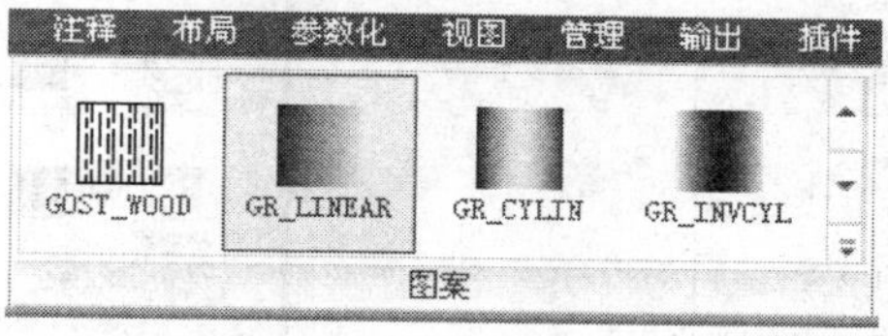

图 2-79　选择“GR_LINEAR”填充图案

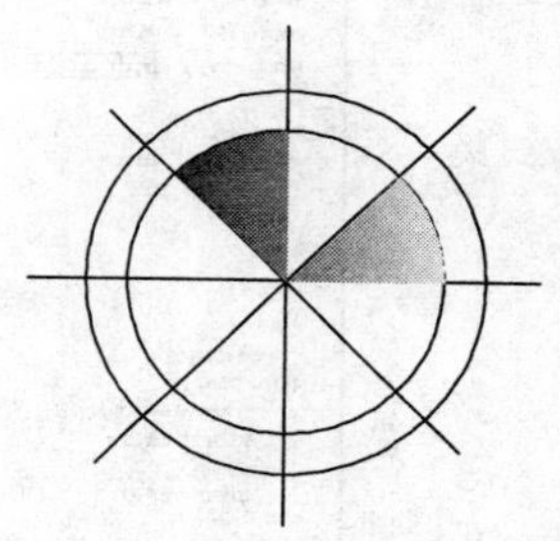

图 2-80　创建渐变色填充

2.4.3 编辑图案填充

创建了图案填充后，可对图案填充进行相应编辑修改，如更改图案填充、设置填充特性等。

执行“编辑图案填充”命令主要有以下几种方法：

- 命令行：输入 HATCHEDIT/HE 命令。
- 菜单栏：选择“修改”|“对象”|“图案填充”命令。
- 面板：单击“修改”面板中的“编辑图案填充”按钮。

操作实训 2-25：编辑吊灯中的图案填充对象

01 按 Ctrl+O 快捷键，打开“第 2 章\2.4.3 编辑图案填充.dwg”图形文件，如图 2-81所示。

02 单击“修改”面板中的“编辑图案填充”按钮，如图 2-82 所示。

03 在绘图区中选择图案填充对象，打开“图案填充编辑”对话框，单击“图案”右侧的按钮，如图 2-83 所示。

04 打开“填充图案选项板”对话框，选择“ANGLE”图案，如图 2-84 所示。

图 2-81　打开图形文件

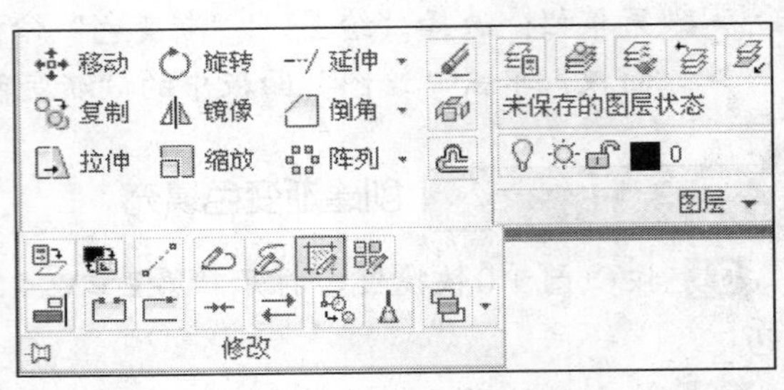

图 2-82　单击“编辑图案填充”按钮

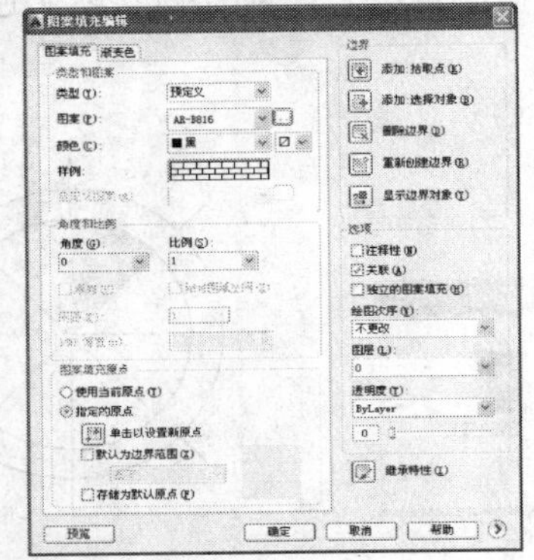

图 2-83　“图案填充编辑”对话框

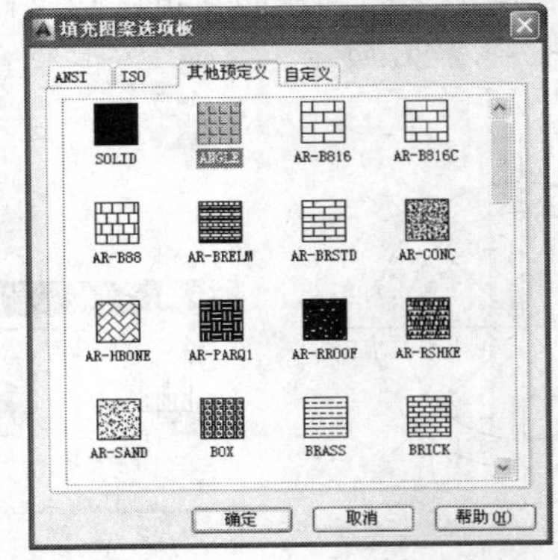

图 2-84　“填充图案选项板”对话框

05 单击“确定”按钮，返回到“图案填充编辑”对话框，修改“比例”为 5，如图 2-85 所示。

06 单击“确定”按钮，即可编辑图案填充，如图 2-86 所示。

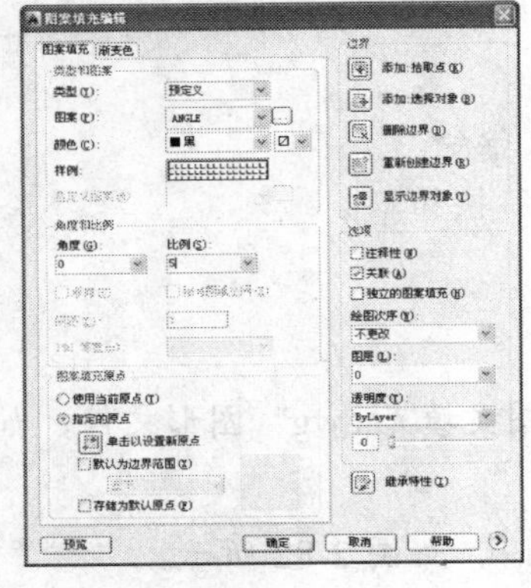

图 2-85　修改参数

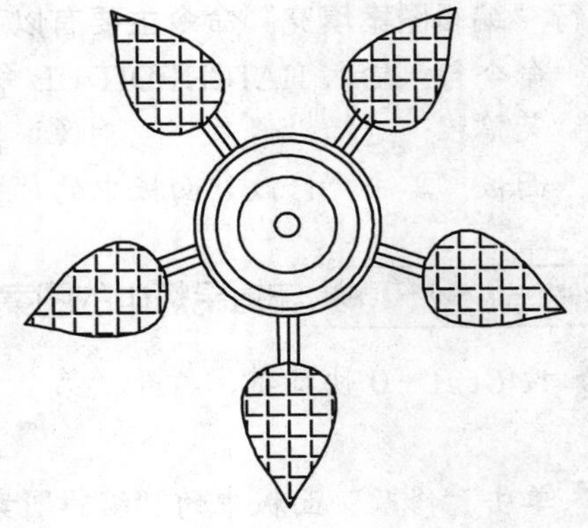

图 2-86　编辑图案填充

第 3 章 室内辅助工具应用

本章导读

在应用 AutoCAD 进行绘制室内装潢设计图时，经常要用到一些常用的辅助工具，包括图块工具、文字工具、尺寸标注工具以及图纸打印工具等，应用这些工具可以对图形进行统一的修改编辑，使图形整体更协调，同时提高了绘图效率。

精彩看点

- 创建图块
- 分解图块
- 重定义图块
- 创建并插入属性图块
- 修改图块属性
- 创建多行文字
- 标注线性尺寸
- 标注对齐尺寸
- 标注半径尺寸
- 标注直径尺寸
- 标注多重引线
- 设置打印参数

3.1 应用图块对象

图块是由多个对象组成的集合，用户可以将经常使用的部分图形或整个图形建立成块，插入到任何指定的图形中，并可以将块作为单个对象来处理。例如，在室内装潢设计中，经常用到一些家具图块（如沙发、床、餐桌等），将这些经常使用的图形建立成图库，不但简化绘图过程，还节省磁盘空间。

3.1.1 创建图块

使用“创建块”命令，可以将一个或多个图形对象定义为一个图块。一般常见的室内图块主要有外部图块和内部图块两种。

执行“创建块”命令主要有以下几种方法：

➢ 命令行：输入 BLOCK/B 命令。

➢ 菜单栏：选择“绘图”|“块”|“创建”命令。

➢ 面板：单击“块定义”面板中的“创建块”按钮。

执行“写块”命令主要有以下几种方法：

➢ 命令行：输入 WBLOCK/W 命令。

➢ 面板：单击“块定义”面板中的“写块”按钮。

操作实训 3-1：创建浴缸内部图块

01 按 Ctrl + O 快捷键，打开“第 3 章\3.1.1 创建图块.dwg”图形文件，如图 3-1 所示。

02 在“插入”选项卡中，单击“块定义”面板中的“创建块”按钮，如图 3-2 所示。

03 打开“块定义”对话框，将其名称修改为“浴缸”，单击“对象”选项组下的“选择对象”按钮，如图 3-3 所示，在绘图区中选择所有的图形对象，返回“块定义”对话框，单击“拾取点”按钮，拾取图形的左下方端点为插入基点，单击“确定”按钮关闭对话框，即可创建图块。

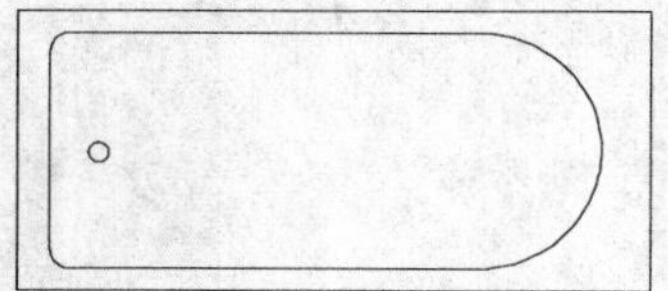

图 3-1 打开图形文件

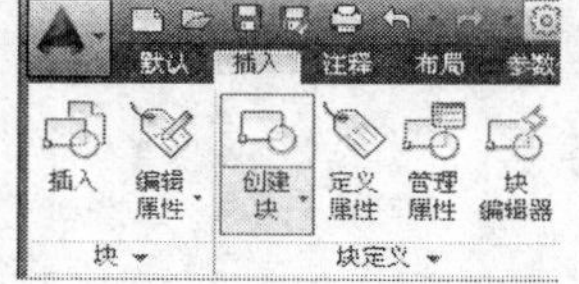

图 3-2 单击“创建块”按钮

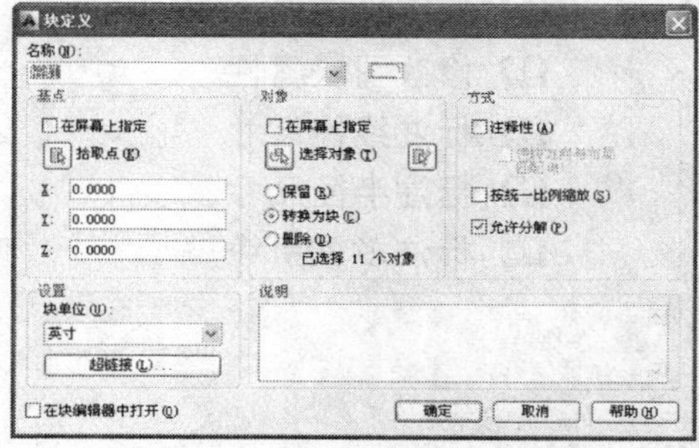

图 3-3 单击“选择对象”按钮

在“块定义”对话框，各主要选项的含义如下：

- “名称”下拉列表框：用于输入块的名称，最多可以使用 255 个字符。当其中包含多个块时，还可以在此选择已有的块。
- “基点”选项组：指定块的插入基点。默认值为坐标原点。
- “对象”选项组：指定新块中要包含的对象，以及创建块之后如何处理这些对象，是保留还是删除选定的对象或者是将它们转换成块实例。
- “方式”选项组：用于设置组成块的对象的显示方式。
- “设置”选项组：用于设置块的基本属性。
- “说明”文本框：用来输入对当前块的说明文字。
- “在块编辑器中打开”复选框：选中该复选框，在“块编辑器”中可以打开当前的块定义。

3.1.2 插入图块

在绘制室内装潢图的过程中，可以根据需要随时把已经定义好的图块或图形文件插入到当前图形的任意位置，在插入的同时还可以改变图块的大小、旋转一定角度等。

执行“插入”命令主要有以下几种方法：

- 命令行：输入 INSERT/I 命令。
- 菜单栏：选择“插入”|“块”命令。
- 面板：单击“块”面板中的“插入”按钮。

操作实训 3-2：插入图块对象

01 按 Ctrl + O 快捷键，打开“第 3 章\3.1.2 插入图块.dwg”图形文件，如图 3-4 所示。

02 在“插入”选项卡中，单击“块”面板中的“插入”按钮，如图 3-5 所示。

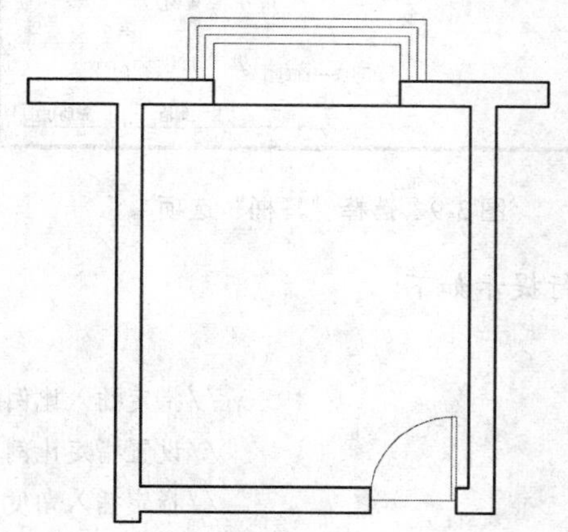

图 3-4　打开图形文件

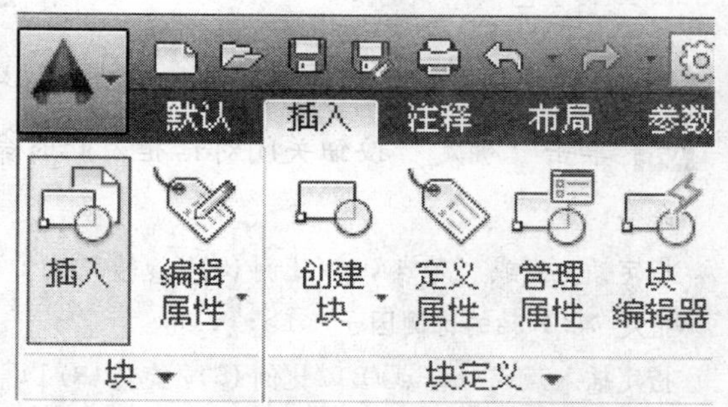

图 3-5　单击“插入”按钮

03 打开“插入”对话框，单击“浏览”按钮，如图 3-6 所示。

04 打开“选择图形文件”对话框，选择“浴缸”图形文件，如图 3-7 所示。

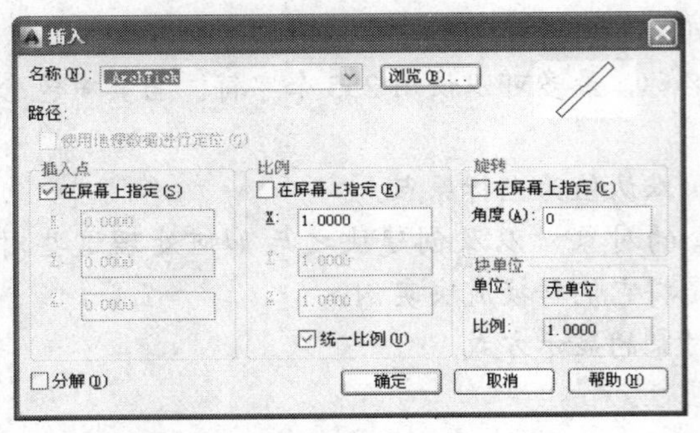

图 3-6 单击“浏览”按钮

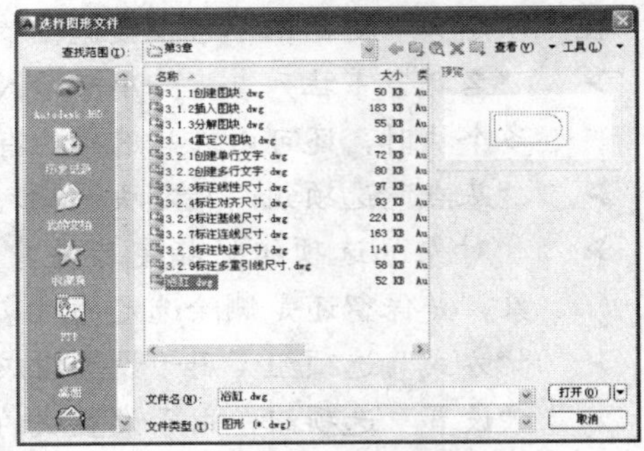

图 3-7 选择图形文件

05 单击“打开”按钮，返回“插入”对话框，单击“确定”按钮关闭对话框，此时命令行提示如下：

```
命令: _insert
指定插入点或 [基点(B)/比例(S)/旋转(R)]: s                    //指定插入比例
指定 XYZ 轴的比例因子 <1>: 1.8                                //设置指定比例参数
指定插入点或 [基点(B)/比例(S)/旋转(R)]: 12675,16256          //设置指定比例参数，按回车键结束绘制，结果如图 3-8 所示
```

06 重复调用 I“插入”命令，打开“插入”对话框，单击“名称”右侧的下三角按钮，弹出列表框，选择“马桶”选项，如图 3-9 所示。

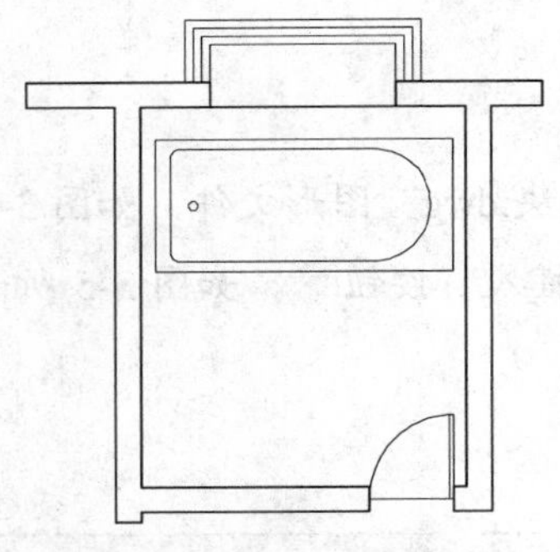

图 3-8 插入图块后的效果

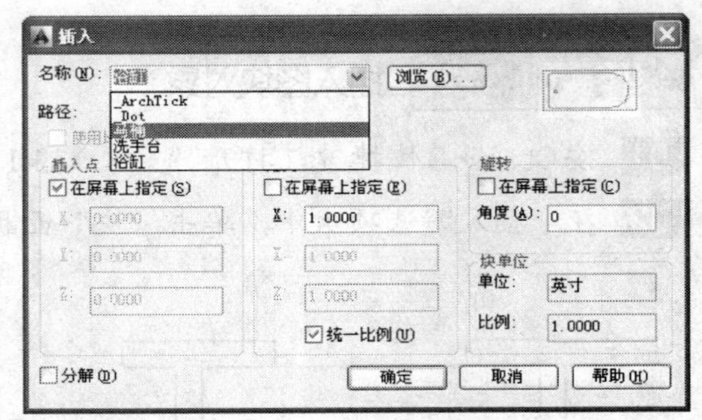

图 3-9 选择“马桶”选项

07 单击“确定”按钮关闭对话框，此时命令行提示如下：

```
命令: I
指定插入点或 [基点(B)/比例(S)/旋转(R)]: s                    //指定插入比例
指定 XYZ 轴的比例因子 <1>: 2                                  //设置指定比例参数
指定插入点或 [基点(B)/比例(S)/旋转(R)]: r                    //指定插入角度
指定旋转角度 <0>: 180                                         //设置指定角度参数
指定插入点或 [基点(B)/比例(S)/旋转(R)]: 16160,19181          //设置指定比例参数，按回车键结束绘制，结果如图 3-10 所示
```

08 重复调用 I“插入”命令，打开“插入”对话框，单击“名称”右侧的下三角按钮，弹出列表框，选择“洗手台”选项，如图 3-11 所示。

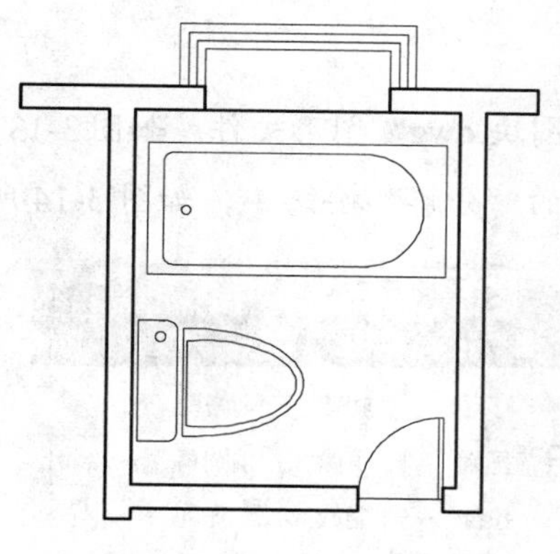

图 3-10　插入图块后的效果

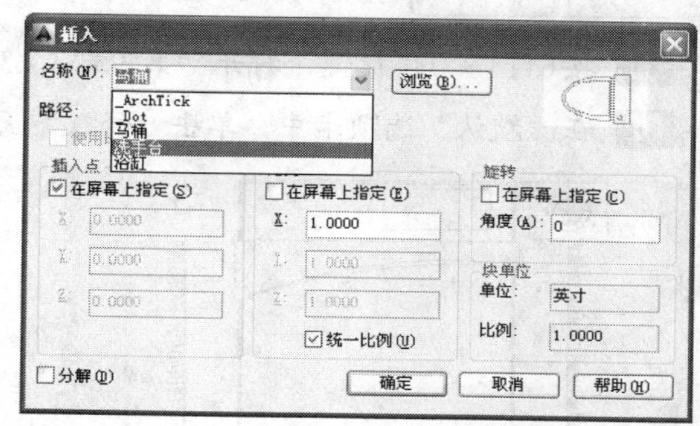

图 3-11　选择“洗手台”选项

09 单击“确定”按钮关闭对话框，此时命令行提示如下：

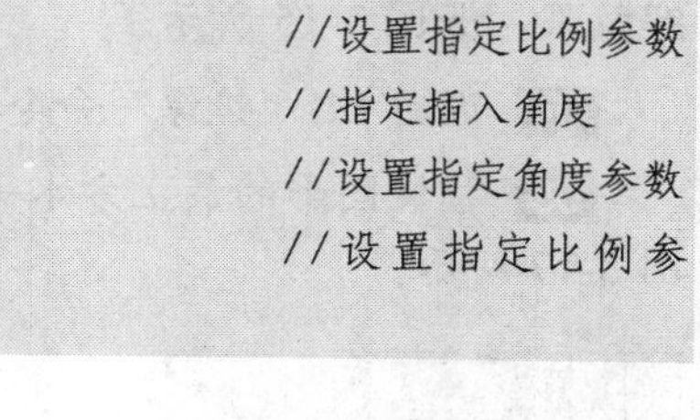

```
命令: I
指定插入点或 [基点(B)/比例(S)/旋转(R)]: s                    //指定插入比例
指定 XYZ 轴的比例因子 <1>: 1.5                               //设置指定比例参数
指定插入点或 [基点(B)/比例(S)/旋转(R)]: r                    //指定插入角度
指定旋转角度 <0>: -90                                        //设置指定角度参数
指定插入点或 [基点(B)/比例(S)/旋转(R)]: 15483,16904          //设置指定比例参
数，按回车键结束绘制，结果如图 3-12 所示
```

在“插入”对话框，各主要选项的含义如下：

- “名称”下拉列表框：指定要插入块的名称，或指定要作为块插入的文件的名称。
- “插入点”选项组：指定块的插入点。
- “比例”选项组：指定插入块的缩放比例。如果指定负的X、Y和Z缩放比例因子，则插入块的镜像图像。
- “旋转”选项组：在当前 UCS 中指定插入块的旋转角度。
- “块单位”选项组：显示有关块单位的信息。
- “分解”复选框：选中该复选框，分解块并插入该块的各个部分。

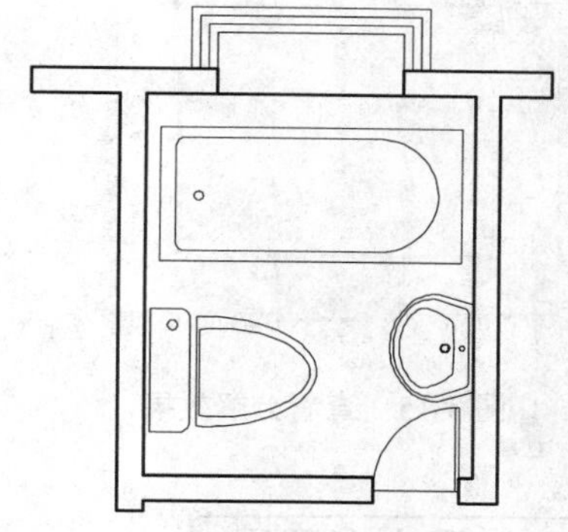

图 3-12　插入图块后的效果

3.1.3 分解图块

使用“分解”命令可以将一个整体图形，如图块、多段线、矩形等分解为多个独立的图形对象。

执行“分解”命令主要有以下几种方法：

- 命令行：输入 EXPLODE/X 命令。
- 菜单栏：选择“修改”|“分解”命令。
- 面板：单击“修改”面板中的“分解”按钮。

操作实训 3-3: 分解双人床图块

01 按Ctrl+O快捷键，打开“第3章\3.1.3分解图块.dwg”图形文件，如图3-13所示。

02 在“默认”选项卡中，单击“修改”面板中的“分解”按钮，如图3-14所示。

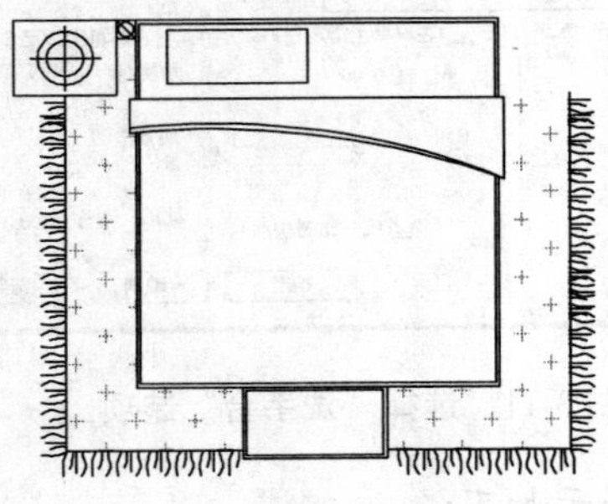

图 3-13 打开图形文件

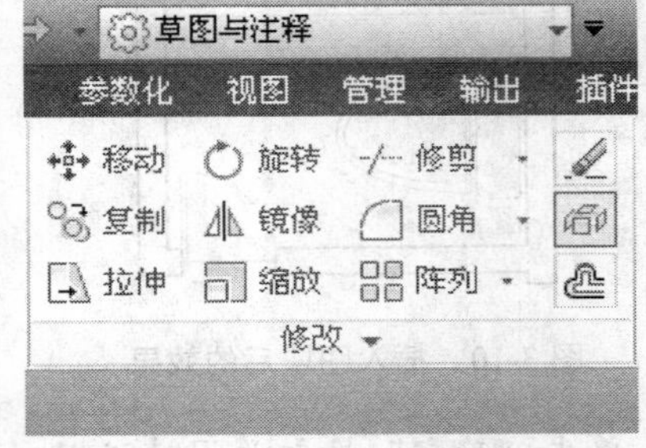

图 3-14 单击“分解”按钮

03 在绘图区中选择图块，按回车键结束，即可分解图形，任选一条直线，查看图形分解效果，如图3-15所示。

04 调用 MI“镜像”命令，选择左侧合适的图形对象，如图3-16所示。

05 捕捉图形的最上方水平直线和最下方水平直线的中点为镜像点，进行镜像处理，如图3-17所示。

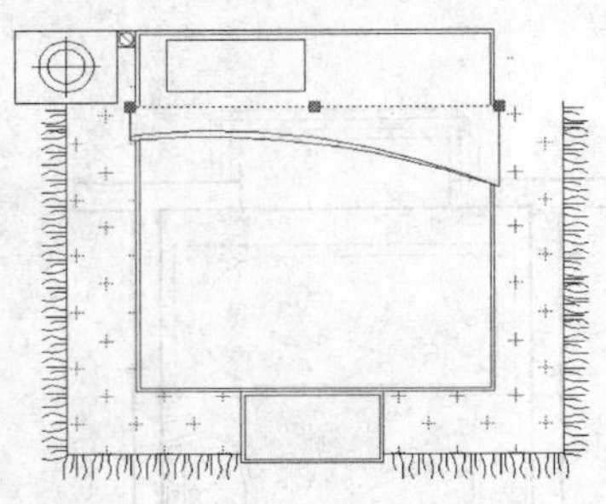

图 3-15 查看分解效果

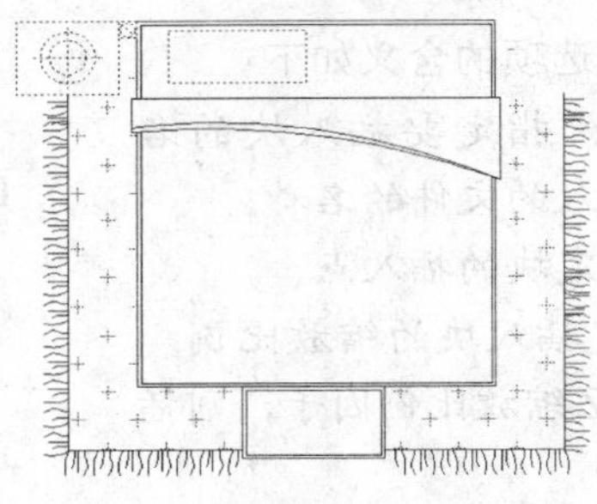

图 3-16 选择合适的图形

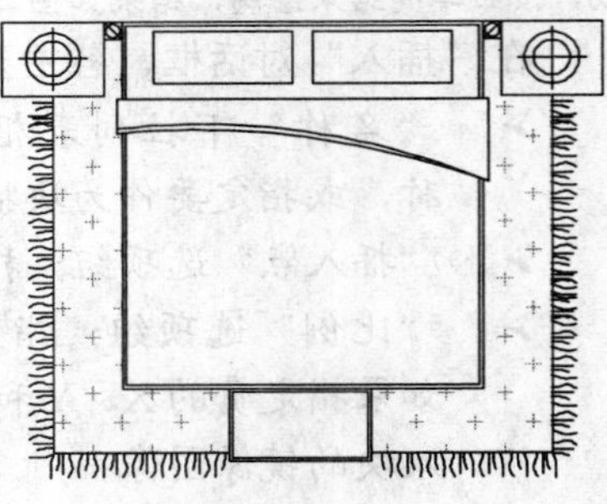

图 3-17 镜像图形效果

3.1.4 重定义图块

通过对图块的重定义，可以更新所有与之相关的块实例，达到自动修改的效果，在绘制比较复杂且大量重复的图形时，应用非常广泛。

操作实训 3-4: 重定义门图块

01 按Ctrl+O快捷键，打开“第3章\3.1.4重定义图块.dwg”图形文件，如图3-18所示。

02 调用 X“分解”命令，在绘图区中选择门图块，按回车键结束，分解图形，并任选一个矩形，查看分解效果，如图3-19所示。

03 调用 E“删除”命令，删除左侧的门对象，如图 3-20 所示。

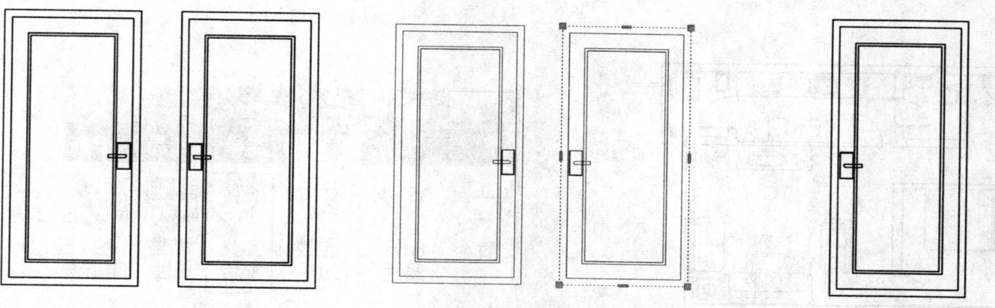

图 3-18　打开图形文件　　图 3-19　查看分解效果　　图 3-20　删除左侧门

04 调用 B“创建块”命令，打开“块定义”对话框，修改其名称为“门”，单击“选择对象”按钮，在绘图区中选择分解后的图形，返回到“块定义”对话框，单击“确定”按钮，如图 3-21 所示。

05 打开“块-重新定义块”对话框，单击“重定义”按钮，如图 3-22 所示，即可重新定义图块。

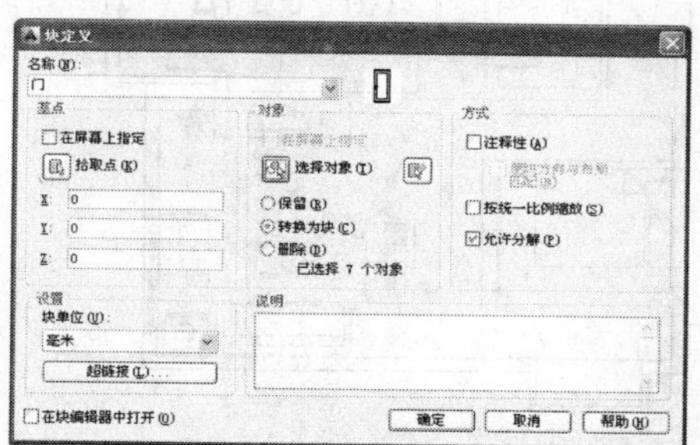

图 3-21　单击“确定”按钮

图 3-22　单击“重定义”按钮

3.1.5 创建并插入属性图块

属性有助于快速产生关于设计项目的信息报表，或者作为一些符号块的可变文字对象。定义图块的属性必须在定义图块之前进行。在定义属性图块后，可以使用“插入”命令，插入属性图块。

执行“定义属性”命令主要有以下几种方法：

- 命令行：输入 ATTDEF/ATT 命令。
- 菜单栏：选择“绘图”|“块”|“定义属性”命令。
- 面板：单击“块定义”面板中的“定义属性”按钮。

操作实训 3-5：创建并插入属性图块

01 按 Ctrl + O 快捷键，打开“第 3 章\3.1.5 创建并插入属性图块.dwg”图形文件，如图 3-23 所示。

02 在“插入”选项卡中，单击“块定义”面板中的“定义属性”按钮，如图 3-24 所示。

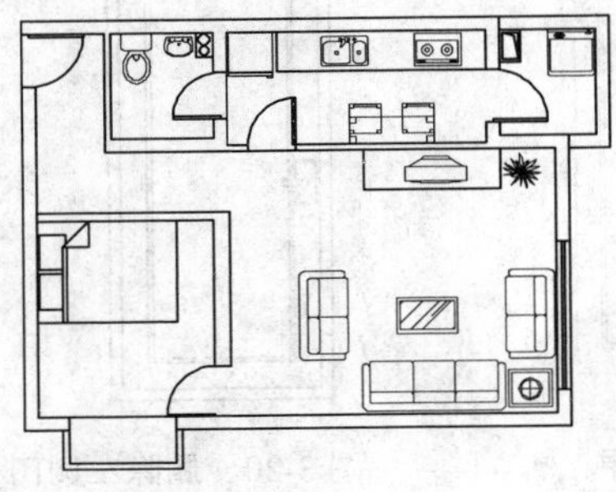

图 3-23 打开图形文件

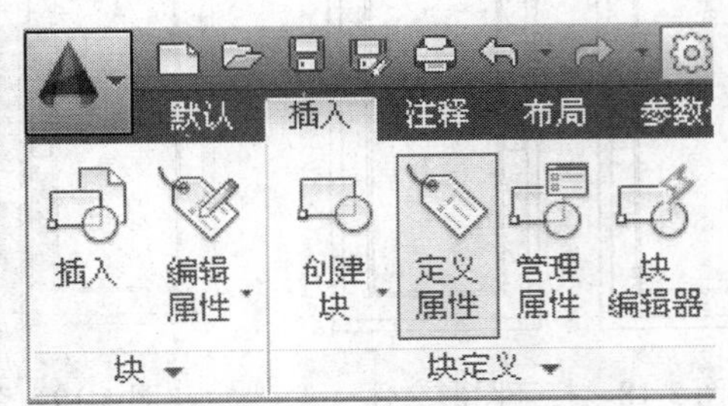

图 3-24 单击“定义属性”按钮

03 打开“属性定义”对话框，修改“标记”为“客厅”，修改“文字高度”为 200，如图 3-25 所示。

04 单击“确定”按钮，在合适位置单击鼠标，即可创建属性图块，如图 3-26 所示。

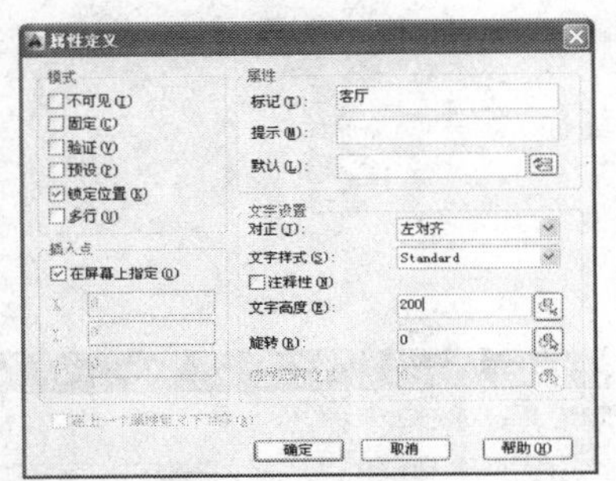

图 3-25 “属性定义”对话框

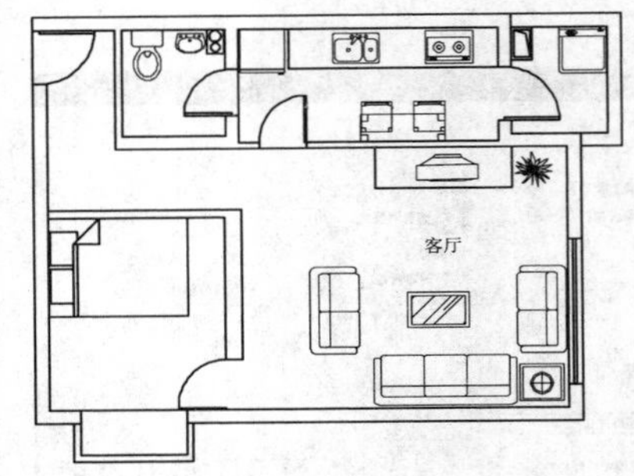

图 3-26 创建属性图块

05 调用 B“创建块”命令，打开“块定义”对话框，将其名称修改为“文字”，单击“对象”选项组下的“选择对象”按钮，如图 3-27 所示。

06 在绘图区中选择文字对象，返回“块定义”对话框，单击“确定”按钮，打开“编辑属性”对话框，输入“客厅”文字，如图 3-28 所示。

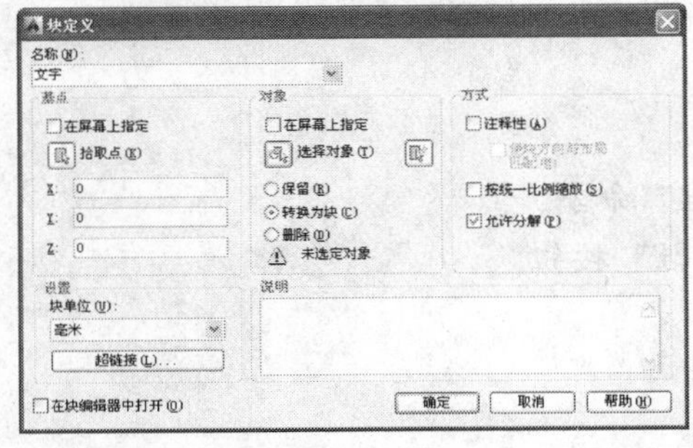

图 3-27 单击“选择对象”按钮

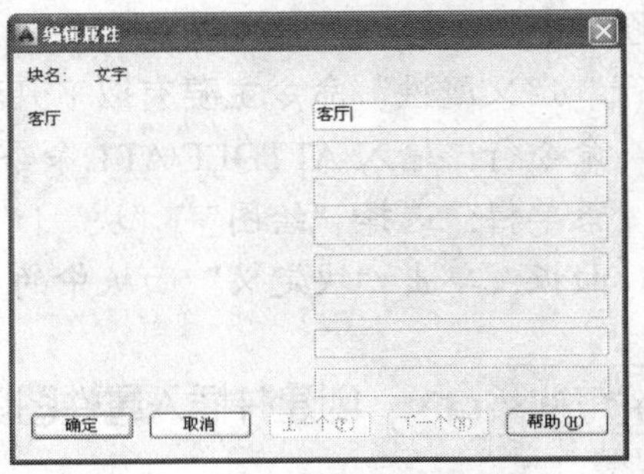

图 3-28 “编辑属性”对话框

07 单击“确定”按钮，即可完成块定义，调用 I“插入”命令，打开“插入”对话框，单击“确定”按钮，如图 3-29 所示。

08 在绘图区中任意捕捉一点，打开“编辑属性”对话框，输入“卧室”文字，如图 3-30 所示。

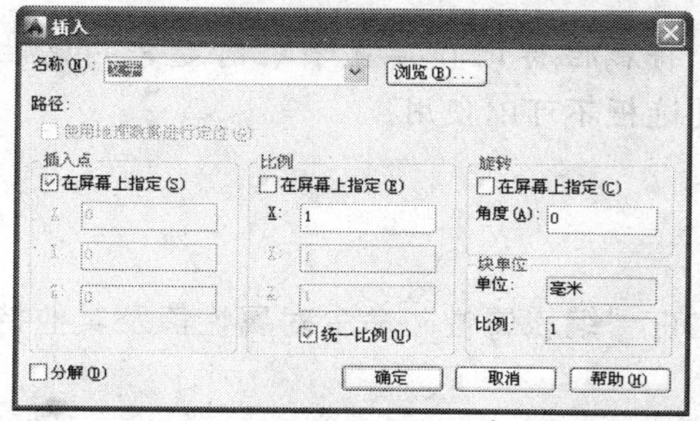

图 3-29　单击“确定”按钮

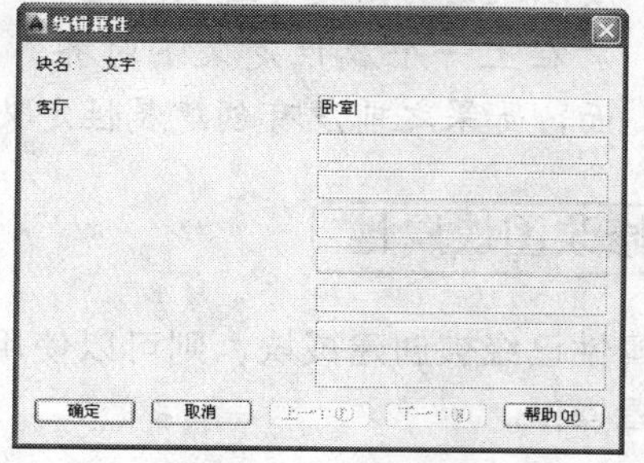

图 3-30　输入文字

09 单击“确定”按钮，即可插入属性图块，调用 M“移动”命令，将插入的属性图块移至合适的位置，如图 3-31 所示。

10 重复上述方法，插入其他的属性图块对象，如图 3-32 所示。

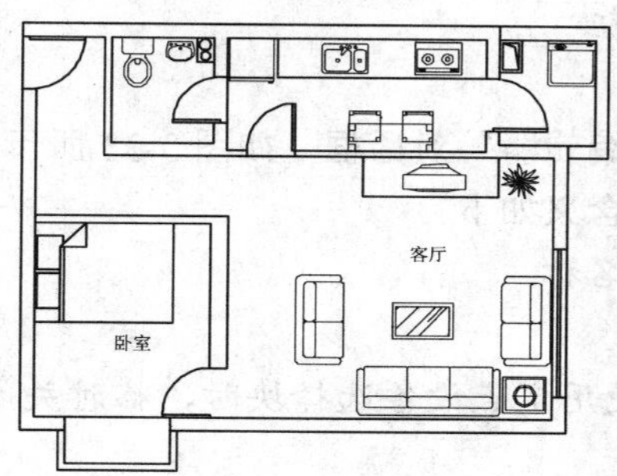

图 3-31　插入属性图块效果

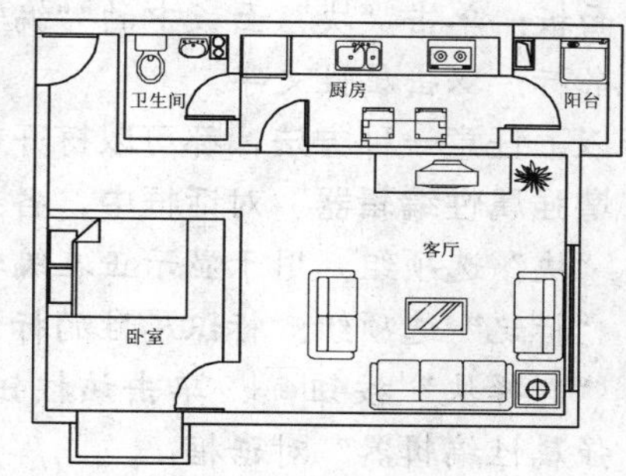

图 3-32　插入其他属性图块效果

在“属性定义”对话框中，各主要选项的含义如下：

- “不可见”复选框：用于指定插入块时不显示或打印属性值。
- “固定”复选框：用于设置在插入块时赋予属性固定值，选中该复选框后，插入块后其属性值不再发生变化。
- “验证”复选框：用于验证所输入的属性值是否正确。
- “预设”复选框：用于确定是否将属性值直接预置成其他的默认值。
- “锁定位置”复选框：用于锁定块参照中属性的位置，解锁后，属性可以相对于使用了夹点编辑块的其他部分移动，并且可以调整多行文字属性的大小。
- “多行”复选框：使用包含多行文字来标注块的属性值，选中该复选框后，可以指定属性的边界宽度。
- “插入点”选项组：指定属性位置，输入坐标值或者选中“在屏幕上指定”复选框，并使用定点设备根据与属性关联的对象，指定属性的位置。

- “属性”选项组：用于定义块的属性，其中，“标记”文本框用于输入属性的标记；“提示”文本框用于在插入块时系统显示的提示信息；“默认值”文本框用于指定默认属性值。
- “文字设置”选项组：用于设置属性文字的格式，包括对正、文字样式、文字高度以及旋转角度等选项。
- “在上一个属性定义下对齐”复选框：将属性标记直接置于之前定义的属性下面，如果之前没有创建属性定义，则该复选框不可以使用。

3.1.6 修改图块属性

若属性已经被创建成块，则可以使用 EATTEDIT“编辑属性”命令对属性值及其他特征进行编辑操作。

1. 修改属性值

使用增强属性编辑器可以方便地修改属性值和属性文字的格式。打开“增强属性编辑器”对话框的方法主要有以下几种：

- 命令行：输入 EATTEDIT 命令。
- 菜单栏：选择“修改”|“对象”|“属性”|“单个”命令。
- 面板：单击“块”面板中的“编辑属性”按钮。
- 鼠标：双击属性文字。

执行以上任意一种方法，都可以打开“增强属性编辑器”对话框，如图 3-33 所示。

在“增强属性编辑器”对话框中，各主要选项的含义如下：

- “块”选项组：用于显示正在编辑属性的块名称。
- “标记”选项组：标识属性的标记。
- “选择块”按钮：单击该按钮，可以在使用定点设备选择块时，临时关闭“增强属性编辑器”对话框。
- “应用”按钮：单击该按钮，可以更新已更改属性的图形，且“增强属性编辑器”对话框保持打开状态。
- “属性”选项卡：该选项卡显示了块中每个属性的标记、提示和值，在列表框中选择某一属性后，在“值”文本框中将显示出该属性对应的属性值，可以通过它来修改属性值。
- “文字选项”选项卡：该选项卡用于修改属性文字的格式，在其中可以设置文字样式、对齐方式、高度、旋转角度、宽度因子和倾斜角度等。
- “特性”选项卡：该选项卡用于修改属性文字的图层、线宽、线型、颜色及打印样式等。

2. 修改块属性定义

使用“块属性管理器”对话框，可以修改所有图块的块属性定义。打开“块属性管理器”对话框的方法主要有以下几种：

- 命令行：输入 BATTMAN 命令。
- 菜单栏：选择“修改”|“对象”|“属性”|“块属性管理器”命令。

执行以上任意一种方法，都可以打开“块属性管理器”对话框，如图 3-34 所示。

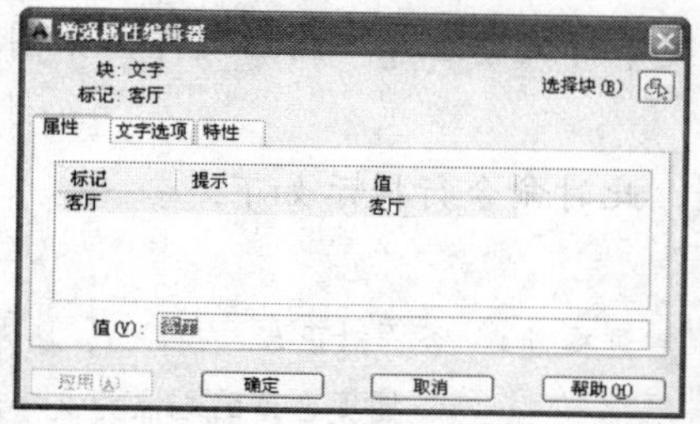

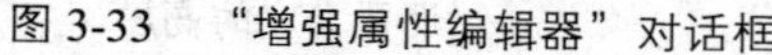

图 3-33　“增强属性编辑器”对话框

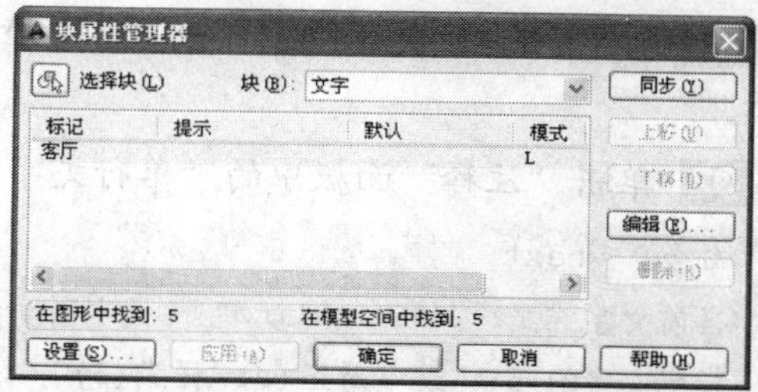

图 3-34　“块属性管理器”对话框

在“块属性管理器”对话框中，各主要选项的含义如下：

- “选择块”按钮：单击该按钮，用户可以使用定点设备从绘图区域选择块。
- “块”列表框：列出具有属性的当前图形中的所有块定义。
- “属性列表”列表框：显示所选块中每个属性的特性。
- “同步”按钮：单击该按钮，更新具有当前定义的属性特性的选定块的全部实例。
- “上移”按钮：在提示序列的早期阶段移动选定的属性标签。选定固定属性时，“上移”按钮不可用。
- “下移”按钮：在提示序列的后期阶段移动选定的属性标签。选定常量属性时，“下移”按钮不可使用。
- “编辑”按钮：单击该按钮，打开“编辑属性”对话框，从中可以修改属性特性。
- “删除”按钮：从块定义中删除选定的属性。
- “设置”按钮：单击该按钮，打开“块属性设置”对话框，从中可以自定义“块属性管理器”中属性信息的列出方式。

3.2 应用文字和标注对象

文字注释和尺寸标注都是绘制图形过程中非常重要的内容。在进行绘图设计时，不仅要绘制出图形，还要在图形中标注一些注释性的文字，而为了更明确地表达物体的形状和大小，还可以为图形添加相应的尺寸标注，以作为施工的重要依据。

3.2.1 创建单行文字

在绘制图形的过程中，文字表达了很多设计信息，当需要文字标注的文本不太长时，可以使用“单行文字”命令创建单行文本。

执行“单行文字”命令主要有以下几种方法：

- 命令行：输入 TEXT 命令。
- 菜单栏：选择“绘图”|“文字”|“单行文字”命令。
- 面板 1：单击“注释”面板中的“单行文字”按钮A。
- 面板 2：在“注释”选项板中，单击“文字”面板中的“单行文字”按钮A。

操作实训 3-6: 创建鞋柜图形中的单行文字

01 按 Ctrl + O 快捷键，打开“第 3 章\3.2.1 创建单行文字.dwg”图形文件，如图 3-35 所示。

02 单击“注释”面板中的“单行文字”按钮A，此时命令行提示如下：

```
命令: _text
当前文字样式: "Standard" 文字高度: 2.5000 注释性: 否 对正: 左
指定文字的起点 或 [对正(J)/样式(S)]:                    //捕捉合适的端点为文字起点
指定高度 <2.5000>: 100                                  //设置文字的高度
指定文字的旋转角度 <0>:                                  //设置文字的旋转角度，输入
文字，按回车键结束，结果如图 3-36 所示
```

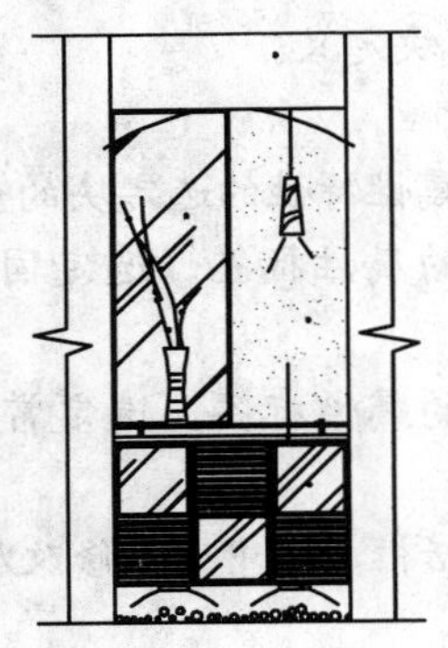

图 3-35 打开图形文件

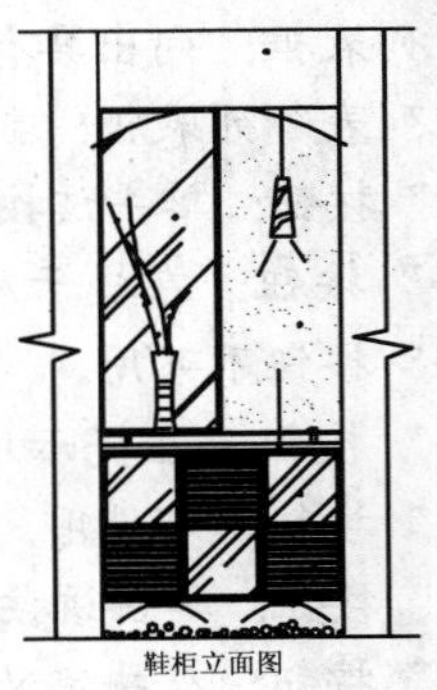

图 3-36 创建单行文字

命令行中各主要选项的含义如下：

- 对正（J）：用于指定单行文字标注的对齐方式。
- 样式（S）：用于指定当前创建的文字标注所采用的文字样式。

3.2.2 创建多行文字

多行文字又称段落文本，它由两行以上的文字组成，而且所有行的文字都是作为一个整体来处理的。

执行“多行文字”命令主要有以下几种方法：

- 命令行：输入 MTEXT/MT 命令。
- 菜单栏：选择“绘图”|“文字”|“多行文字”命令。
- 面板 1：单击“注释”面板中的“多行文字”按钮A。
- 面板 2：在“注释”选项板中，单击“文字”面板中的“多行文字”按钮A。

操作实训 3-7: 创建户型平面图中的多行文字

01 按 Ctrl + O 快捷键，打开“第 3 章\3.2.2 创建多行文字.dwg”图形文件，如图 3-37 所示。

02 单击“注释”面板中的“多行文字”按钮A，此时命令行提示如下：

命令：_mtext

当前文字样式："Standard"　文字高度：2.5　注释性：否

指定第一角点：　　//捕捉合适的端点为第一角点

指定对角点或 [高度(H)/对正(J)/行距(L)/旋转(R)/样式(S)/宽度(W)/栏(C)]：　//捕捉合适的端点为第二角点，如图 3-38 所示

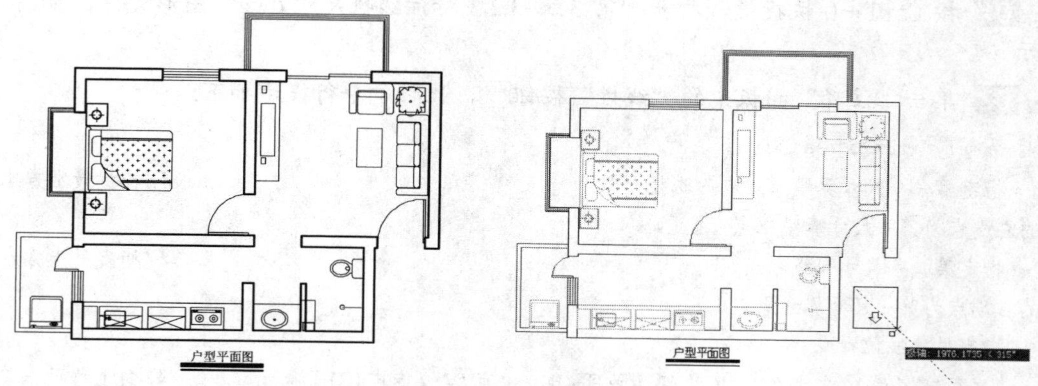

图 3-37　打开图形文件　　图 3-38　捕捉第二角点

03 打开文本框和“文字编辑器”选项板，输入合适的文字对象，如图 3-39 所示。

04 修改“文字高度”为 250，在绘图区中的空白处，单击鼠标，即可创建多行文字，并调整多行文字的位置，效果如图 3-40 所示。

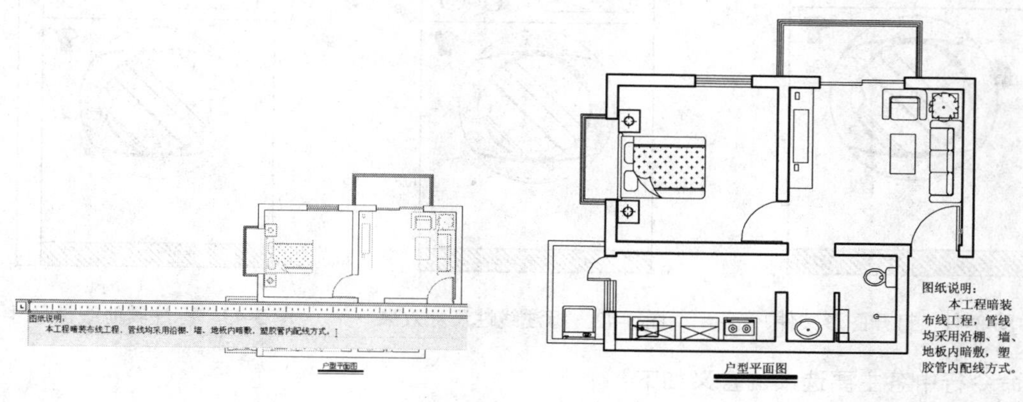

图 3-39　输入文字效果　　图 3-40　创建多行文字

3.2.3 标注线性尺寸

线性尺寸标注用于对水平尺寸、垂直尺寸及旋转尺寸等长度类尺寸进行标注，这些尺寸标注方法基本类似。

执行“线性”命令主要有以下几种方法：

- 命令行：输入 DIMLINEAR/DLI 命令。
- 菜单栏：选择“标注”|“线性”命令。
- 面板 1：单击“注释”面板中的“线性”按钮。
- 面板 2：在“注释”选项板中，单击“标注”面板中的“线性”按钮。

操作实训 3-8：标注螺母图形中的线性尺寸

01 按 Ctrl + O 快捷键，打开“第 3 章\3.2.3 标注线性尺寸.dwg”图形文件，如图 3-41 所示。

02 单击“注释”面板中的“线性”按钮，此时命令行提示如下：

```
命令: _dimlinear
指定第一个尺寸界线原点或 <选择对象>:                    //捕捉最上方水平直线的左端点为第一尺寸界线原点
指定第二条尺寸界线原点:                                  //捕捉最上方水平直线的右端点为第一尺寸界线原点
指定尺寸线位置或
[多行文字(M)/文字(T)/角度(A)/水平(H)/垂直(V)/旋转(R)]:   //向上移动，单击鼠标，确定尺寸线位置，效果如图 3-42 所示
标注文字 = 555
```

03 重复上述方法，标注其他的线性尺寸，如图 3-43 所示。

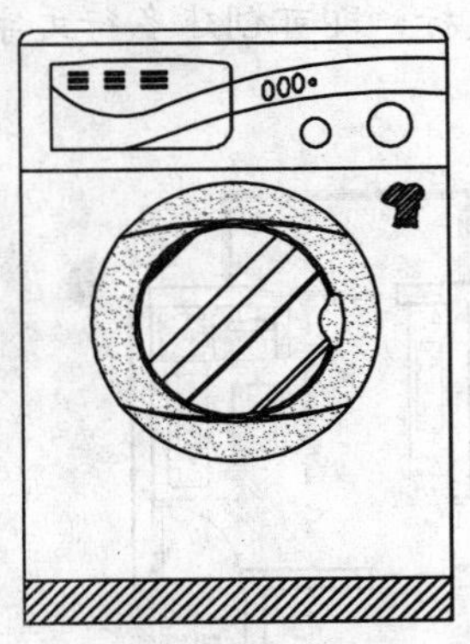

图 3-41 打开图形文件

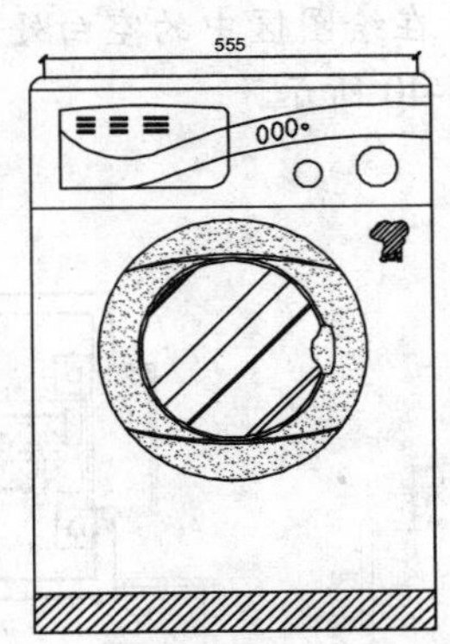

图 3-42 标注线性尺寸效果

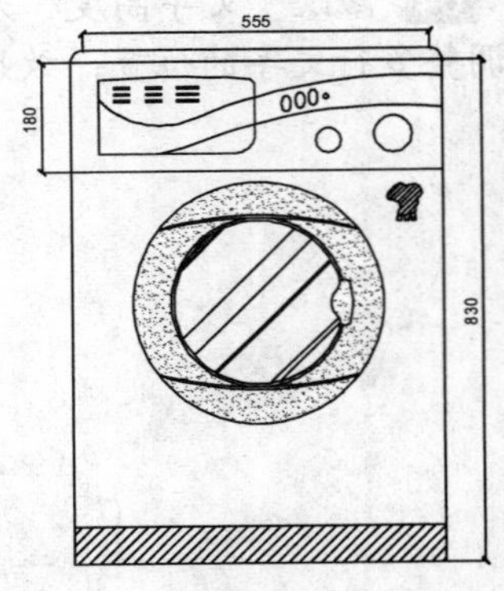

图 3-43 标注其他线性尺寸

命令行中各主要选项的含义如下：

- 多行文字（M）：显示在位文字编辑器，可用它来编辑标注文字。
- 文字（T）：在命令行中显示尺寸文字的自动测量值，用户可以修改尺寸值。
- 角度（A）：指定文字的倾斜角度，使尺寸文字倾斜标注。
- 水平（H）：创建水平尺寸标注。
- 垂直（V）：创建垂直尺寸标注。
- 旋转（R）：创建旋转线性标注。

3.2.4 标注对齐尺寸

对齐尺寸标注用于创建平行于所选对象或平行于两尺寸界线原点连线的直线形尺寸。执行“对齐”命令主要有以下几种方法：

- 命令行：输入 DIMALIGNED/DAL 命令。
- 菜单栏：选择“标注”|“对齐”命令。
- 面板 1：单击“注释”面板中的“对齐”按钮。
- 面板 2：在“注释”选项板中，单击“标注”面板中的“对齐”按钮。

操作实训 3-9：标注浴缸图形中的对齐尺寸

01 按 Ctrl＋O 快捷键，打开“第 3 章\3.2.4 标注对齐尺寸.dwg”图形文件，如图 3-44 所示。

02 单击“注释”面板中的“对齐”按钮，此时命令行提示如下：

```
命令：_dimaligned
指定第一个尺寸界线原点或 <选择对象>:                    //捕捉左侧倾斜直线的上端点
指定第二条尺寸界线原点:                                  //捕捉左侧倾斜直线的下端点
指定尺寸线位置或
[多行文字(M)/文字(T)/角度(A)]:                           //向左上方移动，单击鼠标，确定尺寸线位置，效果如图 3-45 所示
标注文字 = 424
```

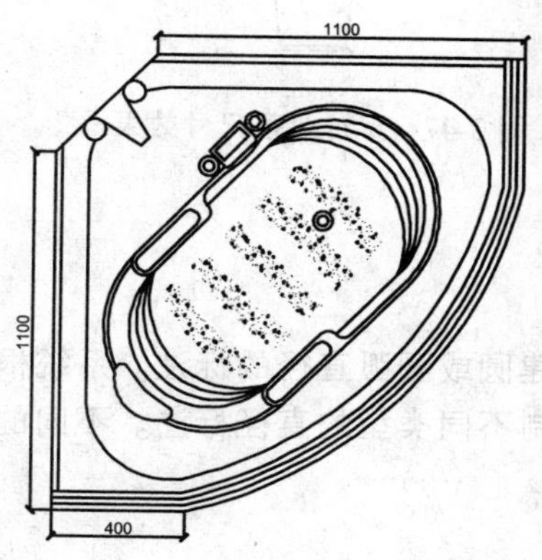

图 3-44　打开图形文件

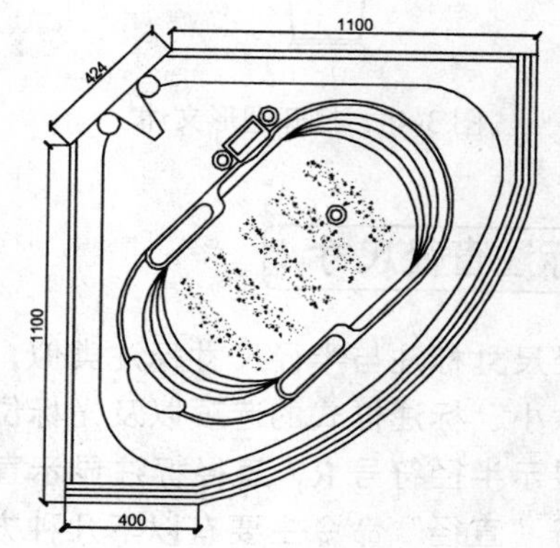

图 3-45　标注对齐尺寸效果

3.2.5 标注半径尺寸

半径尺寸标注用于创建圆和圆弧半径的标注，它由一条具有指向圆或圆弧的箭头和半径尺寸线组成。

执行“半径”命令主要有以下几种方法：

- 命令行：输入 DIMRADIUS/DRA 命令。
- 菜单栏：选择“标注”|“半径”命令。
- 面板 1：单击“注释”面板中的“半径”按钮。
- 面板 2：在“注释”选项板中，单击“标注”面板中的“半径”按钮。

操作实训 3-10：标注餐桌椅图形中的半径尺寸

01 按 Ctrl＋O 快捷键，打开“第 3 章\3.2.5 标注半径尺寸.dwg”图形文件，如图 3-46 所示。

02 单击“注释”面板中的“半径”按钮，此时命令行提示如下：

```
命令：_dimradius
选择圆弧或圆：                                    //选择大圆对象
标注文字 = 500
指定尺寸线位置或 [多行文字(M)/文字(T)/角度(A)]：    //向右上方移动，单击鼠标，确定尺寸线位置，效果如图 3-47 所示
```

图 3-46　打开图形文件

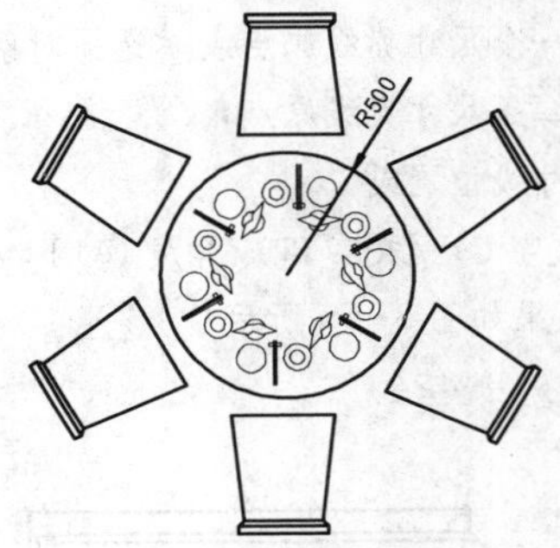

图 3-47　标注半径尺寸效果

3.2.6 标注直径尺寸

直径尺寸标注与半径尺寸标注类似，都是用于创建圆或圆弧直径的标注。系统根据圆和圆弧的大小、标注样式的选项以及光标位置的不同绘制不同类型的直径标注。不同的是，半径标注显示半径符号 R，直径标注显示直径符号 ø。

执行“直径”命令主要有以下几种方法：

- 命令行：输入 DIMDIAMETER/DDI 命令。
- 菜单栏：选择“标注”|“直径”命令。
- 面板 1：单击“注释”面板中的“直径”按钮。
- 面板 2：在“注释”选项板中，单击“标注”面板中的“直径”按钮。

3.2.7 标注连续尺寸

连续尺寸标注可以创建一系列连续的线性、对齐、角度或坐标标注。

执行“连续”命令主要有以下几种方法：

➢ 命令行：输入 DIMCONTINUE/DCO 命令。
➢ 菜单栏：选择“标注”|“连续”命令。
➢ 面板：在“注释”选项板中，单击“标注”面板中的“连续”按钮。

操作实训 3-11：标注床立面图中的连续尺寸

01 按 Ctrl＋O 快捷键，打开“第 3 章\3.2.7 标注连续尺寸.dwg”图形文件，如图 3-48 所示。

02 单击“标注”面板中的“连续”按钮，此时命令行提示如下：

```
命令：_dimcontinue
选择连续标注：：                                          //选择线性标注对象
指定第二条尺寸界线原点或［放弃(U)/选择(S)］<选择>：      //捕捉中间垂直直线的下端点
标注文字 = 743
指定第二条尺寸界线原点或［放弃(U)/选择(S)］<选择>：      //捕捉最右侧垂直直线的下端点，按回车键结束，结果如图 3-49 所示
标注文字 = 743
```

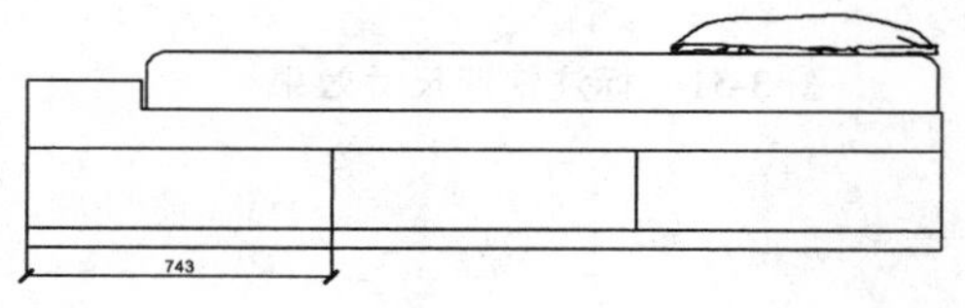

图 3-48　打开图形文件

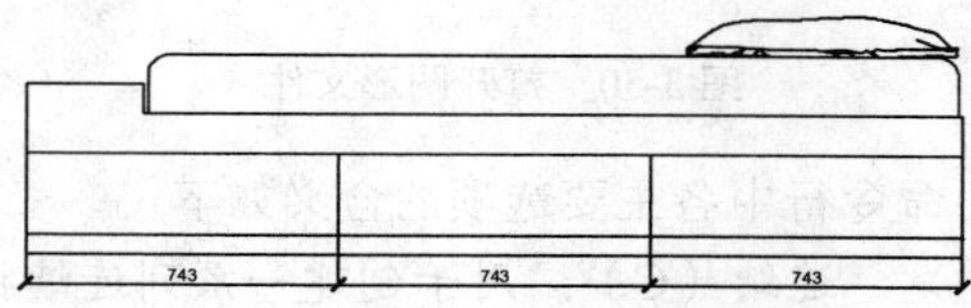

图 3-49　标注连续尺寸效果

3.2.8 标注快速尺寸

“快速标注”命令用于快速创建成组的基线标注、连续标注、阶梯标注和坐标尺寸标注，并且允许同时标注多个对象的尺寸。

执行“快速标注”命令主要有以下几种方法：

➢ 命令行：输入 QDIM 命令。
➢ 菜单栏：选择“标注”|“快速标注”命令。
➢ 面板：在“注释”选项板中，单击“标注”面板中的“快速标注”按钮。

操作实训 3-12：快速标注衣柜图形中的尺寸

01 按 Ctrl＋O 快捷键，打开“第 3 章\3.2.8 标注快速尺寸.dwg”图形文件，如图 3-50 所示。

02 单击“标注”面板中的“快速标注”按钮，此时命令行提示如下：

```
命令：_qdim
关联标注优先级 = 端点
```

```
选择要标注的几何图形：找到 1 个
选择要标注的几何图形：找到 1 个，总计 2 个
选择要标注的几何图形：找到 1 个，总计 3 个                    //选择从上数第 2 条水平直线
选择要标注的几何图形：
指定尺寸线位置或 [连续(C)/并列(S)/基线(B)/坐标(O)/半径(R)/直径(D)/基准点(P)/编辑(E)/设置(T)] <连续>:                    //向上移动，单击鼠标，确认尺寸线位置，效果如图 3-51 所示
```

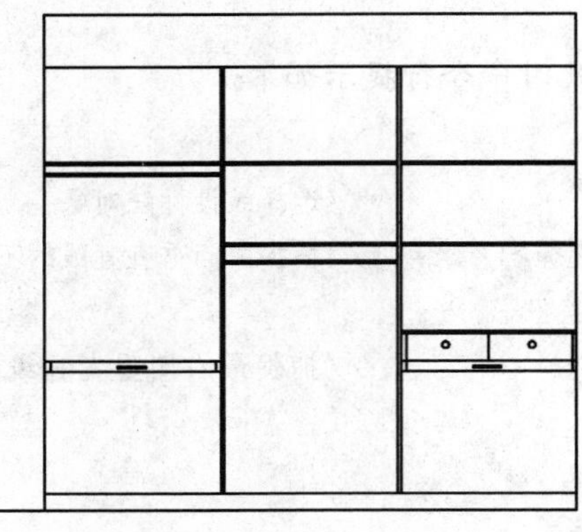

图 3-50　打开图形文件

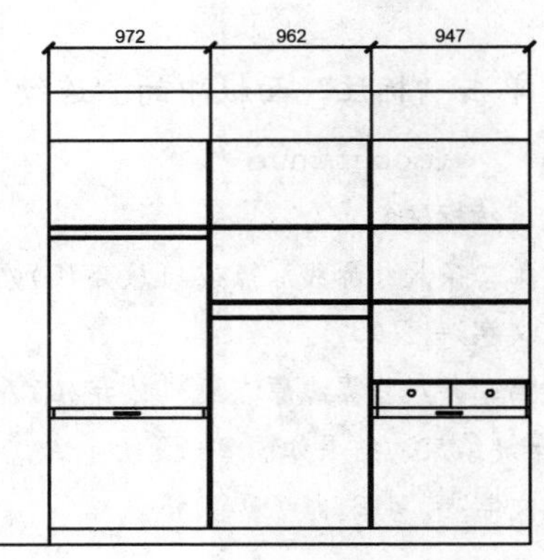

图 3-51　标注快速尺寸效果

命令行中各主要选项的含义如下：

➢ 连续（C）：用于创建一系列连续标注。
➢ 并列（S）：用于创建一系列并列标注。
➢ 基线（B）：用于创建一系列基线标注。
➢ 坐标（O）：用于创建一系列坐标标注。
➢ 半径（R）：用于创建一系列半径标注。
➢ 直径（D）：用于创建一系列直径标注。
➢ 基准点（P）：为基线和坐标标注设置新的基准点。
➢ 编辑（E）：；在生成标注之前，删除出于各种考虑而选定的点位置。
➢ 设置（T）：为指定尺寸界线原点（交点或端点）设置对象捕捉优先级。

3.2.9 标注多重引线

在机械制图中，“多重引线”命令主要可以用来标注生成装配图的零件编号、标注孔结构和形位公差等对象。

执行“多重引线”命令主要有以下几种方法：

➢ 命令行：输入 MLEADER 命令。
➢ 菜单栏：选择“标注”|“多重引线”命令。
➢ 面板 1：单击“注释”面板中的“引线”按钮。
➢ 面板 2：在“注释”选项板中，单击“引线”面板中的“多重引线”按钮。

操作实训 3-13：标注图形中的多重引线

01 按 Ctrl＋O 快捷键，打开“第 3 章\3.2.9 标注多重引线尺寸.dwg”图形文件，如图 3-52 所示。

02 单击“注释”面板中的“多重引线样式”按钮，打开“多重引线样式管理器”对话框，选择“Standard”样式，单击“修改”按钮，如图 3-53 所示。

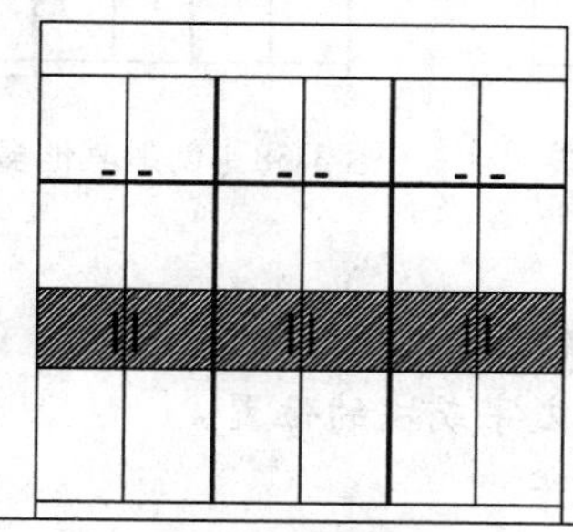

图 3-52　打开图形文件

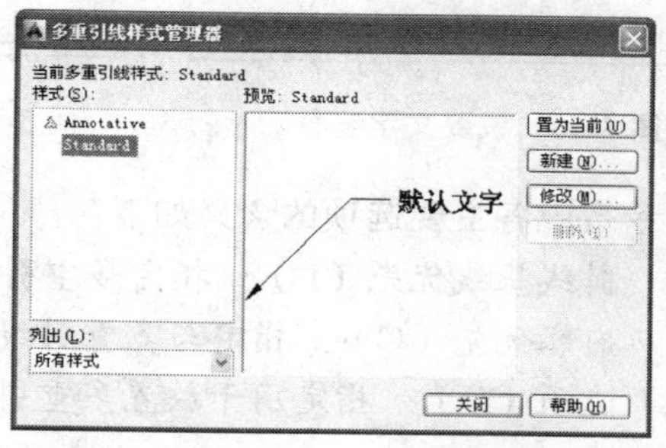

图 3-53　单击“修改”按钮

03 打开“修改多重引线样式：Standard”对话框，在“箭头”选项组中，设置“大小”为 20，如图 3-54 所示。

04 单击“引线结构”选项卡，在“基线设置”选项组中，修改“设置基线距离”为 50，如图 3-55 所示。

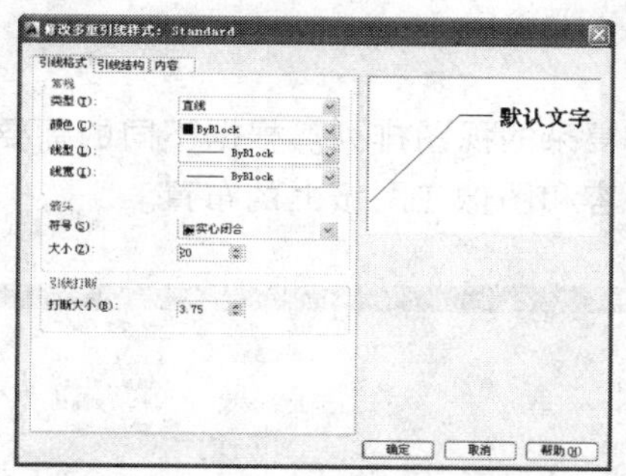

图 3-54　设置大小参数

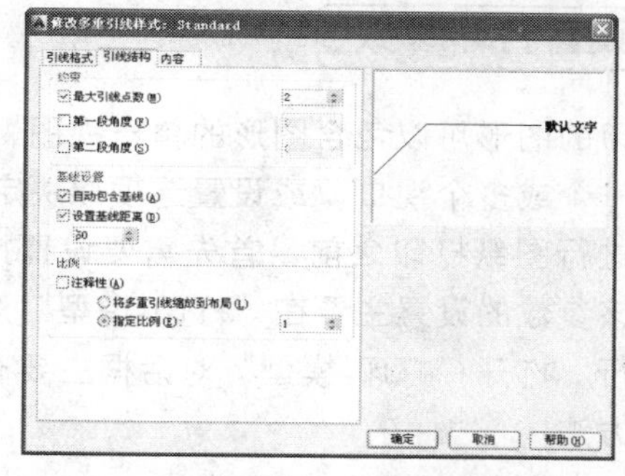

图 3-55　修改基线参数

05 单击“内容”选项卡，在“文字选项”选项组中，修改“文字高度”为 70，如图 3-56 所示。

06 依次单击“确定”和“关闭”按钮，关闭对话框，单击“注释”面板中的“引线”按钮，此时命令行提示如下：

```
命令: _mleader
指定引线箭头的位置或 [引线基线优先(L)/内容优先(C)/选项(O)] <选项>://捕捉合适的端点
指定引线基线的位置:                                         //向上方移动，单击
鼠标，确认引线基线位置，输入相应文字，效果如图 3-57 所示
```

07 重复上述方法，创建其他的多重引线，如图 3-58 所示。

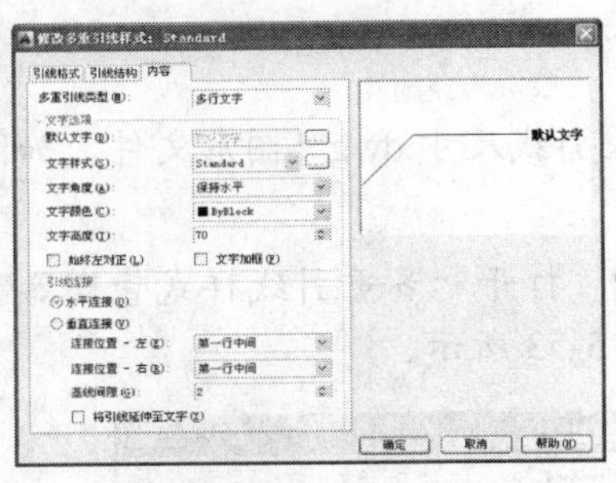

图 3-56　设置文字参数

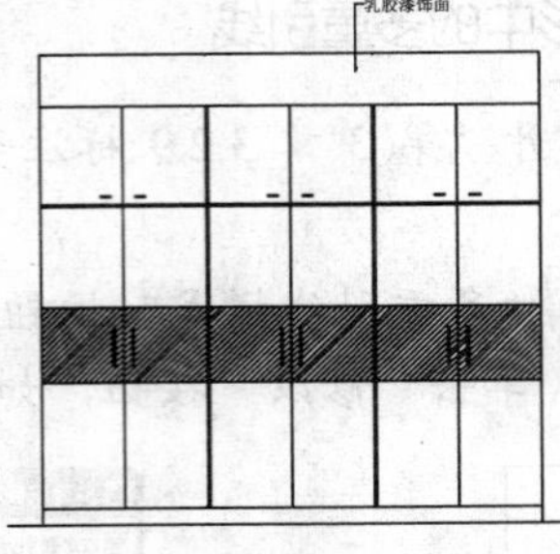

图 3-57　创建多重引线

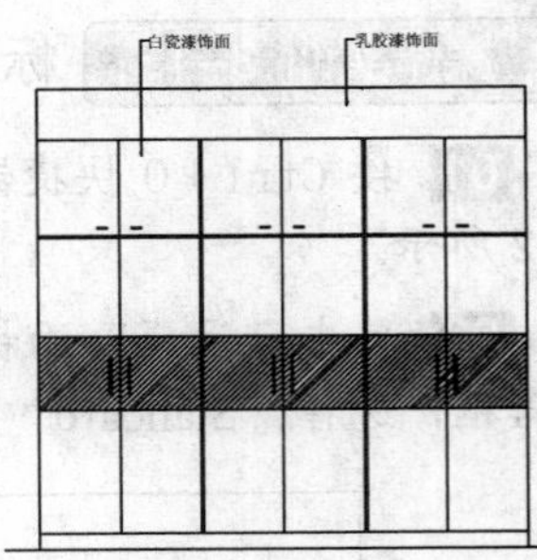

图 3-58　创建其他多重引线

命令行中各主要选项的含义如下：

- 引线基线优先（L）：指定多重引线对象的基线的位置。
- 内容优先（C）：指定与多重引线对象相关联的文字或块的位置。
- 选项（O）：指定用于放置多重引线对象的选项字。

3.3 使用图纸打印工具

创建完图形之后，通常要打印到图纸上，同时也可以生成一份电子图纸，以便从互联网上进行访问。本节将详细介绍图纸打印工具的使用方法。

3.3.1 设置打印参数

打印的图形可以包含图形的单一视图，或者更为复杂的视图排列。根据不同的需要，可以打印一个或多个视口，或设置选项以决定打印的内容和图像在图纸上的布置。

在进行图纸打印之前，首先需要设置打印参数，该参数的设置主要在“打印-模型”对话框中进行。打开“打印-模型”对话框主要有以下几种方法：

- 命令行：输入 PLOT 命令。
- 菜单栏：选择“文件”|“打印”命令。
- 面板：在“输出”选项卡中，单击“打印”面板中的“打印”按钮。
- 快捷键：按 Ctrl + P 快捷键。
- 程序菜单：在程序菜单中，选择“打印”|“打印”命令。

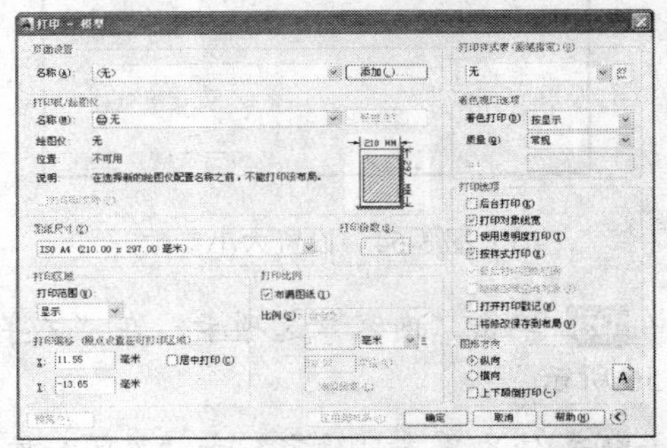

图 3-59　“打印-模型”对话框

执行以上任意一种方法，将打开“打印-模型”对话框，如图 3-59 所示，在该对话框中进行相应的参数设置，然后单击“确定”按钮，即可开始打印。

1. 设置打印设备

为了获得更好的打印效果，在打印之前，应对打印设备进行设置。在“打印-模型”对

话框中的“打印机/绘图仪”选项组中，单击“名称”下拉列表框，在弹出的下拉列表中选择合适的打印设备，如图 3-60 所示，完成打印设备的设置。选择相应打印设备后，单击其右侧的“特性”按钮，打开“绘图仪配置编辑器”对话框，在其中可以查看或修改打印机的配置信息，如图 3-61 所示。

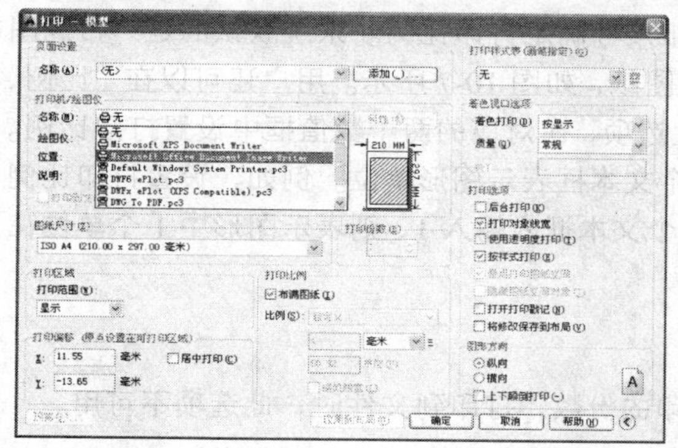

图 3-60　选择打印设备

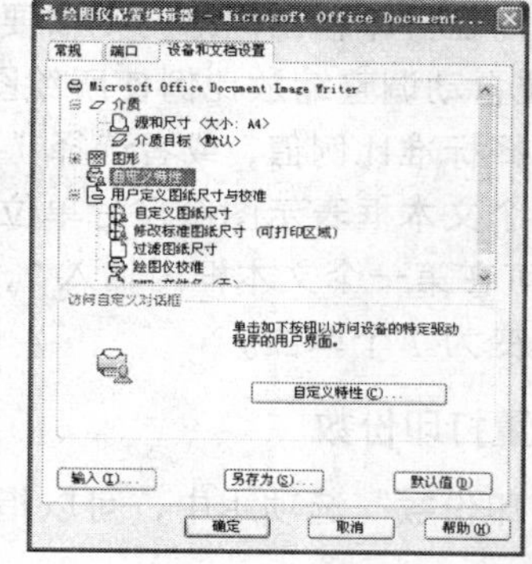

图 3-61　“绘图仪配置编辑器”对话框

在“绘图仪配置编辑器”对话框中，各主要选项卡的含义如下：

➢ “常规”选项卡：包含关于绘图仪配置（PC3）文件的基本信息。可以在“说明”区域中添加或修改信息。选项卡中的其余内容是只读的。

➢ “端口”选项卡：更改配置的打印机与用户计算机或网络系统之间的通信设置。可以指定通过端口打印、打印到文件或使用后台打印。

➢ “设备和文档设置”选项卡：控制 PC3 文件中的许多设置。单击任意节点的图标可以查看和更改指定设置。如果更改了设置，所做更改将出现在设置名旁边的尖括号（<>）中。修改过值的节点图标上还会显示一个复选标记。

2. 设置图纸尺寸

在“图纸尺寸”选项组中，可以指定打印的图纸尺寸大小。单击“图纸尺寸”下拉列表框，在弹出的下拉列表中，列出了该打印设备支持的图纸尺寸和用户使用“绘图仪配置编辑器”自定义的图纸尺寸，用户可以从中选择打印需要的图纸尺寸。如果在“图纸尺寸”下拉列表框中，没有需要的图纸尺寸，用户还可以根据打印图纸的需要，进行自定义图纸尺寸的操作。

3. 设置打印区域

AutoCAD 的绘图界限没有限制，在打印前必须设置图形的打印区域，以便更准确地打印图形。在“打印区域”选项区中的“打印范围”列表框中，包括“窗口”、“图形界限”和“显示”3 个选项。其中，选择“窗口”选项，则只打印指定窗口内的图形对象；选择“图形界限”选项，只打印设定的图形界限内的所有对象；选择“显示”选项，可以打印当前显示的图形对象。

4. 设置打印偏移

在“打印-模型”对话框的“打印偏移（原点设置在可打印区域）”选项组中，可以确定打印区域相对于图纸左下角点的偏移量。其中，勾选“居中打印”复选框可以使图形位于图纸中间位置。

5. 设置打印比例

在“打印比例”选项组中，可以设置图形的打印比例。用户在绘制图形时一般按1:1的比例绘制，而在打印输出图形时则需要根据图纸尺寸确定打印比例。系统默认的是“布满图纸”，即系统自动调整缩放比例使所绘图形充满图纸，如图10-7所示。用户还可以在“比例”列表框中选择标准比例值，或者选择“自定义”选项，在对应的两个数值框中设置打印比例。其中，第一个文本框表示图纸尺寸单位，第二个文本框表示图形单位。例如，设置打印比例为7:1，即可在第一个文本框内输入7，在第二个文本框内输入1，则表示图形中1个单位在打印输出后变为7个单位。

6. 设置打印份数

在“打印份数”选项组中，可以指定要打印的份数，打印到文件时，此选项不可用。

7. 设置打印样式表

在“打印样式表”下拉列表中显示了可供当前布局或“模型”选项卡使用的各种打印样式表，选择其中一种打印样式表，打印出的图形外观将由该样式表控制。其中选择“新建”选项，将弹出“添加颜色相关打印样式表-开始”对话框，创建新的打印样式表。

8. 设置着色视口选项

在“着色视口选项”选项组中，可以选择着色打印模式，如按显示、线框和真实等。

9. 设置打印选项

在“打印选项”选项组中列出了控制影响对象打印方式的选项，包括后台打印、打印选项、按样式打印和将修改保存到布局等。

10. 设置图形方向

在“图形方向”选项组中，可以设置打印的图形方向，图形方向确定打印图形的位置是横向（图形的较长边位于水平方向）还是纵向（图形的较长边位于竖直方向），这取决于选定图纸的尺寸大小。同时，选中“上下颠倒打印”复选框，还可以进行颠倒打印，即相当于将图纸旋转180°。

3.3.2 在模型空间中打印

模型空间打印指的是在模型窗口中进行相关设置并进行打印，下面将介绍在模型空间中打印图纸的操作方法。

操作实训 3-14：在模型空间中打印图纸

01 按Ctrl+O快捷键，打开“第3章\3.3.2 在模型空间中打印.dwg”图形文件，如图3-62所示。

02 单击“打印”面板中的“页面设置管理器”按钮，打开“页面设置管理器”对

话框，单击“新建”按钮，如图 3-63 所示。

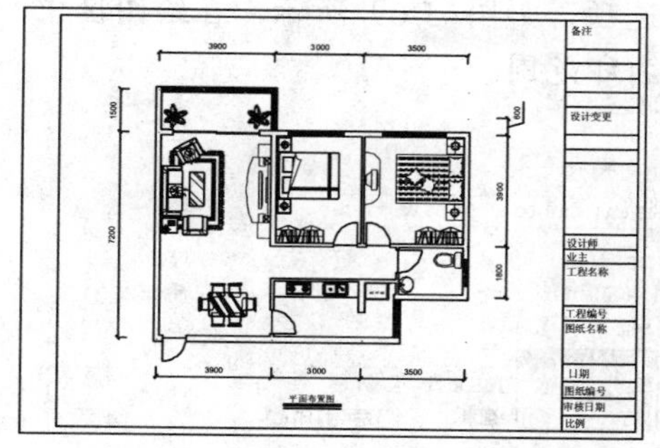

图 3-62　打开图形文件

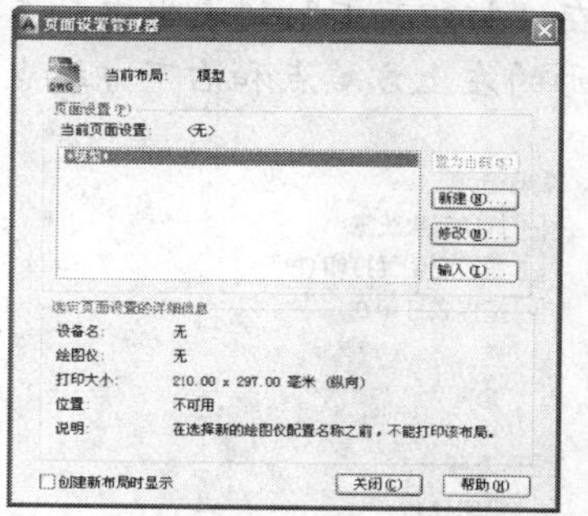

图 3-63　单击“新建”按钮

03 打开“新建页面设置”对话框，修改“新页面设置名”为“模型图纸”，如图 3-64 所示。

04 单击“确定”按钮，打开“页面设置-模型”对话框，在“打印机/绘图仪”选项组中，选择合适的打印机，如图 3-65 所示。

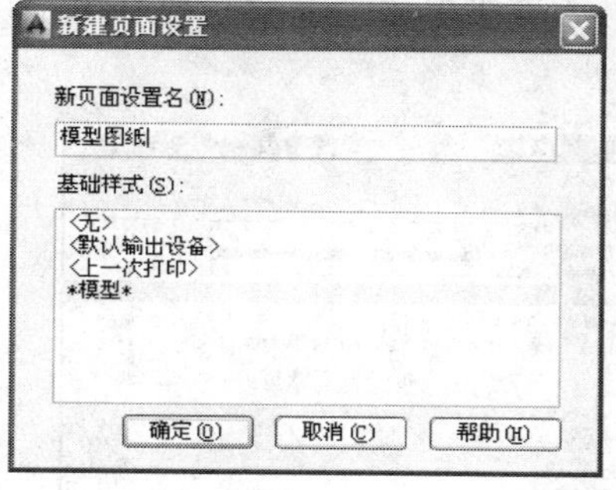

图 3-64　“新建页面设置”对话框

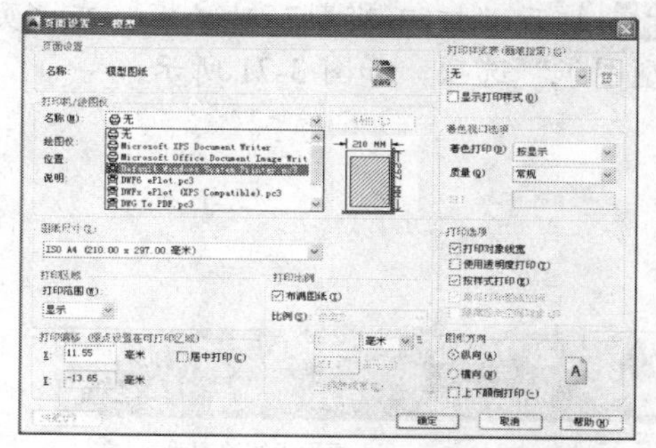

图 3-65　选择打印机

05 在“打印样式表”列表框中，选择合适的打印样式，如图 3-66 所示。

06 打开“问题”对话框，单击“是”按钮，如图 3-67 所示。

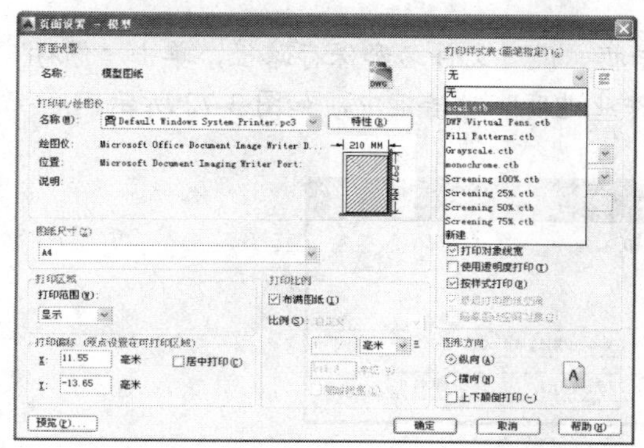

图 3-66　选择打印样式

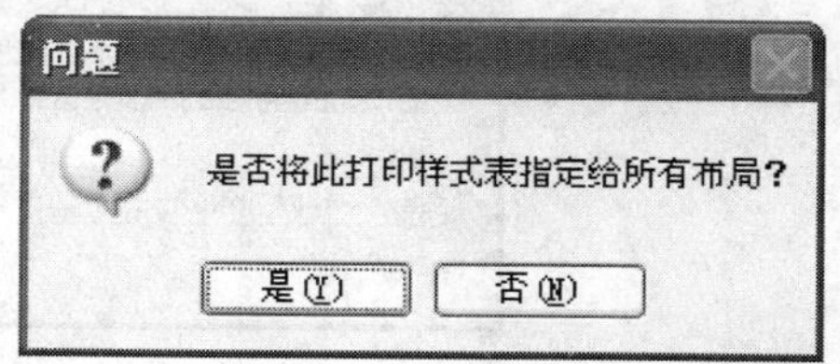

图 3-67　单击“是”按钮

07 在“图形方向”选项组中，点选“横向”单选钮，如图 3-68 所示。

08 在“打印范围”列表框中，选择“窗口”选项，如图 3-69 所示，在绘图区中，依次捕捉图形的左上方端点和右下方端点，即可设置打印范围。

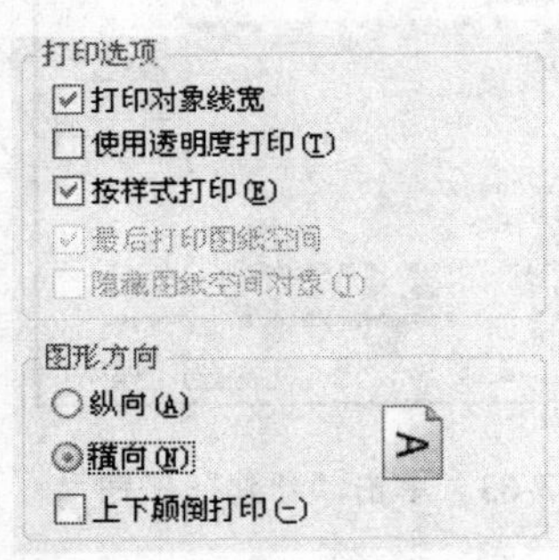

图 3-68　点选“横向”单选钮

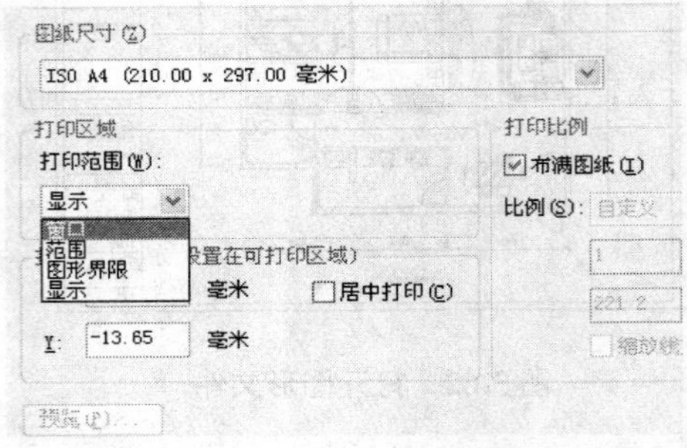

图 3-69　选择“窗口”选项

09 依次单击“确定”和“关闭”按钮，即可创建页面设置，单击“打印”面板中的“打印”按钮，如图 3-70 所示。

10 打开“打印-模型”对话框，在“页面设置”选项组中的“名称”列表框中，选择“模型图纸”选项，如图 3-71 所示。

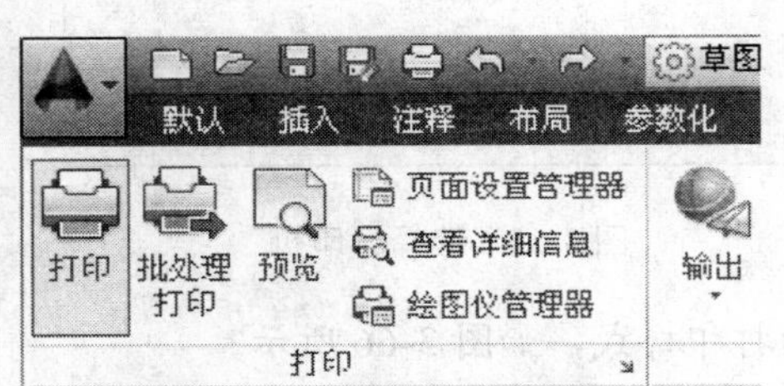

图 3-70　单击“打印”按钮

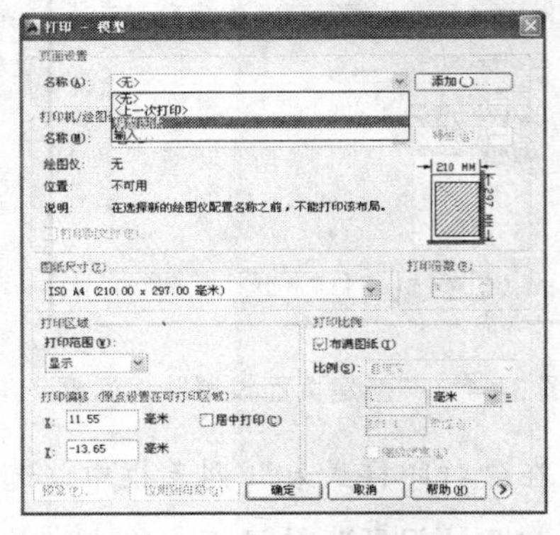

图 3-71　选择“模型图纸”选项

11 单击“确定”按钮，打开“另存为”对话框，设置文件名和保存路径，单击“保存”按钮，开始打印，打印进度显示在打开的“打印作业进度”对话框中，如图 3-72 所示。

图 3-72　“打印作业进度”对话框

3.3.3 在布局空间中打印

布局空间（即图纸空间）是一种工具，用于设置在模型空间中绘制图形的不同视图，创建图形最终打印输出时的布局。布局空间可以完全模拟图纸布局，在图形输出之前，可以先在图纸上布置布局。

在布局中可以创建并放置视口对象，还可以添加标题栏或者其他对象。可以在图纸中创建多个布局以显示不同的视图，每个布局可以包含不同的打印比例和图纸尺寸。

操作实训 3-15：在图纸空间中打印图纸

01 按 Ctrl+O 快捷键，打开“第 3 章\3.3.3 在布局空间中打印.dwg”图形文件，如图 3-73 所示。

02 在工作空间中单击“布局 1”选项卡，进入图纸空间，如图 3-74 所示。

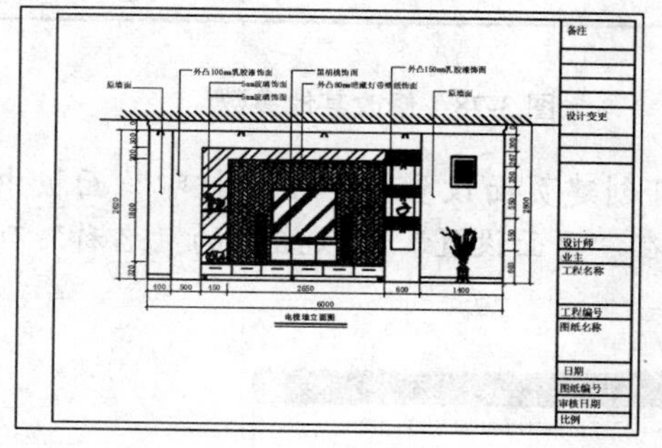

图 3-73　打开图形文件

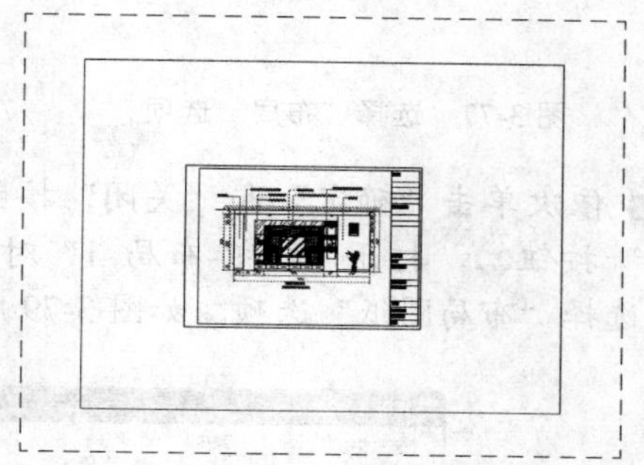

图 3-74　进入图纸空间

03 单击“打印”面板中的“页面设置管理器”按钮，打开“页面设置管理器”对话框，单击“新建”按钮，如图 3-75 所示。

04 打开“新建页面设置”对话框，修改“新页面设置名”为“布局图纸”，如图 3-76 所示。

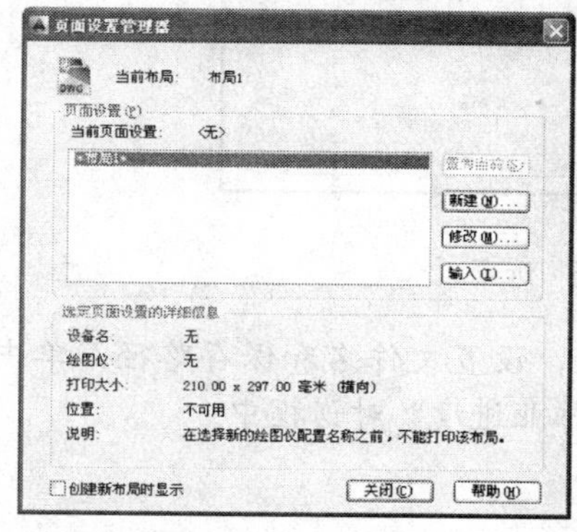

图 3-75　单击“新建”按钮

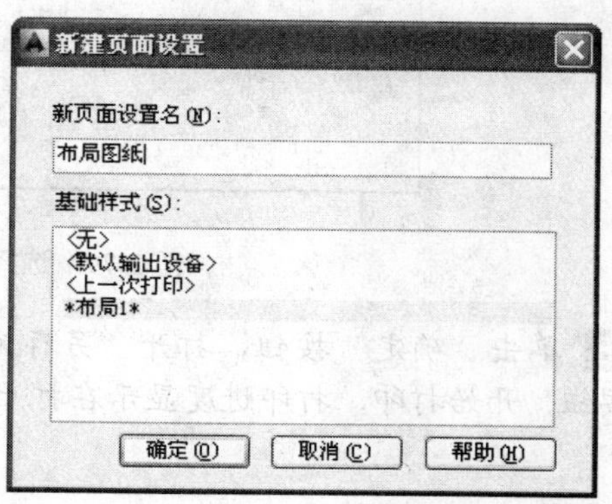

图 3-76　修改名称

05 单击“确定”按钮，打开“页面设置-布局1”对话框，在“打印范围”列表框中，选择“布局”选项，如图 3-77 所示。

06 设置“打印机”、“打印样式表”和“图纸方向”参数，如图 3-78 所示。

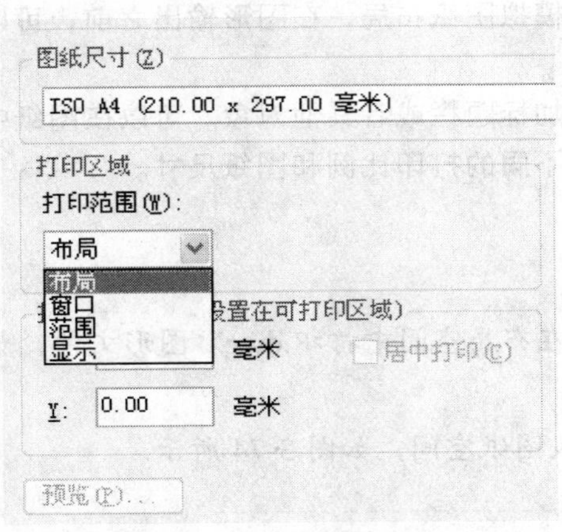

图 3-77 选择“布局”选项

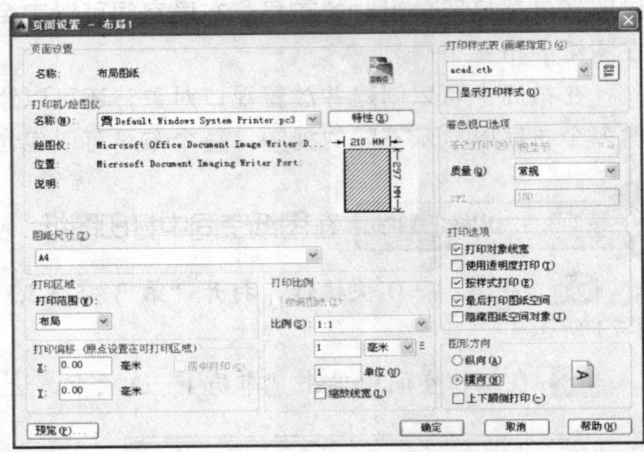

图 3-78 修改其他参数

07 依次单击“确定”和“关闭”按钮，即可创建页面设置，单击“打印”面板中的“打印”按钮，打开“打印-布局 1”对话框，在“页面设置”选项组中的“名称”列表框中，选择“布局图纸”选项，如图 3-79 所示。

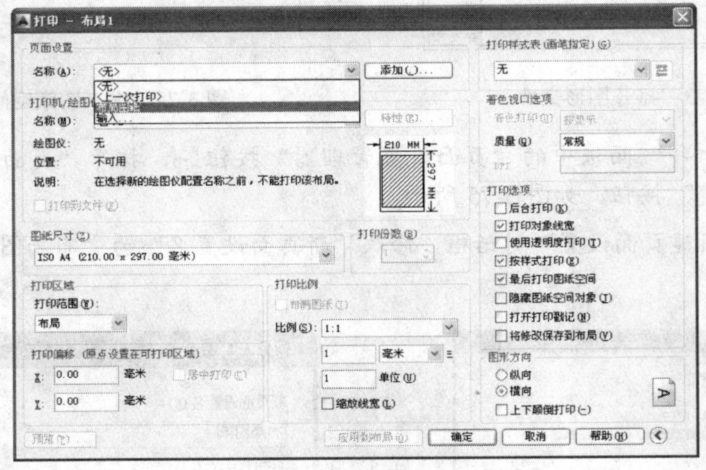

图 3-79 选择“布局图纸”选项

08 单击“确定”按钮，打开“另存为”对话框，设置文件名和保存路径，单击“保存”按钮，开始打印，打印进度显示在打开的“打印作业进度”对话框中。

第 4 章 室内配景图块绘制

本章导读

在室内设计中，室内配景图块是最常用的基本元素，其中包括各类家具图块，如餐桌、沙发、床等，通常在进行室内装潢设计时，都需要用到这些图形，而如果每次都单独绘制这些图形，则浪费很多时间。因此，可以首先将这些图形绘制好，并进行保存，在应用时，直接插入即可。本章将详细介绍室内配景图块的绘制方法。

精彩看点

- 配景图块基础认识
- 绘制双人床
- 绘制衣柜
- 绘制冰箱
- 绘制电视机
- 绘制燃气灶
- 绘制抽油烟机
- 绘制浴霸
- 绘制餐桌椅
- 绘制沙发组合
- 绘制鞋柜
- 绘制空调
- 绘制洗衣机
- 绘制洗菜盆
- 绘制蹲便器

室内设计

4.1 配景图块基础认识

配景图块在室内设计中是一种常见图块，主要是指陪衬室内效果的部分，包括家具、电器、厨卫、植物等。使用配景图块可以调整室内施工图的整体平衡，增加视觉特效。配景图块的种类主要有家具图块、电器图块、厨卫图块以及植物图块等，如图 4-1 所示。

4.2 绘制家具图块

家具是室内陈设艺术中的主要构成部分，一般常见的家具图块有双人床、餐桌椅、沙发组合和衣柜等。本节将详细介绍绘制家具图块的操作方法。

4.2.1 绘制餐桌椅

绘制餐桌椅图形中主要运用了“矩形”命令、“偏移”命令、“直线”命令、“圆”命令、“镜像”命令和“插入”命令等。如图 4-2 所示为餐桌椅图形。

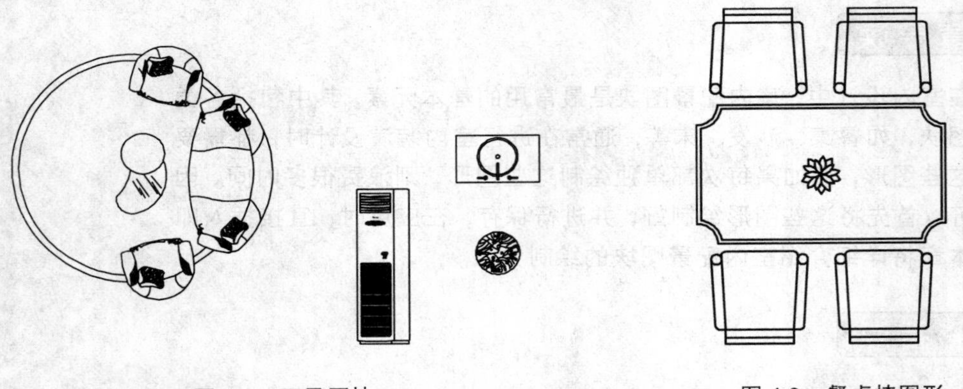

图 4-1 配景图块　　图 4-2 餐桌椅图形

操作实训 4-1：绘制餐桌椅

01 调用 REC“矩形”命令，在绘图区中任意捕捉一点，输入（@1200, -700），绘制矩形对象，如图 4-3 所示。

02 调用 C“圆”命令，捕捉新绘制矩形的左上方端点，绘制一个半径为 100 的圆，如图 4-4 所示。

03 重复上述方法，依次捕捉矩形的其他端点，绘制 3 个半径均为 100 的圆，如图 4-5 所示。

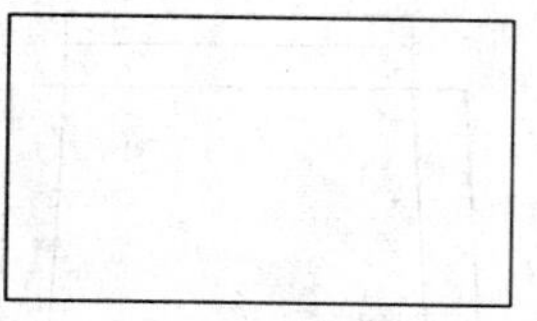
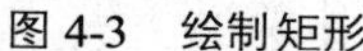
图 4-3　绘制矩形

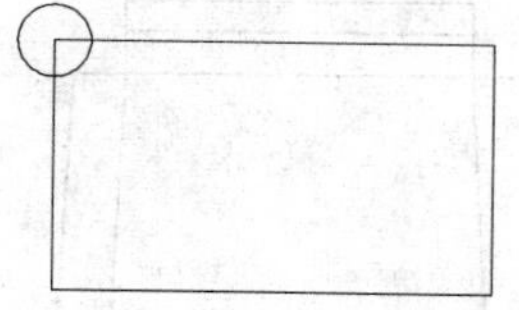
图 4-4　绘制圆

图 4-5　绘制 3 个圆

04 调用 TR“修剪”，修剪多余的图形；调用 PE“编辑多段线”命令，合并修剪后的图形，如图 4-6 所示。

05 调用 O“偏移”命令，将多段线对象向内偏移 20，如图 4-7 所示。

06 调用 L“直线”命令，输入 FROM“捕捉自”命令，捕捉左上方端点，依次输入（@36, 421）、（@0, 70）和（@329, 0），绘制直线，如图 4-8 所示。

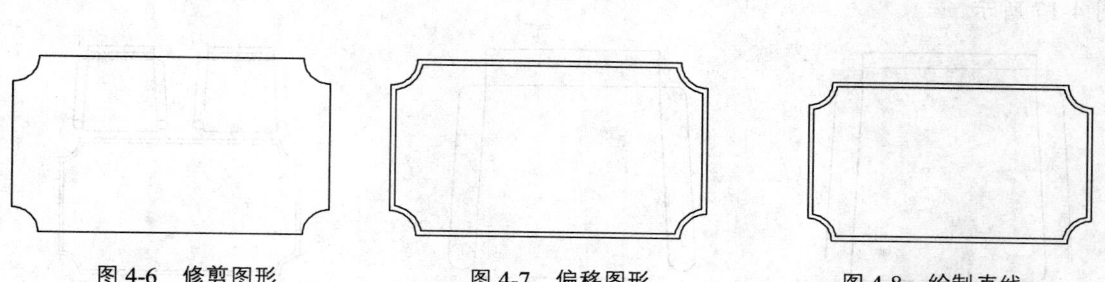
图 4-6　修剪图形　　图 4-7　偏移图形　　图 4-8　绘制直线

07 调用 O“偏移”命令，将新绘制的水平直线向下偏移 30，将新绘制的垂直直线向右偏移 329，如图 4-9 所示。

08 调用 L“直线”命令，输入 FROM“捕捉自”命令，捕捉新绘制垂直直线的下端点，依次输入（@-49.5, 0）、（@427, 0），绘制直线，如图 4-10 所示。

09 调用 L“直线”命令，捕捉新绘制水平直线的左端点，输入（@-19.7, -341），绘制直线，如图 4-11 所示。

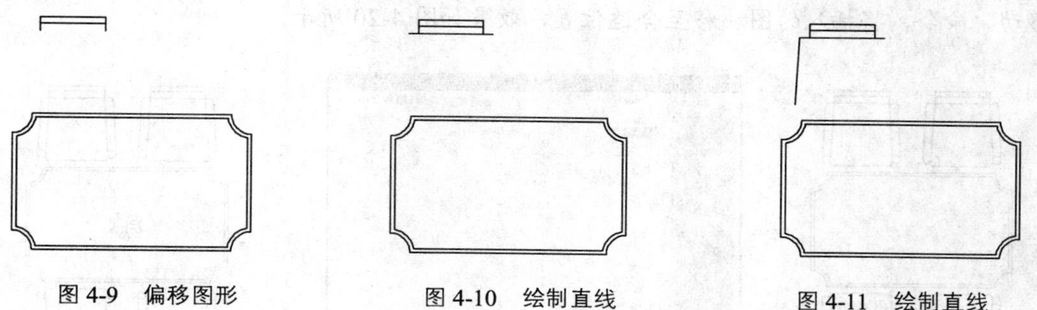
图 4-9　偏移图形　　图 4-10　绘制直线　　图 4-11　绘制直线

10 调用 L“直线”命令，捕捉最上方左侧垂直直线的下端点，输入（@-21.4, -380），绘制直线，如图 4-12 所示。

11 调用 MI“镜像”命令，将新绘制的两条直线进行镜像操作，如图 4-13 所示。

12 调用 L“直线”命令，依次捕捉合适的端点，连接直线，如图 4-14 所示。

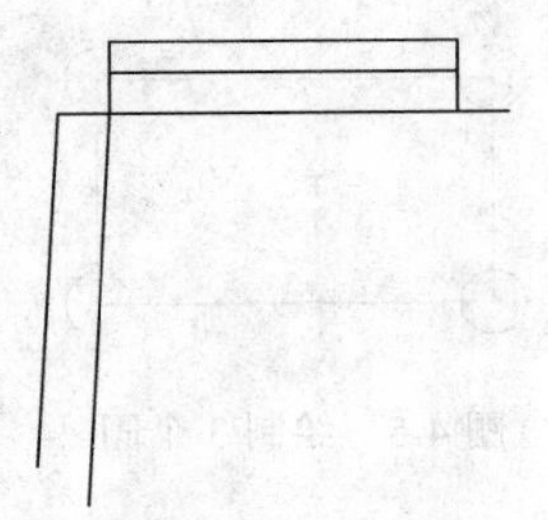
图 4-12 绘制直线

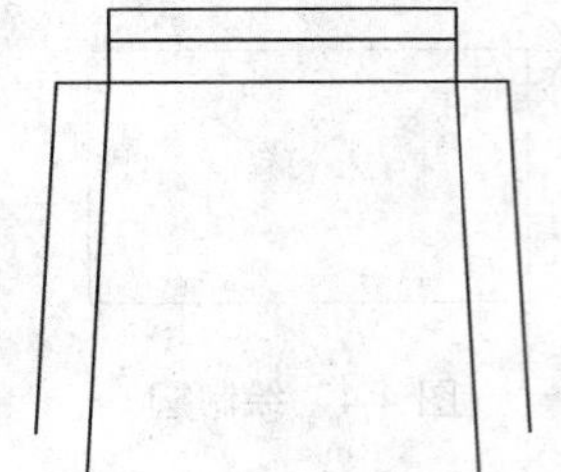
图 4-13 镜像图形

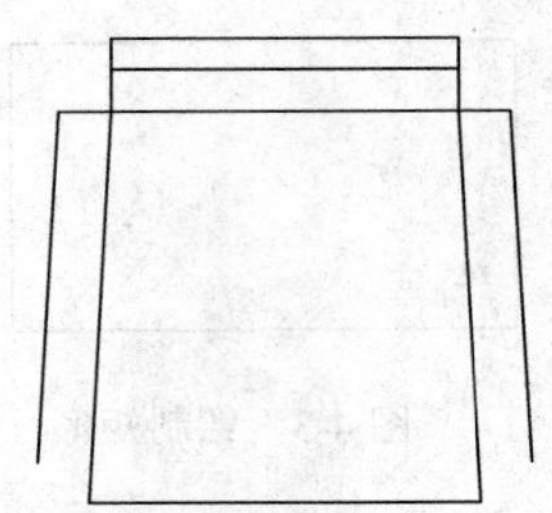
图 4-14 连接直线

13 调用 F“圆角”命令，修改圆角半径为 20，依次拾取合适的直线，进行圆角操作，效果如图 4-15 所示。

14 调用 C“圆”命令，依次捕捉合适端点，通过两点绘制两个圆，如图 4-16 所示。

15 调用 MI“镜像”命令，选择合适的图形，沿着垂直镜像线进行镜像操作，效果如图 4-17 所示。

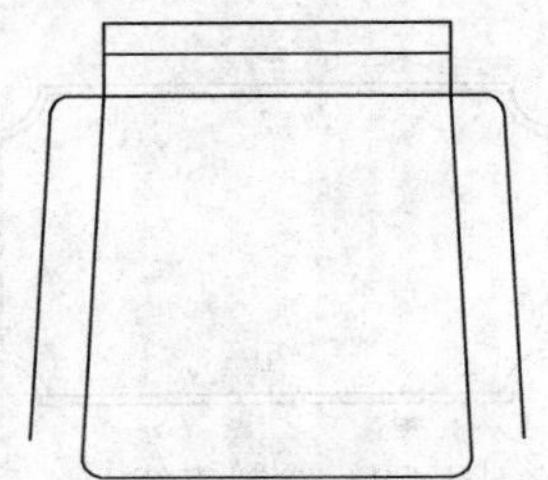
图 4-15 圆角图形

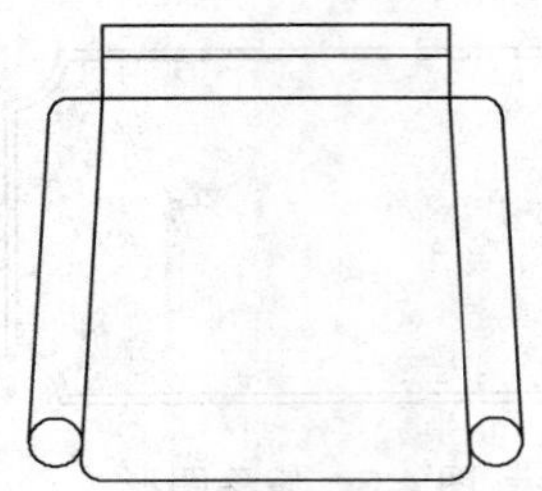
图 4-16 绘制圆对象

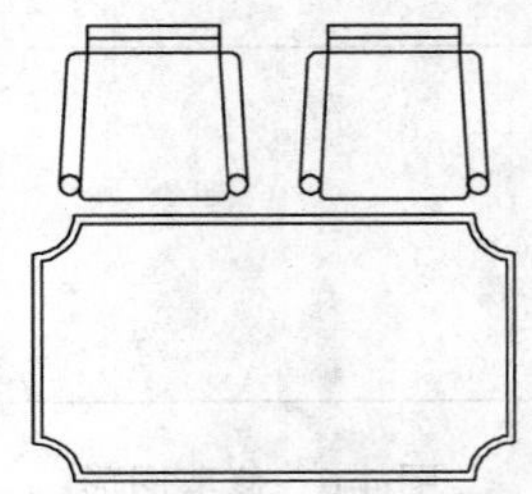
图 4-17 镜像图形

16 调用 MI“镜像”命令，选择合适的图形，沿着水平镜像线进行镜像操作，效果如图 4-18 所示。

17 调用 I“插入”命令，打开“插入”对话框，单击“浏览”按钮，打开“选择图形文件”对话框，选择合适的图形文件，如图 4-19 所示。

18 单击“打开”和“确定”按钮，在合适位置，单击鼠标，即可插入图块；调用 M“移动”命令，将插入的图块移至合适位置，效果如图 4-20 所示。

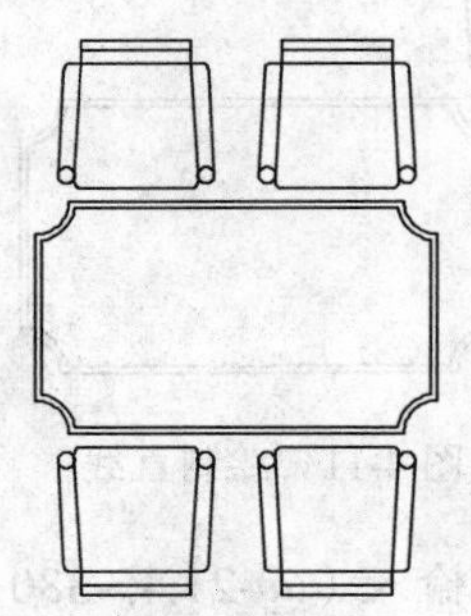
图 4-18 镜像图形

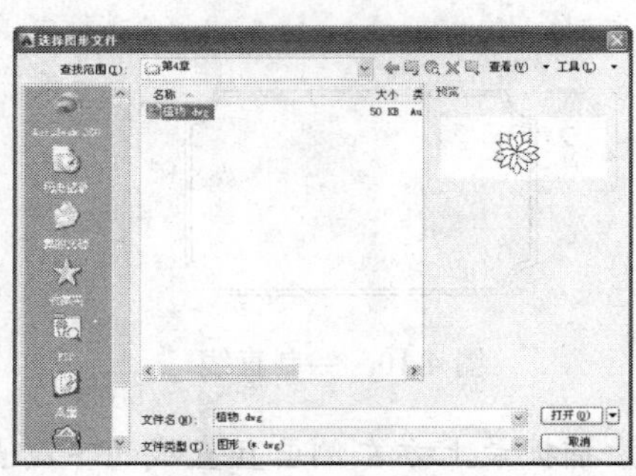

图 4-19 选择图形文件

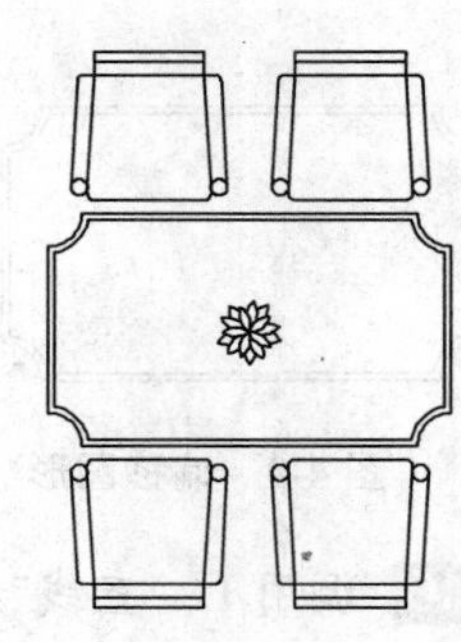
图 4-20 插入并移动图块

4.2.2 绘制双人床

绘制双人床图形中主要运用了“矩形”命令、“圆角”命令、“直线”命令、“偏移”命令、“圆弧”命令和“镜像”命令等。如图 4-21 所示为双人床图形。

绘制双人床

01 调用 REC“矩形”命令，在绘图区中任意捕捉一点，输入（@1500, -80），绘制矩形对象，如图 4-22 所示。

02 调用 L“直线”命令，捕捉新绘制矩形的左下方端点，绘制一条长度为 1905 的垂直直线，如图 4-23 所示。

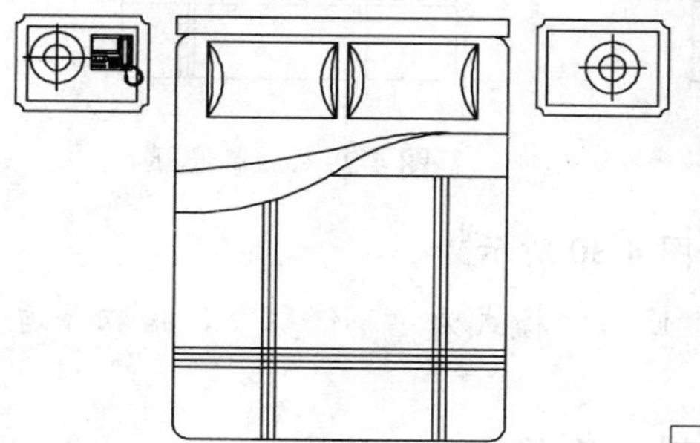

图 4-21　双人床图形

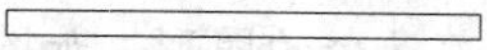

图 4-22　绘制矩形

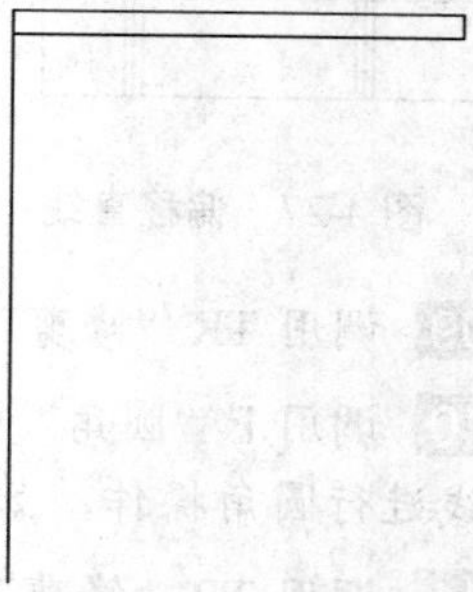

图 4-23　绘制直线

03 调用 MI“镜像”命令，将新绘制的直线进行镜像操作，如图 4-24 所示。

04 调用 L“直线”命令，依次捕捉合适的端点，连接直线，如图 4-25 所示。

05 调用 O“偏移”命令，将最下方的水平直线向上依次偏移 344、30、30、30、811、203，效果如图 4-26 所示。

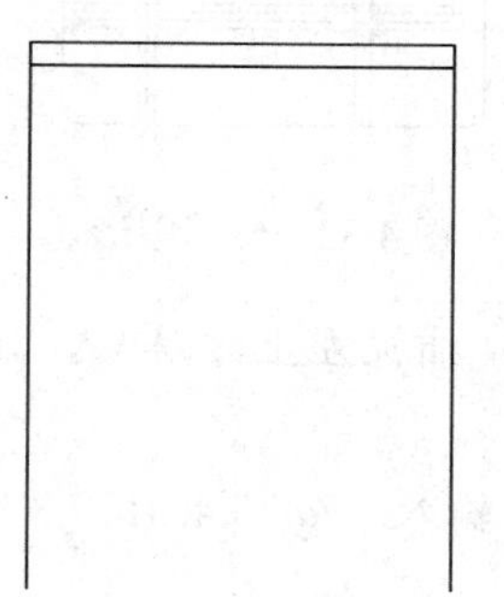

图 4-24　镜像图形

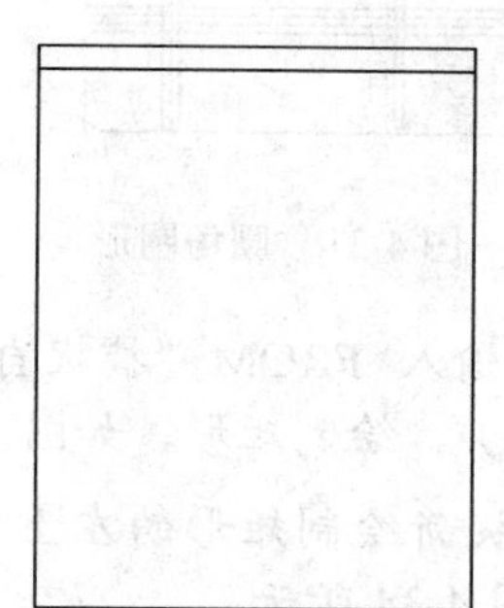

图 4-25　连接直线

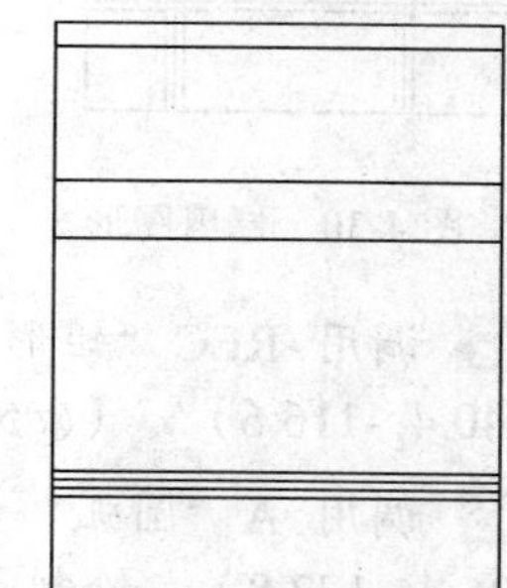

图 4-26　偏移图形

06 调用 O“偏移”命令，将下方的左侧垂直直线向右依次偏移 399、30、30、711、30、30，效果如图 4-27 所示。

07 调用 A“圆弧”命令，输入 FROM“捕捉自”命令，捕捉下方的左侧垂直直线的下端点，依次输入（@0, 1065.4）、（@384.9, 44.9）、（@353.1, 159.7）、（@240.9, 126.3）和（@267.1, 51.5），绘制圆弧，如图 4-28 所示。

08 调用 A“圆弧”命令，输入 FROM“捕捉自”命令，捕捉下方的左侧垂直直线的下端点，依次输入（@0, 1256.7）、（@466, 59.6）、（@459, 102.7）、（@131, 21.6）和（@189.5, 7.2），绘制圆弧，如图 4-29 所示。

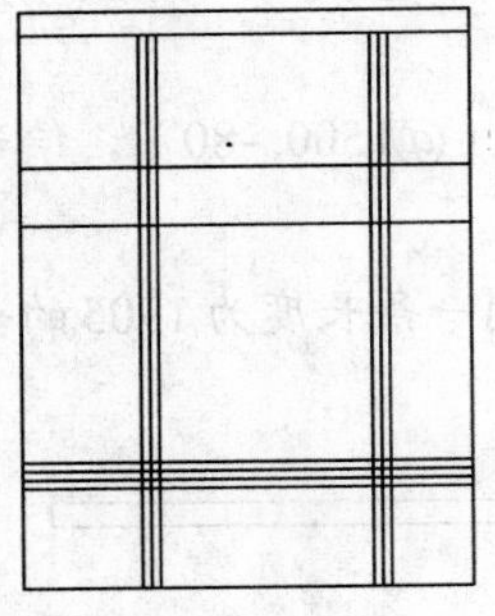
图 4-27　偏移直线

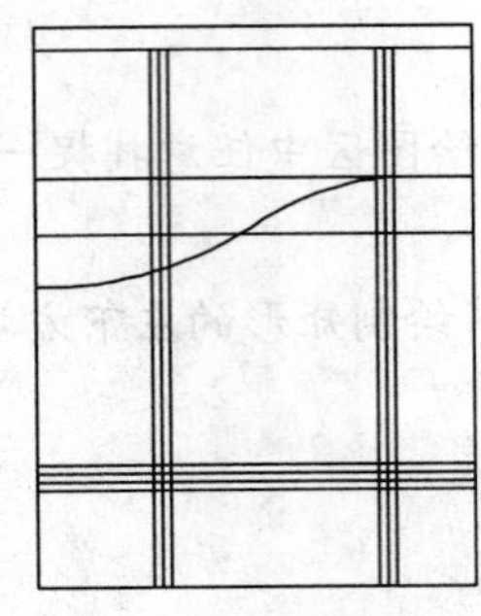
图 4-28　绘制圆弧

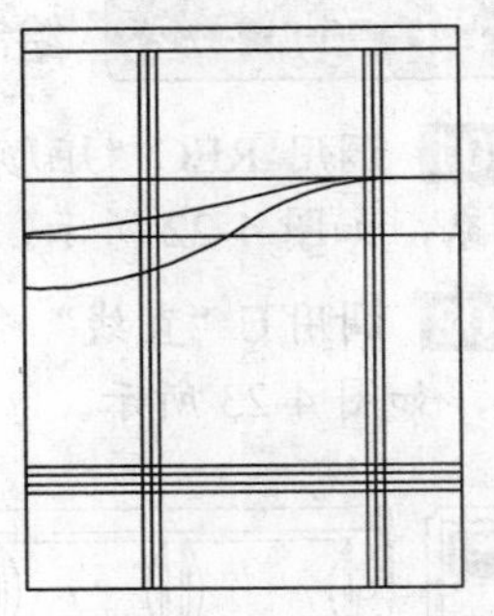
图 4-29　绘制圆弧

09 调用 TR“修剪”命令，修剪多余的图形，如图 4-30 所示。

10 调用 F“圆角”命令，修改圆角半径为 76，“修剪”模式为“不修剪”，拾取合适的直线进行圆角操作，如图 4-31 所示。

11 调用 TR“修剪”命令，修剪多余的图形，如图 4-32 所示。

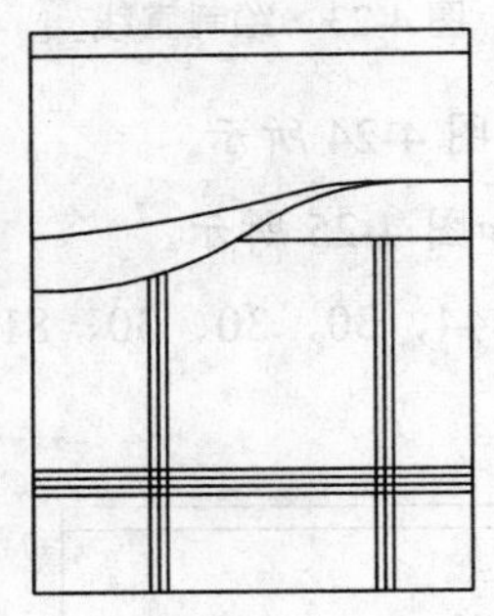
图 4-30　修剪图形

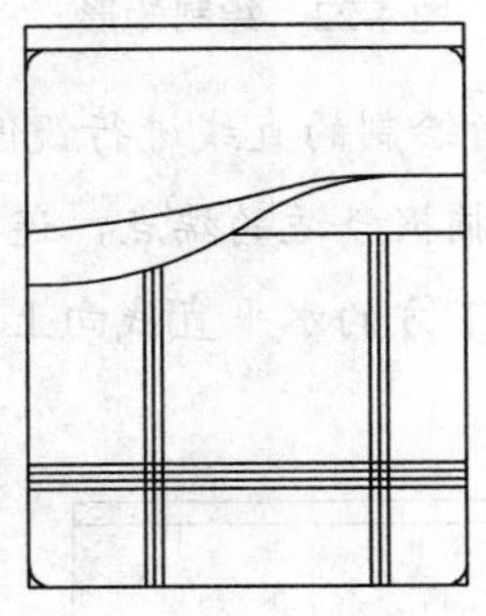
图 4-31　圆角图形

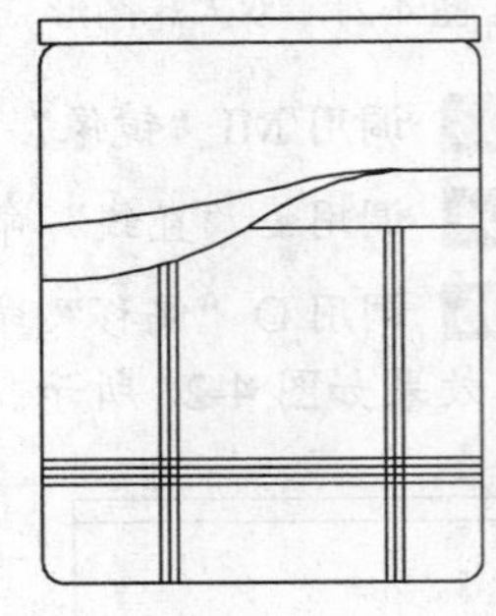
图 4-32　修剪图形

12 调用 REC“矩形”命令，输入 FROM“捕捉自”命令，捕捉左上方端点，输入（@140.4, -116.6）、（@584, -355.6），绘制矩形，如图 4-33 所示。

13 调用 A“圆弧”命令，捕捉新绘制矩形的左上方端点，输入（@25.4, -177.8）、（@-25.4, -177.8），绘制圆弧，如图 4-34 所示。

14 调用 A“圆弧”命令，捕捉新绘制矩形的左上方端点，输入（@71.1, -177.8）、（@-71.1, -177.8），绘制圆弧，如图 4-35 所示。

15 调用 MI“镜像”命令，将新绘制的两个圆弧进行镜像操作，如图 4-36 所示。

16 调用 MI“镜像”命令，选择合适的图形进行镜像操作，如图 4-37 所示。

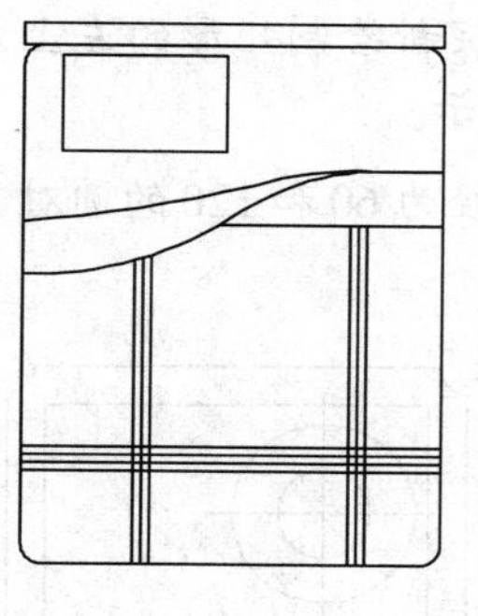

图 4-33　绘制矩形

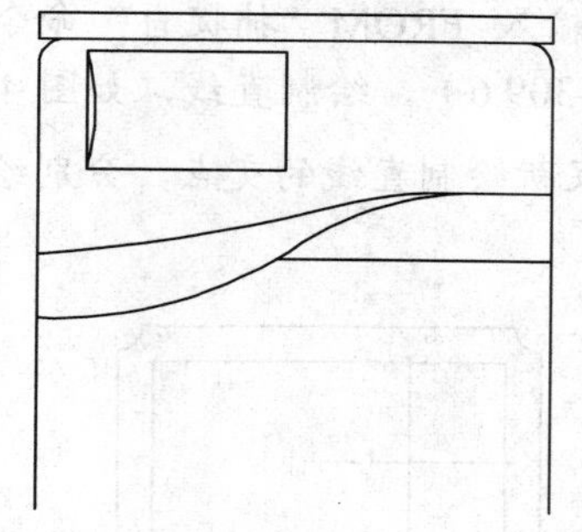

图 4-34　绘制圆弧

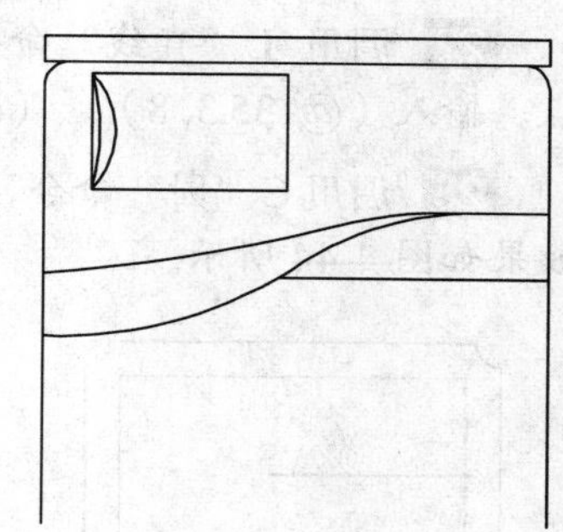

图 4-35　绘制圆弧

17 调用 REC“矩形”命令，输入 FROM“捕捉自”命令，捕捉左上方端点，输入（@-174.9, -50.2）、（@-500, -350），绘制矩形，如图 4-38 所示。

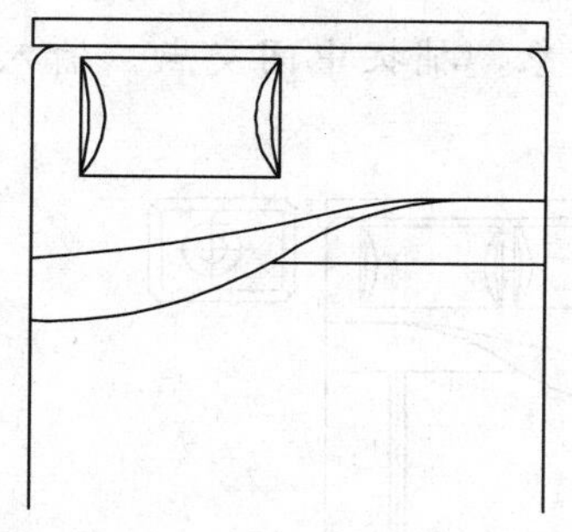

图 4-36　镜像图形

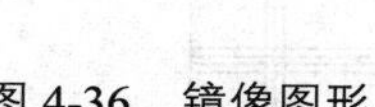

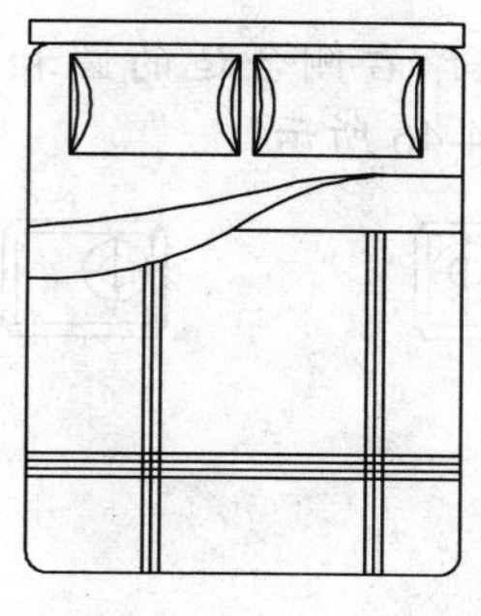

图 4-37　镜像图形

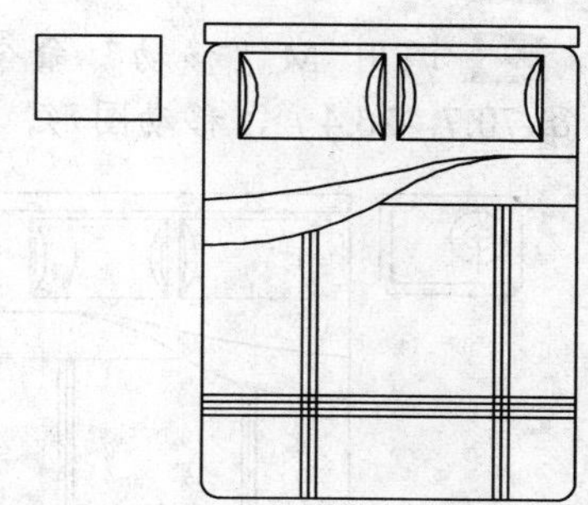

图 4-38　绘制矩形

18 调用 O“偏移”命令，将新绘制的矩形向外偏移 50，如图 4-39 所示。

19 调用 C“圆”命令，捕捉偏移后矩形的 4 个端点，绘制 4 个半径为 35 的圆，如图 4-40 所示。

20 调用 TR“修剪”命令，修剪多余的图形，如图 4-41 所示。

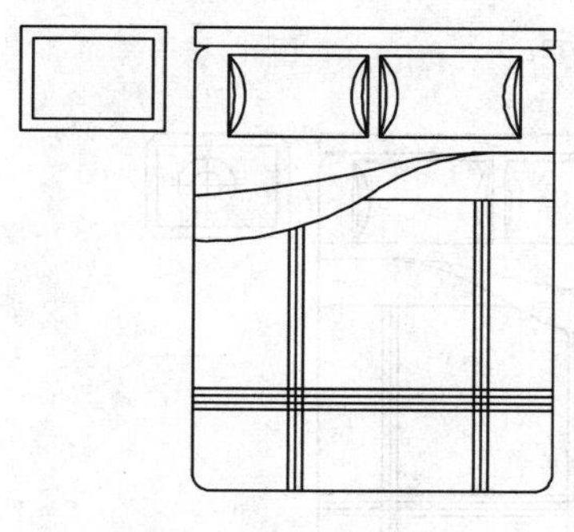

图 4-39　偏移图形

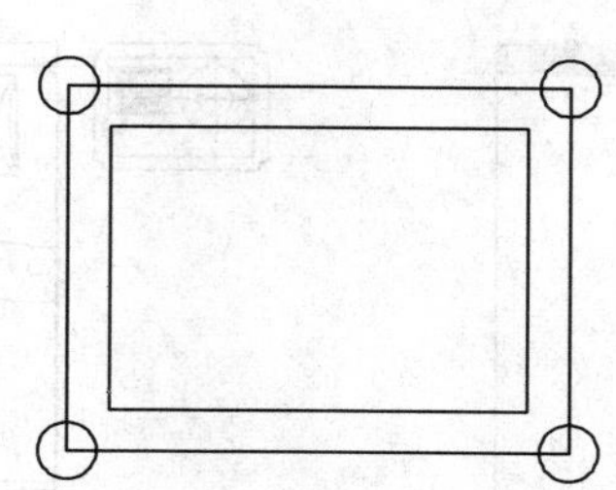

图 4-40　绘制圆

图 4-41　修剪图形

21 调用 L“直线”命令，输入 FROM“捕捉自”命令，捕捉新绘制矩形的左上方端点，输入（@-16, -146.9）、（@300, 0），绘制直线，如图 4-42 所示。

22 调用 L“直线”命令，输入 FROM“捕捉自”命令，捕捉新绘制矩形的左上方端点，输入（@135.3, 8）、（@0, -309.6），绘制直线，如图 4-43 所示。

23 调用 C“圆”命令，捕捉新绘制直线的交点，分别绘制半径为 60 和 120 的圆对象，效果如图 4-44 所示。

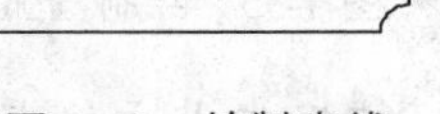

图 4-42　绘制直线

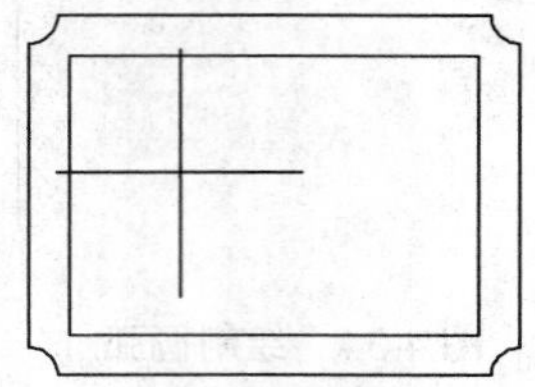

图 4-43　绘制直线

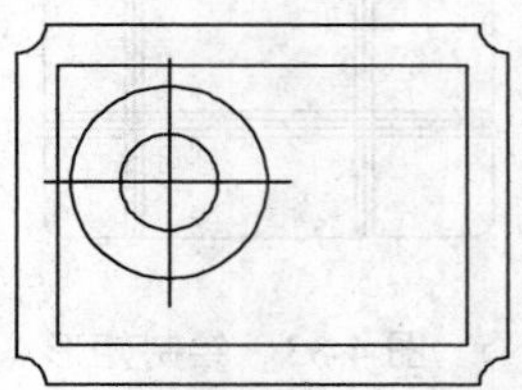

图 4-44　绘制圆

24 调用 MI“镜像”命令，选择合适的图形，将其进行镜像操作，如图 4-45 所示。

25 调用 M“移动”命令，选择右侧合适的圆和直线对象，捕捉中间交点，输入（@-70.7, -26.4），移动图形，如图 4-46 所示。

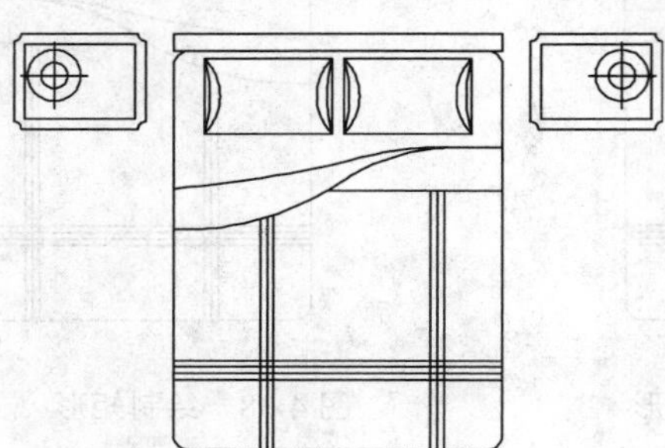

图 4-45　镜像图形

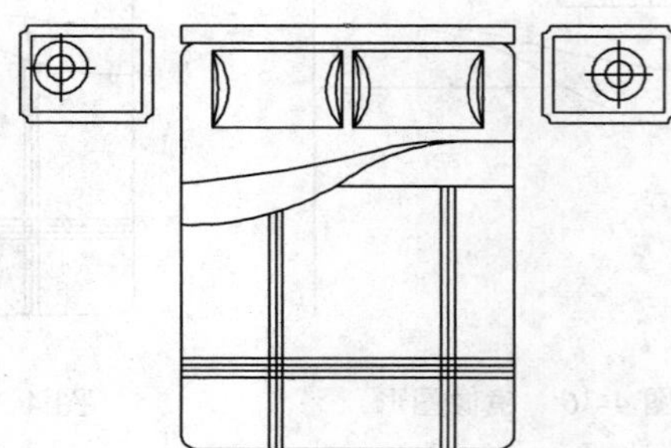

图 4-46　移动图形

26 调用 I“插入”命令，打开“插入”对话框，单击“浏览”按钮，打开“选择图形文件”对话框，选择合适的图形文件，如图 4-47 所示。

27 单击“打开”和“确定”按钮，在合适位置，单击鼠标，即可插入图块；调用 M“移动”命令，将插入的图块移至合适位置，效果如图 4-48 所示。

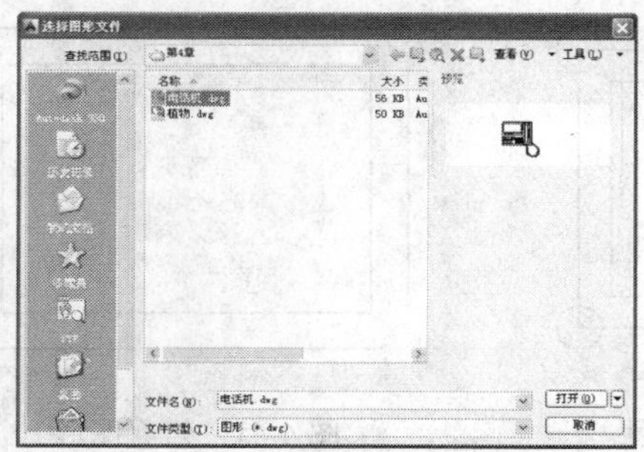

图 4-47　选择图形文件

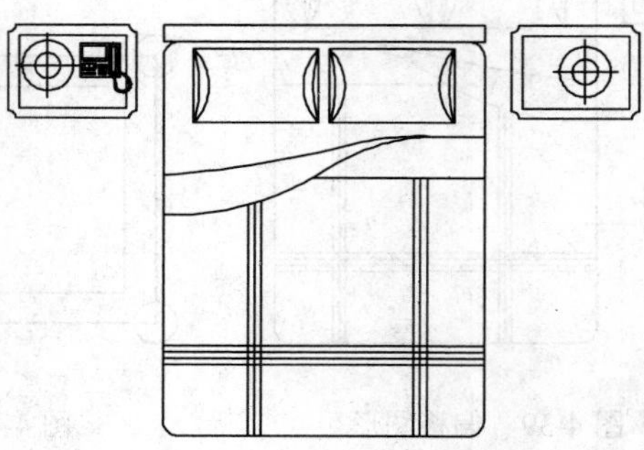

图 4-48　插入并移动图块

4.2.3 绘制沙发组合

绘制沙发组合图形中主要运用了“矩形”命令、“分解”命令、“圆角”命令、“偏移”命令、“圆”命令和“修剪”命令等。如图 4-49 所示为沙发组合图形。

操作实训 4-3：绘制沙发组合

01 调用 REC“矩形”命令，在绘图区中任意捕捉一点，输入（@1836.8, -784），绘制矩形对象，如图 4-50 所示。

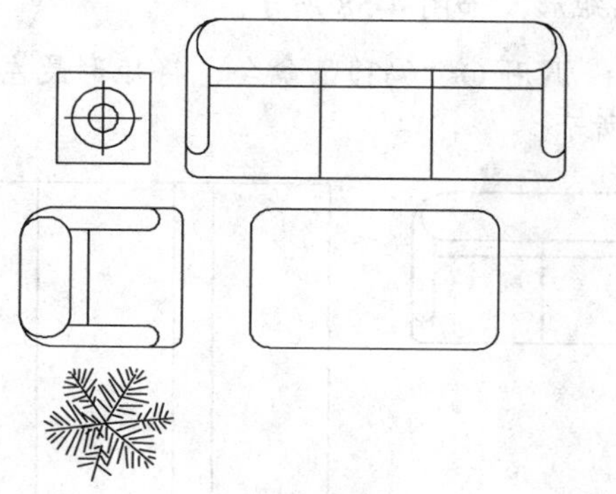

图 4-49　沙发组合图形

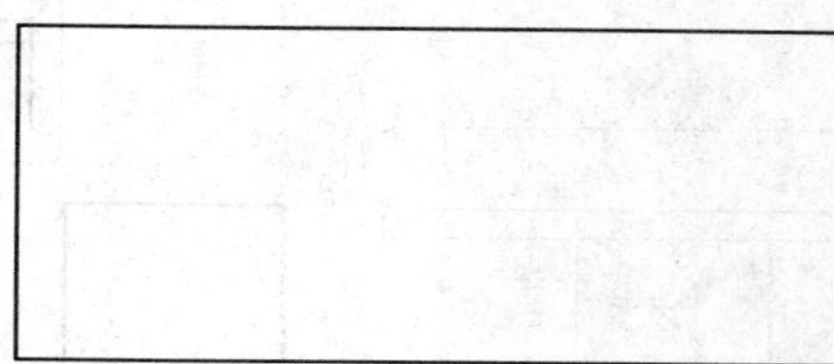

图 4-50　绘制矩形

02 调用 X“分解”命令，分解新绘制的矩形；调用 O“偏移”命令，将矩形最上方的水平直线向下偏移 246、84、286，如图 4-51 所示。

03 调用 O“偏移”命令，将矩形左侧的垂直直线向右依次偏移 50、62、538、538、538、62，效果如图 4-52 所示。

04 调用 F“圆角”命令，修改圆角半径为 56，拾取合适的直线，进行圆角操作，如图 4-53 所示。

图 4-51　偏移图形

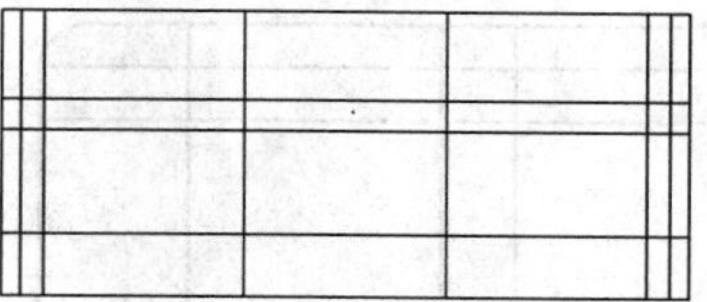

图 4-52　偏移图形

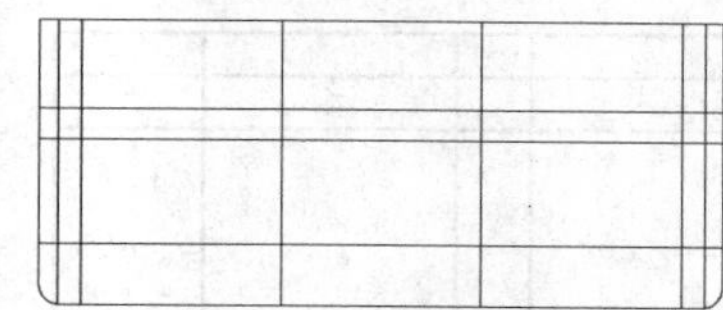

图 4-53　圆角图形

05 调用 F“圆角”命令，修改圆角半径为 118，“修剪”模式为“不修剪”，拾取合适的直线，进行圆角操作，如图 4-54 所示。

06 调用 F“圆角”命令，修改圆角半径为 168，“修剪”模式为“修剪”，拾取合适的直线，进行圆角操作，如图 4-55 所示。

07 调用 C“圆”命令，依次捕捉合适的端点，通过两点绘制两个圆对象，如图 4-56 所示。

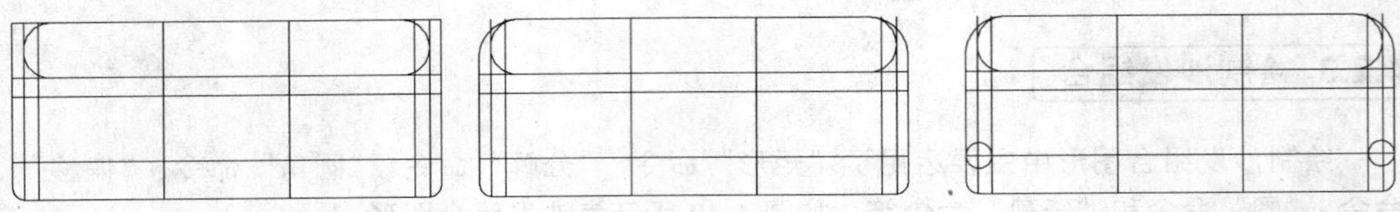

图 4-54　圆角图形　　图 4-55　圆角图形　　图 4-56　绘制圆

08 调用 TR“修剪”命令，修剪多余的图形；调用 E“删除”命令，删除多余的图形，效果如图 4-57 所示。

09 调用 REC“矩形”命令，输入 FROM“捕捉自”命令，捕捉左侧垂直直线的中点，输入（@-798.8, -490.4）和（@784, -705.6），绘制矩形，如图 4-58 所示。

10 调用 X“分解”命令，分解新绘制的矩形；调用 O“偏移”命令，将矩形最左侧的垂直直线向右偏移 246、84、286，效果如图 4-59 所示。

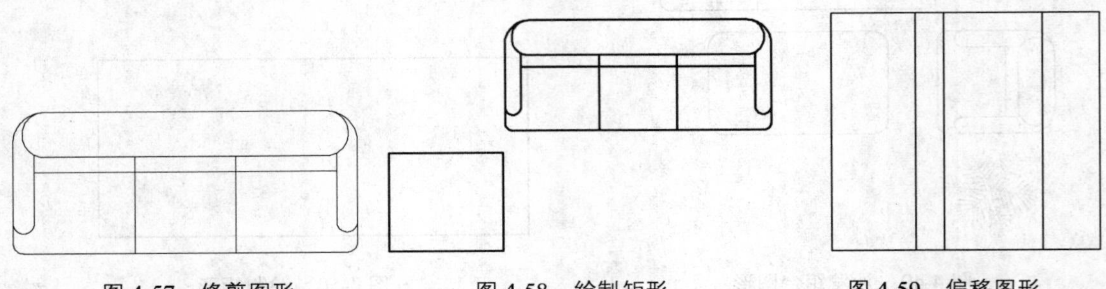

图 4-57　修剪图形　　图 4-58　绘制矩形　　图 4-59　偏移图形

11 调用 O“偏移”命令，将矩形最上方的水平直线向下偏移 50、62、482、62，如图 4-60 所示。

12 调用 F“圆角”命令，修改圆角半径为 56，拾取合适的直线，进行圆角操作，效果如图 4-61 所示。

13 调用 F“圆角”命令，修改圆角半径为 118，“修剪”模式为“不修剪”，拾取合适的直线，进行圆角操作，如图 4-62 所示。

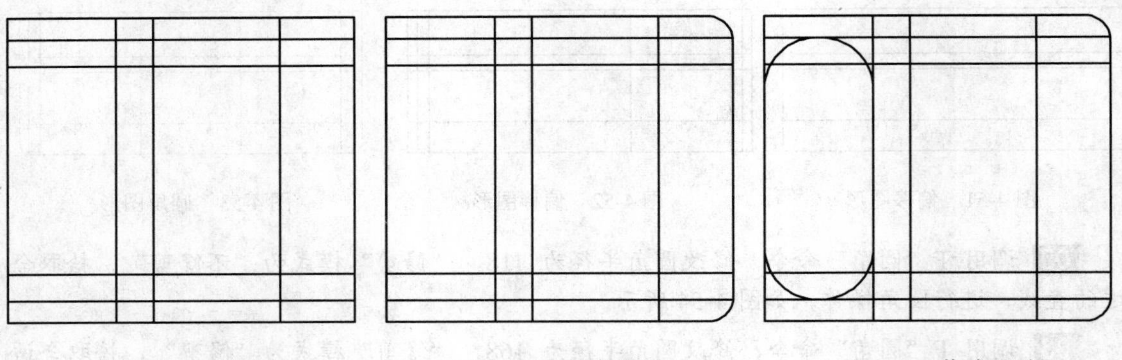

图 4-60　偏移图形　　图 4-61　圆角图形　　图 4-62　偏移图形

14 调用 F“圆角”命令，修改圆角半径为 168，“修剪”模式为“修剪”，拾取合适的直线，进行圆角操作，如图 4-63 所示。

15 调用 C“圆”命令，依次捕捉合适的端点，通过两点绘制两个圆对象，如图 4-64 所示。

16 调用 TR“修剪”命令，修剪多余的图形；调用 E“删除”命令，删除多余的图形，效果如图 4-65 所示。

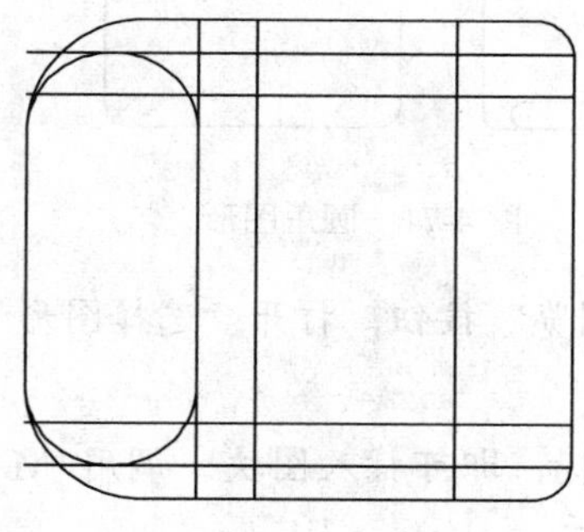

图 4-63　圆角图形

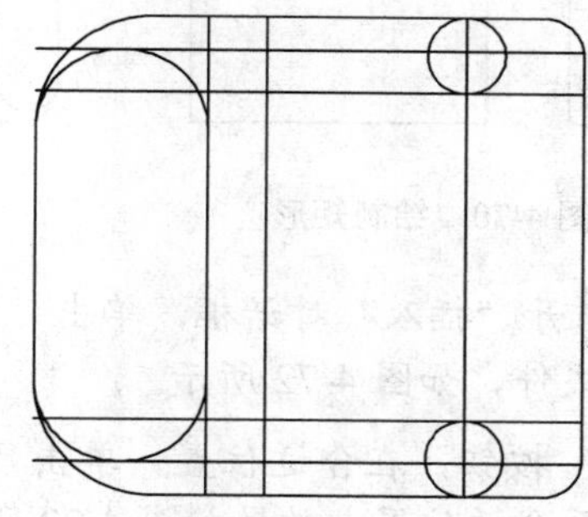

图 4-64　绘制圆

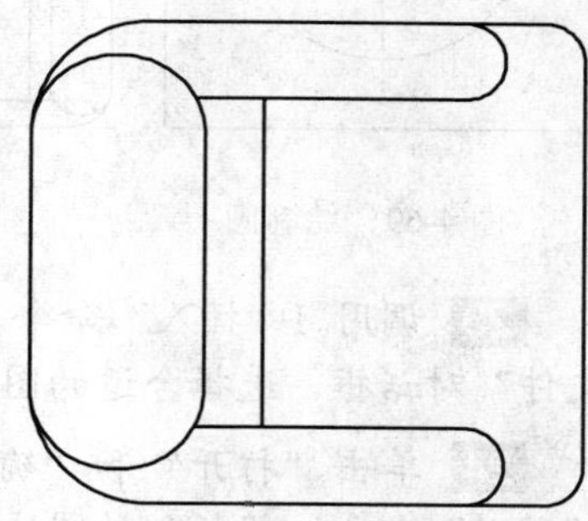

图 4-65　修剪并删除图形

17 调用 REC“矩形”命令，输入 FROM“捕捉自”命令，捕捉最上方左侧垂直直线的中点，输入（@-177.3, 177.7）和（@-450, -450），绘制矩形，如图 4-66 所示。

18 调用 L“直线”命令，输入 FROM“捕捉自”命令，捕捉新绘制矩形的左上方端点，输入（@39.2, -225）和（@369.6, 0），绘制直线，如图 4-67 所示。

19 调用 L“直线”命令，输入 FROM“捕捉自”命令，捕捉新绘制直线的左端点，输入（@185.8, -186.1）和（@0, 369.9），绘制直线，如图 4-68 所示。

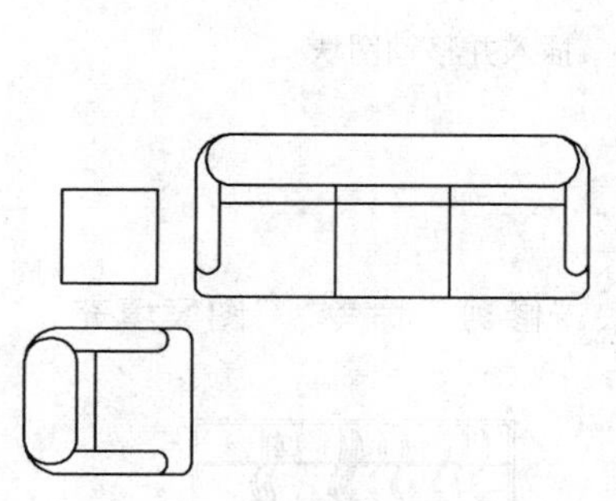

图 4-66　绘制矩形

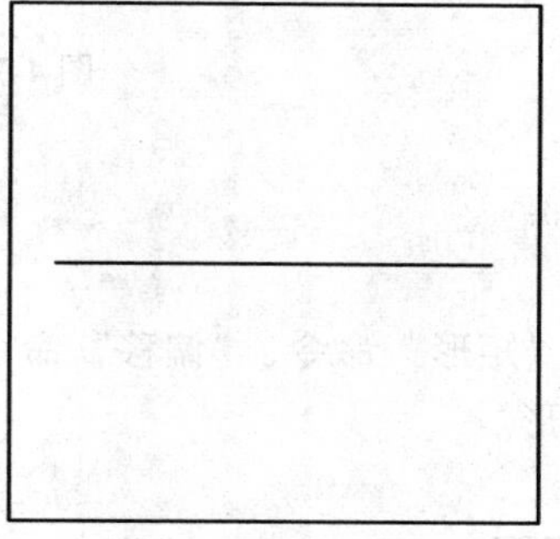

图 4-67　绘制直线

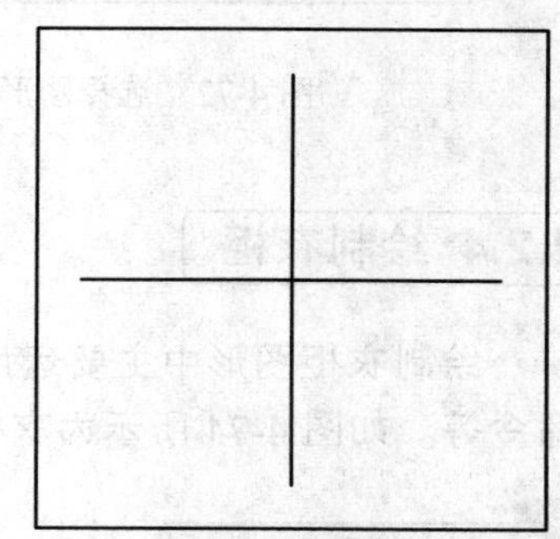

图 4-68　绘制直线

20 调用 C“圆”命令，捕捉两直线的交点，分别绘制半径为 70 和 150 的圆对象，如图 4-69 所示。

21 调用 REC“矩形”命令，输入 FROM“捕捉自”命令，捕捉新绘制矩形的右下方端点，输入（@495.7, -220.9）和（@1200, -700），绘制矩形，如图 4-70 所示。

22 调用 F“圆角”命令，修改圆角半径为 100，拾取合适直线，进行圆角操作，如图 4-71 所示。

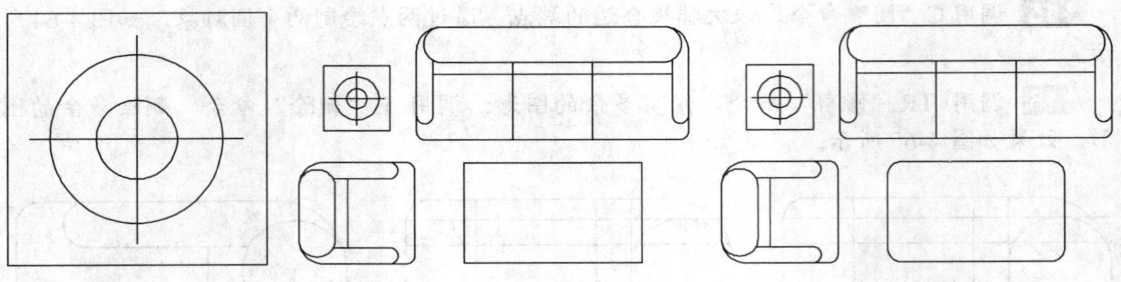

图 4-69　绘制圆　　图 4-70　绘制矩形　　图 4-71　圆角图形

23 调用 I“插入”命令，打开“插入”对话框，单击“浏览”按钮，打开“选择图形文件”对话框，选择合适的图形文件，如图 4-72 所示。

24 单击“打开”和“确定”按钮，在合适位置，单击鼠标，即可插入图块；调用 M“移动”命令，将插入的图块移至合适位置，效果如图 4-73 所示。

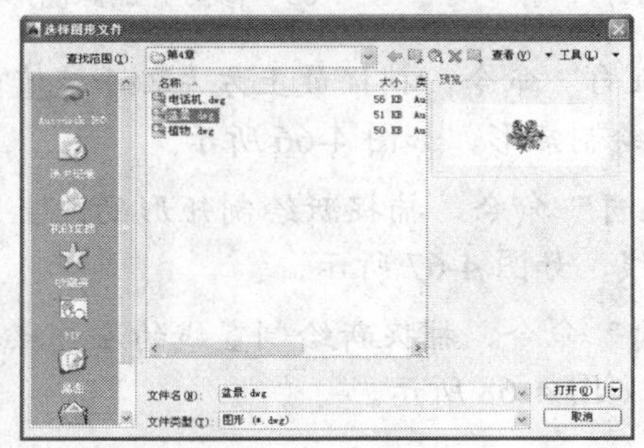

图 4-72　选择图形文件

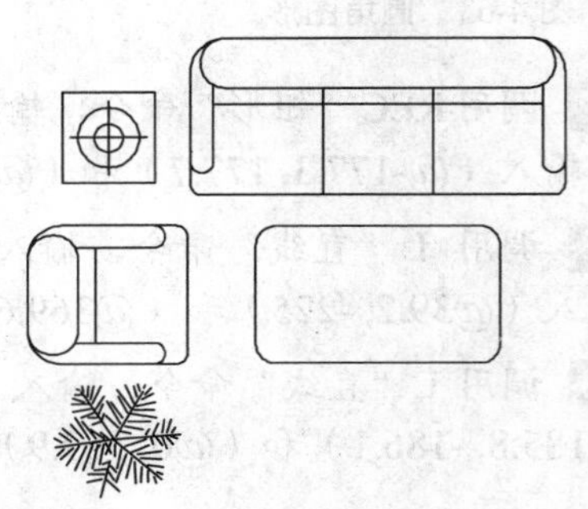

图 4-73　插入并移动图块

4.2.4 绘制衣柜

绘制衣柜图形中主要运用了“矩形”命令、“偏移”命令、“修剪”命令、“图案填充”命令等。如图 4-74 所示为衣柜图形。

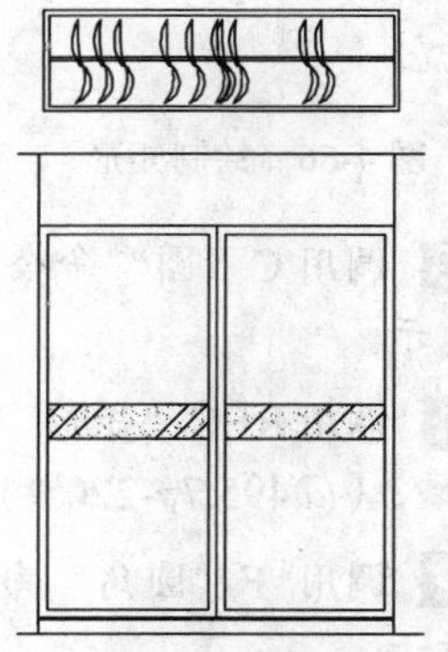

图 4-74　衣柜图形

操作实训 4-4：绘制衣柜平面

01 调用 REC“矩形”命令，在绘图区中任意捕捉一点，输入（@2050, -600），绘制矩形对象，如图 4-75 所示。

02 调用 O“偏移”命令，将新绘制的矩形向内偏移 30，如图 4-76 所示。

03 调用 X“分解”命令，分解所有矩形；调用 O“偏移”命令，将上方合适的水平直线向下偏移 251、19，如图 4-77 所示。

图 4-75　绘制矩形　　图 4-76　偏移图形　　图 4-77　偏移图形

04 调用 I“插入”命令，打开“插入”对话框，如图 4-78 所示，单击“浏览”按钮。

05 打开“选择图形文件”对话框，选择合适的图形文件，如图 4-79 所示。

06 单击“打开”和“确定”按钮，在合适位置单击鼠标，即可插入图块；调用 M“移动”命令，将插入的图块移至合适位置，效果如图 4-80 所示。

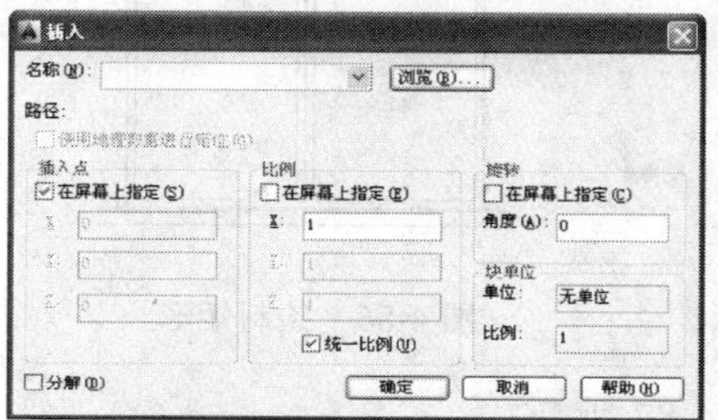

图 4-78　单击“浏览”按钮

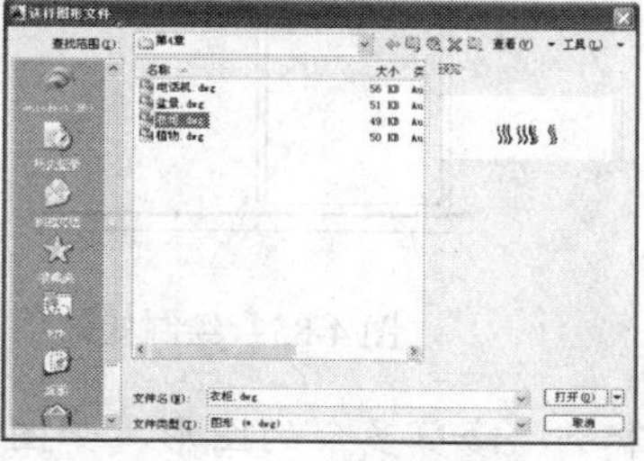

图 4-79　选择图形文件

图 4-80　插入并移动图块

操作实训 4-5：绘制衣柜立面

01 调用 L“直线”命令，捕捉合适的端点，绘制一条长度为 2341 的水平直线，如图 4-81 所示。

02 调用 L“直线”命令，输入 FROM“捕捉自”命令，捕捉新绘制直线的左端点，输入（@118, 0）和（@0, -2830），绘制直线，如图 4-82 所示。

03 调用 O“偏移”命令，将新绘制的水平直线向下依次偏移 430、1050、200、1050、15、85，如图 4-83 所示。

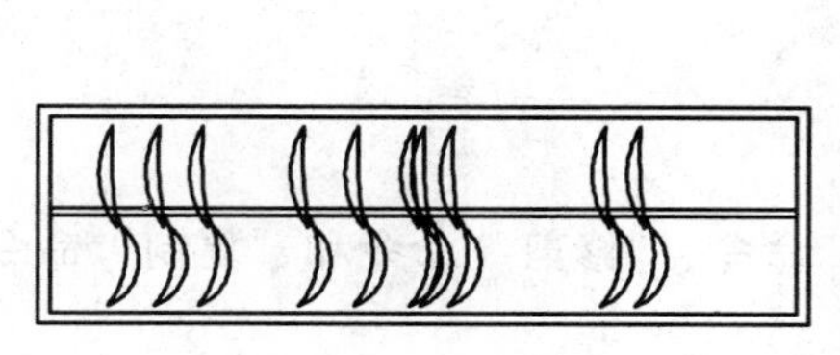

图 4-81　绘制直线

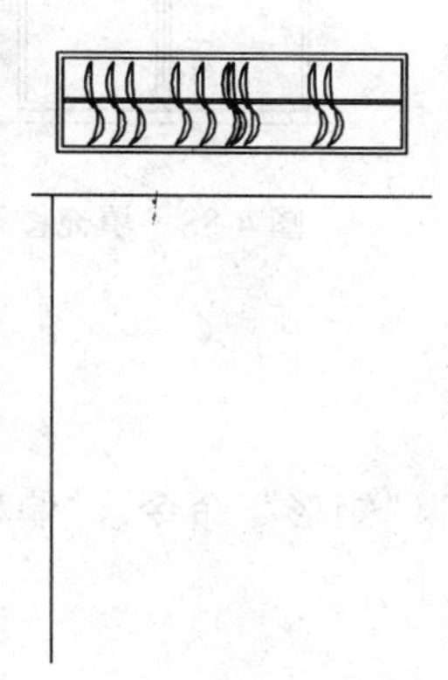

图 4-82　绘制直线

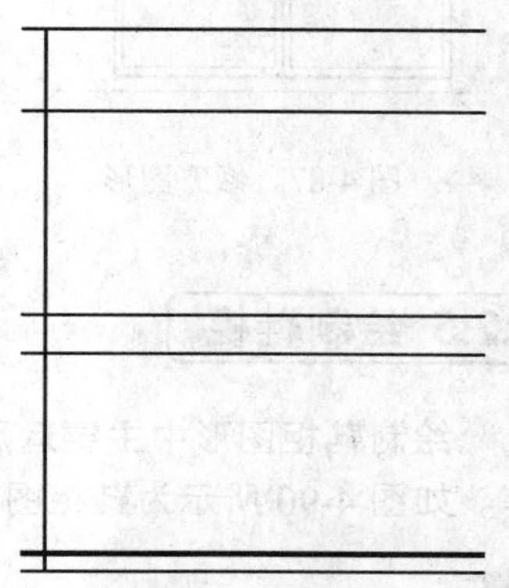

图 4-83　偏移直线

04 调用 O“偏移”命令，将新绘制的垂直直线向右偏移 1025、1025，如图 4-84 所示。

05 调用 REC“矩形”命令，输入FROM“捕捉自”命令，捕捉最上方水平直线的左端点，输入（@168, -480）和（@925, -2200），绘制矩形，如图 4-85 所示。

06 调用 REC“矩形”命令，输入FROM“捕捉自”命令，捕捉最上方水平直线的左端点，输入（@1193, -480）和（@925, -2200），绘制矩形，如图 4-86 所示。

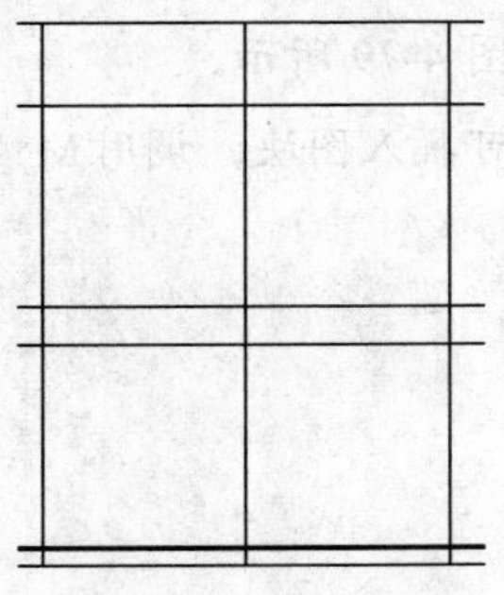
图 4-84　偏移直线

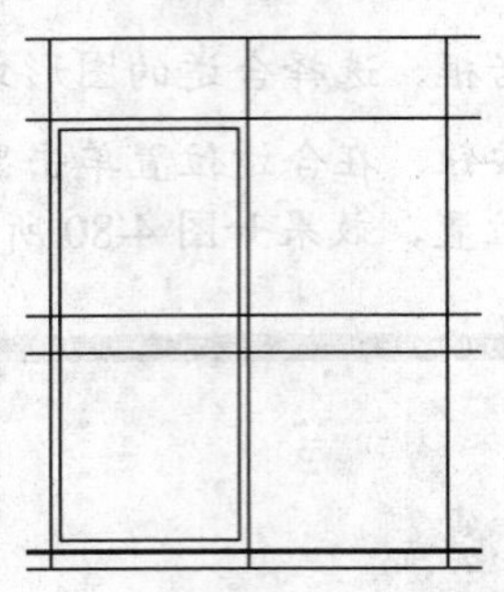
图 4-85　绘制矩形

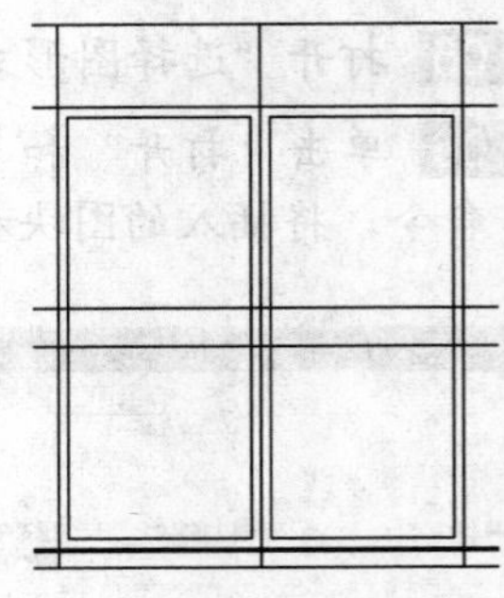
图 4-86　绘制矩形

07 调用 TR“修剪”命令，修剪多余的图形，如图 4-87 所示。

08 调用 H“图案填充”命令，选择“AR-RROOF”图案，修改“图案填充比例”为 20、“图案填充角度”为 45，拾取合适的区域，填充图形，如图 4-88 所示。

09 调用 H“图案填充”命令，选择“AR-SAND”图案，修改“图案填充比例”为 2，拾取合适的区域，填充图形，如图 4-89 所示。

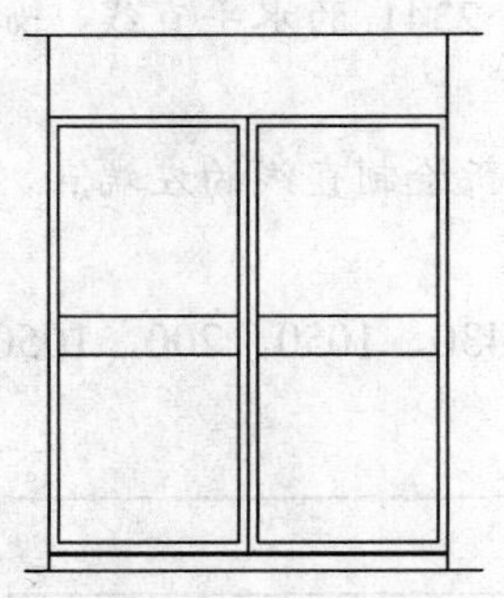
图 4-87　修剪图形

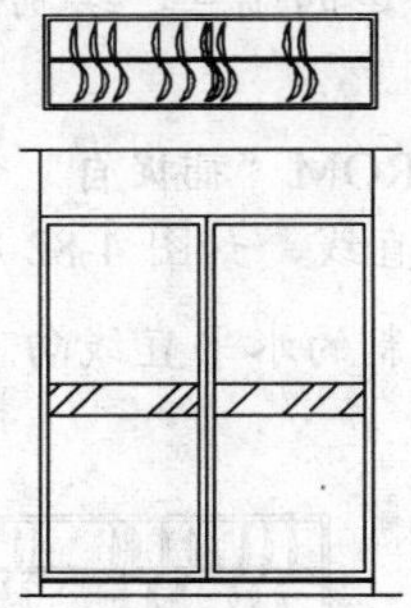
图 4-88　填充图形

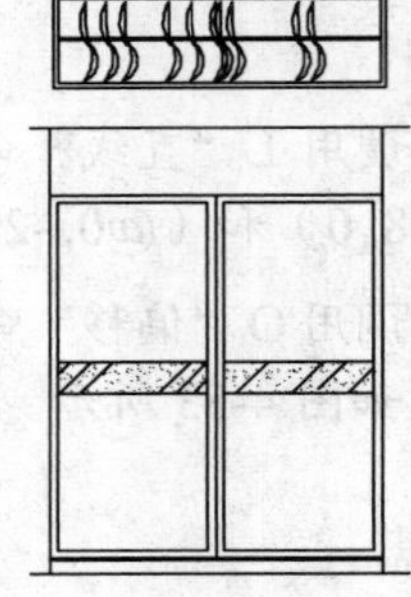
图 4-89　填充图形

4.2.5 绘制鞋柜

绘制鞋柜图形中主要运用了“矩形”命令、“偏移”命令、“修剪”命令和“复制”命令等。如图 4-90 所示为鞋柜图形。

绘制鞋柜

01 调用 REC“矩形”命令，在绘图区中任意捕捉一点，输入（@1926, -1050），绘制

矩形对象，如图 4-91 所示。

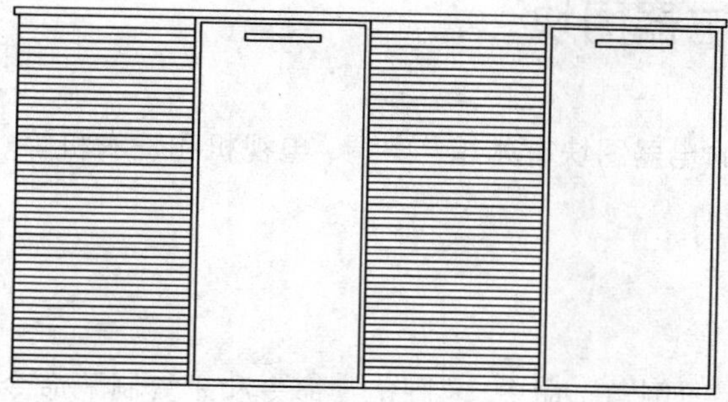
图 4-90　鞋柜图形

图 4-91　绘制矩形

02 调用 X“分解”命令，分解新绘制的矩形，调用 O“偏移”命令，将矩形的左侧垂直直线向右偏移 13、475、475、475、475，如图 4-92 所示。

03 调用 O“偏移”命令，将最上方的水平直线向下偏移 20、32、49 次 20，效果如图 4-93 所示。

04 调用 TR“修剪”命令，修剪多余的图形；调用 E“删除”命令，删除多余的图形，效果如图 4-94 所示。

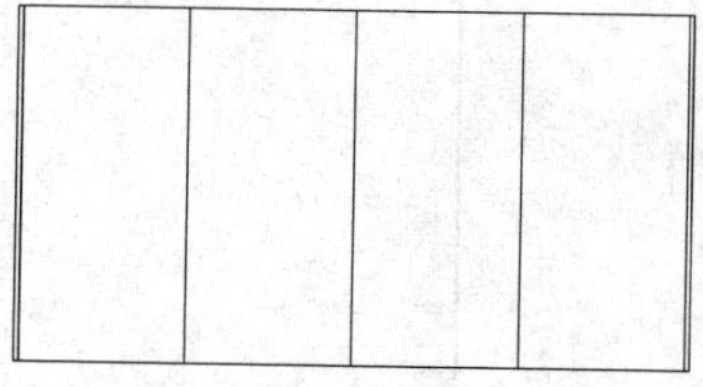
图 4-92　偏移图形

图 4-93　偏移图形

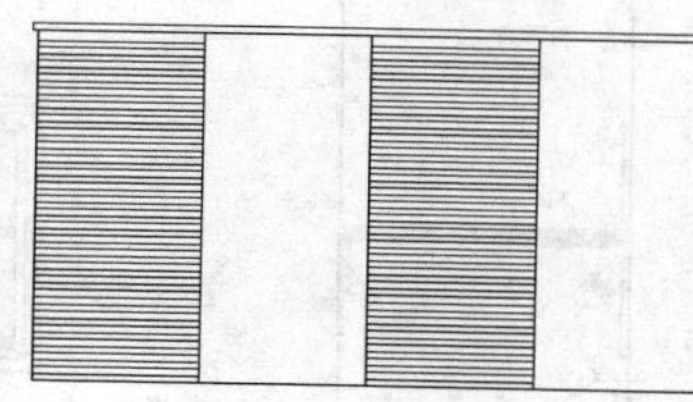
图 4-94　修剪并删除图形

05 调用 REC“矩形”命令，输入 FROM“捕捉自”命令，捕捉左上方端点，输入（@623.5, -64）和（@204.5, -19.5），绘制矩形，如图 4-95 所示。

06 调用 REC“矩形”命令，输入 FROM“捕捉自”命令，捕捉左上方端点，输入（@503.3, -35）和（@445, -1000），绘制矩形，如图 4-96 所示。

07 调用 CO“复制”命令，选择新绘制的两个矩形，捕捉左上方端点为基点，输入（@950, 0），复制图形，如图 4-97 所示。

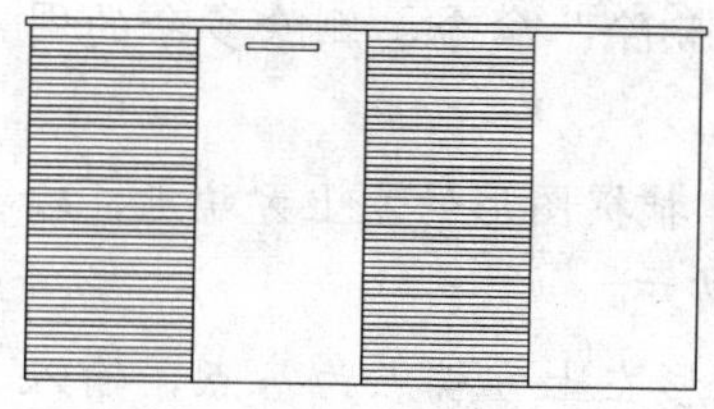
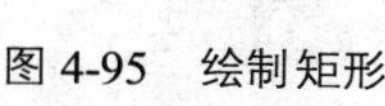
图 4-95　绘制矩形

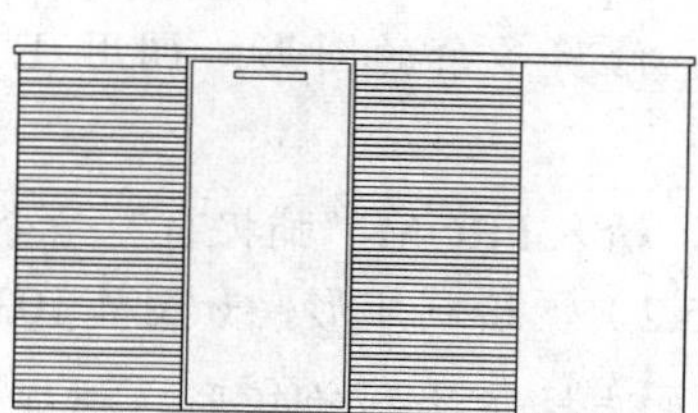
图 4-96　绘制矩形

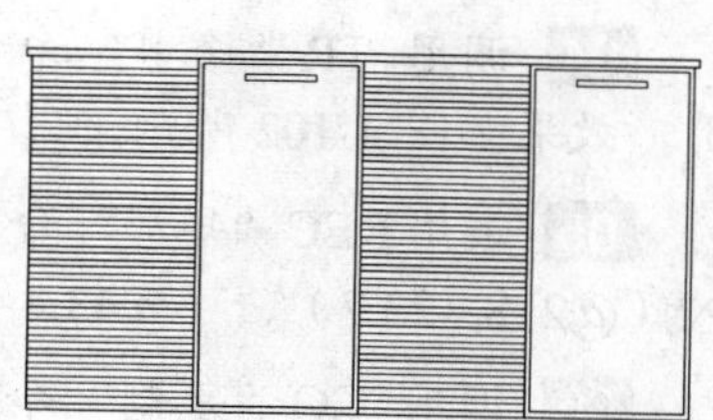
图 4-97　复制图形

4.3 绘制电器图块

电器是家庭中必不可少的部分，一般常见的电器图块有冰箱、空调、电视机和洗衣机等。本节将详细介绍绘制电器图块的操作方法。

4.3.1 绘制冰箱

绘制冰箱图形中主要运用了“矩形”命令、“倒角”命令、“圆角”命令和“复制”命令等。如图 4-98 所示为冰箱图形。

操作实训 4-7：绘制冰箱立面

01 调用 REC“矩形”命令，在绘图区中任意捕捉一点，输入（@613, -1687），绘制矩形对象，如图 4-99 所示。

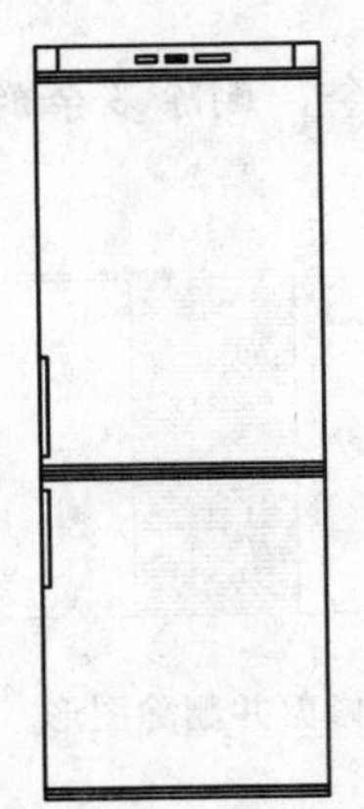

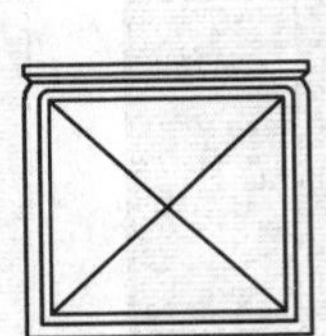

图 4-98 冰箱图形

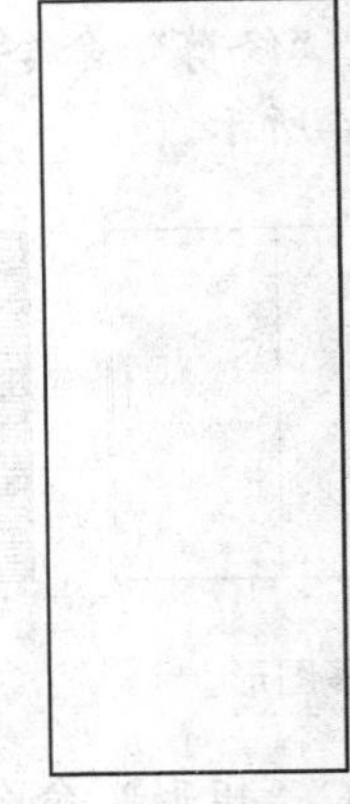

图 4-99 绘制矩形

02 调用 X“分解”命令，分解新绘制的矩形，调用 O“偏移”命令，将矩形最上方的水平直线向下偏移 55、11、11、860、11、11、11、695、11，如图 4-100 所示。

03 调用 O“偏移”命令，将矩形最左侧的垂直直线向右偏移 49 和 509，如图 4-101 所示。

04 调用 TR“修剪”命令，修剪多余的图形；调用 E“删除”命令，删除多余的图形，效果如图 4-102 所示。

05 调用 REC“矩形”命令，输入 FROM“捕捉自”命令，捕捉图形的左上方端点，输入（@218, -23.7）、（@43.4, -15.2），绘制矩形，如图 4-103 所示。

06 调用 CO“复制”命令，选择新绘制的矩形，捕捉矩形左上方端点为基点，输入（@65, 0），复制图形，如图 4-104 所示。

07 调用 H“图案填充”命令，选择“ANSI31”图案，修改“图案填充比例”为 2，拾

取合适的区域，填充图形，如图 4-105 所示。

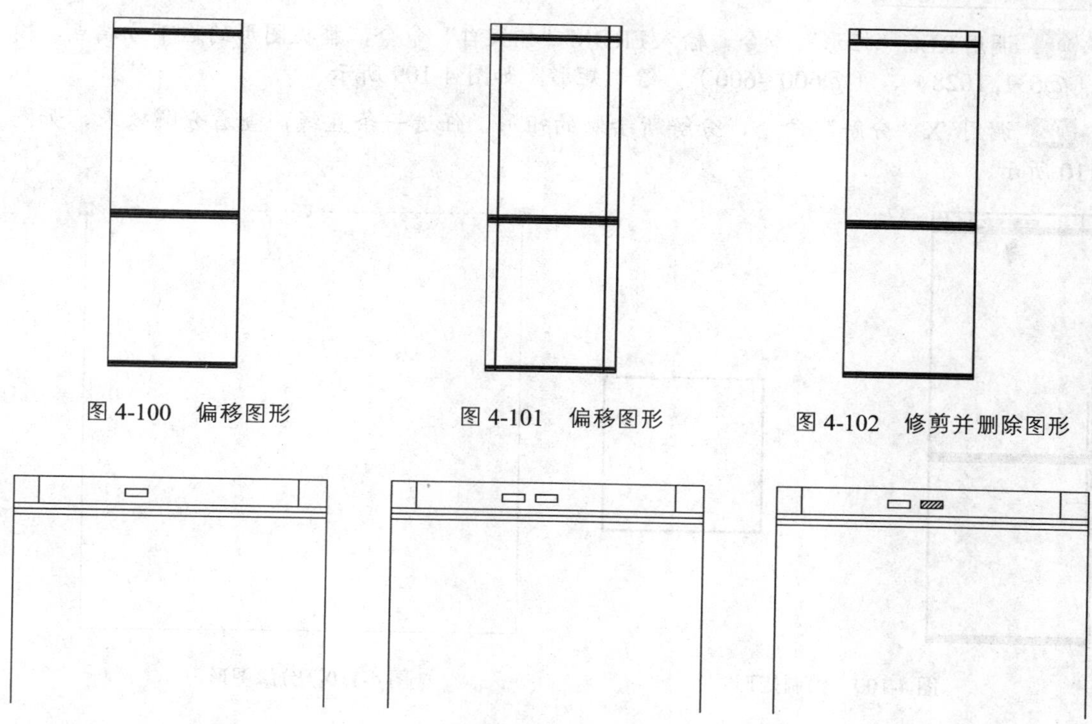

图 4-100　偏移图形

图 4-101　偏移图形

图 4-102　修剪并删除图形

图 4-103　绘制矩形

图 4-104　复制图形

图 4-105　填充图形

08 调用 REC“矩形”命令，输入 FROM“捕捉自”命令，捕捉图形的左上方端点，输入（@347.6, -23.7）、（@69.4, -15.2），绘制矩形，如图 4-106 所示。

09 调用 REC“矩形”命令，输入 FROM“捕捉自”命令，捕捉图形的左上方端点，输入（@0, -695）、（@16.5, -220.5），绘制矩形，如图 4-107 所示。

10 调用 CO“复制”命令，选择新绘制的矩形，捕捉矩形右下方端点为基点，输入（@0, -298），复制图形，如图 4-108 所示。

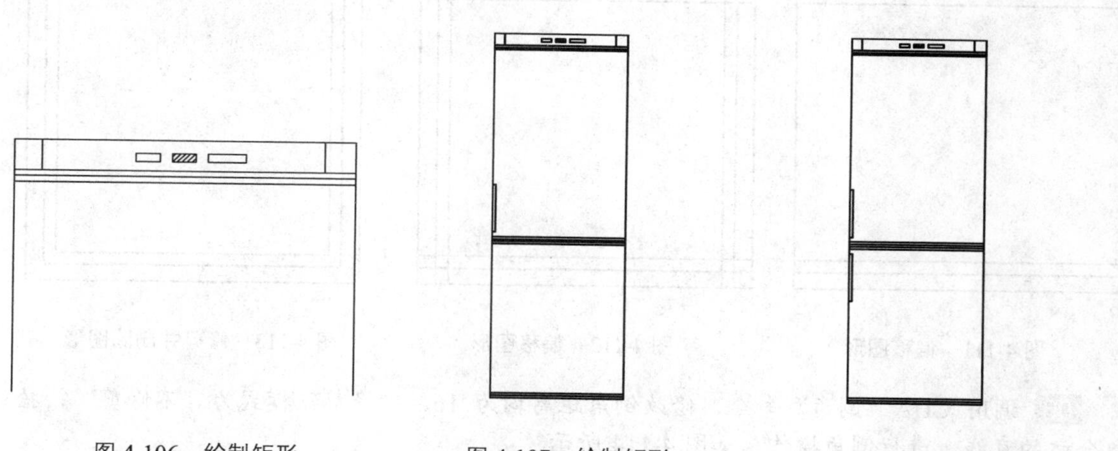

图 4-106　绘制矩形

图 4-107　绘制矩形

图 4-108　复制图形

操作实训 4-8：绘制冰箱平面

01 调用REC“矩形”命令，输入FROM“捕捉自”命令，捕捉图形的右下方端点，输入（@631, 1028）、（@600, -600），绘制矩形，如图 4-109 所示。

02 调用 X“分解”命令，分解新绘制的矩形，任选一条直线，查看分解效果，如图 4-110 所示。

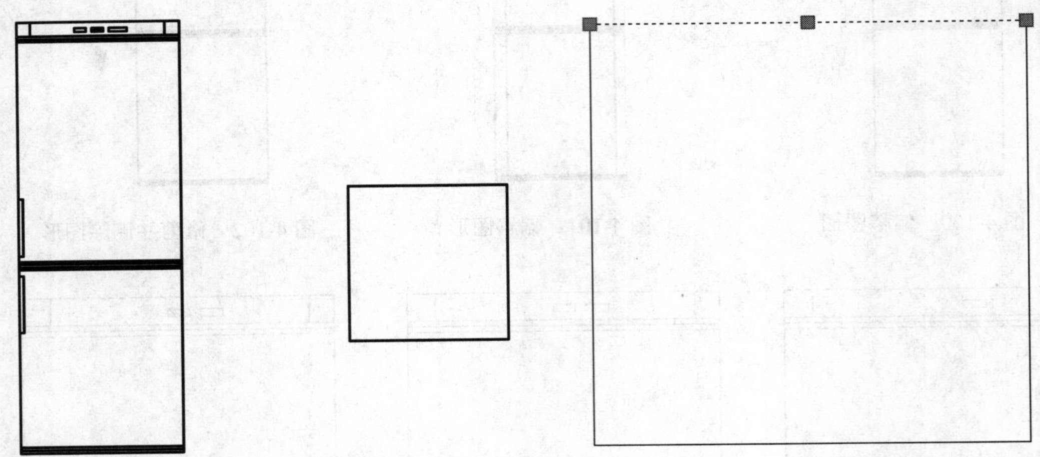

图 4-109　绘制矩形　　图 4-110　分解图形

03 调用 O“偏移”命令，将矩形最上方的水平直线向下偏移 22、16、17、22、471、22，如图 4-111 所示。

04 调用 O“偏移”命令，将矩形最左侧的垂直直线向右偏移 32、33、492、22，如图 4-112 所示。

05 调用 TR“修剪”命令，修剪多余的图形；调用 E“删除”命令，删除多余的图形，效果如图 4-113 所示。

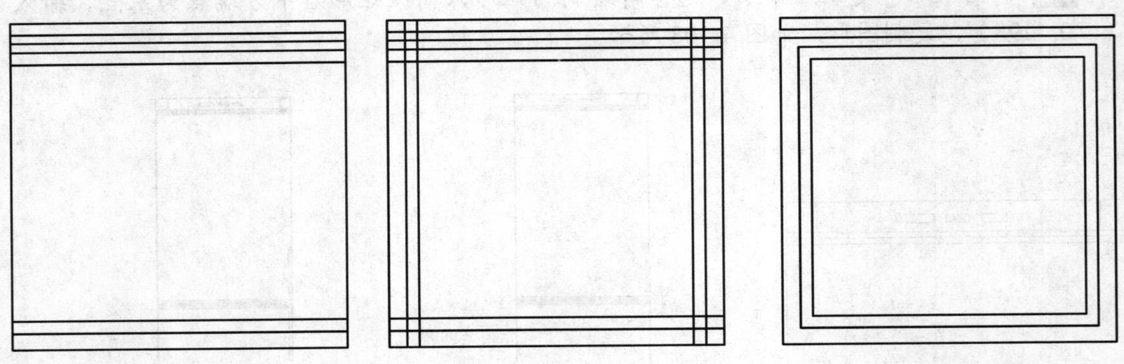

图 4-111　偏移图形　　图 4-112　偏移图形　　图 4-113　修剪并删除图形

06 调用 CHA“倒角”命令，修改倒角距离均为 16，“修剪”模式为“不修剪”，拾取合适的直线，进行倒角操作，如图 4-114 所示。

07 调用 A“圆弧”命令，捕捉合适的端点，输入（@-11.7, -17.5）、（@-4.1, -20.7），绘制圆弧，如图 4-115 所示。

08 调用 MI“镜像”命令，将新绘制的圆弧进行镜像操作，如图 4-116 所示。

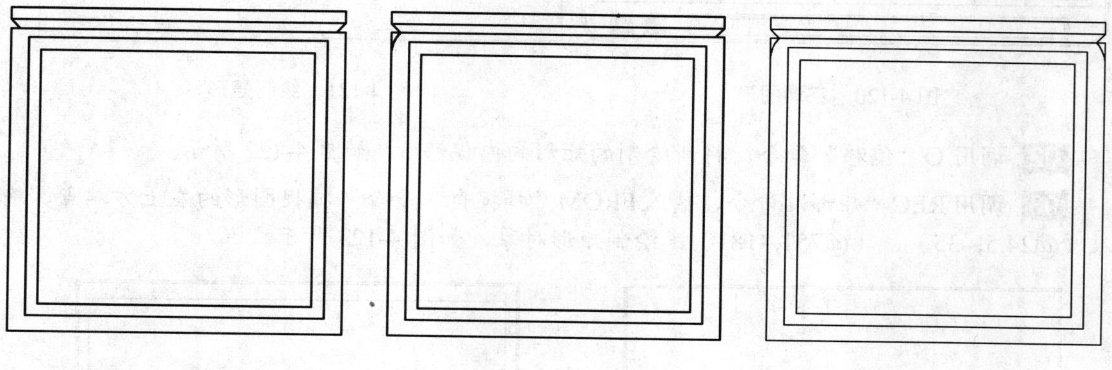

图 4-114　倒角图形　　图 4-115　绘制圆弧　　图 4-116　镜像圆弧

09 调用 TR“修剪”命令，修剪多余的图形，如图 4-117 所示。

10 调用 F“圆角”命令，修改圆角半径为 22，拾取合适的直线，进行圆角操作，如图 4-118 所示。

11 调用 L“直线”命令，依次捕捉合适的端点，连接直线，如图 4-119 所示。

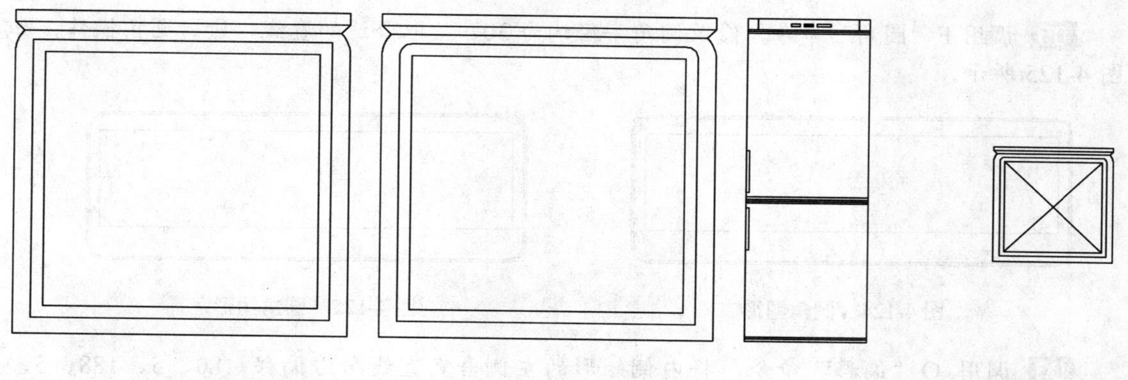

图 4-117　修剪图形　　图 4-118　圆角图形　　图 4-119　连接图形

4.3.2 绘制空调

绘制空调图形中主要运用了“矩形”命令、“圆角”命令、“偏移”命令和“修剪”命令等。如图 4-120 所示为空调图形。

操作实训 4-9：绘制空调

01 调用 REC“矩形”命令，任意捕捉一点，输入（@800, -278），绘制矩形对象，如图 4-121 所示。

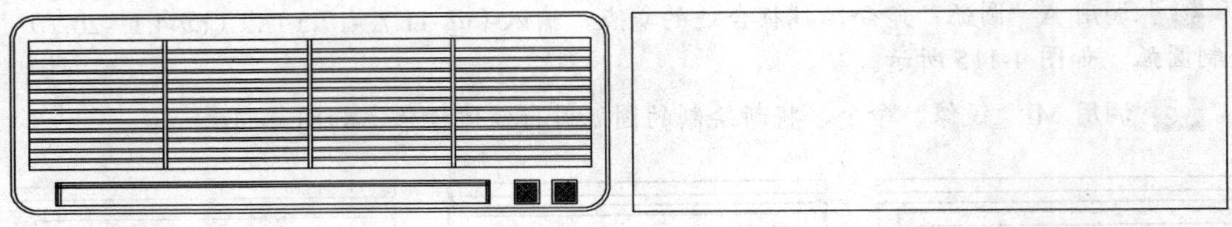

图 4-120　空调图形　　图 4-121　绘制矩形

02 调用 O“偏移”命令，将新绘制的矩形向内偏移 5，如图 4-122 所示。

03 调用 REC“矩形”命令，输入FROM“捕捉自”命令，捕捉图形的左上方端点，输入（@24.5, -35）、（@751, -181），绘制矩形对象，如图 4-123 所示。

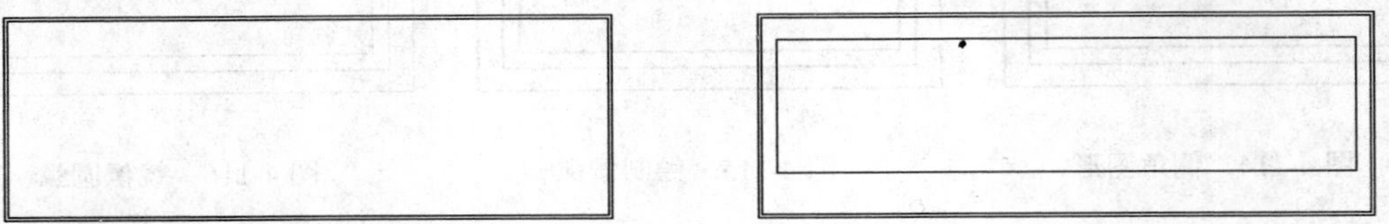

图 4-122　偏移图形　　图 4-123　绘制矩形

04 调用 X“分解”命令，分解所有矩形；调用 F“圆角”命令，修改圆角半径均为 35，拾取合适的直线，进行圆角操作，如图 4-124 所示。

05 调用 F“圆角”命令，修改圆角半径均为 30，拾取合适的直线，进行圆角操作，如图 4-125 所示。

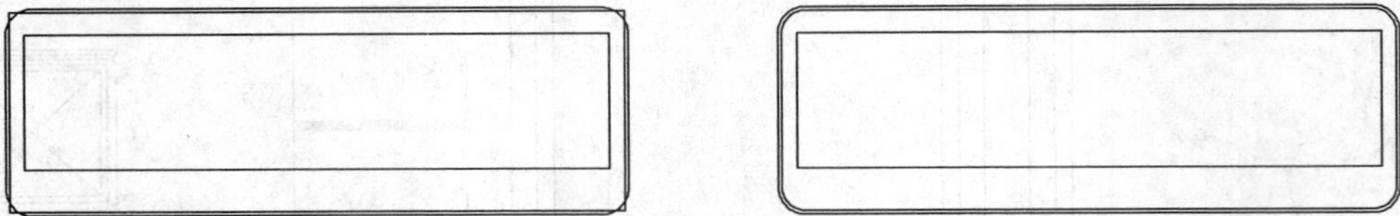

图 4-124　圆角图形　　图 4-125　圆角图形

06 调用 O“偏移”命令，将内侧矩形的左侧垂直直线向右偏移 180、5、188、5、187、5，如图 4-126 所示。

07 调用 O“偏移”命令，将内侧矩形的上方水平直线向下依次偏移 14、4、10、4、10、4、10、4、9、4、10、4、10、4、10、4、9、4、10、4、10、4、10、4，如图 4-127 所示。

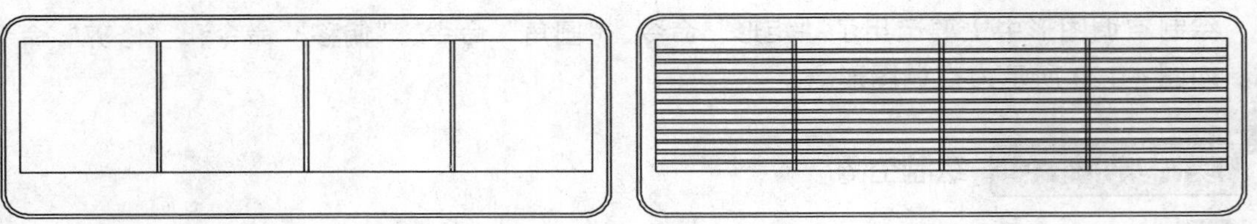

图 4-126　偏移图形　　图 4-127　偏移图形

08 调用 TR“修剪”命令，修剪多余的图形，如图 4-128 所示。

09 调用 REC“矩形”命令，输入 FROM“捕捉自”命令，捕捉图形的左下方端点，输入（@25, 12）、（@580, 32），绘制矩形对象，如图 4-129 所示。

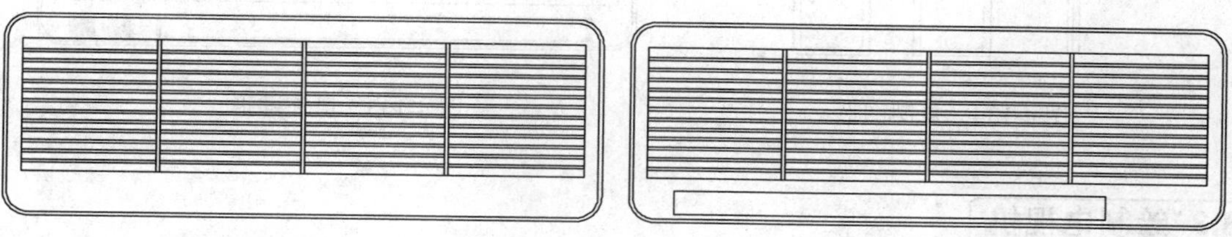

图 4-128　修剪图形　　图 4-129　绘制矩形

10 调用 X“分解”命令，分解新绘制矩形；调用 O“偏移”命令，将矩形上方的水平直线向下偏移 4、3，如图 4-130 所示。

11 调用 O“偏移”命令，将矩形左侧的垂直直线向右依次偏移 3、3、569、3，效果如图 4-131 所示。

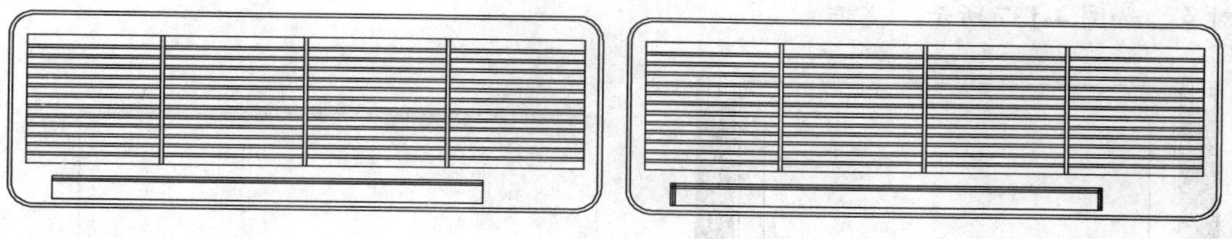

图 4-130　偏移图形　　图 4-131　偏移图形

12 调用 REC“矩形”命令，输入 FROM“捕捉自”命令，捕捉新绘制矩形的右上方端点，输入（@32.7, -0.6）、（@32.6, -32.6），绘制矩形对象，如图 4-132 所示。

13 调用 O“偏移”命令，将新绘制的矩形向内偏移 3，如图 4-133 所示。

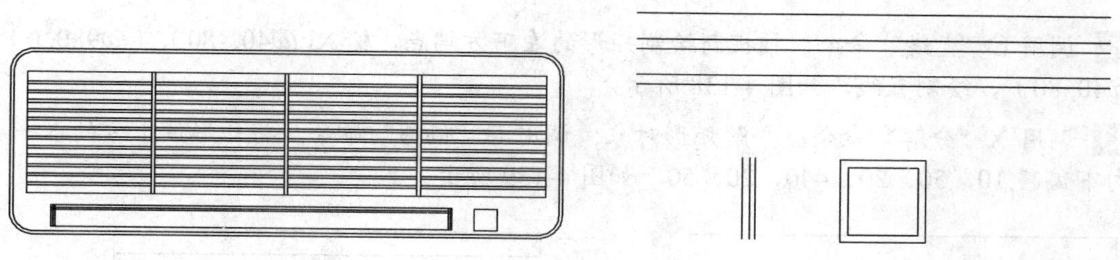

图 4-132　绘制矩形　　图 4-133　偏移图形

14 调用 CO“复制”命令，选择新绘制的矩形和偏移后的矩形，捕捉左上方端点为基点，输入（@51, 0），复制图形，如图 4-134 所示。

15 调用 H“图案填充”命令，选择“ANSI37”图案，拾取合适的区域，填充图形，如图 4-135 所示。

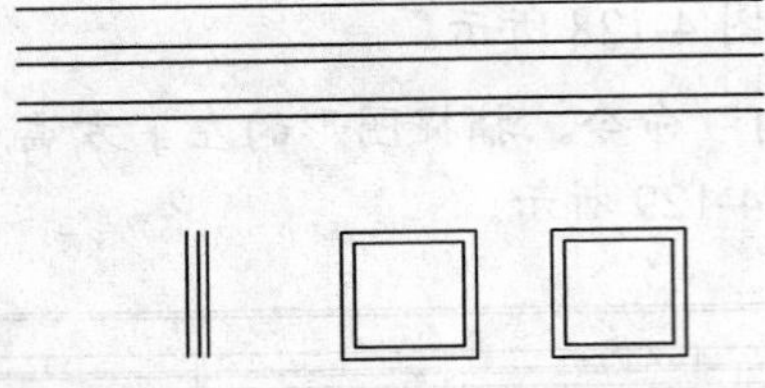

图 4-134 复制图形

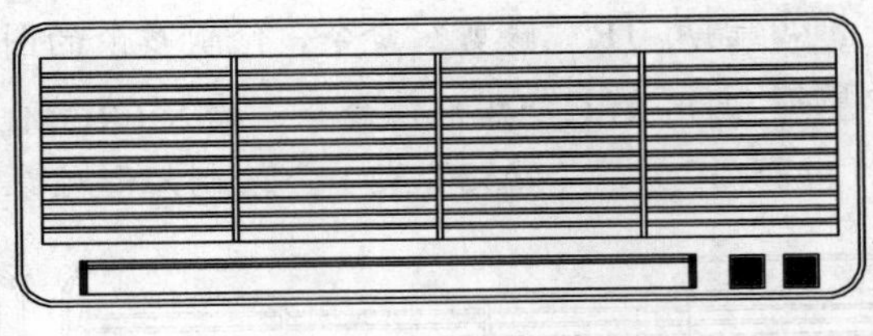

图 4-135 填充图形

4.3.3 绘制电视机

绘制电视机图形中主要运用了“矩形”命令、“直线”命令、“偏移”命令和“修剪”命令等。如图 4-136 所示为电视机图形。

操作实训 4-10: 绘制电视机

01 调用 REC“矩形”命令，在绘图区中任意捕捉一点，输入（@1060, -600），绘制矩形对象，如图 4-137 所示。

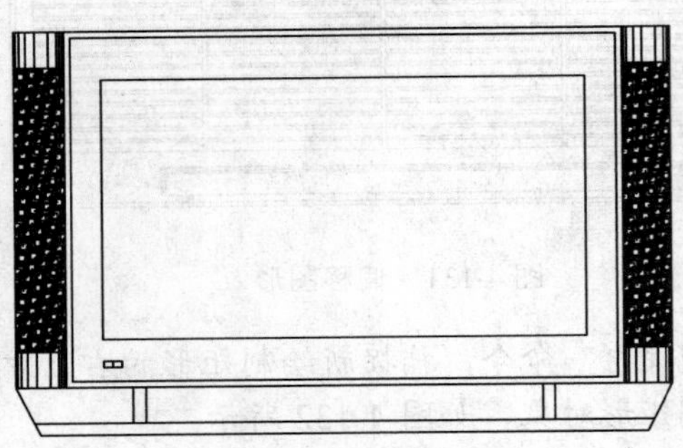

图 4-136 电视机图形

图 4-137 绘制矩形

02 调用 L“直线”命令，捕捉新绘制矩形的左下方端点，输入(@40, -80)、(@980, 0)和（@40, 80），绘制直线，如图 4-138 所示。

03 调用 X“分解”命令，分解矩形对象；调用 O“偏移”命令，将矩形最上方的水平直线向下偏移 10、50、20、440、20、50，如图 4-139 所示。

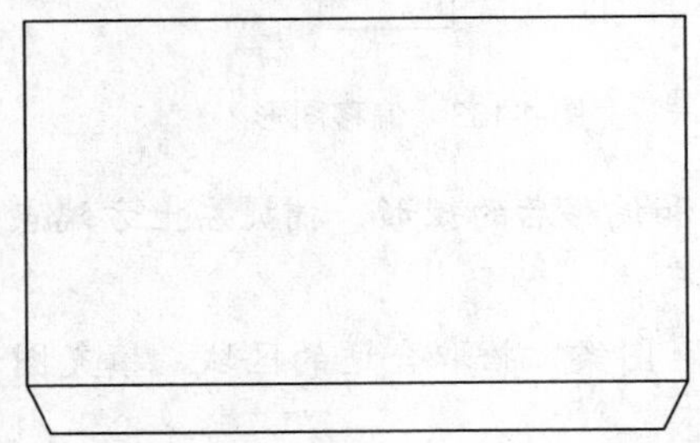

图 4-138 绘制直线

图 4-139 偏移图形

04 调用O"偏移"命令，将矩形左侧的垂直直线向右偏移3、5.5、11、14、22、13、5.5、3、4、10、50、780、50、10、3、5.5、11、14、22、13、5.5、3，如图4-140所示。

05 调用TR"修剪"命令，修剪多余的图形；调用E"删除"命令，删除多余的图形，效果如图4-141所示。

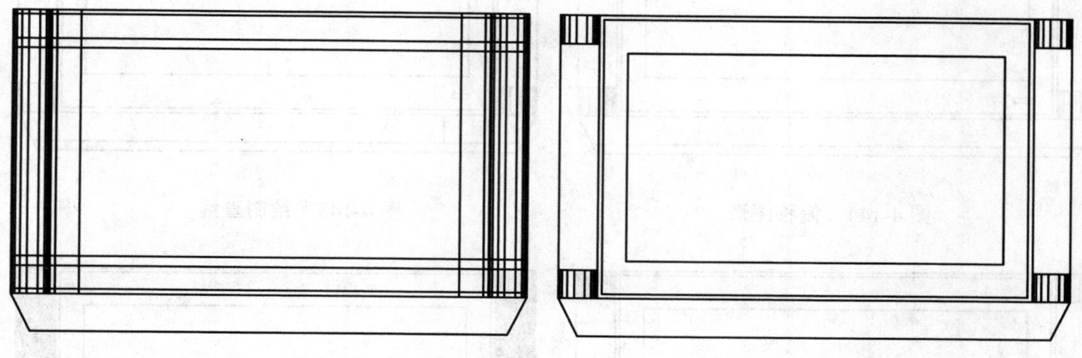

图4-140　偏移图形　　图4-141 修剪并删除图形

06 调用REC"矩形"命令，输入FROM"捕捉自"命令，捕捉矩形的左下方端点，输入（@142, 33.8）、（@30, 10.7），绘制矩形对象，如图4-142所示。

07 调用X"分解"命令，分解新绘制的矩形；调用O"偏移"命令，将矩形左侧的垂直直线向右偏移15，如图4-143所示。

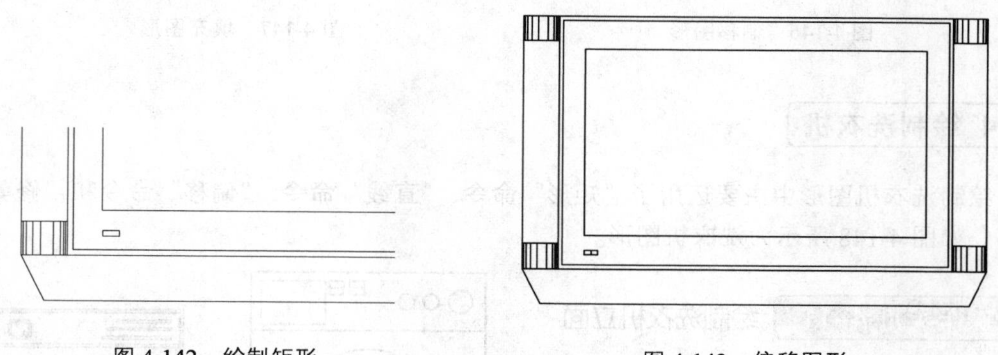

图4-142　绘制矩形　　图4-143　偏移图形

08 调用O"偏移"命令，将最下方的水平直线向上偏移20；调用EX"延伸"命令，延伸多余的图形，如图4-144所示。

09 调用L"直线"命令，输入FROM"捕捉自"命令，捕捉左下方端点，，输入（@150, 20）、（@0, 60），绘制直线对象，如图4-145所示。

10 调用O"偏移"命令，将新绘制的垂直直线向右依次偏移20、640、20，如图4-146所示。

11 调用H"图案填充"命令，选择"HOUND"图案，修改"图案填充比例"为2，拾取合适的区域，填充图形，效果如图4-147所示。

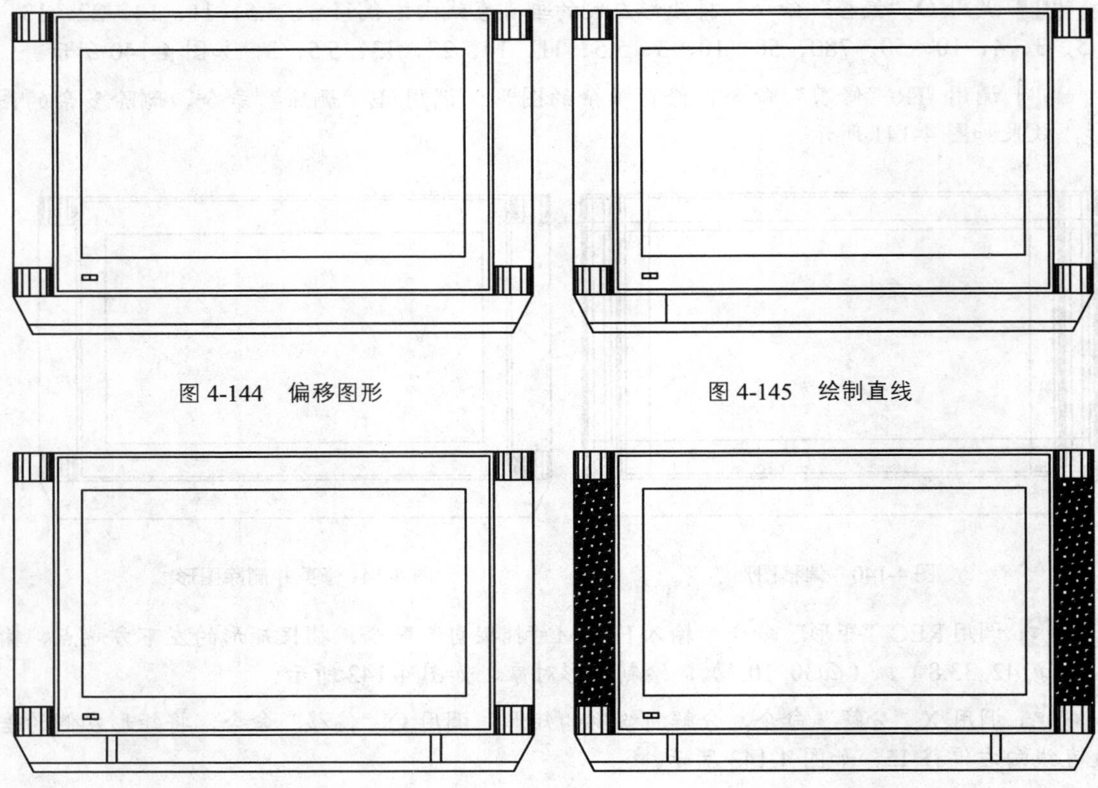

图 4-144 偏移图形　　图 4-145 绘制直线

图 4-146 偏移图形　　图 4-147 填充图形

4.3.4 绘制洗衣机

绘制洗衣机图形中主要运用了“矩形”命令、“直线”命令、“偏移”命令和“修剪”命令等。如图 4-148 所示为洗衣机图形。

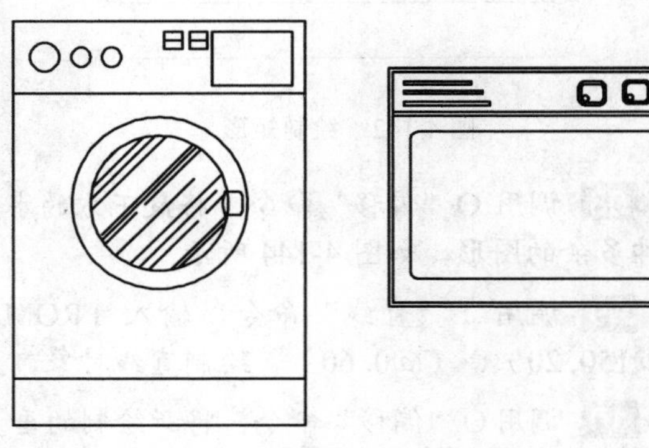

图 4-148 洗衣机图形

操作实训 4-11：绘制洗衣机立面

01 调用 REC“矩形”命令，在绘图区中任意捕捉一点，输入（@600, -850），绘制矩形对象，如图 4-149 所示。

02 调用 X“分解”命令，分解新绘制的矩形；调用 O“偏移”命令，将矩形最上方的水平直线向下依次偏移 150、600，如图 4-150 所示。

03 调用 C“圆”命令，输入 FROM“捕捉自”命令，捕捉矩形左上方端点，输入（@64, -75），确定圆心点，绘制一个半径为 30 的圆，如图 4-151 所示。

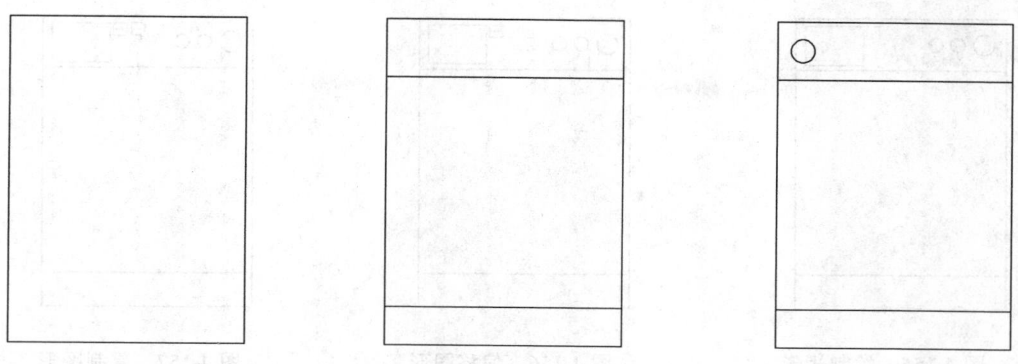

图 4-149　绘制矩形　　图 4-150　偏移图形　　图 4-151　绘制圆

04 调用 C“圆”命令，输入 FROM“捕捉自”命令，捕捉矩形左上方端点，输入（@139, -75），确定圆心点，绘制一个半径为 20 的圆，如图 4-152 所示。

05 调用 C“圆”命令，输入 FROM“捕捉自”命令，捕捉矩形左上方端点，输入（@202, -75），确定圆心点，绘制一个半径为 20 的圆，如图 4-153 所示。

06 调用 REC“矩形”命令，输入 FROM“捕捉自”命令，捕捉矩形右上方端点，输入（@-26, -22）、（@-166, -113），绘制矩形对象，如图 4-154 所示。

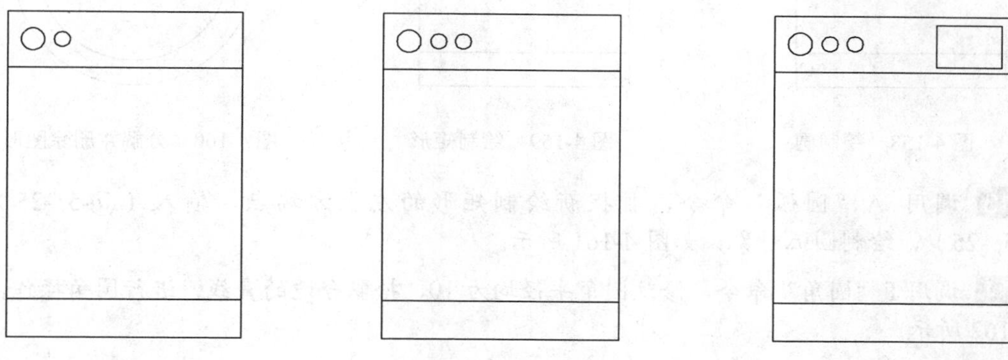

图 4-152　绘制圆　　图 4-153　绘制圆　　图 4-154　绘制矩形

07 调用 REC“矩形”命令，输入 FROM“捕捉自”命令，捕捉矩形右上方端点，输入（@-201, -22）、（@-37, -36），绘制矩形对象，如图 4-155 所示。

08 调用 X“分解”命令，分解新绘制矩形；调用 O“偏移”命令，将新绘制矩形的最上方水平直线向下偏移 18，如图 4-156 所示。

09 调用 CO“复制”命令，选择合适的图形，捕捉选择图形的右上方端点为基点，输入（@-52, 0），复制图形，如图 4-157 所示。

10 调用 C“圆”命令，输入 FROM“捕捉自”命令，捕捉矩形左上方端点，输入（@300, -380），确定圆心点，分别绘制半径为 141 和 180 的圆，如图 4-158 所示。

11 调用 REC“矩形”命令，输入 FROM“捕捉自”命令，捕捉中间的圆心点，输入（@135, 25）、（@35, -50），绘制矩形对象，如图 4-159 所示。

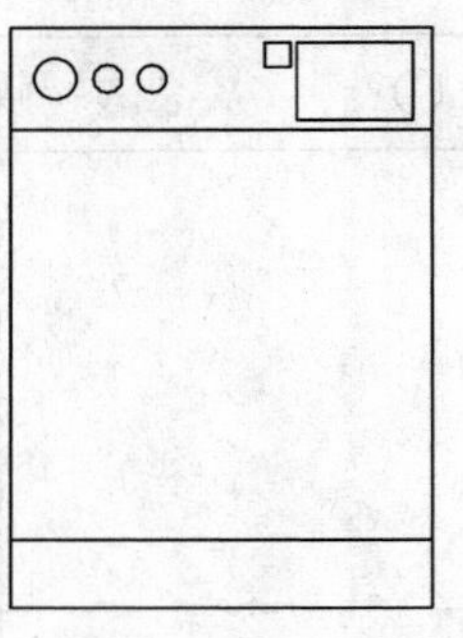

图 4-155 绘制矩形

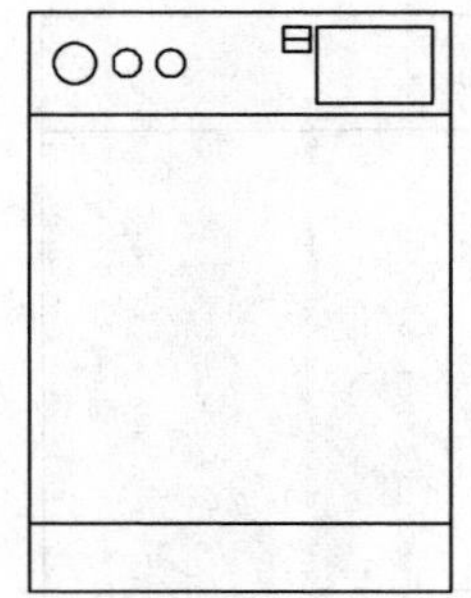
图 4-156 偏移图形

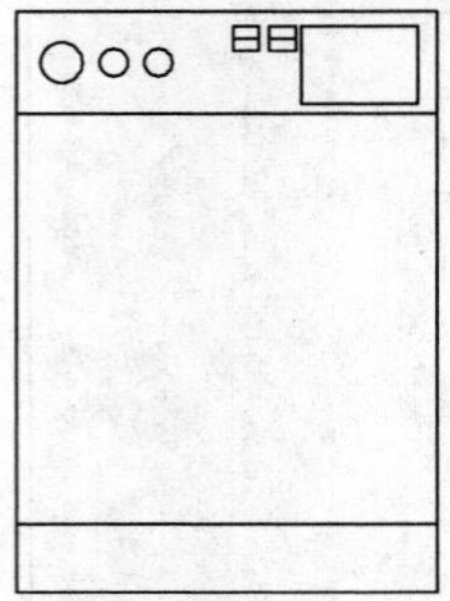
图 4-157 复制图形

12 调用 X“分解”命令，分解新绘制矩形；调用 E“删除”命令，将新绘制矩形的左侧垂直直线进行删除处理，如图 4-160 所示。

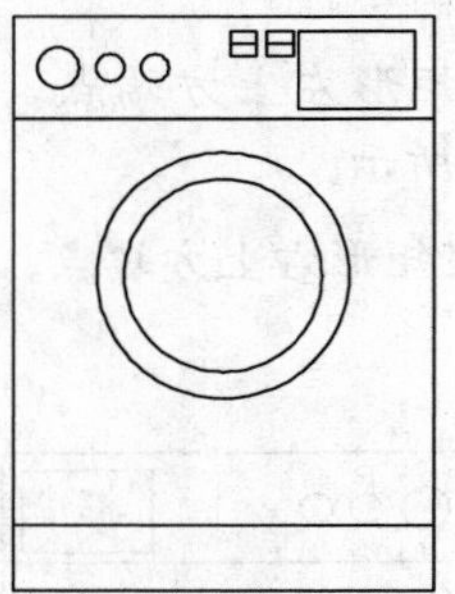
图 4-158 绘制圆

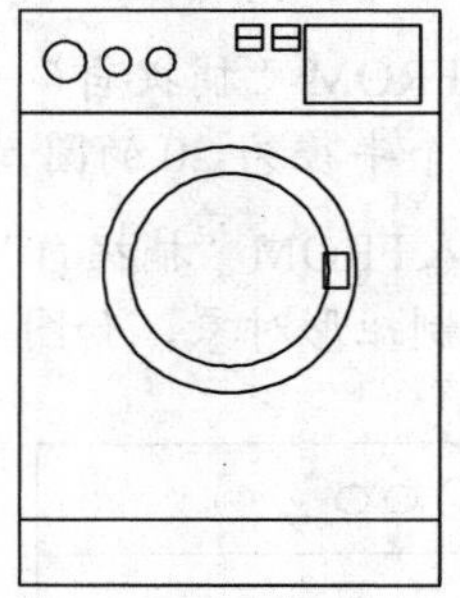
图 4-159 绘制矩形

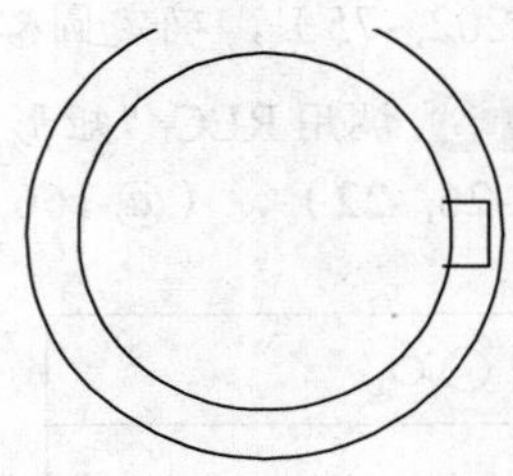
图 4-160 分解并删除图形

13 调用 A“圆弧”命令，捕捉新绘制矩形的左上方端点，输入（@-5, -25）、（@5, -25），绘制圆弧对象，如图 4-161 所示。

14 调用 F“圆角”命令，修改圆角半径均为 10，拾取合适的直线，进行圆角操作，如图 4-162 所示。

15 调用 H“图案填充”命令，选择“AR-RROOF”图案，修改“图案填充比例”为 3、“图案填充角度”45，拾取合适的区域，填充图形，如图 4-163 所示。

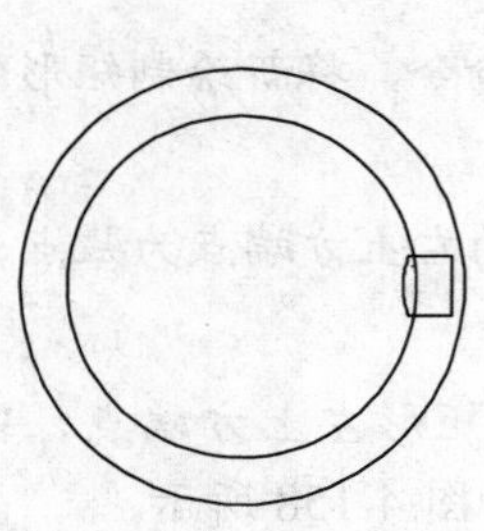
图 4-161 绘制圆弧

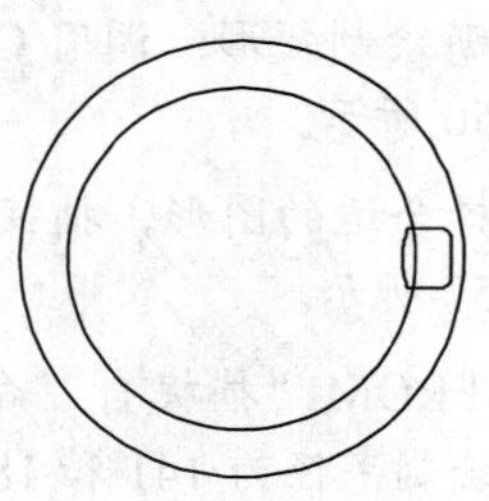
图 4-162 圆角图形

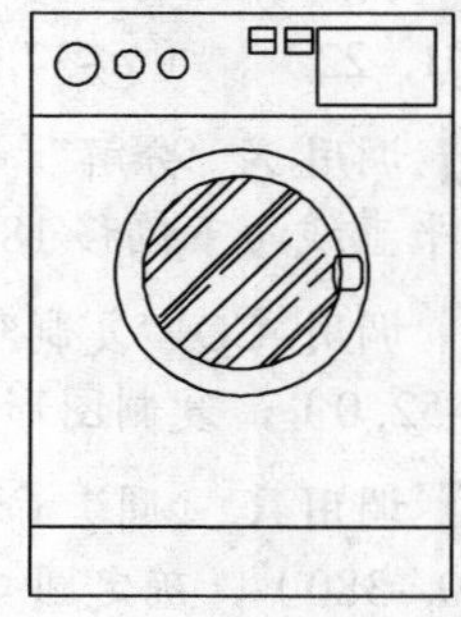
图 4-163 填充图形

操作实训 4-12：绘制洗衣机平面

01 调用 REC“矩形”命令，输入FROM“捕捉自”命令，捕捉图形的右上方端点，输入（@375, -98）、（@600, -500），绘制矩形对象，如图 4-164 所示。

02 调用 O“偏移”命令，将新绘制的矩形向内偏移 8，如图 4-165 所示。

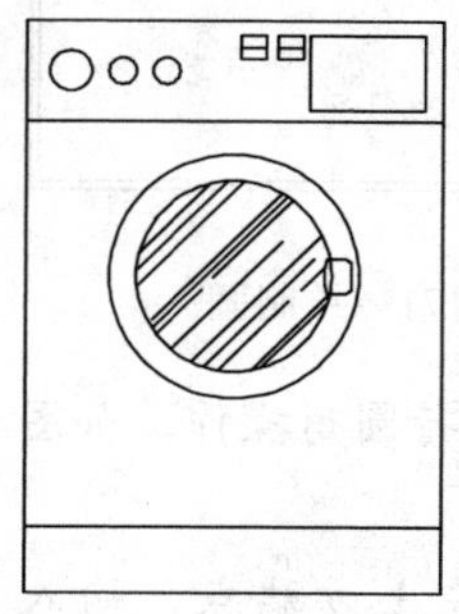

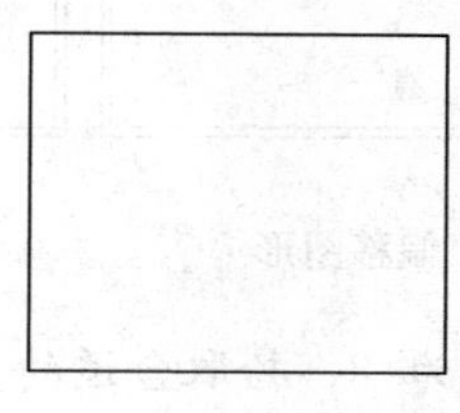

图 4-164　绘制矩形

图 4-165　偏移图形

03 调用 X“分解”命令，分解所有矩形；调用 O“偏移”命令，将内侧矩形的最上方水平直线向下依次偏移 21、6、13、7、16、7、13.5、8，如图 4-166 所示。

04 调用 O“偏移”命令，将矩形内侧的左侧垂直直线向右偏移 24、138、22、15，如图 4-167 所示。

05 调用 TR“修剪”命令，修剪多余的图形；调用 E“删除”命令，删除多余的图形，效果如图 4-168 所示。

图 4-166　偏移图形

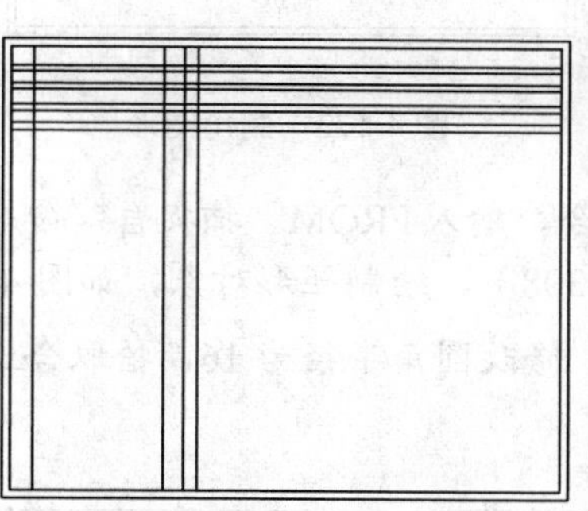

图 4-167　偏移图形

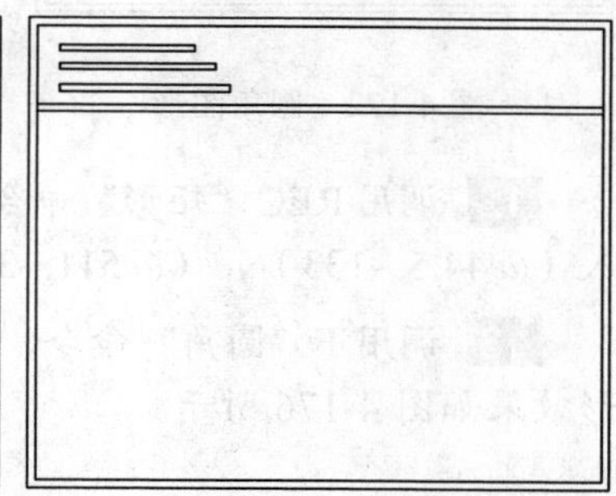

图 4-168　修剪并删除图形

06 调用 REC“矩形”命令，输入FROM“捕捉自”命令，捕捉图形的左上方端点，输入（@389, -28）、（@57, -50），绘制矩形对象，如图 4-169 所示。

07 调用 O“偏移”命令，将新绘制的矩形向内偏移 6，如图 4-170 所示。

08 调用 C“圆”命令，输入 FROM“捕捉自”命令，捕捉新绘制矩形的左上方端点，输入（@14.1, -36.1），确定圆心点，绘制一个半径为 6 的圆，如图 4-171 所示。

09 调用 F“圆角”命令，修改圆角半径为 14，拾取合适的直线，进行圆角操作，如图 4-172 所示。

图 4-169　绘制矩形　　图 4-170　偏移图形　　图 4-171　绘制圆

10 调用 F“圆角”命令，修改圆角半径为 8，拾取合适的直线，进行圆角操作，如图 4-173 所示。

11 调用 CO“复制”命令，选择合适的图形，捕捉选择图形的左上方端点，输入（@92, 2），复制图形，如图 4-174 所示。

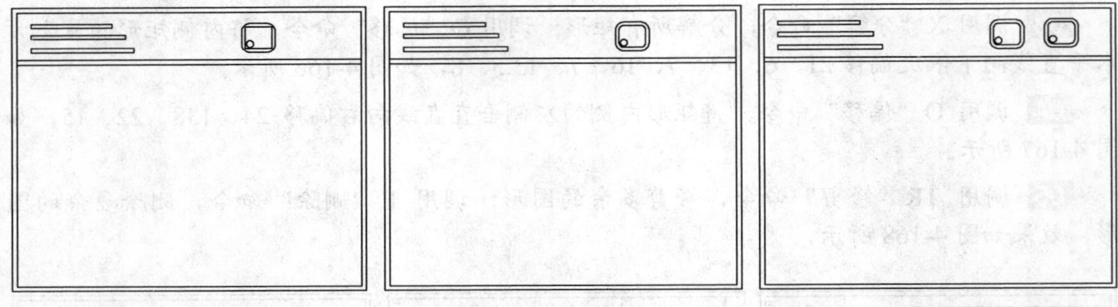

图 4-172　圆角图形　　图 4-173　圆角图形　　图 4-174　复制图形

12 调用 REC“矩形”命令，输入 FROM“捕捉自”命令，捕捉图形的左上方端点，输入（@44.5, -133）、（@511, -308），绘制矩形对象，如图 4-175 所示。

13 调用 F“圆角”命令，修改圆角半径为 16，拾取合适的直线，进行圆角操作，其图形效果如图 4-176 所示。

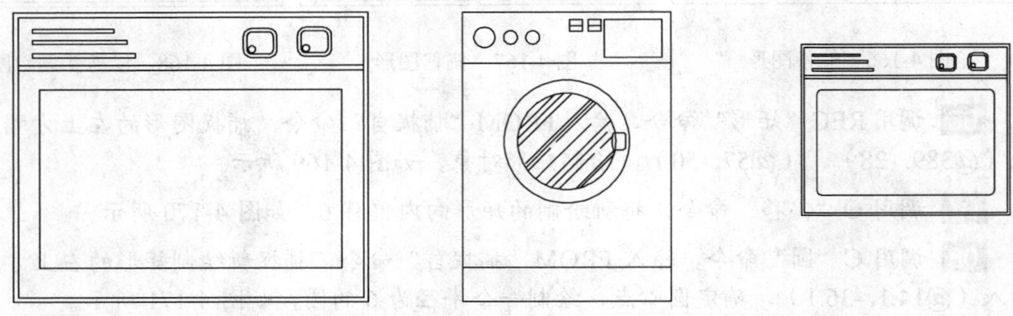

图 4-175　绘制矩形　　图 4-176　圆角图形

4.4 绘制厨卫图块

厨卫是厨房、卫生间的简称，通常用于家居、装修、房地产相关场合。主要包括有燃气灶、洗菜盆、抽油烟机、蹲便器和浴霸等厨房卫生间相关用品。本节将详细介绍绘制厨卫图块的操作方法。

4.4.1 绘制燃气灶

绘制燃气灶图形中主要运用了“矩形”命令、“偏移”命令、“圆”命令和“图案填充”命令等。如图 4-177 所示为燃气灶图形。

操作实训 4-13: 绘制燃气灶

01 调用 REC“矩形”命令，在绘图区中任意捕捉一点，输入（@740, -431），绘制矩形对象，如图 4-178 所示。

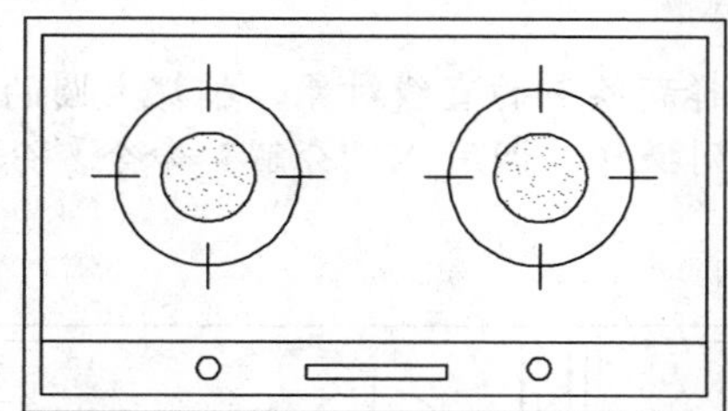

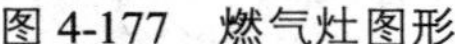

图 4-177　燃气灶图形

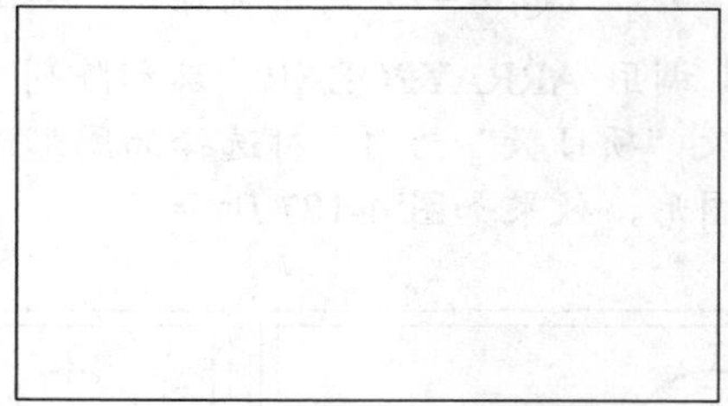

图 4-178　绘制矩形

02 调用 O“偏移”命令，将新绘制的矩形向内偏移 19.5，如图 4-179 所示。

03 调用 X“分解”命令，分解所有矩形；调用 O“偏移”命令，将内侧矩形的下方水平直线向上偏移 17、15、26，如图 4-180 所示。

04 调用 O“偏移”命令，将内侧矩形左侧的垂直直线向右偏移 280、147，如图 4-181 所示。

图 4-179　偏移图形

图 4-180　偏移图形

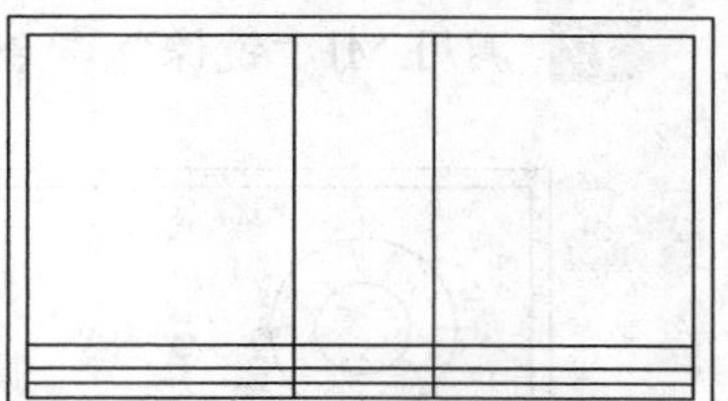

图 4-181　偏移图形

05 调用 TR“修剪”命令，修剪多余的图形；调用 E“删除”命令，删除多余的图形，效果如图 4-182 所示。

06 调用 C“圆”命令，输入 FROM“捕捉自”命令，捕捉图形的左下方端点，输入（@195, 48.5），确定圆心点，绘制半径为 12 的圆，如图 4-183 所示。

07 调用 MI“镜像”命令，将新绘制的圆进行镜像操作，如图 4-184 所示。

图 4-182　修剪并删除图形

图 4-183　绘制圆

图 4-184　镜像图形

08 调用 C“圆”命令，输入 FROM“捕捉自”命令，捕捉图形的左上方端点，输入（@194.5, -172.2），确定圆心点，分别绘制半径为 49 和 97 的圆，如图 4-185 所示。

09 调用 L“直线”命令，输入 FROM“捕捉自”命令，捕捉大圆的圆心点，输入（@0, 73）、（@0, 49），绘制直线，如图 4-186 所示。

10 调用 ARRAYPOLAR“环形阵列”命令，选择新绘制的直线对象，捕捉大圆的圆心点，修改“项目数”为 4，对选择的图形进行环形阵列操作；调用 X“分解”命令，分解环形阵列图形，效果如图 4-187 所示。

图 4-185　绘制圆

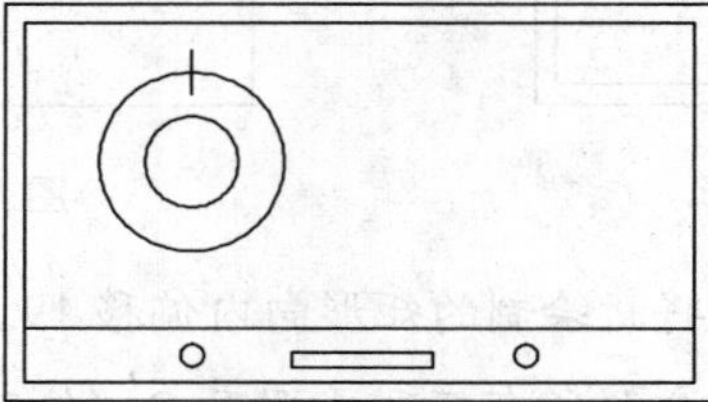
图 4-186　绘制直线

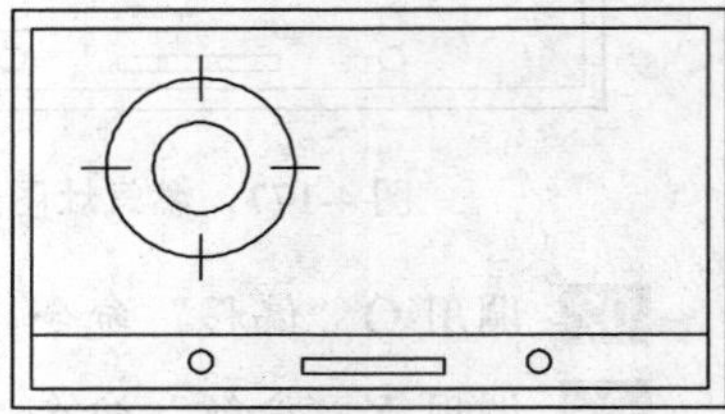
图 4-187　环形阵列图形

11 调用 H“图案填充”命令，选择“AR-SAND”图案，修改“图案填充比例”为 0.5，拾取合适的区域，填充图形，如图 4-188 所示。

12 调用 MI“镜像”命令，选择合适的图形进行镜像操作，如图 4-189 所示。

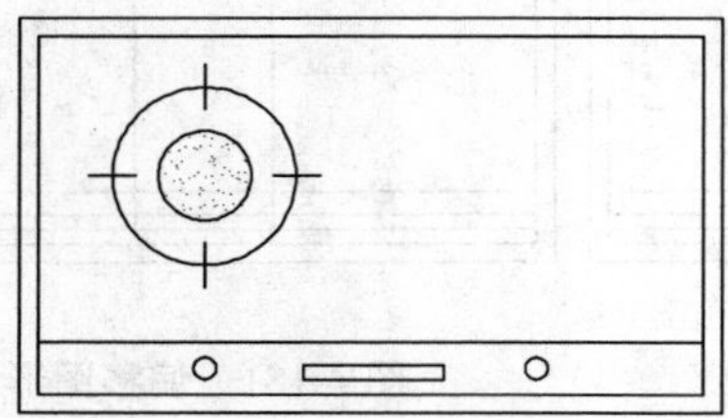
图 4-188　填充图形

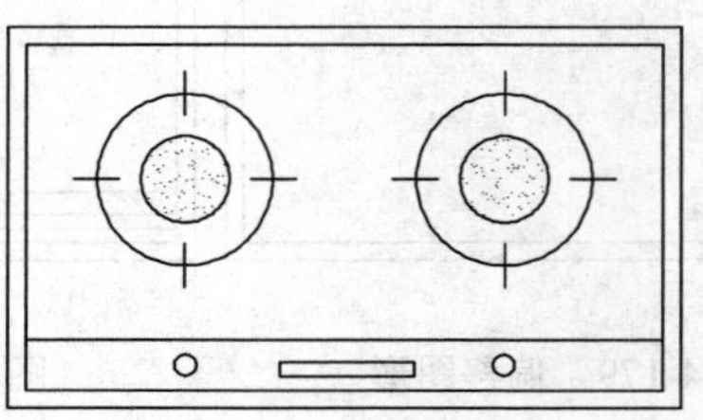
图 4-189　镜像图形

4.4.2 绘制洗菜盆

绘制洗菜盆图形中主要运用了“矩形”命令、“偏移”命令、“圆”命令、“圆角”命令和“复制”命令等。如图 4-190 所示为洗菜盆图形。

操作实训 4-14：绘制洗菜盆

01 调用 REC“矩形”命令，在绘图区中任意捕捉一点，输入（@700, -500），绘制矩形对象，如图 4-191 所示。

02 调用 X“分解”命令，分解新绘制的矩形；调用 O“偏移”命令，将矩形上方的水平直线向下偏移 50、400，如图 4-192 所示。

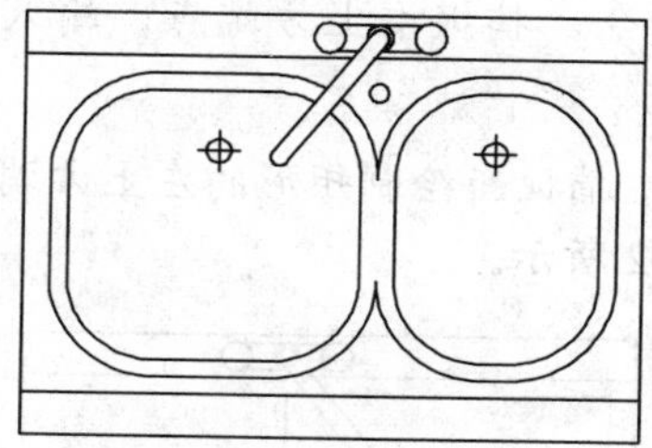

图 4-190 洗菜盆图形

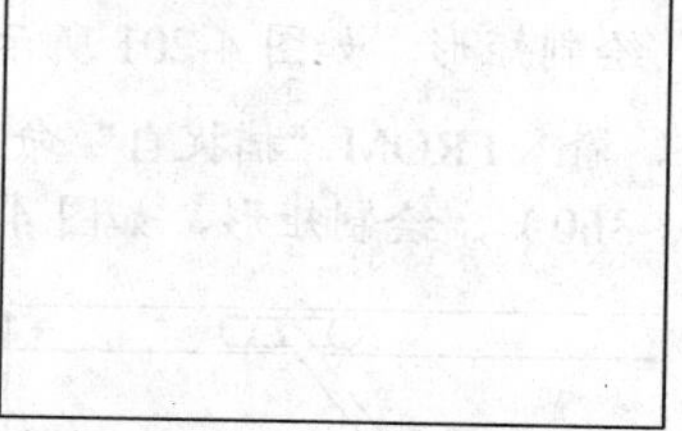

图 4-191 绘制矩形

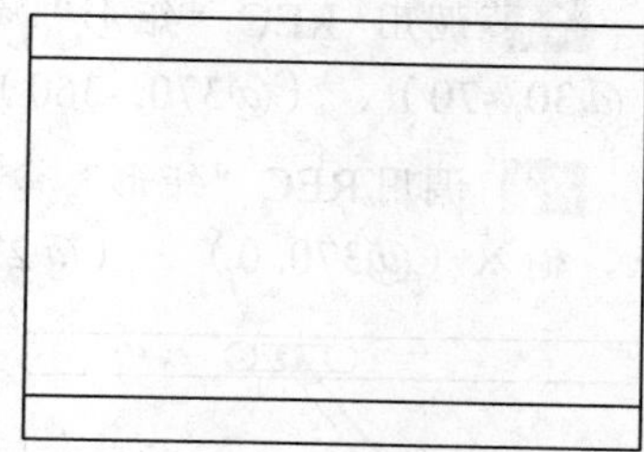

图 4-192 偏移图形

03 调用 C“圆”命令，输入 FROM“捕捉自”命令，捕捉图形的左上方端点，输入（@342.3, -26），确定圆心点，绘制半径为 17.5 的圆，如图 4-193 所示。

04 调用 C“圆”命令，输入 FROM“捕捉自”命令，捕捉新绘制圆的圆心点，输入（@57.3, 0），确定圆心点，绘制半径为 15 的圆，如图 4-194 所示。

05 调用 MI“镜像”命令，将左侧的圆进行镜像操作，如图 4-195 所示。

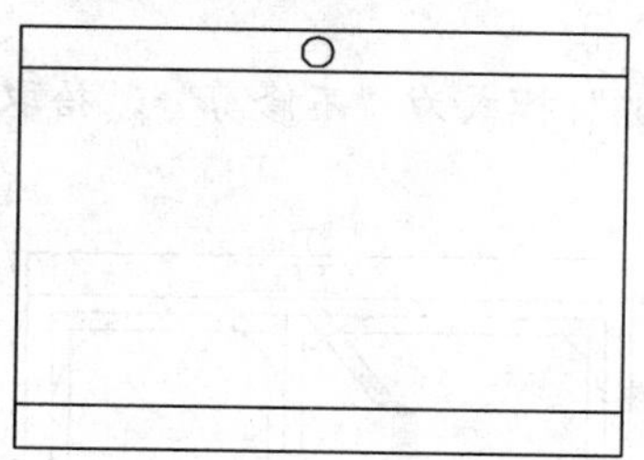

图 4-193 绘制圆

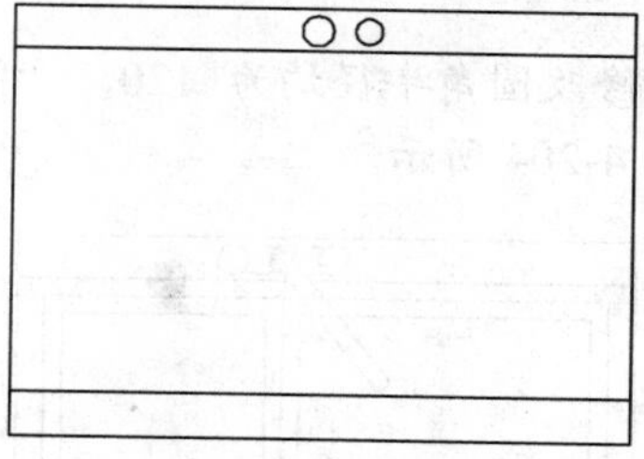

图 4-194 绘制圆

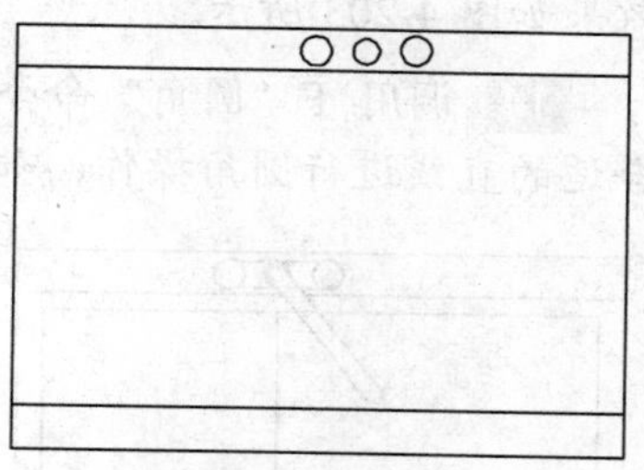

图 4-195 镜像图形

06 调用 O“偏移”命令，将矩形上方的水平直线向下偏移 11 和 30；调用 TR“修剪”命令，修剪多余的图形，如图 4-196 所示。

07 调用 C“圆”命令，输入 FROM“捕捉自”命令，捕捉左侧圆的圆心点，输入（@57.7, -0.4），确定圆心点，绘制半径为 10 的圆，如图 4-197 所示。

08 调用 L“直线”命令，输入 FROM“捕捉自”命令，捕捉新绘制圆的圆心点，输入（@-7.8, 6.2）、（@-112.3, -140.7），绘制直线，如图 4-198 所示。

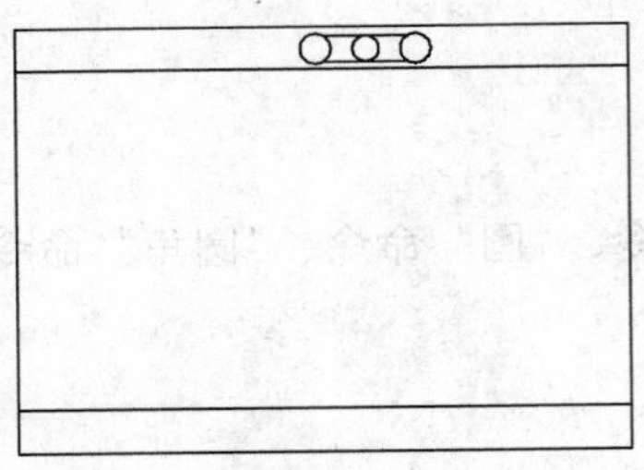
图 4-196　偏移并修剪图形

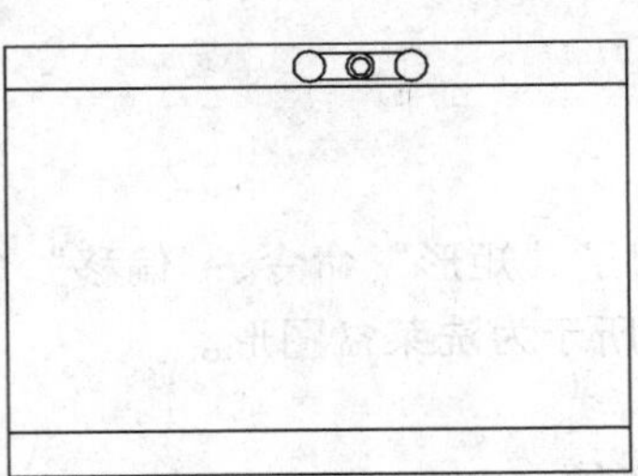
图 4-197　绘制圆

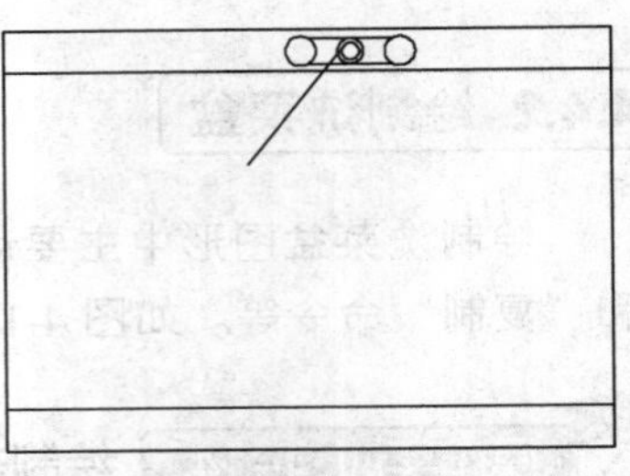
图 4-198　绘制直线

09 调用 CO“复制”命令，将新绘制的圆和直线对象依次进行复制操作，如图 4-199 所示。

10 调用 TR“修剪”命令，修剪多余的图形，如图 4-200 所示。

11 调用 REC“矩形”命令，输入 FROM“捕捉自”命令，捕捉左上方端点，输入（@30, -70）、（@370, -360），绘制矩形，如图 4-201 所示。

12 调用 REC“矩形”命令，输入 FROM“捕捉自”命令，捕捉新绘制矩形的左上方端点，输入（@370, 0）、（@270, -360），绘制矩形，如图 4-202 所示。

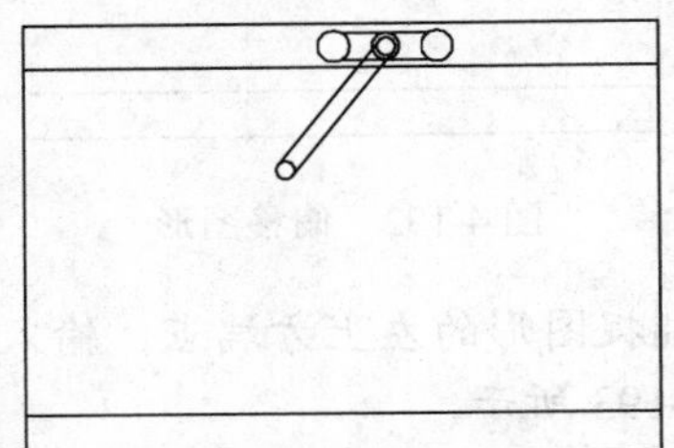
图 4-199　复制图形

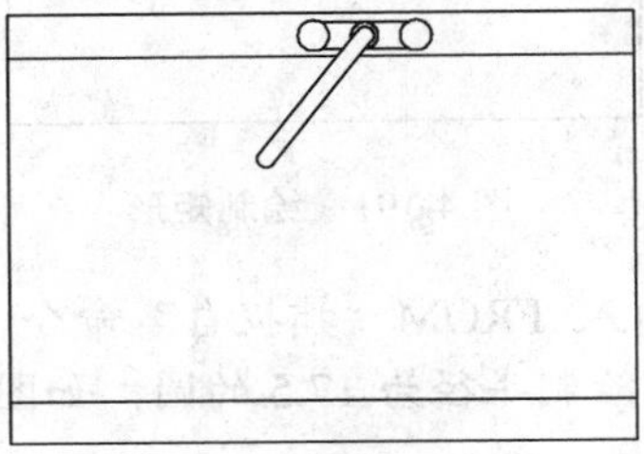

图 4-200　修剪图形

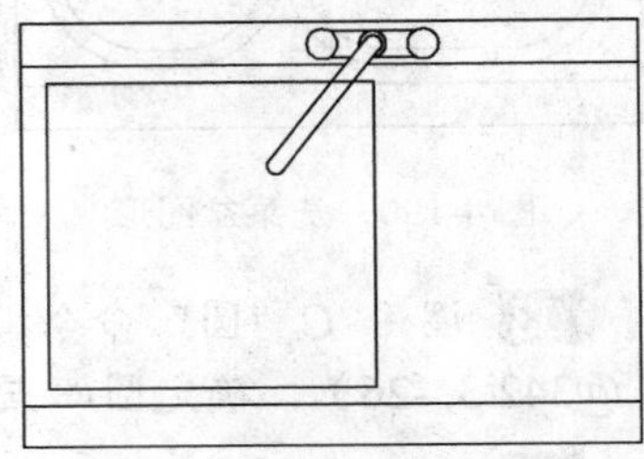
图 4-201　绘制矩形

13 调用 O“偏移”命令，将新绘制的两个矩形对象依次向内偏移 20，其偏移后的图形效果如图 4-203 所示。

14 调用 F“圆角”命令，修改圆角半径均为 120，“修剪”模式为“不修剪”，拾取合适的直线进行圆角操作，如图 4-204 所示。

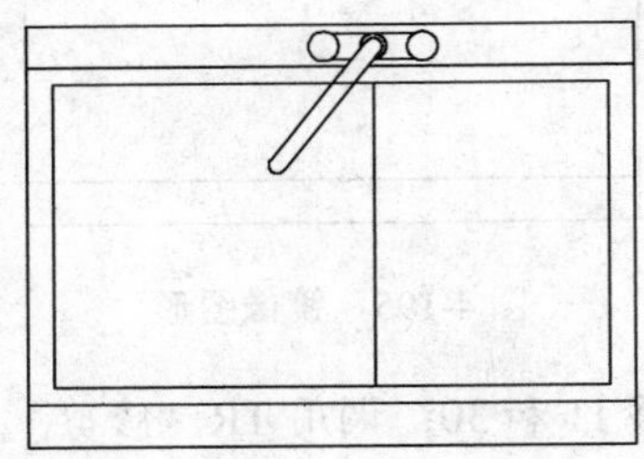
图 4-202　绘制矩形

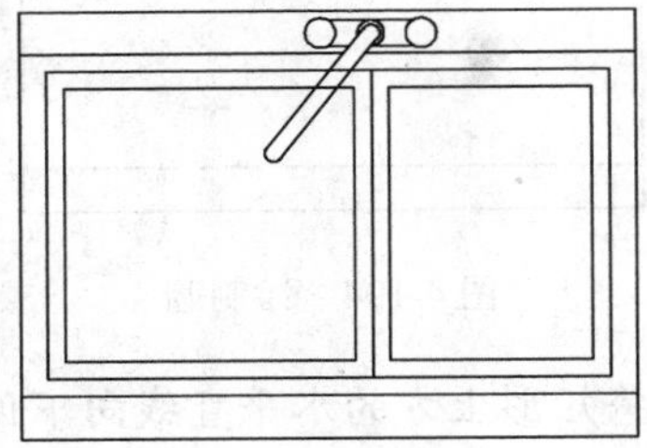
图 4-203　偏移图形

图 4-204　圆角图形

15 调用 F“圆角”命令，修改圆角半径均为 100，“修剪”模式为“修剪”，拾取合适的直线进行圆角操作，如图 4-205 所示。

16 调用 TR“修剪”命令，修剪多余的图形；调用 E“删除”命令，删除多余的图形，效果如图 4-206 所示。

17 调用 C“圆”命令，输入 FROM“捕捉自”命令，捕捉左上方端点，输入（@400, -90），确定圆心点，绘制半径为 11 的圆，如图 4-207 所示。

图 4-205　圆角图形

图 4-206　修剪并删除图形

图 4-207　绘制圆

18 调用 C“圆”命令，输入 FROM“捕捉自”命令，捕捉左上方端点，输入（@220, -160），确定圆心点，绘制半径为 14 的圆，如图 4-208 所示。

19 调用 L“直线”命令，依次捕捉合适的端点，绘制两条长度均为 47，且相互垂直的直线，如图 4-209 所示。

20 调用 CO“复制”命令，选择合适的图形为复制对象，捕捉圆心点为基点，输入（@312, 0），复制图形，如图 4-210 所示。

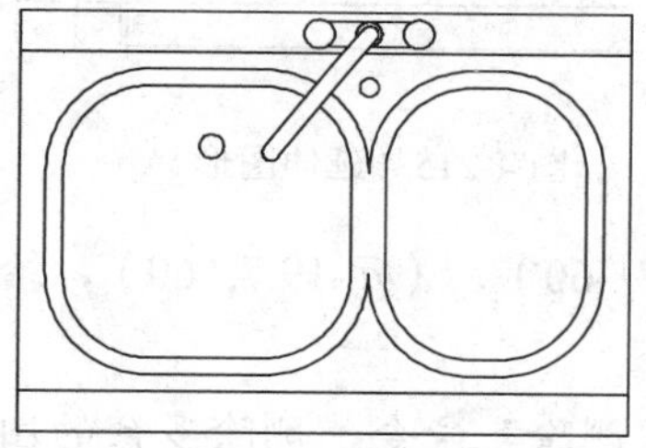

图 4-208　绘制圆

图 4-209　绘制直线

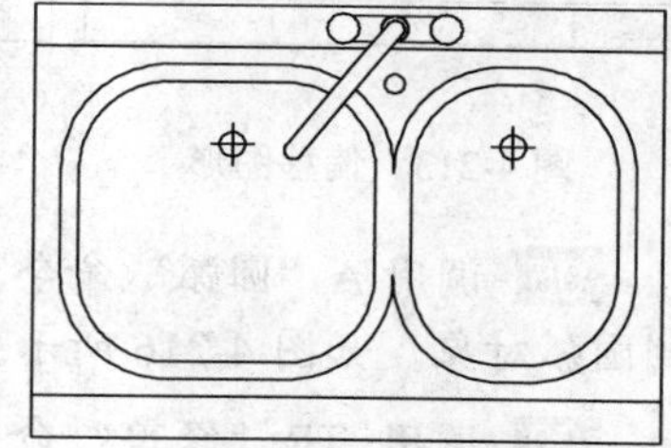

图 4-210　复制图形

4.4.3 绘制抽油烟机

绘制抽油烟机图形中主要运用了“直线”命令、“偏移”命令、“圆弧”命令、“圆角”命令和“复制”命令等。如图 4-211 所示为抽油烟机图形。

操作实训 4–15：绘制抽油烟机

01 调用 REC“矩形”命令，在绘图区中任意捕捉一点，输入（@390, -200），绘制矩形对象，如图 4-212 所示。

02 调用 X“分解”命令，分解新绘制的矩形；调用 O“偏移”命令，将矩形上方的水平直线向下偏移 30、10、20、79、20、10，如图 4-213 所示。

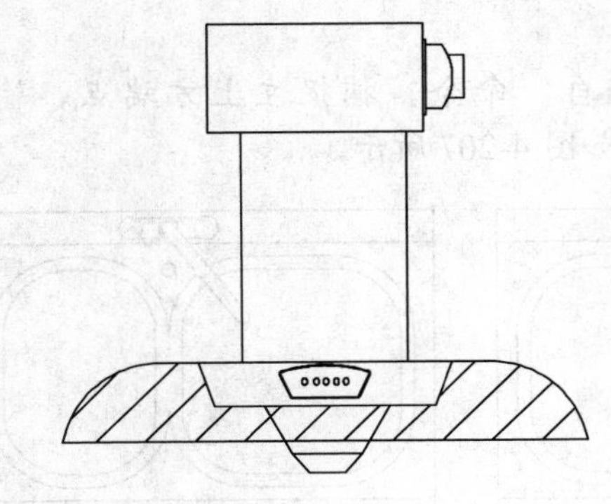
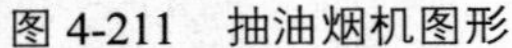

图 4-211　抽油烟机图形

图 4-212　绘制矩形

03 调用 O“偏移”命令，将矩形右侧的垂直直线向右偏移 5、30、40，如图 4-214 所示。

04 调用 EX“延伸”命令，延伸相应的水平直线，如图 4-215 所示。

图 4-213　偏移图形　　图 4-214　偏移图形　　图 4-215　延伸图形

05 调用 A“圆弧”命令，捕捉合适的端点，输入（@19.7, -60）、（@-19.7, -60），绘制圆弧对象，如图 4-216 所示。

06 调用 TR“修剪”命令，修剪多余的图形；调用 E“删除”命令，删除多余的图形，效果如图 4-217 所示。

07 调用 L“直线”命令，输入 FROM“捕捉自”命令，捕捉图形的左下方端点，输入（@60, 0）、（@0, -430），绘制直线对象，如图 4-218 所示。

图 4-216　绘制圆弧　　图 4-217　修剪并删除图形　　图 4-218　绘制直线

08 调用 O“偏移”命令，将新绘制的直线向右偏移 300，如图 4-219 所示。

09 调用 L“直线”命令，输入 FROM“捕捉自”命令，捕捉图形的左下方端点，输入（@-157.3, 0）、（@614.6, 0），绘制直线对象，如图 4-220 所示。

10 调用 A“圆弧”命令，捕捉新绘制直线的左端点，输入（@-110.1, -45.6）、（@-57.6, -104.4），绘制圆弧对象，如图 4-221 所示。

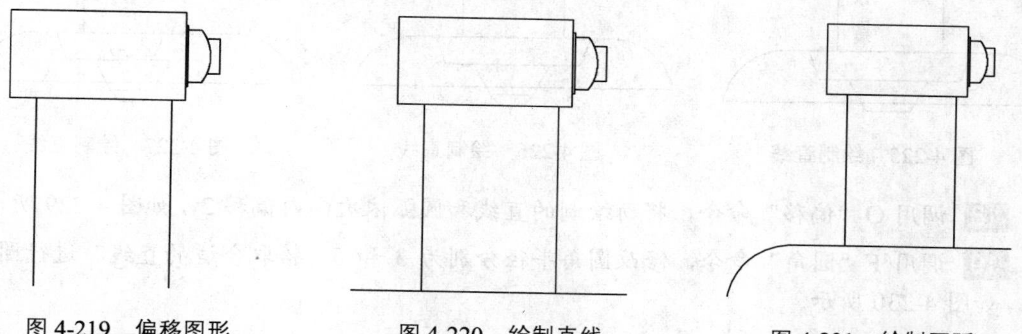

图 4-219　偏移图形　　图 4-220　绘制直线　　图 4-221　绘制圆弧

11 调用 MI“镜像”命令，将新绘制的圆弧进行镜像操作，如图 4-222 所示。

12 调用 L“直线”命令，依次捕捉合适的端点，连接直线，如图 4-223 所示。

13 调用 L“直线”命令，输入 FROM“捕捉自”命令，捕捉合适水平直线的左端点，依次输入（@77.3, 0）、（@29.7, -83）、（@400.7, 0）和（@29.7, 83），绘制直线，如图 4-224 所示。

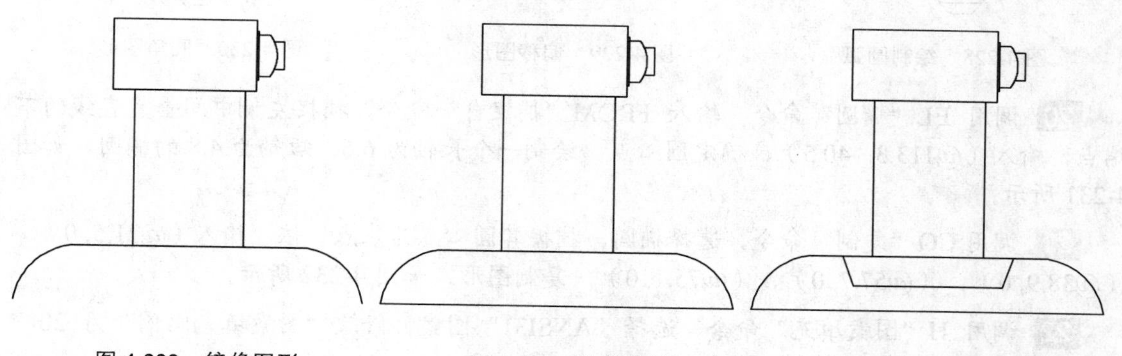

图 4-222　镜像图形　　图 4-223　连接直线　　图 4-224　绘制直线

14 调用 L“直线”命令，输入 FROM“捕捉自”命令，捕捉新绘制直线的左下方端点，依次输入（@91.2, 0）、（@50, -91.2）、（@126.1, 0）和（@50, 91.2），绘制直线，如图 4-225 所示。

15 调用 L“直线”命令，捕捉新绘制直线的左下方端点，依次输入（@30.5, -35）、（@65, 0）和（@30.6, 35），绘制直线，如图 4-226 所示。

16 调用 L“直线”命令，输入 FROM“捕捉自”命令，捕捉合适水平直线的左端点，依次输入（@223.5, -18.9）、（@21.9, -49.4）、（@123.8, 0）和（@21.9, 49.4），绘制直线，如图 4-227 所示。

17 调用 A“圆弧”命令，捕捉新绘制直线的左上方端点，输入（@83.8, 13.4）、（@83.8, -13.4），绘制圆弧，如图 4-228 所示。

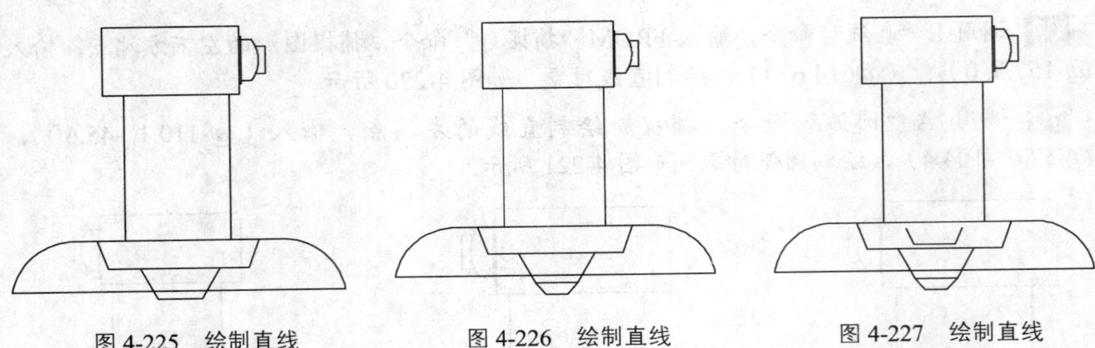
图 4-225　绘制直线　　图 4-226　绘制直线　　图 4-227　绘制直线

18 调用 O“偏移”命令，将新绘制的直线和圆弧依次向内偏移 2，如图 4-229 所示。

19 调用 F“圆角”命令，修改圆角半径分别为 3 和 5，拾取合适的直线，进行圆角操作，如图 4-230 所示。

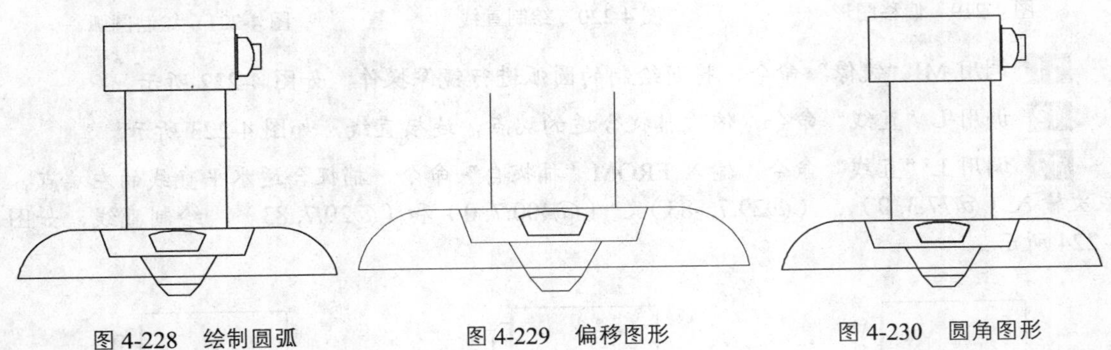
图 4-228　绘制圆弧　　图 4-229　偏移图形　　图 4-230　圆角图形

20 调用 EL“椭圆”命令，输入 FROM“捕捉自”命令，捕捉左侧中间垂直直线的下端点，输入（@113.3, -40.5），确定圆心点，绘制一个长轴为 6.6、短轴为 4.8 的椭圆，如图 4-231 所示。

21 调用 CO“复制”命令，选择椭圆，捕捉其圆心点为基点，依次输入（@21.5, 0）、（@38.9, 0）、（@57.7, 0）、（@75.1, 0），复制图形，如图 4-232 所示。

22 调用 H“图案填充”命令，选择“ANSI31”图案，修改“图案填充比例”为 20，拾取合适的区域，填充图形，如图 4-233 所示。

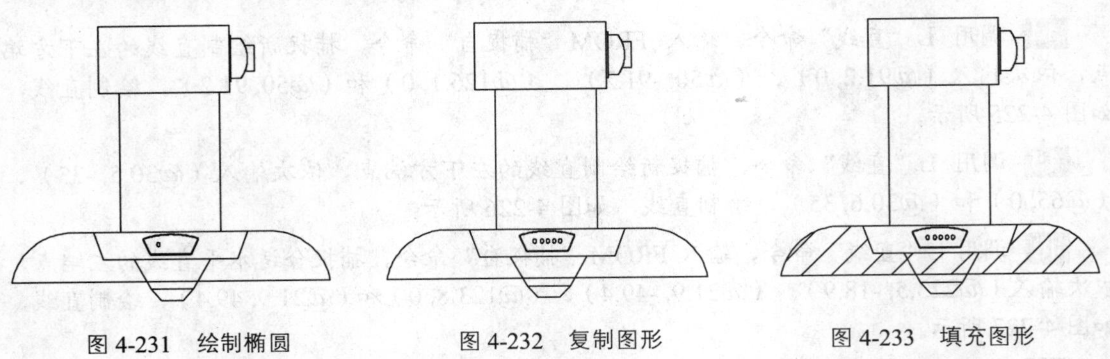
图 4-231　绘制椭圆　　图 4-232　复制图形　　图 4-233　填充图形

4.4.4 绘制蹲便器

绘制蹲便器图形中主要运用了“矩形”命令、“圆”命令、“偏移”命令、“直线”命令和“镜像”命令等。如图 4-234 所示为蹲便器图形。

操作实训 4-16：绘制蹲便器

01 调用 REC“矩形”命令，在绘图区中任意捕捉一点，输入（@348, -342），绘制矩形对象，如图 4-235 所示。

02 调用 O“偏移”命令，将新绘制的矩形向内偏移 47.5，如图 4-236 所示。

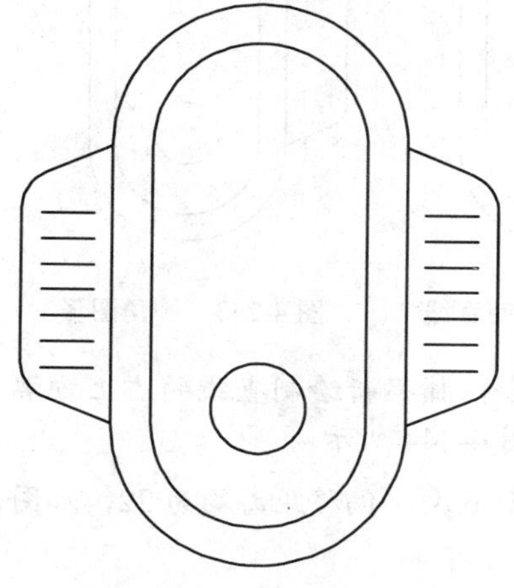

图 4-234　蹲便器图形

图 4-235　绘制矩形

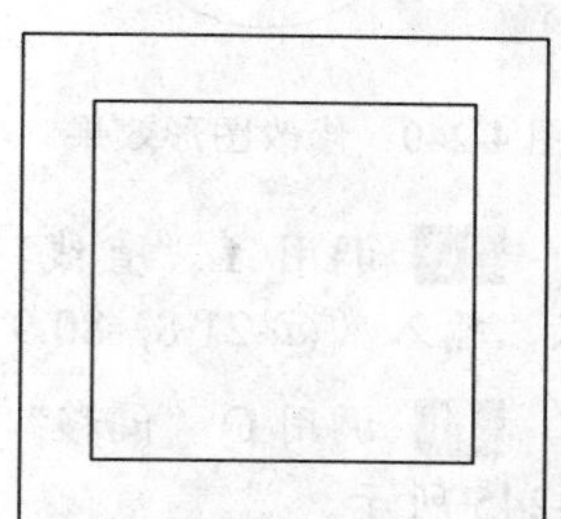

图 4-236　偏移图形

03 调用 C“圆”命令，依次捕捉合适的端点，通过两点绘制圆，如图 4-237 所示。

04 调用 TR“修剪”命令，修剪多余的图形，如图 4-238 所示。

05 调用 O“偏移”命令，将修剪后的图形向内偏移 47.5，如图 4-239 所示。

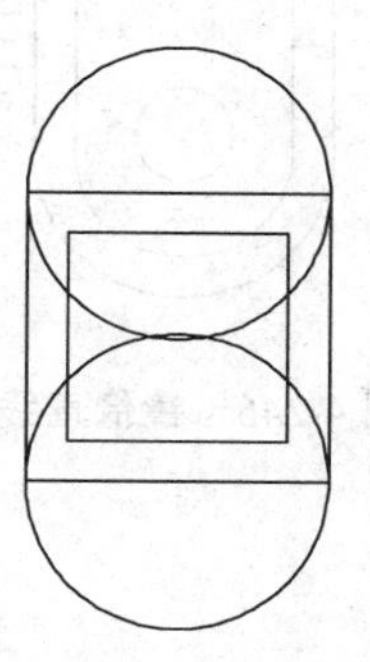

图 4-237　绘制圆

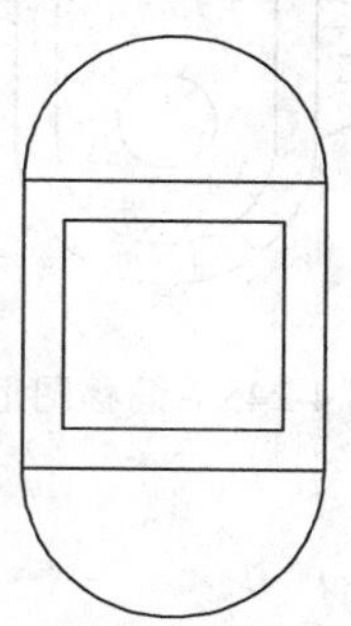

图 4-238　修剪图形

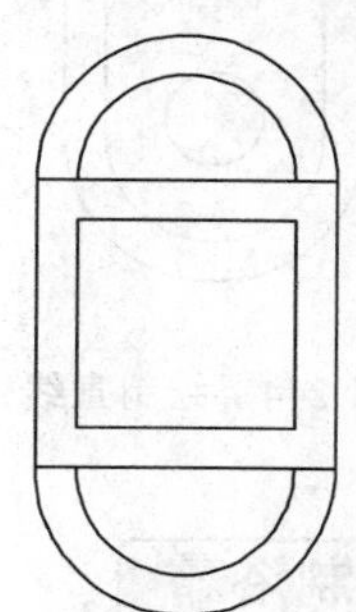

图 4-239　偏移图形

06 调用 X“分解”命令，分解所有矩形；调用 E“删除”命令，删除相应的图形；调用 EX“延伸”命令，延伸相应的图形，如图 4-240 所示。

07 调用 C“圆”命令，输入 FROM“捕捉自”命令，捕捉图形的最下方中点，输入（@0, 194），确定圆心点，绘制半径为 56 的圆，如图 4-241 所示。

08 调用 L“直线”命令，输入 FROM“捕捉自”命令，捕捉图形的最上方中点，依次输入（@-174.1, -174.1）、（@-107.1, -44.3）、（@0, -253.1）和（@107.1, -44.3），绘制直线，如图 4-242 所示。

09 调用 F“圆角”命令，修改圆角半径均为 47.5，拾取合适的直线进行圆角操作，如图 4-243 所示。

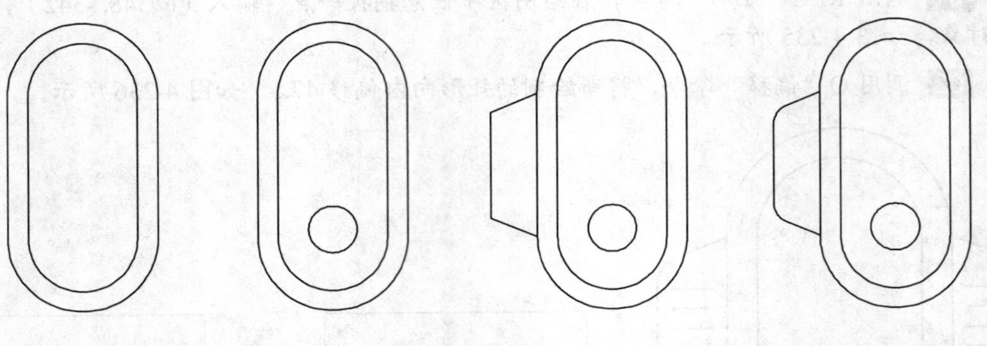

图 4-240 修改图形效果　　图 4-241 绘制圆　　图 4-242 绘制直线　　图 4-243 圆角图形

10 调用 L“直线”命令，输入 FROM“捕捉自”命令，捕捉新绘制直线的右上方端点，输入（@-21.8, -80.9）、（@-61.4, 0），绘制直线，如图 4-244 所示。

11 调用 O“偏移”命令，将新绘制的水平直线向下偏移 6 次，偏移距离均为 32，如图 4-245 所示。

12 调用 MI“镜像”命令，选择合适的图形，将其进行镜像操作，如图 4-246 所示。

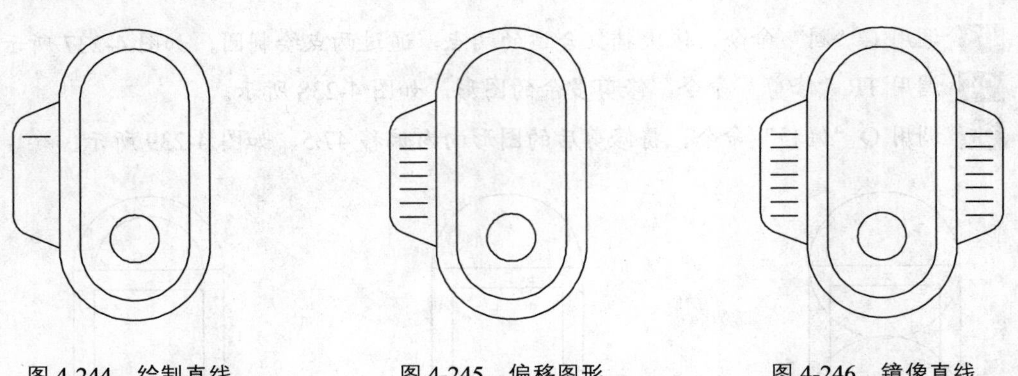

图 4-244 绘制直线　　图 4-245 偏移图形　　图 4-246 镜像直线

4.4.5 绘制浴霸

绘制浴霸图形中主要运用了“矩形”命令、“偏移”命令、“圆”命令、“直线”命令和“矩形阵列”命令等。如图 4-247 所示为浴霸图形。

操作实训 4-17：绘制浴霸

01 调用 REC“矩形”命令，任意捕捉一点，输入（@290, -310），绘制矩形对象，如图 4-248 所示。

02 调用 O“偏移”命令，将新绘制的矩形向内偏移 11，如图 4-249 所示。

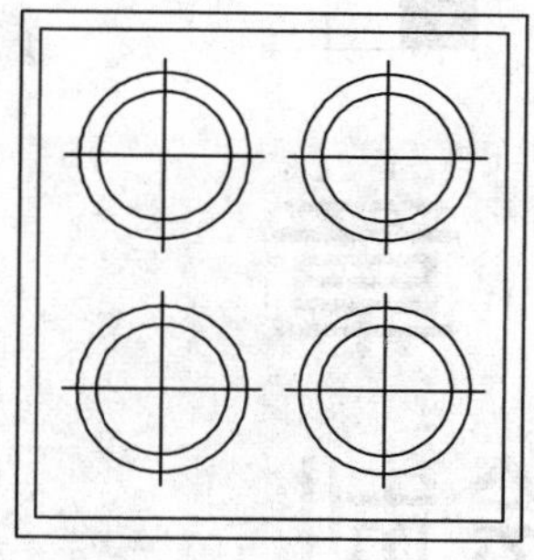
图 4-247　浴霸图形

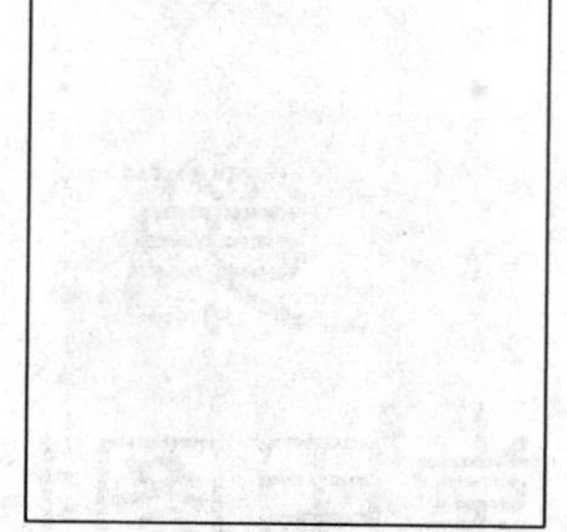
图 4-248　绘制矩形

图 4-249　偏移图形

03 调用 C“圆”命令，输入 FROM“捕捉自”命令，捕捉图形的左上方端点，输入（@83, -85），确定圆心点，分别绘制半径为 38 和 49 的圆，如图 4-250 所示。

04 调用 L“直线”命令，在绘图区中的合适位置，绘制两条长度均为 114，且相互垂直的直线，如图 4-251 所示。

05 调用 ARRAYRECT“矩形阵列”命令，选择圆和直线为阵列对象，修改“列数”为 2、“列间距”为 128、“行数”为 2、“行间距”为-138，按回车键结束，即可矩形阵列图形，如图 4-252 所示。

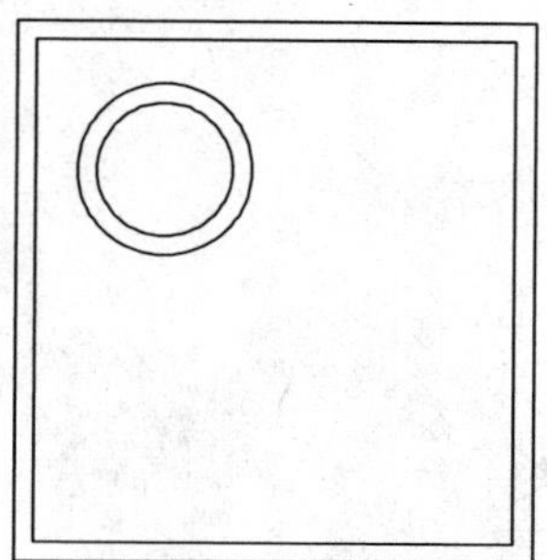
图 4-250　绘制圆

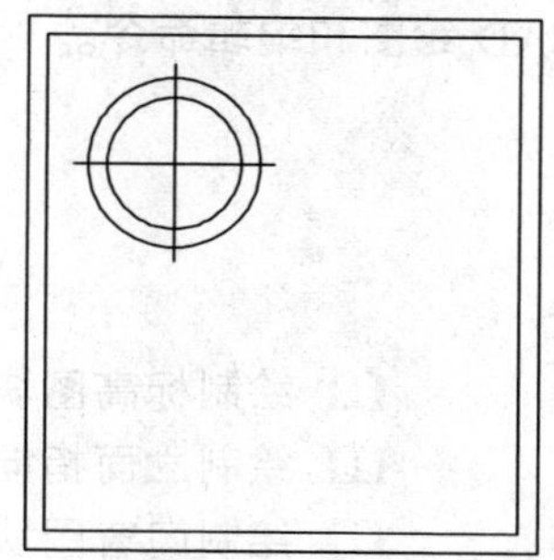
图 4-251　绘制直线

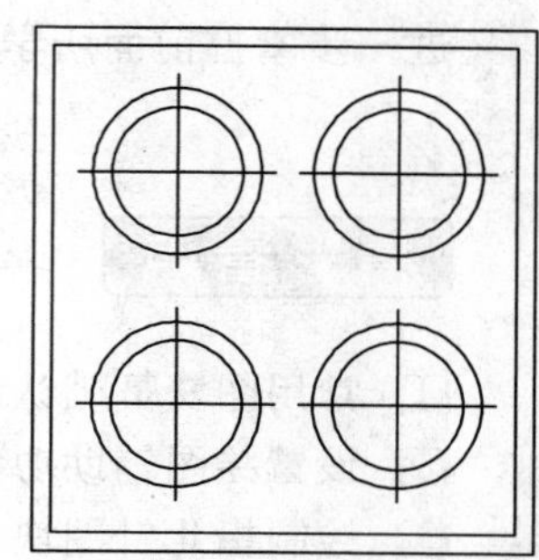
图 4-252　矩形阵列图形

第 5 章 室内常用图块绘制

室内设计

本章导读

本章讲解室内施工图中常见的指引符号、门窗图形和楼梯图形的绘制方法，包括标高、立面指向符、指北针、左单进户门、双扇进户门、门立面图、平开窗、直线楼梯等图形。通过这些图形的绘制练习，可以进一步掌握前面所学的AutoCAD绘图和编辑命令。

精彩看点

- 常用图块基础认识
- 绘制标高图块
- 设置绘图辅助功能
- 绘制立面指向符图块
- 绘制指北针图块
- 绘制门窗图块
- 绘制直线楼梯
- 绘制电梯立面

5.1　常用图块基础认识

在室内施工图中，除了有家具、电器、厨卫以及植物等配景图块外，还包含有指引图块、门窗图块和楼梯图块等，使用这些图块可以快速地修饰室内施工图，如图 5-1 所示。

5.2　绘制指引图块

指引图块的作用主要是用来指示图形的高度、立面图等。常用的指引图块主要有标高、立面指向符以及指北针等。本节将详细介绍绘制指引图块的操作方法，以供读者掌握。

5.2.1　绘制标高图块

标高用于地面装修完成的高度和顶棚造型的高度。绘制标高图块中主要运用了“矩形”命令、“直线”命令、“分解”命令、“删除”命令和“定义属性”命令等。如图 5-2 所示为标高图块。

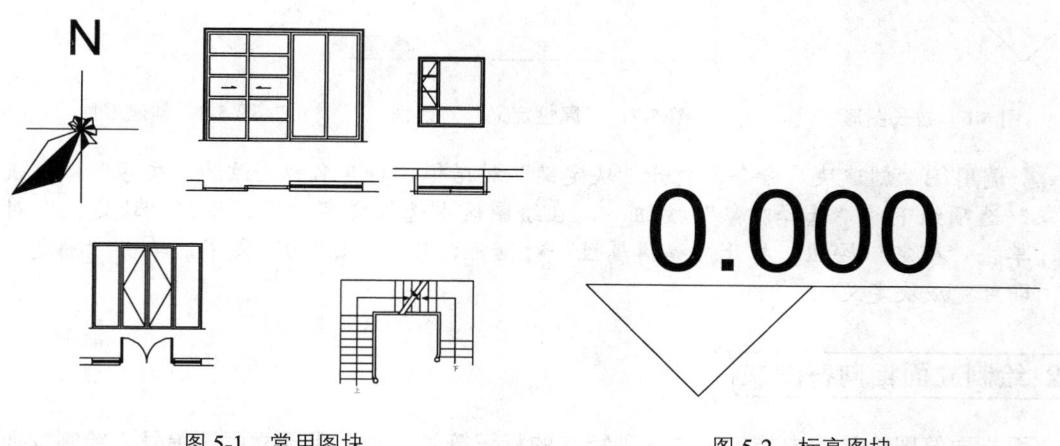

图 5-1　常用图块　　　　图 5-2　标高图块

操作实训 5-1：　绘制标高图块

01 调用 REC“矩形”命令，在绘图区中任意捕捉一点，输入（@80, -40），绘制矩形对象，如图 5-3 所示。

02 调用 L“直线”命令，依次捕捉合适的端点和中点，绘制直线，如图 5-4 所示。

03 调用 X“分解”命令，分解矩形；调用 E“删除”命令，删除多余的图形，如图 5-5 所示。

图 5-3　绘制矩形

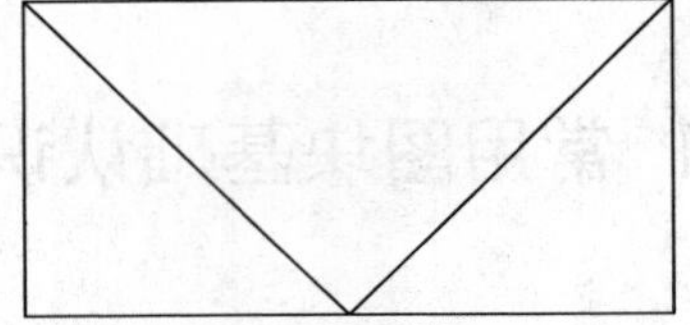

图 5-4　绘制直线

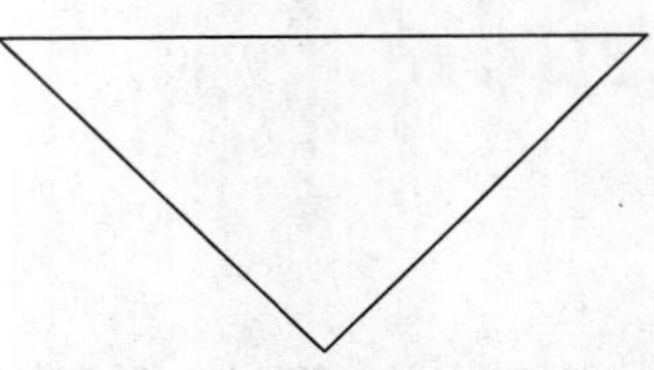

图 5-5　删除图形

04 调用 LEN“拉长”命令，修改增量值为 80，拾取最上方的水平直线，进行拉长操作，如图 5-6 所示。

05 调用 ATT“定义属性”命令，打开“属性定义”对话框，修改“标记”为“0.000”、“文字高度”为 30，如图 5-7 所示。

06 单击“确定”按钮，在合适的位置单击鼠标，即可创建属性，如图 5-8 所示。

图 5-6　拉长图形

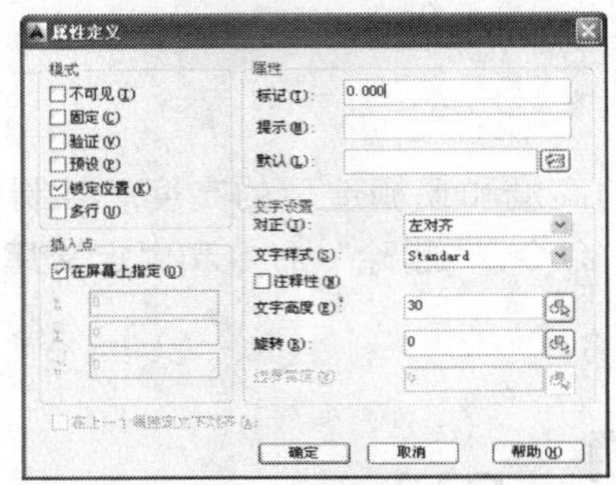

图 5-7　“属性定义”对话框

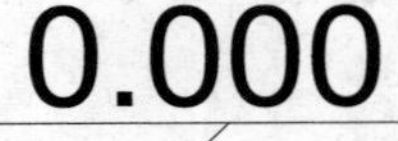

图 5-8　创建属性

07 调用 B“创建块”命令，打开“块定义”对话框，将其名称修改为“文字”，单击“对象”选项组下的“选择对象”按钮，在绘图区中选择文字对象，返回“块定义”对话框，单击“确定”按钮，打开“编辑属性”对话框，输入“0.000”文字，单击“确定”按钮，即可完成块定义。

5.2.2 绘制立面指向符图块

立面指向符图块是室内施工图中一种特有的标识符号，主要用于立面图编号。绘制立面指向符图块中主要运用了“矩形”命令、“旋转”命令、“圆”命令、“直线”命令和“图案填充”命令等。如图 5-9 所示为立面指向符图块。

操作实训 5-2：绘制立面指向符图块

01 调用 REC“矩形”命令，在绘图区中任意捕捉一点，输入（@1296,-1296），绘制矩形对象，如图 5-10 所示。

02 调用 RO“旋转”命令，将新绘制的矩形旋转 45°，如图 5-11 所示。

03 调用 C“圆”命令，捕捉新绘制矩形的相互垂直轴线的交点，绘制一个半径为 648 的圆，如图 5-12 所示。

图 5-9　立面指向符图块

图 5-10　绘制矩形

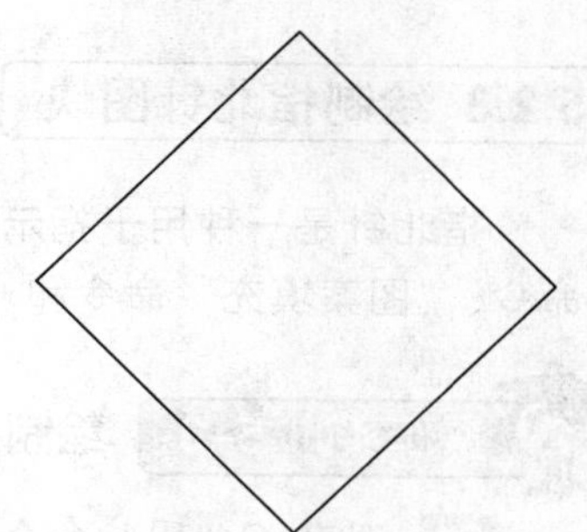
图 5-11　旋转图形

04 调用 L“直线”命令，依次捕捉合适的交点，连接直线，如图 5-13 所示。

05 调用 H“图案填充”命令，选择“SOLID”图案，拾取合适区域，填充图形，如图 5-14 所示。

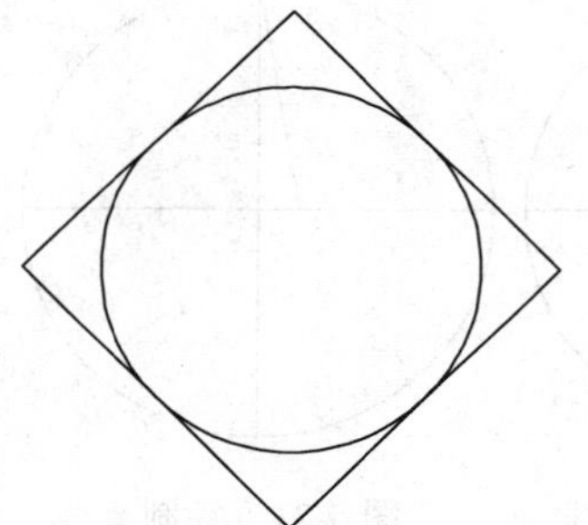
图 5-12　绘制圆

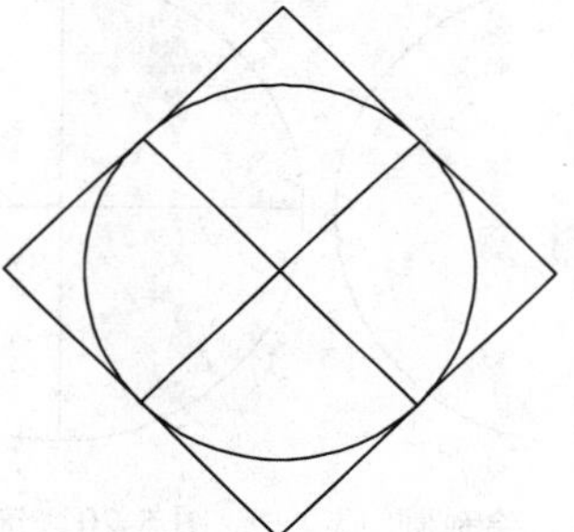
图 5-13　连接直线

图 5-14　填充图形

06 调用 MT“多行文字”命令，修改“文字高度”为 300，在合适的位置创建文字“A”，如图 5-15 所示。

07 调用 CO“复制”命令，选择文字对象，将其进行复制操作，如图 5-16 所示。

08 双击复制后的图形，修改相应的文字，如图 5-17 所示。

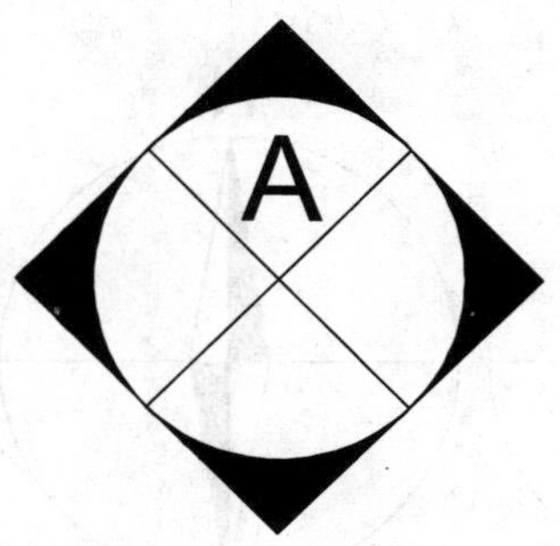

图 5-15　创建文字

图 5-16　复制图形

图 5-17　修改文字

5.2.3 绘制指北针图块

指北针是一种用于指示方向的工具，绘制指北针图块中主要运用了“圆”命令、“直线”命令、“图案填充”命令和“多行文字”命令等。如图 5-18 所示为指北针图块。

操作实训 5-3：绘制指北针图块

01 调用 C“圆”命令，在绘图区中任意捕捉一点，绘制一个半径为 2248 的圆，如图 5-19 所示。

02 调用 L“直线”命令，依次捕捉圆象限点，连接直线，如图 5-20 所示。

03 调用 L“直线”命令，捕捉圆的上象限点，输入（@-394.1, -2248），绘制直线，如图 5-21 所示。

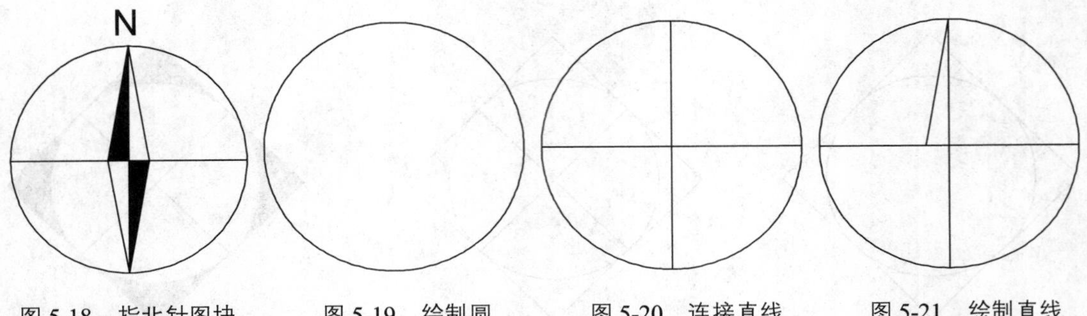

图 5-18　指北针图块　　图 5-19　绘制圆　　图 5-20　连接直线　　图 5-21　绘制直线

04 调用 MI“镜像”命令，将新绘制的直线进行镜像操作，如图 5-22 所示。

05 调用 MI“镜像”命令，选择合适的直线进行镜像操作，如图 5-23 所示。

06 调用 H“图案填充”命令，选择“SOLID”图案，拾取合适区域，填充图形，如图 5-24 所示。

07 调用 MT“多行文字”命令，修改“文字高度”为 500，在合适的位置创建文字“N”，如图 5-25 所示。

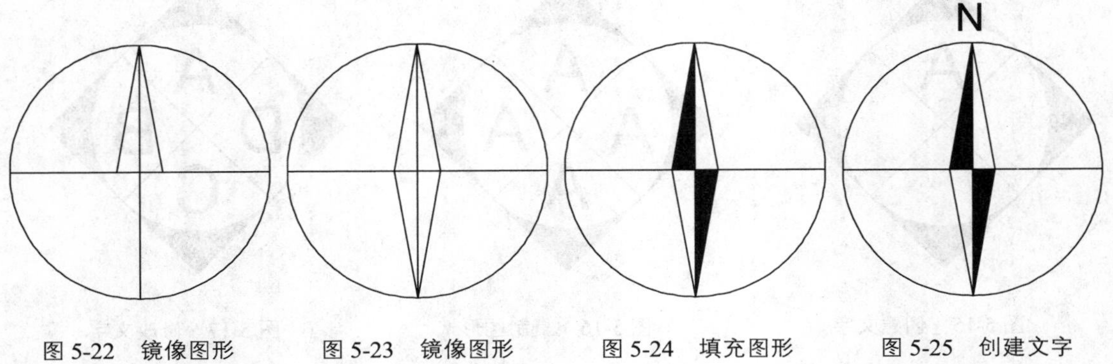

图 5-22　镜像图形　　图 5-23　镜像图形　　图 5-24　填充图形　　图 5-25　创建文字

5.3 绘制门窗图块

门窗图块是用于表示室内施工图中的门窗图形。常用的门窗图块有单扇进户门、平开窗以及百叶窗等。本节将详细介绍绘制门窗图块的操作方法。

5.3.1 绘制单扇进户门

绘制单扇进户门中主要运用了“直线”命令、“偏移”命令、“圆”命令和“修剪”命令等。如图 5-26 所示为单扇进户门。

操作实训 5-4：绘制单扇进户门

01 调用 L“直线”命令，在绘图区中任意捕捉一点，输入(@0, -800)、(@800, 0)，绘制直线对象，如图 5-27 所示。

02 调用 O“偏移”命令，将垂直直线向右偏移 40，如图 5-28 所示。

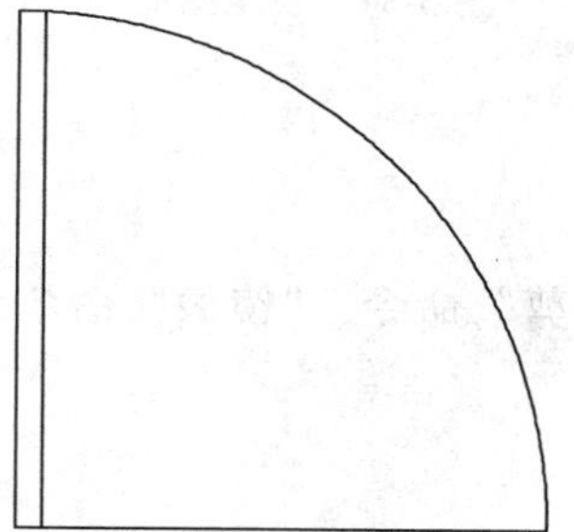

图 5-26　单扇进户门

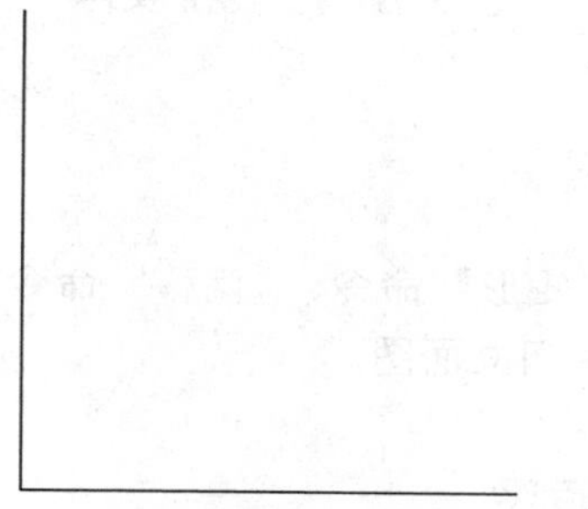

图 5-27　绘制直线

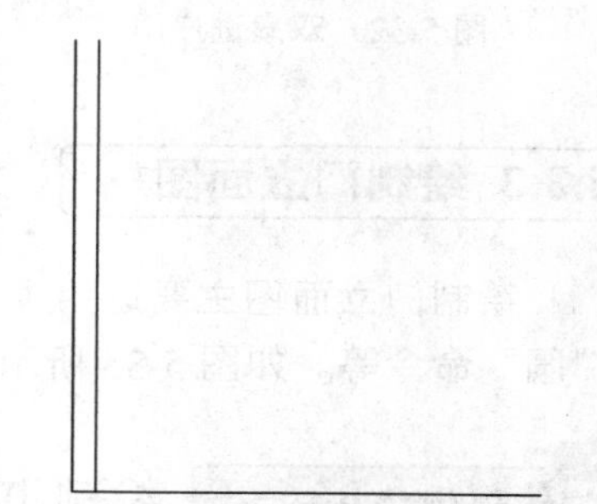

图 5-28　偏移直线

03 调用 O“偏移”命令，将水平直线向上偏移 800，如图 5-29 所示。

04 调用 C“圆”命令，捕捉最左侧垂直直线的下端点为圆心点，绘制一个半径为 800 的圆，如图 5-30 所示。

05 调用 TR“修剪”命令，修剪多余的图形，如图 5-31 所示。

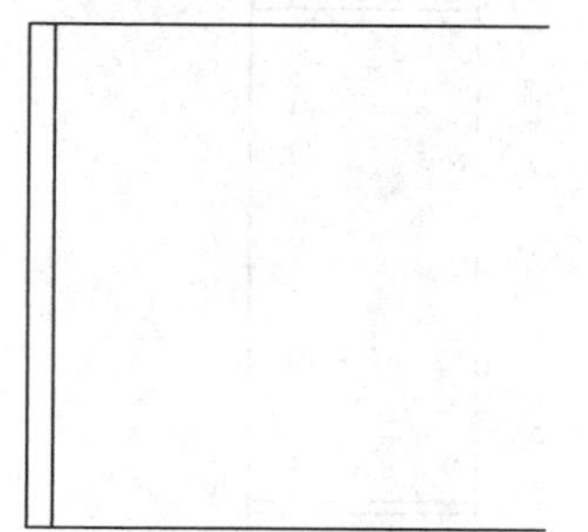

图 5-29　偏移直线

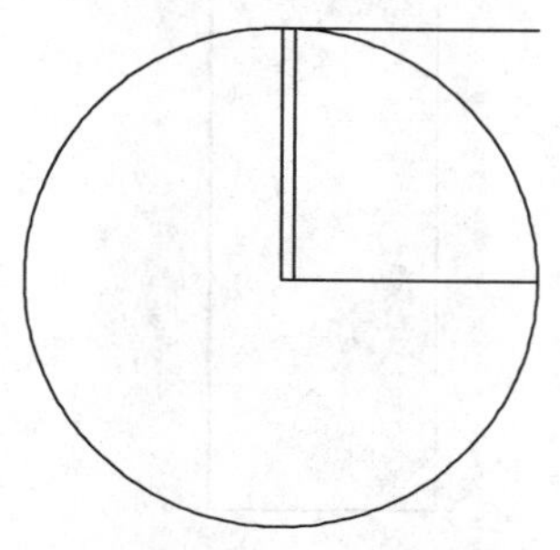

图 5-30　绘制圆

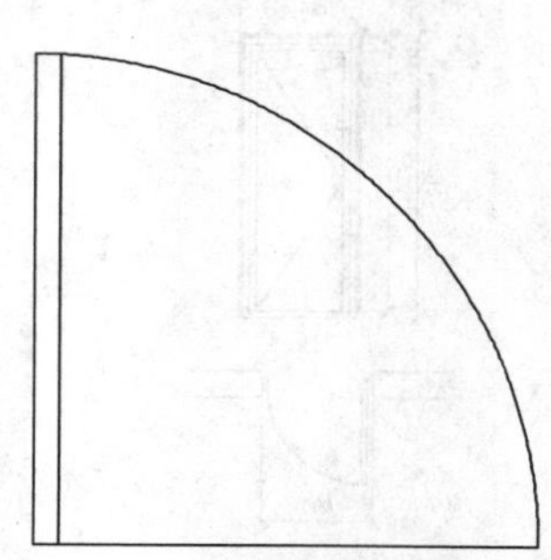

图 5-31　修剪图形

5.3.2 绘制双扇进户门

双扇进户门的制作主要是在绘制单扇进户门的基础上加上“镜像”命令制作而成。如图5-32所示为双扇进户门。

操作实训 5-5：绘制双扇进户门

01 按 Ctrl + O 快捷键，打开“第 5 章\5.3.2 绘制双扇进户门.dwg”图形文件，如图5-33所示。

02 调用 MI“镜像”命令，选择所有的图形，将其进行镜像操作，如图 5-34 所示。

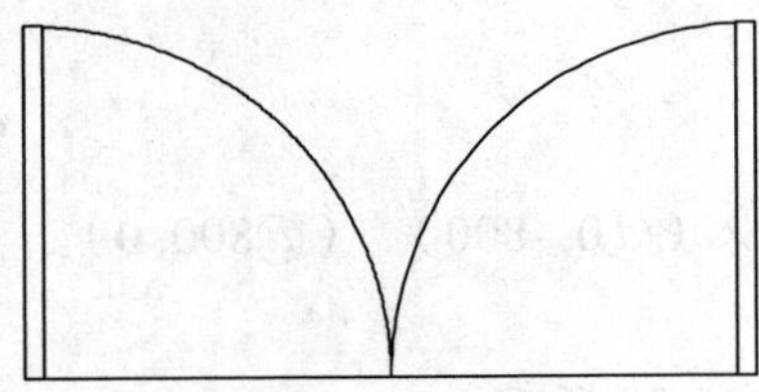

图 5-32　双扇进户门

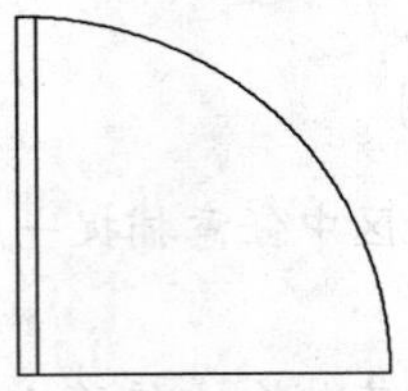

图 5-33　打开图形文件

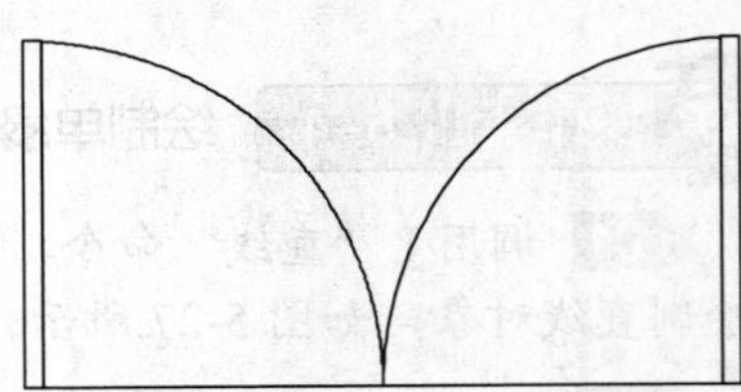

图 5-34　镜像图形

5.3.3 绘制门立面图

绘制门立面图主要运用了“矩形”命令、“偏移”命令、“修剪”命令、“镜像”命令和“圆”命令等。如图 5-35 所示为门立面图。

操作实训 5-6：绘制门立面图

01 调用 REC“矩形”命令，在绘图区中任意捕捉一点，输入（@875, -2100），绘制矩形，如图 5-36 所示。

02 调用 X“分解”命令，分解新绘制的矩形；调用 O“偏移”命令，将矩形上方的水平直线向下依次偏移 25、50、50、1925，如图 5-37 所示。

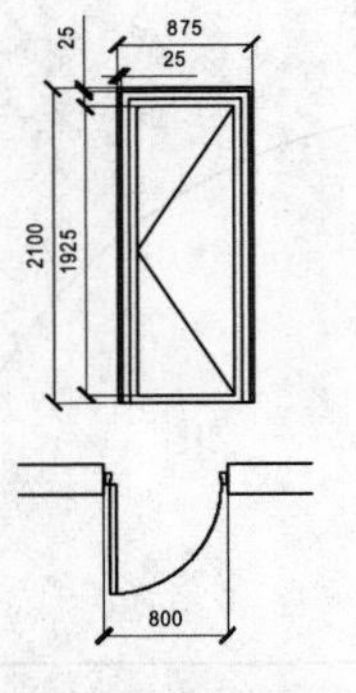

图 5-35　门立面图

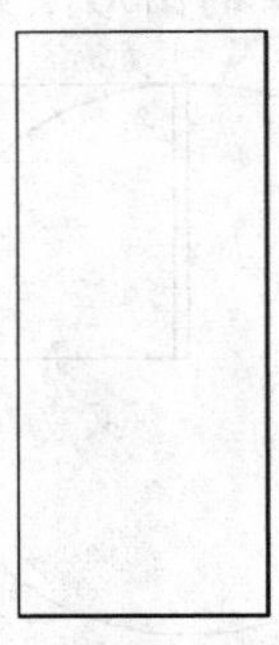

图 5-36　绘制矩形

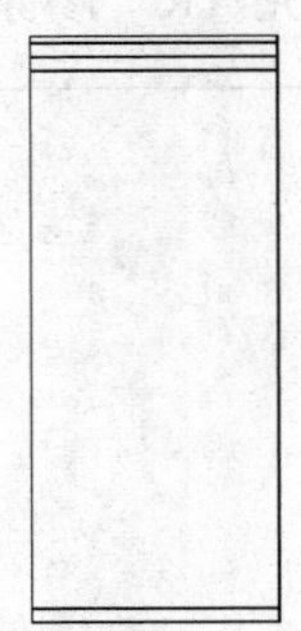

图 5-37　偏移图形

03 调用 O“偏移”命令，将矩形左侧的垂直直线向右依次偏移 25、50、50、625、50、50，如图 5-38 所示。

04 调用 TR“修剪”命令，修剪多余的图形；调用 E“删除”命令，删除多余的图形，效果如图 5-39 所示。

05 调用 L“直线”命令，依次捕捉合适的端点和中点，绘制直线，如图 5-40 所示。

06 调用 L“直线”命令，输入 FROM“捕捉自”命令，捕捉图形的左下方端点，依次输入（@-648.5, -404.5）、（@548.5, 0）、（@0, -200）和（@-548.5, 0），绘制直线，如图 5-41 所示。

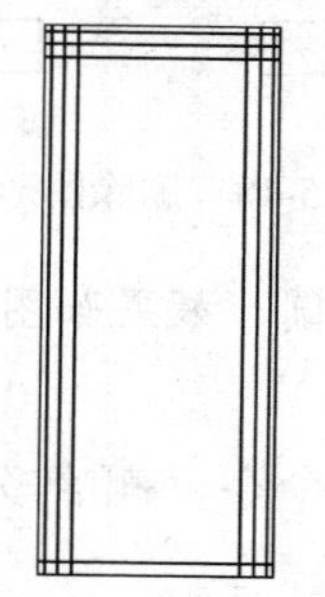
图 5-38　偏移图形

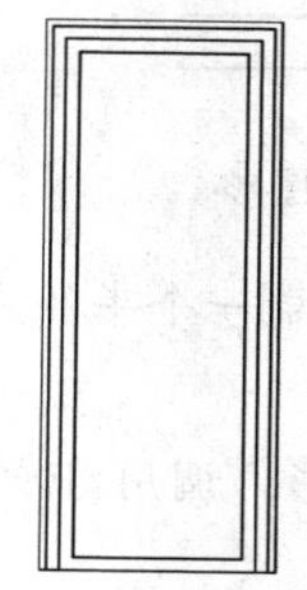
图 5-39　修剪并删除图形

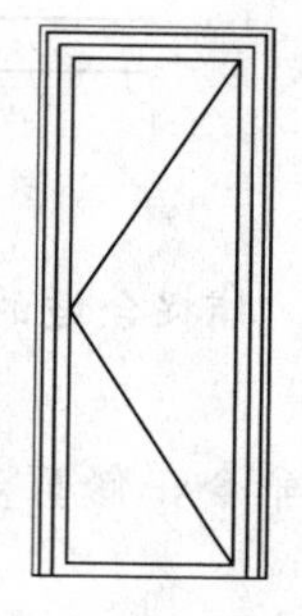
图 5-40　绘制直线

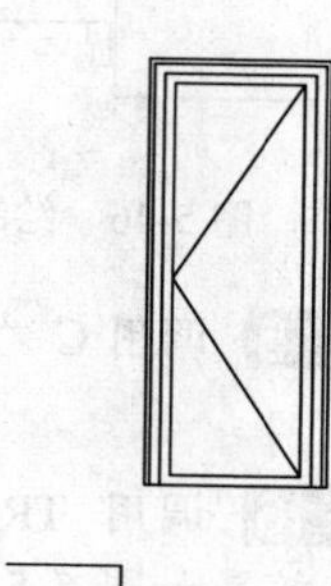
图 5-41　绘制直线

07 调用 L“直线”命令，输入 FROM“捕捉自”命令，捕捉新绘制图形的右上方端点，依次输入（@0, -60）、（@48, 0）、（@0, -80），绘制直线，如图 5-42 所示。

08 调用 O“偏移”命令，将新绘制的水平直线向下依次偏移 40、40，如图 5-43 所示。

09 调用 O“偏移”命令，将新绘制的右侧垂直直线向左依次偏移 8、32，如图 5-44 所示。

10 调用 TR“修剪”命令，修剪多余的图形，如图 5-45 所示。

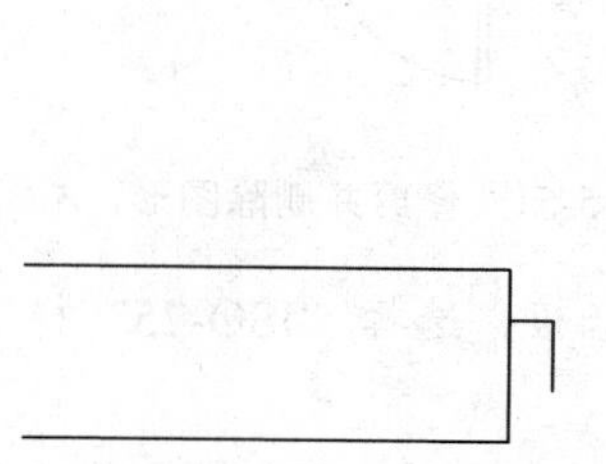
图 5-42　绘制直线

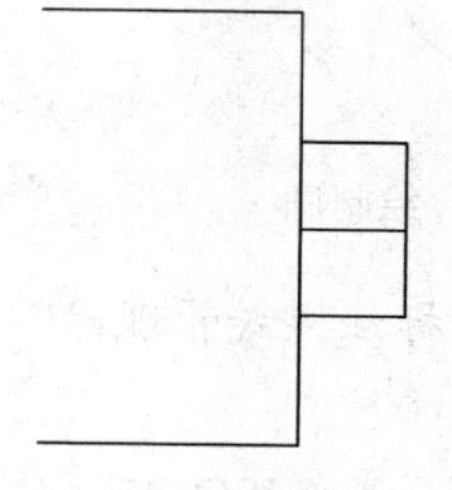
图 5-43　偏移图形

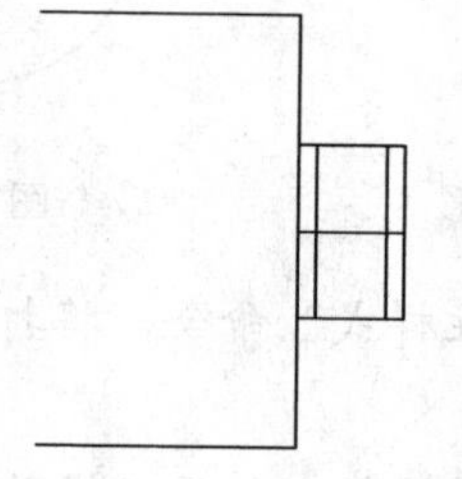
图 5-44　偏移图形

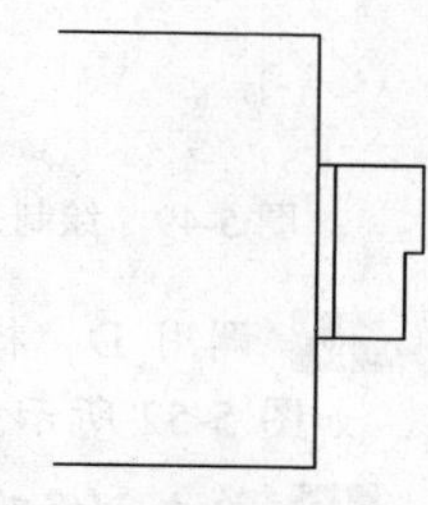
图 5-45　修剪图形

11 调用 L“直线”命令，捕捉修剪后图形的右上方端点，输入（@704, 0），绘制直线，效果如图 5-46 所示。

12 调用 MI“镜像”命令，选择合适的图形进行镜像操作，效果如图 5-47 所示。

13 调用 E“删除”命令，删除新绘制的水平直线，效果如图 5-48 所示。

14 调用 REC“矩形”命令，捕捉相应图形的右下方端点，输入（@46, -720），绘制矩形，如图 5-49 所示。

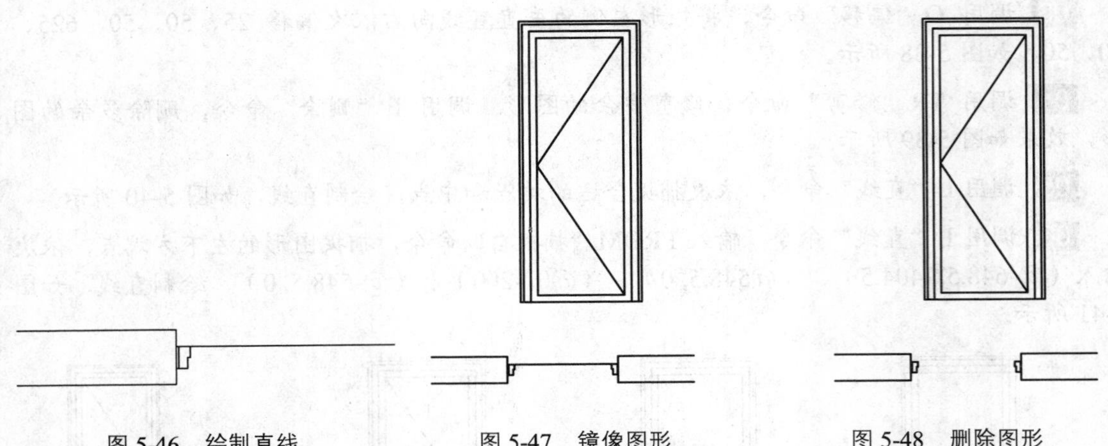

图 5-46　绘制直线　　图 5-47　镜像图形　　图 5-48　删除图形

15 调用 C“圆”命令，捕捉合适的交点，绘制一个半径为 720 的圆，效果如图 5-50 所示。

16 调用 TR“修剪”命令，修剪多余的图形；调用 E“删除”命令，删除多余的图形，效果如图 5-51 所示。

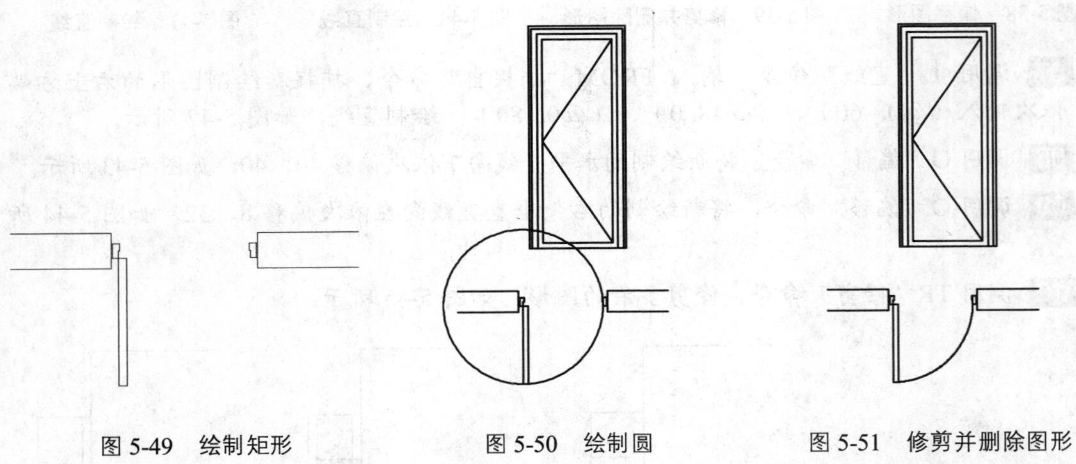

图 5-49　绘制矩形　　图 5-50　绘制圆　　图 5-51　修剪并删除图形

17 调用 D“标注样式”命令，将打开“标注样式管理器”对话框，选择“ISO-25”样式，如图 5-52 所示。

18 单击“修改”按钮，打开“修改标注样式: ISO-25”对话框，在“符号和箭头”选项卡中，修改“第一个”为“建筑标记”、“箭头大小”为 100，效果如图 5-53 所示。

19 在“文字”选项卡中，修改“文字高度”为 100、“从尺寸线偏移”为 70，如图 5-54 所示。

20 在“主单位”选项卡中，修改“精度”为 0，如图 5-55 所示，单击“确定”和“关闭”按钮，即可设置标注样式。

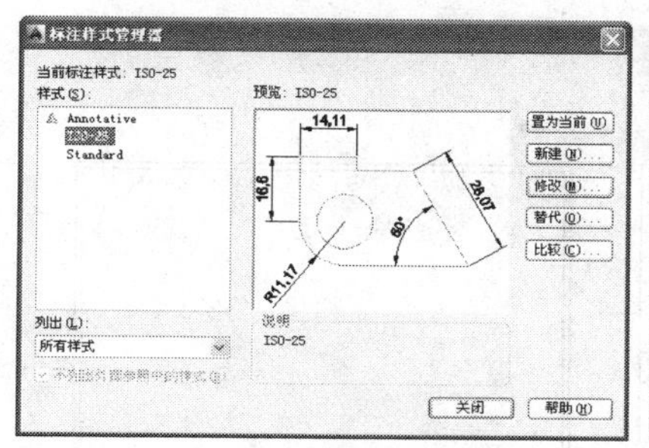

图 5-52　“标注样式管理器”对话框

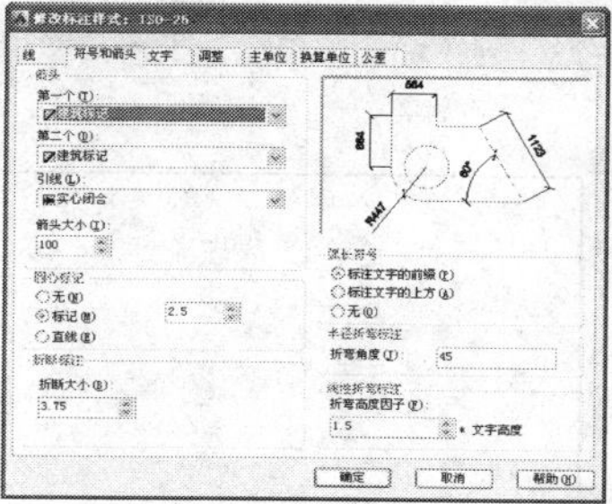

图 5-53　修改参数

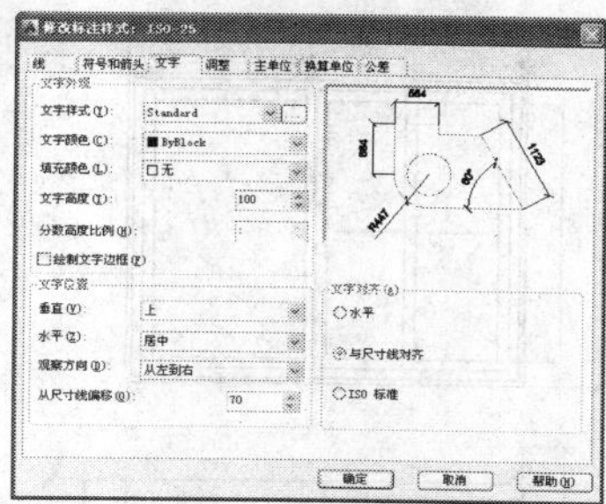

图 5-54　修改参数

21 将“标注”图层置为当前，调用 DLI“线性”命令，捕捉最上方水平直线的左右端点，标注线性尺寸，如图 5-56 所示。

22 重复上述方法，标注其他线性尺寸，如图 5-57 所示。

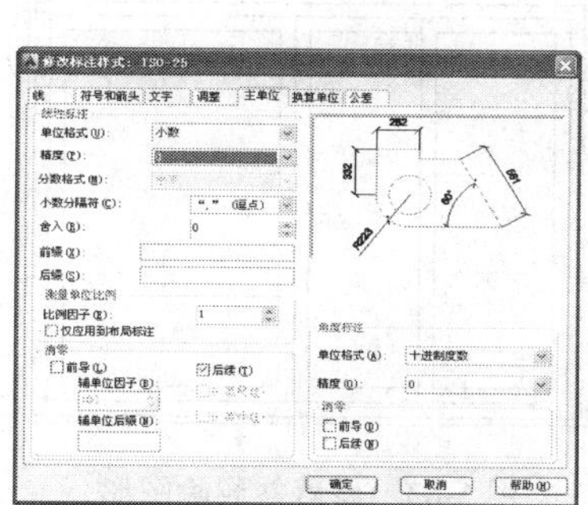

图 5-55　修改参数

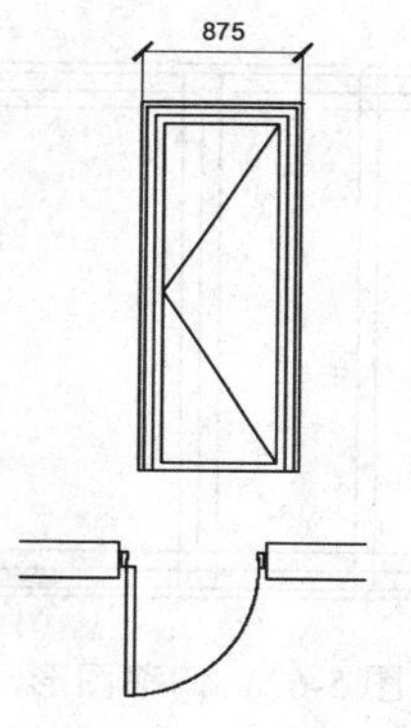

图 5-56　标注线性尺寸

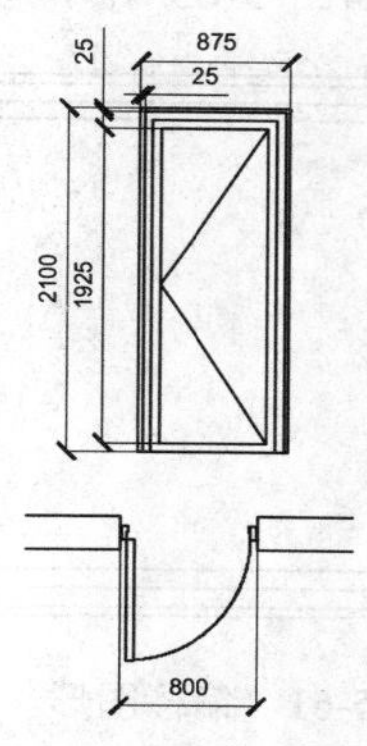

图 5-57　标注其他线性尺寸

5.3.4 绘制平开窗

平开窗是目前比较流行的开窗方式，其优点是开启面积大，通风好，密封性好，隔声、保温、抗渗性能优良。绘制平开窗主要运用了“矩形”命令、“偏移”命令、“修剪”命令、“镜像”命令等。如图 5-58 所示为平开窗。

操作实训 5-7：绘制平开窗

01 调用 REC“矩形”命令，任意捕捉一点，输入（@1900, -1500），绘制矩形，如图 5-59 所示。

02 调用 O“偏移”命令，将新绘制的矩形向内偏移 25，如图 5-60 所示。

03 调用 X“分解”命令，分解所有矩形；调用 O“偏移”命令，将内侧矩形上方的水平直线向下依次偏移 50、50、1250、50，如图 5-61 所示。

04 调用 O“偏移”命令，将内侧矩形左侧的垂直直线向右依次偏移 50、50、400、50、375、50、50、725、50，如图 5-62 所示。

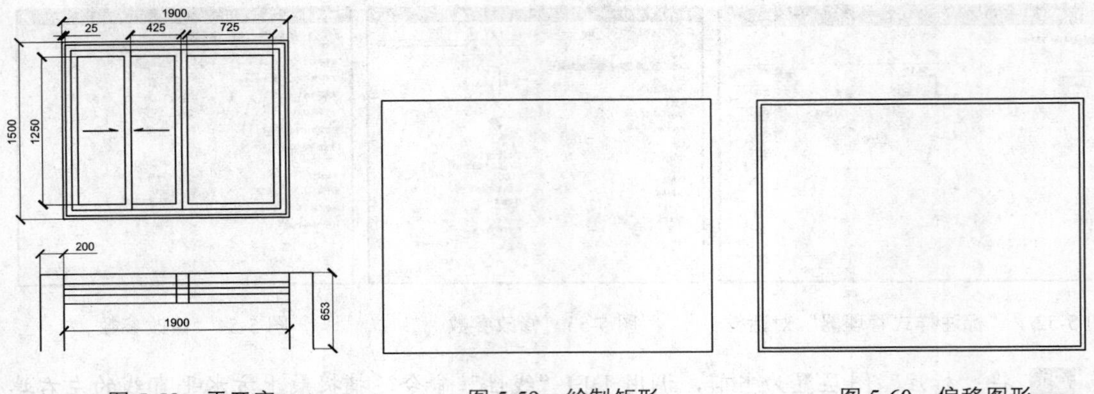

图 5-58　平开窗　　图 5-59　绘制矩形　　图 5-60　偏移图形

05 调用 TR“修剪”命令，修剪多余的图形；调用 E“删除”命令，删除多余的图形，效果如图 5-63 所示。

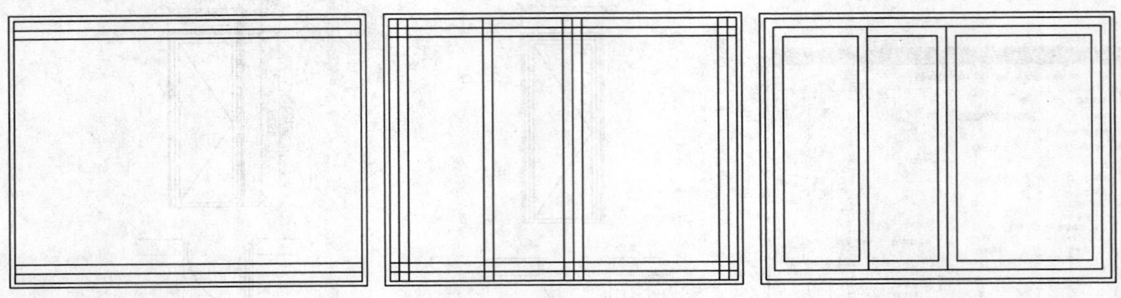

图 5-61　偏移图形　　图 5-62　偏移图形　　图 5-63　修剪并删除图形

06 调用 L“直线”命令，输入 FROM“捕捉自”命令，捕捉左上方端点，依次输入（@174.2, -755）、（@293, 0）、（@-73.7, 16.6），绘制直线，如图 5-64 所示。

07 调用 L“直线”命令，输入 FROM“捕捉自”命令，捕捉新绘制直线的右上方端点，依次输入（@208.7, 16.6）、（@-73.7, -16.6）、（@293, 0），绘制直线，如图 5-65 所示。

08 调用 L“直线”命令，输入 FROM“捕捉自”命令，捕捉左下方端点，依次输入（@-201.4, -1129.2）、（@0, 653）、（@200, 0）和（@0, -653），绘制直线，如图 5-66 所示。

图 5-64　绘制直线　　图 5-65　绘制直线　　图 5-66　绘制直线

09 调用 L“直线”命令，捕捉新绘制图形的右上方端点，输入（@1900, 0），绘制直线，如图 5-67 所示。

10 调用 O“偏移”命令，将新绘制的直线向下依次偏移 75、50、50、75，如图 5-68 所示。

11 调用 MI“镜像”命令，选择合适的图形，将其进行镜像操作，如图 5-69 所示。

12 调用 O“偏移”命令，将左侧第 2 条垂直直线向右偏移 951、100，如图 5-70 所示。

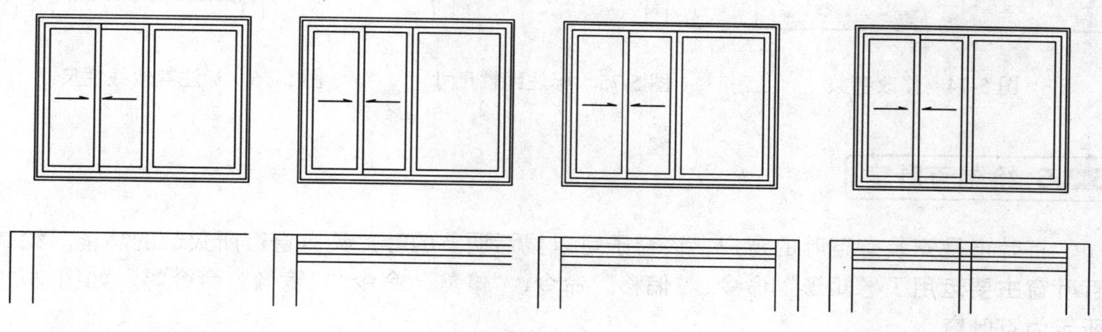

图 5-67　绘制直线　　图 5-68　偏移直线　　图 5-69　镜像图形　　图 5-70　偏移直线

13 调用 TR“修剪”命令，修剪多余的图形，如图 5-71 所示。

14 调用 D“标注样式”命令，将打开“标注样式管理器”对话框，选择“ISO-25”样式，单击“修改”按钮，打开“修改标注样式: ISO-25”对话框，在“符号和箭头”选项卡中，修改“第一个”为“建筑标记”、“箭头大小”为 70，如图 5-72 所示。

15 在“文字”选项卡中，修改“文字高度”为 70、“从尺寸线偏移”为 30，如图 5-73 所示。

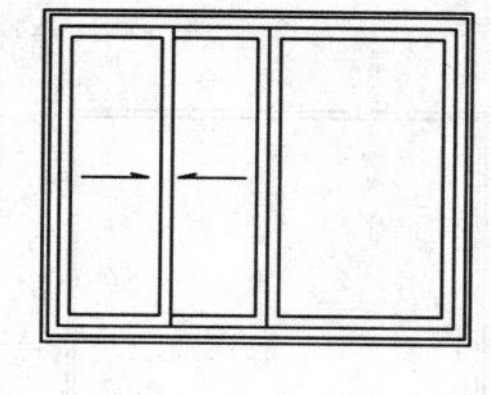

图 5-71　修剪图形

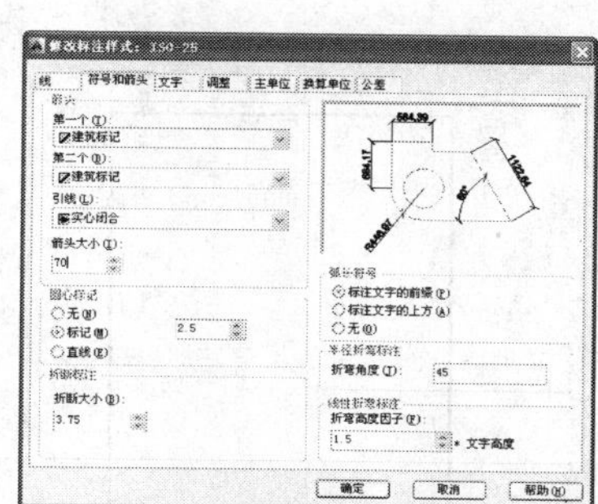

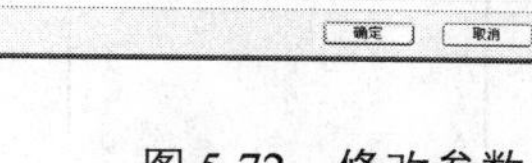

图 5-72　修改参数

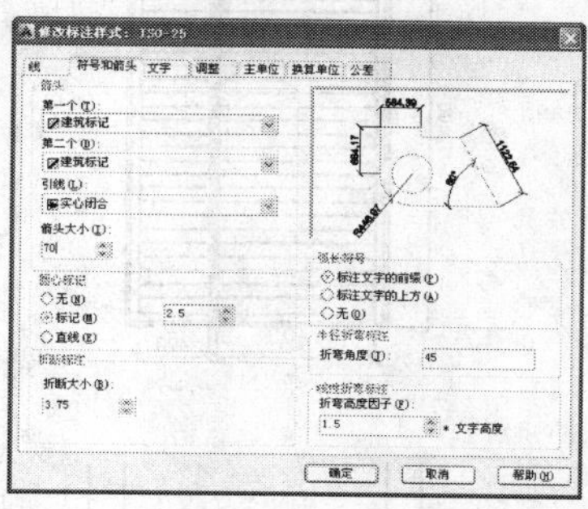

图 5-73　修改参数

16 在“主单位”选项卡中，修改“精度”为 0，如图 5-74 所示，单击“确定”和“关闭”按钮，即可设置标注样式。

17 将“标注”图层置为当前，调用 DLI“线性”命令，捕捉最上方水平直线的左右端点，标注线性尺寸，如图 5-75 所示。

18 重复上述方法，标注其他线性尺寸，如图 5-76 所示。

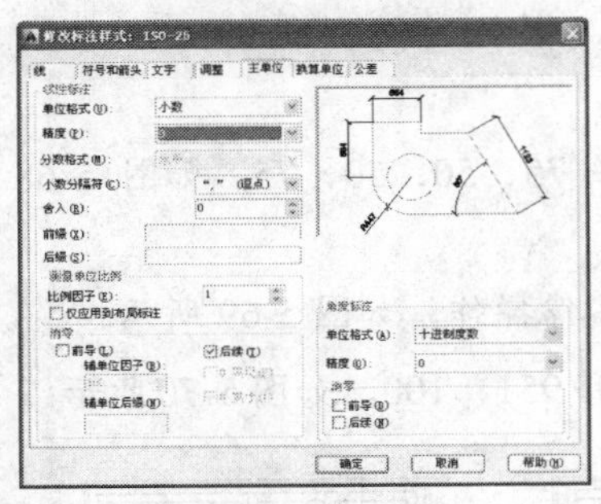

图 5-74　修改参数

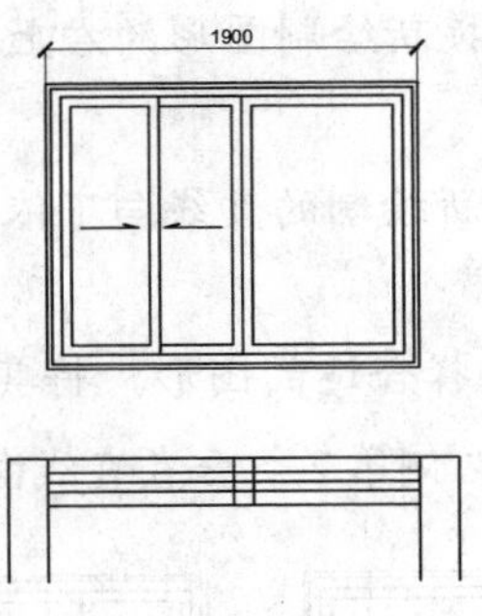

图 5-75　标注线性尺寸

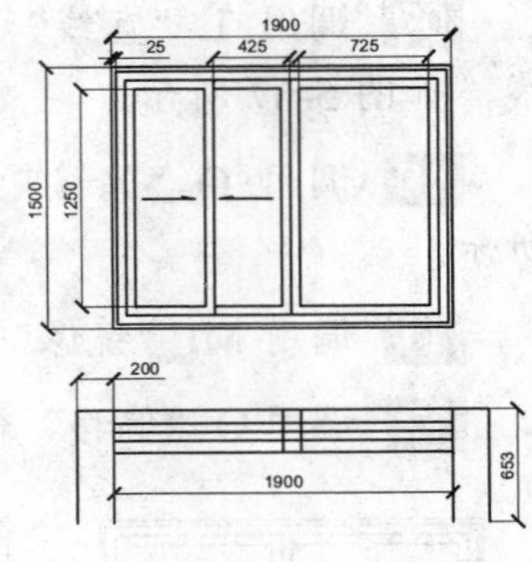

图 5-76　标注其他线性尺寸

5.3.5 绘制百叶窗

百叶窗是安装有百叶的窗户，该窗子可以灵活调节的叶片具有窗帘所欠缺的功能。绘制百叶窗主要运用了“矩形”命令、“偏移”命令、“修剪”命令、“镜像”命令等。如图 5-77 所示为百叶窗。

绘制百叶窗

01 调用 REC“矩形”命令，任意捕捉一点，输入（@1500, -2400），绘制矩形，如图 5-78 所示。

02 调用 O“偏移”命令，将新绘制的矩形向内偏移 25，如图 5-79 所示。

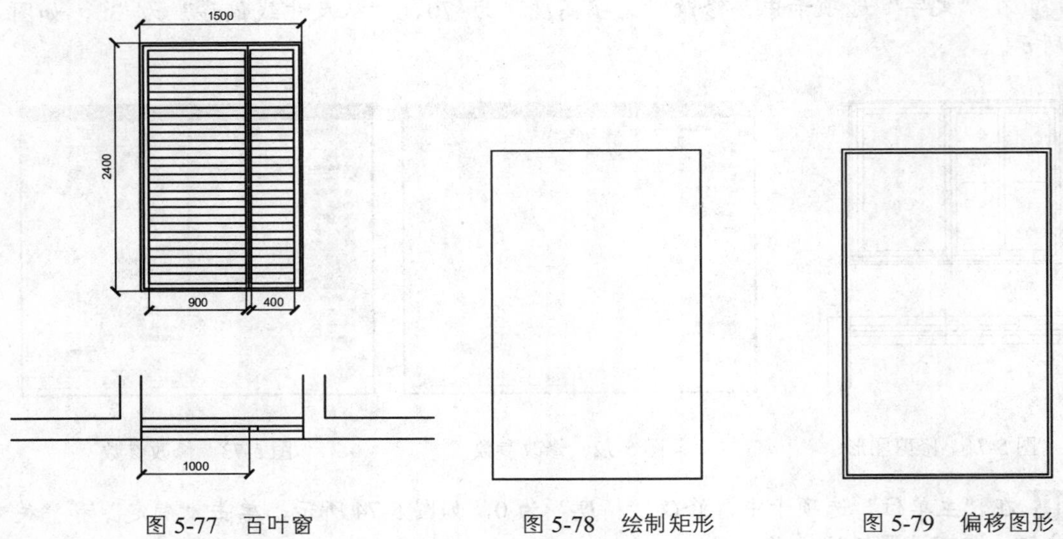

图 5-77　百叶窗　　图 5-78　绘制矩形　　图 5-79　偏移图形

03 调用 X“分解”命令，分解所有矩形；调用 O“偏移”命令，将内侧矩形的右侧垂直直线向左偏移 475，如图 5-80 所示。

04 调用 REC“矩形”命令，输入 FROM“捕捉自”命令，捕捉图形的左上方端点，输入（@75, -75）、（@900, -2250），绘制矩形，如图 5-81 所示。

05 调用 REC“矩形”命令，输入FROM“捕捉自”命令，捕捉图形的右上方端点，输入（@-75, -75）、（@-400, -2250），绘制矩形，如图 5-82 所示。

06 调用 X“分解”命令，分解所有矩形；调用 O“偏移”命令，将分解后矩形上方的水平直线向下偏移 27 次，偏移距离均为 80，如图 5-83 所示。

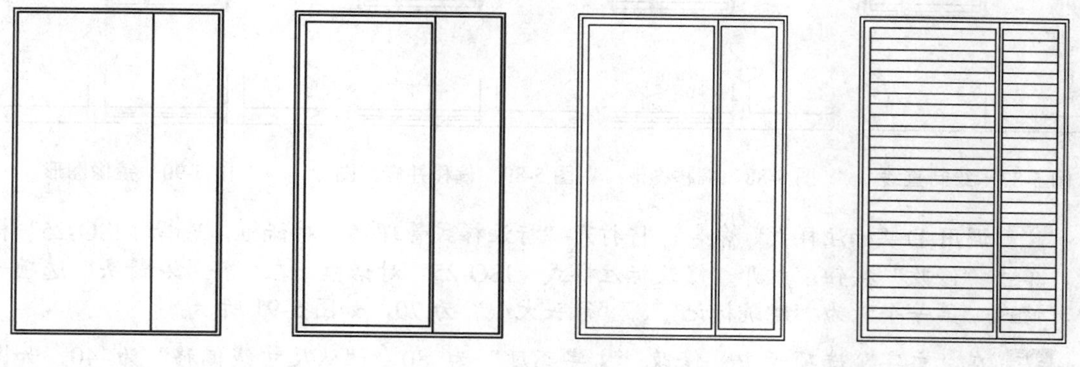

图 5-80　偏移图形　　图 5-81　绘制矩形　　图 5-82　绘制矩形　　图 5-83　偏移图形

07 调用 L“直线”命令，输入 FROM“捕捉自”命令，捕捉图形的左下方端点，输入（@0, -803）、（@0, -605.5）、（@-1210, 0），绘制直线，如图 5-84 所示。

08 调用 O“偏移”命令，将新绘制的垂直直线向左偏移 200、将水平直线向上偏移 200，如图 5-85 所示。

09 调用 TR“修剪”命令，修剪多余的图形，如图 5-86 所示。

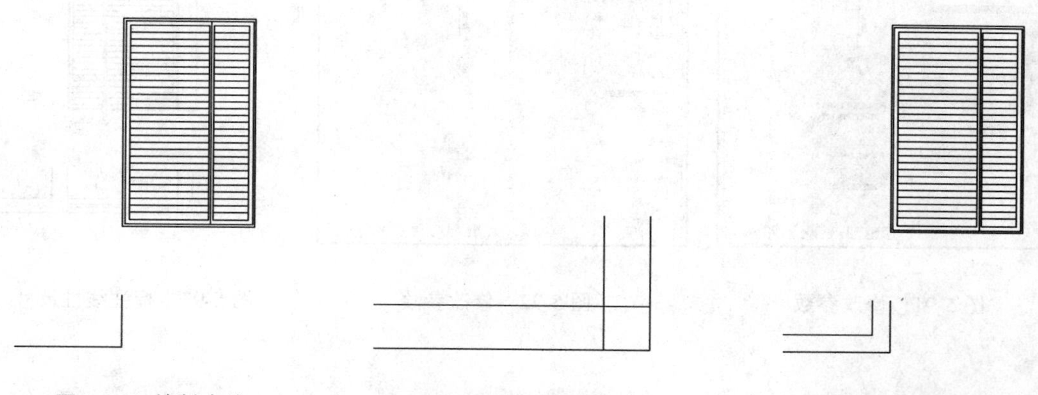

图 5-84　绘制直线　　图 5-85　偏移图形　　图 5-86　修剪图形

10 调用 L“直线”命令，捕捉修剪后图形的右下方端点，输入（@1500, 0），绘制直线，如图 5-87 所示。

11 调用 O“偏移”命令，将新绘制的水平直线向上偏移 75、50、75，如图 5-88 所示。

12 调用 O“偏移”命令，将左侧相应的垂直直线向右偏移 1000 和 80；调用 TR“修剪”命令，修剪多余的图形，如图 5-89 所示。

13 调用 MI“镜像”命令，选择合适的图形，将其进行镜像操作，如图 5-90 所示。

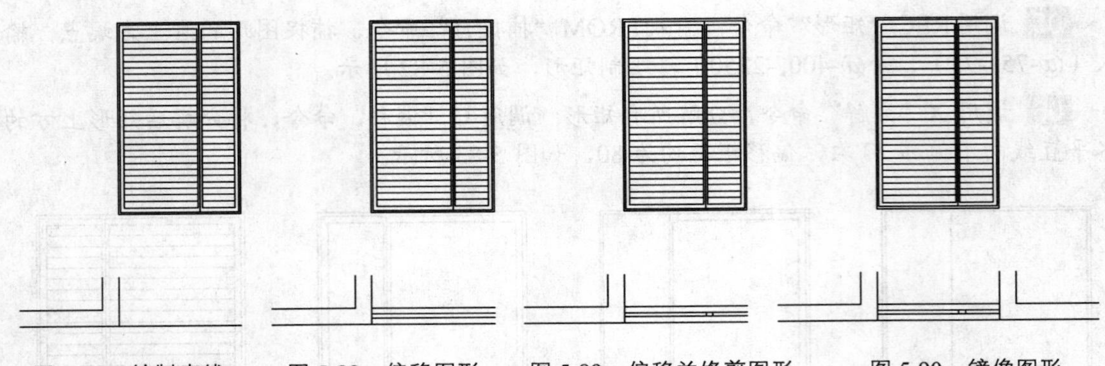

图 5-87　绘制直线　　图 5-88　偏移图形　　图 5-89　偏移并修剪图形　　图 5-90　镜像图形

14 调用 D“标注样式”命令，将打开“标注样式管理器”对话框，选择“ISO-25”样式，单击“修改”按钮，打开“修改标注样式：ISO-25”对话框，在“符号和箭头”选项卡中，修改“第一个”为“建筑标记”、“箭头大小”为 70，如图 5-91 所示。

15 在“文字”选项卡中，修改“文字高度”为 80、“从尺寸线偏移”为 40，如图 5-92 所示，在“主单位”选项卡中，修改“精度”为 0，单击“确定”和“关闭”按钮，即可设置标注样式。

16 将“标注”图层置为当前，调用 DLI“线性”命令，标注图形中的线性尺寸，如图 5-93 所示。

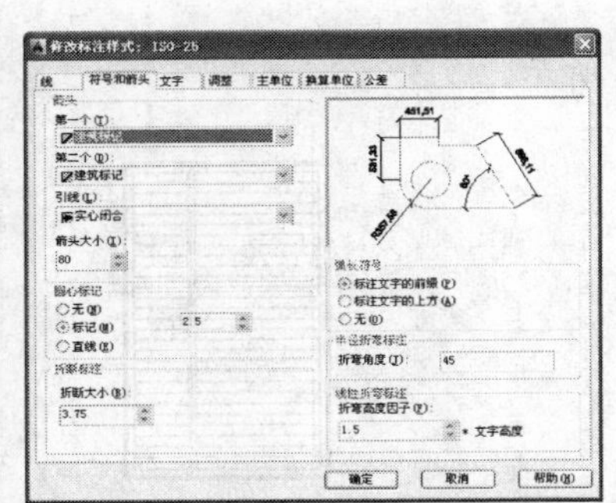

图 5-91　修改参数

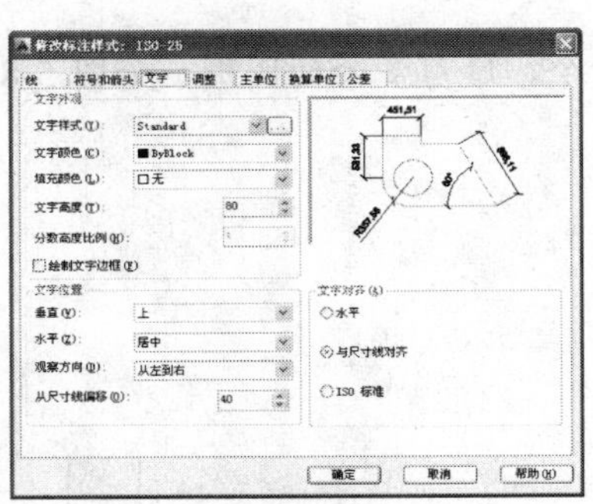

图 5-92　修改参数

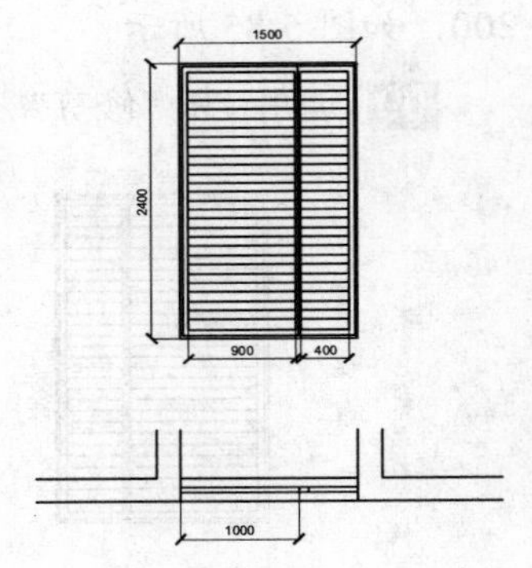

图 5-93　标注线性尺寸

5.4 绘制楼梯图块

楼梯图块的主要作用是表示室内施工图中的楼梯图形。常用的楼梯图块中包含直线楼梯和电梯立面等。本节将详细介绍绘制楼梯图块的操作方法。

5.4.1 绘制直线楼梯

绘制直线楼梯中主要运用了“直线”命令、“偏移”命令、“矩形”命令、“复制”命令

和“修剪”命令等。如图 5-94 所示为直线楼梯。

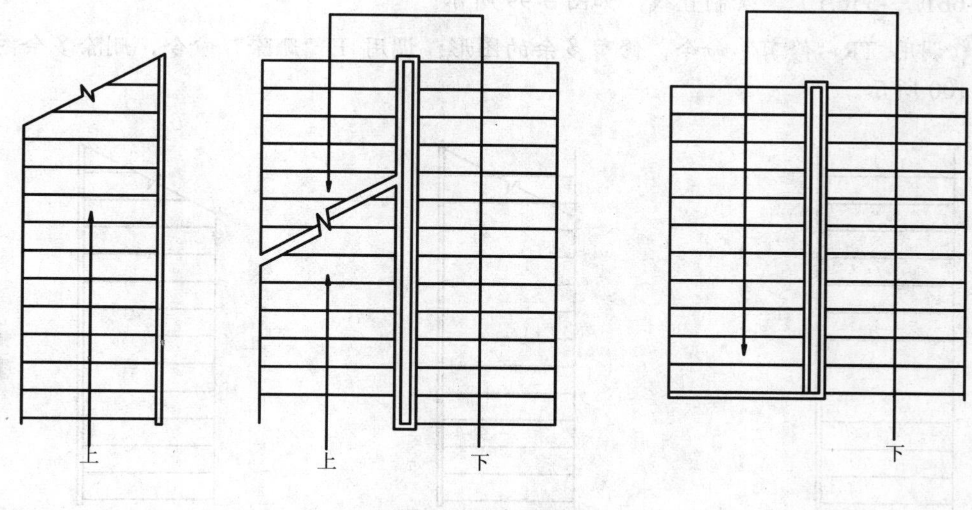

图 5-94　直线楼梯

操作实训 5-9：绘制一层楼梯

01 调用 REC“矩形”命令，在绘图区中任意捕捉一点，输入（@60, -3992），绘制矩形对象，如图 5-95 所示。

02 调用 X“分解”命令，分解新绘制的矩形，调用 O“偏移”命令，将矩形左侧的垂直直线向左偏移 1400，如图 5-96 所示。

03 调用 L“直线”命令，输入 FROM“捕捉自”命令，捕捉左下方端点，输入（@0, 60）、（@1400, 0），绘制直线，如图 5-97 所示。

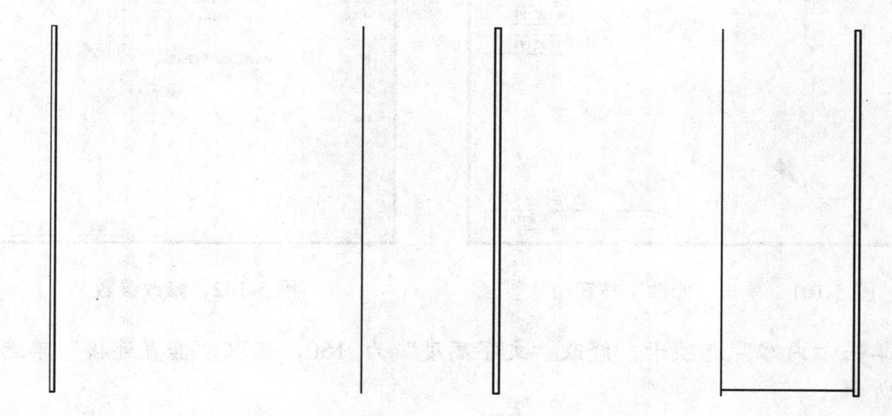

图 5-95　绘制矩形　　图 5-96　偏移图形　　图 5-97　绘制直线

04 调用 O“偏移”命令，将新绘制的水平直线向上偏移 12 次，偏移距离均为 300，如图 5-98 所示。

05 调用 L“直线”命令，输入 FROM“捕捉自”命令，捕捉右上方端点，依次输入

（@40, 21.5）、（@-793.3, -426.9）、（@16.9, -110.1）、（@-132.1, 167.4）、（@16.1, -110.6）和（@-661.7, -356.1），绘制直线，如图 5-99 所示。

06 调用 TR“修剪”命令，修剪多余的图形；调用 E“删除”命令，删除多余图形，如图 5-100 所示。

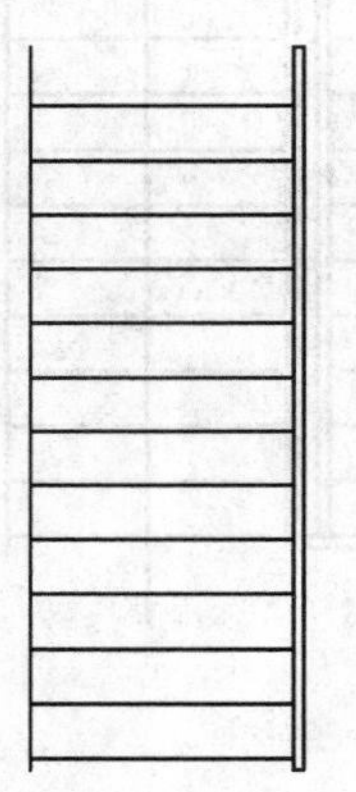

图 5-98 偏移图形

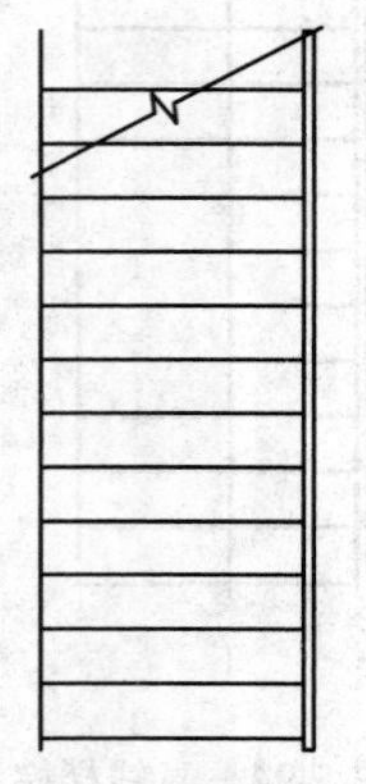

图 5-99 绘制直线

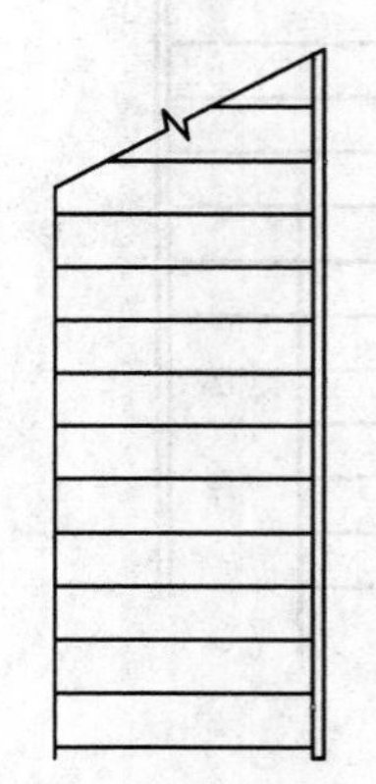

图 5-100 修剪并删除图形

07 调用 MLEADERSTYLE“多重引线样式”命令，打开“多重引线样式管理器”对话框，选择“Standard”样式，单击“修改”按钮，如图 5-101 所示。

08 打开“修改多重引线样式：Standard”对话框，在“引线格式”选项卡中，修改“符号”为“实心闭合”、“大小”为 100，如图 5-102 所示。

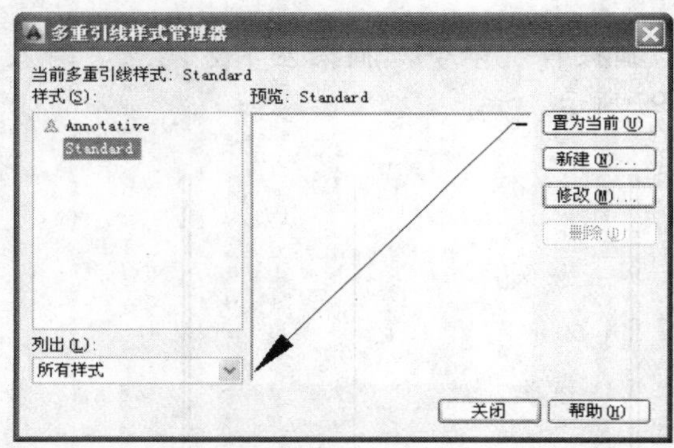

图 5-101 单击“修改”按钮

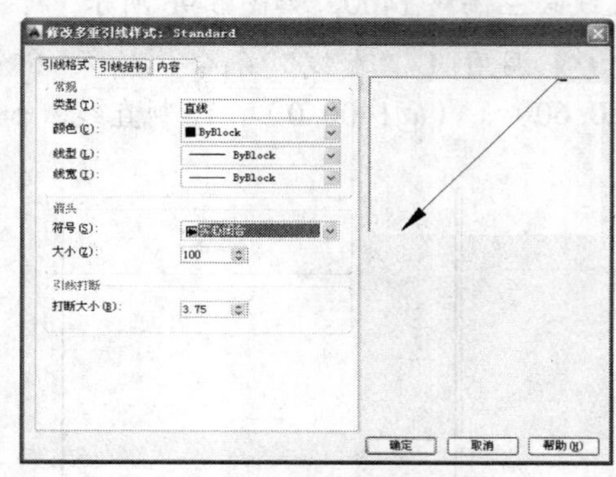

图 5-102 修改参数

09 单击“内容”选项卡，修改“文字高度”为 150，选取“垂直连接”单选按钮，如图 5-103 所示。

10 单击“引线结构”选项卡，修改“最大引线点数”为 4，如图 5-104 所示，单击“确定”和“关闭”按钮，即可设置多重引线样式。

11 调用 MLEADER“多重引线”命令，在图中的相应位置，标注多重引线，如图 5-105 所示。

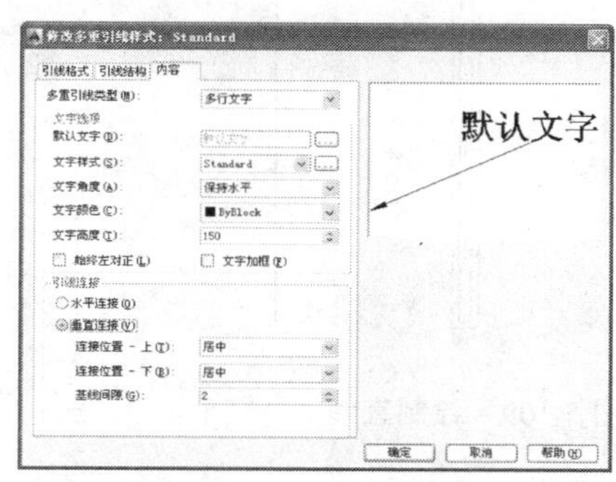

图 5-103　修改参数

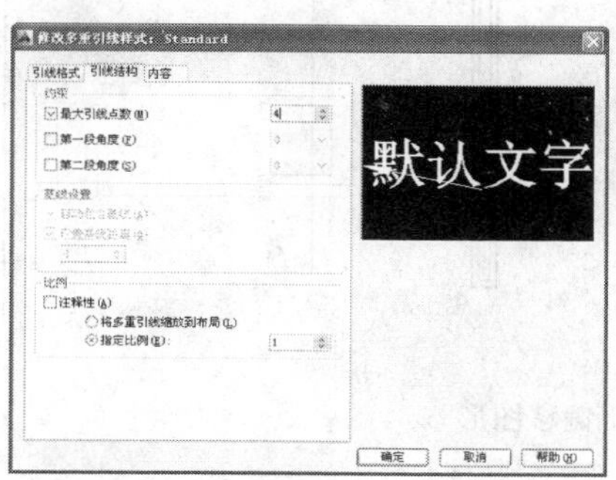

图 5-104　修改参数

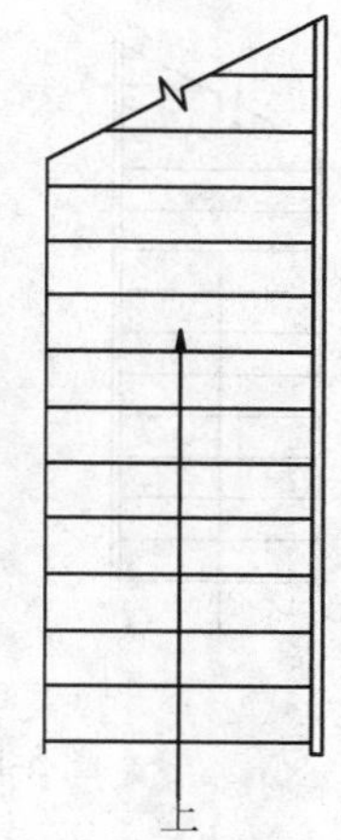

图 5-105　标注多重引线

操作实训 5-10：绘制二层楼梯

01 调用 O“偏移”命令，将新绘制的一层楼梯右侧的垂直直线向右依次偏移 1015 和 3070，如图 5-106 所示。

02 调用 REC“矩形”命令，输入 FROM“捕捉自”命令，捕捉偏移后左侧垂直直线的上方端点，输入（@1400, 0）、（@220, -4020），绘制矩形，如图 5-107 所示。

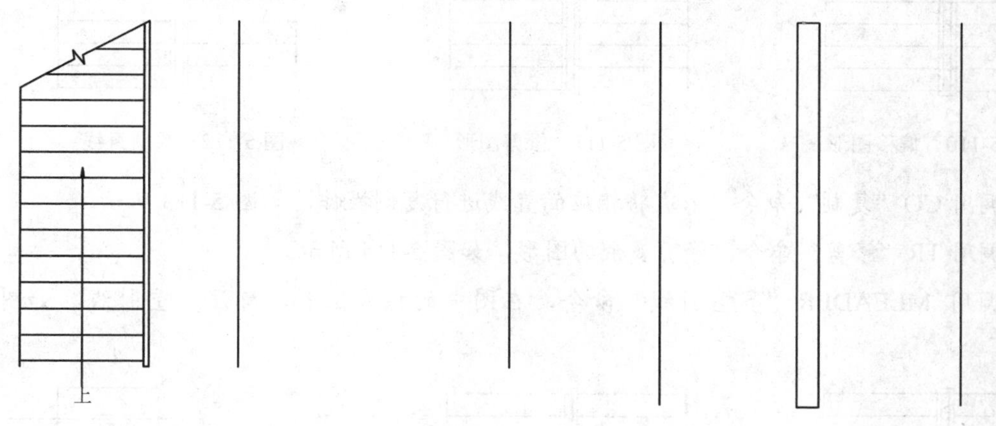

图 5-106　偏移图形　　图 5-107　绘制矩形

03 调用 O“偏移”命令，将新绘制的矩形向内偏移 60，如图 5-108 所示。

04 调用 L“直线”命令，输入 FROM“捕捉自”命令，捕捉二层楼梯的左上方端点，输入（@0, -60）、（@3070, 0），绘制直线，如图 5-109 所示。

05 调用 O“偏移”命令，将新绘制的直线向下偏移 13 次，偏移距离均为 300，如图 5-110 所示。

06 调用 TR“修剪”命令，修剪多余的图形，如图 5-111 所示。

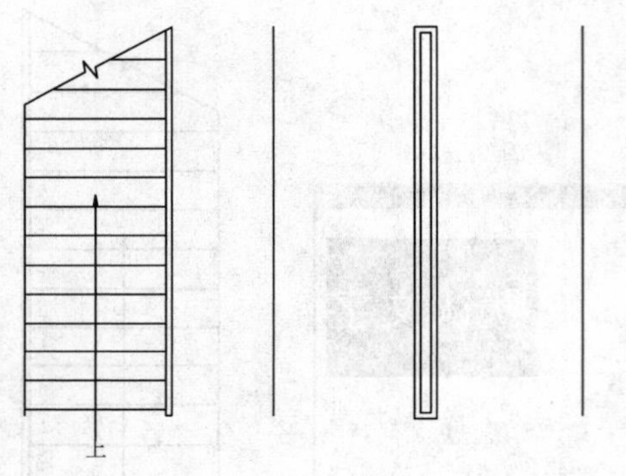

图 5-108　偏移图形

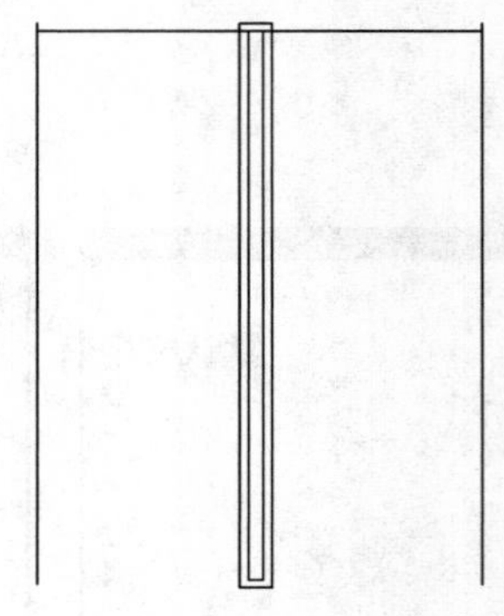

图 5-109　绘制直线

07 调用 L“直线”命令，输入 FROM“捕捉自”命令，捕捉修剪后图形的左上方端点，输入（@1400, -1227.2）、（@-714.6, -384.5）、（@33.8, -220.3）、（@-132.1, 167.4）、（@32.2, -221.4）和（@-619.3, -334.6），绘制直线，如图 5-112 所示。

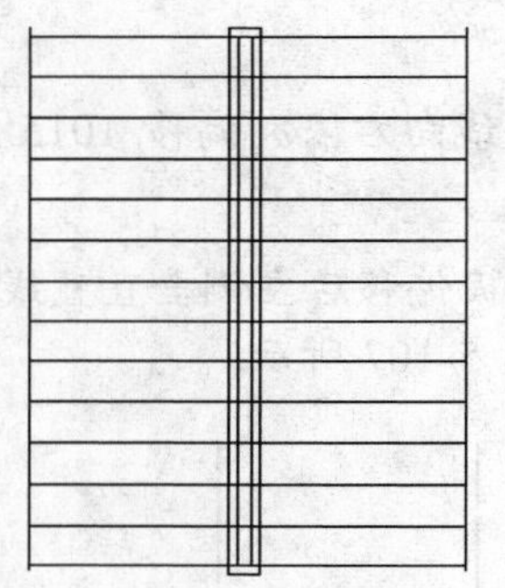

图 5-110　偏移图形

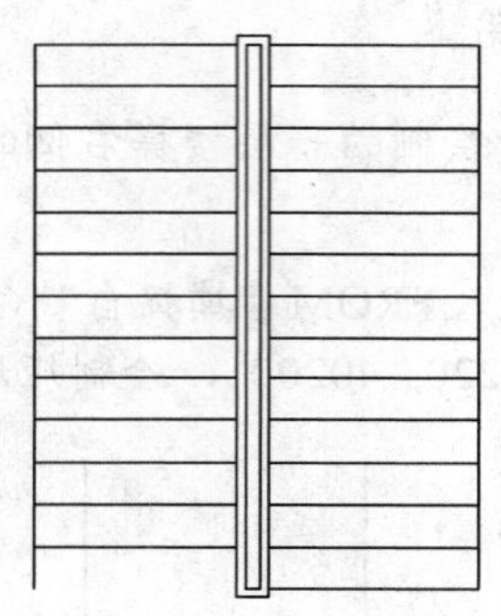

图 5-111　修剪图形

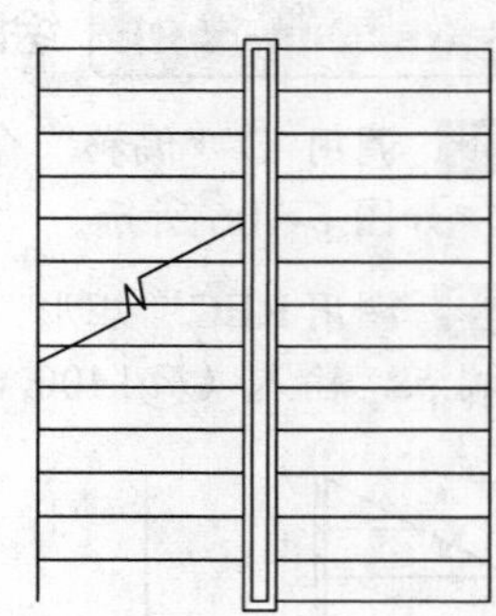

图 5-112　绘制直线

08 调用 CO“复制”命令，依次将相应的直线进行复制操作，如图 5-113 所示。

09 调用 TR“修剪”命令，修剪多余的图形，如图 5-114 所示。

10 调用 MLEADER“多重引线”命令，在图中的相应位置，标注多重引线，如图 5-115 所示。

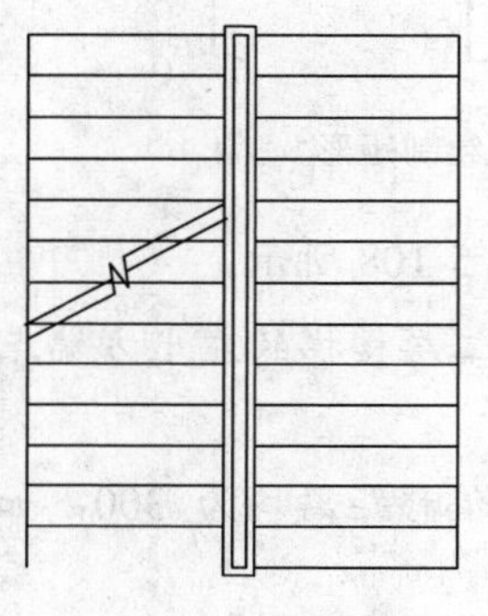

图 5-113　复制图形

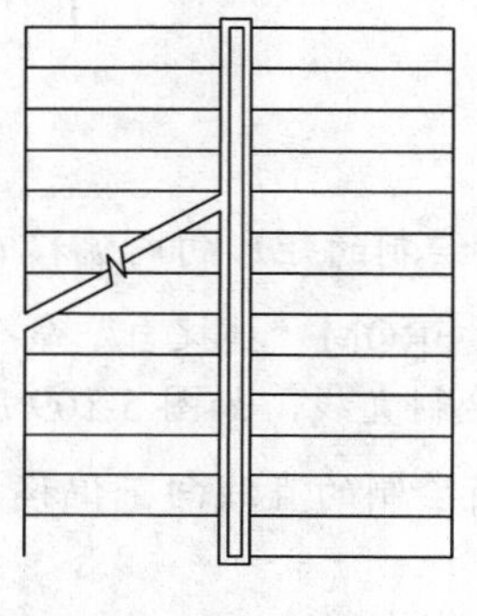

图 5-114　修剪图形

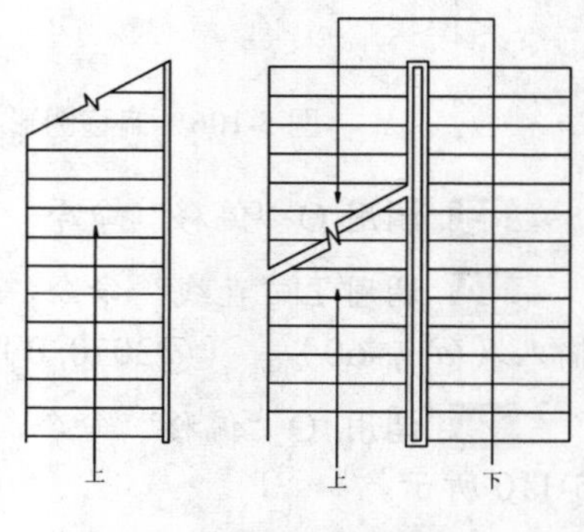

图 5-115　标注多重引线

操作实训 5-11：绘制三层楼梯

01 调用 O“偏移”命令，将新绘制二层楼梯右侧的垂直直线向右依次偏移 1179 和 3070，如图 5-116 所示。

02 调用 REC“矩形”命令，输入 FROM“捕捉自”命令，捕捉偏移后左侧垂直直线的上方端点，输入（@1400, -180）、（@220, -3420），绘制矩形，如图 5-117 所示。

图 5-116　偏移图形　　图 5-117　绘制矩形

03 调用 O“偏移”命令，将新绘制的矩形向内偏移 60，如图 5-118 所示。

04 调用 L“直线”命令，输入 FROM“捕捉自”命令，捕捉左上方端点，输入（@0, -240）、（@3070, 0），绘制直线，如图 5-119 所示。

05 调用 O“偏移”命令，将新绘制的直线向下偏移 11 次，偏移距离均为 300，将偏移后最下方的水平直线向下偏移 60，如图 5-120 所示。

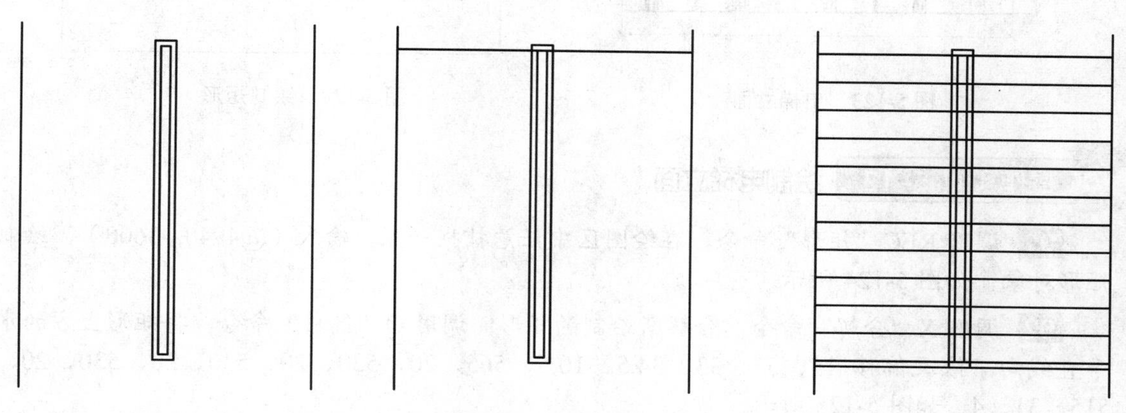

图 5-118　偏移图形　　图 5-119　绘制直线　　图 5-120　偏移图形

06 调用 TR“修剪”命令，修剪多余的图形，如图 5-121 所示。

07 调用 MLEADER“多重引线”命令，在图中的相应位置，标注多重引线，如图 5-122 所示。

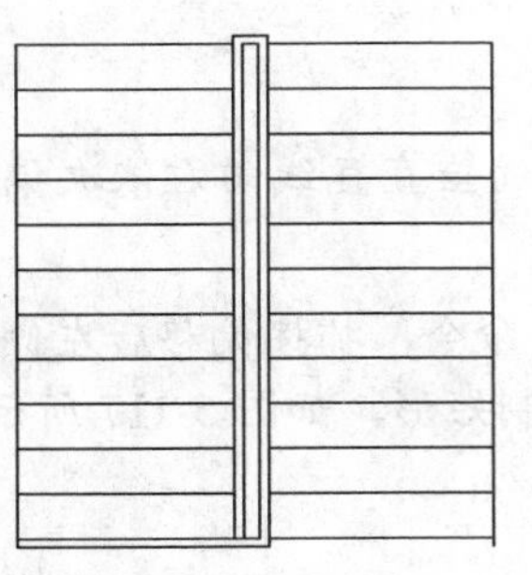

图 5-121 修剪图形

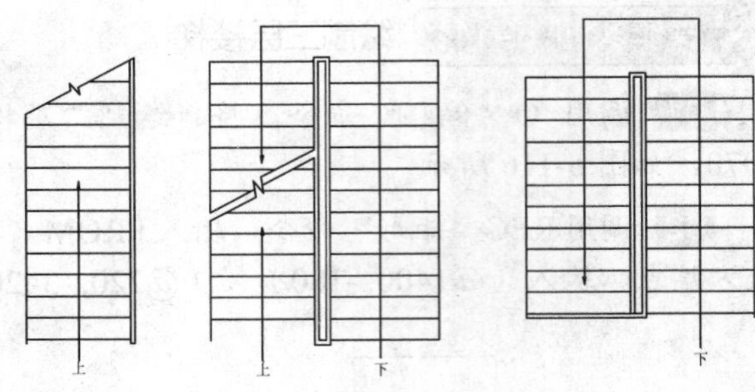

图 5-122 标注多重引线

5.4.2 绘制电梯立面

绘制电梯立面中主要运用了“矩形”命令、“分解”命令、“偏移”命令、“多段线”命令和“复制”命令等。如图 5-123 所示为电梯立面。

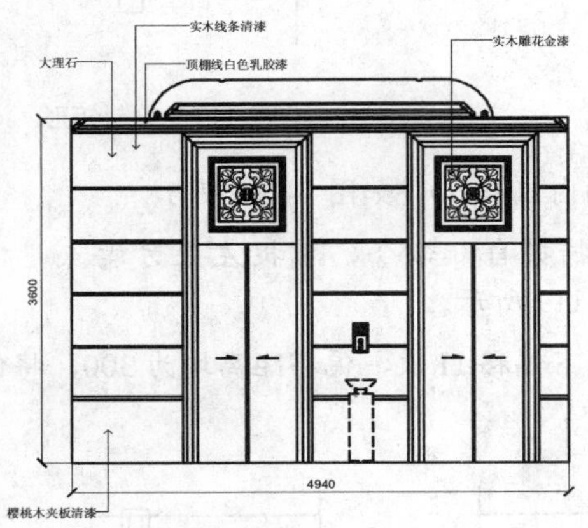

图 5-123 电梯立面

图 5-124 绘制矩形

操作实训 5-12：绘制电梯立面

01 调用 REC“矩形”命令，在绘图区中任意捕捉一点，输入（@4940, -3600），绘制矩形对象，如图 5-124 所示。

02 调用 X“分解”命令，分解新绘制的矩形；调用 O“偏移”命令，将矩形上方的水平直线向下依次偏移 15、57、33、34.5、10.5、565、20、530、20、530、20、530、20、515、31、4，如图 5-125 所示。

03 调用 PL“多段线”命令，输入 FROM“捕捉自”命令，捕捉图形的左上方端点，依次输入（@105, 0）、（@45, 0）、（@0, -15）、（@-7.5, 0）、A、S、（@-12, -5）、（@-6, -11.5）、S、（@-5.8, -11.8）、（@-12.2, -4.7）、S、（@-16.5, -7.5）、（@-7.5, -16.5）、L、（@-10.5, 0）、（@0, -7.5）、A、S、（@-12.4, -19.3）、（@-22, -6.2）、L、（@0, -9）、A、S、（@-11.8, -6.3）、（@-5.3, -12.3）、S、（@-1.9, -5）、（@-4.9, -1.9）、L、（@0, -10.5）、（@-13.5, 0）、（@0, 45）、（@105, 105），绘制多段线对象，如图 5-126 所示。

图 5-125　偏移图形

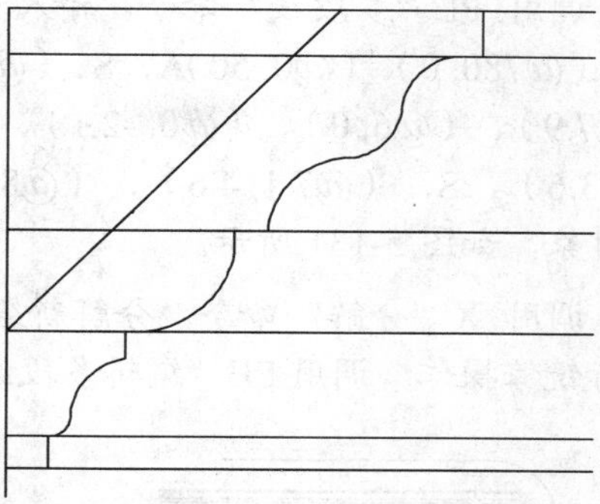

图 5-126　绘制多段线

04 调用 O“偏移”命令，将矩形上方的水平直线向上依次偏移 10.5、34.5、33、57、15，如图 5-127 所示。

05 调用 CO“复制”命令，选择多段线为复制对象，捕捉左上方端点为基点，输入（@930, 150），复制图形，如图 5-128 所示。

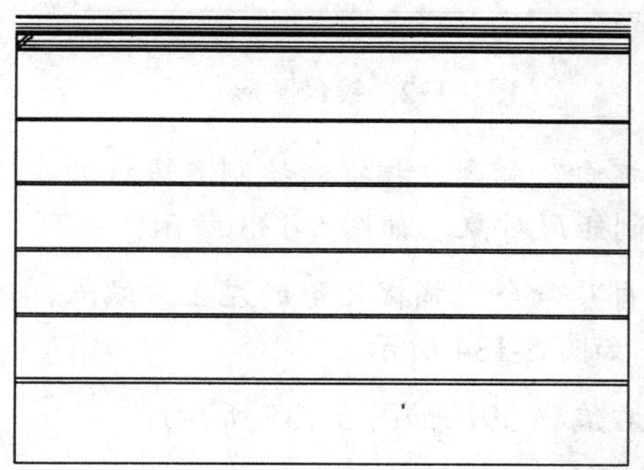

图 5-127　偏移图形

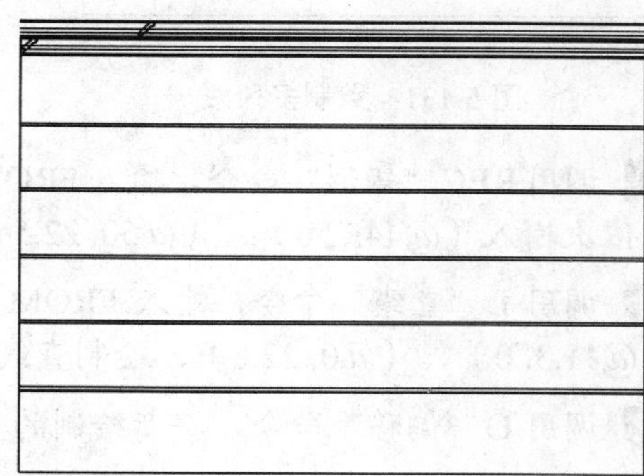

图 5-128　复制图形

06 调用 MI“镜像”命令，选择合适的图形将其进行镜像操作，如图 5-129 所示。

07 绘制电梯立面轮廓。调用 TR“修剪”命令，修剪多余的图形，如图 5-130 所示。

图 5-129　镜像图形

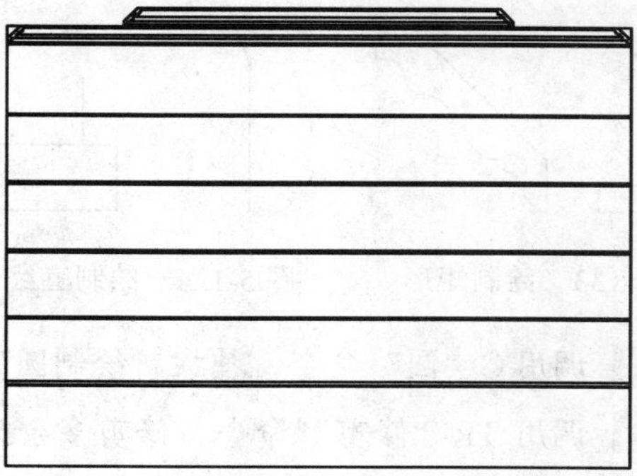

图 5-130　修剪图形

08 调用 PL“多段线”命令，输入 FROM“捕捉自”命令，捕捉图形的左上方端点，依次输入(@780, 0)、(@0, 50)A、S、(@191.7, 258.3)、(@308.3, 91.7)、L、(@202.8, 0)、(@0, -17.9)、(@6, 0)、(@0, -2.1)、(@15.9, 0)、(@0, 2.1)、A、S、(@6.8, 1.1)、(@5.9, 3.6)、S、(@7.1, 4.6)、(@8.2, 2.1)、L、(@0, 6.5)、(@1904.3, 0)，绘制多段线对象，如图 5-131 所示。

09 调用 X“分解”命令，分解新绘制的多段线；调用 MI“镜像”命令，选择合适的图形进行镜像操作；调用 PE“编辑多段线”命令，合并多段线，如图 5-132 所示。

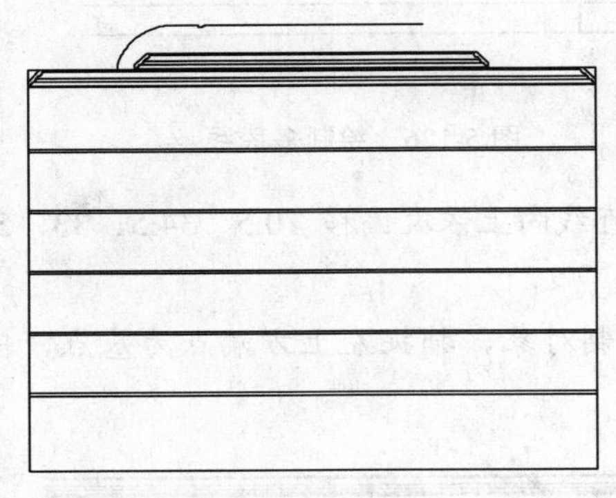

图 5-131　绘制多段线　　图 5-132　镜像图形

10 调用 REC“矩形”命令，输入 FROM“捕捉自”命令，捕捉新绘制多段线的左下方端点，依次输入(@44.7, 0)、(@60, 22.5)，绘制矩形对象，如图 5-133 所示。

11 调用 L“直线”命令，输入 FROM“捕捉自”命令，捕捉矩形的左上方端点，依次输入(@11.3, 0)、(@0, 22.8)，绘制直线对象，如图 5-134 所示。

12 调用 O“偏移”命令，将新绘制的直线向右偏移 39，如图 5-135 所示。

13 调用 C“圆”命令，捕捉合适的直线的上端点，通过两点绘制圆，如图 5-136 所示。

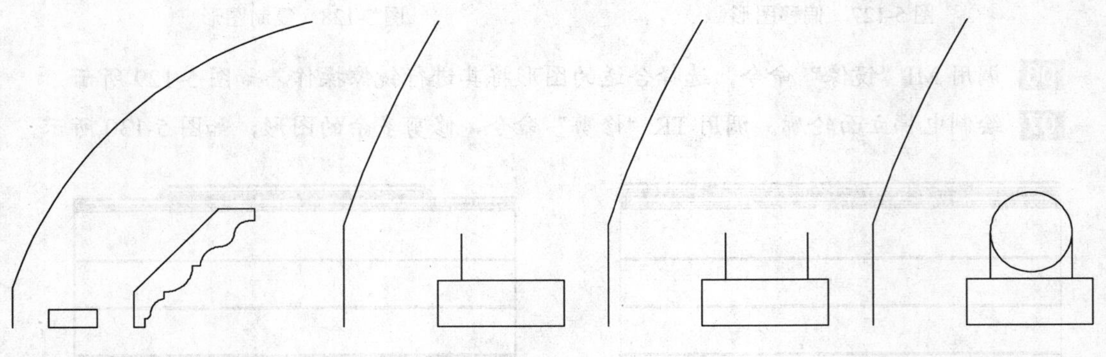

图 5-133　绘制矩形　　图 5-134　绘制直线　　图 5-135　偏移图形　　图 5-136　绘制圆

14 调用 C“圆”命令，捕捉新绘制圆的圆心点，绘制半径为 16 的圆，如图 5-137 所示。

15 调用 TR“修剪”命令，修剪多余的图形，如图 5-138 所示。

16 调用 L“直线”命令，依次捕捉合适的端点，绘制两条相互垂直的直线，如图 5-139 所示。

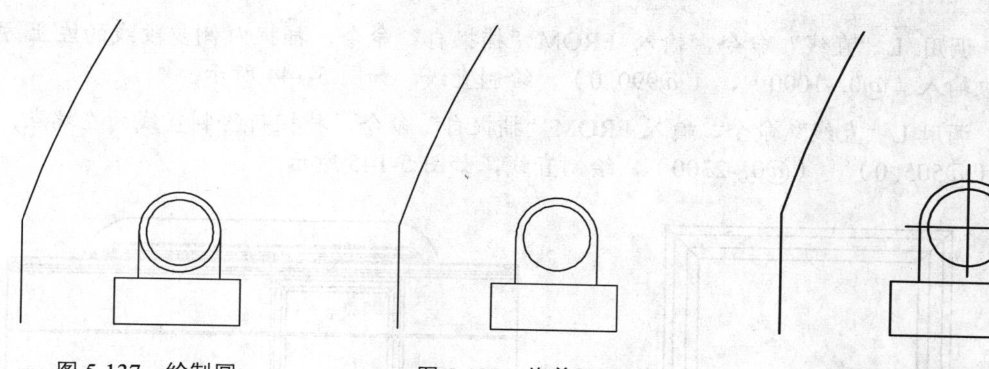

图 5-137　绘制圆　　图 5-138　修剪图形　　图 5-139　绘制直线

17 调用 MI“镜像”命令，选择合适的图形，将其进行镜像操作，如图 5-140 所示。

18 调用 PL“多段线”命令，输入 FROM“捕捉自”命令，捕捉图形的左下方端点，依次输入（@1100, 0）、（@0, 3450）、（@1290, 0）、（@0, -3450），绘制多段线，如图 5-141 所示。

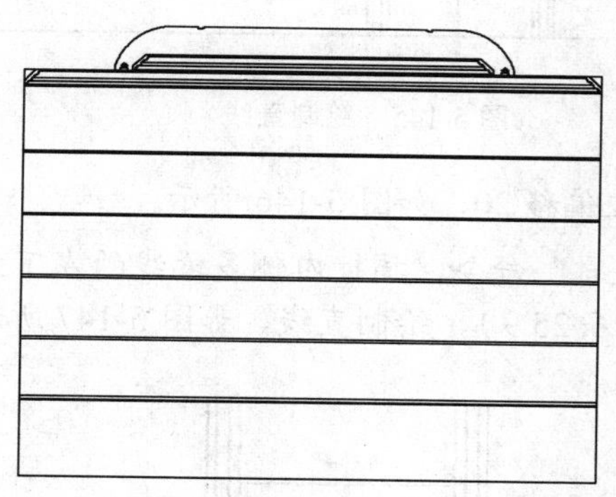

图 5-140　镜像图形

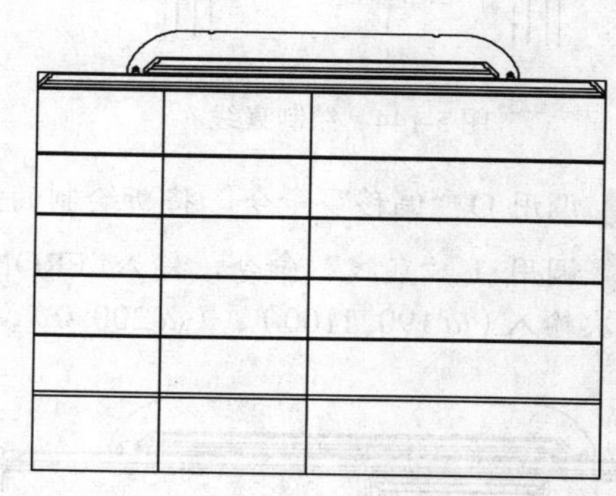

图 5-141　绘制多段线

19 调用 O“偏移”命令，将新绘制的多段线依次向内偏移 40、60、50，如图 5-142 所示。

20 调用 L“直线”命令，依次捕捉合适的端点，连接直线，如图 5-143 所示。

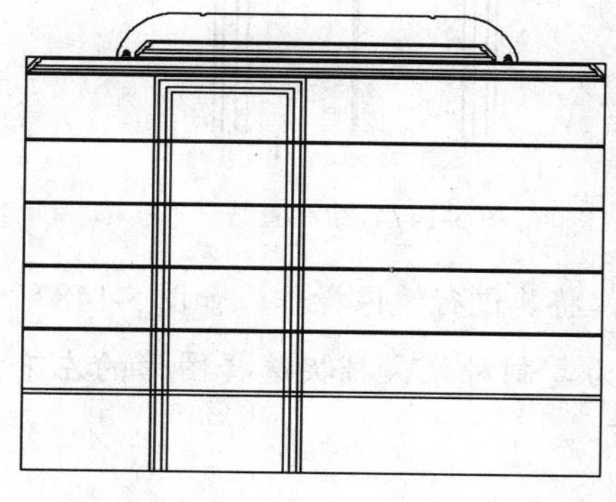

图 5-142　偏移图形

图 5-143　连接直线

21 调用 L“直线”命令，输入 FROM“捕捉自”命令，捕捉内侧多段线的左上方端点，依次输入（@0, -1000）、（@990, 0），绘制直线，如图 5-144 所示。

22 调用 L“直线”命令，输入 FROM“捕捉自”命令，捕捉新绘制直线的左端点，依次输入（@505, 0）、（@0, -2300），绘制直线，如图 5-145 所示。

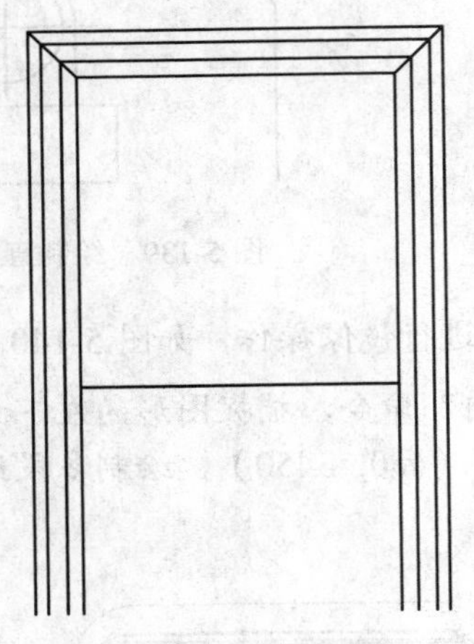
图 5-144　绘制直线

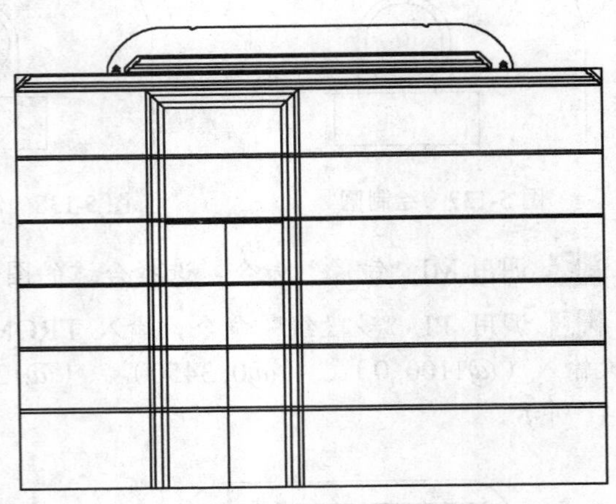
图 5-145　绘制直线

23 调用 O“偏移”命令，将新绘制的直线向左偏移 20，如图 5-146 所示。

24 调用 L“直线”命令，输入 FROM“捕捉自”命令，捕捉内侧多段线的左下方端点，依次输入（@190, 1100）、（@200, 0）、（@-96.6, 25.9），绘制直线，如图 5-147 所示。

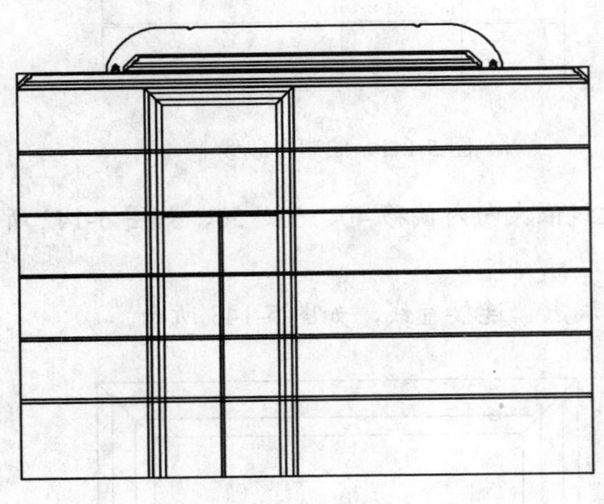
图 5-146　偏移图形

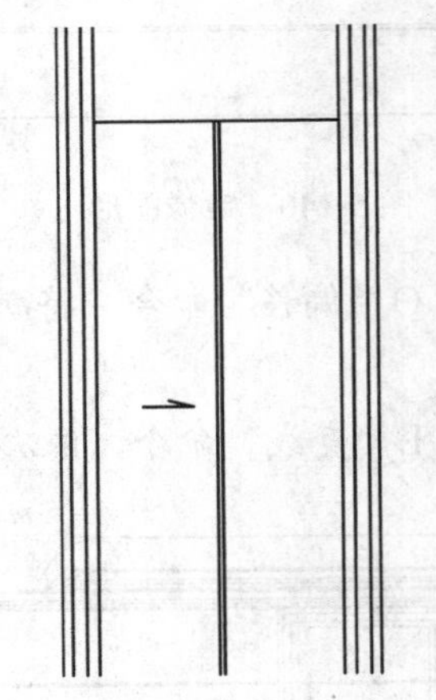
图 5-147　绘制直线

25 调用 MI“镜像”命令，选择新绘制的直线，将其进行镜像操作，如图 5-148 所示。

26 调用 CO“复制”命令，选择合适的图形为复制对象，捕捉选择图形的左下方端点，输入（@2250, 0），复制图形，如图 5-149 所示。

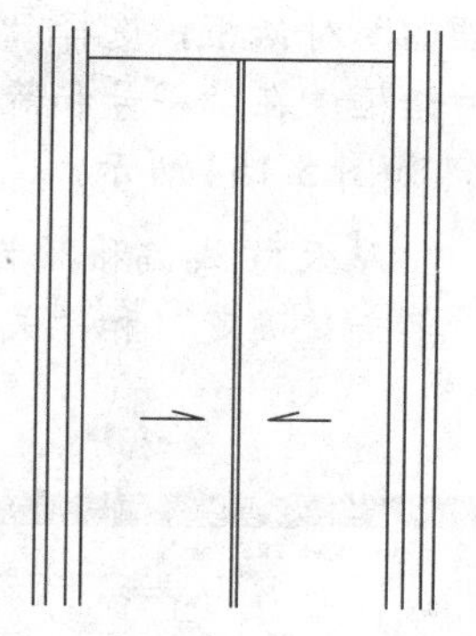

图 5-148　镜像图形

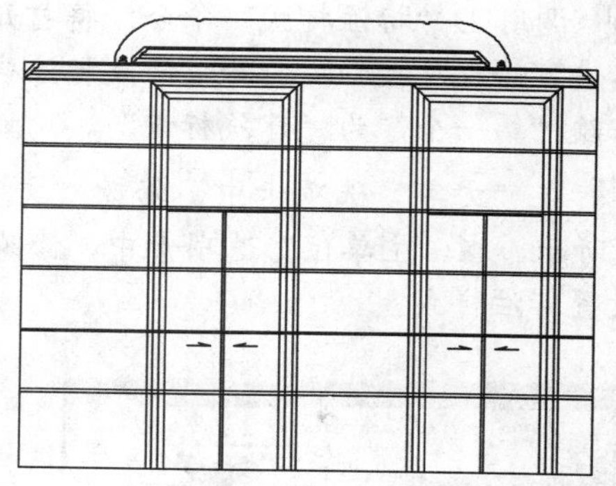

图 5-149　复制图形

27 调用 I“插入”命令，打开“插入”对话框，单击“浏览”按钮，如图 5-150 所示。

28 打开“选择图形文件”对话框，选择合适的图形文件，如图 5-151 所示。

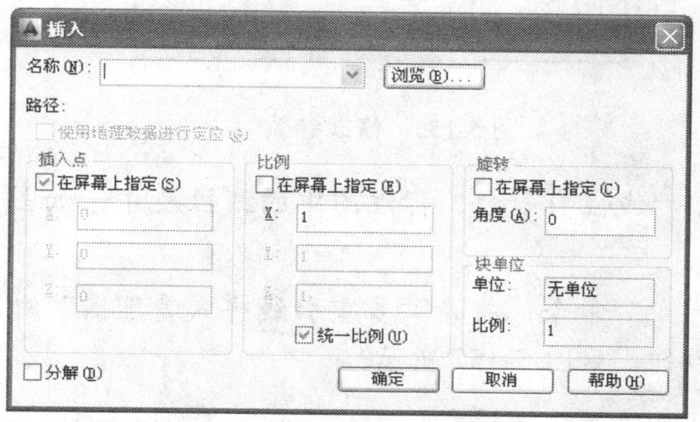

图 5-150　单击“浏览”按钮

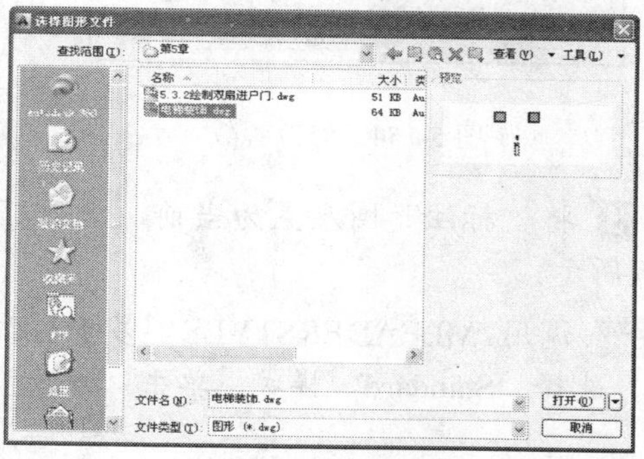

图 5-151　选择合适的图形文件

29 依次单击“打开”和“确定”按钮，在绘图区的任意位置，单击鼠标，即可插入图块；调用 M“移动”命令，移动插入的图块，如图 5-152 所示。

30 调用 TR“修剪”命令，修剪多余的图形；调用 E“删除”命令，删除多余的图形，效果如图 5-153 所示。

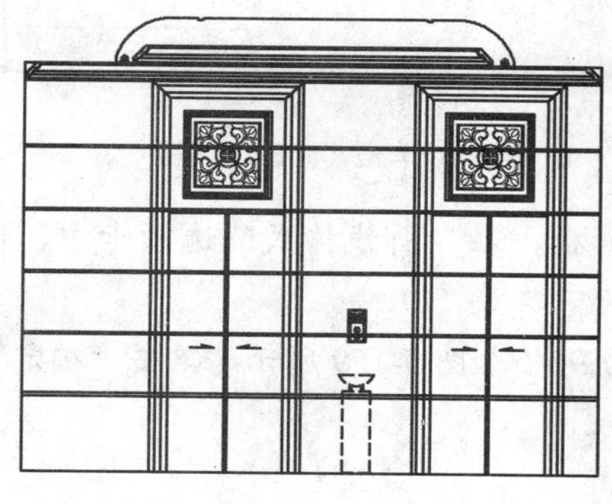

图 5-152　插入图块效果

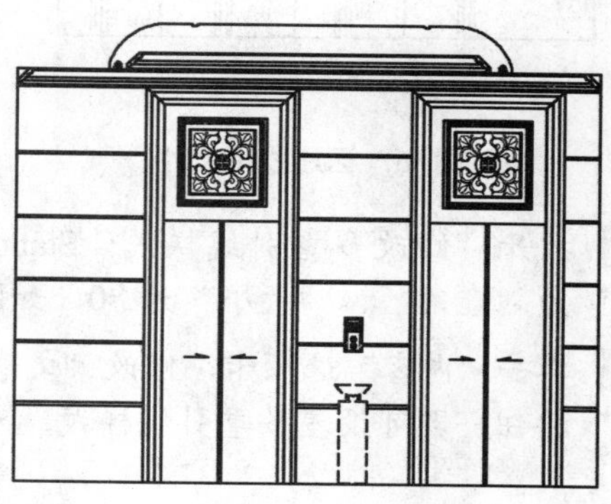

图 5-153　修剪并删除图形

31 调用 D“标注样式”命令，将打开“标注样式管理器”对话框，选择“ISO-25”样式，单击“修改”按钮，打开“修改标注样式：ISO-25”对话框，在“符号和箭头”选项卡中，修改“第一个”为“建筑标记”、“箭头大小”为 90，如图 5-154 所示。

32 在“文字”选项卡中，修改“文字高度”为 90、“从尺寸线偏移”为 45，如图 5-155 所示，在“主单位”选项卡中，修改“精度”为 0，单击“确定”和“关闭”按钮，即可设置标注样式。

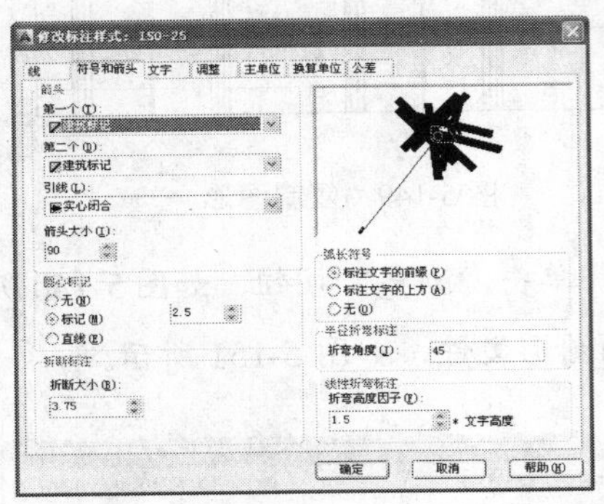

图 5-154　修改参数

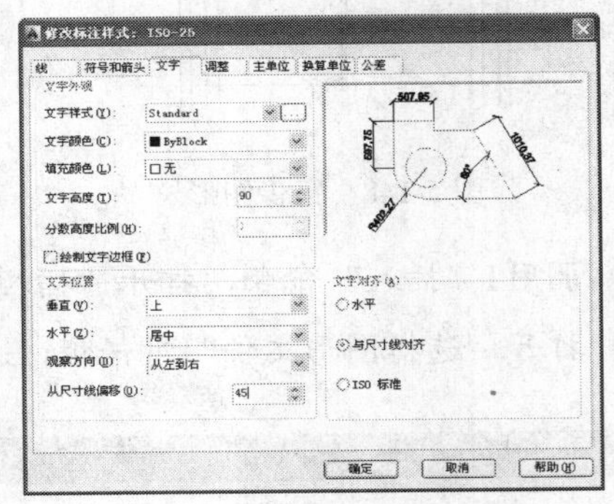

图 5-155　修改参数

33 将“标注”图层置为当前，调用 DLI“线性”命令，标注图中的线性尺寸，如图 5-156 所示。

34 调用 MLEADERSTYLE“多重引线样式”命令，打开“多重引线样式管理器”对话框，选择“Standard”样式，单击“修改”按钮，如图 5-157 所示。

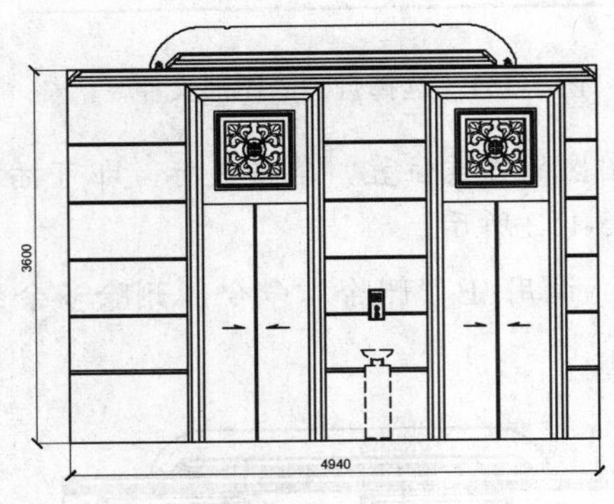

图 5-156　标注线性尺寸

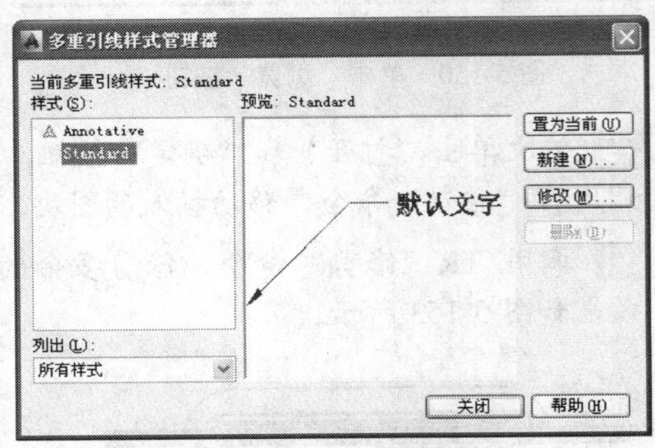

图 5-157　单击“修改”按钮

35 打开“修改多重引线样式：Standard”对话框，在“引线格式”选项卡中，修改“符号”为“直角”、“大小”为 80，如图 5-158 所示。

36 单击“内容”选项卡，修改“文字高度”为 90，如图 5-159 所示，单击“确定”和“关闭”按钮，即可设置多重引线样式。

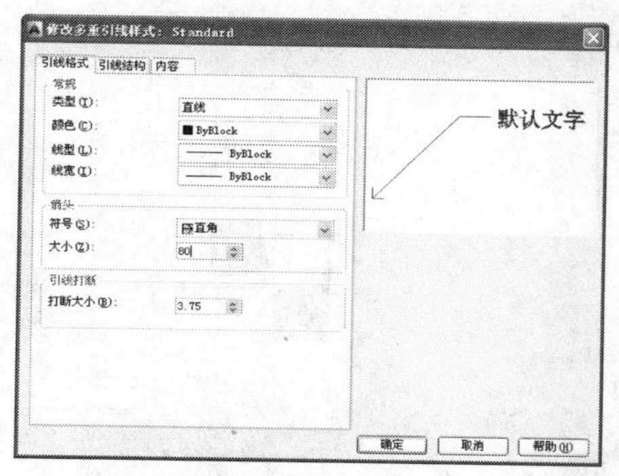

图 5-158　修改参数

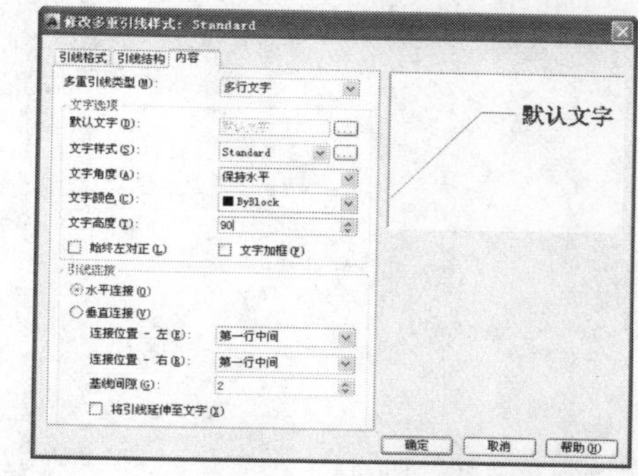

图 5-159　修改参数

37 调用 MLEADER“多重引线”命令，在图中的相应位置，标注多重引线尺寸，如图 5-160 所示。

38 重复上述方法，标注其他的多重引线尺寸，如图 5-161 所示。

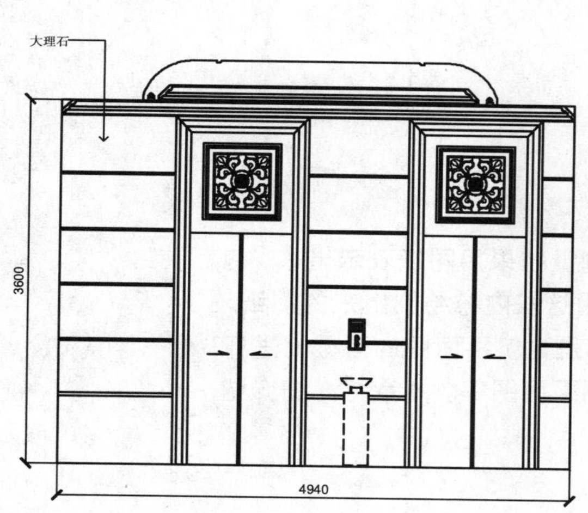

图 5-160　标注多重引线尺寸

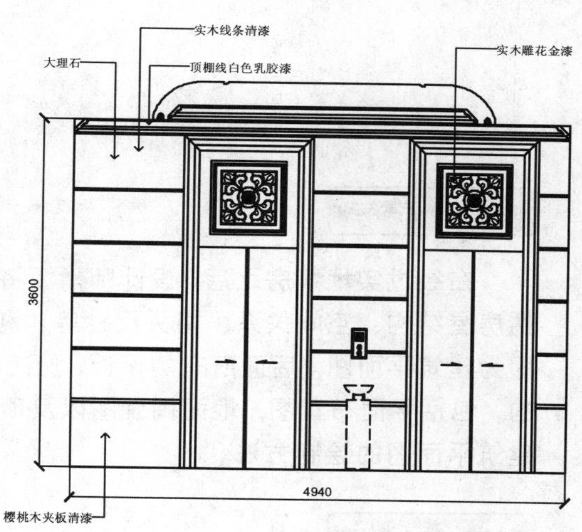

图 5-161　标注其他多重引线尺寸

第 6 章 建筑平面图绘制

室内设计

本章导读

在经过实地量房之后，设计师需要将测量结果用图纸表示出来，包括房屋结构、空间关系、相关尺寸等，利用这些内容绘制出来的图纸，即为建筑平面图。后面所有的设计、施工都是建筑平面图的基础上进行的，包括平面布置图、地面铺装图以及顶棚平面图等。本章将详细介绍建筑平面图的绘制方法。

精彩看点

- 建筑平面图基础认识
- 绘制小户型建筑平面图
- 绘制两居室建筑平面图
- 绘制三居室建筑平面图
- 绘制办公室建筑平面图

6.1 建筑平面图基础认识

建筑平面图是室内施工图的基础，在绘制建筑平面图之前，首先需要对建筑平面图有个基本的认识，如了解建筑平面图的形成以及画法等。

6.1.1 建筑平面图的形成

建筑平面图是室内施工图的基本样图，它是假想用一个水平面沿建筑物窗台上位置进行水平剖切，再利用正投影的原理得到的图形，在剖切图形时，只剖切建筑物墙体、柱体部分，而不剖切家具、家电、陈设等物品，且需要完整画出其顶面的正投影。

6.1.2 建筑平面图的内容

建筑平面图中包含有以下内容：

➢ 定位轴线、墙体以及组成房间的名称和尺寸。
➢ 门窗位置、楼梯位置以及阳台位置。

6.1.3 建筑平面图的画法

下面将介绍建筑平面图的绘制方法。

➢ 绘制定位轴线和墙体对象。
➢ 绘制门窗洞口。
➢ 绘制门窗、阳台图形
➢ 在建筑平面图中添加尺寸标注和图名。

6.2 绘制小户型建筑平面图

绘制小户型建筑平面图中主要运用了“直线”命令、“偏移”命令、“多线”命令、“圆”命令和“矩形”命令等。如图 6-1 所示为小户型建筑平面图。

6.2.1 小户型概念

所谓小户型其实是一个模糊的概念，它的面积标准通常也是不同的：北京 30 ~ 50 m^2；上海 60 ~ 70m^2；福州 60 m^2 左右；广州 50 ~ 60 m^2；而日本的东京、香港的中环，面积多在 40 m^2 左右。对于小户型的面积没有一个明确的鉴定标准，简单一句话，小户型就是浓缩版的大户型。

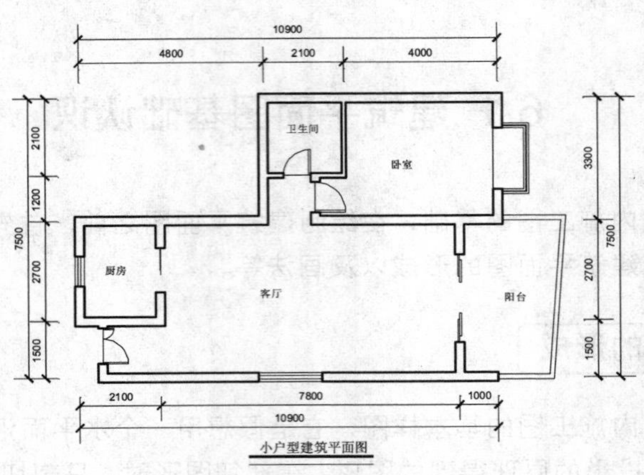

图 6-1　小户型建筑平面图

小户型具有以下 4 个优点：

- 配套完善："服务于都市白领"的市场定位，决定了小户型较集中的项目大都毗邻商务中心区，这是因为现代年轻人在高负荷的工作之余，对住宅的要求首先是便捷性，其中包括交通的便捷，商业的便捷，以及休闲的便捷，简而言之，就是工作与生活的切换要迅速。
- 成本低廉：现代小家庭对于住宅的要求是：不仅要买得起，还要住得起。这其中既包含了前期购房费用，如购房款、契税，维修基金等，也包含了后期居住的运行费用，如采暖费、物业费等。这些费用主要都是依据建筑面积来核算，因此，选择小户型会使前后期居住费用降低
- 空间浓缩：简洁舒适、经济实用是现代都市年轻人对私人生活空间的理解，这中间包括了经济薄弱、家庭成员简单、日常很多活动在公共空间完成等等诸多缘由，因而对空间功能要求可以不那么齐全。某种意义上说，小户型只要设计合理，面积缩小但功能不减，仍然可以烘托出高质量的生活氛围。
- 进退自如：小户型总价相对较低，同时又属于过渡型产品，在居住上可进可退。像住了一段时间的一居室，待经济上允许，可换个大一些的二居或三居，将现有的一居投入租赁市场，利用租金还贷。相对大户型而言，精巧的一、二、三居小户型的单位面积投资回报要高一些，如果直接进入二手房交易市场，相比大户型来说，低总价也容易成交。

6.2.2 了解小户型空间设计

刚成家的年轻人的房型多以小户型为主，如何巧妙地在有限的空间中创造最大的使用小户型功能一直是人们追求的设计理念。下面将介绍几种节省空间的妙招。

1. 卧室转角做妆台

有些房型的设计不像以前那么方正，屋子中会出现不规则的转角。这部分不规则的空间十分令人头痛：摆放家具总是不适合，放任不管又浪费空间。很多人在装修时处理这种不规则空间往往都打一个衣柜了事。

但是如果卧室的转角处有窗户，所以不能用衣柜封起来，既要保证采光还要保证空间利

用的最大化，在这不规则之处因势巧妙地造了一个梳妆台。在以黑白为主色调的素雅卧室里，配上这处别具匠心的梳妆台，更加彰显主人的个性风范。而且梳妆台临窗而建，在光线充足的环境描眉打扮，除了美观之外也具有很强的实用性，如图 6-2 所示。

2. 书房书桌贴墙造

书房是体现主人文化品位的地方。但是对于一些小户型来说，书房往往是和卧室结合在一起的，而且空间有限，很难体现文化设计的理念。但是，书房也有造型和节省空间兼顾的一箭双雕之法。在书房用木板装饰的同时依势打出一个书桌，墙面装饰与书桌连成一体，在美化设计的基础上更加节省了空间。

在这种以木质感觉为装修主线的风格中，木板的大量运用营造出一种温馨的氛围，而书桌与墙面装饰的巧妙结合更进一步体现了这种风韵。书桌之上墙面的两层隔板不但可以摆放各种装饰物品，还可以放书和其他物品，美观之余，巧妙地利用了空间。

3. 客厅背景墙打柜加隔板

对于一般人来说，客厅的背景墙起到的仅仅是一个装饰的作用。所以许多人在装修的过程中都会为背景墙的设计煞费苦心。但是如何让过多强调装饰作用的背景墙具有一定的实用性呢? 不妨试试在背景墙上打几个柜子和隔板，这些墙上的额外装饰不但更加美化了客厅，抬升主人的品位，更可以在柜子和隔板中放置各种物品，起到实用的储藏收纳作用，巧妙地利用现有空间。

4. 餐厅客厅沙发相连

餐厅部分的沙发连接餐桌，桌对面再摆放两个椅子就正好组成了一个完整的就餐区域。这一天马行空的设计理念虽然应用的可能性不高，但是这种妙用空间的理念却可以给我们提供更多的灵感，效果如图 6-3 所示。

图 6-2　卧室转角做梳妆台效果

6-3　餐厅客厅沙发相连效果

6.2.3 绘制墙体

绘制墙体主要运用了“直线”命令、“偏移”命令、“多线”命令、“分解”命令、“延伸”命令和“修剪”命令。

操作实训 6-1： 绘制墙体

01 将“轴线”图层置为当前，调用 L“直线”命令，绘制一条长度为 10900 的水平直线。

02 调用L“直线”命令，捕捉新绘制水平直线的左端点，绘制一条长度为7500的垂直直线，如图 6-4 所示。

03 调用 O“偏移”命令，将新绘制的垂直直线向右依次偏移 600、1500、2700、1340、760、3000、1000，如图 6-5 所示。

04 调用 O“偏移”命令，将新绘制的水平直线向上依次偏移 1500、2700、1200、2100，效果如图 6-6 所示。

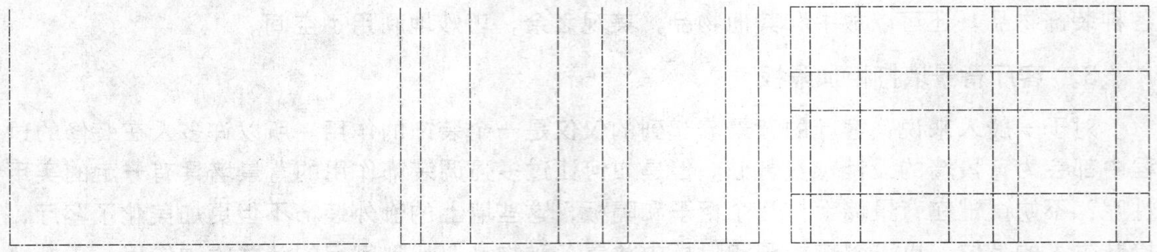

图 6-4　绘制直线　　图 6-5　偏移直线　　图 6-6　偏移直线

05 将“墙体”图层置为当前，调用 ML“多线”命令，修改比例为 240、对正为“无”，在绘图区中捕捉最下方水平轴线的相应端点，绘制多线，如图 6-7 所示。

06 重复上述方法，依次捕捉其他的端点，绘制多线，如图 6-8 所示。

图 6-7　绘制多线

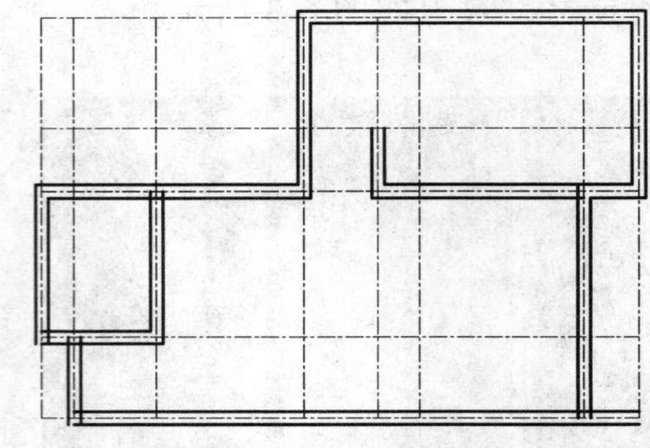

图 6-8　绘制多线

07 调用 ML“多线”命令，修改比例为 120、对正为“无”，在绘图区中捕捉相应端点，绘制多线，如图 6-9 所示。

08 调用 L“直线”命令，捕捉最下方水平多线右侧上下端点，连接直线，封闭墙体，如图 6-10 所示。

09 调用 X“分解”命令，分解所有的多线图形；调用 LAYOFF“关闭图层”命令，关闭“轴线”图层，如图 6-11 所示。

10 调用 EX“延伸”命令，延伸相应的图形；调用 TR“修剪”命令，修剪多余的图形，效果如图 6-12 所示。

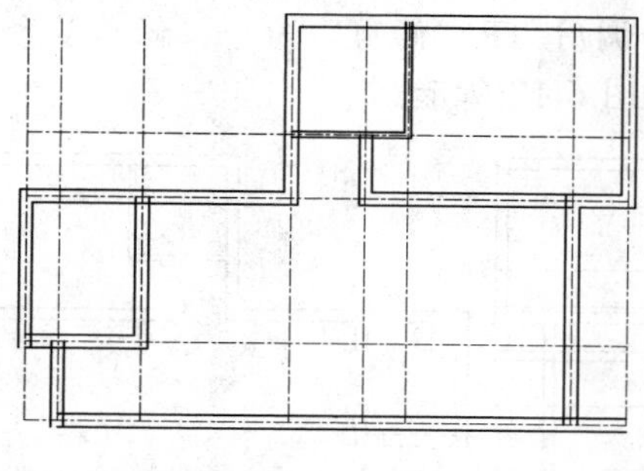
图 6-9　绘制多线

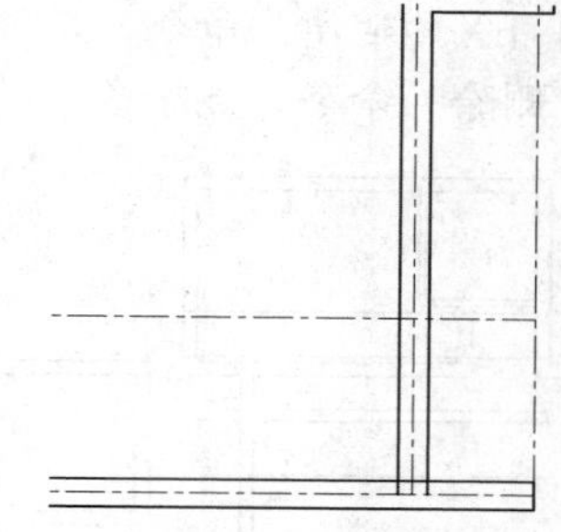
图 6-10　连接直线

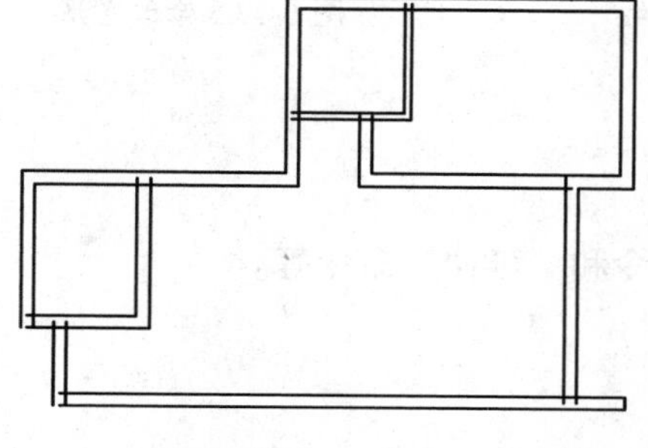
图 6-11　关闭图层效果

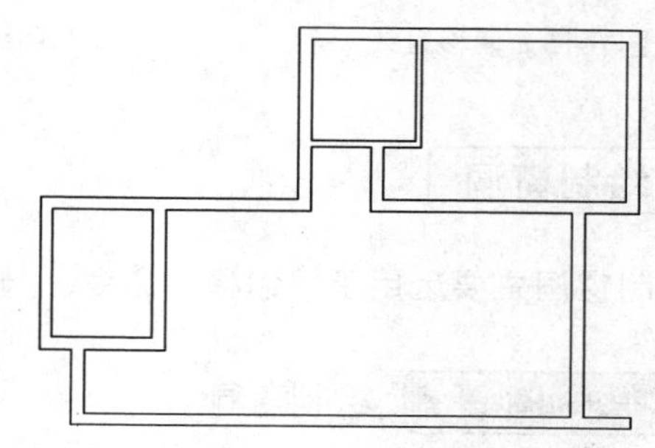
图 6-12　延伸并修剪图形

6.2.4 绘制门洞

绘制门洞主要运用了“偏移”命令、“修剪”命令和“延伸”命令等。

操作实训 6-2：绘制门洞

01 调用 O“偏移”命令，将最下方的水平直线向上偏移 501 和 940，如图 6-13 所示。

02 调用 TR“修剪”命令，修剪多余的图形，即可得到一个门洞，如图 6-14 所示。

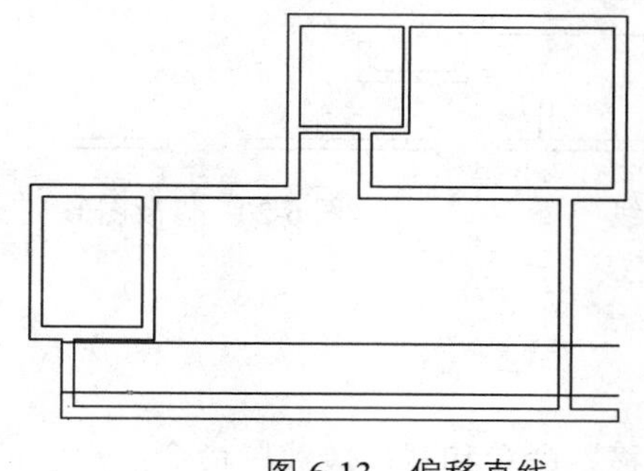
图 6-13　偏移直线

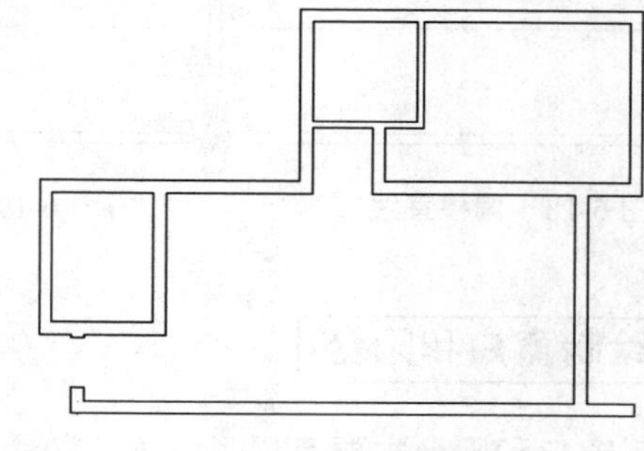
图 6-14　修剪直线

03 调用 O“偏移”命令，将最上方的水平直线向下依次偏移 2401、800、940、200、1000、1360，效果如图 6-15 所示。

04 调用 O“偏移”命令，将右上方的垂直直线向左依次偏移 5000、700，如图 6-16 所示。

05 调用 EX“延伸”命令，延伸相应的图形；调用 TR“修剪”命令，修剪多余的图形；调用 E“删除”命令，删除多余的图形，效果如图 6-17 所示。

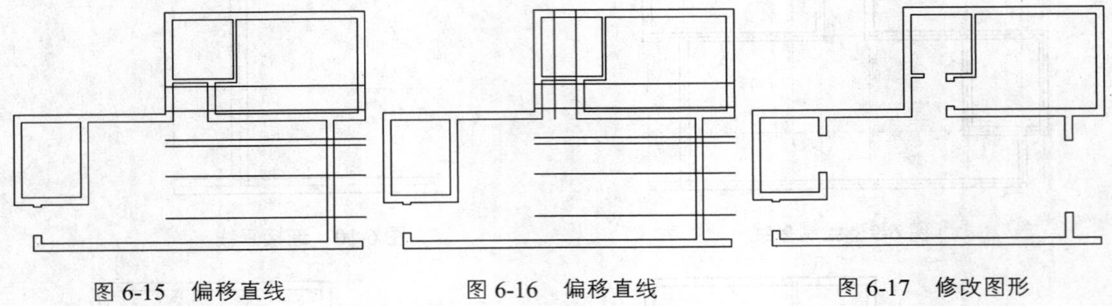

图 6-15 偏移直线　　图 6-16 偏移直线　　图 6-17 修改图形

6.2.5 绘制窗洞

绘制窗洞主要运用了“偏移”命令、“修剪”命令和“延伸”命令等。

操作实训 6-3: 绘制窗洞

01 调用 O“偏移”命令，将最下方的水平直线向上偏移 2571、800、1770、1660，如图 6-18 所示。

02 调用 O“偏移”命令，将最左侧的垂直直线向右依次偏移 4770 和 1655，如图 6-19 所示。

03 调用 EX“延伸”命令，延伸相应的图形；调用 TR“修剪”命令，修剪多余的图形；调用 E“删除”命令，删除多余的图形，效果如图 6-20 所示。

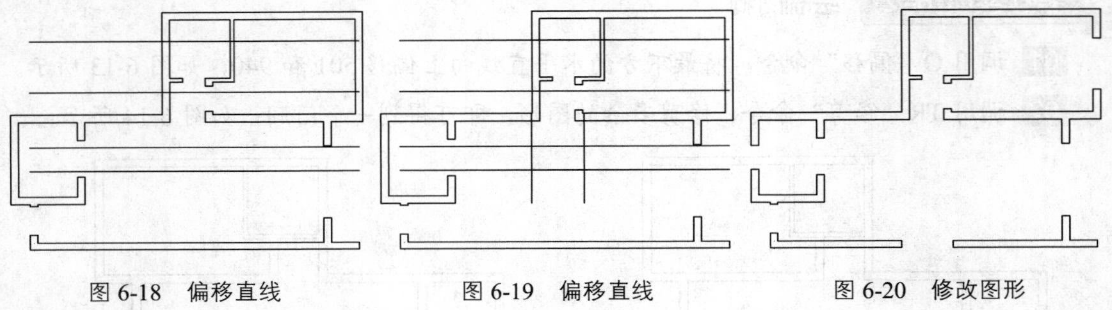

图 6-18 偏移直线　　图 6-19 偏移直线　　图 6-20 修改图形

6.2.6 绘制窗户和阳台

绘制窗户和阳台主要运用了“直线”命令、“偏移”命令和“多段线”命令。

操作实训 6-4: 绘制窗户和阳台

01 将“门窗”图层置为当前，调用 L“直线”命令，捕捉最下方修剪图形的左下方端点，绘制一条长度为 1655 的水平直线，如图 6-21 所示。

02 调用 O“偏移”命令，将新绘制的水平直线向上偏移 3 次，偏移距离均为 80，如图 6-22 所示。

03 重复上述方法，绘制其他的窗户对象，如图 6-23 所示。

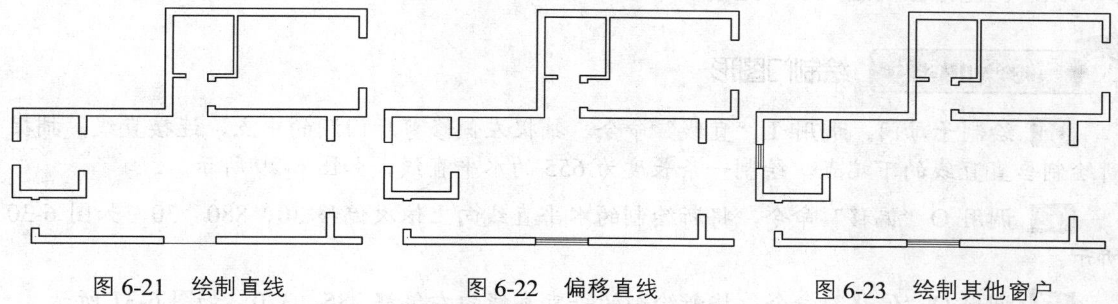

图 6-21　绘制直线　　图 6-22　偏移直线　　图 6-23　绘制其他窗户

04 调用 L“直线”命令，依次捕捉右上方墙体的上下端点，连接直线，如图 6-24 所示。

05 调用 PL“多段线”命令，输入 FROM“捕捉自”命令，捕捉右上方端点，依次输入（@0, -940）、（@560, 0）、（@0, -1660）、（@-560, 0），绘制多段线，如图 6-25 所示。

06 调用 O“偏移”命令，将新绘制的多段线依次向外偏移 50、20、50，如图 6-26 所示。

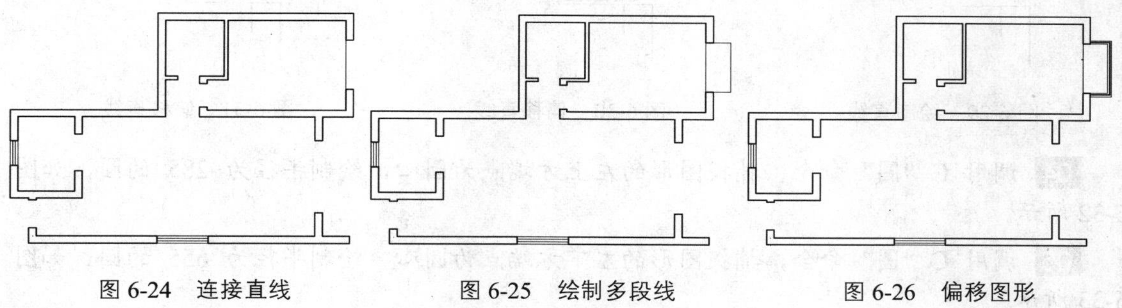

图 6-24　连接直线　　图 6-25　绘制多段线　　图 6-26　偏移图形

07 调用 PL“多段线”命令，输入 FROM“捕捉自”命令，捕捉右下方端点，依次输入（@0, 60）、（@1460, 0）、（@300, 4380）、（@-1640, 0），绘制多段线，如图 6-27 所示。

08 调用 O“偏移”命令，将新绘制的多段线向内偏移 120，如图 6-28 所示。

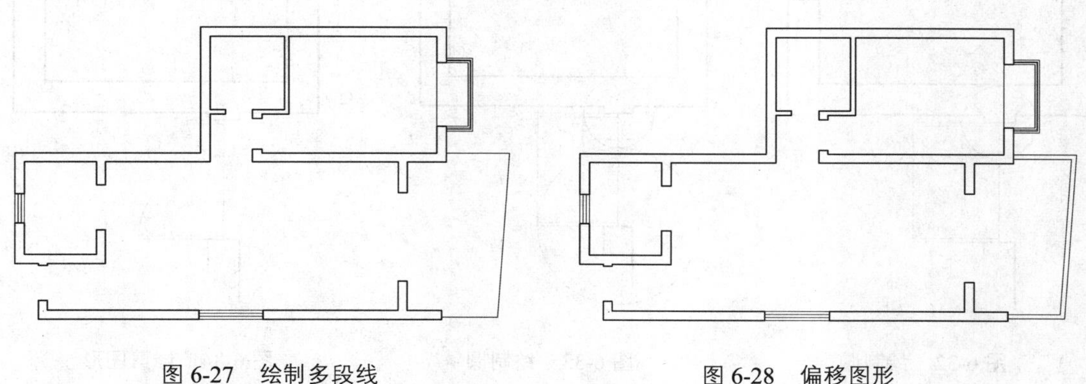

图 6-27　绘制多段线　　图 6-28　偏移图形

6.2.7 绘制门图形

绘制门图形主要运用了“直线”命令、“偏移”命令、“圆”命令和“矩形”命令等。

操作实训 6-5: 绘制门图形

01 绘制子母门。调用 L“直线”命令，捕捉左侧修剪后门洞的中点，连接直线，捕捉新绘制垂直直线的下端点，绘制一条长度为 655 的水平直线，如图 6-29 所示。

02 调用 O“偏移”命令，将新绘制的水平直线向上依次偏移 30、880、30，如图 6-30 所示。

03 调用 O“偏移”命令，将新绘制的垂直直线向右偏移 285、370，如图 6-31 所示。

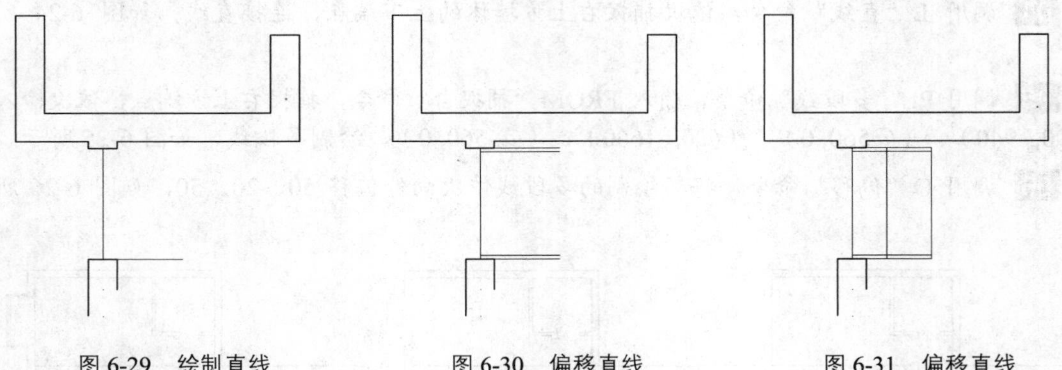

图 6-29 绘制直线　　图 6-30 偏移直线　　图 6-31 偏移直线

04 调用 C“圆”命令，捕捉图形的左上方端点为圆心，绘制半径为 285 的圆，如图 6-32 所示。

05 调用 C“圆”命令，捕捉图形的左下方端点为圆心，绘制半径为 655 的圆，如图 6-33 所示。

06 调用 TR“修剪”命令，修剪多余的图形；调用 E“删除”命令，删除多余图形，如图 6-34 所示。

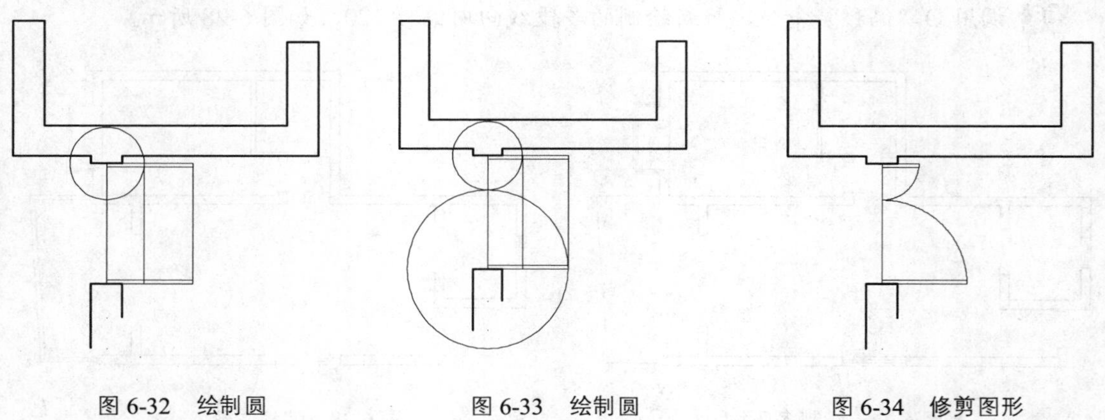

图 6-32 绘制圆　　图 6-33 绘制圆　　图 6-34 修剪图形

07 调用 L“直线”命令，捕捉相应墙体的左侧中点，输入（@700, 0）、（@0, 700），绘制两条直线，如图 6-35 所示。

08 调用 O“偏移”命令，将新绘制的水平直线向上偏移 700，将新绘制的垂直直线向左偏移 45，如图 6-36 所示。

09 调用 C“圆”命令，捕捉新绘制水平直线的左端点为圆心，绘制半径为 700 的圆，如图 6-37 所示。

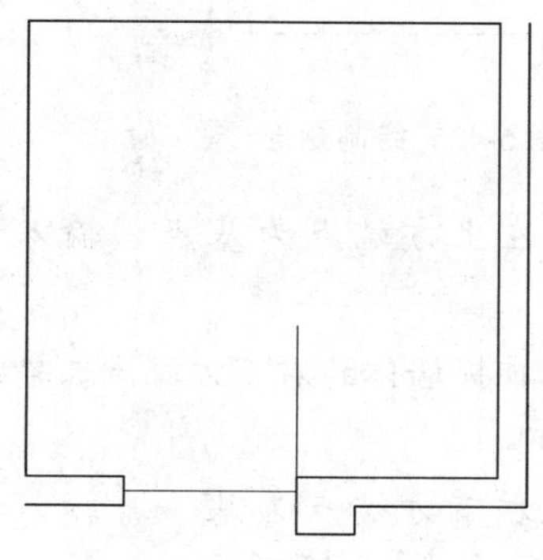

图 6-35　绘制直线

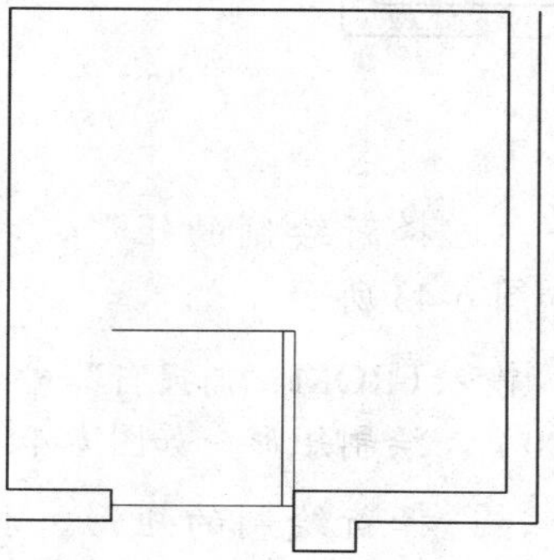

图 6-36　偏移图形

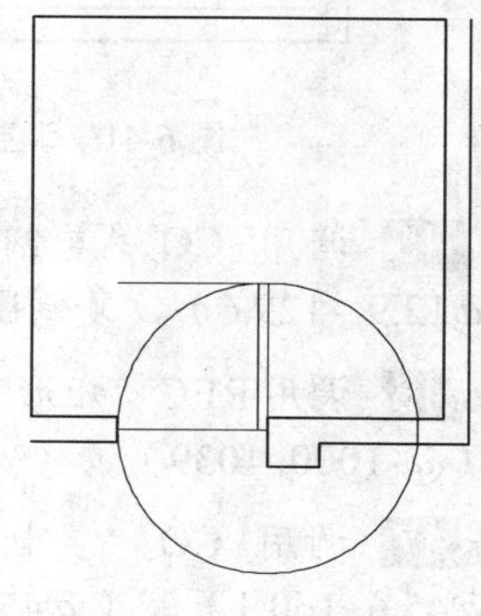

图 6-37　绘制圆

10 调用 TR“修剪”命令，修剪多余的图形，如图 6-38 所示。

11 调用 I“插入”命令，打开“插入”对话框，单击“浏览”按钮，打开“选择图形文件”对话框，选择“门 2”图形文件，如图 6-39 所示。

12 依次单击“打开”和“确定”按钮，在绘图区的任意位置，单击鼠标，即可插入图块；调用 M“移动”命令，移动插入的图块，如图 6-40 所示。

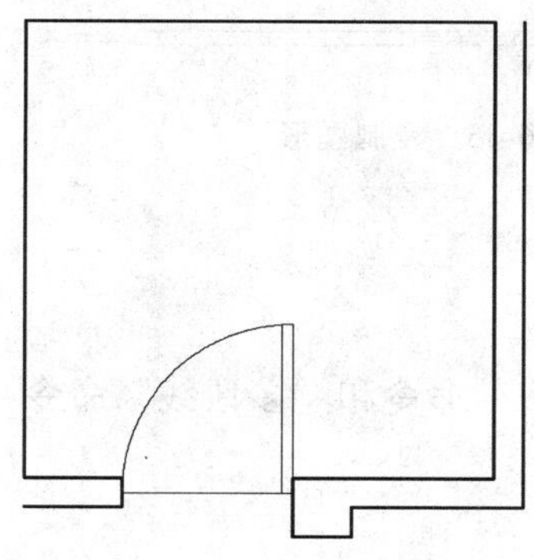

图 6-38　修剪图形

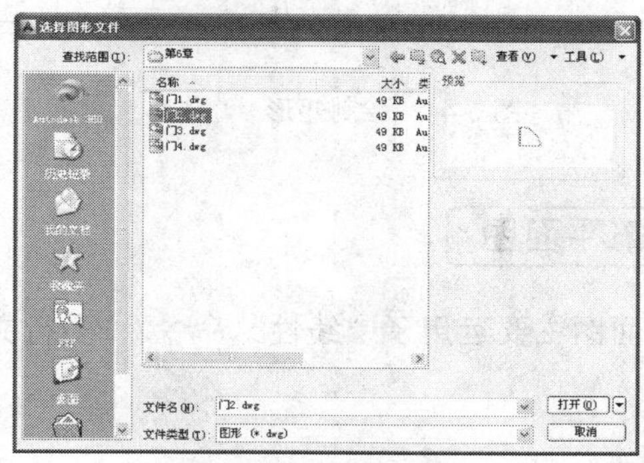

图 6-39　绘制直线

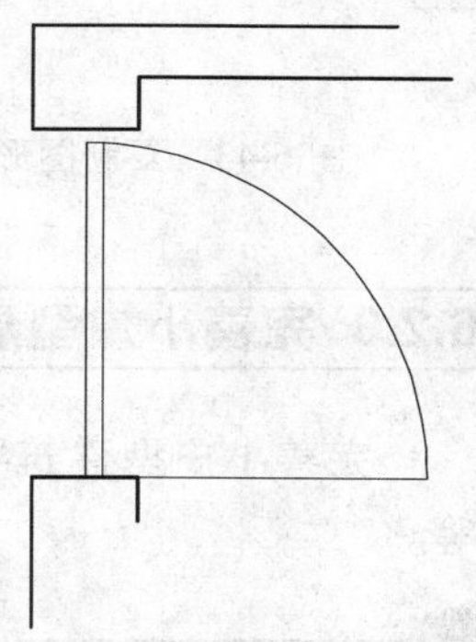

图 6-40　插入图块效果

13 调用 RO“旋转”命令、MI“镜像”命令、M“移动”命令，调整插入后的图块，效果如图 6-41 所示。

14 绘制厨房推拉门。调用 REC“矩形”命令，输入 FROM“捕捉自”命令，捕捉左侧合适的端点，输入（@2208, -841）、（@12, -588），绘制矩形，如图 6-42 所示。

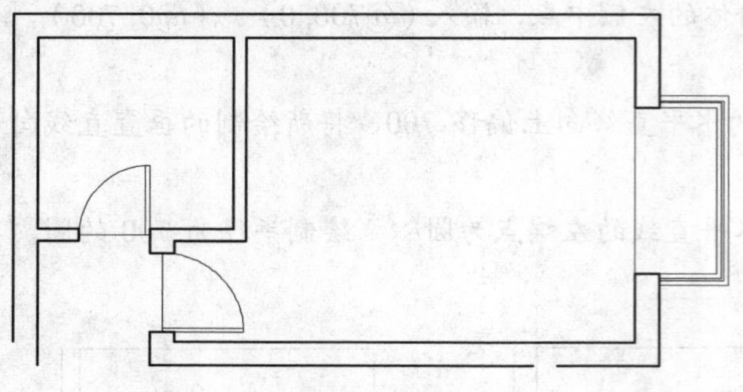

图 6-41　调整图形

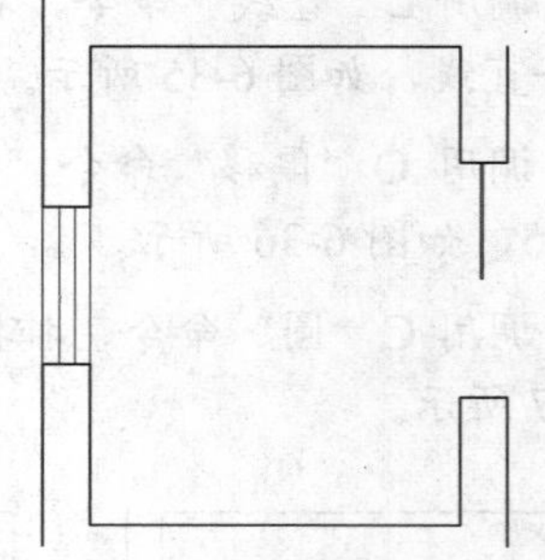

图 6-42　绘制矩形

15 调用 CO“复制”命令，选择新绘制的矩形，捕捉左上方端点为基点，输入（@12.9, -129.6），复制图形，如图 6-43 所示。

16 调用 REC“矩形”命令，输入 FROM“捕捉自”命令，捕捉墙体的右下方端点，输入（@-1000, 1039）、（@-45, 600），绘制矩形，如图 6-44 所示。

17 调用 CO“复制”命令，选择新绘制的矩形，捕捉右下方端点为基点，输入（@45.6, 160.1）、（@45.6, 1599.9）、（@0, 1760），复制图形，如图 6-45 所示。

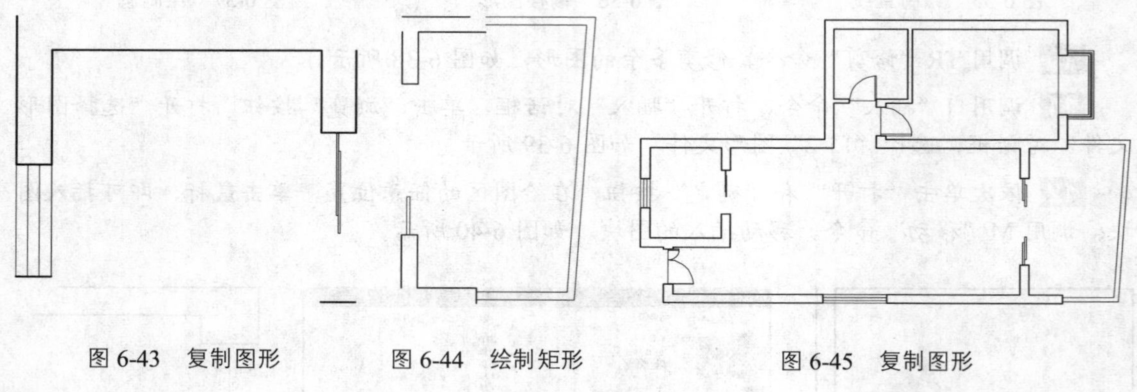

图 6-43　复制图形　　图 6-44　绘制矩形　　图 6-45　复制图形

6.2.8 完善小户型建筑平面图

完善小户型建筑平面图主要运用了“线性”命令、“多行文字”命令和“多段线”命令等。

操作实训 6-6：完善小户型建筑平面图

01 调用 D“标注样式”命令，打开“标注样式管理器”对话框，选择“ISO-25”样式，修改各参数。

02 将“标注”图层置为当前，显示“轴线”图层，调用 DLI“线性”命令，捕捉最上方轴线的相应左右端点，标注线性尺寸，如图 6-46 所示。

03 重复上述方法，标注其他线性尺寸，并隐藏“轴线”图层，如图 6-47 所示。

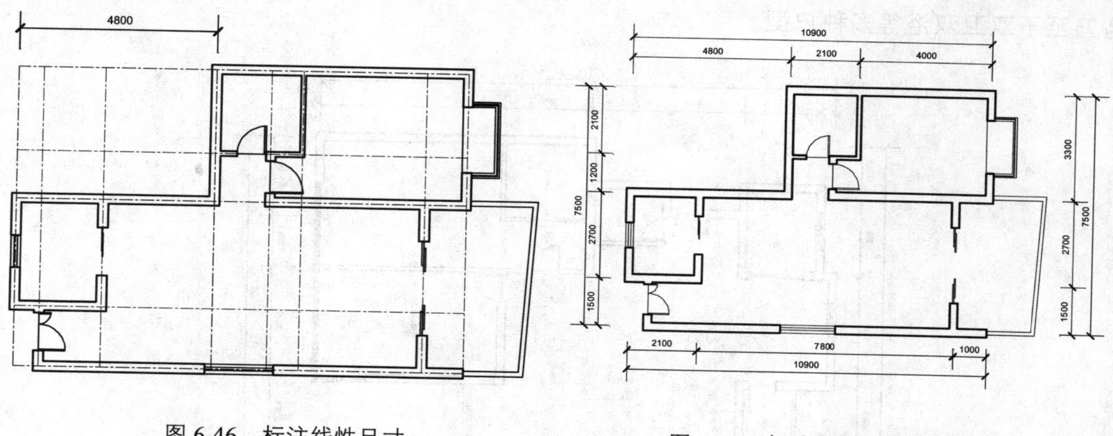

图 6-46 标注线性尺寸

图 6-47 标注其他线性尺寸

04 调用 MT“多行文字”命令，修改“文字高度”为 200 和 250，在绘图区中的相应位置，创建文字对象，如图 6-48 所示。

05 绘制图名。调用 L“直线”和 PL“多段线”命令，在绘图区相应位置，绘制一条宽度为 50 的多段线和一条直线，如图 6-49 所示。

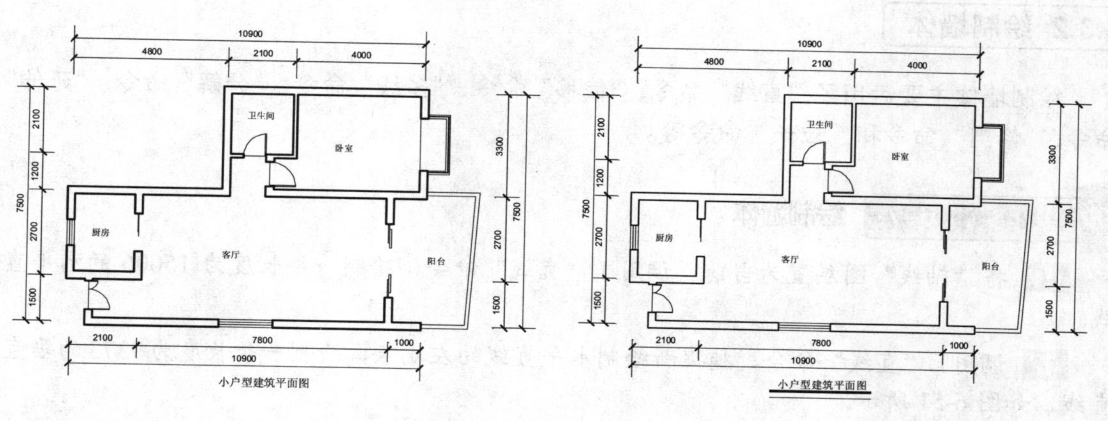

图 6-48 创建文字对象

图 6-49 绘制直线和多段线

6.3 绘制两居室建筑平面图

绘制两居室建筑平面图中主要运用了“直线”命令、“偏移”命令、“多线”命令、“圆”命令和“矩形”命令等。如图 6-50 所示为两居室建筑平面图。

6.3.1 了解两居室概念

两居室泛指拥有两个卧室的房间，是一种经常采用的主体户型样式。在国内，20 世纪 80 年代早期的两居室，一般仅含有卫浴及客厅。自 90 年代以后，逐渐增加了饭厅、分离卫浴乃至于双卫双浴等多种户型。

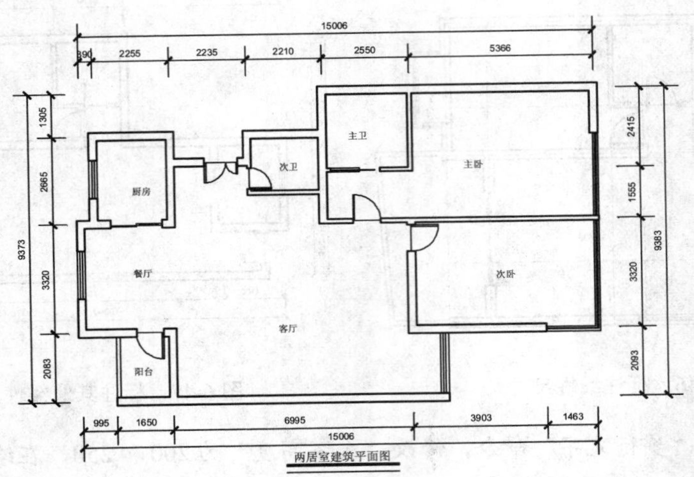

图 6-50　两居室建筑平面图

6.3.2 绘制墙体

绘制墙体主要运用了“直线”命令、“偏移”命令、“多线”命令、“分解”命令、“延伸”命令、“修剪”命令和“拉长”命令等。

操作实训 6-7：绘制墙体

01 将“轴线”图层置为当前，调用 L“直线”命令，绘制一条长度为 15006 的水平直线。

02 调用 L“直线”命令，捕捉新绘制水平直线的左端点，绘制一条长度为 9373 的垂直直线，如图 6-51 所示。

03 调用 O“偏移”命令，将新绘制的垂直直线向右依次偏移 390、605、1650、2235、2210、2550、3903、1463，如图 6-52 所示。

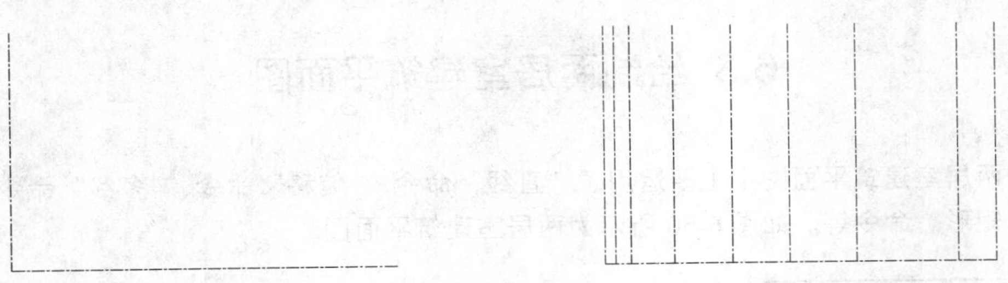

图 6-51　绘制直线　　　　图 6-52　偏移直线

04 调用 O“偏移”命令，将新绘制的水平直线向上依次偏移 2083、3320、900、655、285、825、1305，如图 6-53 所示。

05 将“墙体”图层置为当前，调用 ML“多线”命令，修改比例为 240、对正为“无”，在绘图区中捕捉最下方水平轴线的相应端点，绘制一条长度为 9690 的水平多线，如图 6-54 所示。

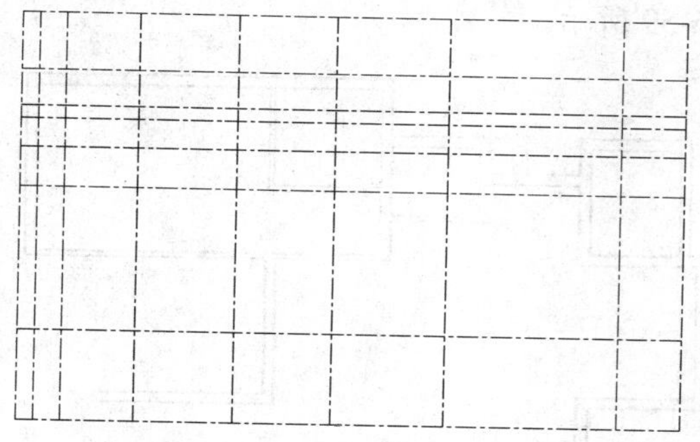

图 6-53 偏移直线

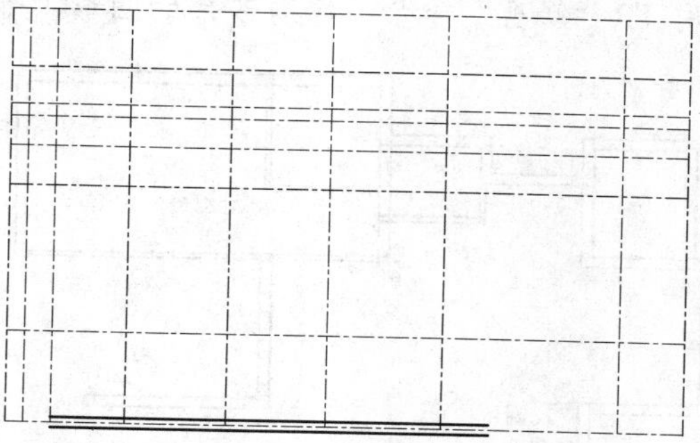

图 6-54 绘制多线

06 重复上述方法，依次捕捉其他相应的端点，绘制多线，如图 6-55 所示。

07 调用 ML“多线”命令，修改比例为 120、对正为“上”，在绘图区中依次捕捉相应的端点，绘制一条长度为 880 的垂直多线，如图 6-56 所示。

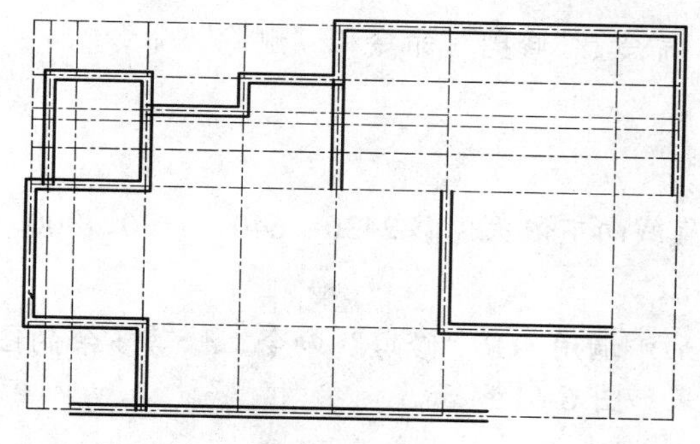

图 6-55 绘制多线

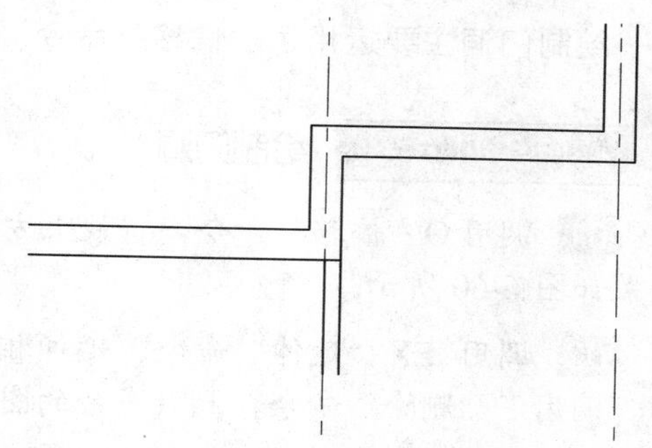

图 6-56 绘制多线

08 调用 ML“多线”命令，修改比例为 120、对正为“无”，在绘图区中依次捕捉相应的端点，绘制多线，如图 6-57 所示。

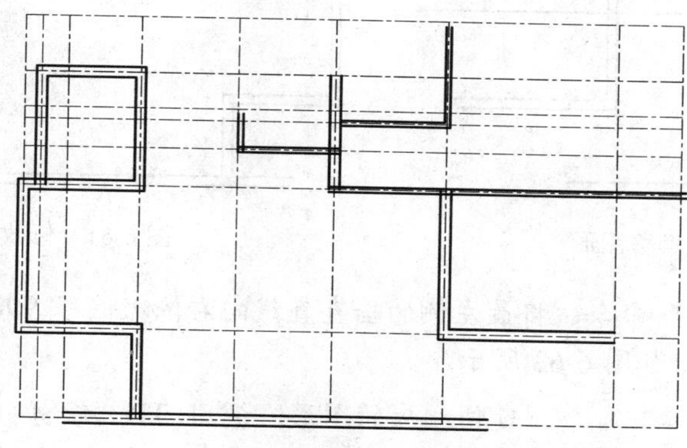

图 6-57 绘制其他多线

09 隐藏“轴线”图层，调用 L“直线”命令，依次捕捉合适的端点，封闭墙体，如图 6-58 所示。

10 调用 X“分解”命令，分解多线对象，调用 EX“延伸”命令，延伸相应的图形；调用 TR“修剪”命令，修剪多余的图形，如图 6-59 所示。

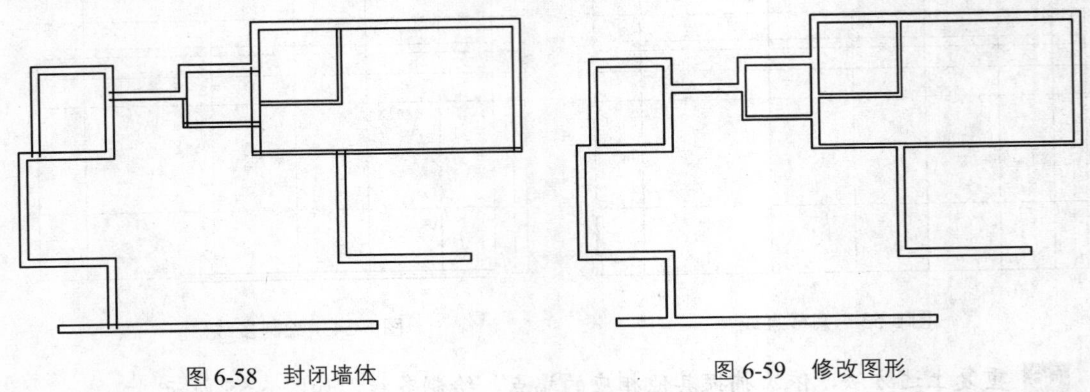

图 6-58 封闭墙体　　图 6-59 修改图形

6.3.3 绘制门洞

绘制门洞主要运用了“偏移”命令、“延伸”命令、“修剪”命令和“删除”命令。

操作实训 6-8: 绘制门洞

01 调用 O“偏移”命令，将最上方的水平直线向下依次偏移 2430、640、1170、800，效果如图 6-60 所示。

02 调用 EX“延伸”命令，延伸相应的图形；调用 TR“修剪”命令，修剪多余的图形；调用 E“删除”命令，删除多余的图形，效果如图 6-61 所示。

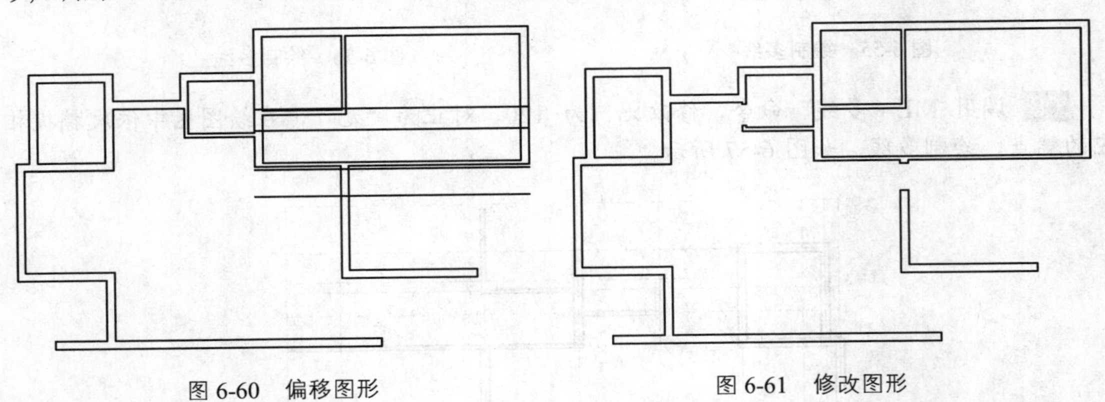

图 6-60 偏移图形　　图 6-61 修改图形

03 调用 O“偏移”命令，将最左侧的垂直直线向右依次偏移 990、705、800、1265、970、2720、630、800，如图 6-62 所示。

04 调用 EX“延伸”命令，延伸相应的图形；调用 TR“修剪”命令，修剪多余的图形；调用 E“删除”命令，删除多余的图形，效果如图 6-63 所示。

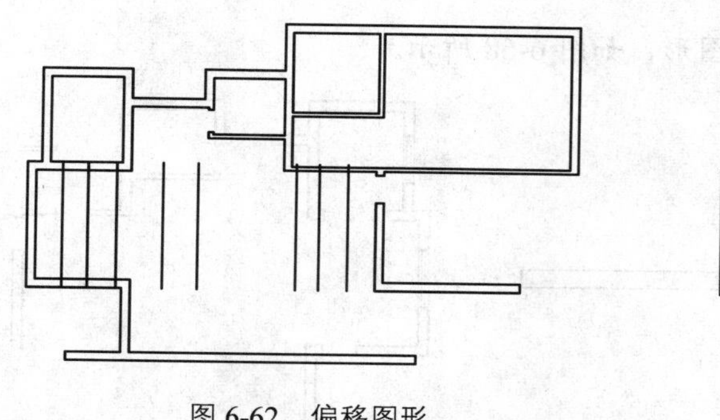
图 6-62 偏移图形

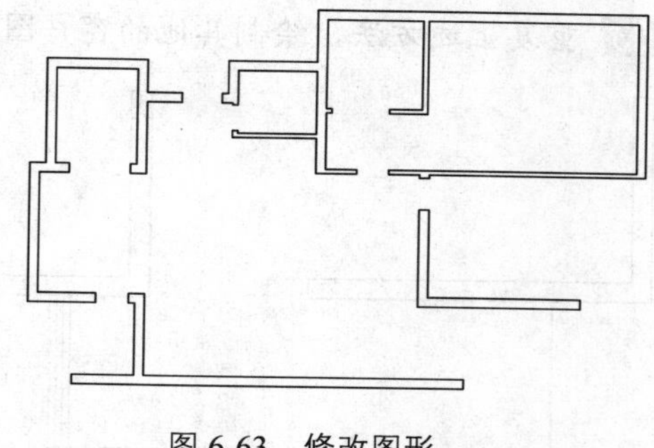
图 6-63 修改图形

6.3.4 绘制窗洞

绘制窗洞主要运用了“偏移”命令、“延伸”命令和“修剪”命令。

操作实训 6–9: 绘制窗洞

01 调用 O“偏移”命令，将最上方的水平直线向下依次偏移 1500、635、1160、735、875、1450，如图 6-64 所示。

02 调用 EX“延伸”命令，延伸相应的图形；调用 TR“修剪”命令，修剪多余的图形，效果如图 6-65 所示。

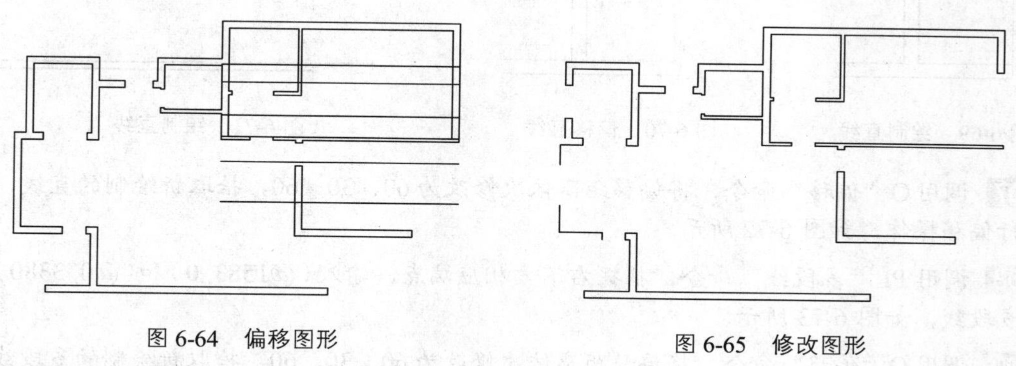
图 6-64 偏移图形　　图 6-65 修改图形

6.3.5 绘制窗户和阳台

绘制窗户和阳台主要运用了“直线”命令、“偏移”命令和“修剪”命令等。

操作实训 6–10: 绘制窗户和阳台

01 将“门窗”图层置为当前，调用 L“直线”命令，捕捉右下方合适的端点和垂足点，绘制直线，如图 6-66 所示。

02 调用 O“偏移”命令，将新绘制的垂直直线向左依次偏移 3 次，偏移距离均为 80，效果如图 6-67 所示。

03 重复上述方法，绘制其他的窗户图形，如图 6-68 所示。

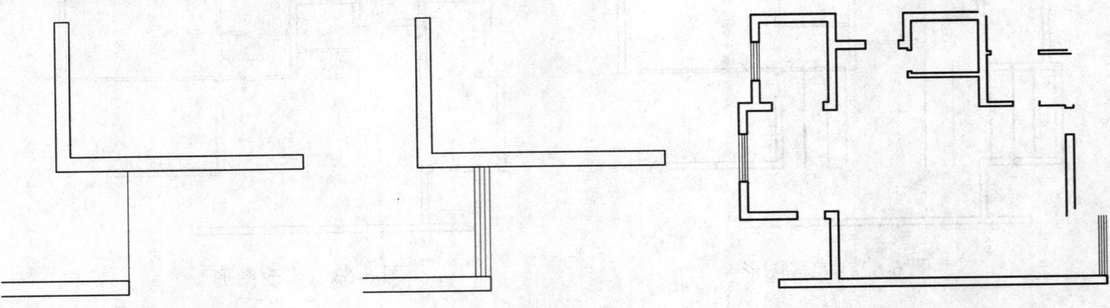

图 6-66　绘制直线　　图 6-67　偏移图形　　图 6-68　绘制其他窗户

04 调用 L“直线”命令，捕捉左下方合适的端点和垂足，绘制直线，如图 6-69 所示。

05 调用 O“偏移”命令，将新绘制的直线向右偏移 100，如图 6-70 所示。

06 调用 L“直线”命令，捕捉右上方的相应端点和垂足，绘制直线，如图 6-71 所示。

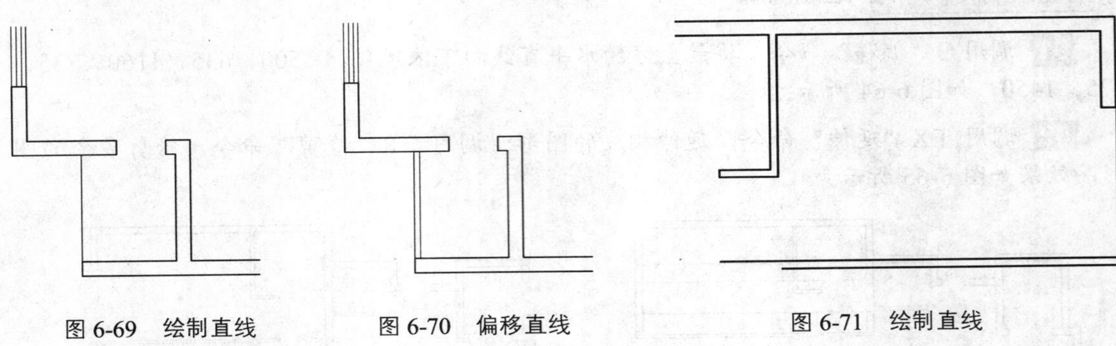

图 6-69　绘制直线　　图 6-70　偏移直线　　图 6-71　绘制直线

07 调用 O“偏移”命令，将偏移距离依次修改为 60、30、60，拾取新绘制的直线，向左进行偏移操作，如图 6-72 所示。

08 调用 PL“多段线”命令，捕捉右下方相应端点，输入（@1583, 0）和（@0, 3380），绘制多段线，如图 6-73 所示。

09 调用 O“偏移”命令，将偏移距离依次修改为 60、30、60，拾取新绘制的多段线，向左进行偏移操作，效果如图 6-74 所示。

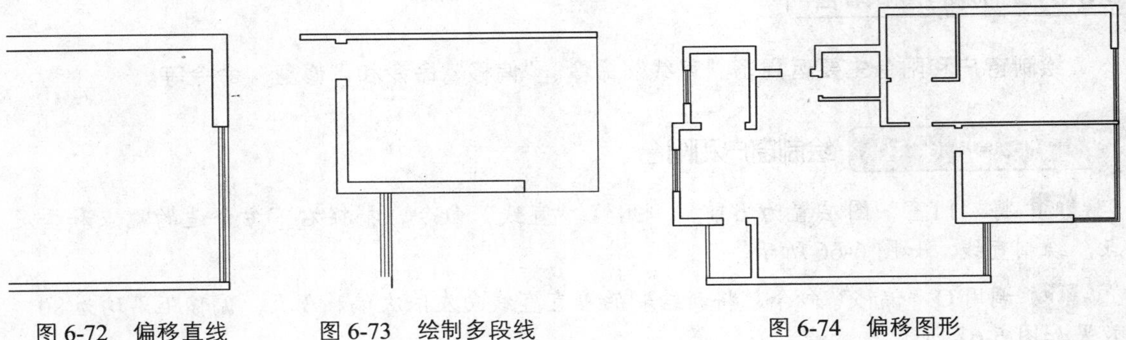

图 6-72　偏移直线　　图 6-73　绘制多段线　　图 6-74　偏移图形

6.3.6 绘制门图形

绘制门图形主要运用了“插入”命令、“复制”命令、“镜像”命令和“矩形”命令等。

操作实训 6-11：绘制门图形

01 调用 I“插入”命令，打开“插入”对话框，单击“浏览”按钮，如图 6-75 所示。

02 打开“选择图形文件”对话框，选择“门 1”图形文件，如图 6-76 所示。

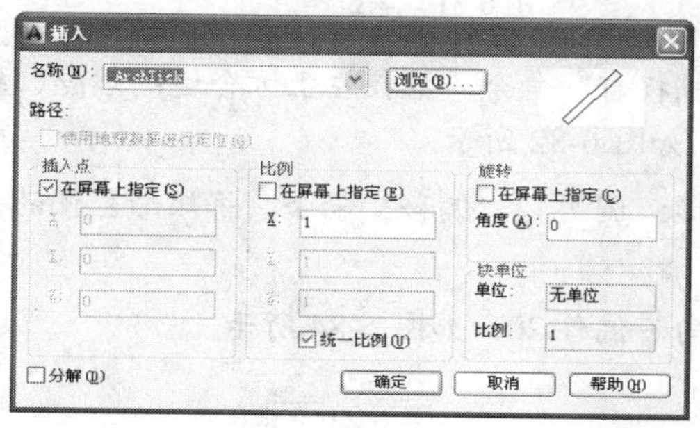

图 6-75　单击“浏览”按钮

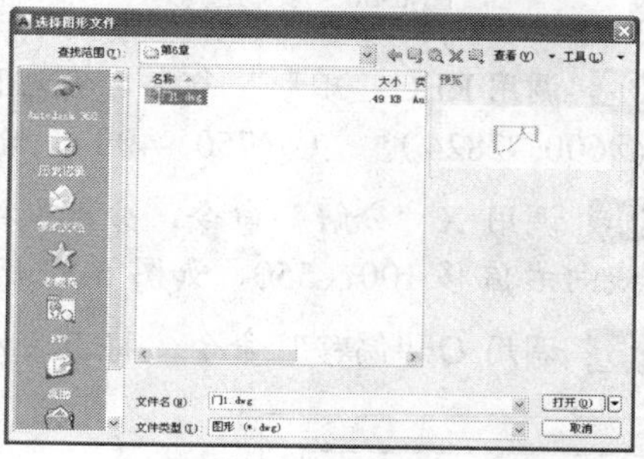

图 6-76　选择图形文件

03 依次单击“打开”和“确定”按钮，在绘图区的任意位置，单击鼠标，即可插入图块；调用 M“移动”命令，移动插入的图块，如图 6-77 所示。

04 调用 I“插入”命令，打开“插入”对话框，单击“浏览”按钮，打开“选择图形文件”对话框，选择“门 2”图形文件，如图 6-78 所示。

05 依次单击“打开”和“确定”按钮，在绘图区的任意位置，单击鼠标，即可插入图块；调用 M“移动”命令，移动插入的图块，如图 6-79 所示。

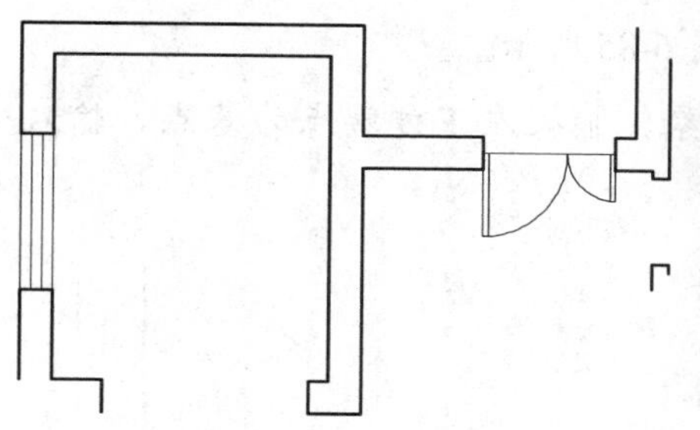

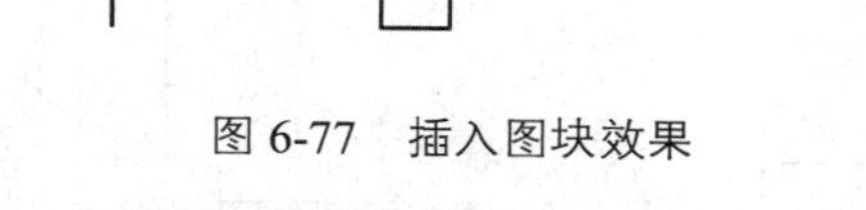

图 6-77　插入图块效果

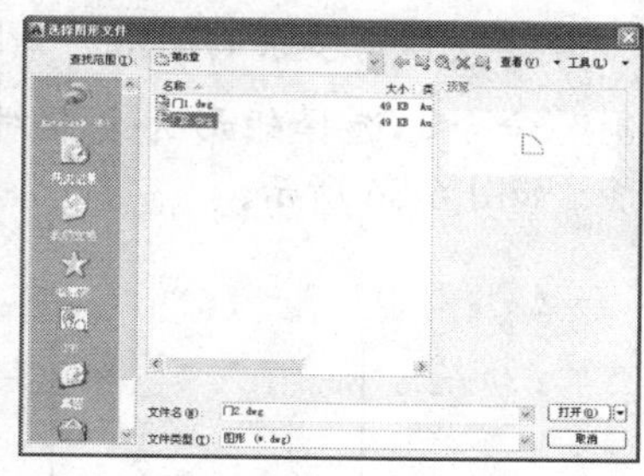

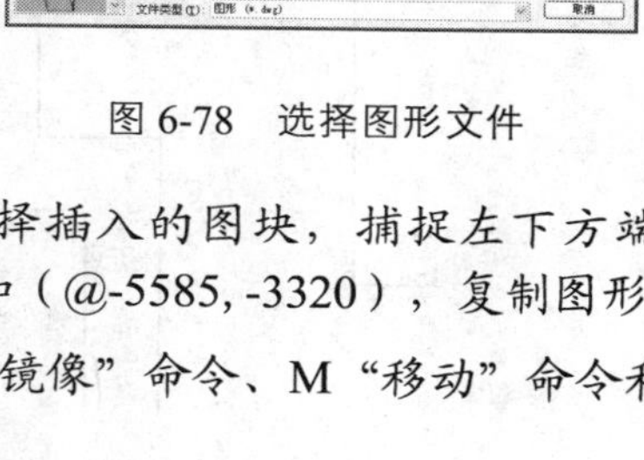

图 6-78　选择图形文件

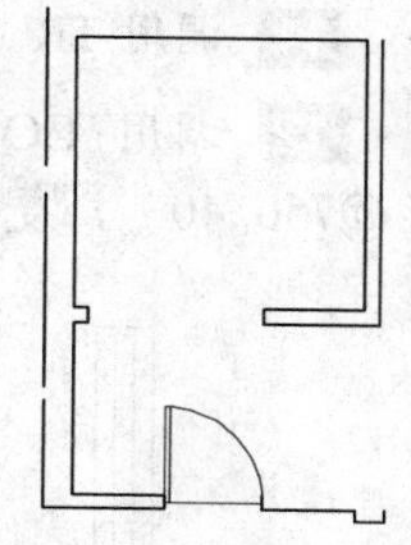

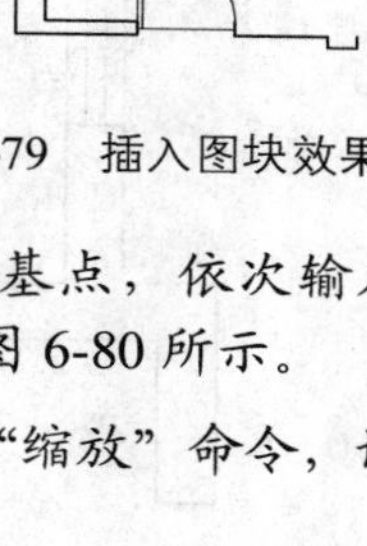

图 6-79　插入图块效果

06 调用 CO“复制”命令，选择插入的图块，捕捉左下方端点为基点，依次输入（@1680, -150）、（@-3020, 1660）和（@-5585, -3320），复制图形，如图 6-80 所示。

07 调用 RO“旋转”命令、MI“镜像”命令、M“移动”命令和 SC“缩放”命令，调整复制后的图形，效果如图 6-81 所示。

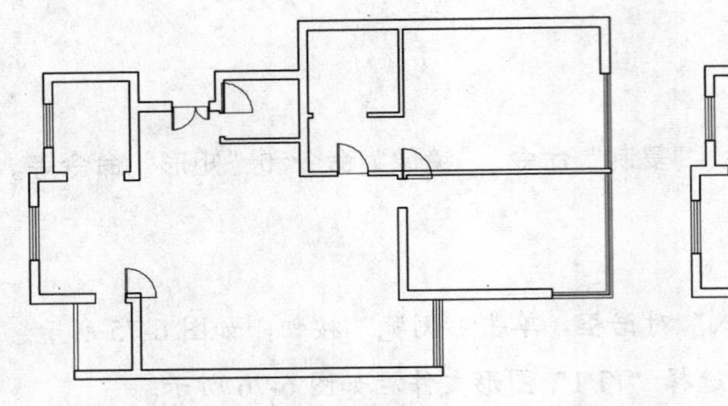

图 6-80　复制图形　　图 6-81　调整图形

08 调用 REC“矩形”命令，输入 FROM“捕捉自”命令，捕捉左上方合适的端点，输入（@600, -2824）、（@750, -40），绘制矩形，如图 6-82 所示。

09 调用 X“分解”命令，分解新绘制的矩形；调用 O“偏移”命令，将矩形左侧的垂直直线向右偏移 100、550，如图 6-83 所示。

10 调用 O“偏移”命令，将上方水平直线向下偏移 20，如图 6-84 所示。

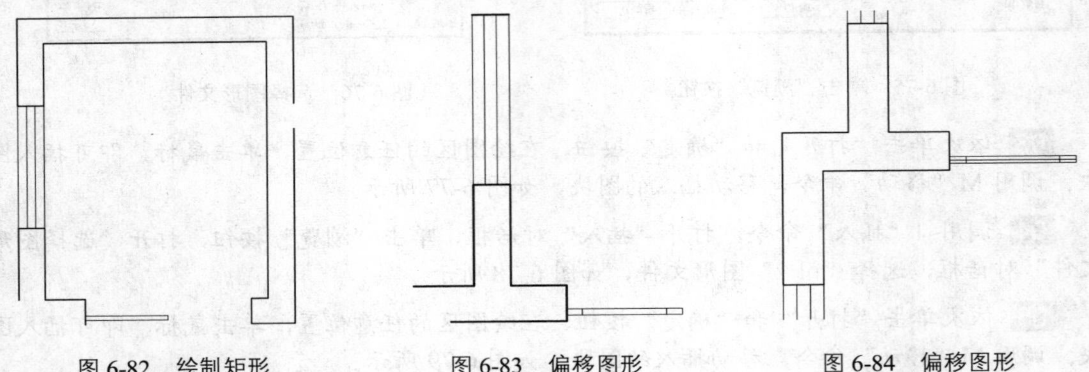

图 6-82　绘制矩形　　图 6-83　偏移图形　　图 6-84　偏移图形

11 调用 TR“修剪”命令，修剪多余的图形，如图 6-85 所示。

12 调用 CO“复制”命令，选择矩形为复制对象，捕捉左下方端点为基点，输入（@750, 40），复制图形，如图 6-86 所示。

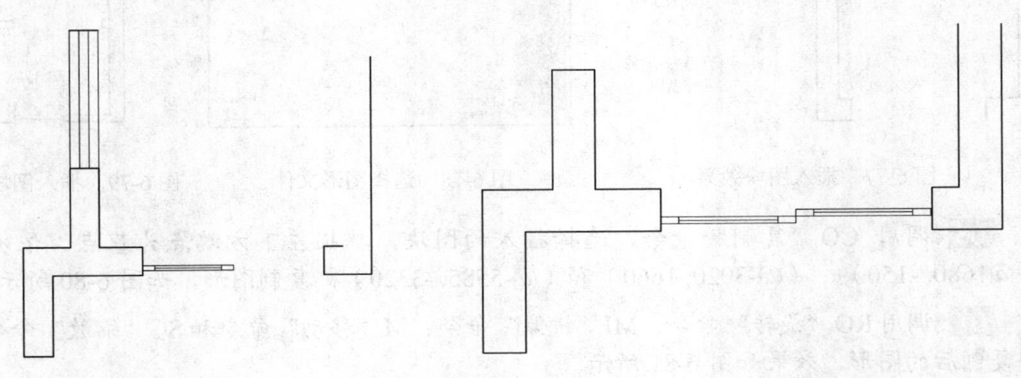

图 6-85　修剪图形　　图 6-86　复制图形

13 调用 REC“矩形”命令，捕捉相应墙体的右上方端点，输入（@830, -50），绘制矩形，如图 6-87 所示。

14 调用 CO“复制”命令，选择新绘制的矩形为复制对象，捕捉左上方端点为基点，输入（@0, -70），复制图形，如图 6-88 所示。

15 调用 REC“矩形”命令，输入 FROM“捕捉自”命令，捕捉新绘制矩形右上方端点，输入（@-245.8, -50）和（@700, -20），绘制矩形，如图 6-89 所示。

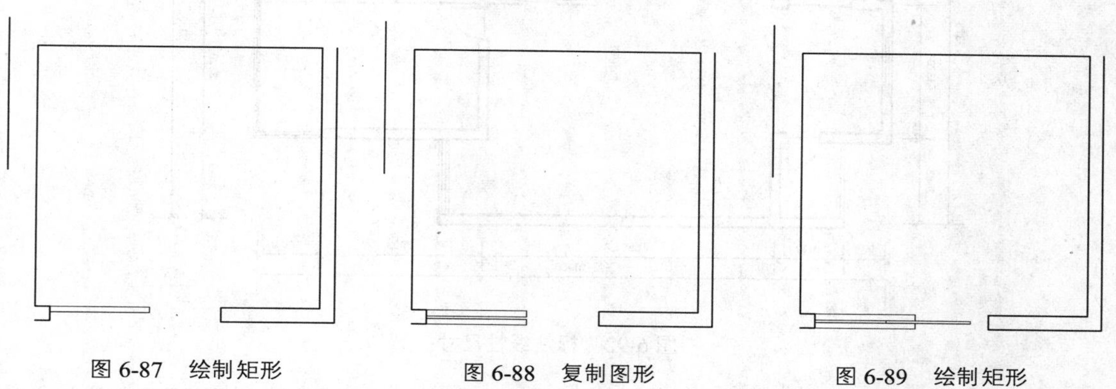

图 6-87　绘制矩形　　图 6-88　复制图形　　图 6-89　绘制矩形

16 调用 X“分解”命令，分解新绘制矩形；调用 O“偏移”命令，将矩形左侧的垂直直线向右偏移 100、500，将上方水平直线向下偏移 10，如图 6-90 所示。

17 调用 TR“修剪”命令，修剪多余的图形，如图 6-91 所示。

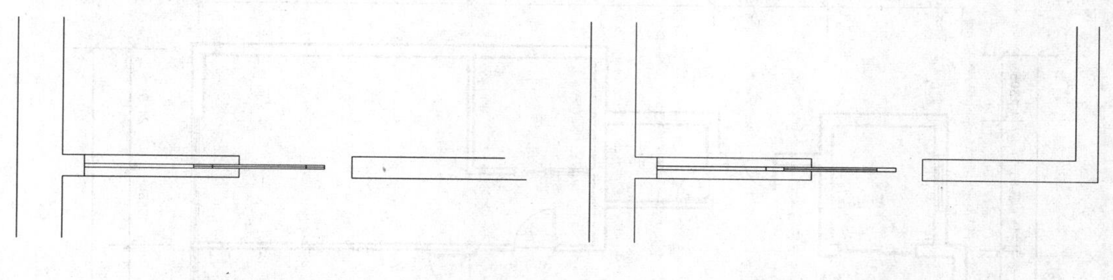

图 6-90　偏移图形　　图 6-91　修剪图形

6.3.7 完善两居室建筑平面图

完善两居室建筑平面图主要运用了“线性”命令、“多行文字”命令和“多段线”命令等。

操作实训 6-12：完善两居室建筑平面图

01 调用 D“标注样式”命令，打开“标注样式管理器”对话框，选择“ISO-25”样式，修改各参数。

02 将“标注”图层置为当前，显示“轴线”图层，调用 DLI“线性”命令，依次捕捉相应的端点，标注线性尺寸，并隐藏“轴线”图层，如图 6-92 所示。

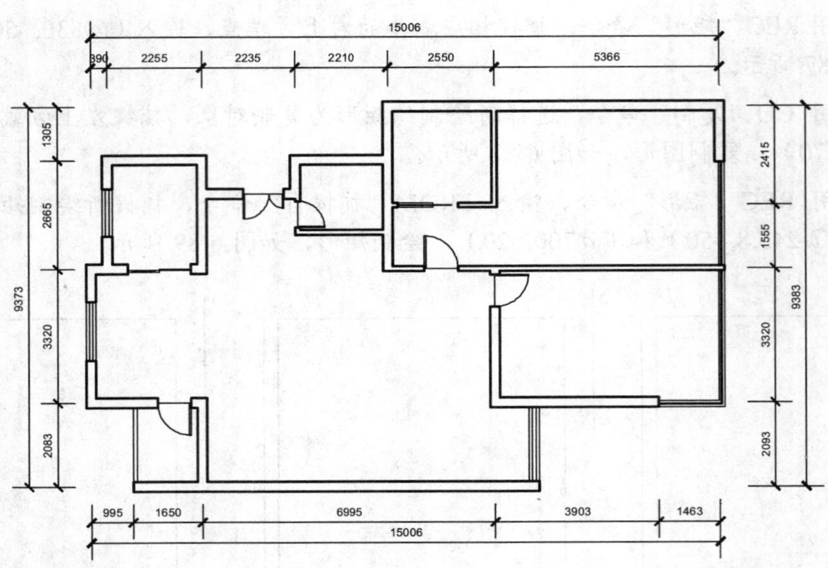

图 6-92　标注线性尺寸

03 调用 MT "多行文字" 命令，修改 "文字高度" 为 200 和 250，在绘图区中的相应位置，创建文字对象，如图 6-93 所示。

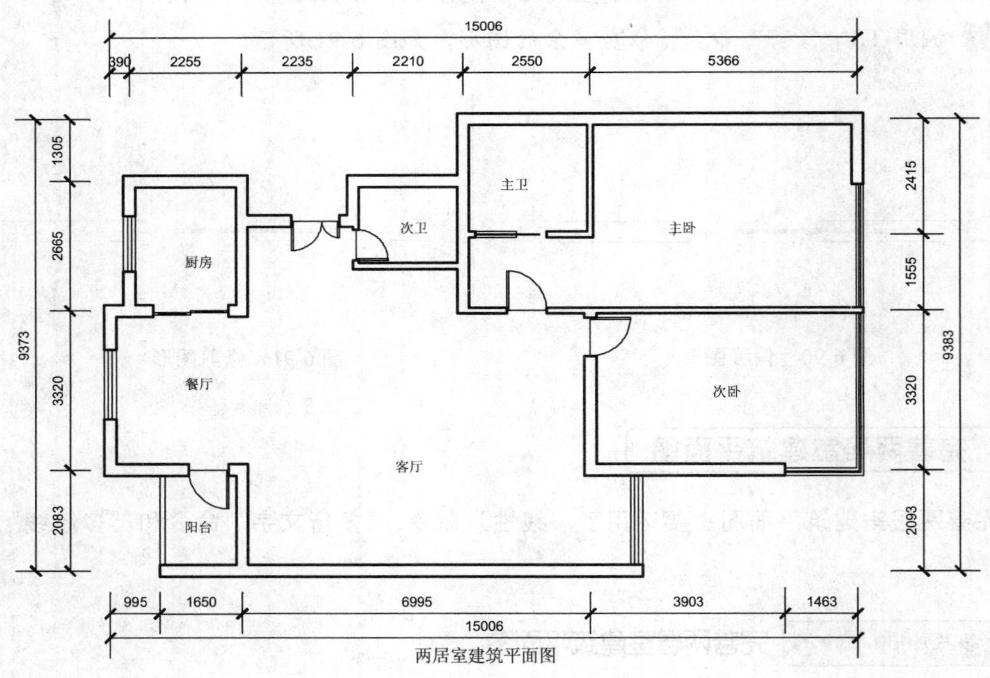

图 6-93　创建文字对象

04 调用 L "直线" 和 PL "多段线" 命令，在绘图区相应位置，绘制一条宽度为 50 的多段线和一条直线，如图 6-94 所示。

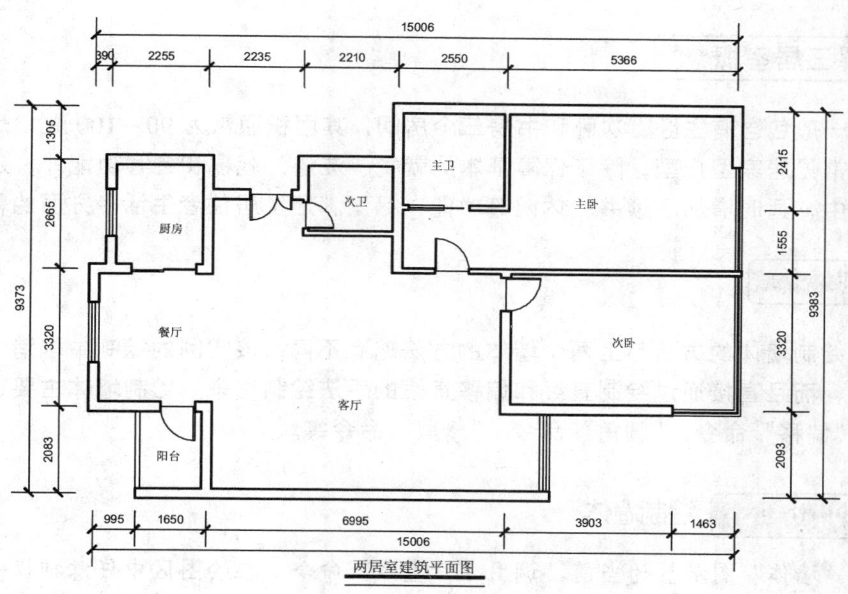

图 6-94 绘制直线和多段线

6.4 绘制三居室建筑平面图

绘制三居室建筑平面图中主要运用了“直线”命令、“偏移”命令、“修剪”命令、“复制”命令、“圆”命令和“矩形”命令等。如图 6-95 所示为三居室建筑平面图。

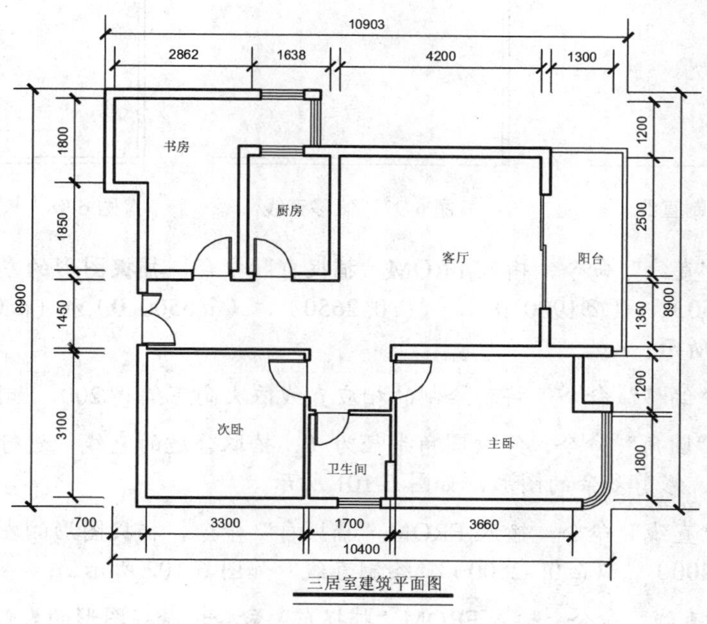

图 6-95 三居室建筑平面图

6.4.1 了解三居室概念

三居室一般包含有主卧、次卧和书房三个房间，其面积通常为 90～100 m^2，是一个适合三口之家的常见居家型户型，除了保障基本的就餐、洗浴、就寝和会客功能外，还在这寸土寸金的面积中，适时增加了读书、休闲等功能，尽量满足了居住者生活多方面的需求。

6.4.2 绘制墙体

本实例绘制墙体的方法与上两个墙体的方法略有不同，该实例的绘制中取消了多线绘制墙体的方法，而且直接通过绘制直线和偏移直线的手法绘制出来。绘制墙体主要运用了“直线”命令、“偏移”命令、“圆角”命令、“修剪”命令等。

操作实训 6-13：绘制墙体

01 将“墙体”图层置为当前，调用 L“直线”命令，在绘图区中任意捕捉一点，依次输入（@0, 200）、（@-4500, 0）、（@0, -2200）、（@700, 0）、（@0, -6700）、（@9300, 0）和（@0, 200），绘制直线，如图 6-96 所示。

02 调用 O“偏移”命令，将新绘制的相应直线依次向内偏移 200，如图 6-97 所示。

03 调用 F“圆角”命令，修改圆角半径为 0，拾取合适的直线，进行圆角操作；调用 TR“修剪”命令，修剪多余的图形，如图 6-98 所示。

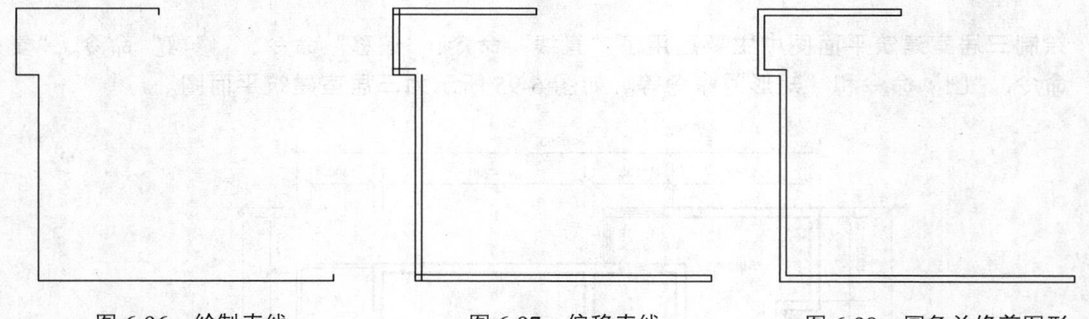

图 6-96　绘制直线　　图 6-97　偏移直线　　图 6-98　圆角并修剪图形

04 调用 L“直线”命令，输入 FROM“捕捉自”命令，捕捉图形的左上方端点，依次输入（@900, -3850）、（@1900, 0）、（@0, 2650）、（@6500, 0）和（@0, -4200），绘制直线，如图 6-99 所示。

05 调用 O“偏移”命令，将新绘制的相应直线依次向下偏移 200，如图 6-100 所示。

06 调用 F“圆角”命令，修改圆角半径为 0，拾取合适的直线，进行圆角操作；调用 TR“修剪”命令，修剪多余的图形，如图 6-101 所示。

07 调用 L“直线”命令，输入 FROM“捕捉自”命令，捕捉图形的左上方端点，依次输入（@4700, -1400）、（@0, -2500），绘制直线，如图 6-102 所示。

08 调用 L“直线”命令，输入 FROM“捕捉自”命令，捕捉图形的右侧合适的端点，依

次输入（@1300, 0）、（@0, -200）、（@-4500, 0）、（@0, -3100），绘制直线，如图 6-103 所示。

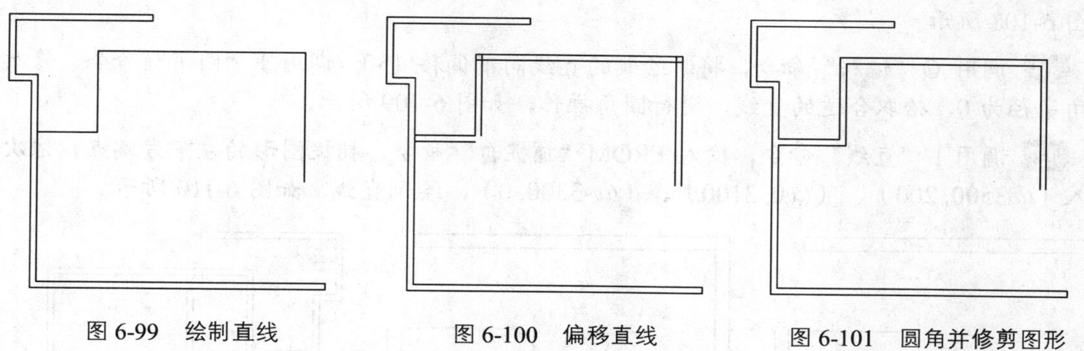

图 6-99　绘制直线　　图 6-100　偏移直线　　图 6-101　圆角并修剪图形

09 调用 O“偏移”命令，将新绘制的相应直线依次向右或向上偏移 200，如图 6-104 所示。

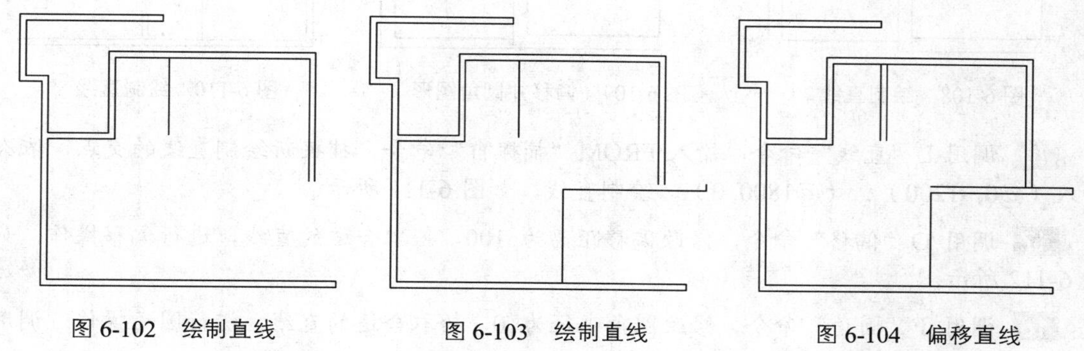

图 6-102　绘制直线　　图 6-103　绘制直线　　图 6-104　偏移直线

10 调用 O“偏移”命令，将新绘制的垂直直线向左偏移 100、100，将最下方的水平直线向上偏移 1000，如图 6-105 所示。

11 调用 F“圆角”命令，修改圆角半径为 0，拾取合适的直线，进行圆角操作；调用 TR“修剪”命令，修剪多余的图形，如图 6-106 所示。

12 调用 L“直线”命令，输入 FROM“捕捉自”命令，捕捉图形的右侧合适的端点，依次输入（@-600, 0）、（@0, -1000）、（@600, 0）、（@0, -200）、（@-800, 0）和（@0, 1200），绘制直线，如图 6-107 所示。

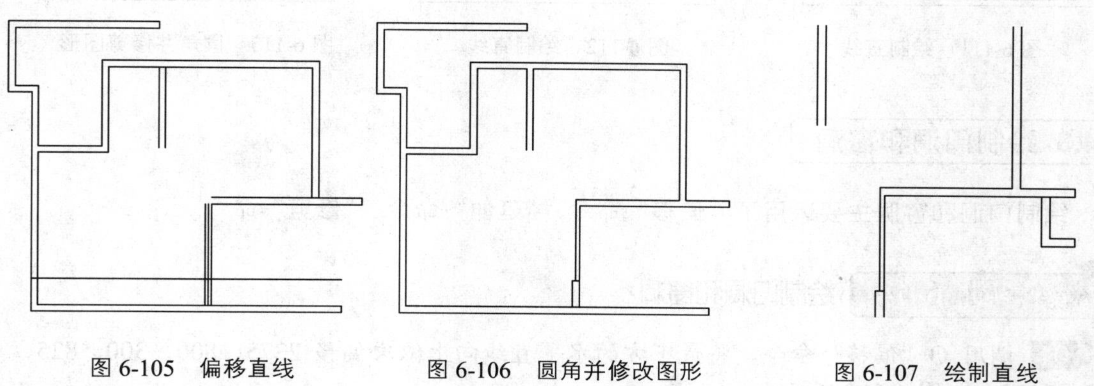

图 6-105　偏移直线　　图 6-106　圆角并修改图形　　图 6-107　绘制直线

13 调用L“直线”命令，捕捉合适垂直直线的下端点，输入(@-1700, 0)，绘制直线，如图6-108所示。

14 调用O“偏移”命令，将新绘制的直线向下偏移150；调用F“圆角”命令，修改圆角半径为0，拾取合适的直线，进行圆角操作，如图6-109所示。

15 调用L“直线”命令，输入FROM“捕捉自”命令，捕捉图形的左下方端点，依次输入（@3500, 200）、（@0, 3100）、（@-3300, 0），绘制直线，如图6-110所示。

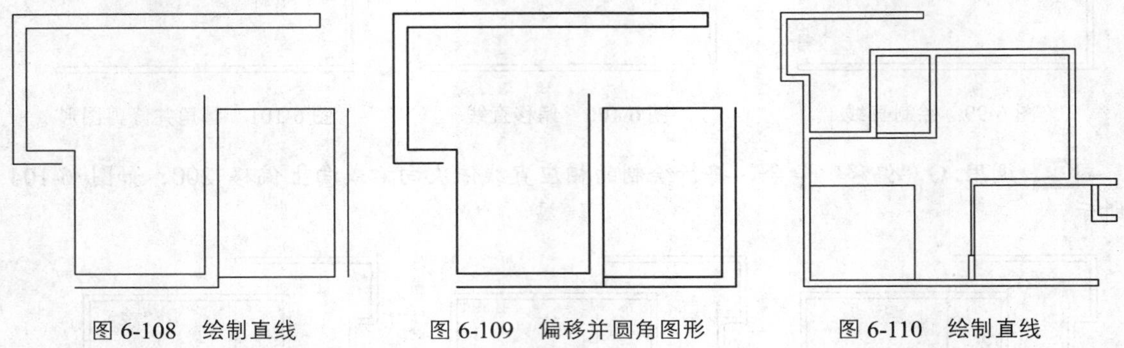

图6-108　绘制直线　　图6-109　偏移并圆角图形　　图6-110　绘制直线

16 调用L“直线”命令，输入FROM“捕捉自”命令，捕捉新绘制直线的交点，依次输入（@0, -1200）、（@1800, 0），绘制直线，如图6-111所示。

17 调用O“偏移”命令，修改偏移距离为100，拾取合适的直线，进行偏移操作，如图6-112所示。

18 调用F“圆角”命令，修改圆角半径为0，拾取合适的直线，进行圆角操作；调用TR“修剪”命令，修剪多余的图形，如图6-113所示。

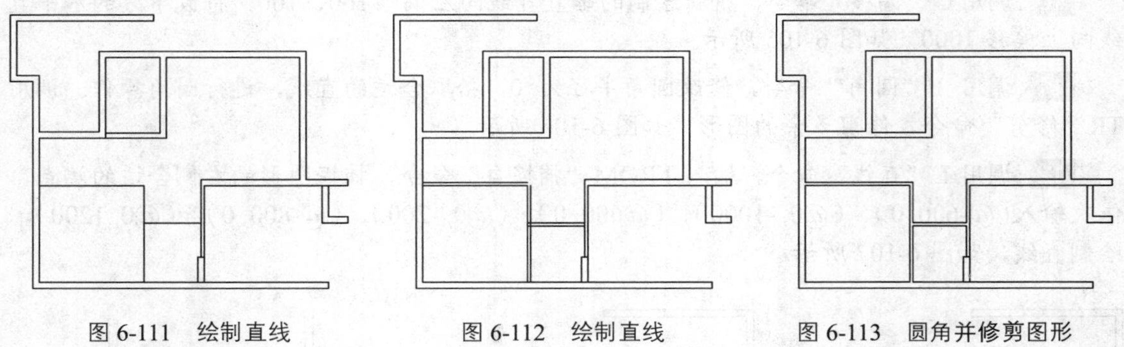

图6-111　绘制直线　　图6-112　绘制直线　　图6-113　圆角并修剪图形

6.4.3 绘制门洞和窗洞

绘制门洞和窗洞主要运用了“偏移”命令、“延伸”命令、“修剪”命令。

操作实训 6-14：绘制门洞和窗洞

01 调用O“偏移”命令，将最下方的水平直线向上依次偏移2375、800、300、825、275、2125，如图6-114所示。

02 调用 TR“修剪”命令，修剪多余的图形；调用 E“删除”命令，删除多余图形，如图 6-115 所示。

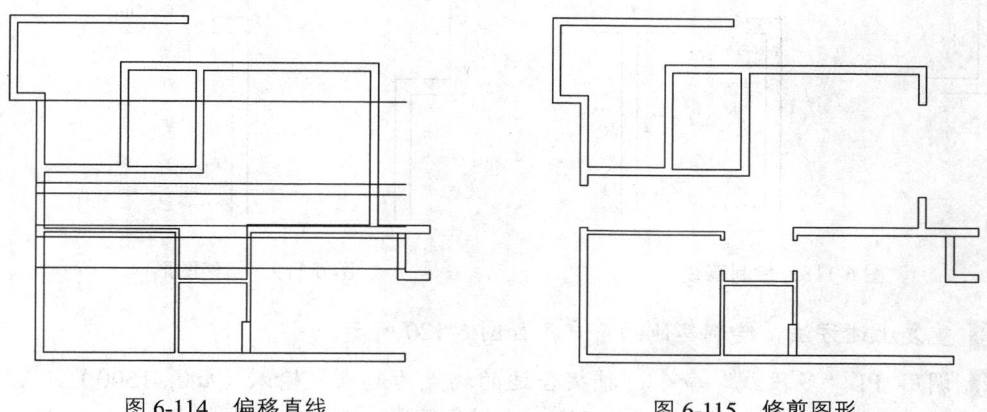

图 6-114　偏移直线　　　　图 6-115　修剪图形

03 调用 O“偏移”命令，将左下方的垂直直线向右依次偏移 1155、800、470、125、675、225、275、475、225、675，如图 6-116 所示。

04 调用 EX“延伸”命令，延伸相应的直线；调用 TR“修剪”命令，修剪多余的图形；调用 E“删除”命令，删除多余的图形，如图 6-117 所示。

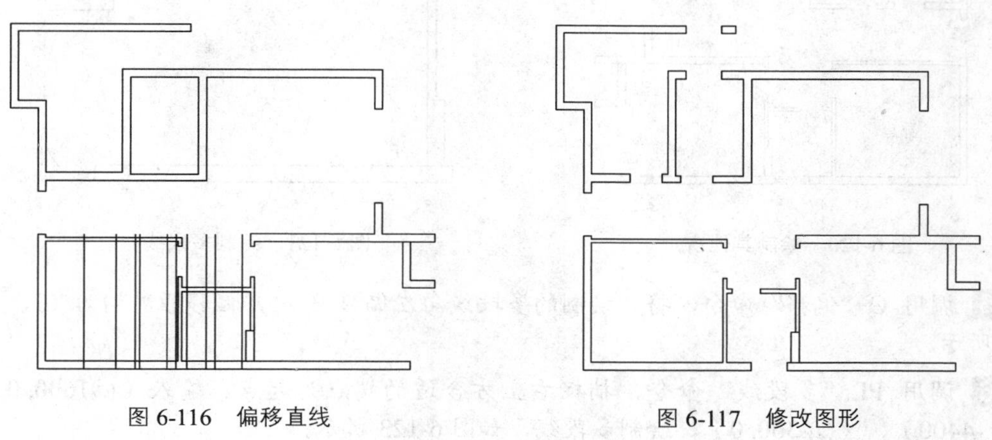

图 6-116　偏移直线　　　　图 6-117　修改图形

6.4.4 绘制窗户和阳台

绘制窗户和阳台主要运用了“直线”命令、“偏移”命令、“矩形”命令和“多段线”命令。

操作实训 6–15：绘制窗户和阳台

01 将“门窗”图层置为当前，调用 L“直线”命令，捕捉右上方合适的端点，绘制一条长度为 1000 的垂直直线，如图 6-118 所示。

02 调用 O“偏移”命令，将新绘制的直线向左偏移 3 次，偏移距离均为 67，如图 6-119 所示。

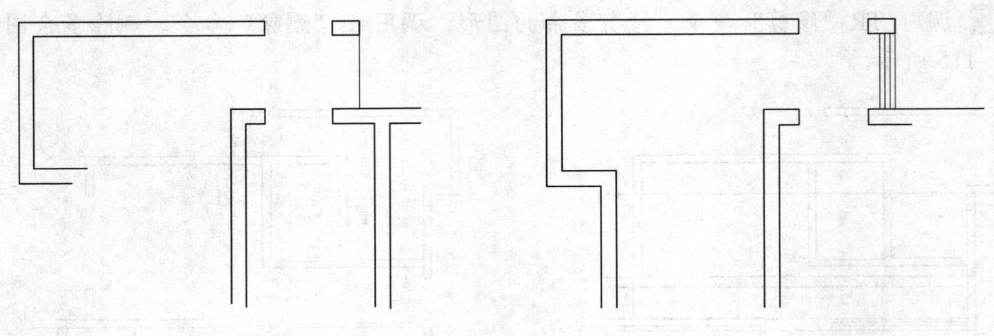

图 6-118　绘制直线　　　　图 6-119　偏移图形

03 重复上述方法，绘制其他的窗户，如图 6-120 所示。

04 调用 PL“多段线”命令，捕捉合适的端点为起点，输入（@0, -1500）、A、S、（@-175.7, -424.3）、（@-424.3, -175.7），绘制多段线，如图 6-121 所示。

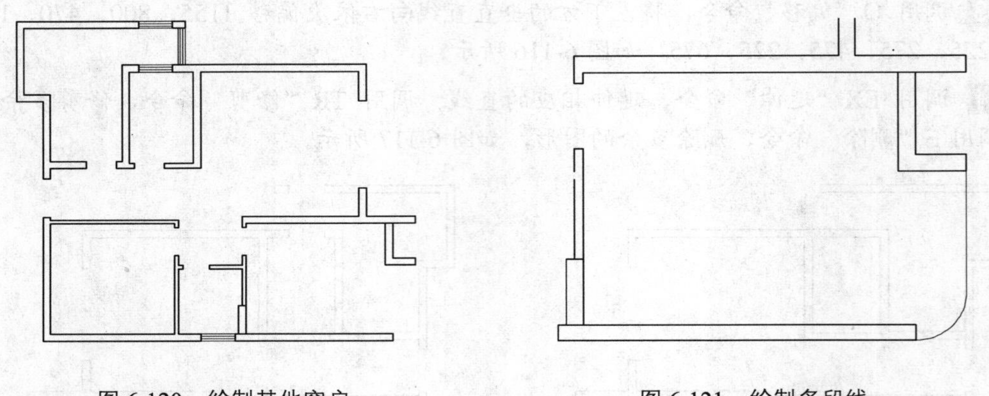

图 6-120　绘制其他窗户　　　　图 6-121　绘制多段线

05 调用 O“偏移”命令，将新绘制的多段线向左偏移 3 次，偏移距离均为 67，如图 6-122 所示。

06 调用 PL“多段线”命令，捕捉右上方合适的端点为起点，输入（@1600, 0）、（@0, -4400）、（@-300, 0），绘制多段线，如图 6-123 所示。

07 调用 O“偏移”命令，将新绘制的多段线向内偏移 100，如图 6-124 所示。

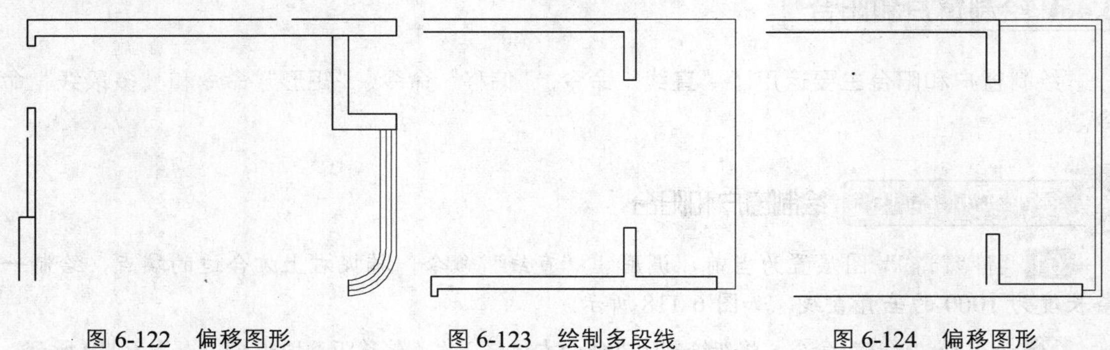

图 6-122　偏移图形　　　　图 6-123　绘制多段线　　　　图 6-124　偏移图形

6.4.5 绘制门图形

绘制门图形主要运用了“插入”命令、“移动”命令、“复制”命令、“旋转”命令、“镜像”命令、“缩放”命令和“矩形”命令。

绘制门图形

01 调用 I“插入”命令，打开“插入”对话框，单击“浏览”按钮，打开“选择图形文件”对话框，选择“门 1”图形文件，如图 6-125 所示。

02 依次单击“打开”和“确定”按钮，修改旋转为 90、比例为 1.12，在绘图区的任意位置，单击鼠标，即可插入图块；调用 M“移动”命令，移动插入的图块，如图 6-126 所示。

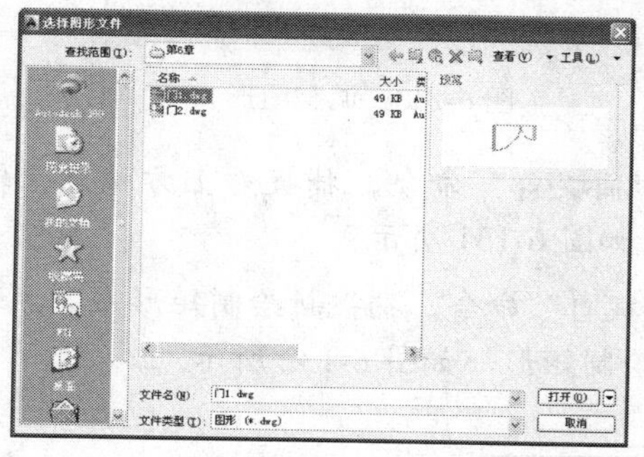

图 6-125　选择图形文件

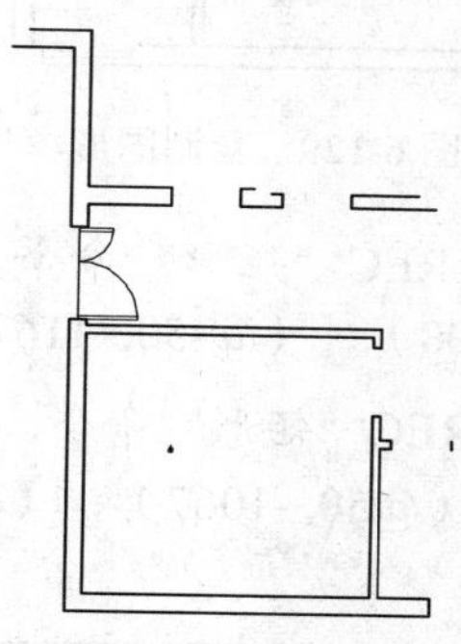

图 6-126　插入图块

03 调用 I“插入”命令，打开“插入”对话框，单击“浏览”按钮，打开“选择图形文件”对话框，选择“门 2”图形文件，如图 6-127 所示。

04 依次单击“打开”和“确定”按钮，在绘图区的任意位置，单击鼠标，即可插入图块；调用 M“移动”命令，移动插入的图块，如图 6-128 所示。

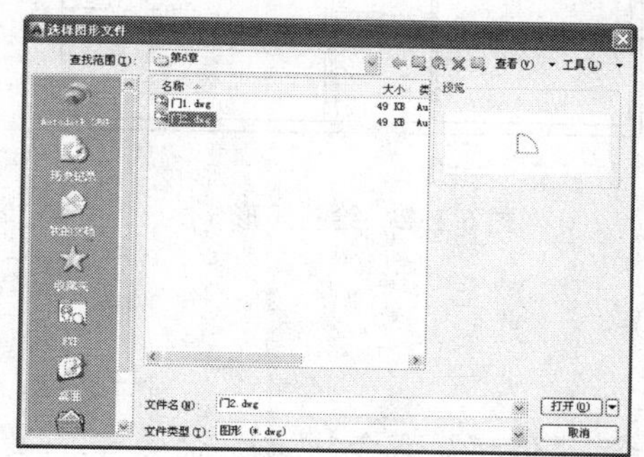

图 6-127　选择图形文件

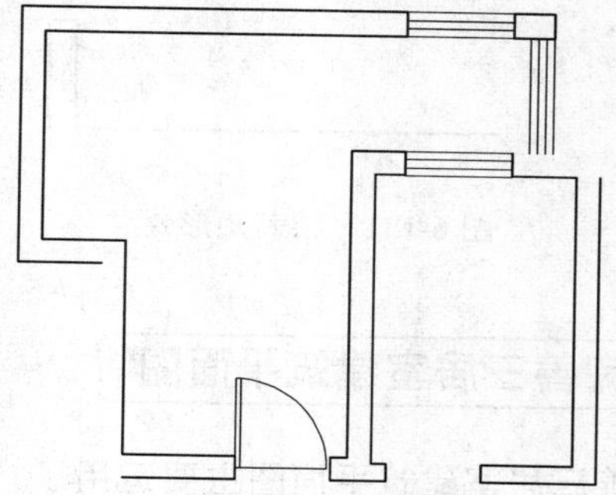

图 6-128　插入图块

05 调用 CO“复制”命令，选择插入的图块，捕捉左下方端点为基点，依次输入（@1270, -25）、（@2395, -1775）、（@4195, -1775）和（@2570, -2900），复制图形，如图 6-129 所示。

06 调用RO“旋转”命令、MI“镜像”命令、M“移动”命令和SC“缩放”命令，调整复制后的图形，效果如图6-130所示。

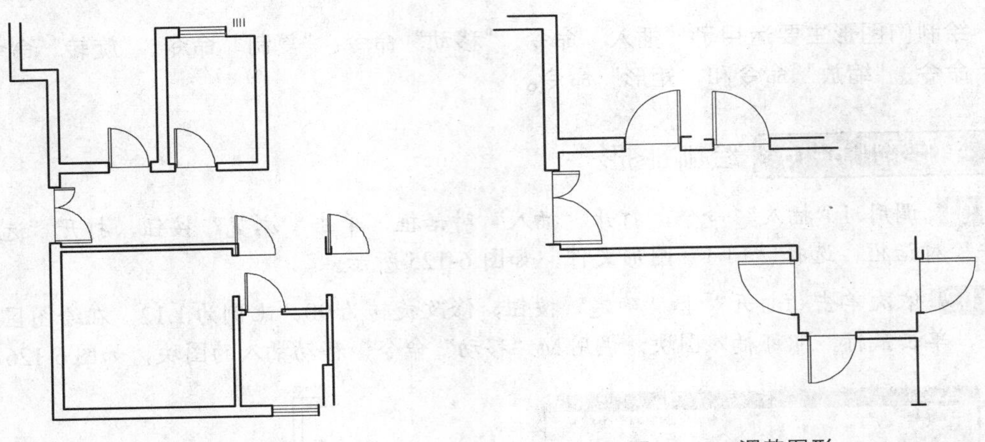

图6-129 复制图形

图6-130 调整图形

07 调用REC“矩形”命令，输入FROM“捕捉自”命令，捕捉右上方端点，输入（@-1800, -1000）、（@-50, -1167），绘制矩形，如图6-131所示。

08 调用REC“矩形”命令，输入FROM“捕捉自”命令，捕捉新绘制矩形左上方端点为基点，输入（@50, -1067）、（@50, -1333），绘制矩形，如图6-132所示。

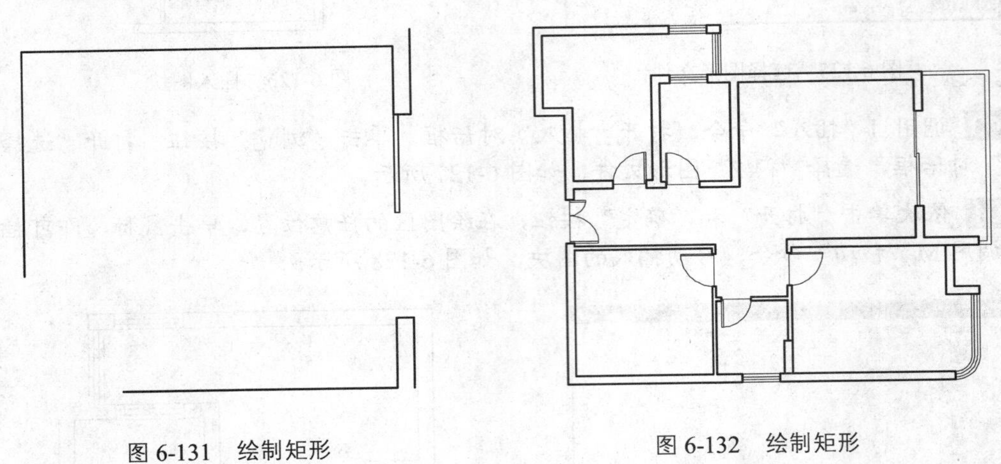

图6-131 绘制矩形

图6-132 绘制矩形

6.4.6 完善三居室建筑平面图

完善三居室建筑平面图主要运用了“直线”命令、“偏移”命令、“圆”命令等。

操作实训 6-17：完善三居室建筑平面图

01 调用D“标注样式”命令，打开“标注样式管理器”对话框，选择“ISO-25”样式，修改各参数。

02 将“标注”图层置为当前，调用 DLI“线性”命令，依次捕捉相应的端点，标注线性尺寸，如图 6-133 所示。

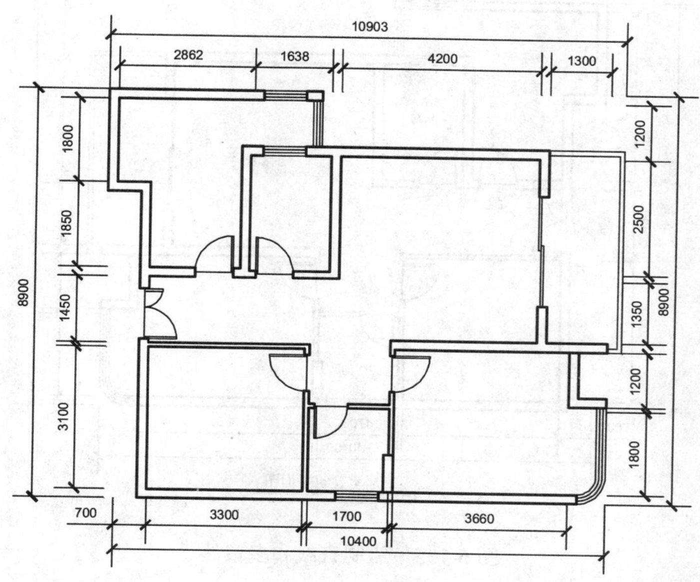

图 6-133　标注线性尺寸

03 调用 MT“多行文字”命令，修改“文字高度”为 200 和 250，在绘图区中的相应位置，创建文字对象，如图 6-134 所示。

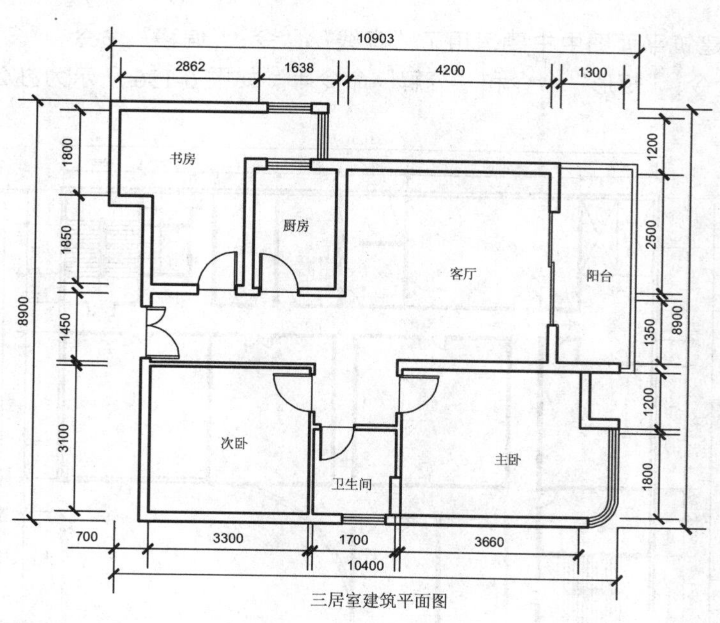

图 6-134　创建文字对象

04 调用 L“直线”和 PL“多段线”命令，在绘图区相应位置，绘制一条宽度为 50 的多段线和一条直线，如图 6-135 所示。

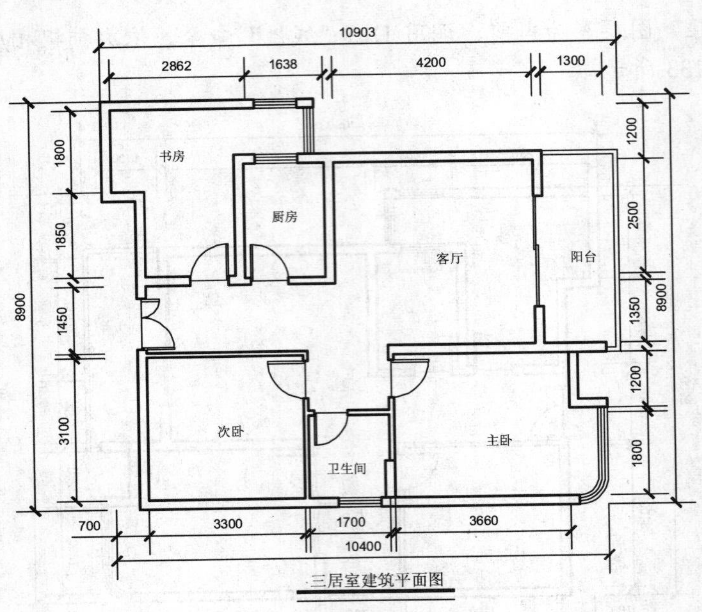

图 6-135 绘制直线和多段线

6.5 绘制办公室建筑平面图

绘制办公室建筑平面图中主要运用了“直线”命令、“偏移”命令、“多线”命令、“圆”命令、“复制”命令、“矩形”命令和“分解”命令等。如图 6-136 所示为办公室建筑平面图。

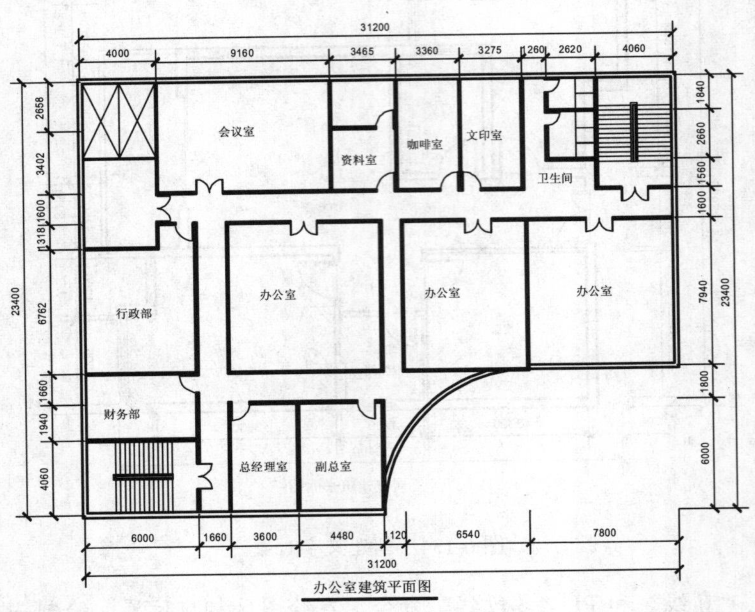

图 6-136 办公室建筑平面图

6.5.1 绘制墙体

绘制墙体主要运用了“直线”命令、“偏移”命令、“多线”命令、“修剪”命令等。

操作实训 6-18：绘制墙体

01 将“轴线”图层置为当前，调用 L“直线”命令，绘制一条长度为 31200 的水平直线。

02 调用 L“直线”命令，捕捉新绘制水平直线的左端点，绘制一条长度为 23400 的垂直直线，如图 6-137 所示。

03 调用 O“偏移”命令，将新绘制的垂直直线向右依次偏移 4000、2000、1660、3600、1900、2580、885、235、3125、3275、140、1120、2620、4060，如图 6-138 所示。

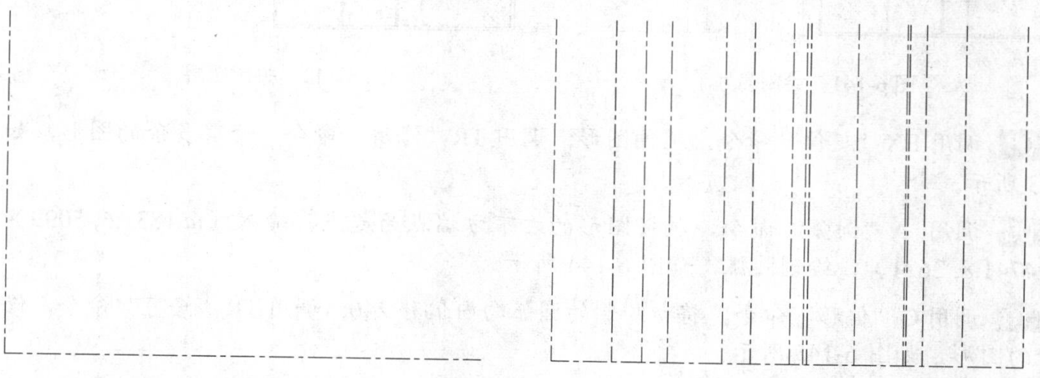

图 6-137　绘制直线　　图 6-138　偏移直线

04 调用 O“偏移”命令，将新绘制的水平直线向上依次偏移 4060、1940、1660、140、6622、1318、1600、1560、1842、818、1840，如图 6-139 所示。

05 将“墙体”图层置为当前，调用 ML“多线”命令，修改比例为 240、对正为“无”，在绘图区中依次捕捉相应端点，绘制多线，如图 6-140 所示。

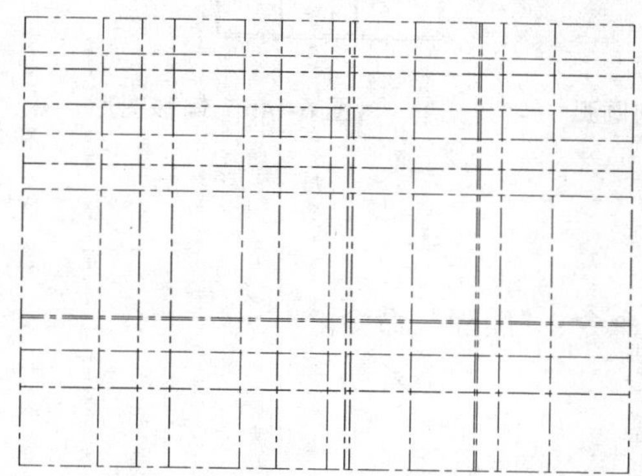

图 6-139　偏移直线

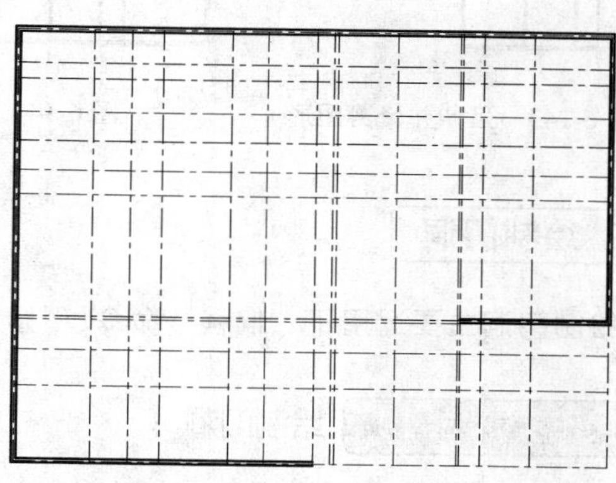

图 6-140　绘制多线

06 调用 ML“多线”命令，修改比例为 120、对正为“无”，在绘图区中依次捕捉相应端点，绘制多线，如图 6-141 所示。

07 调用 X“分解”命令，分解所有的多线图形；调用 LAYOFF“关闭图层”命令，关闭“轴线”图层，如图 6-142 所示。

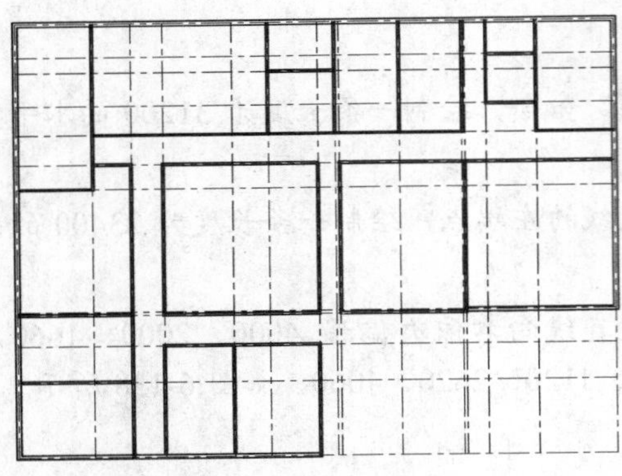

图 6-141　绘制多线

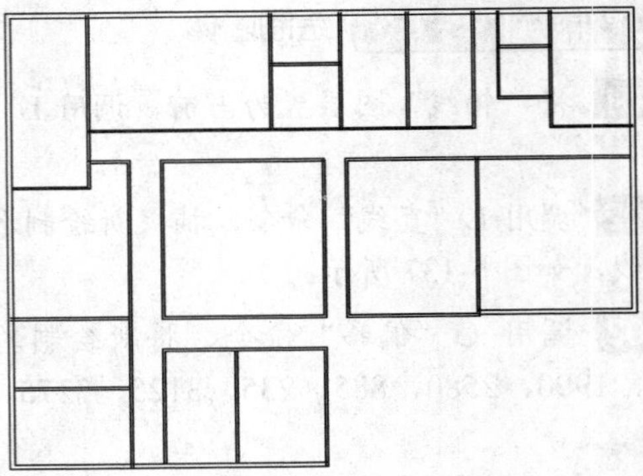

图 6-142　关闭图层

08 调用 EX“延伸”命令，延伸图形；调用 TR“修剪”命令，修剪多余的图形，如图 6-143 所示。

09 调用 A“圆弧”命令，捕捉图形的右下方端点为起点，输入（@1831.6, 5099）、（@4741.8, 2621），绘制圆弧，如图 6-144 所示。

10 调用 O“偏移”命令，将新绘制的圆弧向内偏移 240；调用 TR“修剪”命令，修剪多余的图形，如图 6-145 所示。

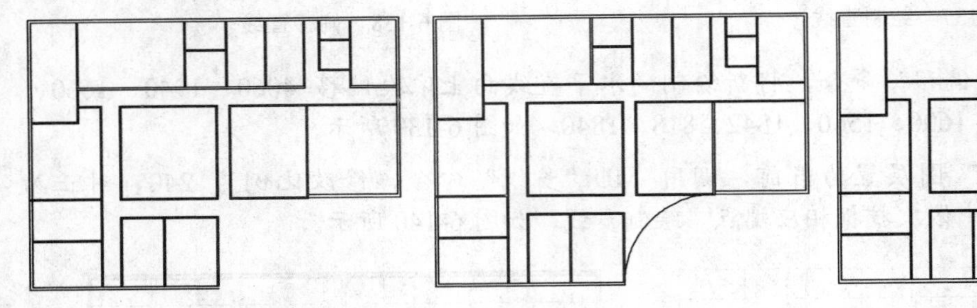

图 6-143　延伸并修剪图形

图 6-144　绘制圆弧

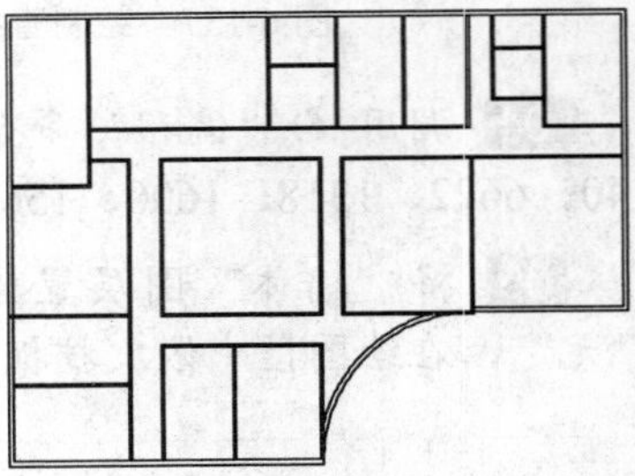

图 6-145　偏移图形

6.5.2 绘制门洞

绘制门洞主要运用了“偏移”命令、“修剪”命令、“删除”命令。

操作实训 6-19：绘制门洞

01 调用 O“偏移”命令，将最上方水平直线向下依次偏移 300、697、1083、697、3503、1400、8300、938、3846、1400，如图 6-146 所示。

02 调用 TR“修剪”命令和 E“删除”命令，修剪并删除多余的图形，如图 6-147 所示。

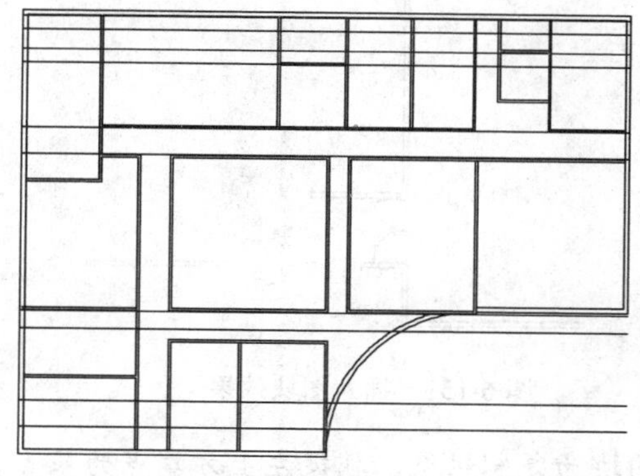

图 6-146　偏移直线

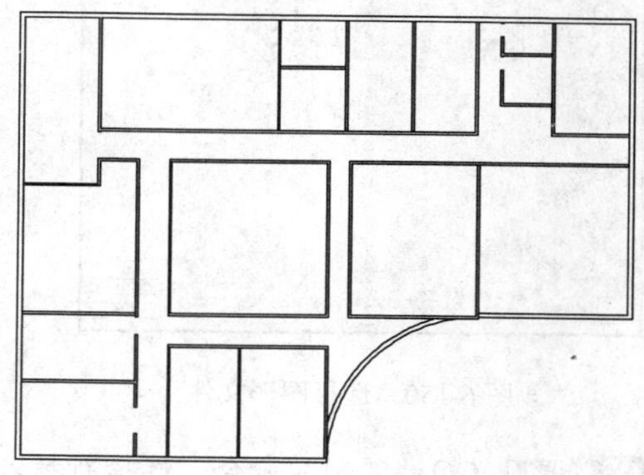

图 6-147　修剪并删除图形

03 调用 O“偏移”命令，将最左侧的垂直直线向右依次偏移 5060、940、183、1400、317、938、2290、1400、1994、938、225、940、2422、938、240、60、880、522、4979、1400、493、1400，效果如图 6-148 所示。

04 调用 TR“修剪”命令和 E“删除”命令，修剪并删除多余的图形，如图 6-149 所示。

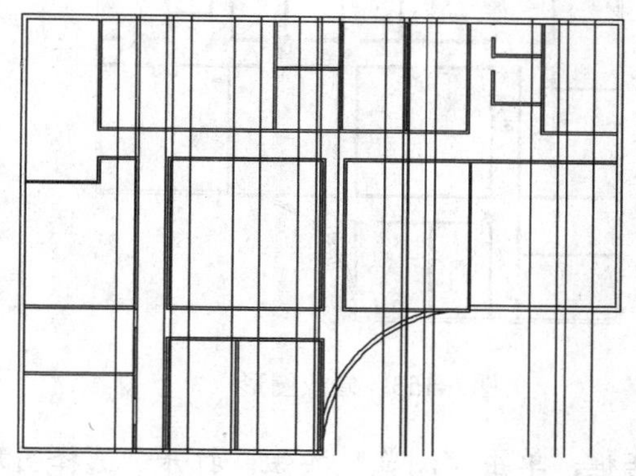

图 6-148　偏移直线

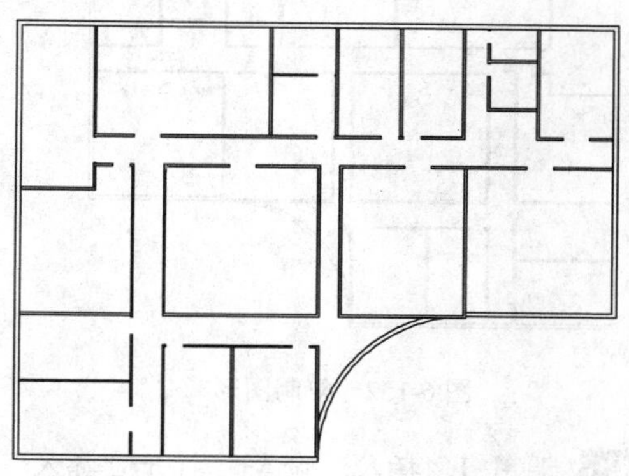

图 6-149　修剪并删除图形

6.5.3 绘制门图形

绘制门图形主要运用了“直线”命令、“偏移”命令、“圆”命令、“修剪”命令、“删除”命令和“复制”命令等。

操作实训 6-20：绘制门图形

01 将“门窗”图层置为当前，调用 I“插入”命令，打开“插入”对话框，单击“浏览”按钮，打开“选择图形文件”对话框，选择“门 3”图形文件，如图 6-150 所示。

02 依次单击“打开”和“确定”按钮，在绘图区的任意位置，单击鼠标，即可插入图块；调用 M“移动”命令，移动插入的图块，如图 6-151 所示。

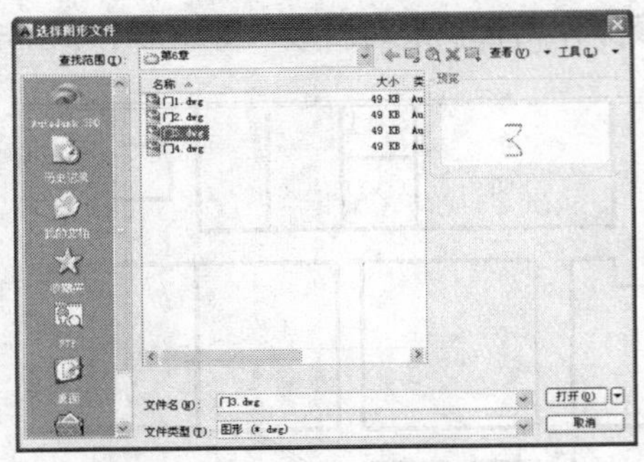

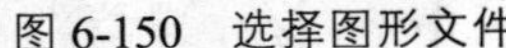
图 6-150　选择图形文件

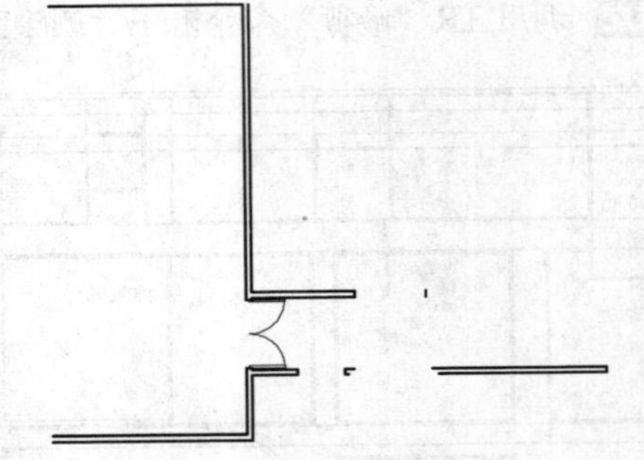

图 6-151　插入图块效果

03 调用 CO“复制”命令，选择新插入的图块为复制对象，捕捉左上方端点为基点，输入（@2063, 100）、（@2000, -14483.8）、（@7008, -1500）、（@16165.7, -1500）、（@22546.9, -1500）和（@24440, 100），复制图形，如图 6-152 所示。

04 调用 RO“旋转”命令、M“移动”命令，调整绘图区中复制后的图块对象，其图形效果如图 6-153 所示。

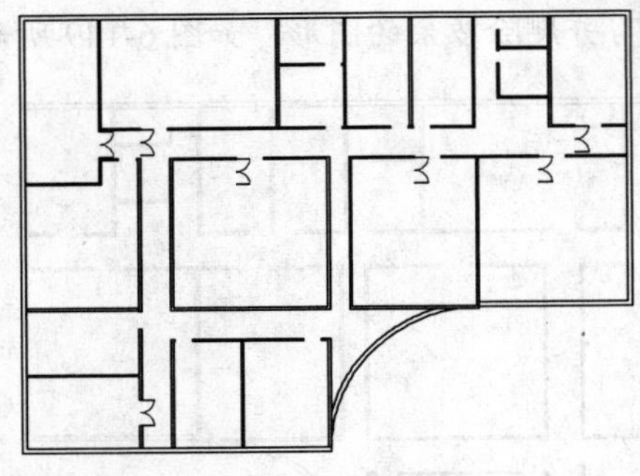

图 6-152　复制图形

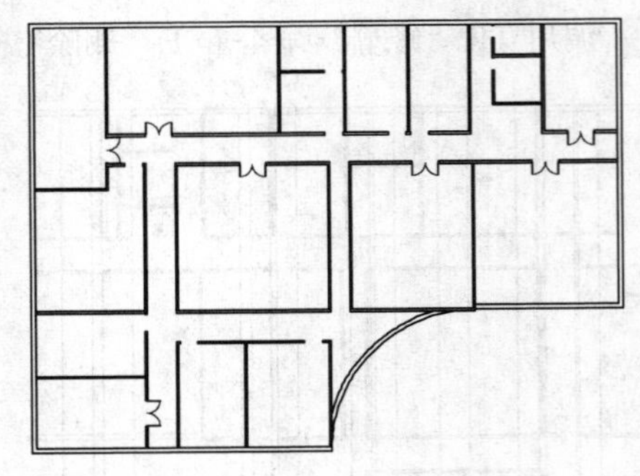

图 6-153　修改图形

05 调用 I“插入”命令，打开“插入”对话框，单击“浏览”按钮，打开“选择图形文件”对话框，选择“门 4”图形文件，如图 6-154 所示。

06 依次单击“打开”和“确定”按钮，在绘图区的任意位置，单击鼠标，即可插入图块；调用 M“移动”命令，移动插入的图块，如图 6-155 所示。

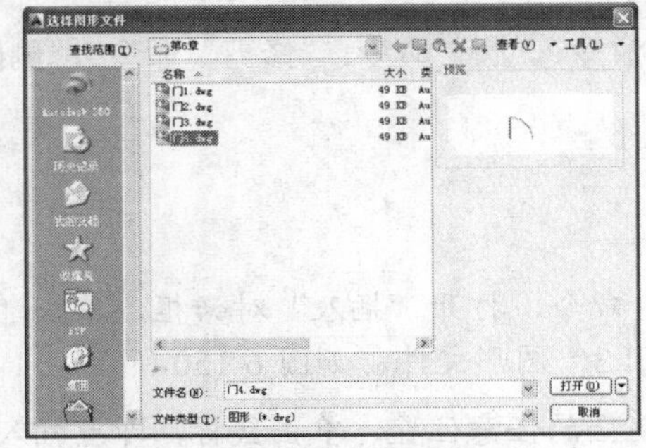

图 6-154　选择图形文件

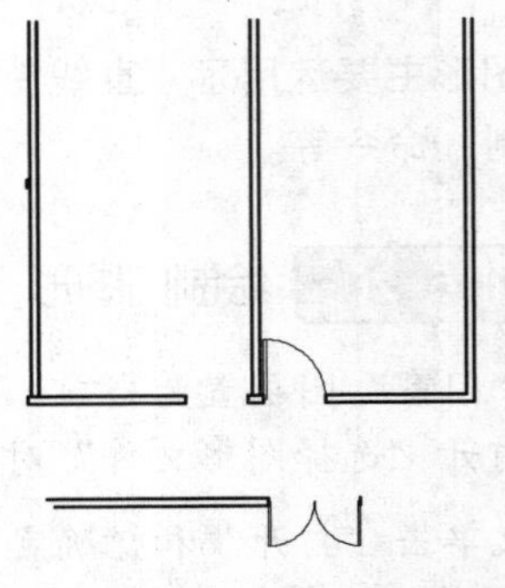

图 6-155　插入图块效果

07 调用 CO“复制”命令，选择新插入的图块为复制对象，捕捉左上方端点为基点，依次捕捉相应的端点，复制图形，如图 6-156 所示。

08 调用 RO“旋转”命令、MI“镜像”命令、M“移动”命令和 SC“缩放”命令，调整复制后的图形，效果如图 6-157 所示。

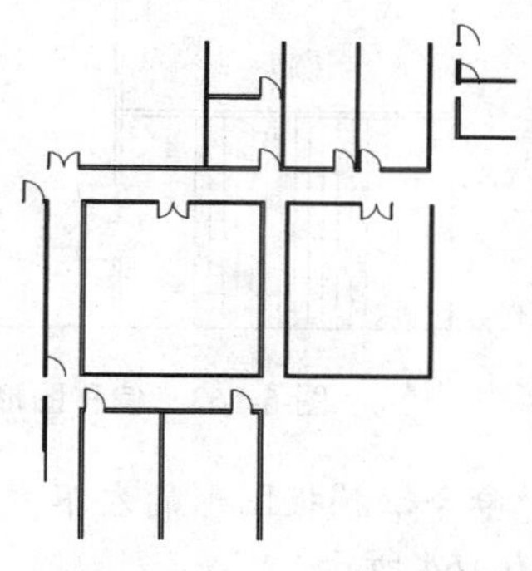

图 6-156　复制图形

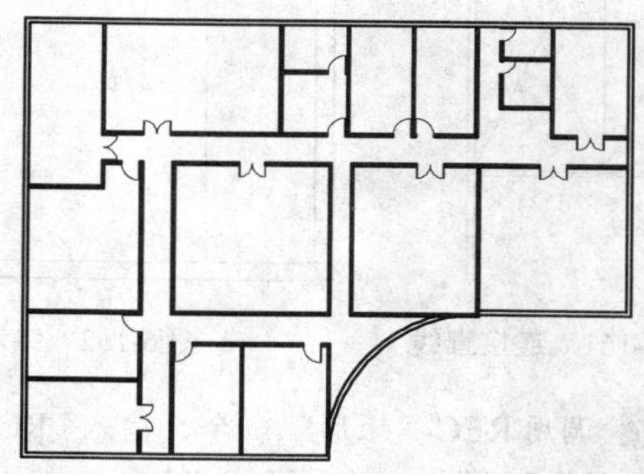

图 6-157　修改图形

6.5.4 绘制楼梯等图形

绘制楼梯等图形主要运用了“直线”命令、“偏移”命令、“矩形”命令、“修剪”命令、“删除”命令和“复制”命令等。

操作实训 6-21：绘制楼梯等图形

01 调用 L“直线”命令，输入 FROM“捕捉自”命令，捕捉图形的左上方端点，输入（@240, -4360）、（@3820, 0），绘制直线，如图 6-158 所示。

02 调用 O“偏移”命令，将新绘制的水平直线依次向上偏移 60、60，其图形的偏移效果如图 6-159 所示。

03 调用 L“直线”命令，捕捉偏移后最上方水平直线的中点，输入（@0, 4000），绘制直线，如图 6-160 所示。

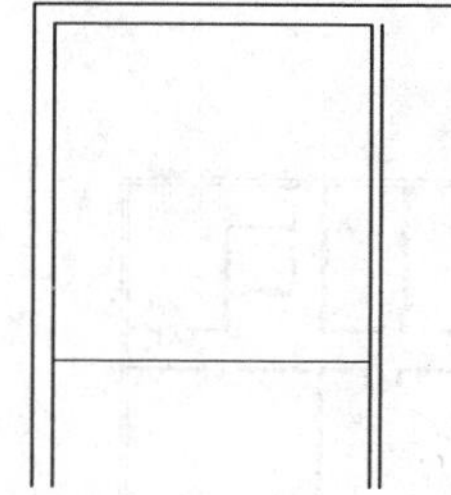

图 6-158　绘制直线

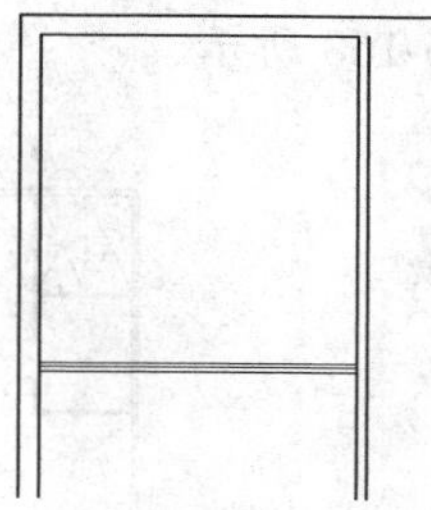

图 6-159　偏移图形

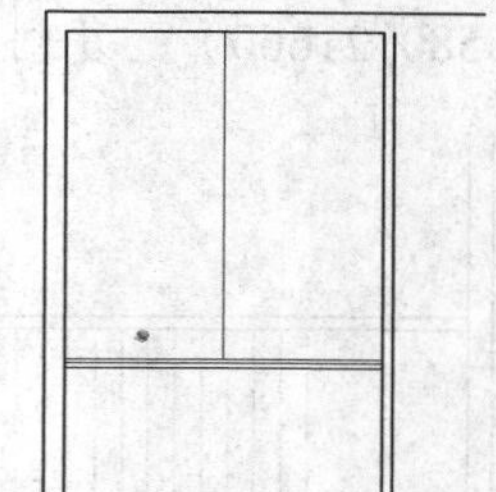

图 6-160　绘制直线

04 调用 L“直线”命令，依次捕捉合适的端点，连接直线，如图 6-161 所示。

05 调用 L“直线”命令，输入 FROM“捕捉自”命令，捕捉图形的左下方端点，输入（@1740, 240）、（@0, 3880），绘制直线，如图 6-162 所示。

06 调用 O“偏移”命令，将新绘制的垂直直线向右偏移 12 次，偏移距离均为 250，如图 6-163 所示。

图 6-161　连接直线

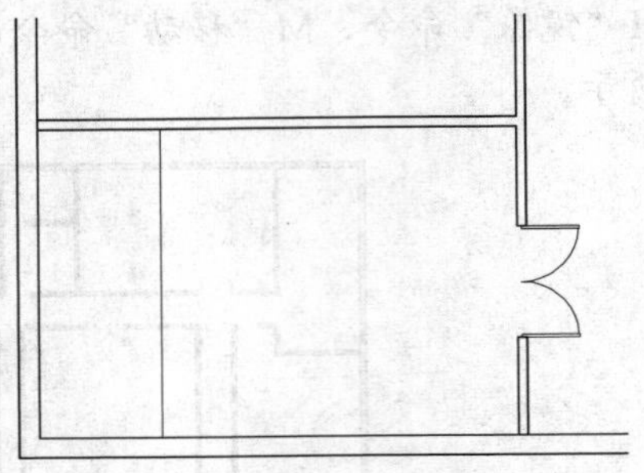
图 6-162　绘制直线

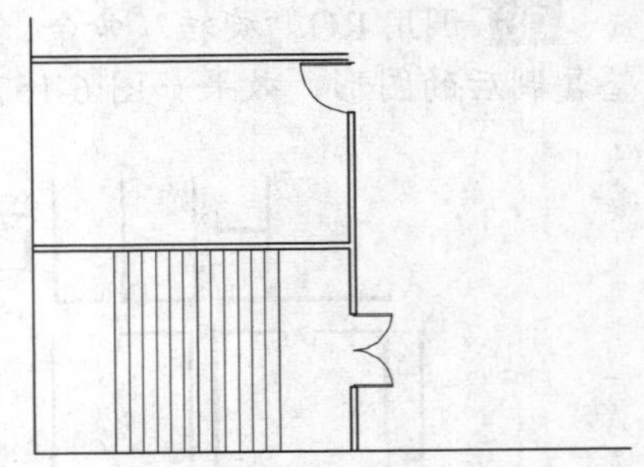
图 6-163　偏移图形

07 调用 REC“矩形”命令，输入FROM“捕捉自”命令，捕捉图形的左下方端点，输入（@1620, 2015）、（@3160, 330），绘制矩形，如图 6-164 所示。

08 调用 X“分解”命令，分解新绘制的矩形；调用 O“偏移”命令，将矩形左侧的垂直直线向右偏移 80，如图 6-165 所示。

09 调用 O“偏移”命令，将矩形上方的水平直线向下偏移 80、40、90、40，如图 6-166 所示。

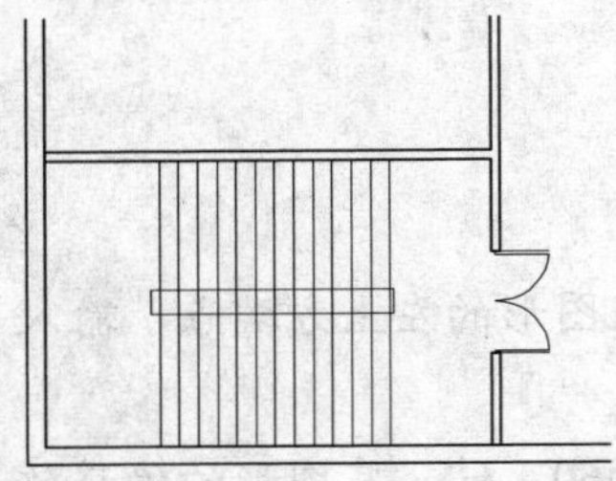
图 6-164　绘制矩形

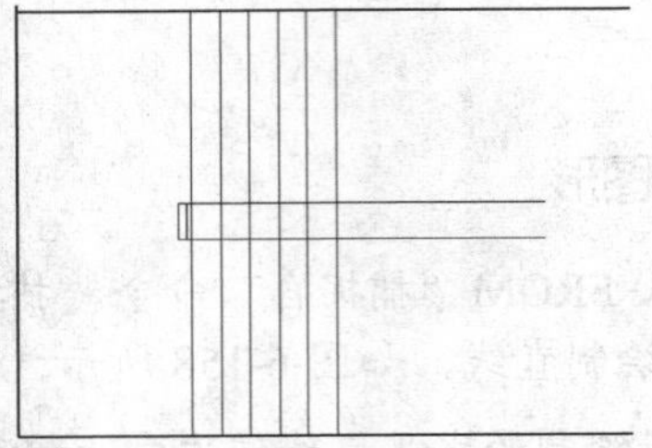
图 6-165　偏移图形

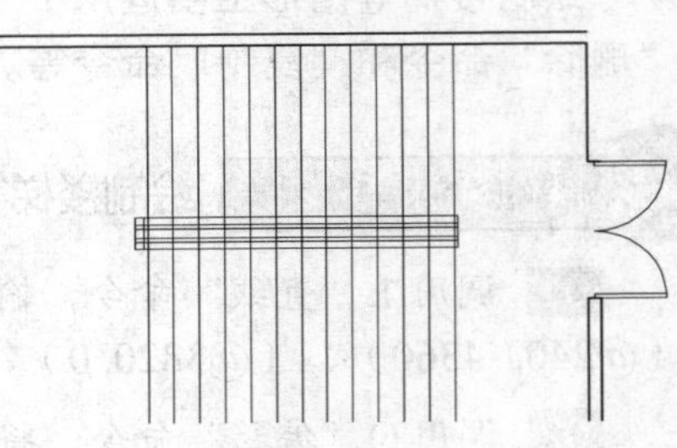
图 6-166　绘制矩形

10 调用 TR“修剪”命令，修剪多余的图形，如图 6-167 所示。

11 调用 CO“复制”命令，选择新绘制的楼梯图形，捕捉其左下方端点为基点，输入（@25580, 21660），复制图形，如图 6-168 所示。

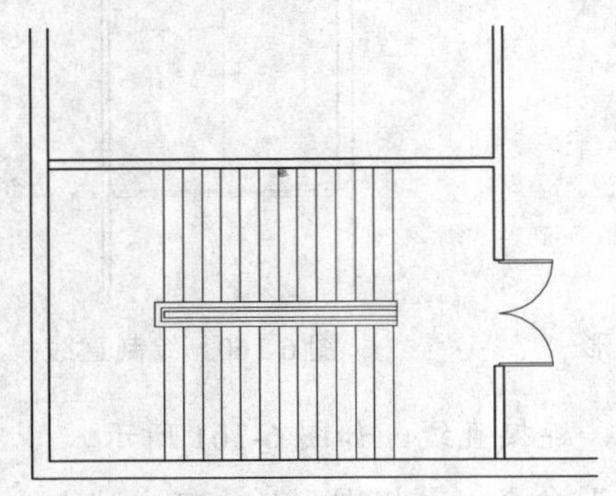
图 6-167　修剪图形

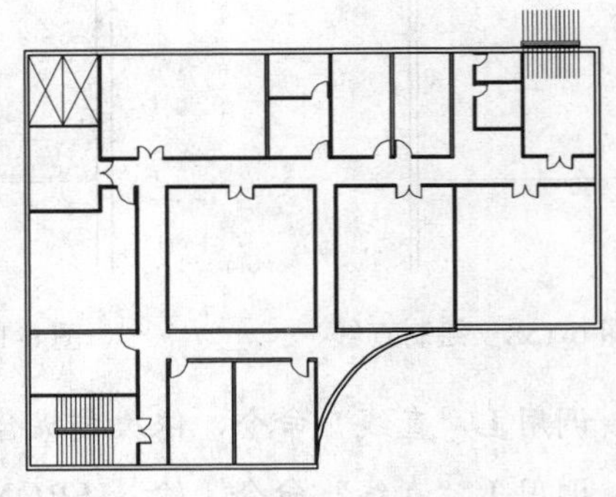
图 6-168　复制图形

12 调用 RO“旋转”命令，选择复制后的图形为旋转图形，捕捉左下方端点为基点，修改旋转角度为-90，进行旋转处理，如图 6-169 所示。

13 调用 L“直线”命令，输入 FROM“捕捉自”命令，捕捉图形的右上方端点，输入（@-4240, -240）、（@-1020, 0）和（@0, -4320），绘制直线，如图 6-170 所示。

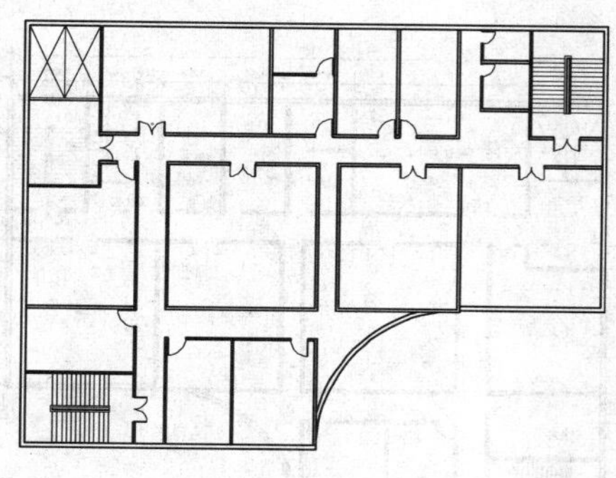

图 6-169　旋转图形

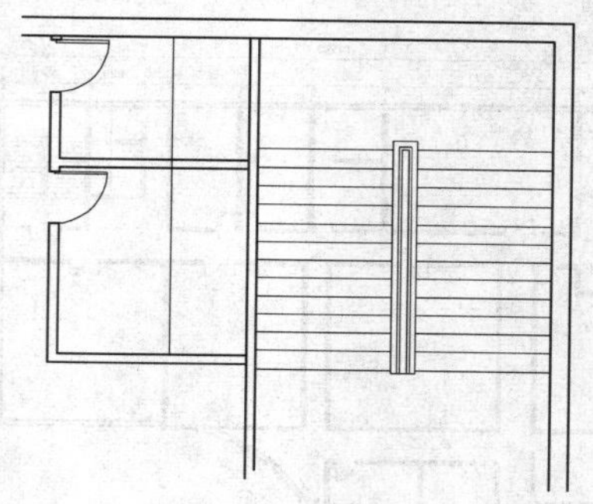

图 6-170　绘制直线

14 调用 O“偏移”命令，将新绘制的垂直直线向右偏移 20，如图 6-171 所示。

15 调用 O“偏移”命令，将新绘制的水平直线向下依次偏移 20、800、20、1820、20、800、20、800，如图 6-172 所示。

16 调用 TR“修剪”命令，修剪多余的图形；调用 E“删除”命令，删除多余的图形，效果如图 6-173 所示。

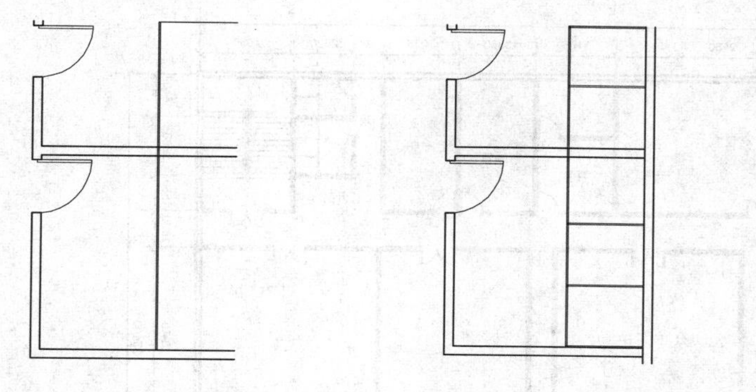

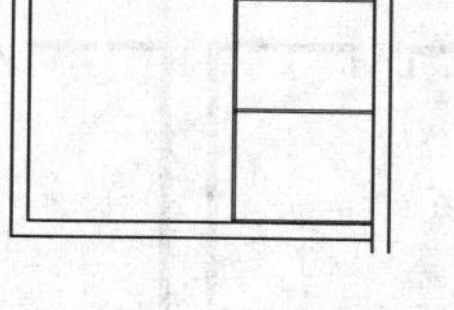

图 6-171　偏移图形

图 6-172　偏移图形

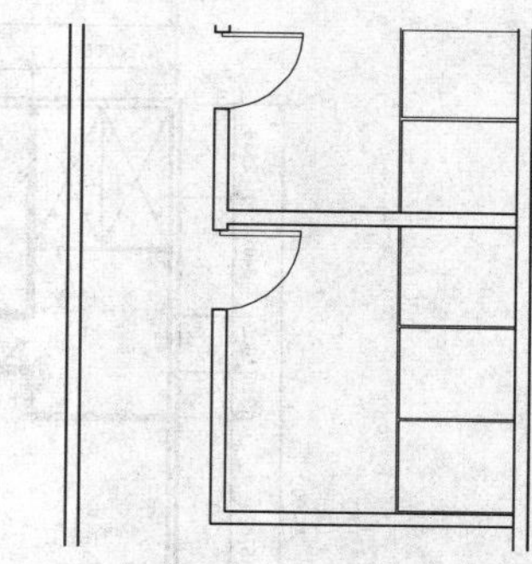

图 6-173　修剪并删除图形

6.5.5 完善办公室建筑平面图

完善办公室建筑平面图主要运用了“直线”命令、“偏移”命令、“圆”命令和“复制”命令等。

操作实训 6-22：完善办公室建筑平面图

01 调用 D“标注样式”命令，打开“标注样式管理器”对话框，选择“ISO-25”样式，修改各参数。

02 将“标注”图层置为当前，显示“轴线”图层，调用 DLI“线性”命令，依次捕捉相应的端点，标注线性尺寸，并隐藏“轴线”图层，如图 6-174 所示。

03 调用 MT“多行文字”命令，修改“文字高度”为 450 和 550，在绘图区中的相应位置，创建文字对象，如图 6-175 所示。

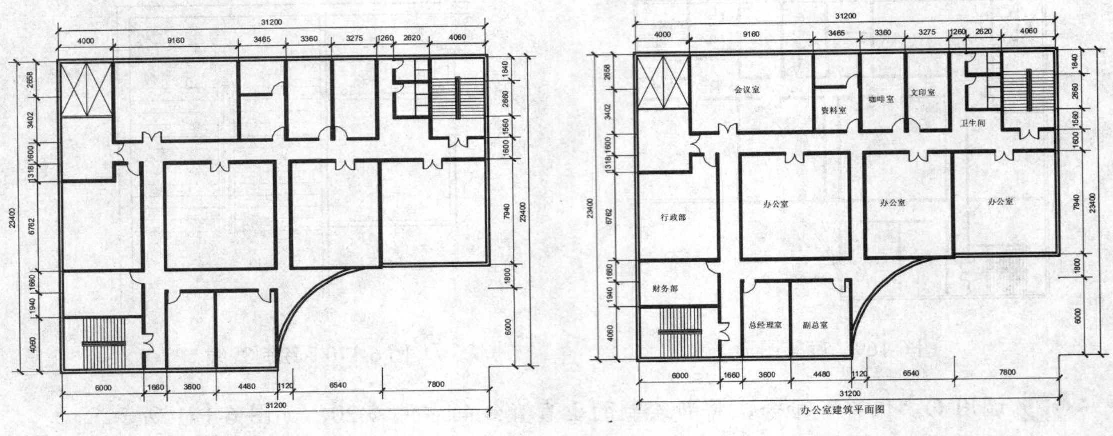

图 6-174 标注线性尺寸　　图 6-175 创建多行文字

04 调用 L“直线”和 PL“多段线”命令，在绘图区相应位置，绘制一条宽度为 100 的多段线和一条直线，如图 6-176 所示。

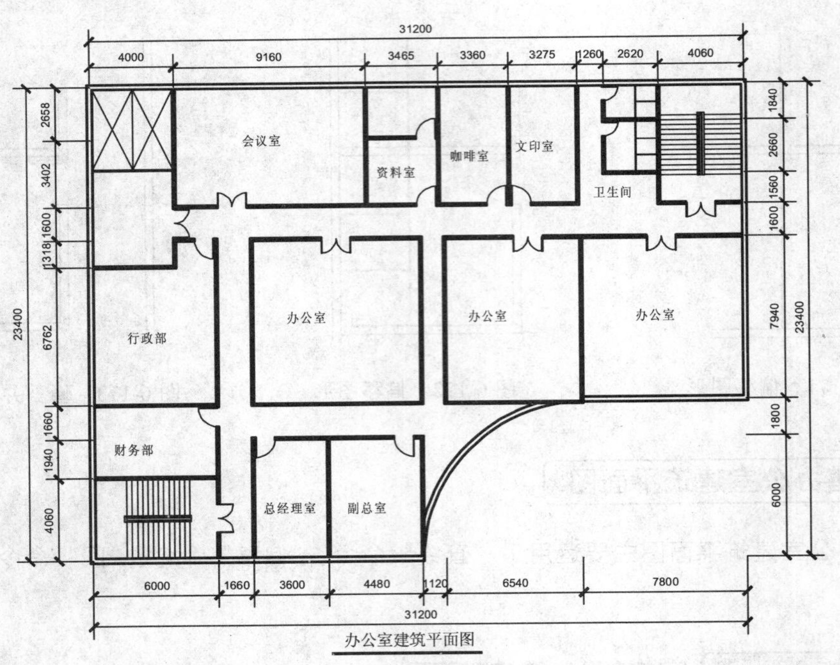

图 6-176 绘制直线和多段线

第 7 章 平面布置图绘制

本章导读

平面布置图是室内布置方案的一种简明图解形式，用以表示家具、电器、植物等的相对平面位置。绘制平面布置图常用的方法是平面模型布置法。本章将详细介绍平面布置图的基础知识和相关绘制方法，以供读者掌握。

精彩看点

- 平面布置图基础认识
- 了解室内各空间设计原理
- 绘制三居室平面布置图
- 绘制服装店平面布置图
- 绘制办公室平面布置图
- 绘制茶餐厅平面布置图

7.1 平面布置图基础认识

平面布置图是室内施工图的基础，在绘制平面布置图之前，首先需要对平面布置图有个基础的认识，如了解平面布置图的作用以及内容等。

7.1.1 平面布置图概述

平面布置图是室内装潢施工图中至关重要的图样，是在原始建筑结构的基础上，根据业主的需要，结合设计师的创意，同时遵循基本设计原则，对室内空间进行详细的功能划分和室内装饰的定位，从而绘制的图纸。

7.1.2 了解平面布置图的作用

室内平面布置图是方案设计阶段的主要图样，它是根据室内设计原理中的使用功能、人体工程学以及用户的要求等，对室内空间进行布置的图样。由于空间的划分、功能的分区是否合理会直接影响到使用的效果、影响到精神的感受，因此，在室内设计中平面布置图通常是设计过程中首先要触及的内容。

7.1.3 了解平面布置图的内容

平面布置图一般需要表达的主要内容有。

- 建筑主体结构，如墙、柱、门窗、台阶等。
- 各功能空间（如客厅、餐厅、卧室等）的家具，如沙发、餐桌、餐椅、酒柜、地柜、衣柜、梳妆台、床头柜、书柜、书桌、床等的形状、位置。
- 厨房、卫生间的厨柜、操作台、洗手台、浴缸、坐便器等的形状、位置。
- 家电如空调机、电冰箱、洗衣机、电视机、电风扇、落地灯等的形状、位置。
- 隔断、绿化、装饰构件、装饰小品等的布置。

7.2 了解室内各空间设计原理

居住建筑是人类生活的重要场所，根据其功能的不同，可以将居室分为客厅、卧室、餐厅、厨房和卫生间等空间。

7.2.1 了解要点和人体尺寸

人体工程学是室内设计不可缺少的基础之一。其主要作用在于通过对于生理和心理的正确认识，根据人的体能结构、心理形态和活动的需要等综合因素，运用科学的方法，通过合理的室内空间和设施家具的设计，使室内环境因素满足人类生活活动的需要，进而达到提高

室内环境质量，使人在室内的活动高效、安全和舒适的目的。

人体尺寸是人体工程学研究的最基本数据之一。人体尺寸可以分为构造尺寸和功能尺寸，下面将分别进行介绍。

1. 构造尺寸

人体构造尺寸往往是指静态的人体尺寸，它是人体处于固定的标准状态下测量的，可以测量许多不同的标准状态和不同部位，如手臂长度、腿长度和坐高等。构造尺寸较为简单，它与人体直接关系密切的物体有较大的关系，如家具、服装和手动工具等。

2. 功能尺寸

功能尺寸是指动态的人体尺寸，包括在工作状态或运动中的尺寸，它是人在进行某种功能活动时肢体所能达到的空间范围，在动态的人体状态下测得。它是由关节的活动、转动所产生的角度与肢体的长度协调产生的范围尺寸，功能尺寸比较复杂，它对于解决许多带有空间范围、位置的问题很有用。

7.2.2 卫生间的设计

卫生间装饰要讲究实用，要考虑卫生用具和整体装饰效果的协调性。

公寓或别墅的卫生间，可安装按摩浴缸、防滑浴缸、多喷嘴沐浴房、自动调温水嘴、大理石面板的梳妆台、电动吹风机、剃须刀、大型浴镜、热风干手器和妇女净身器等。墙面和地面可铺设瓷砖或艺术釉面砖，地上再铺地毯。此外还可安装恒温设备、通风和通信设施等。

一般的普通住宅卫生间，可安装取暖、照明、排气三合一的“浴霸”、普通的浴缸、坐便器、台式洗脸盆、冷热冲洗器、浴帘、毛巾架、浴镜等。地面、墙面贴瓷砖，顶部可采用塑料板或有机玻璃顶棚。

面积小的卫生间，应注意合理利用有限的空间，沐浴器比浴缸更显经济与方便，脸盆可采用托架式的，墙体空间可用来做些小壁橱、镜面箱等，墙上门后可安装挂钩。

卫生间的墙面和地面一般采用白色、浅绿色、玫瑰色等色彩。有时也可以将卫生洁具作为主色调，与墙面、地面形成对比，使卫生间呈现出立体感。卫生洁具的选择应从整体上考虑，尽量与整体布置相协调。地板落水（又称地漏、扫除器）放在卫生间的地面上，用以排除地面污水或积水，并防止垃圾流入管子，堵塞管道。地板落水的表面采用花格式漏孔板与地面平齐，中间还可有一活络孔盖。如取出活络孔盖，可插入洗衣机的排水管。

7.2.3 厨房的设计

厨房的设计应该从以下几个方面考虑合理安排。

- 应有足够的操作空间。
- 要有丰富的储存空间。一般家庭厨房都应尽量采用组合式吊柜、吊架，组合柜厨常用下面部分储存较重、较大的瓶、罐、米、菜等物品，操作台前可设置能伸缩的存放油、酱、糖等调味品及餐具的柜、架。煤气灶、水槽的下面都是可利用的存物空间。
- 要有充分的活动的空间。应将 3 项主要设备即炉灶、冰箱和洗涤池组成一个三角形。洗涤槽和炉灶间的距离调整为1.22~1.83m较为合理。

- 与厅、室相连的敞开式厨房要搞好间隔，可用吊柜、立柜做隔断，装上玻璃移动门，尽量使油烟不渗入厅、室内。
- 吊柜下和工作台上面的照明最好用荧光灯。就餐照明用明亮的白炽灯。采用什么颜色在厨房里也很重要，淡白或白色的贴瓷墙面仍是经常使用的，这有利于清除污垢。橱柜色彩搭配现已走向高雅、清纯。清新的果绿色、纯净的木色、精致的银灰色、高雅的紫蓝色、典雅的米白色，都是热门的选择。

7.2.4 餐厅的设计

在设计餐厅时，首先要考虑它的使用功能，要离厨房近。大多数业主喜欢用封闭式隔断或墙体将餐厅和厨房隔开，以防油烟气的散发。但近年来受美式开放式厨房的观念的影响，也有将厨房开放或只用玻璃做隔断，这样比较适合复式或别墅式房型。因为卧室在二楼，不受油烟的影响。

在餐厅的陈设的布置上，风格样式就多了。实木餐桌椅体现自然、稳健，金属筐透明玻璃充满现代感。关键是要和整体居室风格相配。餐厅灯具是营造气氛的“造型师”，应重视，样式要区别于其他区域，要与餐桌的调子一致。

7.2.5 卧室的设计

根据科学家研究，睡眠质量好坏与卧室带来的情绪十分有关，只有在温和、闲适、愉悦、宁静的氛围下入睡，才能保证优质的睡眠过程，因而卧室内的颜色宜“静”，如米灰、淡蓝。纯红、橘红、柠檬黄、草绿等颜色过于亮丽，属于兴奋型颜色，都不适合在卧室内运用。

卧室是居家最具私秘性的地方，窗帘应厚实，颜色略深，遮光性强。灯具以配有调光开关的最好。更时尚的趋势是，衣橱不再放在卧室内，而是放在专门的衣帽间里。卧室内只放些轻便的矮橱，放些内衣裤即可。卧室内电视的尺寸要根据房子的大小配备，不能过大。

因为卧室面积一般不很大，其设计和陈设布置要围绕“精致”二字做文章，精致是高品质生活不可缺少的元素之一。

7.2.6 客厅的设计

一般来说，客厅的区域大致可分为会客和用餐两大块，会客区适当靠外一些，用餐区尽量靠近厨房。因为是重点，所以客厅的色彩、风格应有一个基调，一般以淡雅色或偏冷色为主，如果是阳光充足的明厅且面积又大，可在一面墙涂以代表业主个性的较强烈的一些颜色，如是暗厅且面积又小，切忌用深色，应以白色或浅灰色为主。

客厅里家具和陈设品要协调统一，细节处可摆放一二件出挑一点的小物件，大局强调统一、完整；要体现风格特点，注意传统的配传统的、时尚的配时尚的；传统和现代相结合型的，则应注重比例和轻重。

7.3 绘制三居室平面布置图

绘制三居室平面布置图时主要运用了“直线”命令、“插入”命令、“移动”命令、“缩放”命令和“矩形”命令等。图 7-1 所示为三居室平面布置图。

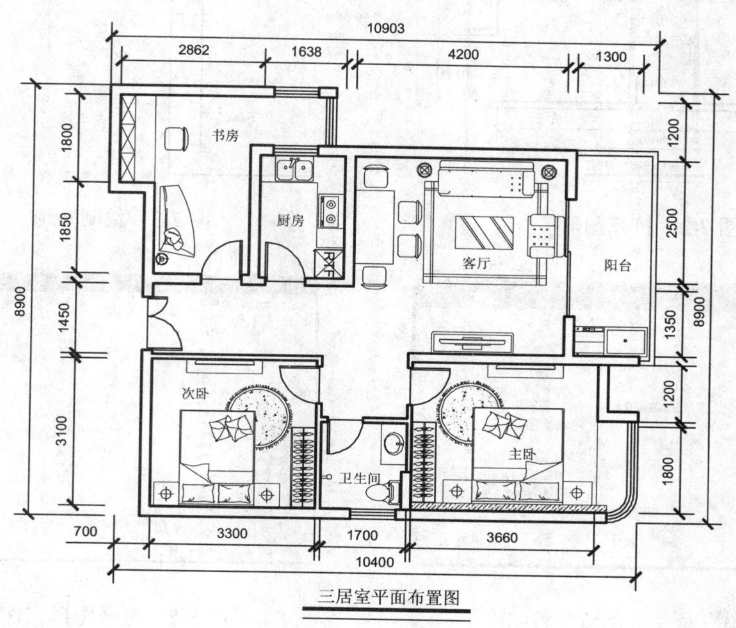

图 7-1　三居室平面布置图

7.3.1 绘制客厅平面布置图

绘制客厅平面布置图主要运用了“直线”命令、“圆角”命令、“插入”命令和“镜像”命令等。

操作实训 7-1：绘制客厅平面布置图

01 按 Ctrl＋O 快捷键，打开“第 7 章\7.3 绘制三居室平面布置图.dwg”图形文件，如图 7-2 所示。

02 将“家具”图层置为当前层，调用 REC“矩形”命令，输入 FROM“捕捉自”命令，捕捉相应墙体的交点，输入（@0, -683）、（@780, -1500），绘制矩形，如图 7-3 所示。

03 调用 I“插入”命令，打开“插入”对话框，单击“浏览”按钮，如图 7-4 所示。

04 打开“选择图形文件”对话框，选择“椅子”图形文件，如图 7-5 所示。

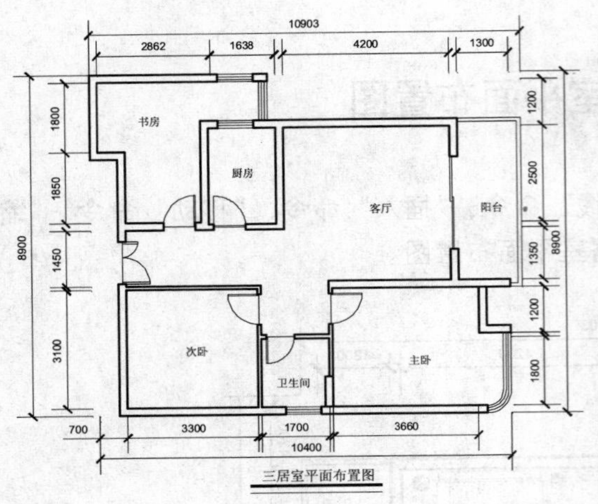

图 7-2 打开图形

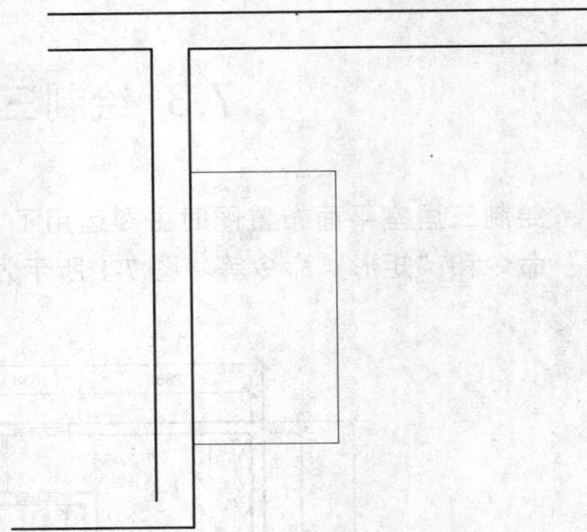

图 7-3 绘制矩形

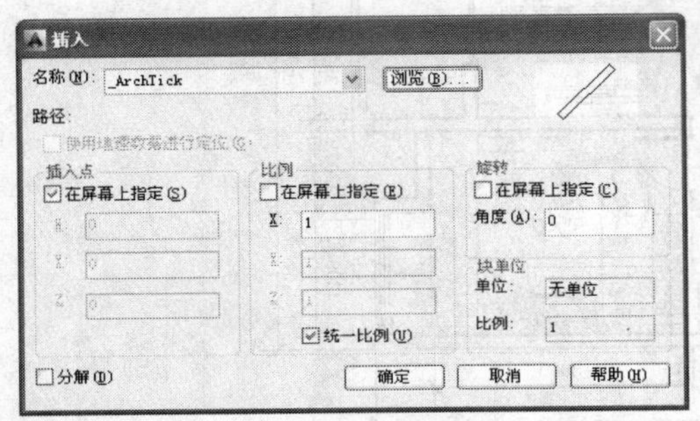

图 7-4 单击“浏览”按钮

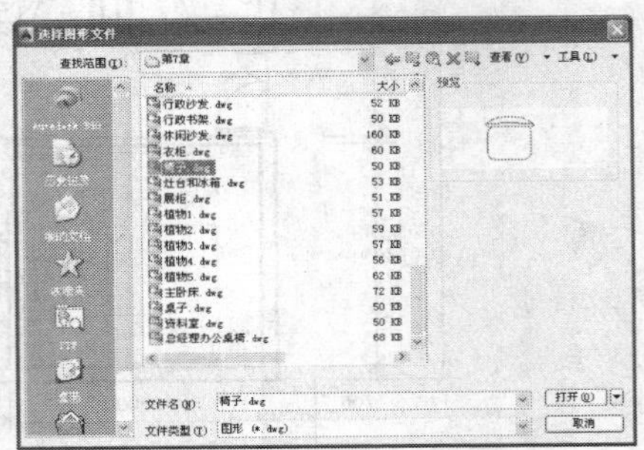

图 7-5 选择图形文件

05 依次单击“打开”和“确定”按钮，在绘图区的任意位置，单击鼠标，即可插入图块；调用 M“移动”命令，移动插入的图块，如图 7-6 所示。

06 调用 MI“镜像”命令，选择插入的图块，将其进行镜像操作，如图 7-7 所示。

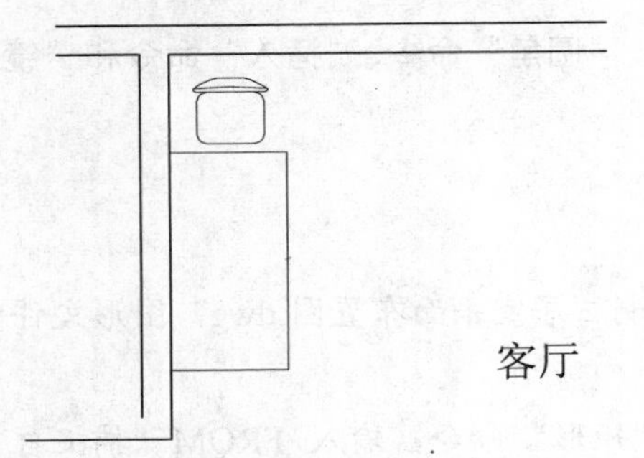

图 7-6 插入图块效果 1

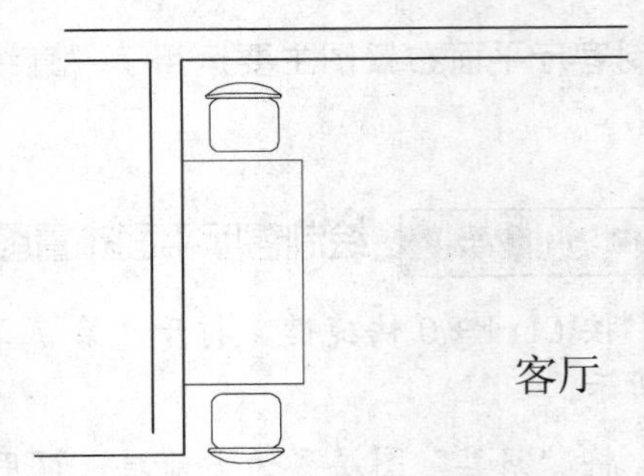

图 7-7 镜像图块

07 调用 CO“复制”命令，选择插入的图块，捕捉下方中点为基点，输入（@458.8, -500）、（@458.8, -1187），复制图形，如图 7-8 所示。

08 调用 RO“旋转”命令，选择复制后的图形，将其进行旋转操作，如图 7-9 所示。

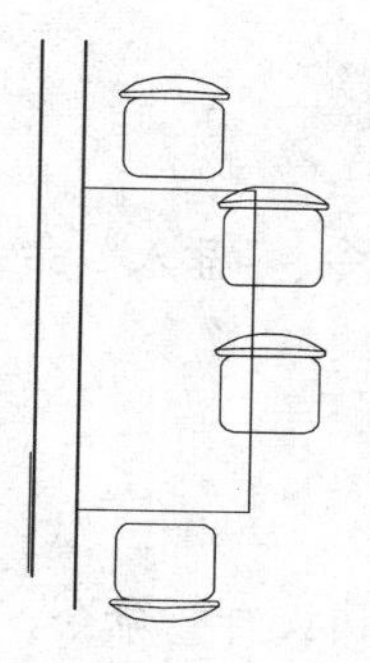

图 7-8　复制图形

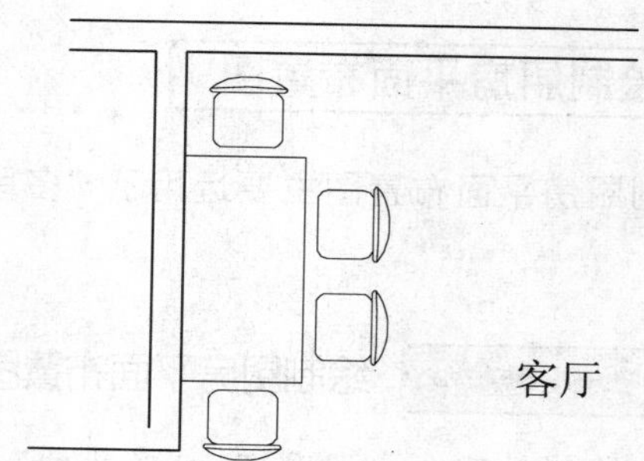

图 7-9　旋转图形

09 调用 I“插入”命令，打开“插入”对话框，单击“浏览”按钮，打开“选择图形文件”对话框，选择“沙发”图形文件，如图 7-10 所示。

10 依次单击“打开”和“确定”按钮，在绘图区的任意位置，单击鼠标，即可插入图块；调用 M“移动”命令，移动插入的图块，如图 7-11 所示。

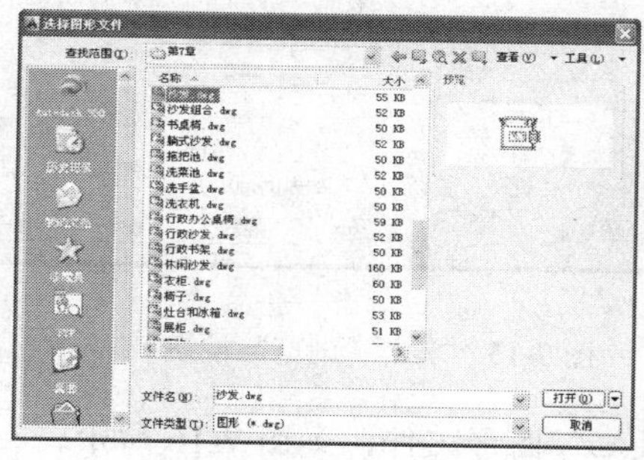

图 7-10　选择图形文件

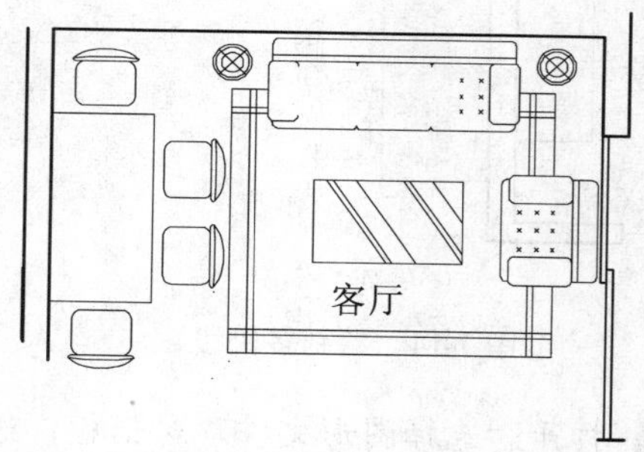

图 7-11　插入图块效果

11 调用 I“插入”命令，打开“插入”对话框，单击“浏览”按钮，打开“选择图形文件”对话框，选择“客厅电视机”图形文件，如图 7-12 所示。

12 依次单击“打开”和“确定”按钮，在绘图区的任意位置，单击鼠标，即可插入图块；调用 M“移动”命令，移动插入的图块，如图 7-13 所示。

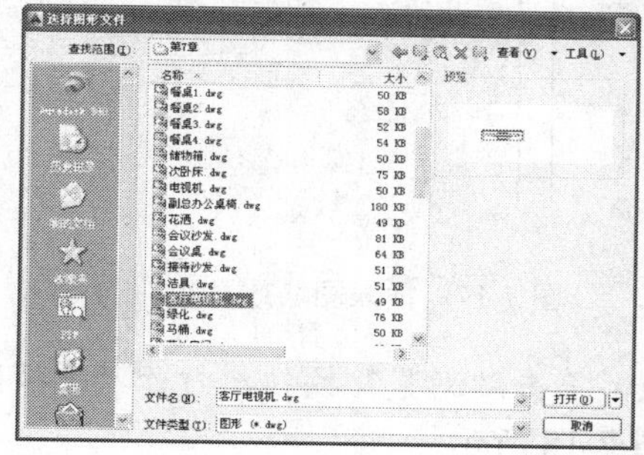

图 7-12　选择图形文件

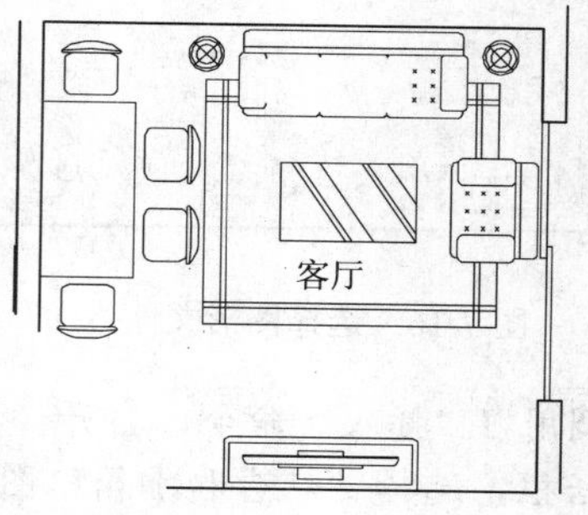

图 7-13　插入图块效果

7.3.2 绘制厨房平面布置图

绘制厨房平面布置图主要运用了“多段线”命令、“直线”命令、“插入”命令和“移动”命令等。

操作实训 7-2: 绘制厨房平面布置图

01 绘制料理台。调用 PL“多段线”命令，输入 FROM“捕捉自”命令，捕捉厨房内侧墙体的左上方端点，依次输入（@0, -550）、（@1150, 0）、（@0, -1320）、（@550, 0），绘制多段线；调用 M“移动”命令，移动“厨房”文字的位置，如图 7-14 所示。

02 调用 I“插入”命令，打开“插入”对话框，单击“浏览”按钮，如图 7-15 所示。

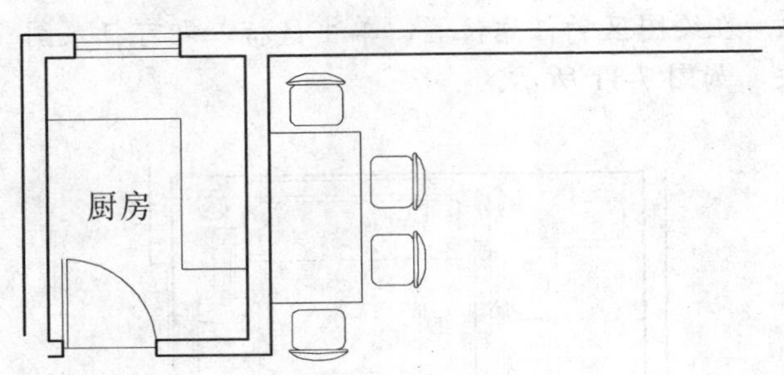

图 7-14 绘制多段线

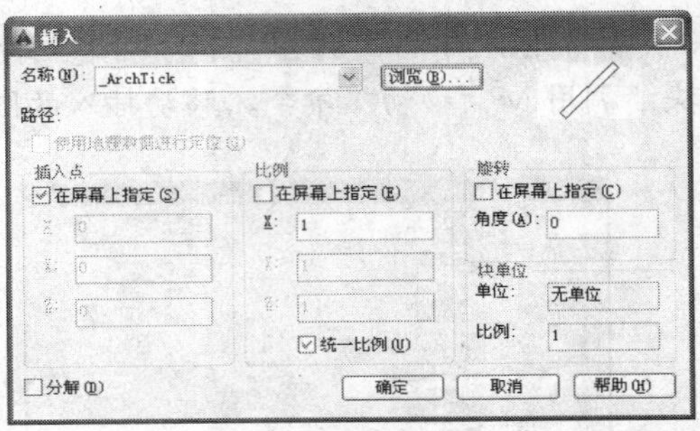

图 7-15 单击“浏览”按钮

03 打开“选择图形文件”对话框，选择“洗菜池”图形文件，如图 7-16 所示。

04 依次单击“打开”和“确定”按钮，在绘图区的任意位置，单击鼠标，即可插入图块；调用 M“移动”命令，移动插入的图块，如图 7-17 所示。

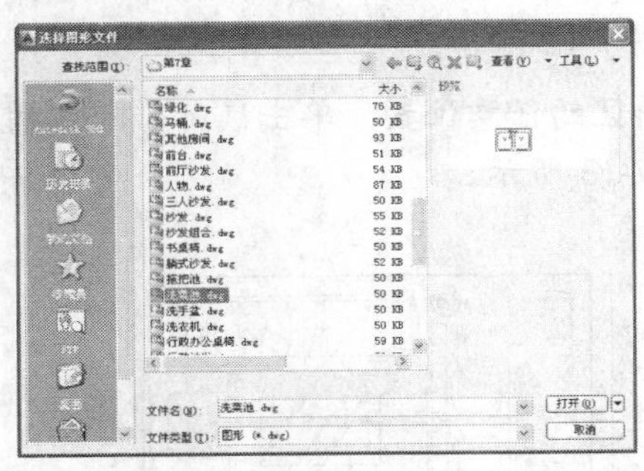

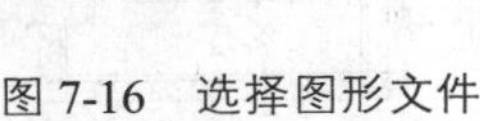

图 7-16 选择图形文件

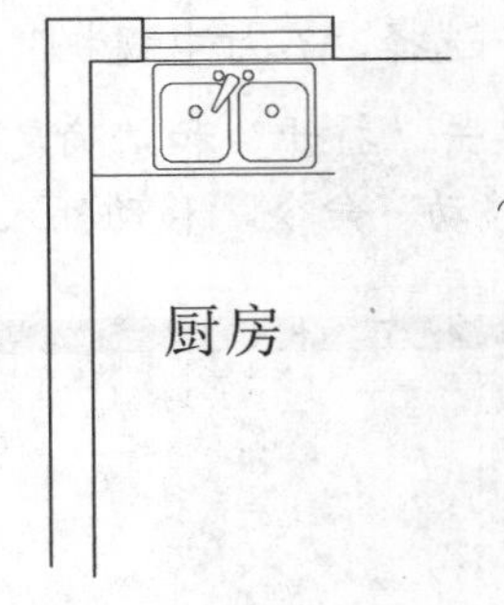

图 7-17 插入图块效果

05 调用 I“插入”命令，打开“插入”对话框，单击“浏览”按钮，打开“选择图形文件”对话框，选择“灶台和冰箱”图形文件，如图 7-18 所示。

06 依次单击“打开”和“确定”按钮，在绘图区的任意位置，单击鼠标，即可插入图块；调用 M“移动”命令，移动插入的图块，如图 7-19 所示。

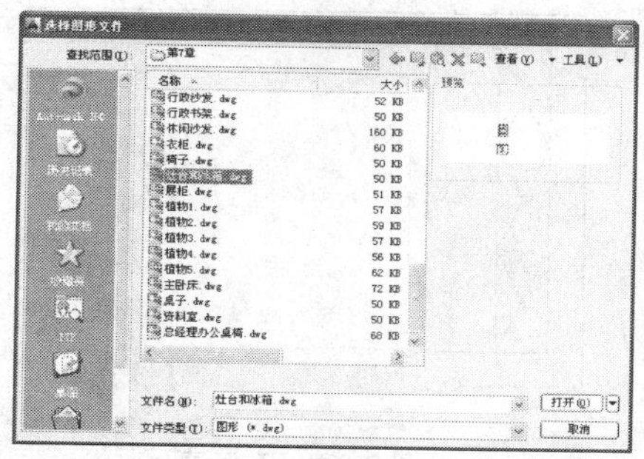

图 7-18　选择图形文件

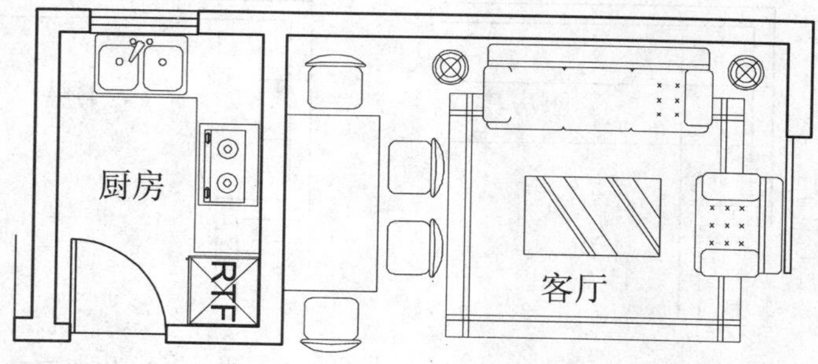

图 7-19　插入图块效果

7.3.3 绘制书房平面布置图

绘制书房平面布置图主要运用了“直线”命令、“偏移”命令、“插入”命令和“移动”命令等。

操作实训 7-3：绘制书房平面布置图

01 调用 L“直线”命令，捕捉相应墙体的端点和垂足，绘制直线，如图 7-20 所示。

02 调用 O“偏移”命令，将新绘制的垂直直线向左偏移 400，如图 7-21 所示。

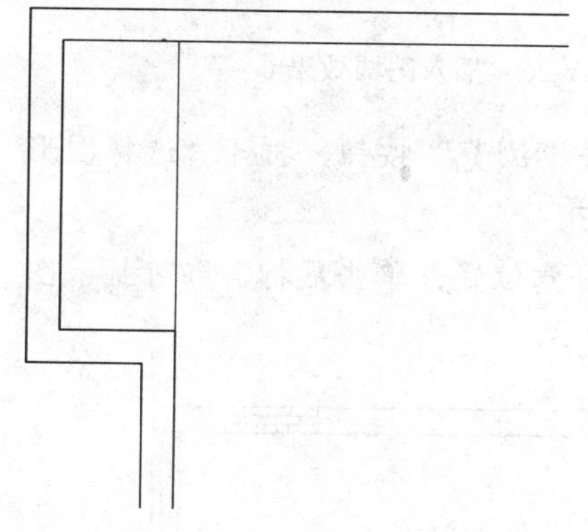

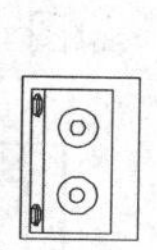

图 7-20　绘制直线

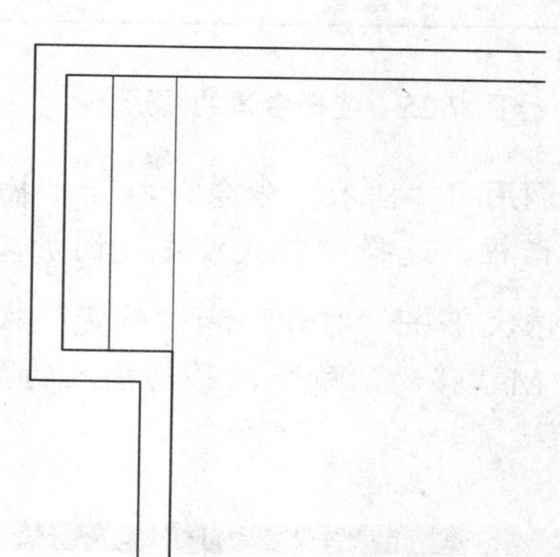

图 7-21　偏移图形

03 调用 O“偏移”命令，依次输入 L 和 C，将最上方水平直线向下偏移 800 和 600；调用 M“移动”命令，移动“书房”文字的位置，如图 7-22 所示。

04 调用 TR“修剪”命令，修剪多余的图形，如图 7-23 所示。

05 调用 L“直线”命令，依次捕捉合适的端点，连接直线，如图 7-24 所示。

06 调用 I“插入”命令，打开“插入”对话框，单击“浏览”按钮，打开“选择图形文件”对话框，选择“书桌椅”图形文件，如图 7-25 所示。

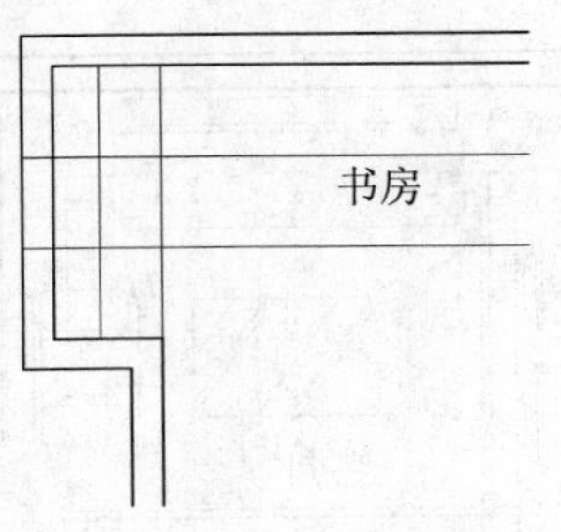

图 7-22　偏移图形

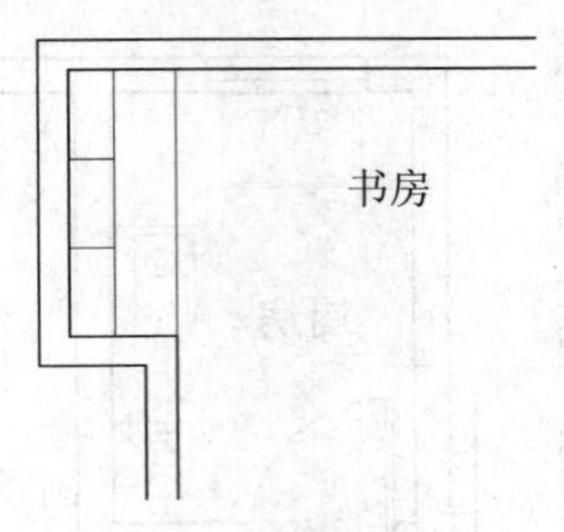

图 7-23　修剪图形

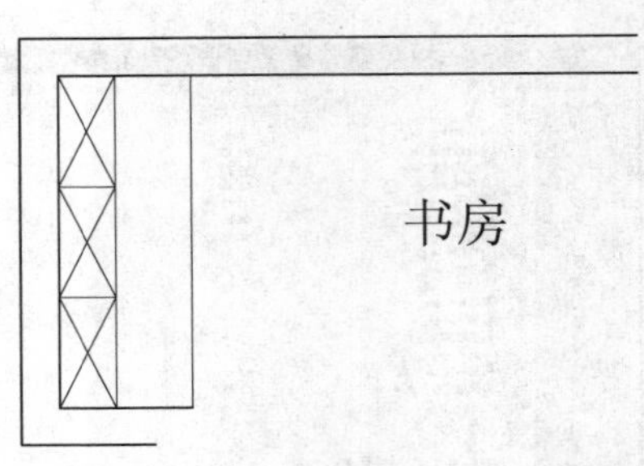

图 7-24　连接直线

07 依次单击“打开”和“确定”按钮，在绘图区的任意位置，单击鼠标，即可插入图块；调用 M“移动”命令，移动插入的图块，如图 7-26 所示。

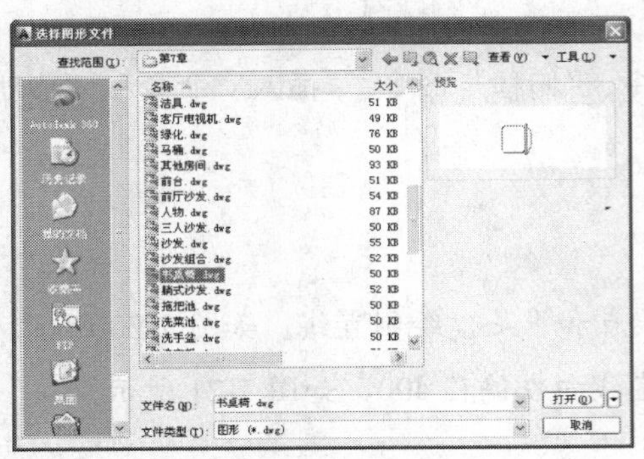

图 7-25　选择合适的图形

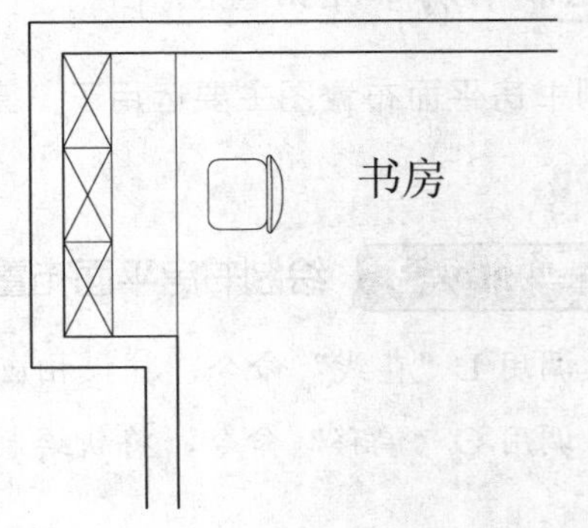

图 7-26　插入图块效果

08 调用 I“插入”命令，打开“插入”对话框，单击“浏览”按钮，打开“选择图形文件”对话框，选择“躺式沙发”图形文件，如图 7-27 所示。

09 依次单击“打开”和“确定”按钮，在绘图区的任意位置，单击鼠标，即可插入图块；调用 M“移动”命令，移动插入的图块，如图 7-28 所示。

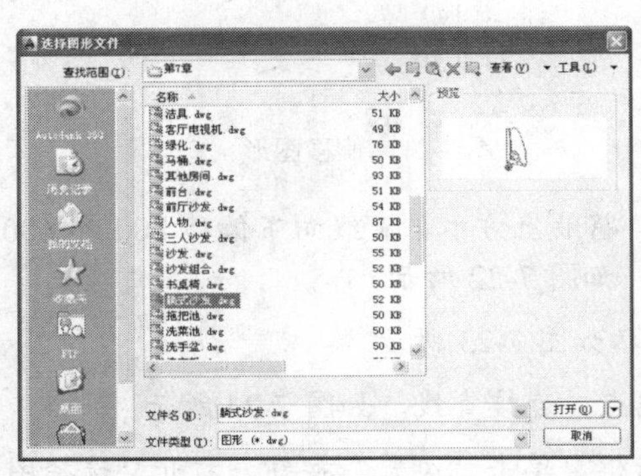

图 7-27　选择图形文件

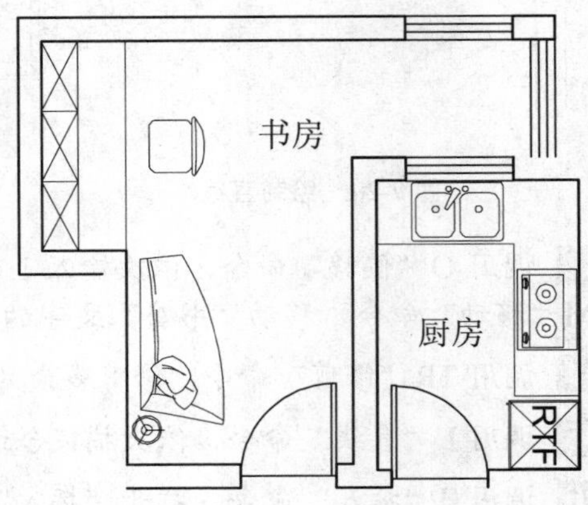

图 7-28　插入图块效果

7.3.4 绘制卧室平面布置图

绘制卧室平面布置图主要运用了“直线”命令、“偏移”命令、“插入”命令和“移动”命令等。

操作实训 7-4：绘制卧室平面布置图

01 调用 L“直线”命令，输入 FROM“捕捉自”命令，捕捉图形的右下方端点，依次输入（@-200, 2100）、（@0, -1750），绘制直线，如图 7-29 所示。

02 调用 L“直线”命令，输入 FROM“捕捉自”命令，捕捉新绘制直线的下端点，依次输入（@200, -150）、（@0, 150）、（@-3900, 0），绘制直线，如图 7-30 所示。

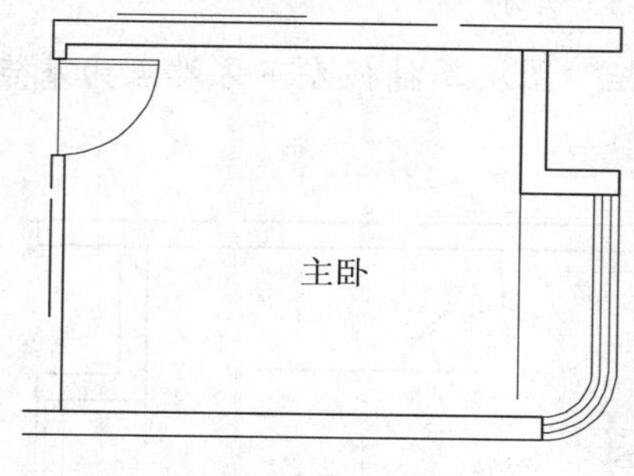

图 7-29　绘制直线

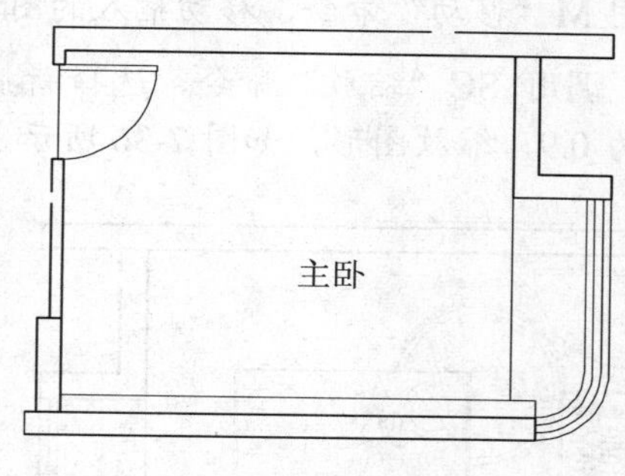

图 7-30　绘制直线

03 调用 H“图案填充”命令，选择“ANSI36”图案，修改“图案填充比例”为 20，拾取合适的区域，填充主卧背景墙图形，如图 7-31 所示。

04 调用 I“插入”命令，打开“插入”对话框，单击“浏览”按钮，打开“选择图形文件”对话框，选择“主卧床”图形文件，如图 7-32 所示。

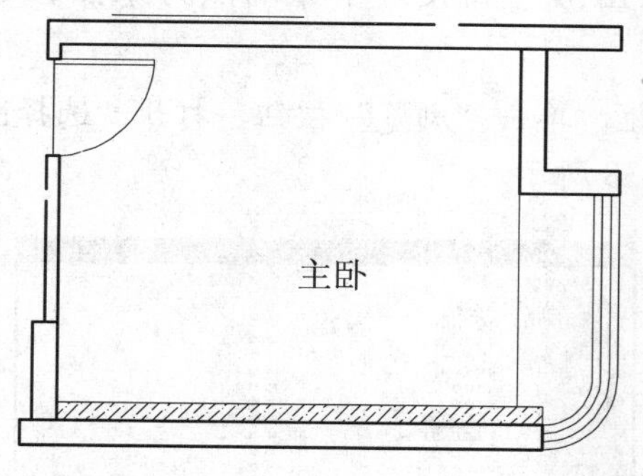

图 7-31　填充图形

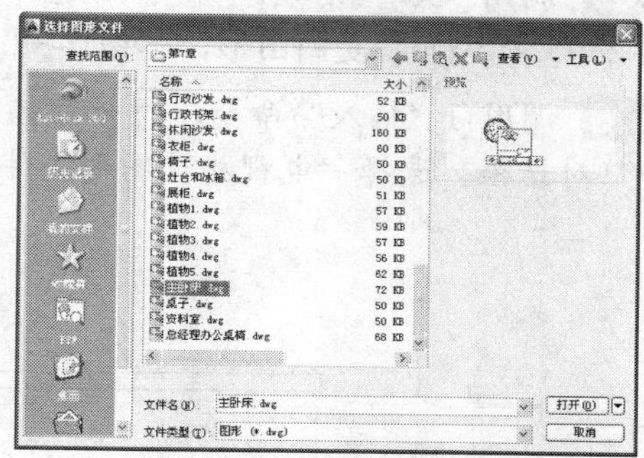

图 7-32　选择图形文件

05 依次单击“打开”和“确定”按钮，在绘图区的任意位置，单击鼠标，即可插入图块；调用 M“移动”命令，移动插入的图块，如图 7-33 所示。

06 调用 I“插入”命令，打开“插入”对话框，单击“浏览”按钮，打开“选择图形文件”对话框，选择“衣柜”图形文件，如图 7-34 所示。

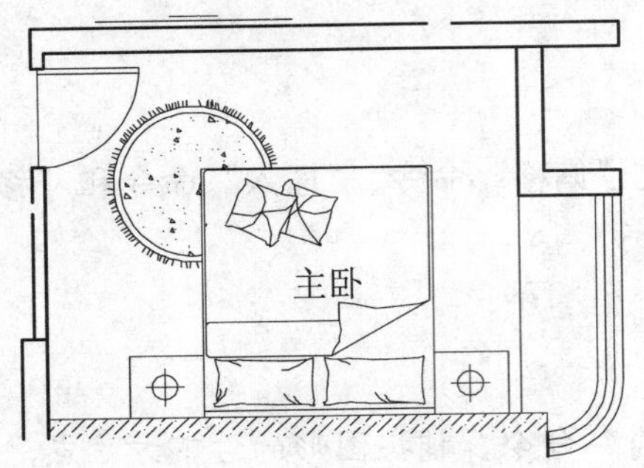

图 7-33　插入图块效果

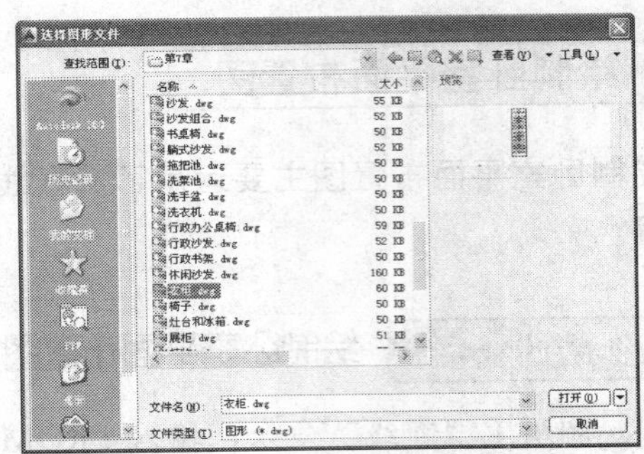

图 7-34　选择图形文件

07 依次单击“打开”和“确定”按钮，在绘图区的任意位置，单击鼠标，即可插入图块；调用 M“移动”命令，移动插入的图块，如图 7-35 所示。

08 调用 SC“缩放”命令，选择新插入的“衣柜”图块，捕捉左下方端点为基点，修改比例为 0.9，缩放图形，如图 7-36 所示。

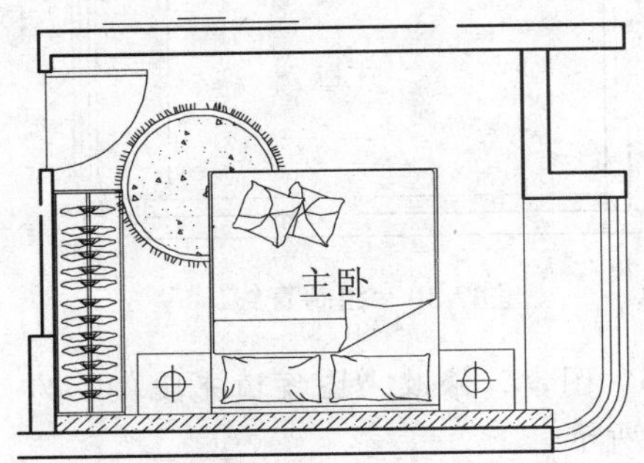

图 7-35　插入图块效果

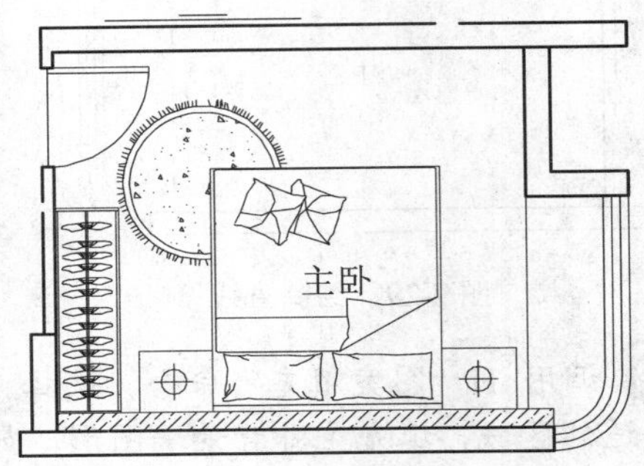

图 7-36　缩放图形

09 调用 CO“复制”命令，选择缩放后的图形，捕捉右下方端点为基点，输入（@-2395, -150），复制图形，如图 7-37 所示。

10 调用 I“插入”命令，打开“插入”对话框，单击“浏览”按钮，打开“选择图形文件”对话框，选择“电视机”图形文件，如图 7-38 所示。

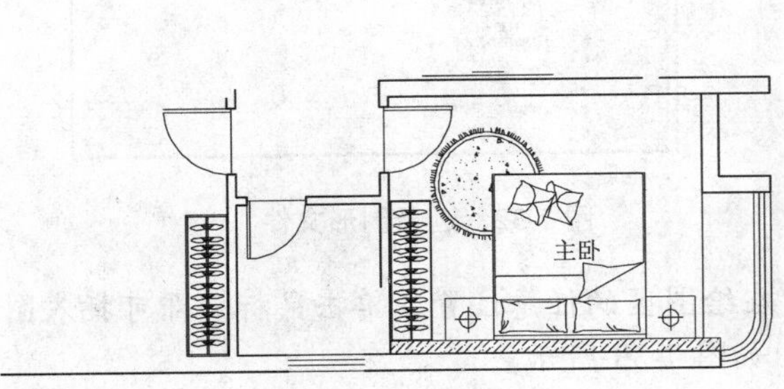

图 7-37　复制图形

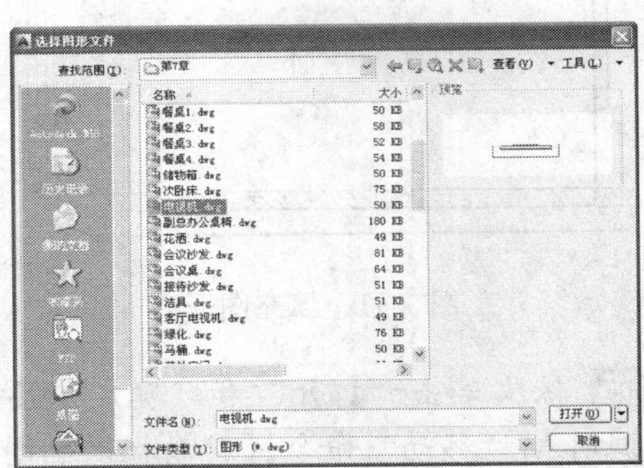

图 7-38　选择图形文件

11 依次单击“打开”和“确定”按钮，在绘图区的任意位置，单击鼠标，即可插入图块；调用 M“移动”命令，移动插入的图块，如图 7-39 所示。

12 调用 CO“复制”命令，选择插入的电视机图形，捕捉右下方端点为基点，输入（@-5995, 0），复制图形，如图 7-40 所示。

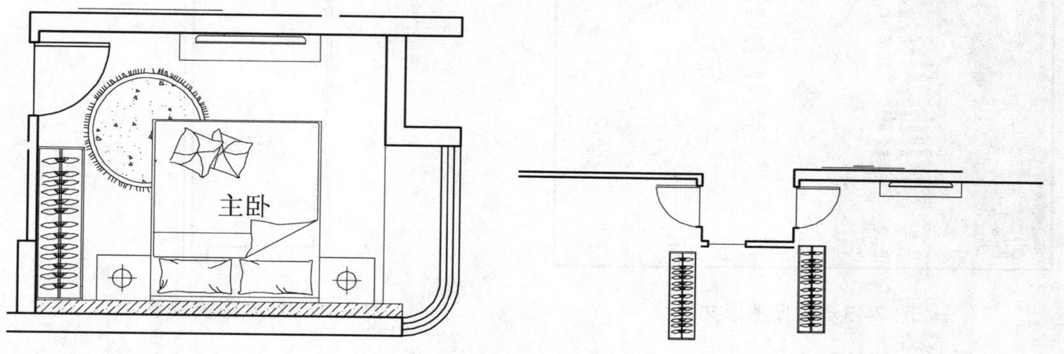

图 7-39　插入图块效果

图 7-40　复制图形效果

13 调用 I“插入”命令，打开“插入”对话框，单击“浏览”按钮，打开“选择图形文件”对话框，选择“次卧床”图形文件，如图 7-41 所示。

14 依次单击“打开”和“确定”按钮，在绘图区的任意位置，单击鼠标，即可插入图块；调用 M“移动”命令，移动插入的图块和“次卧”文字，如图 7-42 所示。

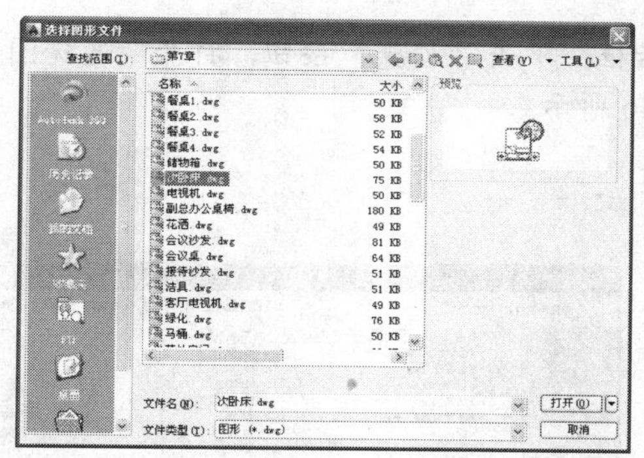

图 7-41　选择图形文件

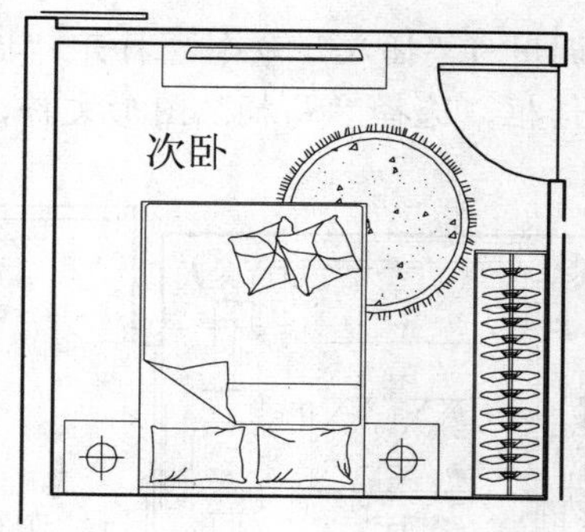

图 7-42　插入图块效果

7.3.5 绘制阳台平面布置图

绘制阳台平面布置图主要运用了“插入”命令和“移动”命令等。

绘制阳台平面布置图

01 调用 I“插入”命令，打开“插入”对话框，单击“浏览”按钮，打开“选择图形文件”对话框，选择“阳台”图形文件，如图 7-43 所示。

02 依次单击“打开”和“确定”按钮，在绘图区的任意位置，单击鼠标，即可插入图块；调用 M“移动”命令，移动插入的图块，如图 7-44 所示。

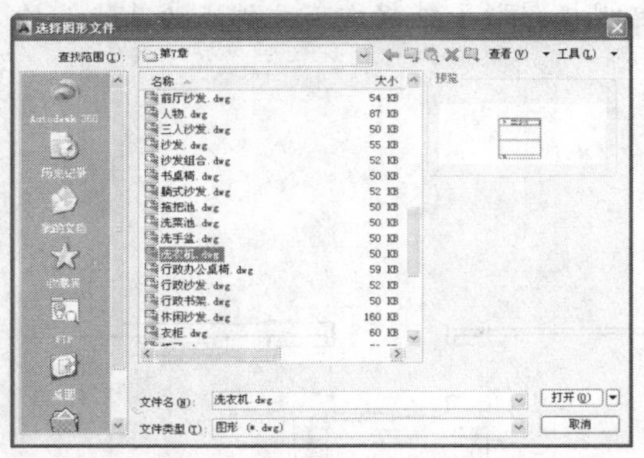

图 7-43　选择图形文件

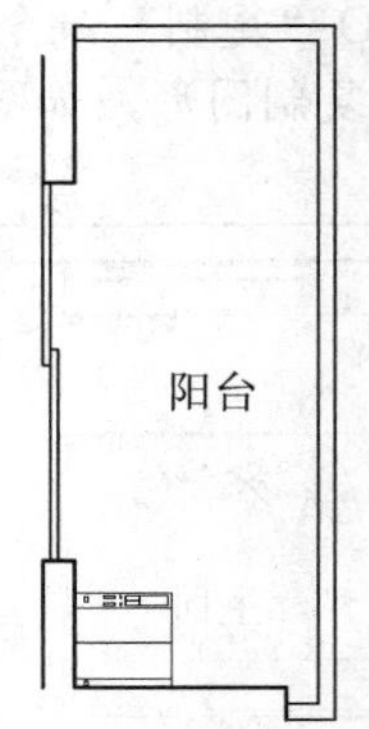

图 7-44　插入图块效果

03 重复上述方法，插入“洗手池”图块，如图 7-45 所示。

7.3.6 绘制卫生间平面布置图

绘制卫生间平面布置图主要运用了“插入”命令和“移动”命令等。

操作实训 7-6：绘制卫生间平面布置图

01 调用 I“插入”命令，打开“插入”对话框，单击“浏览”按钮，打开“选择图形文件”对话框，选择“马桶”图形文件，如图 7-46 所示。

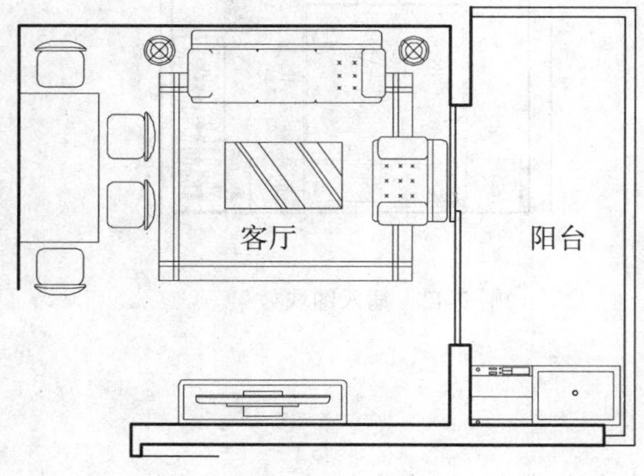

图 7-45　插入“洗手池”图块

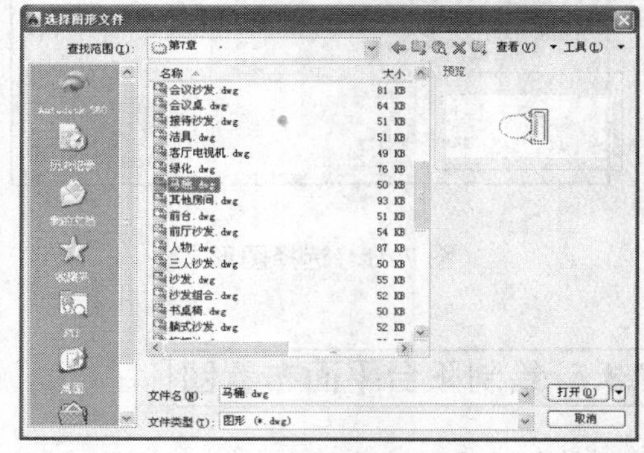

图 7-46　选择图形文件

02 依次单击“打开”和“确定”按钮，在绘图区的任意位置，单击鼠标，即可插入图块；调用 M“移动”命令，移动插入的图块，如图 7-47 所示。

03 重复上述方法，依次插入“花洒”和“洗手盆”图块，如图 7-48 所示。

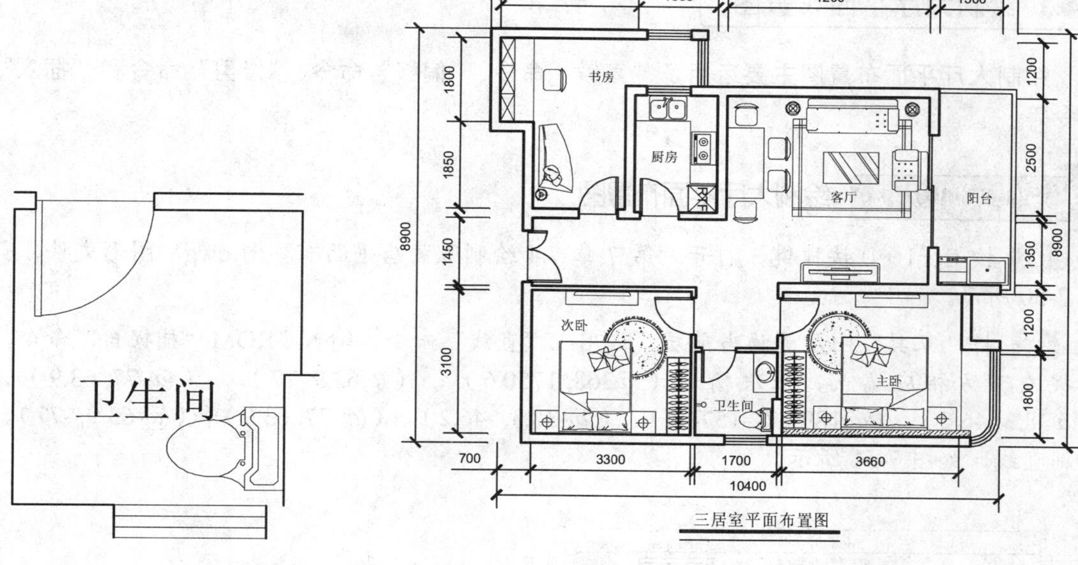

图 7-47　插入图块效果

图 7-48　插入其他图块

7.4 绘制服装店平面布置图

服装店平面布置图中主要包含有收银台、服装展示柜、贵宾接待室、更衣间和库房等部分。绘制服装店平面布置图中主要运用了“直线”命令、“偏移”命令、“矩形”命令、“复制”命令和“插入”命令等。如图 7-49 所示为服装店平面布置图。

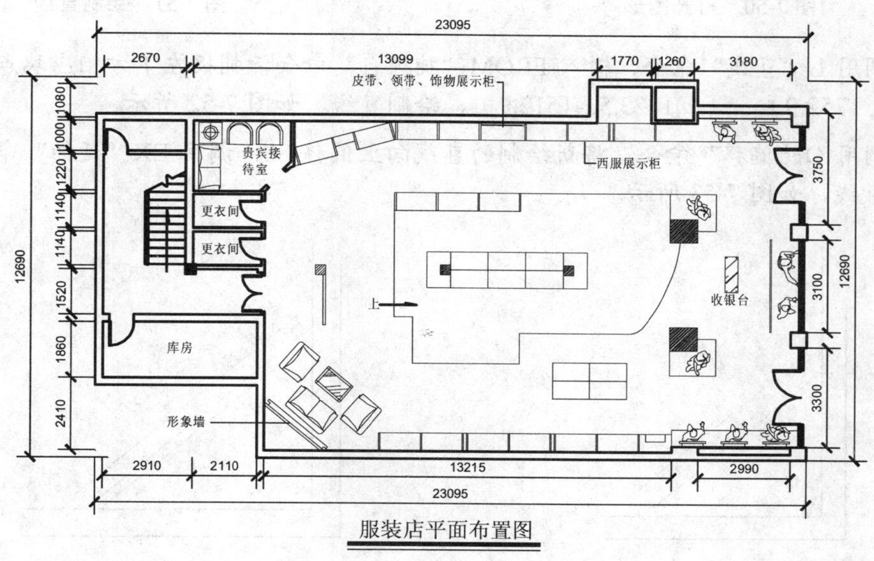

图 7-49　服装店平面布置图

7.4.1 绘制大厅平面布置图

绘制大厅平面布置图主要运用了“直线”命令、“偏移”命令、“修剪”命令和“插入”命令等。

操作实训 7-7: 绘制大厅平面布置图

01 按 Ctrl+O 快捷键，打开“第 7 章\7.4 绘制服装店平面布置图.dwg”图形文件，如图 7-50 所示。

02 将“家具”图层置为当前层，调用 L“直线”命令，输入 FROM“捕捉自”命令，捕捉左下方相应端点，依次输入（@368, 1750.6）、（@63.9, 77）、（@-77, 63.9）、（@38.3, 46.2）、（@1897.7, -1574.4）、（@-38.3, -46.2）、（@-77, 63.9）和（@-63.9, -77），绘制直线，如图 7-51 所示。

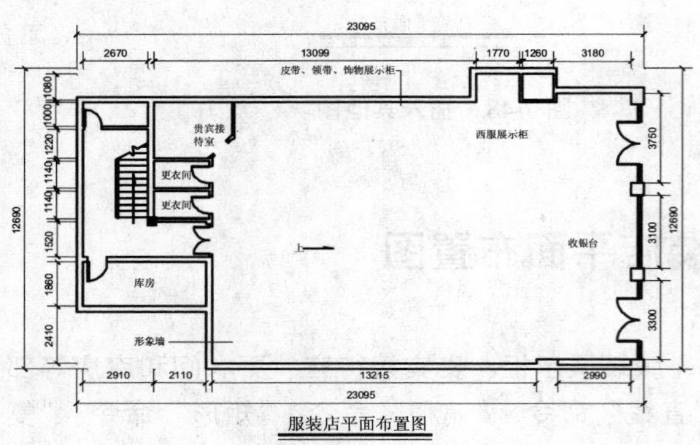

图 7-50 打开图形

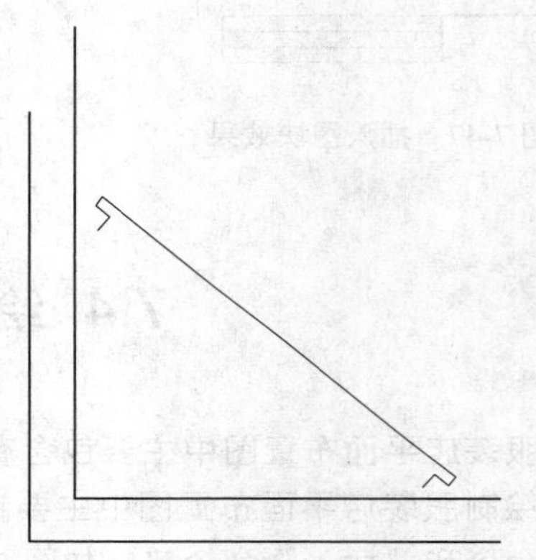

图 7-51 绘制直线

03 调用 L“直线”命令，输入 FROM“捕捉自”命令，捕捉左下方相应端点，依次输入（@240, 1752.9）、（@1823.5, -1512.9），绘制直线，如图 7-52 所示。

04 调用 O“偏移”命令，将新绘制的直线向上偏移 80；调用 EX“延伸”命令，延伸偏移后的直线，如图 7-53 所示。

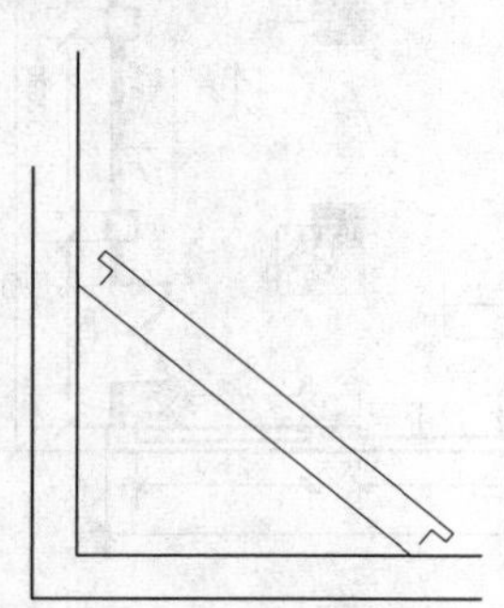

图 7-52 绘制直线

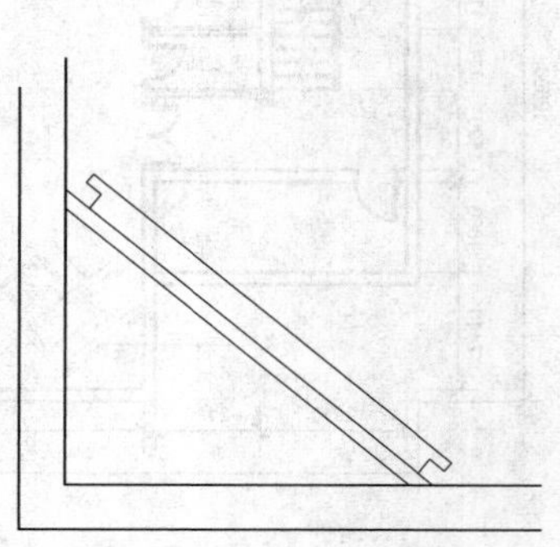

图 7-53 偏移并延伸直线

05 调用 I“插入”命令，打开“插入”对话框，单击“浏览”按钮，打开“选择图形文件”对话框，选择“沙发组合”图形文件，如图 7-54 所示。

06 依次单击“打开”和“确定”按钮，在绘图区的任意位置，单击鼠标，即可插入图块；调用 M“移动”命令，移动插入的图块，如图 7-55 所示。

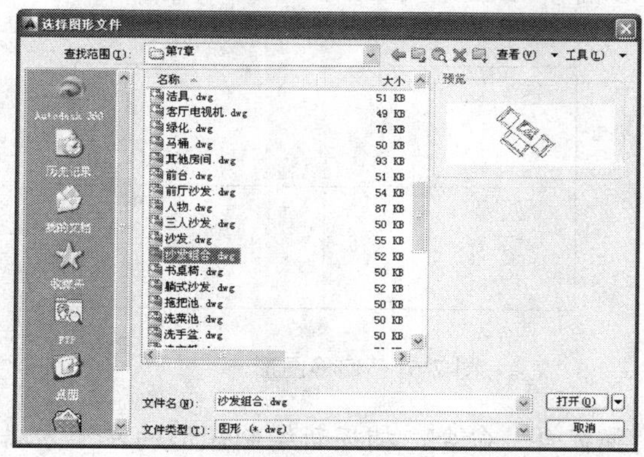

图 7-54　选择图形文件

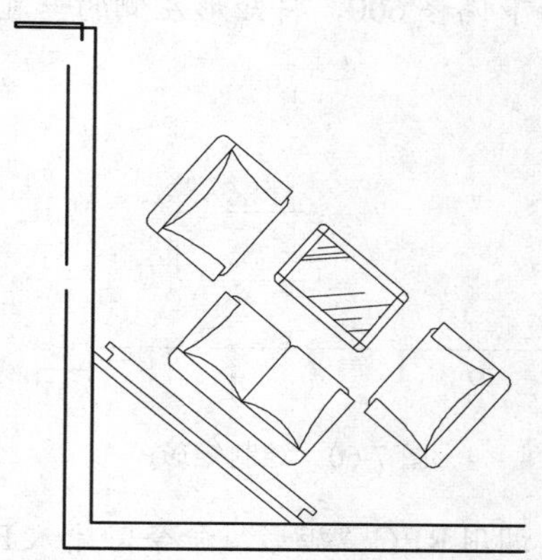

图 7-55　插入图块效果

07 调用 L“直线”命令，输入 FROM“捕捉自”命令，捕捉左下方相应端点，依次输入（@3955, 240）、（@0, 600）、（@9500, 0），绘制直线，如图 7-56 所示。

08 绘制展示柜。调用 O“偏移”命令，将新绘制的垂直直线向右依次偏移 50、1300、50、1300、50、100、50、1300、50、1300、50、100、50、1300、50、1300、50、200、650、200，如图 7-57 所示。

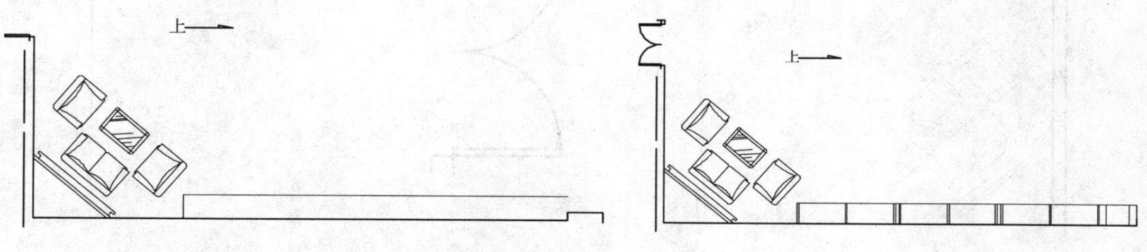

图 7-56　绘制直线

图 7-57　偏移图形

09 调用 O“偏移”命令，将水平直线向上偏移 160，向下偏移 232，如图 7-58 所示。

10 调用 EX“延伸”命令，延伸相应的垂直直线；调用 TR“修剪”命令，修剪多余的图形；调用 E“删除”命令，删除多余的图形，效果如图 7-59 所示。

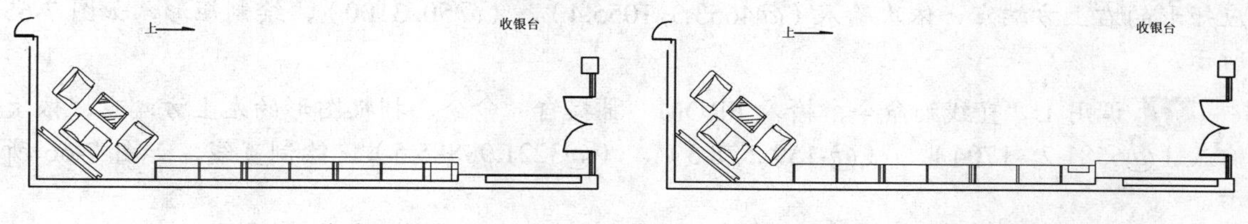

图 7-58　偏移图形

图 7-59　延伸并修剪图形

11 绘制服装展示区。调用REC“矩形”命令，输入FROM“捕捉自”命令，捕捉新绘制水平直线的左端点，依次输入（@5634.7, 1164.6）、（@2400, 1200），绘制矩形，如图7-60 所示。

12 调用 X“分解”命令，分解新绘制的矩形；调用 O“偏移”命令，将矩形上方的水平直线向下偏移 600，将矩形左侧的垂直直线向右偏移 1200，效果如图 7-61 所示。

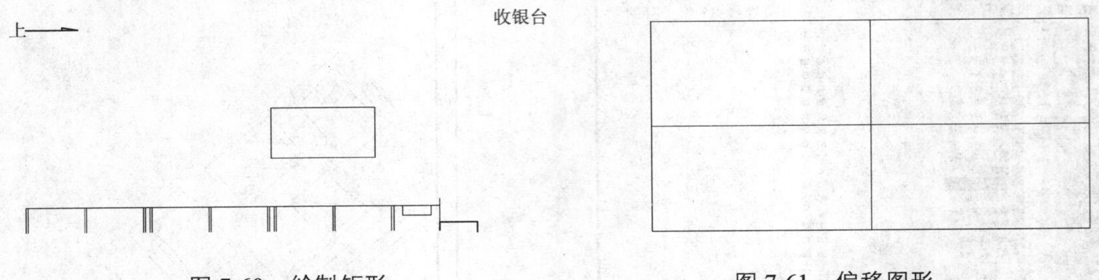

图 7-60 绘制矩形

图 7-61 偏移图形

13 调用REC“矩形”命令，输入FROM“捕捉自”命令，捕捉新绘制矩形的左上方端点，依次输入（@-7380, 1230.4）、（@-80, 1670），绘制矩形，如图 7-62 所示。

14 调用 REC“矩形”命令，捕捉新绘制矩形的右上方端点，输入（@-330, 330），绘制矩形，如图 7-63 所示。

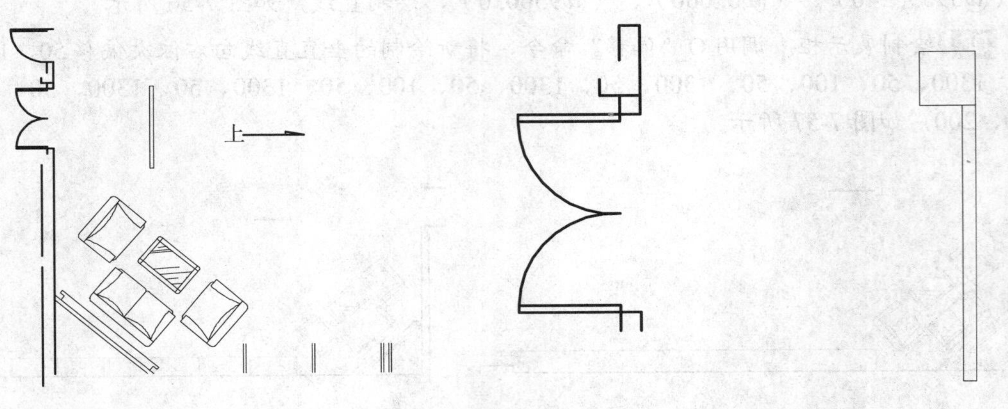

图 7-62 绘制矩形

图 7-63 绘制矩形

15 调用 H“图案填充”命令，选择“ANSI31”图案，修改“图案填充比例”为 20，拾取合适的区域，填充图形，如图 7-64 所示。

16 绘制收银台背景墙。调用REC“矩形”命令，输入FROM“捕捉自”命令，捕捉相应矩形的右上方端点，依次输入（@4653.3, 1055.4）、（@50, 3100），绘制矩形，如图 7-65 所示。

17 调用 L“直线”命令，输入 FROM“捕捉自”命令，捕捉图形的左上方端点，依次输入（@6581.2, -1704）、（@-159, 578.5）、（@3221.9, 885.5），绘制直线，如图 7-66 所示。

18 调用 O“偏移”命令，将绘制的最长的直线向下偏移 300、300，如图 7-67 所示。

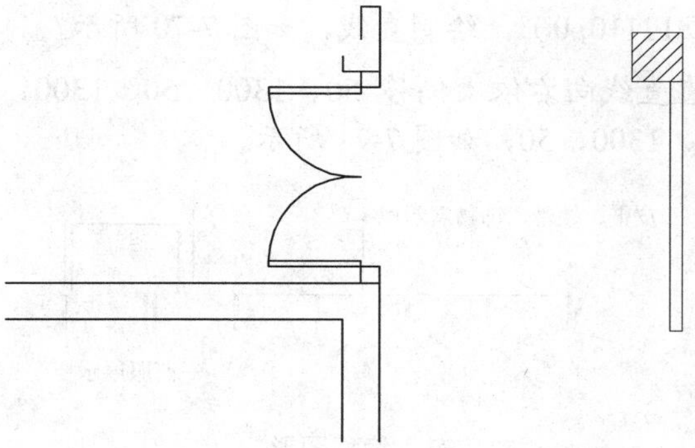

图 7-64　填充图形

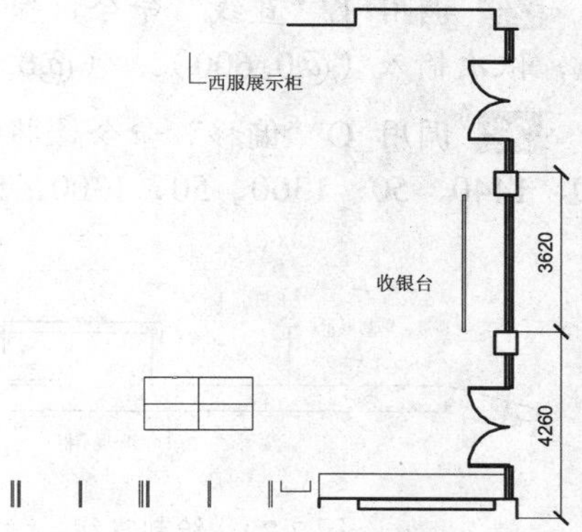

图 7-65　绘制矩形

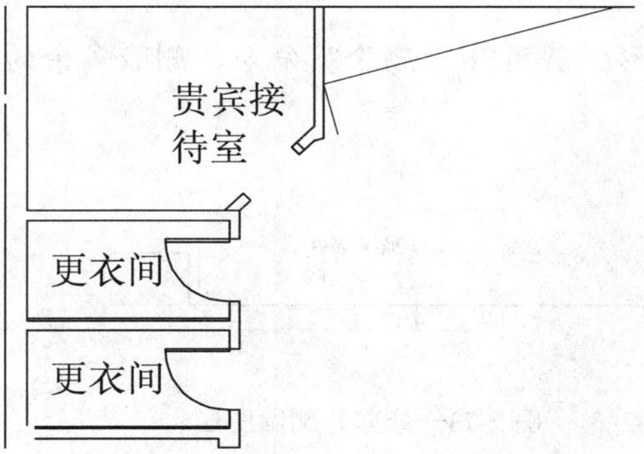

图 7-66　绘制直线

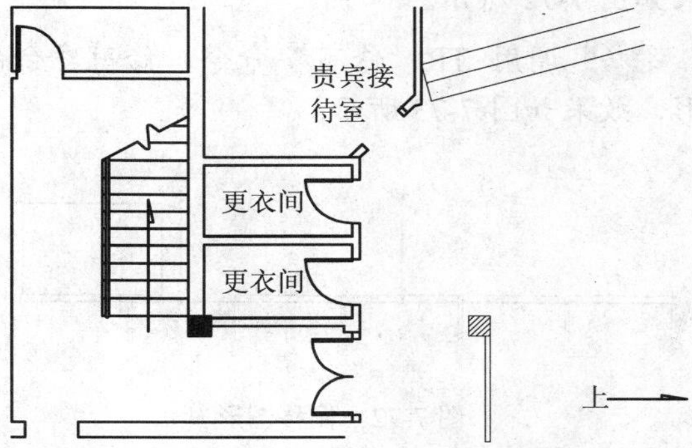

图 7-67　偏移图形

19 调用 O“偏移”命令，将绘制的最短的直线向右依次偏移 50、1200、50、660、50、1200、50，如图 7-68 所示。

20 调用 EX“延伸”命令，延伸相应的直线；调用 TR“修剪”命令，修剪多余的图形，效果如图 7-69 所示。

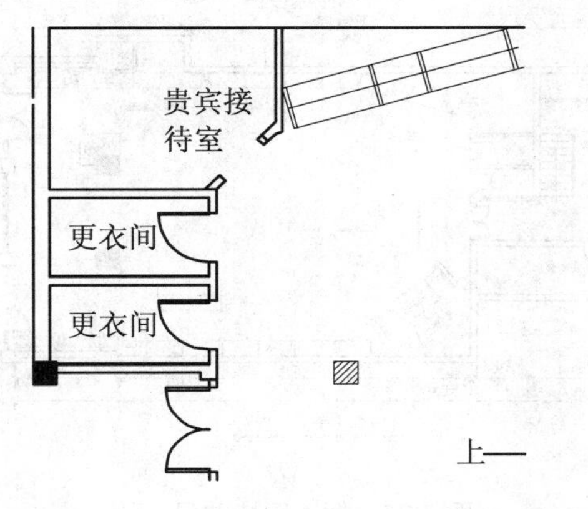

图 7-68　偏移图形

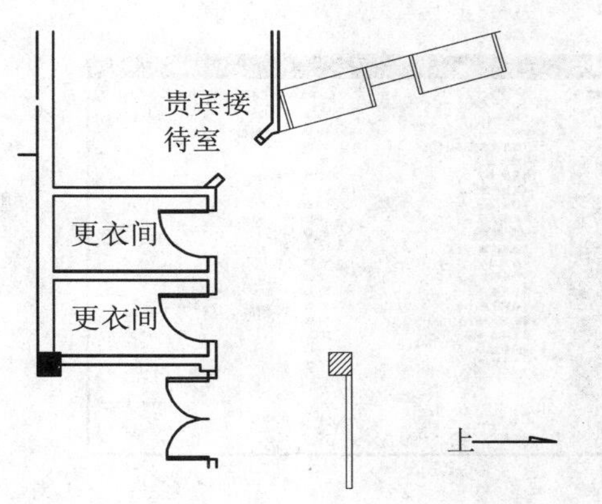

图 7-69　延伸并修剪图形

21 调用 L“直线”命令，输入 FROM“捕捉自”命令，捕捉修剪后图形的右下方端点，依次输入（@0, 600）、（@0, -600）、（@13110, 0），绘制直线，如图 7-70 所示。

22 调用 O“偏移”命令，将新绘制的垂直直线向右依次偏移 50、1300、50、1300、50、1440、50、1300、50、1300、50、100、50、1300、50，如图 7-71 所示。

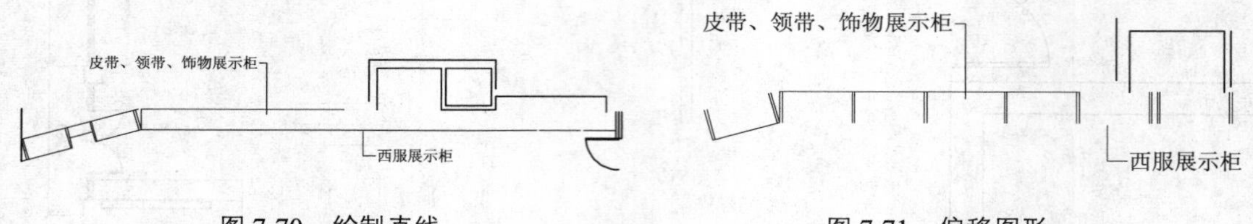

图 7-70 绘制直线　　图 7-71 偏移图形

23 调用 O“偏移”命令，将新绘制的水平直线向上依次偏移 507、12 和 81，其偏移效果如图 7-72 所示。

24 调用 TR“修剪”命令，修剪多余的图形；调用 E“删除”命令，删除多余的图形，效果如图 7-73 所示。

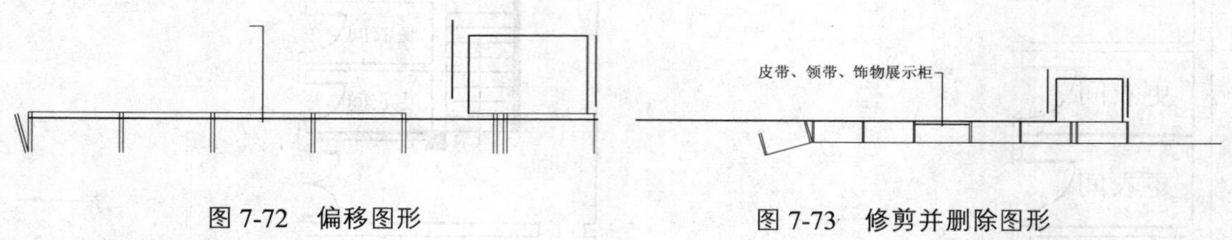

图 7-72 偏移图形　　图 7-73 修剪并删除图形

25 调用 I“插入”命令，打开“插入”对话框，单击“浏览”按钮，打开“选择图形文件”对话框，选择“人物”图形文件，如图 7-74 所示。

26 依次单击“打开”和“确定”按钮，在绘图区的任意位置，单击鼠标，即可插入图块；调用 M“移动”命令，移动插入的图块，调用 TR“修剪”命令，修剪图形，如图 7-75 所示。

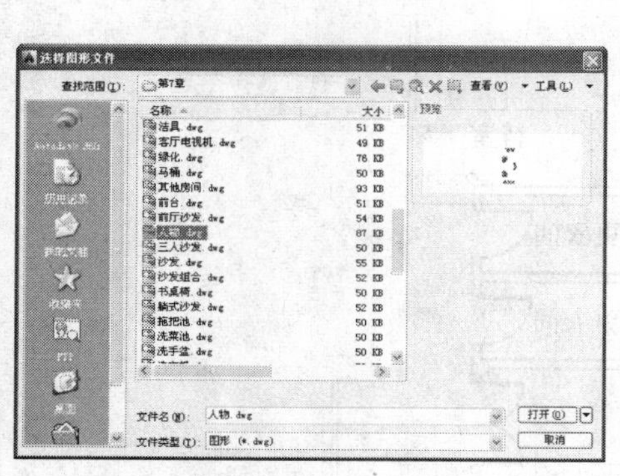

图 7-74 选择图形文件

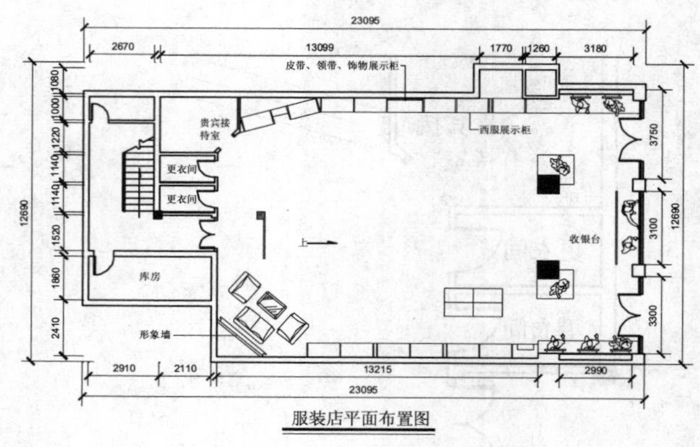

图 7-75 插入图块效果

27 重复上述方法，依次插入“展柜”和“桌子”图块，如图 7-76 所示。

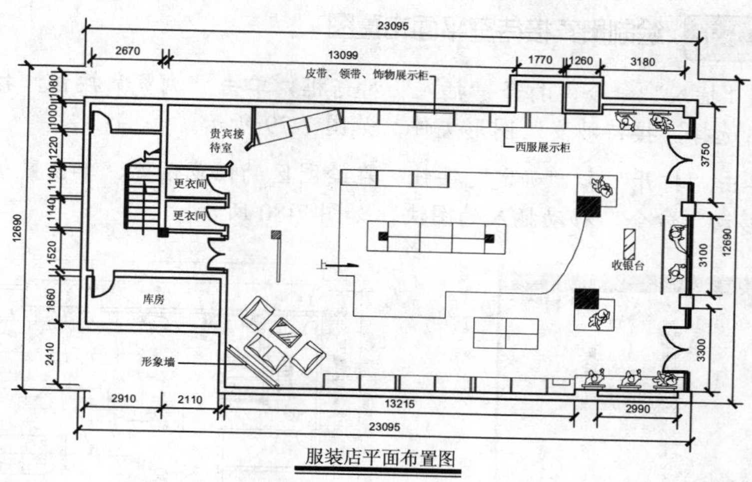

图 7-76　插入其他图块

7.4.2 绘制更衣间平面布置图

绘制更衣间平面布置图主要运用了“矩形”命令和“复制”命令。

操作实训 7-8：绘制更衣间平面布置图

01 调用 REC“矩形”命令，输入 FROM“捕捉自”命令，捕捉图形的左上方端点，输入（@3150, -2947.6）、（@60, -7），绘制矩形，如图 7-77 所示。

02 调用 CO“复制”命令，选择新绘制的矩形为复制对象，捕捉左上方端点为基点，依次输入（@0, -174）、（@0, -322）、（@0, -475）、（@0, -1260）、（@0, -1434）、（@0, -1582）、（@0, -1735），复制图形，如图 7-78 所示。

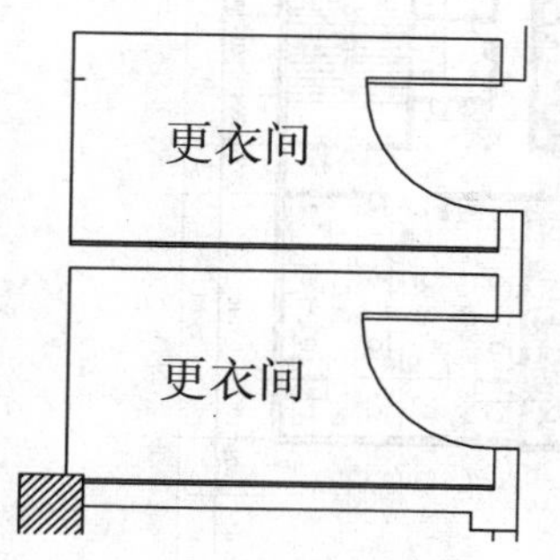

图 7-77　绘制矩形

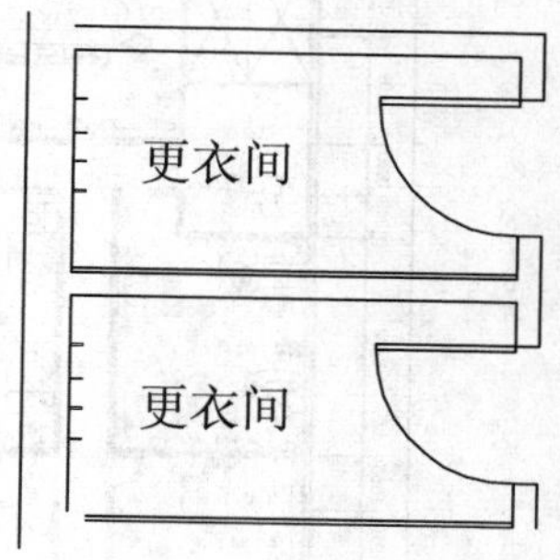

图 7-78　复制图形

7.4.3 绘制贵宾接待室平面布置图

绘制贵宾接待室平面布置图主要运用了“矩形”命令和“复制”命令。

操作实训 7-9: 绘制贵宾接待室平面布置图

01 调用 I"插入"命令，打开"插入"对话框，单击"浏览"按钮，打开"选择图形文件"对话框，选择"接待沙发"图形文件，如图 7-79 所示。

02 依次单击"打开"和"确定"按钮，在绘图区的任意位置，单击鼠标，即可插入图块；调用 M"移动"命令，移动插入的图块，如图 7-80 所示。

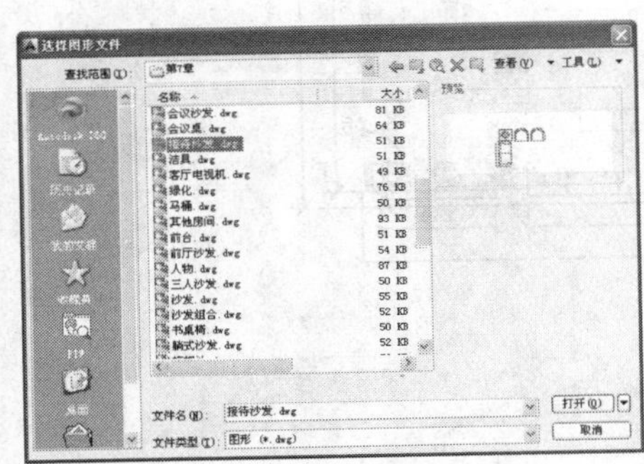

图 7-79 绘制矩形

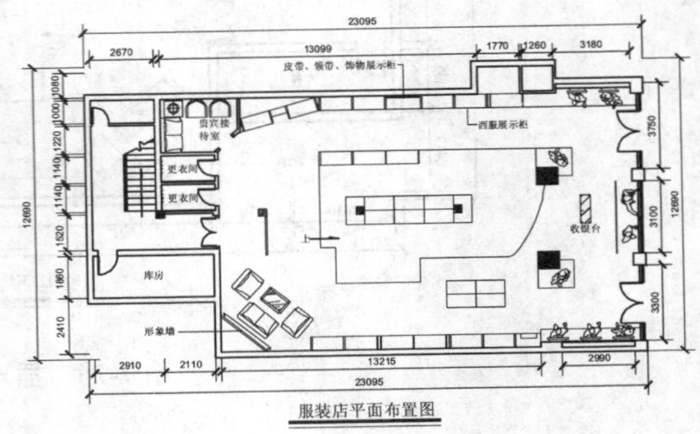

图 7-80 复制图形

7.5 绘制办公室平面布置图

在办公室中主要布置总经理室、副总经理室、财务部、行政部、会议室等房间。绘制办公室平面布置图中主要运用了"直线"命令、"偏移"命令、"插入"命令和"移动"命令等。如图 7-81 所示为办公室平面布置图。

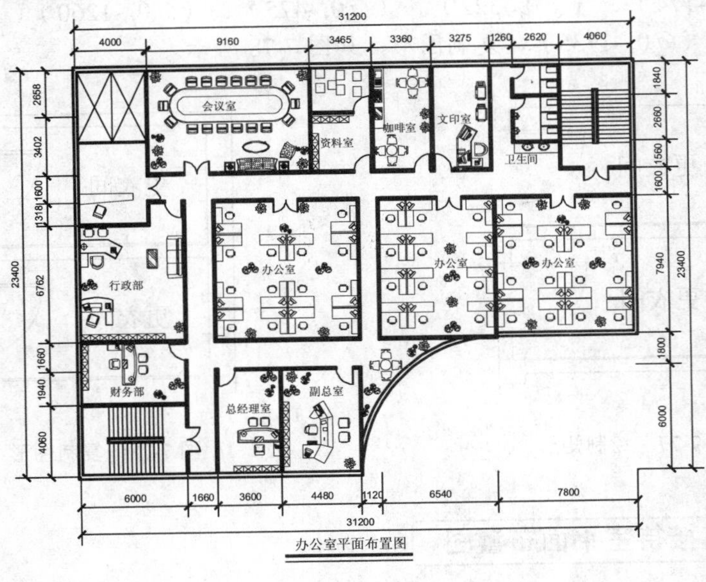

图 7-81 办公室平面布置图

7.5.1 绘制总经理室平面布置图

绘制总经理室平面布置图主要运用了“直线”命令、“偏移”命令和“插入”命令等。

操作实训 7−10：绘制总经理室平面布置图

01 按 Ctrl + O 快捷键，打开“第 7 章\7.5 绘制办公室平面布置图.dwg”图形文件，如图 7-82 所示。

02 将“家具”图层置为当前层，调用 L“直线”命令，输入 FROM“捕捉自”命令，捕捉左下方端点，依次输入（@8691.2, 240）、（@0, 400）、（@2628.8, 0），绘制直线，如图 7-83 所示。

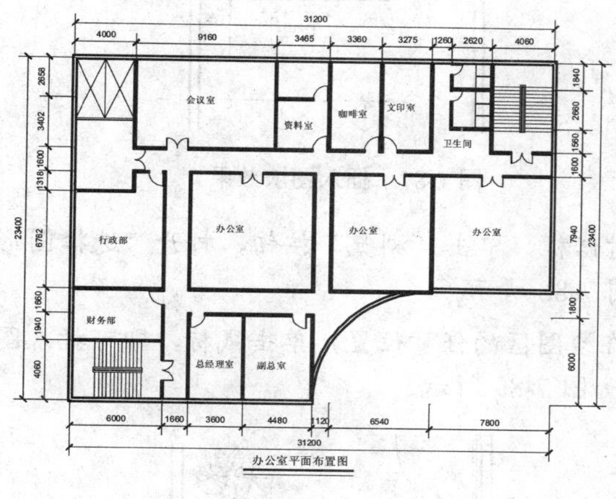

图 7-82　打开图形

图 7-83　绘制直线

03 调用 O“偏移”命令，将新绘制的垂直直线向右偏移 4 次，偏移距离均为 525.8，偏移效果如图 7-84 所示。

04 调用 L“直线”命令，在绘图区中，依次捕捉合适的端点，连接直线对象，其图形效果如图 7-85 所示。

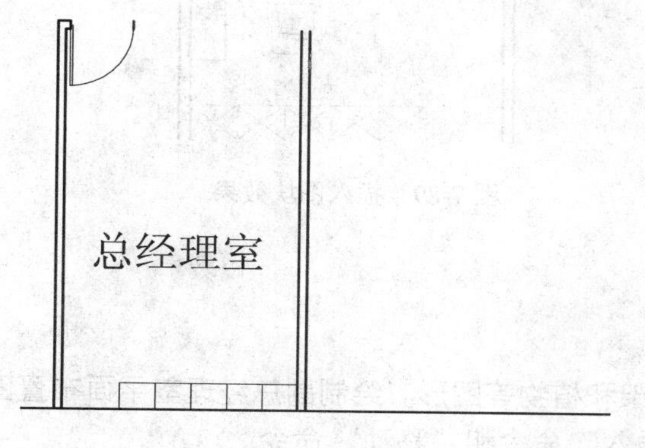

图 7-84　偏移图形

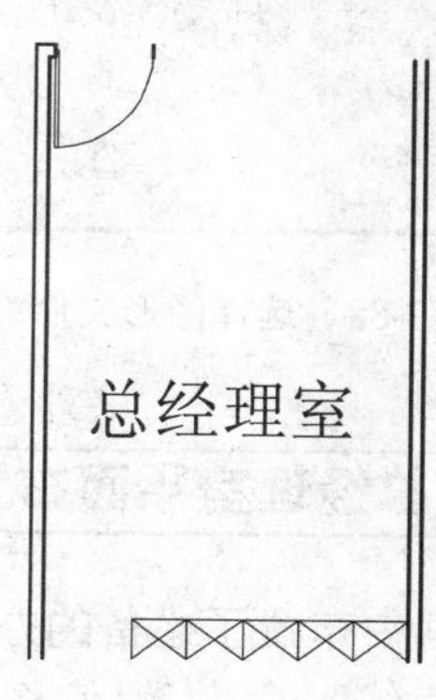

图 7-85　连接直线

05 调用 I“插入”命令，打开“插入”对话框，单击“浏览”按钮，打开“选择图形文件”对话框，选择“总经理办公桌椅”图形文件，如图 7-86 所示。

06 依次单击“打开”和“确定”按钮，在绘图区的任意位置，单击鼠标，即可插入图块；调用 M“移动”命令，移动插入的图块和“总经理室”文字，如图 7-87 所示。

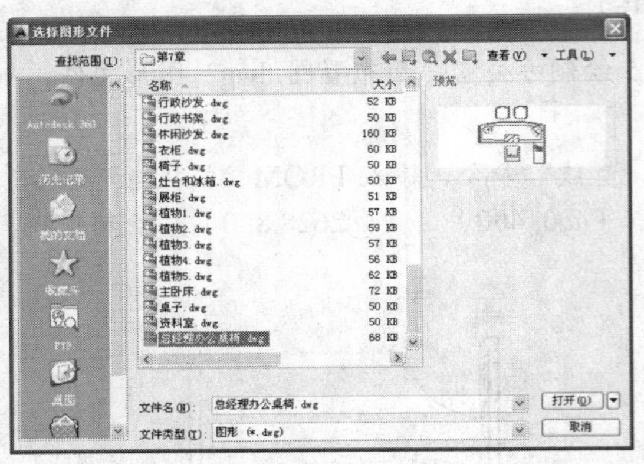

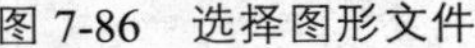
图 7-86　选择图形文件

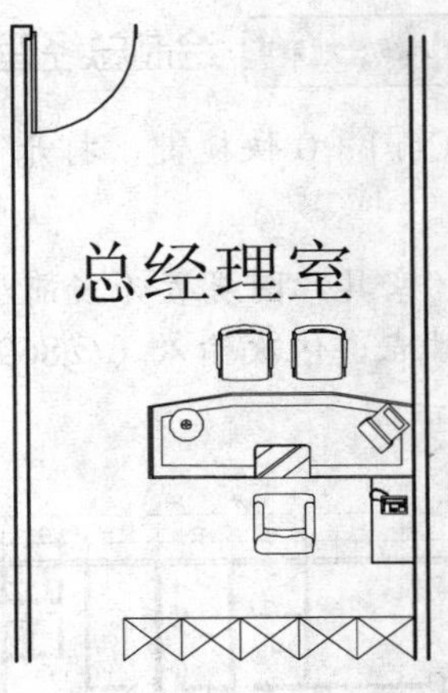

图 7-87　插入图块效果

07 调用 I“插入”命令，打开“插入”对话框，单击“浏览”按钮，打开“选择图形文件”对话框，选择“植物 1”图形文件，如图 7-88 所示。

08 依次单击“打开”和“确定”按钮，在绘图区的任意位置，单击鼠标，即可插入图块；调用 M“移动”命令，移动插入的图块，如图 7-89 所示。

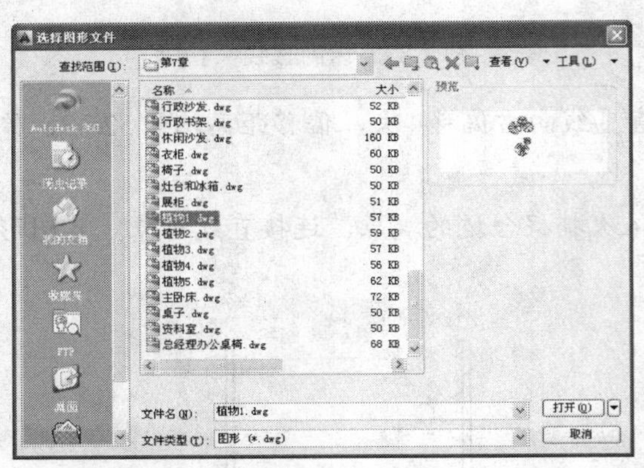

图 7-88　选择图形文件

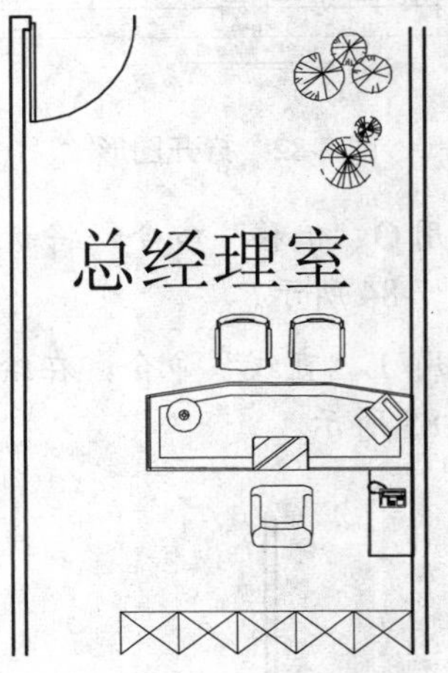

图 7-89　插入图块效果

7.5.2 绘制副总经理室平面布置图

副总经理室中布置了必备的办公桌椅、书架和植物等图形。绘制副总经理室平面布置图主要运用了“直线”命令、“偏移”命令、“插入”命令和“移动”命令。

操作实训 7-11：绘制副总经理室平面布置图

01 调用 L“直线”命令，输入 FROM“捕捉自”命令，捕捉右下方端点，依次输入（@-4480, 555.7）、（@400, 0）、（@0, 3680），绘制直线，如图 7-90 所示。

02 调用 DIV“定数等分”命令，选择新绘制的垂直直线为定数等分对象，修改线段数目为 7，进行定数等分处理；调用 L“直线”命令，依次捕捉合适的节点和端点，连接直线，如图 7-91 所示。

图 7-90　绘制直线

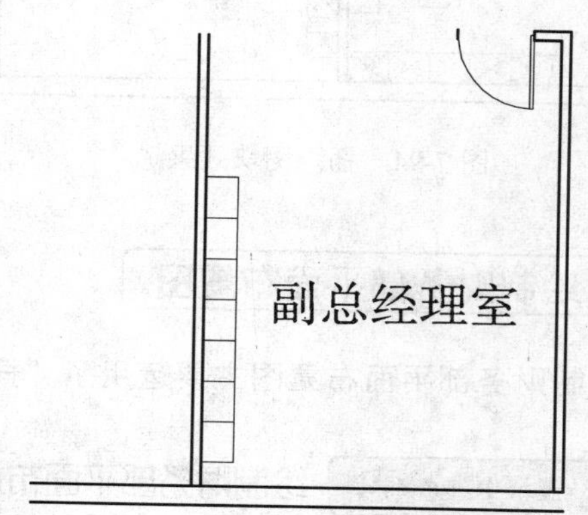

图 7-91　连接直线

03 调用 L“直线”命令，依次捕捉合适的端点，连接直线，如图 7-92 所示。

04 调用 I“插入”命令，打开“插入”对话框，单击“浏览”按钮，打开“选择图形文件”对话框，选择“副总办公桌椅”图形文件，如图 7-93 所示。

图 7-92　连接直线

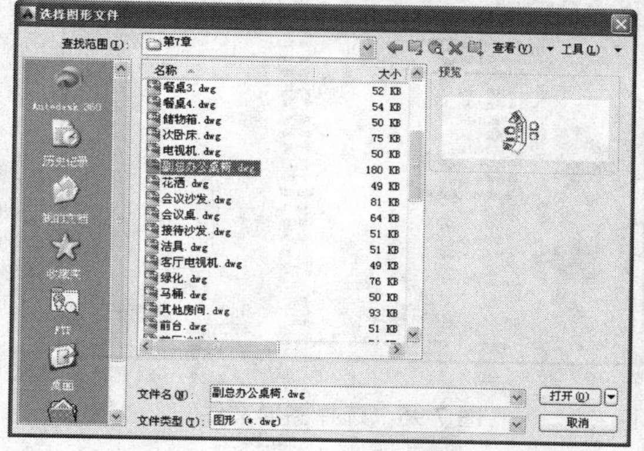

图 7-93　选择图形文件

05 依次单击“打开”和“确定”按钮，在绘图区的任意位置，单击鼠标，即可插入图块；调用 M“移动”命令，移动插入的图块和“副总经理室”文字，如图 7-94 所示。

06 重复上述方法，插入“植物 2”图块，如图 7-95 所示。

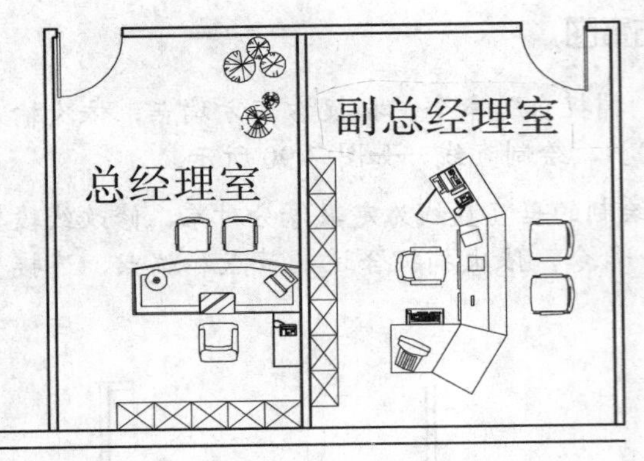

图 7-94 插入图块效果

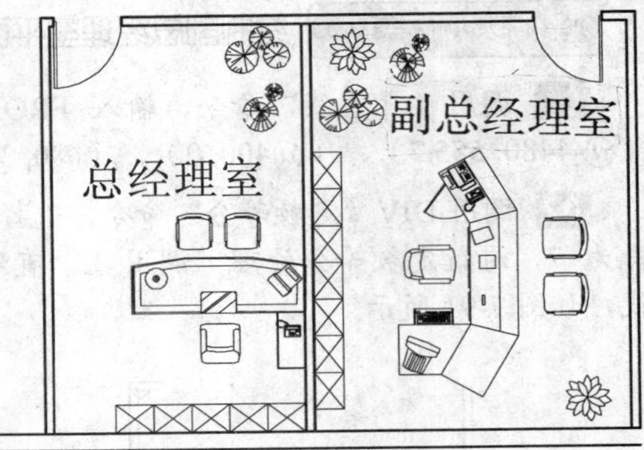

图 7-95 插入其他图块效果

7.5.3 绘制财务部平面布置图

绘制财务部平面布置图主要运用了“插入”命令和“移动”命令。

操作实训 7-12: 绘制财务部平面布置图

01 调用 I“插入”命令，打开“插入”对话框，单击“浏览”按钮，打开“选择图形文件”对话框，选择“财务办公桌椅”图形文件，如图 7-96 所示。

02 依次单击“打开”和“确定”按钮，在绘图区的任意位置，单击鼠标，即可插入图块；调用 M“移动”命令，移动插入的图块和“财务部”文字，如图 7-97 所示。

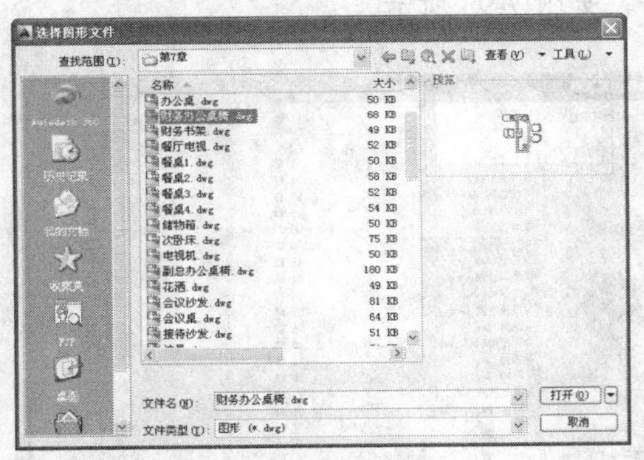

图 7-96 选择图形文件

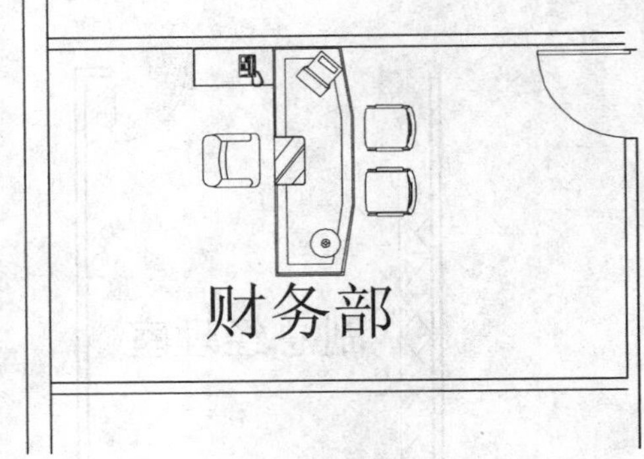

图 7-97 插入图块效果

03 重复上述方法，插入“财务书架”和“植物 3”图块，如图 7-98 所示。

7.5.4 绘制行政部平面布置图

绘制行政部平面布置图主要运用了“直线”命令、“偏移”命令、“插入”命令和“移动”命令。

操作实训 7-13：绘制行政部平面布置图

01 调用 I“插入”命令，打开“插入”对话框，单击“浏览”按钮，打开“选择图形文件”对话框，选择“行政办公桌椅”图形文件，如图 7-99 所示。

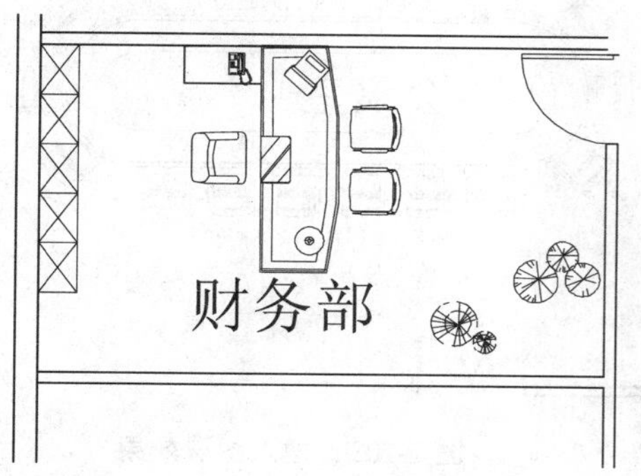

图 7-98　插入其他图块效果

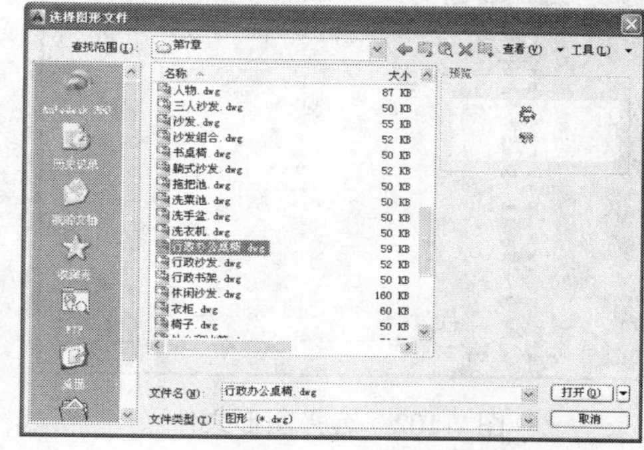

图 7-99　选择图形文件

02 依次单击“打开”和“确定”按钮，在绘图区的任意位置，单击鼠标，即可插入图块；调用 M“移动”命令，移动插入的图块，如图 7-100 所示。

03 重复上述方法，插入“行政书架”、“植物 4”和“行政沙发”图块，如图 7-101 所示。

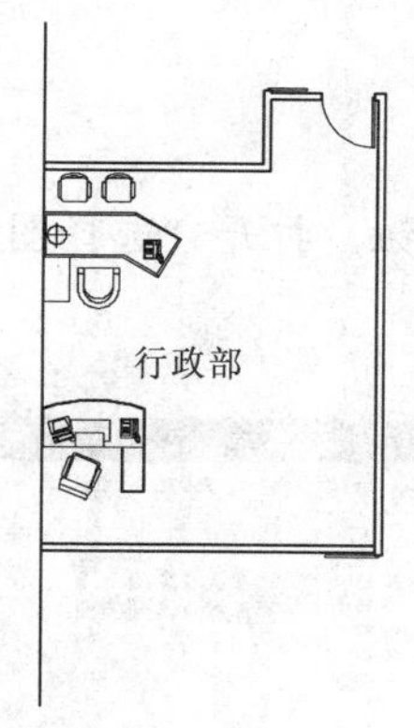

图 7-100　插入图块效果

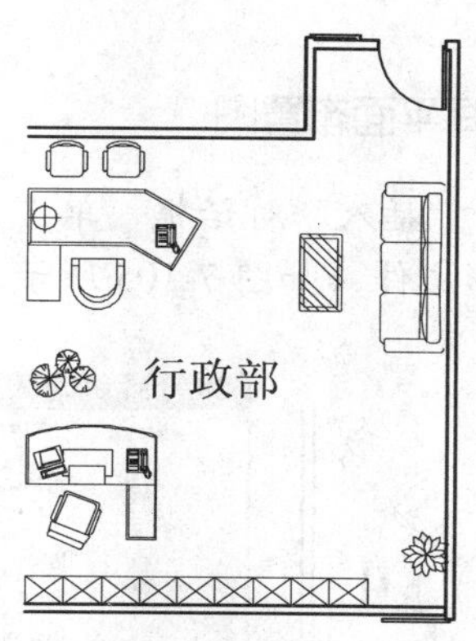

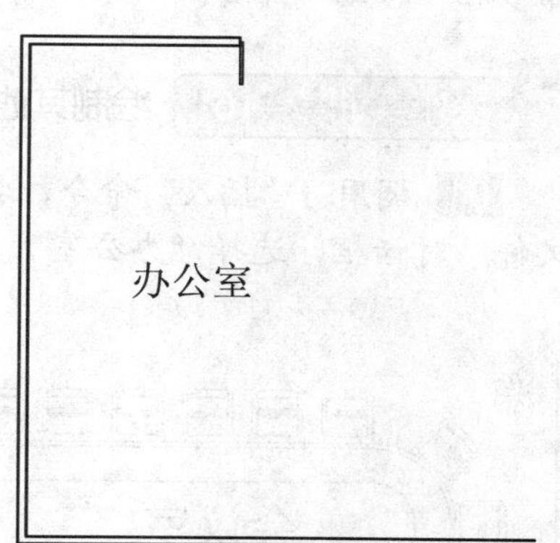

图 7-101　插入其他图块效果

7.5.5 绘制会议室平面布置图

绘制会议室平面布置图主要运用了“插入”命令和“移动”命令。

操作实训 7-14：绘制会议室平面布置图

01 调用 I“插入”命令，打开“插入”对话框，单击“浏览”按钮，打开“选择图形文件”对话框，选择“会议桌”图形文件，如图 7-102 所示。

02 依次单击“打开”和“确定”按钮，在绘图区的任意位置，单击鼠标，即可插入图块；调用 M“移动”命令，移动插入的图块和“会议室”文字，如图 7-103 所示。

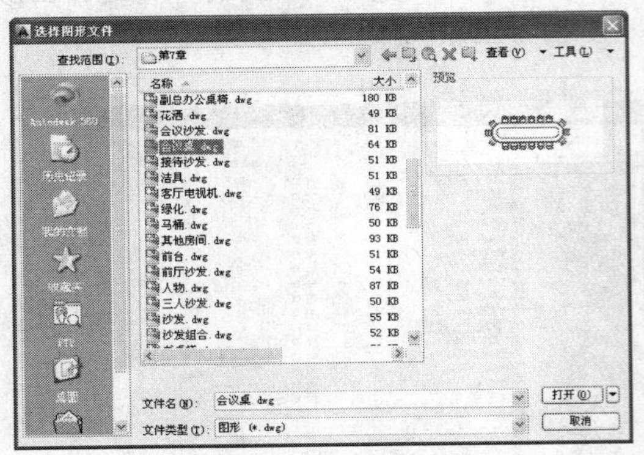

图 7-102 选择图形文件

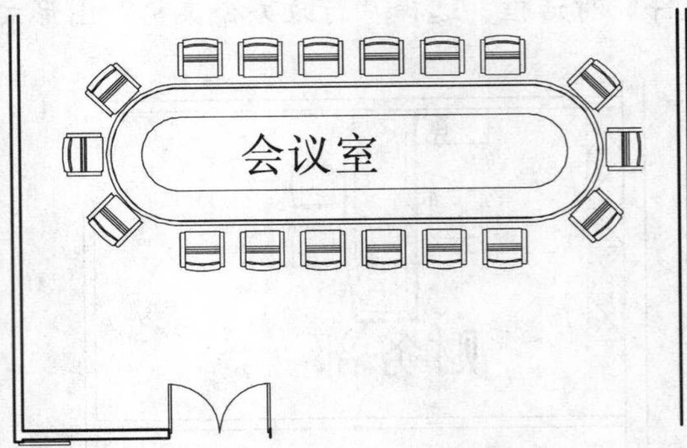

图 7-103 插入图块效果

03 重复上述方法，插入“会议沙发”和“植物 5”图块，如图 7-104 所示。

7.5.6 绘制其他房间平面布置图

除了绘制上述房间的平面图外，下面将介绍办公室、资料室、咖啡室、文印室和卫生间等房间的布置。绘制其他房间平面布置图主要运用了“直线”命令、“偏移”命令、“插入”命令和“移动”命令。

操作实训 7-15：绘制其他房间平面布置图

01 调用 I“插入”命令，打开“插入”对话框，单击“浏览”按钮，打开“选择图形文件”对话框，选择“办公室”图形文件，如图 7-105 所示。

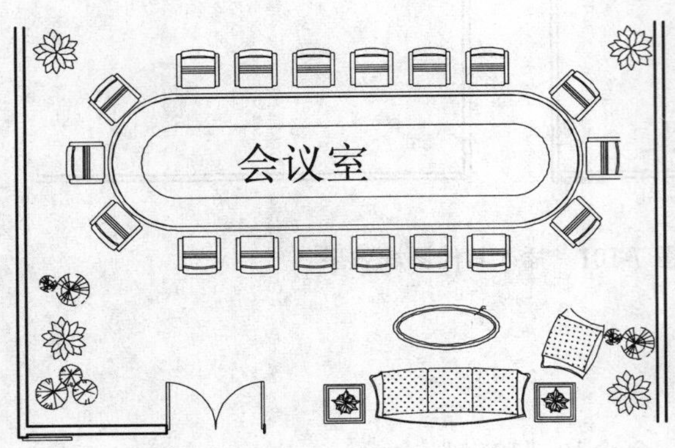

图 7-104 插入其他图块效果

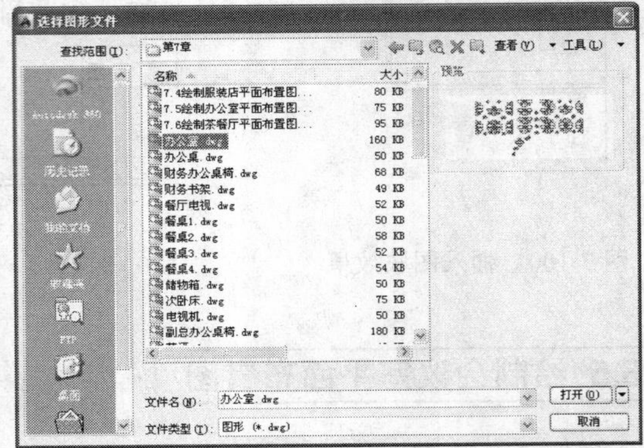

图 7-105 选择图形文件

02 依次单击“打开”和“确定”按钮，在绘图区的任意位置，单击鼠标，即可插入图块；调用 M“移动”命令，移动插入的图块和“办公室”文字，如图 7-106 所示。

03 重复上述方法，插入“资料室”和“其他房间”图块，如图 7-107 所示。

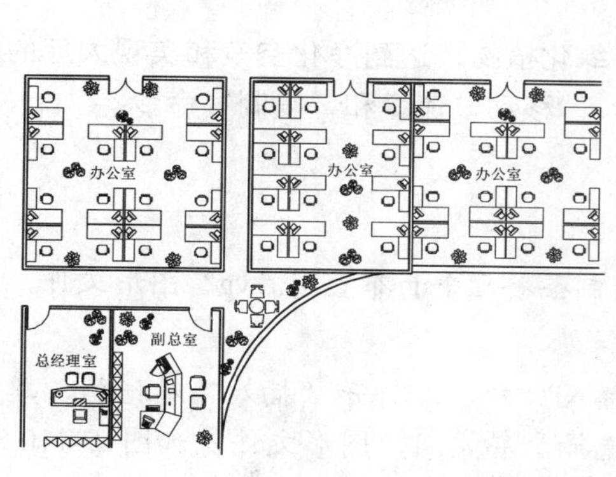

图 7-106　插入图块效果

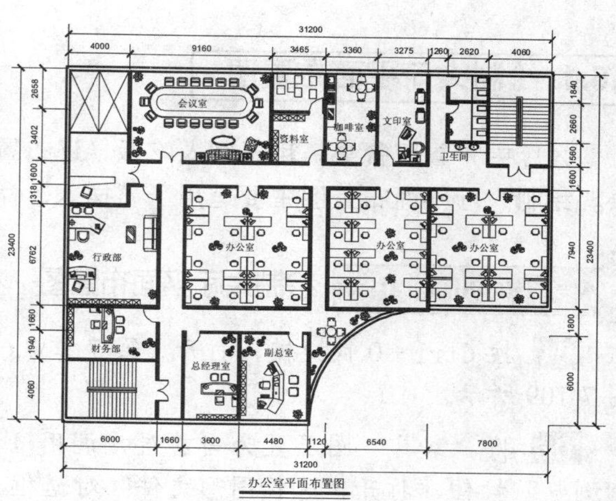

图 7-107　插入其他图块效果

7.6 绘制茶餐厅平面布置图

绘制茶餐厅平面布置图中主要运用了“插入”命令、“移动”命令、“复制”命令和“旋转”命令等。如图 7-108 所示为茶餐厅平面布置图。

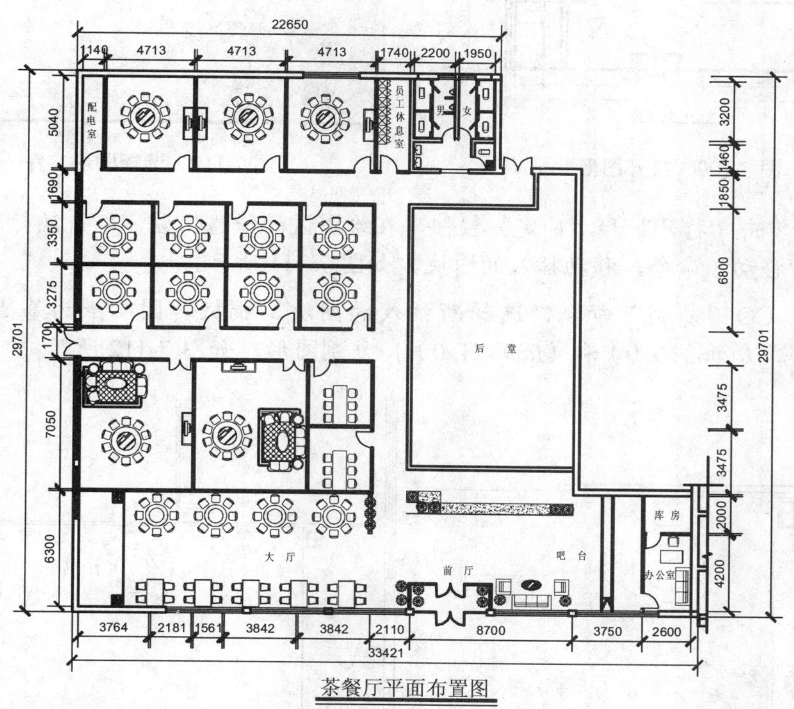

图 7-108　茶餐厅平面布置图

7.6.1 绘制大厅平面布置图

大厅中布置了餐桌，用于客人吃饭，还布置了绿化植物，达到净化空气和美观大厅的效果。绘制大厅平面布置图主要运用了“插入”命令、“移动”命令和“复制”命令。

操作实训 7-16：绘制大厅平面布置图

01 按 Ctrl＋O 快捷键，打开“第 7 章\7.6 绘制茶餐厅平面布置图.dwg”图形文件，如图 7-109 所示。

02 将“家具”图层置为当前层，调用 I“插入”命令，打开“插入”对话框，单击“浏览”按钮，打开“选择图形文件”对话框，选择“餐桌 1”图形文件，如图 7-110 所示。

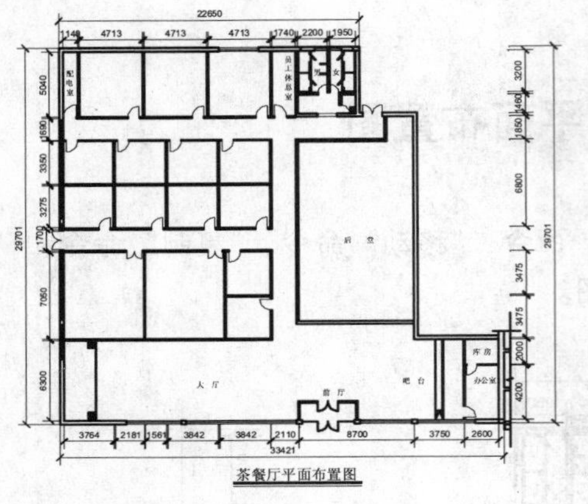

图 7-109　打开图形

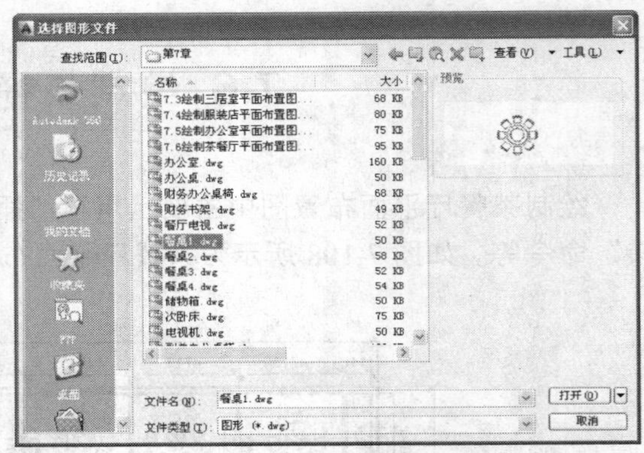

图 7-110　选择图形文件

03 依次单击“打开”和“确定”按钮，在绘图区的任意位置，单击鼠标，即可插入图块；调用 M“移动”命令，移动插入的图块，如图 7-111 所示。

04 调用 CO“复制”命令，选择新插入的图块，捕捉其圆心点为基点，依次输入（@3158, 0）、（@6316, 0）和（@9474, 0），复制图形，如图 7-112 所示。

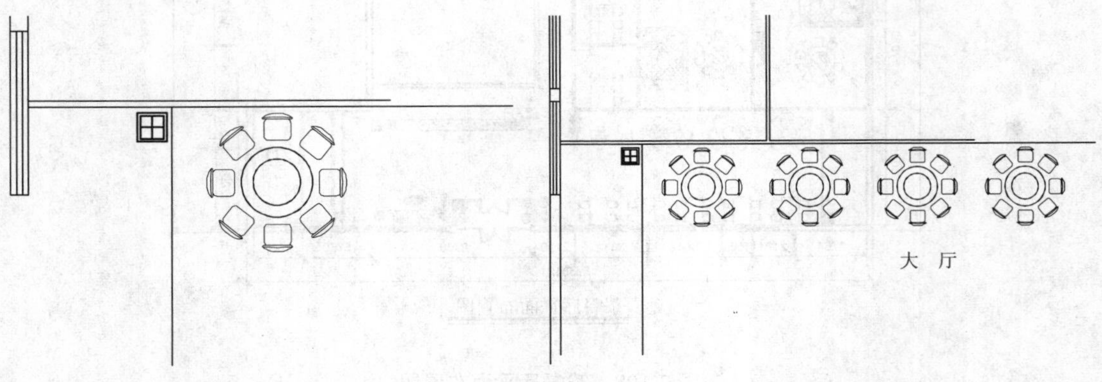

图 7-111　插入图块效果

图 7-112　复制图形

05 调用 I“插入”命令，打开“插入”对话框，单击“浏览”按钮，打开“选择图形文件”对话框，选择“餐桌 4”图形文件，如图 7-113 所示。

06 依次单击“打开”和“确定”按钮，在绘图区的任意位置，单击鼠标，即可插入图块；调用 M“移动”命令，移动插入的图块，如图 7-114 所示。

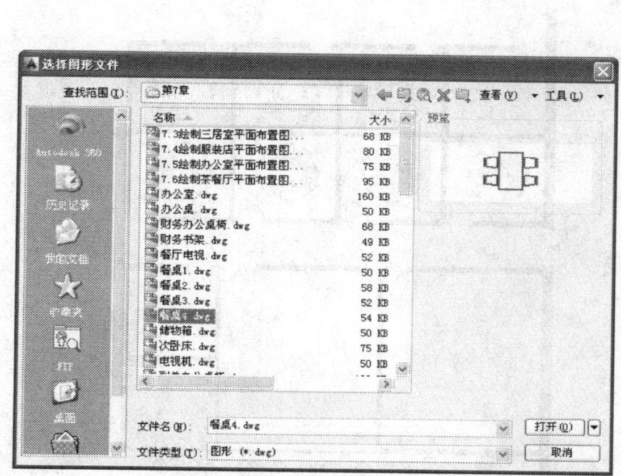

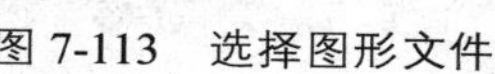
图 7-113　选择图形文件

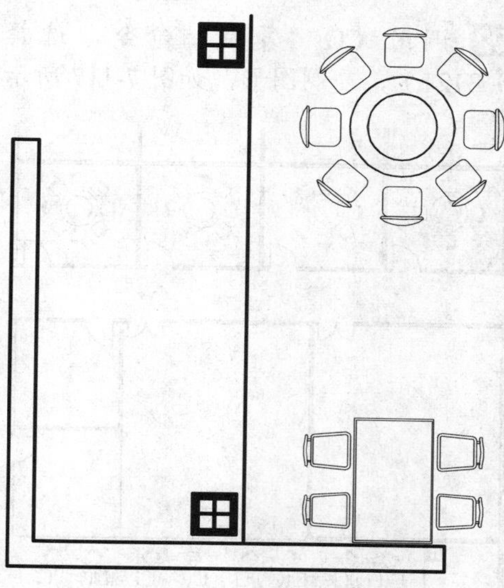

图 7-114　插入图块效果

07 调用 CO“复制”命令，选择新插入的图块，捕捉其左侧中点为基点，依次输入(@2560, 0)、(@5120, 0)、(@7682, 0)和(@10242, 0)，复制图形，如图 7-115 所示。

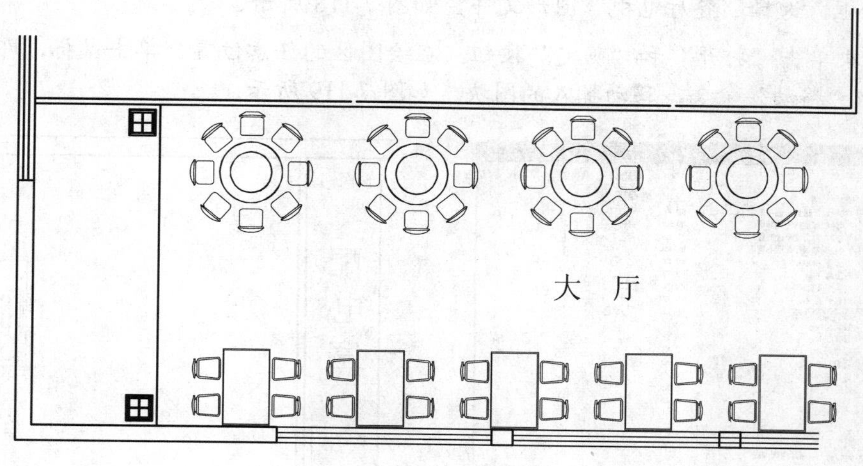

图 7-115　复制图形效果

7.6.2 绘制包厢平面布置图

绘制包厢平面布置图主要运用了“复制”命令、“插入”命令和“旋转”命令等。

操作实训 7-17：绘制包厢平面布置图

01 调用 CO“复制”命令，选择插入的“餐桌 1”图块，捕捉其圆心点为基点，依次输入（@-2376.5, 12216.2）、（@1565.5, 12216.2）、（@5507.6, 12216.2）和（@9449.6, 12216.2），复制图形，如图 7-116 所示。

02 调用 CO“复制”命令，选择复制后的图形，捕捉圆心点为基点，输入（@0, 3121），复制图形，如图 7-117 所示。

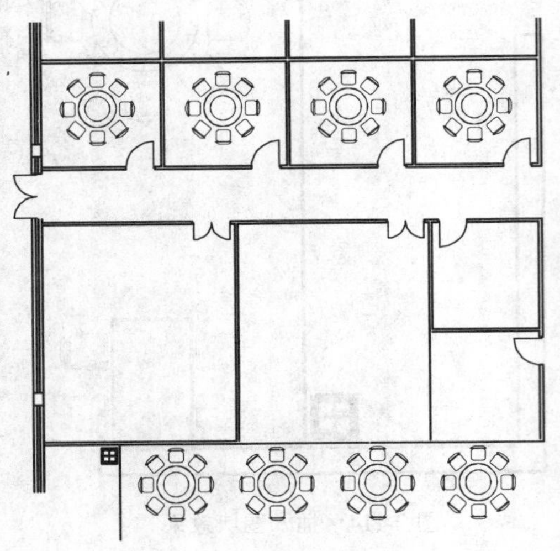

图 7-116 复制图形

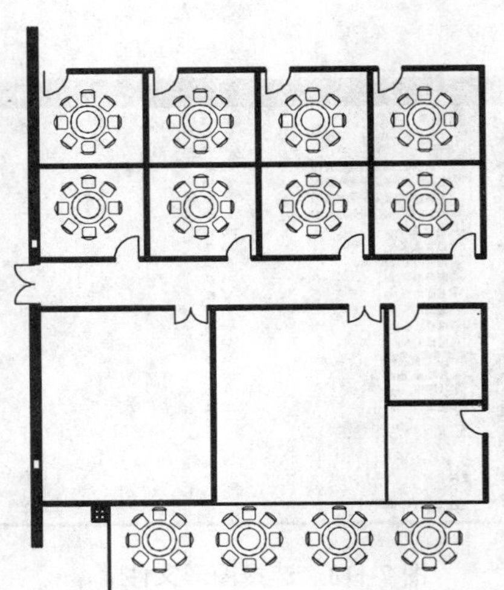

图 7-117 复制图形

03 调用 I“插入”命令，打开“插入”对话框，单击“浏览”按钮，打开“选择图形文件”对话框，选择“餐厅电视”图形文件，如图 7-118 所示。

04 依次单击“打开”和“确定”按钮，在绘图区的任意位置，单击鼠标，即可插入图块；调用 M“移动”命令，移动插入的图块，如图 7-119 所示。

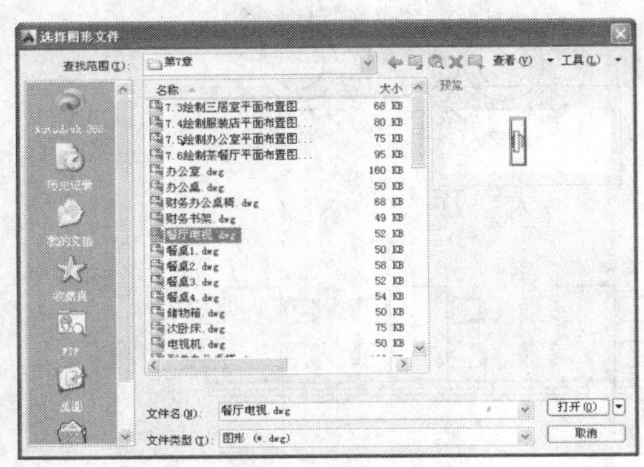

图 7-118 选择图形文件

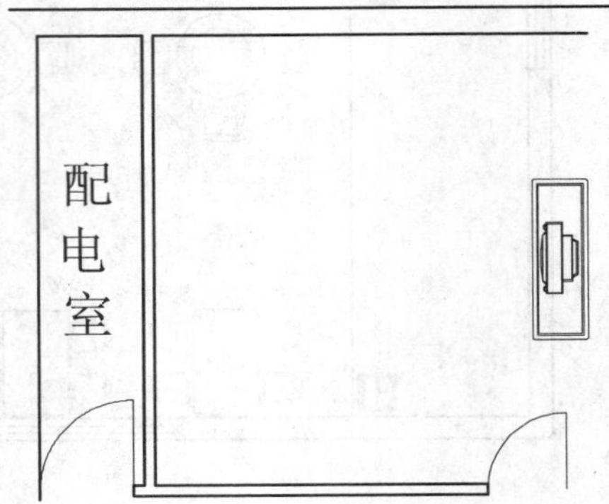

图 7-119 插入图块效果

05 调用 CO“复制”命令，选择新插入的图形，捕捉其左上方端点为基点，依次输入（@720, 0）、（@9666.7, 0）、（@71.7, -16852.3）和（@2189.4, -14728.7），复制图形，如图 7-120 所示。

06 调用 RO“旋转”命令，选择复制后的图形，捕捉其左侧中点为基点，将其进行旋转操作；调用 M“移动”命令，移动选择后的图形，如图 7-121 所示。

07 重复上述方法，依次插入“休闲沙发”“餐桌 2”和“餐桌 3”图块，如图 7-122 所示。

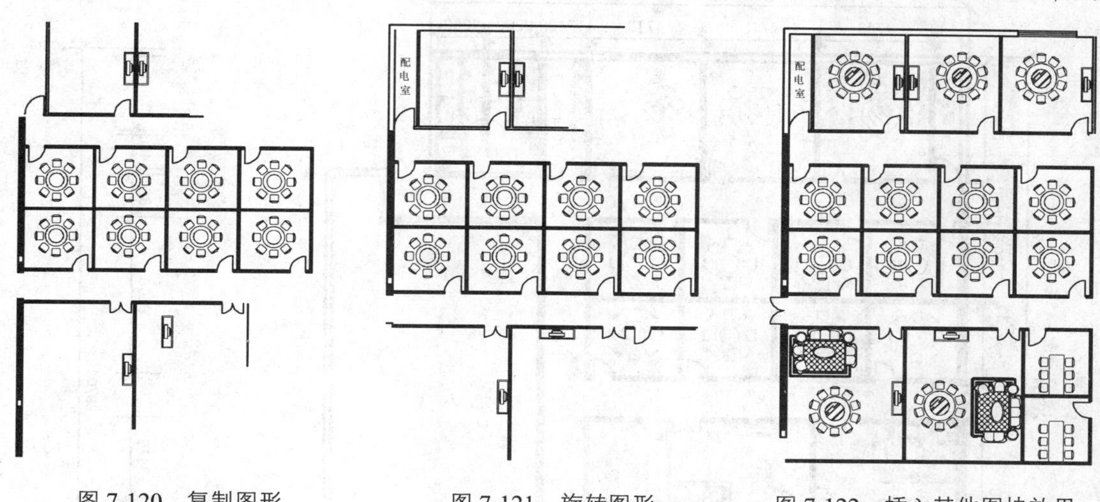

图 7-120　复制图形　　图 7-121　旋转图形　　图 7-122　插入其他图块效果

7.6.3 绘制其他平面布置图

绘制其他平面布置图主要运用了“插入”命令、“移动”命令。

操作实训 7-18：绘制其他平面布置图

01 调用 I“插入”命令，打开“插入”对话框，单击“浏览”按钮，打开“选择图形文件”对话框，选择“洁具”图形文件，如图 7-123 所示。

02 依次单击“打开”和“确定”按钮，在绘图区的任意位置，单击鼠标，即可插入图块；调用 M“移动”命令，移动插入的图块，如图 7-124 所示。

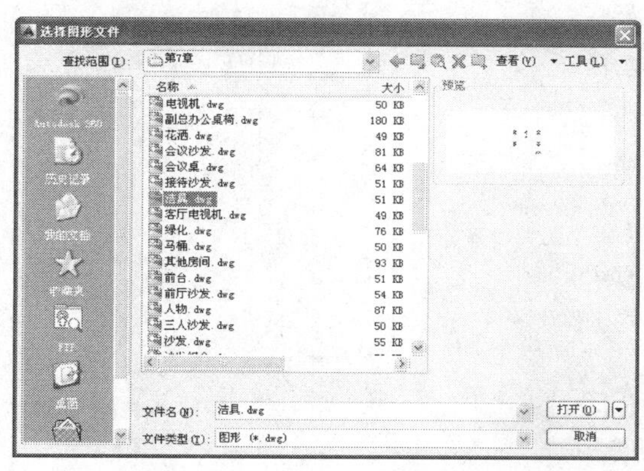

图 7-123　选择图形文件

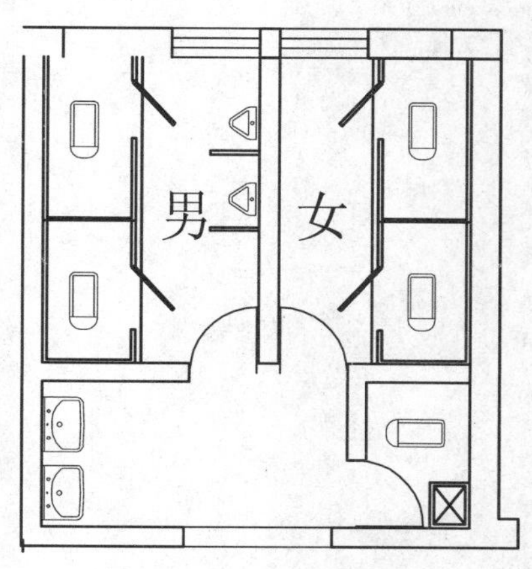

图 7-124　插入图块效果

03 重复上述方法，依次插入"储物箱""前厅沙发""三人沙发""绿化"和"办公桌"图块，如图 7-125 所示。

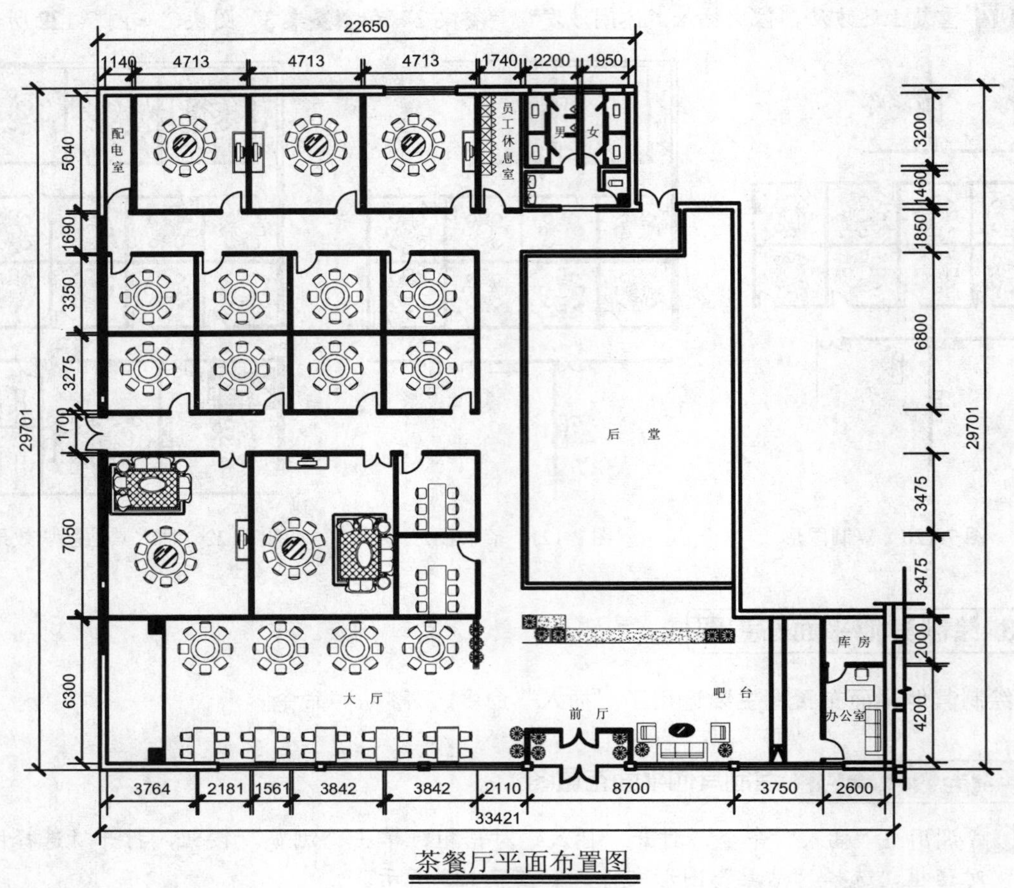

图 7-125　插入其他图块效果

第 8 章 地面铺装图绘制

室内设计

本章导读

地面铺装图属于室内施工图，其主要作用是用来展示室内设计中的地面材质铺设。本章将详细介绍地面铺装图的基础知识和相关绘制方法，以供读者掌握。

精彩看点

- 地面铺装图基础认识
- 绘制三居室地面铺装图
- 绘制茶餐厅地面铺装图
- 绘制两居室地面铺装图
- 绘制别墅地面铺装图

8.1 地面铺装图基础认识

地面铺装图是用来表示地面铺设材料的图样，包括用材和形式。地面铺装图的绘制方法与平面布置图相同，只是地面铺装图不需要绘制室内家具，只需要绘制地面所使用的材料和固定于地面的设备与设施图形。当地面做法非常简单时，可以不画地面铺装平面图，只在建筑室内设计平面布置图上标注地面做法就行，如标注“满铺中灰防静电化纤地毯”。如果地面做法较复杂，既有多种材料，又有多变的图案和颜色，就要专门画出地面铺装平面图。

8.2 绘制两居室地面铺装图

绘制两居室地面铺装图中主要运用了“图案填充”命令、“多重引线”命令等。如图 8-1 所示为两居室地面铺装图。

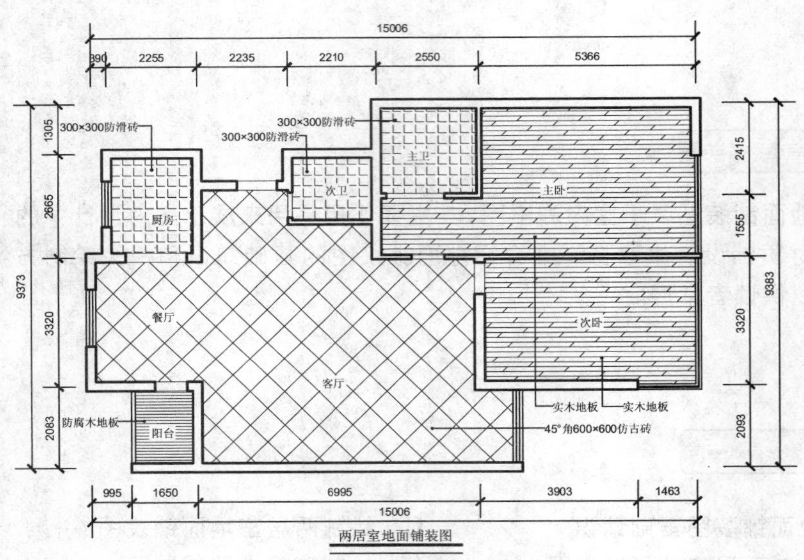

图 8-1　两居室地面铺装图

8.2.1 绘制客厅地面铺装图

客厅的地面铺装图中用了 600×600 的仿古砖材料，是通过填充命令进行铺装的。在进行地面铺装之前，首先需要将两居室的建筑平面图复制到相应的文件夹中。

操作实训 8-1: 绘制客厅地面铺装图

01 按 Ctrl+O 快捷键，打开“第 8 章\8.2 绘制两居室地面铺装图.dwg”图形文件，如

图 8-2 所示。

02 调用 E“删除”命令，删除与地面铺装图无关的图形，选择相应的文字对象，将其进行修改，如图 8-3 所示。

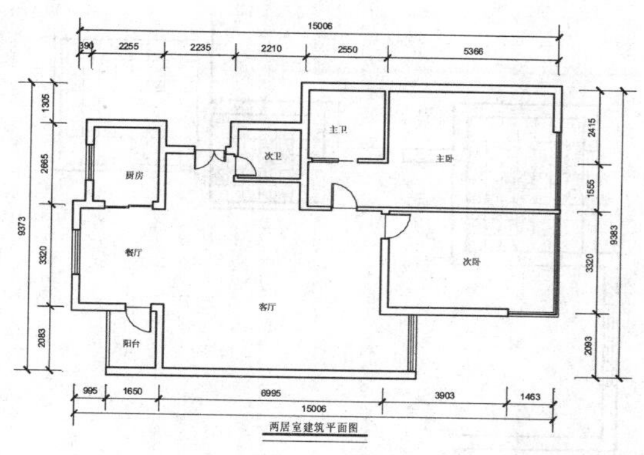

图 8-2　打开图形

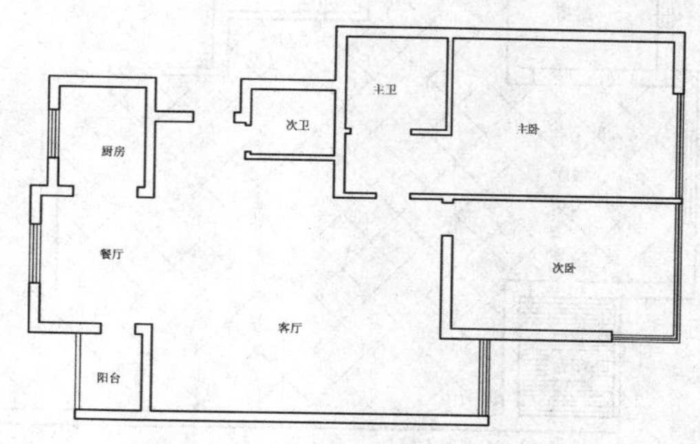

图 8-3　删除并修改图形

03 将“地面”图层置为当前，调用 L“直线”命令，在门洞位置绘制门槛线，如图 8-4 所示。

04 调用 H“图案填充”命令，打开“图案填充创建”选项卡，在“特性”面板中，单击“图案”按钮，展开列表框，选择“用户定义”选项，并单击“双”按钮，如图 8-5 所示。

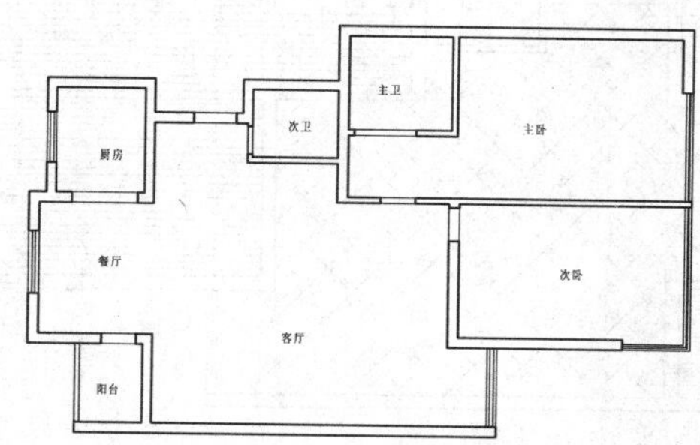

图 8-4　绘制门槛线

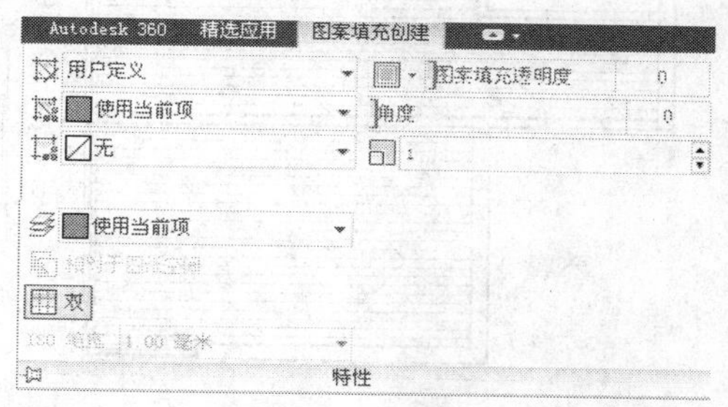

图 8-5　单击“双”按钮

05 修改“图案填充间距”为 600、“图案填充角度”为 45，拾取“客厅”和“餐厅”区域，填充图形，如图 8-6 所示。

8.2.2 绘制其他房间地面铺装图

绘制其他房间地面铺装图也运用了“图案填充”命令，唯一的差别在于选择的图案不一样。

操作实训 8-2：绘制其他房间地面铺装图

01 铺装防滑砖。调用 H“图案填充”命令，选择“ANGLE”图案，修改“图案填充比例”为 40，拾取“厨房”、“主卫”和“次卫”区域，填充图形，如图 8-7 所示。

02 铺装实木地板。调用 H“图案填充”命令，选择“DOLMIT”图案，修改“图案填充比例”为 20，拾取“主卧”和“次卧”区域，填充图形，如图 8-8 所示。

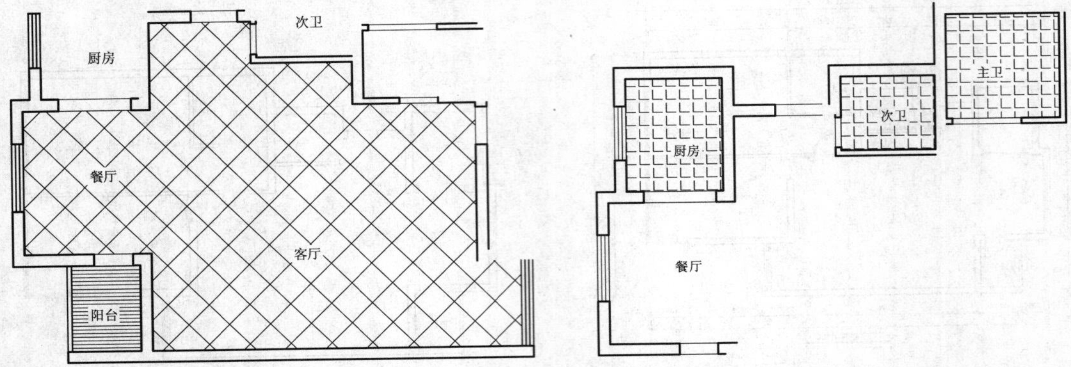

图 8-6 填充图形

图 8-7 填充图形

03 铺装防腐木地板。调用 H“图案填充”命令，选择“LINE”图案，修改“图案填充比例”为 30，拾取“阳台”区域，填充图形，如图 8-9 所示。

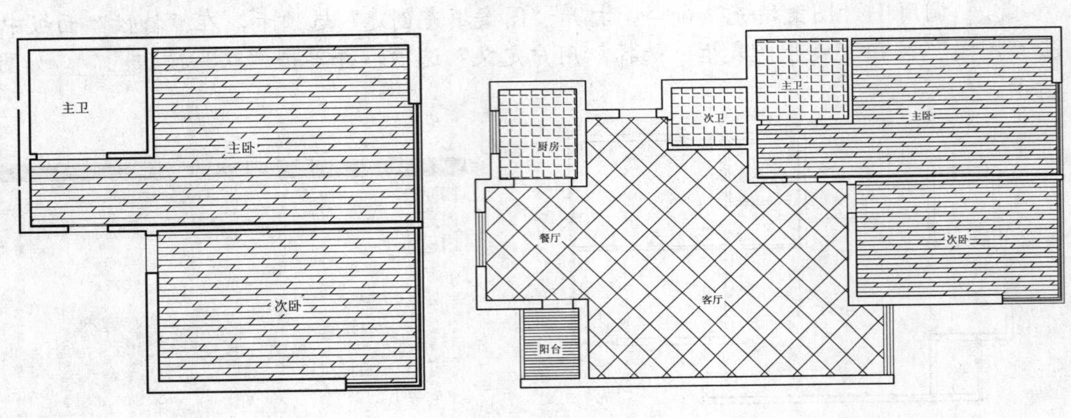

图 8-8 填充图形

图 8-9 填充图形

8.2.3 完善两居室地面铺装图

完善两居室地面铺装图主要运用了“多重引线”命令。

操作实训 8-3：完善两居室地面铺装图

01 调用 MLEADERSTYLE“多重引线样式”命令，打开“多重引线样式管理器”对话框，选择“Standard”样式，单击“修改”按钮，如图 8-10 所示。

02 打开“修改多重引线样式：Standard”对话框，在“内容”选项卡中，修改“文字高度”为 200，如图 8-11 所示。

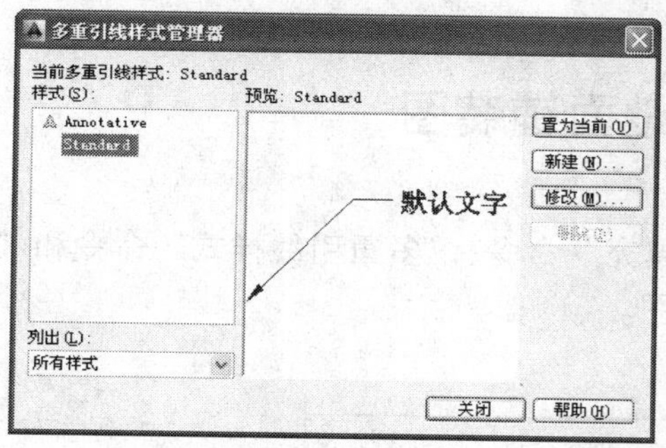

图 8-10　单击“修改”按钮

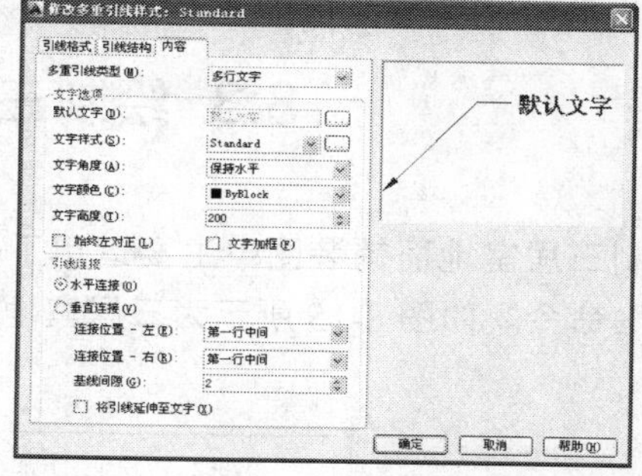

图 8-11　修改参数

03 单击“引线格式”选项卡，修改“符号”为“点”、“大小”为 50，如图 8-12 所示，单击“确定”和“关闭”按钮，修改多重引线样式。

04 将“标注”图层置为当前，调用 MLEA“多重引线”命令，在合适的位置，添加多重引线标注，如图 8-13 所示。

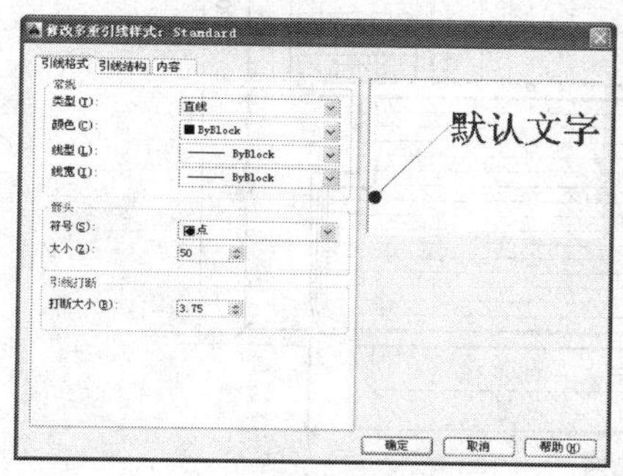

图 8-12　修改参数

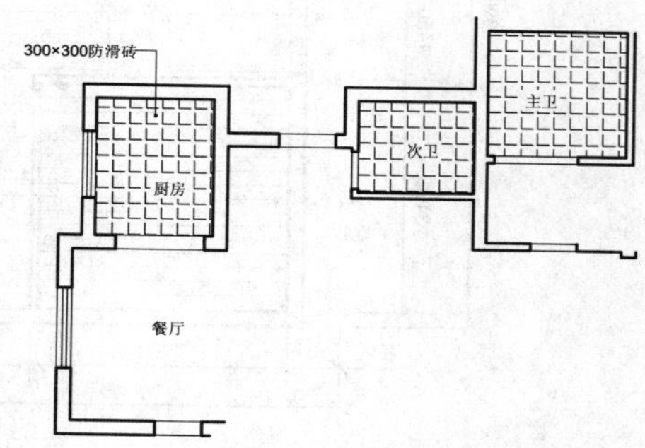

图 8-13　添加多重引线标注

05 重复上述方法，在绘图区中的相应位置，依次添加其他的多重引线标注，其图形效果如图 8-14 所示。

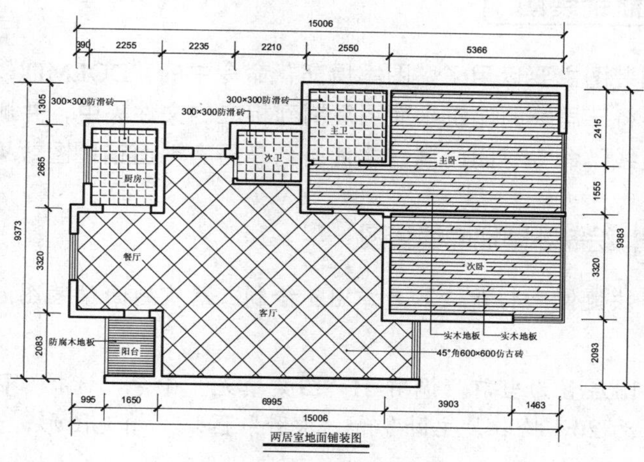

图 8-14　添加其他多重引线标注

8.3 绘制三居室地面铺装图

绘制三居室地面铺装图中主要运用了“图案填充”命令、“多重引线样式”命令和“多重引线”命令。如图 8-15 所示为三居室地面铺装图。

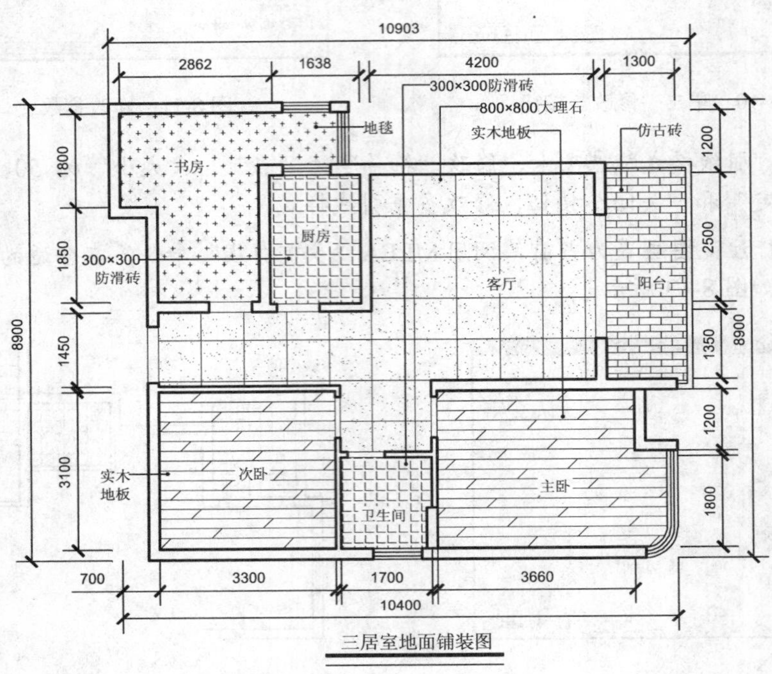

图 8-15　三居室地面铺装图

8.3.1 绘制卧室地面铺装图

绘制卧室地面铺装图主要运用了“图案填充”命令中的“DOLMIT”图案。在进行地面铺装之前，首先需要将三居室的建筑平面图复制到相应的文件夹中，并删除建筑平面图中多余的图形，使用“直线”命令封闭门洞，才能得到三居室地面铺装图效果。

操作实训 8-4：绘制卧室地面铺装图

01 按 Ctrl + O 快捷键，打开“第 8 章\8.3 绘制三居室地面铺装图.dwg”图形文件，如图 8-16 所示。

02 将“地面”图层置为当前，调用 H“图案填充”命令，选择“DOLMIT”图案，修改“图案填充比例”为 20，拾取“主卧”和“次卧”区域，填充图形，如图 8-17 所示。

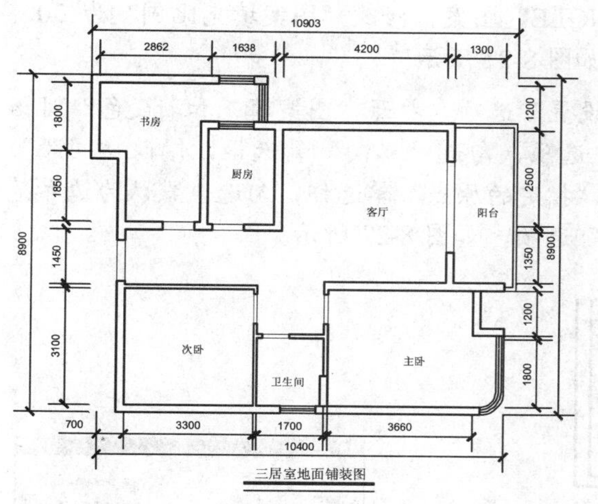

图 8-16 打开图形

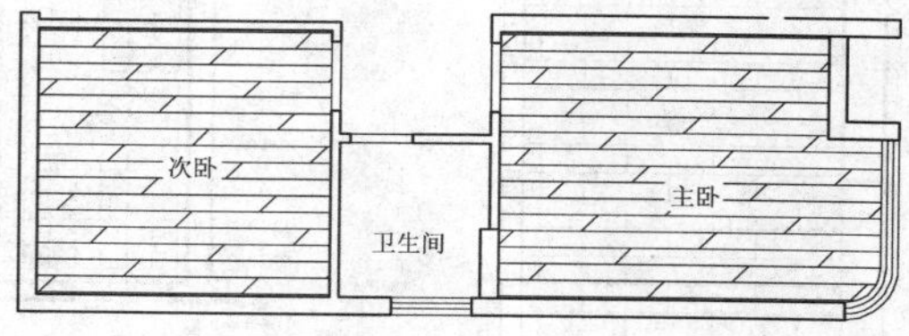

图 8-17 填充图形

8.3.2 绘制其他房间地面铺装图

绘制其他房间地面铺装图中主要运用了"图案填充"命令中的"CROSS"图案、"ANGLE"图案和"用户定义"图案等。

操作实训 8-5: 绘制其他房间地面铺装图

01 调用 H"图案填充"命令，输入 T"设置"选项，打开"图案填充和渐变色"对话框，选择"CROSS"图案，修改"比例"为 25，如图 8-18 所示。

02 在绘图区中，拾取"书房"区域，填充图形，如图 8-19 所示。

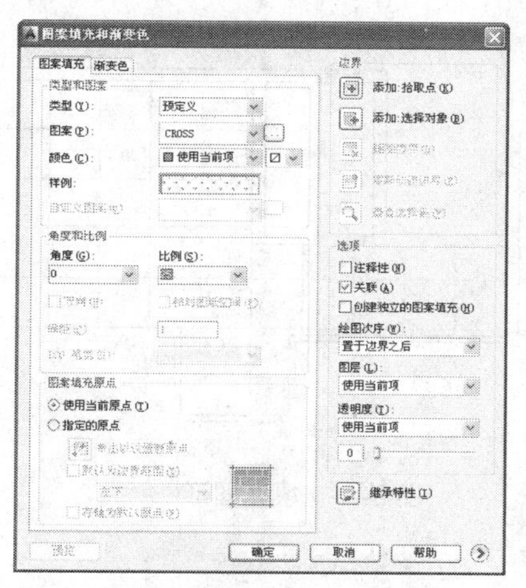

图 8-18 设置参数

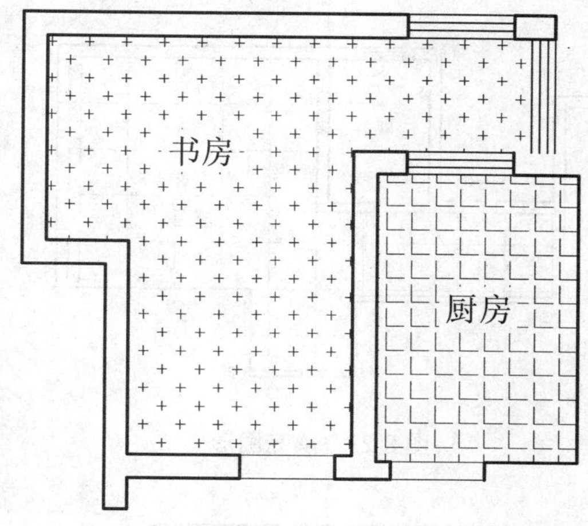

图 8-19 填充图形

03 调用 H"图案填充"命令，选择"AR-BRSTD"图案，修改"图案填充比例"为 2，拾取"阳台"区域，填充图形，如图 8-20 所示。

04 调用 H“图案填充”命令，选择“ANGLE”图案，修改“图案填充比例”为 30，拾取“厨房”和“卫生间”区域，填充图形，如图 8-21 所示。

05 调用 H“图案填充”命令，输入 T“设置”选项，打开“图案填充和渐变色”对话框，在“类型”列表框中，选择“用户定义”选项，勾选“双向”复选框，修改“间距”为 800，在“图案原点填充”选项组中，点选“指定的原点”单选钮，勾选“默认为边界范围”复选框，在下方的列表框中，选择“左上”选项，如图 8-22 所示。

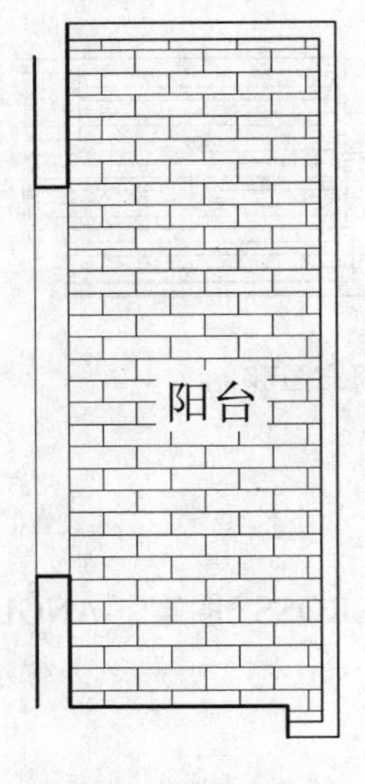

图 8-20 填充图形

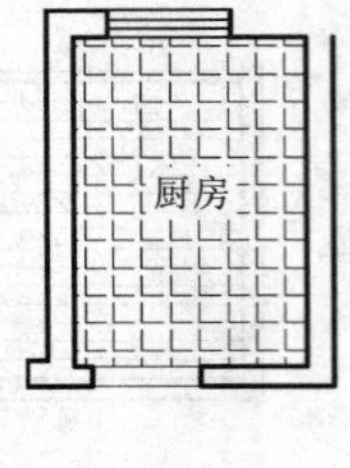

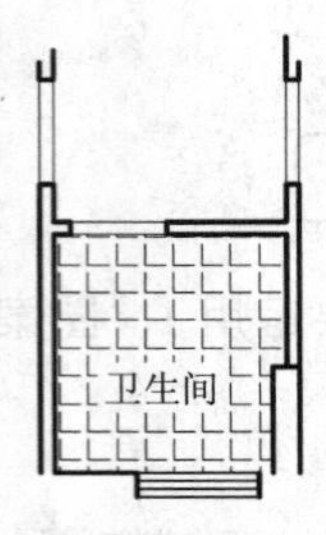

图 8-21 填充图形

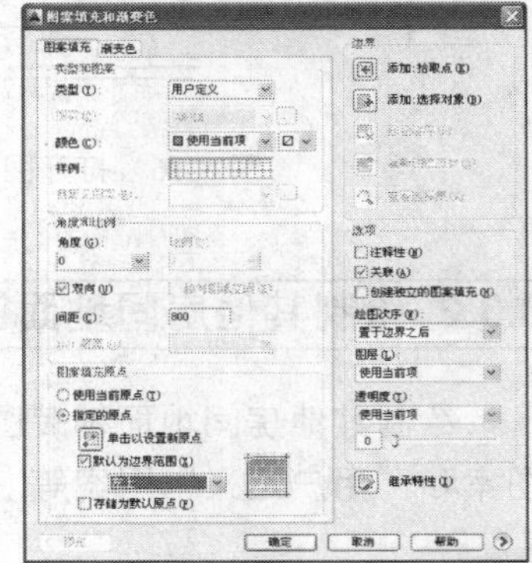

图 8-22 修改参数

06 单击“确定”按钮，拾取绘图区中的“客厅”区域，填充图形，如图 8-23 所示。

07 调用 H“图案填充”命令，选择“AR-SAND”图案，修改“图案填充比例”为 7，拾取“客厅”区域，填充图形，如图 8-24 所示。

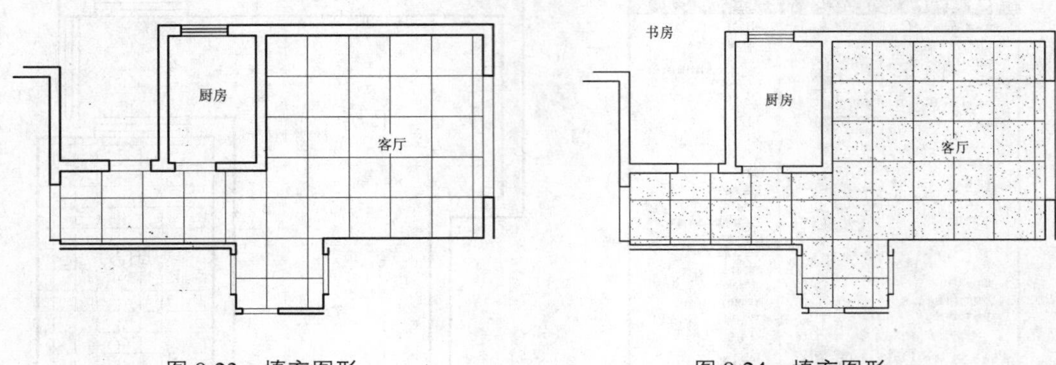

图 8-23 填充图形

图 8-24 填充图形

8.3.3 完善三居室地面铺装图

完善三居室地面铺装图主要运用了“多重引线样式”命令和“多重引线”命令。

完善三居室地面铺装图

01 将“标注”图层置为当前，调用 MLEA“多重引线”命令，在合适的位置，添加多重引线标注，如图 8-25 所示。

02 重复上述方法，在绘图区中的相应位置，依次添加其他的多重引线标注，其图形效果如图 8-26 所示。

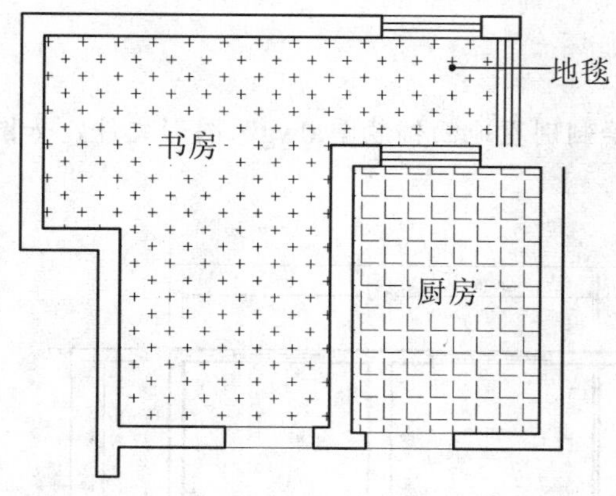

图 8-25　标注多重引线

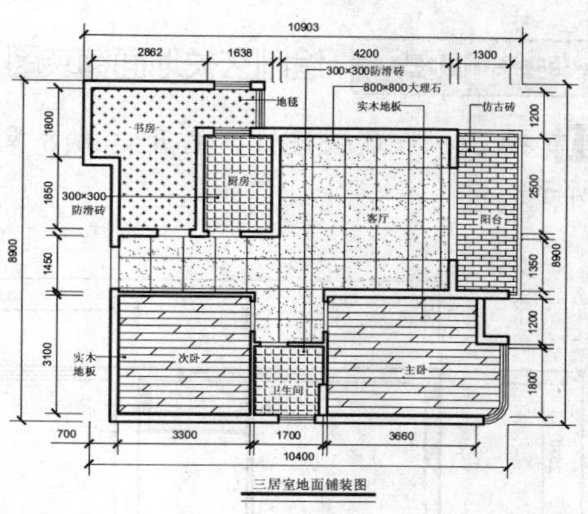

图 8-26　标注其他多重引线

8.4 绘制别墅地面铺装图

绘制别墅地面铺装图中主要运用了“图案填充”命令、“多重引线样式”命令和“多重引线”命令。如图 8-27 所示为别墅地面铺装图。

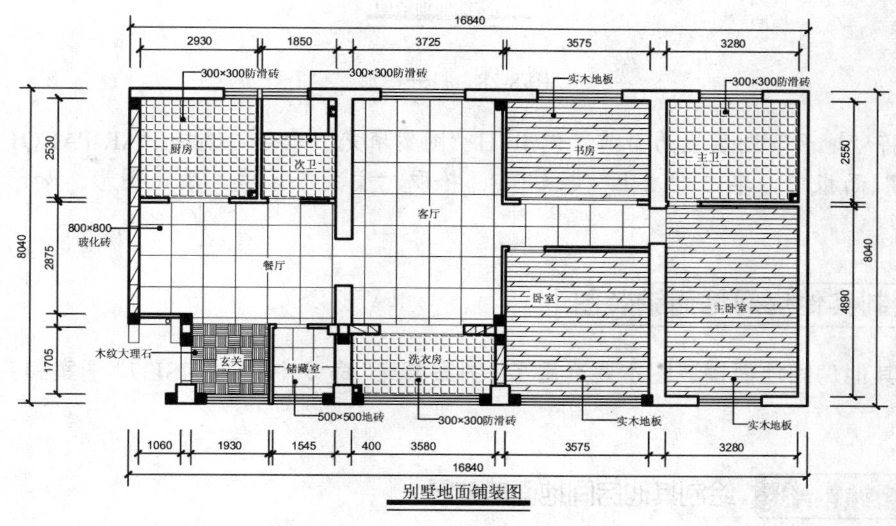

图 8-27　别墅地面铺装图

8.4.1 绘制玄关地面铺装图

绘制玄关地面铺装图主要运用了“图案填充”命令中的“AR-BRSTD”图案。别墅地面铺装图是通过复制别墅建筑平面图，并删除建筑平面图中多余的图形，使用“直线”命令封闭门洞得到的效果。

操作实训 8-7：绘制玄关地面铺装图

01 按 Ctrl + O 快捷键，打开“第 8 章\8.4 绘制别墅地面铺装图.dwg”图形文件，如图 8-28 所示。

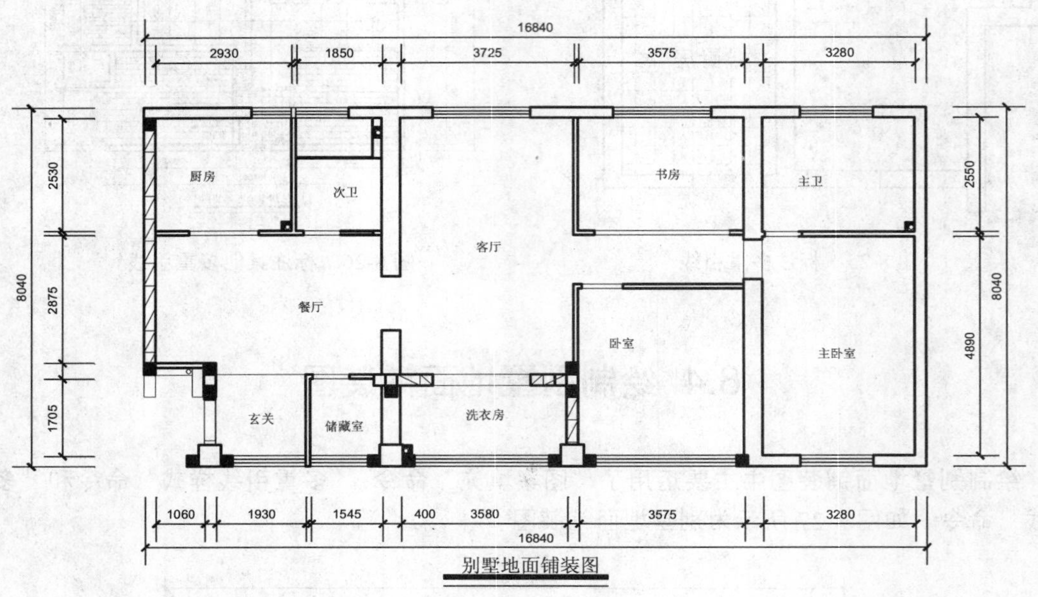

图 8-28 打开图形

02 将“地面”图层置为当前，调用 H“图案填充”命令，选择“AR-PARQ1”图案，在“原点”面板中，单击“左上”按钮，拾取“玄关”区域，填充图形，如图 8-29 所示。

8.4.2 绘制其他房间地面铺装图

绘制其他房间地面铺装图主要运用了“图案填充”命令中的“ANSI37”图案和“ANGLE”图案等。

操作实训 8-8：绘制其他房间地面铺装图

01 调用 H“图案填充”命令，选择“DOLMIT”图案，修改“图案填充比例”为 20，拾取“主卧室”、“次卧室”和“书房”区域，填充图形，如图 8-30 所示。

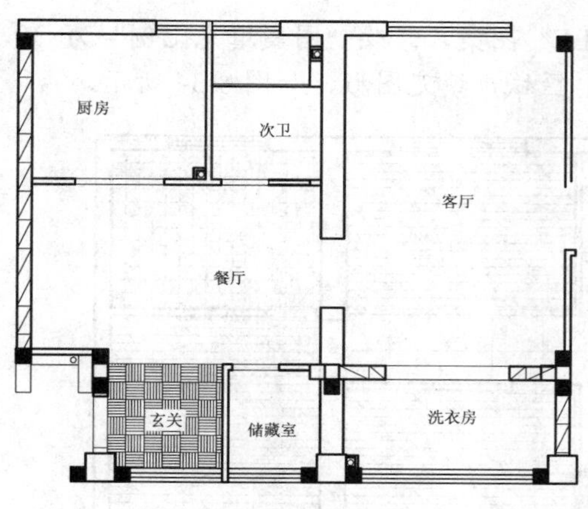

图 8-29　填充图形

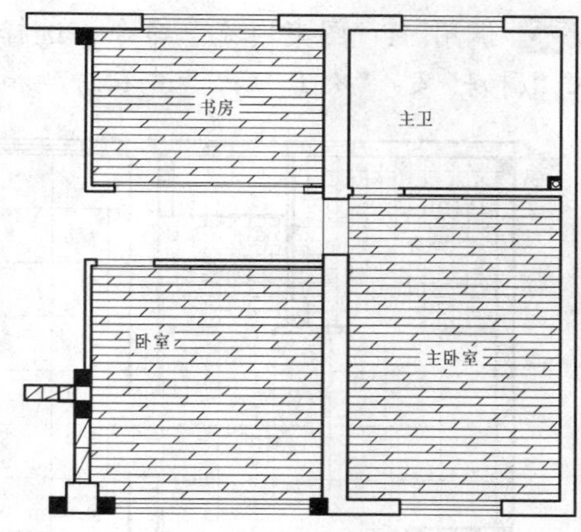

图 8-30　填充图形

02 调用 H“图案填充”命令，输入 T“设置”选项，打开“图案填充和渐变色”对话框，在“类型”列表框中，选择“用户定义”选项，勾选“双向”复选框，修改“间距”为 500，拾取“储藏室”，填充图形，如图 8-31 所示。

03 调用 H“图案填充”命令，在“特性”面板中，单击“图案”按钮，展开列表框，选择“用户定义”选项，并单击“双”按钮，修改“图案填充间距”为 800，如图 8-32 所示。

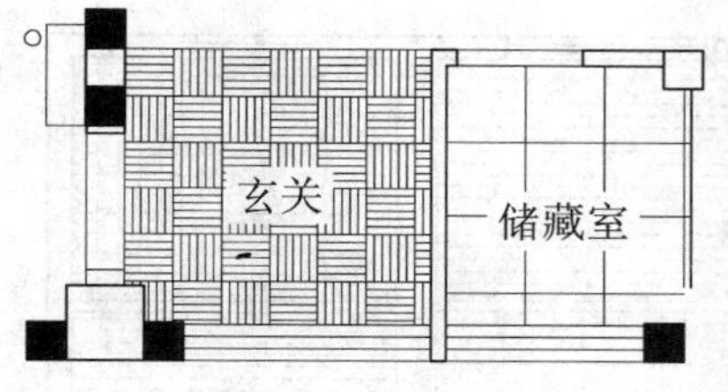

图 8-31　填充图形

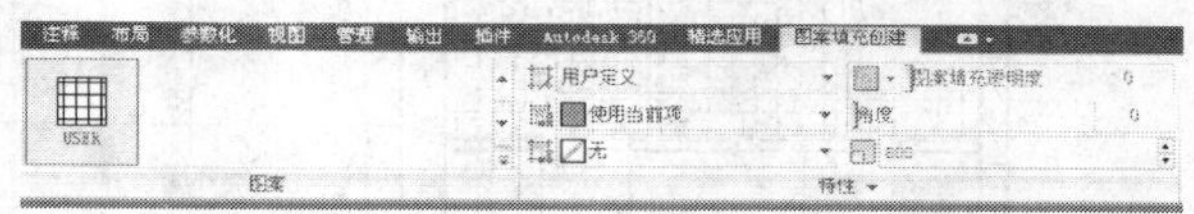

图 8-32　修改参数

04 在“原点”面板中，单击“左上”按钮，在绘图区中，拾取“餐厅”和“客厅”区域，填充图形，如图 8-33 所示。

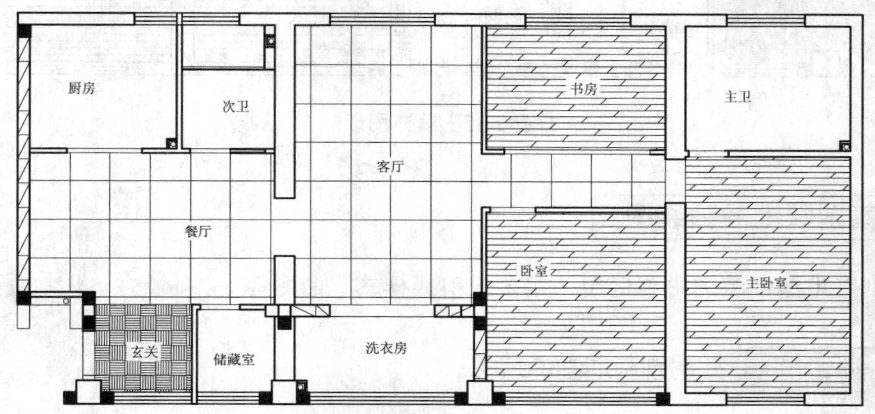

图 8-33　填充图形

05 调用 H“图案填充”命令，选择“ANGLE”图案，修改“图案填充比例”为 30，拾取“厨房”、“次卫”、“洗衣房”和“主卫”区域，填充图形，如图 8-34 所示。

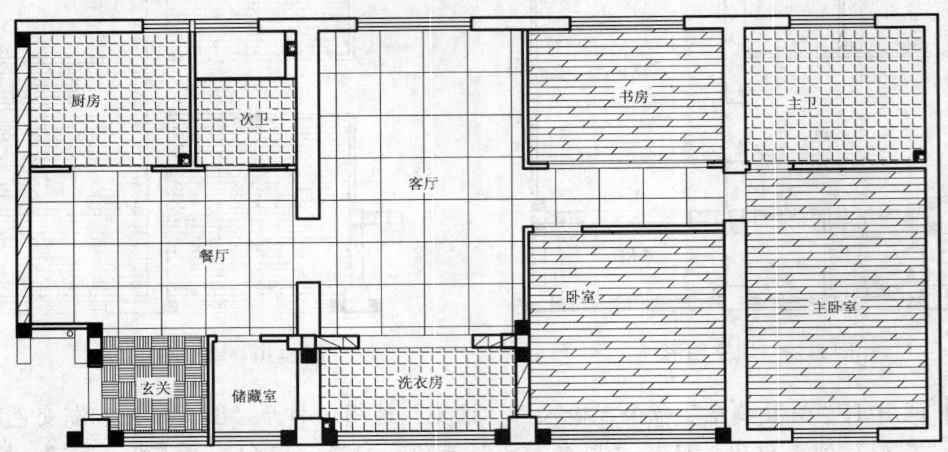

图 8-34 填充图形

06 调用 H“图案填充”命令，在“特性”面板中，单击“图案”按钮，展开列表框，选择“用户定义”选项，并单击“双”按钮 双，修改“图案填充间距”为 500，拾取“储藏室”区域，填充图形，如图 8-35 所示。

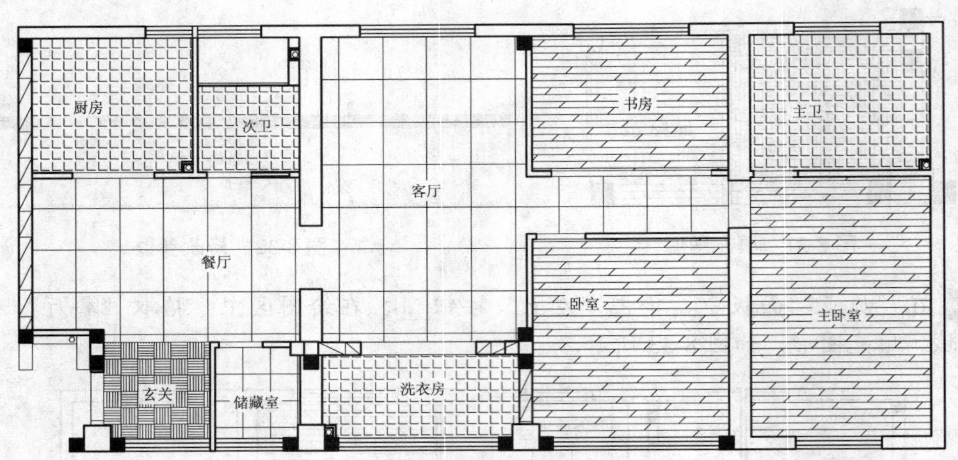

图 8-35 填充图形

8.4.3 完善别墅地面铺装图

完善别墅地面铺装图主要运用了“多重引线样式”命令等。

操作实训 8-9：完善别墅地面铺装图

01 将“标注”图层置为当前，调用 MLEA“多重引线”命令，在合适的位置，添加多重引线标注，如图 8-36 所示。

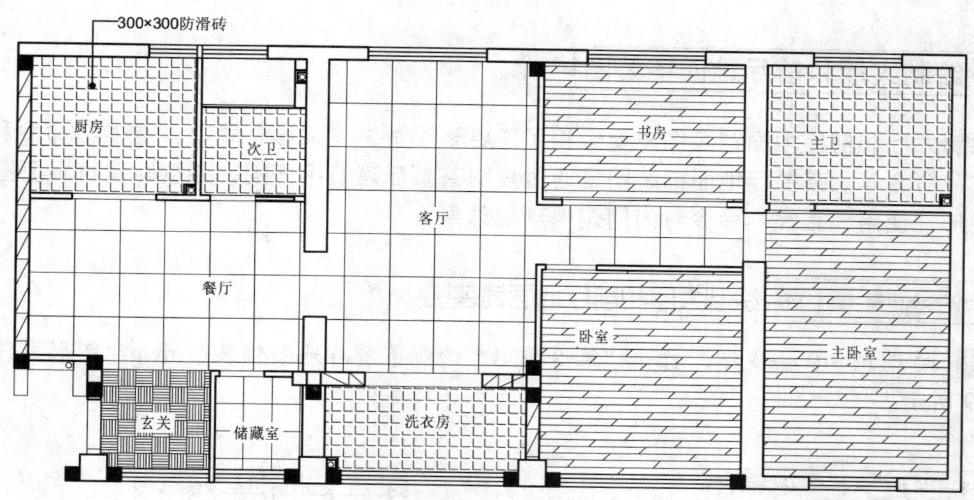

图 8-36　添加多重引线尺寸

02 重复上述方法，在绘图区中的相应位置，依次添加其他的多重引线标注，其图形效果如图 8-37 所示。

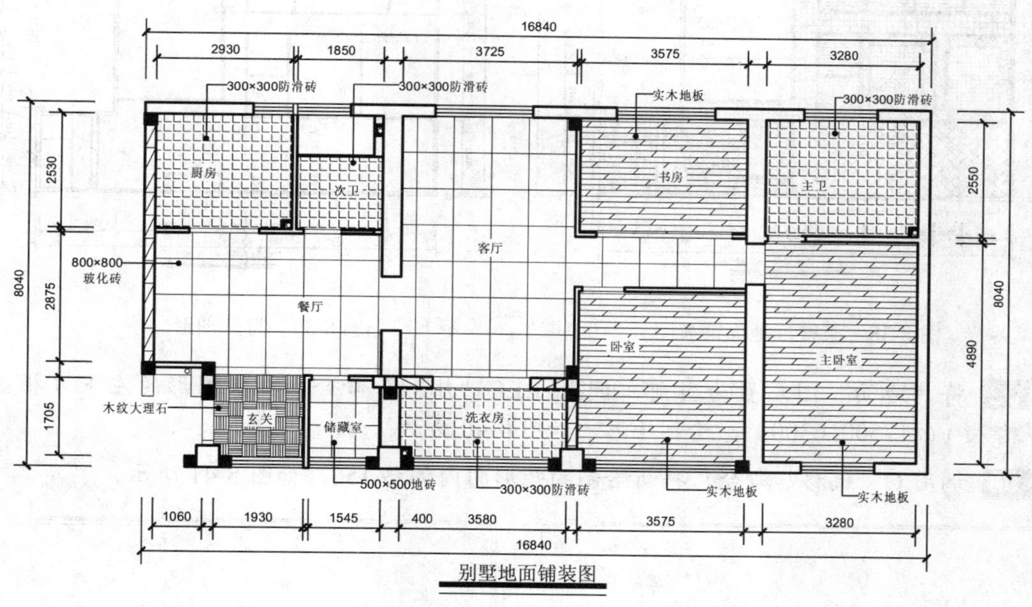

图 8-37　添加其他多重引线尺寸

8.5 绘制茶餐厅地面铺装图

绘制茶餐厅地面铺装图中主要运用了“矩形”命令、“偏移”命令、“修剪”命令和“图案填充”命令等。如图 8-38 所示为茶餐厅地面铺装图。

8.5.1 绘制大厅和前厅地面铺装图

绘制大厅和前厅地面铺装图主要运用了“矩形”命令、“偏移”命令、“修剪”命令和“图案填充”命令等。茶餐厅地面铺装图是通过复制茶餐厅建筑平面图，并删除建筑平面图中多余的图形，使用“直线”命令封闭门洞得到的效果。

操作实训 8-10：绘制大厅和前厅地面铺装图

01 按 Ctrl+O 快捷键，打开“第 8 章\8.5 绘制茶餐厅地面铺装图.dwg”图形文件，如图 8-39 所示。

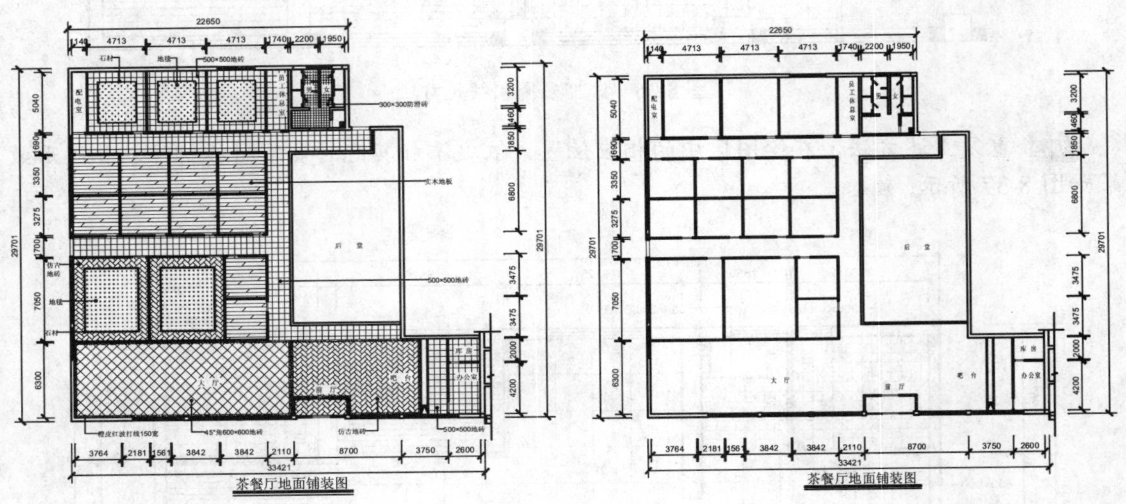

图 8-38 茶餐厅地面铺装图　　图 8-39 打开图形

02 将“地面”图层置为当前，调用 REC“矩形”命令，捕捉图形的左下方相应端点，输入（@17500, 6300），绘制矩形，如图 8-40 所示。

03 调用 O“偏移”命令，将新绘制的矩形向内偏移 150，如图 8-41 所示。

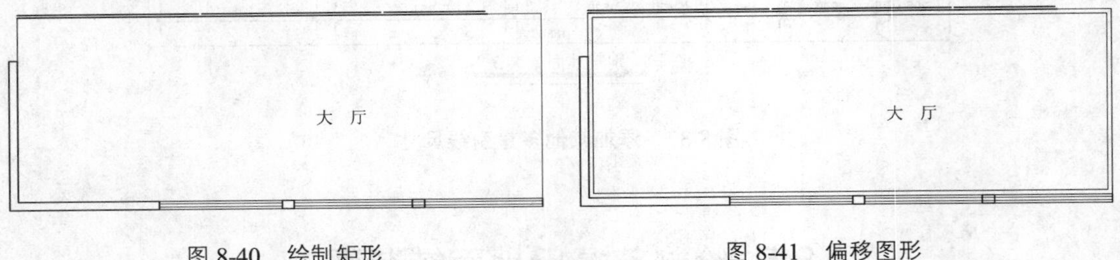

图 8-40 绘制矩形　　图 8-41 偏移图形

04 调用 REC“矩形”命令，捕捉新绘制矩形的右上方端点，输入（@10450, -6300），绘制矩形，如图 8-42 所示。

05 调用 X“分解”命令，分解新绘制的矩形；调用 O“偏移”命令，将分解后矩形的上方水平直线向下依次偏移 150、4558、1442，如图 8-43 所示。

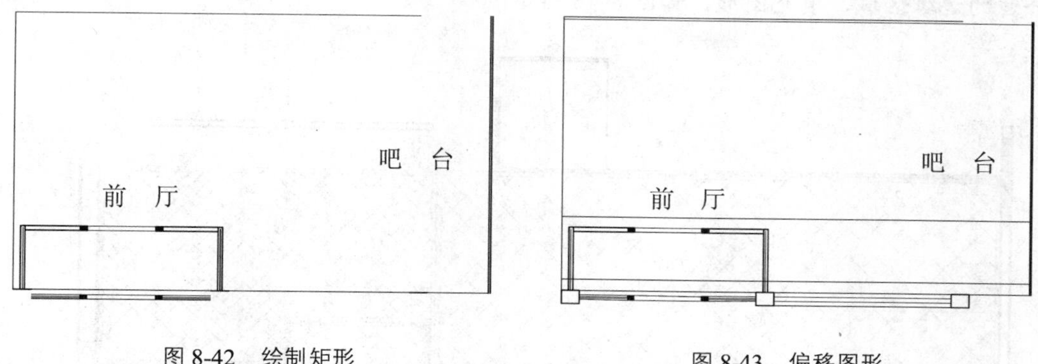

图 8-42　绘制矩形　　图 8-43　偏移图形

06 调用 O“偏移”命令，将分解后矩形的左侧垂直直线向右依次偏移 150、4600 和 5550，如图 8-44 所示。

07 调用 TR“修剪”命令，修剪多余的图形；调用 E“删除”命令，删除多余的图形，效果如图 8-45 所示。

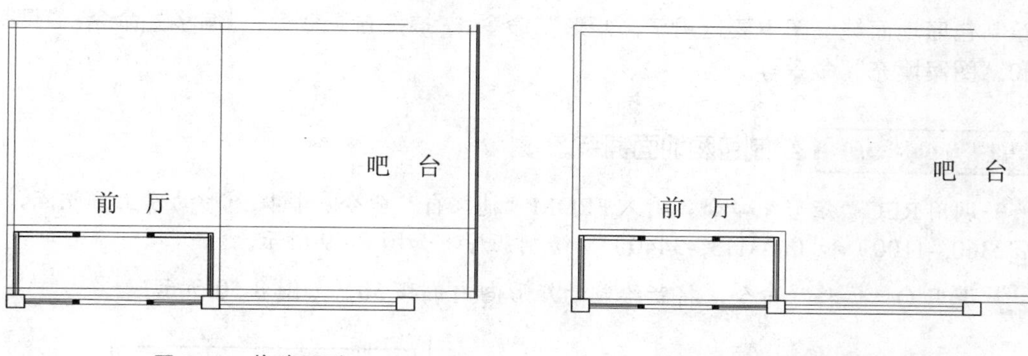

图 8-44　偏移图形　　图 8-45　修剪并删除图形

08 调用 H“图案填充”命令，打开“图案填充创建”选项卡，在“特性”面板中，单击“图案”按钮，展开列表框，选择“用户定义”选项，并单击“双”按钮双，修改“图案填充间距”为 600、“图案填充角度”为 45，拾取“大厅”区域，填充图形，如图 8-46 所示。

09 调用 H“图案填充”命令，选择“AR-HBONE”图案，修改“图案填充比例”为 3，拾取合适的区域，填充图形，如图 8-47 所示。

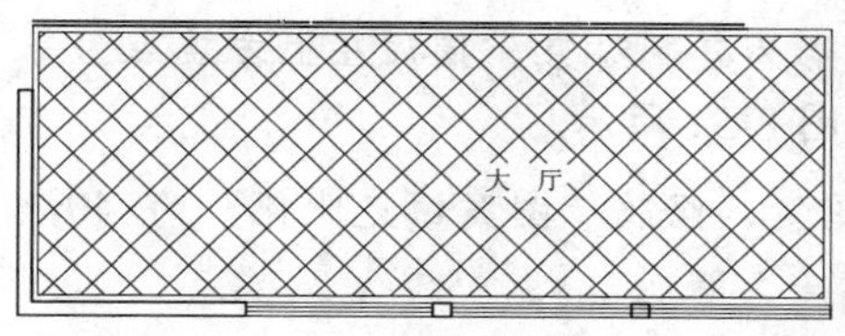

图 8-46　填充图形

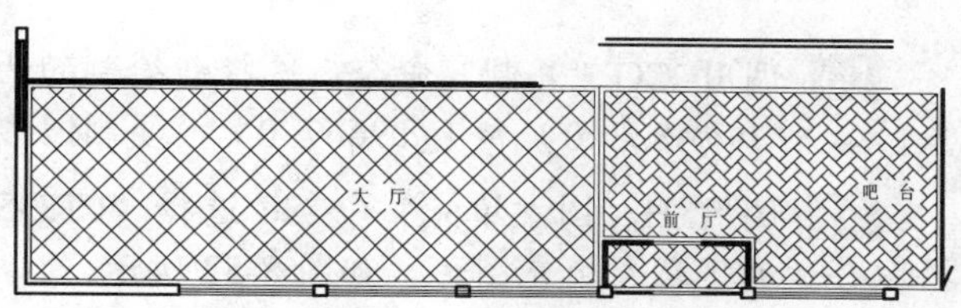

图 8-47　填充图形

10 调用H“图案填充”命令，选择“AR-CONC”图案，修改“图案填充比例”为1，拾取合适的边缘区域，填充图形，如图8-48所示。

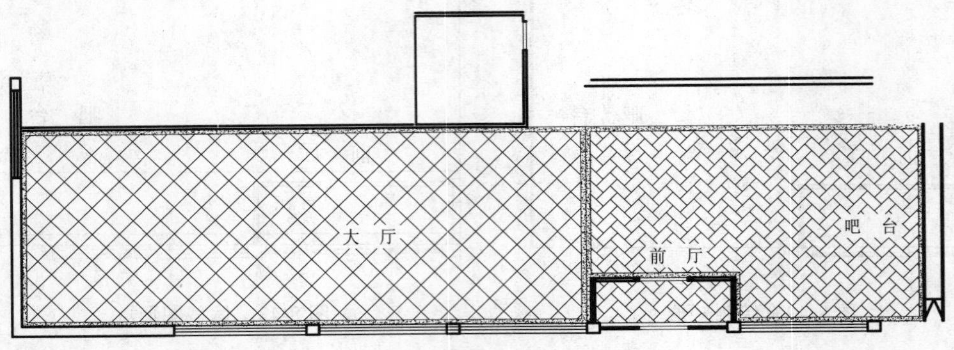

图8-48 填充图形

8.5.2 绘制包厢地面铺装图

绘制包厢地面铺装图主要运用了“矩形”命令、“捕捉自”命令、“偏移”命令、“复制”命令和“图案填充”命令等。

操作实训 8–11：绘制包厢地面铺装图

01 调用REC“矩形”命令，输入FROM“捕捉自”命令，捕捉图形的左上方端点，输入（@2360, -1100）和（@3113, -3440），绘制矩形，如图8-49所示。

02 调用O“偏移”命令，将新绘制的矩形向内偏移50，如图8-50所示。

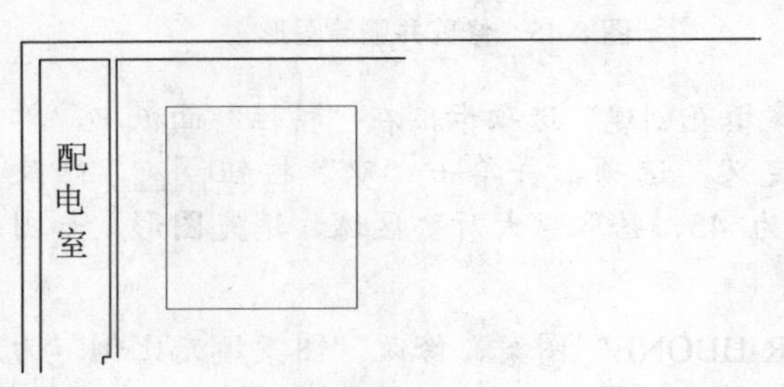

图8-49 绘制矩形

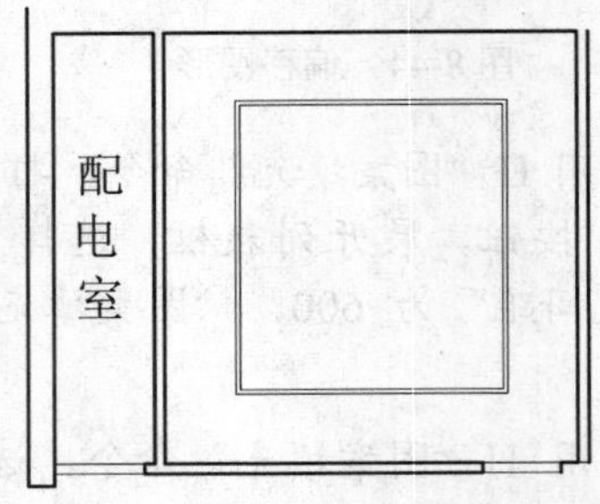

图8-50 偏移图形

03 调用 CO“复制”命令，选择新绘制的两个矩形为复制对象，捕捉左上方端点为基点，输入（@4833, 0）和（@9667, 0），复制图形，如图8-51所示。

04 调用 H“图案填充”命令，选择“CROSS”图案，修改“图案填充比例”为 40，拾取合适的区域，填充图形，如图8-52所示。

05 调用H“图案填充”命令，选择“AR-SAND”图案，修改“图案填充比例”为1，拾取合适的区域，填充图形，效果如图8-53所示。

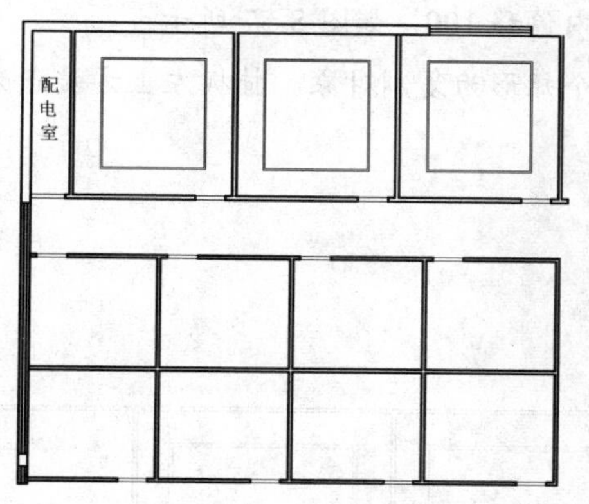

图 8-51 复制图形

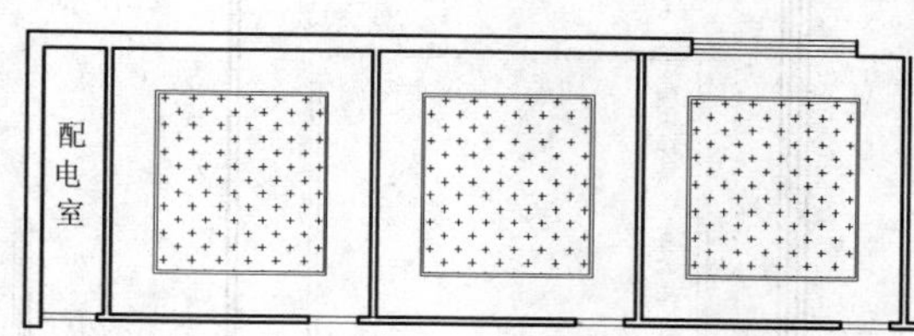

图 8-52 填充图形

06 调用 H“图案填充”命令，打开“图案填充创建”选项卡，在“特性”面板中，单击“图案”按钮，展开列表框，选择“用户定义”选项，并单击“双”按钮，修改“图案填充间距”为 500，拾取合适的区域，填充图形，如图 8-54 所示。

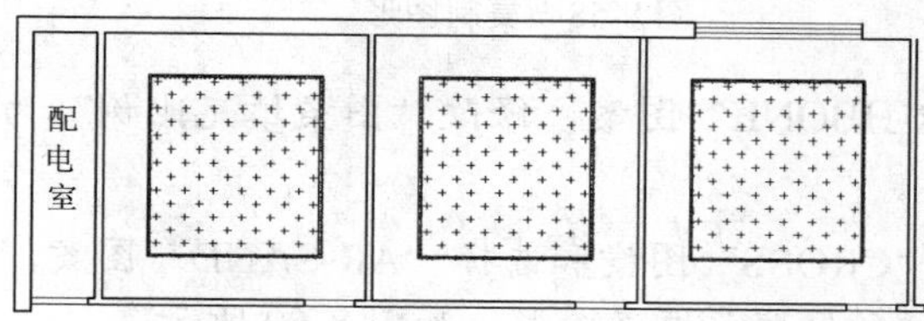

图 8-53 填充图形

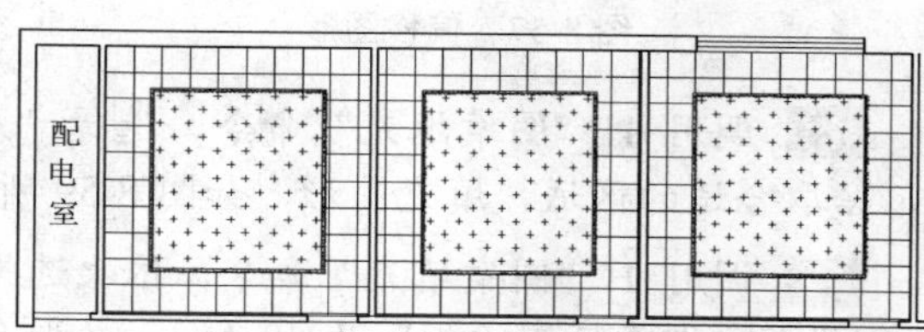

图 8-54 填充图形

07 调用 H“图案填充”命令，选择“DOLMIT”图案，修改“图案填充比例”为 50，拾取合适的区域，填充图形，如图 8-55 所示。

08 调用 REC“矩形”命令，输入 FROM“捕捉自”命令，捕捉图形的左上方相应端点，输入（@1100, -1000）和（@4445, -5450），绘制矩形，如图 8-56 所示。

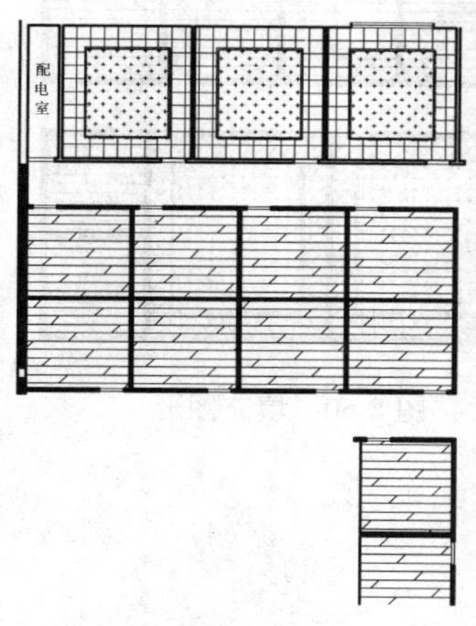

图 8-55 填充图形

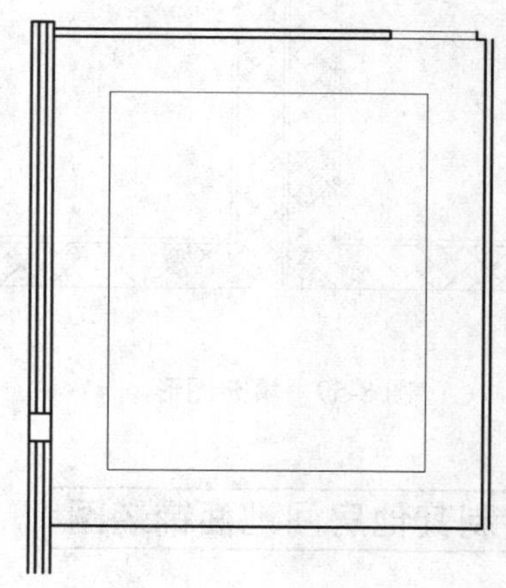

图 8-56 绘制矩形

09 调用 O“偏移”命令，将新绘制的矩形向内偏移100，如图 8-57 所示。

10 调用 CO“复制”命令，选择新绘制的两个矩形为复制对象，捕捉左上方端点为基点，输入（@6145, 0），复制图形，如图 8-58 所示。

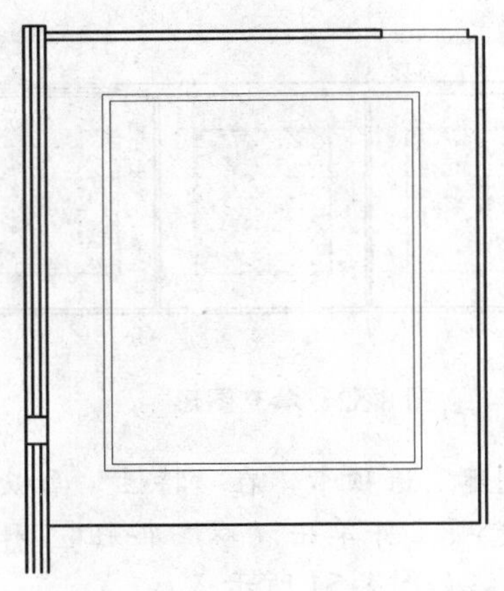

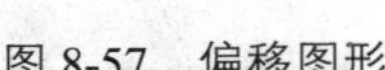
图 8-57 偏移图形

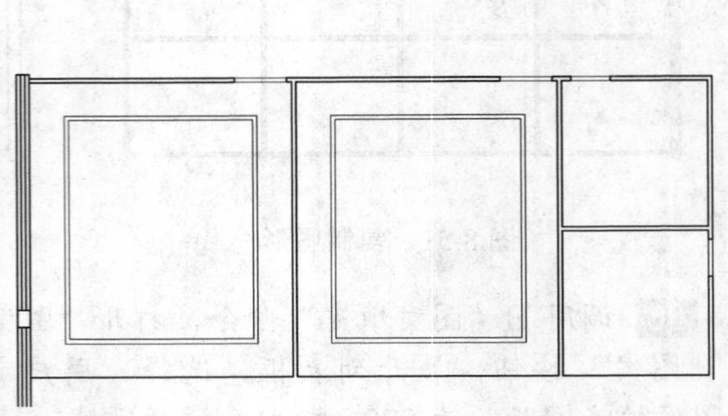

图 8-58 复制图形

11 调用 H“图案填充”命令，选择“AR-HBONE”图案，修改“图案填充比例”为3，拾取合适的区域，填充图形，如图 8-59 所示。

12 调用 H“图案填充”命令，依次选择“CROSS”图案和选择“AR-SAND”图案，分别修改“图案填充比例”为 40 和 1，拾取合适的区域，填充图形，如图 8-60 所示。

图 8-59 填充图形

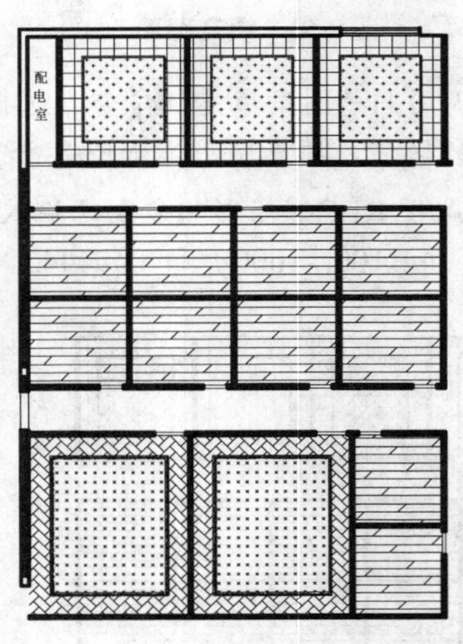

图 8-60 填充图形

8.5.3 绘制其他房间地面铺装图

绘制其他房间地面铺装图主要运用了“图案填充”命令中的“用户定义”图案。

操作实训 8-12：绘制其他房间地面铺装图

01 调用 H“图案填充”命令，打开“图案填充创建”选项卡，在“特性”面板中，单击“图案”按钮，展开列表框，选择“用户定义”选项，并单击“双”按钮，改“图案填充间距”为 500，如图 8-61 所示。

图 8-61　修改参数

02 依次拾取绘图区中的相应区域，填充图形，如图 8-62 所示。

03 调用 H“图案填充”命令，选择“ANGLE”图案，修改“图案填充比例”为 30，拾取合适的区域，填充图形，如图 8-63 所示。

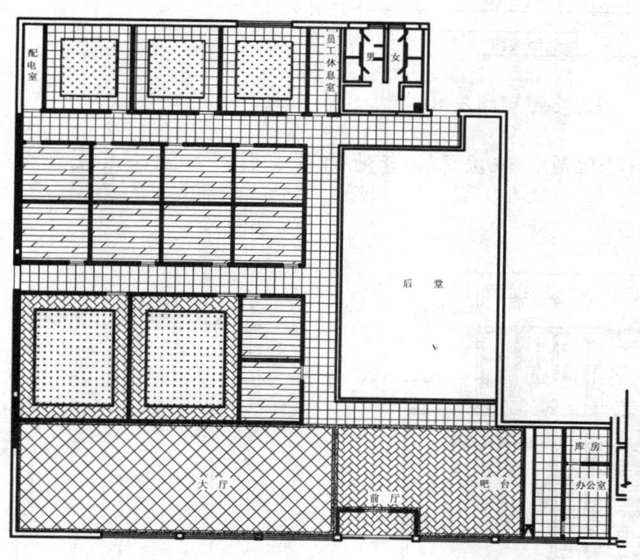

图 8-62　填充图形

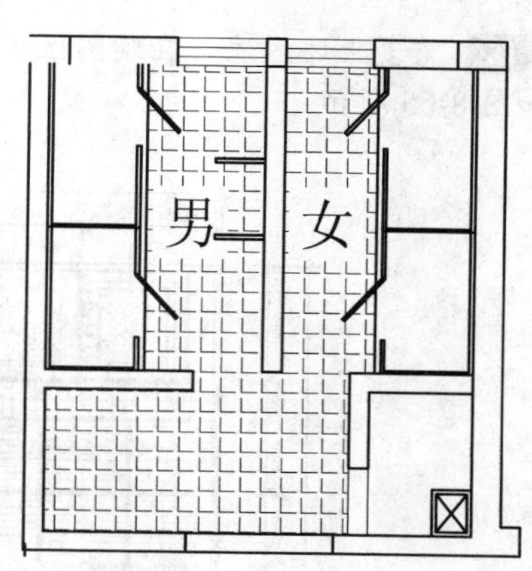

图 8-63　填充图形

8.5.4 完善茶餐厅地面铺装图

完善茶餐厅地面铺装图主要运用了“多重引线样式”命令等。

操作实训 8-13：完善茶餐厅地面铺装图

01 将“标注”图层置为当前，调用 MLEA“多重引线”命令，在合适的位置，添加多重引线标注，如图 8-64 所示。

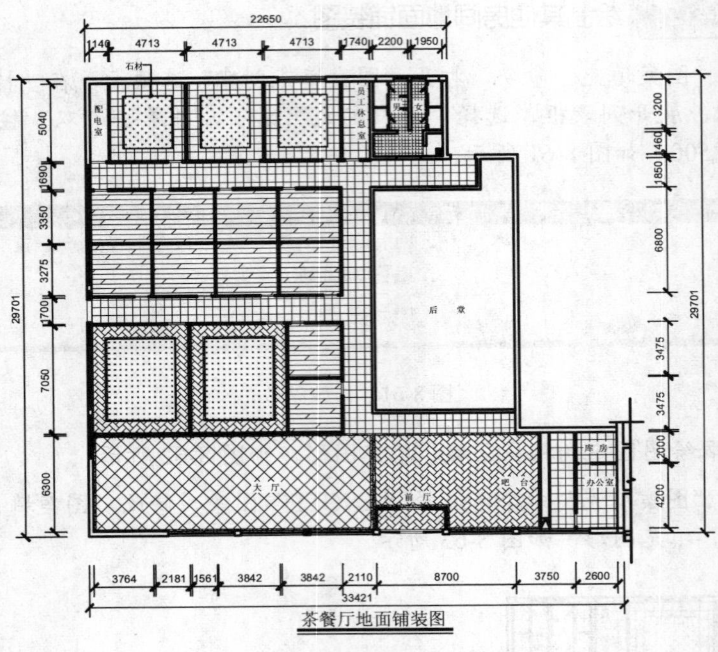

图 8-64　添加多重引线尺寸

02 重复上述方法，在绘图区中的相应位置，依次添加其他的多重引线标注，其图形效果如图 8-65 所示。

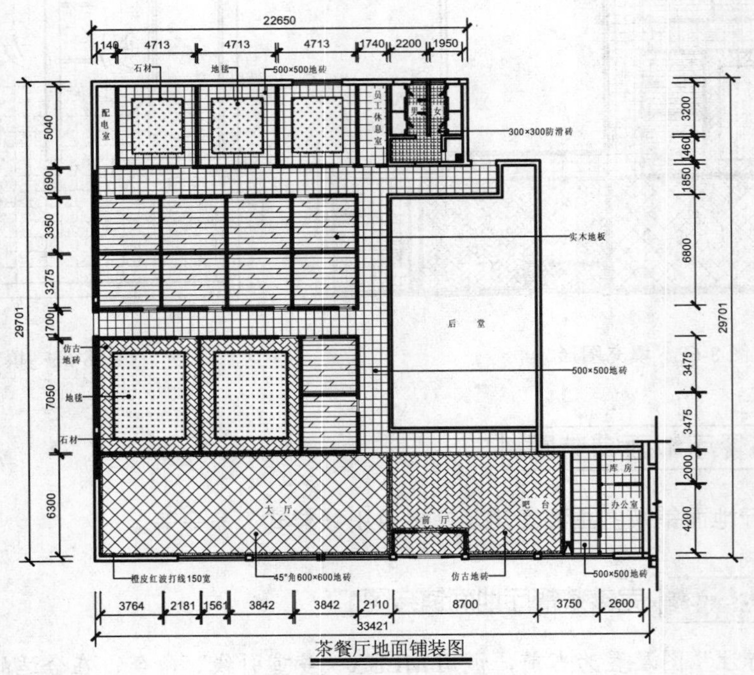

图 8-65　添加其他多重引线尺寸

第 9 章 顶棚平面图绘制

室内设计

本章导读

顶棚平面图主要是用来表示顶棚的造型和灯具的布置，同时也反映了室内空间组合的标高关系和尺寸等。其内容主要包括各种装饰图形、灯具、尺寸、标高和文字说明等。有时为了更详细地表示某处的构造和做法，还需要绘制该处的剖面详图。本章将详细介绍顶棚平面图的基础知识和相关绘制方法，以供读者掌握。

精彩看点

- 顶棚平面图绘制
- 绘制图书馆顶棚平面图
- 绘制办公室顶棚平面图
- 绘制小户型顶棚平面图
- 绘制服装店顶棚平面图
- 绘制别墅顶棚平面图

9.1 顶棚平面图基础认识

与平面布置图一样，顶棚平面图也是室内装潢设计图中重要的图纸，在绘制顶棚平面图之前，首先需要对顶棚平面图有个基础的认识，如了解顶棚平面图的形成以及画法等。

9.1.1 了解顶棚平面图形成及表达

顶棚平面图是以镜像投影法画出的反映顶棚平面形状、灯具位置、材料选用、尺寸标高及构造做法等内容的水平镜像投影图，是装饰施工图的主要图样之一。它是假想以一个剖切平面沿顶棚下方窗洞口位置进行剖切，移去下面部分后对上面的墙体、顶棚所作的镜像投影图。注意：在顶棚平面图中剖切到的墙柱用粗实线、未剖切到但能看到的顶棚、灯具、风口等用细实线表示。

9.1.2 了解顶棚平面图图示内容

顶棚平面图的图示内容主要包含以下几个方面。

- 建筑平面及门窗洞口，门画出门洞边线即可，不画门扇及开启线。
- 室内顶棚的造型、尺寸、作法和说明，有时可画出顶棚的重合断面图并标示标高。
- 室内顶棚灯具的符号及具体位置（灯具的规格、型号、安装方法有电器施工图反映）。
- 室内各种顶棚的完成面标高（按每一层楼地面为 ±0.000 标注顶棚装饰面标高，这是施工图中常常用到的方法）。
- 与顶棚相接的家具、设备的位置及尺寸。
- 窗帘及窗帘盒，空调送风口的位置，消防自动报警系统及与吊顶有关的音视频设备的平面布置形式及安装位置。
- 图外标注开间、进深、总长、总宽等尺寸，以及索引符号、文字说明、图名及比例等。

9.1.3 了解顶棚平面图的画法

顶棚平面图的画法主要包含以下几个步骤。

- 选比例、定图幅。
- 画出建筑主体结构的平面图。
- 画出天花的造型轮廓线、灯饰及各种设施。
- 标注尺寸、剖面符号、详图索引符号、文字说明等。
- 描粗整理图线。其中墙、柱用粗实线表示；天花灯饰等主要造型轮廓线用中实线表示；天花的装饰线、面板的拼装分格等次要的轮廓线用细实线表示。

9.2 绘制小户型顶棚平面图

绘制小户型顶棚平面图中主要运用了“直线”命令、“偏移”命令、“修剪”命令、“样条曲线”命令、“插入”命令和“图案填充”命令等。如图 9-1 所示为小户型顶棚平面图。

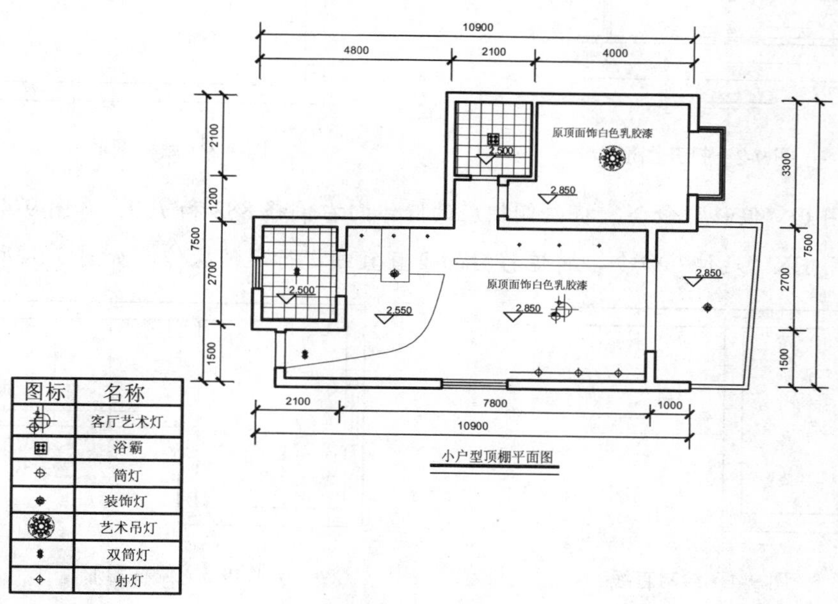

图标	名称
	客厅艺术灯
	浴霸
	筒灯
	装饰灯
	艺术吊灯
	双筒灯
	射灯

图 9-1　小户型顶棚平面图

9.2.1 绘制小户型顶棚平面图造型

绘制小户型顶棚平面图造型主要运用了“直线”命令、“偏移”命令和“样条曲线”命令等。

操作实训 9–1：绘制小户型顶棚平面图造型

01 按 Ctrl + O 快捷键，打开“第 9 章\9.2 绘制小户型顶棚平面图.dwg”图形文件，如图 9-2 所示。

02 将“吊顶”图层置为当前，调用 O“偏移”命令，依次输入 L 和 C，将合适的墙体，依次向下偏移 1219 和 200，如图 9-3 所示。

专家提醒

小户型顶棚平面图是使用“复制”命令，从“效果\第 6 章\6.1 绘制小户型建筑平面图. dwg”图形文件中复制出来，并删除了与顶棚平面图无关的图形，然后通过“直线”命令绘制墙体线，以得到顶棚平面图效果。

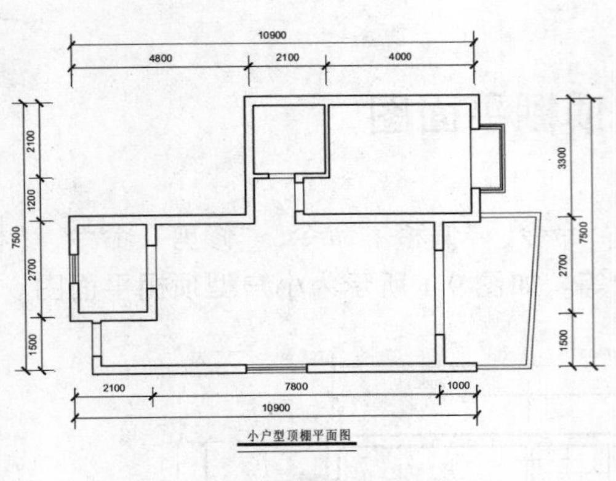

图 9-2 打开图形

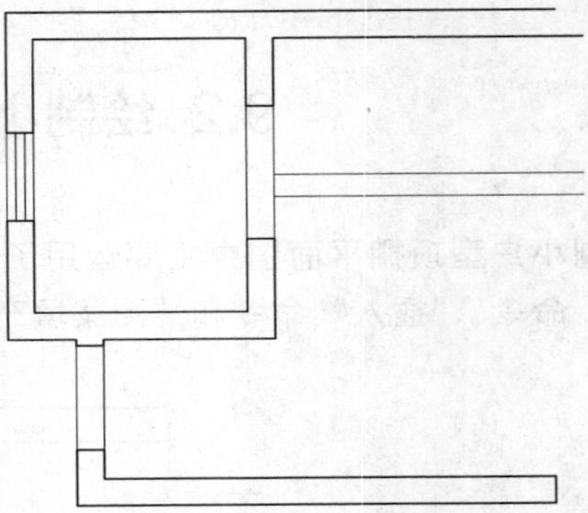

图 9-3 偏移图形

03 调用 O“偏移”命令，将左侧相应的墙体向右偏移 882 和 700，如图 9-4 所示。

04 调用 EX“延伸”命令，将偏移后的垂直直线进行延伸操作，如图 9-5 所示。

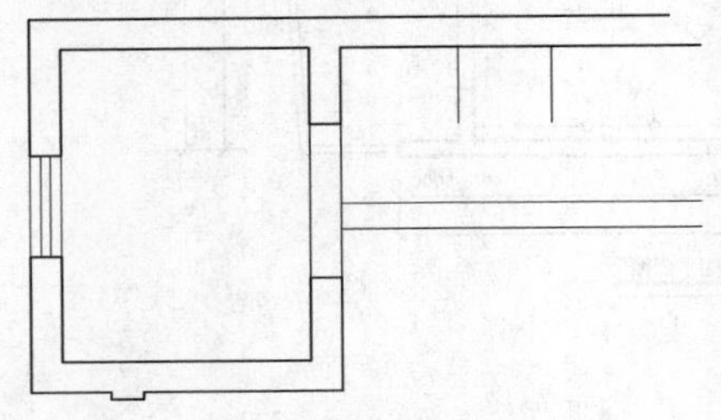

图 9-4 绘制直线

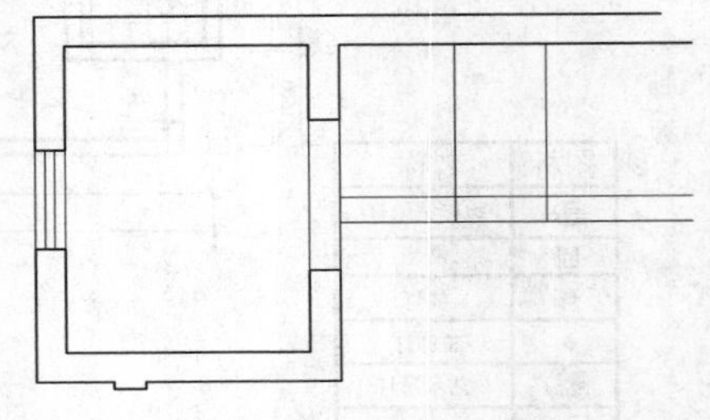

图 9-5 偏移图形

05 绘制客厅吊顶造型。调用 TR“修剪”命令，修剪多余的图形，如图 9-6 所示。

06 调用 SPL“样条曲线”命令，捕捉修剪后图形的右端点为起点，依次捕捉其他端点，绘制样条曲线，如图 9-7 所示。

07 调用 O“偏移”命令，将右侧合适的墙体向下偏移 789、150、2794、20，如图 9-8 所示。

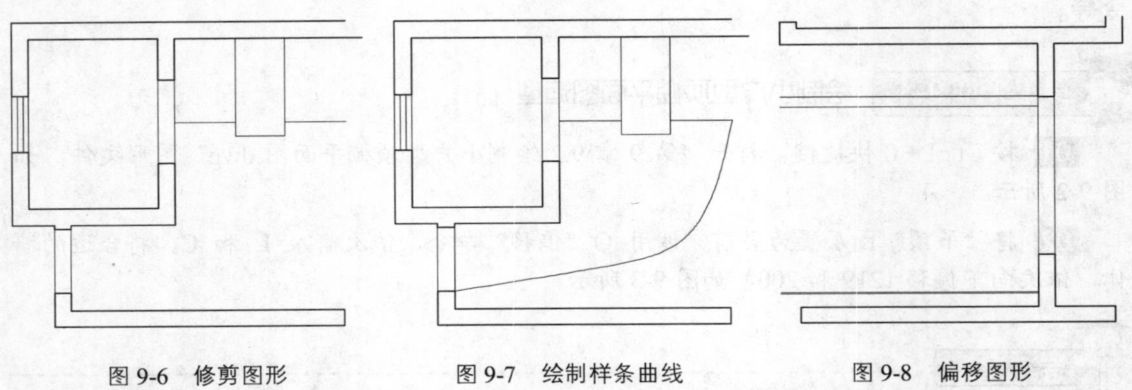

图 9-6 修剪图形 图 9-7 绘制样条曲线 图 9-8 偏移图形

08 调用 O“偏移”命令，将右侧合适的垂直墙体向左偏移 3407 和 1450，如图 9-9 所示。

09 调用 EX“延伸”命令，延伸相应的直线；调用 TR“修剪”命令，修剪多余的图形，效果如图 9-10 所示。

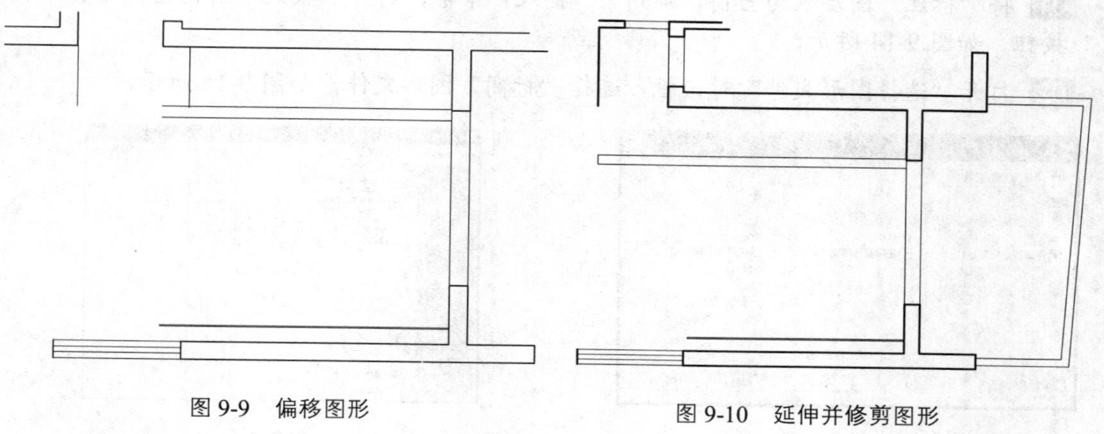

图 9-9 偏移图形　　图 9-10 延伸并修剪图形

9.2.2 布置灯具对象

在布置灯具之前，首先需要将图例表文件复制到顶棚图中，然后再将图例表中的各个灯具进行“复制”和“移动”等操作。

操作实训 9-2：布置灯具对象

01 按 Ctrl + O 快捷键，打开“第 9 章\图例表 1.dwg”图形文件，如图 9-11 所示，并将其复制到“9.2 绘制小户型顶棚平面图.dwg”图形文件中。

02 调用 CO“复制”命令，选择图例表中的“客厅艺术灯”图形，将其复制到顶棚图中的合适位置，如图 9-12 所示。

03 重复上述方法，依次复制其他的灯具图形至合适的位置，如图 9-13 所示。

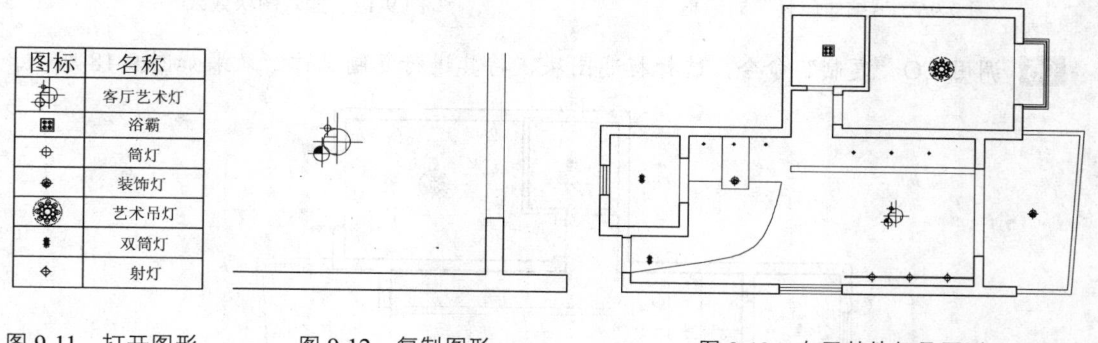

图标	名称
	客厅艺术灯
	浴霸
	筒灯
	装饰灯
	艺术吊灯
	双筒灯
	射灯

图 9-11 打开图形　　图 9-12 复制图形　　图 9-13 布置其他灯具图形

9.2.3 完善小户型顶棚平面图

完善小户型顶棚平面图主要运用了“插入”命令和“复制”命令等。

操作实训 9-3：完善小户型顶棚平面图

01 将“标注”图层置为当前，调用 I“插入”命令，打开“插入”对话框，单击“浏览”按钮，如图 9-14 所示。

02 打开“选择图形文件”对话框，选择“标高”图形文件，如图 9-15 所示。

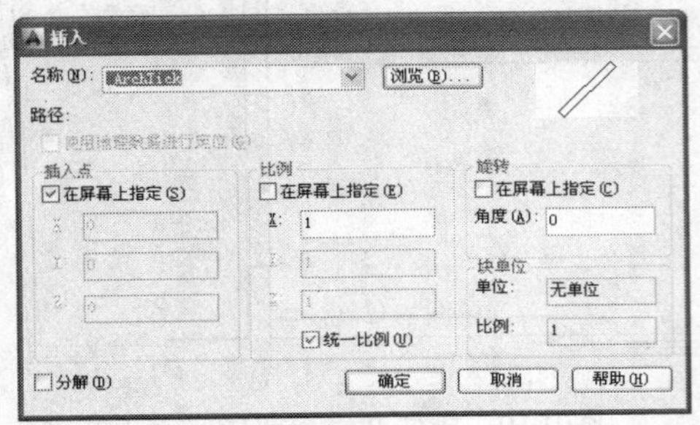

图 9-14 单击“浏览”按钮

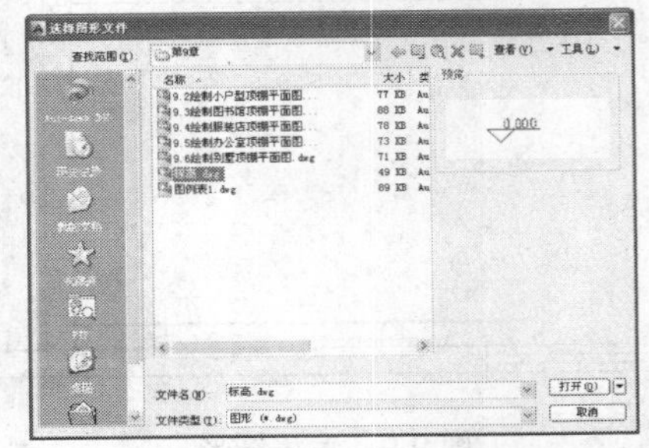

图 9-15 选择图形文件

03 单击“打开”和“确定”按钮，修改比例为 6，在绘图区中任意位置，单击鼠标，打开“编辑属性”对话框，输入 2.850，如图 9-16 所示。

04 单击“确定”按钮，即可插入标高图块；调用 M“移动”命令，将插入的图块移至合适的位置，如图 9-17 所示。

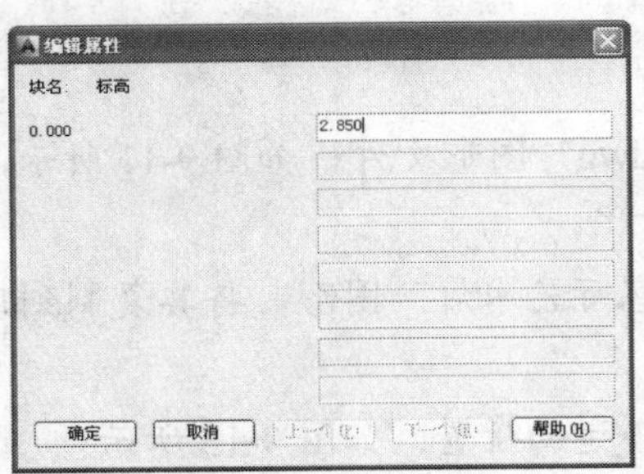

图 9-96 “编辑属性”对话框

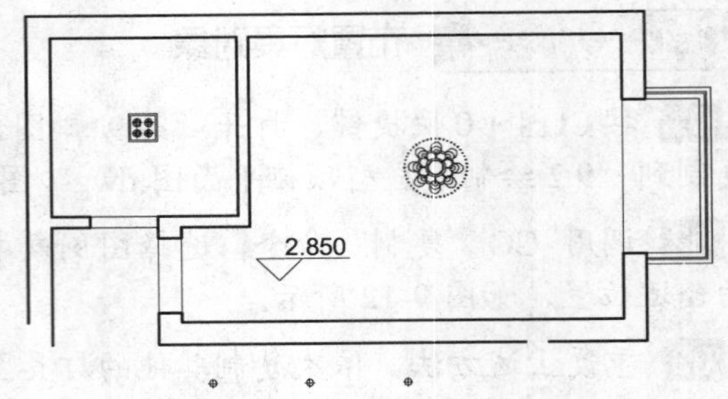

图 9-17 插入图块效果

05 调用 CO“复制”命令，选择标高图块，将其进行复制操作，效果如图 9-18 所示。

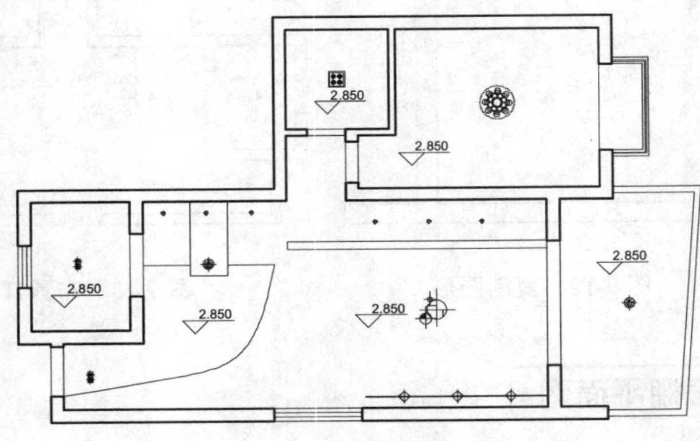

图 9-18 复制并修改图形

06 双击相应的标高图块，修改文字，效果如图 9-19 所示。

07 调用 MT“多行文字”命令，修改“文字高度”为 200，在图形中的相应位置，创建多行文字，如图 9-20 所示。

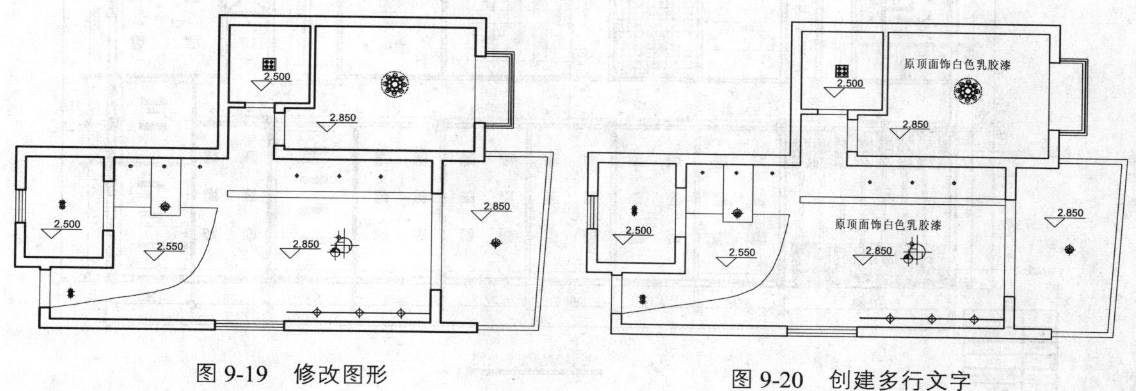

图 9-19　修改图形　　　　图 9-20　创建多行文字

08 将“地面”图层置为当前，调用 H“图案填充”命令，选择“NET”图案，修改“图案填充比例”为 90，拾取合适的区域，填充图形，如图 9-21 所示。

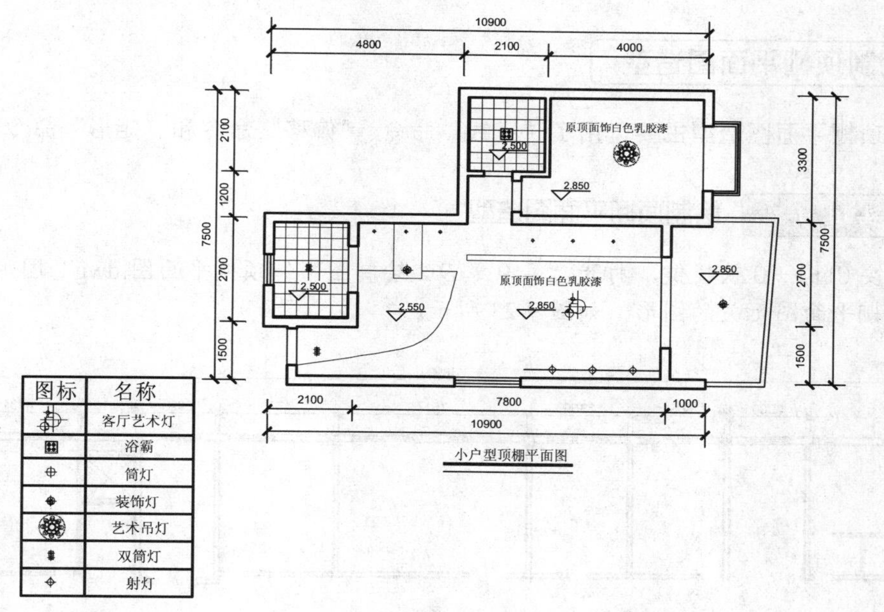

图 9-21　填充图形

9.3 绘制图书馆顶棚平面图

绘制图书馆顶棚平面图中主要运用了“直线”命令、“偏移”命令、“矩形”命令、“复制”命令、“修剪”命令和“图案填充”命令等。如图 9-22 所示为图书馆顶棚平面图。

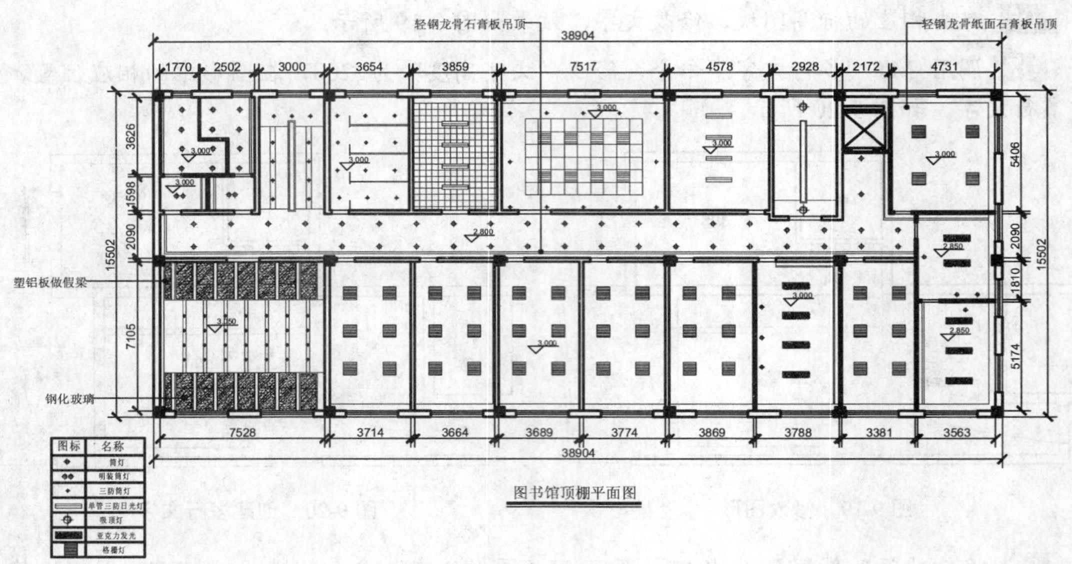

图 9-22　图书馆顶棚平面图

9.3.1 绘制顶棚平面图造型

绘制顶棚平面图造型主要运用了“直线”命令、“偏移”命令和“矩形”命令等。

操作实训 9-4：绘制顶棚平面图造型

01 按 Ctrl + O 快捷键，打开“第 9 章\9.2 绘制图书馆顶棚平面图.dwg”图形文件，并删除与顶棚平面图无关的图形，如图 9-23 所示。

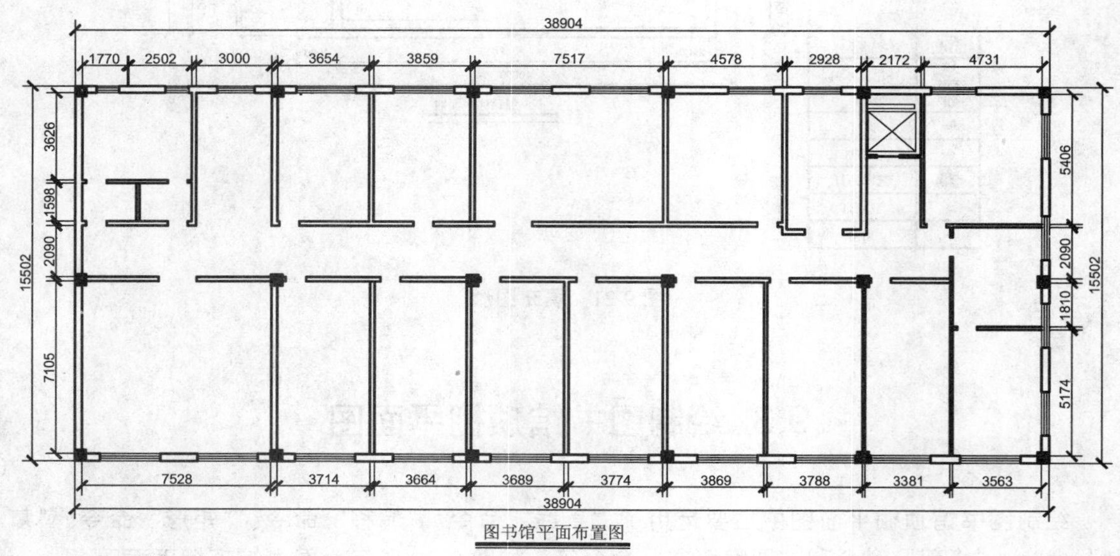

图 9-23　删除图形

02 将“门窗”图层置为当前，调用 L“直线”命令，在门洞处绘制门槛线，其图形效果如图 9-24 所示。

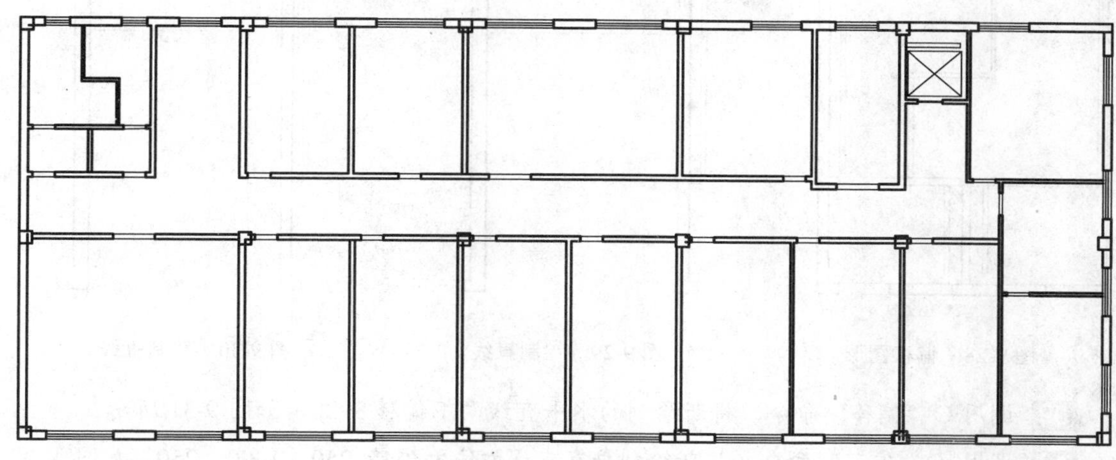

图 9-24　修改图形

03 绘制卫生间吊顶造型。将“吊顶”图层置为当前，调用 L“直线”命令，输入 FROM“捕捉自”命令，捕捉左上方端点，输入（@452.9, -300）和（@0, -3626.3），绘制直线，如图 9-25 所示。

04 调用 O“偏移”命令，将新绘制直线向左偏移 61，向右偏移 3951 和 80，并修剪多余图形，如图 9-26 所示。

05 调用 O“偏移”命令，依次输入 L 和 C，将下方相应的墙体，向左依次偏移 200 和 80，如图 9-27 所示。

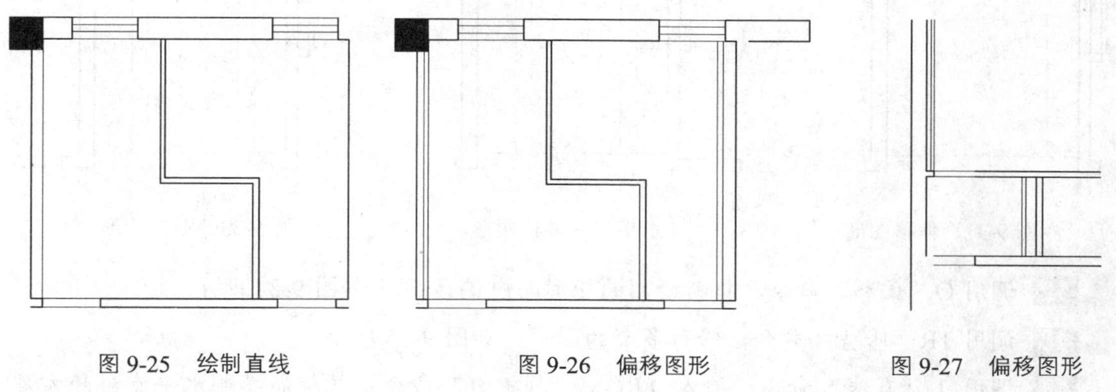

图 9-25　绘制直线　　图 9-26　偏移图形　　图 9-27　偏移图形

06 调用 O“偏移”命令，将偏移后的最左侧垂直直线向右依次偏移 600 和 80，如图 9-28 所示。

07 绘制楼梯吊顶造型。调用 L“直线”命令，输入 FROM“捕捉自”命令，捕捉偏移后垂直直线的下端点，输入（@1987.9, 3992.4）和（@3000, 0），绘制直线，如图 9-29 所示。

08 调用 L“直线”命令，输入 FROM“捕捉自”命令，捕捉新绘制水平直线的左端点，输入（@504, 0）和（@0, -3920），绘制直线，如图 9-30 所示。

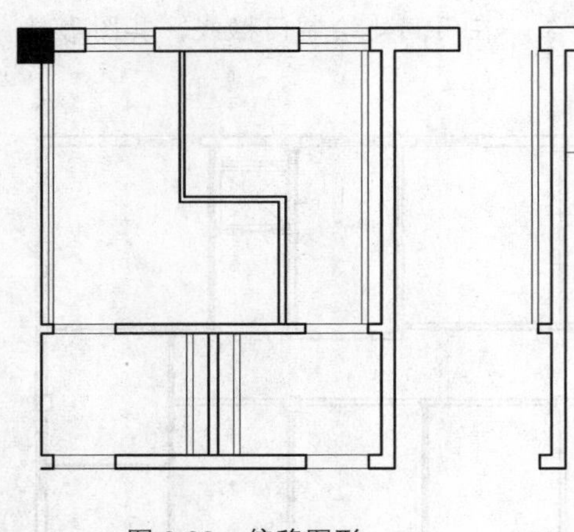

图 9-28　偏移图形

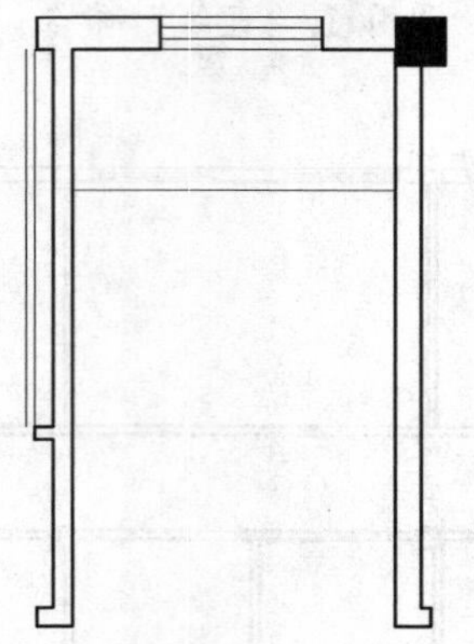

图 9-29　绘制直线

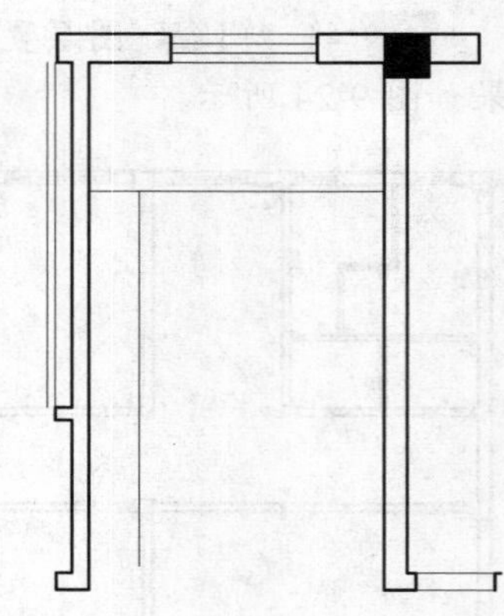

图 9-30　绘制直线

09 调用 O“偏移”命令，将新绘制的水平直线向下偏移 3920，如图 9-31 所示。

10 调用 O“偏移”命令，将新绘制垂直直线右依次偏移 250、1400、250，如图 9-32 所示。

11 调用 REC“矩形”命令，输入 FROM“捕捉自”命令，捕捉新绘制水平直线的左端点，输入（@1350, 255）和（@300, -4292），绘制矩形，如图 9-33 所示。

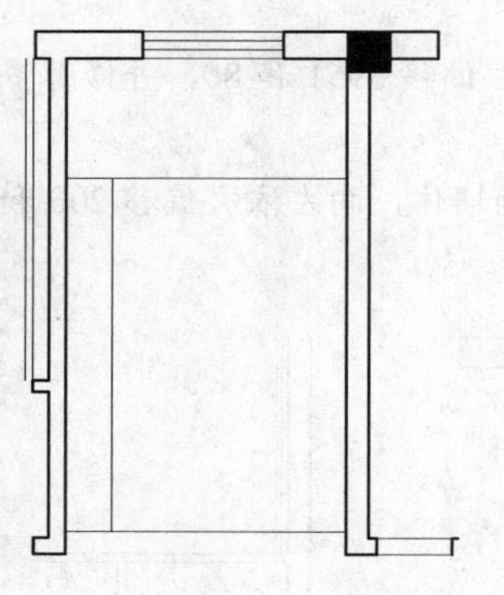

图 9-31　偏移图形

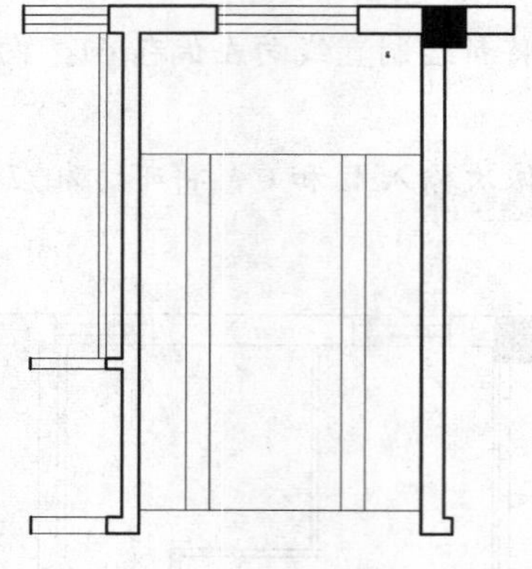

图 9-32　偏移图形

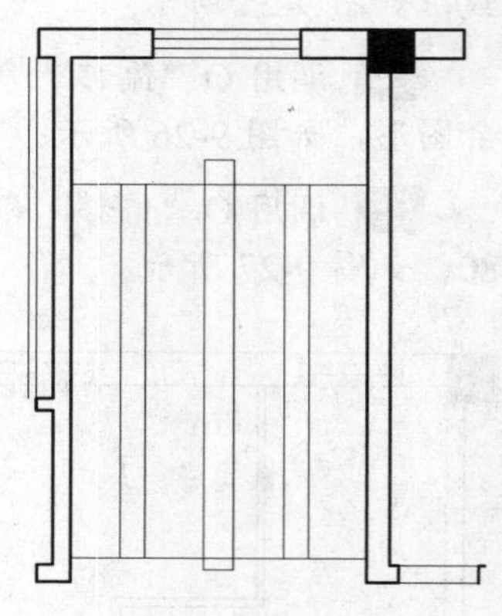

图 9-33　绘制矩形

12 调用 O“偏移”命令，将新绘制的矩形向内偏移 50，如图 9-34 所示。

13 调用 TR“修剪”命令，修剪多余的图形，如图 9-35 所示。

14 调用 L“直线”命令，输入 FROM“捕捉自”命令，捕捉新绘制水平直线的右端点，依次输入（@1148.1, 1353.9）、（@0, -5346.3）和（@2745.5, 0），绘制直线，如图 9-36 所示。

15 调用 O“偏移”命令，将新绘制的垂直直线向右偏移 50，如图 9-37 所示。

16 调用 O“偏移”命令，将新绘制的水平直线向上依次偏移 469、800、68、50、419、800、68、50、419、800、68、50、419、800，如图 9-38 所示。

17 调用 TR“修剪”命令，修剪多余的图形，如图 9-39 所示。

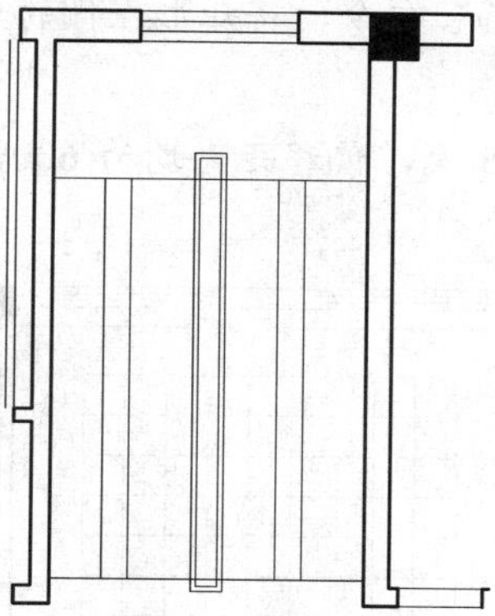

图 9-34　偏移图形

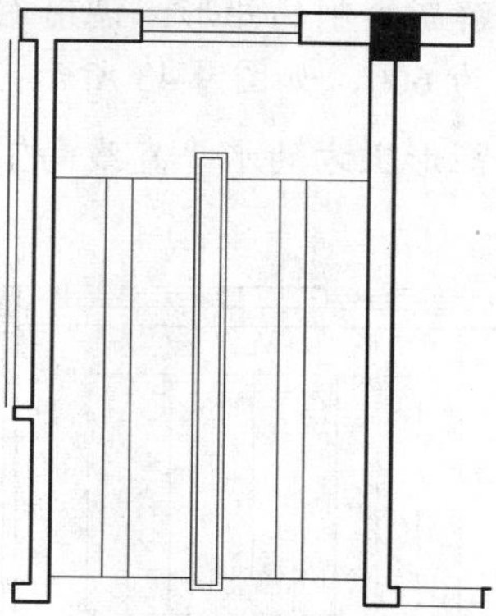

图 9-35　修剪图形

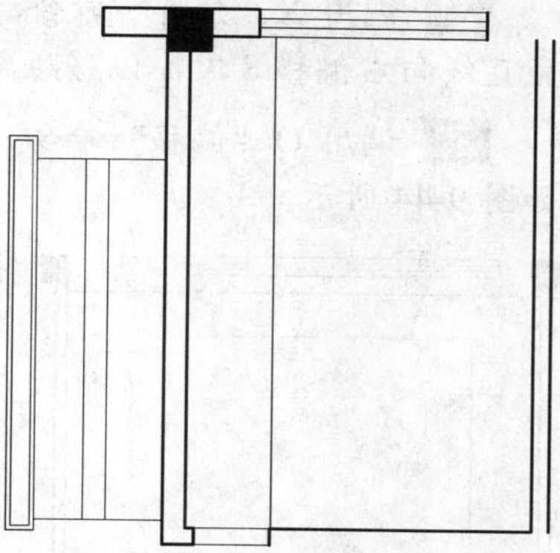

图 9-36　绘制直线

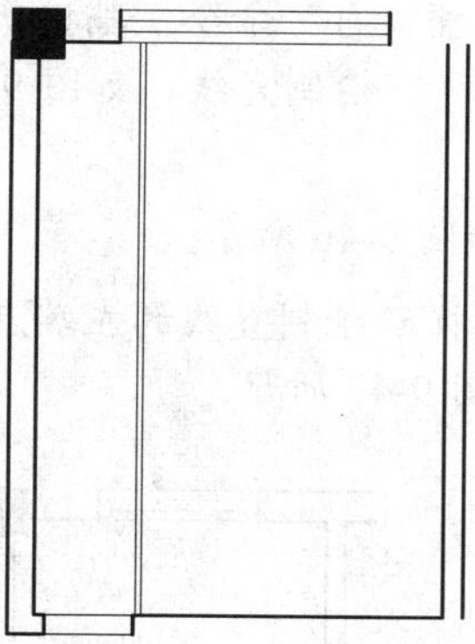

图 9-37　偏移图形

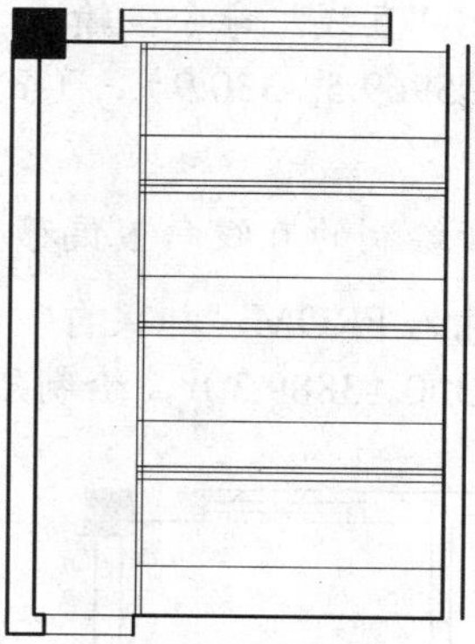

图 9-38　偏移图形

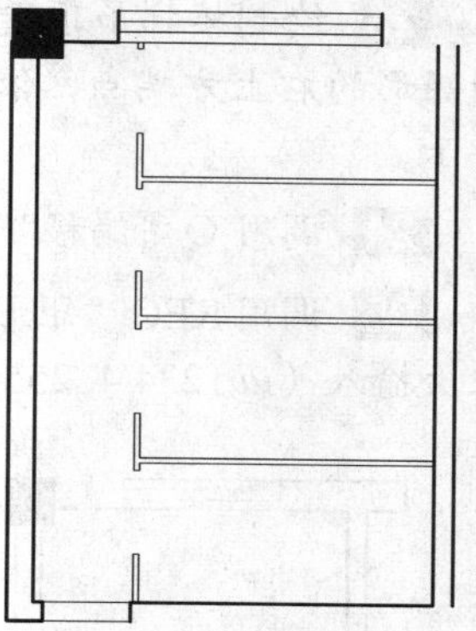

图 9-39　修剪图形

18 绘制厨房和餐厅吊顶造型。调用 L“直线”命令，输入 FROM“捕捉自”命令，捕捉修剪后相应图形的右上方端点，依次输入（@180, 986.6）、（@11556.4, 0），绘制直线，如图 9-40 所示。

19 调用 TR“修剪”命令，修剪多余的图形，如图 9-41 所示。

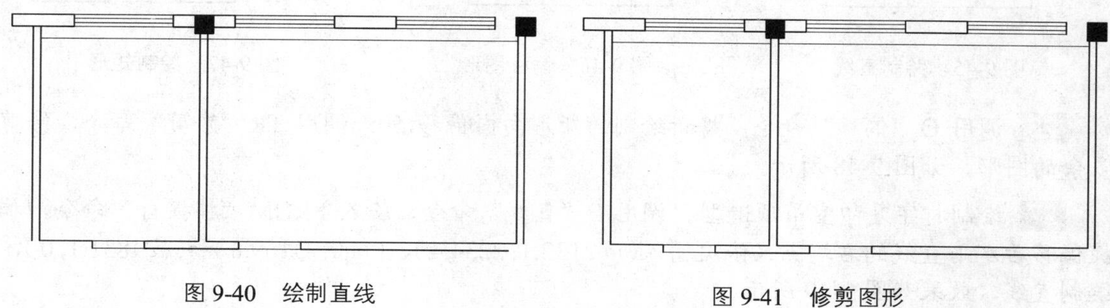

图 9-40　绘制直线

图 9-41　修剪图形

20 调用 REC“矩形”命令，输入 FROM“捕捉自”命令，捕捉修剪后直线的右端点，依次输入（@-1019.5, -722.9）、（@-5400, -3600），绘制矩形，如图 9-42 所示。

21 调用 X“分解”命令，分解新绘制的矩形；调用 O“偏移”命令，将矩形左侧的垂直直线向右偏移 8 次，偏移距离均为 600，如图 9-43 所示。

22 调用 O“偏移”命令，将矩形上方的水平直线向下偏移 5 次，偏移距离均为 600，如图 9-44 所示。

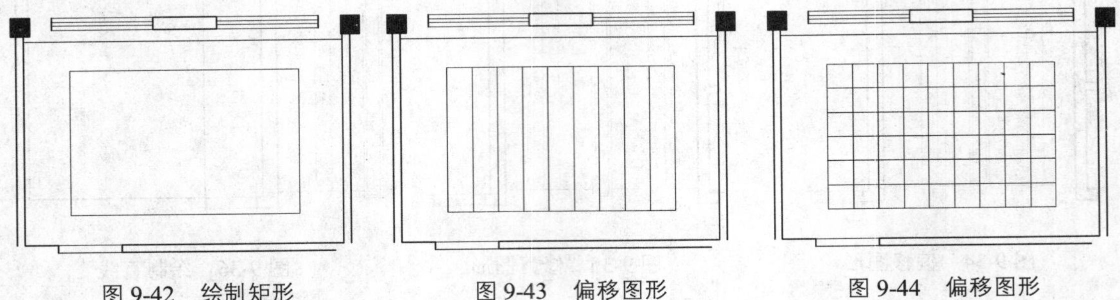

图 9-42　绘制矩形　　图 9-43　偏移图形　　图 9-44　偏移图形

23 绘制楼梯吊顶造型。调用 L“直线”命令，输入 FROM“捕捉自”命令，捕捉新绘制矩形的右上方端点，依次输入（@5969.5, -330.9）、（@2927.9, 0），绘制直线，如图 9-45 所示。

24 调用 O“偏移”命令，将新绘制的直线向下偏移 3517，如图 9-46 所示。

25 调用 REC“矩形”命令，输入 FROM“捕捉自”命令，捕捉新绘制直线的左端点，依次输入（@1234.4, 255.3）、（@300, -3889.3），绘制矩形，如图 9-47 所示。

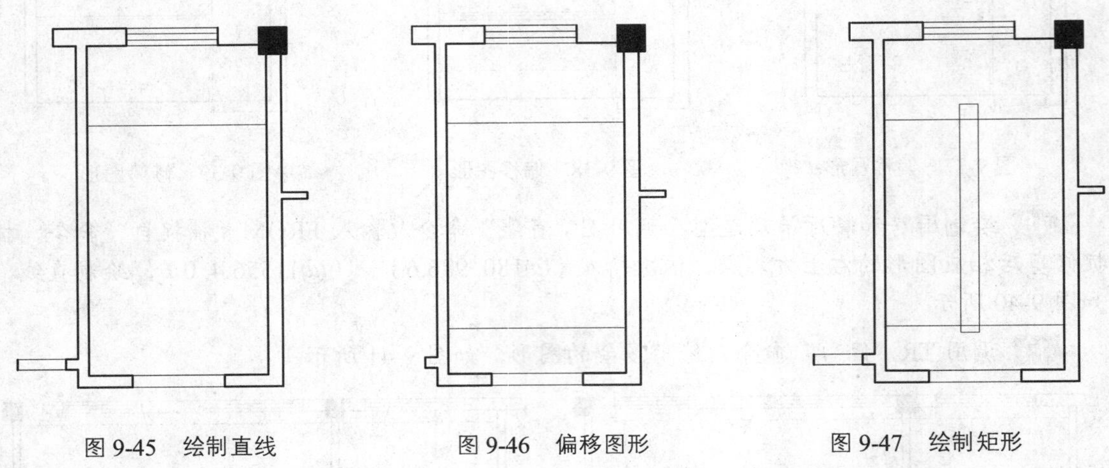

图 9-45　绘制直线　　图 9-46　偏移图形　　图 9-47　绘制矩形

26 调用 O“偏移”命令，将新绘制的矩形向内偏移 50；调用 TR“修剪”命令，修剪多余的图形，如图 9-48 所示。

27 绘制打字复印室吊顶造型。调用 L“直线”命令，输入 FROM“捕捉自”命令，捕捉偏移后水平直线的右端点，依次输入(@2132.1, 2234.4)、(@0, -3169.6)和(@4831.1, 0)，绘制直线，效果如图 9-49 所示。

28 调用 O“偏移”命令，将新绘制的直线向内偏移 81；调用 TR“修剪”命令，修剪多余的图形，如图 9-50 所示。

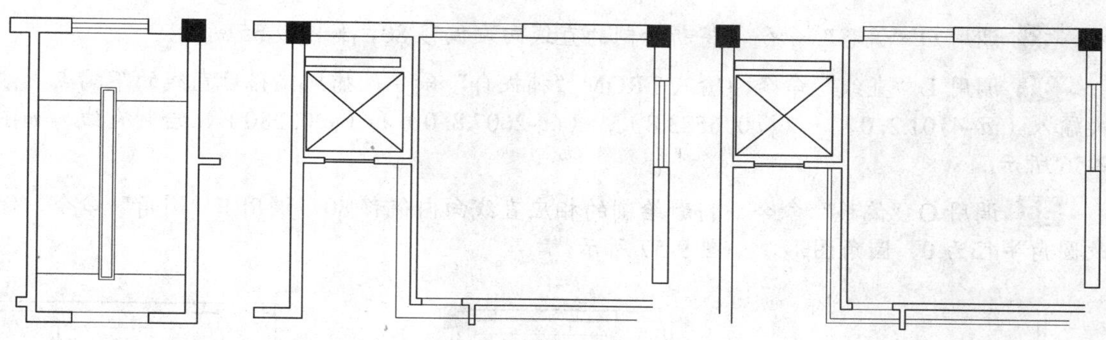

图 9-48　偏移并修剪图形　　图 9-49　绘制直线　　图 9-50　偏移并修剪图形

29 调用 L“直线”命令，输入 FROM“捕捉自”命令，捕捉新绘制直线的上端点，依次输入（@400, 2336.7）、（@4431.1, 0）、（@0, -14300）和（@-30231.1, 0），绘制直线；调用 TR“修剪”命令，修剪多余的图形，如图 9-51 所示。

30 调用 L“直线”命令，输入 FROM“捕捉自”命令，捕捉图形的左上方端点，依次输入（@501.3, -5826.3）、（@0, -1890）、（@34418.2, 0），绘制直线，如图 9-52 所示。

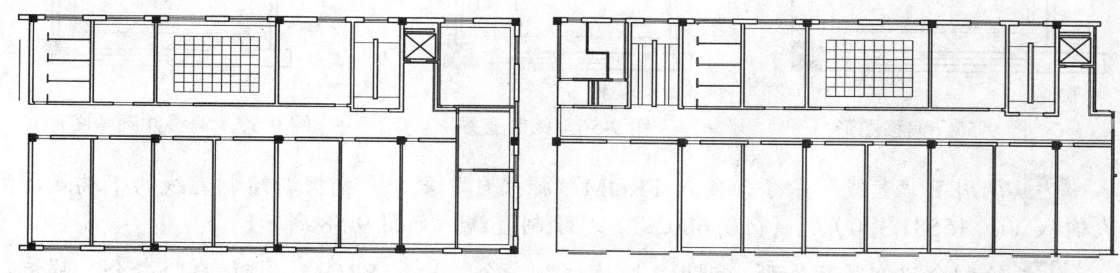

图 9-51　绘制并修剪直线　　图 9-52　绘制直线

31 调用 O“偏移”命令，将新绘制的直线向右和向上均偏移 80；调用 TR“修剪”命令，修剪多余的图形，如图 9-53 所示。

32 调用 L“直线”命令，输入 FROM“捕捉自”命令，捕捉图形的右下方端点，依次输入（@-3582.9, 600）、（@0, 4873.5），绘制直线，如图 9-54 所示。

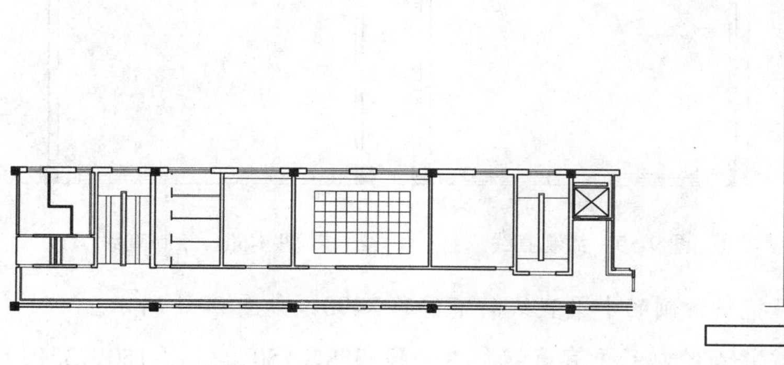

图 9-53　偏移并修剪图形

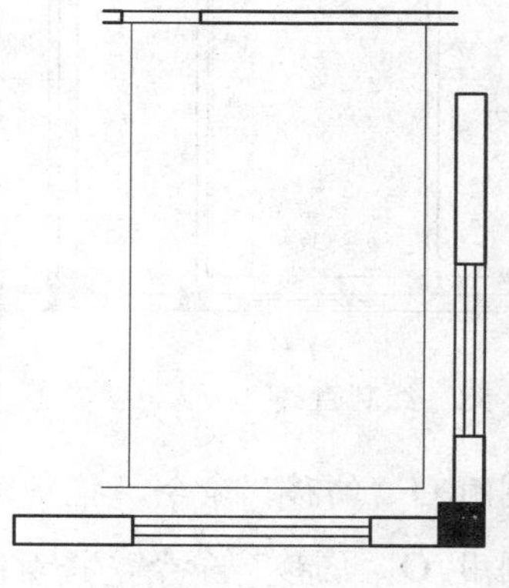

图 9-54　绘制直线

33 调用 O“偏移”命令，将新绘制的直线向左偏移 80，如图 9-55 所示。

34 调用 L“直线”命令，输入 FROM“捕捉自”命令，捕捉偏移后直线的下端点，依次输入（@-4101.2, 0）、（@0, 6523.8）、（@-2607.8, 0）和（@0, 280），绘制直线，如图 9-56 所示。

35 调用 O“偏移”命令，将新绘制的相应直线向内偏移 80，调用 F“圆角”命令，修改圆角半径为 0，圆角图形，如图 9-57 所示。

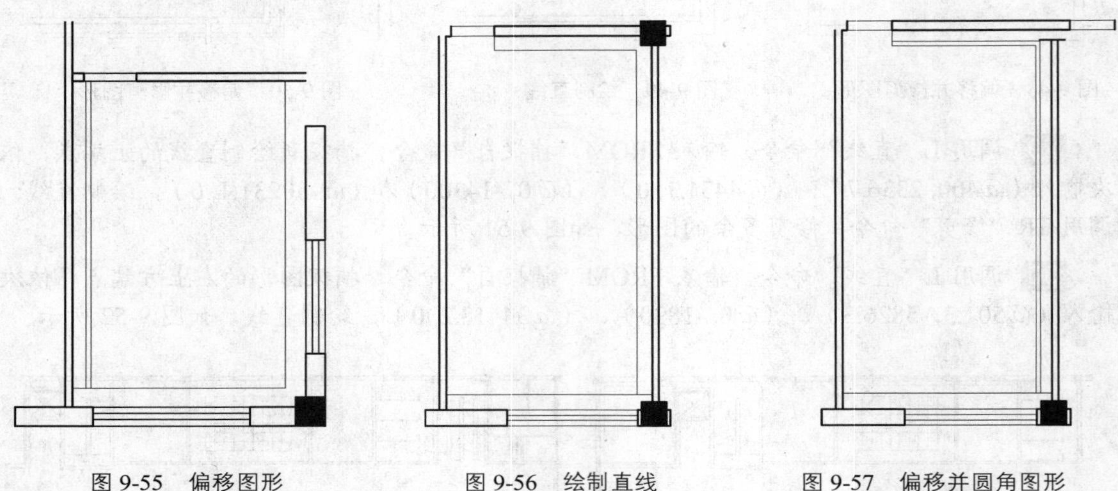

图 9-55 偏移图形　　图 9-56 绘制直线　　图 9-57 偏移并圆角图形

36 调用 L“直线”命令，输入 FROM“捕捉自”命令，捕捉新绘制直线的下端点，依次输入（@-15581.3, 0）、（@0, 6803.8），绘制直线，如图 9-58 所示。

37 绘制会议室吊顶造型。调用 L“直线”命令，输入 FROM“捕捉自”命令，捕捉新绘制直线的上端点，依次输入（@-15086.2, 0）、（@0, -7105），绘制直线，如图 9-59 所示。

38 调用 L“直线”命令，输入 FROM“捕捉自”命令，捕捉新绘制直线的上端点，依次输入（@0, -1815）、（@7360.6, 0），绘制直线，如图 9-60 所示。

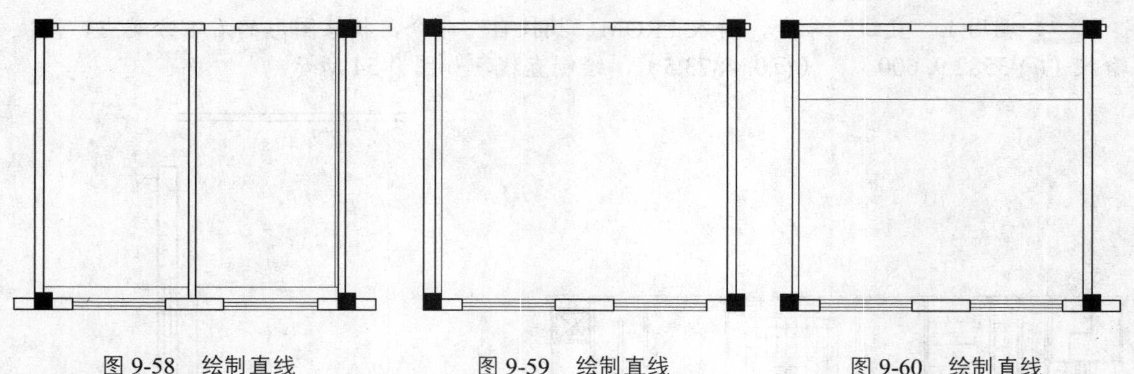

图 9-58 绘制直线　　图 9-59 绘制直线　　图 9-60 绘制直线

39 调用 O“偏移”命令，将新绘制的水平直线向下偏移 3490，如图 9-61 所示。

40 调用 O“偏移”命令，将新绘制的垂直直线向右偏移 358、150、358、150、321、150、321、150、321、150、321、150、321、150、321、150、321、150、321、150、321、

150、321、150、321、150、321、150、358，如图 9-62 所示。

41 调用 TR“修剪”命令，修剪多余的图形，如图 9-63 所示。

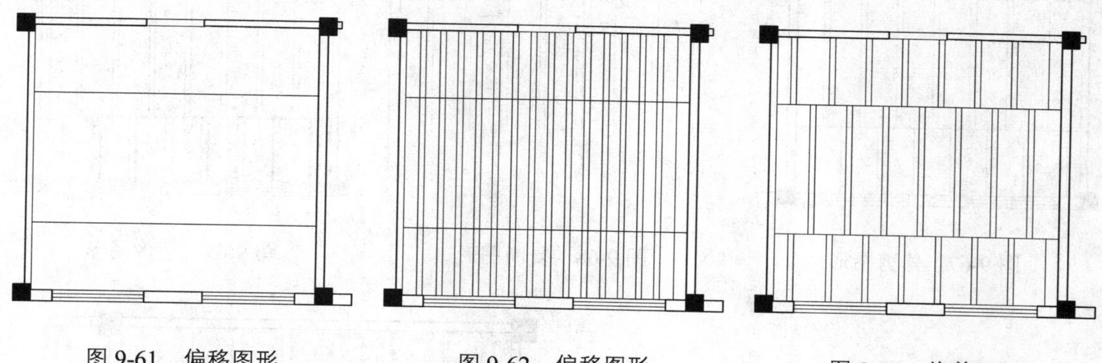

图 9-61　偏移图形　　图 9-62　偏移图形　　图 9-63　修剪图形

42 调用 REC“矩形”命令，输入 FROM“捕捉自”命令，捕捉新绘制直线的上端点，依次输入（@50, -65）、（@258, -1700），绘制矩形，如图 9-64 所示。

43 调用 REC“矩形”命令，输入 FROM“捕捉自”命令，捕捉新绘制矩形的右上方端点，依次输入（@250, 0）、（@728, -1700），绘制矩形，如图 9-65 所示。

44 调用 L“直线”命令，输入 FROM“捕捉自”命令，捕捉左侧新绘制矩形的左上方端点，依次输入（@0, -1000）、（@1236, 0），绘制直线，如图 9-66 所示。

图 9-64　绘制矩形　　图 9-65　绘制矩形　　图 9-66　绘制直线

45 调用 TR“修剪”命令，修剪多余的图形，如图 9-67 所示。

46 调用 CO“复制”命令，选择修剪后的相应矩形和直线为复制对象，捕捉左下方端点为基点，输入（@961, 0）、（@1903, 0）、（@2844, 0）、（@3786, 0）、（@4728, 0）和（@5688.5, 0），复制图形，如图 9-68 所示。

47 调用 MI“镜像”命令，选择合适的图形，将其进行镜像操作，如图 9-69 所示。

48 填充格栅灯。将“填充”图层置为当前，调用 H“图案填充”命令，选择“LINE”图案，修改“图案填充比例”为 30，拾取合适的区域，填充图形，如图 9-70 所示。

49 填充塑铝板。调用 H“图案填充”命令，选择“AR-SAND”图案，修改“图案填充比例”为 2，拾取合适的区域，填充图形，如图 9-71 所示。

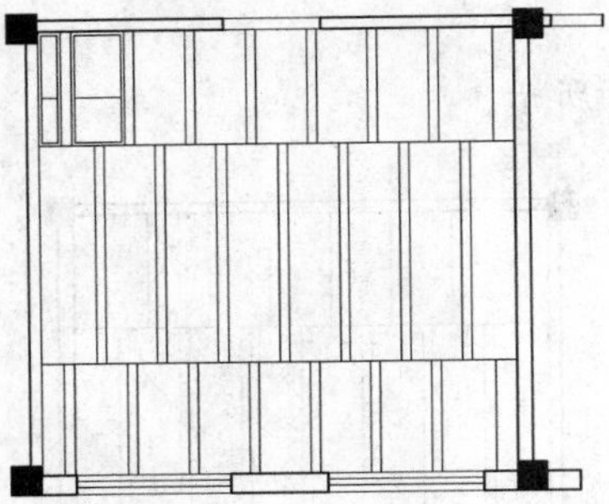

图 9-67　修剪图形

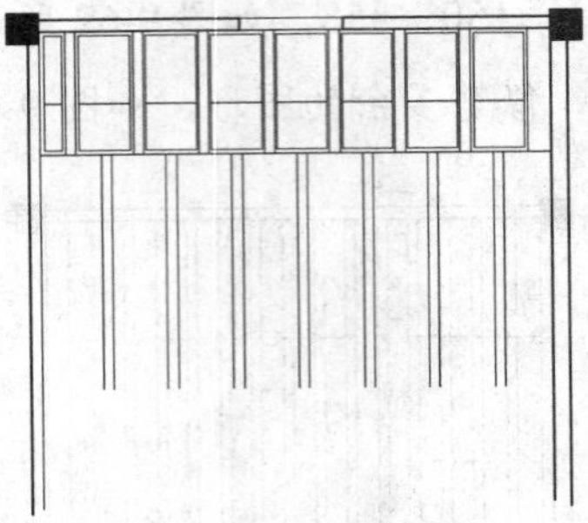

图 9-68　复制图形

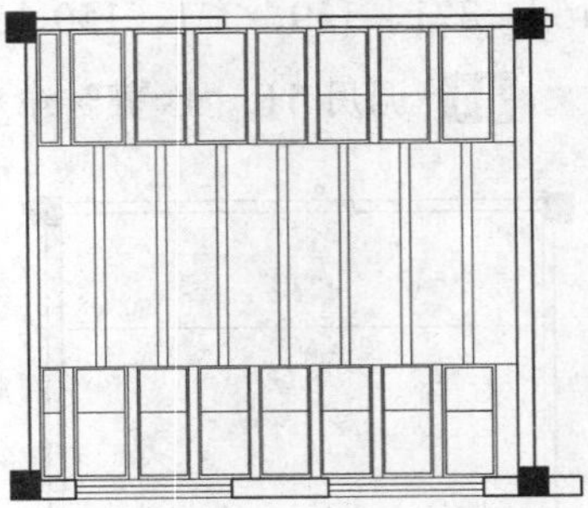

图 9-69　镜像图形

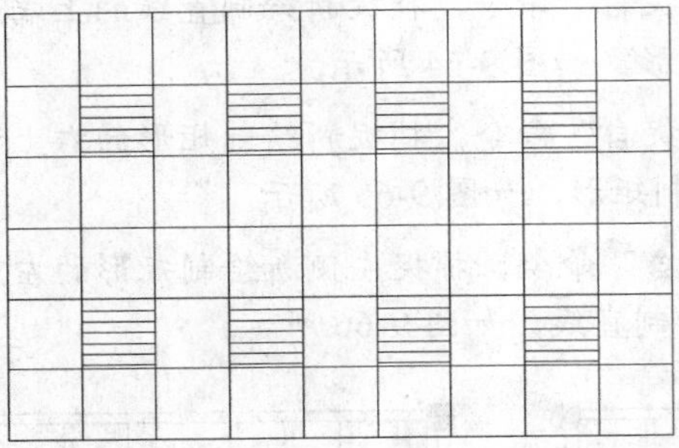

图 9-70　填充图形

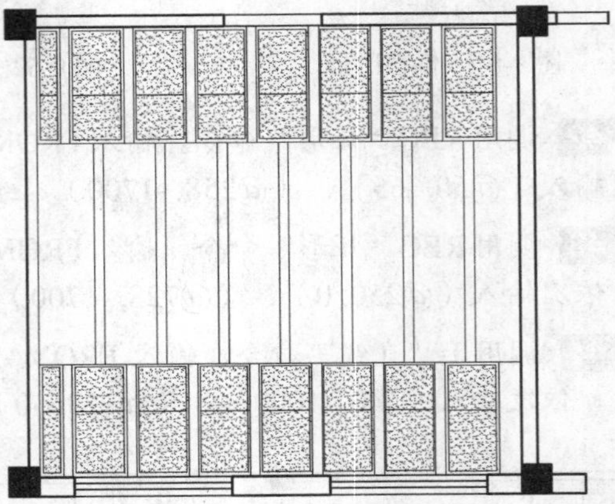

图 9-71　填充图形

50 调用 H“图案填充”命令，选择“AR-RROOF”图案，修改“图案填充角度”为 45、“图案填充比例”为 20，拾取合适的区域，填充图形，并将相应的文字进行修改，如图 9-72 所示。

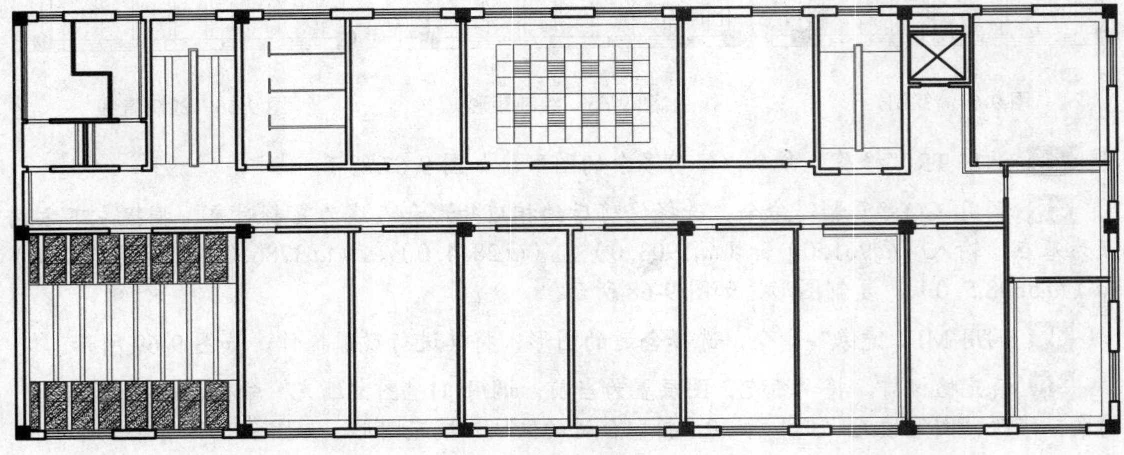

图 9-72　填充图形

9.3.2 布置灯具图形

图书馆顶棚平面图中布置了筒灯、明装筒灯、三防筒灯和吸顶灯等图形，布置灯具图形主要运用了“复制”命令等。

布置灯具图形

01 按 Ctrl＋O 快捷键，打开“第 9 章\图例表 2.dwg”图形文件，如图 9-73 所示，并将其复制到“9.3 绘制图书馆顶棚平面图.dwg”图形文件中。

02 调用 CO“复制”命令，选择图例表中的“单管三防日光灯”图形，将其复制到顶棚图中的合适位置，如图 9-74 所示。

图标	名称
	筒灯
	明装筒灯
	三防筒灯
	单管三防日光灯
	吸顶灯
	亚克力发光
	格栅灯

图 9-73　单击“浏览”按钮

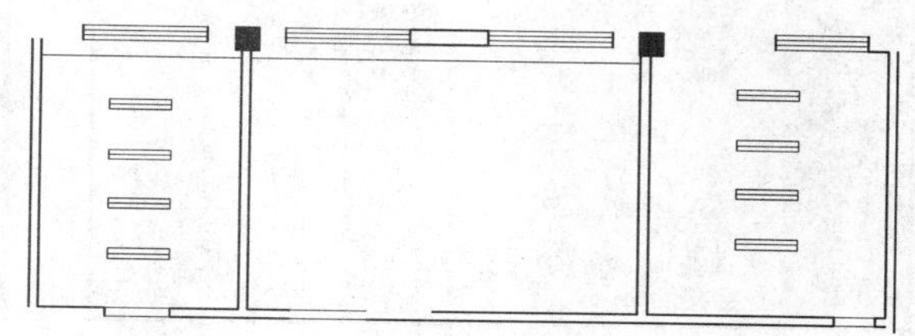

图 9-74　复制图形

03 重复上述方法，依次复制其他的灯具图形至合适的位置，如图 9-75 所示。

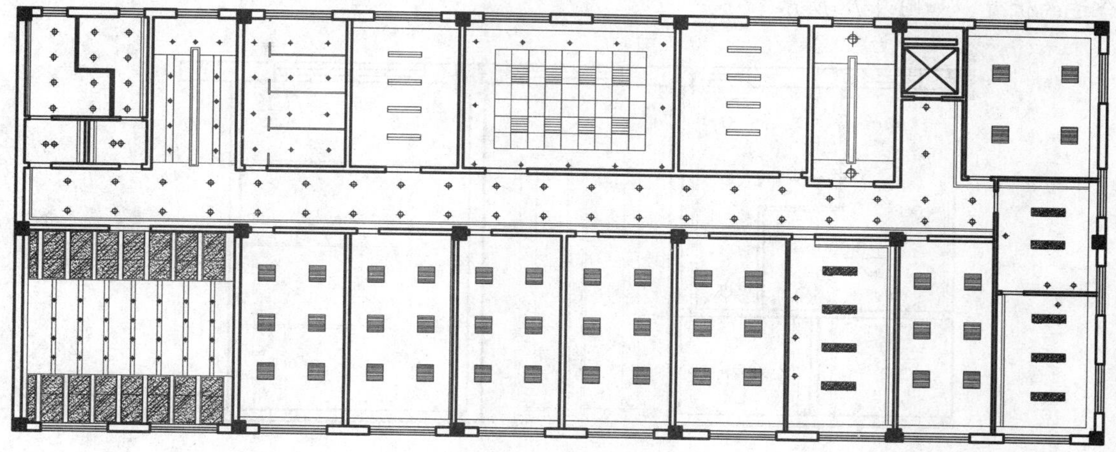

图 9-75　布置灯具效果

9.3.3 完善图书馆顶棚平面图

完善图书馆顶棚平面图主要运用了“插入”命令、“多行文字”命令和“多重引线”命令等。

操作实训 9-6：完善图书馆顶棚平面图

01 将“标注”图层置为当前，调用 I“插入”命令，打开“插入”对话框，单击“浏览”按钮，打开“选择图形文件”对话框，选择“标高”图形文件，如图 9-76 所示。

02 单击“打开”和“确定”按钮，修改比例为 8.5，在绘图区中任意位置，单击鼠标，打开“编辑属性”对话框，输入 3.000，如图 9-77 所示。

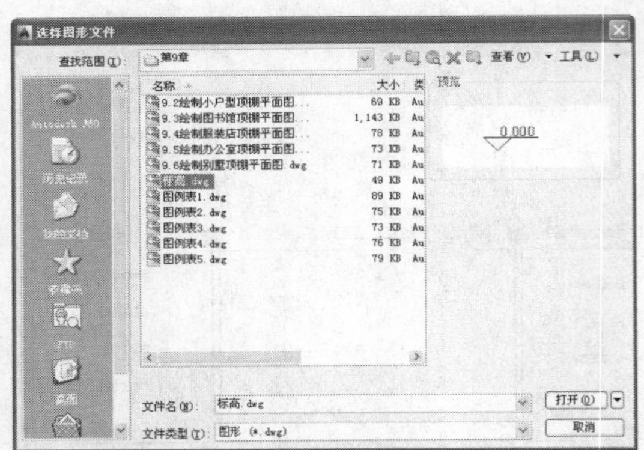

图 9-76 选择图形文件

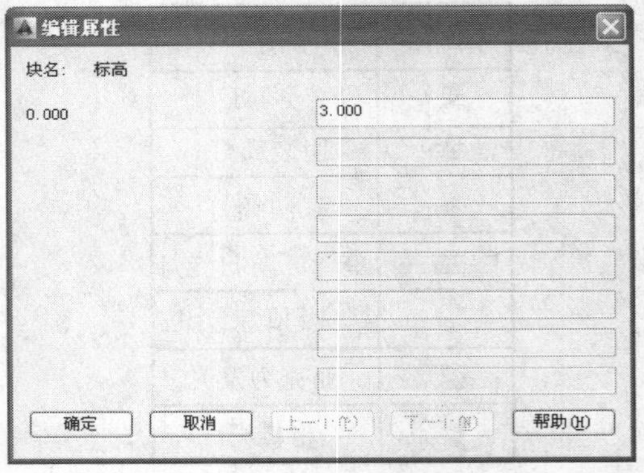

图 9-77 “编辑属性”对话框

03 单击“确定”按钮，即可插入标高图块；调用 M“移动”命令，将插入的图块移至合适的位置，如图 9-78 所示。

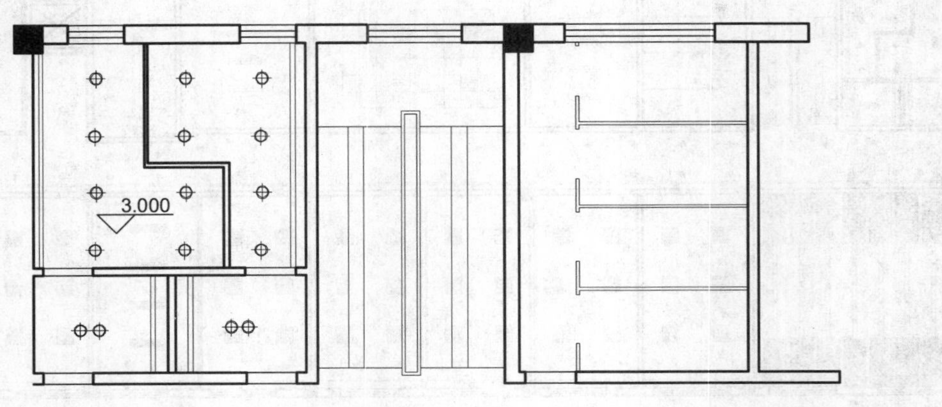

图 9-78 移动图块效果

04 调用 CO“复制”命令，选择标高图块，将其进行复制操作，如图 9-79 所示。

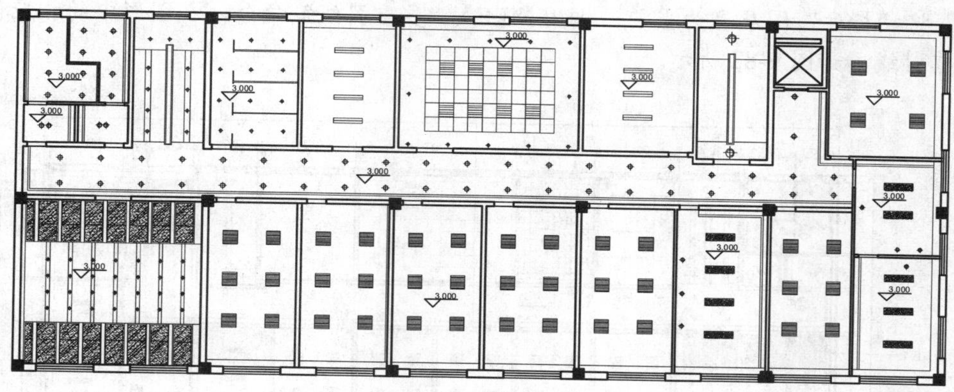

图 9-79　复制图形

05 双击相应的标高图块，修改文字，效果如图 9-80 所示。

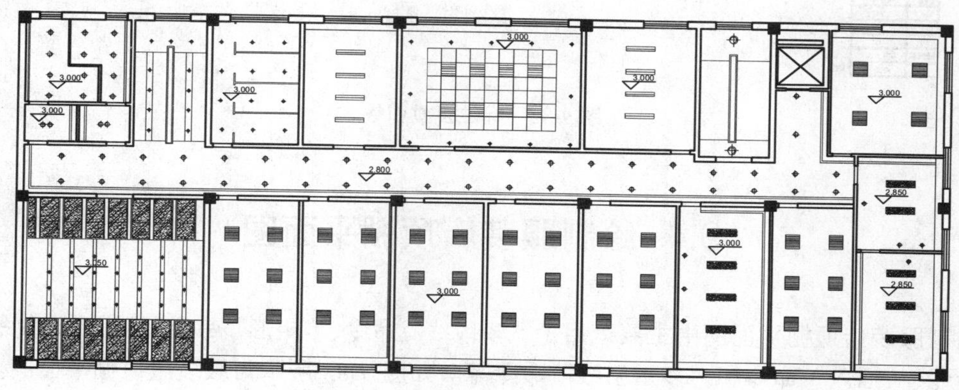

图 9-80　修改文字效果

06 将“地面”图层置为当前，调用 H“图案填充”命令，选择“ANSI37”图案，修改“图案填充比例”为 90、“图案填充角度”为 45，拾取合适的区域，填充图形，如图 9-81 所示。

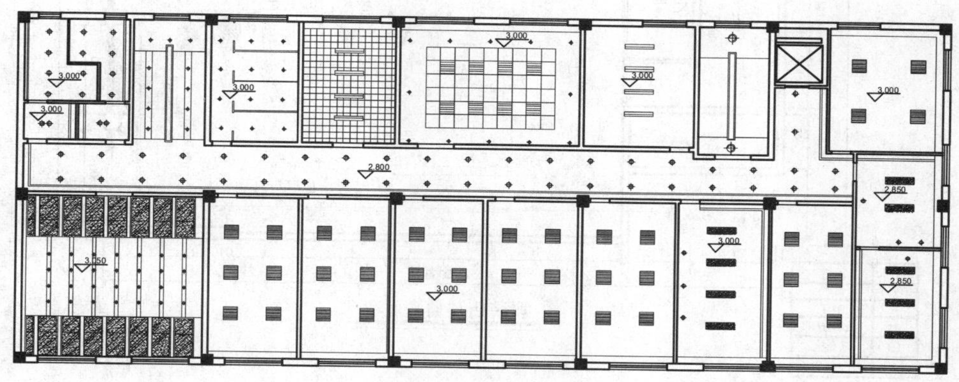

图 9-81　填充图形

07 将“标注”图层置为当前，调用MLEA“多重引线”命令，在图形中的相应位置，标注多重引线，如图9-82所示。

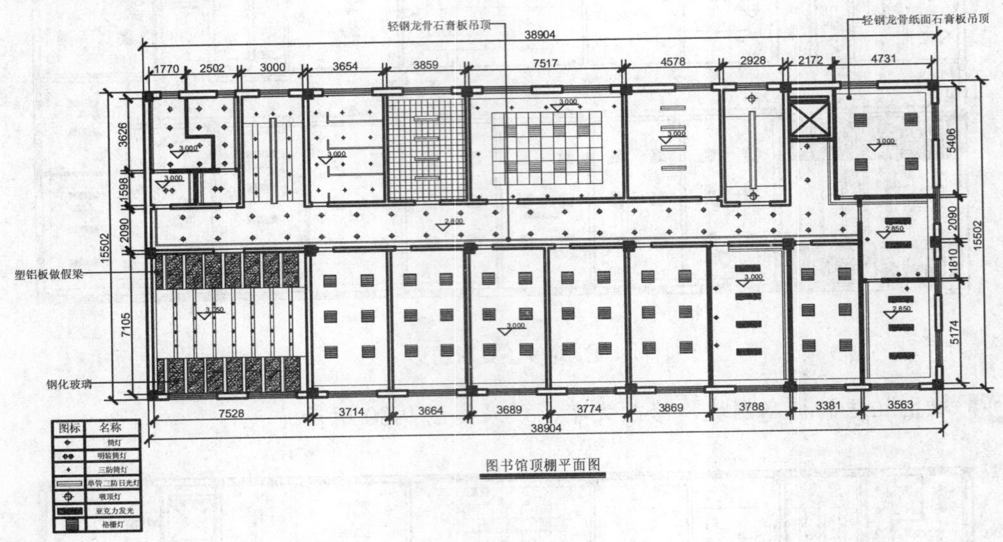

图9-82 标注多重引线

9.4 绘制服装店顶棚平面图

绘制服装店顶棚平面图中主要运用了“多段线”命令、“矩形”命令、“偏移”命令、“直线”命令、“插入”命令和“多重引线”命令等。如图9-83所示为服装店顶棚平面图。

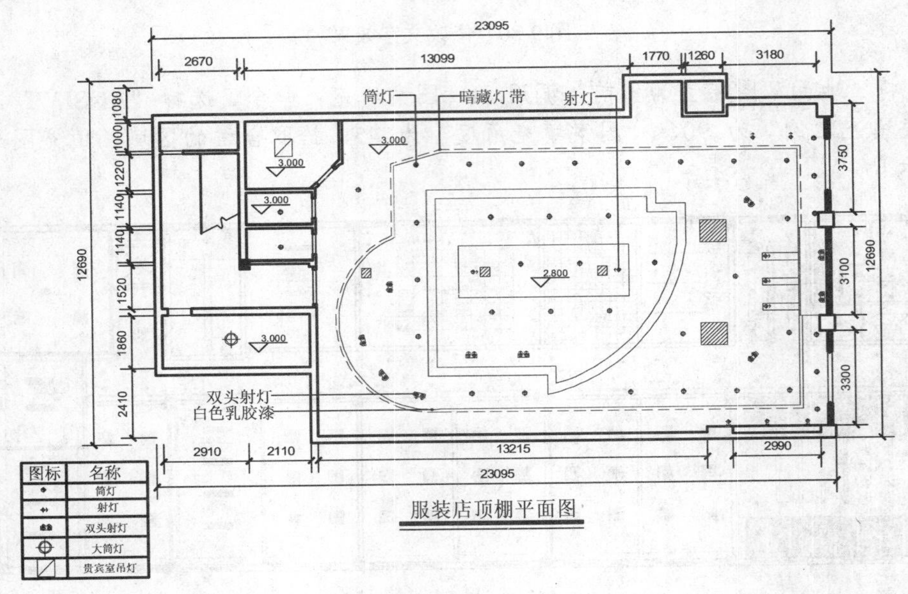

图9-83 服装店顶棚平面图

9.4.1 绘制服装店顶棚平面图造型

服装店顶棚平面图中主要通过一些吊顶造型体现出来。绘制服装店顶棚平面图造型主要运用了“多段线”命令、“偏移”命令和“矩形”命令等。

操作实训 9-7：绘制服装店顶棚平面图造型

01 按 Ctrl+O 快捷键，打开“第 9 章\9.4 绘制服装店顶棚平面图.dwg”图形文件，如图 9-84 所示。

02 将“吊顶”图层置为当前，调用 PL“多段线”命令，输入 FROM“捕捉自”命令，捕捉图形右下方端点，依次输入（@-1110, 1040）、（@0, 9140）、（@-12233, 0）、（@-1677, -460.9）、（@0, -2498.8）、A、S、（@-1803.6, -3772.9）、（@3130, -2421.7）、L 和（@12307, 0），绘制多段线，如图 9-85 所示。

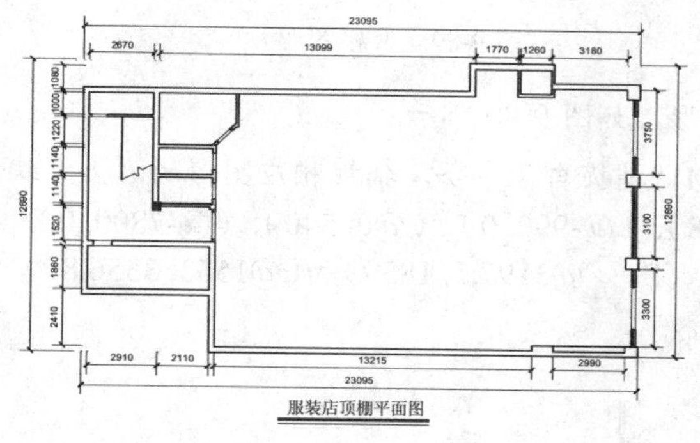

图 9-84　打开图形

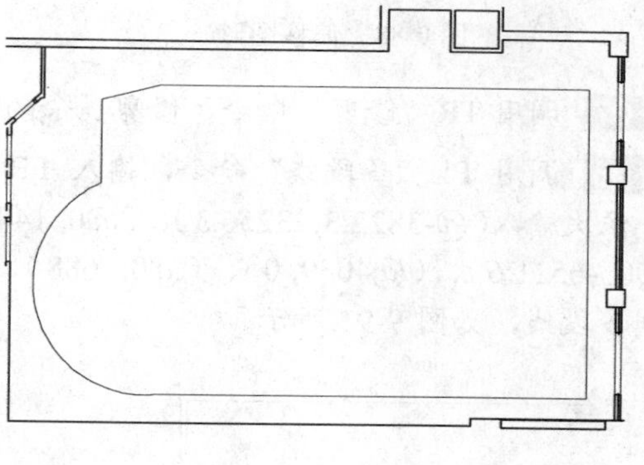

图 9-85　绘制多段线

03 调用 O“偏移”命令，将新绘制的多段线向内偏移 100，如图 9-86 所示。

04 调用 O“偏移”命令，依次输入 L 和 C，将最下方的水平直线向上偏移 4260；调用 TR“修剪”命令，修剪多余的图形，如图 9-87 所示。

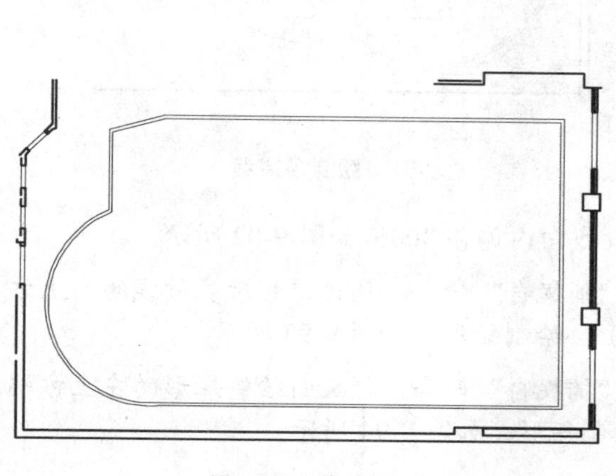

图 9-86　偏移图形

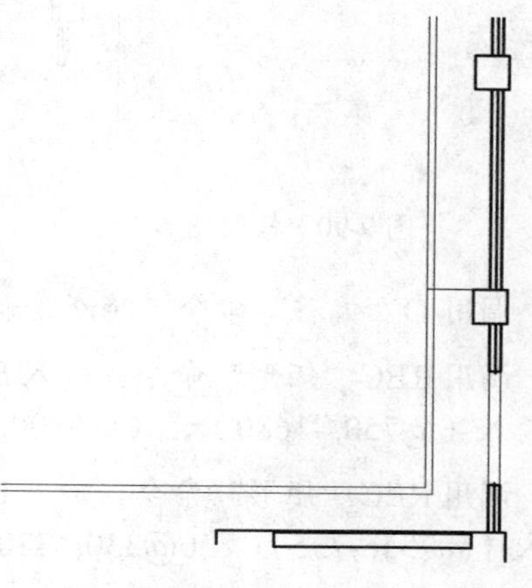

图 9-87　偏移并修剪图形

05 调用 O“偏移”命令，将修剪后的直线向上偏移 3100，如图 9-88 所示。

06 调用 X“分解”命令，分解所有多段线；调用 O“偏移”命令，将分解后内侧多段线的右侧垂直直线向右偏移 50，如图 9-89 所示。

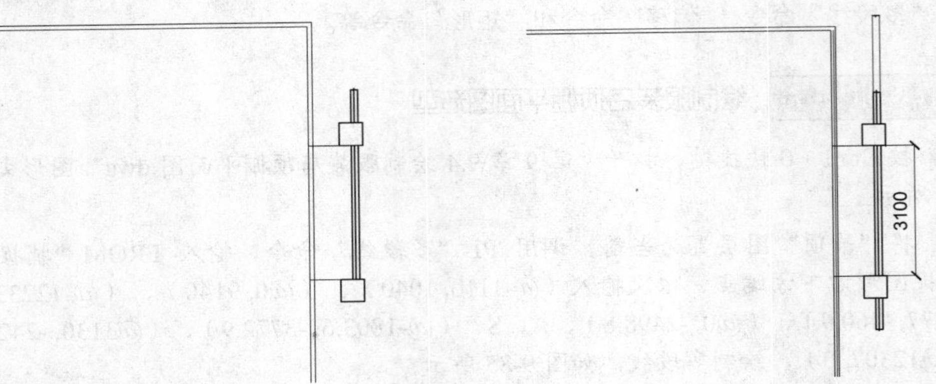

图 9-88 偏移图形　　图 9-89 偏移图形

07 调用 TR“修剪”命令，修剪多余的图形，如图 9-90 所示。

08 调用 PL“多段线”命令，输入 FROM“捕捉自”命令，捕捉相应图形的右上方端点，依次输入(@-3822.3, -3256.3)、(@0, 1443.8)、(@-990, 0)、(@0, 540)、(@-7800, 0)、(@0, -6511.6)、(@4039, 0)、(@0, -688)、A、S、(@3197.5, 1859)和(@1553, 3356.8)，绘制多段线，如图 9-91 所示。

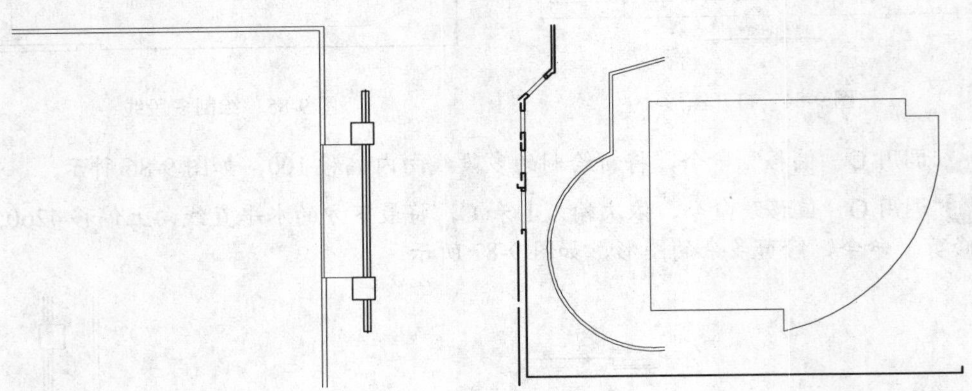

图 9-90 修剪图形　　图 9-91 绘制多段线

09 调用 O“偏移”命令，将新绘制的多段线向内偏移 300，如图 9-92 所示。

10 调用 REC“矩形”命令，输入 FROM“捕捉自”命令，捕捉偏移后多段线的左上方端点，输入（@750, -1680）、（@5800, -1800），绘制矩形，如图 9-93 所示。

11 调用 REC“矩形”命令，输入 FROM“捕捉自”命令，捕捉新绘制矩形的左上方端点，输入（@735, -735）、（@330, -330），绘制矩形，如图 9-94 所示。

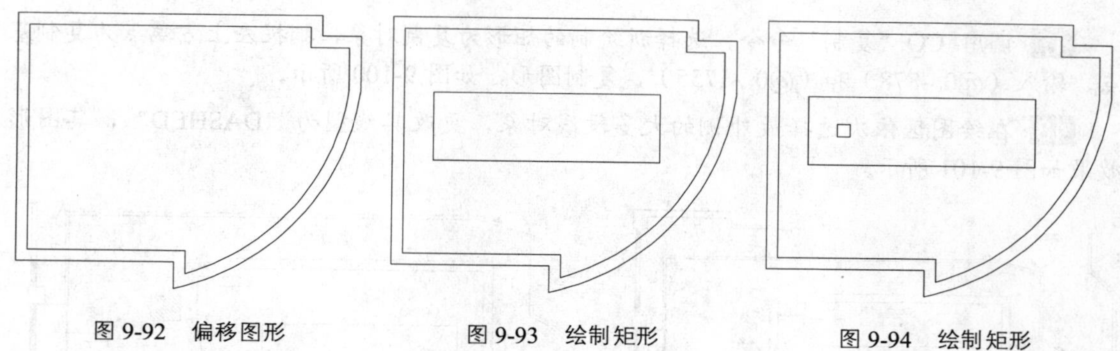

图 9-92　偏移图形　　　图 9-93　绘制矩形　　　图 9-94　绘制矩形

12 调用 CO“复制”命令，选择新绘制的矩形为复制对象，捕捉左上方端点为基点，输入（@4000, 0）、（@-4020, 0），复制图形，如图 9-95 所示。

13 调用 REC“矩形”命令，输入 FROM“捕捉自”命令，捕捉大矩形的右上方端点，输入（@2420, 840）、（@890, -780），绘制矩形，如图 9-96 所示。

14 调用 CO“复制”命令，选择新绘制的矩形为复制对象，捕捉左上方端点为基点，输入（@0, -3620），复制图形，如图 9-97 所示。

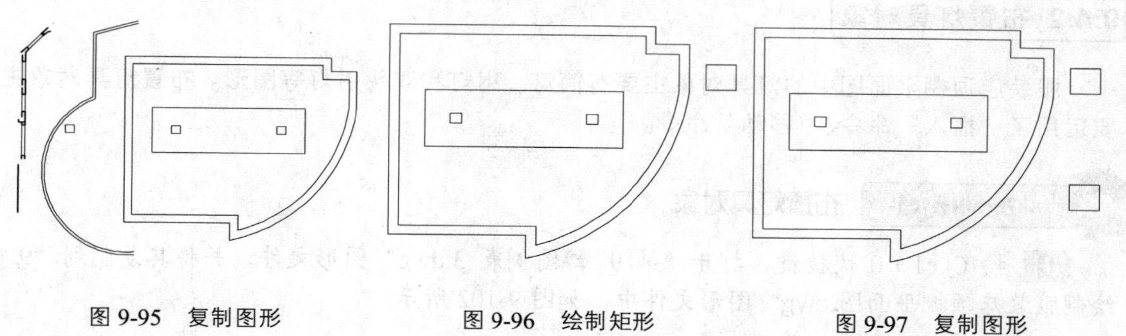

图 9-95　复制图形　　　图 9-96　绘制矩形　　　图 9-97　复制图形

15 将“地面”图层置为当前，调用 H“图案填充”命令，选择“ANSI31”图案，修改“图案填充比例”为 30，拾取合适的区域，填充图形，如图 9-98 所示。

16 将“吊顶”图层置为当前，调用 REC“矩形”命令，输入 FROM“捕捉自”命令，捕捉新绘制矩形的右下方端点，输入（@1223.8, -419.8）、（@1228.5, -245），绘制矩形，如图 9-99 所示。

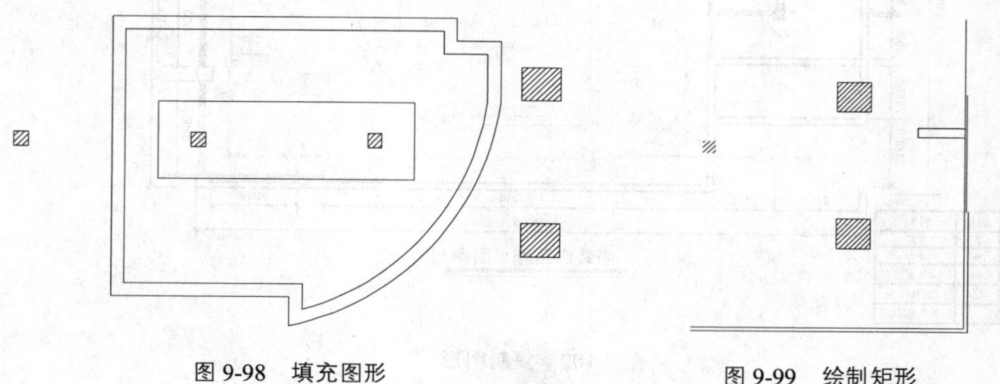

图 9-98　填充图形　　　图 9-99　绘制矩形

17 调用 CO“复制”命令，选择新绘制的矩形为复制对象，捕捉左上方端点为复制基点，输入（@0, -878）和（@0, -1755），复制图形，如图 9-100 所示。

18 在绘图区依次选择最外侧的大多段线对象，更改其线型为“DASHED”，其图形效果如图 9-101 所示。

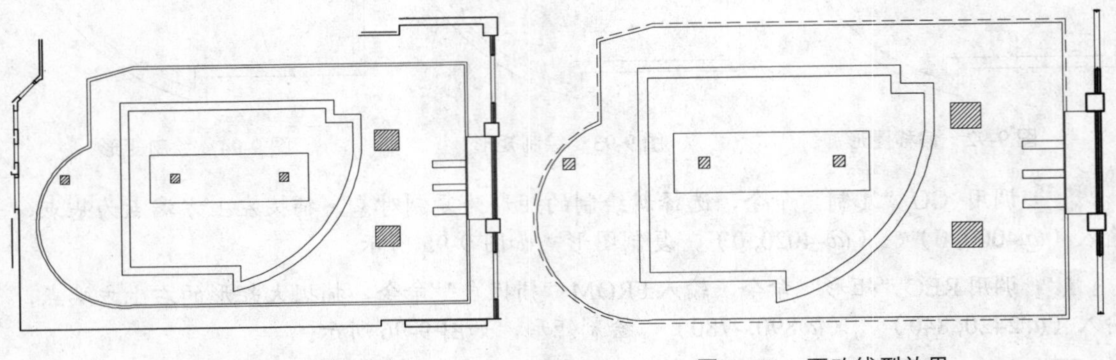

图 9-100　复制图形　　　　图 9-101　更改线型效果

9.4.2 布置灯具对象

服装店顶棚平面图中的灯具对象主要有筒灯、射灯和双头射灯等图形。布置灯具对象主要运用了“插入”命令、“移动”命令。

操作实训 9-8：布置灯具对象

01 按 Ctrl + O 快捷键，打开“第 9 章\图例表 3.dwg”图形文件，并将其复制到“9.4 绘制服装店顶棚平面图.dwg”图形文件中，如图 9-102 所示。

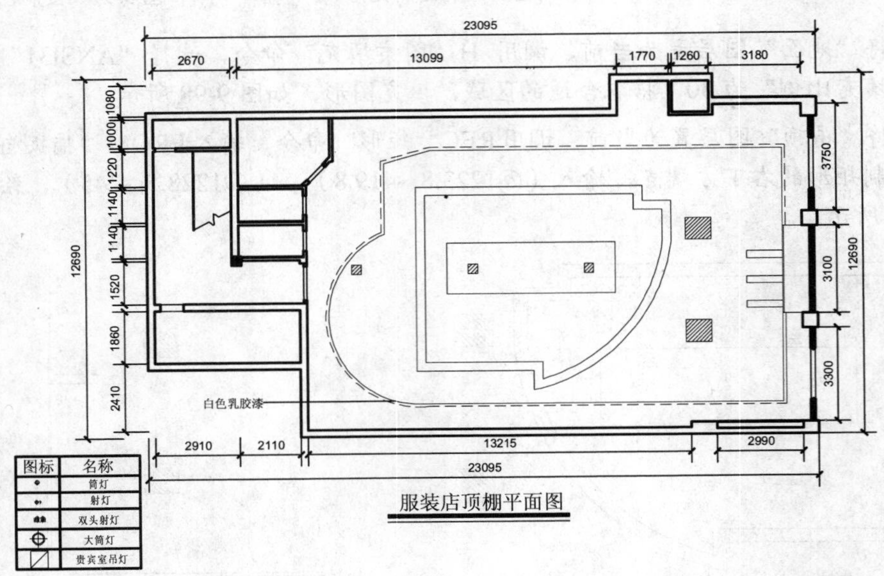

图 9-102　复制图形

02 调用 CO“复制”命令，依次将图例表中的灯具图形复制到图纸的相应位置，其图形效果如图 9-103 所示。

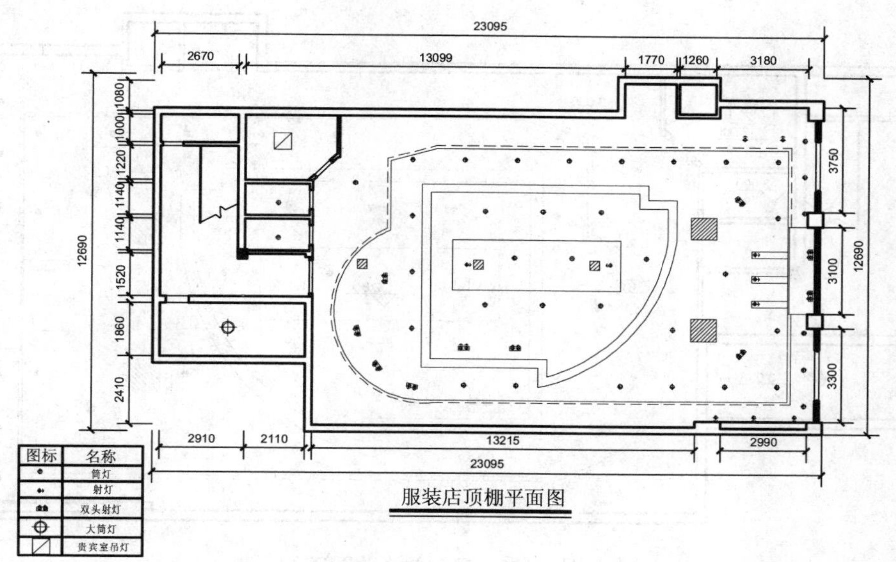

图 9-103　布置灯具效果

9.4.3 完善服装店顶棚平面图

完善服装店顶棚平面图主要运用了“插入”命令、“复制”命令和“多重引线”命令。

操作实训 9-9：完善服装店顶棚平面图

01 将“标注”图层置为当前，调用 I“插入”命令，打开“插入”对话框，单击“浏览”按钮，打开“选择图形文件”对话框，选择“标高”图形文件，单击“打开”和“确定”按钮，修改比例为 8，在绘图区中任意位置，单击鼠标，打开“编辑属性”对话框，输入 3.000，如图 9-104 所示。

02 单击“确定”按钮，即可插入标高图块；调用 M“移动”命令，将插入的图块移至合适的位置，如图 9-105 所示。

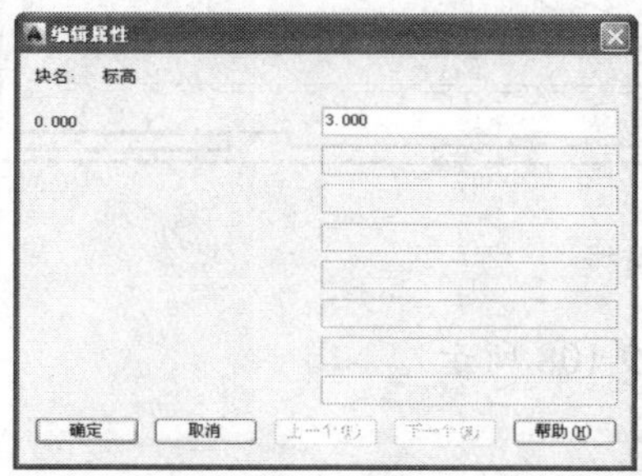

图 9-104　“编辑属性”对话框

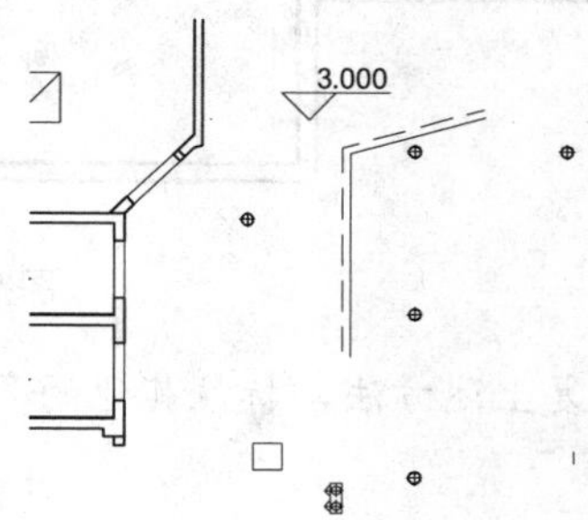

图 9-105　插入图块效果

03 调用 CO“复制”命令，选择标高图块，将其进行复制操作，双击复制后的标高图块，修改文字对象，如图 9-106 所示。

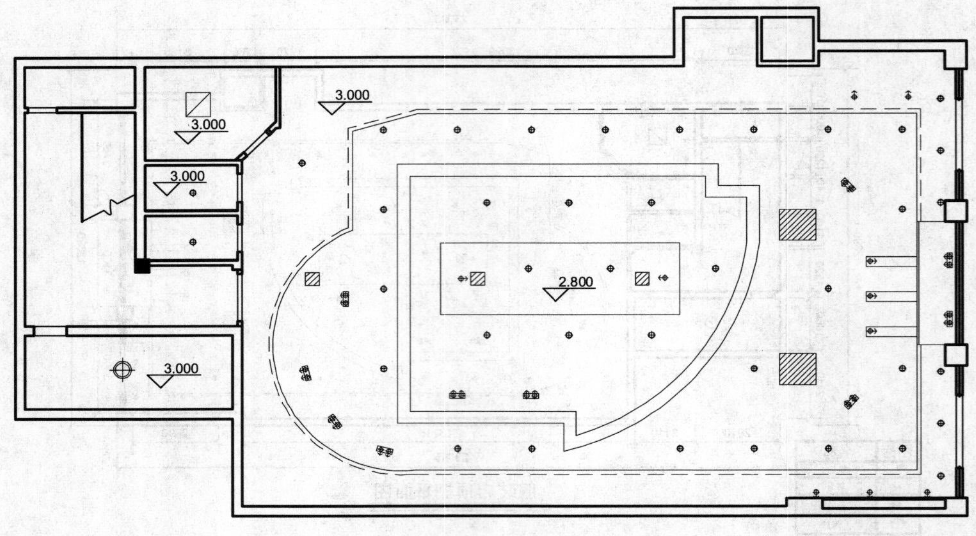

图 9-106　复制并修改图形

04 调用 MLEA“多重引线”命令，在绘图区中相应的位置，标注多重引线，如图 9-107 所示。

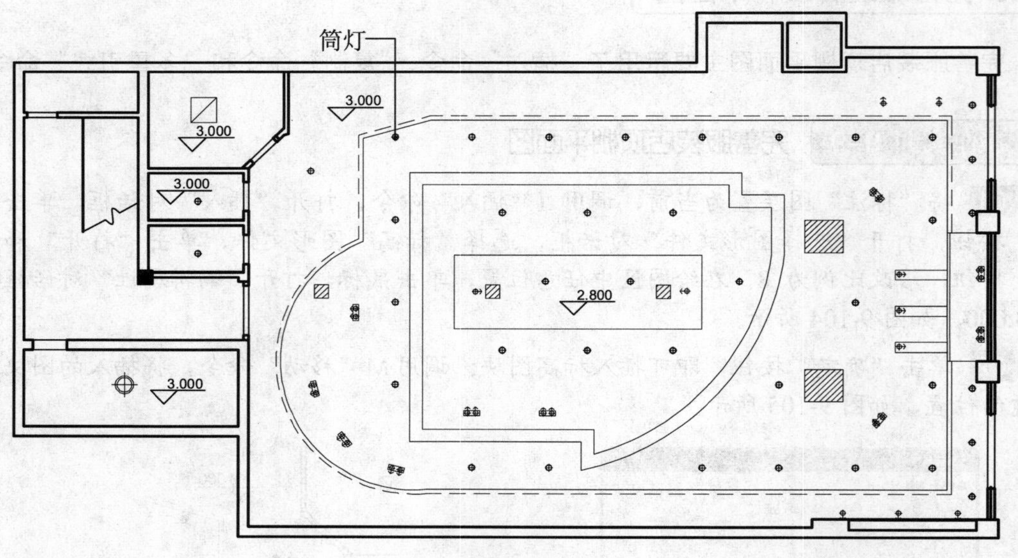

图 9-107　标注多重引线

05 重复上述方法，标注其他的多重引线，如图 9-108 所示。

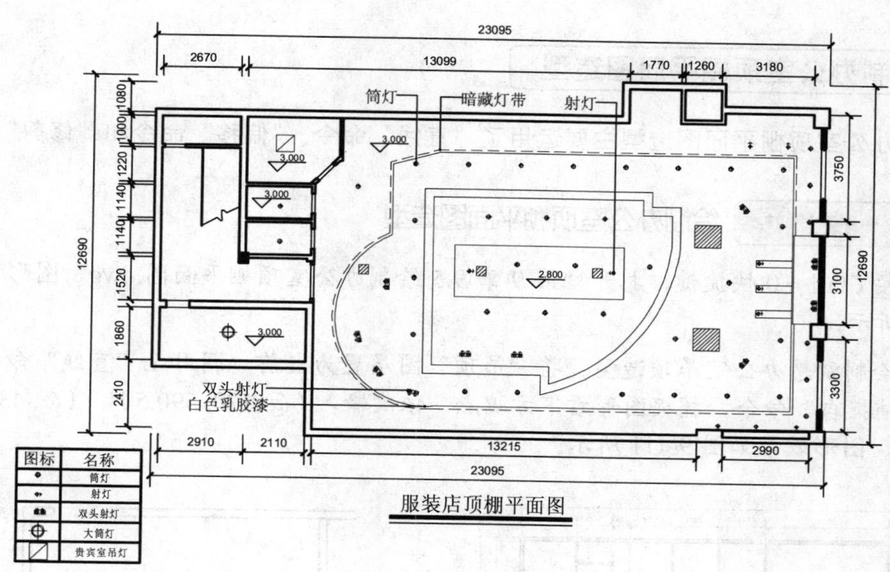

图 9-108　标注其他多重引线

9.5 绘制办公室顶棚平面图

绘制办公室顶棚平面图中主要运用了“直线”命令、“偏移”命令、“修剪”命令、“镜像”命令、“复制”命令和“旋转”命令等。如图 9-109 所示为办公室顶棚平面图。

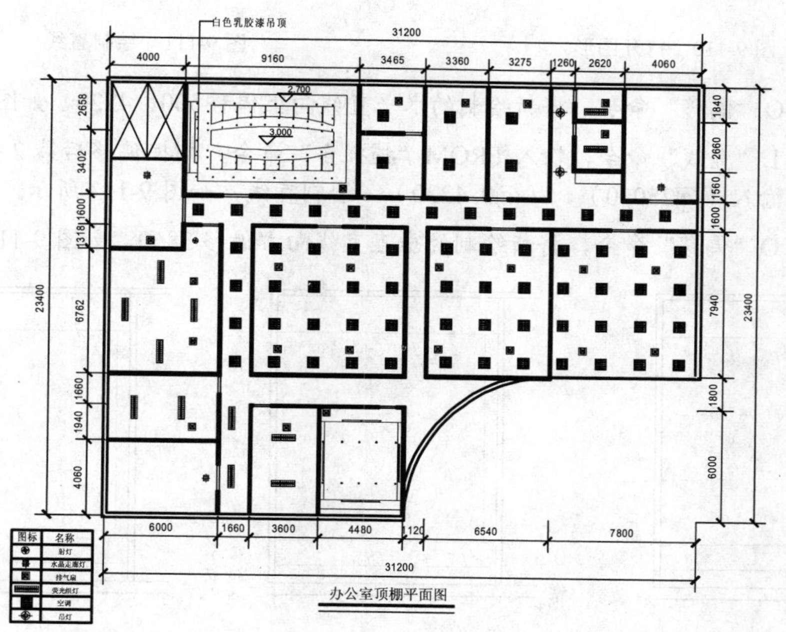

图 9-109　办公室顶棚平面图

9.5.1 绘制办公室顶棚平面图造型

绘制办公室顶棚平面图造型主要运用了“直线”命令、“偏移”命令和“修剪”命令等。

操作实训 9-10：绘制办公室顶棚平面图造型

01 按 Ctrl+O 快捷键，打开“第 9 章\9.5 绘制办公室顶棚平面图.dwg”图形文件，如图 9-110 所示。

02 绘制副总办公室吊顶造型。将“吊顶”图层置为当前，调用 L“直线”命令，输入 FROM“捕捉自”命令，捕捉图形右下方端点，依次输入（@-120, 590.5）、（@-4360, 0），绘制直线，图形效果如图 9-111 所示。

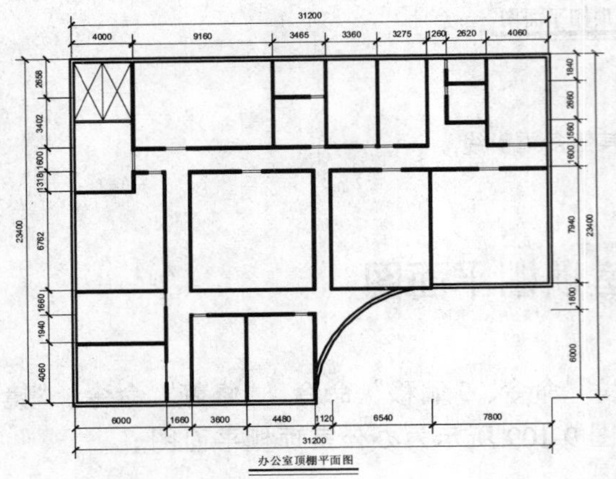

图 9-110　打开图形

图 9-111　绘制直线

03 调用 O“偏移”命令，将新绘制的水平直线向上偏移 500、4220，如图 9-112 所示。

04 调用 L“直线”命令，输入 FROM“捕捉自”命令，捕捉偏移后第 2 条水平直线的左端点，依次输入（@250, 0）、（@0, 4220），绘制直线，如图 9-113 所示。

05 调用 O“偏移”命令，将新绘制的垂直直线向右偏移 3860，如图 9-114 所示。

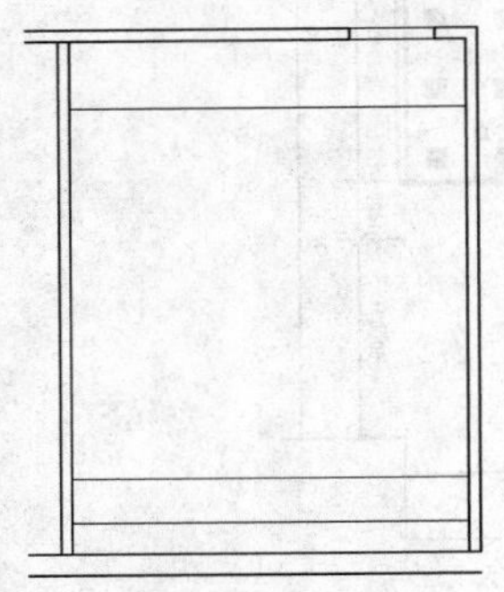

图 9-112　偏移图形

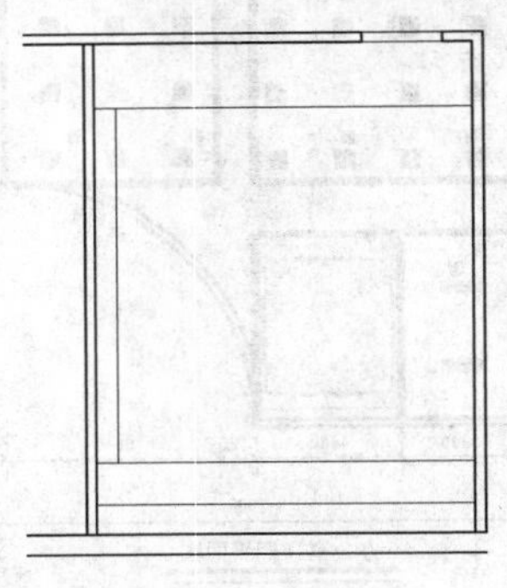

图 9-113　绘制直线

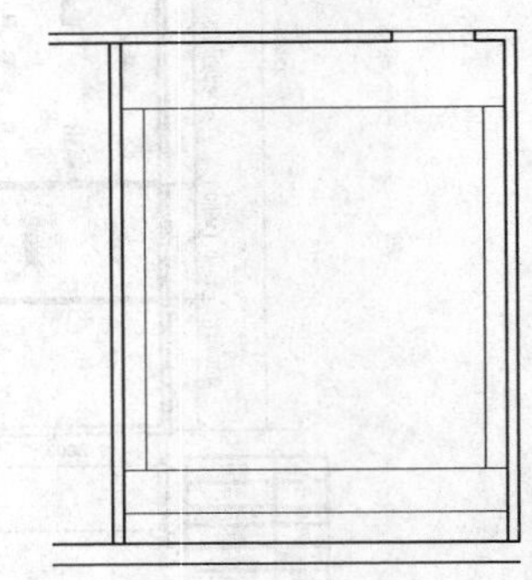

图 9-114　偏移图形

06 调用 L“直线”命令，输入 FROM“捕捉自”命令，捕捉偏移后第 3 条水平直线的左端点，依次输入（@1172, 0）、（@0, 100）、（@2016, 0）和（@0, -100），绘制直线，如图 9-115 所示。

07 调用 O“偏移”命令，将新绘制的水平直线向下偏移 23 和 54，如图 9-116 所示。

08 调用 O“偏移”命令，将新绘制的左侧垂直直线向右偏移 21.5、965、21.5、21.5、965，如图 9-117 所示。

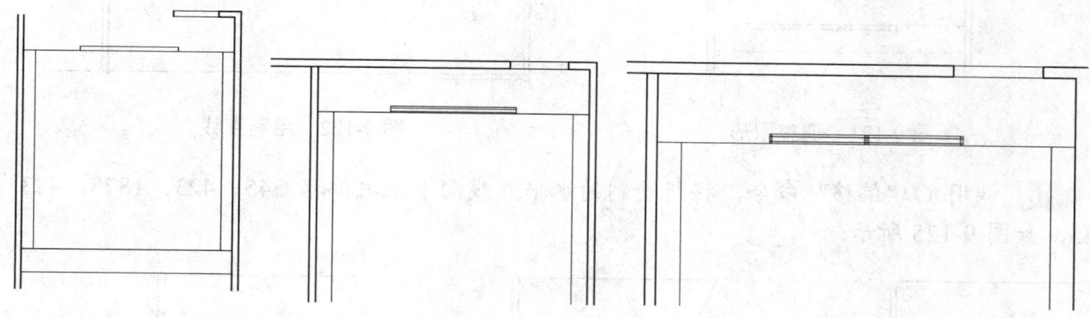

图 9-115　绘制直线　　图 9-116　偏移图形　　图 9-117　偏移图形

09 调用 TR“修剪”命令，修剪多余的图形，如图 9-118 所示。

10 调用 MI“镜像”命令，将新绘制的图形进行镜像操作，如图 9-119 所示。

11 调用 CO“复制”命令，选择新绘制的图形，捕捉左上方端点为基点，输入（@-882.3, -1202.3）和（@2797.7, -1202.3），复制图形，如图 9-120 所示。

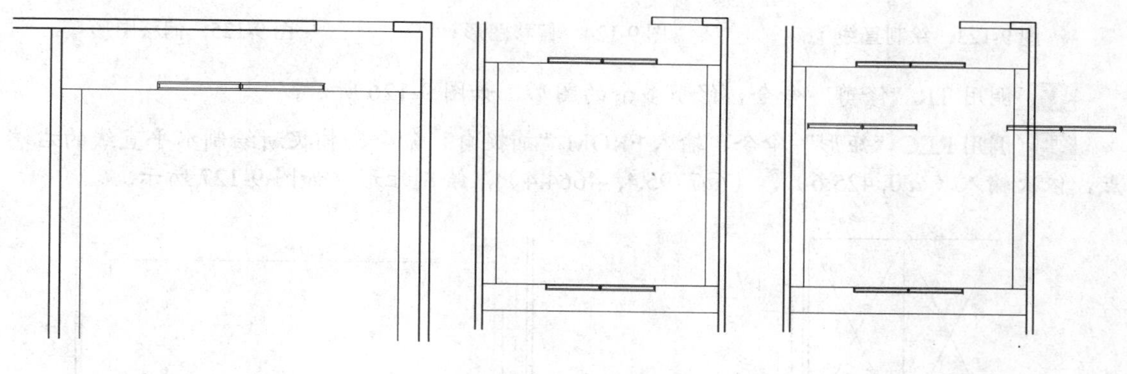

图 9-118　修剪图形　　图 9-119　镜像图形　　图 9-120　复制图形

12 调用 RO“旋转”命令和 M“移动”命令，调整复制后的图形，如图 9-121 所示。

13 绘制会议室吊顶造型。调用 L“直线”命令，输入 FROM“捕捉自”命令，捕捉图形的左上方端点，依次输入（@4180, -1251.1）、（@658, 0），绘制直线，如图 9-122 所示。

14 调用 L“直线”命令，输入 FROM“捕捉自”命令，捕捉新绘制直线的左端点，依次输入（@215, 0）、（@0, -3814），绘制直线，如图 9-123 所示。

15 调用 O“偏移”命令，将新绘制的垂直直线向右偏移 280，如图 9-124 所示。

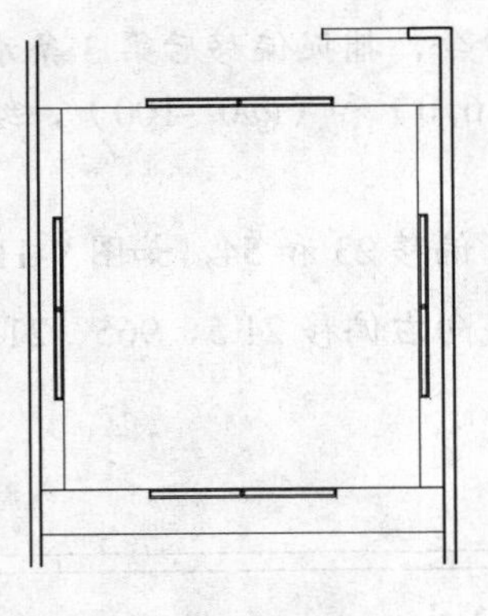
图 9-121　调整图形

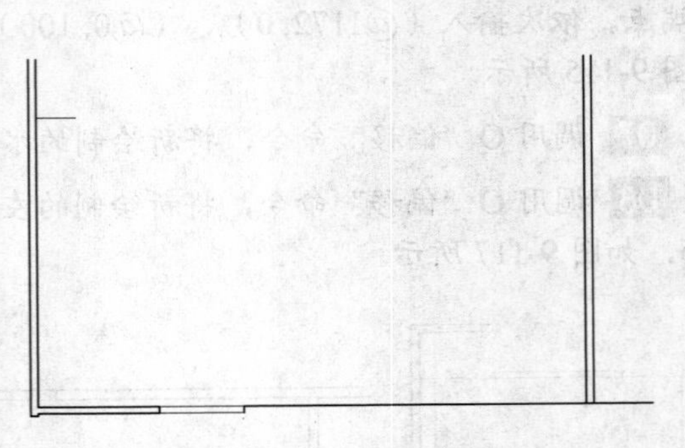
图 9-122　绘制直线

16 调用 O“偏移”命令，将新绘制的水平直线向下依次偏移 545、423、1878、423、545，如图 9-125 所示。

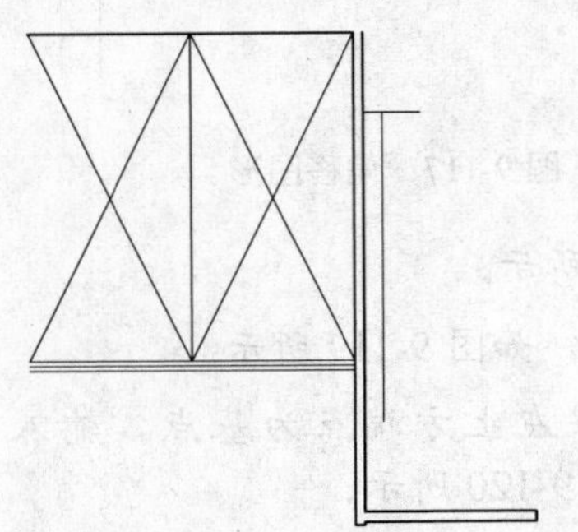
图 9-123　绘制直线

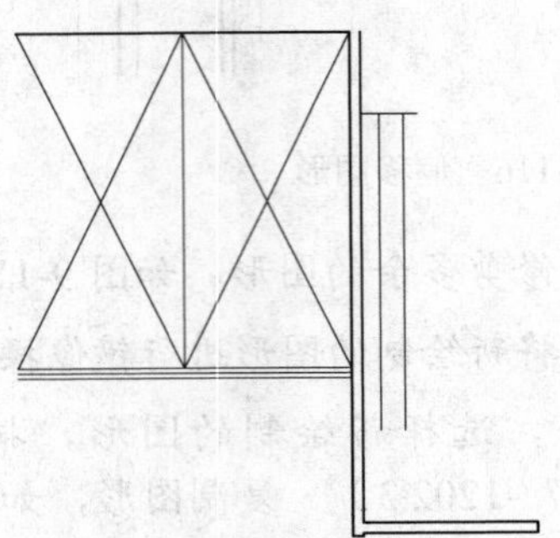
图 9-124　偏移图形

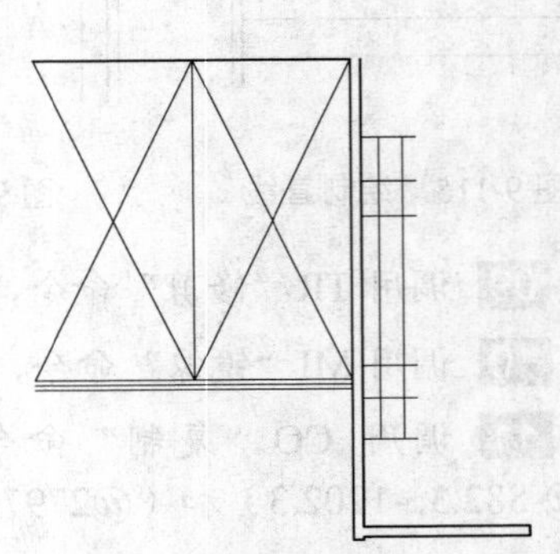
图 9-125　偏移图形

17 调用 TR“修剪”命令，修剪多余的图形，如图 9-126 所示。

18 调用 REC“矩形”命令，输入 FROM“捕捉自”命令，捕捉新绘制水平直线的右端点，依次输入（@0, 425.6）、（@7795.4, -4664.4），绘制矩形，如图 9-127 所示。

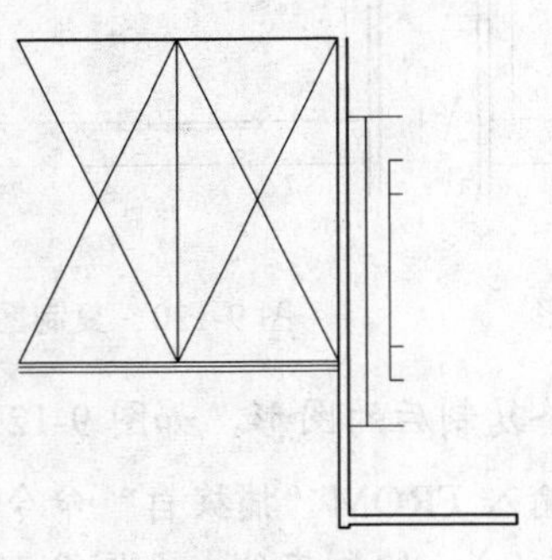
图 9-126　修剪图形

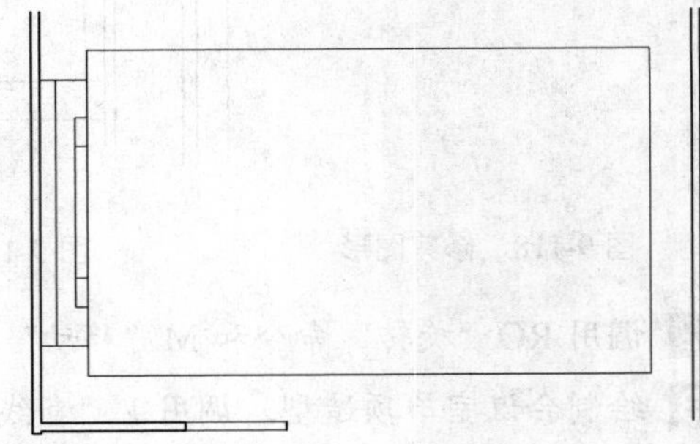
图 9-127　绘制矩形

19 调用 X“分解”命令，分解新绘制的矩形；调用 O“偏移”命令，将矩形上方的水平直线向下偏移 622 和 3420，如图 9-128 所示。

20 调用 O“偏移”命令，将矩形左侧的垂直直线向右依次偏移 672、591、20、729、20、748、20、706、20、742、20、706、20、748、20、729、20、591，如图 9-129 所示。

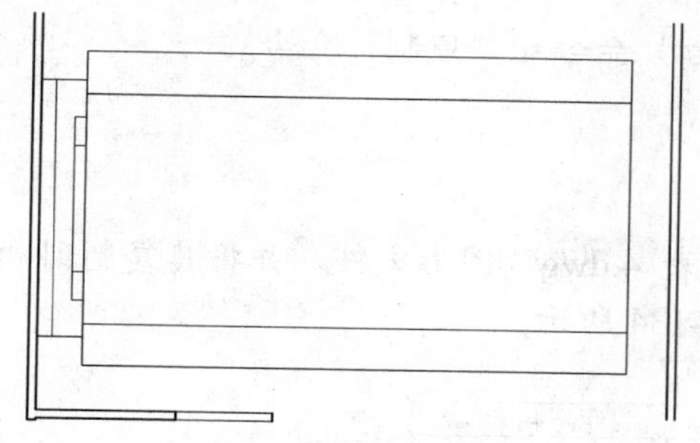

图 9-128　偏移图形

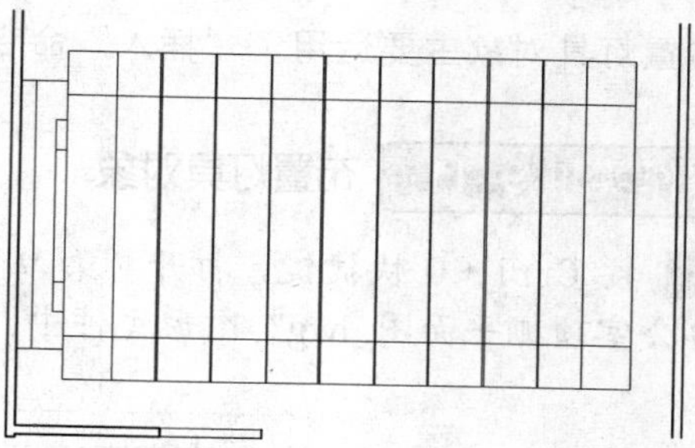

图 9-129　偏移图形

21 调用 EL“椭圆”命令，输入 FROM“捕捉自”命令，捕捉矩形的右上方端点，输入(@-3897.7, -2395.1)，确定圆心点，绘制一个短轴半径为 1155、长轴半径为 4115 的椭圆，如图 9-130 所示。

22 调用 EL“椭圆”命令，输入 FROM“捕捉自”命令，捕捉新绘制椭圆的圆心点，绘制一个短轴半径为 615、长轴半径为 4115 的椭圆，如图 9-131 所示。

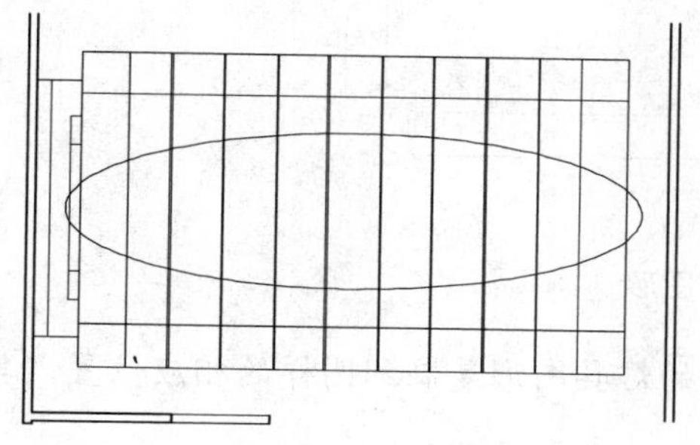

图 9-130　绘制椭圆

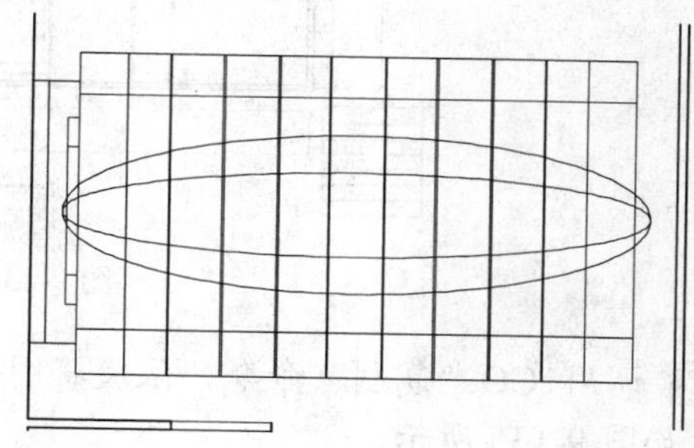

图 9-131　绘制椭圆

23 调用 TR“修剪”命令，修剪多余的图形；调用 E“删除”命令，删除多余的图形，效果如图 9-132 所示。

24 绘制卫生间吊顶造型。调用 L“直线”命令，输入 FROM“捕捉自”命令，捕捉图形的右上方端点，输入（@-6740, -4680）、（@0, -600）和（@2500, 0），绘制直线，如图 9-133 所示。

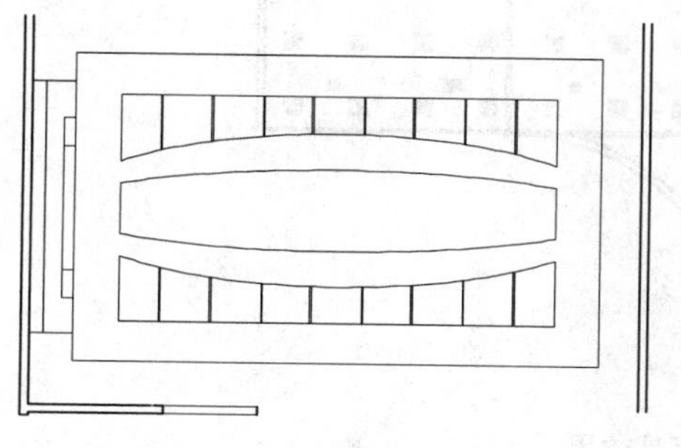

图 9-132　修剪并删除图形

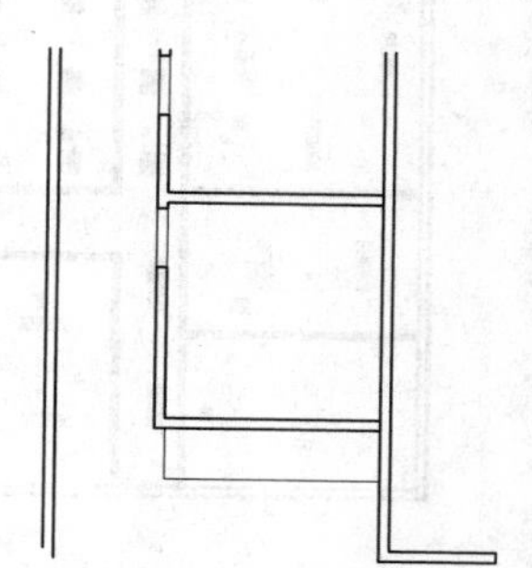

图 9-133　绘制直线

9.5.2 布置灯具对象

布置灯具对象主要运用了“插入”命令、“移动”命令和“复制”命令。

操作实训 9-11：布置灯具对象

01 按 Ctrl＋O 快捷键，打开“第 9 章\图例表 4.dwg”图形文件，并将其复制到“9.5 绘制办公室顶棚平面图.dwg”图形文件中，如图 9-134 所示。

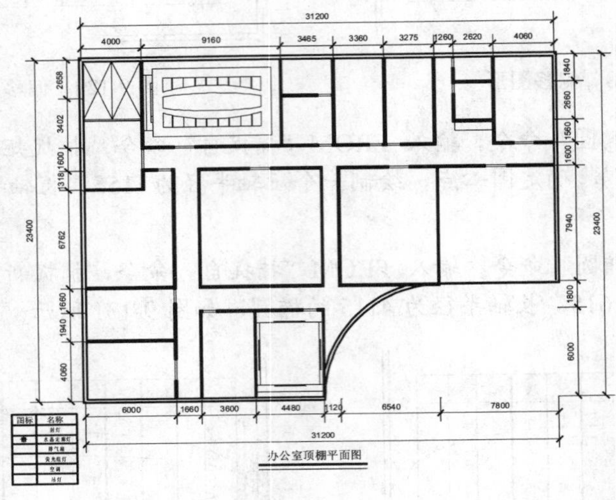

图 9-134　复制图形

02 调用 CO“复制”命令，依次将图例表中的灯具图形复制到图样的相应位置，其图形效果如图 9-135 所示。

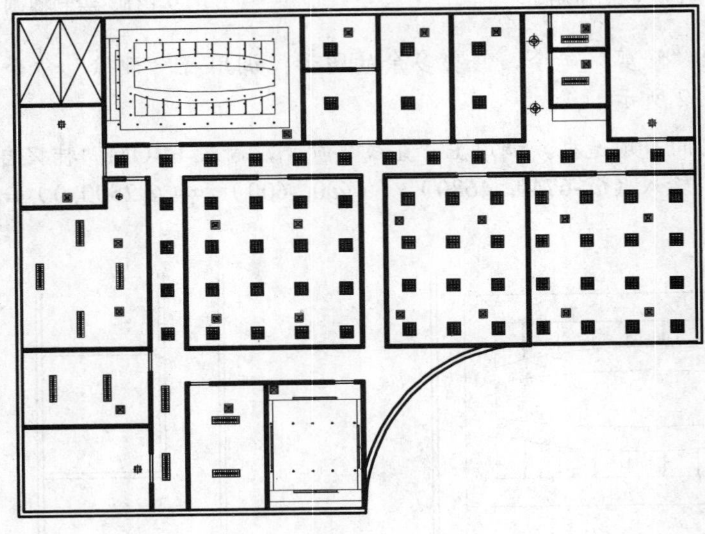

图 9-135　布置灯具效果

9.5.3 完善办公室顶棚平面图

完善办公室顶棚平面图主要运用了“插入”命令、“移动”命令、“复制”命令以及“多重引线”命令等。

操作实训 9-12：完善办公室顶棚平面图

01 将“标注”图层置为当前，调用 I“插入”命令，打开“插入”对话框，单击“浏览”按钮，打开“选择图形文件”对话框，选择“标高”图形文件，单击“打开”和“确定”按钮，修改比例为 11，在绘图区中任意位置，单击鼠标，打开“编辑属性”对话框，输入 2.700，如图 9-136 所示。

02 单击“确定”按钮，即可插入标高图块；调用 M“移动”命令，将插入的图块移至合适的位置，如图 9-137 所示。

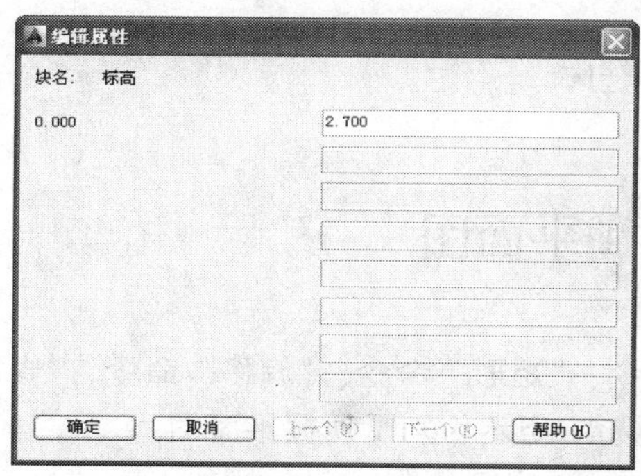

图 9-136　“编辑属性”对话框

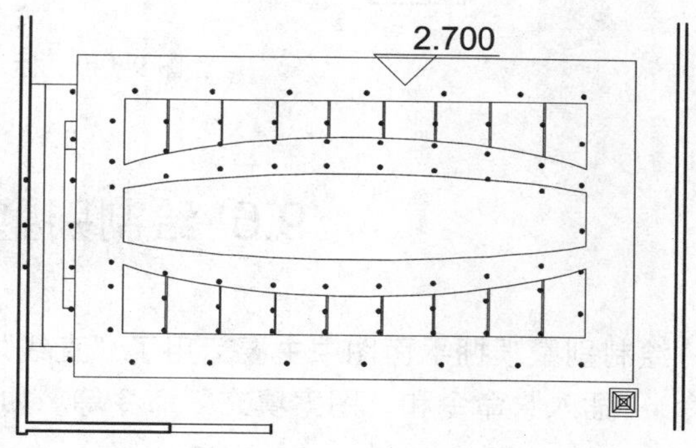

图 9-137　插入图块效果

03 调用 CO“复制”命令，选择标高图块，将其进行复制操作，如图 9-138 所示。

04 双击复制后的标高图块，修改文字为 3.000，如图 9-139 所示。

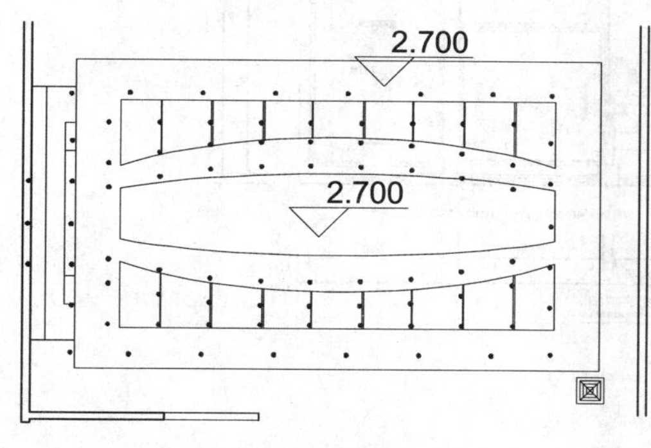

图 9-138　复制图块

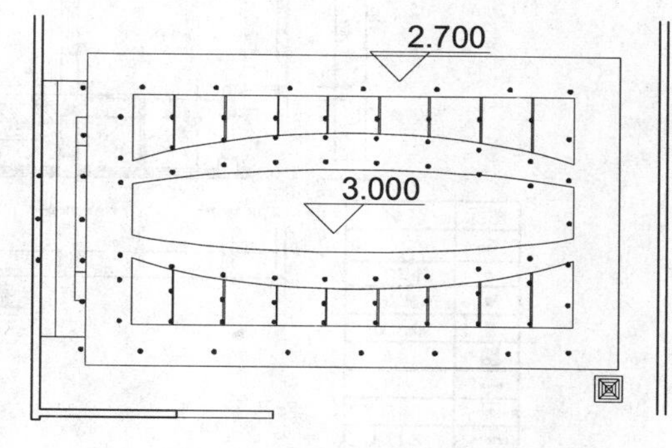

图 9-139　修改文字

05 调用 MLEA“多重引线”命令，在绘图区中相应的位置，标注多重引线，如图 9-140 所示。

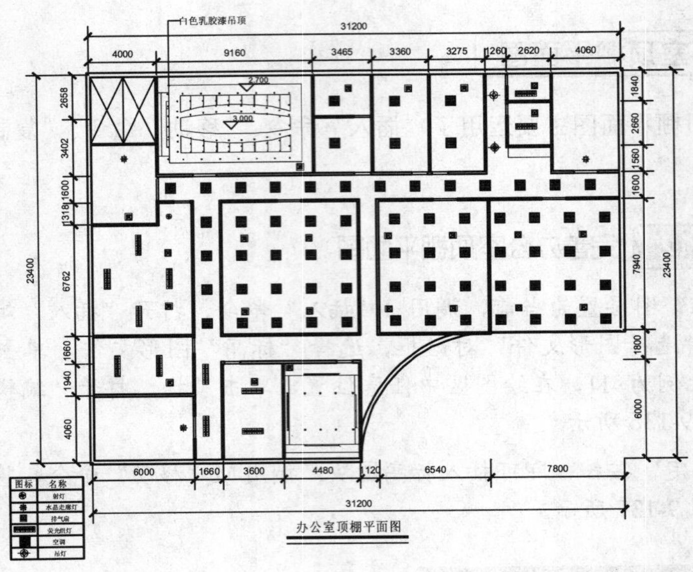

图 9-140　标注多重引线

9.6　绘制别墅顶棚平面图

绘制别墅顶棚平面图中主要运用了“直线”命令、“矩形”命令、“偏移”命令、“修剪”命令、“插入”命令和“图案填充”命令等。如图 9-141 所示为别墅顶棚平面图。

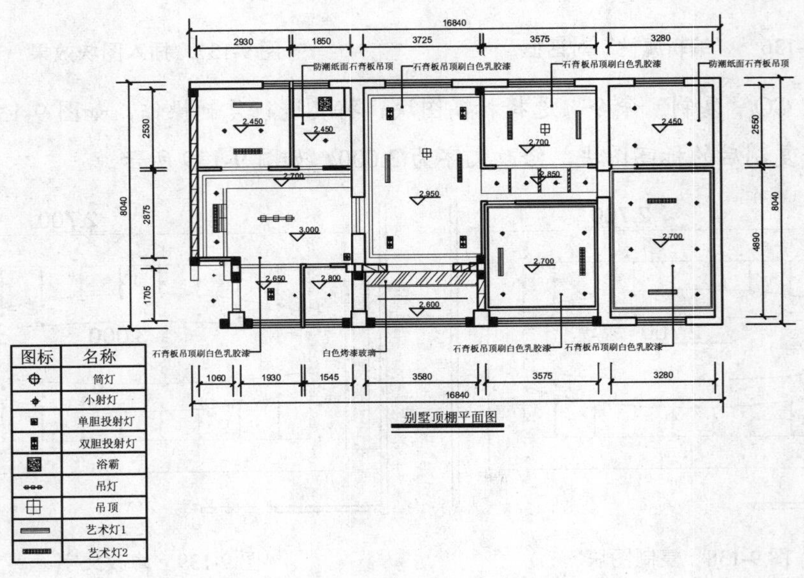

图 9-141　别墅顶棚平面图

9.6.1 绘制别墅顶棚平面图造型

绘制别墅顶棚平面图造型主要运用了“直线”命令、“偏移”命令和“矩形”命令等。

操作实训 9-13：绘制别墅顶棚平面图造型

01 按 Ctrl + O 快捷键，打开“第 9 章\9.6 绘制别墅顶棚平面图.dwg”图形文件，如图 9-142 所示。

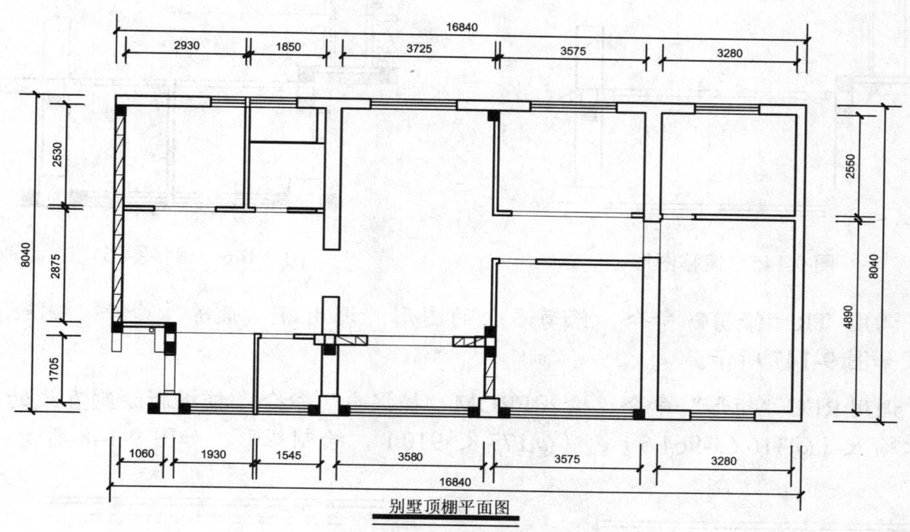

图 9-142　打开图形

02 绘制玄关吊顶造型。将“吊顶”图层置为当前，调用 L“直线”命令，输入 FROM“捕捉自”命令，捕捉图形左下方端点，依次输入（@620, 1945）、（@1930, 0），绘制直线，如图 9-143 所示。

03 绘制餐厅吊顶造型。调用 L“直线”命令，输入 FROM“捕捉自”命令，捕捉新绘制直线的左端点，依次输入（@-1145, 350）、（@0, 2714）和（@4710, 0），绘制直线，如图 9-144 所示。

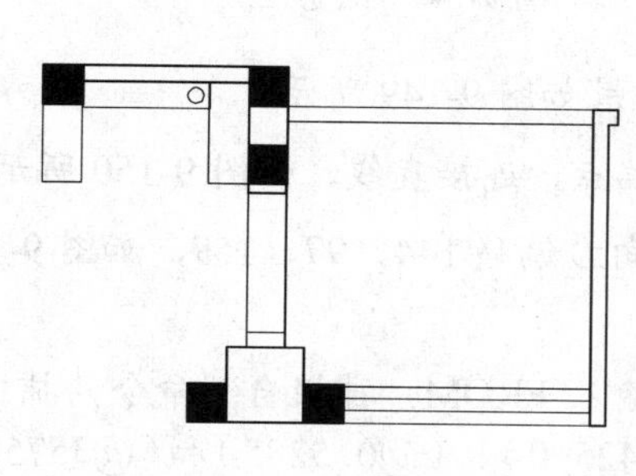

图 9-143　绘制直线

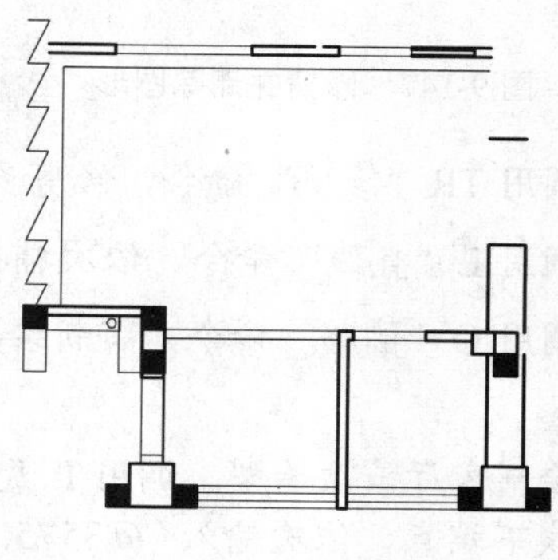

图 9-144　绘制直线

04 调用 O“偏移”命令，将新绘制的垂直直线向右偏移 100、490、60 和 100，如图 9-145 所示。

05 调用 O“偏移”命令，将新绘制的水平直线向下偏移 100、349、521、450 和 450，效果如图 9-146 所示。

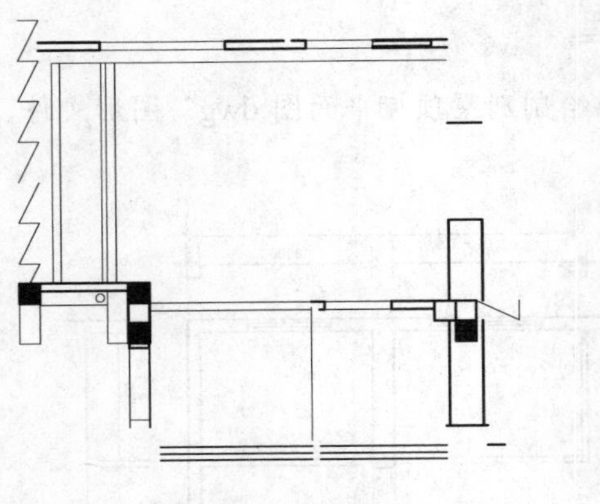

图 9-145 偏移图形

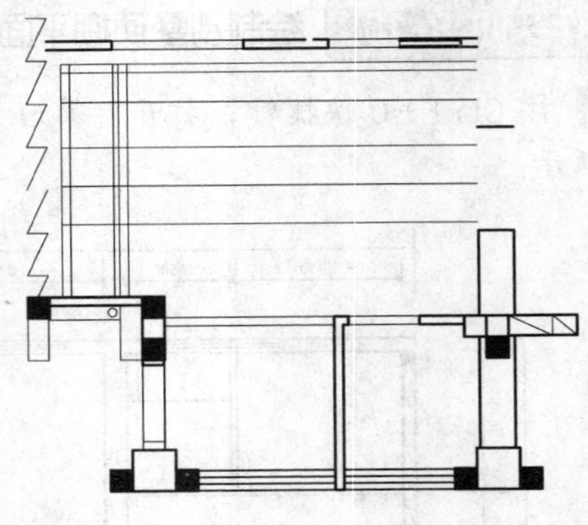

图 9-146 偏移图形

06 调用 TR“修剪”命令，修剪多余的图形；调用 E“删除”命令，删除多余的图形，效果如图 9-147 所示。

07 调用 REC“矩形”命令，输入 FROM“捕捉自”命令，捕捉新绘制直线的左上方端点，依次输入（@316.6, -964.5）、（@177.8, -910），绘制矩形，如图 9-148 所示。

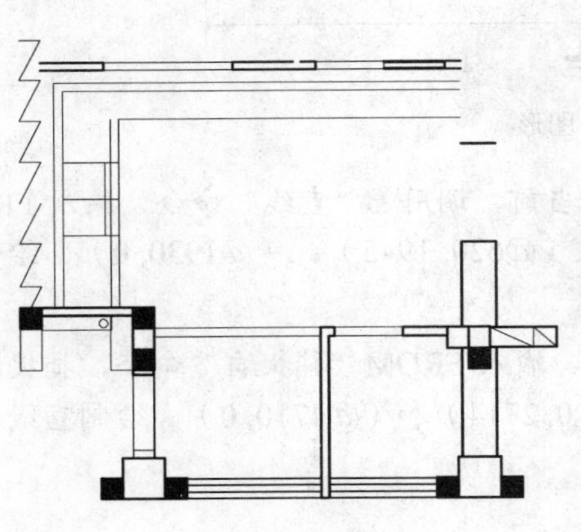

图 9-147 修剪并删除图形

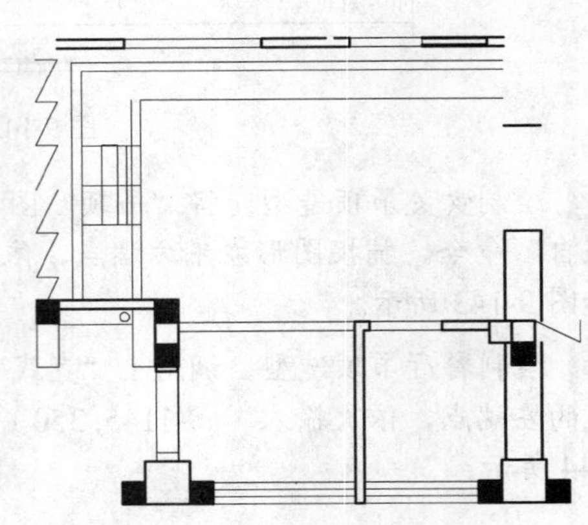

图 9-148 绘制矩形

08 调用 TR“修剪”命令，修剪多余的图形，效果如图 9-149 所示。

09 调用 L“直线”命令，依次捕捉右侧合适的端点，连接直线，如图 9-150 所示。

10 调用 O“偏移”命令，将新绘制的垂直直线向右偏移 144、97、159，如图 9-151 所示。

11 绘制客厅吊顶造型。调用 L“直线”命令，输入 FROM“捕捉自”命令，捕捉偏移后垂直直线下端点，依次输入（@3575, -780）、（@-3425, 0）、（@0, 5285）和（@3575, 0），绘制直线，如图 9-152 所示。

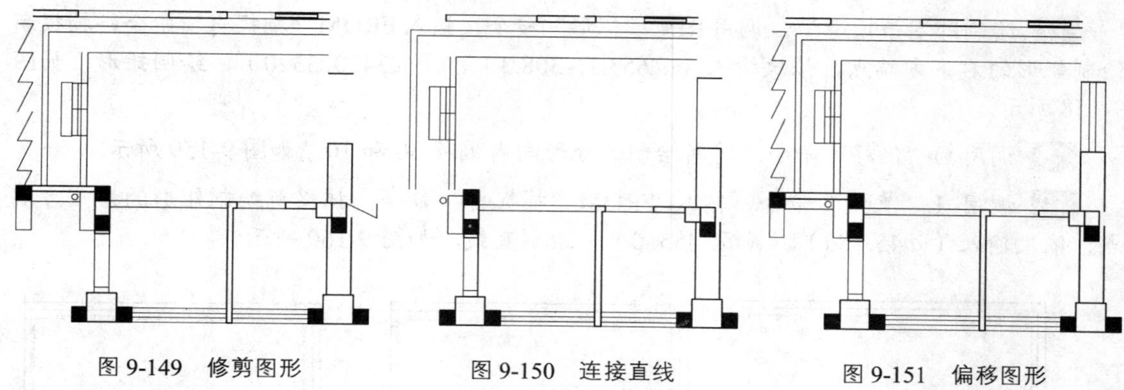

图 9-149　修剪图形　　图 9-150　连接直线　　图 9-151　偏移图形

12 调用 O“偏移”命令，将新绘制的水平直线向下偏移 100 和 5085，如图 9-153 所示。

13 调用 O“偏移”命令，将新绘制的垂直直线向右偏移 100；调用 TR“修剪”命令，修剪多余的图形，如图 9-154 所示。

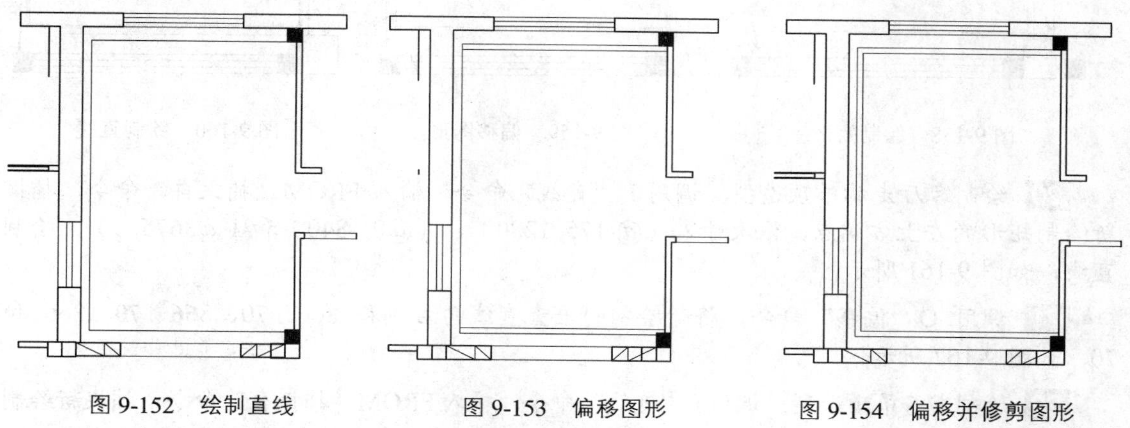

图 9-152　绘制直线　　图 9-153　偏移图形　　图 9-154　偏移并修剪图形

14 绘制洗衣房吊顶造型。调用 L“直线”命令，输入FROM“捕捉自”命令，捕捉新绘制直线的左下方端点，依次输入（@-150, -915）、（@3575, 0），绘制直线，如图 9-155 所示。

15 调用 O“偏移”命令，将新绘制的直线向下偏移 50，如图 9-156 所示。

16 调用 REC“矩形”命令，输入FROM“捕捉自”命令，捕捉偏移后直线的左端点，依次输入（@414.4, -398.3）、（@2832.5, -23.4），绘制矩形，如图 9-157 所示。

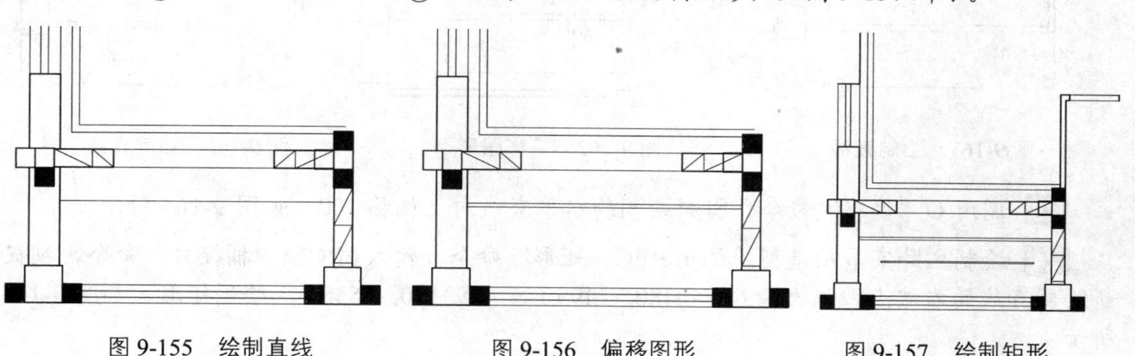

图 9-155　绘制直线　　图 9-156　偏移图形　　图 9-157　绘制矩形

17 绘制卧室吊顶造型。调用REC“矩形”命令，输入FROM“捕捉自”命令，捕捉新绘制矩形的右下方端点，依次输入（@653.1, -308.3）、（@3420, 3320），绘制矩形，如图9-158 所示。

18 调用 O“偏移”命令，将新绘制的矩形向内偏移 30 和 10，如图 9-159 所示。

19 调用 L“直线”命令，输入 FROM“捕捉自”命令，捕捉新绘制矩形的左下方端点，依次输入（@45, -80）、（@3455, 0），绘制直线，如图 9-160 所示。

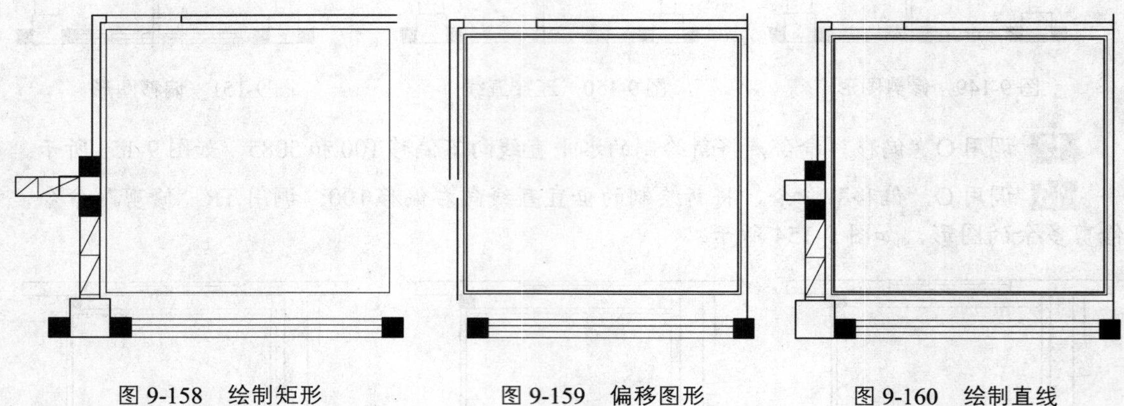

图 9-158 绘制矩形　　图 9-159 偏移图形　　图 9-160 绘制直线

20 绘制客厅走廊吊顶造型。调用 L“直线”命令，输入 FROM“捕捉自”命令，捕捉新绘制矩形的左上方端点，依次输入（@-175, 1280）、（@0, -840）和（@3675, 0），绘制直线，如图 9-161 所示。

21 调用 O“偏移”命令，将新绘制的垂直直线向右偏移 866、70、866、70、866 和70，如图 9-162 所示。

22 绘制书房吊顶造型。调用L“直线”命令，输入FROM“捕捉自”命令，捕捉新绘制直线的左上方端点，依次输入（@100, 2379.3）、（@3575, 0），绘制直线，如图 9-163 所示。

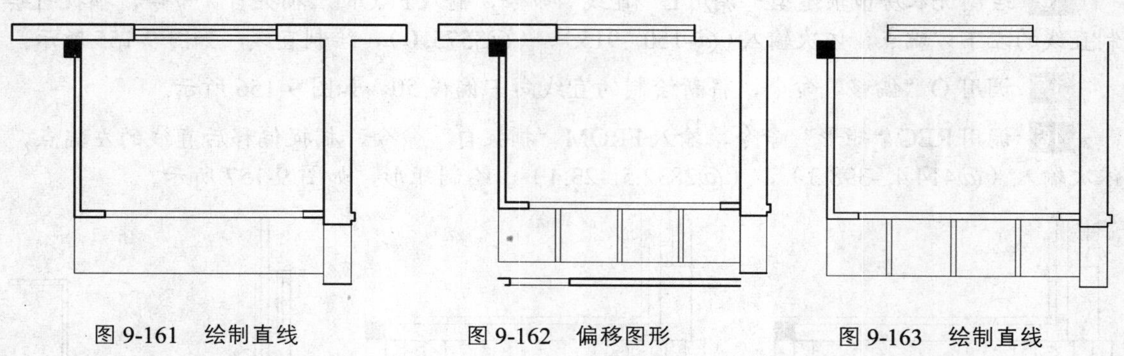

图 9-161 绘制直线　　图 9-162 偏移图形　　图 9-163 绘制直线

23 调用 O“偏移”命令，将新绘制的水平直线向上偏移 100，如图 9-164 所示。

24 绘制主卧室吊顶造型。调用REC“矩形”命令，输入FROM“捕捉自”命令，捕捉新绘制直线的右端点，依次输入（@480, -2499）、（@3120, -4530），绘制矩形，如图 9-165所示。

25 调用 O“偏移”命令，将新绘制的矩形向内依次偏移 30 和 10，如图 9-166 所示。

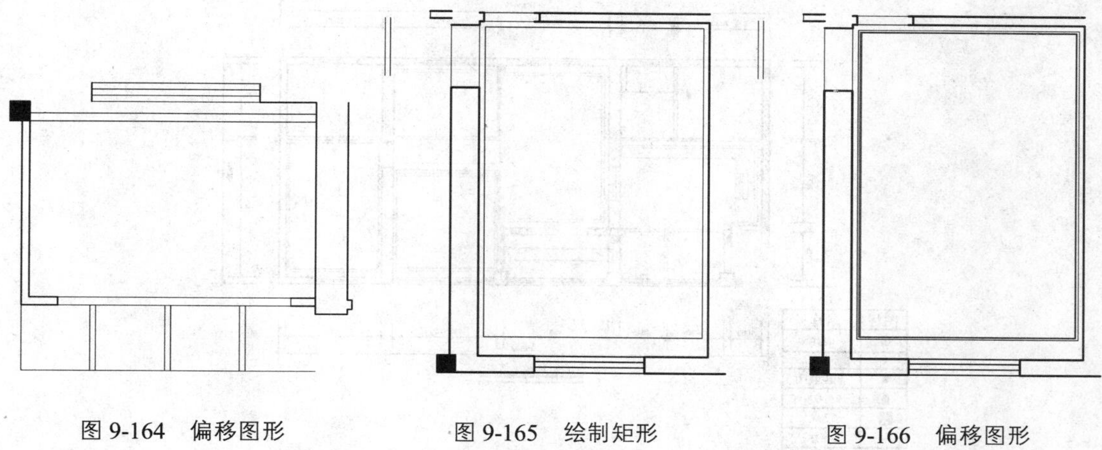

图 9-164　偏移图形　　图 9-165　绘制矩形　　图 9-166　偏移图形

26 调用 L“直线”命令，输入 FROM“捕捉自”命令，捕捉新绘制矩形的右下方端点，依次输入（@80, -80）、（@-3280, 0），绘制直线，如图 9-167 所示。

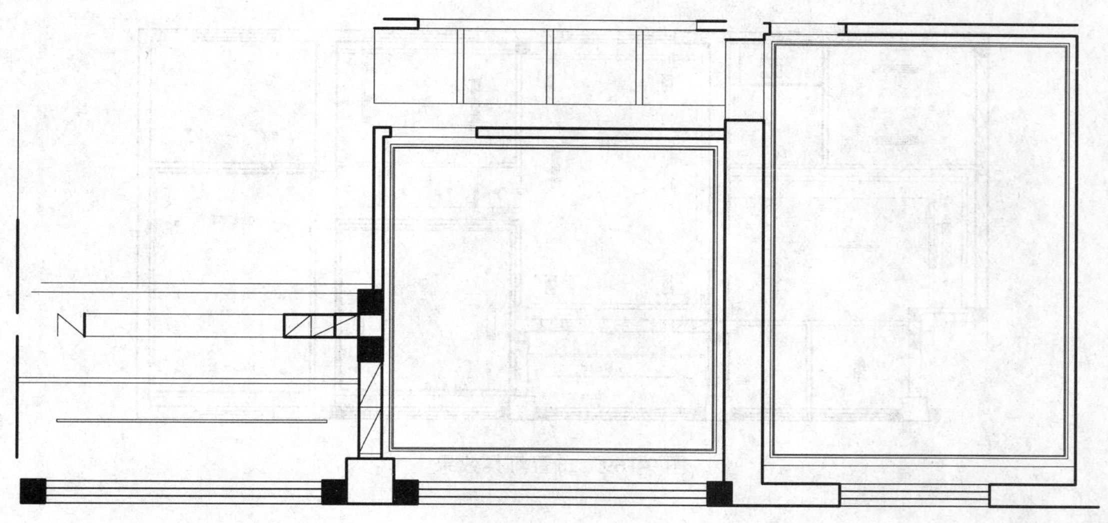

图 9-167　绘制直线

9.6.2 布置灯具对象

布置灯具对象主要运用了“插入”命令、“移动”命令和“复制”命令。

操作实训 9–14：布置灯具对象

01 按 Ctrl + O 快捷键，打开“第 9 章\图例表 5.dwg”图形文件，并将其复制到“9.6 绘制别墅顶棚平面图.dwg”图形文件中，如图 9-168 所示。

02 调用 CO“复制”命令，依次将图例表中的灯具图形复制到图样的相应位置，其图形效果如图 9-169 所示。

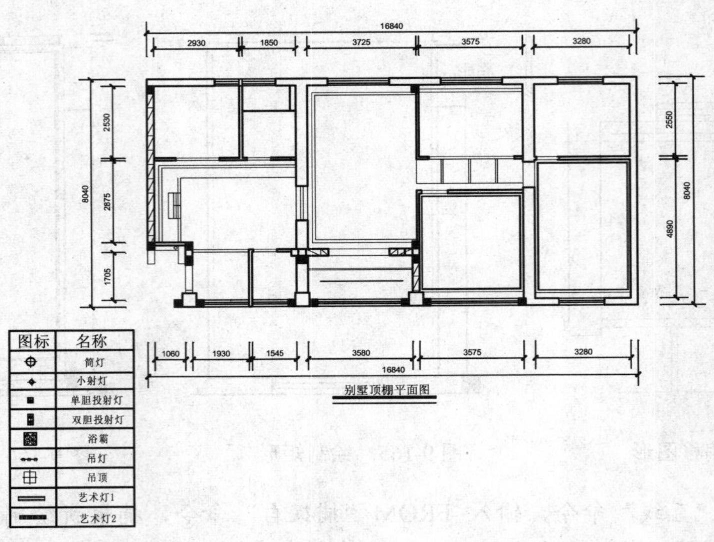

图 9-168　复制图形

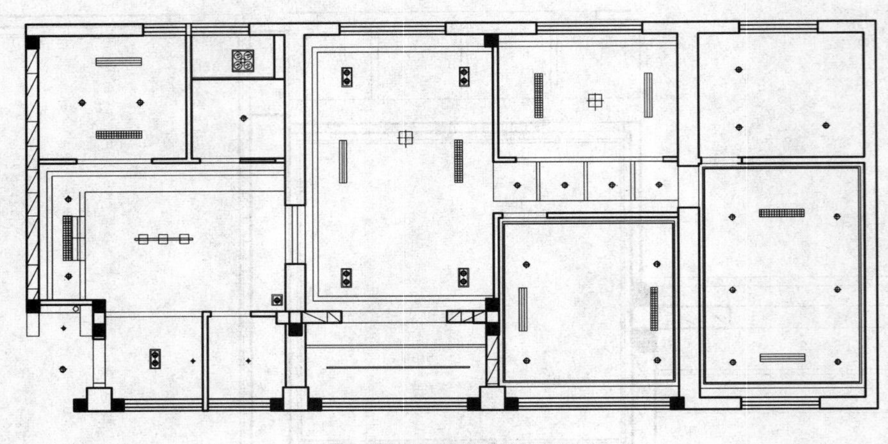

图 9-169　布置灯具效果

9.6.3 完善别墅顶棚平面图

完善别墅顶棚平面图主要运用了“插入”命令、“复制”命令和“多重引线”命令等。

操作实训 9-15：完善别墅顶棚平面图

01 将“标注”图层置为当前，调用 I“插入”命令，打开“插入”对话框，单击“浏览”按钮，打开“选择图形文件”对话框，选择“标高”图形文件，单击“打开”和“确定”按钮，修改比例为 6，在绘图区中任意位置，单击鼠标，打开“编辑属性”对话框，输入 2.700，如图 9-170 所示。

02 单击“确定”按钮，即可插入标高图块；调用 M“移动”命令，将插入的图块移至合适的位置，如图 9-171 所示。

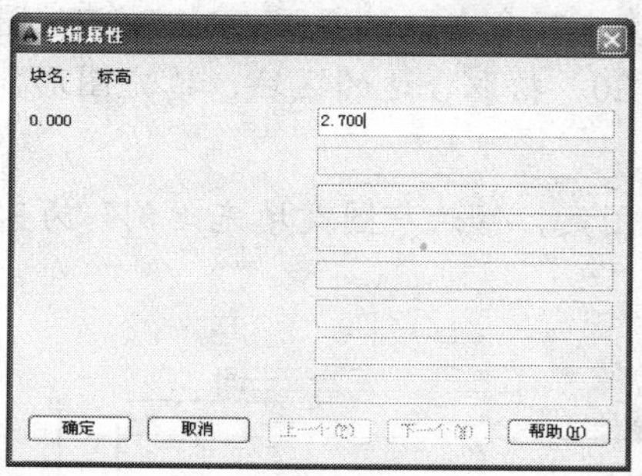

图 9-170　“编辑属性”对话框

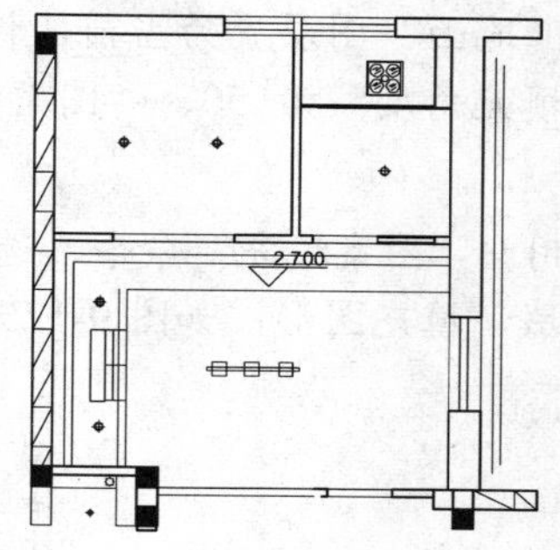

图 9-171　插入图块效果

03 调用 CO“复制”命令，选择标高图块，将其进行复制操作，如图 9-172 所示。

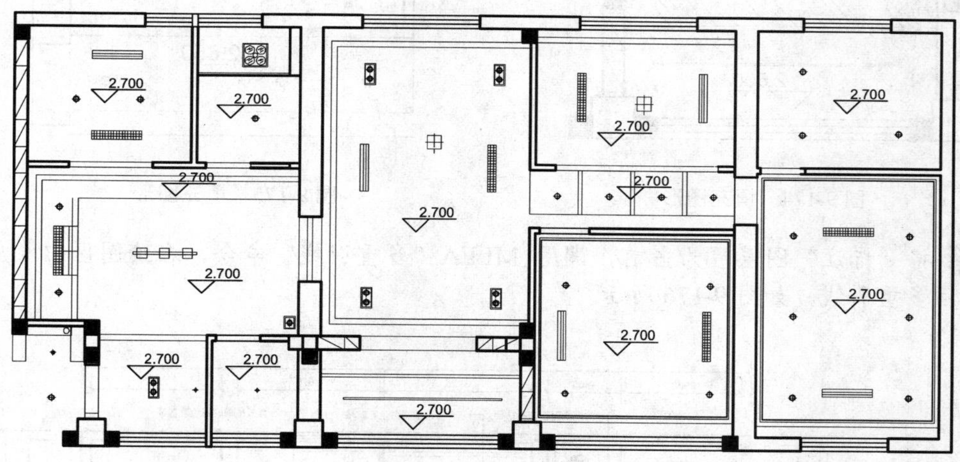

图 9-172　复制图块

04 双击复制后的标高图块，修改文字，如图 9-173 所示。

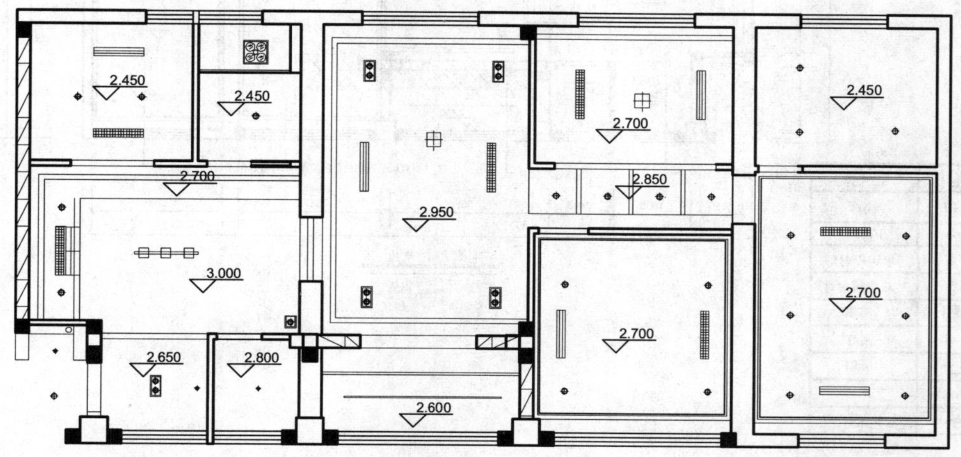

图 9-173　修改文字

05 将“地面”图层置为当前，调用 H“图案填充”命令，选择“AR-RROF”图案，修改“图案填充角度”为 50、“图案填充比例”为 20，拾取合适的区域，填充图形，如图 9-174 所示。

06 调用 H“图案填充”命令，选择“STEEL”图案，修改“图案填充比例”为 30，拾取合适的区域，填充图形，如图 9-175 所示。

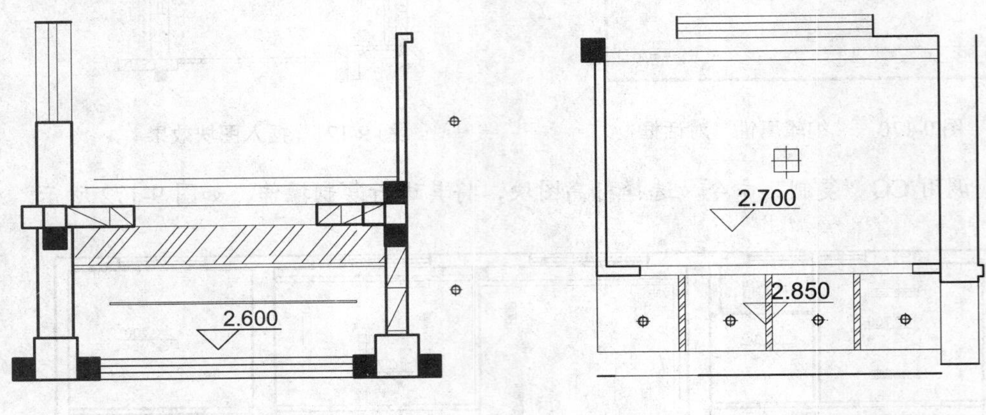

图 9-174 填充图形

图 9-175 填充图形

07 将“标注”图层置为当前，调用 MLEA“多重引线”命令，在绘图区中相应的位置，标注多重引线，如图 9-176 所示。

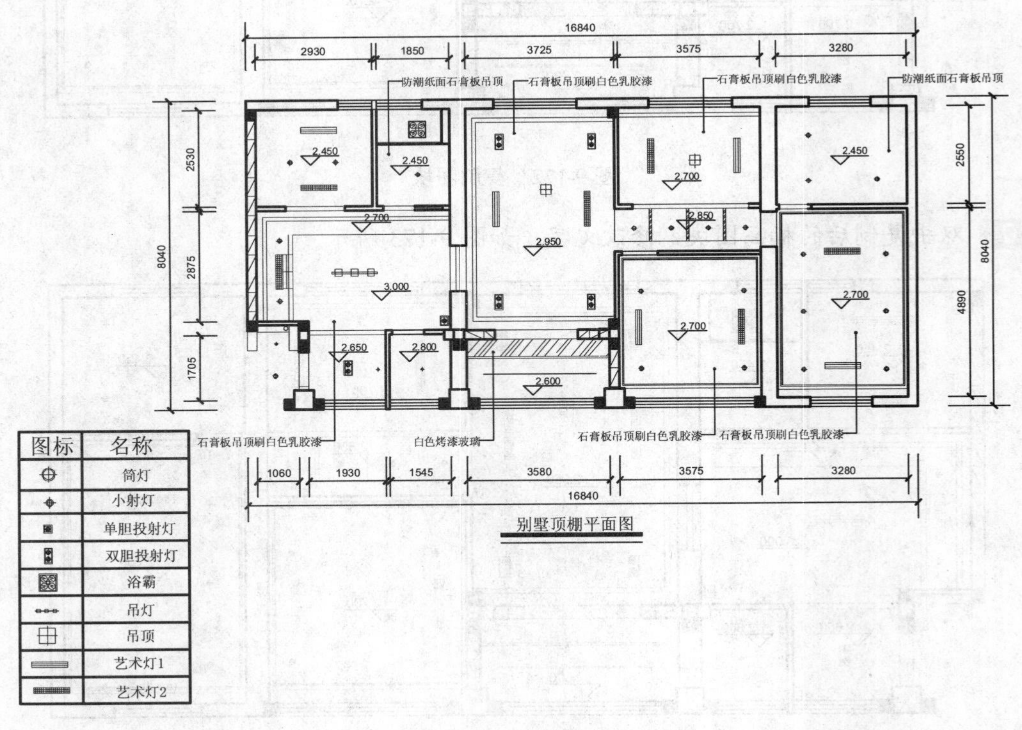

图标	名称
	筒灯
	小射灯
	单胆投射灯
	双胆投射灯
	浴霸
	吊灯
	吊顶
	艺术灯1
	艺术灯2

图 9-176 标注多重引线

第 10 章 室内立面图绘制

本章导读

室内立面图是施工图设计中重要的一环，它可以反映出客厅、卧室、厨房和卫生间等空间的各个面的详细部分。本章将详细介绍室内立面图的基础知识和相关绘制方法，以供读者掌握。

精彩看点

- 室内立面图基础认识
- 绘制客厅立面图
- 绘制主卧立面图
- 绘制次卧立面图
- 绘制书房立面图
- 绘制厨房立面图
- 绘制卫生间立面图
- 使用图案填充工具

10.1 室内立面图基础认识

立面图是装饰细节的体现，是施工的重要依据，在绘制室内立面图之前，首先需要对室内立面图有个基础的认识，如了解室内立面图的形成以及画法等。

10.1.1 室内立面图概述

在绘制室内装潢设计图时，室内立面图是室内墙面与装饰物的正投影图，它标明了墙面装饰的式样、位置尺寸以材料，同时标明了墙面与门窗、隔断等的高度尺寸，以及墙与顶面、地面的衔接方式。

10.1.2 了解室内立面图的内容

室内立面图的图示内容主要包括以下几个方面:

➢ 映投影方向可见的室内轮廓线和装修构造及墙面做法的工艺要求等。
➢ 反映固定家具，灯具等的形状及位置。
➢ 反映室内需要表达的装饰物的形状及位置。
➢ 注全各种必要的尺寸和标高。

10.1.3 了解室内立面图表达方式及要求

室内立面图的表达方式及要求主要包含以下几点:

➢ 室内立面图应按比例绘制。
➢ 室内立面图的顶棚轮廓线，可根据具体情况只表达吊平顶。
➢ 平面形状曲折的墙面可绘制展开室内立面图。
➢ 室内立面图的名称，应根据平面图中内视符号的编号确定。
➢ 室内立面图应画出门窗形状。
➢ 室内立面图应画出立面造型及需要表达的家具等形状。

10.1.4 了解室内立面图的画法

绘制室内立面图的具体步骤如下:

➢ 选定图幅，确定比例。
➢ 画出立面轮廓线及主要分隔线。
➢ 画出门窗，家具及立面造型线。
➢ 加深图线，标注尺寸等。

10.2 绘制客厅立面图

绘制客厅立面图中主要运用了“直线”命令、“偏移”命令、“矩形”命令、“复制”命令、“修剪”命令和“图案填充”命令等。

10.2.1 绘制客厅 B 立面图

绘制客厅 B 立面图主要运用了“矩形”命令、“分解”命令、“偏移”命令和“修剪”命令等。如图 10-1 所示为客厅 B 立面图。

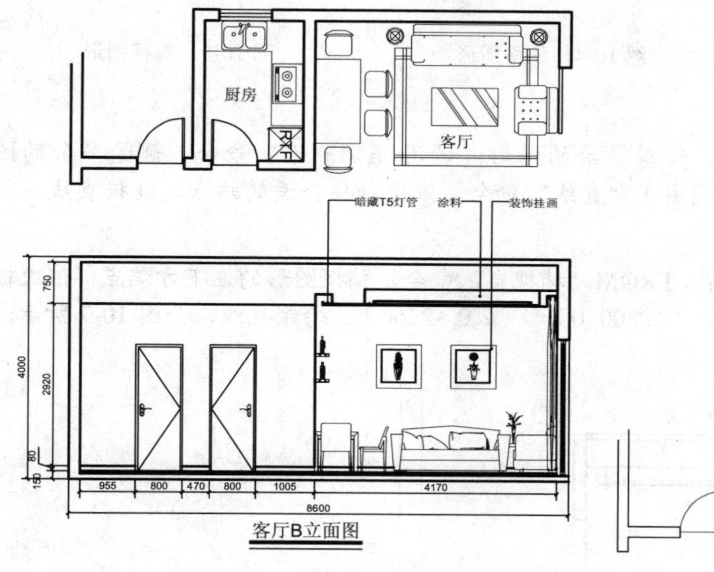

图 10-1　客厅 B 立面图

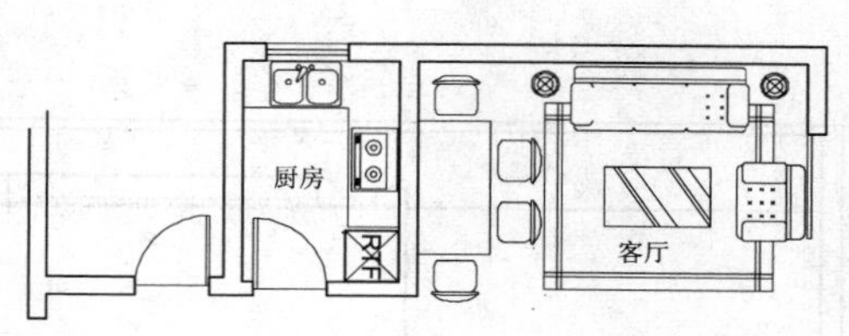

图 10-2　打开图形

操作实训 10-1：绘制客厅 B 立面图

01 按 Ctrl＋O 快捷键，打开“第 10 章\10.2.1 绘制客厅 B 立面图.dwg”图形文件，如图 10-2 所示。

02 将“墙体”图层置为当前，调用 L“直线”命令，根据平面布置图绘制墙体投影线和地面轮廓线，如图 10-3 所示。

03 调用 O“偏移”命令，将左侧的垂直直线向右偏移 200、4030、120、20、150、560、150、20、20、2630、20、20、150、130、180，如图 10-4 所示。

本章中与立面图所对应的平面图图形均是使用“复制”命令，从“效果\第 10 章\10.3.1 绘制三居室平面布置图.dwg”图形文件中复制出来。

04 调用 O“偏移”命令，将水平直线向上偏移 100、50、80、2320、600、20、40、20、120、100、450、100，如图 10-5 所示。

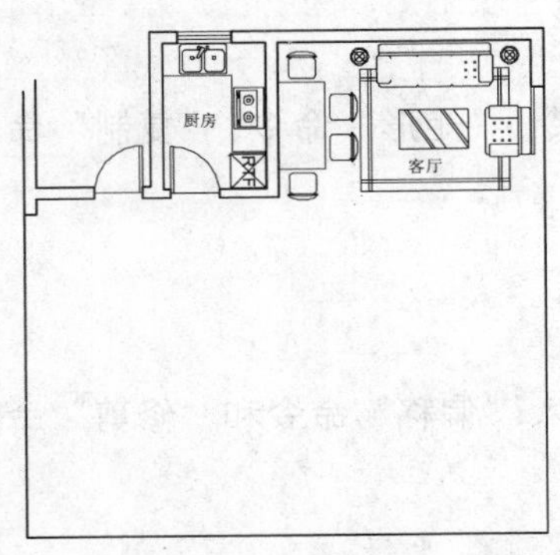

图 10-3 绘制墙体投影线和地面轮廓线

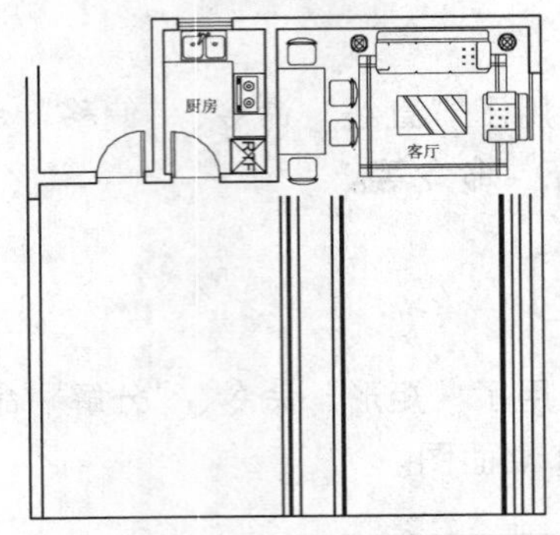

图 10-4 偏移图形

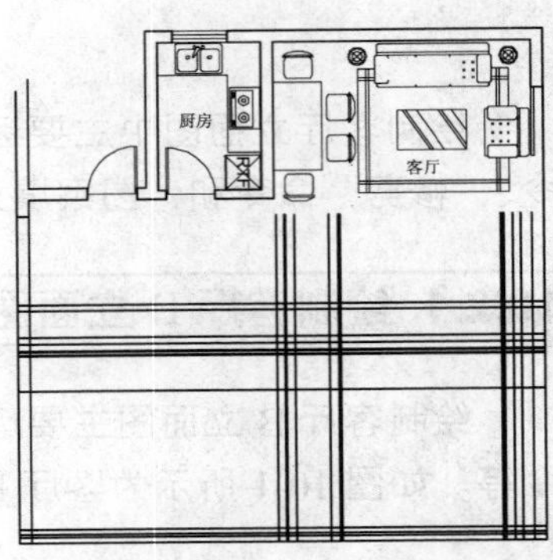

图 10-5 偏移图形

05 调用 TR“修剪”命令，修剪多余的图形；调用 E“删除”命令，删除多余的图形；将“门窗”图层置为当前；调用 L“直线”命令，依次捕捉合适的端点，连接直线，效果如图 10-6 所示。

06 调用 L“直线”命令，输入 FROM“捕捉自”命令，捕捉图形的左下方端点，依次输入（@1155, 150）、（@0, 2260）、（@800, 0）和（@0, -2260），绘制直线，如图 10-7 所示。

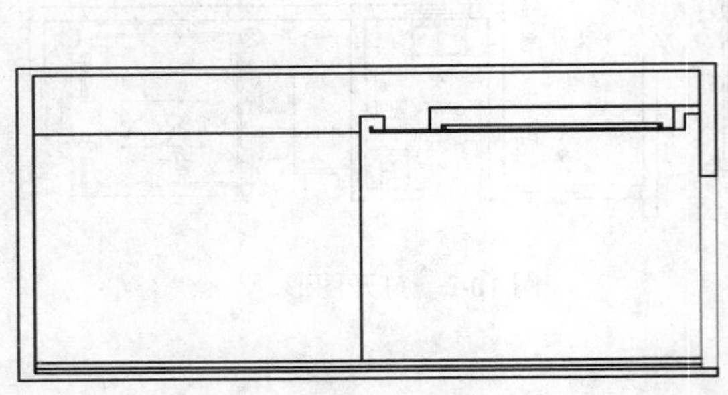
图 10-6 修改图形

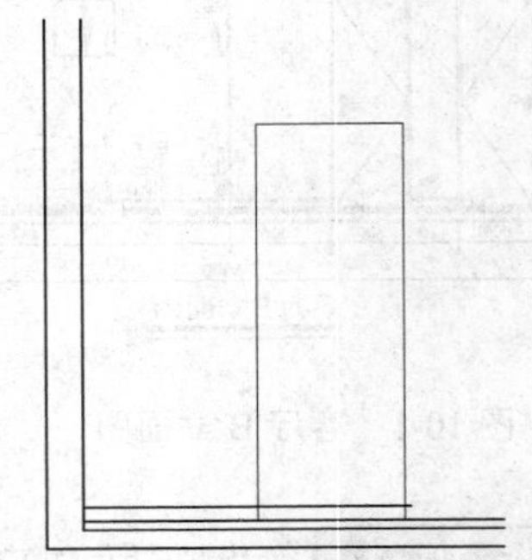
图 10-7 绘制直线

07 调用 O“偏移”命令，将新绘制的所有直线均向内偏移 40；调用 TR“修剪”命令，修剪多余的图形，如图 10-8 所示。

08 调用 CO“复制”命令，选择修剪后的图形为复制对象，捕捉左下方端点为基点，输入（@1270, 0），复制图形，如图 10-9 所示。

09 调用 L“直线”命令，依次捕捉合适的端点和中点，连接直线；调用 TR“修剪”命令，修剪多余的图形，如图 10-10 所示。

10 将“家具”图层置为当前；调用 L“直线”命令，输入 FROM“捕捉自”命令，捕捉复制后图形的右上方端点，输入（@1005, -140）、（@250, 0）、（@0, -60）和（@-250, 0），绘制直线，如图 10-11 所示。

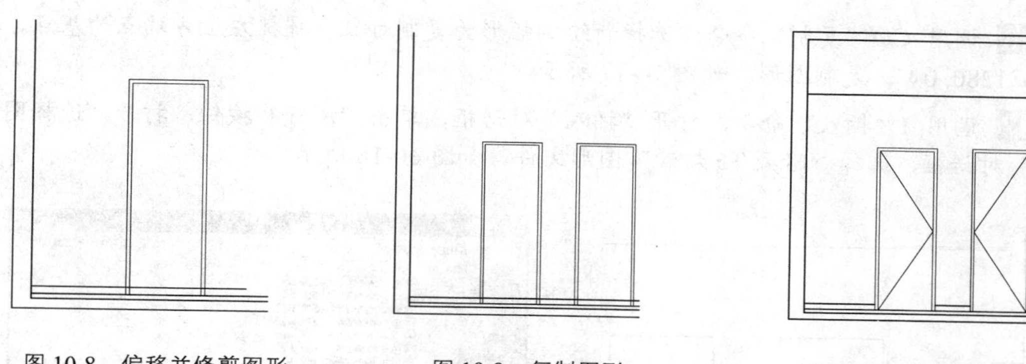

图 10-8　偏移并修剪图形　　图 10-9　复制图形　　图 10-10　绘制直线

11 调用 O“偏移”命令，将新绘制的右侧垂直直线向左偏移 14、11、200 和 11，如图 10-12 所示。

12 调用 O“偏移”命令，将新绘制的上方水平直线向下偏移 5 和 44，如图 10-13 所示。

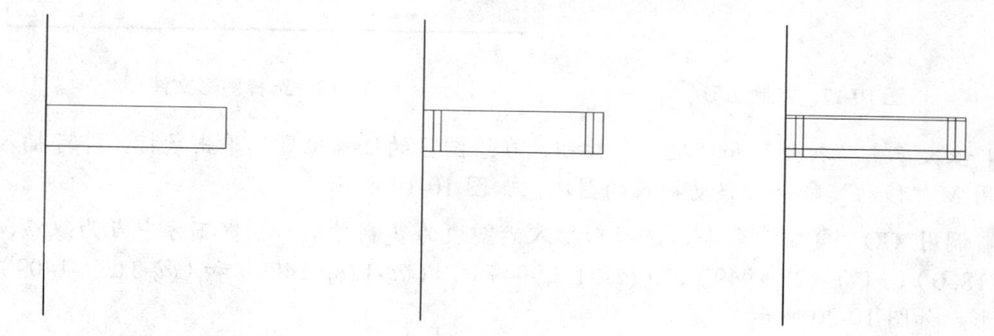

图 10-11　绘制直线　　图 10-12　偏移图形　　图 10-13　偏移图形

13 调用 TR“修剪”命令，修剪多余的图形，如图 10-14 所示。

14 调用 CO“复制”命令，选择修剪后的图形为复制对象，捕捉左上方端点为基点，输入（@0, -460），复制图形，如图 10-15 所示。

15 调用 REC“矩形”命令，输入FROM“捕捉自”命令，捕捉修剪后图形的右上方端点，依次输入（@805, 170）、（@780, -780），绘制矩形，如图 10-16 所示。

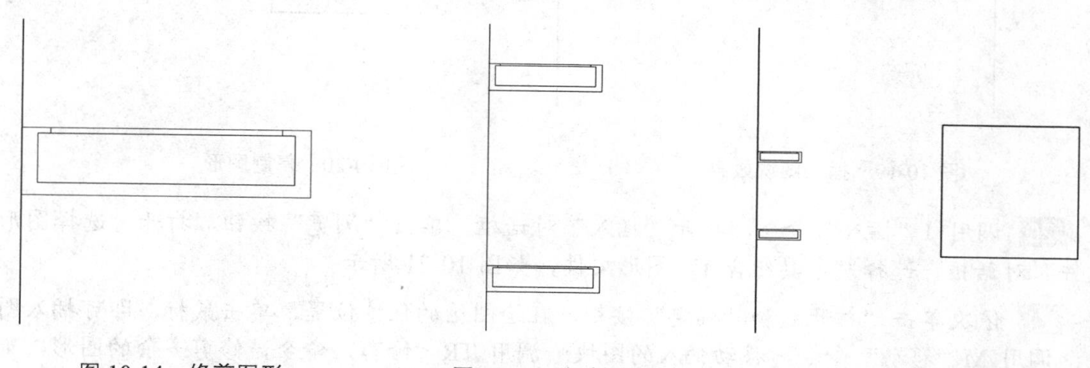

图 10-14　修剪图形　　图 10-15　复制图形　　图 10-16　绘制矩形

16 调用 CO“复制”命令，选择新绘制矩形为复制对象，捕捉左上方端点为基点，输入（@1280, 0），复制图形，如图 10-17 所示。

17 调用 I“插入”命令，打开“插入”对话框，单击“浏览”按钮，打开“选择图形文件”对话框，选择“暗藏 T5 灯管”图形文件，如图 10-18 所示。

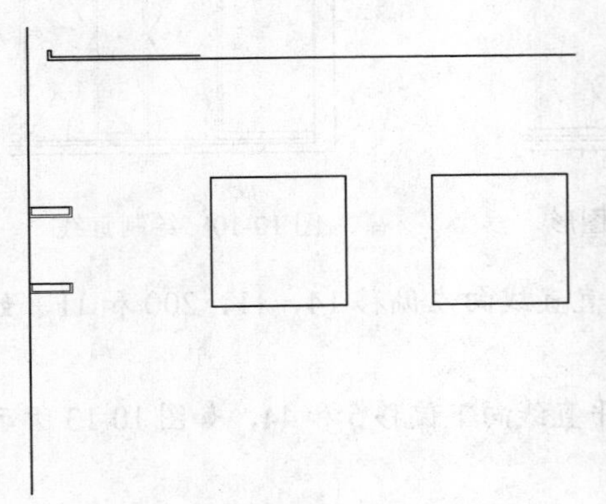

图 10-17　复制图形

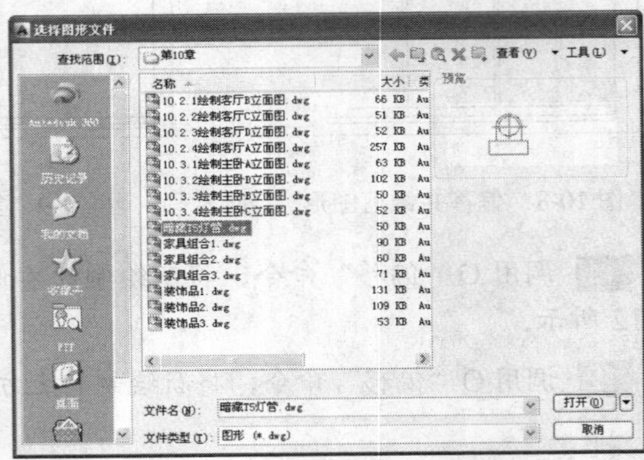

图 10-18　选择图形文件

18 依次单击“打开”和“确定”按钮，在绘图区的任意位置，单击鼠标，即可插入图块；调用 M“移动”命令，移动插入的图块，如图 10-19 所示。

19 调用 CO“复制”命令，选择新插入的图块为复制对象，捕捉下方中点为基点，输入（@718, 0）、（@-128, -949）、（@-31.7, -949）、（@-128, -1409）和（@-31.7, -1409），复制图形，如图 10-20 所示。

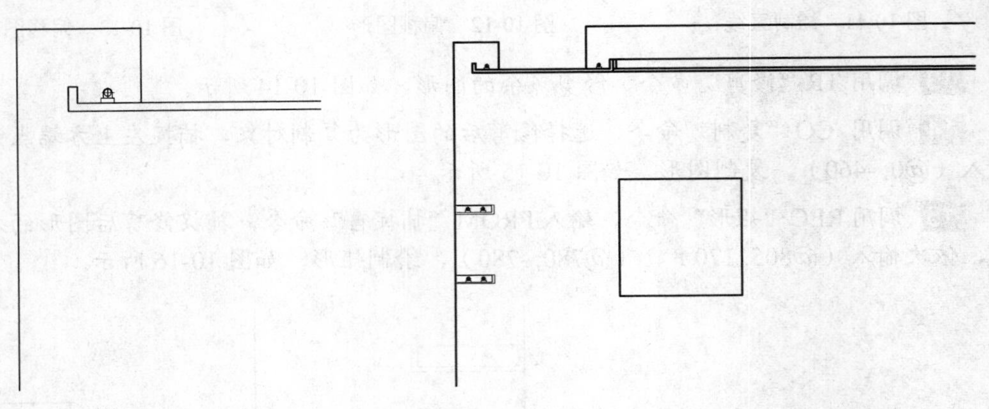

图 10-19　插入图块效果　　图 10-20　复制图形

20 调用 I“插入”命令，打开“插入”对话框，单击“浏览”按钮，打开“选择图形文件”对话框，选择“家具组合 1”图形文件，如图 10-21 所示。

21 依次单击“打开”和“确定”按钮，在绘图区的任意位置，单击鼠标，即可插入图块；调用 M“移动”命令，移动插入的图块；调用 TR“修剪”命令，修剪多余的图形，如图 10-22 所示。

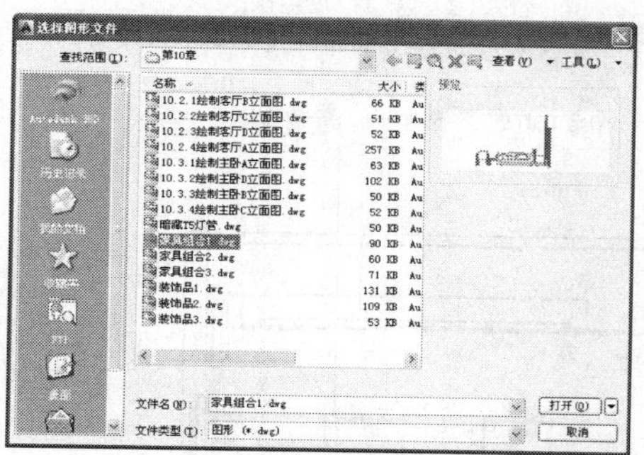

图 10-21　选择图形文件

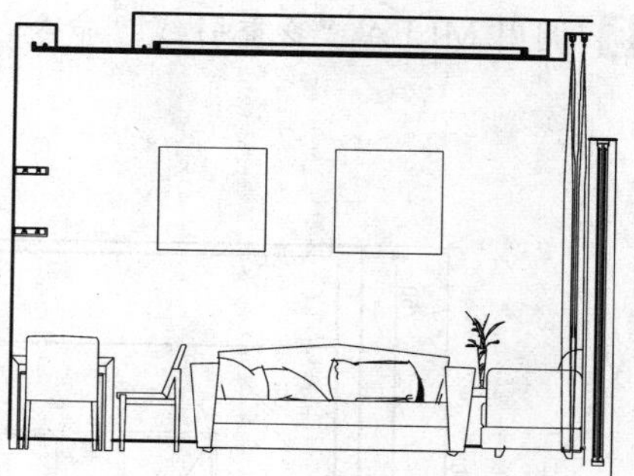

图 10-22　插入图块效果

22 调用 I“插入”命令，打开“插入”对话框，单击“浏览”按钮，打开“选择图形文件”对话框，选择“装饰品 1”图形文件，如图 10-23 所示。

23 依次单击“打开”和“确定”按钮，在绘图区的任意位置，单击鼠标，即可插入图块；调用 M“移动”命令，移动插入的图块，如图 10-24 所示。

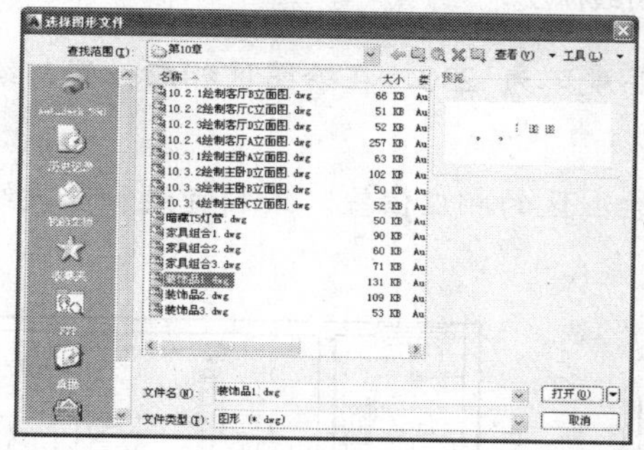

图 10-23　选择图形文件

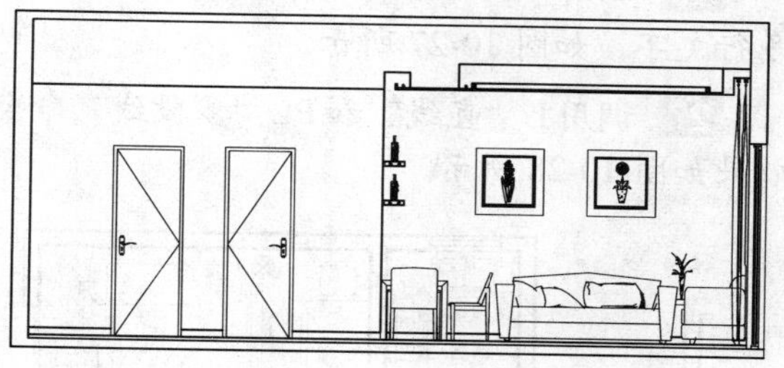

图 10-24　插入图块效果

24 将“标注”图层置为当前，调用 DLI“线性”命令和 DCO“连续”命令，标注图中所对应的线性尺寸和连续尺寸，效果如图 10-25 所示。

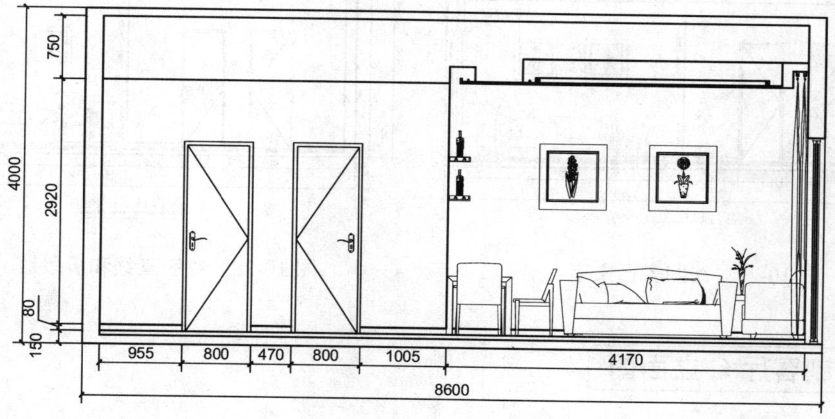

图 10-25　标注尺寸效果

25 调用 MLEA“多重引线”命令，添加多重引线标注，效果如图 10-26 所示。

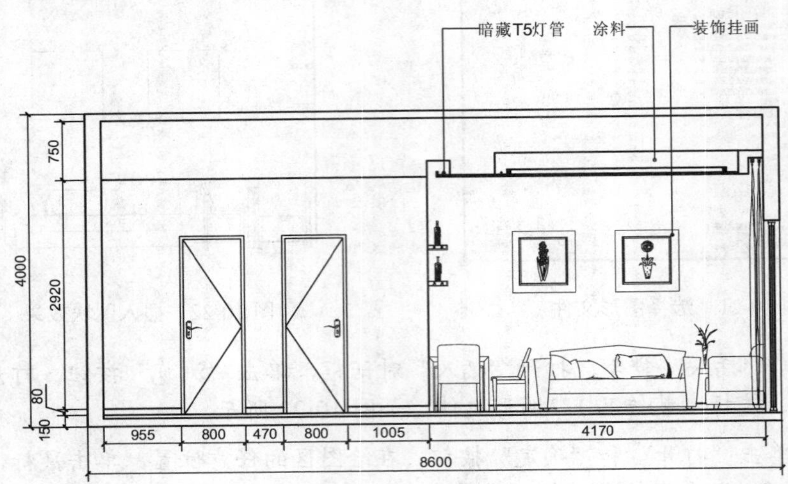

图 10-26 添加多重引线标注

26 调用 MT“多行文字”命令，修改“文字高度”为 230，在绘图区相应位置，绘制多行文字，如图 10-27 所示。

27 调用 L“直线”和 PL“多段线”命令，在绘图区的相应位置，绘制直线和多段线，效果如图 10-28 所示。

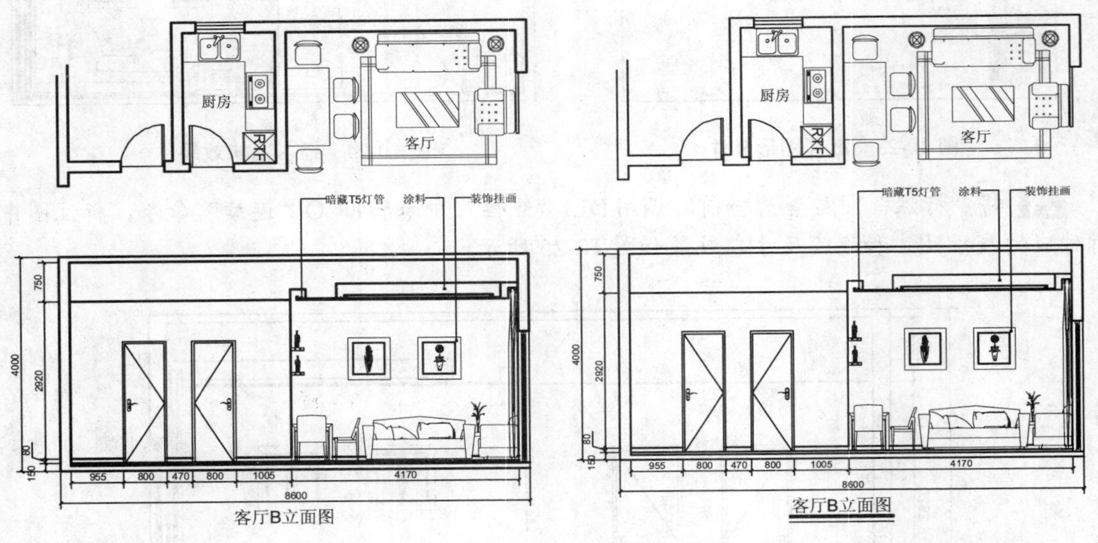

图 10-27 绘制多行文字　　图 10-28 绘制直线和多段线

10.2.2 绘制客厅 C 立面图

绘制客厅 C 立面图主要运用了“矩形”命令、“修剪”命令、“多段线”命令和“插入”命令等。如图 10-29 所示为客厅 C 立面图。

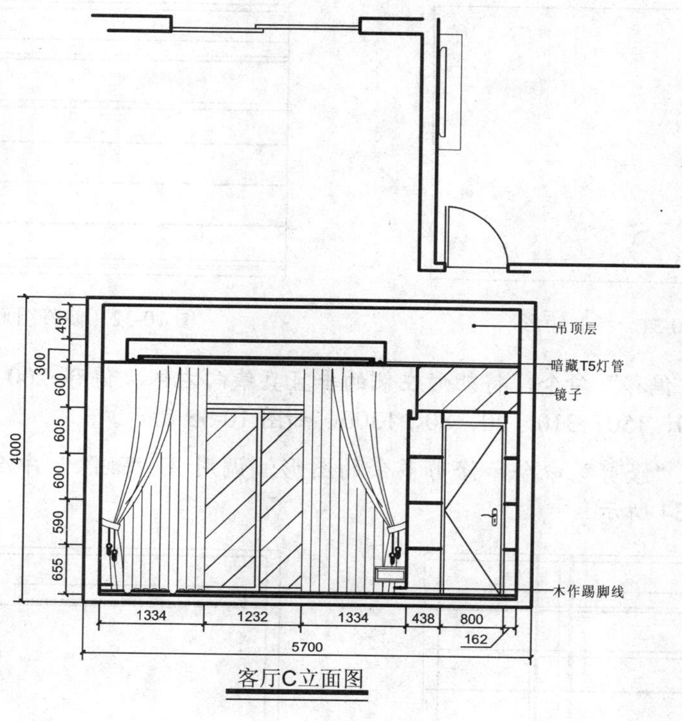

图 10-29　客厅 C 立面图

操作实训 10-2：绘制客厅 C 立面图

01 按 Ctrl + O 快捷键，打开"第 10 章\10.2.2 绘制客厅 C 立面图.dwg"图形文件，如图 10-30 所示。

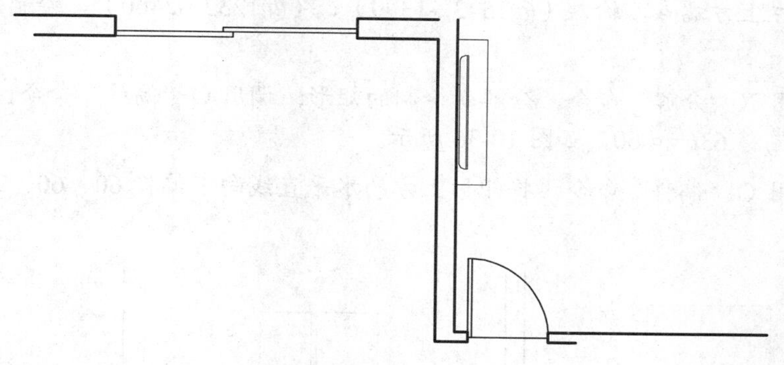

图 10-30　打开图形

02 将"墙体"图层置为当前，调用 REC"矩形"命令，任意捕捉一点为矩形的起点，输入（@5700, -4000），绘制矩形，如图 10-31 所示。

03 调用 X"分解"命令，分解新绘制矩形；调用 O"偏移"命令，将矩形上方的水平直线向下依次偏移 100、450、220、60、20、600、100、495、10、590、10、590、10、515、80、50，如图 10-32 所示。

图 10-31　绘制矩形

图 10-32　偏移图形

04 调用 O“偏移”命令，将矩形左侧的垂直直线向右依次偏移 200、310、150、20、20、2900、20、20、150、310、20、80、1300，如图 10-33 所示。

05 调用 TR“修剪”命令，修剪多余的图形；调用 E“删除”命令，删除多余的图形，效果如图 10-34 所示。

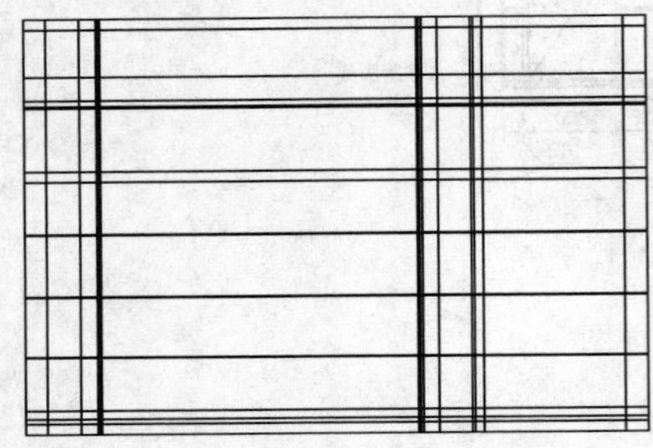

图 10-33　偏移图形

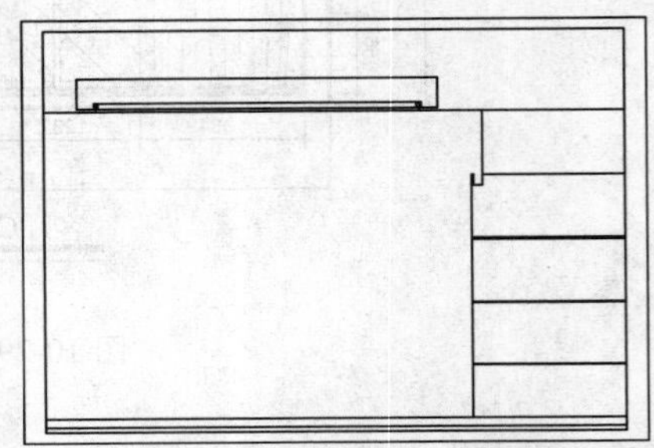

图 10-34　修剪并删除图形

06 将“门窗”图层置为当前，调用 REC“矩形”命令，输入 FROM“捕捉自”命令，捕捉图形的左上方端点，输入（@1543, -1390）、（@1232, -2460），绘制矩形，如图 10-35 所示。

07 调用 X“分解”命令，分解新绘制的矩形；调用 O“偏移”命令，将矩形左侧的垂直直线向右偏移 636 和 60，如图 10-36 所示。

08 调用 O“偏移”命令，将矩形上方的水平直线向下偏移 60、60、2279，如图 10-37 所示。

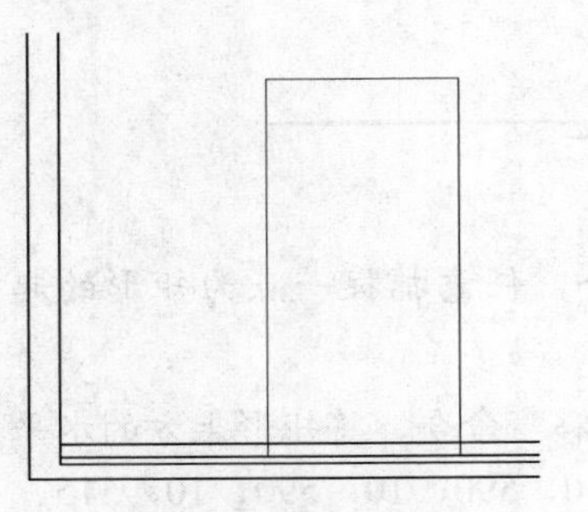

图 10-35　绘制矩形

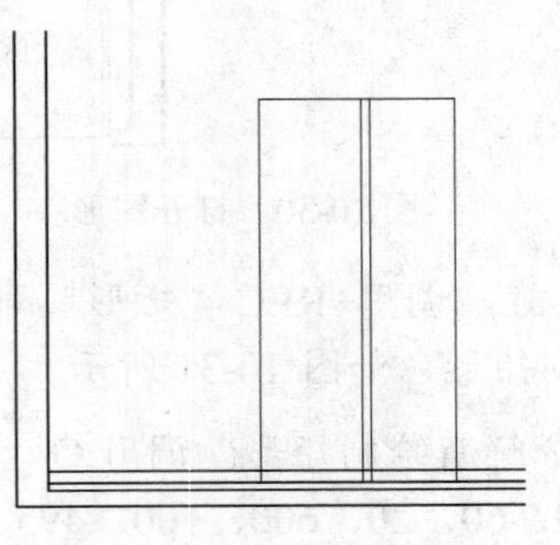

图 10-36　偏移图形

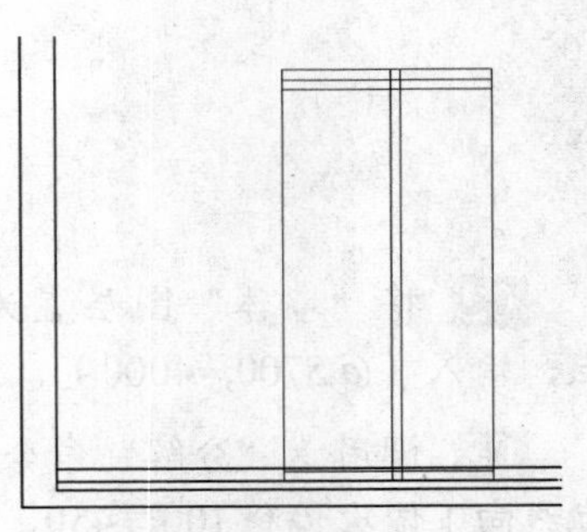

图 10-37　偏移图形

09 调用 TR“修剪”命令，修剪多余的图形；调用 E“删除”命令，删除多余的图形，效果如图 10-38 所示。

10 调用 PL“多段线”命令，输入 FROM“捕捉自”命令，捕捉图形的右下方端点，依次输入（@-362, 150）、（@0, 2260）、（@-800, 0）和（@0, -2260），绘制多段线，如图 10-39 所示。

11 调用 O“偏移”命令，将新绘制的多段线向内偏移 40，如图 10-40 所示。

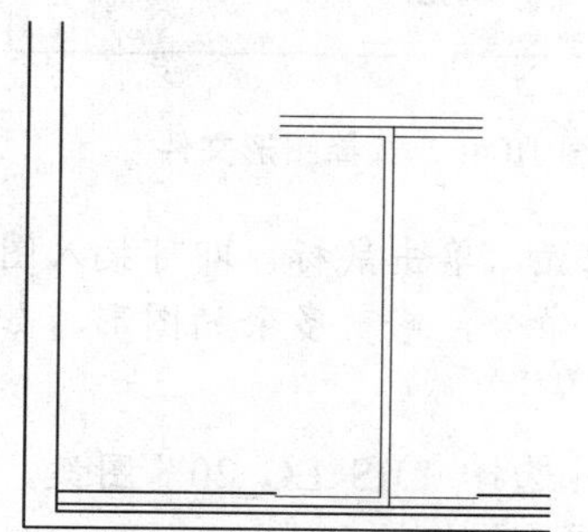

图 10-38　修剪并删除图形

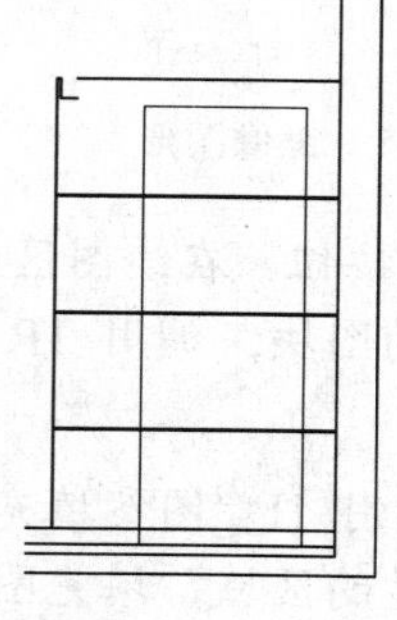

图 10-39　绘制多段线

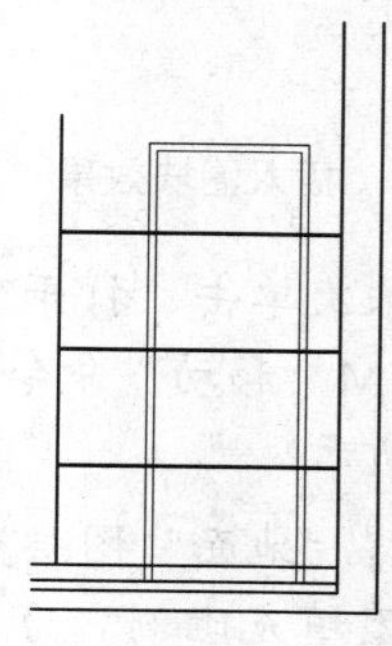

图 10-40　偏移图形

12 调用 TR“修剪”命令，修剪多余的图形；调用 E“删除”命令，删除多余的图形，效果如图 10-41 所示。

13 调用 L“直线”命令，依次捕捉合适的端点和中点，连接直线，并将新绘制的两条垂直直线修改至“墙体”图层，如图 10-42 所示。

14 将“家具”图层置为当前；调用 I“插入”命令，打开“插入”对话框，单击“浏览”按钮，打开“选择图形文件”对话框，选择“暗藏 T5 灯管”图形文件，如图 10-43 所示。

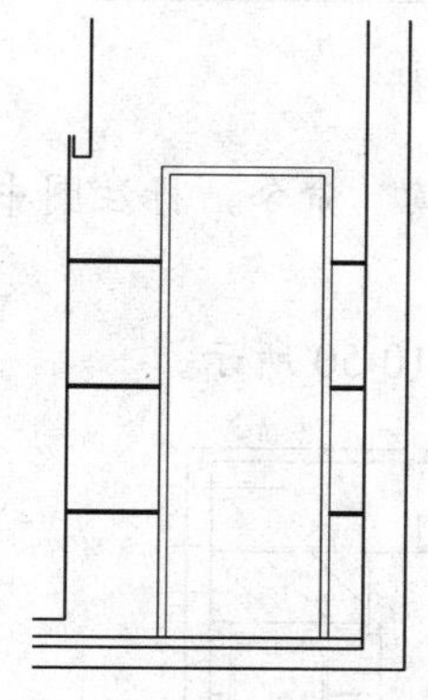

图 10-41　修剪图形

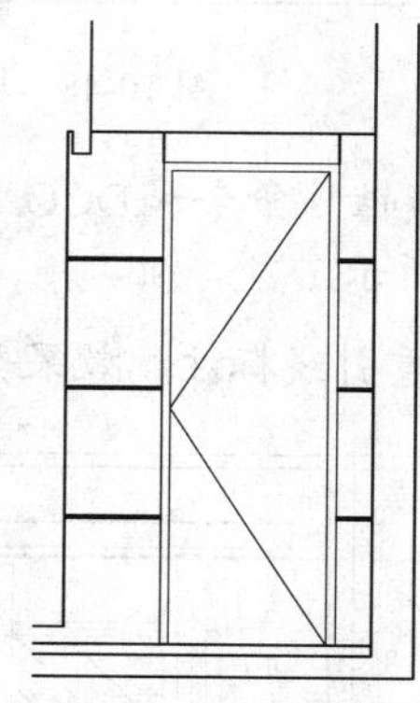

图 10-42　绘制直线

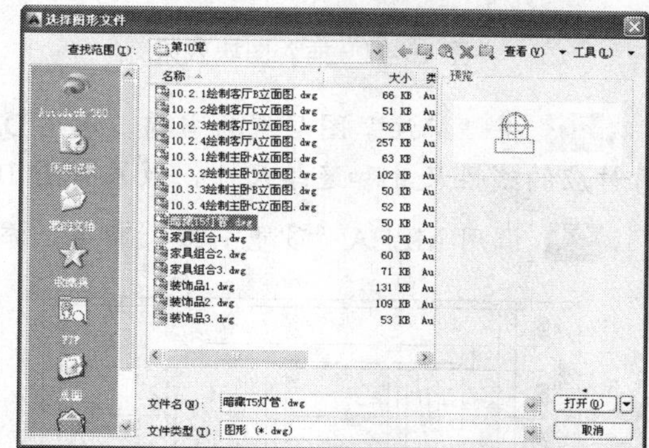

图 10-43　选择图形文件

15 依次单击“打开”和“确定”按钮，在绘图区的任意位置，单击鼠标，即可插入图块；调用 M“移动”命令，移动插入的图块，如图 10-44 所示。

16 调用 MI“镜像”命令，将新绘制的图块进行镜像操作，如图 10-45 所示。

17 调用 I“插入”命令，打开“插入”对话框，单击“浏览”按钮，打开“选择图形文件”对话框，选择“家具组合 2”图形文件，如图 10-46 所示。

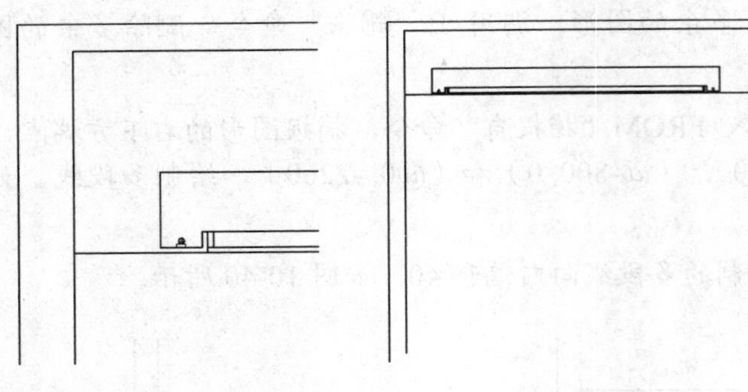

图 10-44　插入图块效果　　　　图 10-45　镜像图形

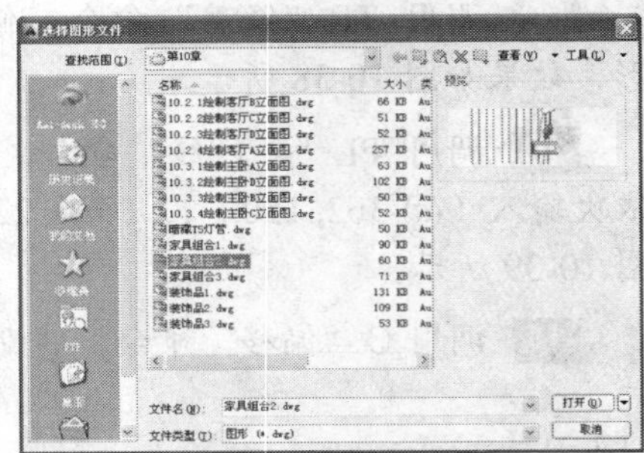

图 10-46　选择图形文件

18 依次单击“打开”和“确定”按钮，在绘图区的任意位置，单击鼠标，即可插入图块；调用 M“移动”命令，移动插入的图块；调用 TR“修剪”命令，修剪多余的图形，如图 10-47 所示。

19 将“地面”图层置为当前；调用 H“图案填充”命令，选择“JIS_LC_20”图案，修改“图案填充比例”为 15，拾取合适的区域，填充图形，如图 10-48 所示。

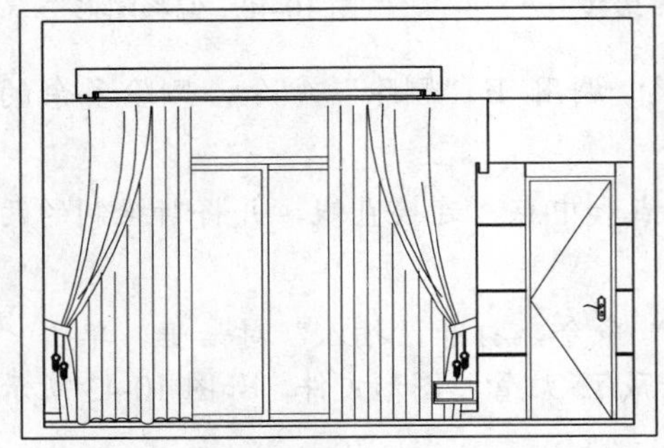

图 10-47　插入图块效果

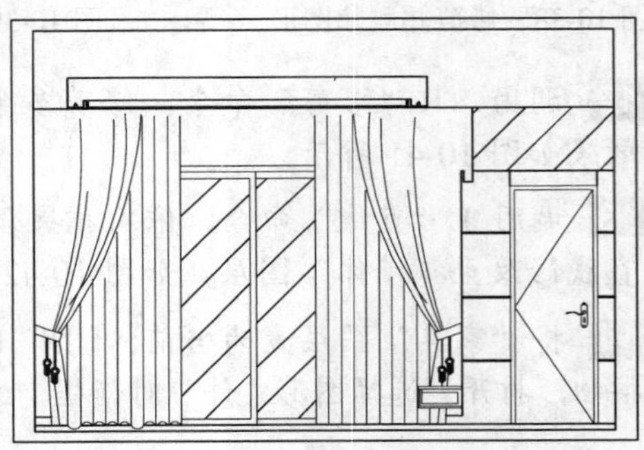

图 10-48　填充图形

20 将“标注”图层置为当前，调用 DLI“线性”命令和 DCO“连续”命令，标注图中所对应的线性尺寸和连续尺寸，效果如图 10-49 所示。

21 调用 MLEA“多重引线”命令，添加多重引线标注，效果如图 10-50 所示。

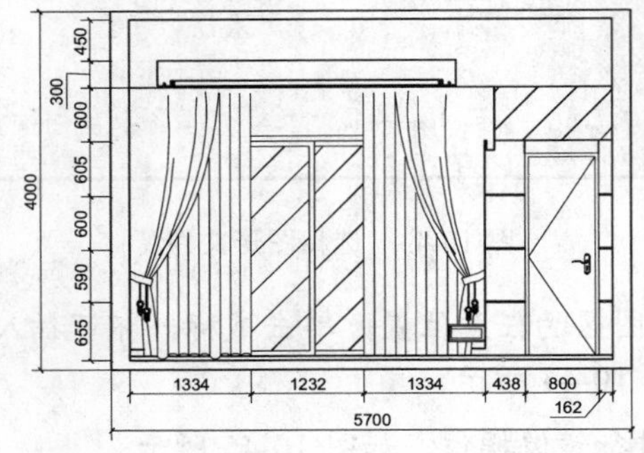

图 10-49　标注尺寸效果

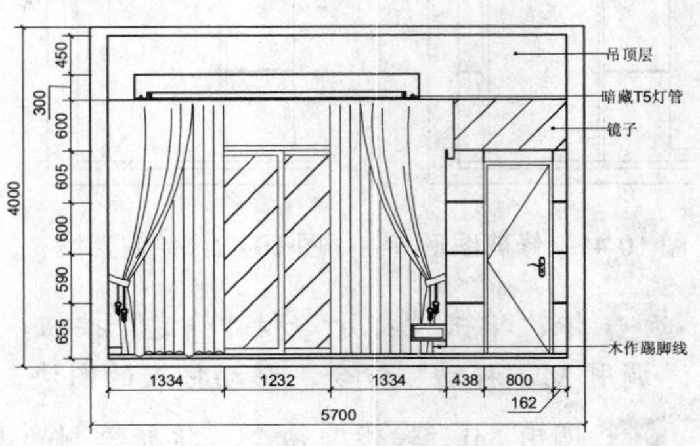

图 10-50　添加多重引线

22 调用 MT“多行文字”命令，修改“文字高度”为 200，在绘图区相应位置，绘制多行文字，如图 10-51 所示。

23 调用 L“直线”和 PL“多段线”命令，在绘图区的相应位置，绘制直线和多段线，效果如图 10-52 所示。

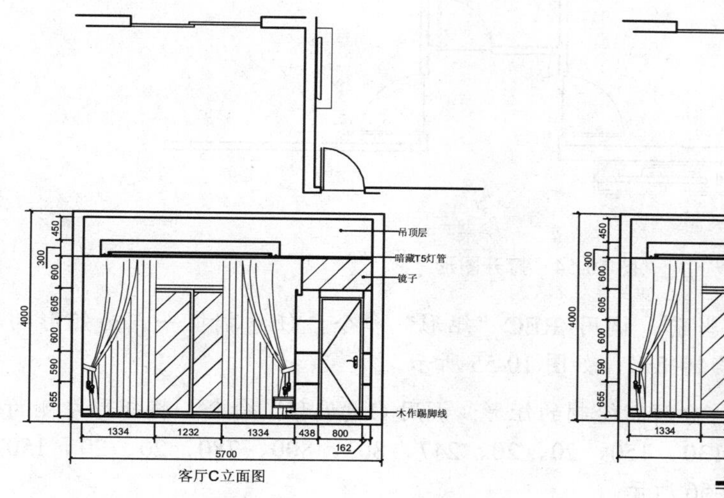

图 10-51　绘制多行文字

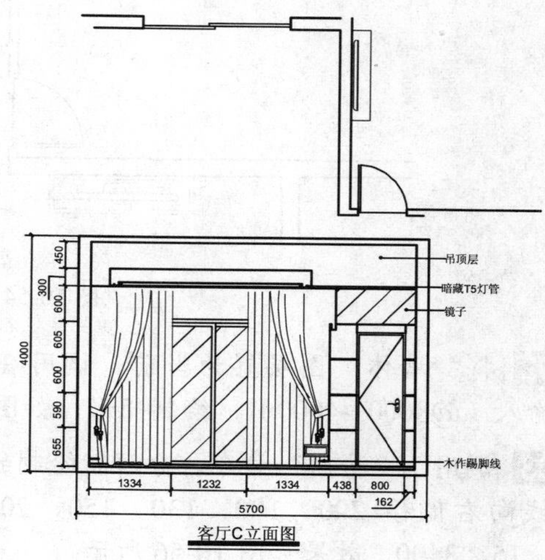

图 10-52　绘制直线和多段线

10.2.3 绘制客厅 D 立面图

绘制客厅 D 立面图主要运用了“直线”命令、“偏移”命令、“修剪”命令和“多段线”命令等。如图 10-53 所示为客厅 D 立面图。

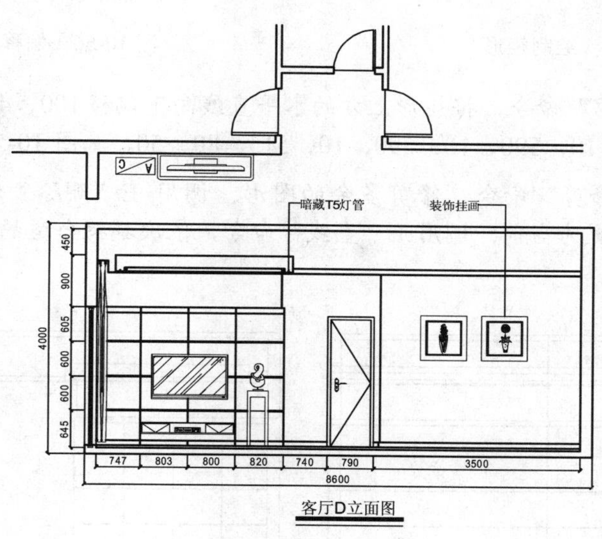

图 10-53　客厅 D 立面图

操作实训 10-3：绘制客厅 D 立面图

01 按 Ctrl + O 快捷键，打开“第 10 章\10.2.3 绘制客厅 D 立面图.dwg”图形文件，如图 10-54 所示。

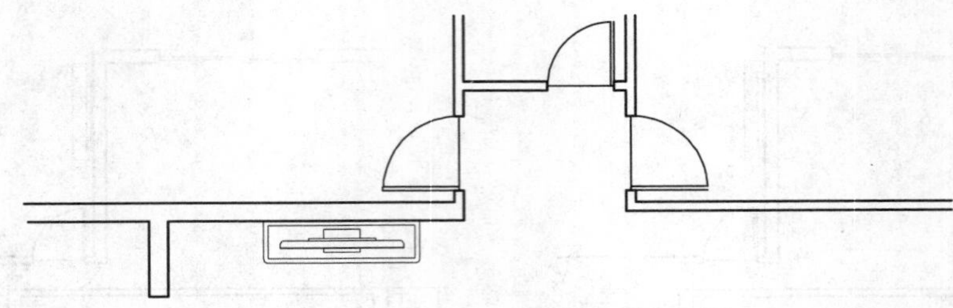

图 10-54 打开图形

02 将“墙体”图层置为当前，调用 REC“矩形”命令，任意捕捉一点为矩形的起点，输入（@8600, -4000），绘制矩形，如图 10-55 所示。

03 调用 X“分解”命令，分解新绘制的矩形；调用 O“偏移”命令，将矩形左侧的垂直直线向右偏移 200、180、130、150、20、20、247、803、800、780、20、20、150、1465、15、3400，效果如图 10-56 所示。

图 10-55 绘制矩形

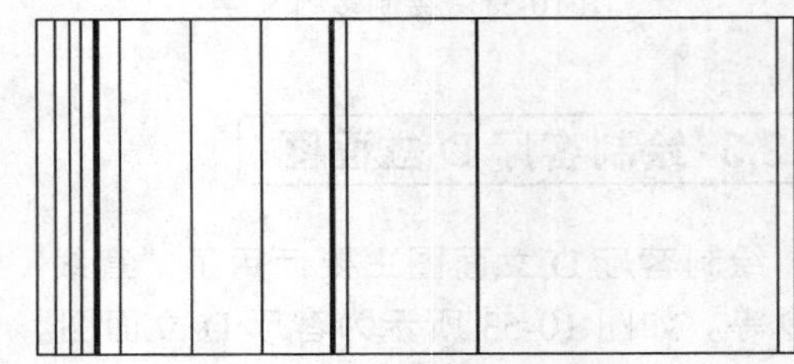

图 10-56 偏移图形

04 调用 O“偏移”命令，将矩形上方的水平直线向下偏移 100、450、100、120、60、20、600、100、495、10、590、10、590、10、515、80、50，如图 10-57 所示。

05 调用 TR“修剪”命令，修剪多余的图形；调用 E“删除”命令，删除多余的图形；将“门窗”图层置为当前；调用 L“直线”命令，依次捕捉合适的端点，连接直线，效果如图 10-58 所示。

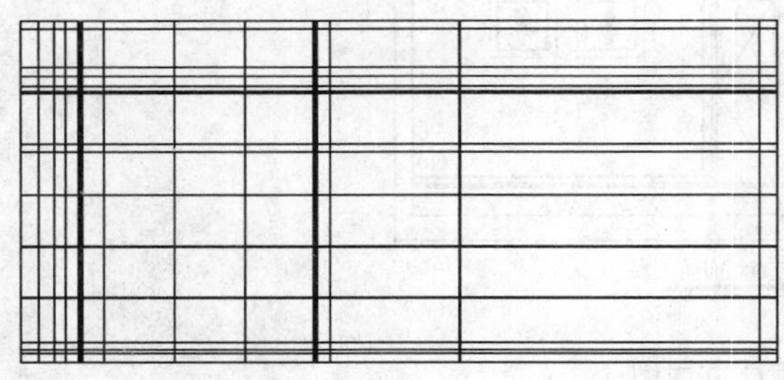

图 10-57 偏移图形

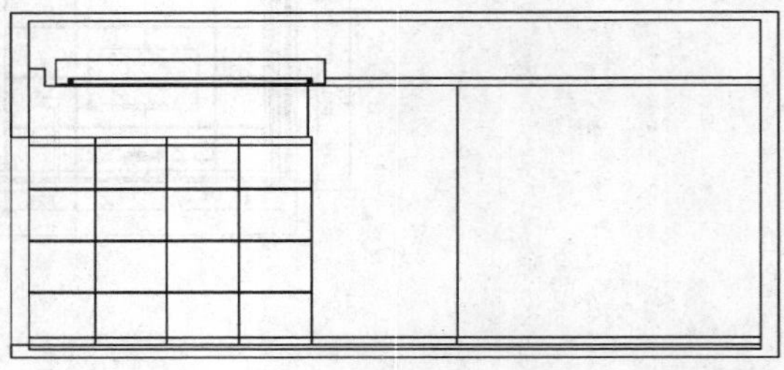

图 10-58 修改图形

06 调用 PL“多段线”命令，输入 FROM“捕捉自”命令，捕捉图形的右下方端点，依次输入（@-3700, 150）、（@0, 2260）、（@-800, 0）和（@0, -2260），绘制多段线，如图 10-59 所示。

07 调用 O“偏移”命令，将新绘制的多段线向内偏移 40，如图 10-60 所示。

08 调用 L“直线”命令，依次捕捉合适的端点和中点，连接直线，如图 10-61 所示。

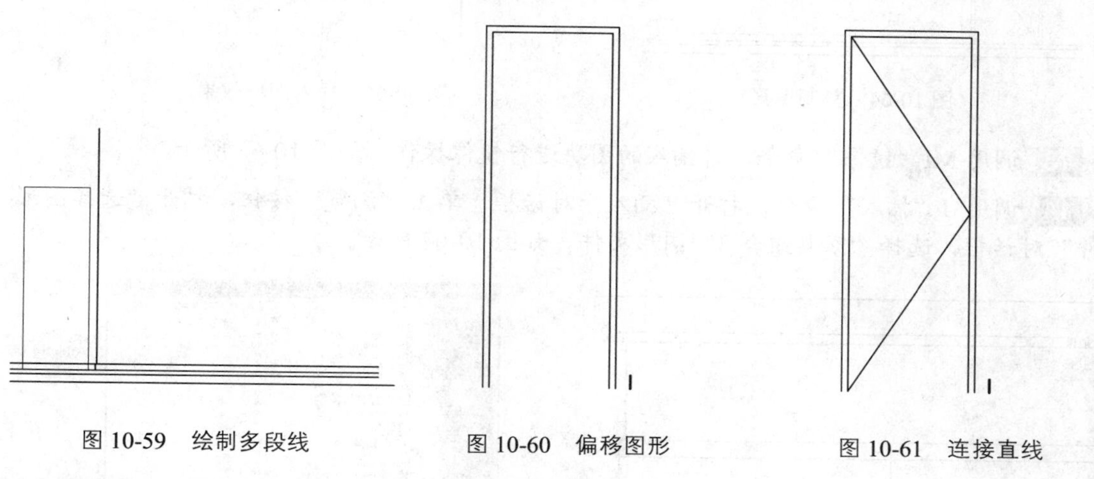

图 10-59 绘制多段线　　图 10-60 偏移图形　　图 10-61 连接直线

09 调用 TR“修剪”命令，修剪多余的图形，如图 10-62 所示。

10 将“家具”图层置为当前，调用 REC“矩形”命令，输入 FROM“捕捉自”命令，捕捉新绘制门图形的右上方端点，输入（@790, 30）、（@780, -780），绘制矩形，如图 10-63 所示。

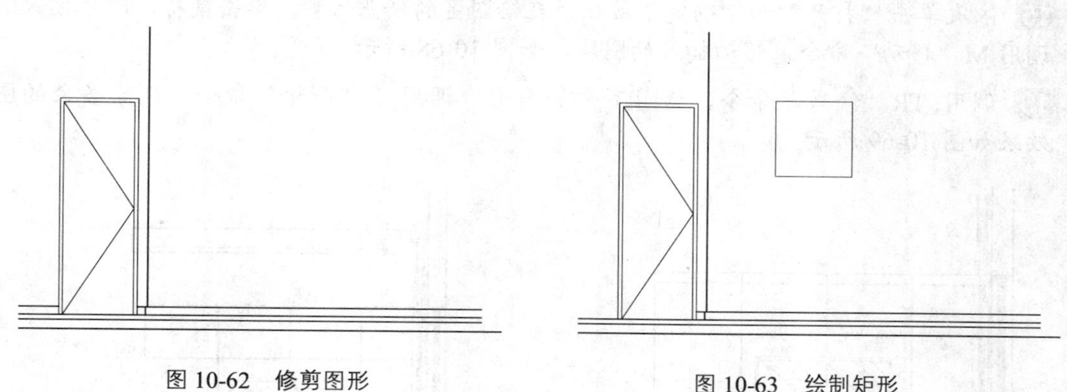

图 10-62 修剪图形　　图 10-63 绘制矩形

11 调用 CO“复制”命令，选择新绘制的矩形为复制对象，捕捉左上方端点为基点，输入（@1030, 0），复制图形，如图 10-64 所示。

12 调用 I“插入”命令，打开“插入”对话框，单击“浏览”按钮，打开“选择图形文件”对话框，选择“暗藏 T5 灯管”图形文件，依次单击“打开”和“确定”按钮，在绘图区的任意位置，单击鼠标，即可插入图块；调用 M“移动”命令，移动插入的图块，如图 10-65 所示。

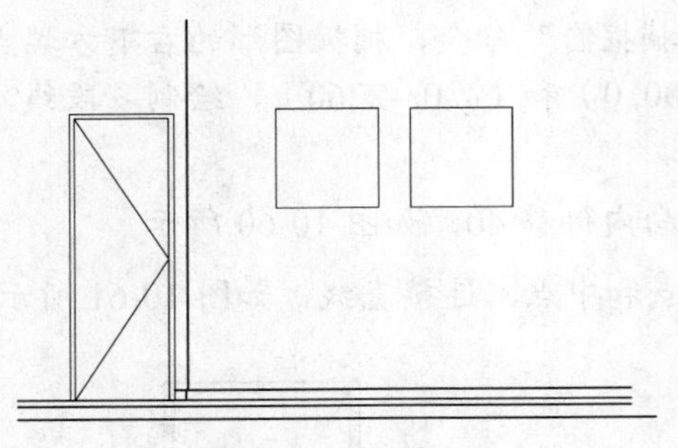
图 10-64　复制图形

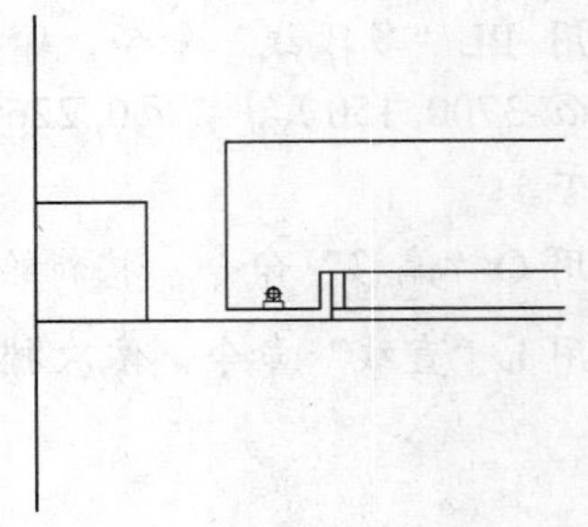
图 10-65　插入图块效果

13 调用 MI“镜像”命令，将插入的图块进行镜像操作，如图 10-66 所示。

14 调用 I“插入”命令，打开“插入”对话框，单击“浏览”按钮，打开“选择图形文件”对话框，选择“家具组合 3”图形文件，如图 10-67 所示。

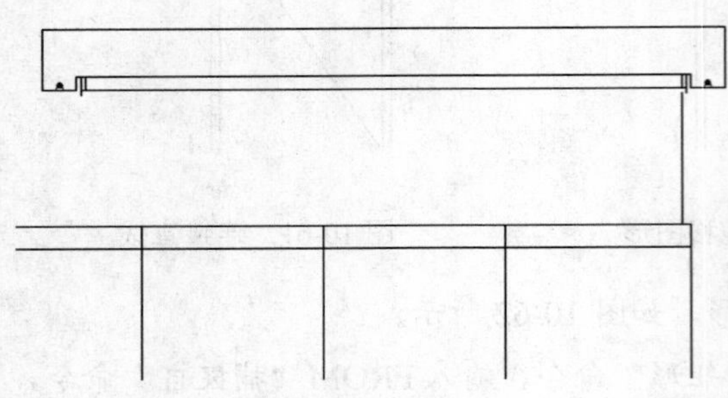
图 10-66　镜像图形

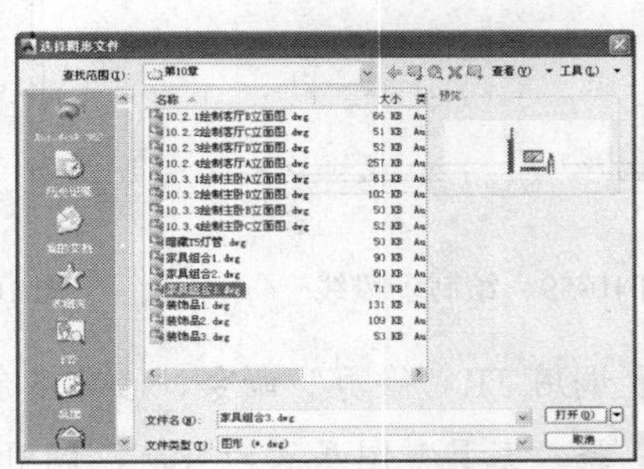
图 10-67　选择图形文件

15 依次单击“打开”和“确定”按钮，在绘图区的任意位置，单击鼠标，即可插入图块；调用 M“移动”命令，移动插入的图块，如图 10-68 所示。

16 调用 TR“修剪”命令，修剪多余的图形；调用 E“删除”命令，删除多余的图形，效果如图 10-69 所示。

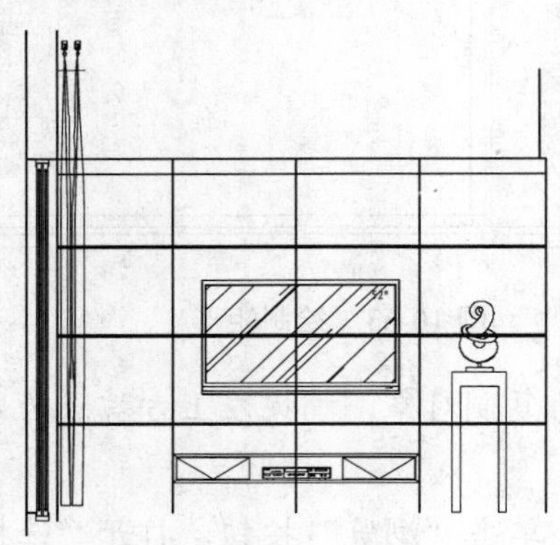
图 10-68　插入图块效果

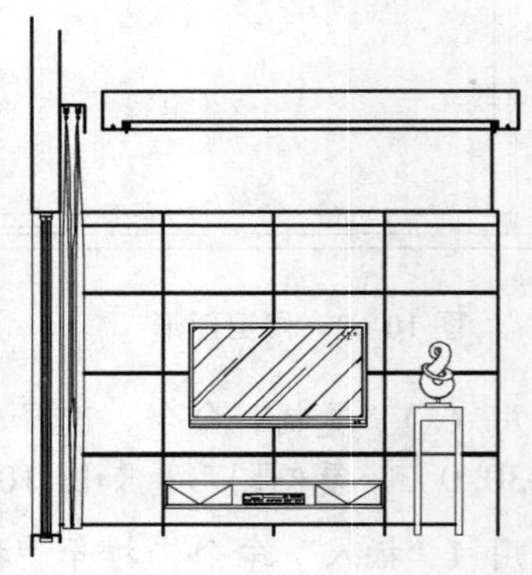
图 10-69　修剪并删除图形

17 调用 I“插入”命令，打开“插入”对话框，单击“浏览”按钮，打开“选择图形文件”对话框，选择“装饰品 2”图形文件，如图 10-70 所示。

18 依次单击“打开”和“确定”按钮，在绘图区的任意位置，单击鼠标，即可插入图块；调用 M“移动”命令，移动插入的图块，如图 10-71 所示。

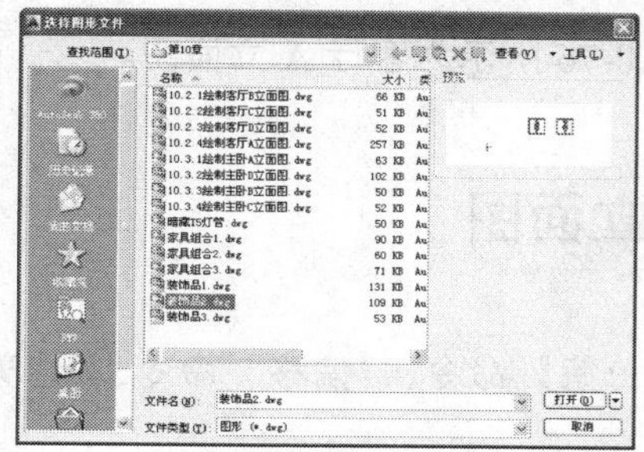
图 10-70　选择图形文件

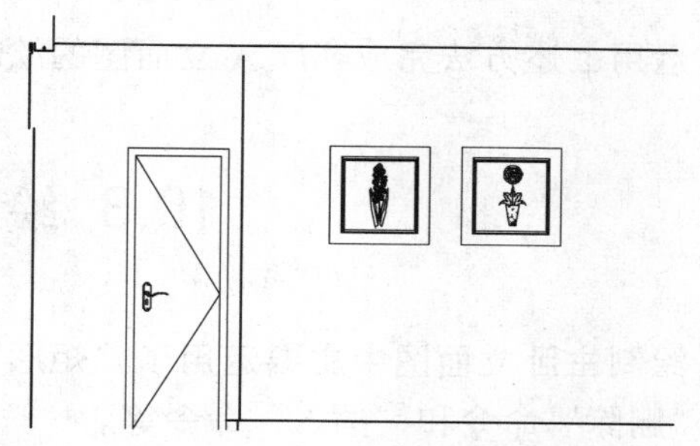
图 10-71　插入图块效果

19 将“标注”图层置为当前，调用 DLI“线性”命令和 DCO“连续”命令，标注图中所对应的线性尺寸和连续尺寸，如图 10-72 所示。

20 调用 MLEA“多重引线”命令，添加多重引线标注，效果如图 10-73 所示。

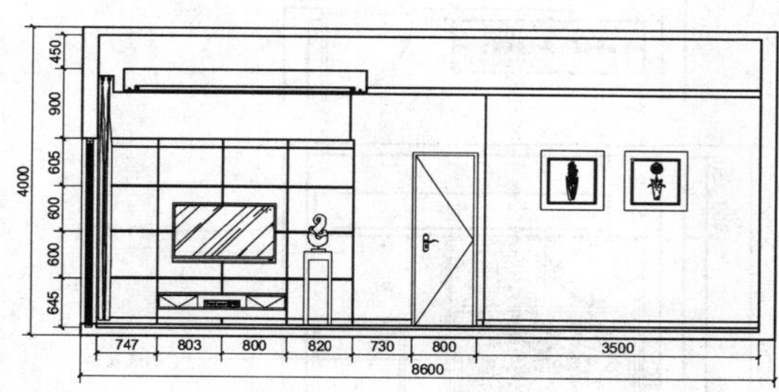

图 10-72　标注尺寸

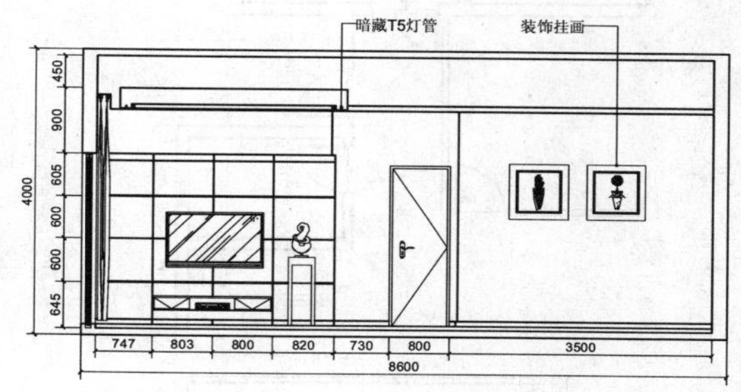

图 10-73　添加多重引线标注

21 调用 MT“多行文字”命令，修改“文字高度”为 200，在绘图区相应位置，绘制多行文字，如图 10-74 所示。

22 调用 L“直线”和 PL“多段线”命令，在绘图区的相应位置，绘制直线和多段线，效果如图 10-75 所示。

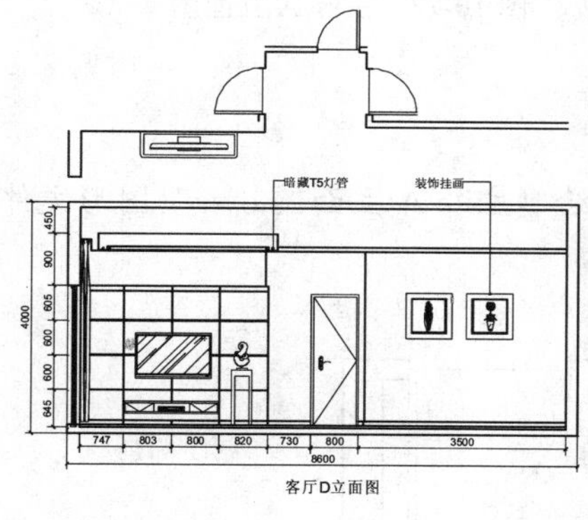

图 10-74　绘制多行文字

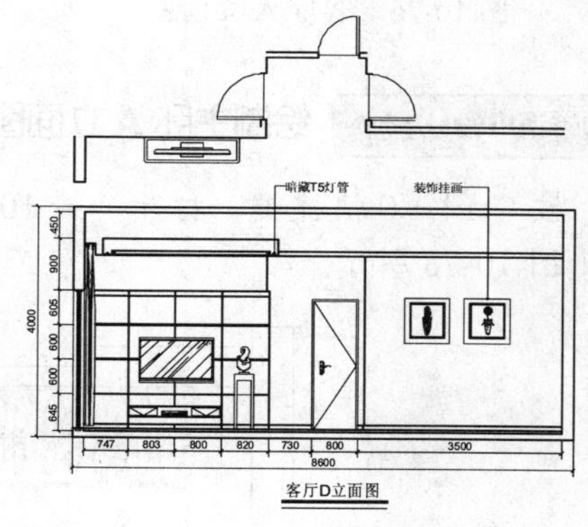

图 10-75　绘制直线和多段线

10.2.4 绘制客厅 A 立面图

运用上述方法完成客厅 A 立面图的绘制，如图 10-76 所示为客厅 A 立面图。

10.3 绘制主卧立面图

绘制主卧立面图中主要运用了“矩形”命令、“分解”命令、“偏移”命令、“修剪”命令、“删除”命令和“插入”命令等。

10.3.1 绘制主卧 A 立面图

主卧 A 立面图表达了衣柜和门所在的位置。绘制主卧 A 立面图主要运用了“矩形”命令、“分解”命令、“偏移”命令和“修剪”命令等。如图 10-77 所示为主卧 A 立面图。

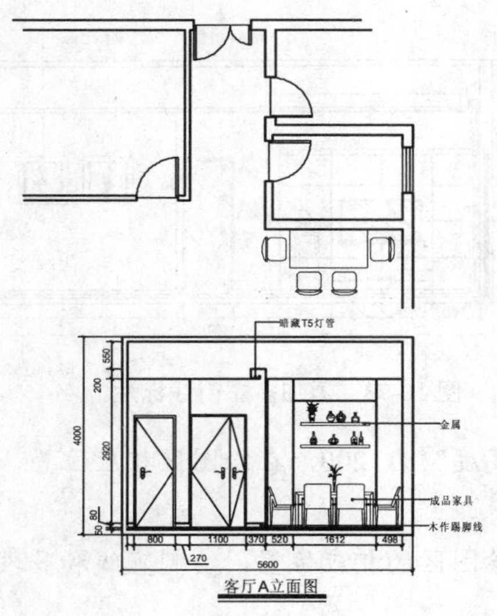

图 10-76　客厅 A 立面图

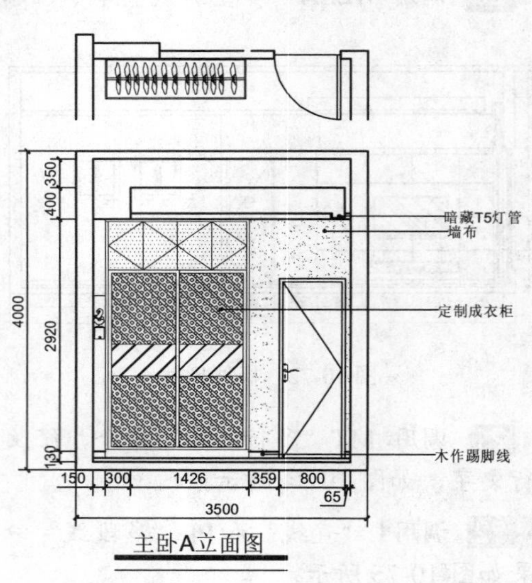

图 10-77　主卧 A 立面图

操作实训 10-4：绘制主卧 A 立面图

01 按 Ctrl + O 快捷键，打开“第 10 章\10.3.1 绘制主卧 A 立面图.dwg”图形文件，图形效果如图 10-78 所示。

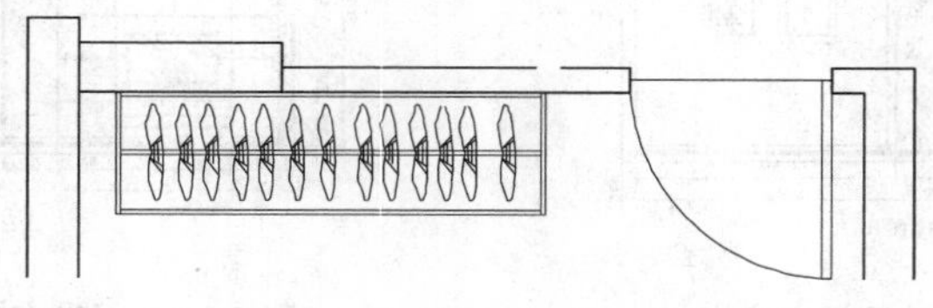

图 10-78　打开图形

02 将“墙体”图层置为当前，调用 REC“矩形”命令，任意捕捉一点为矩形的起点，输入（@3500, -4000），绘制矩形，如图 10-79 所示。

03 调用 X“分解”命令，分解新绘制的矩形；调用 O“偏移”命令，将矩形左侧的垂直直线向右偏移 200、450、2400、20、150、80，如图 10-80 所示。

04 调用 O“偏移”命令，将矩形上方的水平直线向下依次偏移 100、350、320、60、20、2920、80、50，如图 10-81 所示。

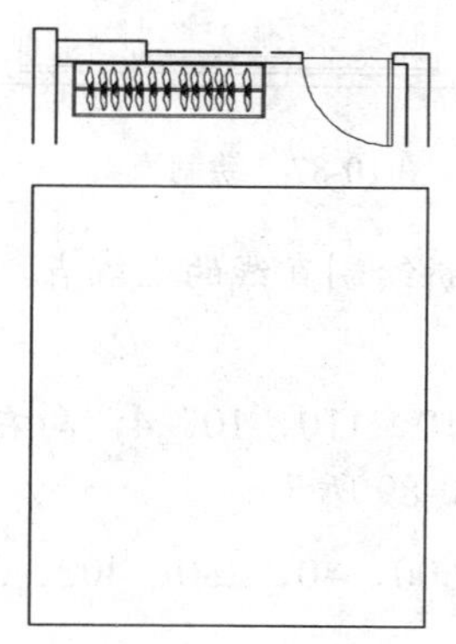

图 10-79　绘制矩形

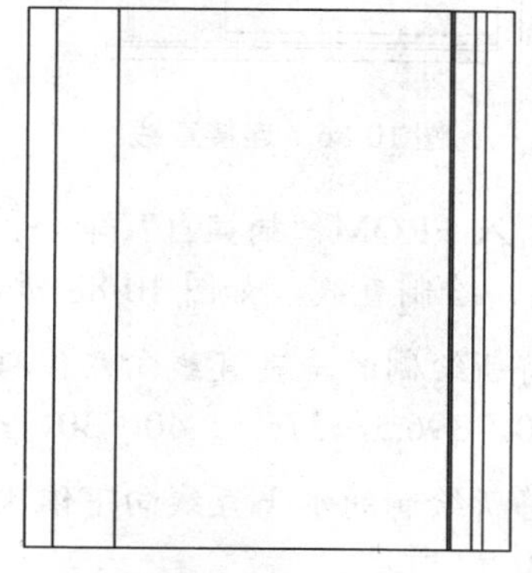

图 10-80　偏移图形

图 10-81　偏移图形

05 调用 TR“修剪”命令，修剪多余的图形；调用 E“删除”命令，删除多余的图形，效果如图 10-82 所示。

06 将“门窗”图层置为当前；调用 PL“多段线”命令，输入 FROM“捕捉自”命令，捕捉图形的右下方端点，依次输入（@-265, 150）、（@0, 2260）、（@-800, 0）和（@0, -2260），绘制多段线，如图 10-83 所示。

07 调用 O“偏移”命令，将新绘制的多段线向内偏移 40，如图 10-84 所示。

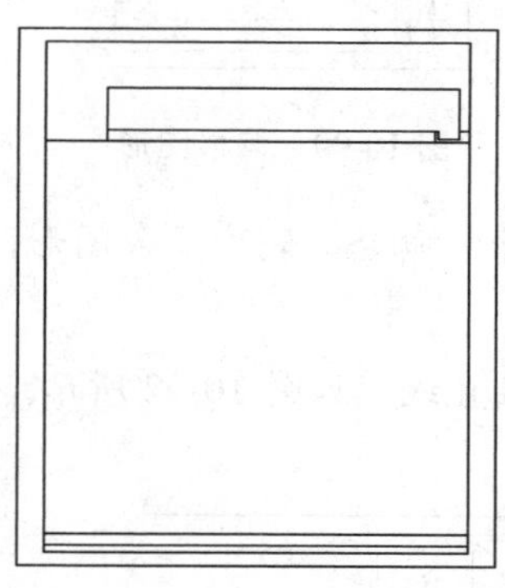

图 10-82　修剪并删除图形

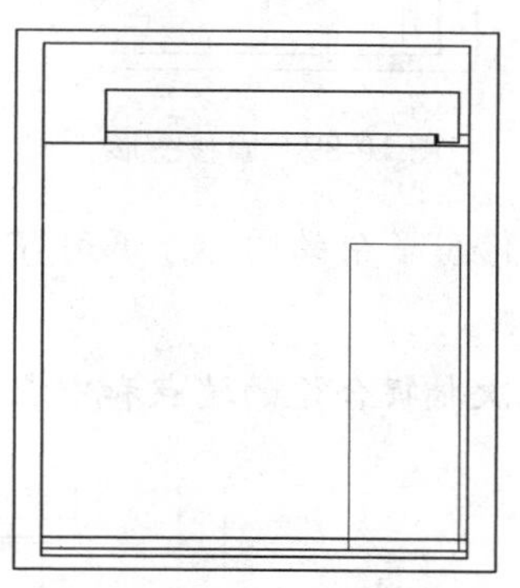

图 10-83　绘制多段线

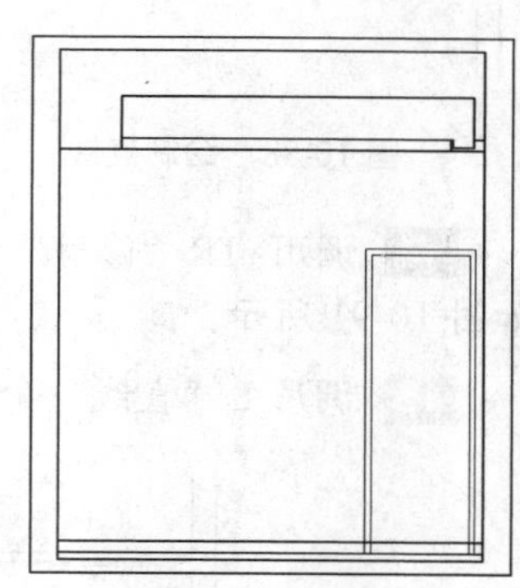

图 10-84　偏移图形

08 调用 TR“修剪”命令，修剪多余的图形，如图 10-85 所示。

09 调用 L“直线”命令，依次捕捉合适的端点和中点，连接直线，如图 10-86 所示。

10 将“家具”图层置为当前，调用 L“直线”命令，输入 FROM“捕捉自”命令，捕捉图形的左上方端点，输入（@350, -850）和（@0, -3000），绘制直线，如图 10-87 所示。

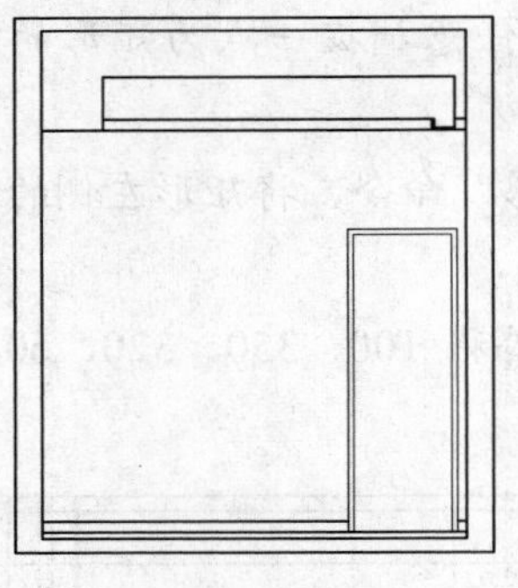

图 10-85 修剪图形

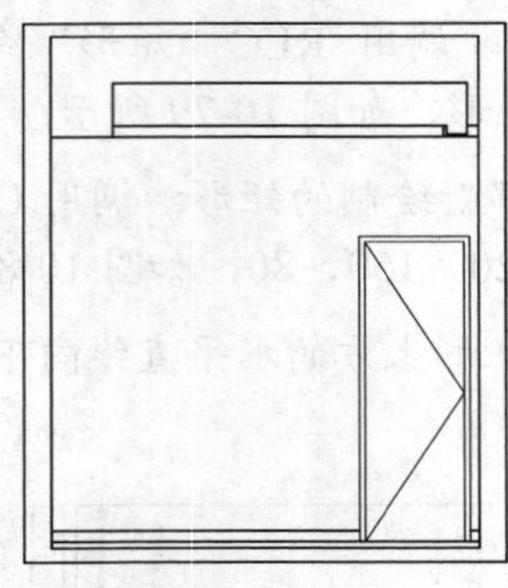
图 10-86 连接直线

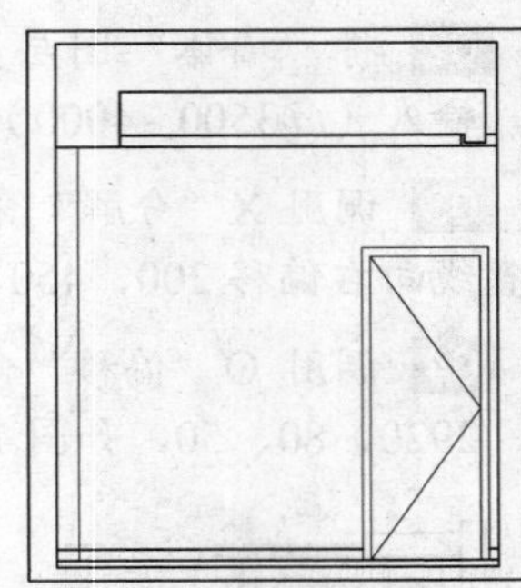
图 10-87 绘制直线

11 调用 L“直线”命令，输入 FROM“捕捉自”命令，捕捉新绘制直线的上端点，输入（@-150, -30）和（@1876, 0），绘制直线，如图 10-88 所示。

12 调用 O“偏移”命令，将新绘制的垂直直线向左偏移 10、10、110、10、4；向右偏移 30、40、376.5、396.5、20、20、396.5、376.5、40、30，如图 10-89 所示。

13 调用 O“偏移”命令，将新绘制的水平直线向下依次偏移 600、40、280、400、5、150、60、400、895、40，如图 10-90 所示。

图 10-88 绘制直线

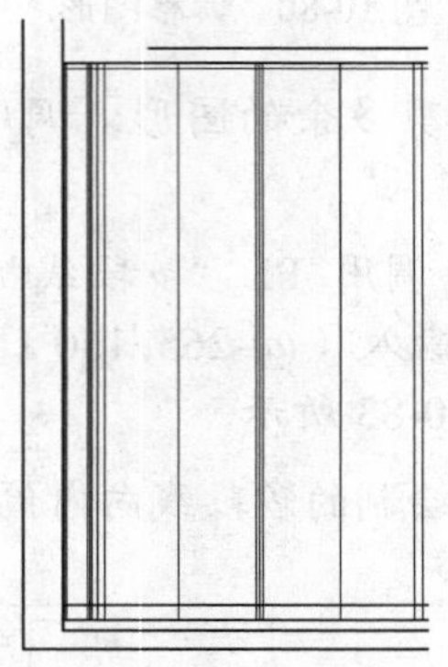
图 10-89 偏移图形

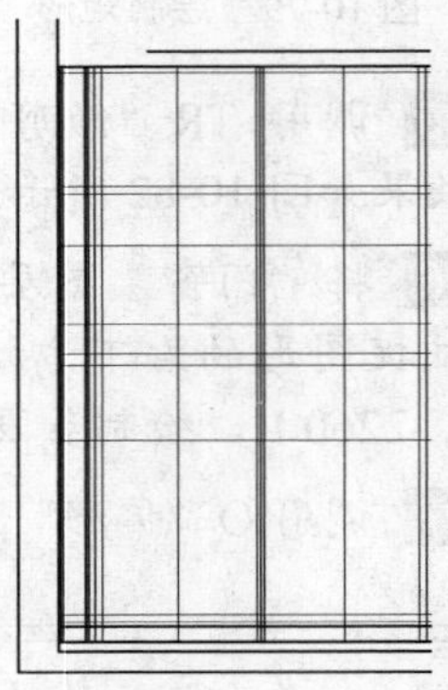
图 10-90 偏移图形

14 调用 TR“修剪”命令，修剪多余的图形；调用 E“删除”命令，删除多余图形，如图 10-91 所示。

15 调用 L“直线”命令，依次捕捉合适的端点和中点，连接直线，如图 10-92 所示。

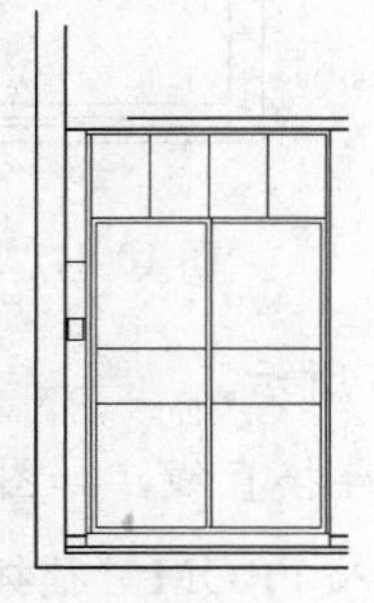
图 10-91 修剪并删除图形

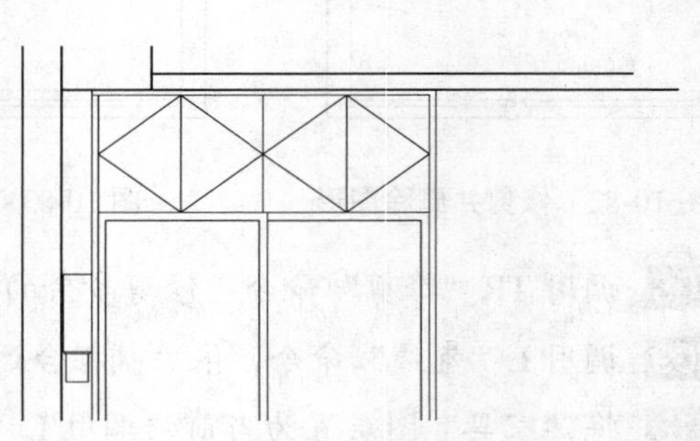
图 10-92 连接直线

16 调用 I“插入”命令，打开“插入”对话框，单击“浏览”按钮，打开“选择图形文件”对话框，选择“暗藏 T5 灯管”图形文件，依次单击“打开”和“确定”按钮，在绘图区的任意位置，单击鼠标，即可插入图块；调用 M“移动”命令，移动插入的图块，如图 10-93 所示。

17 调用 CO“复制”命令，选择新插入的图块为复制对象，捕捉下方中点为基点，输入（@-2862,-1525），复制图形，如图 10-94 所示。

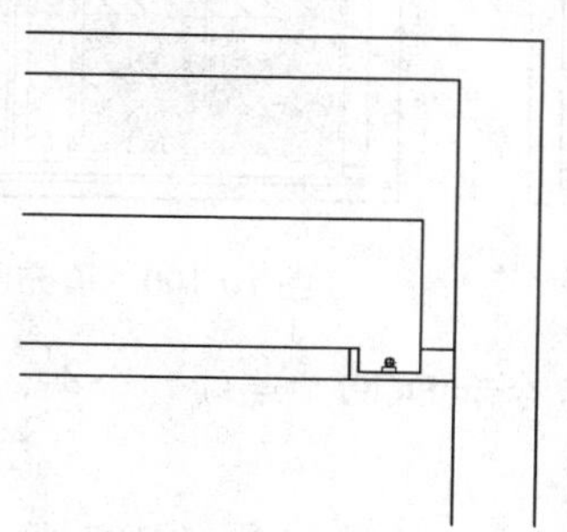

图 10-93　插入图块效果

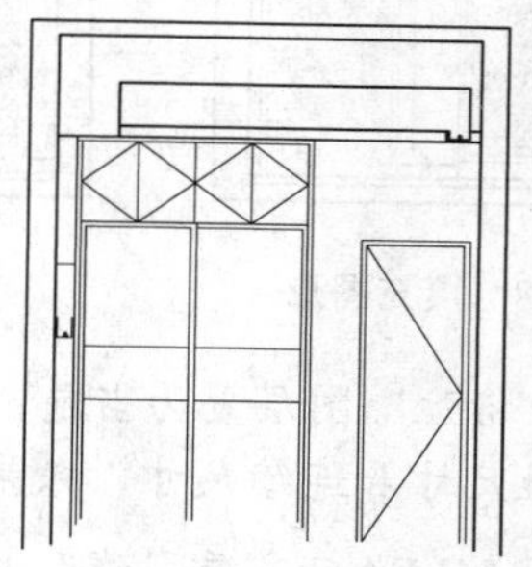

图 10-94　复制图形

18 调用 I“插入”命令，打开“插入”对话框，单击“浏览”按钮，打开“选择图形文件”对话框，选择“装饰品 3”图形文件，如图 10-95 所示。

19 依次单击“打开”和“确定”按钮，在绘图区的任意位置，单击鼠标，即可插入图块；调用 M“移动”命令，移动插入的图块，如图 10-96 所示。

20 将“地面”图层置为当前，调用 H“图案填充”命令，选择“AR-SAND”图案，修改“图案填充比例”为 3，拾取合适的区域，填充图形，如图 10-97 所示。

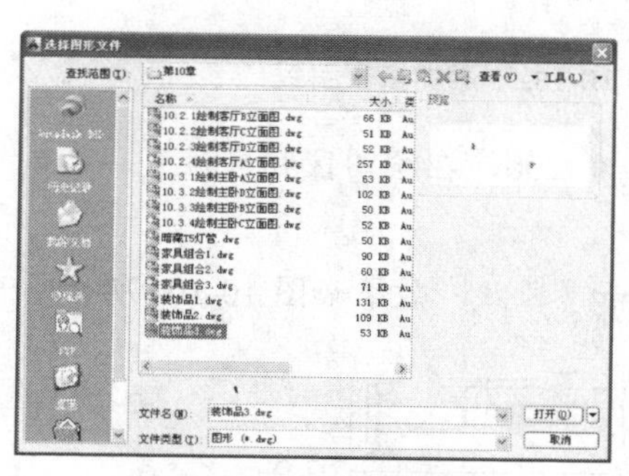

图 10-95　选择图形文件

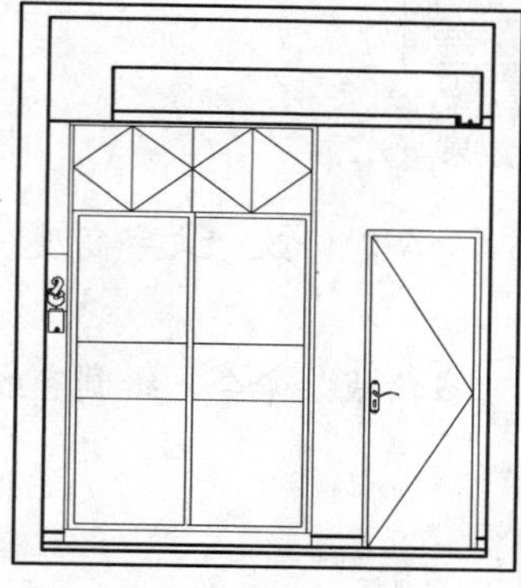

图 10-96　插入图块效果

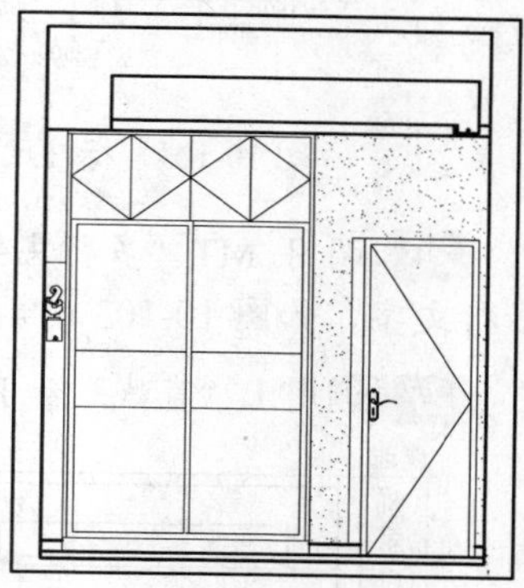

图 10-97　填充图形

21 调用 H“图案填充”命令，选择“BOX”图案，修改“图案填充比例”为 5，“图案填充角度”为 45，拾取合适的区域，填充图形，如图 10-98 所示。

22 调用 H“图案填充”命令，选择“JIS_LC_10”图案，修改“图案填充比例”为 15，拾取合适的区域，填充图形，如图 10-99 所示。

23 调用 H“图案填充”命令，选择“DOTS”图案，修改“图案填充比例”为 30，拾取合适的区域，填充图形，如图 10-100 所示。

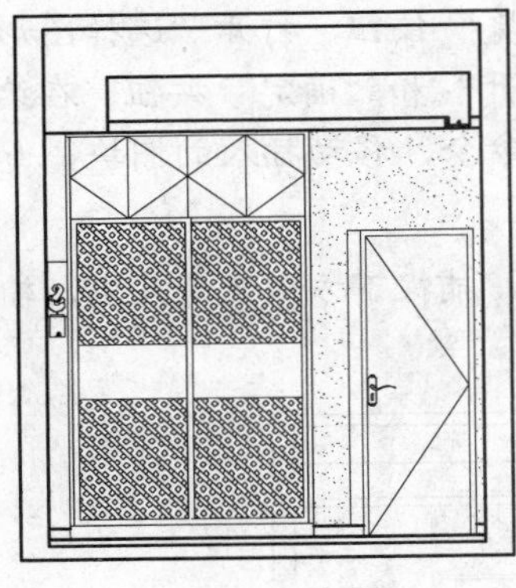

图 10-98　填充图形

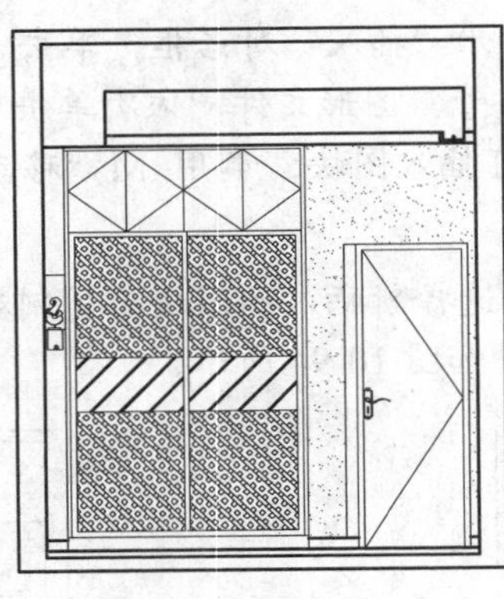

图 10-99　填充图形

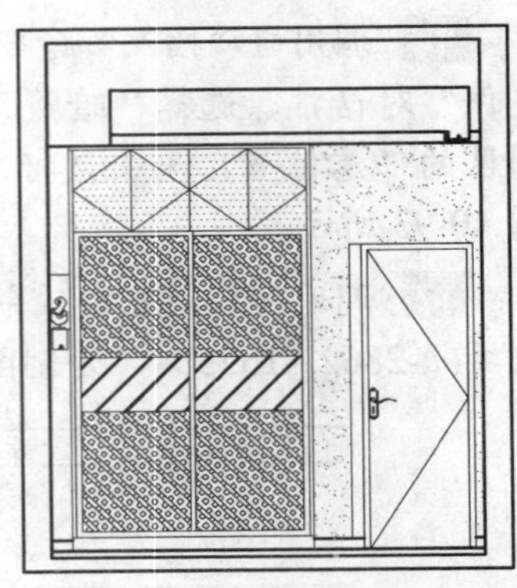

图 10-100　填充图形

24 将“标注”图层置为当前，调用 DLI“线性”命令和 DCO“连续”命令，标注图中所对应的线性尺寸和连续尺寸，效果如图 10-101 所示。

25 调用 MLEA“多重引线”命令，添加多重引线标注，效果如图 10-102 所示。

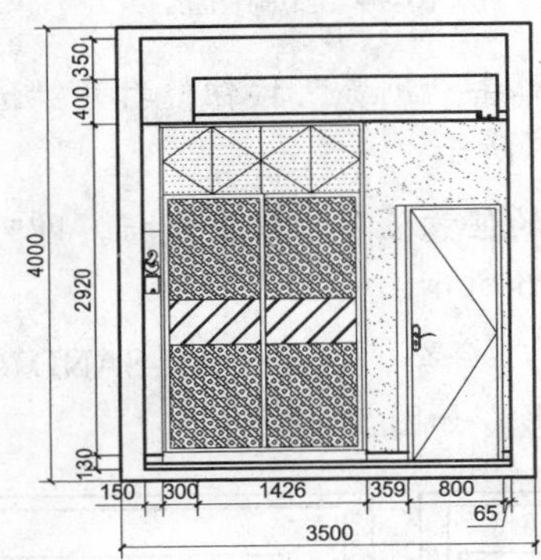

图 10-101　标注尺寸效果

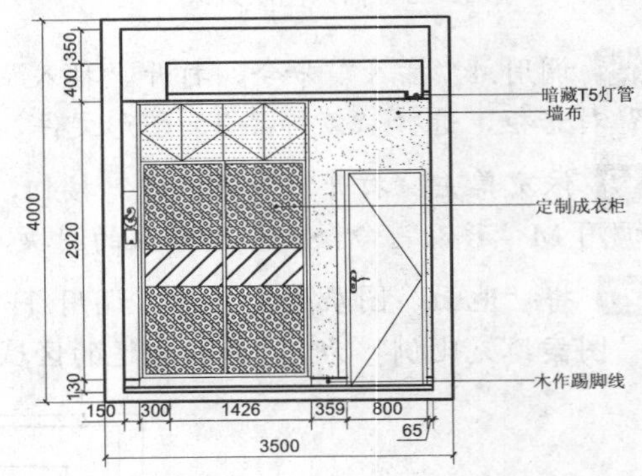

图 10-102　添加多重引线

26 调用 MT“多行文字”命令，修改“文字高度”为 200，在绘图区相应位置，绘制多行文字，如图 10-103 所示。

27 调用 L“直线”和 PL“多段线”命令，绘制直线和多段线，效果如图 10-104 所示。

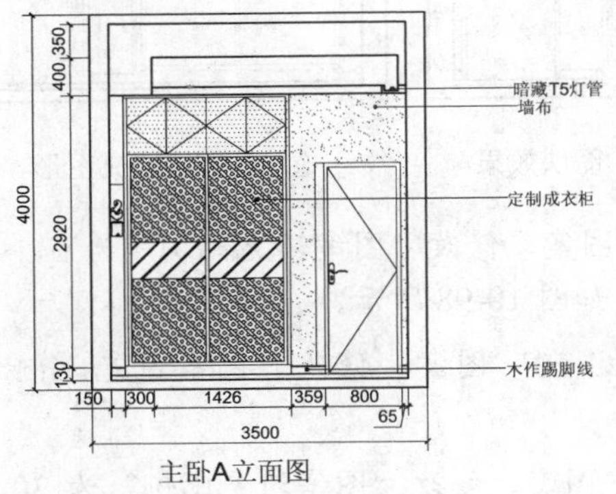

图 10-103　绘制多行文字

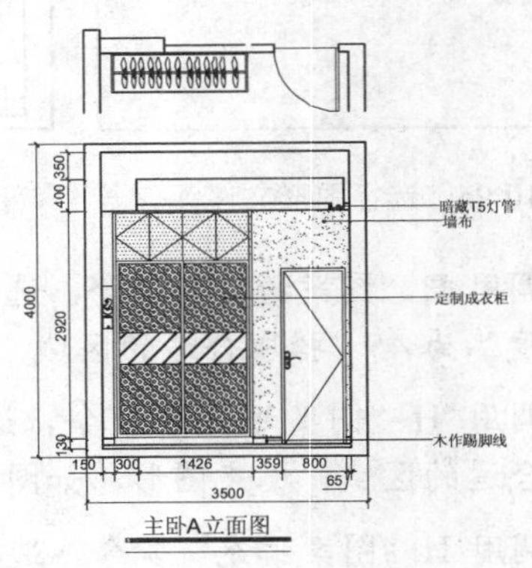

图 10-104　绘制直线和多段线

10.3.2 绘制主卧 D 立面图

主卧 D 立面图表达了床和衣柜位置。绘制主卧 D 立面图主要运用了“矩形”命令、“偏移”命令、“复制”命令和“直线”命令等。如图 10-105 所示为主卧 D 立面图。

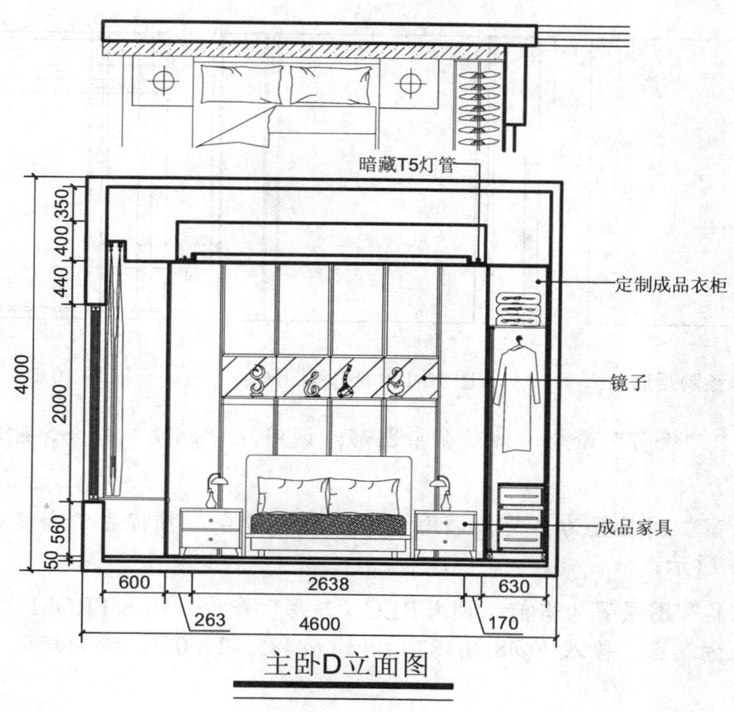

图 10-105　主卧 D 立面图

操作实训 10-5：绘制主卧 D 立面图

01 按 Ctrl + O 快捷键，打开“第 10 章\10.3.2 绘制主卧 D 立面图.dwg”图形文件，如图 10-106 所示。

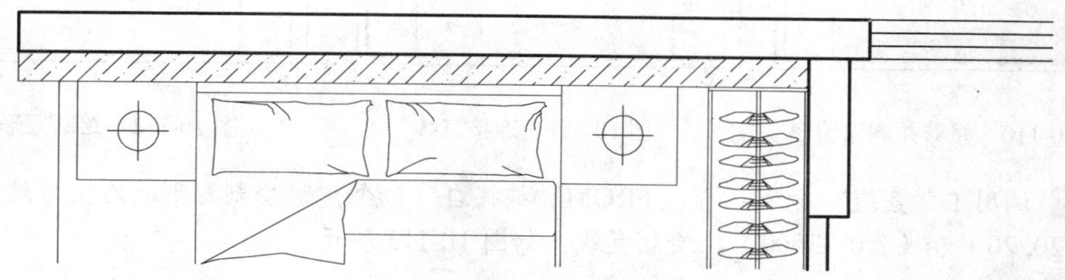

图 10-106　打开图形

02 将“墙体”图层置为当前，调用 REC“矩形”命令，任意捕捉一点为矩形的起点，输入（@4600, -4000），绘制矩形，如图 10-107 所示。

03 调用 X“分解”命令，分解新绘制的矩形；调用 O“偏移”命令，将矩形左侧的垂直直线向右偏移 200、180、420、80、150、20、2650、20、150、30、576、9、15，如图 10-108 所示。

04 调用 O“偏移”命令，将矩形上方的水平直线向下偏移 100、350、200、120、60、20、440、2000、560、50，如图 10-109 所示。

图 10-107 绘制矩形

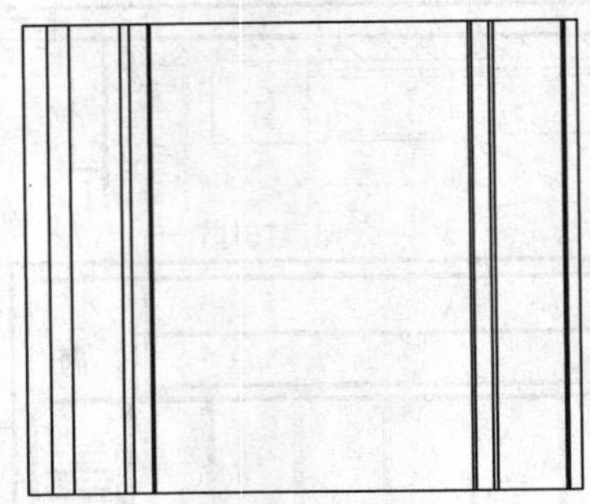

图 10-108 偏移图形

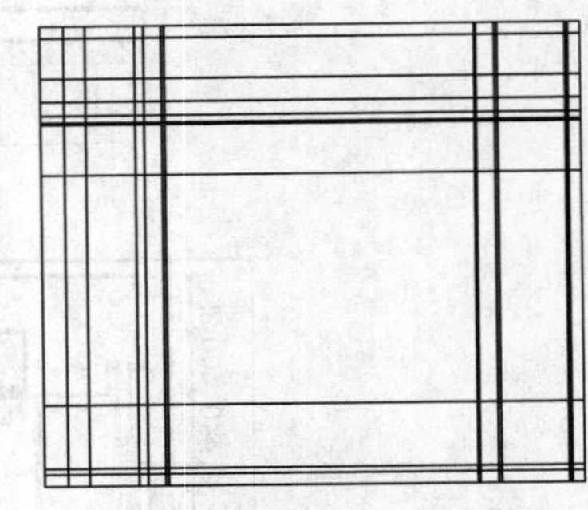

图 10-109 偏移图形

05 调用 TR“修剪”命令，修剪多余图形；调用 E“删除”命令，删除多余图形，如图 10-110 所示。

06 将“门窗”图层置为当前，调用 L“直线”命令，捕捉左侧合适的端点，连接直线，如图 10-111 所示。

07 将“家具”图层置为当前，调用 REC“矩形”命令，输入 FROM“捕捉自”命令，捕捉图形的左上方端点，输入（@820, -870）和（@485, -2960），绘制矩形，如图 10-112 所示。

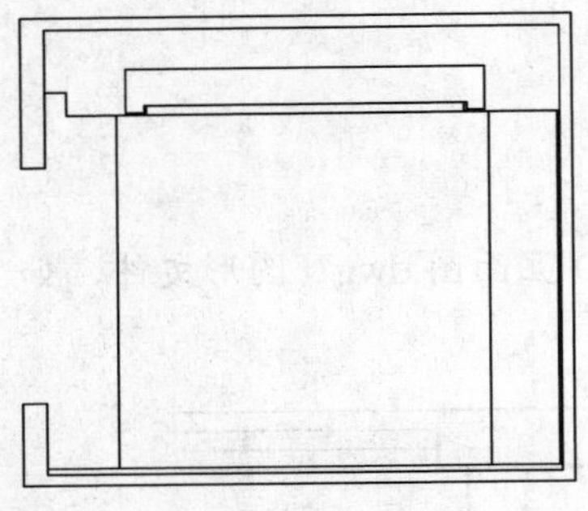

图 10-110 修剪并删除图形

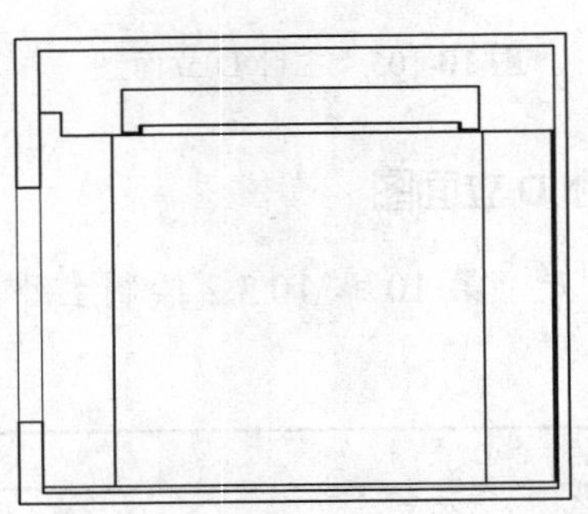

图 10-111 连接直线

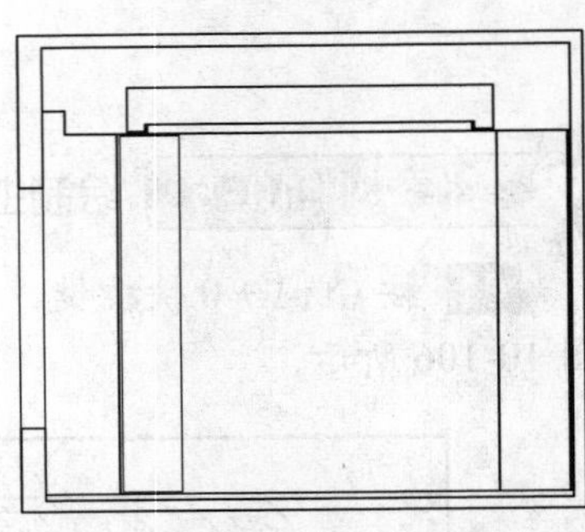

图 10-112 绘制矩形

08 调用 L“直线”命令，输入 FROM“捕捉自”命令，新绘制矩形的右上方端点，输入（@20, 20）和（@0, -3000），绘制直线，如图 10-113 所示。

09 调用 O“偏移”命令，将新绘制的直线向右偏移 525、525、525、525，如图 10-114 所示。

10 调用 REC“矩形”命令，输入 FROM“捕捉自”命令，捕捉新绘制垂直直线的上端点，输入（@20, -20）和（@485, -910），绘制矩形，如图 10-115 所示。

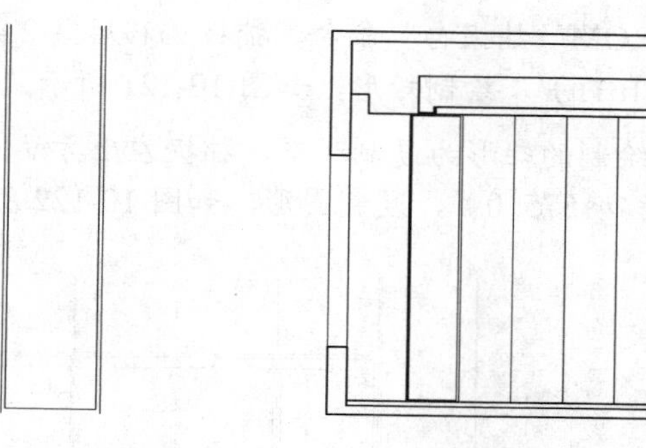

图 10-113 绘制直线　　图 10-114 偏移图形

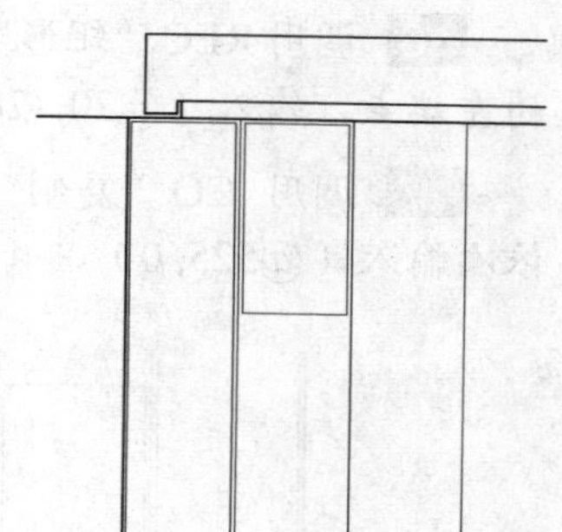

图 10-115 绘制矩形

11 调用 CO“复制”命令，选择新绘制的矩形为复制对象，捕捉左上方端点为基点，依次输入（@525, 0）、（@1050, 0）、（@1575, 0），复制图形，如图 10-116 所示。

12 调用 REC“矩形”命令，输入 FROM“捕捉自”命令，捕捉复制后图形的右上方端点，输入（@40, 0）和（@435, -2960），绘制矩形，如图 10-117 所示。

13 调用 L“直线”命令，输入 FROM“捕捉自”命令，捕捉新绘制矩形的左上方端点，输入（@-20, -930）和（@-2100, 0），绘制直线，如图 10-118 所示。

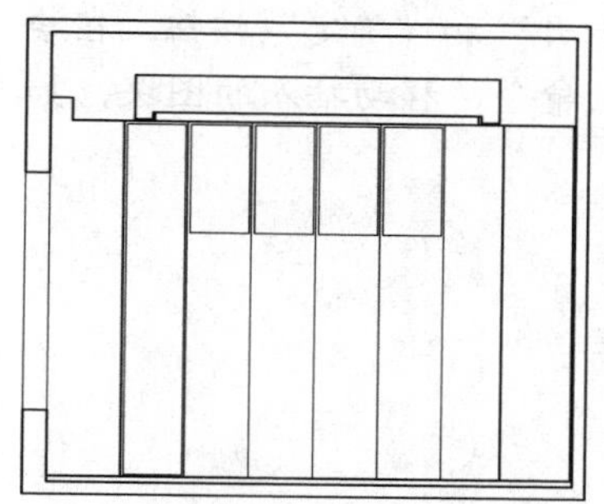

图 10-116 复制图形

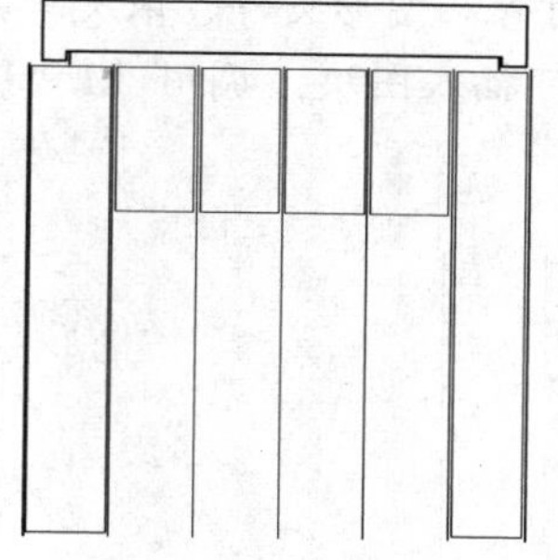

图 10-117 绘制矩形

图 10-118 绘制直线

14 调用 O“偏移”命令，将新绘制的水平直线向下偏移 400 和 80，如图 10-119 所示。

15 调用 L“直线”命令，依次捕捉合适的端点，连接直线，如图 10-120 所示。

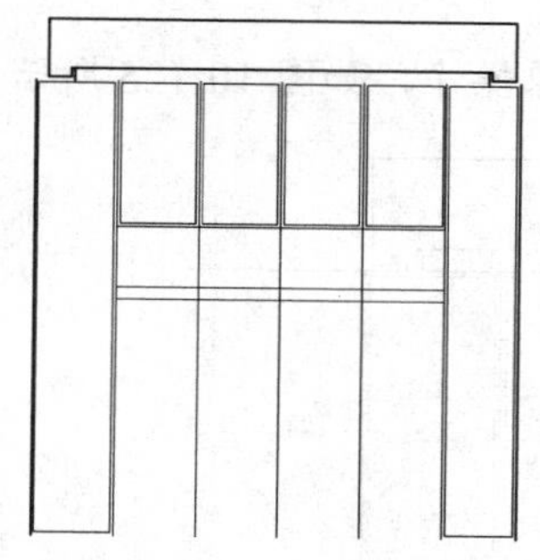

图 10-119 偏移图形

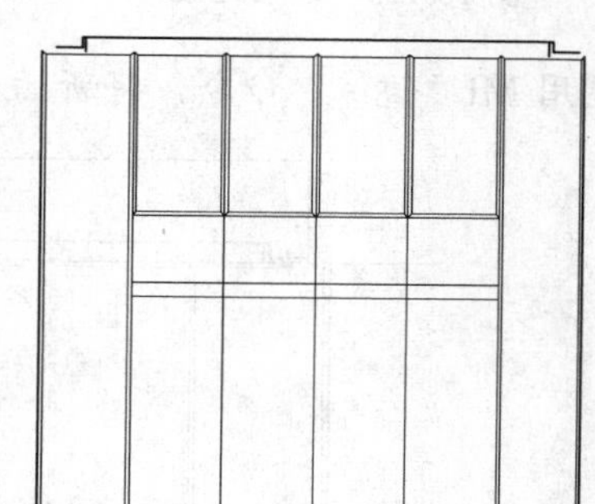

图 10-120 连接直线

16 调用REC“矩形”命令，输入FROM“捕捉自”命令，捕捉偏移后第2条水平直线的左端点，输入（@20, -20）和（@485, -1611），绘制矩形，如图 10-121 所示。

17 调用 CO“复制”命令，选择新绘制的矩形为复制对象，捕捉左上方端点为基点，依次输入（@525, 0）、（@1050, 0）、（@1575, 0），复制图形，如图 10-122 所示。

图 10-121　绘制矩形

图 10-122　复制图形

18 调用 L“直线”命令，依次捕捉合适的端点，连接直线，如图 10-123 所示。

19 调用 I“插入”命令，打开“插入”对话框，单击“浏览”按钮，打开“选择图形文件”对话框，选择“暗藏 T5 灯管”图形文件，依次单击“打开”和“确定”按钮，在绘图区的任意位置，单击鼠标，即可插入图块；调用 M“移动”命令，移动插入的图块，如图 10-124 所示。

图 10-123　连接直线

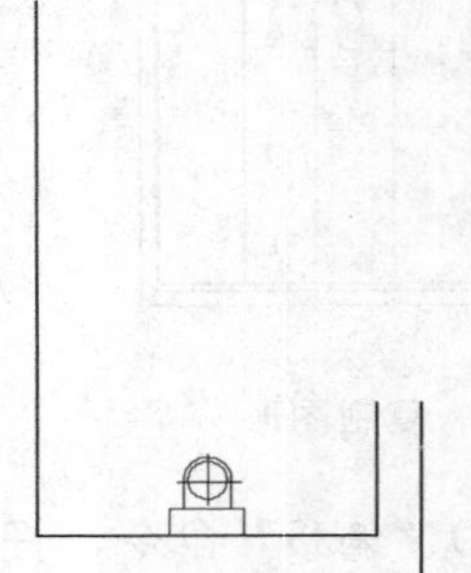

图 10-124　插入图块效果

20 调用 MI“镜像”命令，将新插入的图块进行镜像操作，如图 10-125 所示。

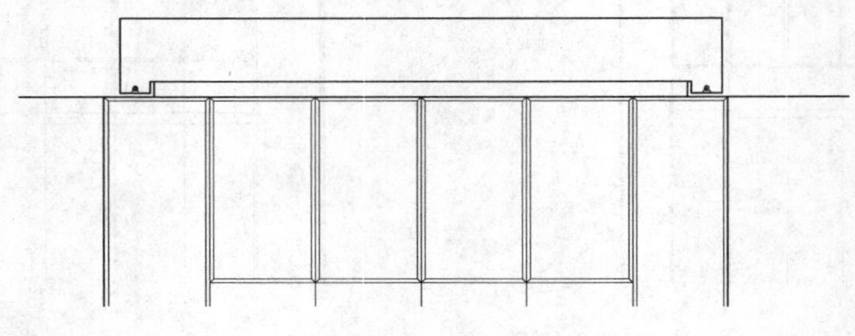

图 10-125　镜像图形

21 调用 I“插入”命令，打开“插入”对话框，单击“浏览”按钮，打开“选择图形文件”对话框，选择“家具组合 4”图形文件，如图 10-126 所示。

22 依次单击“打开”和“确定”按钮，在绘图区的任意位置，单击鼠标，即可插入图块；调用 M“移动”命令，移动插入的图块，如图 10-127 所示。

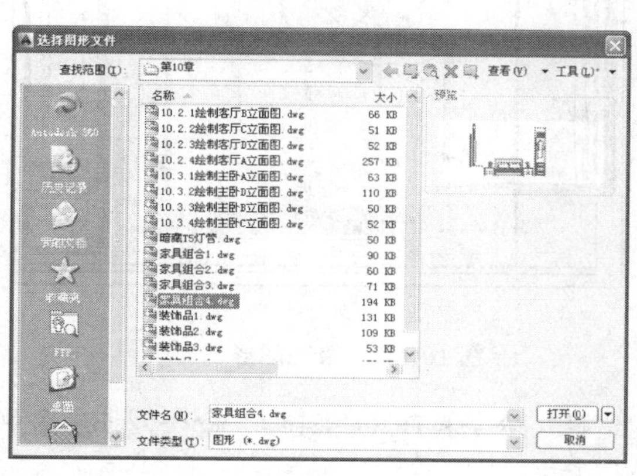

图 10-126　选择图形文件

图 10-127　插入图块效果

23 调用 TR“修剪”命令，修剪多余的图形；调用 E“删除”命令，删除多余的图形，效果如图 10-128 所示。

24 调用 I“插入”命令，打开“插入”对话框，单击“浏览”按钮，打开“选择图形文件”对话框，选择“装饰品 4”图形文件，如图 10-129 所示。

图 10-128　修剪并删除图形

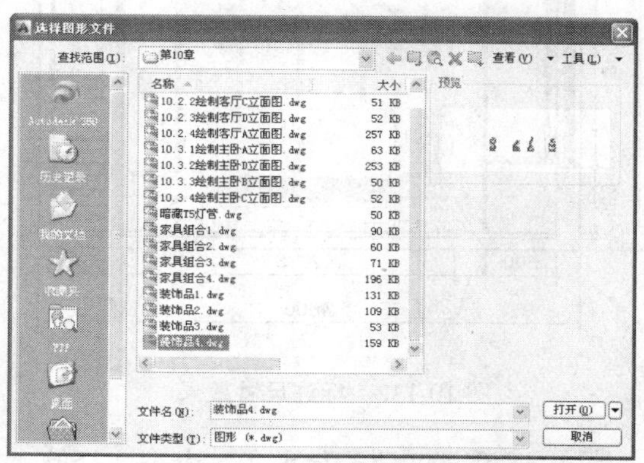

图 10-129　选择图形文件

25 依次单击“打开”和“确定”按钮，在绘图区的任意位置，单击鼠标，即可插入图块；调用 M“移动”命令，移动插入的图块，如图 10-130 所示。

26 将“地面”图层置为当前，调用 H“图案填充”命令，选择“JIS_LC_20”图案，修改“图案填充比例”为 10，拾取合适的区域，填充图形，如图 10-131 所示。

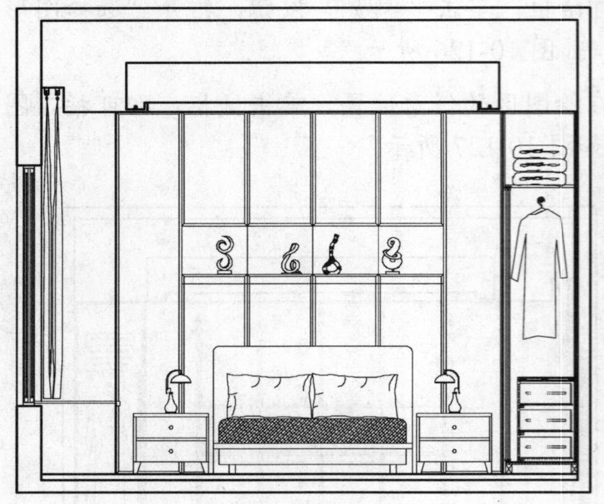

图 10-130　插入图块效果

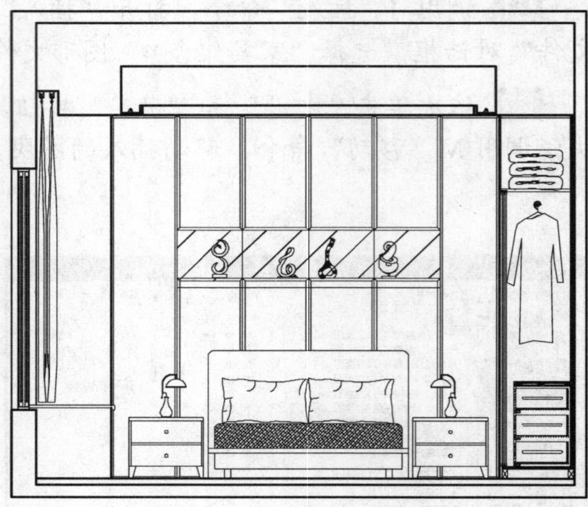

图 10-131　填充图形

27 将“标注”图层置为当前，调用DLI“线性”命令和DCO“连续”命令，标注图中所对应的线性尺寸和连续尺寸，效果如图 10-132 所示。

28 调用 MLEA“多重引线”命令，在绘图区的相应位置，依次添加多重引线标注，效果如图 10-133 所示。

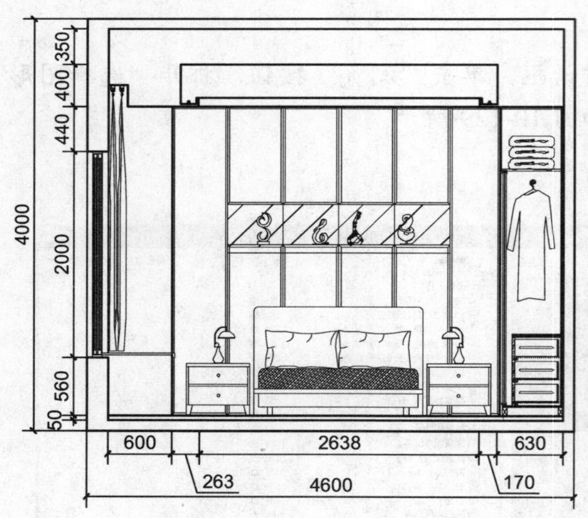

图 10-132　标注尺寸效果

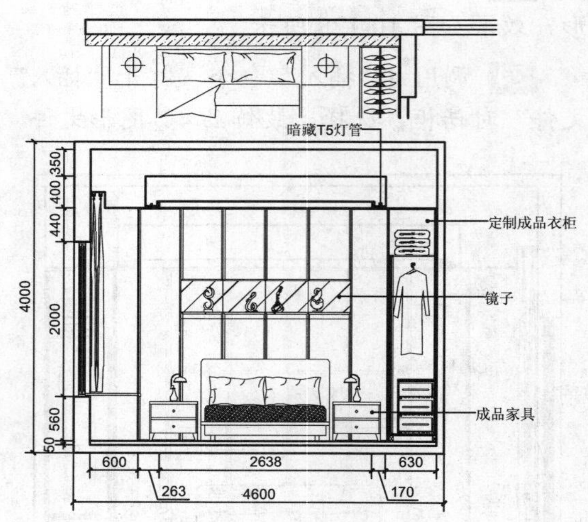

图 10-133　添加多重引线

29 调用 MT“多行文字”命令，修改“文字高度”为 200，在绘图区相应位置，绘制多行文字，如图 10-134 所示。

30 调用L“直线”和PL“多段线”命令，在绘图区的相应位置，绘制直线和多段线，效果如图 10-135 所示。

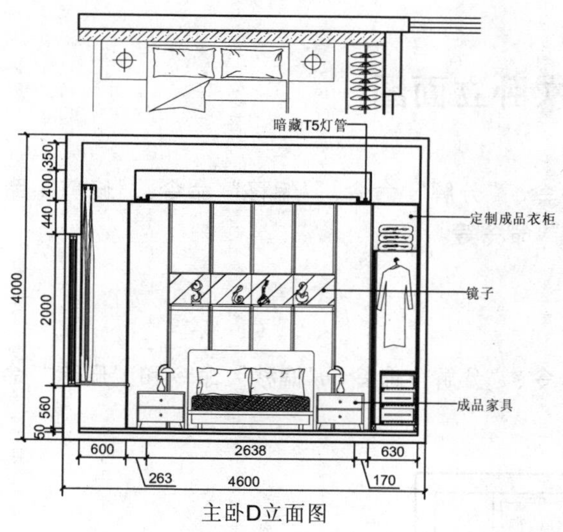

图 10-134　绘制多行文字

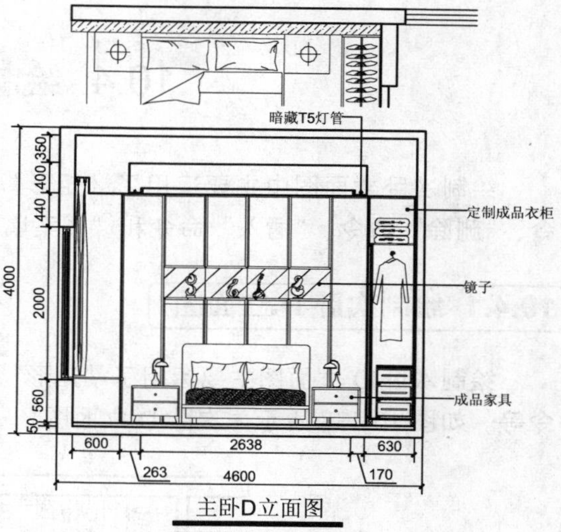

图 10-135　绘制直线和多段线

10.3.3 绘制主卧 B 立面图

运用上述方法完成主卧 B 立面图的绘制，主卧 B 立面图表达了卧室电视机所在的位置。如图 10-136 所示为主卧 B 立面图。

10.3.4 绘制主卧 C 立面图

运用上述方法完成主卧 C 立面图的绘制，如图 10-137 所示为主卧 C 立面图。

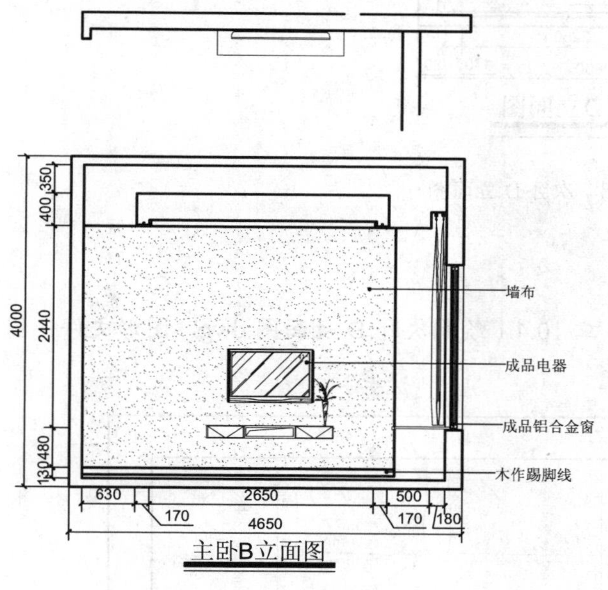

图 10-136　主卧 B 立面图

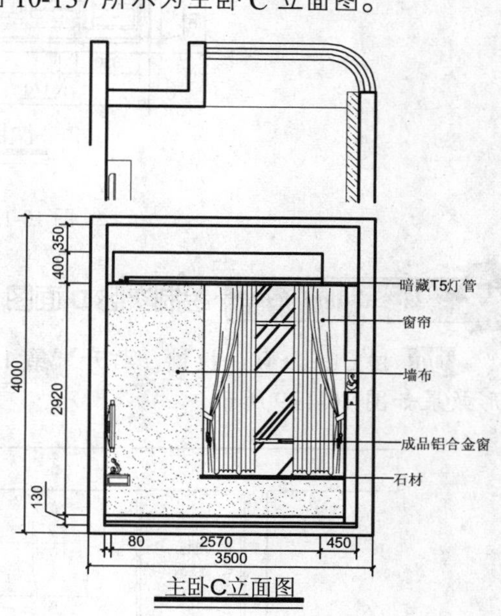

图 10-137　主卧 C 立面图

10.4 绘制次卧立面图

绘制次卧立面图中主要运用了“矩形”命令、“分解”命令、“偏移”命令、“修剪”命令、“删除”命令、“插入”命令和“图案填充”命令等。

10.4.1 绘制次卧 D 立面图

绘制次卧 D 立面图主要运用了“矩形”命令、“分解”命令、“偏移”命令和“删除”命令等。如图 10-138 所示为次卧 D 立面图。

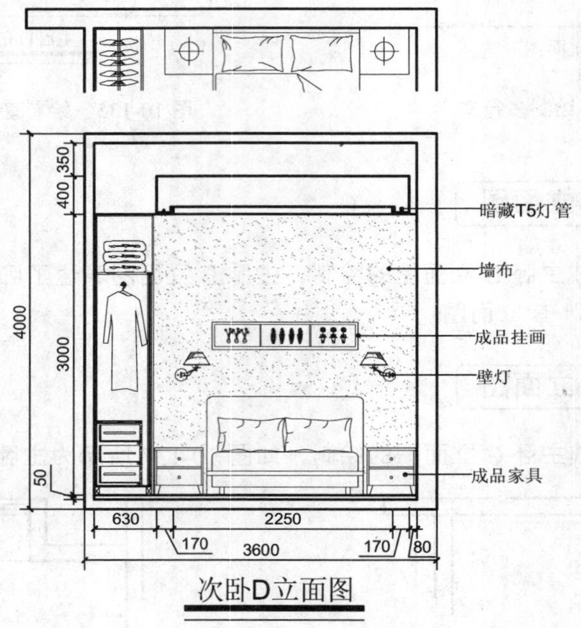

图 10-138 次卧 D 立面图

操作实训 10-6：绘制次卧 D 面图

01 按 Ctrl + O 快捷键，打开“第 10 章\10.4.1 绘制次卧 D 立面图.dwg”图形文件，图形效果如图 10-139 所示。

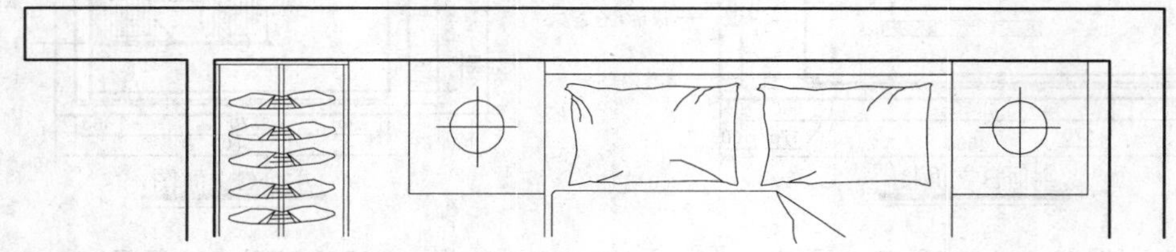

图 10-139 打开图形

02 将“墙体”图层置为当前，调用 REC“矩形”命令，任意捕捉一点为矩形的起点，输入（@3600, -4000），绘制矩形，如图 10-140 所示。

03 调用 X“分解”命令，分解新绘制的矩形；调用 O“偏移”命令，将矩形上方的水平直线向下依次偏移 100、350、320、60、20、3000、50，如图 10-141 所示。

04 调用 O“偏移”命令，将矩形左侧的垂直直线向右偏移 100、630、150、20、2250、20、150、80，如图 10-142 所示。

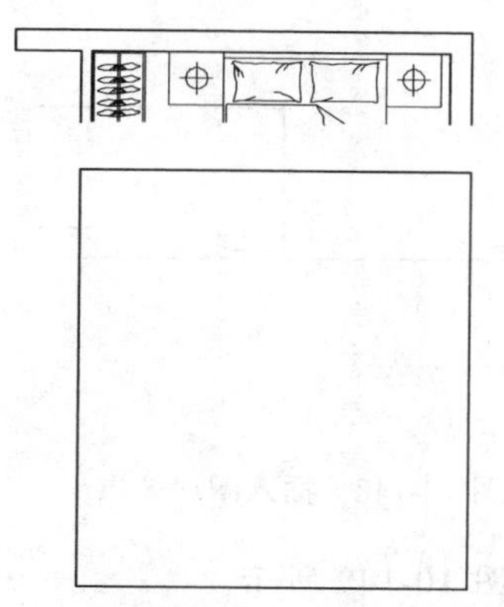

图 10-140　绘制矩形

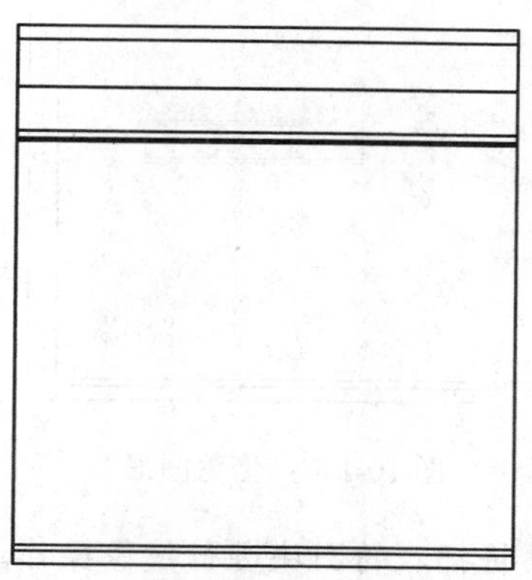

图 10-141　偏移图形

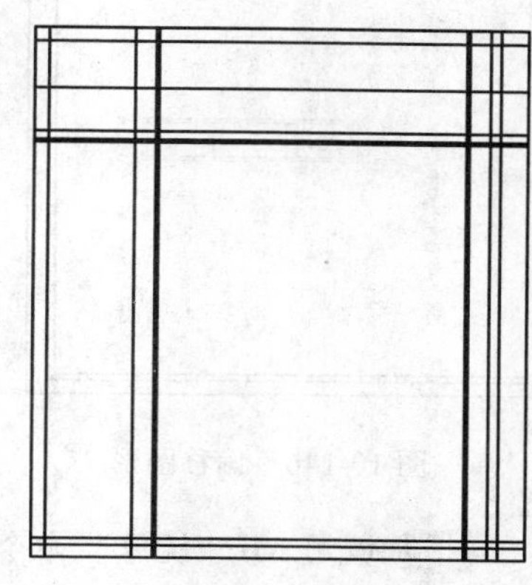

图 10-142　偏移图形

05 调用 TR“修剪”命令，修剪多余的图形；调用 E“删除”命令，删除多余的图形，如图 10-143 所示。

06 将“家具”图层置为当前，调用REC“矩形”命令，输入FROM“捕捉自”命令，捕捉图形的左上方端点，输入（@1300, -2000）和（@1500, -300），绘制矩形，如图 10-144 所示。

07 调用 X“分解”命令，分解新绘制的矩形；调用 O“偏移”命令，将矩形左侧的垂直直线向右偏移 30、461、10、498、10 和 461，如图 10-145 所示。

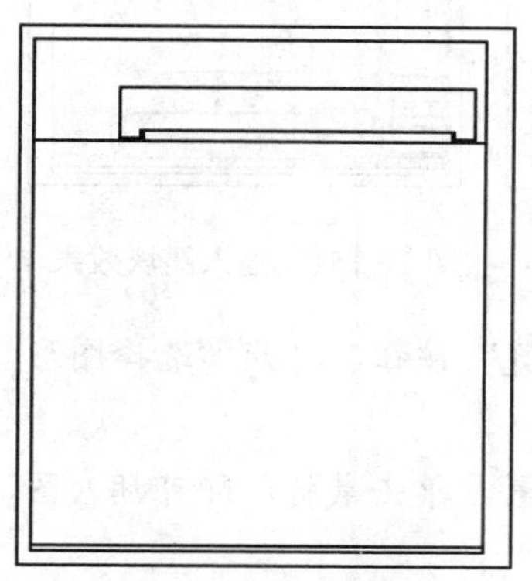

图 10-143　修剪并删除图形

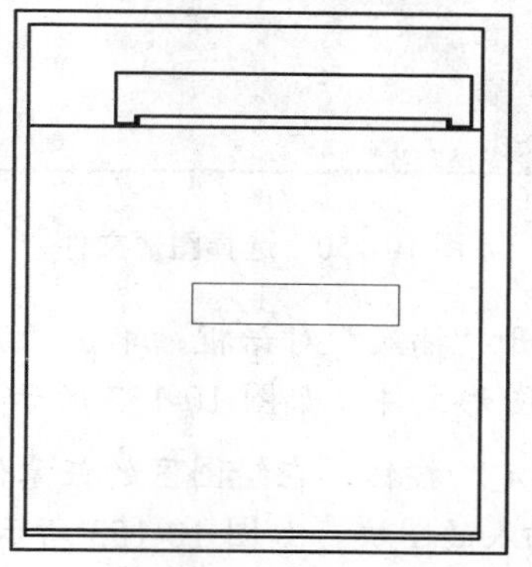

图 10-144　绘制矩形

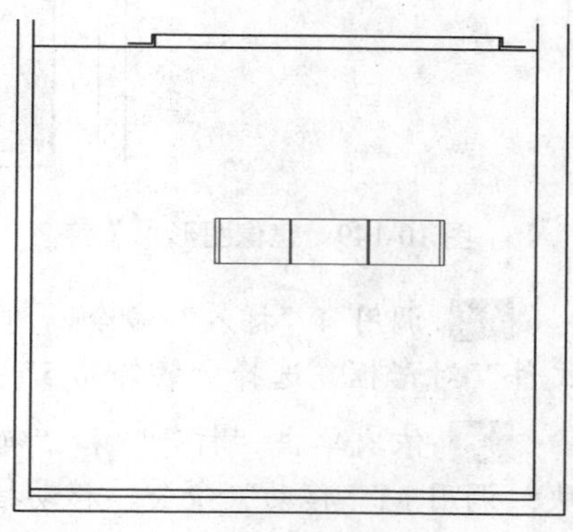

图 10-145　偏移图形

08 调用 O“偏移”命令，将矩形上方的水平直线向下偏移 30 和 240，如图 10-146 所示。

09 调用 TR“修剪”命令，修剪多余的图形，如图 10-147 所示。

10 调用 I“插入”命令，打开“插入”对话框，单击“浏览”按钮，打开“选择图形文件”对话框，选择“暗藏 T5 灯管”图形文件，依次单击“打开”和“确定”按钮，在绘图区的任意位置，单击鼠标，即可插入图块；调用 M“移动”命令，移动插入的图块，如图 10-148 所示。

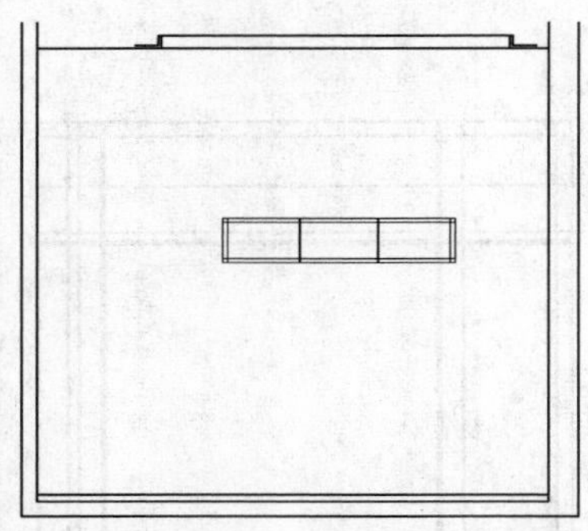

图 10-146　偏移图形

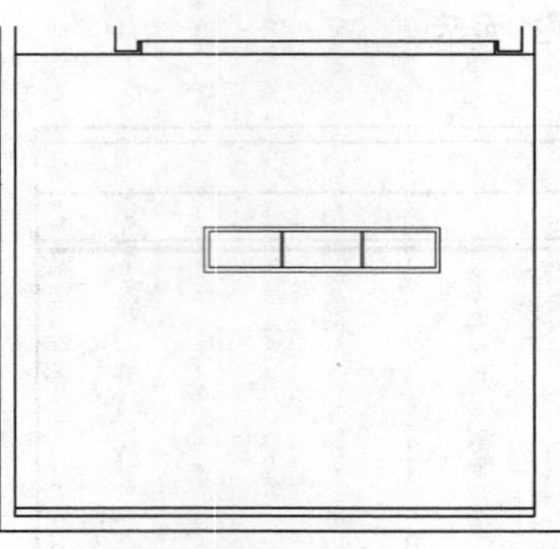

图 10-147　修剪图形

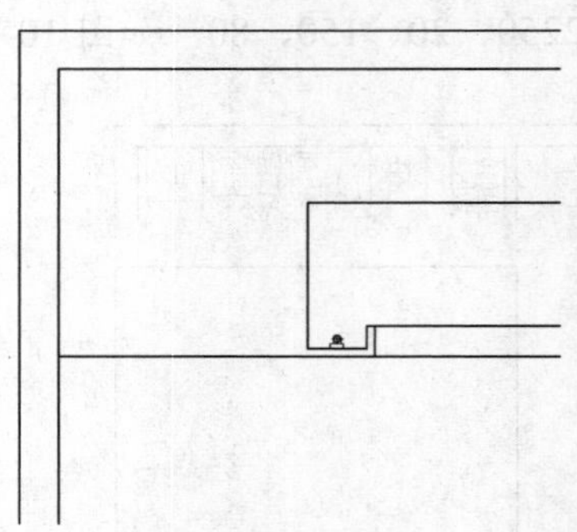

图 10-148　插入图块效果

11 调用 MI“镜像”命令，将插入的图块进行镜像操作，如图 10-149 所示。

12 调用 I“插入”命令，打开“插入”对话框，单击“浏览”按钮，打开“选择图形文件”对话框，选择“家具组合 5”图形文件，如图 10-150 所示。

13 依次单击“打开”和“确定”按钮，在绘图区的任意位置，单击鼠标，即可插入图块；调用 M“移动”命令，移动插入的图块，如图 10-151 所示。

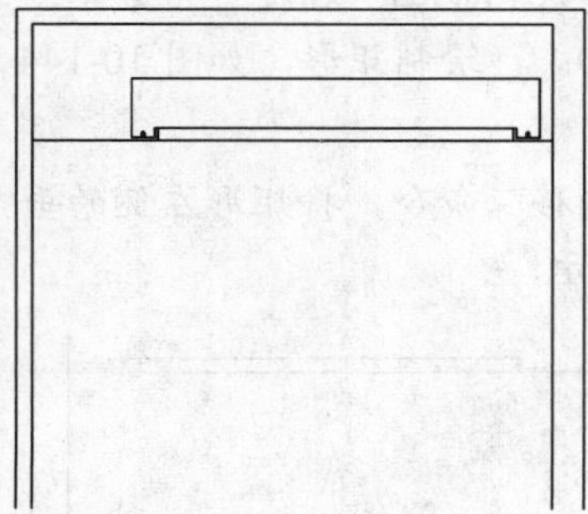

图 10-149　镜像图形

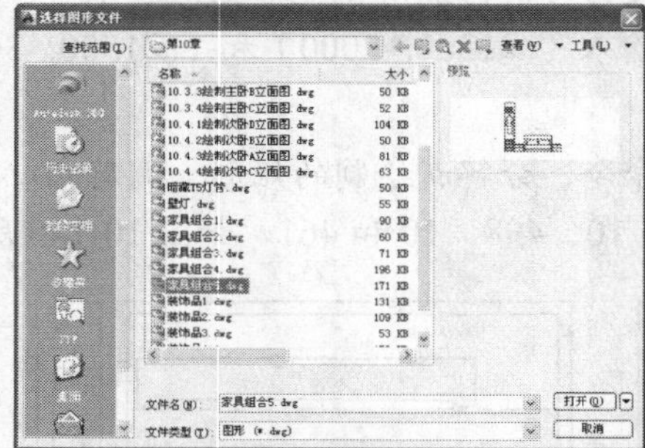

图 10-150　选择图形文件

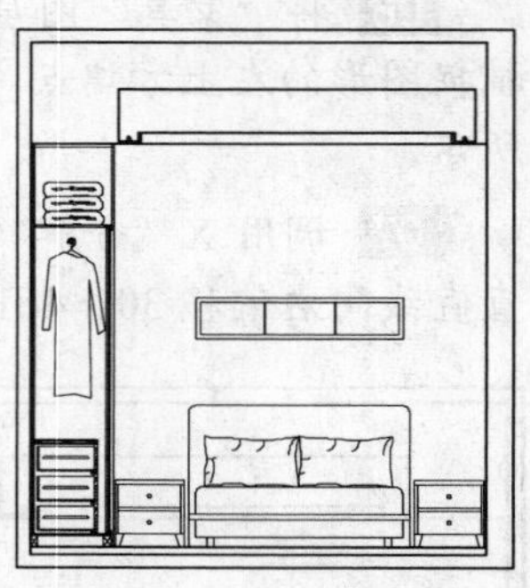

图 10-151　插入图块效果

14 调用 I“插入”命令，打开“插入”对话框，单击“浏览”按钮，打开“选择图形文件”对话框，选择“装饰品 5”图形文件，如图 10-152 所示。

15 依次单击“打开”和“确定”按钮，在绘图区的任意位置，单击鼠标，即可插入图块；调用 M“移动”命令，移动插入的图块，如图 10-153 所示。

16 调用 I“插入”命令，打开“插入”对话框，单击“浏览”按钮，打开“选择图形文件”对话框，选择“壁灯”图形文件，如图 10-154 所示。

17 依次单击“打开”和“确定”按钮，在绘图区的任意位置，单击鼠标，即可插入图块；调用 M“移动”命令，移动插入的图块，如图 10-155 所示。

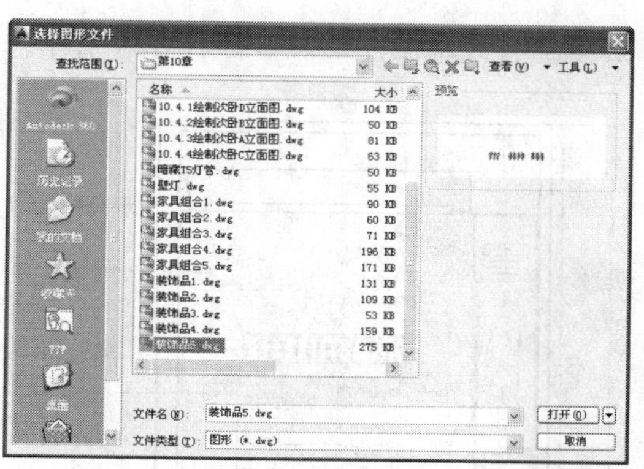

图 10-152　选择图形文件

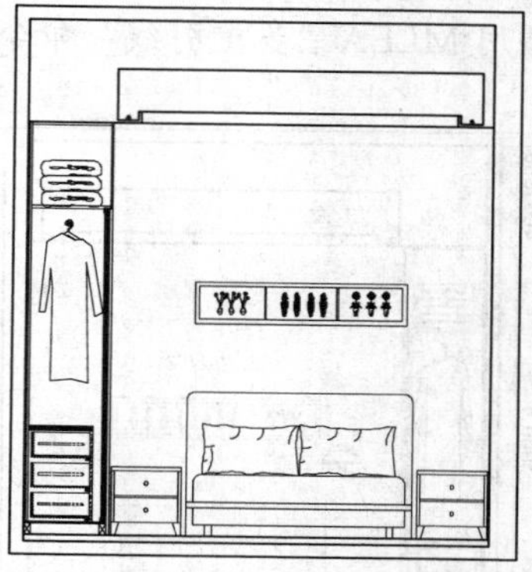

图 10-153　插入图块效果

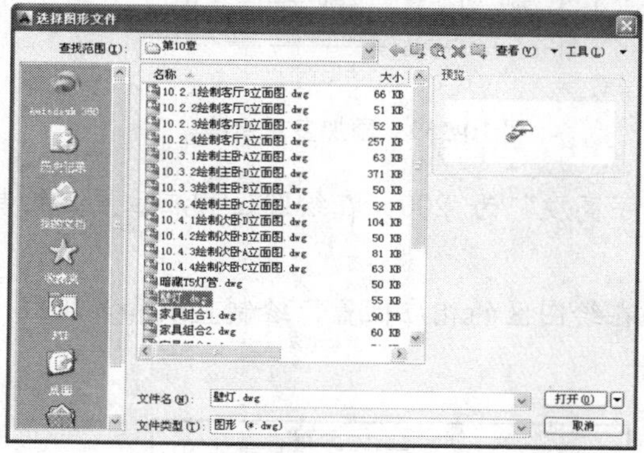

图 10-154　选择图形文件

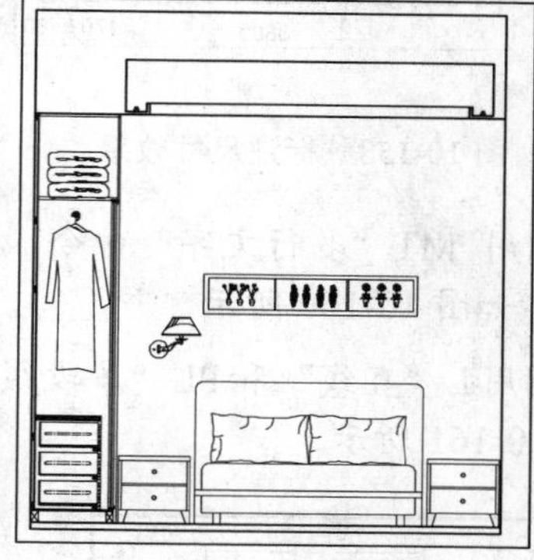

图 10-155　插入图块效果

18 调用 MI“镜像”命令，将新插入的图块进行镜像操作，如图 10-156 所示。

19 将“地面”图层置为当前，调用 H“图案填充”命令，选择“AR-SAND”图案，修改“图案填充比例”为 3，拾取合适的区域，填充图形，如图 10-157 所示。

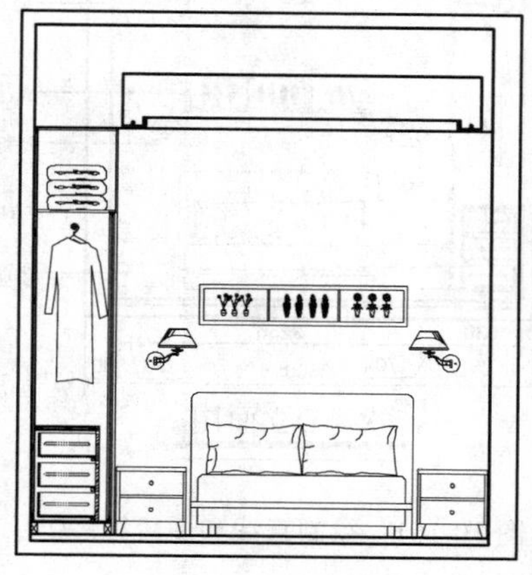

图 10-156　镜像图形

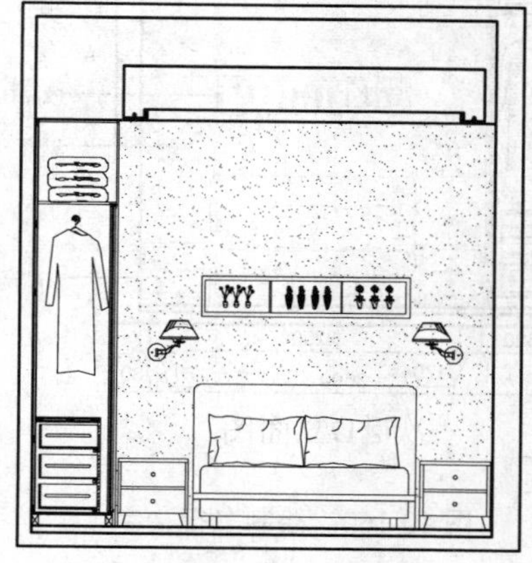

图 10-157　填充图形

20 将“标注”图层置为当前，调用 DLI“线性”命令和 DCO“连续”命令，标注图中所对应的线性尺寸和连续尺寸，效果如图 10-158 所示。

21 调用 MLEA“多重引线”命令，依次添加多重引线标注，效果如图 10-159 所示。

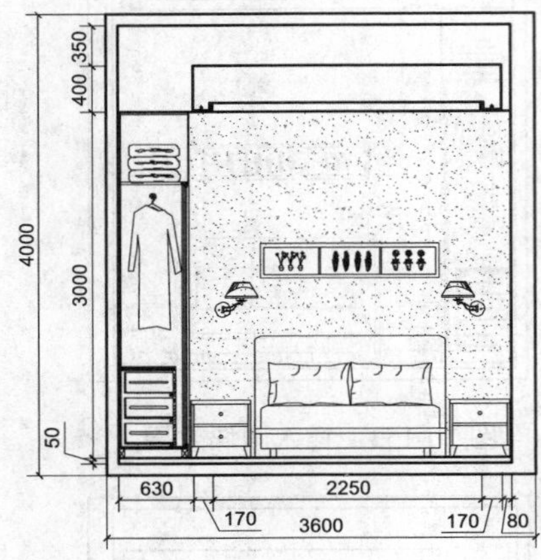

图 10-158　标注尺寸效果

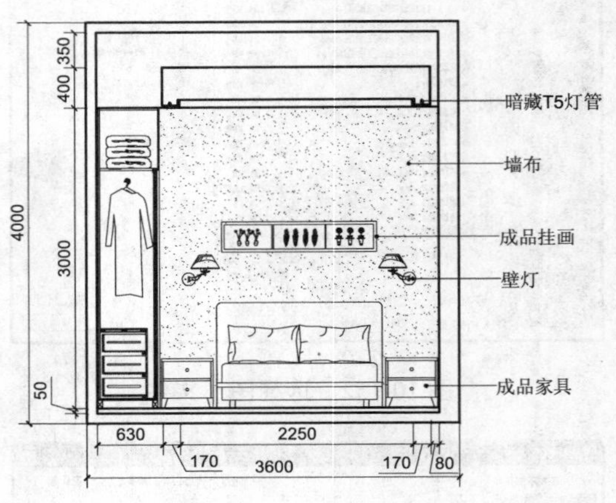

图 10-159　添加多重引线

22 调用 MT“多行文字”命令，修改“文字高度”为 200，在绘图区相应位置，绘制多行文字，如图 10-160 所示。

23 调用 L“直线”和 PL“多段线”命令，在绘图区的相应位置，绘制直线和多段线，效果如图 10-161 所示。

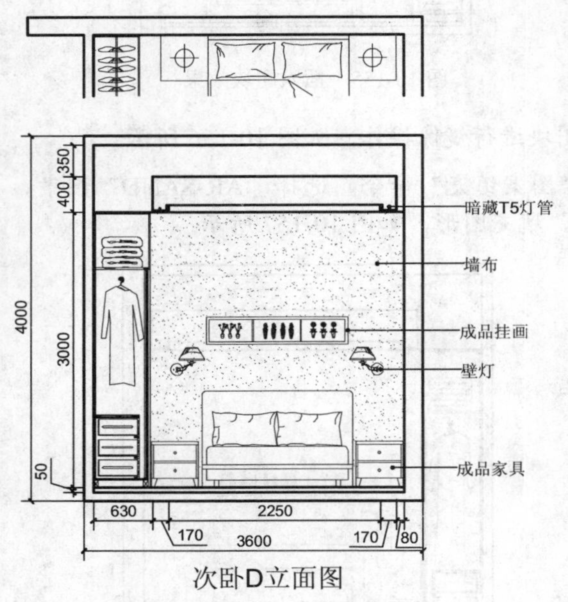

图 10-160　绘制多行文字

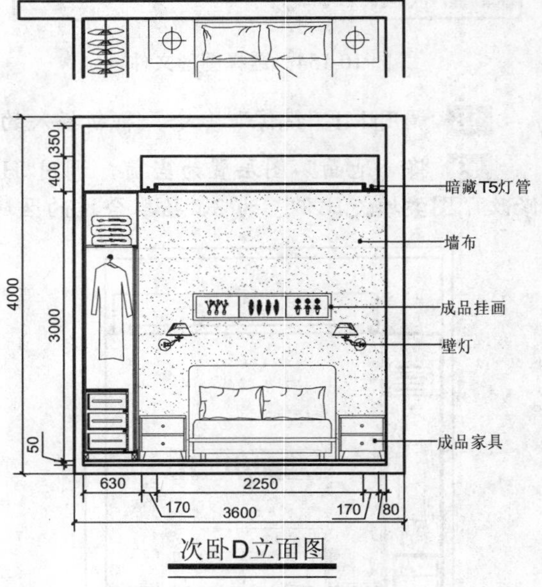

图 10-161　绘制直线和多段线

10.4.2 绘制次卧 B 立面图

绘制次卧 B 立面图主要运用了“矩形”命令、“分解”命令、“线性”命令和“多重引线”

命令等。如图 10-162 所示为次卧 B 立面图。

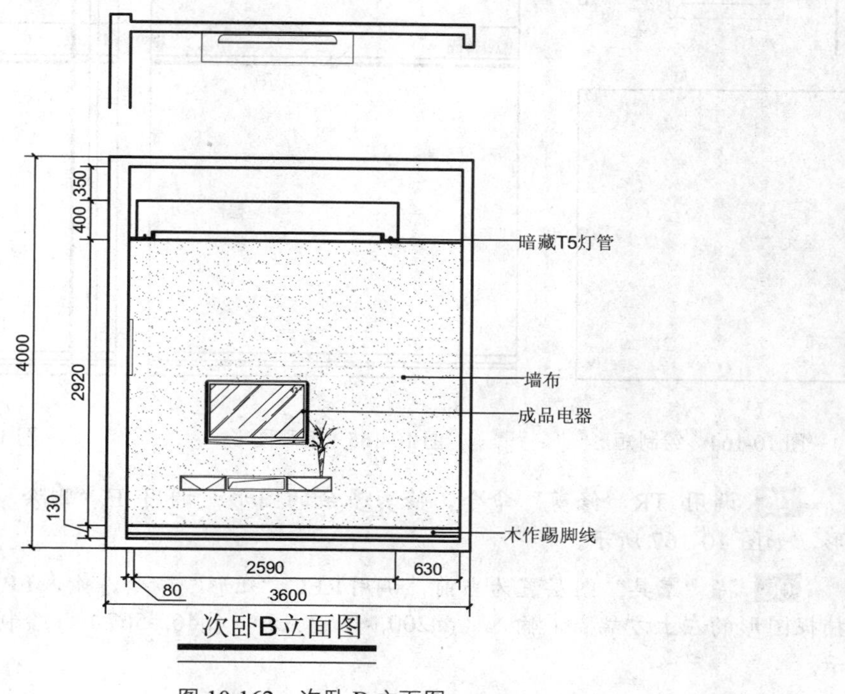

图 10-162　次卧 B 立面图

操作实训 10-7：绘制次卧 B 立面图

01 按 Ctrl + O 快捷键，打开“第 10 章\10.4.2 绘制次卧 B 立面图.dwg”图形文件，图形效果如图 10-163 所示。

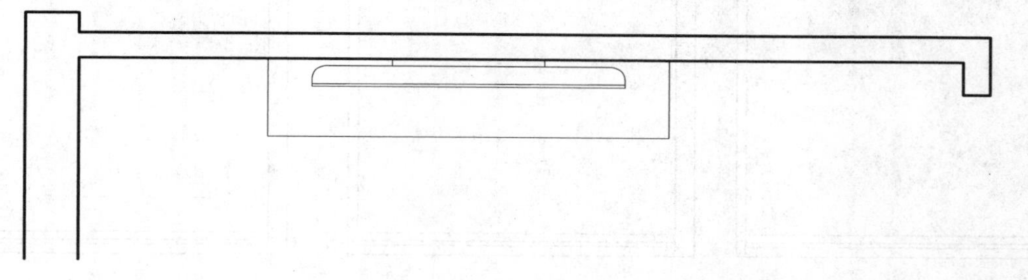

图 10-163　打开图形

02 将“墙体”图层置为当前，调用 REC“矩形”命令，任意捕捉一点为矩形的起点，输入（@3600, -4000），绘制矩形，如图 10-164 所示。

03 调用 X“分解”命令，分解新绘制的矩形；调用 O“偏移”命令，将矩形上方的水平直线向下依次偏移 100、350、320、60、20、2920、80、50，如图 10-165 所示。

04 调用 O“偏移”命令，将矩形左侧的垂直直线向右偏移 200、80、150、20、2250、20、150、630，如图 10-166 所示。

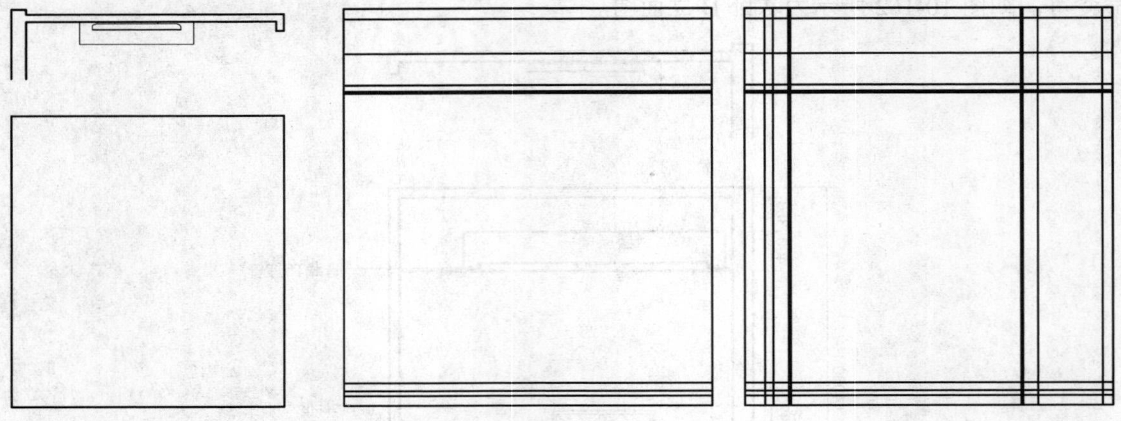

图 10-164　绘制矩形　　图 10-165　偏移图形　　图 10-166　偏移图形

05 调用 TR“修剪”命令，修剪多余的图形；调用 E“删除”命令，删除多余的图形，如图 10-167 所示。

06 将“家具”图层置为当前，调用 REC“矩形”命令，输入 FROM“捕捉自”命令，捕捉图形的左上方端点，输入（@200, -1667）和（@46, -567），绘制矩形，如图 10-168 所示。

07 调用 REC“矩形”命令，输入 FROM“捕捉自”命令，捕捉新绘制矩形的右下方端点，输入（@484, -1017）和（@1500, -150），绘制矩形，如图 10-169 所示。

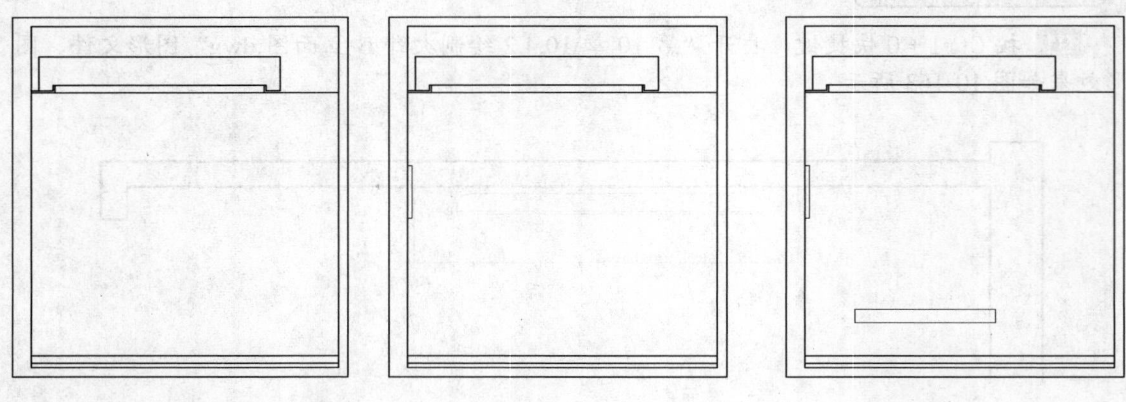

图 10-167　修剪并删除图形　　图 10-168　绘制矩形　　图 10-169　绘制矩形

08 调用 X“分解”命令，分解新绘制的矩形；调用 O“偏移”命令，将矩形左侧的垂直直线向右偏移 450 和 600，如图 10-170 所示。

09 调用 REC“矩形”命令，输入 FROM“捕捉自”命令，捕捉新绘制矩形的左上方端点，输入（@10, -10）和（@430, -130），绘制矩形，如图 10-171 所示。

10 调用 PL“多段线”命令，依次捕捉合适的端点和中点，绘制多段线，如图 10-172 所示。

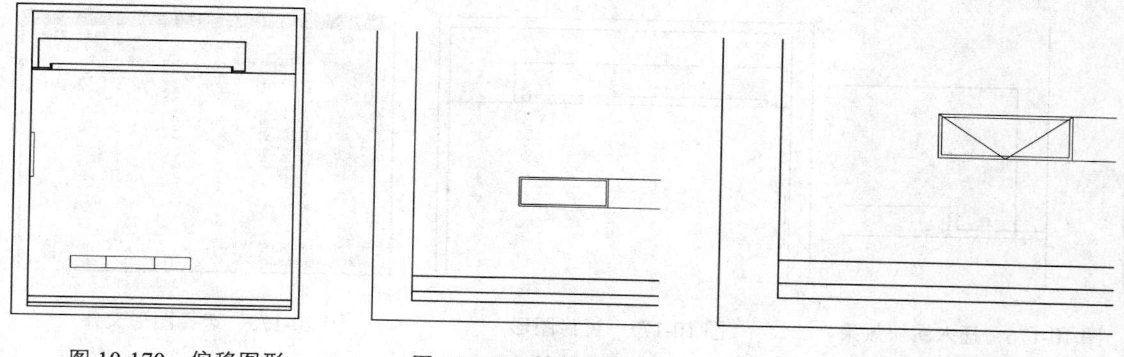

图 10-170　偏移图形　　图 10-171　绘制矩形　　图 10-172　绘制多段线

11 调用 MI“镜像”命令，选择合适的图形进行镜像操作，如图 10-173 所示。

12 调用 REC“矩形”命令，输入 FROM“捕捉自”命令，捕捉新绘制多段线的右上方端点，输入（@20, -20）和（@560, -110），绘制矩形，如图 10-174 所示。

13 调用 PL“多段线”命令，捕捉新绘制矩形的左下方端点，输入（@46, 67.9）和（@514, 42.2），绘制多段线，如图 10-175 所示。

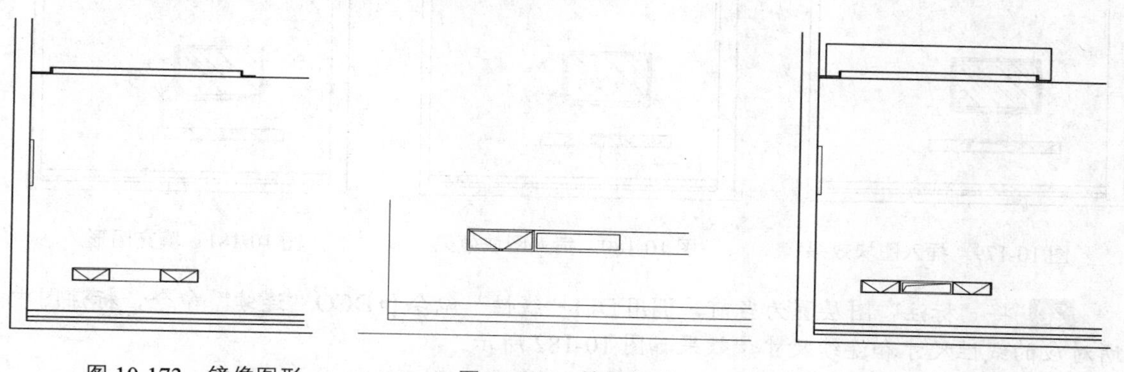

图 10-173　镜像图形　　图 10-174　绘制矩形　　图 10-175　绘制多段线

14 调用 I“插入”命令，打开“插入”对话框，单击“浏览”按钮，打开“选择图形文件”对话框，选择“暗藏 T5 灯管”图形文件，依次单击“打开”和“确定”按钮，在绘图区的任意位置，单击鼠标，即可插入图块；调用 M“移动”命令，移动插入的图块，如图 10-176 所示。

15 调用 MI“镜像”命令，将插入的图块进行镜像操作，如图 10-177 所示。

16 调用 I“插入”命令，打开“插入”对话框，单击“浏览”按钮，打开“选择图形文件”对话框，选择“立面电视”图形文件，如图 10-178 所示。

17 依次单击“打开”和“确定”按钮，在绘图区的任意位置，单击鼠标，即可插入图块；调用 M“移动”命令，移动插入的图块，如图 10-179 所示。

18 调用 I“插入”命令，打开“插入”对话框，单击“浏览”按钮，打开“选择图形文件”对话框，选择“花瓶”图形文件，依次单击“打开”和“确定”按钮，在绘图区的任意位置，单击鼠标，即可插入图块；调用 M“移动”命令，移动插入的图块，如图 10-180 所示。

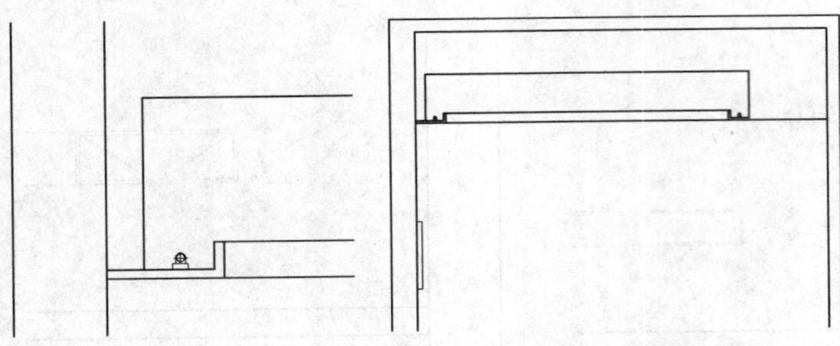

图 10-176　插入图块效果　　图 10-177　镜像图形

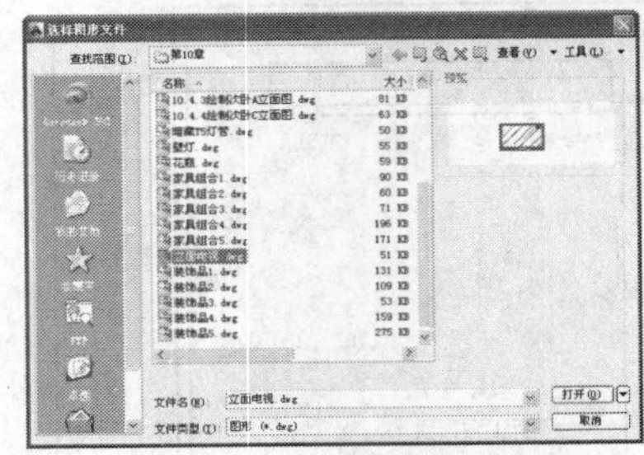

图 10-178　选择图形文件

19 将“地面”图层置为当前，调用 H“图案填充”命令，选择“AR-SAND”图案，修改“图案填充比例”为 3，拾取合适的区域，填充图形，如图 10-181 所示。

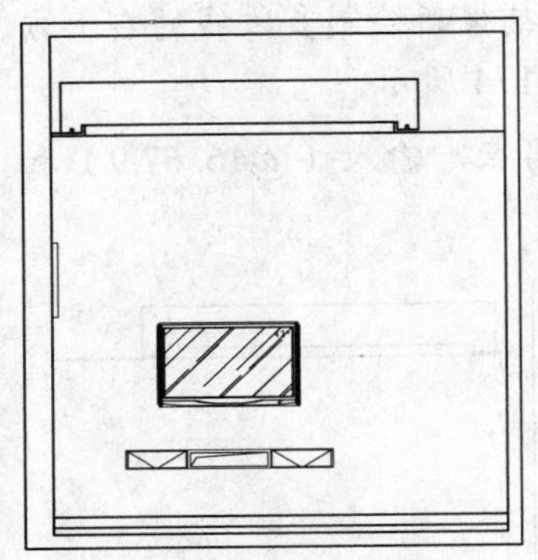

图 10-179　插入图块效果

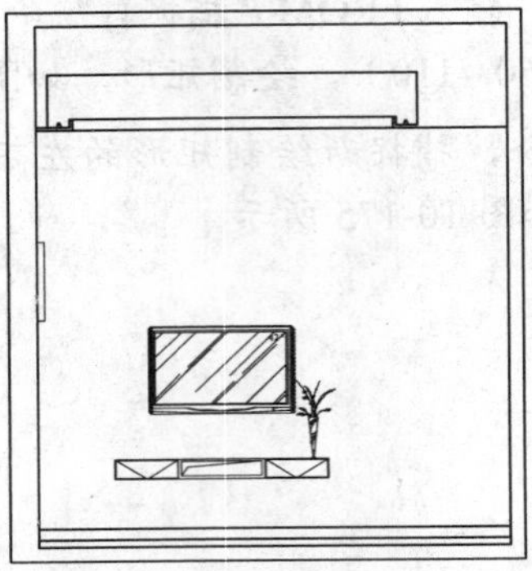

图 10-180　插入图块效果

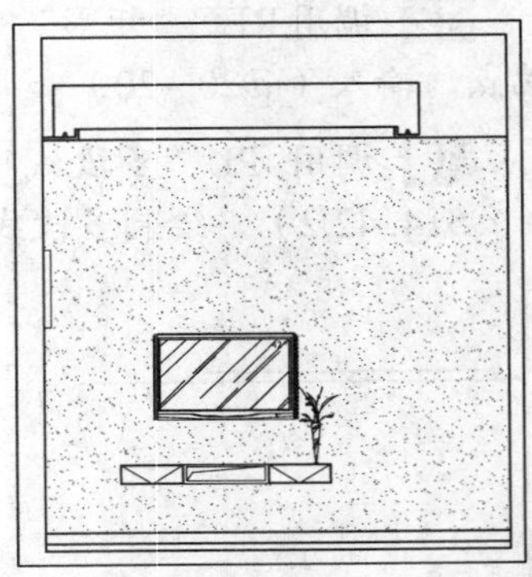

图 10-181　填充图形

20 将“标注”图层置为当前，调用 DLI“线性”命令和 DCO“连续”命令，标注图中所对应的线性尺寸和连续尺寸，效果如图 10-182 所示。

21 调用 MLEA“多重引线”命令，在绘图区的相应位置，依次添加多重引线标注，效果如图 10-183 所示。

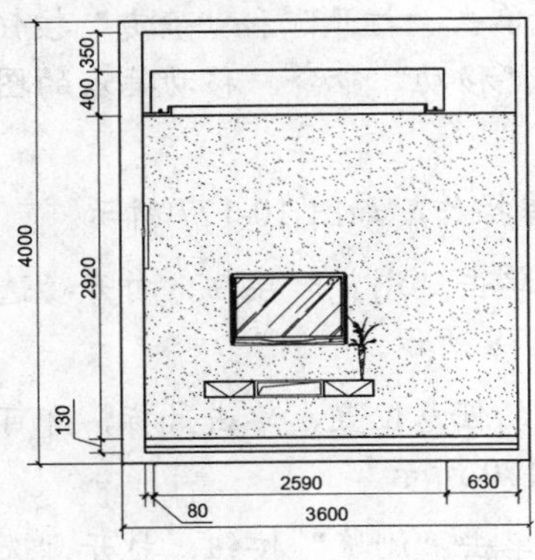

图 10-182　标注尺寸效果

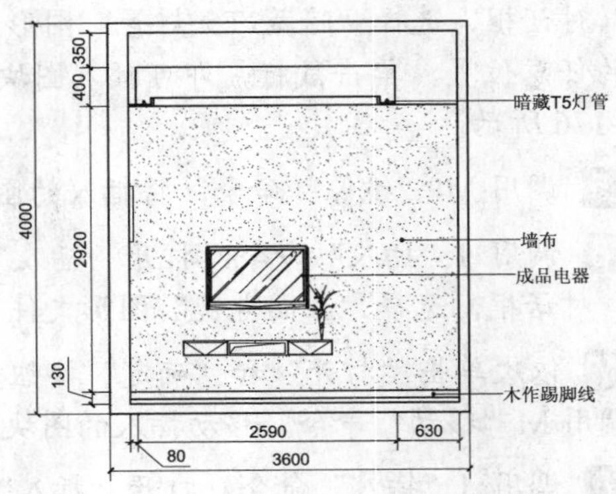

图 10-183　添加多重引线

22 调用 MT“多行文字”命令，修改“文字高度”为 200，在绘图区相应位置，绘制多行文字，如图 10-184 所示。

23 调用L“直线”和PL“多段线”命令，在绘图区的相应位置，绘制直线和多段线，效果如图 10-185 所示。

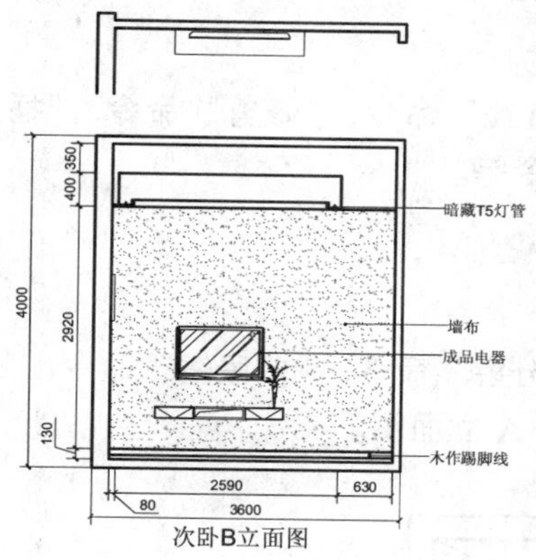

图 10-184　绘制多行文字

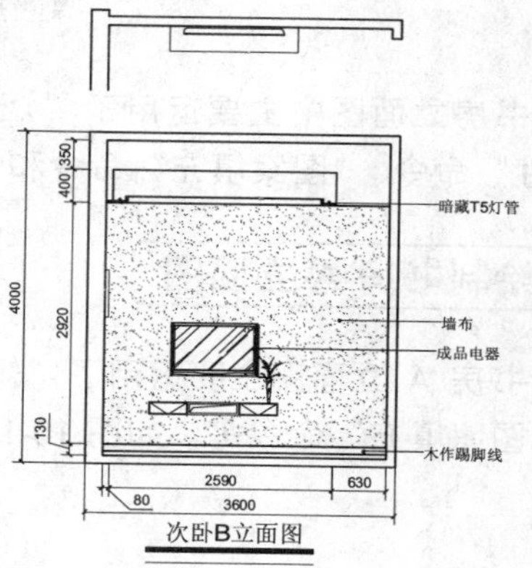

图 10-185　绘制直线和多段线

10.4.3 绘制次卧 A 立面图

运用上述方法完成次卧 A 立面图的绘制，如图 10-186 所示为次卧 A 立面图。

10.4.4 绘制次卧 C 立面图

运用上述方法完成次卧 C 立面图的绘制，如图 10-187 所示为次卧 C 立面图。

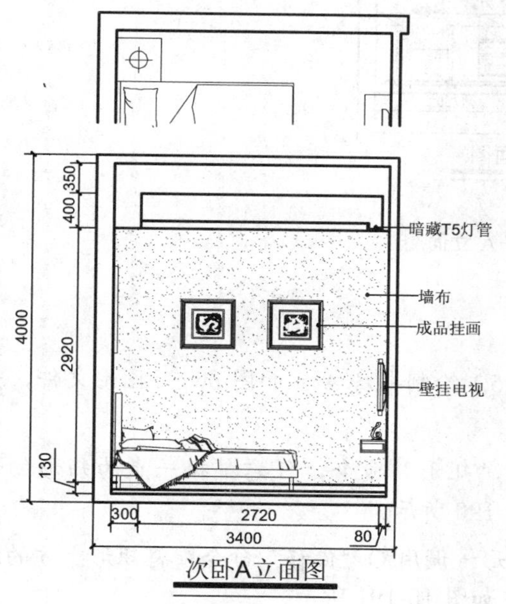

图 10-186　次卧 A 立面图

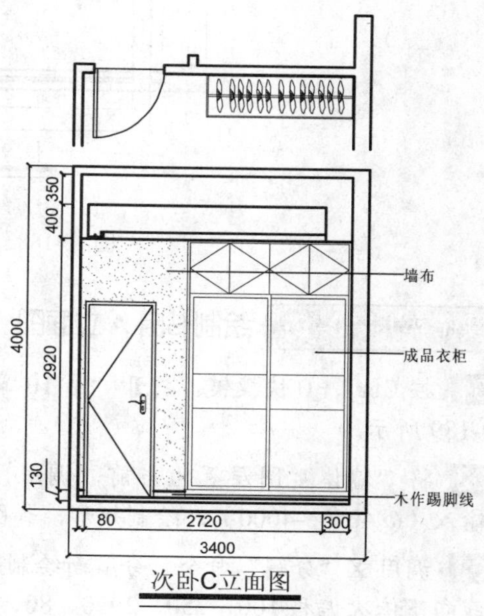

图 10-187　次卧 C 立面图

10.5 绘制书房立面图

绘制书房立面图中主要运用了“矩形”命令、“直线”命令、“修剪”命令、“插入”命令、“线性”命令、“图案填充”命令和“多段线”命令等。

10.5.1 绘制书房 A 立面图

绘制书房 A 立面图主要运用了“矩形”命令、“分解”命令、“多段线”命令、“复制”命令和“图案填充”命令等。如图 10-188 所示为书房 A 立面图。

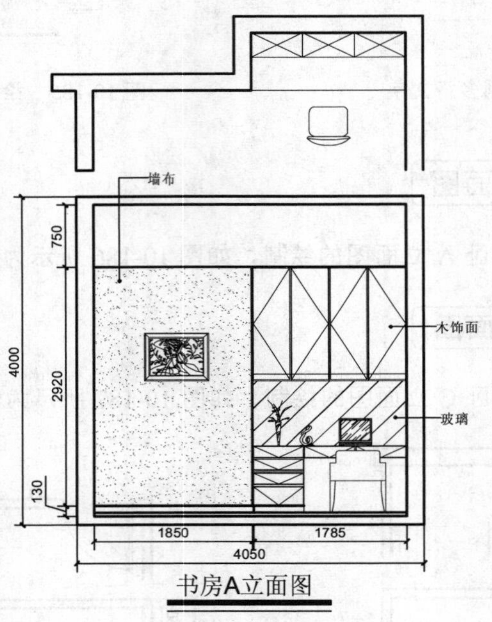

图 10-188　书房 A 立面图

操作实训 10-8：绘制书房 A 立面图

01 按 Ctrl + O 快捷键，打开“第 10 章\10.5.1 绘制书房 A 立面图.dwg”图形文件，如图 10-189 所示。

02 将“墙体”图层置为当前，调用 REC“矩形”命令，任意捕捉一点为矩形的起点，输入（@4050, -4000），绘制矩形，如图 10-190 所示。

03 调用 X“分解”命令，分解新绘制的矩形；调用 O“偏移”命令，将矩形上方的水平直线向下依次偏移 100、750、2920、80、50，如图 10-191 所示。

04 调用 O“偏移”命令，将矩形左侧的垂直直线向右偏移 200、1850、15、1785，如图 10-192 所示。

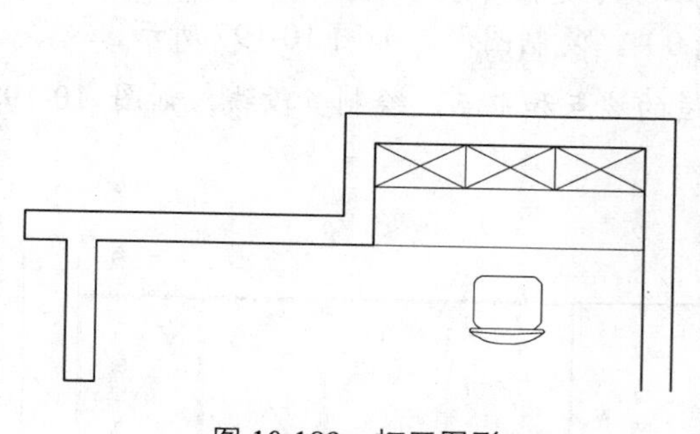

图 10-189　打开图形

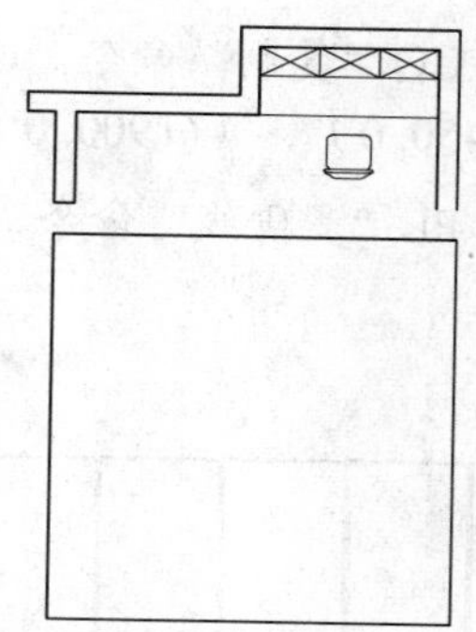

图 10-190　绘制矩形

05 调用 TR“修剪”命令，修剪多余的图形；调用 E“删除”命令，删除多余的图形，如图 10-193 所示。

图 10-191　偏移图形

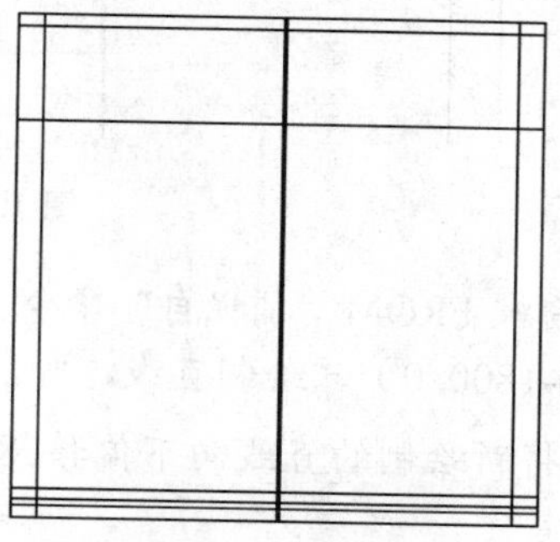

图 10-192　偏移图形

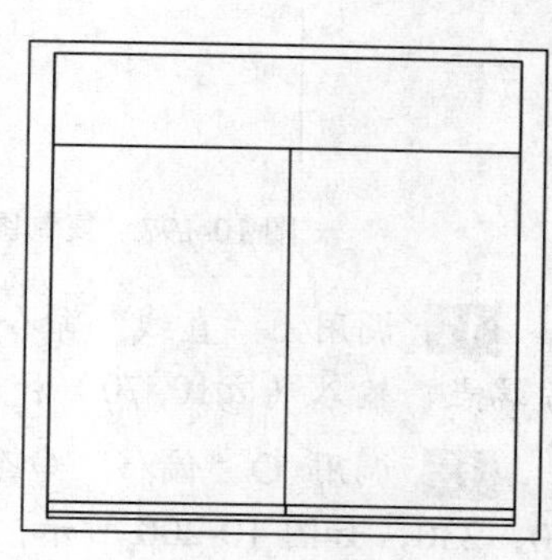

图 10-193　修剪并删除图形

06 将“家具”图层置为当前；调用 REC“矩形”命令，输入 FROM“捕捉自”命令，捕捉图形的左上方端点，输入（@2060, -860）和（@430, -1380），绘制矩形，如图 10-194 所示。

07 调用 L“直线”命令，输入 FROM“捕捉自”命令，捕捉新绘制矩形的右上方端点，输入（@10, 10）和（@0, -1400），绘制直线，如图 10-195 所示。

08 调用 O“偏移”命令，将新绘制的垂直直线向右偏移 450、450，如图 10-196 所示。

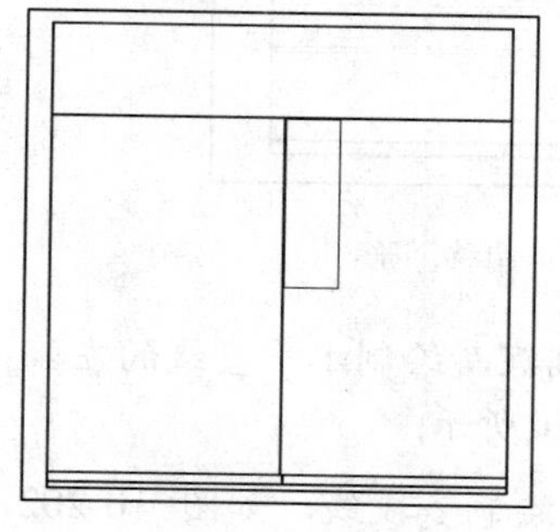

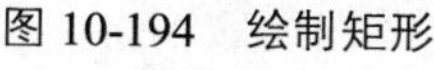

图 10-194　绘制矩形

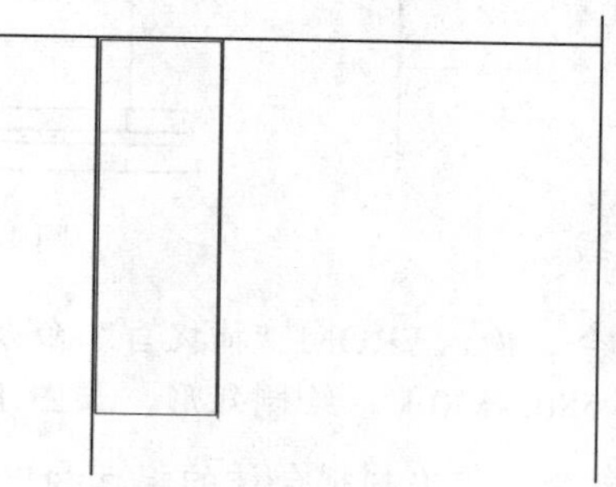

图 10-195　绘制直线

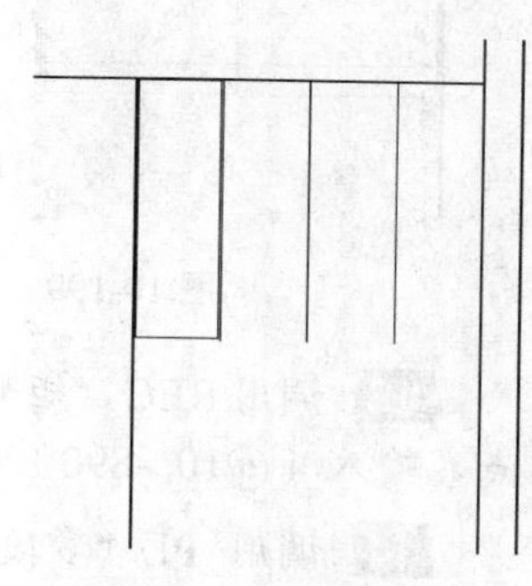

图 10-196　偏移图形

09 调用 CO“复制”命令，选择新绘制的矩形为复制对象，捕捉矩形左上方端点为基点，输入（@450, 0）、（@900, 0）和（@1350, 0），复制图形，如图 10-197 所示。

10 调用 PL“多段线”命令，依次捕捉合适的端点和中点，绘制多段线，如图 10-198 所示。

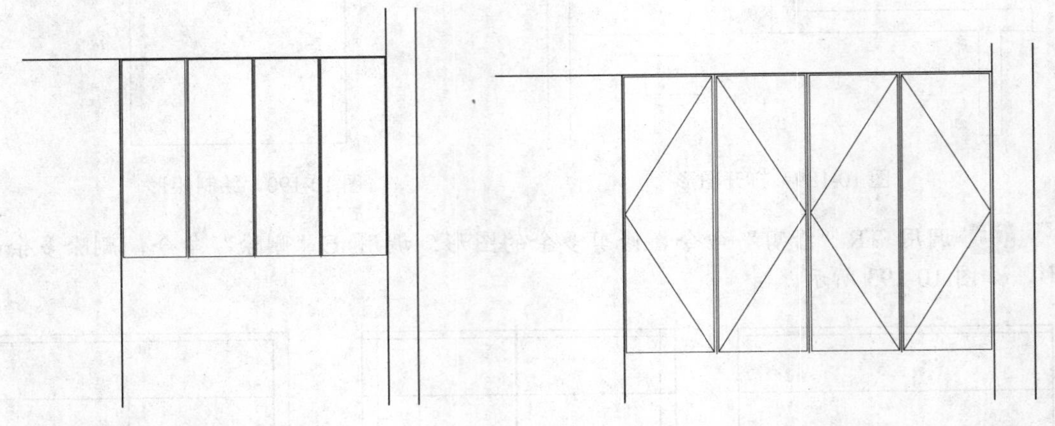

图 10-197　复制图形　　图 10-198　绘制多段线

11 调用 L“直线”命令，输入 FROM“捕捉自”命令，捕捉偏移后最右侧矩形的右下方端点，输入（@10, 70）和（@-1800, 0），绘制直线，如图 10-199 所示。

12 调用 O“偏移”命令，将新绘制的直线向下偏移 80、800、150、150、20、150、20、230，如图 10-200 所示。

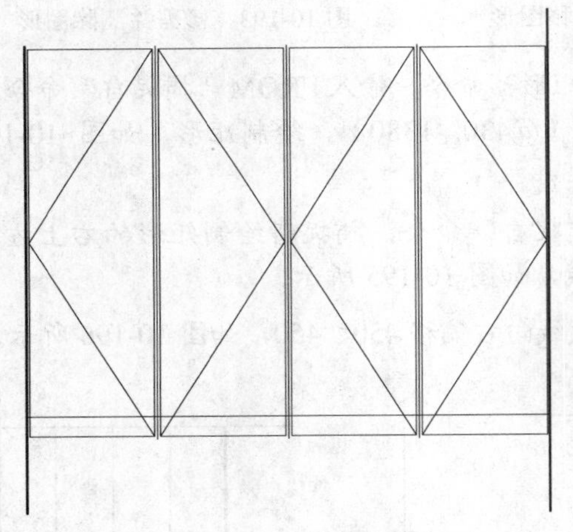

图 10-199　绘制直线

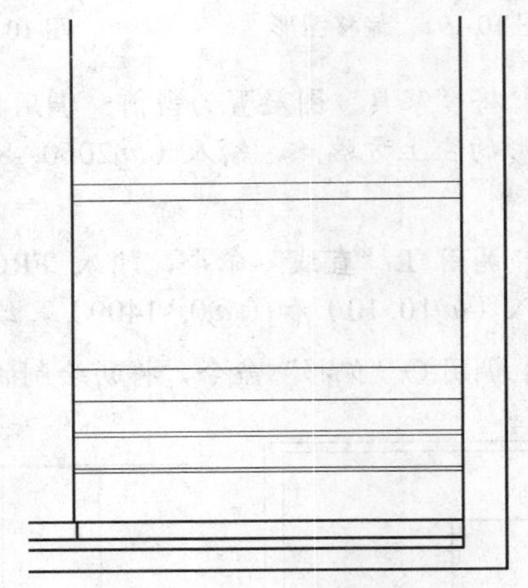

图 10-200　偏移图形

13 调用 REC“矩形”命令，输入 FROM“捕捉自”命令，捕捉新绘制水平直线的左端点，输入（@10, -890）和（@580, -130），绘制矩形，如图 10-201 所示。

14 调用 PL“多段线”命令，依次捕捉合适的端点和中点，绘制多段线，如图 10-202 所示。

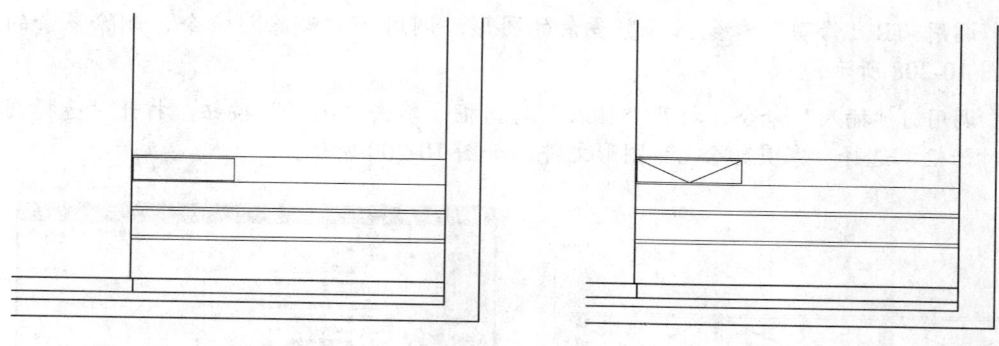

图 10-201　绘制矩形　　图 10-202　绘制多段线

15 调用 CO“复制”命令，选择新绘制的矩形和多段线为复制对象，捕捉左上方端点为基点，输入（@600, 0）、（@1200, 0）、（@0, -150）和（@0, -320），复制图形，如图 10-203 所示。

16 调用 REC“矩形”命令，输入 FROM“捕捉自”命令，捕捉左下方复制后矩形的左下方端点，输入（@0, -40）和（@580, -210），绘制矩形，如图 10-204 所示。

17 调用 PL“多段线”命令，依次捕捉合适的端点和中点，绘制多段线，如图 10-205 所示。

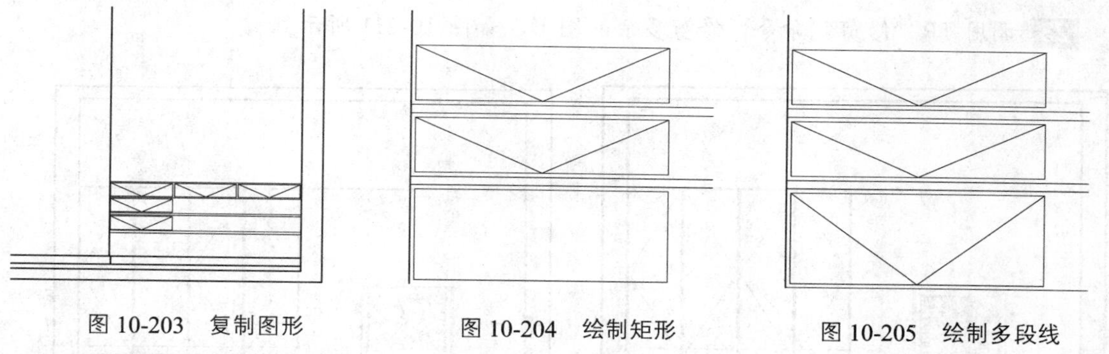

图 10-203　复制图形　　图 10-204　绘制矩形　　图 10-205　绘制多段线

18 调用 L“直线”命令，输入 FROM“捕捉自”命令，捕捉图形的右下方端点，输入（@-1400, 150）和（@0, 800），绘制直线，如图 10-206 所示。

19 调用 O“偏移”命令，将新绘制的多段线向右偏移 600，如图 10-207 所示。

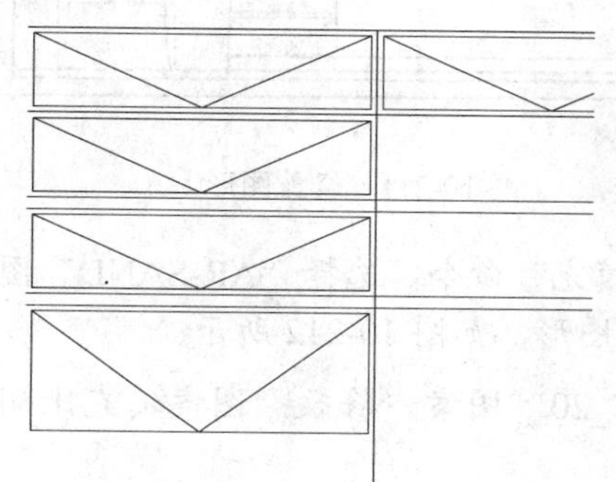

图 10-206　绘制直线

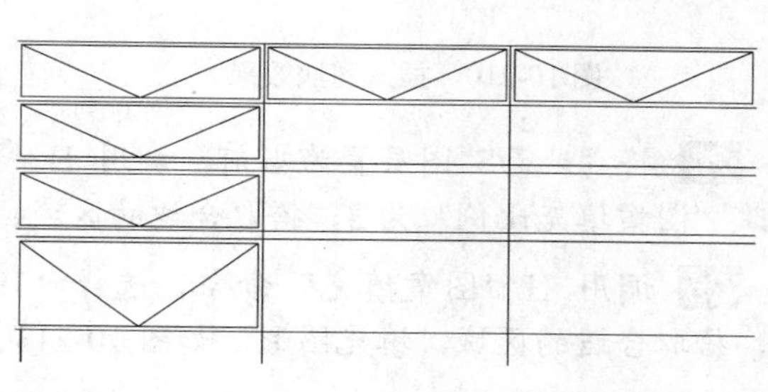

图 10-207　偏移图形

20 调用 TR“修剪”命令，修剪多余的图形；调用 E“删除”命令，删除多余的图形，如图 10-208 所示。

21 调用 I“插入”命令，打开“插入”对话框，单击“浏览”按钮，打开“选择图形文件”对话框，选择“家具组合 6”图形文件，如图 10-209 所示。

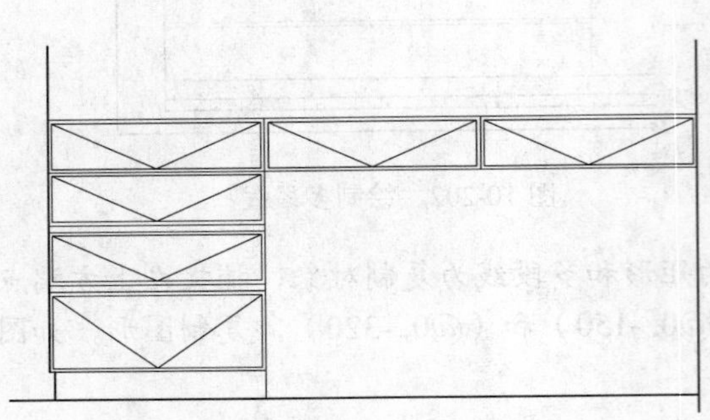

图 10-208　修剪并删除图形

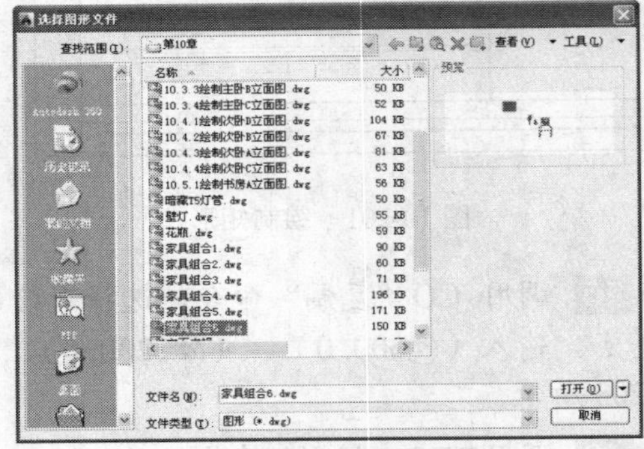

图 10-209　选择图形文件

22 依次单击“打开”和“确定”按钮，在绘图区的任意位置，单击鼠标，即可插入图块；调用 M“移动”命令，移动插入的图块，如图 10-210 所示。

23 调用 TR“修剪”命令，修剪多余的图形，如图 10-211 所示。

图 10-210　插入图块效果

图 10-211　修剪图形

24 将“地面”图层置为当前，调用 H“图案填充”命令，选择“AR-SAND”图案，修改“图案填充比例”为 3，拾取合适的区域，填充图形，如图 10-212 所示。

25 调用 H“图案填充”命令，选择“JIS_LC_20”图案，修改“图案填充比例”为 10，拾取合适的区域，填充图形，如图 10-213 所示。

图 10-212　填充图形

图 10-213　填充图形

26 将“标注”图层置为当前，调用DLI“线性”命令和DCO“连续”命令，标注图中所对应的线性尺寸和连续尺寸，效果如图 10-214 所示。

27 调用 MLEA“多重引线”命令，在绘图区的相应位置，依次添加多重引线标注，效果如图 10-215 所示。

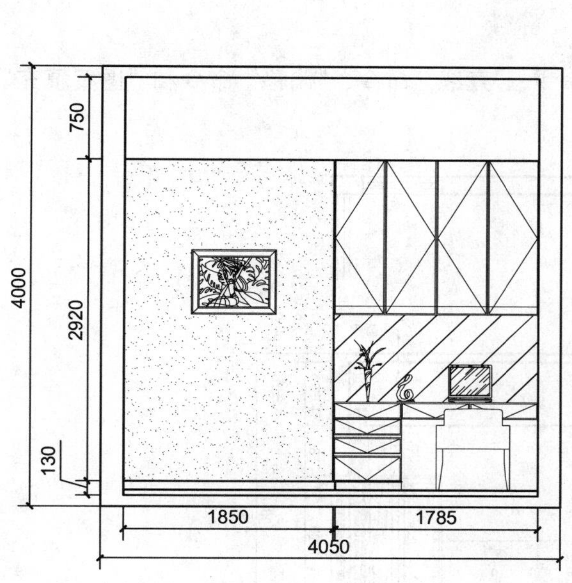

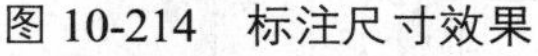

图 10-214　标注尺寸效果

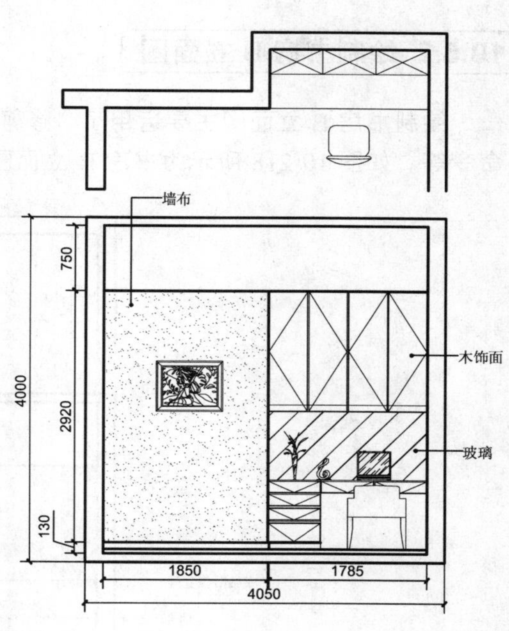

图 10-215　添加多重引线

28 调用 MT“多行文字”命令，修改“文字高度”为 200，在绘图区相应位置，绘制多行文字，如图 10-216 所示。

29 调用L“直线”和PL“多段线”命令，在绘图区的相应位置，绘制直线和多段线，效果如图 10-217 所示。

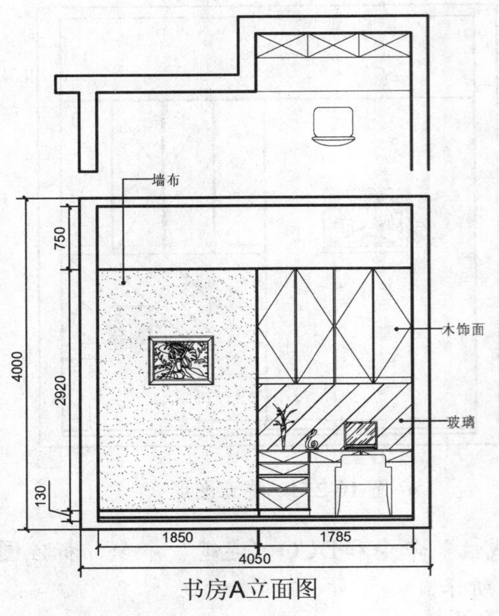

图 10-216　绘制多行文字

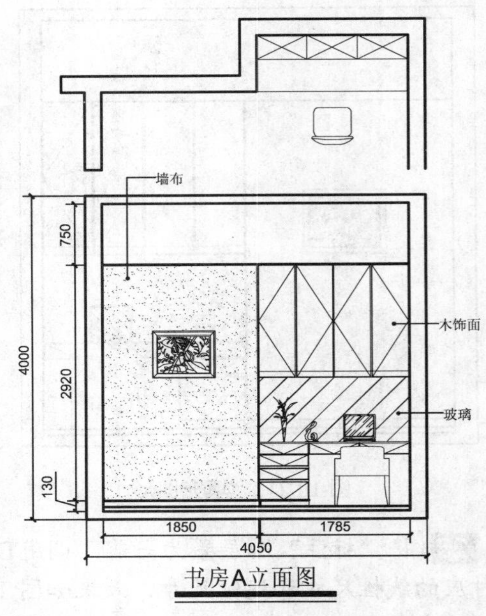

图 10-217　绘制直线和多段线

10.5.2 绘制书房 B 立面图

绘制书房 B 立面图主要运用了“修剪”命令、“直线”命令、“偏移”命令和“图案填充”命令等。如图 10-218 所示为书房 B 立面图。

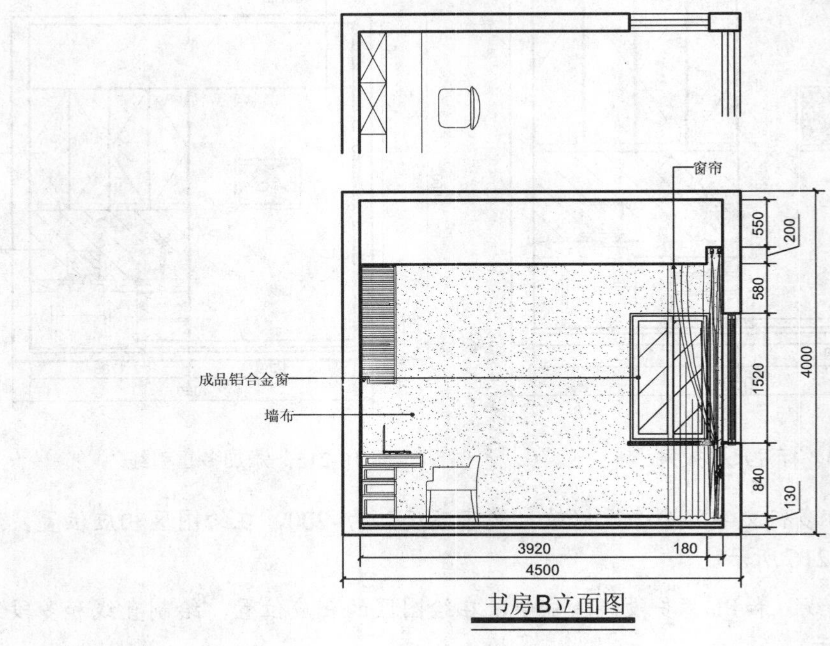

图 10-218　书房 B 立面图

操作实训 10-9：绘制书房 B 立面图

01 按 Ctrl + O 快捷键，打开“第 10 章\10.5.2 绘制书房 B 立面图.dwg”图形文件，如图 10-219 所示。

02 将“墙体”图层置为当前，调用 REC“矩形”命令，任意捕捉一点为矩形的起点，输入（@4500, -4000），绘制矩形，如图 10-220 所示。

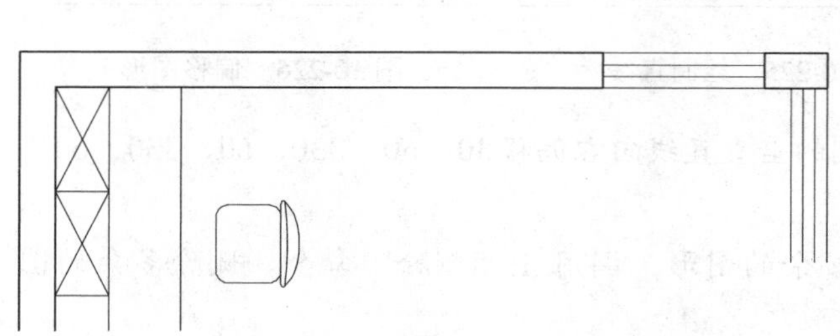

图 10-219　打开图形

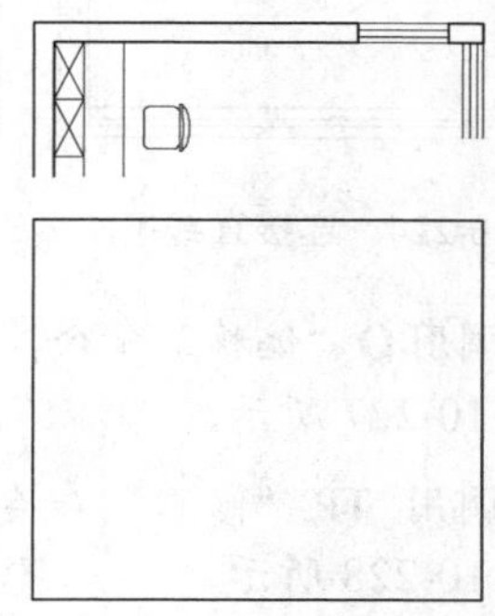

图 10-220　绘制矩形

03 调用 X“分解”命令，分解新绘制的矩形；调用 O“偏移”命令，将矩形左侧的垂直直线向右偏移 200、3920、180，如图 10-221 所示。

04 调用 O“偏移”命令，将矩形上方的水平直线向下偏移 100、550、200、580、1520、840、80、50，如图 10-222 所示。

05 调用 TR“修剪”命令，修剪多余的图形；调用 E“删除”命令，删除多余的图形，如图 10-223 所示。

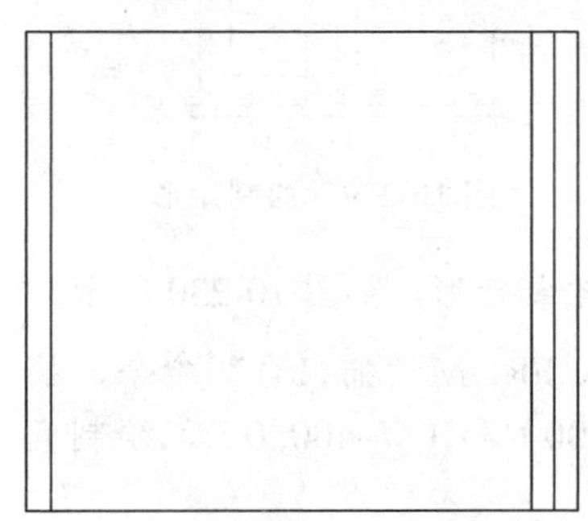

图 10-221　偏移图形

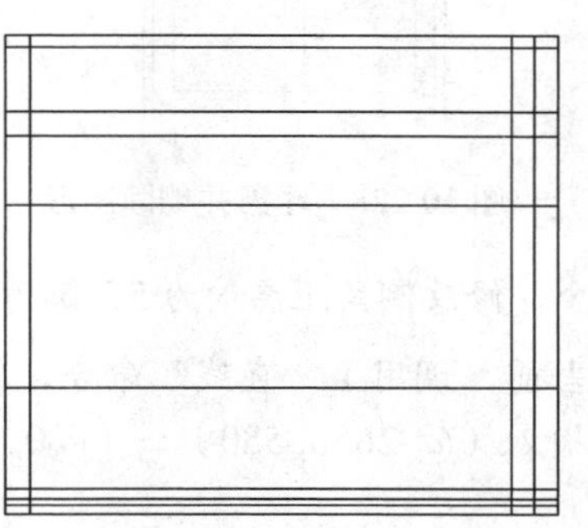

图 10-222　偏移图形

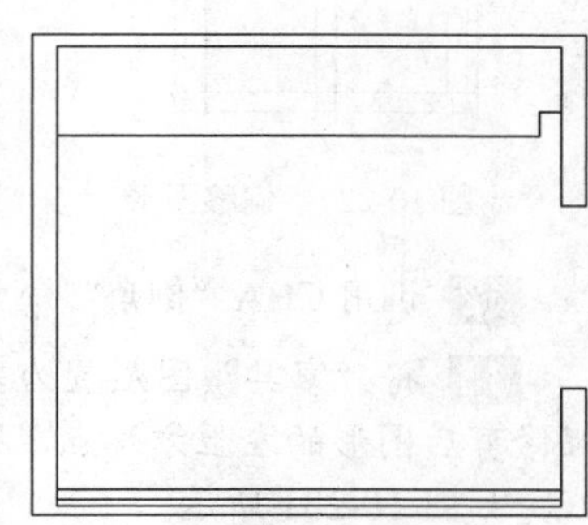

图 10-223　修剪并删除图形

06 将“门窗”图层置为当前，调用 L“直线”命令，依次捕捉右侧合适的端点，连接直线，如图 10-224 所示。

07 调用 L“直线”命令，输入 FROM“捕捉自”命令，捕捉新绘制左侧垂直直线的上端点，输入（@-150, 0）、（@-900, 0）和（@0, -1500），绘制直线，如图 10-225 所示。

08 调用 O“偏移”命令，将新绘制的水平直线向下偏移 30、60、1320 和 60，如图 10-226 所示。

图 10-224　连接直线

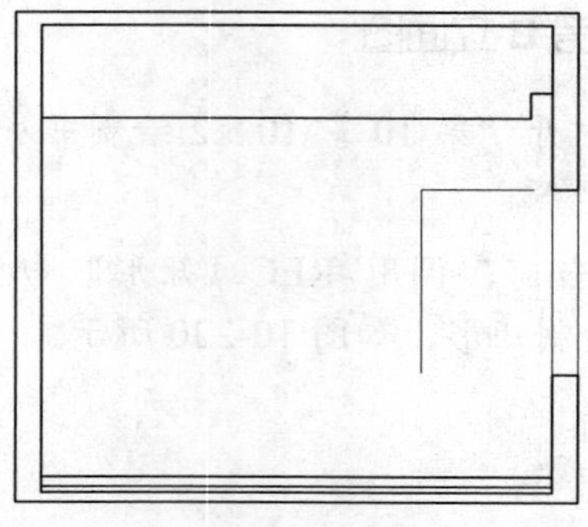

图 10-225　绘制直线

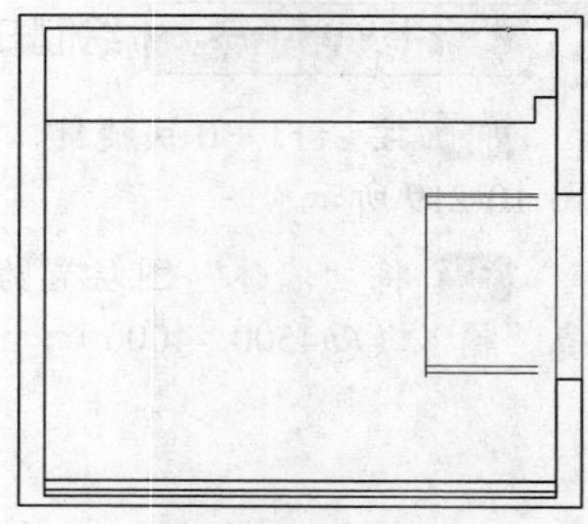

图 10-226　偏移图形

09 调用 O“偏移”命令，将新绘制的垂直直线向右偏移30、60、330、60、330、60、30，如图 10-227 所示。

10 调用 TR“修剪”命令，修剪多余的图形；调用 E“删除”命令，删除多余的图形，如图 10-228 所示。

11 调用REC“矩形”命令，输入FROM“捕捉自”命令，捕捉修剪后图形的左下方端点，输入（@-30, 0）和（@960, -40），绘制矩形，如图 10-229 所示。

图 10-227　偏移图形

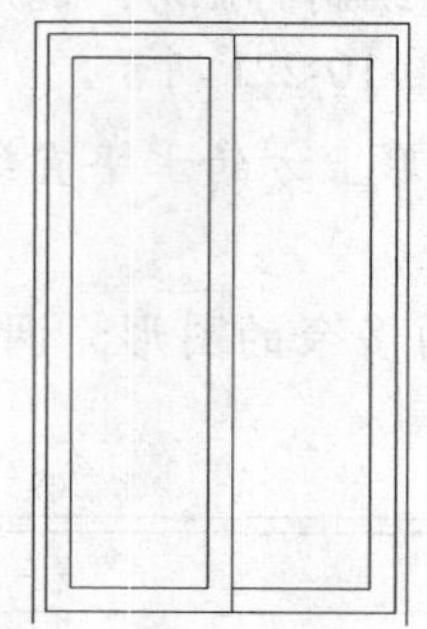

图 10-228　修剪并删除图形

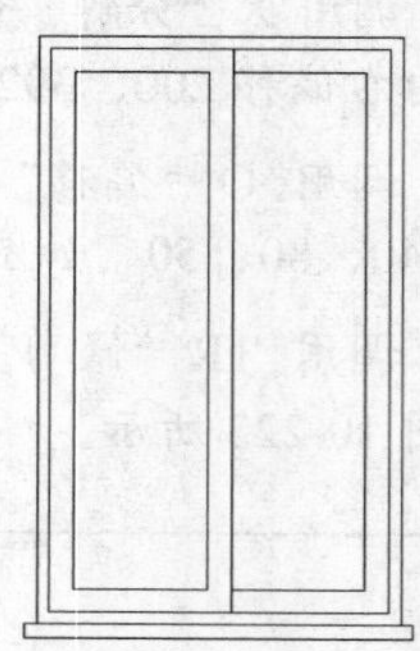

图 10-229　绘制矩形

12 调用 CHA“倒角”命令，修改倒角距离均为 5，倒角新绘制矩形，如图 10-230 所示。

13 将“家具”图层置为当前，调用 L“直线”命令，输入 FROM“捕捉自”命令，捕捉修剪后图形的左上方端点，输入（@-2650, 580）、（@0, -1400）和（@-400, 0），绘制直线，如图 10-231 所示。

14 调用 O“偏移”命令，将新绘制的垂直直线向左偏移 20、50、232、20、58，如图 10-232 所示。

15 调用O“偏移”命令，将新绘制的水平直线向上偏移20、41、20、373、20、453、20、433，如图 10-233 所示。

16 调用 TR“修剪”命令，修剪多余图形；调用 E“删除”命令，删除多余图形，如图 10-234 所示。

17 将“地面”图层置为当前，调用 H“图案填充”命令，选择“ANSI36”图案，修改“图案填充比例”为 3，拾取合适的区域，填充图形，如图 10-235 所示。

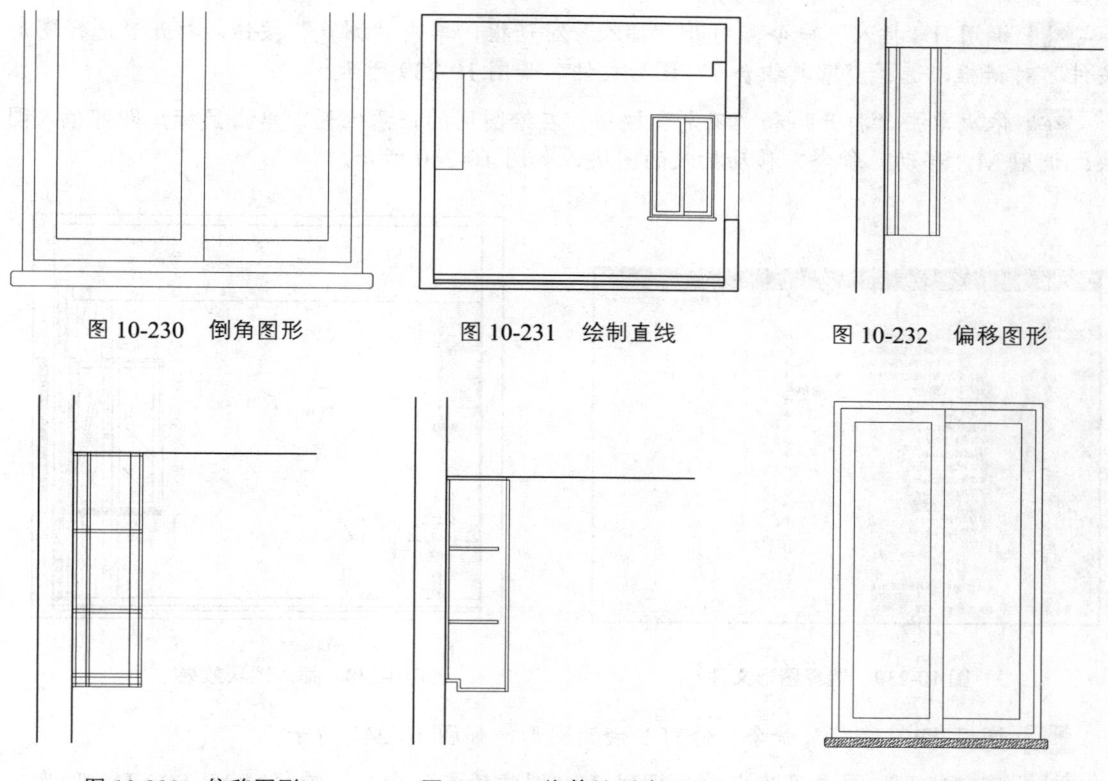

图 10-230　倒角图形　　图 10-231　绘制直线　　图 10-232　偏移图形

图 10-233　偏移图形　　图 10-234　修剪并删除图形　　图 10-235　填充图形

18 调用 H“图案填充”命令，选择“JIS_LC_20”图案，修改“图案填充比例”为 15，拾取合适的区域，填充图形，如图 10-236 所示。

19 调用 H“图案填充”命令，选择“USER”图案，修改“图案填充比例”为 20，拾取合适的区域，填充图形，如图 10-237 所示。

20 将“家具”图层置为当前，调用 I“插入”命令，打开“插入”对话框，单击“浏览”按钮，打开“选择图形文件”对话框，选择“暗藏 T5 灯管”图形文件，依次单击“打开”和“确定”按钮，修改旋转角度为 180，在绘图区的任意位置，单击鼠标，即可插入图块；调用 M“移动”命令，移动插入的图块，如图 10-238 所示。

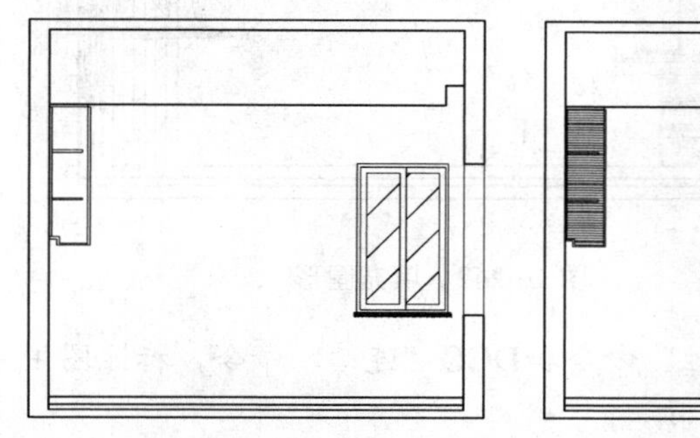

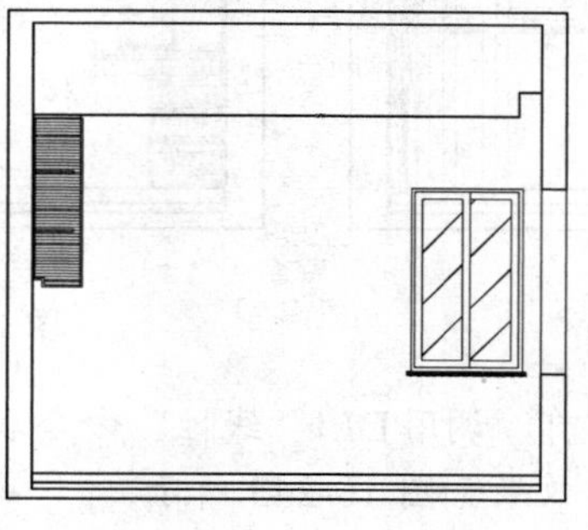

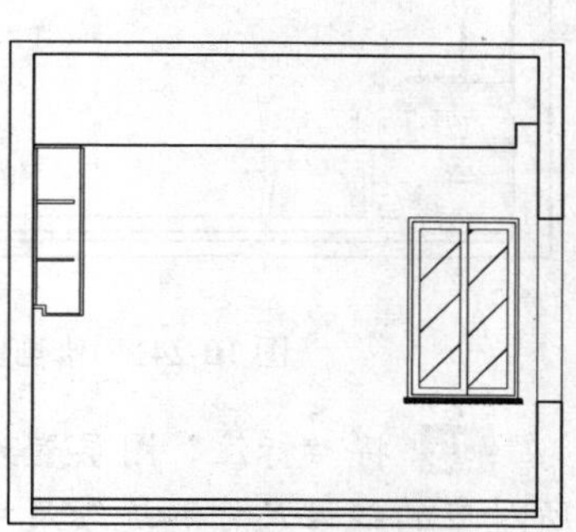

图 10-236　填充图形　　图 10-237　填充图形　　图 10-238　插入图块效果

21 调用 I“插入”命令，打开“插入”对话框，单击“浏览”按钮，打开“选择图形文件”对话框，选择“家具组合 7”图形文件，如图 10-239 所示。

22 依次单击“打开”和“确定”按钮，在绘图区的任意位置，单击鼠标，即可插入图块；调用 M“移动”命令，移动插入的图块，如图 10-240 所示。

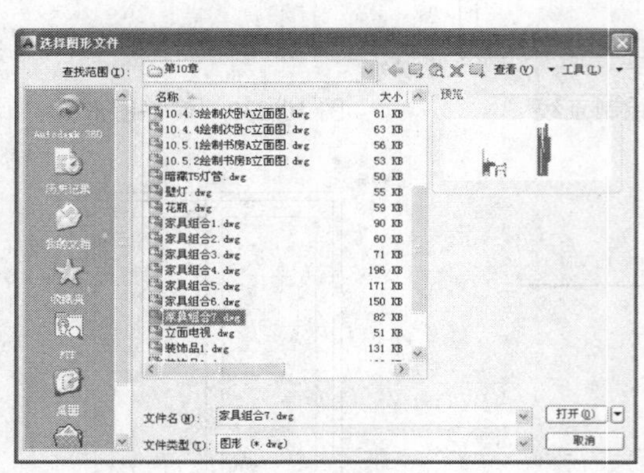

图 10-239 选择图形文件

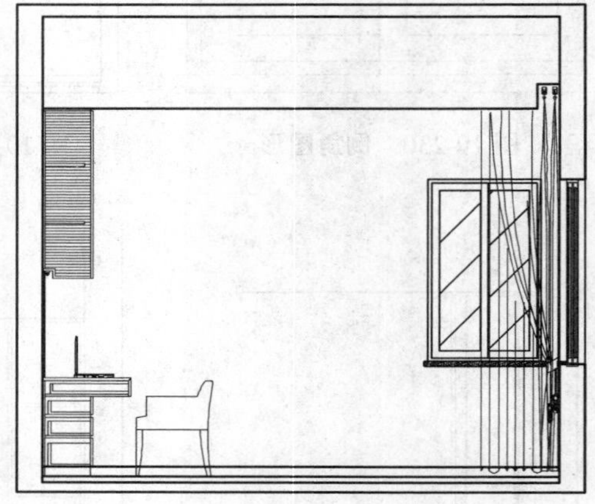

图 10-240 插入图块效果

23 调用 TR“修剪”命令，修剪多余的图形，如图 10-241 所示。

24 将“地面”图层置为当前，调用 H“图案填充”命令，选择“AR-SAND”图案，修改“图案填充比例”为 3，拾取合适的区域，填充图形，如图 10-242 所示。

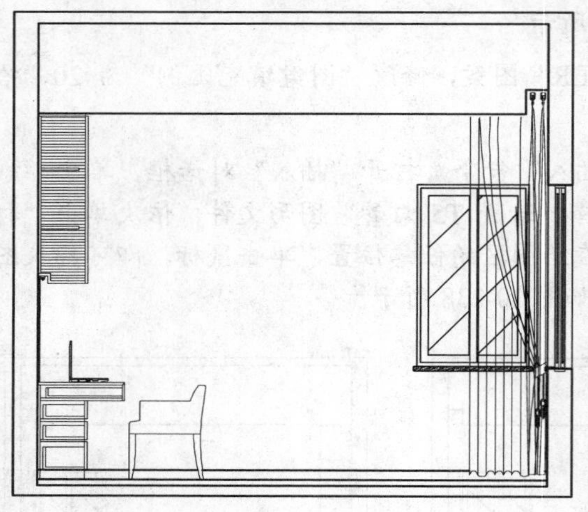

图 10-241 修剪图形

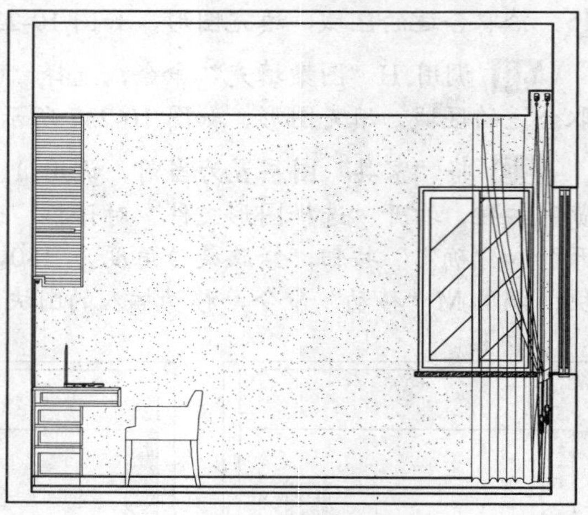

图 10-242 填充图形

25 将“标注”图层置为当前，调用 DLI“线性”命令和 DCO“连续”命令，标注图中所对应的线性尺寸和连续尺寸，效果如图 10-243 所示。

26 调用 MLEA“多重引线”命令，在相应位置，依次添加多重引线标注，效果如图 10-244 所示。

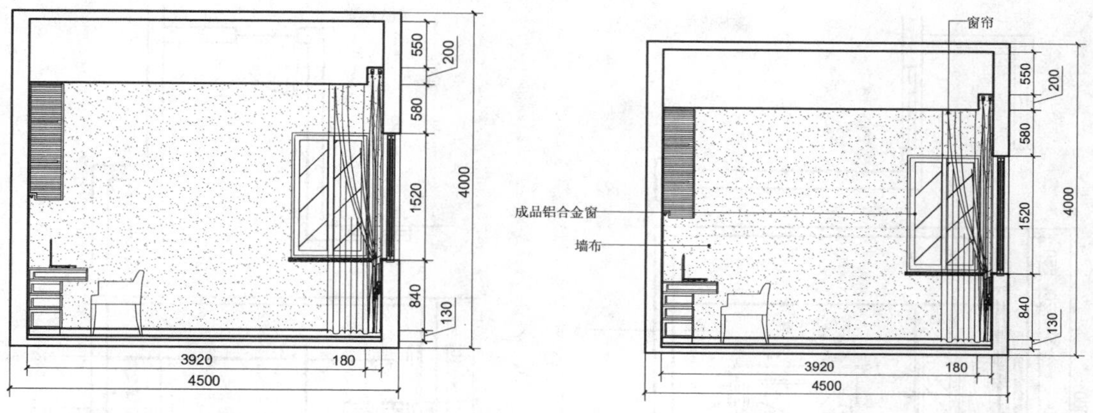

图 10-243　添加标注尺寸　　图 10-244　添加多重引线标注

27 调用 MT“多行文字”命令，修改“文字高度”为 200，在绘图区相应位置，绘制多行文字，如图 10-245 所示。

28 调用 L“直线”和 PL“多段线”命令，在绘图区的相应位置，绘制直线和多段线，效果如图 10-246 所示。

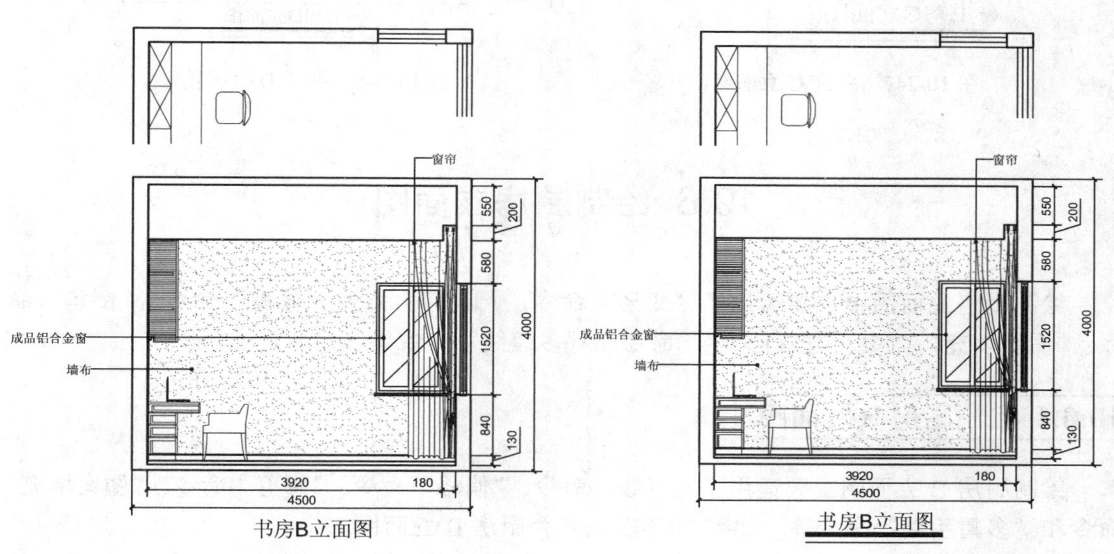

图 10-245　绘制多行文字　　图 10-246　绘制直线和多段线

10.5.3 绘制书房 C 立面图

运用上述方法完成书房 C 立面图的绘制，如图 10-247 所示为书房 C 立面图。

10.5.4 绘制书房 D 立面图

运用上述方法完成书房 D 立面图的绘制，如图 10-248 所示为书房 D 立面图。

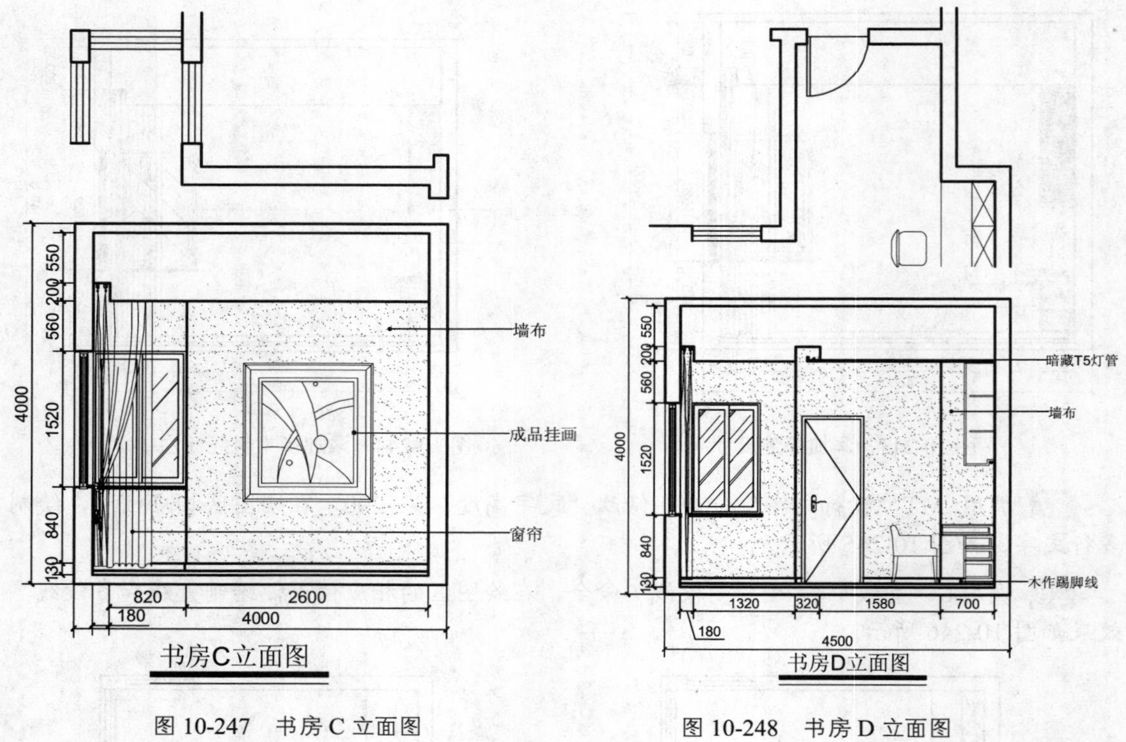

图 10-247　书房 C 立面图　　图 10-248　书房 D 立面图

10.6 绘制厨房立面图

绘制厨房立面图中主要运用了“矩形”命令、“偏移”命令、“修剪”命令、“倒角”命令、“图案填充”命令、“多行文字”命令和“多段线”命令等。

10.6.1 绘制厨房 B 立面图

绘制厨房 B 立面图主要运用了“直线”命令、“偏移”命令、“修剪”命令、“图案填充”命令和“多重引线”命令等。如图 10-249 所示为厨房 B 立面图。

操作实训 10-10：绘制厨房 B 立面图

01 按 Ctrl + O 快捷键，打开“第 10 章\10.6.1 绘制厨房 B 立面图.dwg”图形文件，如图 10-250 所示。

02 将“墙体”图层置为当前，调用 REC“矩形”命令，任意捕捉一点为矩形的起点，输入（@2100, -3150），绘制矩形，如图 10-251 所示。

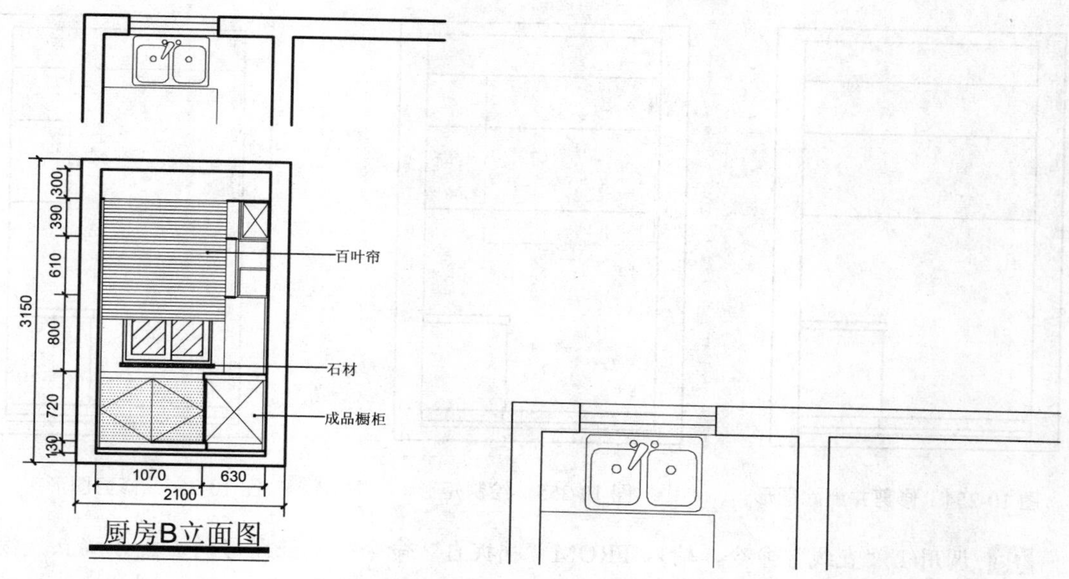

图 10-249 厨房 B 立面图　　图 10-250 打开图形

03 调用 X“分解”命令，分解新绘制的矩形；调用 O“偏移”命令，将矩形上方的水平直线向下依次偏移 100、300、390、610、800、60、660、80 和 50，如图 10-252 所示。

04 调用 O“偏移”命令，将左侧的垂直直线向右偏移 200、1070、20、20、590，如图 10-253 所示。

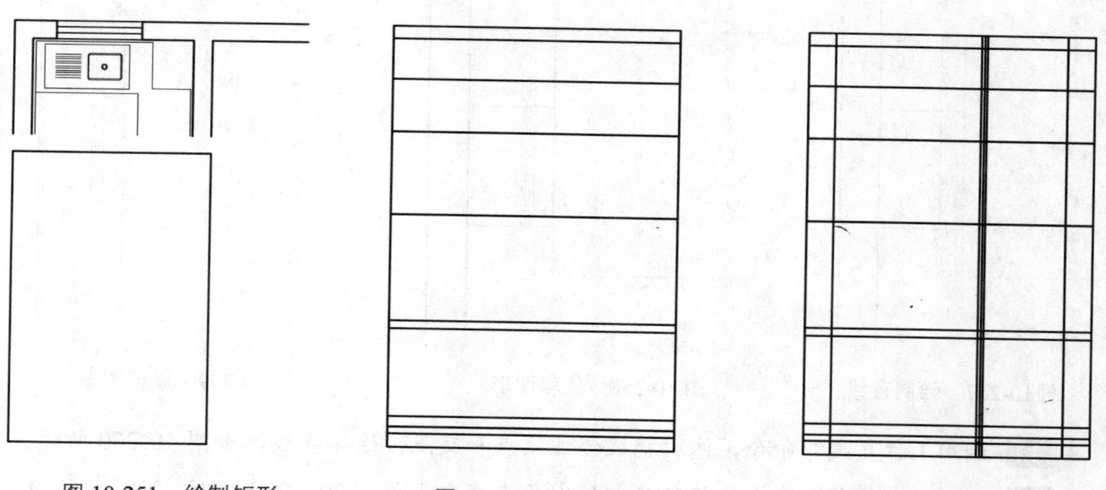

图 10-251 绘制矩形　　图 10-252 偏移图形　　图 10-253 偏移图形

05 调用 TR“修剪”命令，修剪多余的图形；调用 E“删除”命令，删除多余的图形，如图 10-254 所示。

06 将“家具”图层置为当前，调用 REC“矩形”命令，输入 FROM“捕捉自”命令，捕捉图形的左上方端点，输入（@230, -400）和（@1240, -1250），绘制矩形，如图 10-255 所示。

07 调用 TR“修剪”命令，修剪多余的图形，如图 10-256 所示。

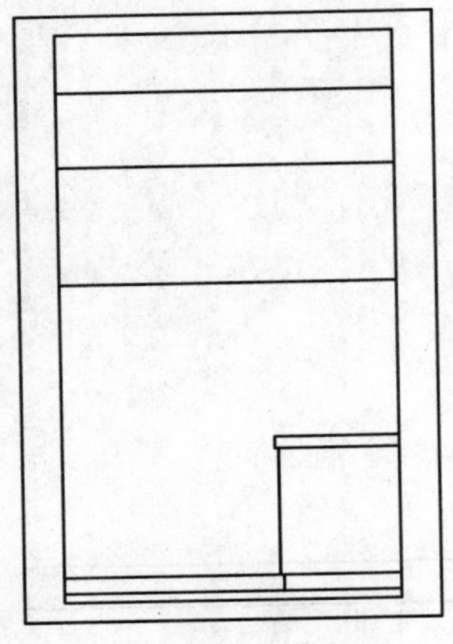
图 10-254 修剪并删除图形

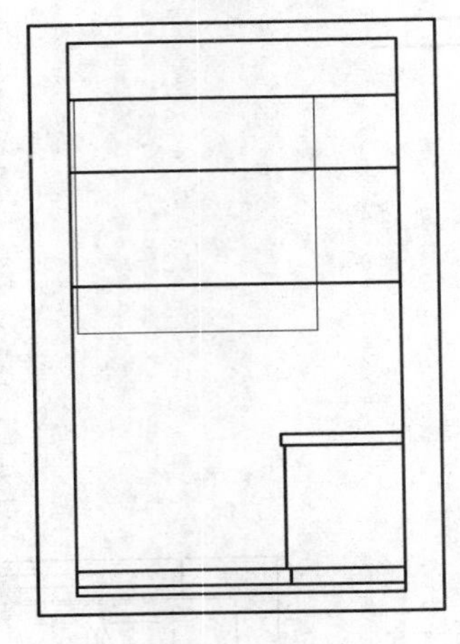
图 10-255 绘制矩形

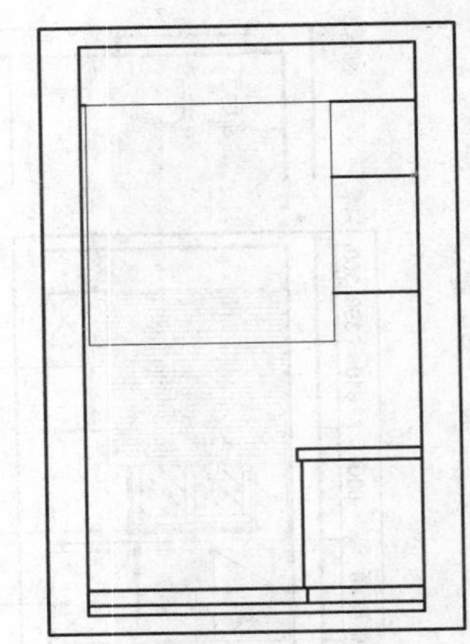
图 10-256 修剪图形

08 调用 L“直线”命令，输入 FROM“捕捉自”命令，捕捉图形的右上方端点，输入（@-510, -400）和（@0, -1000），绘制直线，如图 10-257 所示。

09 调用 O“偏移”命令，将新绘制的直线向左偏移 20，向右偏移 20、20、250，如图 10-258 所示。

10 调用 TR“修剪”命令，修剪多余的图形，如图 10-259 所示。

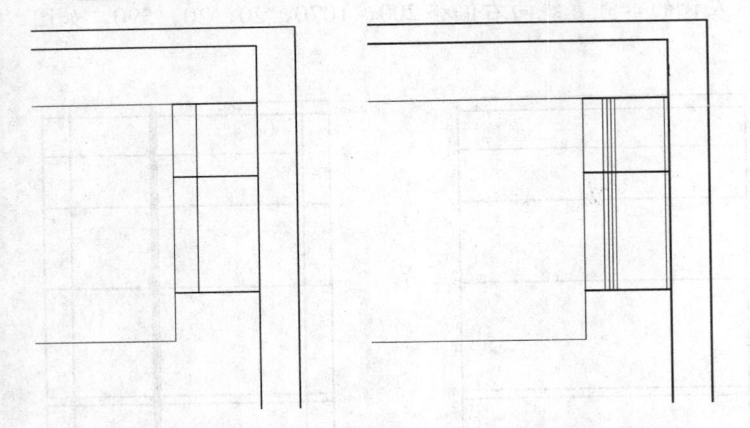
图 10-257 绘制直线　　图 10-258 偏移图形

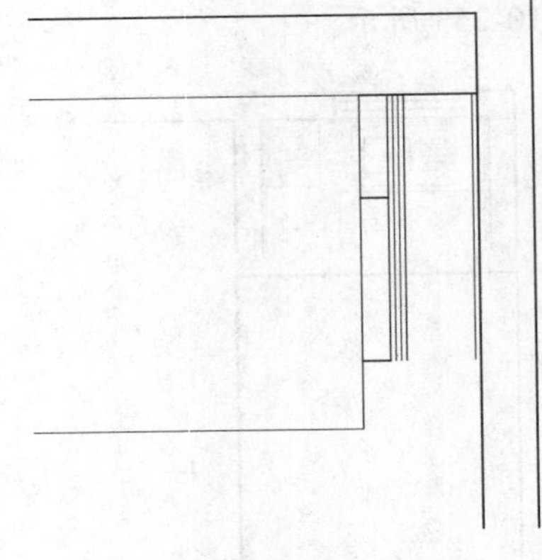
图 10-259 修剪图形

11 调用 L“直线”命令，依次捕捉合适端点和交点，连接直线，如图 10-260 所示。

12 调用 O“偏移”命令，将新绘制的水平直线向上偏移 20、270、20、270、20、10、10、360，如图 10-261 所示。

13 调用 TR“修剪”命令，修剪多余的图形；调用 E“删除”命令，删除多余的图形，如图 10-262 所示。

14 调用 L“直线”命令，依次捕捉合适的端点，连接直线，如图 10-263 所示。

15 调用 L“直线”命令，输入 FROM“捕捉自”命令，捕捉图形的右下方端点，输入（@-230, 150）和（@0, 740），绘制直线，如图 10-264 所示。

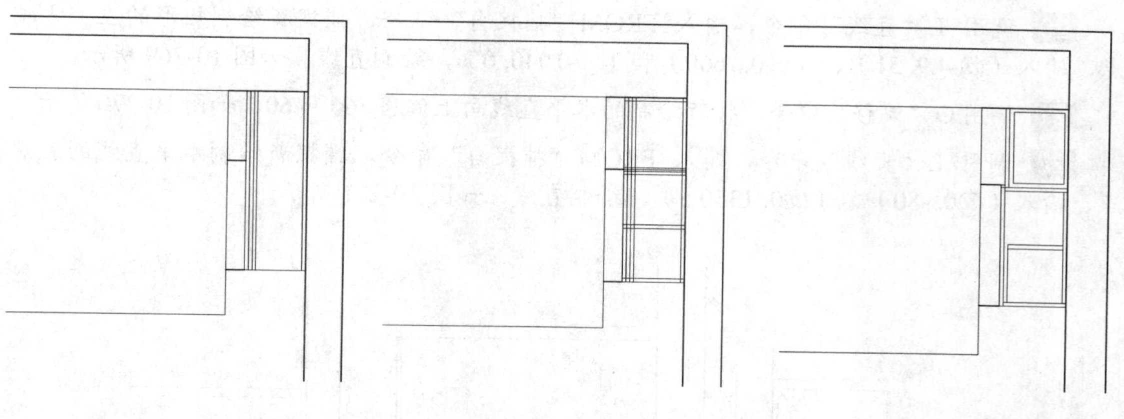

图 10-260　连接直线　　图 10-261　偏移图形　　图 10-262　修剪并删除图形

16 调用 L“直线”命令，输入 FROM“捕捉自”命令，捕捉新绘制直线的上端点，输入（@30, 0）和（@-610, 0），绘制直线；调用 O“偏移”命令，将新绘制的水平直线向下偏移 660，如图 10-265 所示。

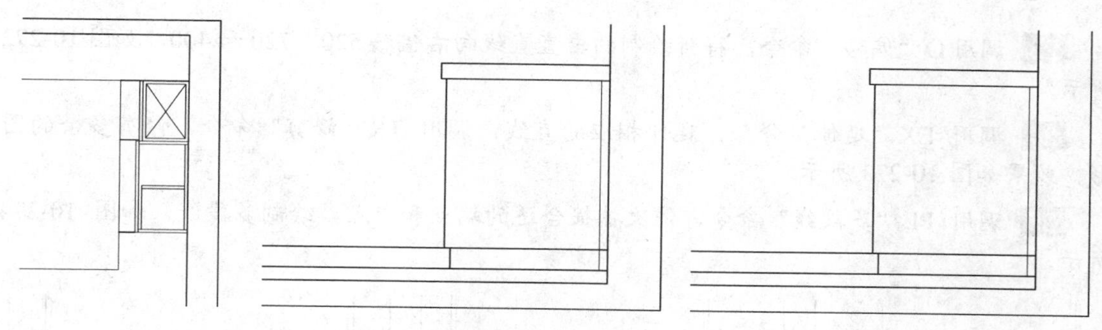

图 10-263　连接直线　　图 10-264　绘制直线　　图 10-265　绘制并偏移直线

17 调用 TR“修剪”命令，修剪多余的图形，如图 10-266 所示。

18 调用 L“直线”命令，依次捕捉合适端点和交点，连接直线，如图 10-267 所示。

19 调用 REC“矩形”命令，输入FROM“捕捉自”命令，捕捉新绘制直线的左上方端点，输入（@0, -51）和（@-15, -47），绘制矩形，如图 10-268 所示。

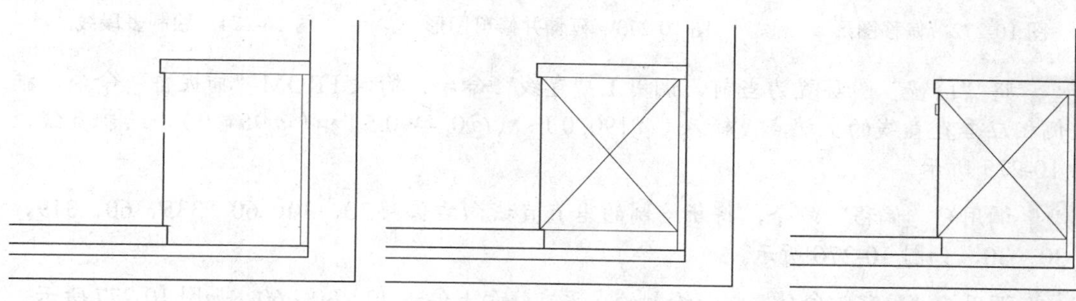

图 10-266　修剪图形　　图 10-267　连接直线　　图 10-268　绘制矩形

20 调用 L“直线”命令，输入 FROM“捕捉自”命令，捕捉新绘制矩形的左上方端点，输入（@-4.9, 51）、（@0, -660）和（@-1040, 0），绘制直线，如图 10-269 所示。

21 调用 O“偏移”命令，将新绘制的水平直线向上偏移 660 和 60，如图 10-270 所示。

22 调用 L“直线”命令，输入 FROM“捕捉自”命令，捕捉新绘制水平直线的左端点，输入（@0, -80）、（@0, 1350.5），绘制直线，如图 10-271 所示。

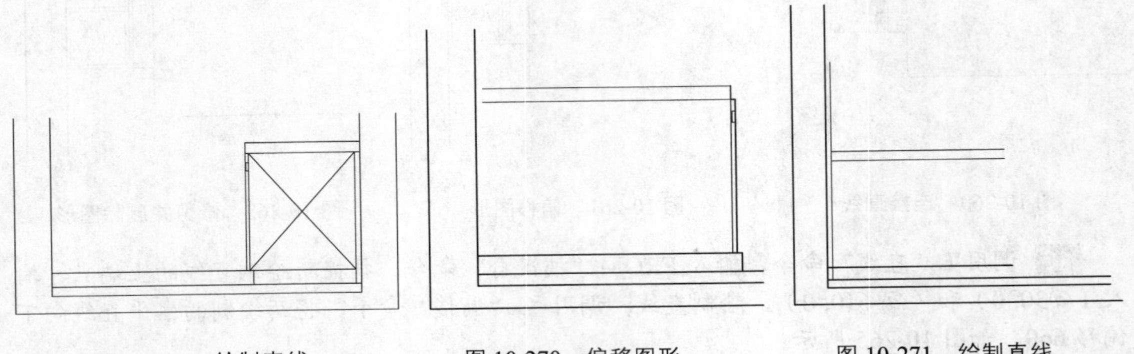

图 10-269 绘制直线　　图 10-270 偏移图形　　图 10-271 绘制直线

23 调用 O“偏移”命令，将新绘制的垂直直线向右偏移 520、720 和 400，如图 10-272 所示。

24 调用 EX“延伸”命令，延伸相应的直线；调用 TR“修剪”命令，修剪多余的图形，效果如图 10-273 所示。

25 调用 PL“多段线”命令，依次捕捉合适的端点和中点，绘制多段线，如图 10-274 所示。

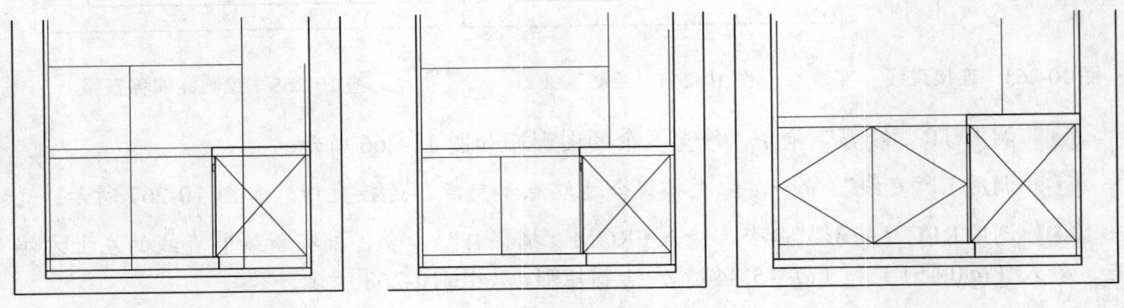

图 10-272 偏移图形　　图 10-273 延伸并修剪图形　　图 10-274 绘制多段线

26 将“门窗”图层置为当前，调用 L“直线”命令，输入 FROM“捕捉自”命令，捕捉左侧相应垂直直线的上端点，输入（@190, 0）、（@0, -490.5）和（@954, 0），绘制直线，如图 10-275 所示。

27 调用 O“偏移”命令，将新绘制的垂直直线向右偏移 30、30、60、335、60、319、60、30、30，如图 10-276 所示。

28 调用 O“偏移”命令，将新绘制的水平直线向上偏移 40、30、60，如图 10-277 所示。

29 调用 TR“修剪”命令，修剪多余的图形，如图 10-278 所示。

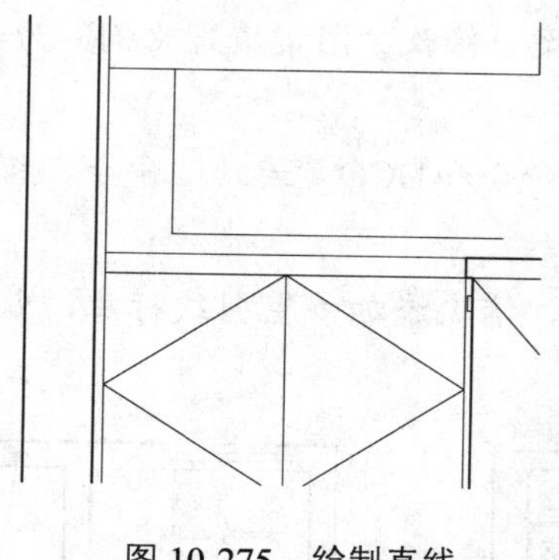

图 10-275 绘制直线

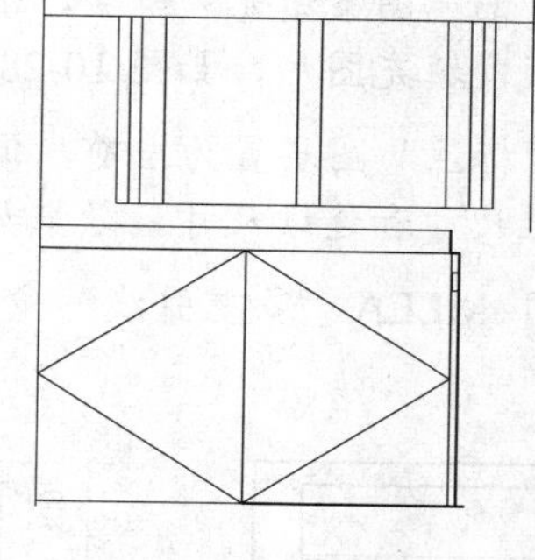

图 10-276 偏移图形

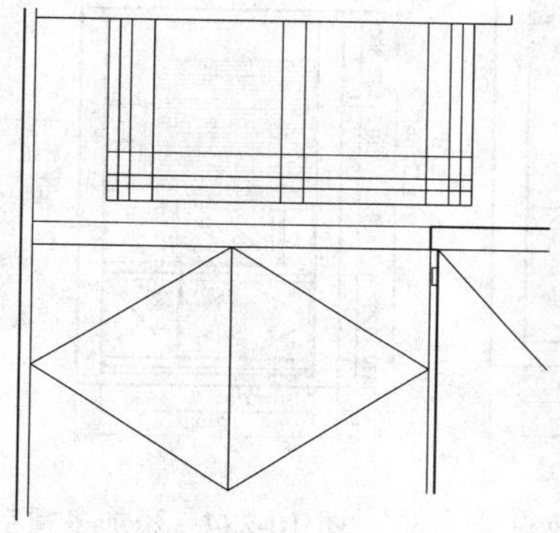

图 10-277 偏移图形

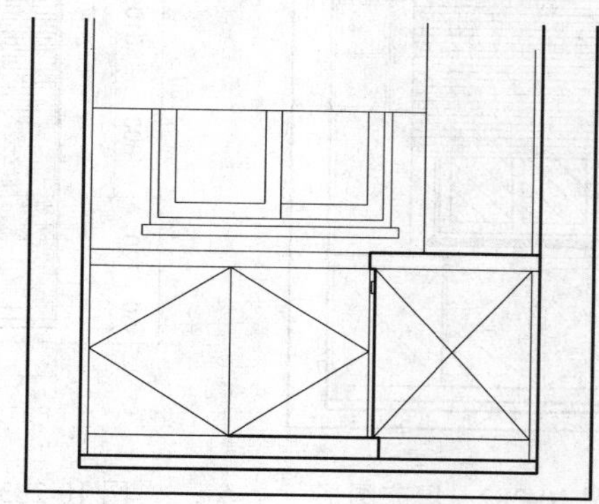

图 10-278 修剪图形

30 将“地面”图层置为当前，调用 H“图案填充”命令，选择“USER”图案，修改“图案填充比例”为 40，拾取合适的区域，填充图形，如图 10-279 所示。

31 调用 H“图案填充”命令，选择“JIS_LC_20”图案，修改“图案填充比例”为 5，拾取合适的区域，填充图形，如图 10-280 所示。

32 调用 H“图案填充”命令，选择“ANSI36”图案，修改“图案填充比例”为 3，拾取合适的区域，填充图形，如图 10-281 所示。

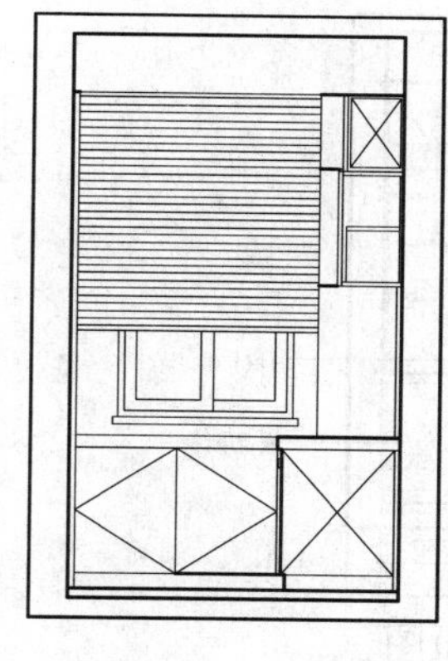

图 10-279 填充图形

图 10-280 填充图形

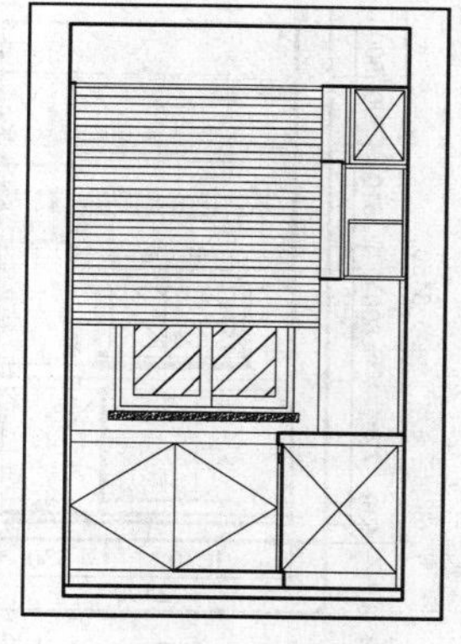

图 10-281 填充图形

33 调用 H“图案填充”命令，选择“DOTS”图案，修改“图案填充比例”为 20，拾取合适的区域，填充图形，如图 10-282 所示。

34 将“标注”图层置为当前，调用 DLI“线性”命令和 DCO“连续”命令，标注图中所对应的线性尺寸和连续尺寸，效果如图 10-283 所示。

35 调用 MLEA“多重引线”命令，在相应位置，依次添加多重引线标注，效果如图 10-284 所示。

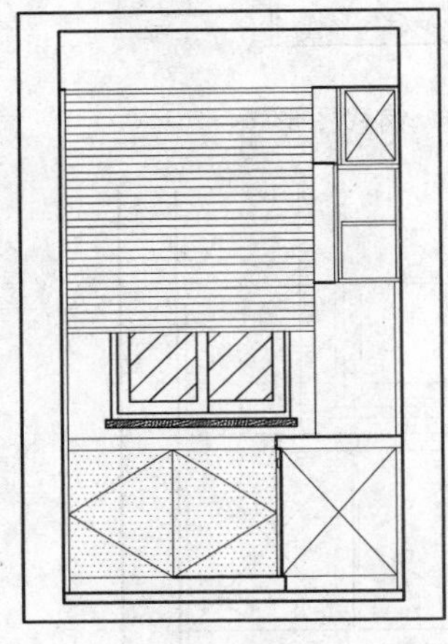

图 10-282 填充图形

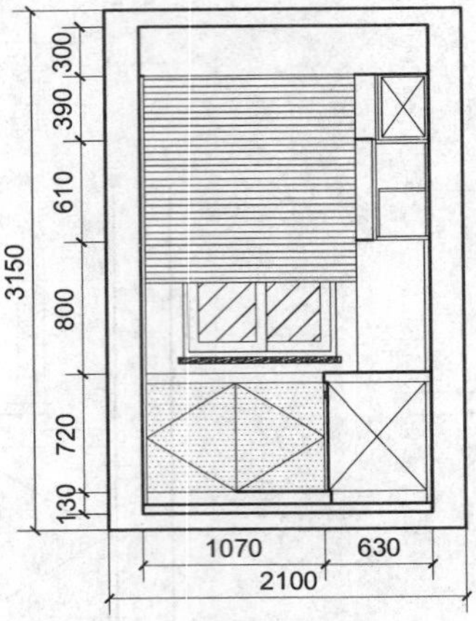

图 10-283 标注尺寸效果

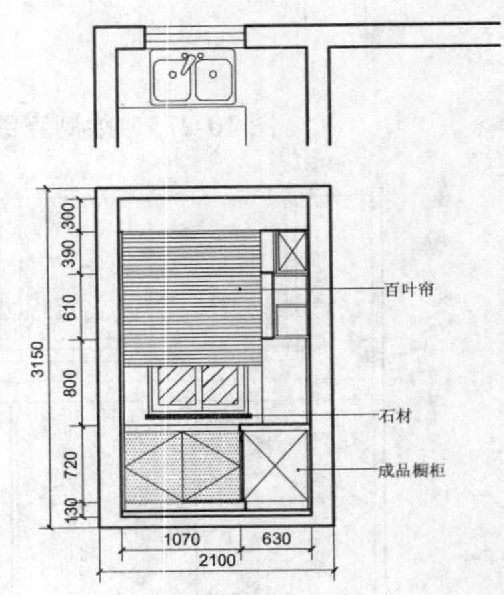

图 10-284 添加多重引线

36 调用 MT“多行文字”命令，修改“文字高度”为 200，在绘图区相应位置，绘制多行文字，如图 10-285 所示。

37 调用 L“直线”和 PL“多段线”命令，在绘图区的相应位置，绘制直线和多段线，效果如图 10-286 所示。

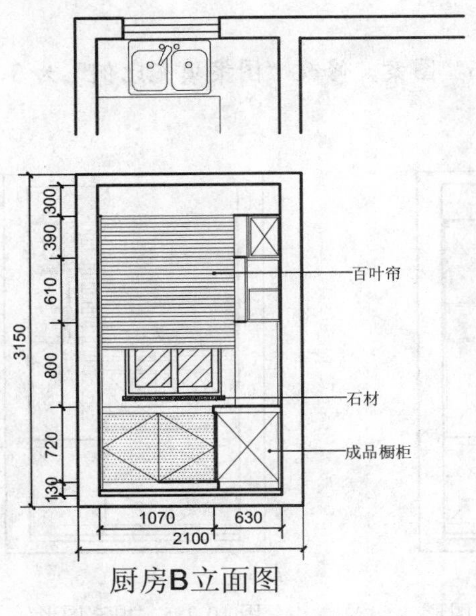

图 10-285 绘制多行文字

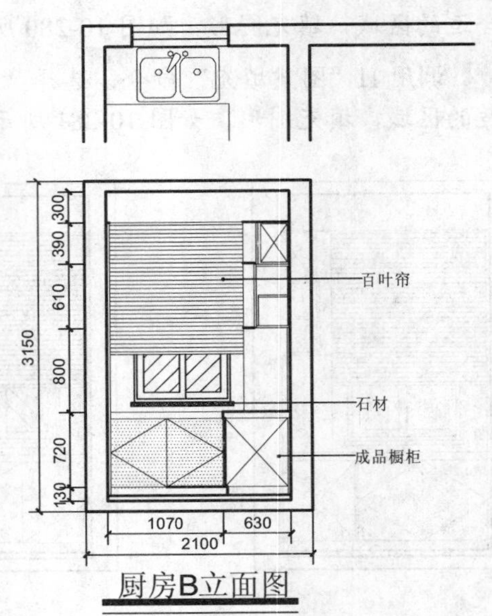

图 10-286 绘制直线和多段线

10.6.2 绘制厨房 C 立面图

绘制厨房 C 立面图主要运用了“矩形”命令、“分解”命令、“多段线”命令、“复制”命令和“图案填充”命令等。如图 10-287 所示为厨房 C 立面图。

操作实训 10-11：绘制厨房 C 立面图

01 按 Ctrl + O 快捷键，打开“第 10 章\10.6.2 绘制厨房 C 立面图.dwg”图形文件，如图 10-288 所示。

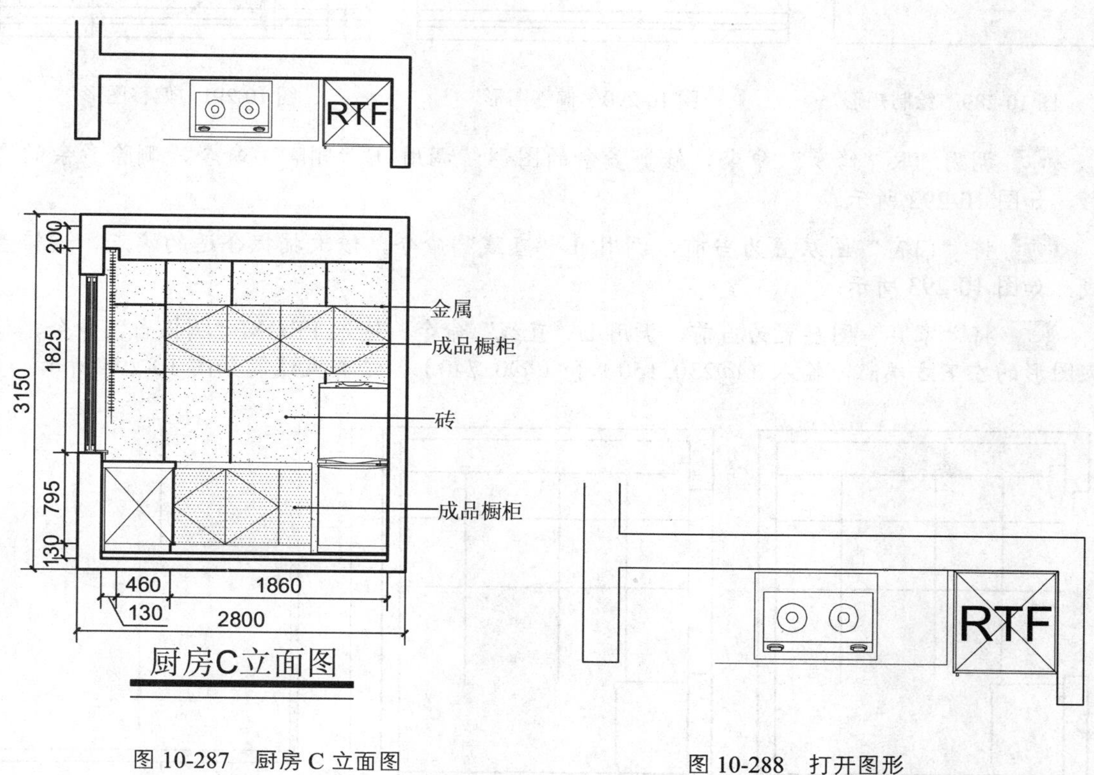

图 10-287　厨房 C 立面图　　图 10-288　打开图形

02 将“墙体”图层置为当前，调用 REC“矩形”命令，任意捕捉一点为矩形的起点，输入（@2800, -3150），绘制矩形，如图 10-289 所示。

03 调用 X“分解”命令，分解新绘制的矩形；调用 O“偏移”命令，将矩形上方的水平直线向下依次偏移 100、200、100、135、265、600、725、75、60、660、80、50，如图 10-290 所示。

04 调用 O“偏移”命令，将矩形左侧的垂直直线向右偏移 200、130、400、60、20、20、470、800 和 550，如图 10-291 所示。

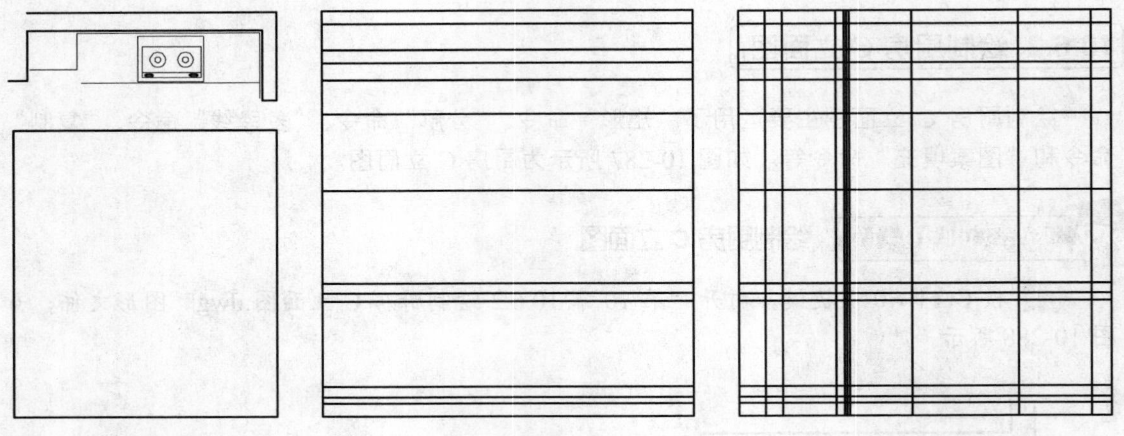

图 10-289　绘制矩形　　图 10-290　偏移图形　　图 10-291　偏移图形

05 调用 TR“修剪”命令，修剪多余的图形；调用 E“删除”命令，删除多余的图形，如图 10-292 所示。

06 将“门窗”图层置为当前，调用 L“直线”命令，依次捕捉合适的端点，连接直线，如图 10-293 所示。

07 将“家具”图层置为当前，调用 L“直线”命令，输入 FROM“捕捉自”命令，捕捉图形的左下方端点，输入（@230, 150）和（@0, 740），绘制直线，如图 10-294 所示。

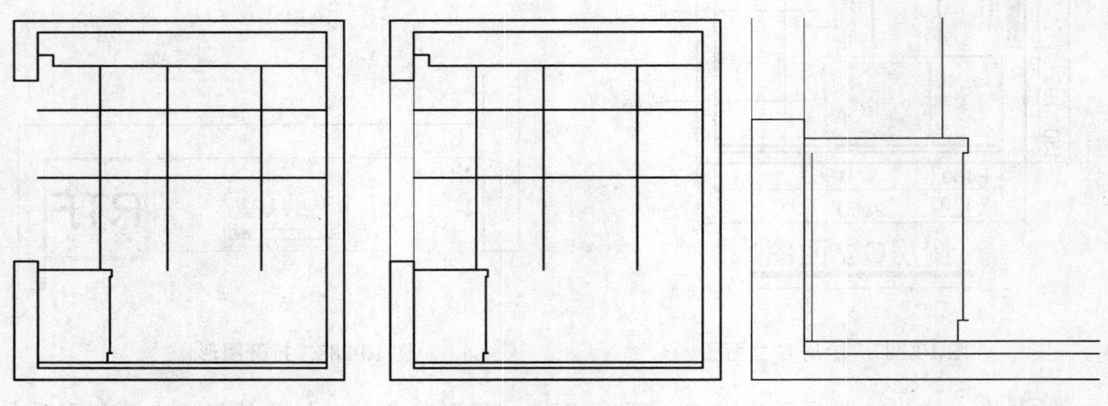

图 10-292　修剪并删除图形　　图 10-293　连接直线　　图 10-294　绘制直线

08 调用 L“直线”命令，依次捕捉合适的端点，连接直线，如图 10-295 所示。

09 调用 L“直线”命令，捕捉相应图形的右上方端点，输入（@1165, 0）和（@0, -800），绘制直线，如图 10-296 所示。

10 调用 O“偏移”命令，将新绘制的垂直直线向左偏移 280 和 453，将新绘制的水平直线向下偏移 60 和 660，如图 10-297 所示。

11 调用 L“直线”命令，依次捕捉合适的端点，连接直线，如图 10-298 所示。

12 调用 TR“修剪”命令，修剪多余的图形，如图 10-299 所示。

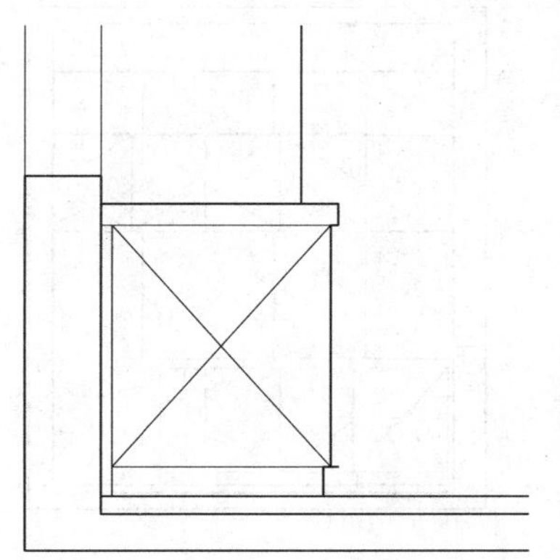

图 10-295 连接直线

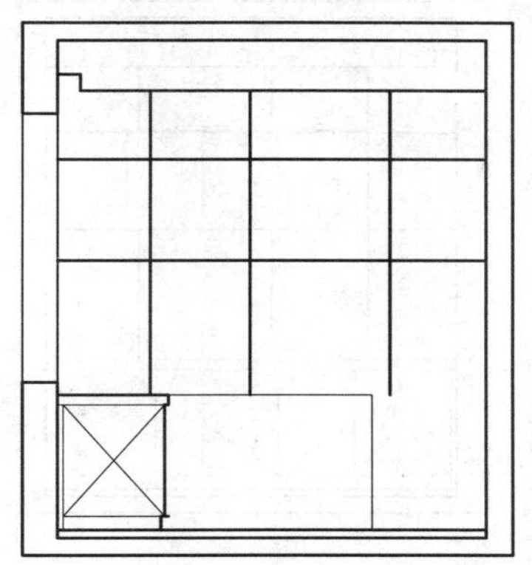

图 10-296 绘制直线

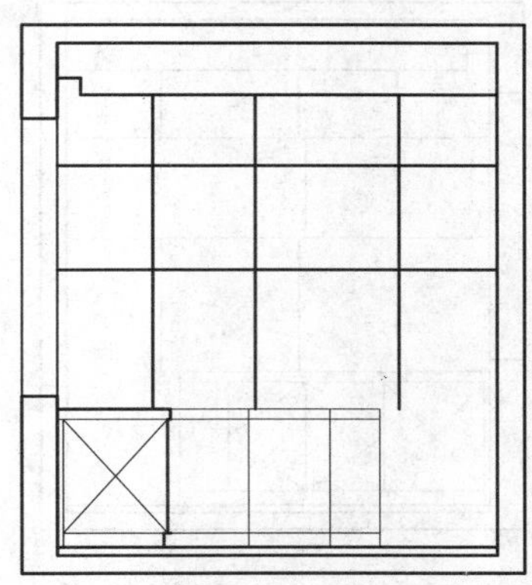

图 10-297 偏移图形

13 调用 L“直线”命令，依次捕捉合适的端点，连接直线，如图 10-300 所示。

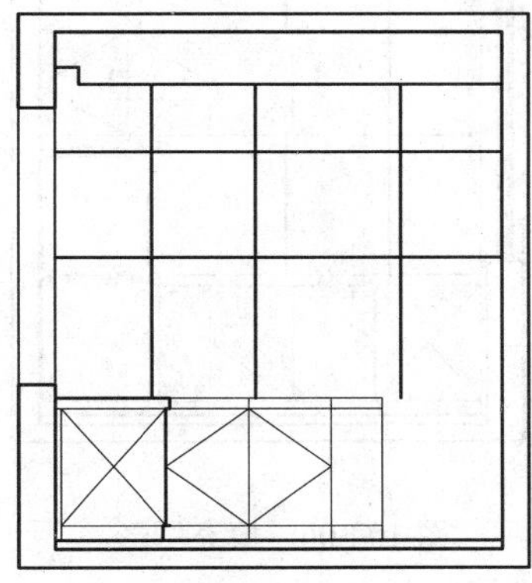

图 10-298 绘制直线

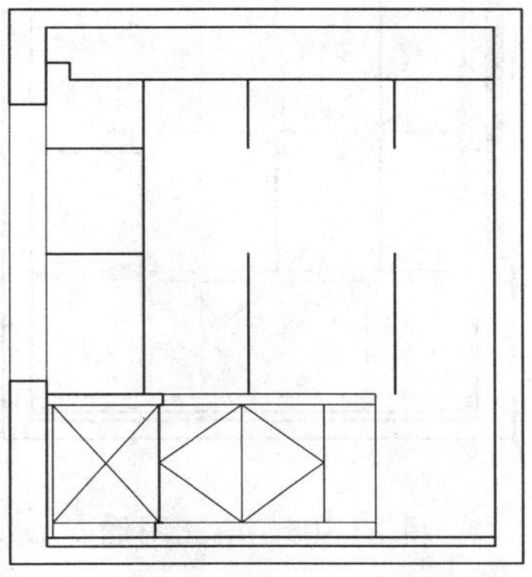

图 10-299 修剪图形

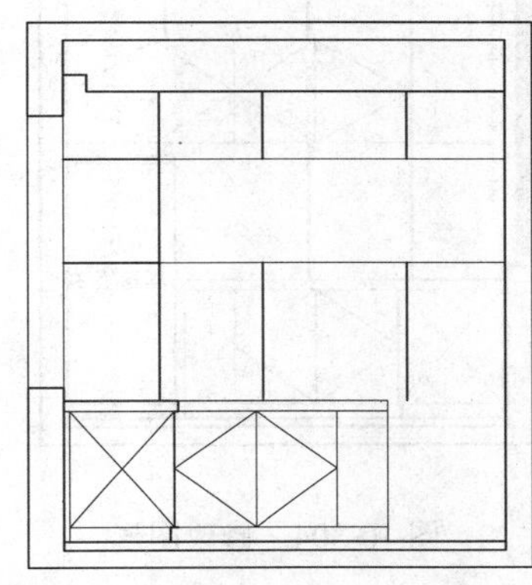

图 10-300 连接直线

14 调用 L“直线”命令，输入 FROM“捕捉自”命令，捕捉新绘制最下方水平直线的左端点，输入（@532.5, 0）和（@0, 600），绘制直线，如图 10-301 所示。

15 调用 O“偏移”命令，将新绘制的垂直直线向右偏移 453 和 453，将新绘制的上方水平直线向上偏移 10，如图 10-302 所示。

16 调用 L“直线”命令，依次捕捉合适端点和中点，连接直线，如图 10-303 所示。

17 调用 I“插入”命令，打开“插入”对话框，单击“浏览”按钮，打开“选择图形文件”对话框，选择“窗台”图形文件，依次单击“打开”和“确定”按钮，在绘图区的任意位置，单击鼠标，即可插入图块；调用 M“移动”命令，移动插入的图块，调用 TR“修剪”命令和 E“删除”命令，修剪并删除图形，如图 10-304 所示。

18 将“地面”图层置为当前，调用 H“图案填充”命令，选择“DOTS”图案，修改“图案填充比例”为 20，拾取合适的区域，填充图形，如图 10-305 所示。

19 调用 H“图案填充”命令，选择“AR-SAND”图案，修改“图案填充比例”为 3，拾取合适的区域，填充图形，如图 10-306 所示。

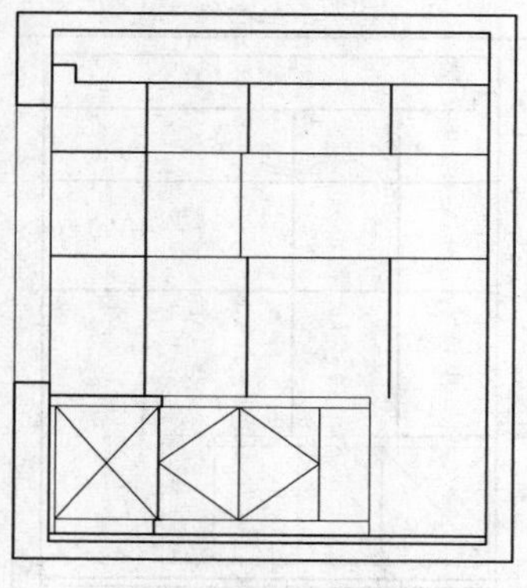
图 10-301 绘制直线

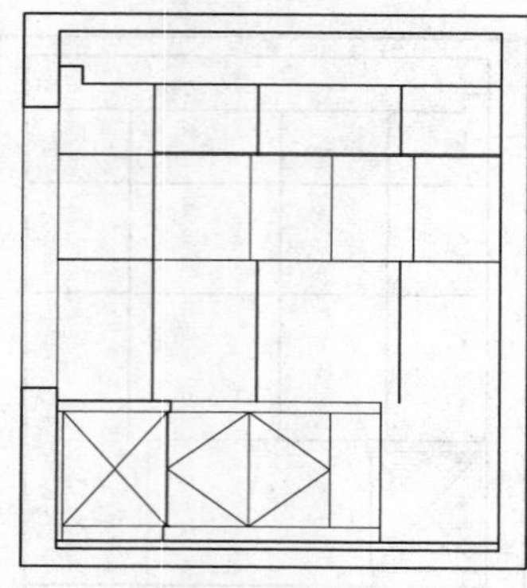
图 10-302 偏移图形

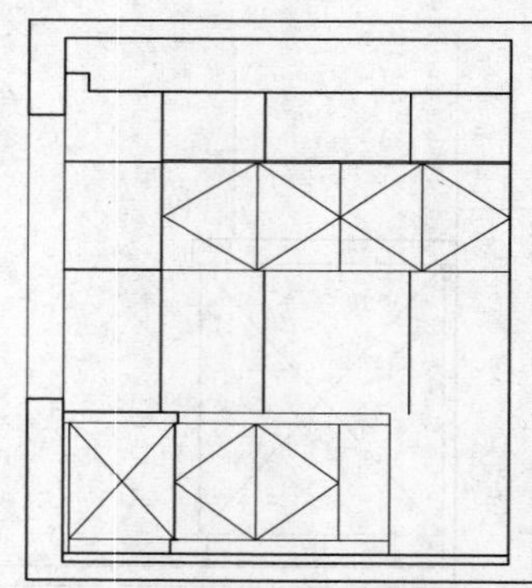
图 10-303 绘制直线

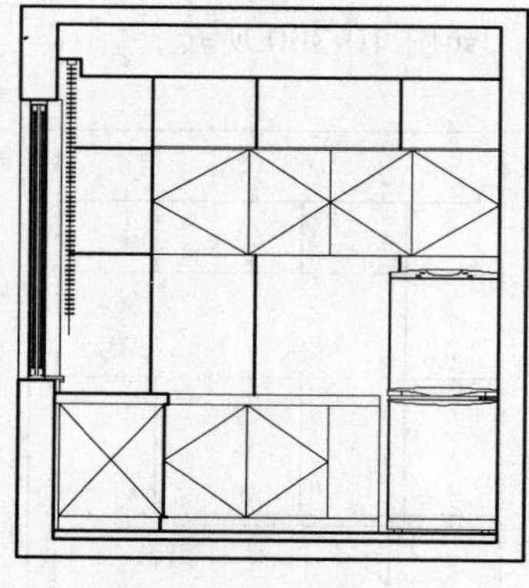
图 10-304 修改图形

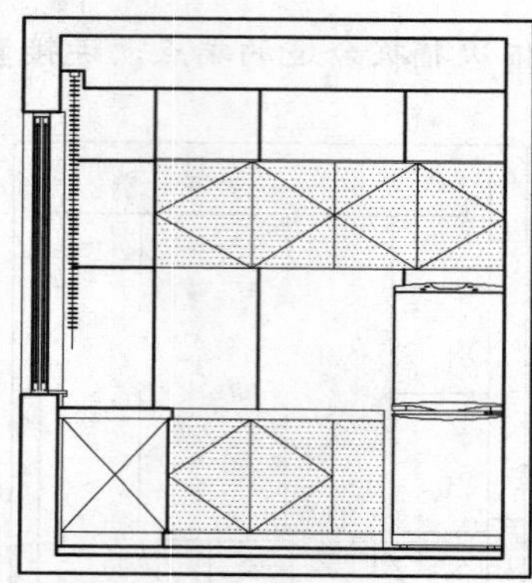
图 10-305 填充图形

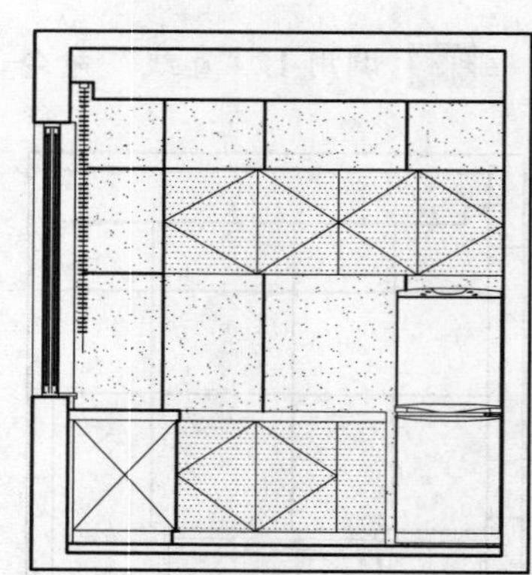
图 10-306 填充图形

20 将“标注”图层置为当前，调用DLI“线性”命令和DCO“连续”命令，标注图中所对应的线性尺寸和连续尺寸，效果如图 10-307 所示。

21 调用 MLEA“多重引线”命令，在相应位置，依次添加多重引线标注，效果如图 10-308 所示。

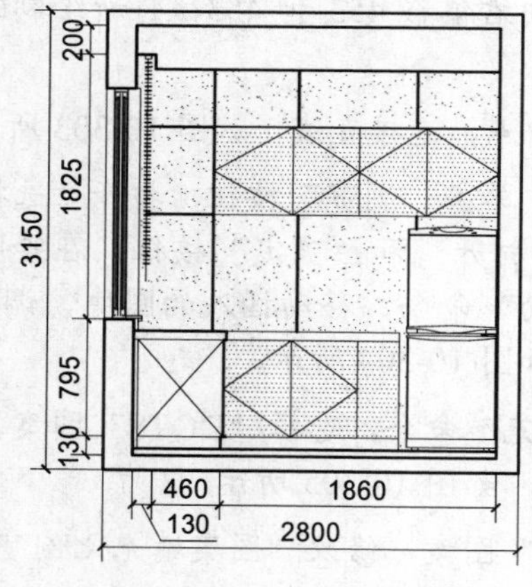

图 10-307 标注尺寸效果

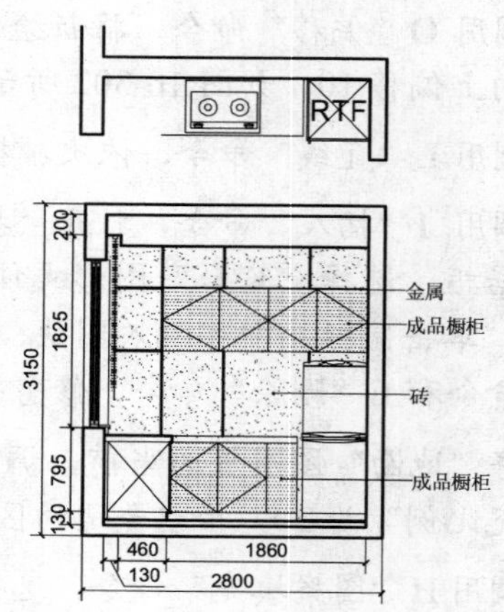

图 10-308 添加多重引线

22 调用 MT“多行文字”命令，修改“文字高度”为 200，在绘图区相应位置，绘制多行文字，如图 10-309 所示。

23 调用 L“直线”和 PL“多段线”命令，在相应位置，绘制直线和多段线，效果如图 10-310 所示。

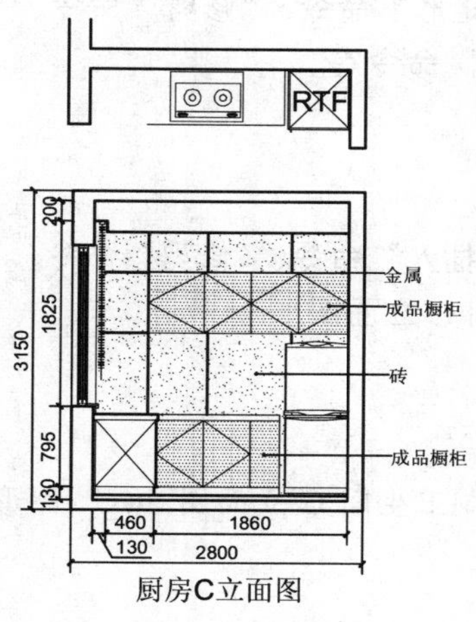

图 10-309　绘制多行文字

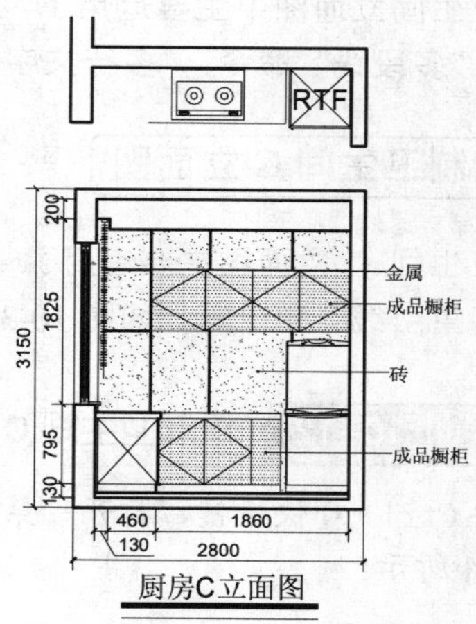

图 10-310　绘制直线和多段线

10.6.3 绘制厨房 A 立面图

运用上述方法完成厨房 A 立面图的绘制，如图 10-311 所示为厨房 A 立面图。

10.6.4 绘制厨房 D 立面图

运用上述方法完成厨房 D 立面图的绘制，如图 10-312 所示为厨房 D 立面图。

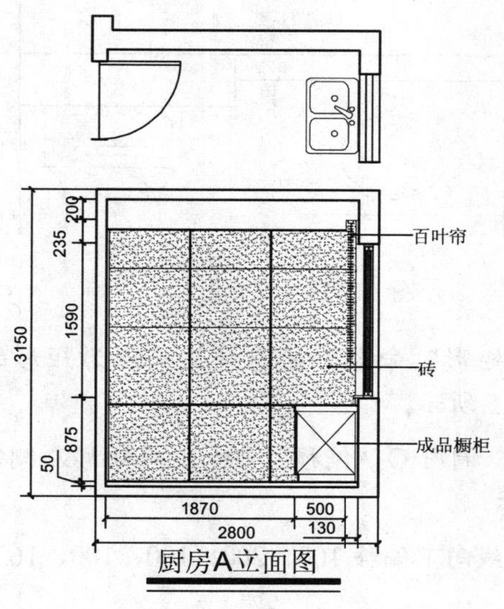

图 10-311　厨房 A 立面图

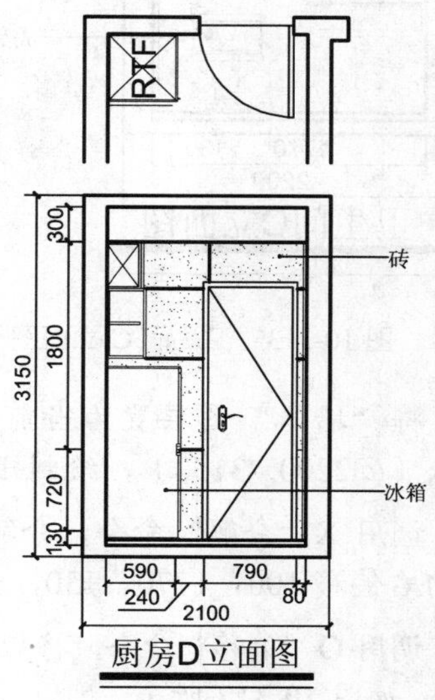

图 10-312　厨房 D 立面图

10.7 绘制卫生间立面图

绘制卫生间立面图中主要运用了“直线”命令、“矩形”命令、“修剪”命令、“多重引线”命令、“多段线”命令、“多行文字”命令和“线性”命令等。

10.7.1 绘制卫生间 C 立面图

绘制卫生间 C 立面图主要运用了“矩形”命令、“插入”命令、“修剪”命令、“线性”命令和“多重引线”命令等。如图 10-313 所示为卫生间 C 立面图。

操作实训 10-12：绘制卫生间 C 立面图

01 按 Ctrl + O 快捷键，打开“第 10 章\10.7.1 绘制卫生间 C 立面图.dwg”图形文件，如图 10-314 所示。

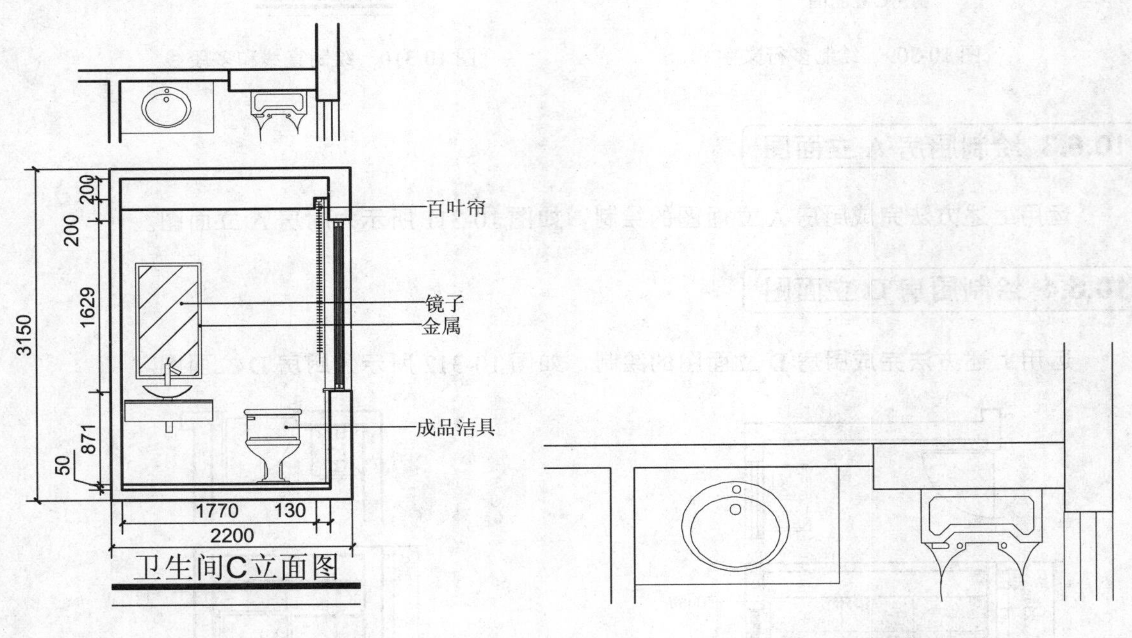

图 10-313 卫生间 C 立面图　　图 10-314 打开图形

02 将“墙体”图层置为当前，调用 REC“矩形”命令，任意捕捉一点为矩形的起点，输入（@2200, -3150），绘制矩形，如图 10-315 所示。

03 调用 X“分解”命令，分解新绘制的矩形；调用 O“偏移”命令，将矩形左侧的垂直直线向右偏移 100、1770、130，如图 10-316 所示。

04 调用 O“偏移”命令，将矩形上方的水平直线向下偏移 100、200、100、100、1629、871、50，如图 10-317 所示。

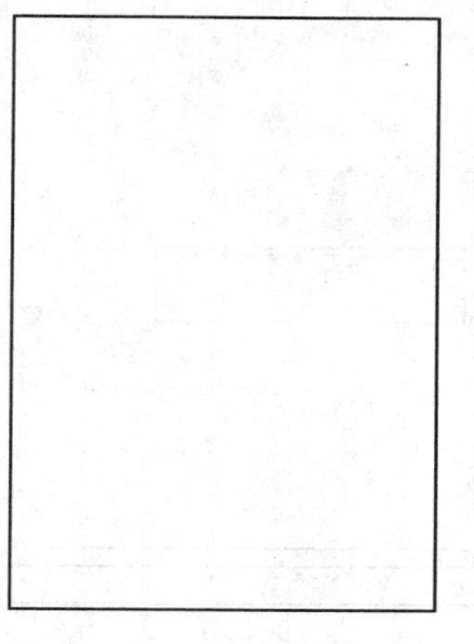

图 10-315　绘制矩形

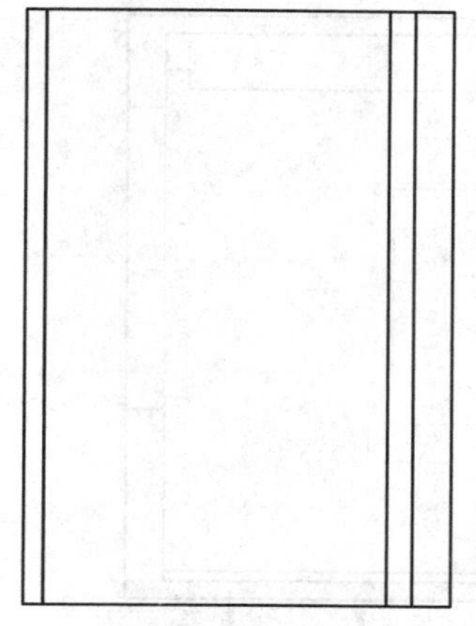

图 10-316　偏移图形

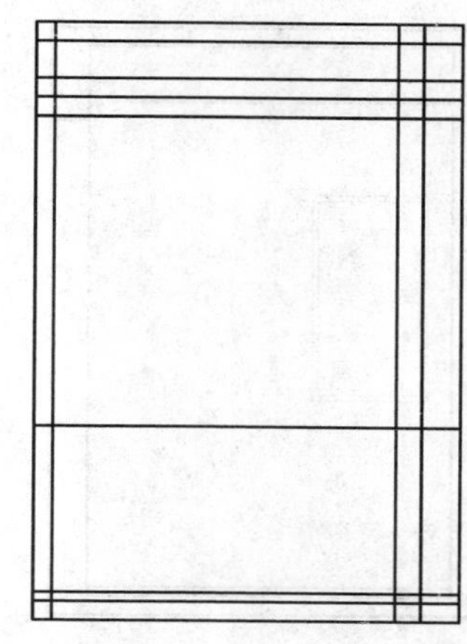

图 10-317　偏移图形

05 调用 TR“修剪”命令，修剪多余的图形；调用 E“删除”命令，删除多余的图形，如图 10-318 所示。

06 将“门窗”图层置为当前，调用 L“直线”命令，依次捕捉合适的端点，连接直线，如图 10-319 所示。

07 将“家具”图层置为当前，调用 REC“矩形”命令，输入FROM“捕捉自”命令，捕捉图形的左上方端点，输入（@230, -900）和（@600, -1100），绘制矩形，如图 10-320 所示。

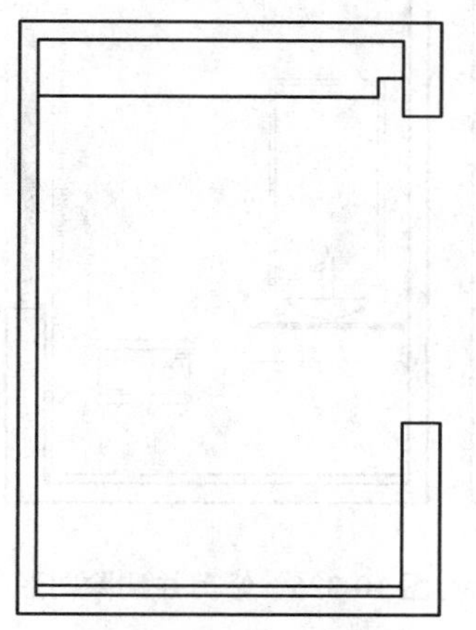

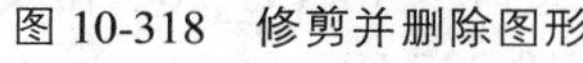

图 10-318　修剪并删除图形

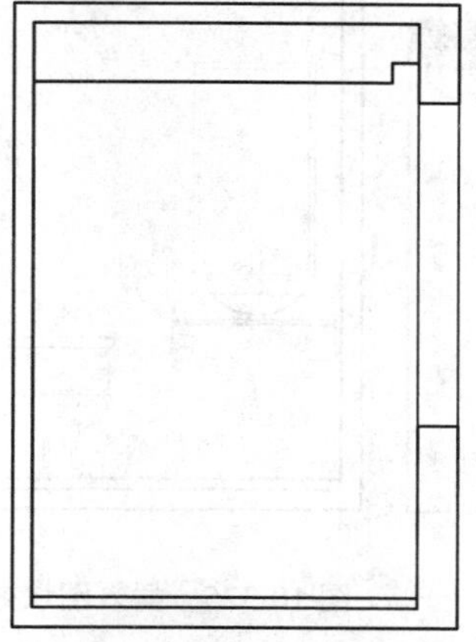

图 10-319　连接直线

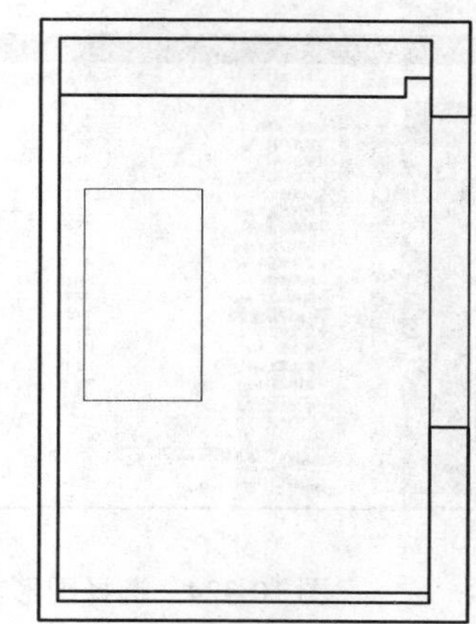

图 10-320　绘制矩形

08 调用 O“偏移”命令，将新绘制的矩形向内偏移 30，如图 10-321 所示。

09 调用 REC“矩形”命令，输入FROM“捕捉自”命令，捕捉新绘制矩形的左下方端点，输入（@-100, -200）和（@800, -200），绘制矩形，如图 10-322 所示。

10 调用 X“分解”命令，分解新绘制的矩形；调用 O“偏移”命令，将矩形上方的水平直线向下偏移 5、15 和 10，如图 10-323 所示。

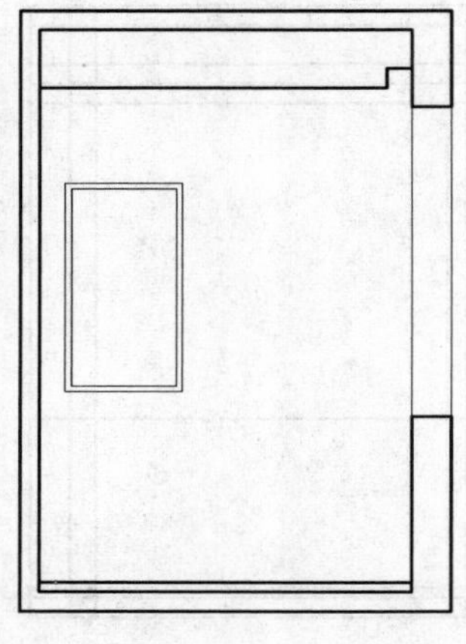
图 10-321　偏移图形

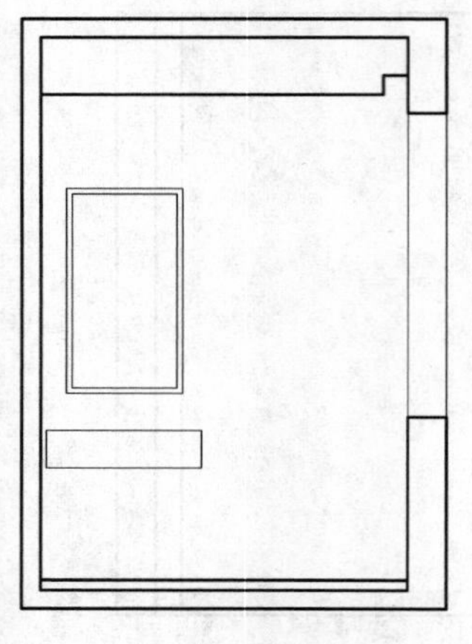
图 10-322　绘制矩形

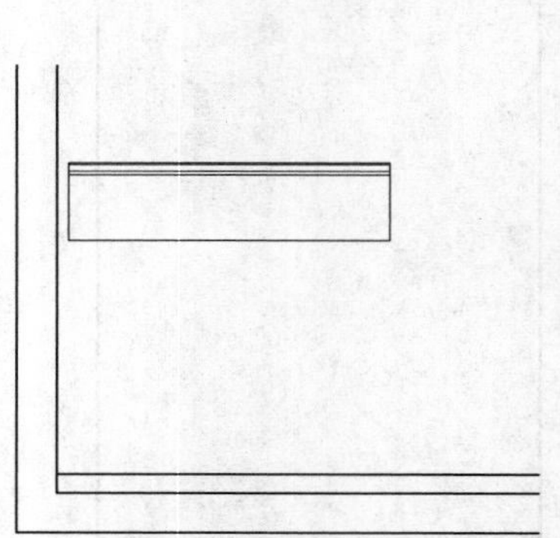
图 10-323　偏移图形

11 调用 I“插入”命令，打开“插入”对话框，单击“浏览”按钮，打开“选择图形文件”对话框，选择“家具组合 8”图形文件，如图 10-324 所示。

12 依次单击“打开”和“确定”按钮，在绘图区的任意位置，单击鼠标，即可插入图块；调用 M“移动”命令，移动插入的图块，如图 10-325 所示。

13 调用 TR“修剪”命令和 E“删除”命令，修剪并删除图形，如图 10-326 所示。

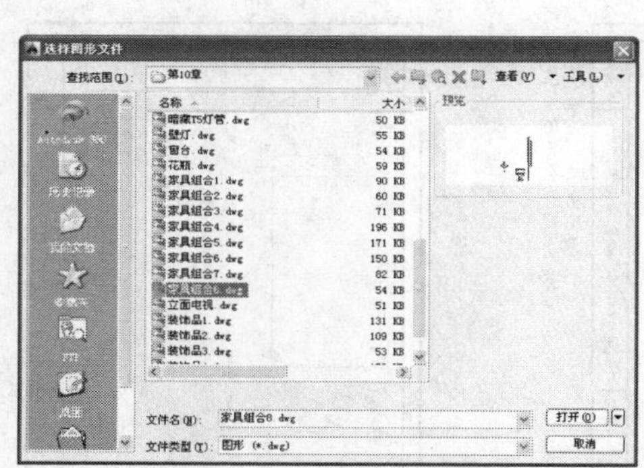

图 10-324　选择图形文件

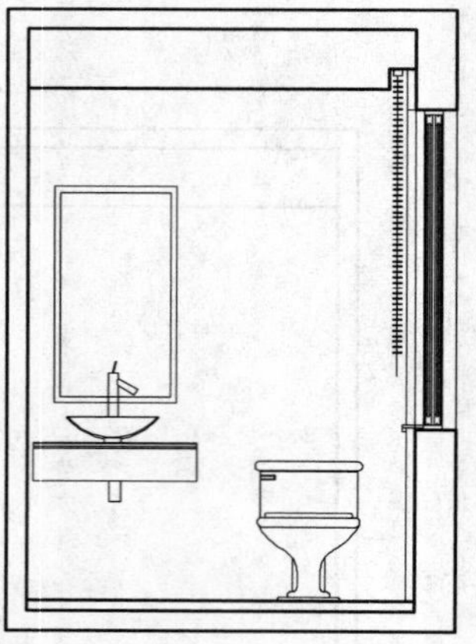
图 10-325　插入图块效果

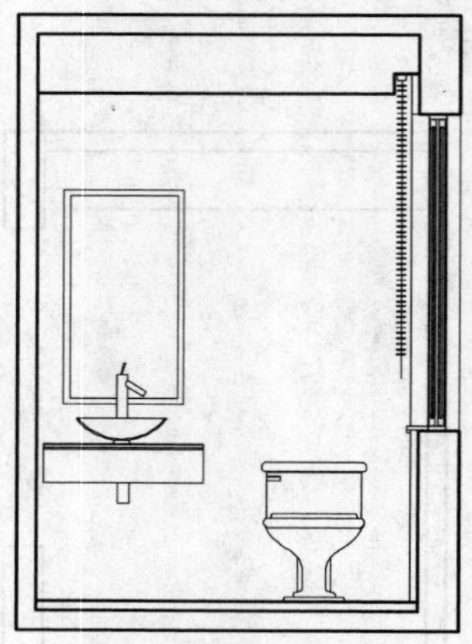
图 10-326　修剪并删除图形

14 将“地面”图层置为当前，调用 H“图案填充”命令，选择“JIS_LC_20”图案，修改“图案填充比例”为 10，拾取合适的区域，填充图形，如图 10-327 所示。

15 将“标注”图层置为当前，调用 DLI“线性”命令和 DCO“连续”命令，标注图中所对应的线性尺寸和连续尺寸，效果如图 10-328 所示。

16 调用 MLEA“多重引线”命令，在相应位置，依次添加多重引线标注，效果如图 10-329 所示。

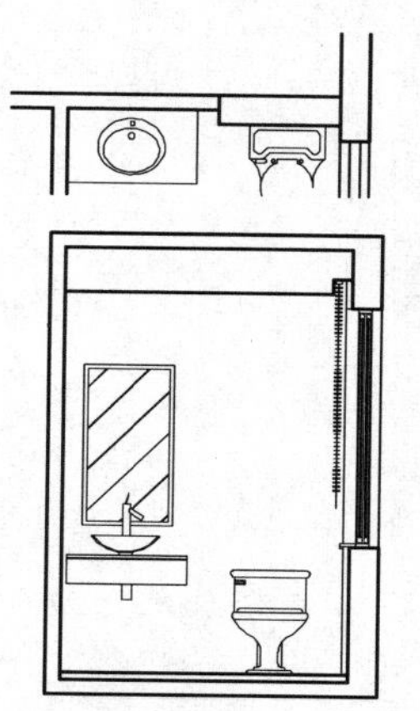

图 10-327　填充图形

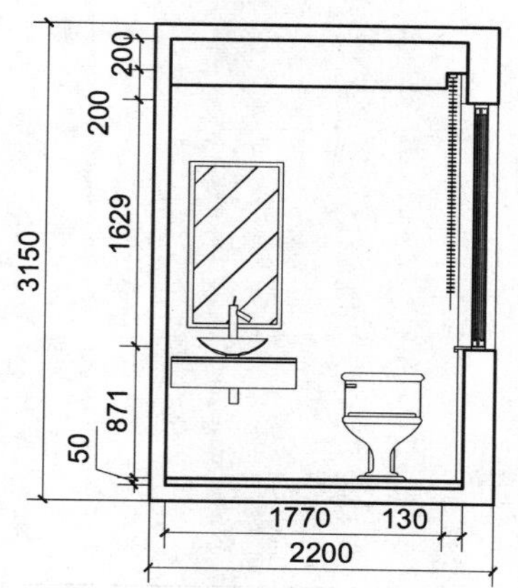

图 10-328　添加尺寸标注

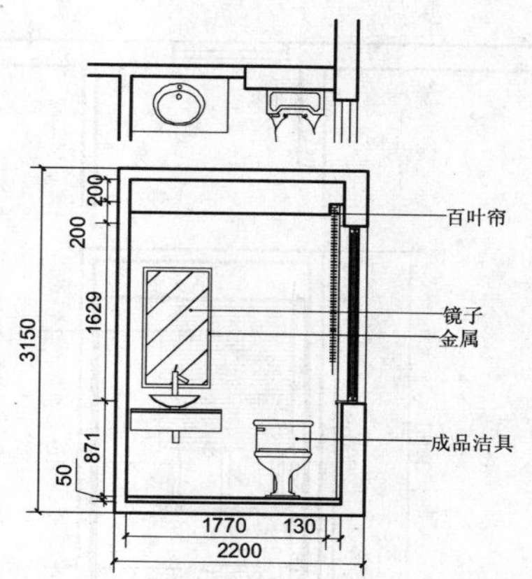

图 10-329　添加多重引线

17 调用 MT“多行文字”命令，修改“文字高度”为 200，在绘图区相应位置，绘制多行文字，如图 10-330 所示。

18 调用 L“直线”和 PL“多段线”命令，在相应位置，绘制直线和多段线，效果如图 10-331 所示。

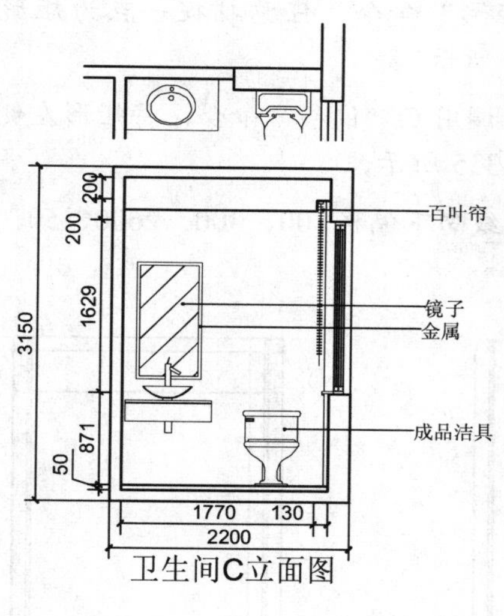

图 10-330　绘制多行文字

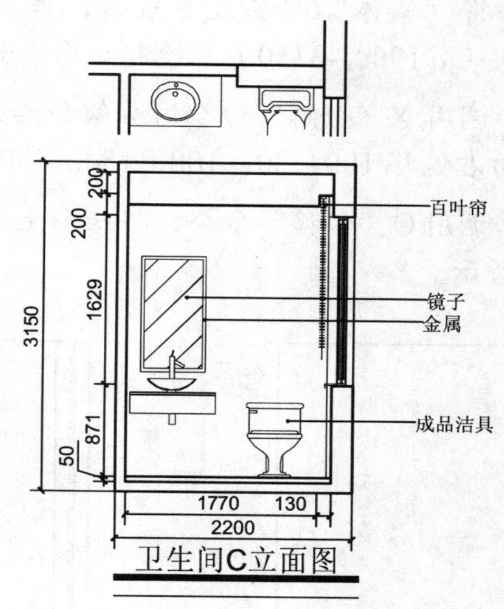

图 10-331　绘制直线和多段线

10.7.2 绘制卫生间 D 立面图

绘制卫生间 D 立面图主要运用了“直线”命令、“图案填充”命令、“插入”命令、“多段线”命令和“多行文字”命令等。如图 10-332 所示为卫生间 D 立面图。

操作实训 10-13：绘制卫生间 D 立面图

01 按 Ctrl + O 快捷键，打开“第 10 章\10.7.2 绘制卫生间 D 立面图.dwg”图形文件，如图 10-333 所示。

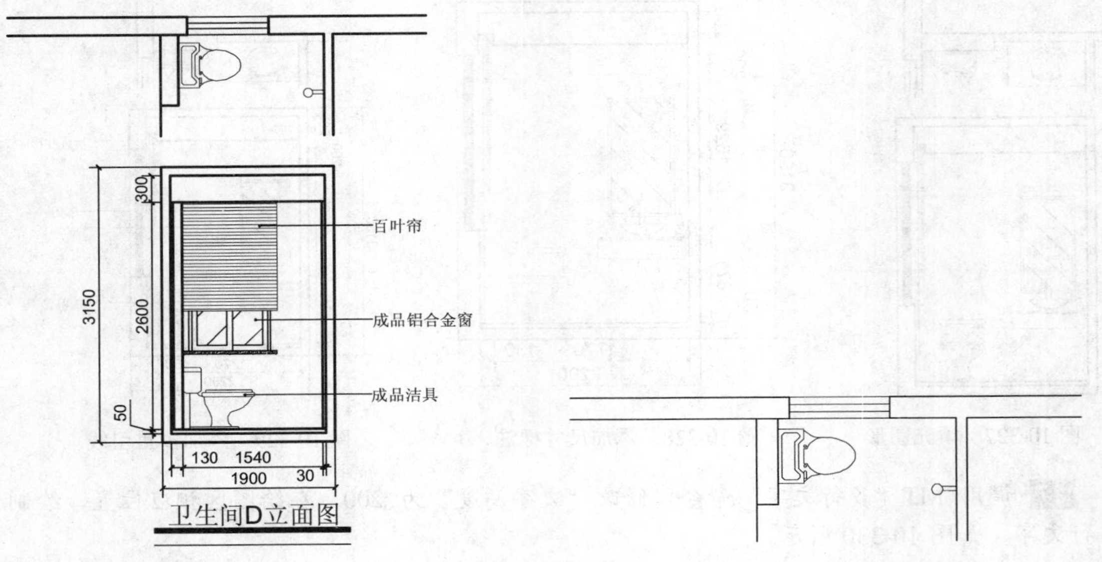

图 10-332　卫生间 D 立面图　　　图 10-333　打开图形

02 将“墙体”图层置为当前，调用 REC“矩形”命令，任意捕捉一点为矩形的起点，输入（@1900, -3150），绘制矩形，如图 10-334 所示。

03 调用 X“分解”命令，分解新绘制的矩形；调用 O“偏移”命令，将矩形左侧的垂直直线向右偏移 100、30、100、1540、30，如图 10-335 所示。

04 调用 O“偏移”命令，将矩形上方的水平直线向下偏移 100、300、2600、50，如图 10-336 所示。

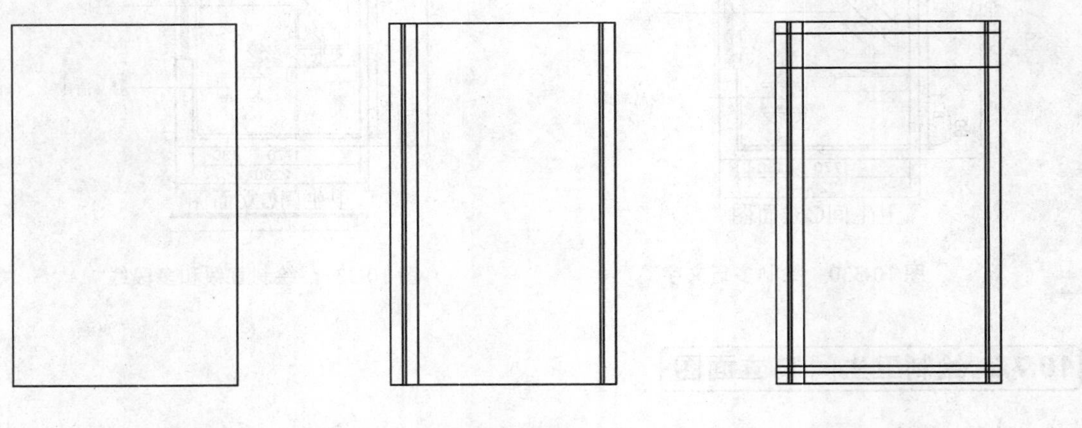

图 10-334　绘制矩形　　　图 10-335　偏移图形　　　图 10-336　偏移图形

05 调用 TR“修剪”命令，修剪多余的图形；调用 E“删除”命令，删除多余的图形，如图 10-337 所示。

06 将“家具”图层置为当前，调用 REC“矩形”命令，输入 FROM“捕捉自”命令，捕捉图形的左上方端点，输入（@230, -400）和（@1047, -1249），绘制矩形，如图 10-338 所示。

07 将“门窗”图层置为当前，调用 L“直线”命令，输入 FROM“捕捉自”命令，捕捉新绘制矩形的右下方端点，输入（@-7, 0）、（@0, -491.5）和（@-1040, 0），绘制直线，如图 10-339 所示。

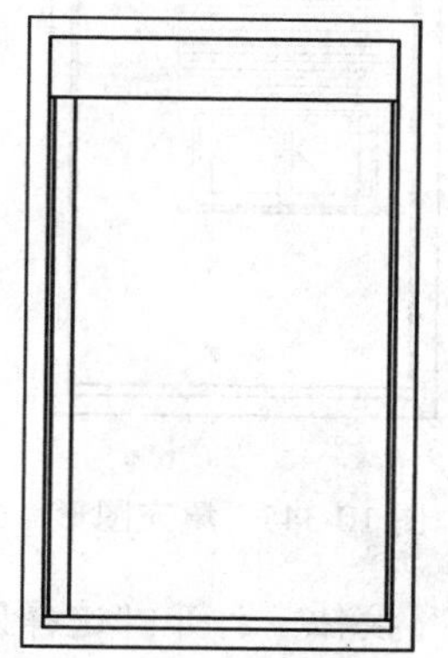

图 10-337　修剪并删除图形

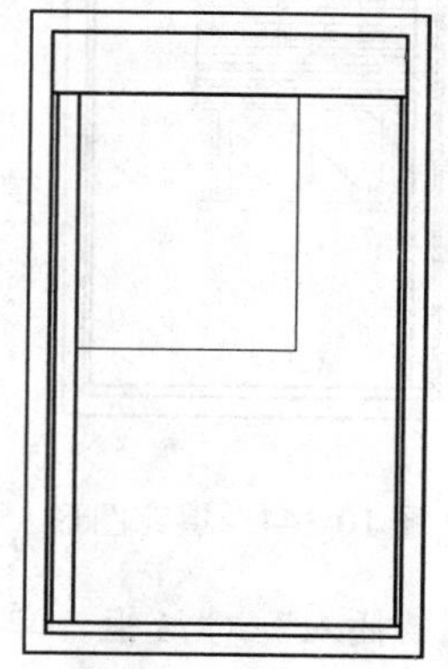

图 10-338　绘制矩形

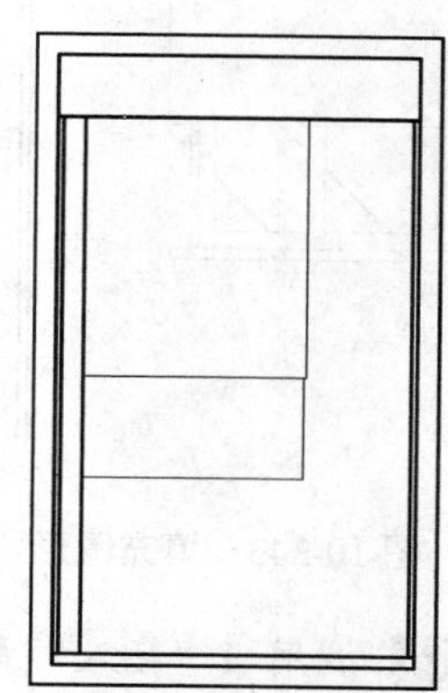

图 10-339　绘制直线

08 调用 O“偏移”命令，将新绘制的水平直线向上偏移 40 和 60，如图 10-340 所示。

09 调用 O“偏移”命令，将新绘制的垂直直线向左偏移 70、30、60、330、60、330、60、30，如图 10-341 所示。

10 调用 TR“修剪”命令，修剪多余的图形；调用 E“删除”命令，删除多余的图形，如图 10-342 所示。

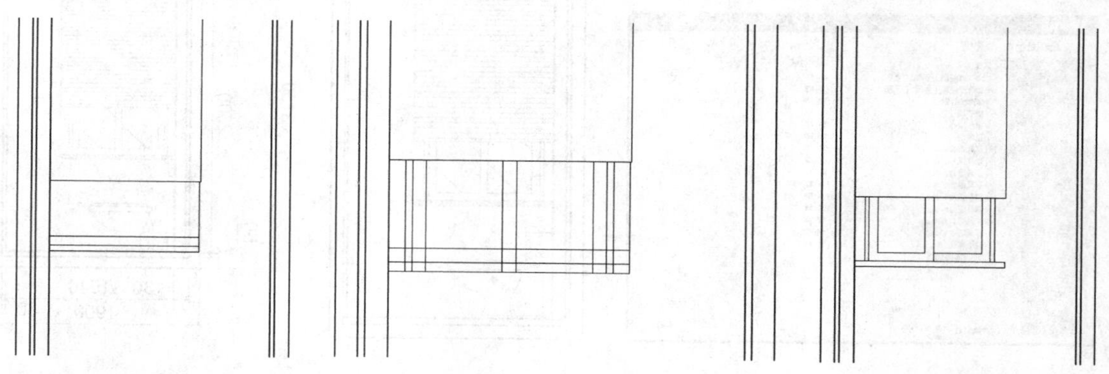

图 10-340　偏移图形　　图 10-341　偏移图形　　图 10-342　修剪并删除图形

11 将“地面”图层置为当前，调用 H“图案填充”命令，选择“JIS_LC_20”图案，修改“图案填充比例”为 15，拾取合适的区域，填充图形，如图 10-343 所示。

12 调用 H“图案填充”命令，选择“USER”图案，修改“图案填充比例”为 40，拾取合适的区域，填充图形，如图 10-344 所示。

13 调用 H“图案填充”命令，选择“ANSI36”图案，修改“图案填充比例”为 4，拾取合适的区域，填充图形，如图 10-345 所示。

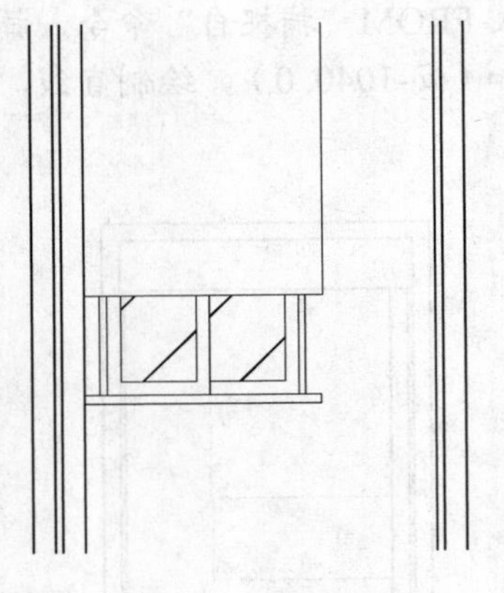

图 10-343　填充图形

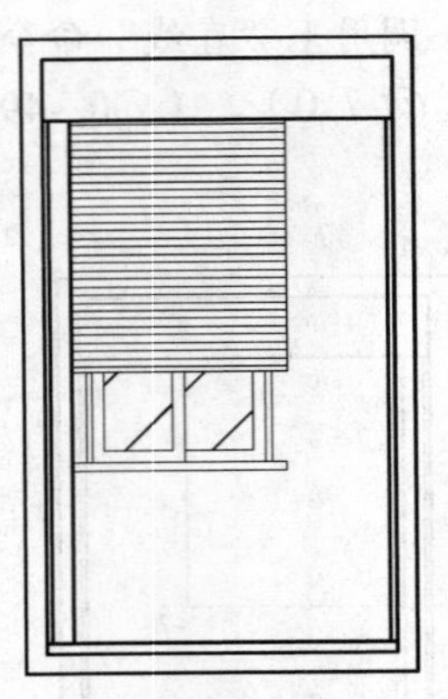

图 10-344　填充图形

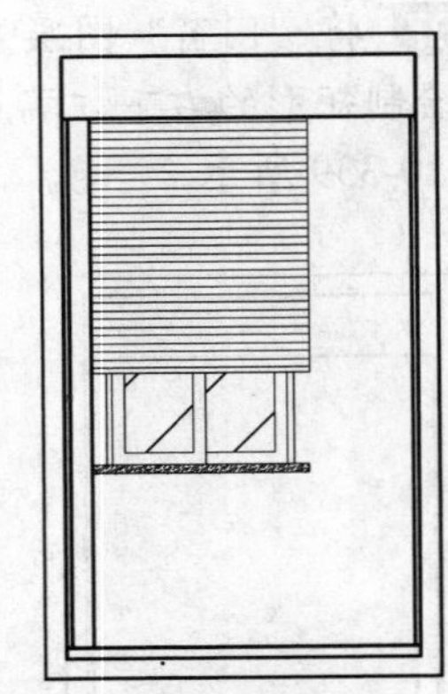

图 10-345　填充图形

14 调用 I“插入”命令，打开“插入”对话框，单击“浏览”按钮，打开“选择图形文件”对话框，选择“立面马桶”图形文件，如图 10-346 所示。

15 依次单击“打开”和“确定”按钮，在绘图区的任意位置，单击鼠标，即可插入图块；调用 M“移动”命令，移动插入的图块，如图 10-347 所示。

16 将“标注”图层置为当前，调用 DLI“线性”命令和 DCO“连续”命令，标注图中所对应的线性尺寸和连续尺寸，效果如图 10-348 所示。

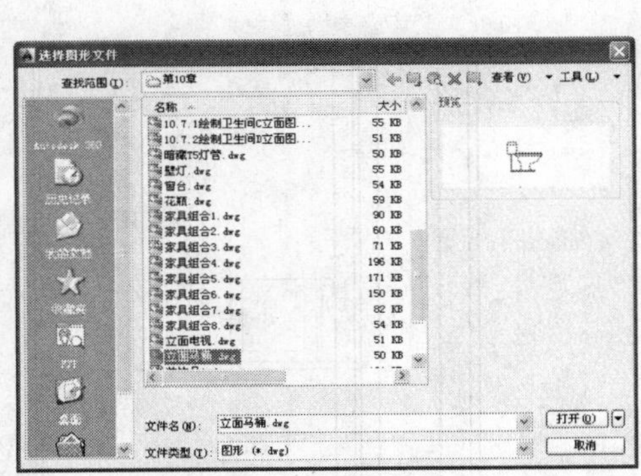

图 10-346　选择图形文件

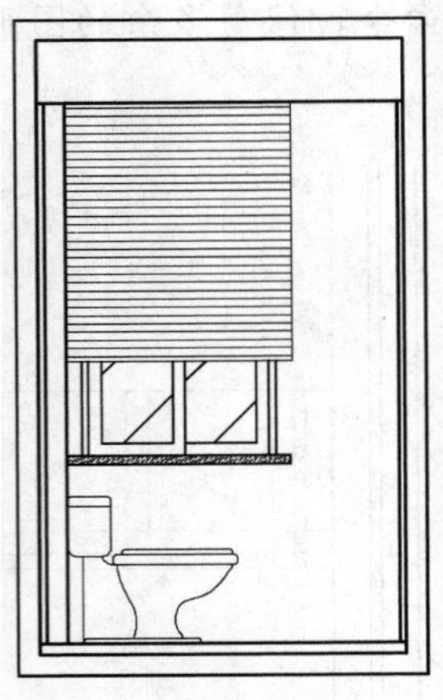

图 10-347　插入图块效果

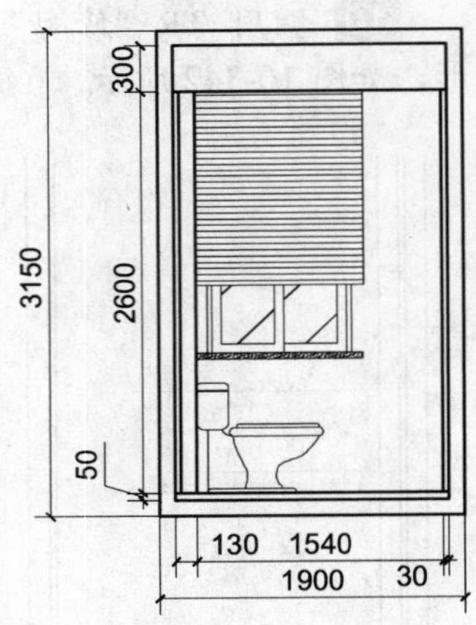

图 10-348　标注尺寸效果

17 调用 MLEA“多重引线”命令，在相应位置，依次添加多重引线标注，效果如图 10-349 所示。

18 调用 MT“多行文字”命令，修改“文字高度”为 200，在绘图区相应位置，绘制多行文字，如图 10-350 所示。

19 调用 L“直线”和 PL“多段线”命令，在相应位置，绘制直线和多段线，效果如图 10-351 所示。

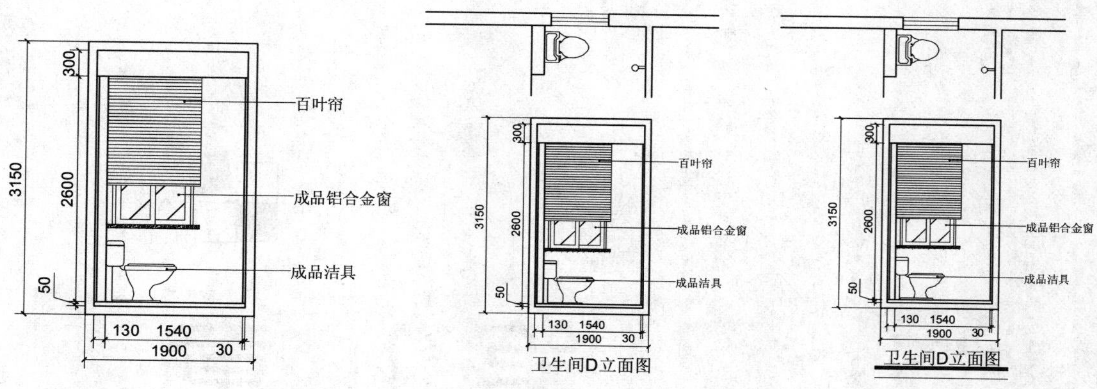

图 10-349　添加多重引线　　图 10-350　绘制多行文字　　图 10-351　绘制直线和多段线

10.7.3 绘制卫生间 A 立面图

运用上述方法完成卫生间 A 立面图的绘制，如图 10-352 所示为卫生间 A 立面图。

10.7.4 绘制卫生间 B 立面图

运用上述方法完成卫生间 B 立面图的绘制，如图 10-353 所示为卫生间 B 立面图。

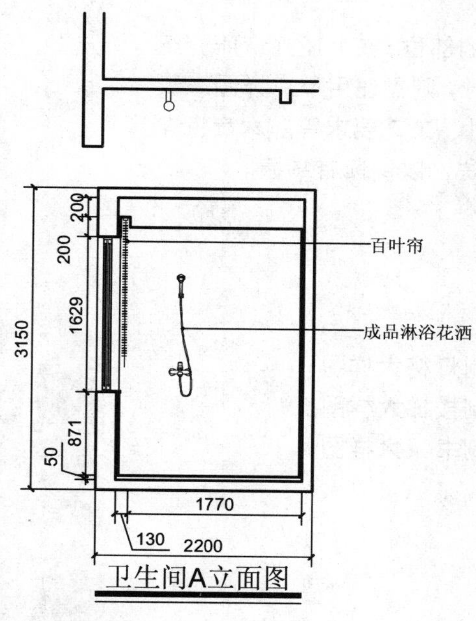

图 10-352　卫生间 A 立面图

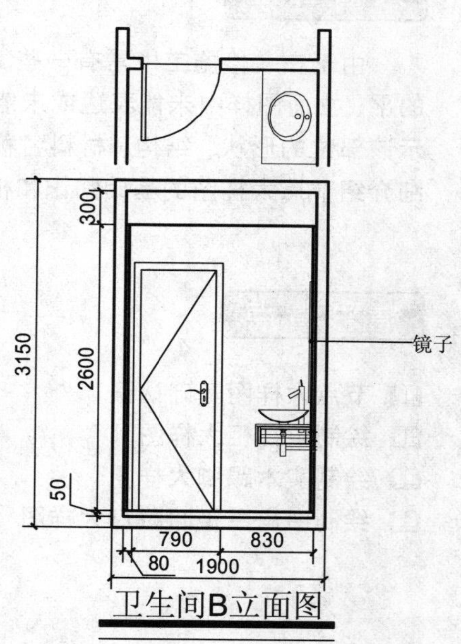

图 10-353　卫生间 B 立面图

第 11 章 节点大样图绘制

室内设计

本章导读

由于在装修施工中常有一些复杂或细小的部位，在上述几章所介绍的平、立面图样中未能表达或未能详尽表达时，则需使用节点详图来表示该部位的形状、结构、材料名称、规格尺寸、工艺要求等。本章将详细介绍节点大样图的基础知识和相关绘制方法，以供读者掌握。

精彩看点

- 节点大样图基础认识
- 绘制电视柜大样图
- 绘制实木踢脚大样图
- 绘制书房书柜暗藏灯大样图
- 绘制灯槽大样图
- 绘制楼梯大样图
- 绘制书桌大样图

11.1 节点大样图基础认识

节点大样图是装修施工图中不可缺少的，而且是具有特殊意义的图样。在绘制节点大样图之前，首先需要对节点大样图有个基础的认识，如了解节点大样图的形成以及识读方法等。

11.1.1 了解节点大样图的形成

节点大样图通常以剖面图或局部节点图来表达。剖面图是将装饰面整个剖切或局部剖切，以表达它内部构造和装饰面与建筑结构的相互关系的图样；节点大样图是将在平面图、立面图和剖面图中未表达清楚的部分，以大比例绘制的图样。

11.1.2 了解节点大样图的识读方法

节点大样图的识读方法主要有以下两点：

➢ 根据图名，在平面图、立面图中找到相应的剖切符号或索引符号，弄清楚剖切或索引的位置及视图投影方向。

➢ 在详图中了解有关构件、配件和装饰面的连接形式、材料、截面形状和尺寸等内容。

11.1.3 了解节点大样图的画法

节点大样图的画法主要包含以下几个方面：

➢ 取适当比例，根据物体的尺寸，绘制大体轮廓。

➢ 考虑细节，将图中较重要的部分用粗、细线条加以区分。

➢ 详细标注相关尺寸与文字说明，书写图名和比例。

11.2 绘制灯槽大样图

绘制灯槽大样图中主要运用了“矩形”命令、“多段线”命令、“圆角”命令、“圆弧”命令、“插入”命令和“图案填充”命令等。如图 11-1 所示为灯槽大样图。

11.2.1 绘制灯槽大样图轮廓

绘制灯槽大样图轮廓主要运用了“矩形”命令、“多段线”命令和“圆弧”命令等。

操作实训 11-1：绘制灯槽大样图轮廓

01 将“墙体”图层置为当前，调用 REC“矩形”命令，在绘图区中任意捕捉一点，输入（@20, -367.4），绘制矩形，如图 11-2 所示。

02 调用 X“分解”命令，将新绘制的矩形进行分解操作；调用 O“偏移”命令，将矩形上方的水平直线向下偏移 247 和 10，如图 11-3 所示。

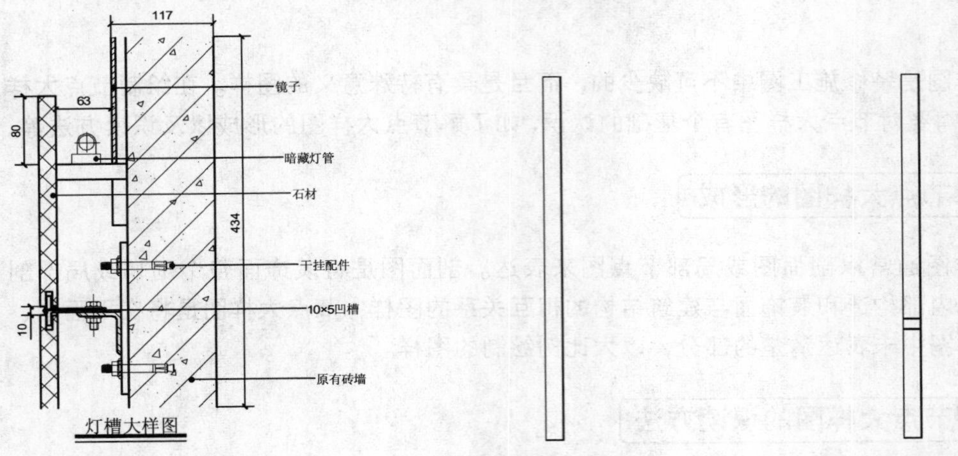

图 11-1　灯槽大样图　　图 11-2　绘制矩形　　图 11-3　偏移图形

03 调用 O“偏移”命令，将矩形左侧的垂直直线向右偏移 5；调用 TR“修剪”命令，修剪多余的图形，如图 11-4 所示。

04 调用 L“直线”命令，输入 FROM“捕捉自”命令，捕捉新绘制矩形的右上方端点，输入（@0, -80）和（@80, 0），绘制直线，如图 11-5 所示。

05 调用 O“偏移”命令，将新绘制的水平直线向下依次偏移 18、54、20.5 和 179，其偏移效果如图 11-6 所示。

06 调用 L“直线”命令，输入 FROM“捕捉自”命令，捕捉新绘制水平直线的右端点，输入（@0, 146.3）和（@0, -433.6），绘制直线，如图 11-7 所示。

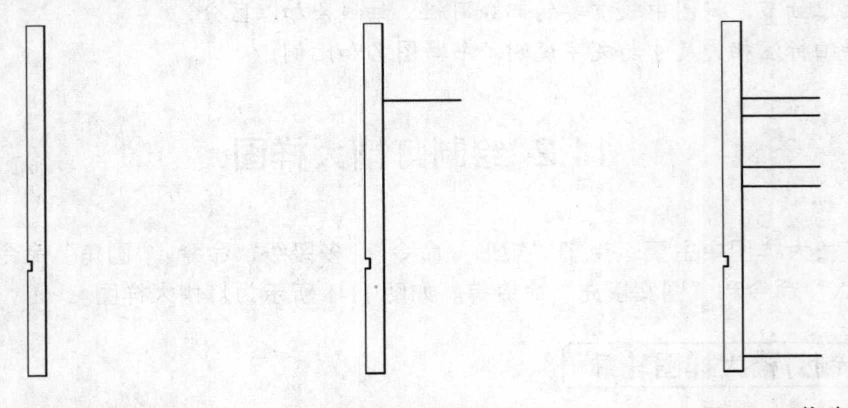

图 11-4　修剪并删除图形　　图 11-5　绘制直线　　图 11-6　偏移图形

07 调用 O“偏移”命令，将新绘制的垂直直线向右偏移 100，向左偏移 8、4、5，其偏移效果如图 11-8 所示。

08 调用 TR“修剪”命令，修剪多余的图形；调用 E“删除”命令，删除多余的图形，效果如图 11-9 所示。

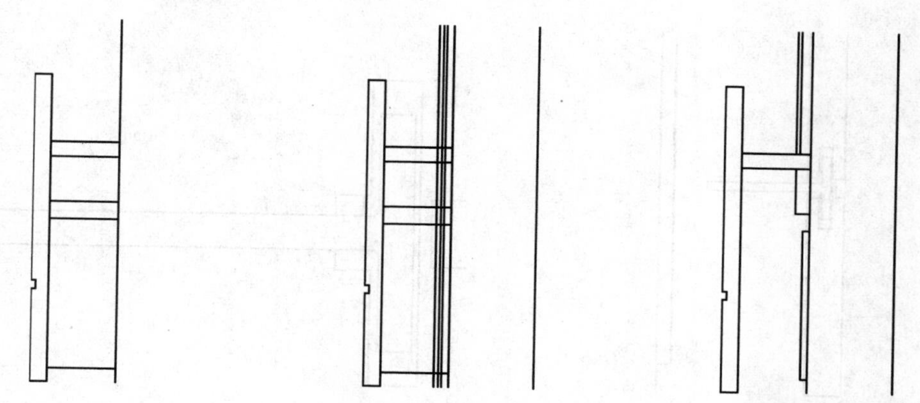

图 11-7　绘制直线　　图 11-8　偏移图形　　图 11-9　修剪并删除图形

09 调用 L“直线”命令，输入 FROM“捕捉自”命令，捕捉图形的左下方端点，依次输入（@74.3, 92.9）、（@-67.5, 0）和（@0, 45），绘制直线，如图 11-10 所示。

10 调用 O“偏移”命令，将新绘制的水平直线向上依次偏移 5、12、3、5、3、12、5，如图 11-11 所示。

11 调用 O“偏移”命令，将新绘制的垂直直线向右依次偏移 0.8、5、1.2、1、4、2、53.5，如图 11-12 所示。

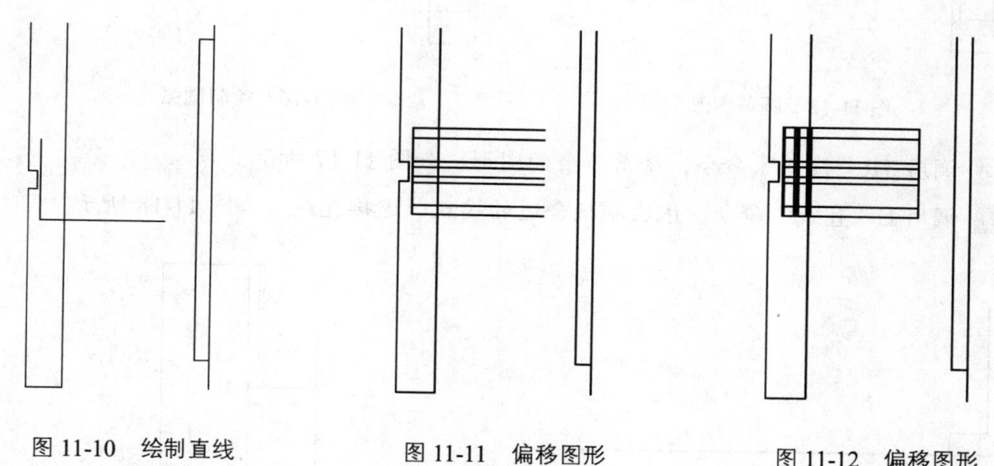

图 11-10　绘制直线　　图 11-11　偏移图形　　图 11-12　偏移图形

12 调用 TR“修剪”命令，修剪多余的图形；调用 E“删除”命令，删除多余图形，如图 11-13 所示。

13 调用 F“圆角”命令，修改圆角半径为 1，拾取合适的直线，进行圆角操作，如图 11-14 所示。

14 调用 F“圆角”命令，修改圆角半径为 6，“修剪”模式为“不修剪”，拾取合适的直线，进行圆角操作，如图 11-15 所示。

15 调用 A“圆弧”命令，输入 FROM“捕捉自”命令，捕捉新圆角图形的下端点，依次输入（@1.1, 3.5）、（@-0.8, 1.7）和（@-0.3, 1.8），绘制圆弧，如图 11-16 所示。

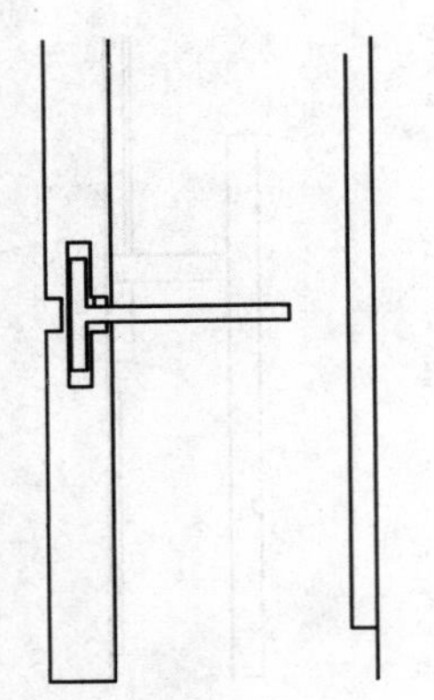

图 11-13　修剪并删除图形

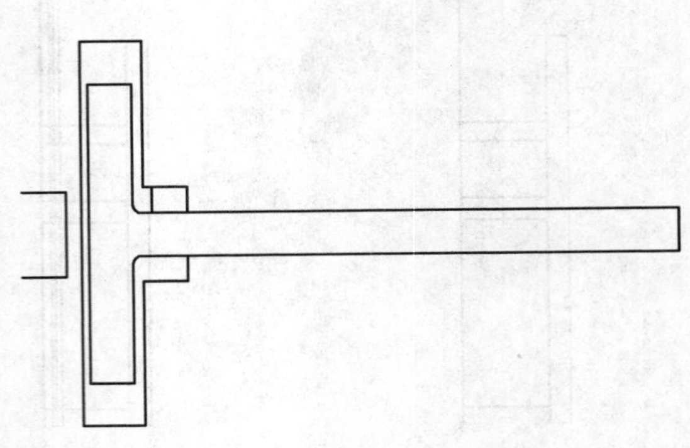

图 11-14　圆角图形

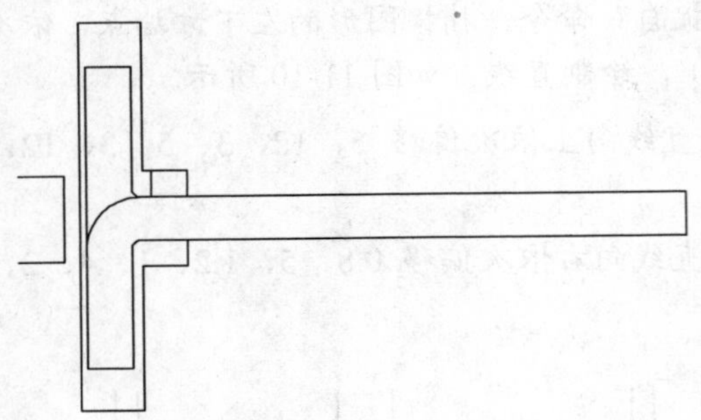

图 11-15　圆角图形

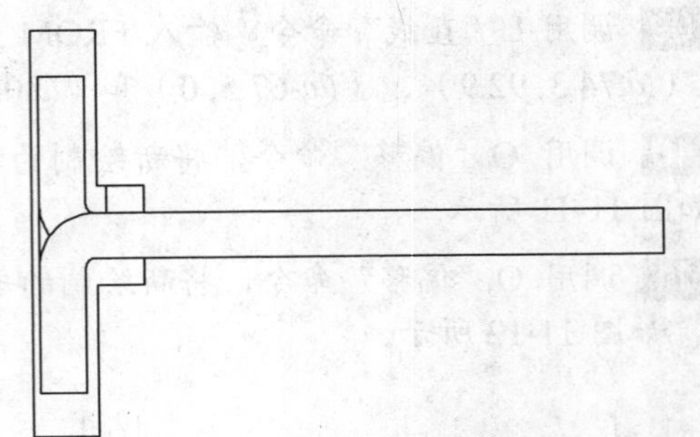

图 11-16　绘制圆弧

16 调用 TR“修剪”命令，修剪多余的图形，如图 11-17 所示。

17 调用 L“直线”命令，依次捕捉合适的端点，连接直线，如图 11-18 所示。

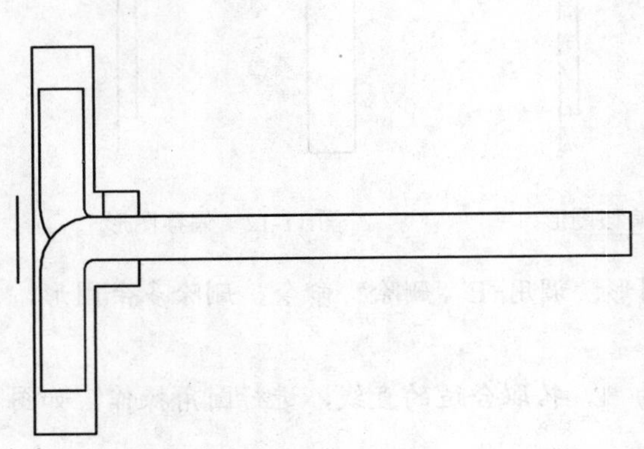

图 11-17　修剪图形

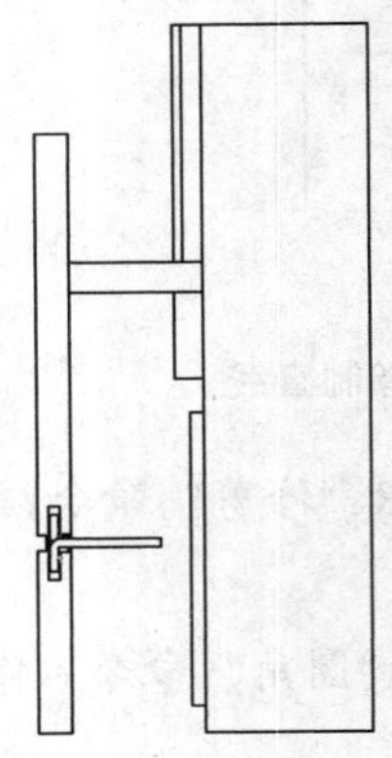

图 11-18　连接直线

18 调用 PL“多段线”命令，输入 FROM“捕捉自”命令，捕捉相应图形的右上方端点，依次输入（@-32.3, -5）、（@50, 0）、（@0, -50）、（@-5, 0）、（@0, 45）、（@-45, 0）和（@0, 5），绘制多段线，如图 11-19 所示。

19 调用 F“圆角”命令，修改圆角半径为 5，拾取合适的直线，进行圆角操作，如图 11-20 所示。

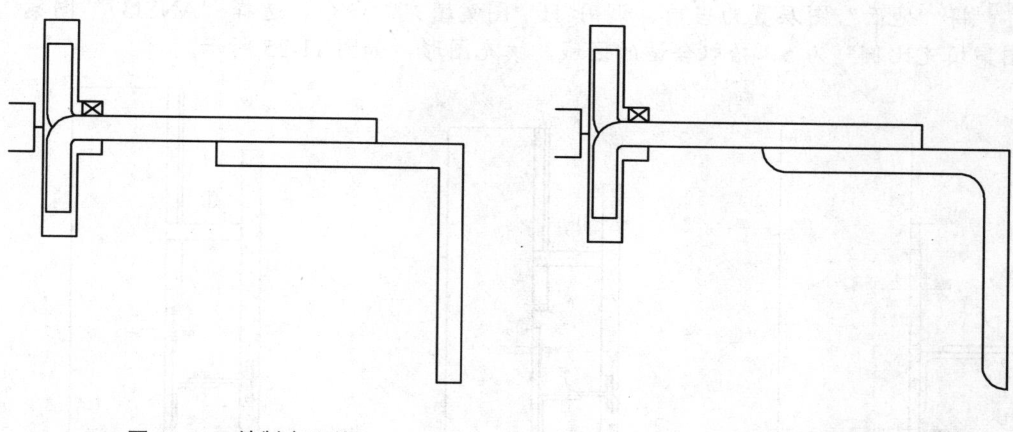

图 11-19　绘制多段线　　图 11-20　圆角图形

11.2.2 完善灯槽大样图

完善灯槽大样图主要运用了“插入”命令、“复制”命令和“图案填充”命令等。

操作实训 11–2：完善灯槽大样图

01 将“家具”图层置为当前，调用 I“插入”命令，打开“插入”对话框，单击“浏览”按钮，打开“选择图形文件”对话框，选择“干挂配件”图形文件，如图 11-21 所示。

02 单击“打开”和“确定”按钮，在绘图区中任意位置，单击鼠标，插入图块；调用 M“移动”命令，移动插入的图块效果，如图 11-22 所示。

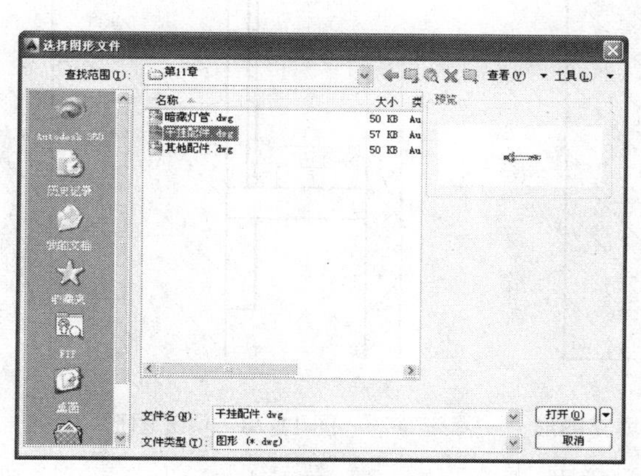

图 11-21　选择图形文件

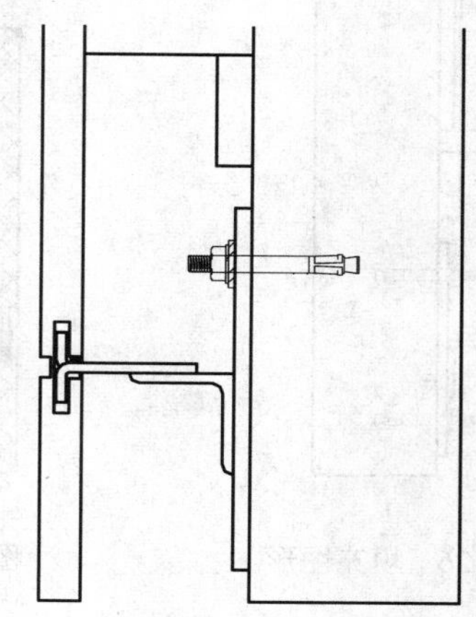

图 11-22　插入图块效果

03 调用 CO“复制”命令，选择新插入的图块为复制对象，捕捉合适的端点为基点，输入（@0, -121），复制图形，如图 11-23 所示。

04 调用 I“插入”命令，依次插入“暗藏灯管”和“其他配件”图块，效果如图 11-24 所示。

05 将“地面”图层置为当前，调用 H“图案填充”命令，选择“ANSI37”图案，修改“图案填充比例”为 5，拾取合适的区域，填充图形，如图 11-25 所示。

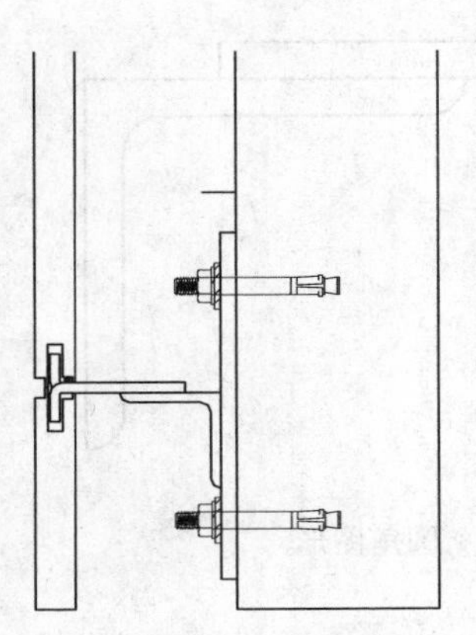

图 11-23 复制图形

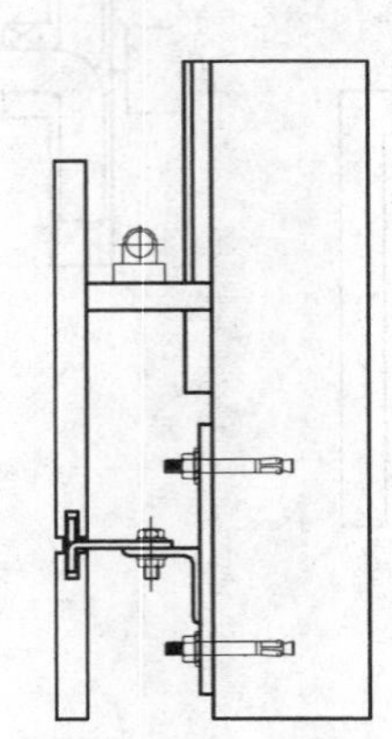

图 11-24 插入其他图块效果

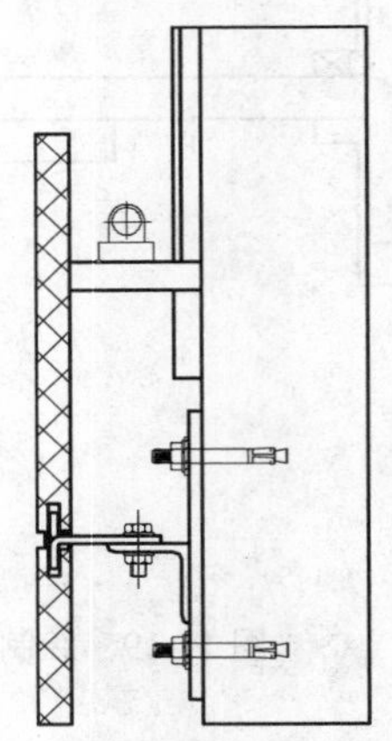

图 11-25 填充图形

06 调用 H“图案填充”命令，选择“AR-CONC”图案，修改“图案填充比例”为 0.4，拾取合适的区域，填充图形，如图 11-26 所示。

07 调用 H“图案填充”命令，选择“ANSI31”图案，修改“图案填充比例”为 10，拾取合适的区域，填充图形，如图 11-27 所示。

08 调用 H“图案填充”命令，选择“USER”图案，修改“图案填充比例”为 5、“图案填充角度”为 45，拾取合适的区域，填充图形，如图 11-28 所示。

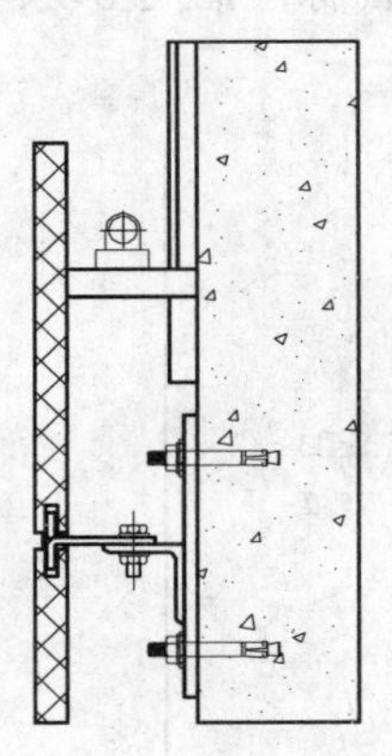

图 11-26 填充图形

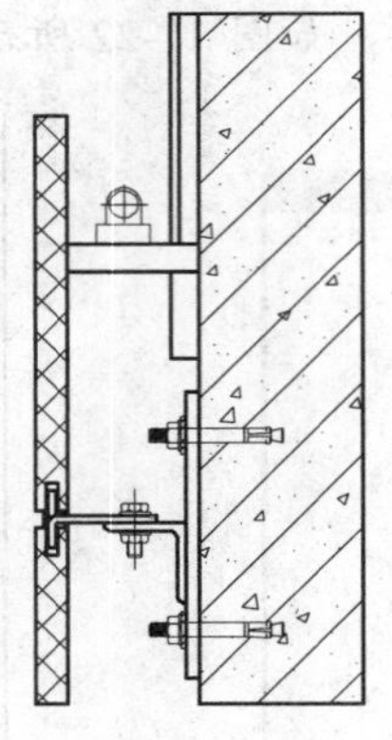

图 11-27 填充图形

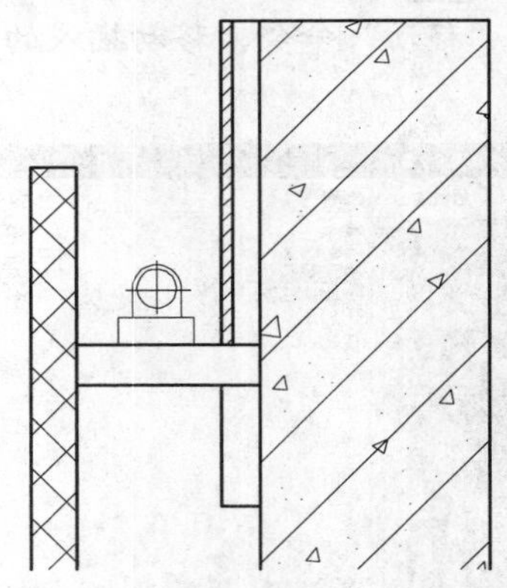

图 11-28 填充图形

09 调用 H“图案填充”命令，选择“ANSI32”图案，修改“图案填充比例”为 1.5、“图案填充角度”为 90，拾取合适的区域，填充图形，如图 11-29 所示。

10 调用 E“删除”命令，删除多余的图形，如图 11-30 所示。

11 将“标注”图层置为当前，调用 DLI“线性”命令，标注图中所对应线性尺寸，如

图 11-31 所示。

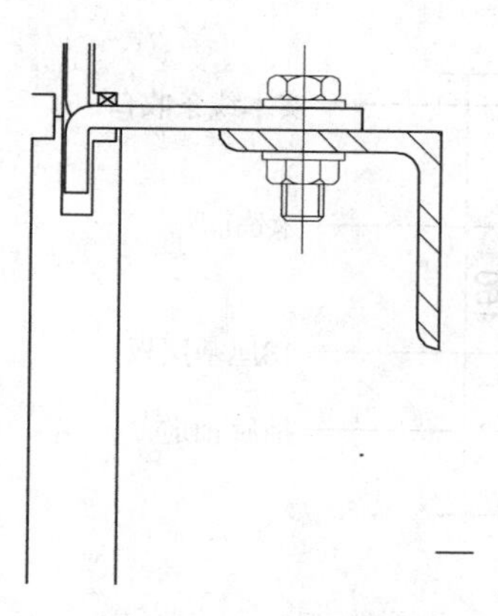

图 11-29　填充图形

图 11-30　删除图形

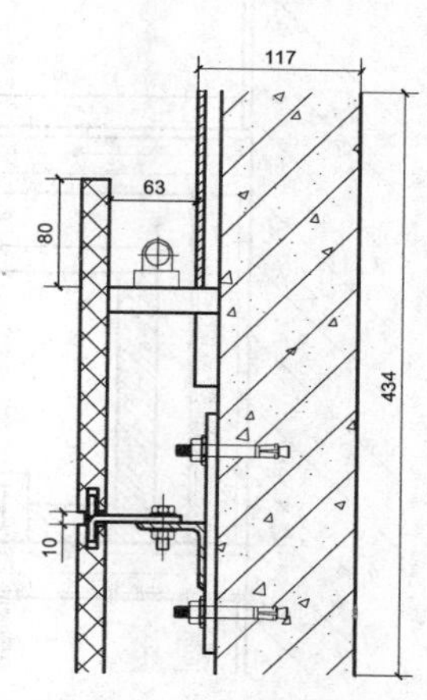

图 11-31　标注线性尺寸

12 调用 MLEA“多重引线”命令，标注图中所对应的多重引线尺寸，如图 11-32 所示。

13 调用 MT“多行文字”命令，修改“文字高度”为 15，创建相应的多行文字，如图 11-33 所示。

14 调用 L“直线”和 PL“多段线”命令，在绘图区相应位置，绘制一条宽度为 3 的多段线和直线，如图 11-34 所示。

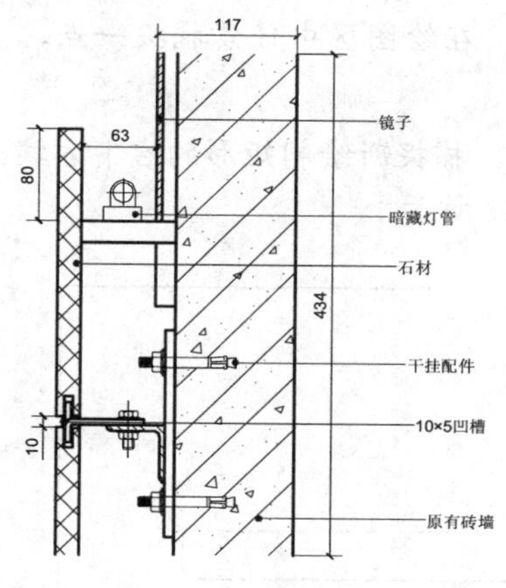

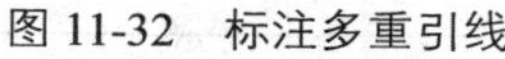

图 11-32　标注多重引线

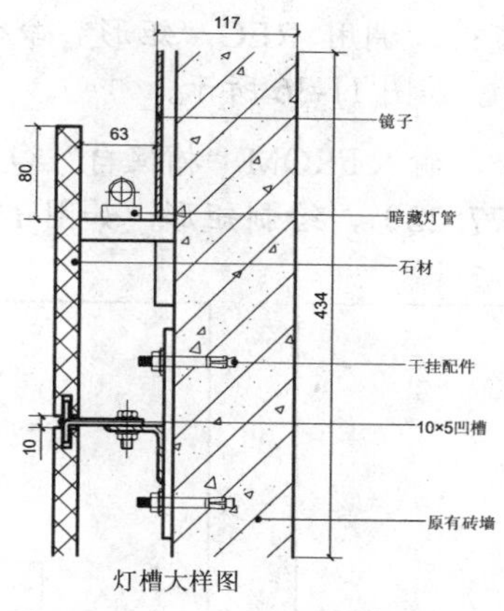

图 11-33　创建多行文字

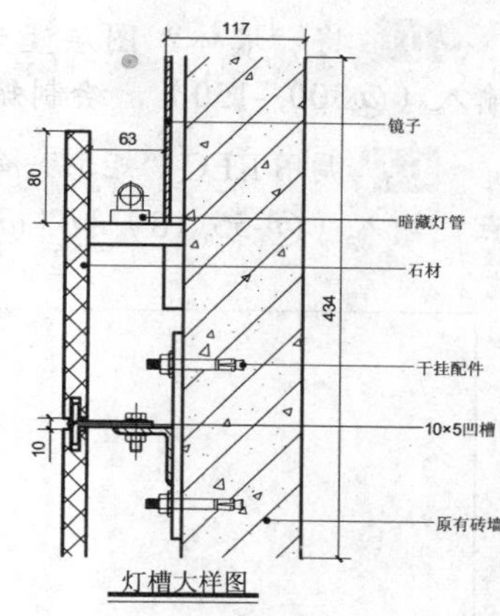

图 11-34　绘制多段线和直线

11.3 绘制电视柜大样图

绘制电视柜大样图中主要运用了“矩形”命令、“直线”命令、“复制”命令、“偏移”命令、“修剪”命令和“多行文字”命令等。如图 11-35 所示为电视柜大样图。

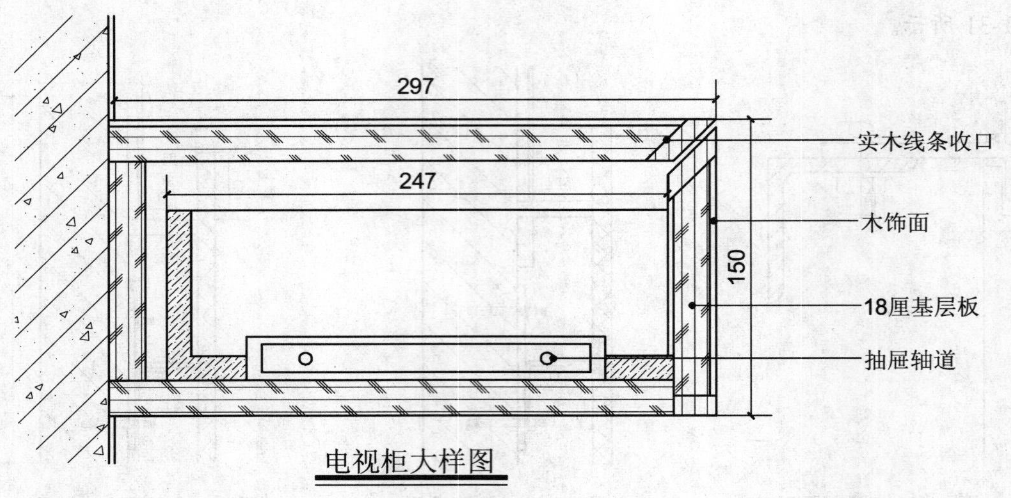

图 11-35　电视柜大样图

11.3.1 绘制电视柜大样图轮廓

绘制电视柜大样图轮廓主要运用了“矩形”命令、“偏移”命令和“直线”命令等。

操作实训 11-3：绘制电视柜大样图轮廓

01 将“墙体”图层置为当前，调用 REC“矩形”命令，在绘图区中任意捕捉一点，输入（@300, -150），绘制矩形，如图 11-36 所示。

02 调用 REC“矩形”命令，输入 FROM“捕捉自”命令，捕捉新绘制矩形的右下方端点，输入（@-55, 18）和（@-177, 22），绘制矩形，如图 11-37 所示。

图 11-36　绘制矩形　　　　图 11-37　绘制矩形

03 调用 REC“矩形”命令，输入 FROM“捕捉自”命令，捕捉新绘制矩形的右下方端点，输入（@-7, 4）和（@-162.5, 14），绘制矩形，如图 11-38 所示。

04 调用 X“分解”命令，分解大矩形对象；调用 O“偏移”命令，将矩形上方的水平直线向下偏移 3、18、25、74、12、8，如图 11-39 所示。

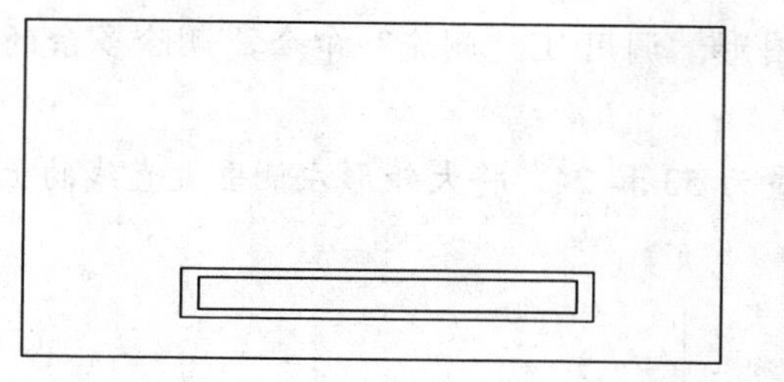

图 11-38 绘制矩形

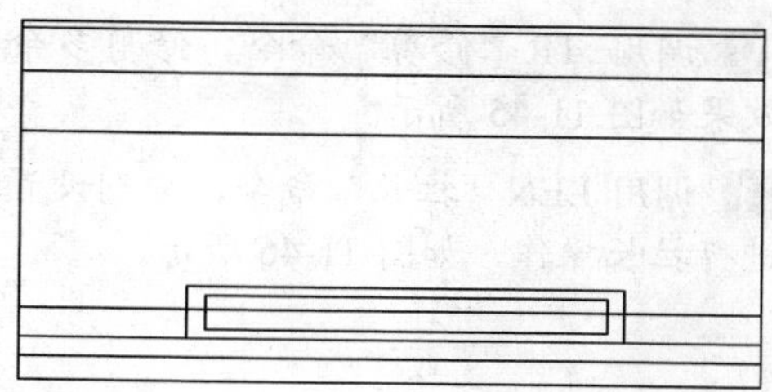

图 11-39 偏移图形

05 调用 O“偏移”命令，将矩形左侧的垂直直线向右依次偏移 18、11、12、27、208、3、18，如图 11-40 所示。

06 调用 L“直线”命令，捕捉大矩形的右上方端点为起点，输入（@-21, -21），绘制直线，如图 11-41 所示。

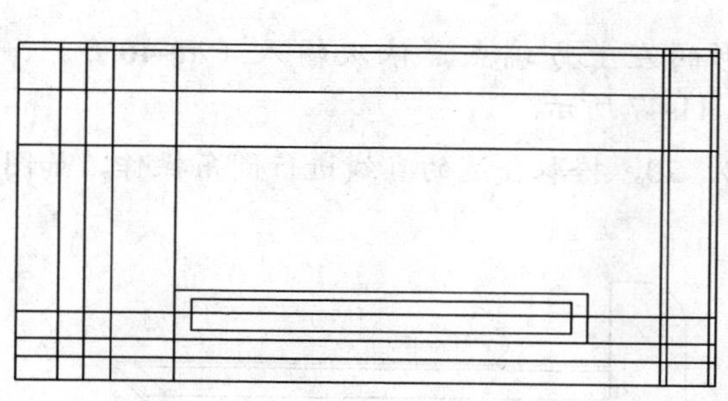

图 11-40 偏移图形

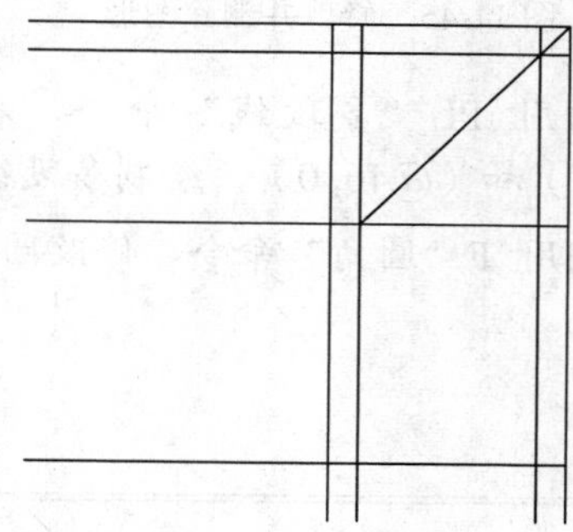

图 11-41 绘制直线

07 调用 L“直线”命令，输入 FROM“捕捉自”命令，捕捉大矩形的右上方端点，输入（@-14, 0）和（@-21, -21），绘制直线，如图 11-42 所示。

08 调用 L“直线”命令，输入 FROM“捕捉自”命令，捕捉大矩形的右上方端点，输入（@0, -4）和（@-24, -24），绘制直线，如图 11-43 所示。

09 调用 CO“复制”命令，选择新绘制的直线，捕捉直线的上端点为基点，输入（@0, -14），复制图形，如图 11-44 所示。

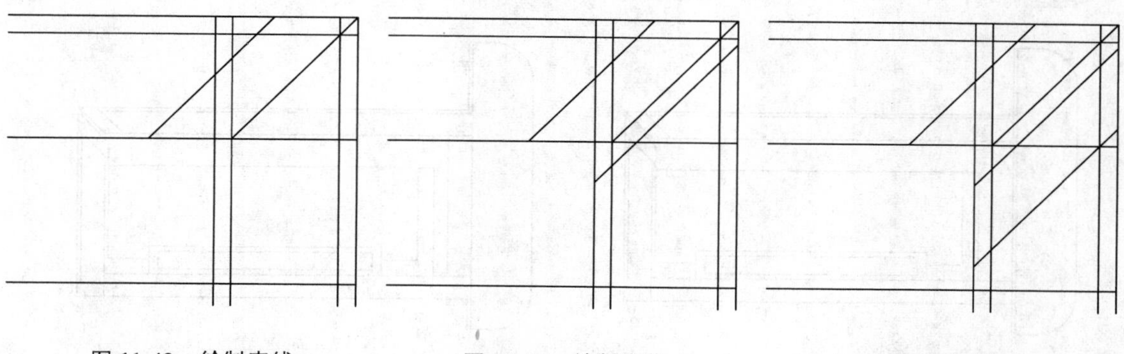

图 11-42 绘制直线　　图 11-43 绘制直线　　图 11-44 复制图形

10 调用 TR“修剪”命令，修剪多余的图形；调用 E“删除”命令，删除多余的图形，效果如图 11-45 所示。

11 调用 LEN“拉长”命令，分别设置增量为 53 和 24，将大矩形左侧垂直直线的上下两端进行拉长操作，如图 11-46 所示。

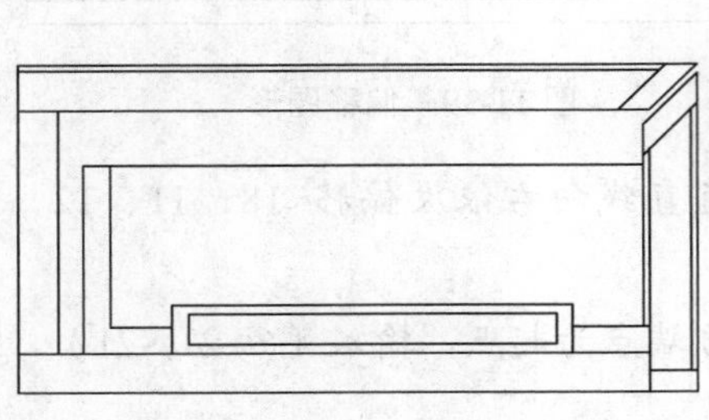
图 11-45 修剪并删除图形

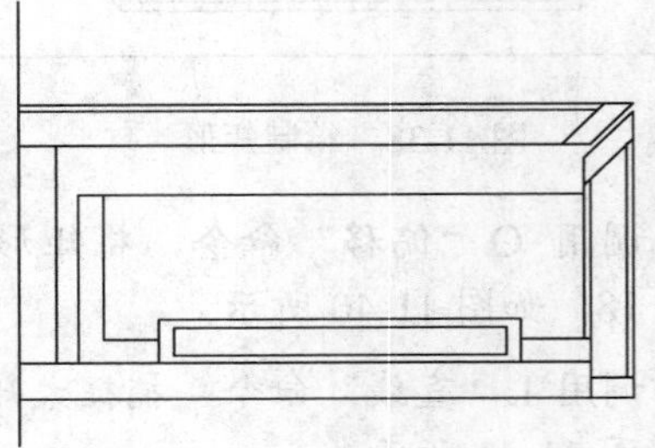
图 11-46 拉长图形

12 调用 PL“多段线”命令，捕捉图形的左上方端点，依次输入（@-46, 0）、（@0, -227）和（@46, 0），绘制多段线，如图 11-47 所示。

13 调用 F“圆角”命令，修改圆角半径为 20，拾取合适的直线进行圆角操作，如图 11-48 所示。

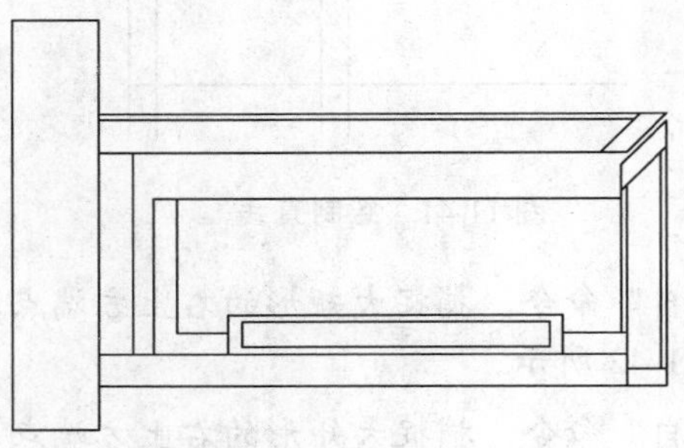
图 11-47 绘制多段线

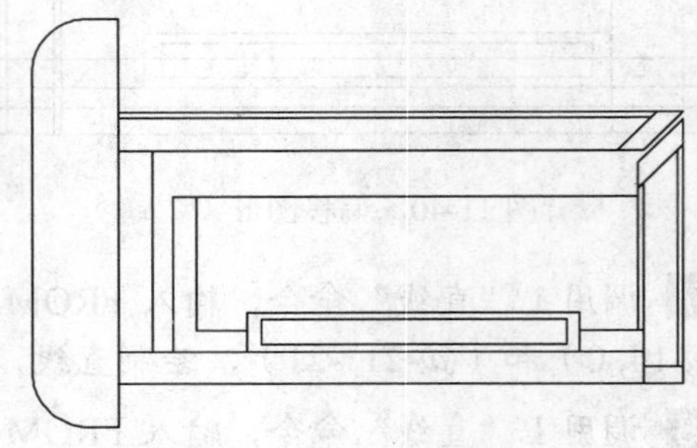
图 11-48 圆角图形

14 调用 O“偏移”命令，将大矩形的左侧垂直直线向右偏移 3，如图 11-49 所示。

15 调用 TR“修剪”命令，修剪多余的图形，如图 11-50 所示。

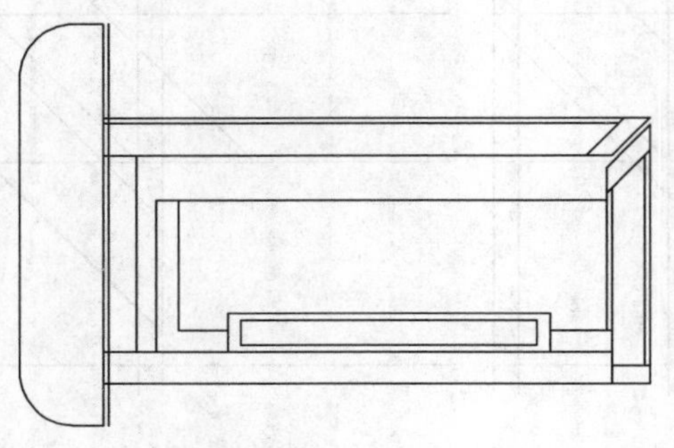
图 11-49 偏移图形

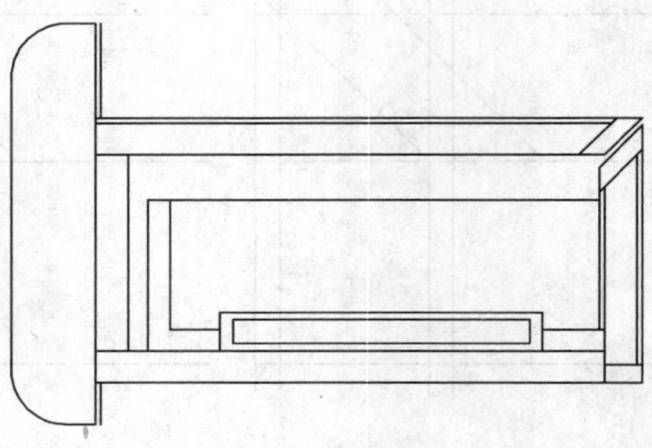
图 11-50 修剪图形

16 调用 C“圆”命令，输入 FROM“捕捉自”命令，捕捉图形的右下方端点，输入（@-83.7, 28.8），确定圆心点，绘制一个半径为 3 的圆，如图 11-51 所示。

17 调用 MI“镜像”命令，将新绘制的圆对象进行镜像操作，如图 11-52 所示。

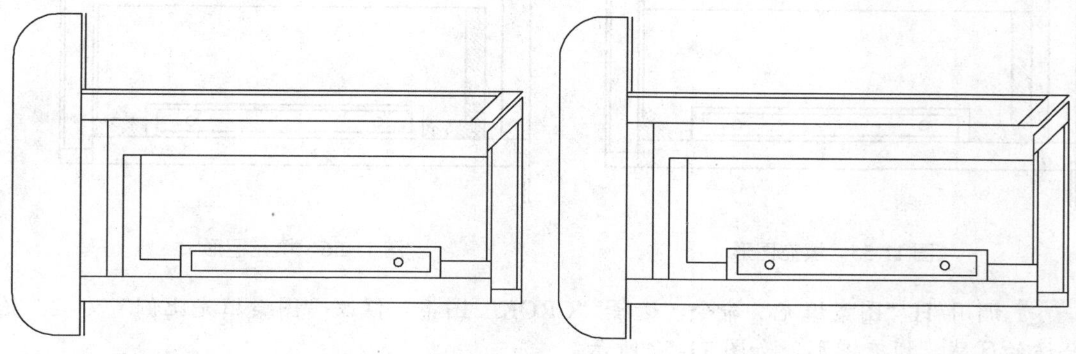

图 11-51　绘制圆　　　　图 11-52　镜像图形

11.3.2 完善电视柜大样图

完善电视柜大样图主要运用了“图案填充”命令、“标注”命令和“多重引线”命令等。

操作实训 11-4：完善电视柜大样图

01 将“地面”图层置为当前，调用 H“图案填充”命令，选择“AR-CONC”图案，修改“图案填充比例”为 0.2，拾取合适的区域，填充图形，如图 11-53 所示。

02 调用 H“图案填充”命令，选择“ANSI31”图案，修改“图案填充比例”为 5，拾取合适的区域，填充图形；调用 E“删除”命令，删除多段线对象，如图 11-54 所示。

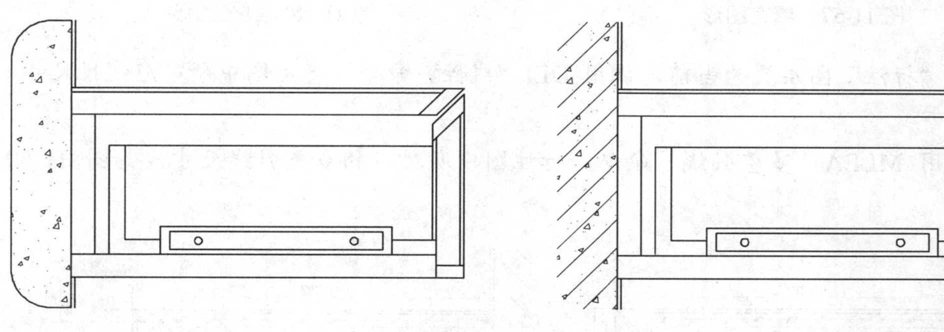

图 11-53　填充图形　　　　图 11-54　填充图形

03 调用 H“图案填充”命令，选择“ANSI36”图案，修改“图案填充比例”为 0.8，拾取合适的区域，填充图形，如图 11-55 所示。

04 调用 H“图案填充”命令，选择“ANSI31”图案，修改“图案填充比例”为 2，“图案填充角度”为 45，拾取合适的区域，填充图形，如图 11-56 所示。

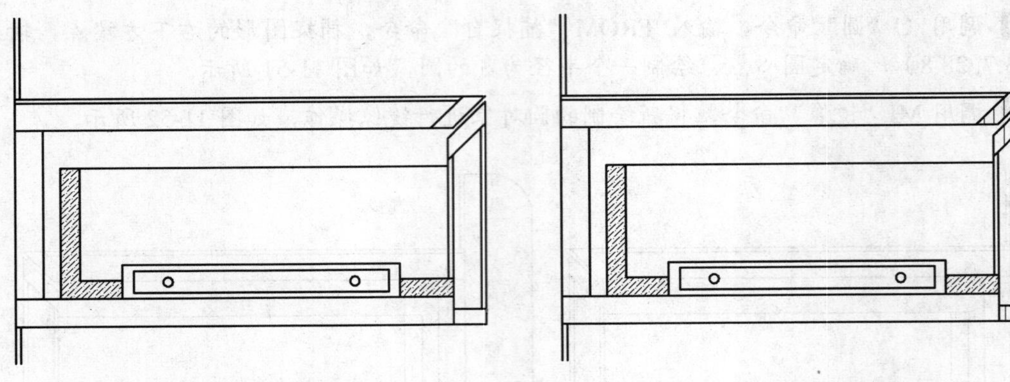

图 11-55　填充图形　　　　图 11-56　填充图形

05 调用 H“图案填充”命令，选择“CROK”图案，修改“图案填充比例”为 2，拾取合适的区域，填充图形，如图 11-57 所示。

06 调用 H“图案填充”命令，选择“CROK”图案，修改“图案填充比例”为 2，“图案填充角度”为 90，拾取合适的区域，填充图形，如图 11-58 所示。

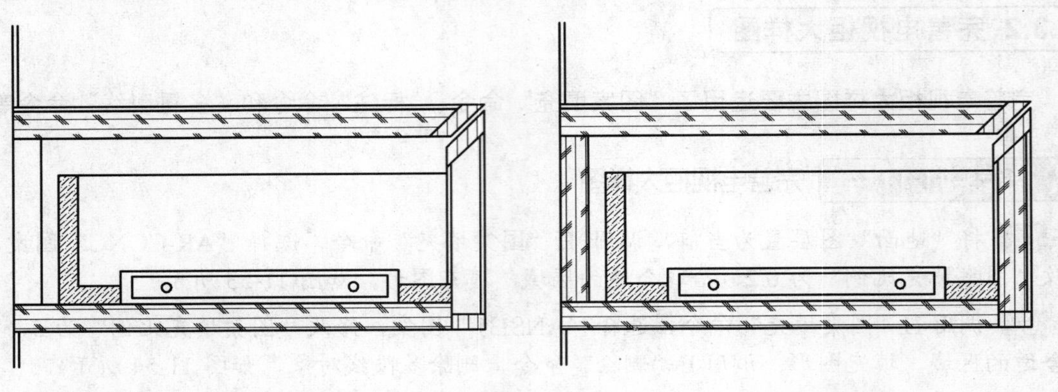

图 11-57　填充图形　　　　图 11-58　填充图形

07 将“标注”图层置为当前，调用 DLI“线性”命令，标注图中所对应线性尺寸，如图 11-59 所示。

08 调用 MLEA“多重引线”命令，标注图中所对应的多重引线尺寸，如图 11-60 所示。

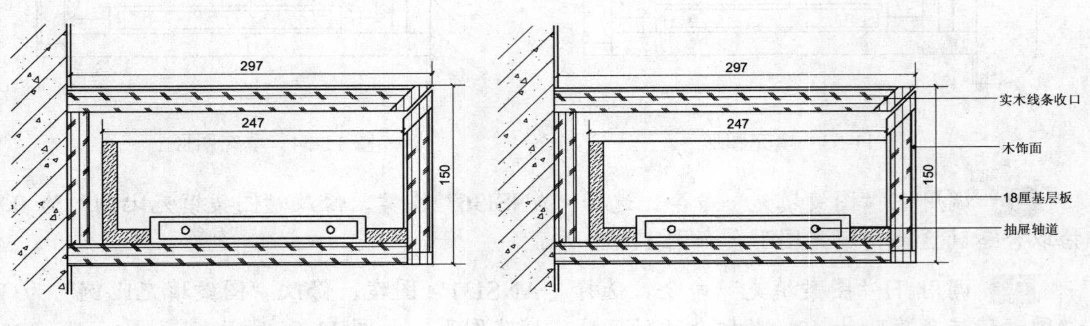

图 11-59　标注线性尺寸　　　　图 11-60　标注多重引线

09 调用 MT“多行文字”命令，修改“文字高度”为 10，创建相应的多行文字，如图 11-61 所示。

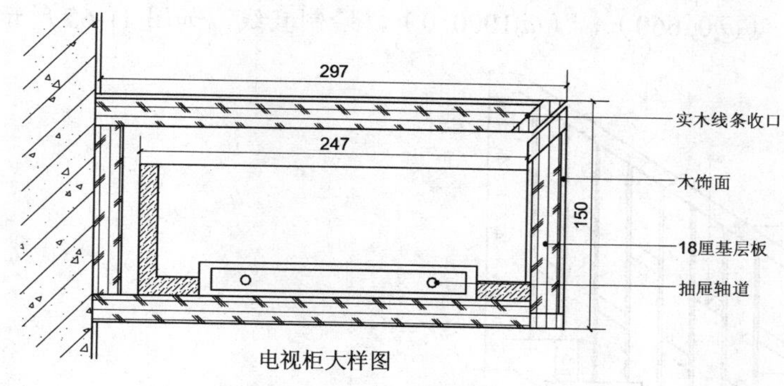

图 11-61　创建多行文字

10 调用 L“直线”和 PL“多段线”命令，在绘图区相应位置，绘制一条宽度为 2 的多段线和直线，如图 11-62 所示。

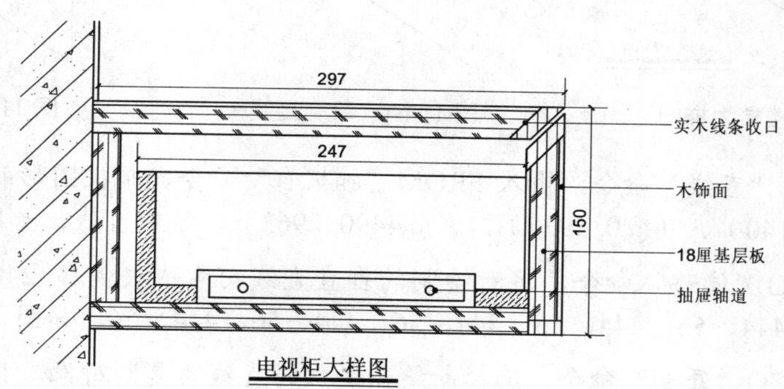

图 11-62　绘制多段线和直线

11.4 绘制楼梯大样图

绘制楼梯大样图中主要运用了“矩形”命令、“直线”命令、“复制”命令、“偏移”命令、“修剪”命令和“多行文字”命令等。如图 11-63 所示为楼梯大样图。

11.4.1 绘制楼梯大样图轮廓

绘制楼梯大样图轮廓主要运用了“直线”命令、“偏移”命令、“修剪”命令和“圆角”命令等。

操作实训 11-5：绘制楼梯大样图轮廓

01 将“墙体”图层置为当前，调用 L“直线”命令，在绘图区中任意捕捉一点，输入（@5000, 3300），绘制直线，如图 11-64 所示。

02 调用 L“直线”命令，捕捉新绘制直线的下端点，依次输入（@0, 1140）、（@1000, 0）、（@0, 660）、（@1000, 0）、（@0, 660）、（@1000, 0）、（@0, 660）、（@1000, 0）、（@0, 660）、（@1000, 0），绘制直线，如图 11-65 所示。

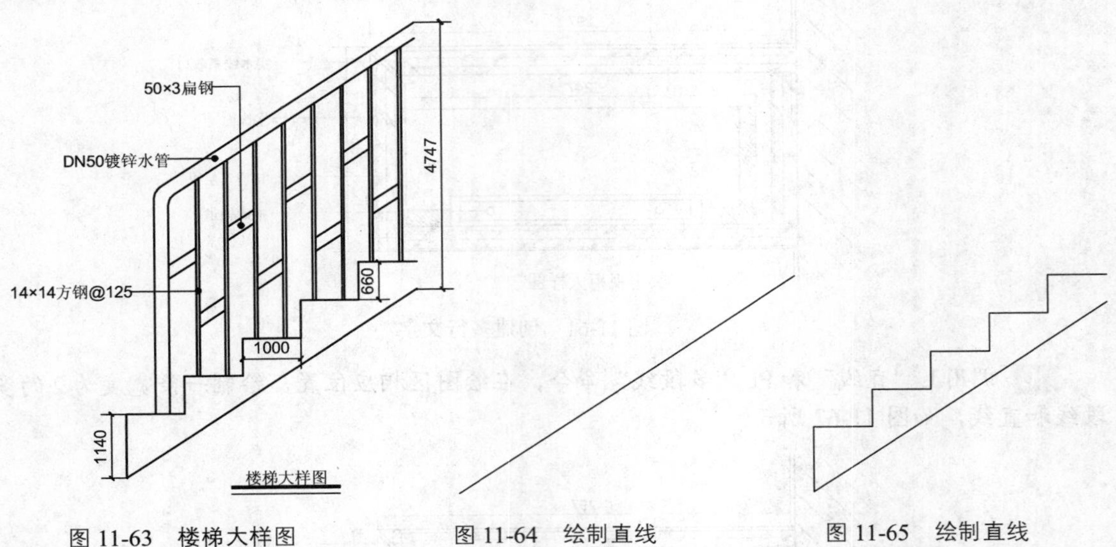

图 11-63 楼梯大样图　　图 11-64 绘制直线　　图 11-65 绘制直线

03 调用 L“直线”命令，输入 FROM“捕捉自”命令，捕捉图形的左下方端点，依次输入（@500, 1140）、（@0, 3937）、（@4490, 2963），绘制直线，如图 11-66 所示。

04 调用 O“偏移”命令，将新绘制的垂直直线向右依次偏移 240、472、56、444、56、444、56、444、56、444、56、444、56、444、56、444、56，如图 11-67 所示。

05 调用 CO“复制”命令，选择新绘制的倾斜直线为复制对象，捕捉直线的下端点为基点，向下移动鼠标，依次输入 288、1486、1725、2684 和 2924，复制图形，如图 11-68 所示。

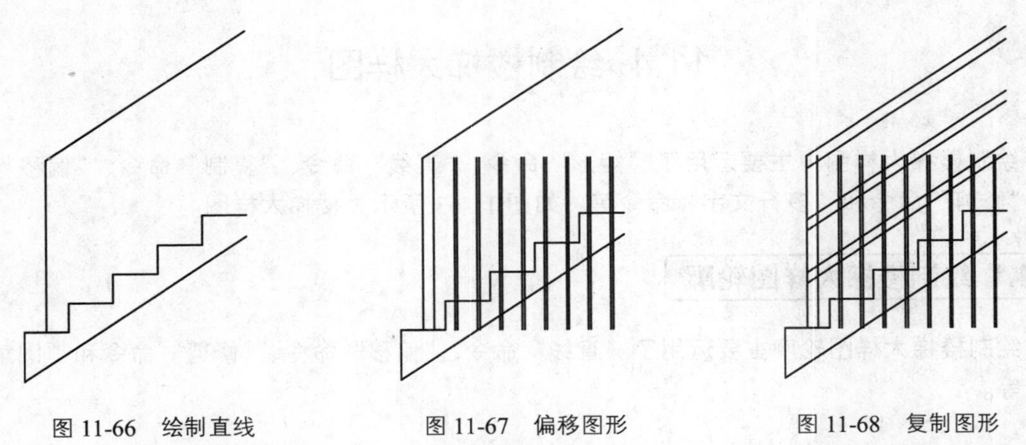

图 11-66 绘制直线　　图 11-67 偏移图形　　图 11-68 复制图形

06 调用 EX“延伸”命令，对相应的垂直直线进行延伸操作，如图 11-69 所示。

07 调用 TR“修剪”命令，修剪多余的图形；调用 E“删除”命令，删除多余的图形，效果如图 11-70 所示。

08 调用 F“圆角”命令，修改圆角半径为 320，拾取合适的直线，进行圆角操作，如图 11-71 所示。

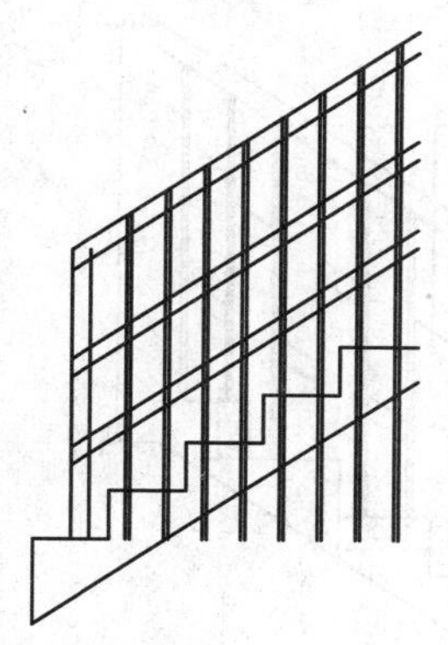
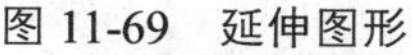

图 11-69　延伸图形

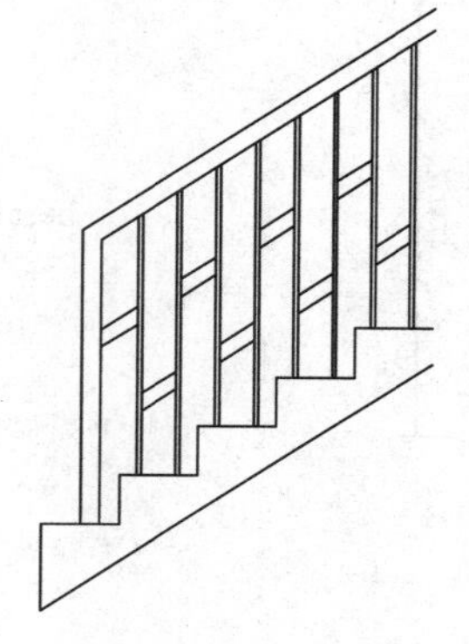

图 11-70　修剪并删除图形

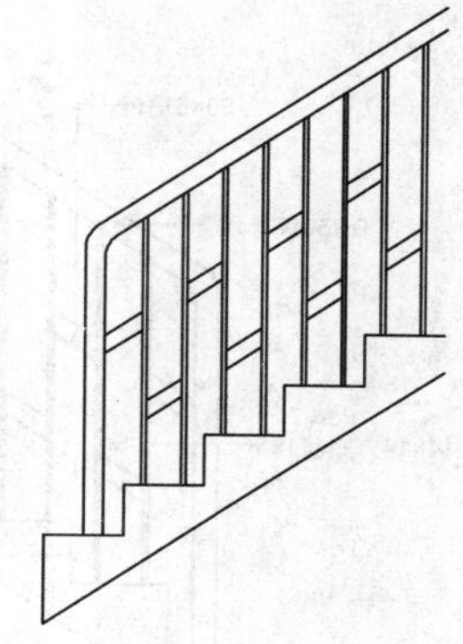

图 11-71　圆角图形

11.4.2 完善楼梯大样图

完善楼梯大样图主要运用了“线性”命令、“多重引线”命令、“多行文字”命令、“多段线”命令和“直线”命令。

操作实训 11-6：完善楼梯大样图

01 将“标注”图层置为当前，调用 DLI“线性”命令，标注图中所对应线性尺寸，如图 11-72 所示。

02 调用 MLEA“多重引线”命令，标注图中所对应的多重引线尺寸，如图 11-73 所示。

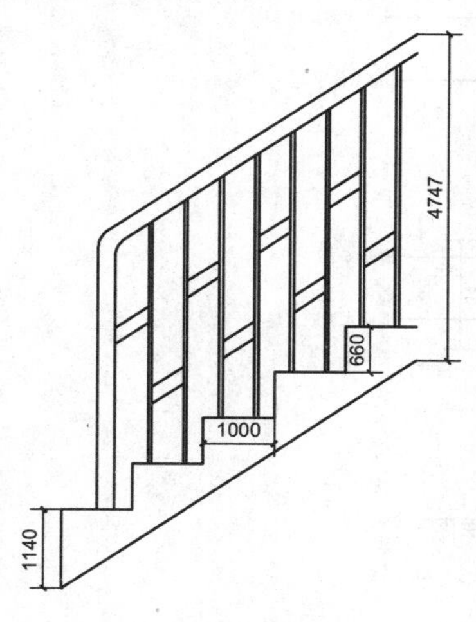

图 11-72　标注线性尺寸

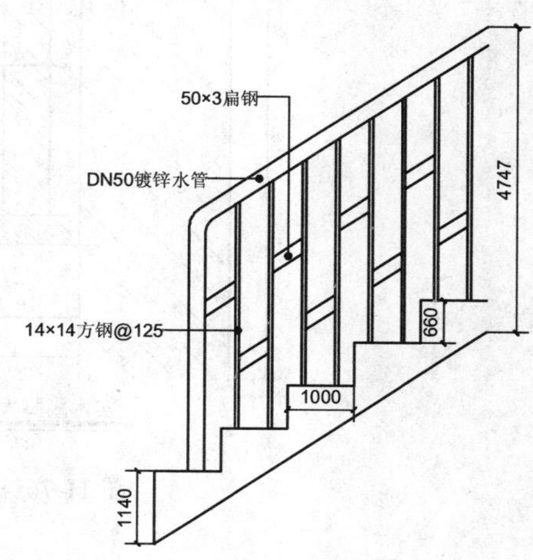

图 11-73　标注多重引线

03 调用 MT“多行文字”命令，修改“文字高度”为 250，创建相应的多行文字，如图 11-74 所示。

04 调用 L“直线”和 PL“多段线”命令，在绘图区相应位置，绘制一条宽度为 50 的多段线和直线，如图 11-75 所示。

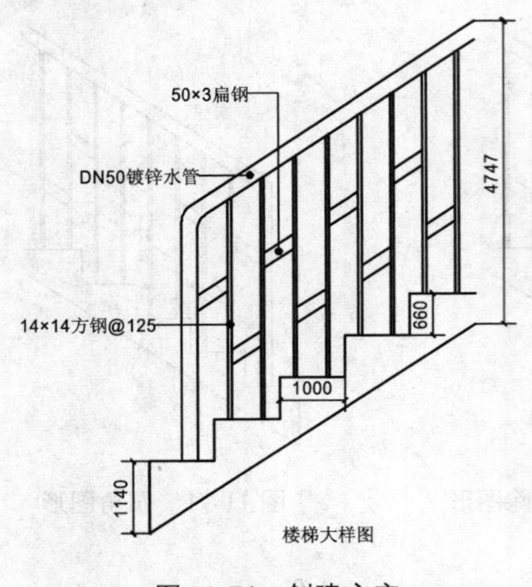

图 11-74　创建文字

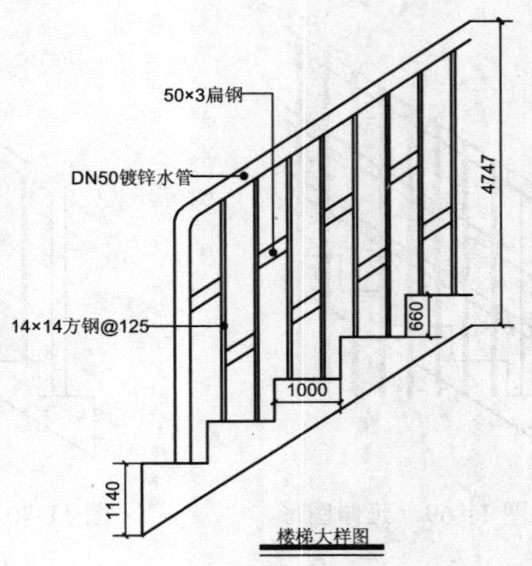

图 11-75　绘制多段线和直线

11.5 绘制实木踢脚大样图

绘制实木踢脚大样图中主要运用了“矩形”命令、“直线”命令、“偏移”命令、“倒角”命令、“多重引线”命令和“多行文字”命令等。如图 11-76 所示为实木踢脚大样图。

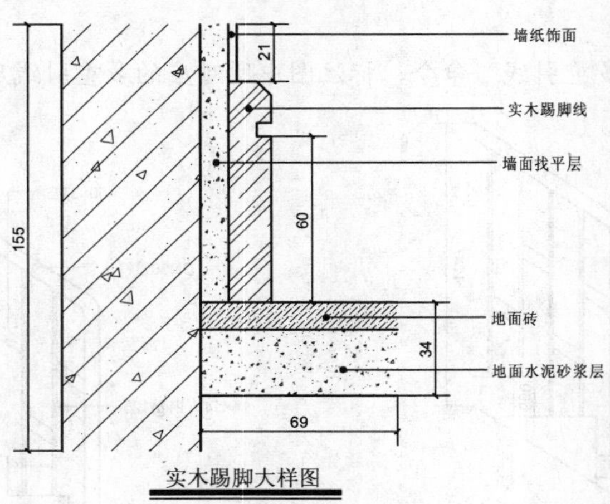

图 11-76　实木踢脚大样图

11.5.1 绘制实木踢脚大样图轮廓

绘制实木踢脚大样图轮廓主要运用了“矩形”命令、“直线”命令、“偏移”命令、“修剪”命令和“倒角”命令等。

操作实训 11-7：绘制实木踢脚大样图轮廓

01 将“墙体”图层置为当前，调用 REC“矩形”命令，在绘图区中任意捕捉一点，输入（@48.3, -154.7），绘制矩形，如图 11-77 所示。

02 调用 L“直线”命令，输入 FROM“捕捉自”命令，捕捉新绘制矩形的右下方端点，输入（@0, 20）和（@69, 0），绘制直线，如图 11-78 所示。

03 调用 O“偏移”命令，将新绘制的水平直线向上偏移 24、10、60、5、15，如图 11-79 所示。

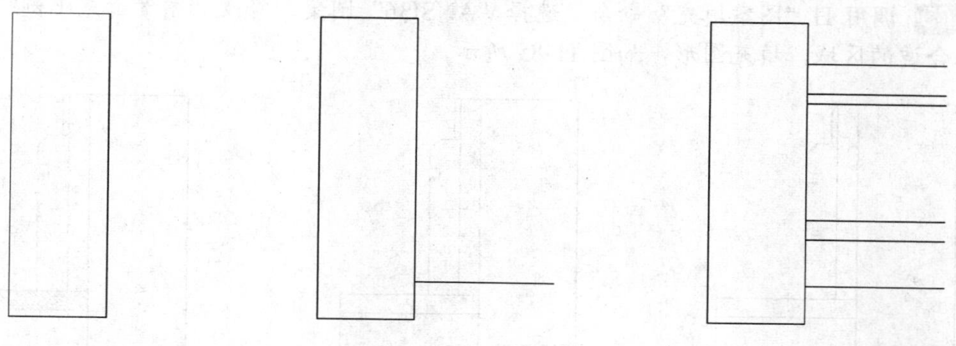

图 11-77　绘制矩形　　图 11-78　绘制直线　　图 11-79　偏移图形

04 调用 X“分解”命令，分解新绘制的矩形；调用 O“偏移”命令，将矩形右侧的垂直直线向右依次偏移 10、3、7、5、44，如图 11-80 所示。

05 调用 TR“修剪”命令，修剪多余的图形；调用 E“删除”命令，删除多余的图形，效果如图 11-81 所示。

06 调用 EX“延伸”命令，将最上方的水平直线进行延伸操作；调用 CHA“倒角”命令，修改倒角距离均为 5，拾取合适的直线，进行倒角操作，如图 11-82 所示。

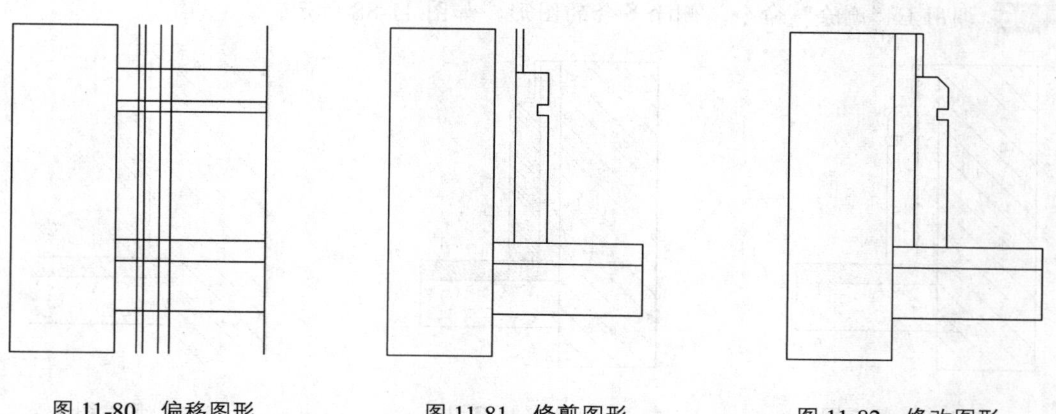

图 11-80　偏移图形　　图 11-81　修剪图形　　图 11-82　修改图形

11.5.2 完善实木踢脚大样图

完善实木踢脚大样图主要运用了“图案填充”命令、“多重引线”命令和“多行文字”

命令等。

操作实训 11-8：完善实木踢脚大样图

01 将“地面”图层置为当前，调用 H“图案填充”命令，选择“AR-CONC”图案，修改“图案填充比例”为 0.1，拾取合适的区域，填充图形，如图 11-83 所示。

02 调用 H“图案填充”命令，选择“AR-CONC”图案，修改“图案填充比例”为 0.05，拾取合适的区域，填充图形，如图 11-84 所示。

03 调用 H“图案填充”命令，选择“ANSI36”图案，修改“图案填充比例”为 0.5，拾取合适的区域，填充图形，如图 11-85 所示。

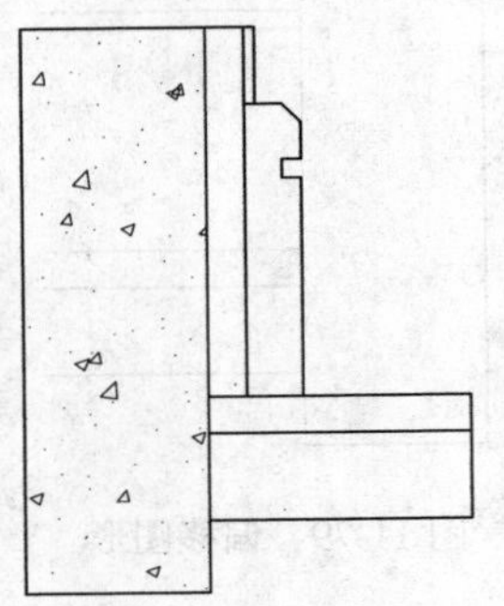
图 11-83 填充图形

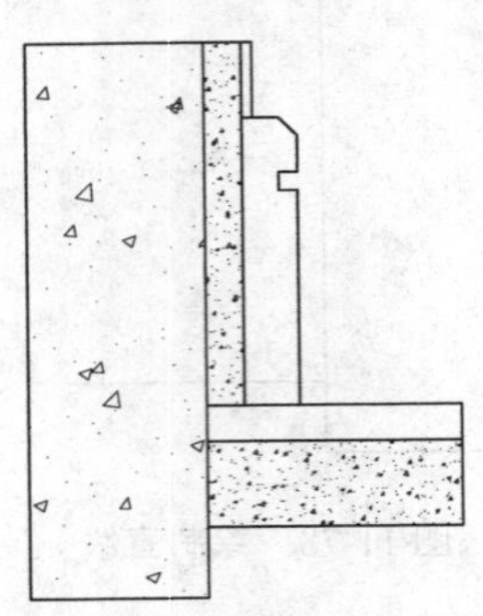
图 11-84 填充图形

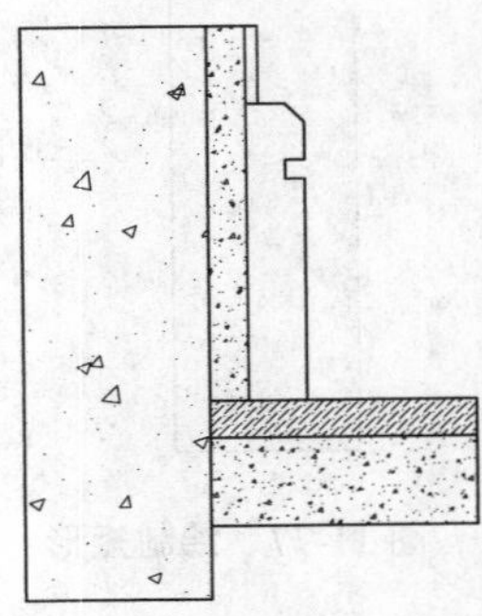
图 11-85 填充图形

04 调用 H“图案填充”命令，选择“ANSI31”图案，修改“图案填充比例”为 3，拾取合适的区域，填充图形，如图 11-86 所示。

05 调用 H“图案填充”命令，选择“CLAY”图案，修改“图案填充比例”为 3，“图案填充角度”为 45，拾取合适的区域，填充图形，如图 11-87 所示。

06 调用 E“删除”命令，删除多余的图形，如图 11-88 所示。

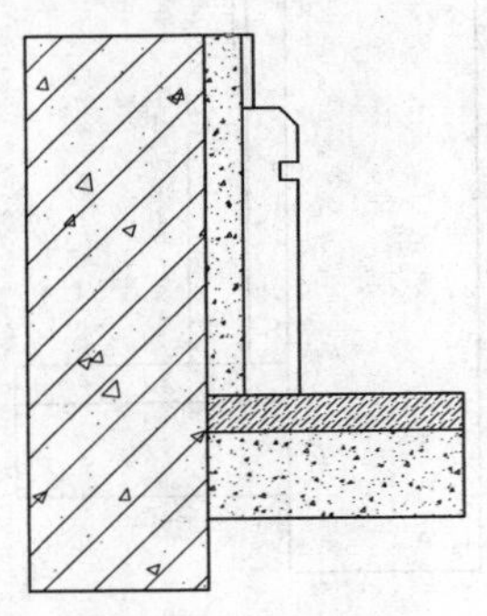
图 11-86 填充图形

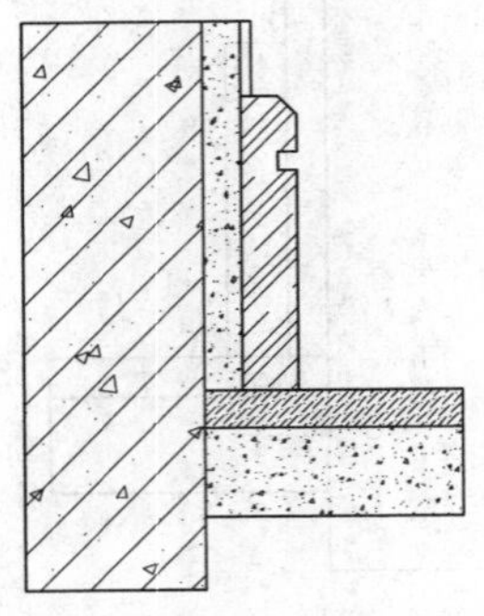
图 11-87 填充图形

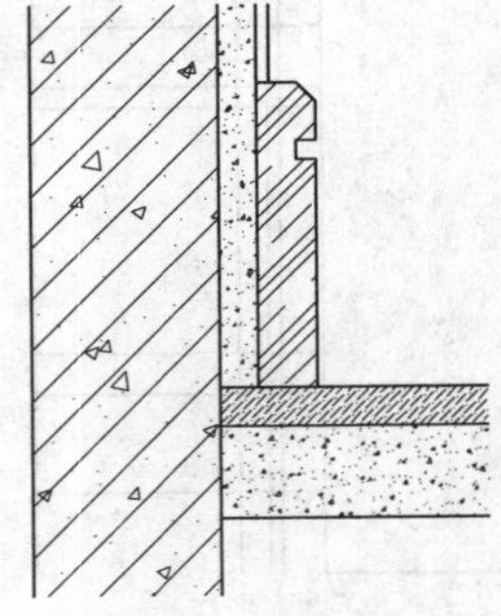
图 11-88 删除图形

07 将“标注”图层置为当前，调用 DLI“线性”命令，标注图中所对应线性尺寸，如图 11-89 所示。

08 调用 MLEA“多重引线”命令，标注图中所对应的多重引线尺寸，如图 11-90 所示。

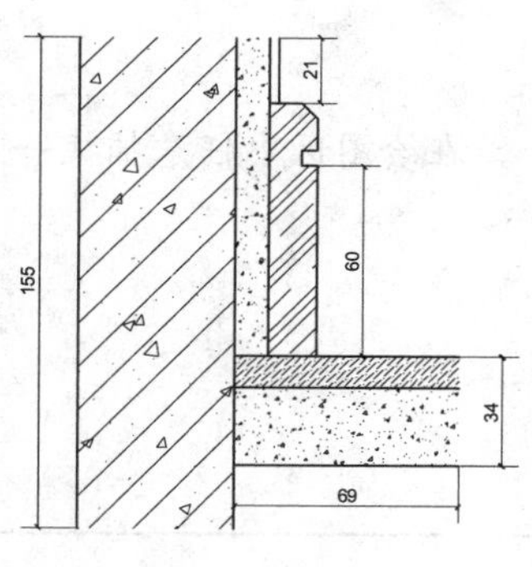

图 11-89　标注线性尺寸

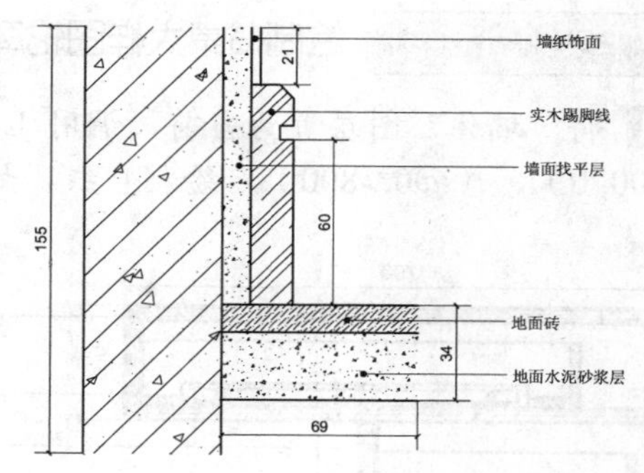

图 11-90　标注多重引线

09 调用 MT“多行文字”命令，修改“文字高度”为 5.5，创建相应的多行文字，如图 11-91 所示。

10 调用 L“直线”和 PL“多段线”命令，在绘图区相应位置，绘制一条宽度为 1.5 的多段线和直线，如图 11-92 所示。

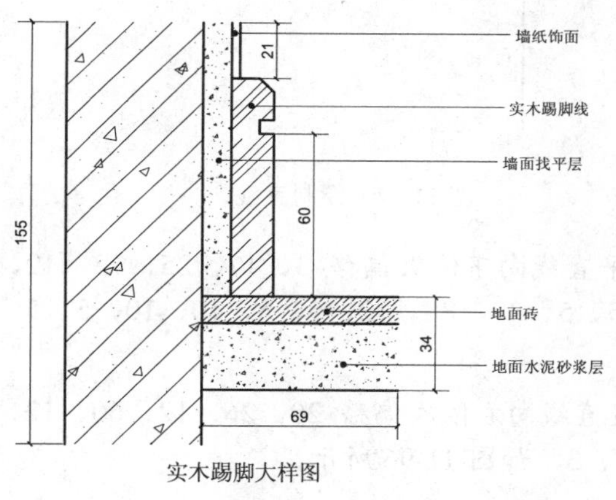

图 11-91　创建文字

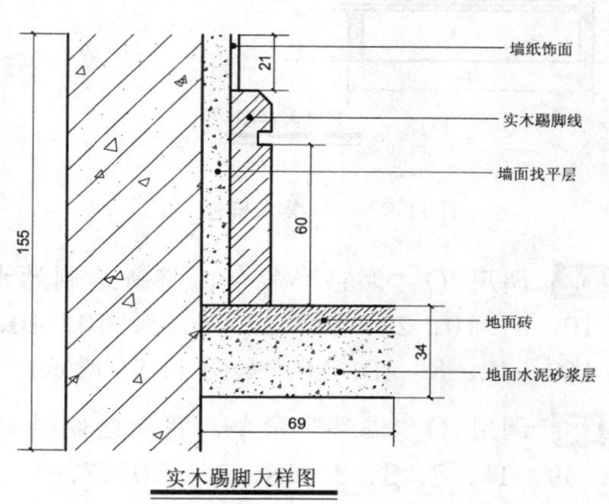

图 11-92　绘制多段线和直线

11.6 绘制书桌大样图

绘制书桌大样图中主要运用了“矩形”命令、“直线”命令、“圆”命令、“镜像”命令、“多重引线”命令和“多段线”命令等。如图 11-93 所示为书桌大样图。

11.6.1 绘制书桌大样图轮廓

绘制书桌大样图轮廓主要运用了“矩形”命令、“直线”命令、“偏移”命令、“修剪”命令和“圆”命令等。

操作实训 11-9：绘制书桌大样图轮廓

01 将“墙体”图层置为当前，调用 L“直线”命令，在绘图区中任意捕捉一点，输入（@-700, 0）、（@0, -800），绘制直线，如图 11-94 所示。

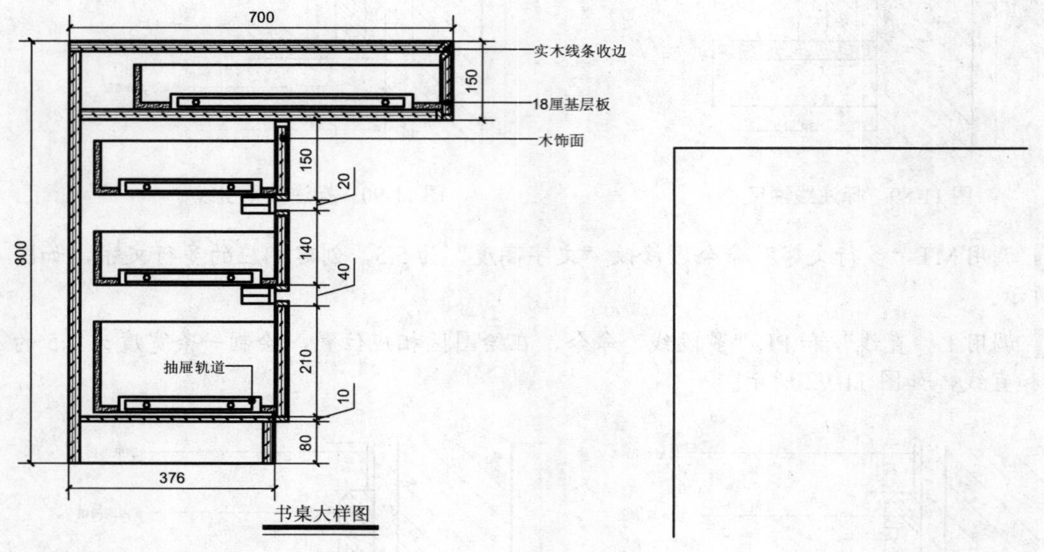

图 11-93　书桌大样图　　　　图 11-94　绘制直线

02 调用 O“偏移”命令，将新绘制的水平直线向下依次偏移 3、17、25、73、12、10、10、3、10、27、88、12、5、5、10、10、5、5、30、88、12、5、5、10、10、5、5、30、160、12、8、10、80，如图 11-95 所示。

03 调用 O“偏移”命令，将新绘制的垂直直线向右依次偏移 20、26、12、60、12、186、39、11、7、3、3、18、3、270、7、3、17、3，如图 11-96 所示。

04 调用 TR“修剪”命令，修剪多余的图形；调用 E“删除”命令，删除多余的图形，效果如图 11-97 所示。

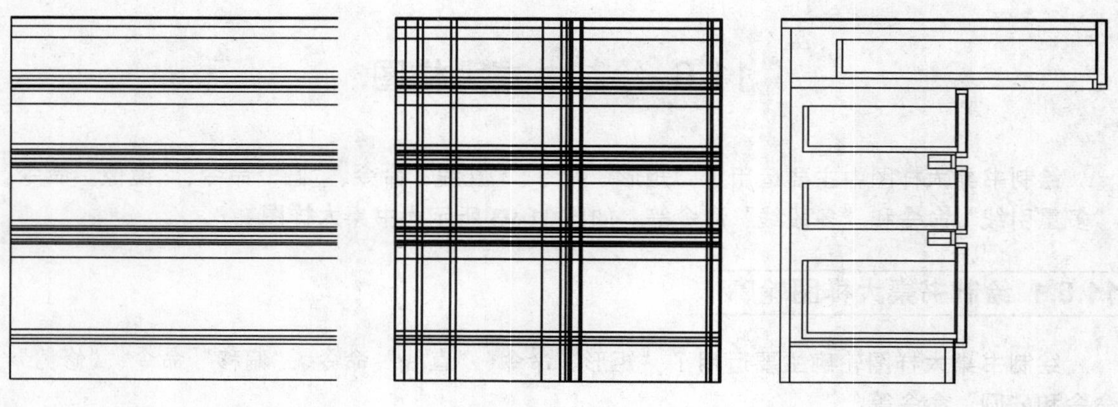

图 11-95　偏移图形　　　　图 11-96　偏移图形　　　　图 11-97　修剪并删除图形

05 调用 L“直线”命令，捕捉图形的右上方端点，输入（@-20, -20），绘制直线，如图 11-98 所示。

06 调用 CO“复制”命令，选择新绘制的直线，捕捉上方端点为基点，输入（@-14, 0），复制图形，如图 11-99 所示。

07 调用 L“直线”命令，输入 FROM“捕捉自”命令，捕捉图形的右上方端点，输入（@0, -4）和（@-23, -23），绘制直线，如图 11-100 所示。

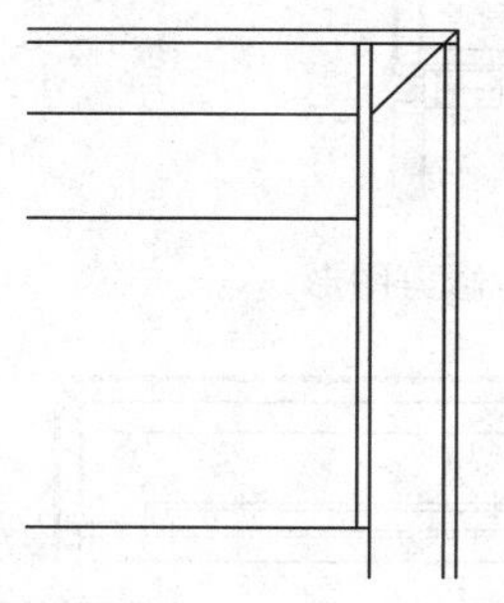

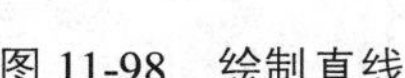

图 11-98　绘制直线

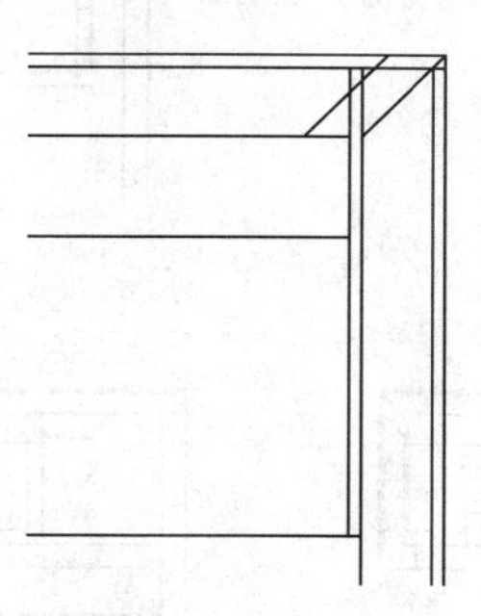

图 11-99　复制图形

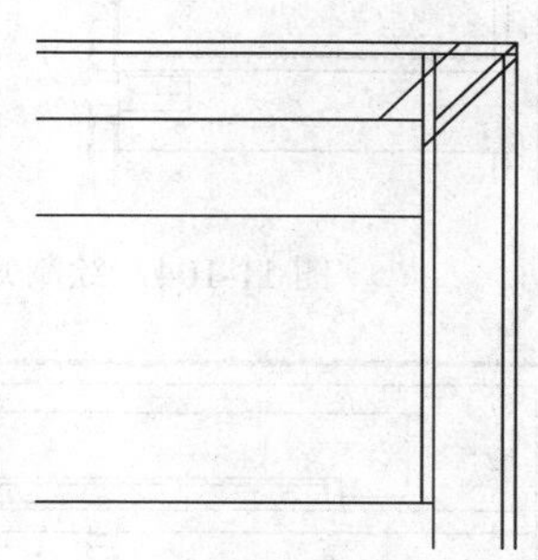

图 11-100　绘制直线

08 调用 CO“复制”命令，选择新绘制的直线，捕捉上方端点为基点，输入（@0, -14），复制图形，如图 11-101 所示。

09 调用 TR“修剪”命令，修剪多余的图形；调用 E“删除”命令，删除多余的图形，效果如图 11-102 所示。

10 调用 REC“矩形”命令，输入 FROM“捕捉自”命令，捕捉图形右下方的相应端点，输入（@-72.9, 20）和（@-441.8, 28.5），绘制矩形，如图 11-103 所示。

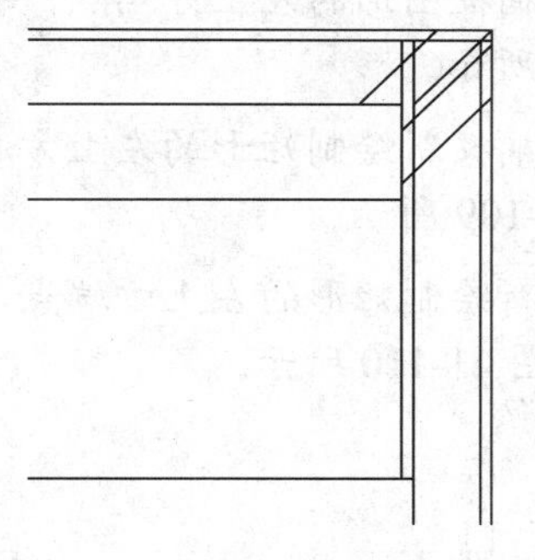

图 11-101　复制图形

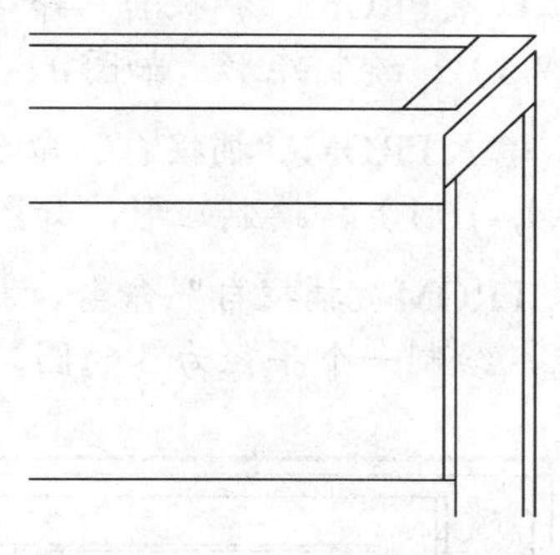

图 11-102　修剪并删除图形

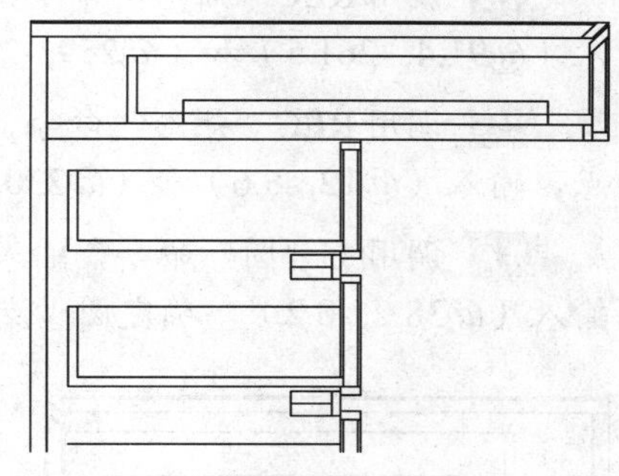

图 11-103　绘制矩形

11 调用 REC“矩形”命令，输入FROM“捕捉自”命令，捕捉新绘制矩形的右下方端点，输入（@-16.6, 5.8）和（@-413.2, 16.1），绘制矩形，如图 11-104 所示。

12 调用 TR“修剪”命令，修剪多余的图形，如图 11-105 所示。

13 调用 C“圆”命令，输入 FROM“捕捉自”命令，捕捉新绘制矩形的右下方端点，输入（@-33.6,7.9），确定圆心点，绘制一个半径为 5 的圆，如图 11-106 所示。

14 调用 MI“镜像”命令，将新绘制的圆进行镜像操作，如图 11-107 所示。

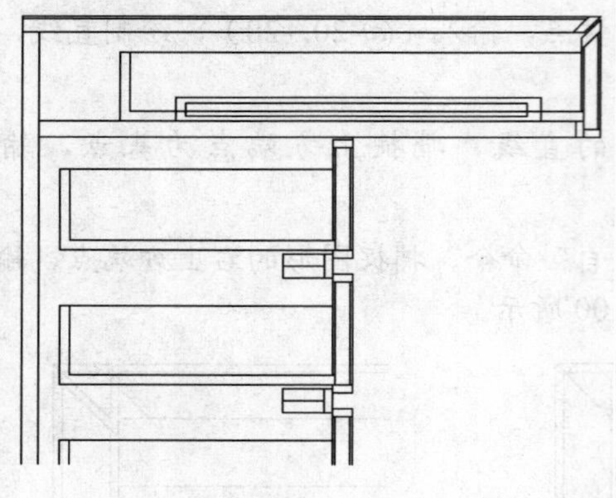
图 11-104 绘制矩形

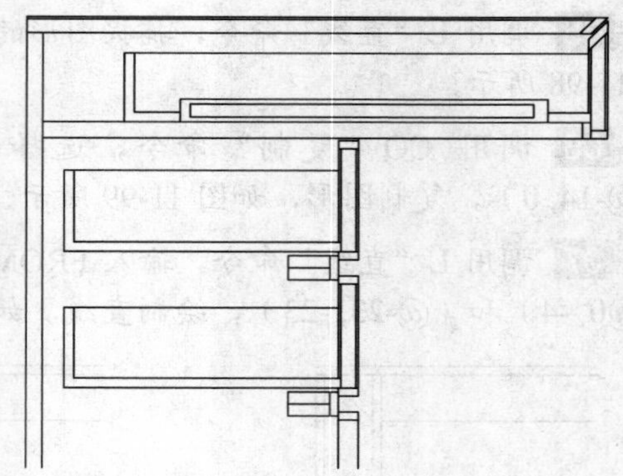
图 11-105 修剪图形

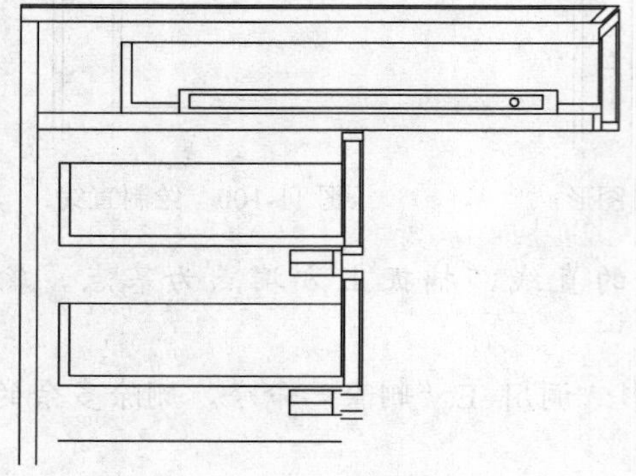
图 11-106 绘制圆

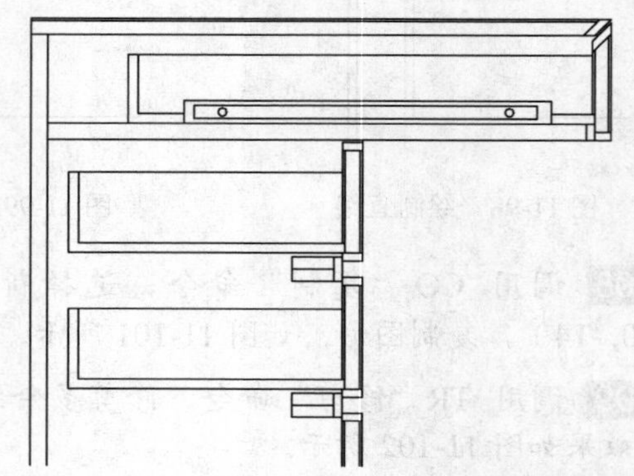
图 11-107 镜像图形

15 调用 REC“矩形”命令，输入FROM“捕捉自”命令，捕捉图形的左上方端点，输入（@91.4, -261.5）和（@259, -28.5），绘制矩形，如图 11-108 所示。

16 调用 REC“矩形”命令，输入FROM“捕捉自”命令，捕捉新绘制矩形的左上方端点，输入（@12, -6.6）和（@230.4, -16.1），绘制矩形，如图 11-109 所示。

17 调用 C“圆”命令，输入 FROM“捕捉自”命令，捕捉新绘制矩形的左上方端点，输入（@38.2, -8.2），确定圆心点，绘制一个半径为 5 的圆，如图 11-110 所示。

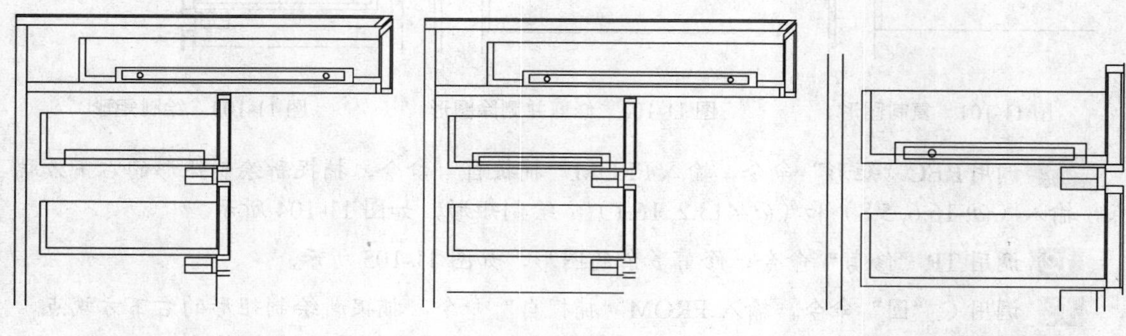
图 11-108 绘制矩形　　图 11-109 绘制矩形　　图 11-110 绘制圆

18 调用 MI“镜像”命令，将新绘制的圆进行镜像操作，如图 11-111 所示。

19 调用 CO“复制”命令，选择新绘制的矩形和圆对象为复制对象，捕捉左上方端点为基点，输入（@0, -170）和（@0, -412），复制图形，如图 11-112 所示。

20 调用 TR“修剪”命令，修剪多余的图形，如图 11-113 所示。

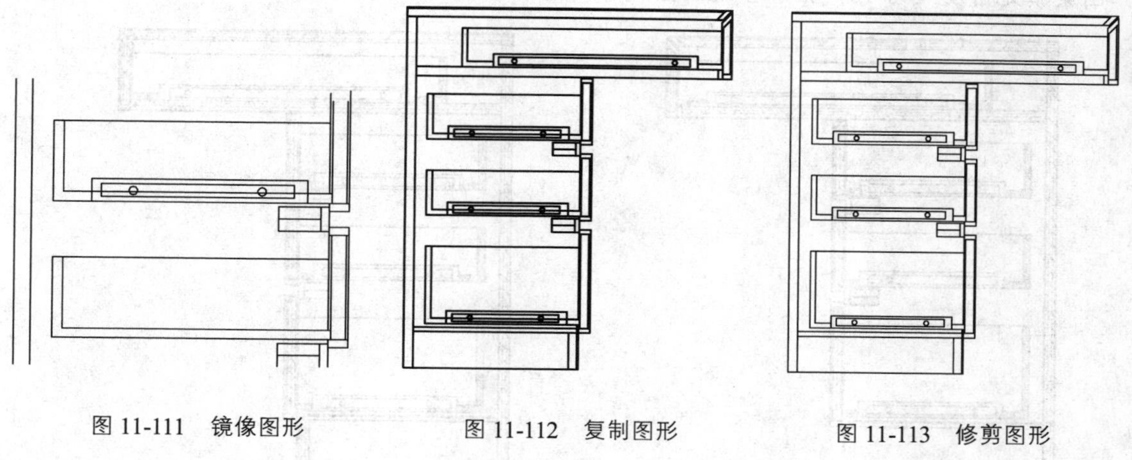

图 11-111　镜像图形　　图 11-112　复制图形　　图 11-113　修剪图形

11.6.2 完善书桌大样图

完善书桌大样图主要运用了“图案填充”命令、“线性”命令和“多重引线”命令等。

操作实训 11-10：完善书桌大样图

01 将“地面”图层置为当前，调用 H“图案填充”命令，选择“ANSI36”图案，拾取合适的区域，填充图形，如图 11-114 所示。

02 调用 H“图案填充”命令，选择“CROK”图案，修改“图案填充比例”为 2，拾取合适的区域，填充图形，如图 11-115 所示。

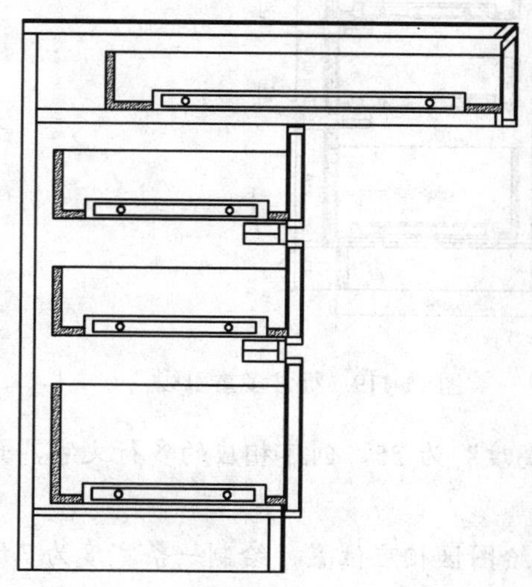

图 11-114　填充图形

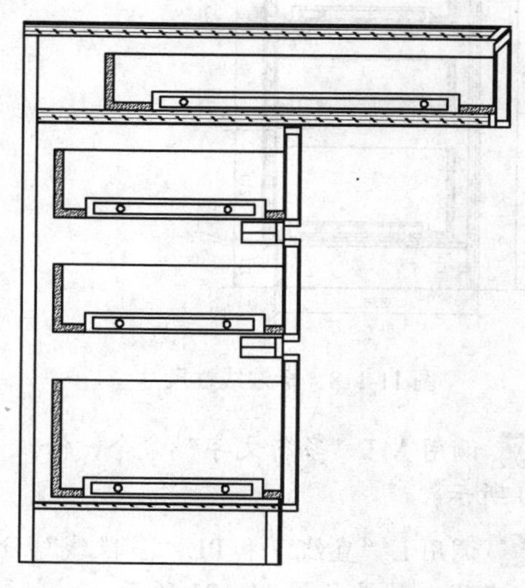

图 11-115　填充图形

03 调用 H“图案填充”命令，选择“CROK”图案，修改“图案填充比例”为 2，“图案填充角度”为 90，拾取合适的区域，填充图形，如图 11-116 所示。

04 调用 H“图案填充”命令，选择“ANSI31”图案，修改“图案填充比例”为 2，“图案填充角度”为 90，拾取合适的区域，填充图形，如图 11-117 所示。

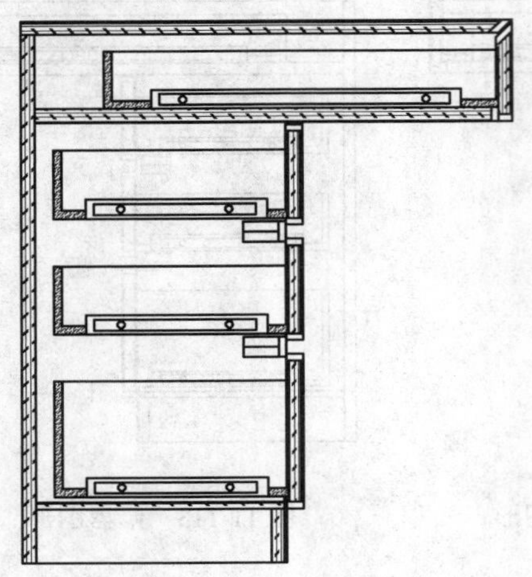

图 11-116　填充图形

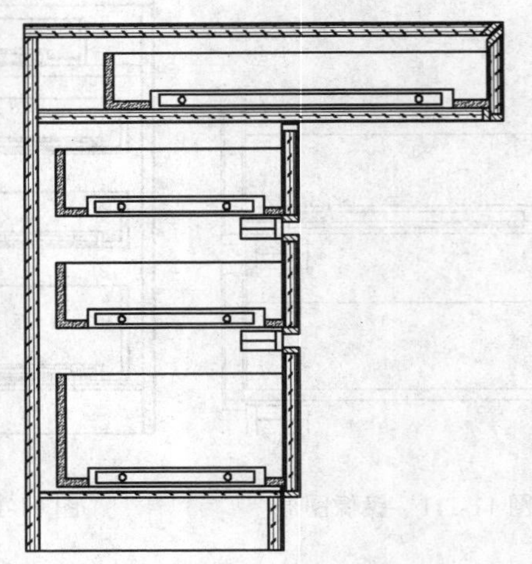

图 11-117　填充图形

05 将“标注”图层置为当前，调用 DLI“线性”命令，标注图中所对应线性尺寸，如图 11-118 所示。

06 调用 MLEA“多重引线”命令，在绘图区中，依次标注图中所对应的多重引线尺寸，如图 11-119 所示。

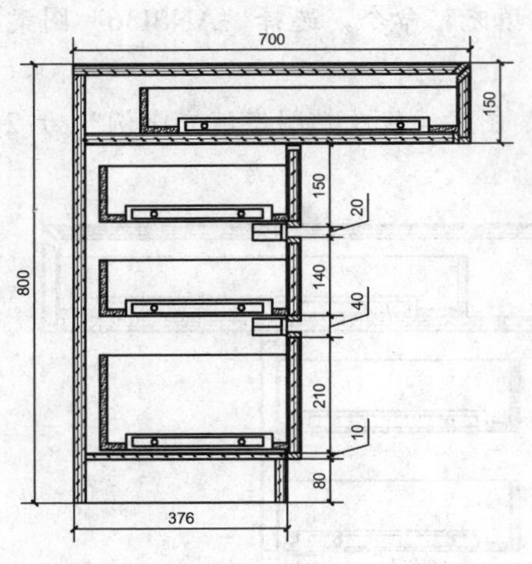

图 11-118　标注线性尺寸

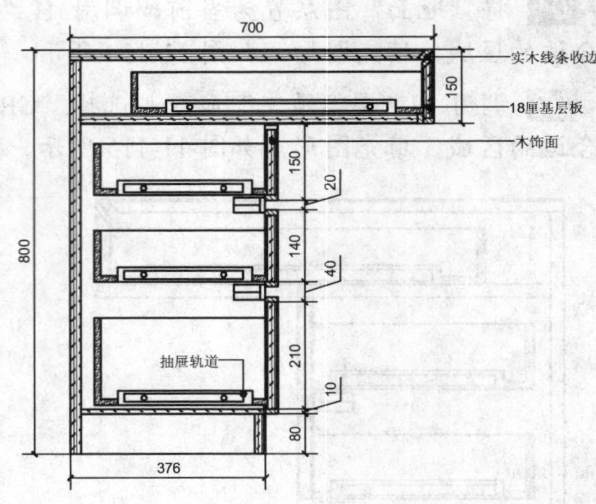

图 11-119　标注多重引线

07 调用 MT“多行文字”命令，修改“文字高度”为 25，创建相应的多行文字，如图 11-120 所示。

08 调用 L“直线”和 PL“多段线”命令，在绘图区相应位置，绘制一条宽度为 7 的多段线和直线，效果如图 11-121 所示。

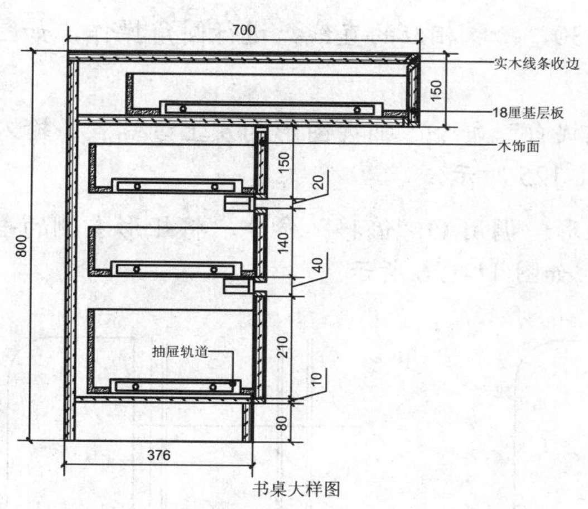

图 11-120　创建文字

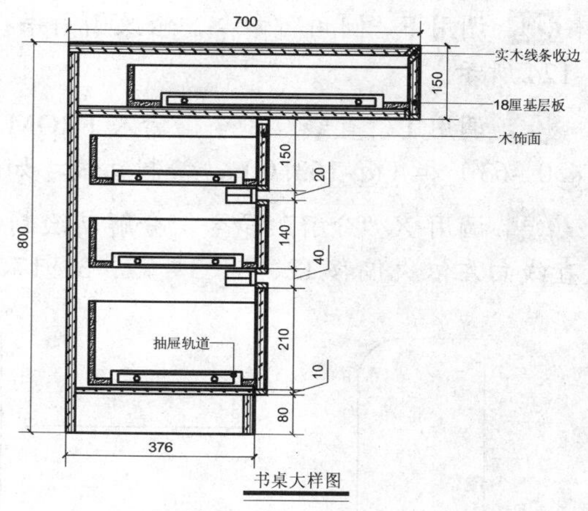

图 11-121　绘制多段线和直线

11.7 绘制书房书柜暗藏灯大样图

绘制书房书柜暗藏灯大样图中主要运用了“矩形”命令、“直线”命令、“圆”命令、“镜像”命令、“多重引线”命令和“多段线”命令等。如图 11-122 所示为书房书柜暗藏灯大样图。

11.7.1 绘制书房书柜暗藏灯大样图轮廓

绘制书房书柜暗藏灯大样图轮廓主要运用了“多段线”命令、“直线”命令、“偏移”命令、“修剪”命令。

操作实训 11-11:　绘制书房书柜暗藏灯大样图轮廓

01 将“墙体”图层置为当前，调用 REC“矩形”命令，在绘图区中任意捕捉一点，输入（@86, -254.5），绘制矩形，如图 11-123 所示。

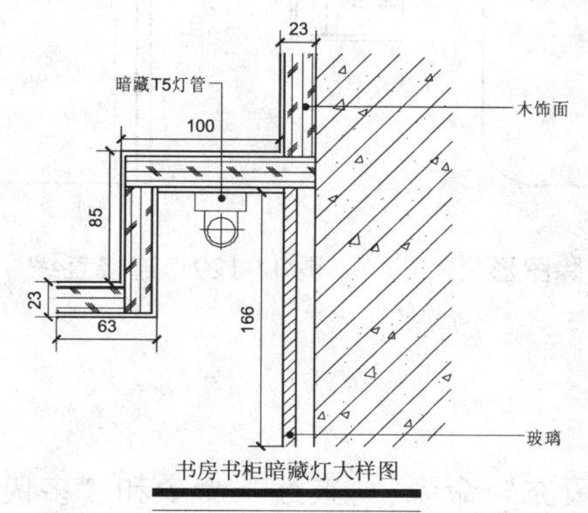

图 11-122　书房书柜暗藏灯大样图图

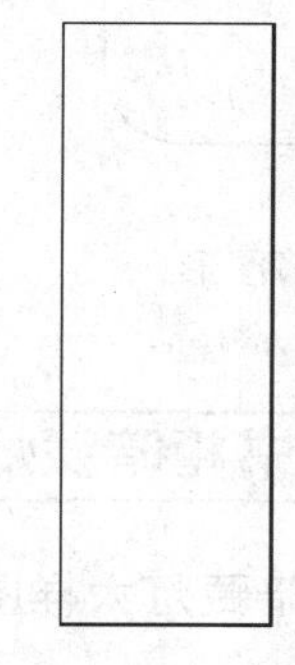

11-123　绘制矩形

02 调用 F“圆角”命令，修改圆角半径为 30，拾取相应的直线，进行圆角操作，如图 11-124 所示。

03 调用 L“直线”命令，输入 FROM“捕捉自”命令，捕捉图形的左上方端点，输入（@0, -63）和（@-163, 0），绘制直线，如图 11-125 所示。

04 调用 X“分解”命令，分解新绘制的矩形；调用 O“偏移”命令，将矩形左侧的垂直直线向左依次偏移 12、8、3、77、3、17、3，如图 11-126 所示。

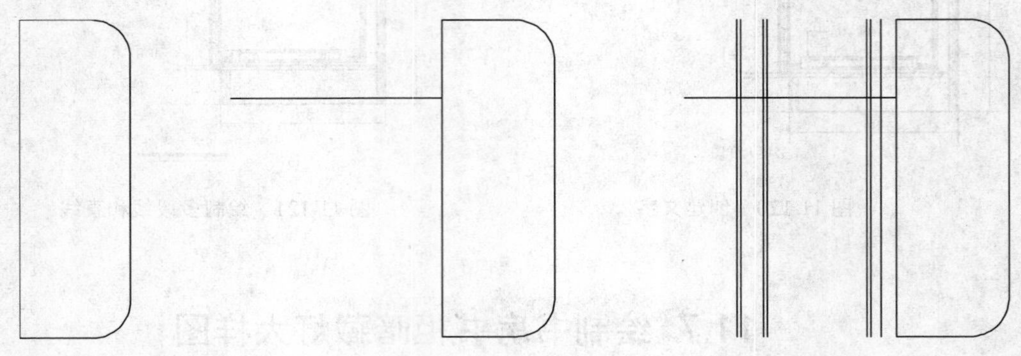

图 11-124　圆角图形　　图 11-125　绘制直线　　图 11-126　偏移图形

05 调用 O“偏移”命令，将新绘制的水平直线向下依次偏移 3、20、3、59、3、17、3，如图 11-127 所示。

06 调用 TR“修剪”命令，修剪多余的图形；调用 E“删除”命令，删除多余的图形，效果如图 11-128 所示。

07 调用 L“直线”命令，依次捕捉合适的端点，连接直线，如图 11-129 所示。

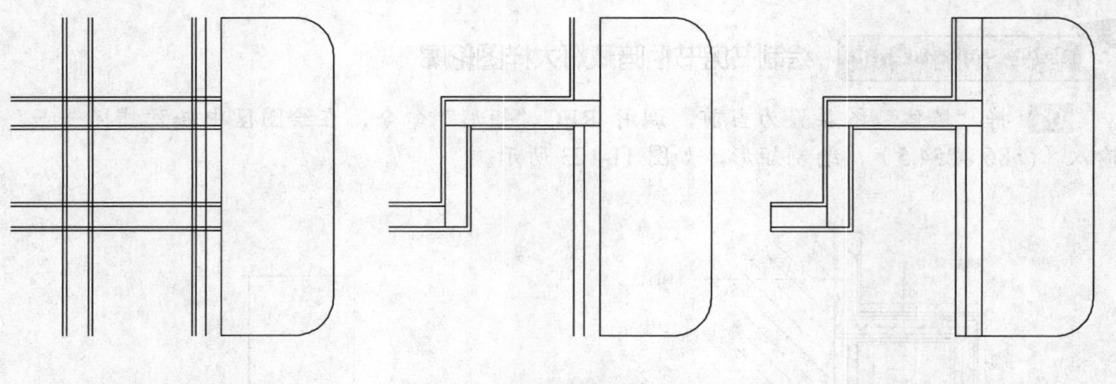

图 11-127　偏移图形　　图 11-128　修剪并删除图形　　图 11-129　连接直线

11.7.2 完善书房书柜暗藏灯大样图

完善书房书柜暗藏灯大样图主要运用了“图案填充”命令、“直线”命令和“多段线”命令等。

操作实训 11–12：完善书房书柜暗藏灯大样图

01 将“地面”图层置为当前，调用 H“图案填充”命令，选择“AR-CONC”图案，修改“图案填充比例”为 0.3，拾取合适的区域，填充图形，如图 11-130 所示。

02 调用 H“图案填充”命令，选择“ANSI31”图案，修改“图案填充比例”为 4，拾取合适的区域，填充图形，如图 11-131 所示。

03 调用 H“图案填充”命令，选择“USER”图案，修改“图案填充比例”为 5，“图案填充角度”为 45，拾取合适的区域，填充图形，如图 11-132 所示。

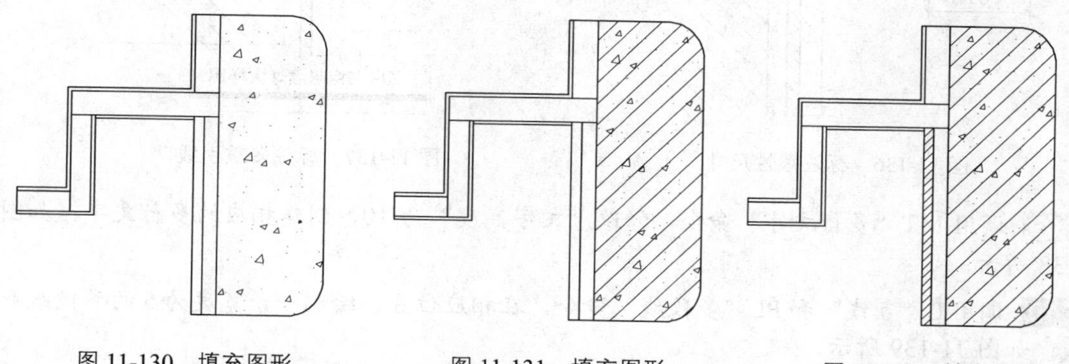

图 11-130　填充图形　　图 11-131　填充图形　　图 11-132　填充图形

04 调用 H“图案填充”命令，选择“CROK”图案，修改“图案填充比例”为 2，“图案填充角度”分别为 0 和 90，拾取合适的区域，填充图形，如图 11-133 所示；调用 E“删除”命令，删除多余的图形。

05 将“家具”图层置为当前，调用 I“插入”命令，打开“插入”对话框，单击“浏览”按钮，打开“选择图形文件”对话框，选择“T5 灯管”图形文件，如图 11-134 所示。

06 单击“打开”和“确定”按钮，在绘图区中任意位置，单击鼠标，插入图块；调用 M“移动”命令，移动插入的图块效果，如图 11-135 所示。

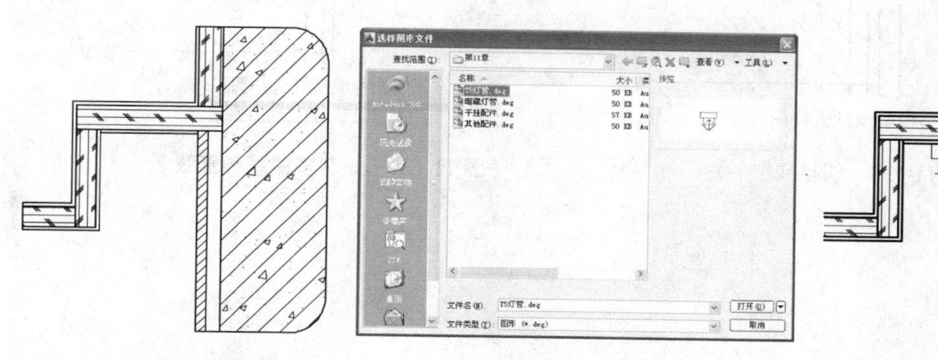

图 11-133　填充图形　　图 11-134　选择图形文件　　图 11-135　插入图块效果

07 将“标注”图层置为当前，调用 DLI“线性”命令，标注图中所对应线性尺寸，如图 11-136 所示。

08 调用 MLEA“多重引线”命令，标注图中所对应的多重引线尺寸，如图 11-137 所示。

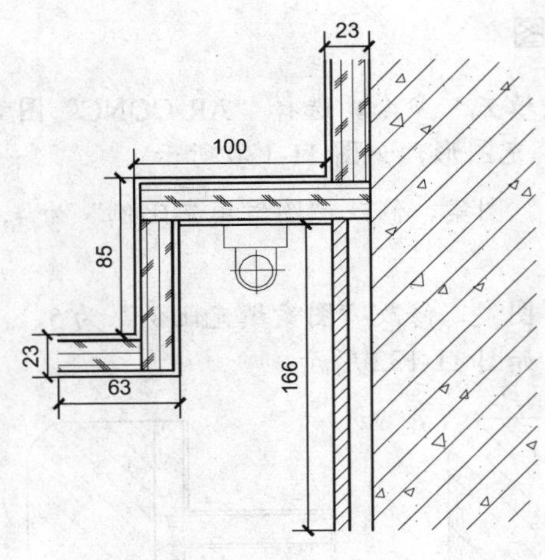

图 11-136　标注线性尺寸

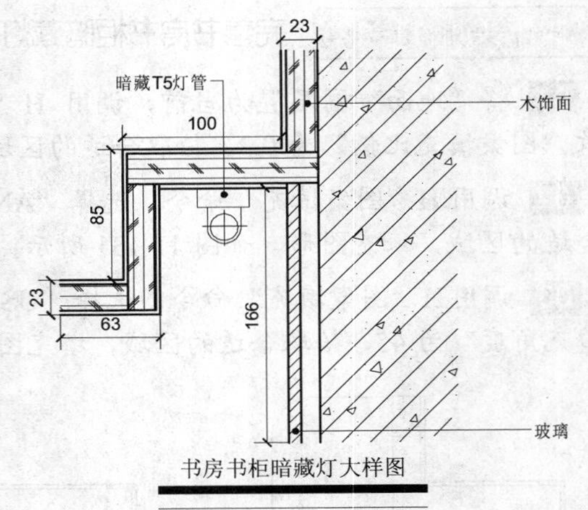

图 11-137　标注多重引线

09 调用 MT“多行文字”命令，修改“文字高度”为 10，创建相应的多行文字，如图 11-138 所示。

10 调用 L“直线”和 PL“多段线”命令，在相应位置，绘制一条宽度为 5 的多段线和直线，如图 11-139 所示。

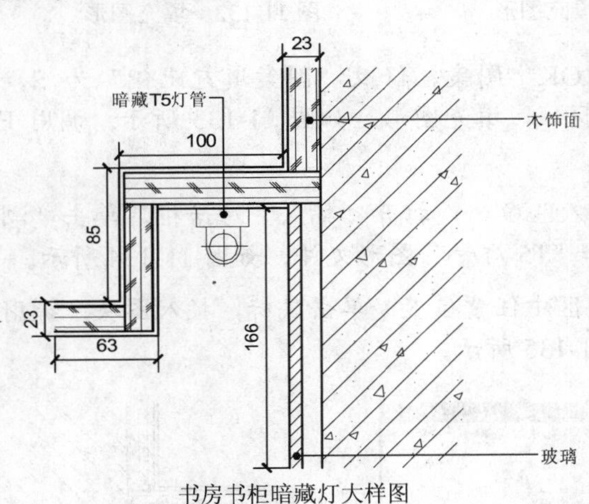

图 11-138　创建文字

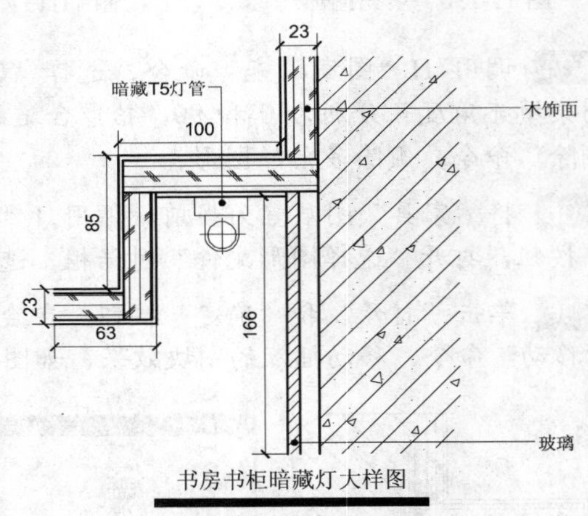

图 11-139　绘制多段线和直线

第 12 章 室内水电图绘制

室内设计

本章导读

电气图主要用来反映室内的配电情况，包括配电箱规格、配置、型号以及照明、开关、插座等线路的铺设和安装等。给排水施工图就是用于描述室内给水（包括热水和冷水）和排水管道、阀门等用水设备的布置和安装情况。本章将通过照明平面图、插座平面图、弱电平面图、两居室给水图等图纸详细向读者介绍室内水电图的绘制方法。

精彩看点

- 室内照明基础认识
- 绘制五居室照明平面图
- 绘制三居室弱电平面图
- 绘制三居室给水平面图
- 给排水图基础认识
- 绘制图书馆插座平面图
- 绘制两居室给水平面图

12.1 室内照明基础认识

室内照明是装修施工图中不可缺少的。在绘制室内电路图之前，首先需要对室内照明设计有个基础的认识，如了解来了解室内照明的原则、室内照明的常用灯具等内容。

12.1.1 室内照明基础概述

室内照明是室内环境设计的重要组成部分，室内照明设计要有利于人的活动安全和舒适的生活。在人们的生活中，光不仅仅是室内照明的条件，而且是表达空间形态、营造环境气氛的基本元素。光照的作用，对人的视觉功能极为重要。室内自然光或灯光照明设计在功能上要满足人们多种活动的需要，而且还要重视空间的照明效果。

12.1.2 室内照明设计的原则

室内照明设计的原则主要有以下 4 点。

- 实用性：室内照明应该保证规定的照度水平，满足工作、学习和生活的需要，设计应该从室内整体环境出发，全面考虑光源、光质，投光方向和角度的选择，使室内活动的功能、使用性质、空间造型、色彩陈设等与其相协调，以取得整体环境效果。
- 安全性：一般情况下，线路、开关、灯具的设置都需要有可靠的安全措施，电路和配电方式要符合安全标准，不允许超载，在危险地方要设置明显标志，以防止露电、短路等火灾和伤亡事故的发生。
- 经济性：照明设计的经济性有两个方面的意义，一是采用先进技术，充分发挥照明设施的实际效果，尽可能以较少的投入获得较大的照明效果；二是在确定照明设计时要符合我国当前在电力供应、设备和材料方面的生产水平。
- 艺术性：照明装置具有装饰房间，美化环境的作用。室内照明有助于丰富空间，形成一定的环境气氛，照明可以增加空间的层次和深度，光与影的变化使静止的空间生动起来，能够创造出美的意境和氛围，所以室内照明设计时应该正确选择照明方式、光源种类、灯具造型，同时处理好颜色、光的投射角度，以取得改善空间感、增强环境的艺术效果。

12.1.3 室内照明设计的要求

室内照明设计除了应该满足基本照明质量外，还应该满足以下几个方面的要求。

- 照明标准：照明设计时应该有一个合适的照度值，照度值过低，不能满足人们正常工作、学习和生活的需要；照度值过高，容易使人产生疲劳，影响健康，照明设计应该根据空间使用情况，符合《建筑电气设计技术规程》规定的照度标准。
- 灯光的照明位置：人们习惯将灯具安放在房子的中央，其实这种布置方式并不能解决实际的照明问题。正确的灯光位置应该与室内人们的活动范围以及家具的陈设等因素结合起立考虑。这样，不仅满足了照明设计的基本功能要求，同时加强了整体空间意境。此外还应该把握好照明灯具与人的视线及距离的合适关系，控制好发光体与视线的角度，避免产生眩光，以减少灯光对视线的干扰。

- 灯光照明的投射范围：灯光照明的投射范围是指保证被照对象达到照度标准的范围，这取决于人们室内活动作业的范围及相关物体对照明的要求。投射面积的大小与发光体的强弱、灯具外罩的形式、灯具的高低位置及投射的角度相关。照明的投射范围使室内空间形成一定的明暗对比关系，产生特殊的气氛，有助于集中人们的注意力。
- 照明灯具的选择：人工照明离不开灯具，灯具不仅是限于照明，为使用者提供舒适的视觉条件，同时也是建筑装饰的一部分，起到美化环境的作用，是照明设计与建筑设计的统一体。随着建筑空间、家具尺度以及人们生活方式的变化，光源、灯具的材料、造型与设置方式都会发生很大的变化，灯具与室内空间环境结合起来，可以创造不同风格的室内情调，以便取得良好的照明及装饰效应。

12.1.4 室内照明方式的分类

目前室内常用的几种照明方式，根据灯具光通量的空间分布状况及灯具的安装方式，室内照明方式可分为 5 种。

- 直接照明：光线通过灯具射出，其中 90%～100%的光通量到达假定的工作面上，这种照明方式为直接照明。这种照明方式具有强烈的明暗对比，并能造成有趣生动的光影效果，可突出工作面在整个环境中的主导地位，但是由于亮度较高，应防止眩光的产生。如工厂、普通办公室等。
- 半直接照明方式：是半透明材料制成的灯罩罩住光源上部，60%～90%以上的光线使之集中射向工作面，10%～40%被罩光线又经半透明灯罩扩散而向上漫射，其光线比较柔和。这种灯具常用于较低的房间的一般照明。由于漫射光线能照亮平顶，使房间顶部高度增加，因而能产生较高的空间感。
- 间接照明方式：是将光源遮蔽而产生的间接光的照明方式，其中 90%～100%的光通量通过顶棚或墙面反射作用于工作面，10%以下的光线则直接照射工作面。通常有两种处理方法，一是将不透明的灯罩装在灯泡的下部，光线射向平顶或其他物体上反射成间接光线；一种是把灯泡设在灯槽内，光线从平顶反射到室内成间接光线。这种照明方式单独使用时，需注意不透明灯罩下部的浓重阴影。通常和其他照明方式配合使用，才能取得特殊的艺术效果。商场、服饰店、会议室等场所，一般作为环境照明使用或提高景亮度。
- 半间接照明方式：恰和半直接照明相反，把半透明的灯罩装在光源下部，60%以上的光线射向平顶，形成间接光源，10%～40%部分光线经灯罩向下扩散。这种方式能产生比较特殊的照明效果，使较低矮的房间有增高的感觉。也适用于住宅中的小空间部分，如门厅、过道、服饰店等，通常在学习的环境中采用这种照明方式，最为相宜。
- 漫射照明方式：是利用灯具的折射功能来控制眩光，将光线向四周扩散漫散。这种照明大体上有两种形式，一种是光线从灯罩上口射出经平顶反射，两侧从半透明灯罩扩散，下部从格栅扩散。另一种是用半透明灯罩把光线全部封闭而产生漫射。这类照明光线性能柔和，视觉舒适，适用于卧室。

12.1.5 室内照明的常用灯具

灯具的种类繁多，造型千变万化，是室内装修工程中重要的材料，也是在室内装修过程中大量使用的材料。在室内照明中，常用的灯具一般有吊灯、吸顶灯、嵌入式灯、台灯、壁灯、筒灯以及轨道射灯等。

12.1.6 室内主要房间的照明设计

在室内装修过程中，每个房间的功能不一样，其照明设计的效果也不一样。下面将对室内主要房间的照明设计逐一进行介绍。

1. 客厅的照明设计

客厅（实际应该侧重于起居室）作为人们在家时逗留时间最长的场所，在进行照明设计和其他专业设计时不容忽视。客厅的功能较一般房间复杂，活动的内容也丰富。对于照明设计也要求有灵活、变化的余地。在人多时，可采用全面照明和均散光；听音乐时，可采用低照度的间接光；看电视时，座位后面宜有一些微弱的照明；读书时，可在右后上方设光源，能够避免纸面反光影响阅读；写字台上的光线最好从左前上方照射（约 30～40cm 高），再保证一定照度的同时避免手和笔的阴影遮住写字部位的光线。室内如有挂画、盆景、雕塑等可用投射灯加以照明，加强装饰气氛；书橱和摆饰可采用摆设的荧光灯管或有轨投射灯；有一些高贵的收藏品，如用半透明的光面板做衬景，里面设灯，会取得特殊的效果。在电气功能设置的合理性方面，客厅的照明开关应采用双控或多控调光开关，一处在玄关处以便进出时方便开关，另一处在沙发附近，可以随时调节灯光。客厅必须安装应急灯，以备突然停电或发生电气故障时使用。

2. 餐厅的照明设计

餐厅照明应能够起到刺激人的食欲的作用，在空间比较大、人比较多时设计照度高一些会增加热烈气氛；如果空间小、人又少设计照度应低一些，营造一种幽雅、亲切的气氛；以我国目前的生活发展水平，单独设计餐厅尚未普及。国外的餐厅设计为了追求安静，常使灯光暗些；而我国在烹饪艺术方面，讲究色香味俱全，因此，要求灯光稍亮些。一般常用向下投射的吊灯，光源照射的角度，最好不超过餐桌的范围，防止光线直射眼睛。比如使用嵌顶灯或控罩灯。还应注意设置一定的壁灯，避免在墙上出现人的阴影。

3. 厨房的照明设计

厨房一般较小，烟雾水气较多，应选用易清洗、耐腐蚀的灯具。除在顶棚或墙上设置普通照明外，在切菜配菜部位可设置辅助照明，一般选用长条管灯设在边框的较暗处，光线柔和而明亮，利于操作。由于厨房安装了排油烟机，排油烟机上的照明可作为局部照明。

4. 卧室的照明设计

卧室照明也要求有较大的弹性，尤其是在目前一部分卧室兼作书房的情况下，更应有针

对性地进行局部照明。睡眠时室内光线要低柔，可以选用床边脚灯；穿衣时，要求匀质光，光源要从衣镜和人的前方上部照射，避免产生逆光；化妆时，灯光要均匀照射，不要从正前方照射脸部，最好两侧也有辅助灯光。防止化装不均匀。如果摆设书柜，应有书柜照明和短时阅读照明。对于儿童卧室，主要应注意用电安全问题，电源插座不要设在小孩能摸着的地方以免触电危险，较大的孩子的书桌上，可以增设一个照明点。睡眠灯光要较成人亮些，以免孩子睡觉时怕黑或晚上起床时摸黑。

卧室照明，尤其是卧室兼作书房的情况下，所照明的活动空间较大，更应有针对性地进行局部照明。如需要看书写字时，则在写字台上安装一盏台灯，睡眠时室内光线要低柔，应选用床边脚灯，并加装遥控开关。

5. 卫生间的照明设计

卫生间的照明应能显示环境的卫生和洁净。一般对照度要求不高，只要能看见东西就行了。常在屋顶设置乳白罩防潮吸顶灯，在洗脸架上放一个长方形条灯。如有化妆功能，可增设两个侧灯。另在卫生间外门一侧设一脚灯，便于在夜间上厕所使用。

6. 门厅、走廊和阳台的照明设计

门厅一般设置低照度的灯光，可以采用吸顶灯、筒灯或壁灯；走廊的穿衣镜和衣帽挂附近宜设置能调节亮度的灯具；阳台是室内和室外的结合部，是家居生活接近大自然的场所。在夜间灯光又是营造气氛的高手，很多家庭的阳台装一盏吸顶灯了事。其实阳台可以安装吊灯、地灯、草坪灯、壁灯，甚至可以用活动的旧式煤油灯或蜡烛台，只要注意灯的防水功能就可以了。

12.2 给排水图基础认识

室内给排水是装修施工图中不可缺少的。在绘制室内给排水图之前，首先需要对室内给排水图有个基础的认识，如了解给排水图的作用、给排水图的系统组成等内容。

12.2.1 了解给排水图的作用

在给水排水工程中，给水工程是指水源取水、水质净化、净水运输、配水使用等工程；排水工程是指雨水排除、污水排除和处理后的污水排入江河湖泊等的工程。其中，室内给水是指通过自来水厂输送来的净水进入到某一个建筑物内后，进行用户给水分配的过程；室内排水是指用户将用脏的污水通过各种排水管网排到建筑物外进行再处理的过程。

12.2.2 了解给排水系统的组成

室内给水系统的组成包含以下几个方面。

- 引入管：穿过建筑物外墙或基础，自室外给水管将水引入室内给水管网的水平管。
- 水表节点：需要单独计算用水量的建筑物，应在引入管上装设水表；有时根据需要也可以在配水管上装设水表。水表一般设置在易于观察的室内或室外水表井

内，水表井内设有闸阀、水表和泄水阀门等。

➢ 室内配水管网：由水平干管、立管和支管所组成的管道系统网。
➢ 用水设备及附件：卫生器具的配水龙头、用水设备（如洗脸池、淋浴喷头、坐便器、浴缸等）、闸门、止回阀等。
➢ 升压蓄水设备：水泵、水箱、气压给水装置等。
➢ 室内消防设备：按建筑物的防火规范要求设置的消防设备。如消防水箱、自动喷洒消防、水幕消防等设备。

室内排水系统的组成包含以下几个方面：

➢ 卫生器具及地漏等的排水泄水口：如洗脸盆、坐便器、污水池及用水房间地面排水设施地漏等泄水口。
➢ 排水管网及附件：由污水口连接排水支管再到排水水平干管及立管最后排出室外所组成的排水管道系统网；以及排水管道为方便清理维修而设置的存水弯、连接管、排水立管、排出管、管道清通装置等附件。
➢ 通气管道：为排除污水管道中的废气，以防这些气体通过污水管窜入室内而设置的通向屋顶的管道，通常设在建筑物顶层排水管检查口以上。通气管道的顶部一般要设置通气帽，以防止杂物落入。

12.2.3 了解给排水图的图示特点

室内给水排水施工图主要包括给水排水管道平面布置图、管道系统轴测图、卫生器具或用水设备的安装详图。由于给水排水管道的构件、配件其断面尺寸与其长度相比小很多，当采用较小的比例绘图时（如 1:100 等）很难表达清楚。因此，在绘制给排水管道平面图、管道系统轴测图时，一般均采用图例来表示。所画出的图例应遵照《给水排水制图标准》（GB/T50106—2010)中统一规定的图例，常用的统一规定的图例见表 7-1。要注意的是为了突出管道及用水设备，因此，建筑的平面轮廓线一般均用细实线表示，且无论管道是明装还是暗装，管道线仅表示所在范围，并不表示它的平面位置尺寸。管道与墙面的距离应在施工时以现场施工要求而定。

12.2.4 了解给排水图的图示种类

室内给排水图主要包括以下 3 种：

➢ 给排水管道平面布置图　主要表示建筑物同一楼层平面内给排水管道及用水设备的布置和它们相互间关系。
➢ 给排水管道系统布置图　主要表示建筑物从管道进入室内的基础部位至建筑物顶层立面的给排水管道及用水设备的布置和它们相互间关系。这是一个轴测图，它同时表达了管道三维立体空间的布置。
➢ 用水设备、管道安装等构件详图　主要表示用水房间用水设备的安装、管道穿墙、穿楼层的安装等构造。

12.3 绘制五居室照明平面图

绘制五居室照明平面图中主要运用了“矩形”命令、“偏移”命令、“圆”命令、“多段线”命令、“图案填充”命令和“插入”命令等。如图 12-1 所示五居室照明平面图。

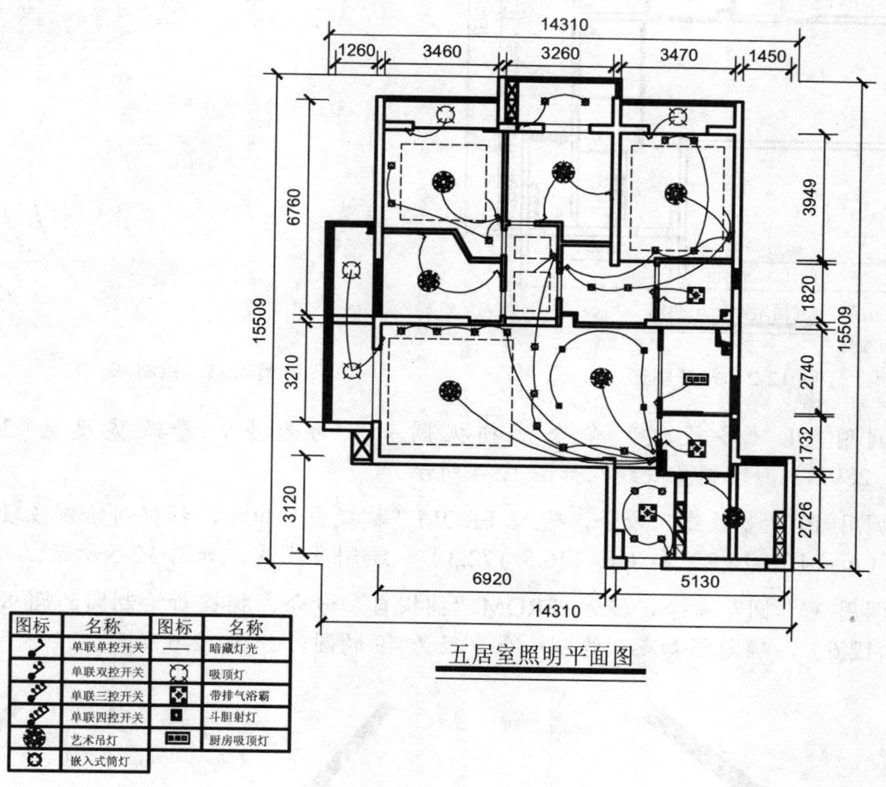

图 12-1　五居室照明平面图

12.3.1 绘制照明类图例表

绘制照明类图例表主要运用了“矩形”命令、“多段线”命令和“圆”命令等。

操作实训 12–1：绘制照明类图例表

01 按 Ctrl + O 快捷键，打开“第 12 章\12.3 绘制五居室照明平面图.dwg”图形文件，如图 12-2 所示。

02 将“开关”图层置为当前层层，调用 C“圆”命令，在绘图区的合适位置捕捉一点为圆心，绘制半径为 96 的圆，如图 12-3 所示。

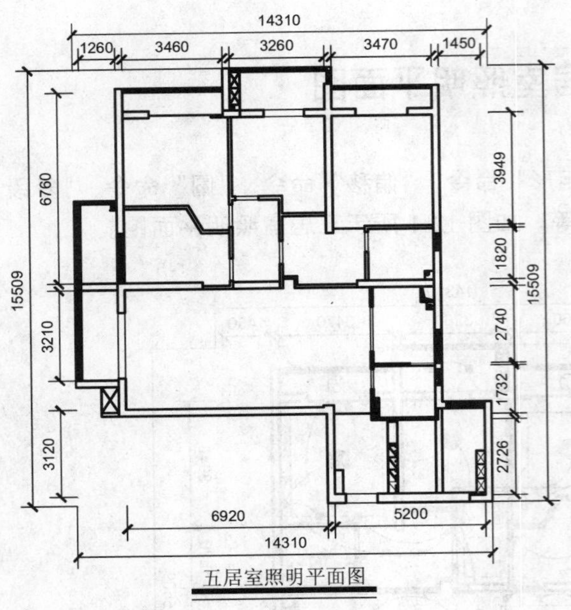

图 12-2　打开图形

图 12-3　绘制圆

03 调用 PL“多段线”命令，捕捉圆心点为起点，修改宽度为 25，输入（@369.6, 289.5），绘制多段线，如图 12-4 所示。

04 调用 PL“多段线”命令，输入 FROM“捕捉自”命令，捕捉新绘制多段线的上端点，输入（@-14.7, -13.2）和（@-146.5, 172.3），绘制多段线，如图 12-5 所示。

05 调用 C“圆”命令，输入 FROM“捕捉自”命令，捕捉新绘制圆的圆心点，输入（@238, 412.6），确定圆心点，绘制一个半径为 49 的圆，如图 12-6 所示。

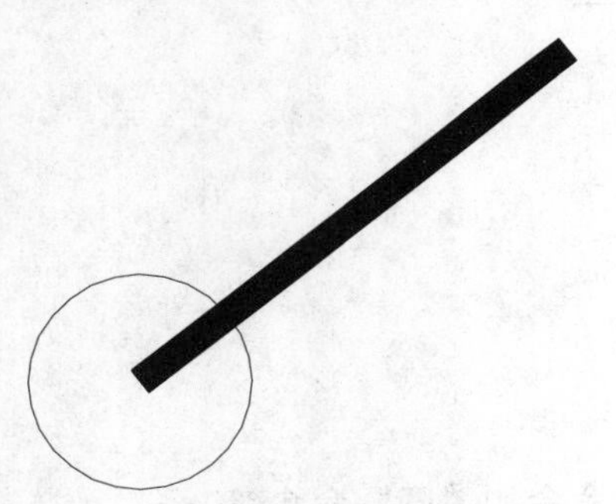

图 12-4　绘制多段线

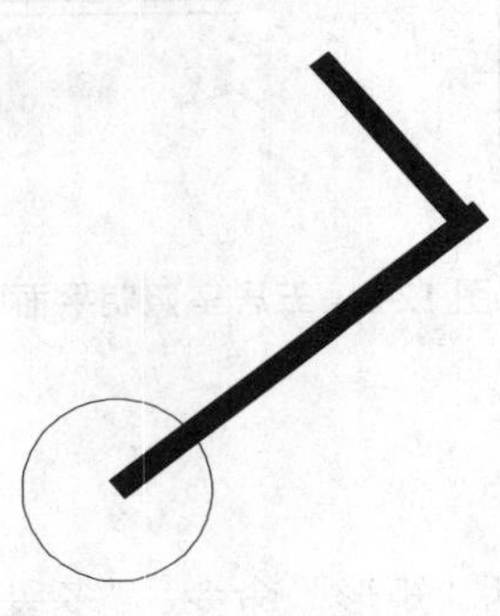

图 12-5　绘制多段线

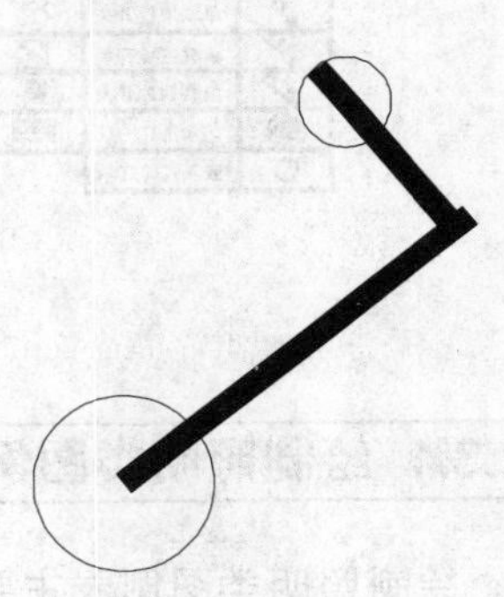

图 12-6　绘制圆

06 调用 H“图案填充”命令，选择“SOLID”图案，拾取合适的区域，填充图形，如图 12-7 所示。

07 调用 CO“复制”命令，选择新绘制的图形，依次对相应的图形进行复制操作，如图 12-8 所示。

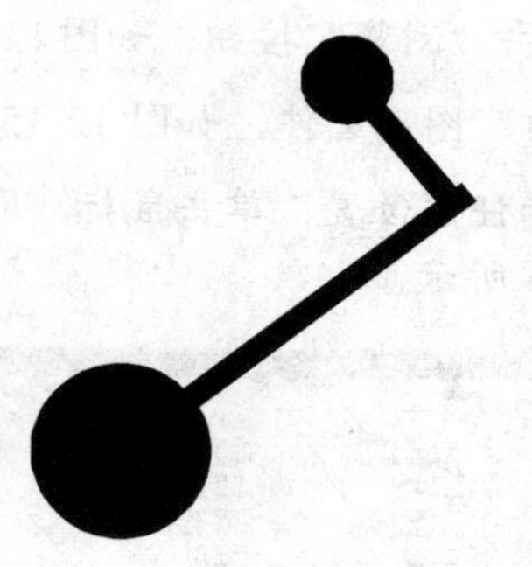

图 12-7　填充图形

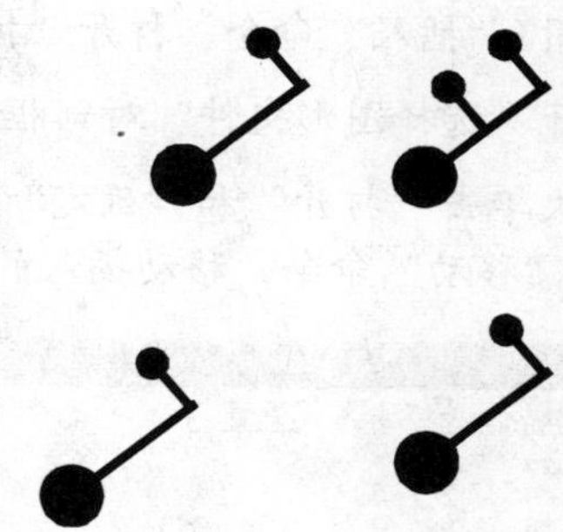

图 12-8　复制图形

08 调用S“拉伸”命令，将下面两个复制后的图形分别拉伸80和200，如图12-9所示。

09 调用 CO“复制”命令，选择合适的图形，将其进行复制操作，以得到其他的开关效果，如图 12-10 所示。

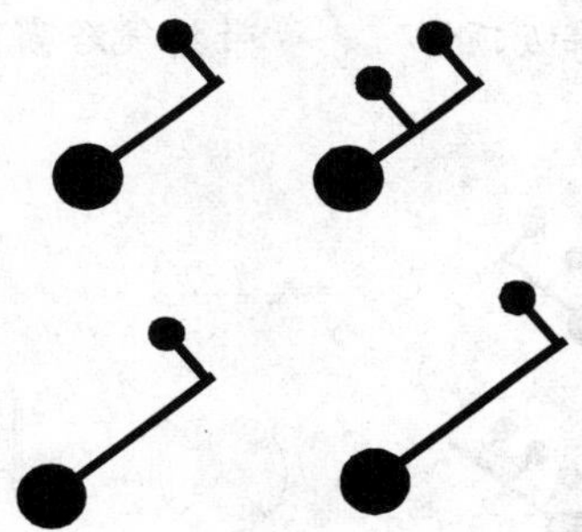

图 12-9　拉伸图形

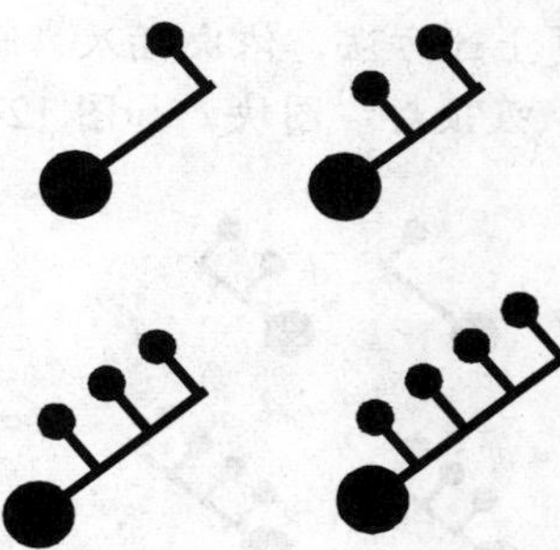

图 12-10　复制图形

10 调用 C“圆”命令，捕捉合适的点为圆心点，分别绘制半径为 159 和 207 的圆，如图 12-11 所示。

11 调用 L“直线”命令，输入 FROM“捕捉自”命令，捕捉新绘制圆的圆心点，输入（@68.3, 68.5）和（@136.6, 137.1），绘制直线，如图 12-12 所示。

12 调用 ARRAYPOLAR“环形阵列”命令，拾取新绘制的直线为阵列对象，捕捉圆心点为基点，修改“项目数”4，进行环形阵列操作，如图 12-13 所示。

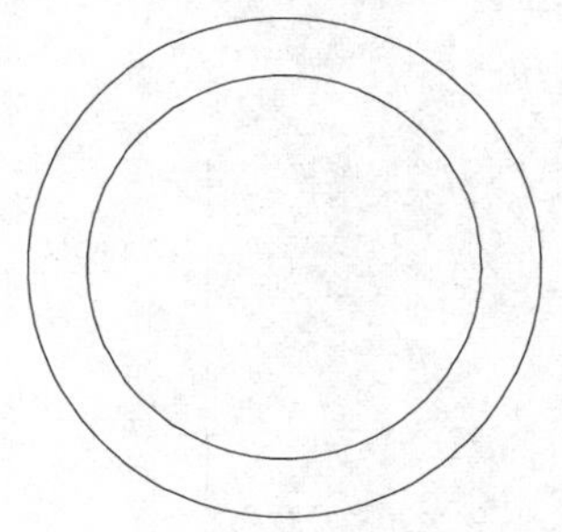

图 12-11　绘制圆

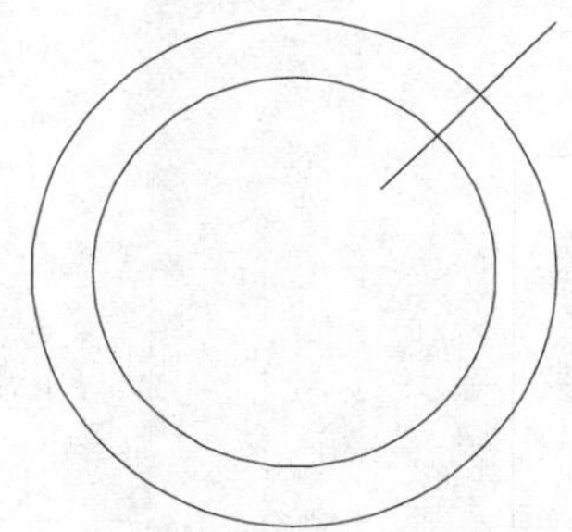

图 12-12　绘制直线

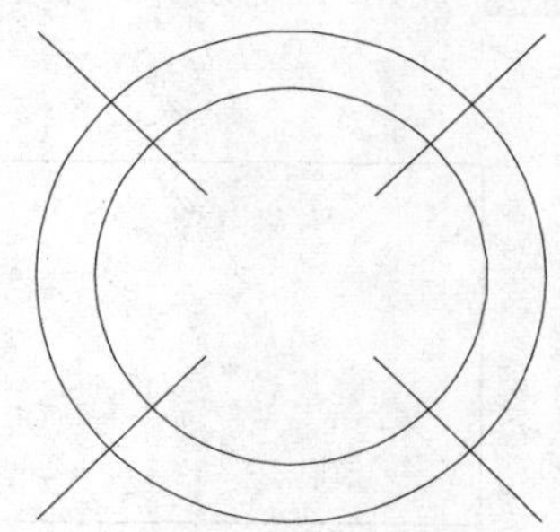

图 12-13　环形阵列图形

13 调用I“插入”命令，打开“插入”对话框，单击“浏览”按钮，如图12-14所示。

14 打开“选择图形文件”对话框，选择“艺术吊灯”图形文件，如图12-15所示。

15 依次单击“打开”和“确定”按钮，在绘图区的任意位置，单击鼠标，即可插入图块；调用M“移动”命令，移动插入的图块，如图12-16所示。

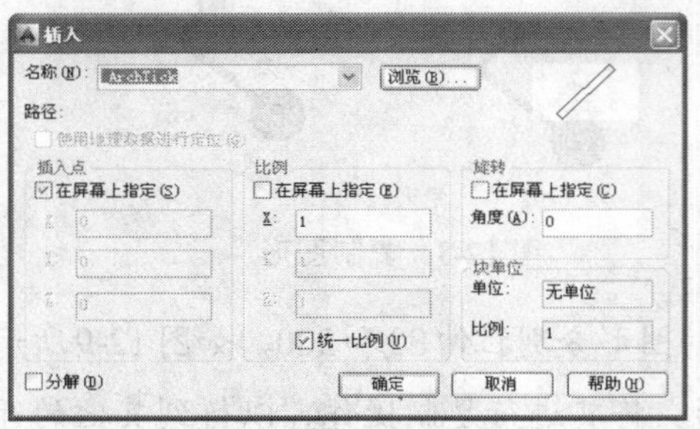

图12-14 单击“浏览”按钮

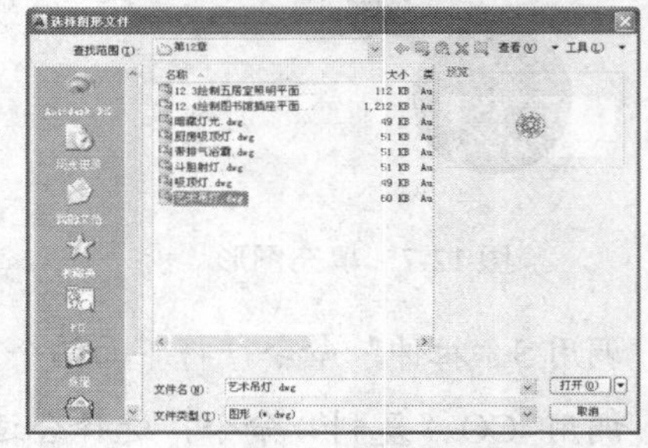

图12-15 选择图形文件

16 重复上述方法，依次插入“暗藏灯光”、“厨房吸顶灯”、“带排气浴霸”、“斗胆射灯”和“吸顶灯”图块，如图12-17所示。

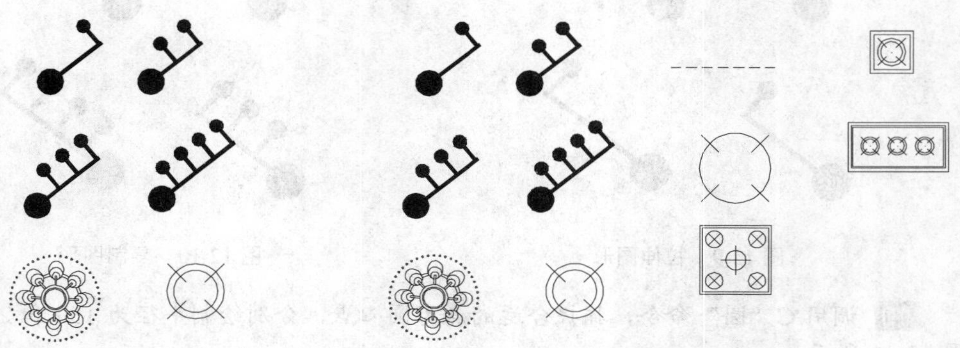

图12-16 插入图块效果　　图12-17 插入其他图块效果

17 将“墙体”图层置为当前层，调用REC“矩形”命令，在绘图区中任意捕捉一点，输入（@8511, -4914），绘制矩形，如图12-18所示。

18 调用X“分解”命令，分解新绘制的矩形，任选一条直线，查看效果，如图12-19所示。

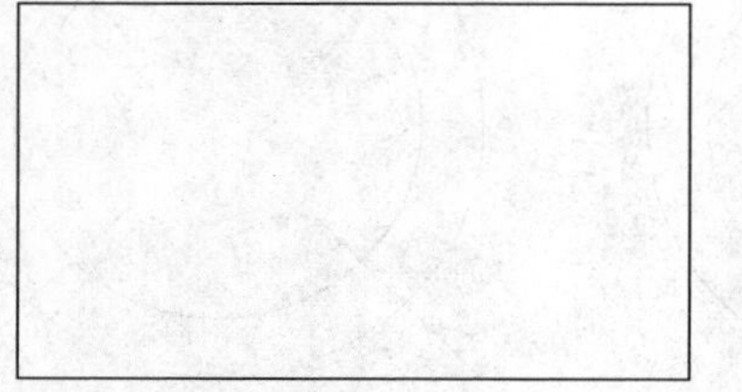

图12-18 绘制矩形

图12-19 分解图形

19 调用 O“偏移”命令，将矩形上方水平直线向下偏移 6 次，偏移距离均为 702，如图 12-20 所示。

20 调用 O“偏移”命令，将矩形左侧的垂直直线向右偏移 1581、2684、1581，调用 M“移动”命令，将新绘制的图例移至绘制的表格中，如图 12-21 所示。

21 调用 TR“修剪”命令，修剪多余的图形，如图 12-22 所示。

图 12-20　偏移图形

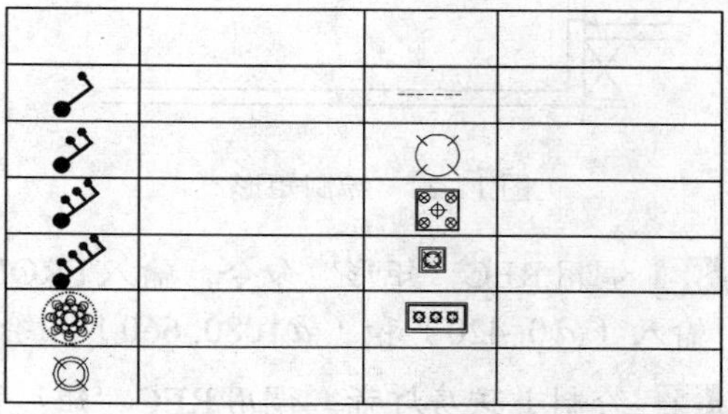

图 12-21　偏移图形

22 将“标注”图层置为当前层；调用 MT“多行文字”命令，依次修改“文字高度”为 390 和 260，在图例表中的相应位置，依次创建多行文字，如图 12-23 所示。

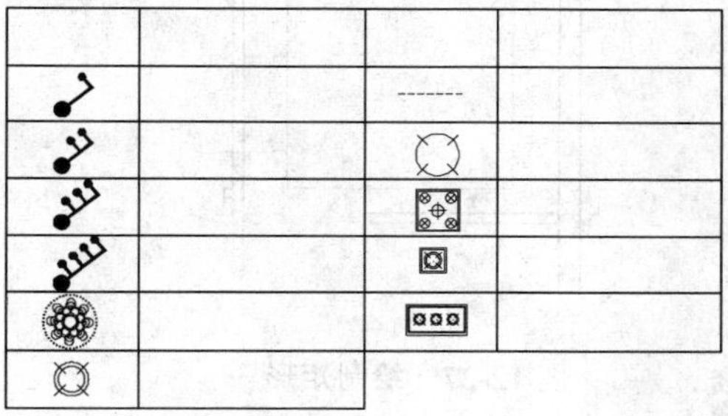

图 12-22　修剪图形

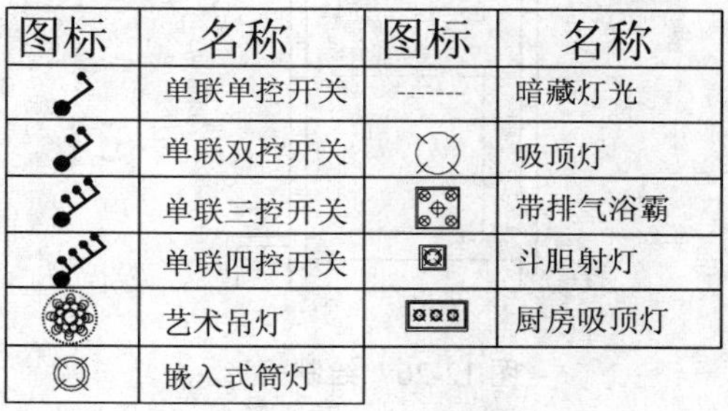

图标	名称	图标	名称
	单联单控开关	-------	暗藏灯光
	单联双控开关		吸顶灯
	单联三控开关		带排气浴霸
	单联四控开关		斗胆射灯
	艺术吊灯		厨房吸顶灯
	嵌入式筒灯		

图 12-23　创建多行文字效果

12.3.2 布置照明平面图

布置照明平面图主要是将开关图形、艺术吊灯、嵌入式筒灯、吸顶灯和带排气浴霸等图形，通过“复制”的方法进行布置出来。该实例的操作过程中主要运用了“矩形”命令、“复制”命令和“移动”命令。

操作实训 12-2：布置照明平面图

01 绘制客厅灯带。将“开关”图层置为当前层，调用 REC“矩形”命令，输入 FROM“捕捉自”命令，捕捉图形左下方相应的端点，输入（@495.2, 634.6）和（@3750, 3400），绘制矩形，如图 12-24 所示。

02 绘制走廊灯带。调用 REC“矩形”命令，输入 FROM“捕捉自”命令，捕捉新绘制矩形的右上方端点，输入（@20, 930）和（@1080, 1220），绘制矩形，如图 12-25 所示。

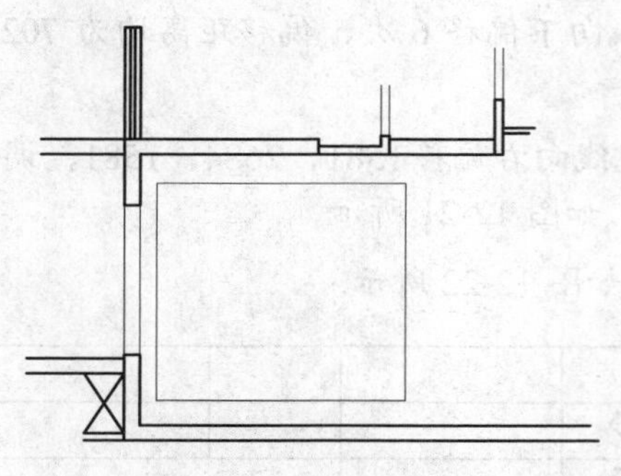

图 12-24　绘制矩形

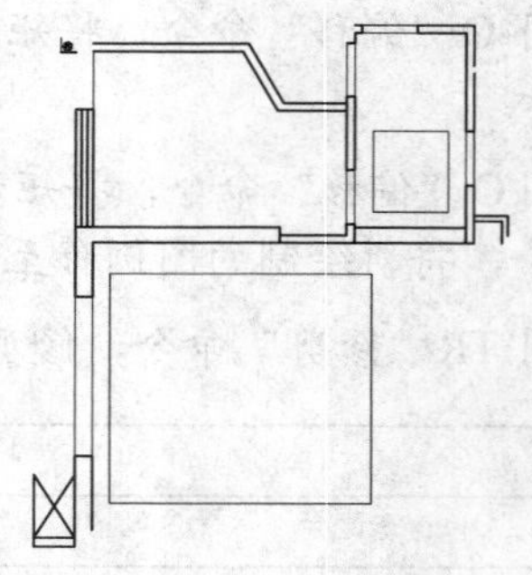

图 12-25　绘制矩形

03 调用 REC“矩形”命令，输入FROM“捕捉自”命令，捕捉新绘制矩形的左上方端点，输入（@0, 420）和（@1080, 660），绘制矩形，如图 12-26 所示。

04 绘制小孩房灯带。调用 REC“矩形”命令，输入FROM“捕捉自”命令，捕捉新绘制矩形的左上方端点，输入(@-900, 500)和(@-2590, 2370)，绘制矩形，如图 12-27 所示。

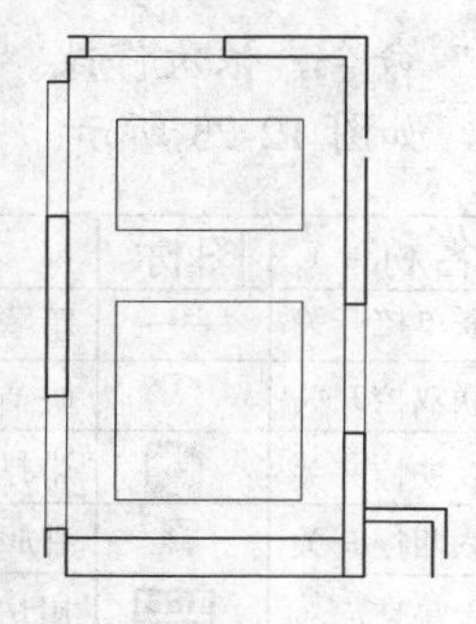

图 12-26　绘制矩形

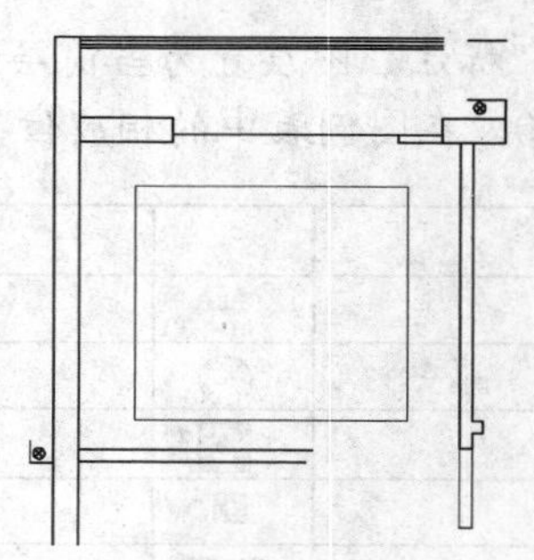

图 12-27　绘制矩形

05 绘制主卧灯带。调用 REC“矩形”命令，输入FROM“捕捉自”命令，捕捉新绘制矩形的右上方端点，输入（@4410, 50）和（@2830, -3260），绘制矩形，如图 12-28 所示。

06 选择新绘制的所有矩形，在“特性”面板中，单击“线型”下拉按钮，打开列表框，选择“DASHED”线型，效果如图 12-29 所示。

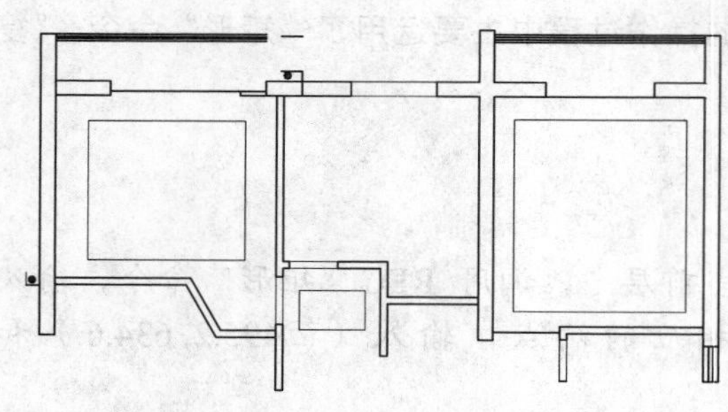

图 12-28　绘制矩形

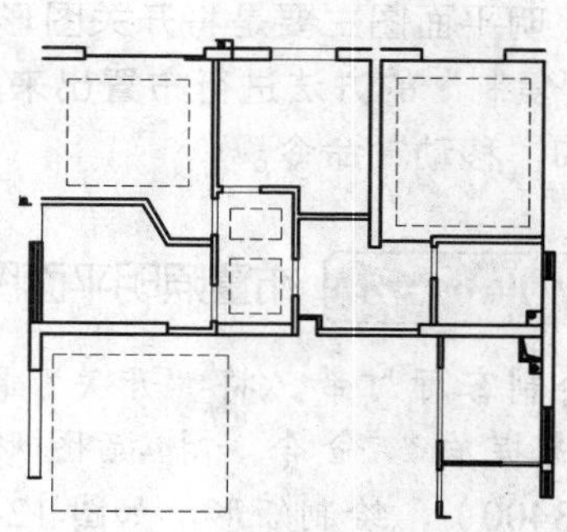

图 12-29　更改线型效果

07 调用 CO“复制”图形，从图例表中依次复制相应的开关图形至平面图中，如图 12-30 所示。

08 调用 SC“缩放”命令、RO“旋转”命令、M“移动”和 MI“镜像”命令，调整复制后的图形，效果如图 12-31 所示。

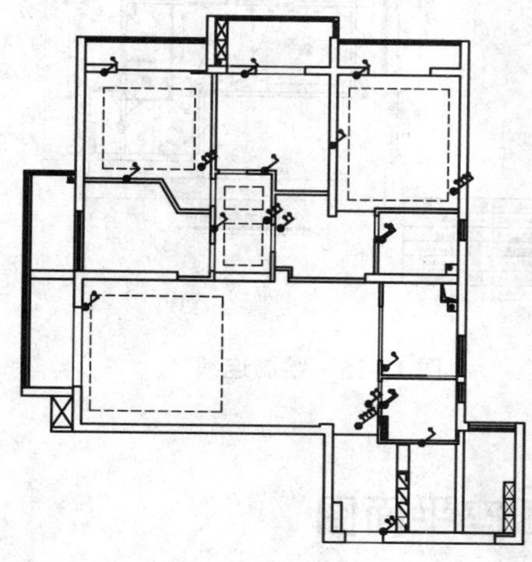
图 12-30　复制图形

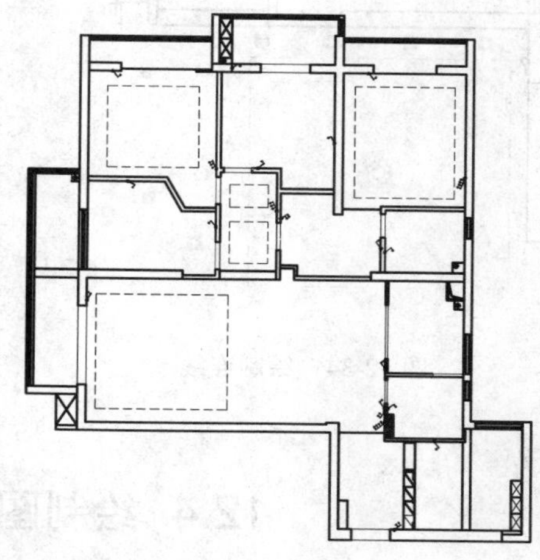
图 12-31　调整图形

09 调用 CO“复制”图形，从图例表中依次复制相应的灯具图形至平面图中，如图 12-32 所示。

10 调用 SC“缩放”命令和 M“移动”命令，调整复制后的相应图形，效果如图 12-33 所示。

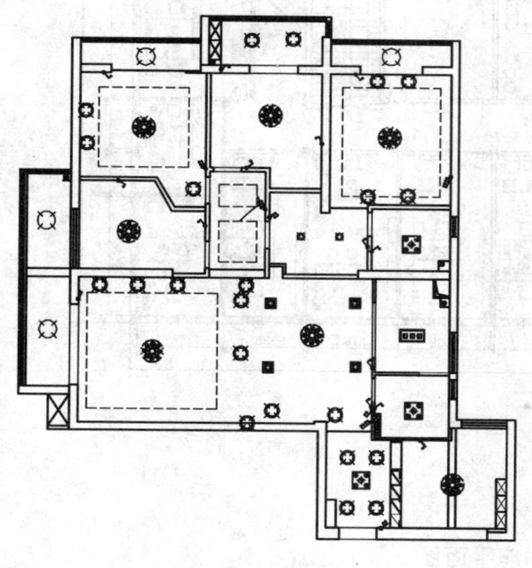
图 12-32　复制图形

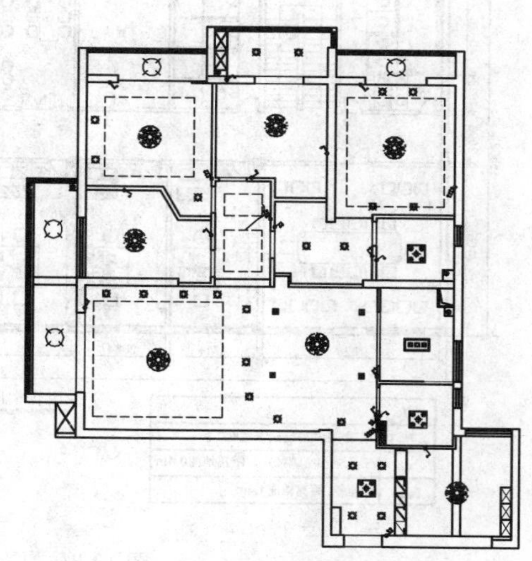
图 12-33　调整图形

11 调用 A“圆弧”命令，依次捕捉合适的端点，绘制连线，效果如图 12-34 所示。

12 重复上述方法，绘制其他的连线对象，即可完成五居室照明平面图的绘制，其图形效果如图 12-35 所示。

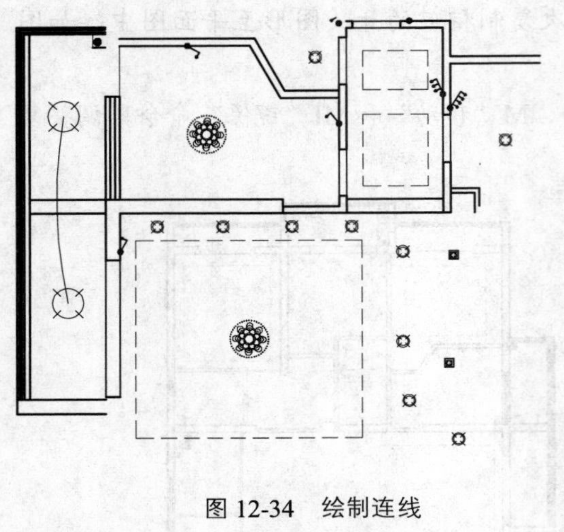

图 12-34　绘制连线

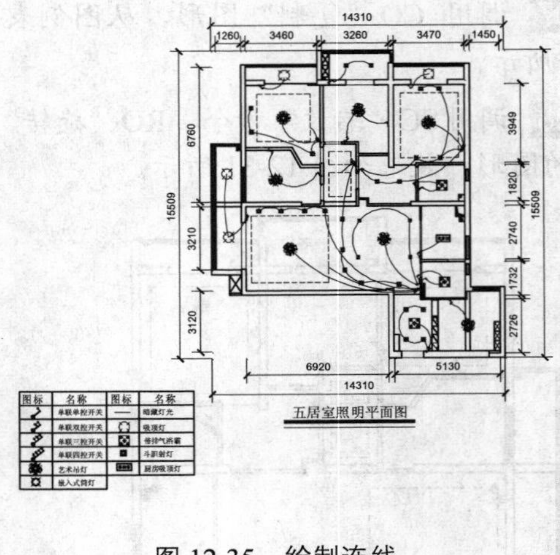

图 12-35　绘制连线

12.4 绘制图书馆插座平面图

绘制图书馆插座平面图中主要运用了“直线”命令、“偏移”命令、“圆”命令、“修剪”命令、“图案填充”命令和“复制”命令等。如图 12-36 所示图书馆插座平面图。

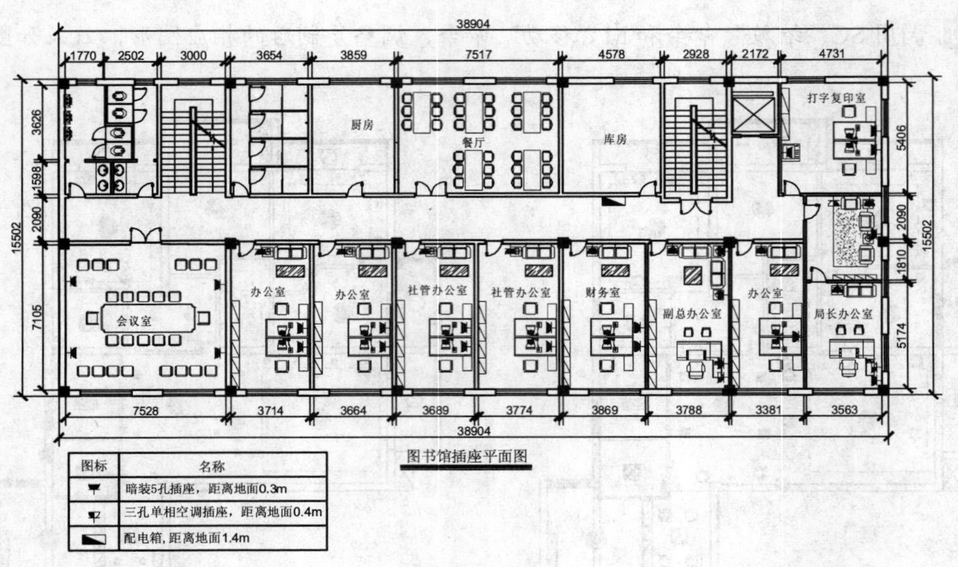

图标	名称
	暗装5孔插座，距离地面0.3m
	三孔单相空调插座，距离地面0.4m
	配电箱，距离地面1.4m

图 12-36　图书馆插座平面图

12.4.1 绘制插座类图例表

绘制插座类图例表主要运用了“直线”命令、“偏移”命令、“圆”命令、“修剪”命令、

"镜像"和"图案填充"命令等。

操作实训 12-3：绘制插座类图例表

01 按 Ctrl + O 快捷键，打开"第 12 章\12.4 绘制图书馆插座平面图.dwg"图形文件，效果如图 12-37 所示。

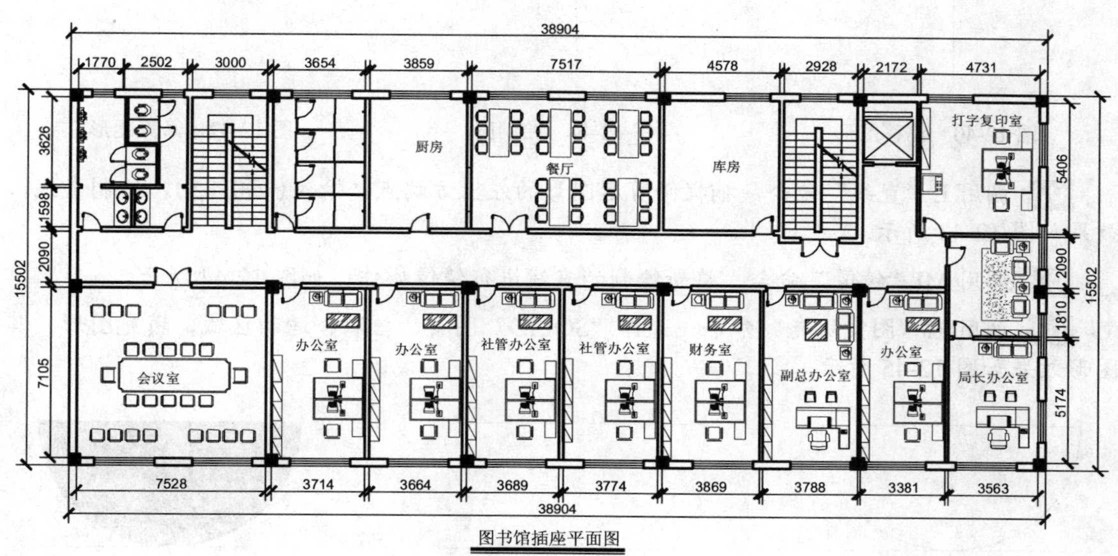

图 12-37　打开图形

02 将"插座"图层置为当前层，调用 L"直线"命令，在绘图区中的相应位置，单击鼠标，确定直线起点，输入（@500, 0），绘制直线，如图 12-38 所示。

03 调用 L"直线"命令，输入 FROM"捕捉自"命令，捕捉新绘制直线的左端点，输入（@250, 0）和（@0, -250），绘制直线，如图 12-39 所示。

图 12-38　绘制直线

图 12-39　绘制直线

04 调用 O"偏移"命令，将新绘制的水平直线向上偏移 250，如图 12-40 所示。

05 调用 C"圆"命令，捕捉偏移后水平直线的中点为圆心，绘制一个半径为 250 的圆，如图 12-41 所示。

06 调用 TR"修剪"命令，修剪多余的圆图形，如图 12-42 所示。

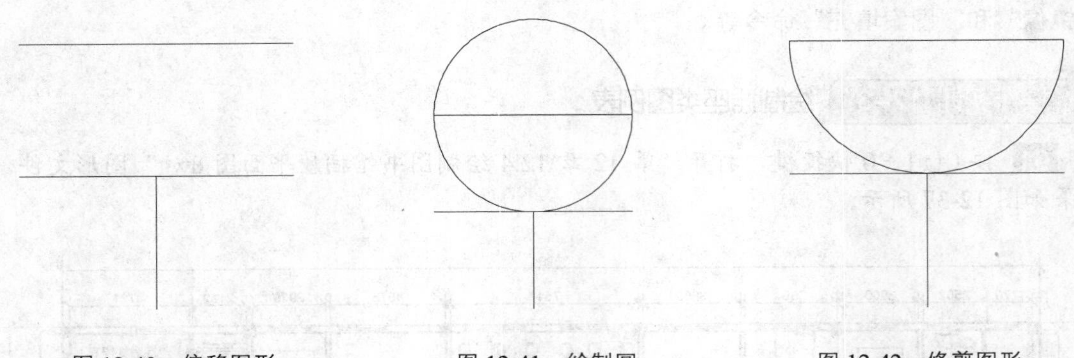

图 12-40　偏移图形　　图 12-41　绘制圆　　图 12-42　修剪图形

07 调用 L“直线”命令，捕捉修剪后图形的左上方端点，输入(@0, 25)，绘制直线，效果如图 12-43 所示。

08 调用 MI“镜像”命令，将新绘制的直线进行镜像操作，如图 12-44 所示。

09 调用 H“图案填充”命令，选择“SOLID”图案，拾取合适的区域，填充图形，其图形效果如图 12-45 所示。

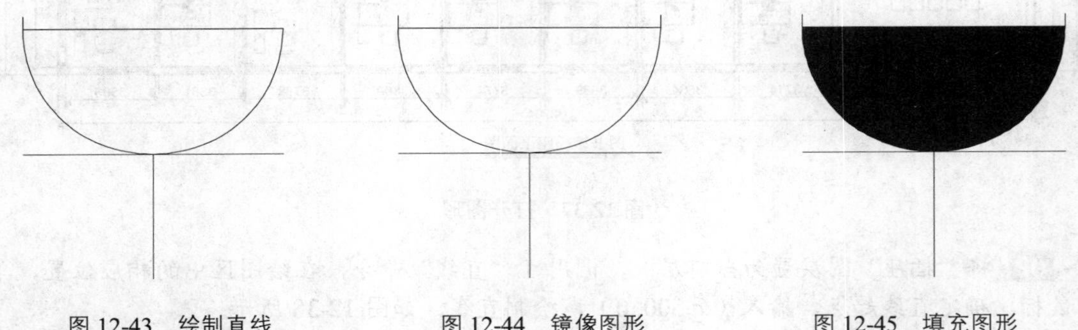

图 12-43　绘制直线　　图 12-44　镜像图形　　图 12-45　填充图形

10 调用 CO“复制”命令，选择合适的图形，将其向下进行复制操作，如图 12-46 所示。

11 调用 L“直线”命令，依次捕捉上下水平直线的中点，连接直线，如图 12-47 所示。

12 调用 H“图案填充”命令，选择“SOLID”图案，拾取合适的区域，填充图形，如图 12-48 所示。

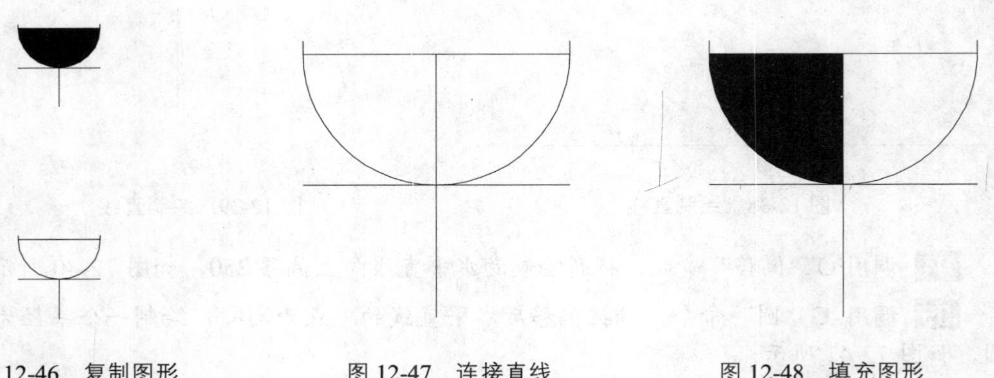

图 12-46　复制图形　　图 12-47　连接直线　　图 12-48　填充图形

13 调用 REC“矩形”命令，在绘图区中的相应位置，单击鼠标，确定矩形起点，输入（@1091, -439），绘制矩形，如图 12-49 所示。

14 调用 L“直线”命令，依次捕捉合适的端点，连接直线，如图 12-50 所示。

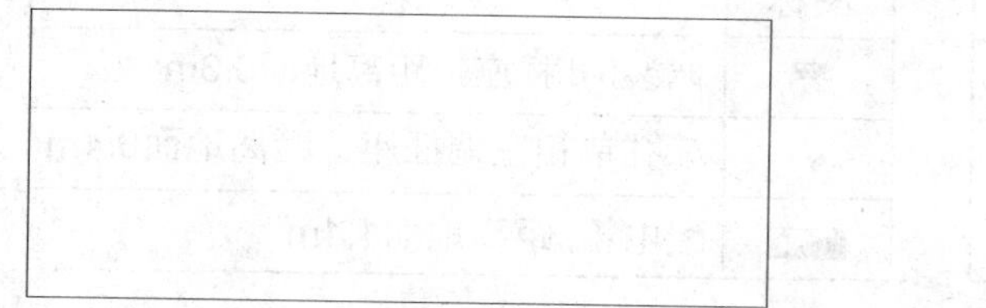

图 12-49　绘制矩形

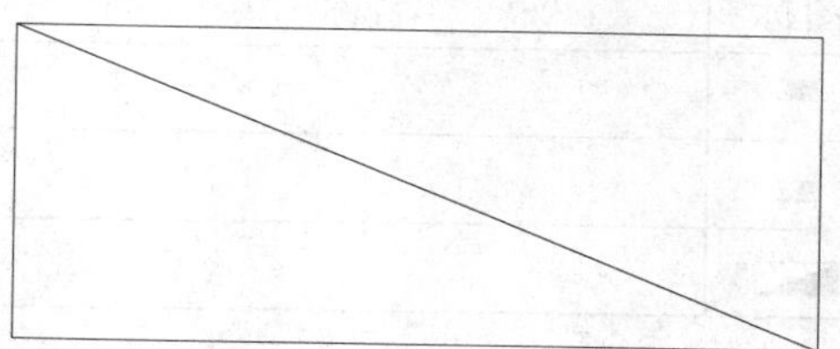

图 12-50　连接直线

15 调用 H“图案填充”命令，选择“SOLID”图案，拾取合适的区域，填充图形，其图形效果如图 12-51 所示。

16 将“墙体”图层置为当前层，调用 REC“矩形”命令，在绘图区任意位置捕捉一点，输入（@12166, -4680），绘制矩形，如图 12-52 所示。

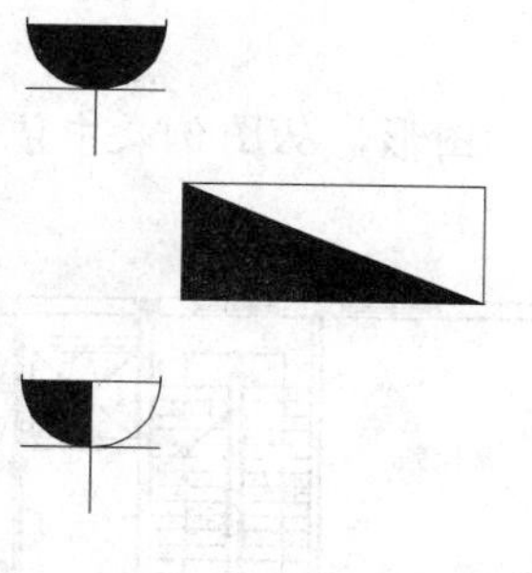

图 12-51　填充图形

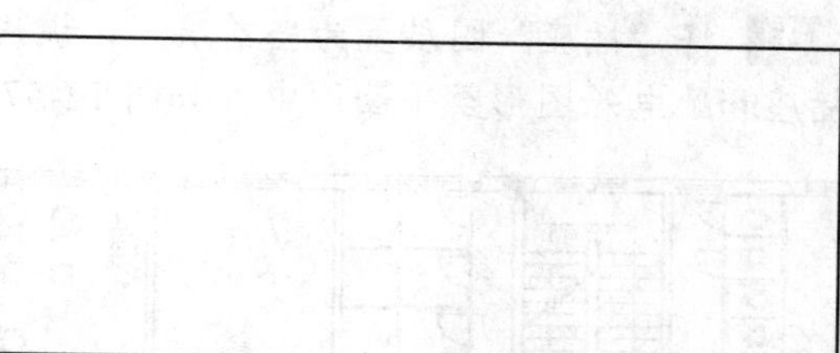

图 12-52　绘制矩形

17 调用 X“分解”命令，分解新绘制的矩形；调用 O“偏移”命令，将矩形左侧的垂直直线向右偏移 2363，如图 12-53 所示。

18 调用 O“偏移”命令，将矩形上方的水平直线向下偏移 3 次，偏移距离均为 1170，调用 M“移动”命令，将新绘制的图例移至绘制的表格中，如图 12-54 所示。

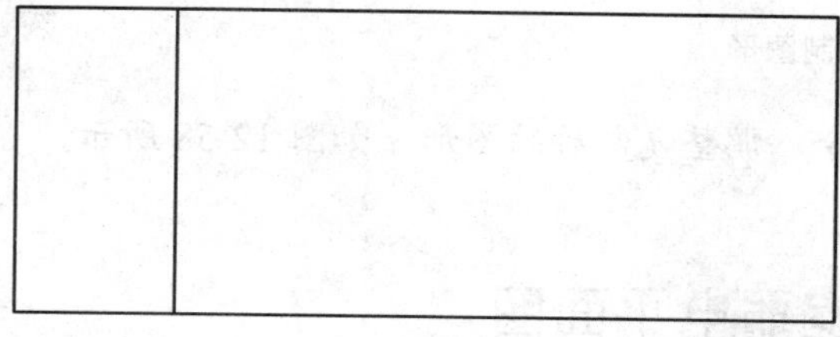

图 12-53　偏移图形

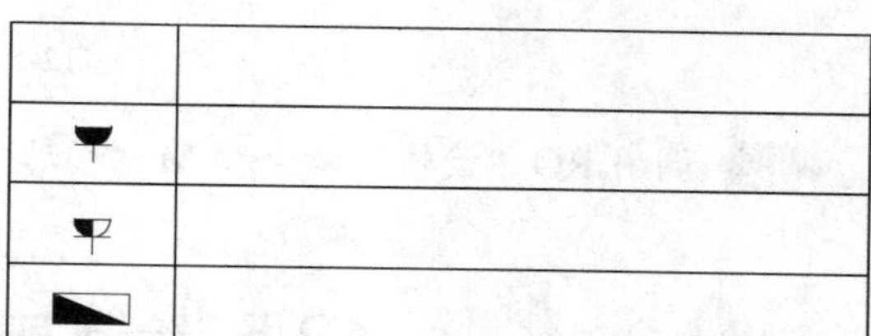

图 12-55　偏移图形

19 将“标注”图层置为当前层，调用 MT“多行文字”命令，修改“文字高度”为 450，在相应的位置，依次创建多行文字，如图 12-55 所示。

20 重复上述方法，修改“文字高度”为 420，在相应的位置，依次创建其他多行文字，如图 12-56 所示。

图标	名称

图 12-55 创建多行文字

图标	名称
	暗装5孔插座，距离地面0.3m
	三孔单相空调插座，距离地面0.4m
	配电箱, 距离地面1.4m

图 12-56 创建其他多行文字

12.4.2 布置插座平面图

布置插座平面图主要运用了“复制”命令、“移动”命令和“旋转”命令等。

操作实训 12-4: 布置插座平面图

01 将“插座”图层置为当前层，调用 CO“复制”图形，从图例表中依次复制相应的插座和配电箱图形至平面图中，如图 12-57 所示。

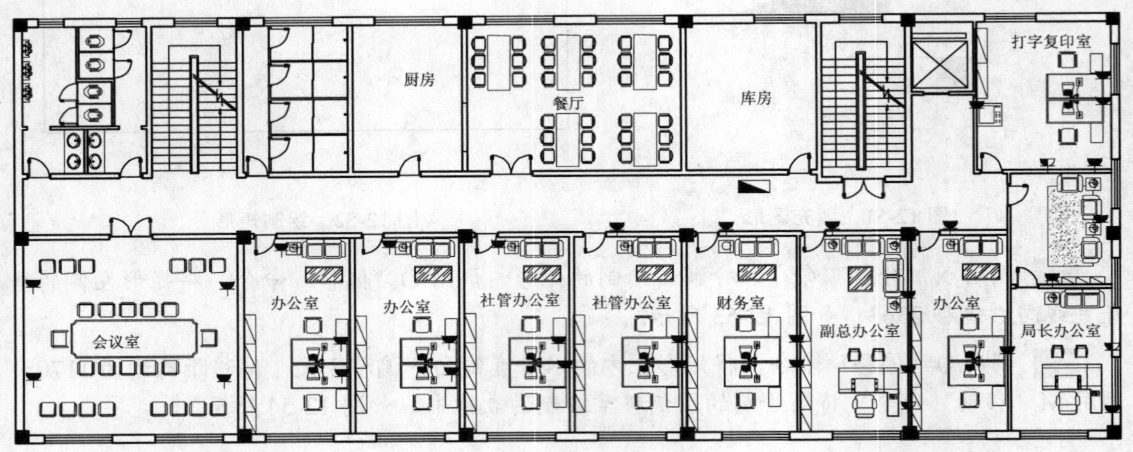

图 12-57 复制图形

02 调用 RO“旋转”命令和 M“移动”命令，调整复制后的图形，如图 12-58 所示。

12.5 绘制三居室弱电平面图

绘制三居室弱电平面图中主要运用了“直线”命令、“偏移”命令、“圆”命令、“修剪”命令、“图案填充”命令和“复制”命令等。如图 12-59 所示三居室弱电平面图。

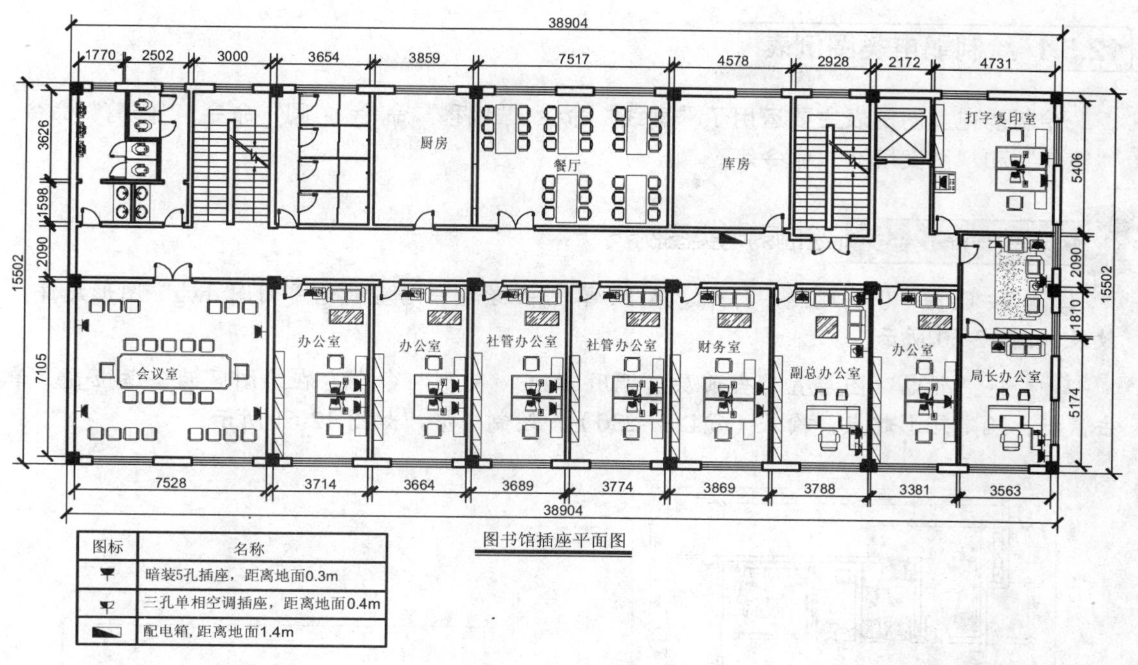

图标	名称
	暗装5孔插座，距离地面0.3m
	三孔单相空调插座，距离地面0.4m
	配电箱，距离地面1.4m

图 12-58　调整图形

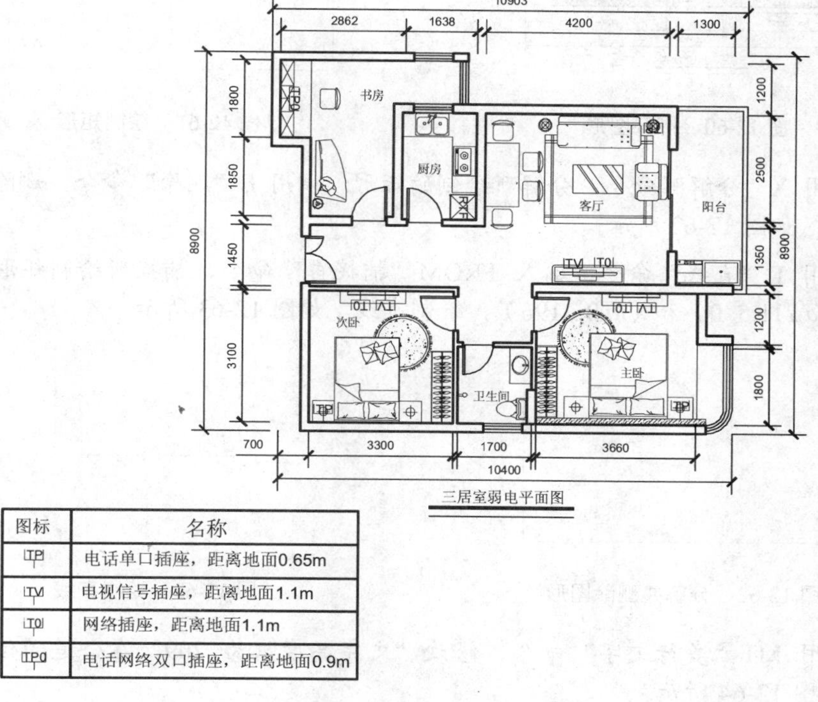

图标	名称
TP	电话单口插座，距离地面0.65m
TV	电视信号插座，距离地面1.1m
TO	网络插座，距离地面1.1m
TPO	电话网络双口插座，距离地面0.9m

图 12-59　三居室弱电平面图

12.5.1 绘制弱电类图例表

绘制弱电类图例表主要运用了“直线”命令、“偏移”命令、“圆”命令、“修剪”命令、“镜像”和“图案填充”命令等。

操作实训 12-5： 绘制弱电类图例表

01 按 Ctrl + O 快捷键，打开“第 12 章\12.5 绘制三居室弱电平面图.dwg”图形文件，效果如图 12-60 所示。

02 将“弱电”图层置为当前层，调用 REC“矩形”命令，在绘图区的合适位置，单击鼠标，确定矩形起点，输入（@423, -230），绘制矩形，如图 12-61 所示。

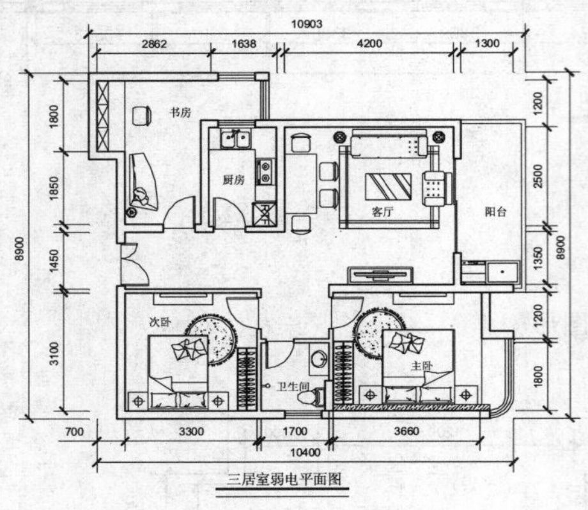

图 12-60 打开图形

图 12-61 绘制矩形

03 调用 X“分解”命令，分解新绘制的矩形；调用 E“删除”命令，删除矩形最上方的水平直线，如图 12-62 所示。

04 调用 L“直线”命令，输入 FROM“捕捉自”命令，捕捉新绘制矩形的左下方端点，输入（@211.5, 0）和（@0, -196），绘制直线，如图 12-63 所示。

图 12-62 分解并删除图形

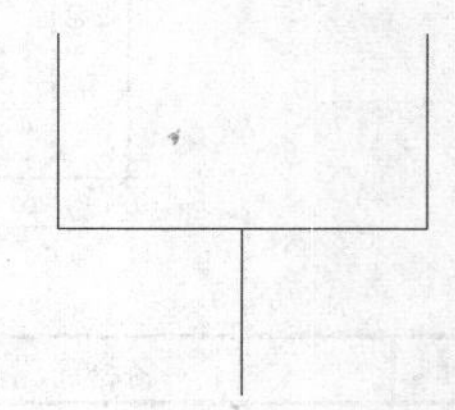

图 12-63 绘制直线

05 调用 MT“多行文字”命令，修改“文字高度”为 209，在合适的位置创建文字“TP”，如图 12-64 所示。

06 调用 CO“复制”命令，将新绘制的图形向下进行两次复制操作，如图 12-65 所示。

07 双击复制后图形中的文字对象，修改相应的多行文字，如图 12-66 所示。

08 调用 REC“矩形”命令，在绘图区的合适位置，单击鼠标，确定矩形起点，输入（@537, -230），绘制矩形，如图 12-67 所示。

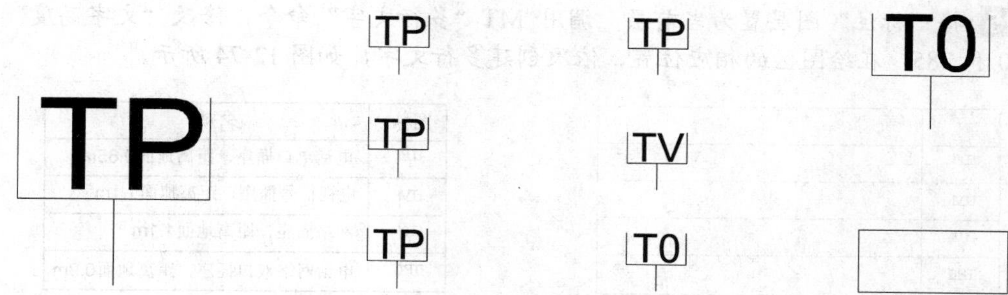

图 12-64　创建多行文字　　图 12-65　复制图形　　图 12-66　修改多行文字　　图 12-67　绘制矩形

09 调用 X“分解”命令，分解新绘制的矩形；调用 E“删除”命令，删除矩形最上方的水平直线，如图 12-68 所示。

10 调用 L“直线”命令，输入 FROM“捕捉自”命令，捕捉新绘制矩形的左下方端点，输入（@268.5, 0）和（@0, -196），绘制直线，如图 12-69 所示。

11 调用 MT“多行文字”命令，修改“文字高度”为 209，在合适的位置创建文字“TP0”，如图 12-70 所示。

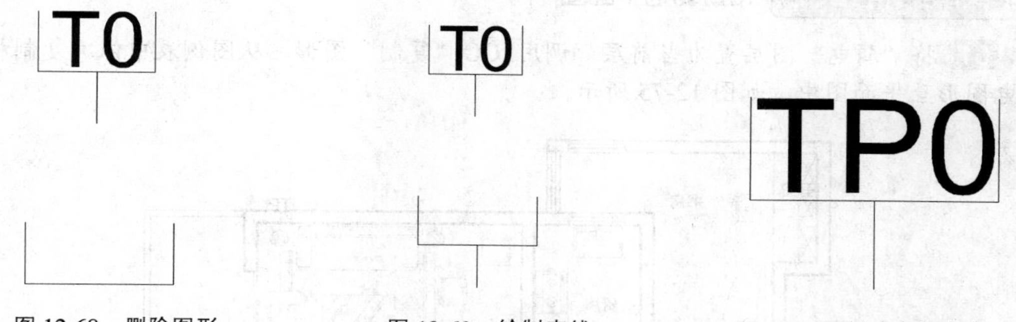

图 12-68　删除图形　　图 12-69　绘制直线　　图 12-70　创建多行文字

12 将“墙体”图层置为当前层，调用 REC“矩形”命令，在绘图区任意位置捕捉一点，输入（@8158, -3941），绘制矩形，如图 12-71 所示。

13 调用 X“分解”命令，分解新绘制的矩形；调用 O“偏移”命令，将矩形左侧的垂直直线向右偏移 1576，如图 12-72 所示。

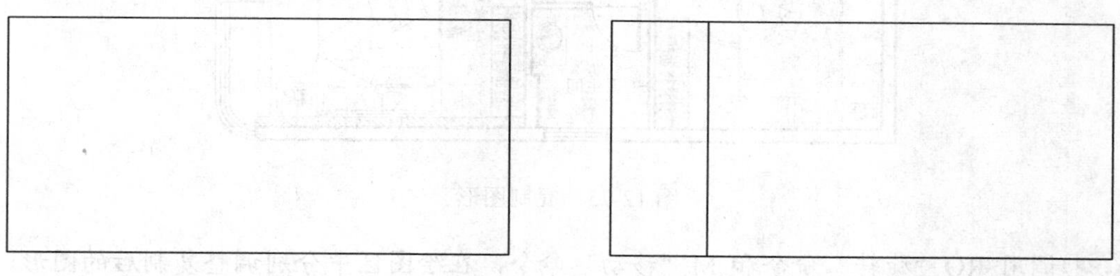

图 12-71　绘制矩形　　图 12-72　偏移图形

14 调用 O“偏移”命令，将矩形上方的水平直线向下偏移 4 次，偏移距离均为 780；调用 M“移动”命令，将新绘制的图例图形移至绘制的表格中，效果如图 12-73 所示。

15 将“标注”图层置为当前层，调用 MT“多行文字”命令，修改“文字高度”分别为 350 和 285，在绘图区的相应位置，依次创建多行文字，如图 12-74 所示。

TP	
TV	
TO	
TPO	

图 12-73　偏移图形

图标	名称
TP	电话单口插座，距离地面0.65m
TV	电视信号插座，距离地面1.1m
TO	网络插座，距离地面1.1m
TPO	电话网络双口插座，距离地面0.9m

图 12-74　创建多行文字

12.5.2 布置弱电平面图

弱电平面图中包含了电话插座、电视插座和网络插座等图形。布置弱电平面图主要运用了“复制”命令和“旋转”命令等。

操作实训 12-6：布置弱电平面图

01 将“弱电”图层置为当前层，调用 CO“复制”图形，从图例表中依次复制相应的弱电图形至平面图中，如图 12-75 所示。

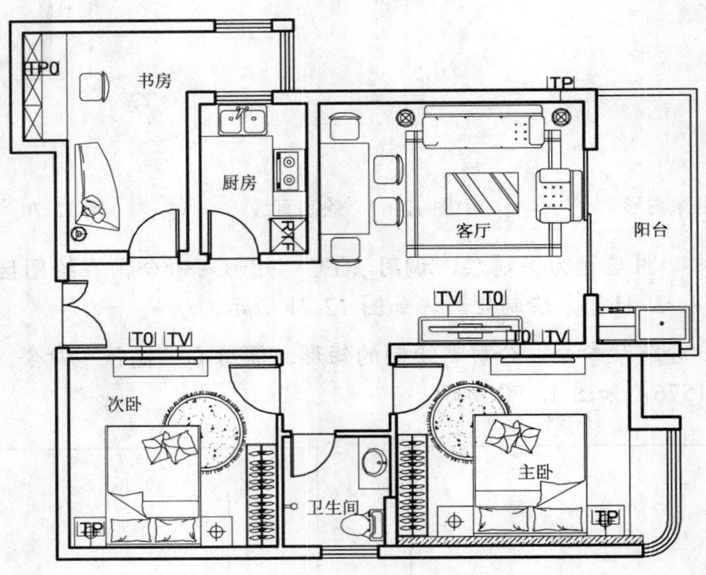

图 12-75　复制图形

02 调用 RO“旋转”命令和 M“移动”命令，在绘图区中分别调整复制后的图形，其图形效果如图 12-76 所示。

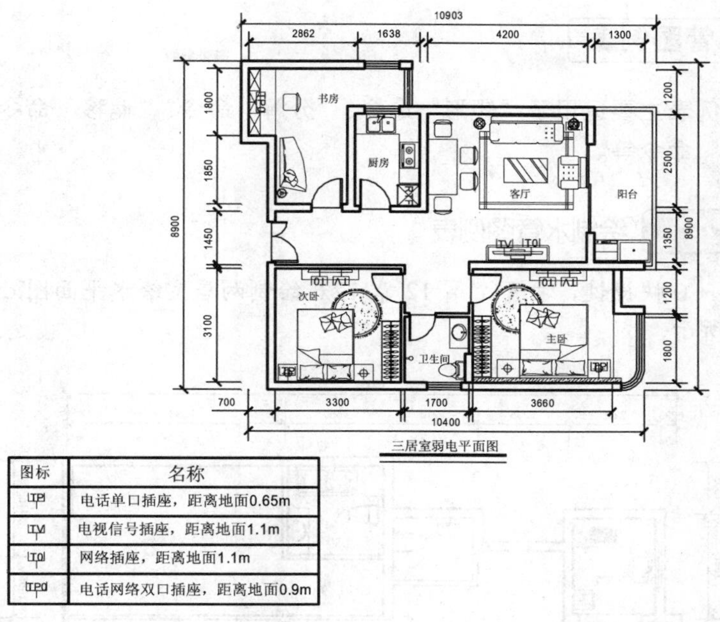

图标	名称
TP	电话单口插座，距离地面0.65m
TV	电视信号插座，距离地面1.1m
TO	网络插座，距离地面1.1m
TPO	电话网络双口插座，距离地面0.9m

图 12-76 调整图形

12.6 绘制两居室给水平面图

绘制两居室给水平面图中主要运用了“矩形”命令、“直线”命令、“圆”命令、“多行文字”命令、“复制”命令和“多重引线”命令等。如图 12-77 所示两居室给水平面图。

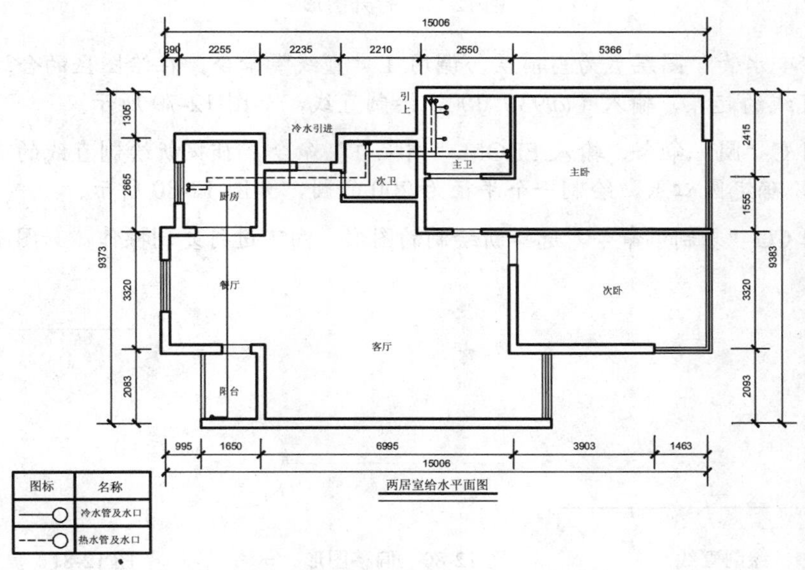

图标	名称
——○	冷水管及水口
- - -○	热水管及水口

图 12-77 两居室给水平面图

12.6.1 绘制水管图例表

绘制水管图例表主要运用了“矩形”命令、“分解”命令、“偏移”命令、“直线”命令、“圆”和“复制”命令等。

操作实训 12-7：绘制水管图例表

01 按 Ctrl＋O 快捷键，打开“第 12 章\12.6 绘制两居室给水平面图.dwg”图形文件，效果如图 12-78 所示。

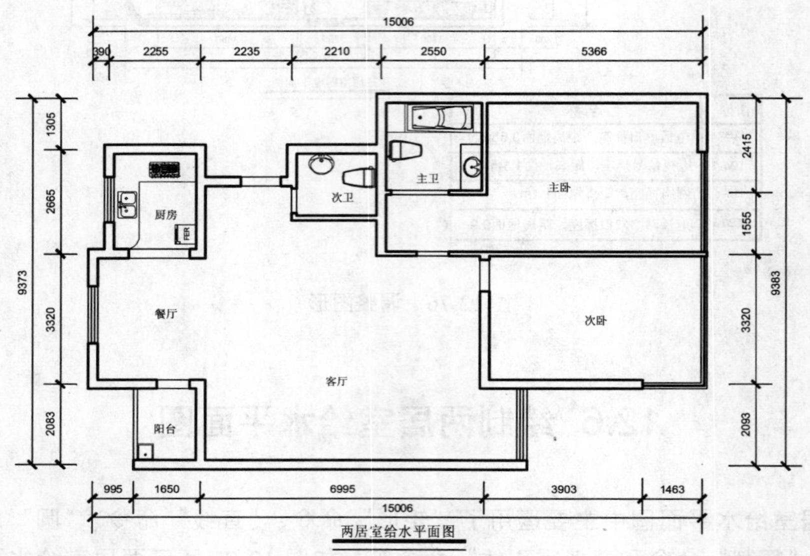

图 12-78 打开图形

02 将“冷水管”图层置为当前层，调用 L“直线”命令，在绘图区的合适位置，单击鼠标，确定直线的起点，输入（@930, 0），绘制直线，如图 12-79 所示。

03 调用 C“圆”命令，输入 FROM“捕捉自”命令，捕捉新绘制直线的右端点，输入（@200, 0），确定圆心点，绘制一个半径为 200 的圆，如图 12-80 所示。

04 调用 CO“复制”命令，选择新绘制的图形，向下进行复制操作，如图 12-81 所示。

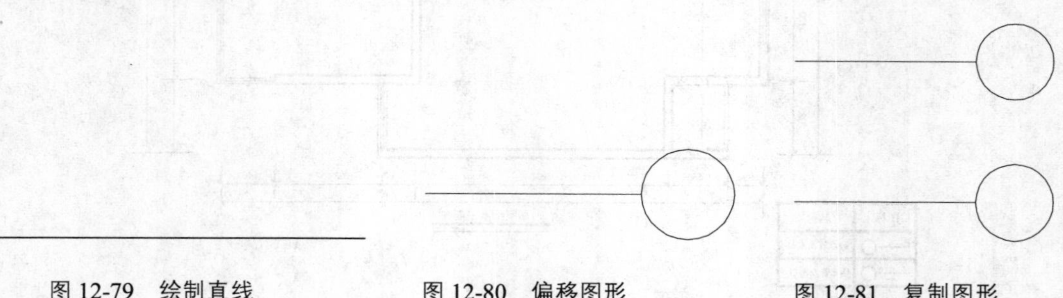

图 12-79 绘制直线　　图 12-80 偏移图形　　图 12-81 复制图形

05 选择下方复制图形中的水平直线对象，将其修改至“热水管”图层，如图 12-82 所示。

06 将“墙体”图层置为当前层，调用 REC“矩形”命令，在绘图区的合适位置，单击鼠标，确定矩形的起点，输入（@3807.7, -2305.2），绘制矩形，如图 12-83 所示。

07 调用 X“分解”命令，分解新绘制的矩形；调用 O“偏移”命令，将矩形左侧的垂直直线向右偏移 1724，如图 12-84 所示。

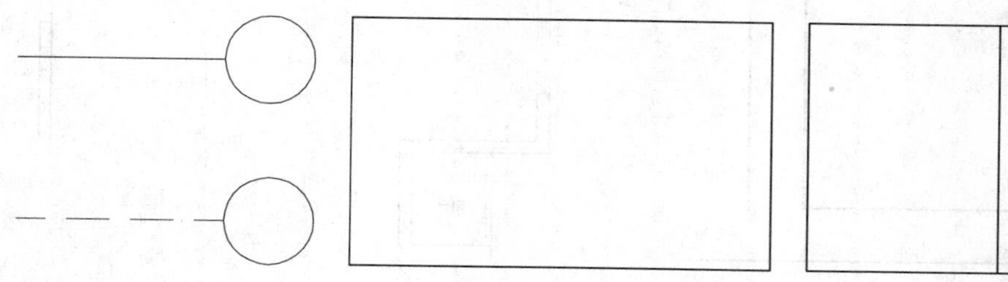

图 12-82　偏移图形　　图 12-83　绘制矩形　　图 12-84　偏移图形

08 调用 O“偏移”命令，将矩形上方的水平直线向下偏移 765 和 765；调用 M“移动”命令，将新绘制的水管图例移至合适的位置，如图 12-85 所示。

09 将“标注”图层置为当前层，调用 MT“多行文字”命令，修改“文字高度”为 250，在合适位置，创建多行文字，如图 12-86 所示。

10 重复上述方法，修改“文字高度”为 200，在合适位置，创建多行文字，如图 12-87 所示。

图 12-85　修改图形

图标	名称

图 12-86　创建多行文字

图标	名称
	冷水管及水口
	热水管及水口

图 12-87　创建多行文字

12.6.2 绘制二居室给水平面图

绘制二居室给水平面图主要运用了“圆”命令、“复制”命令、“直线”命令、“多重引线”命令、“多行文字”命令。

操作实训 12-8：绘制二居室给水平面图

01 将“冷水管”图层置为当前层，调用 C“圆”命令，输入 FROM“捕捉自”命令，捕捉阳台区域的左下方端点，输入（@305.7, 296.4），确定圆心点，绘制一个半径为 50 的圆，如图 12-88 所示。

02 调用 CO“复制”命令，选择新绘制的圆为复制对象，捕捉圆心点为基点，将其进行复制操作，并隐藏“家具”图层，如图 12-89 所示。

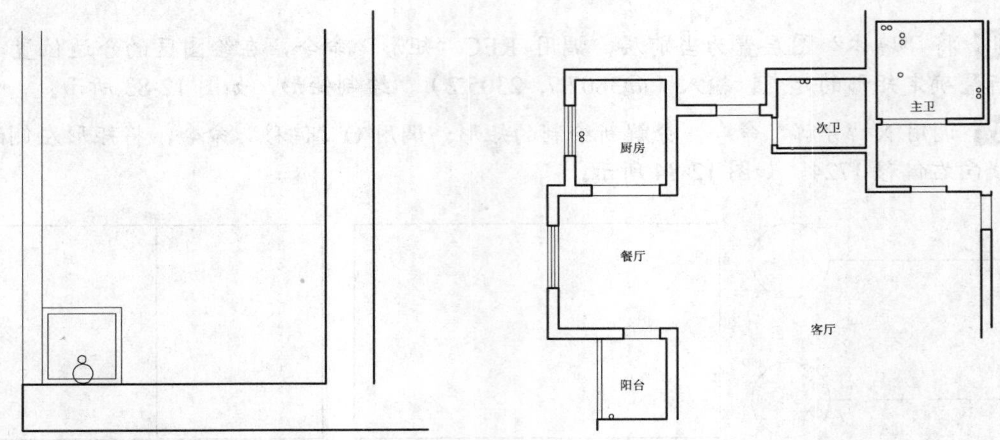

图 12-88　绘制圆　　　　图 12-89　复制图形

03 调用 L“直线”命令，捕捉最下方新绘制圆的圆心点，输入（@425, 0）和（@0, 6531），绘制直线，如图 12-90 所示。

04 调用 L“直线”命令，输入 FROM“捕捉自”命令，捕捉新绘制垂直直线的上端点，依次输入（@-1069.6, 0）、（@5015.3, 0）和（@0, 1188.5），绘制直线，如图 12-91 所示。

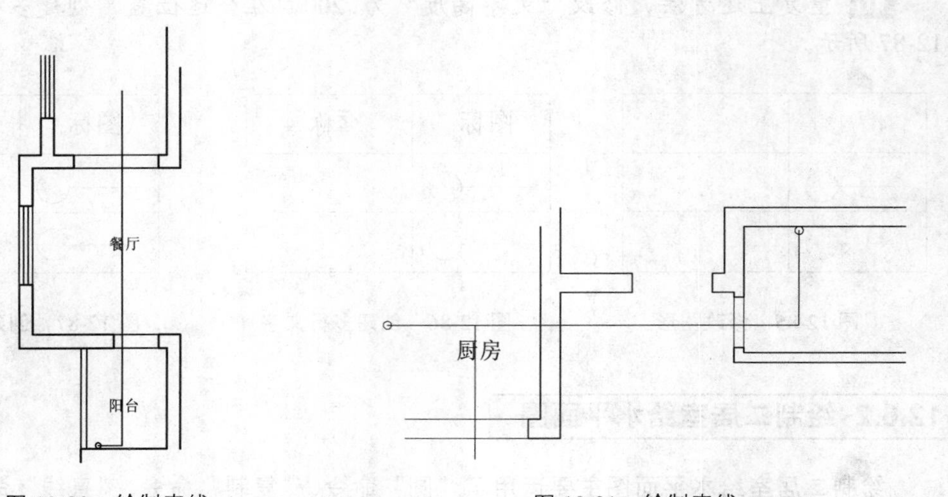

图 12-90　绘制直线　　　　图 12-91　绘制直线

05 调用 L“直线”命令，输入 FROM“捕捉自”命令，捕捉新绘制水平直线的左端点，依次输入（@2803.4, 0）、（@0, 1478），绘制直线，如图 12-92 所示。

06 调用 L“直线”命令，输入 FROM“捕捉自”命令，捕捉最右侧新绘制垂直直线的上端点，依次输入（@0, -357）、（@3810, 0），绘制直线，如图 12-93 所示。

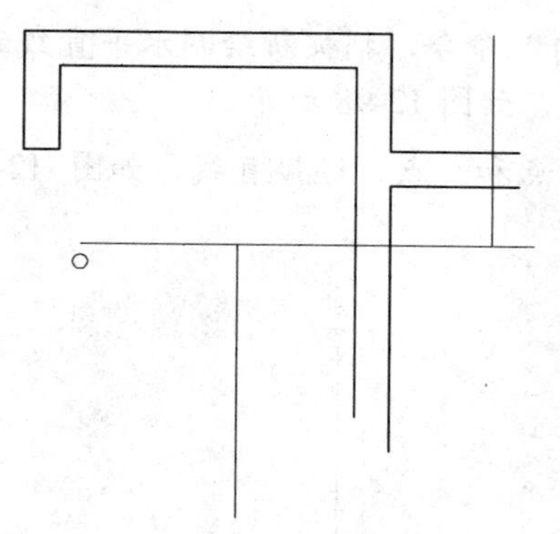

图 12-92　绘制直线

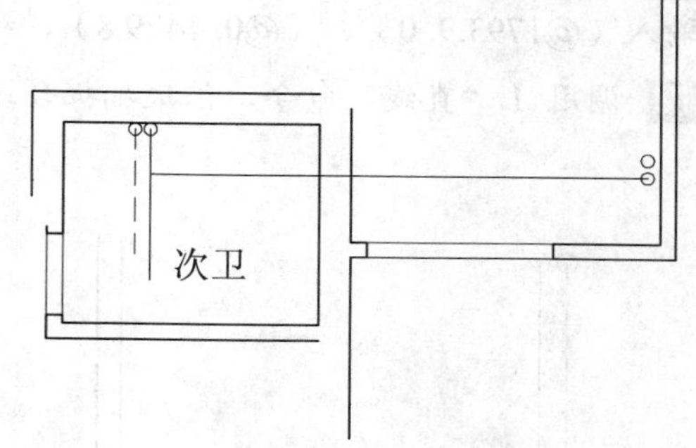

图 12-93　绘制直线

07 调用 L“直线”命令，输入 FROM“捕捉自”命令，捕捉新绘制水平直线的左端点，依次输入（@1836.4, 0）、（@0, 1569.7），绘制直线，如图 12-94 所示。

08 调用 L“直线”命令，依次捕捉合适的圆心点和交点，连接直线，如图 12-95 所示。

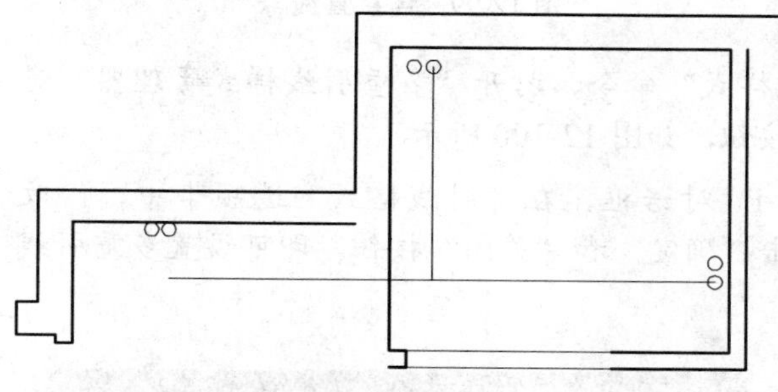

图 12-94　绘制直线

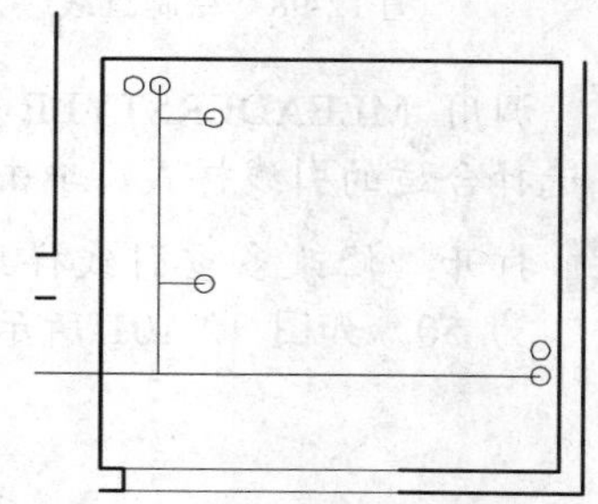

图 12-95　连接直线

09 将“热水管”图层置为当前层，调用 L“直线”命令，捕捉合适的圆心点为起点，依次输入（@516.5, 0）、（@0, 328.5）、（@4374, 0）和（@0, 980.7），绘制直线，如图 12-96 所示。

10 调用 L“直线”命令，输入 FROM“捕捉自”命令，捕捉新绘制最右侧垂直直线的上端点，依次输入（@0, -217.3）、（@3930, 0），绘制直线，如图 12-97 所示。

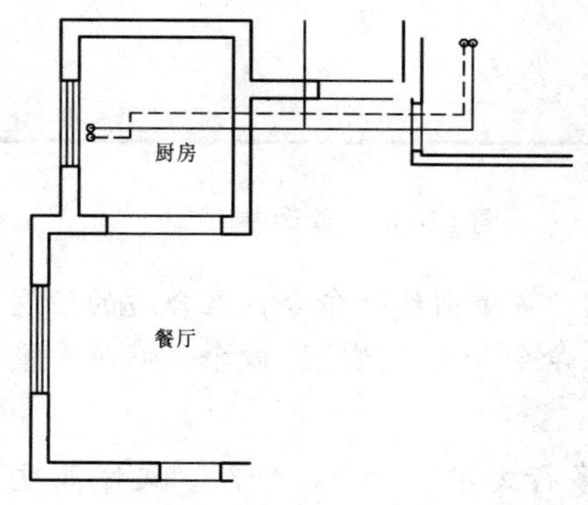

图 12-96　绘制直线

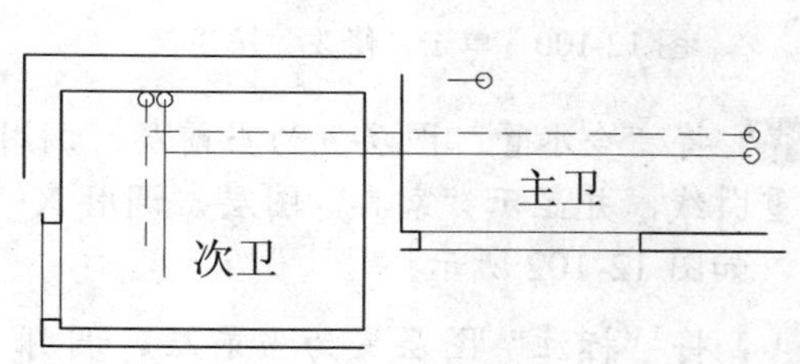

图 12-97　绘制直线

11 调用 L“直线”命令，输入 FROM“捕捉自”命令，捕捉新绘制水平直线的左端点，输入（@1793.9, 0）、（@0, 1429.8），绘制直线，如图 12-98 所示。

12 调用 L“直线”命令，依次捕捉合适的圆心点和交点，连接直线，如图 12-99 所示。

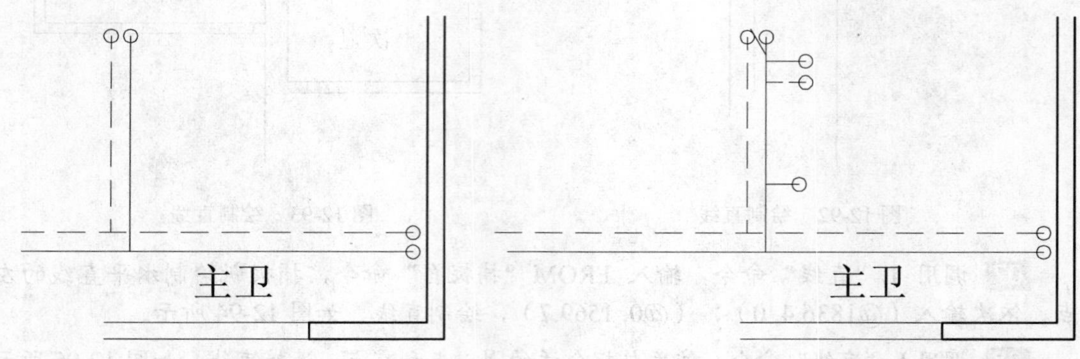

图 12-98　绘制直线　　　图 12-99　连接直线

13 调用 MLEADERSTYLE“多重引线样式”命令，打开“多重引线样式管理器”对话框，选择合适的引线样式，单击“修改”按钮，如图 12-100 所示。

14 打开“修改多重引线样式: Standard”对话框，在“引线格式”选项卡中，修改“大小”为 50，如图 12-101 所示，依次单击“确定”和“关闭”按钮，即可设置多重引线样式。

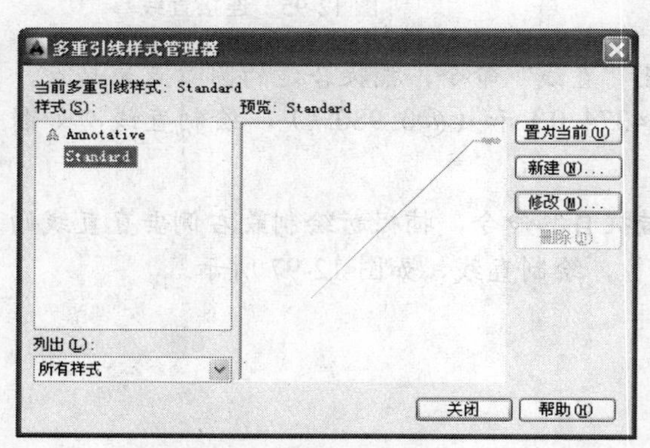

图 12-100　单击“修改”按钮

图 12-101　修改参数

15 将“冷水管”图层置为当前层，调用 MLEA“多重引线”命令，在合适的位置，添加多重引线，并显示“家具”图层，调用 X“分解”命令和 E“删除”命令，修改多重引线对象，如图 12-102 所示。

16 将“标注”图层置为当前层，调用 MT“多行文字”命令，修改“文字高度”为 200，在合适位置，创建多行文字，如图 12-103 所示。

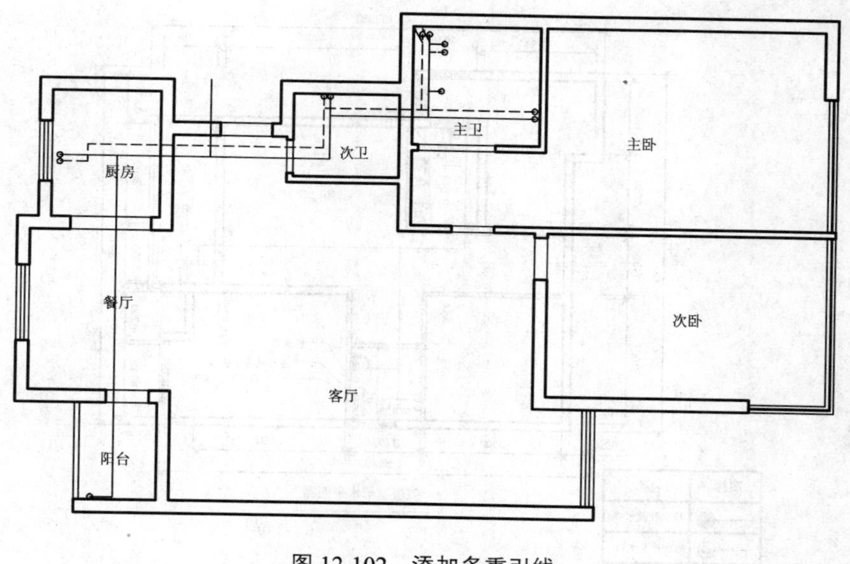

图 12-102　添加多重引线

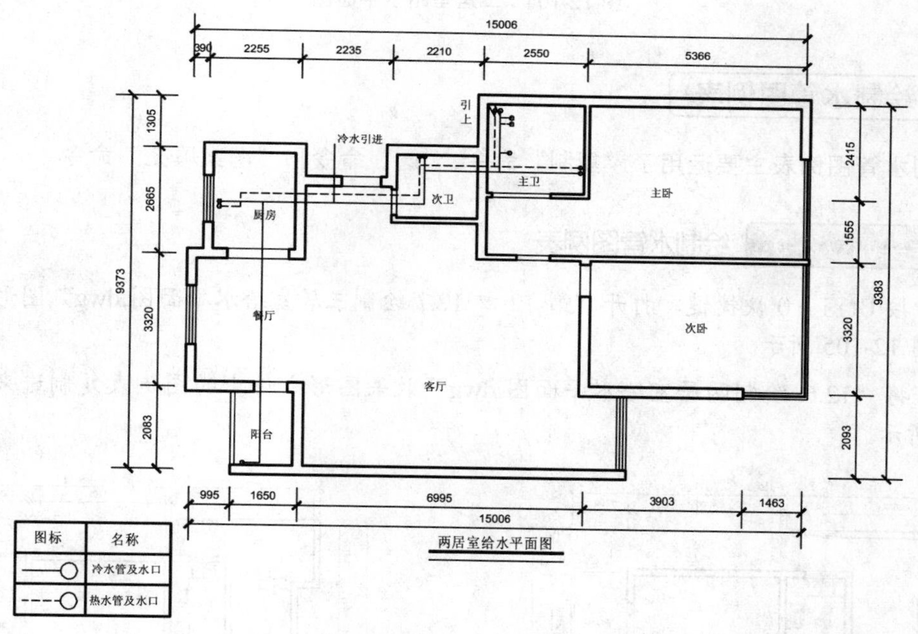

图 12-103　创建多行文字

12.7 绘制三居室给水平面图

绘制三居室给水平面图中主要运用了“复制”命令、“圆”命令、“图案填充”命令、“复制”命令、“多重引线”命令和“多行文字”命令等。如图 12-104 所示三居室给水平面图。

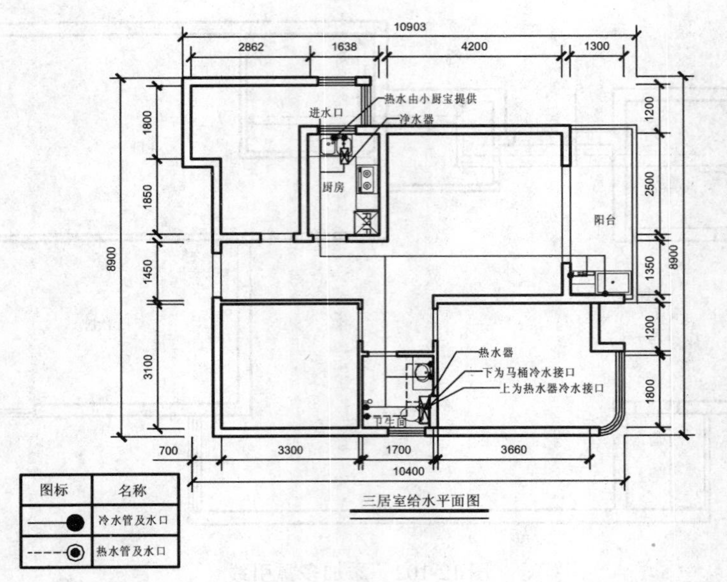

图 12-104　三居室给水平面图

12.7.1 绘制水管图例表

绘制水管图例表主要运用了“复制”命令、“圆”命令和“图案填充”命令。

操作实训 12-9：绘制水管图例表

01 按 Ctrl + O 快捷键，打开“第 12 章\12.7 绘制三居室给水平面图.dwg”图形文件，效果如图 12-105 所示。

02 将“12.6 绘制两居室给水平面图.dwg”效果图形文件中的图例表复制进来，如图 12-106 所示。

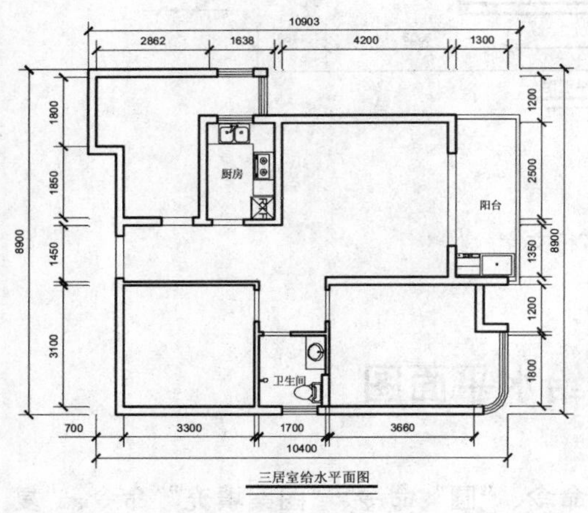

图 12-105　打开图形

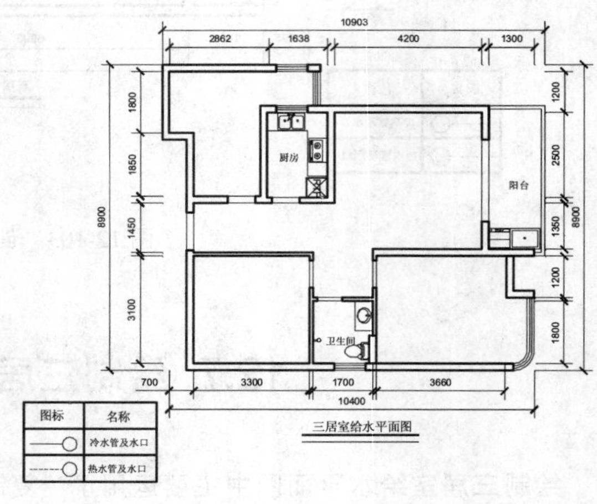

图 12-106　复制图例表

03 将“冷水管”图层置为当前层，调用 H“图案填充”命令，选择“SOLID”图案，拾取合适的区域，填充图形，如图 12-107 所示。

04 调用 C“圆”命令，捕捉下方圆的圆心点，绘制一个半径为 100 的圆，如图 12-108 所示。

05 调用 H“图案填充”命令，选择“SOLID”图案，拾取合适的区域，填充图形，完成水管图例的绘制，如图 12-109 所示。

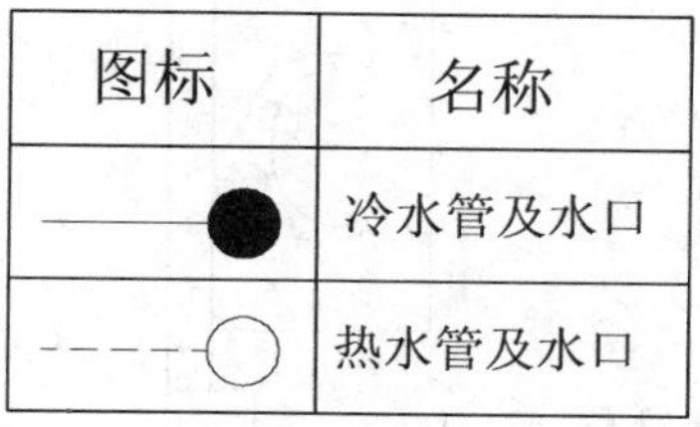

图标	名称
	冷水管及水口
	热水管及水口

图 12-107　填充图形

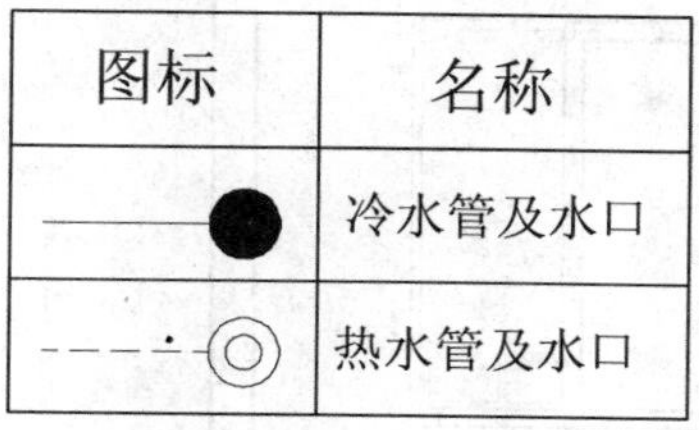

图标	名称
	冷水管及水口
	热水管及水口

图 12-108　绘制圆

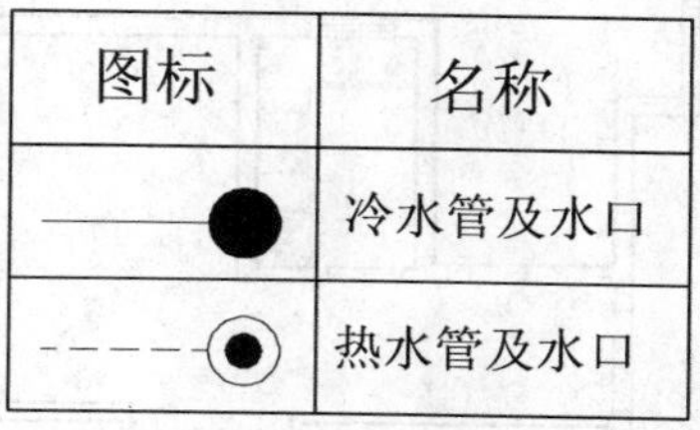

图标	名称
	冷水管及水口
	热水管及水口

图 12-109　填充图形

12.7.2 绘制三居室给水平面图

绘制三居室给水平面图主要运用了“圆”命令、“复制”命令和“多重引线”命令等。

操作实训 12-10：绘制三居室给水平面图

01 将“冷水管”图层置为当前层，调用 C“圆”命令，输入 FROM“捕捉自”命令，捕捉合适的左下方端点，输入（@84.4, 522.3），确定圆心点，绘制一个半径为 65 的圆，如图 12-110 所示。

02 调用 H“图案填充”命令，选择“SOLID”图案，拾取合适的区域，填充图形，如图 12-111 所示。

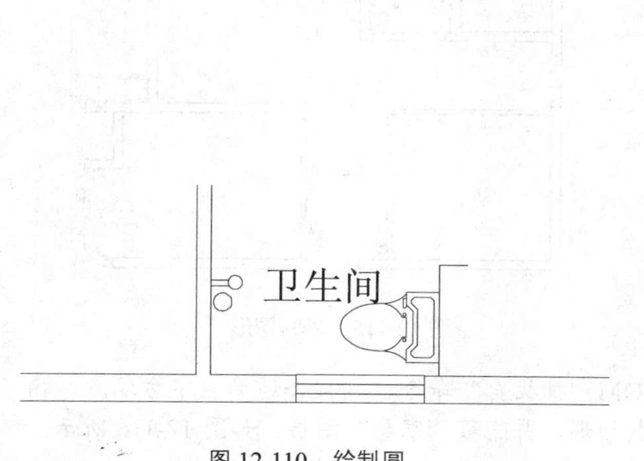

图 12-110　绘制圆

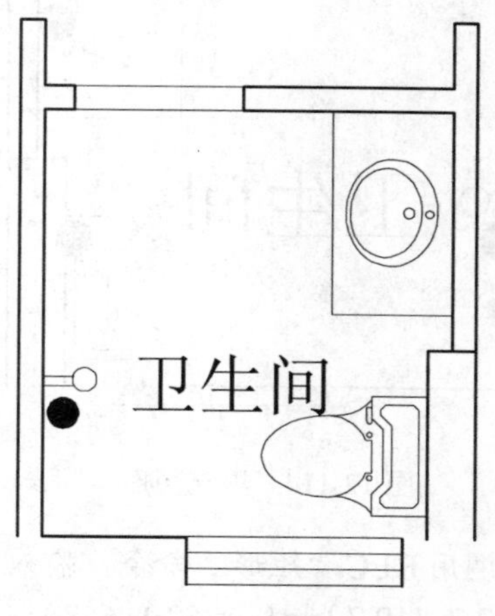

图 12-111　填充图形

03 调用 CO“复制”命令，选择新绘制的图形为复制对象，捕捉圆心点为基点，输入（@1486.6, 0）、（@1550.4, 758）、（@5755.7, 2813.7）、（@4920.4, 3267.9）和（@-509.2, 6685），复制图形，如图 12-112 所示。

04 调用 C“圆”命令，输入 FROM“捕捉自”命令，捕捉合适的左下方端点，输入（@99.4, 290.4），确定圆心点，分别绘制半径为 65 和 33 的圆，如图 12-113 所示。

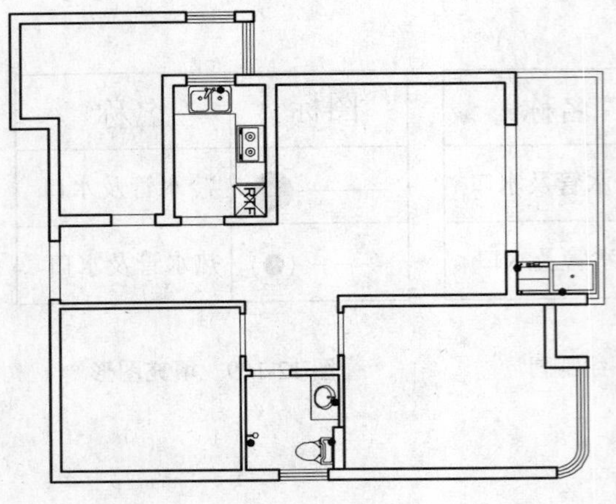

图 12-112　复制图形

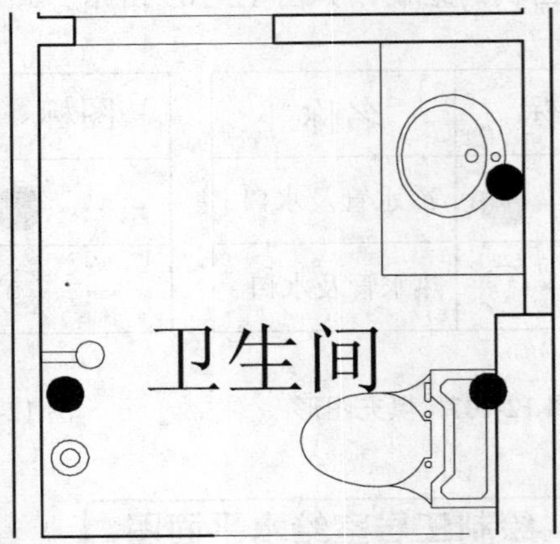

图 12-113　绘制圆

05 调用 H“图案填充”命令，选择“SOLID”图案，拾取合适的区域，填充图形，如图 12-114 所示。

06 调用 CO“复制”命令，选择新绘制的图形为复制对象，捕捉圆心点为基点，输入（@1535.3, 1229.8）、（@-772.7, 6914.5），复制图形，如图 12-115 所示。

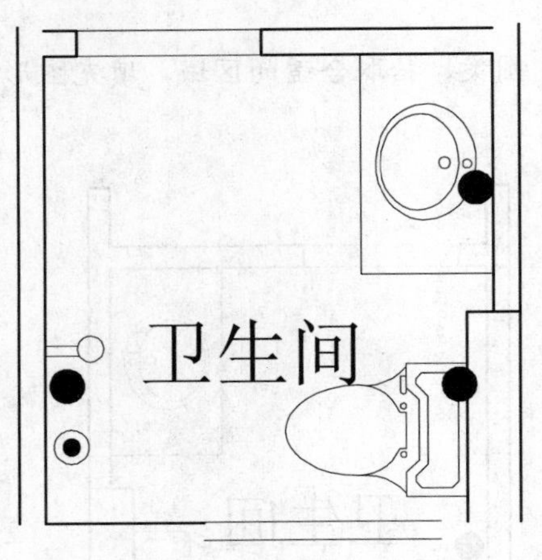

图 12-114　填充图形

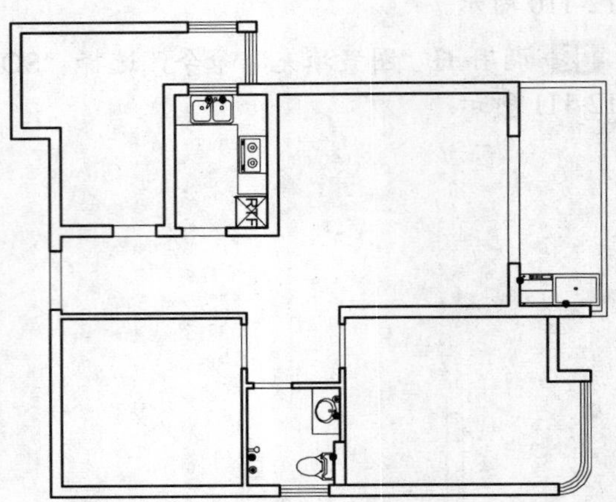

图 12-115　复制图形

07 调用 REC“矩形”命令，输入 FROM“捕捉自”命令，捕捉合适的左下方端点，输入（@1352.7, 119.7）和（@252.1, 658），绘制矩形，并隐藏“家具”图层，如图 12-116 所示。

08 调用 L“直线”命令，依次捕捉合适的端点，连接直线，如图 12-117 所示。

09 调用 REC“矩形”命令，输入FROM“捕捉自”命令，捕捉合适的左上方端点，输入（@786.4, -360.1）和（@177.8, -372.2），绘制矩形，如图 12-118 所示。

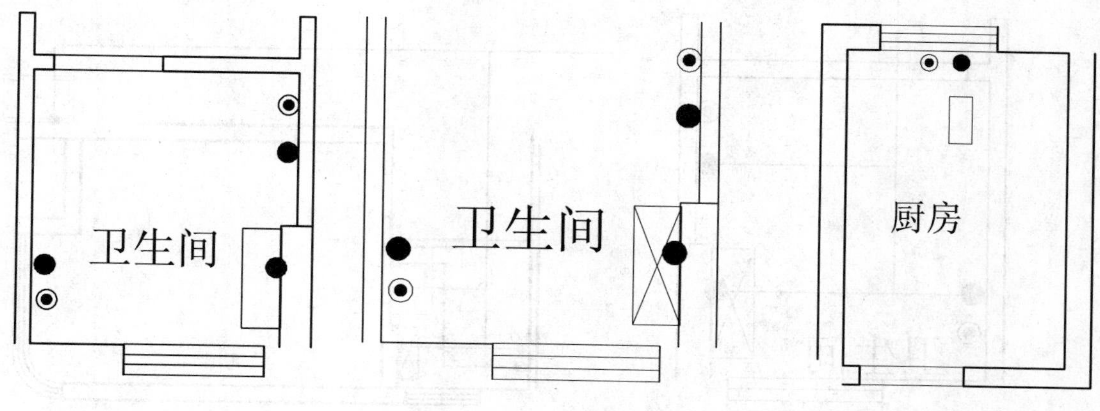

图 12-116　绘制矩形　　图 12-117　连接直线　　图 12-118　绘制矩形

10 调用 L“直线”命令，依次捕捉合适的端点，连接直线，如图 12-119 所示。

11 调用 L“直线”命令，依次捕捉下方合适的圆心点，连接直线，如图 12-120 所示。

12 调用 L“直线”命令，输入 FROM“捕捉自”命令，捕捉新绘制水平直线的左端点，输入（@453, 0）和（@0, 3762），绘制直线；调用 M“移动”命令，移动文字对象，如图 12-121 所示。

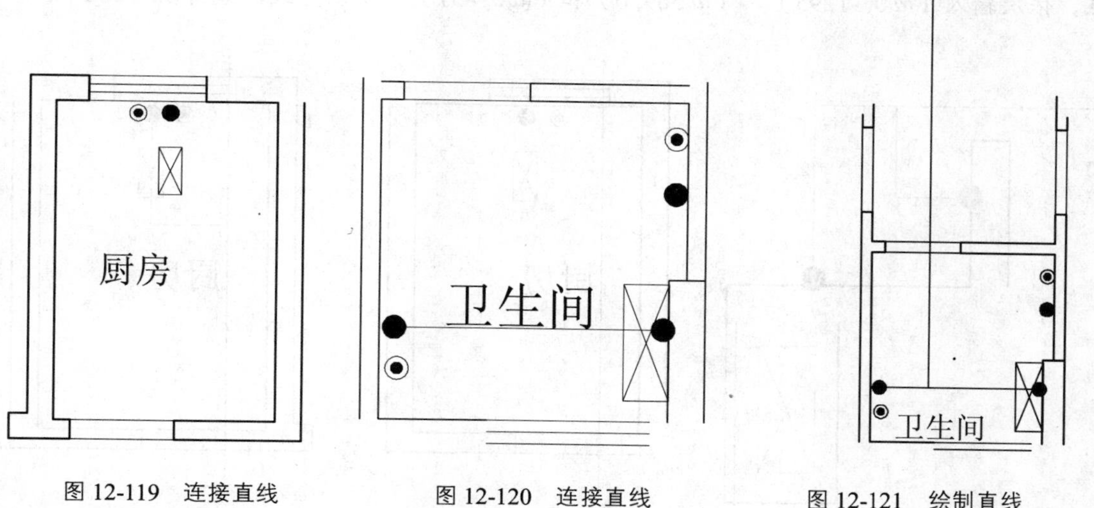

图 12-119　连接直线　　图 12-120　连接直线　　图 12-121　绘制直线

13 调用 L“直线”命令，捕捉合适的圆心点和交点，连接直线，如图 12-122 所示。

14 调用 L“直线”命令，输入 FROM“捕捉自”命令，捕捉新绘制垂直直线的上端点，依次输入（@-1536, 0）、（@6838, 0）和（@0, -951），绘制直线，如图 12-123 所示。

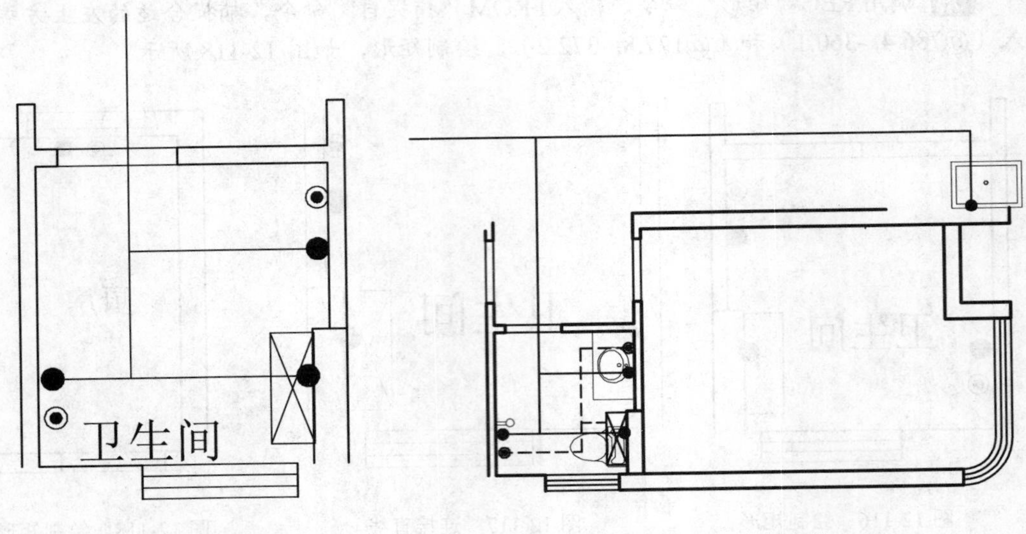

图 12-122 连接直线

图 12-123 绘制直线

15 调用 L“直线”命令，输入 FROM“捕捉自”命令，捕捉新绘制水平直线的右端点，依次输入（@-434, 0）、（@0, -502）和（@-401, 0），绘制直线，如图 12-124 所示。

16 调用 L“直线”命令，捕捉新绘制水平直线的左端点，输入（@0, 3378），绘制直线，如图 12-125 所示。

17 调用 L“直线”命令，输入 FROM“捕捉自”命令，捕捉新绘制垂直直线的上端点，依次输入（@0, -1295）、（@569, 0）和（@0, 837），绘制直线，如图 12-126 所示。

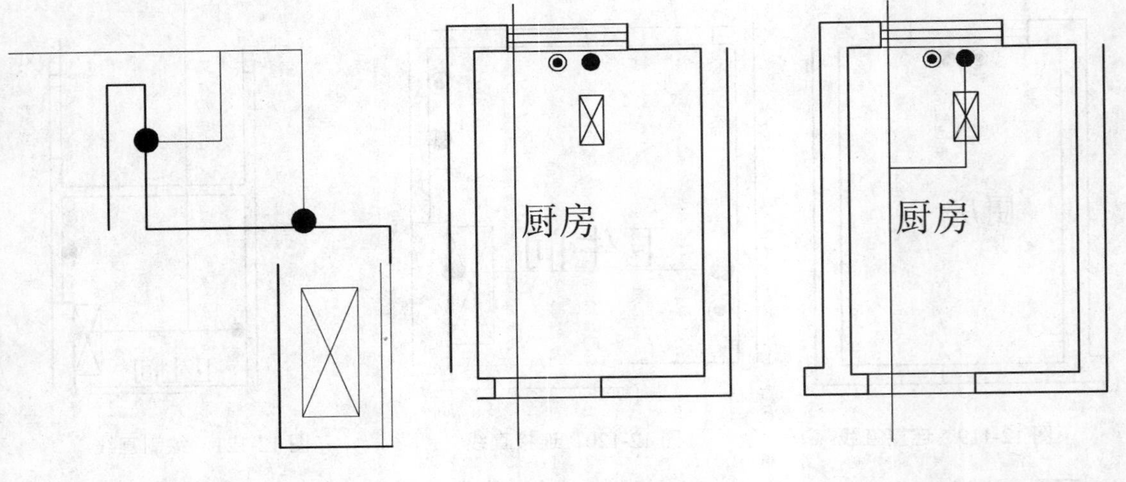

图 12-124 绘制直线

图 12-125 绘制直线

图 12-126 绘制直线

18 调用 TR“修剪”命令，修剪多余的图形，如图 12-127 所示。

19 将“热水管”图层置为当前层，调用 L“直线”命令，捕捉下方合适的圆心点，依次输入（@947, 0）、（@0, 1299.8）和（@588, 0），绘制直线，如图 12-128 所示。

20 调用 L“直线”命令，输入 FROM“捕捉自”命令，捕捉新绘制垂直直线的下端点，依次输入（@0, 365）、（@306, 0），绘制直线，如图 12-129 所示。

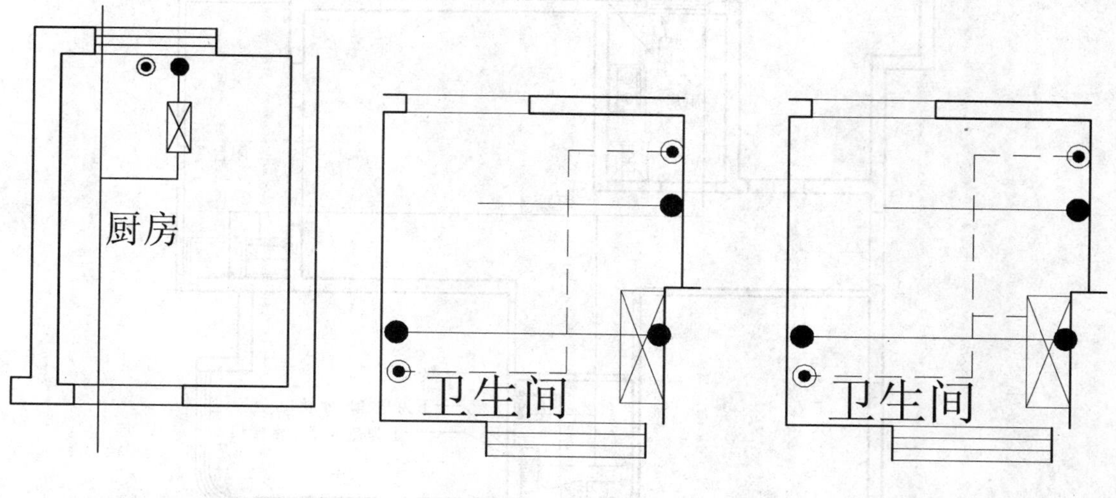

图 12-127　修剪图形　　图 12-128　绘制直线　　图 12-129　绘制直线

21 调用 MLEADERSTYLE“多重引线样式”命令，打开“多重引线样式管理器”对话框，选择合适的引线样式，单击“修改”按钮，如图 12-130 所示。

22 打开“修改多重引线样式：Standard”对话框，在“内容”选项卡中，修改“文字高度”为 200，如图 12-131 所示，依次单击“确定”和“关闭”按钮，即可设置多重引线样式。

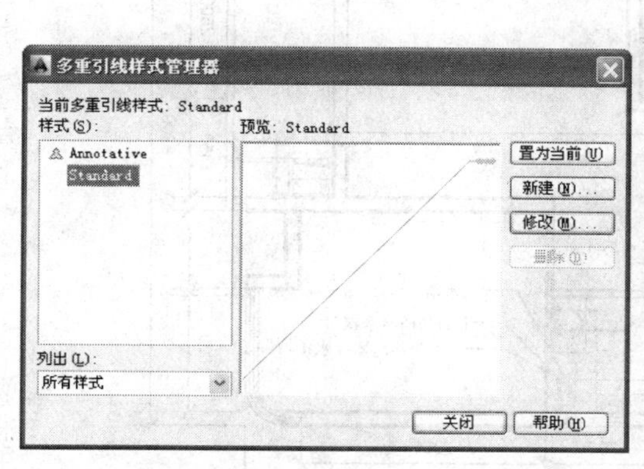

图 12-130　单击“修改”按钮

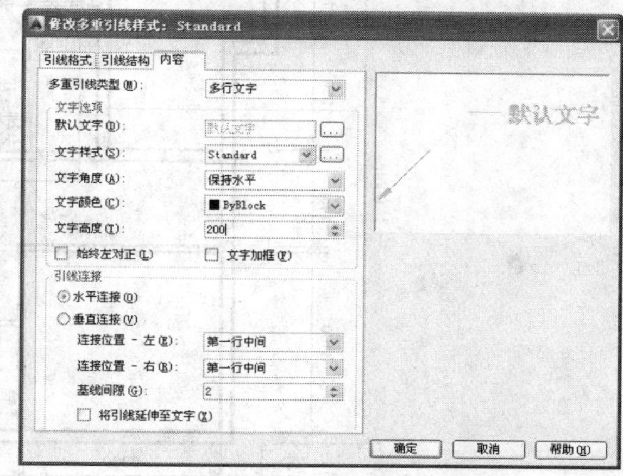

图 12-131　修改参数

23 将“标注”图层置为当前层，调用 MLEA“多重引线”命令，在合适的位置，添加多重引线，并显示“家具”图层，如图 12-132 所示。

24 调用 MT“多行文字”命令，修改“文字高度”为 200，在合适位置，创建多行文字，如图 12-133 所示。

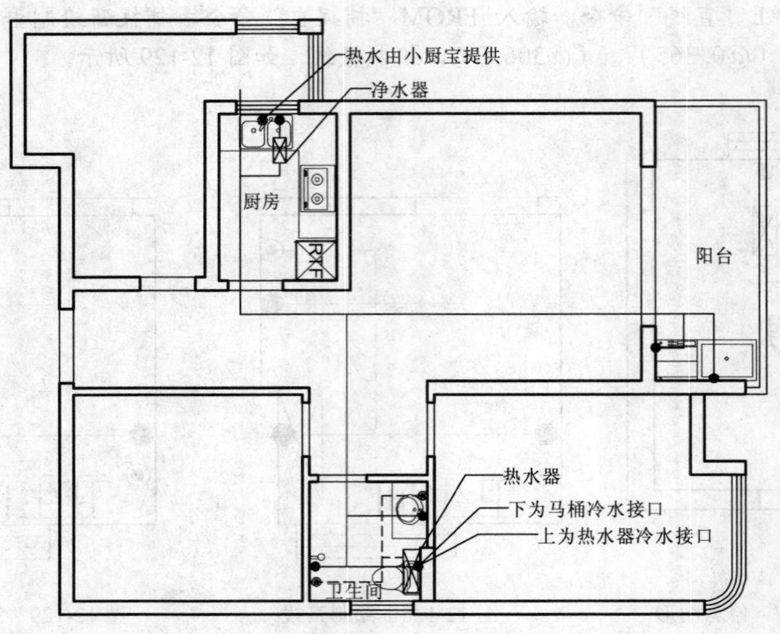

图 12-132　添加多重引线

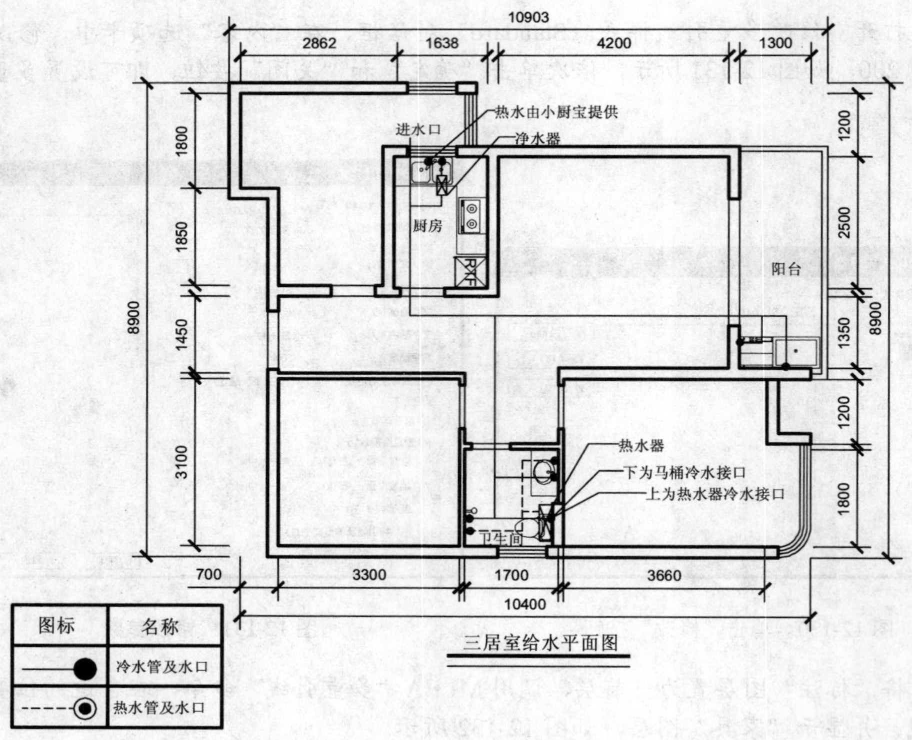

图 12-133　创建多行文字